普通高等教育"十一五"国家级规划教材

材料科学与工程系列

材料科学基础

（修订版）

潘金生　仝健民　田民波　著

U0230098

清华大学出版社

北京

内 容 简 介

本书为普通高等教育"十一五"国家级规划教材。

本书是《材料科学基础》(清华大学出版社,1998年)的修订版。作为一部比较经典的高等院校教材,本书结合金属和合金、陶瓷、硅酸盐等各类材料,着重阐述材料科学的基础理论及其应用,包括晶体学、晶体缺陷、固体材料的结构和键合理论、材料热力学和相图、固体动力学(扩散)、凝固与结晶和相变等内容。此次修订,除订正上一版的差错之外,还替换了不少陈旧的图表,增补了若干新的内容,并增补了习题和解题指导。

本书可用作高等学校材料院系各专业本科生及研究生的材料科学课程教材,也可作为其他院系材料类专业学生及广大材料工作者的参考书。

图书在版编目(CIP)数据

材料科学基础/潘金生,仝健民,田民波著. —修订版. —北京:清华大学出版社,2011.1
(2025.3重印)
　(清华大学科学与工程系列)
　ISBN 978-7-302-24761-6

Ⅰ. ①材⋯　Ⅱ. ①潘⋯ ②仝⋯ ③田⋯　Ⅲ. ①材料科学－高等学校－教材　Ⅳ. ①TB3

中国版本图书馆 CIP 数据核字(2011)第 012263 号

责任编辑:宋成斌
责任校对:刘玉霞
责任印制:沈　露

出版发行:清华大学出版社
　　　　网　　　址:https://www.tup.com.cn,https://www.wqxuetang.com
　　　　地　　　址:北京清华大学学研大厦 A 座　　　　　　邮　　编:100084
　　　　社 总 机:010-83470000　　　　　　　　　　　　邮　　购:010-62786544
　　　　投稿与读者服务:010-62776969,c-service@tup.tsinghua.edu.cn
　　　　质量反馈:010-62772015,zhiliang@tup.tsinghua.edu.cn
印 装 者:三河市龙大印装有限公司
经　　销:全国新华书店
开　　本:185mm×260mm　　印　张:43.75　　　　　　字　　数:1057 千字
版　　次:2011 年 1 月第 1 版　　　　　　　　　　　　印　　次:2025 年 3 月第 20 次印刷
定　　价:120.00 元

产品编号:038966-05

修订版序言

《材料科学基础》自 1998 年出版以来，已重印 12 次，发行量逾 20 000 册。本书被国内不少大学的相关院系选为教材，经常被国内外文献引用，特别是作者不断收到热心读者的来信，探讨问题、指出不足、提出建议。所有这些都说明，本书在国内已产生一定影响。

《材料科学基础》一直是清华大学材料科学与工程系为本科生开设的必修课"材料科学基础"的教材；该课程于 2007 年被评为国家级精品课，并曾进行过全课程录像。在精品课建设期间，完成了全英文 PPT 教案(第 6 版)，还合作编写了与之相配的学习辅导及试题汇编。

本次修订融入了本书出版以来十几年的教学经验和体会，吸收了许多热心读者的建议，修改了上一版中的错、漏之处，更换、补充了许多图表，更新了部分论述，增补了习题和解题指导并在不久的将来出版教学辅导及教学课件。

清华大学最早于 20 世纪 50 年代中后期由李恒德院士开设"金属物理"课程，这在全国也是最早的。以此为源头，经历半个多世纪，经过六代人的不懈努力，终将"材料科学基础"建设成现在的课程体系。

修订者力求将更完整、更准确、更时新的版本奉献给读者，但限于本人水平，欠妥或谬误之处在所难免，恳请读者继续关心并批评指正。

田民波

2011 年 1 月

第 1 版绪论

能源、信息和材料被认为是现代国民经济的三大支柱。其中材料更是各行各业的基础。可以说,没有先进的材料,就没有先进的工业、农业和科学技术。无怪乎历史学家将材料作为文明社会进化的标志,将历史划分为石器时代、陶器时代、青铜器时代、铁器时代,等等。从世界科技发展史看,重大的技术革新往往起始于材料的革新。例如,20 世纪 50 年代镍基超级合金的出现,将材料使用温度由原来的 700℃ 提高到 900℃,从而导致了超音速飞机问世;而高温陶瓷的出现则促进了表面温度高达 1000℃ 的航天飞机的发展。反过来,近代新技术(如原子能、计算机、集成电路、航天工业等)的发展又促进了新材料的研制。目前已涌现出了各种各样的新材料,以致有人将我们的时代称为精密陶瓷时代、复合材料时代、塑料时代或合成材料时代等,不管叫什么名称,这反映了当代材料的多样化。

各种材料可以从不同角度分类。例如,根据材料的组成,可以将材料分为金属材料、无机非金属材料、有机高分子材料(聚合物)和复合材料(有人将它们称为固体材料的四大家族)。根据材料的特征和用途,可将它分为结构材料和功能材料两大类。结构材料主要是利用它的力学性能,用于制造需承受一定载荷的设备、零部件、建筑结构等。功能材料主要是利用它的特殊物理性能(电学、热学、磁学、光学性能等),用于制造各种电子器件、光电及电光元件、显示器件、超导及绝缘材料等。此外,还可以根据材料内部原子排列情况分为晶态材料和非晶态材料;根据材料的热力学状态分为稳态材料和亚稳态材料;根据材料尺寸分为一维(纤维及晶须)、二维(薄膜)和三维(大块),以及纳米材料等。

今后材料研究的方向应该是充分利用和发掘现有材料的潜力,继续开发新材料,以及研究材料的再循环(回收)工艺。

在利用现有材料和开发新材料方面,人们预计,不仅在目前,而且在今后一个时期内,结构材料仍然是材料的主体部分,而且今后 30 年可能是复合材料的世界。在功能材料方面,人们预计,在今后 20 年,需重点发展应用于计算机、集成电路、光电子、激光技术等方面的电子材料。关于材料再循环的研究,则不仅是为了节约原材料,而且是减少能耗、保护环境的急需。

新材料的特点之一是具有特殊的性能。例如,超高强度、超高硬度、超塑性,以及各种特殊物理性能,如磁性、超导性等。

新材料的特点之二是它的制备和生产往往与新技术、新工艺紧密相关。例如,为了制得用纤维或晶须增强的新型复合材料,需要制备高强度、高热稳定性、无(或很少)缺陷的陶瓷晶须或纤维,并解决它们和基体的复合工艺问题;为了获得具有特殊性质的薄膜或表层,需要应用各种近代溅镀技术、激光技术、高能粒子轰击或离子注入技术。又如通过离子注入、机械合金化等技术可以得到具有特殊性能的新型亚稳晶态材料或非晶态材料等。

新材料的特点之三是更新换代快,式样多变。新材料和传统材料并无明显的界限,有的就是由传统材料发展而来的。

新材料的特点之四是它的发展和材料理论的关系比传统材料更密切。如果说,传统材料的制备或生产更多的是依靠经验和手艺(在早期尤其如此),那么新材料的研制则更多的是在理论指导下进行,尽管目前材料理论还没有发展到定量指导生产的阶段。

正是由于新材料的不断涌现,新技术、新工艺的不断发展,以及新材料、新技术对材料理论的日益需要和推动作用,“材料科学与工程”这一新的学科才应运而生。从 20 世纪 70 年代以来,国内外的大学内纷纷设立了材料科学与工程院系,开设了材料科学与工程方面的课程。

“材料科学与工程”的任务是研究材料的结构、性能、加工和使用状况四者间的关系。这里所指材料,包括传统材料和各种新型材料。所谓结构,包括用肉眼或低倍放大镜观察到的宏观组织(粗视组织),用光学或电子显微镜观察到的微观组织,用场离子显微镜观察到的原子像,以及原子的电子结构;所谓性能,包括力学性能、物理性能、化学性能,以及冶金和加工性能等工艺性能;所谓加工,是指包括材料的制备、加工、后处理(再循环处理)在内的各项生产工艺;所谓使用状况,则是指材料的应用效果和反响(例如,有些材料在使用过程中组织结构不稳定,或易受环境的影响,使性能迅速下降)。材料的结构、性能、加工和使用状况这四个因素称为材料科学与工程的四要素。因此,材料科学与工程就是研究四要素之间关系的一门学科。

在四要素关系中,最基本的是结构与性能间的关系,而“材料科学基础”这门课程的主要任务就是研究材料的结构、性能及二者间的关系。研究的途径一是通过实验,二是总结生产实践的经验,三是建立材料基础理论,从理论上预计材料的结构和性能。

材料的基础理论实际上就是综合数学、物理、化学等各种基础知识来分析实际的材料问题。具体来说,它包括以下几部分:

(1) 晶体学基础;

(2) 晶体缺陷理论;

(3) 固体材料热力学和平衡态理论(包括相图);

(4) 固体动力学理论(包括扩散和相变理论);

(5) 固体材料的结构理论;

(6) 固体电子论(包括分子轨道理论和能带理论)。

目前国内外材料科学课程的内容并未定型,材料科学书籍的内容也很不相同。有的偏重材料,有的偏重性能,且面比较宽,但对基础理论的阐述则比较简略。本书的内容则偏重材料的基础理论,结合各种材料讲述材料基础理论及其应用。我们的考虑是:

(1) 基础理论是普遍的,适用于各种材料,是材料科学与工程系各专业的共性。

(2) 随着材料科学与工程的发展,基础理论显得日益重要,对发展新材料、培养学生创新能力具有深远的意义。

(3) 基础理论是比较定型的,不管材料和工艺如何更新换代,基础理论一般不会过时。

我们希望并相信,这样的体系和内容对材料院系学生、研究生和广大材料工作者是有益的。

当然,在阐述材料基础理论时,必然会涉及一些材料性能和工艺问题。作为例子,本书比较多地列举了金属材料,这不仅是考虑到清华大学材料系的专业设置情况,也是由于金属材料涉及的基础理论问题较多,研究得也最充分。此外,本书内容的选择也和后续课程有关。例如,由于后续课程中有 X 射线衍射、电镜分析、固体物理等,在本书中与这些课程有关的内容就没有详细讨论或根本没有涉及。

本书具有一定的广度和深度。它既可作为材料科学与工程系各专业学生和研究生的教科书,也可作为从事材料工作的科技工作者的参考书。在用作本科生教材时,教师可根据具体情况舍去某些内容。

本书是由北京清华大学材料科学与工程系三位教师在长期从事金属学、金属物理、材料科学基础等课程教学的基础上共同编写而成。其中第 1 章～第 4 章由潘金生编写;第 5 章～第 7 章和第 9、10 章由仝健民编写,第 8、11 章和第 12 章由田民波编写。全书由三人互校。

作者水平有限,不妥或谬误之处在所难免,恳请读者批评指正。

目　　录

第 1 章　晶体学基础

1.1　引　　言

无论是金属材料还是非金属材料,通常都是晶体。因此,作为材料科学工作者,首先要熟悉晶体的特征及其描述方法。本章将扼要地介绍晶体学的基础知识,包括以下几方面内容:

(1) 空间点阵及其描述,晶系和点阵类型。

(2) 晶体取向的解析描述:晶面和晶向指数。

(3) 晶体中原子堆垛的几何学,堆垛次序,四面体和八面体间隙。

(4) 晶体取向的几何描述:各种晶体投影。

(5) 倒易点阵的定义、属性及应用,晶体学基本公式。

(6) 晶体的对称性,点群和空间群。

以上内容不仅是学习材料科学课程的基础,也是学习其他许多专业课程(如 X 射线衍射、电子衍射、固体物理等)的基础。因此,要求读者对这些内容,特别是上述第(1)、(2)和(3)项内容,能掌握得非常透彻、非常熟练。

要熟练地掌握以上内容,关键是要多练习、多应用。

1.2　空　间　点　阵

1.2.1　晶体的特征和空间点阵

晶体的一个基本特征就是其中的原子或原子集团都是有规律地排列的,这个规律就是**周期性**,即不论沿晶体的哪个方向看去,总是相隔一定的距离就出现相同的原子或原子集团。这个距离就叫**周期**。显然,沿不同的方向有不同的周期。

晶体中原子或原子集团排列的周期性规律,可以用一些在空间有规律分布的几何点来表示。沿任一方向上相邻点之间的距离就是晶体沿该方向的周期。这样的几何点的集合就构成**空间点阵**,每个几何点就叫**点阵的结点**。既然点阵只是表示原子或原子集团分布规律的一种几何抽象,每个结点就不一定代表一个原子。就是说,可能在每个结点处恰好有一个原子,也可能围绕每个结点有一群原子(原子集团)。但是,每个结点周围的环境(包括原子的种类和分布)都是相同的,亦即点阵的结点都是**等同点**。

图 1-1 是三维空间点阵,即在三维空间内表示原子或

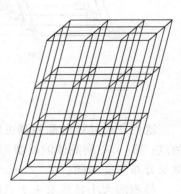

图 1-1　空间点阵

原子集团的排列规律的几何点(结点)所构成的阵列。设想用直线将各结点连接起来,就形成空间网络,也叫**晶格**。在图 1-2 中图(a)和图(b)都是二维正方点阵,但晶体结构不同(围绕每个结点的原子分布不同);同样,图(c)和图(d)都是长方点阵,但结构也不同;图(e)则是菱形点阵。

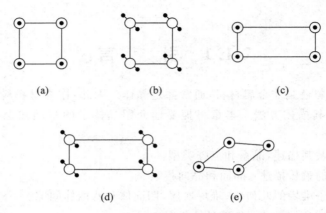

图 1-2 3 种二维点阵、5 种(二维)晶体结构的例子
(a)和(b)正方点阵;(c)和(d)长方点阵;(e) 菱形点阵
(○ 代表结点 ● 代表原子)

1.2.2 晶胞、晶系和点阵类型

图 1-1 所示的空间点阵可以看成是由最小的单元——平行六面体沿三维方向重复堆积(或平移)而成。这样的平行六面体就叫**晶胞**,如图 1-3 所示。晶胞的三条棱 AB、AD 和 AE 的长度就是点阵沿这些方向的周期,这三条棱就叫**晶轴**。

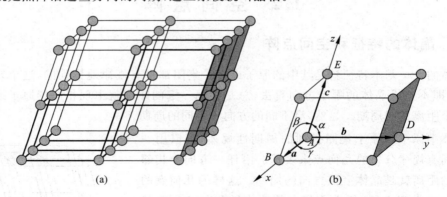

图 1-3 晶胞和点阵常数
(a) 晶胞的选取方法;(b) 晶胞形状和点阵常数

既然任何晶体的晶胞都可以看成是平行六面体,那么不同晶体的差别在哪里? 差别有两点:第一,不同晶体的晶胞,其大小和形状可能不同;第二,围绕每个结点的原子种类、数量及分布可能不同。

晶胞的大小显然取决于 AB、AD 和 AE 这三条棱的长度 a, b 和 c,而晶胞的形状则取决于这些棱之间的夹角 α、β 和 γ。我们把 a, b, c, α, β 和 γ 这 6 个参量称为**点阵常数**或**晶格常**

数。按照晶胞的大小和形状的特点,也就是按照 6 个点阵常数之间的关系和特点,可以将各种晶体归于如表 1-1 所示的 7 种**晶系**(准确地说,晶系是根据它的对称性来划分的)。

表 1-1　7 种晶系

晶　系	点阵常数间的关系和特点	实　例
三斜	$a \neq b \neq c, \alpha \neq \beta \neq \gamma \neq 90°$	K_2CrO_7
单斜	$a \neq b \neq c, \alpha = \beta = 90° \neq \gamma$(第一种设置)	β-S
	$\alpha = \gamma = 90° \neq \beta$(第二种设置)	$CaSO_4 \cdot 2H_2O$
斜方 (正交)	$a \neq b \neq c, \alpha = \beta = \gamma = 90°$	α-S,Ga,Fe_3C
正方	$a = b \neq c, \alpha = \beta = \gamma = 90°$	β-Sn(白锡),TiO_2
立方	$a = b = c, \alpha = \beta = \gamma = 90°$	Cu,Al,α-Fe,NaCl
六方	$a = b \neq c, \alpha = \beta = 90°, \gamma = 120°$	Zn,Cd,Ni-As
菱方	$a = b = c, \alpha = \beta = \gamma \neq 90°$	As,Sb,Bi,方解石

注: 表中的"$\neq$"的意义是: 不一定等于。

由 7 种晶系可以形成多少种空间点阵呢?这就取决于每种晶系可以包含多少点阵,或者说,有多少种可能的结点分布方式。为了回答这个问题,我们的基本出发点是:点阵的结点必须是**等同点**。由于晶胞的角隅、6 个外表面的中心(面心)以及晶胞的中心(体心)都是等同点,故乍看起来,似乎每种晶系都包括 4 种点阵。即简单点阵、底心点阵、面心点阵和体心点阵。这样看来,7 种晶系总共似乎可以形成 $4 \times 7 = 28$ 种点阵。然而,读者如果将这 28 种点阵逐一画出,就会发现,从对称的角度讲,其中有些点阵是完全相同的。真正不同的点阵只有 14 种,如图 1-4 所示。它们是:

(1) 简单三斜点阵(图 1-4(1));

(2) 简单单斜点阵(图 1-4(2));

(3) 底心单斜点阵(图 1-4(3));

(4) 简单斜方点阵(图 1-4(4));

(5) 底心斜方点阵(图 1-4(5));

(6) 体心斜方点阵(图 1-4(6));

(7) 面心斜方点阵(图 1-4(7));

(8) 六方点阵(图 1-4(8));

(9) 菱方点阵(三角点阵)(图 1-4(9));

(10) 简单正方(或四方)点阵(图 1-4(10));

(11) 体心正方(或四方)点阵(图 1-4(11));

(12) 简单立方点阵(图 1-4(12));

(13) 体心立方点阵(图 1-4(13));

(14) 面心立方点阵(图 1-4(14))。

这里要强调指出的是,点阵的分类是基于对称性。因此,上述分类的准确说法是:"在反映对称性的前提下,有且仅有 14 种空间点阵。"这句话有两层意思。第一,不少于 14 种点阵。就是说,对于上述 14 种点阵中的任一种点阵,不可能找到一种连接结点的方式,能将它的晶胞连成另一种点阵的晶胞,而仍然反映其对称度(诚然,任何点阵的晶胞都可以通过某

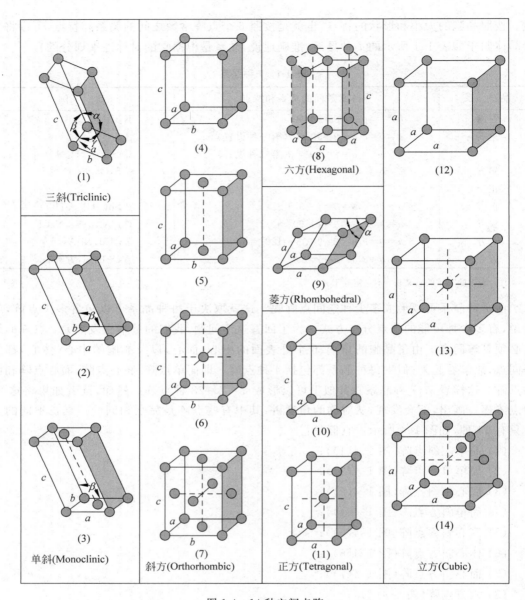

图 1-4 14 种空间点阵

种连接方式连成简单三斜点阵的晶胞,但后者不再反映前者的对称性了)。第二,不多于 14 种点阵。就是说,如果在某种晶胞的底心、面心或体心放置结点而形成一种"新"的点阵, 那么这个"新"点阵必然包含在 14 种点阵中,或者可以连成 14 种点阵中的某一种,且不改变 对称度。下面举两个例子。

例 1   体心单斜点阵是不是一个新的点阵?从图 1-5 可知,这个点阵晶胞为 $ABCDEFGH$,它可以连成底心单斜点阵(晶胞为 $JACDKEGH$),因而不是新的点阵。

例 2   在简单六方点阵晶胞的 c 面中心,添加结点后是否形成一个新的点阵——底心 六方点阵?如果所形成的点阵仍系六方点阵,那么它就是一个新的点阵,因为不可能将它连 成简单六方点阵。然而,从图 1-6 可以看出,所形成的点阵不再具有 6 次旋转对称,因而不再是六方晶系,而是单斜晶系。而该点阵可以连成简单单斜点阵(见图 1-6),因而不是新点阵。

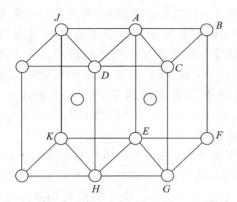
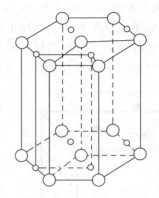

图 1-5　体心单斜点阵可以连成底心单斜点阵

图 1-6　简单六方点阵在 c 面添加结点后形成简单单斜点阵(大圆是原有结点,小圆是新加的结点)

1.2.3　复式点阵,晶胞和原胞

1.2.3.1　布拉维点阵与复式点阵

上面讨论的点阵都是由**等同点**构成的,这样的点阵就叫**布拉维点阵**。通常人们所说的点阵就是指布拉维点阵。

但是,实际晶体中各原子并不一定是等同点。例如,对合金来说,至少就有两种不同的原子。即使对纯金属,晶体中各原子也未必是等同点,因为各原子周围的环境(近邻原子的分布)未必相同。因此,实际晶体中各原子的集合并不一定构成布拉维点阵。人们把晶体中原子的集合(或分布)称为**晶体结构**,把表示原子分布规律的代表点(几何点)的集合称为**布拉维点阵**,或简称**点阵**。如上所述,这些代表点必然是等同点。对一些简单的金属和合金,晶体结构和点阵没有差别。例如,铜、银、金、铝、镍、钯、铂、铅、γ 铁、不锈钢等的晶体结构和点阵都是面心立方(通常用 FCC 表示),碱金属、钒、铌、钽、铬、钼、钨、α 铁、碳钢等的晶体结构和点阵都是体心立方(通常用 BCC 表示)。但是,其他一些金属,特别是具有复杂结构的金属和合金,其晶体结构就不同于点阵。让我们举两个实际的例子。

第一个例子是锌、镉、镁、铍、α 钛、α 锆、铪等金属。它们都具有简单六方点阵,但原子不仅分布在晶胞顶点,而且还分布在 $\left(\dfrac{1}{3}, \dfrac{2}{3}, \dfrac{1}{2}\right)$,$\left(\dfrac{1}{3}, -\dfrac{1}{3}, \dfrac{1}{2}\right)$ 和 $\left(-\dfrac{2}{3}, -\dfrac{1}{3}, \dfrac{1}{2}\right)$ 处,如图 1-7(a)所示。图 1-7(b)是原子在底面(垂直于 c 轴的平面)上的投影。从图 1-7 可以看出,位于晶胞顶层

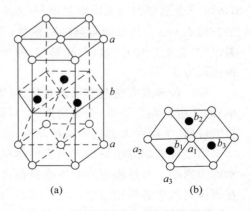

图 1-7　六方金属的点阵与结构的关系

（或底层）的 a 原子和位于内部的 b 原子,其周围环境是不同的:a_1 原子周围的 b 原子分布（见图 1-7(b)中的 b_1,b_2,b_3）不同于 b_1 原子周围的 a 原子分布（见图 1-7(b)中的 a_1,a_2,a_3），因而 a 原子和 b 原子不是等同点,由 a,b 原子的集合不构成布拉维点阵,而构成一个**密排六方结构**,因为如果把原子看成是同样大小的刚性小球,那么每个原子都几乎和 12 个近邻原子相切（最密的排列）。这样,晶体中原子分布的规律可以用简单六方点阵描写。为了得到晶体结构,只要在每个结点处按图 1-7(a)所示的位置（或方位）放置一对 a,b 原子。这里 a-b 原子对也称为**基**或**结构单元**。综上所述可知,锌、镉、镁、铍、钛、锆、铪等金属具有简单六方点阵、密排六方结构。

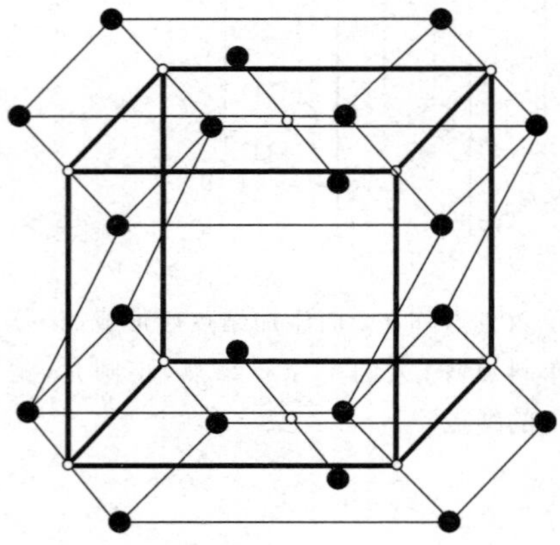

第二个例子是 α 铀。它具有底心斜方点阵,在点阵的每一结点周围,按一定的方位和距离分布了一对铀原子,如图 1-8 所示。图中圆圈代表点阵结点,黑点代表铀原子。这个例子再一次表明,布拉维点阵的结点分布反映了晶体中原子或原子集团的分布规律,但结点本身并不一定代表原子,就是说,点阵和晶体结构并不一定相同。

有时人们把实际晶体结构也看成是一个点阵,但不是单一的布拉维点阵,而是由几个布拉维点阵穿插而成的复杂点阵,称为**复式点阵**。例如,上述密排六方结构就可以看成是由两个简单六方点阵穿插而成的复式点阵。显然,复式点阵的结点并非都是等同点,这是它与布拉维点阵的根本区别。

● 原子

○ 点阵结点

图 1-8　α-U 的点阵与结构的关系

1.2.3.2　晶胞和原胞

我们在前面引出的晶胞和点阵常数的概念是不严格的,原因是晶胞的选取不是唯一的。就是说,从同一点阵中可以选出大小、形状都不同的晶胞,相应的点阵常数自然也就不同,这样就会给晶体的描述带来很大的麻烦。为了确定起见,必须对晶胞的选取方法作一些规定。这些规定就是,所选的晶胞应尽量满足以下 3 个条件:(1)能反映点阵的**周期性**,将晶胞沿 a,b,c 三个晶轴方向无限重复堆积（或平移）就能得出整个点阵（既不漏掉结点,也不产生多余的结点）;(2)能反映点阵的**对称性**;(3)晶胞的**体积最小**。第(1)个条件是所有晶胞都要满足的（必要条件）。第(2)和第(3)两个条件若不能兼顾,则至少要满足一个。这样就有两种选取方法。

第一种选取方法是在保证对称性（即条件(2)）的前提下选取体积尽量小（但不一定是最小）的晶胞。在金属学、金属物理、材料科学、X 射线衍射、电子衍射等学科中以及在实际材料的科研、生产中大都选取这种晶胞,而晶体的点阵常数就是由这种晶胞决定的。

第二种选取方法只要求晶胞的体积最小,而不一定反映点阵的对称性。这样的晶胞通常称为**原胞**。布拉维点阵的原胞只包含一个结点,故原胞的体积就是一个结点所占的体积。在固体物理中常采用原胞。

图 1-9 和图 1-10 分别画出了 FCC 和 BCC 点阵的原胞,以及它与晶胞的关系。从图 1-9

和图 1-10 看出,FCC 和 BCC 的晶胞都是高度对称的立方体,但体积则不是最小。FCC 晶胞的体积(a^3)是 4 个结点所占的体积,而 BCC 晶胞的体积(a^3)则是两个结点所占的体积。它们的原胞都只包含一个结点,故 FCC 和 BCC 的原胞体积分别为 $a^3/4$ 和 $a^3/2$。可见原胞的体积的确是最小,但却没有反映立方点阵的对称性。

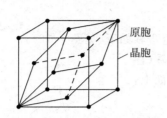

图 1-9　FCC 的原胞与晶胞的关系

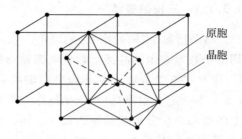

图 1-10　BCC 的原胞与晶胞的关系

密排六方晶体的晶胞和原胞见图 1-11。从图看出,为了反映点阵的六次旋转对称,需选取六棱柱晶胞。它包含 2 个整原胞和 2 个"半原胞",即相当于 3 个原胞的体积,每个原胞包含一个结点,每个晶胞则包含 3 个结点。如果在晶胞中同时给出原子位置,就得到"结构胞",因为它是晶体结构的最小单元。但习惯上人们往往把结构胞也称为晶胞,就是说,晶胞可以是点阵的最小单元,也可以是晶体结构的最小单元,应视上下文而定。从图 1-11 看,每个原胞中包含 2 个原子,每个晶胞中包含 6 个原子。从简单的几何关系不难证明,当 $c/a=\sqrt{8/3}\approx1.633$ 时,不仅同一层(与 c 轴垂直的各层)上的相邻原子彼此相切,而且相邻层上的原子也彼此相切,这就是理想的密排六方结构(通常用 CPH 或 HCP 表示)。

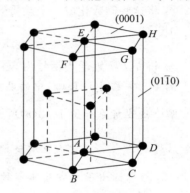

图 1-11　密排六方晶体的晶胞(六棱柱)和原胞(平行六面体 $\overline{ABCDEFGH}$)

顺便指出,原胞的选择也不是唯一的。选择原胞时除了要满足基本要求(即只包含一个结点)外,在可能的情形下,最好使原胞的各边都是点阵的最短平移矢量。例如,BCC 晶体的原胞各边都是体对角线之半,FCC 晶体的原胞各边都是面对角线之半,但六方晶体的原胞各边就不可能都是点阵的最短平移矢量(见图 1-11,该图中原胞是边长为 a,a 和 c 的平行六面体)。

1.3　晶面指数和晶向指数

穿过晶体的原子面(平面)称为**晶面**。连接晶体中任意原子列的直线方向称为**晶向**。不同的晶面和晶向具有不同的原子排列和不同的取向。因此,材料的许多性质和行为(如各种物理性质、力学行为、相变、X 光和电子衍射特性等)都和晶面、晶向密切相关。这样,为了研究和描述材料的性质和行为,首先就要设法表征晶面和晶向。

表征晶面和晶向的方法有两种。一种是解析法,即用一组(3 个或 4 个)数字表征晶面和晶向。这组数就称为**晶面指数**和**晶向指数**。它是材料科学工作者的共同语言。另一种是图示法，即用各种**晶体投影**图表征晶面或晶向。本节讨论解析表示法。

1.3.1　晶面和晶向指数的确定

1.3.1.1　三指数表示

（1）晶面指数（或密勒指数）的确定

用三个数字表示的晶面指数也叫**密勒指数**，其确定步骤如下（见图 1-12）：

① 建立三组以晶轴 a,b,c 为坐标轴的右手坐标系（注意：a、b、c 不一定互相垂直!），令坐标原点不在待标晶面上，各轴上的坐标单位分别是晶胞边长 a,b 和 c。

② 找出待标晶面在 a,b,c 轴上的截距 x,y,z（以 a,b,c 为坐标单位）。

③ 取截距的倒数 $\frac{1}{x},\frac{1}{y},\frac{1}{z}$。

④ 将这些倒数化成三个互质的整数 h,k,l，使 $h:k:l=\frac{1}{x}:\frac{1}{y}:\frac{1}{z}$。

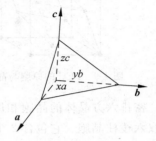

图 1-12　晶面（密勒）指数的确定方法

⑤ 将 h,k,l 置于小括号内，写成 $(h\ k\ l)$，则 $(h\ k\ l)$ 就是待标晶面的密勒指数。

例 1　确定图 1-13(a) 中的晶面的密勒指数。

解　选坐标系如图 1-13(a) 所示。待标晶面在 a,b,c 轴上的截距分别为 $\frac{1}{2}a,\frac{2}{3}b,\frac{1}{2}c$。取倒数后得到 $2,\frac{3}{2},2$。化成互质整数，得到 $4,3,4$ 三个数。于是该面的密勒指数为 $(4\ 3\ 4)$。在图 1-13(b) 中标出了立方晶体各种晶面及其密勒指数。

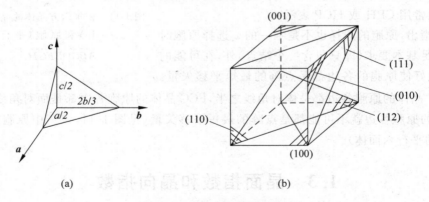

(a)　　　　　　　　(b)

图 1-13　晶面密勒指数的标注

（2）晶向指数的确定

确定用三指数表示的晶向指数 u,v,w 的步骤如下（图 1-14）：

① 建立坐标系，如上述①。但令坐标原点在待标晶向上。

② 找出该晶向上除原点以外的任一点的坐标 x,y,z。

③ 将 x,y,z 化成互质整数 u,v,w，要求 $u:v:w=x:y:z$。

④ 将 u,v,w 三数置于中括号内，就得到晶向指数 $[uvw]$。

图 1-15 中标出的各晶向及其指数就是用以上方法得出的。

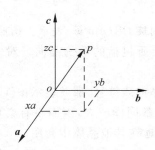
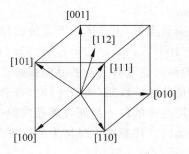

图 1-14　晶向指数的确定方法　　　　　图 1-15　不同的晶向及其指数

当然，在确定晶向指数时，坐标原点不一定非选在晶向上不可。若原点不在待标晶向上，那就需要找出该晶向上两点的坐标 (x_1,y_1,z_1) 和 (x_2,y_2,z_2)，然后将 (x_1-x_2)，(y_1-y_2)，(z_1-z_2) 三个数化成互质整数 u,v,w，并使之满足 $u:v:w=(x_1-x_2):(y_1-y_2):(z_1-z_2)$。

以上两种确定晶向指数的方法均可称为"坐标法"。还有一种方法称为"行走法"。该法是从坐标原点出发，分别沿 a,b,c 三个轴的方向（正向或反向）走 x,y,z 步（步长分别为 a,b,c），使达到该晶向上的另外一点。将 x,y,z 化成互质整数 u,v,w，并令 $u:v:w=x:y:z$，就得到该晶向的晶向指数 $[uvw]$。若需要沿某轴的反向行走，则相应的行程为负值。

关于晶面指数和晶向指数的确定方法，还有以下几点说明：

① 参考坐标系通常都是右手坐标系（但不一定是直角坐标系！）。坐标系可以平移（因而原点可置于任何位置），但不能转动，否则，在不同坐标系下定出的指数就无法相互比较。

② 晶面指数和晶向指数可为正数，亦可为负数，但负号应写在数字上方，如 $(\bar{1}23)$，$[2\bar{1}1]$ 等。

③ 若各指数同乘以异于零的数 n，则晶面位向不变，晶向则或是同向（当 $n>0$），或是反向（当 $n<0$）。但是，**晶面距**（相邻晶面间的距离）和晶向长度一般都会改变，除非 $n=1$。

（3）晶面族和晶向族的表示

在高对称度的晶体中，特别是在立方晶体中，往往存在一些位向不同、但原子排列情况完全相同的晶面。这些晶体学上等价的晶面就构成一个**晶面族**，用 $\{hkl\}$ 表示。例如，立方晶体中某些晶面族所包括的等价晶面为

$\{100\}=(100)+(010)+(001)$，共 3 个等价面。

$\{110\}=(110)+(\bar{1}10)+(101)+(\bar{1}01)+\{011\}+(0\bar{1}1)$，共 6 个等价面。

$\{111\}=(111)+(\bar{1}11)+(1\bar{1}1)+(11\bar{1})$，共 4 个等价面。

$\{112\}=(112)+(\bar{1}12)+(1\bar{1}2)+(11\bar{2})+(121)+(\bar{1}21)+(1\bar{2}1)+(1\bar{2}\bar{1})$
　　　　$+(211)+(\bar{2}11)+(2\bar{1}1)+(21\bar{1})$，共 12 个等价面。

$\{123\}=(123)+(\bar{1}23)+(1\bar{2}3)+(123)+(132)+(\bar{1}32)$
　　　　$+(1\bar{3}2)+(13\bar{2})+(213)+(\bar{2}13)+(2\bar{1}3)+(21\bar{3})$
　　　　$+(231)+(\bar{2}31)+(2\bar{3}1)+(23\bar{1})+(312)+(\bar{3}12)$
　　　　$+(3\bar{1}2)+(31\bar{2})+(321)+(\bar{3}21)+(3\bar{2}1)+(32\bar{1})$，共 24 个等价面。

从以上各例可以看出,立方晶体的等价晶面具有"类似的指数",即指数的数字相同,只是符号(正负号)和排列次序不同。这样,我们只要根据两个(或多个)晶面的指数,就能判断它们是否为等价晶面。另外,给定一个晶面族符号$\{hkl\}$,也很容易写出它所包括的全部等价晶面。

与晶面族类似,由晶体学上等价的晶向也构成**晶向族**,用$\langle uvw \rangle$表示。仿照上例,读者不难写出$\langle 100 \rangle$,$\langle 110 \rangle$,$\langle 111 \rangle$,$\langle 112 \rangle$和$\langle 123 \rangle$等晶向族所包括的等价晶向。对立方晶体来说,等价的晶向也具有类似的晶向指数。

在讨论晶体的性质(或行为)时,若遇到晶面族或晶向族符号,那就表示该性质(或行为)对于该晶面族中的任一晶面或该晶向族中的任一晶向都同样成立,因而没有必要区分具体的晶面或晶向。注意立方晶体中的这种关系不能简单地在其他晶体中套用。

1.3.1.2 四指数表示

上面我们用三个指数表示晶面和晶向。这种三指数表示,原则上适用于任意晶系。但是,用三指数表示六方晶系的晶面和晶向有一个很大的缺点,即晶体学上等价的晶面和晶向不具有表观类似的指数。这一点可以从图1-16看出。图中六棱柱的两个相邻外表面(带影线的面)是晶体学上等价的晶面,但其密勒指数却分别是$(1\bar{1}0)$和(100)。图中夹角为$60°$的两个密排方向$\boldsymbol{D}_1$和$\boldsymbol{D}_2$是晶体学上的等价方向,但其晶向指数却分别是$[100]$和$[110]$。

由于等价晶面或晶向不具有表观类似的指数,人们就无法从指数判断其等价性,也无法由晶面族或晶向族指数写出它们所包括的各种等价晶面或晶向,这就给晶体研究带来很大的不便。为了克服这一缺点,或者说,为了使晶体学上等价的晶面或晶向具有类似的指数,对六方晶体来说,就得放弃三指数表示,而采用四指数表示。四指数表示是基于4个坐标轴:a_1,a_2,a_3和c轴,其中a_1,a_2和c轴就是原胞的a,b和c轴,如图1-17所示,而$a_3 = -(a_1 + a_2)$。下面就分别讨论用四指数表示的晶面、晶向指数。

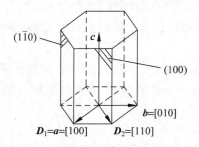

图1-16 六方晶体的等价晶面和晶向指数

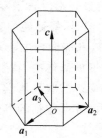

图1-17 六方晶体的四轴坐标系统

(1) 晶面指数

确定四指数的晶面指数的原理和步骤与确定密勒指数的步骤相同。从待标晶面在a_1,a_2,a_3和c轴上的截距即可求得相应的指数h,k,i,l,于是晶面指数可写成$(hkil)$。从图1-17所示的4个轴的几何关系不难看出,只要晶面在a_1及a_2轴上的截距一定,它在a_3轴上的截距也就随之而定。可见,h,k和i三个指数不是独立的。事实上,根据关系式$a_3 = -(a_1 + a_2)$,读者不难证明,$i \equiv -(h+k)$。

　　六方晶体中常见晶面及其四轴指数(亦称六方指数)标于图 1-18 中。从图中看出,采用四指数后,同族晶面(即晶体学上等价的晶面)就具有类似的指数。例如:

　　$\{10\bar{1}0\}=(10\bar{1}0)+(1\bar{1}00)+(01\bar{1}0)$,共三个等价面(Ⅰ型棱柱面);$\{11\bar{2}0\}=(11\bar{2}0)+(\bar{1}2\bar{1}0)+(2\bar{1}\bar{1}0)$,共三个等价面(Ⅱ型棱柱面);而 $\{0001\}$ 只包括 (0001) 一个晶面,称为基面。六方晶体中比较重要的晶面族还有 $\{10\bar{1}2\}$,请读者写出其全部等价面。

　　(2) 晶向指数

　　用行走法确定六方晶体的四轴晶向指数时,会遇到一个新的问题,即解是不唯一的。例如,a_1 轴的指数可以是 $[2\bar{1}\bar{1}0]$,也可以是 $[2000]$;a_2 轴的指数可以是 $[\bar{1}2\bar{1}0]$,也可以是 $[0200]$。分析各种等价晶向的四轴指数后发现,要想使等价晶向具有表观类似的四轴指数,就需要人为地附加一个条件,即"前三个指数之和为零"。若将晶向指数写成 $[u\,v\,t\,w]$,则上述附加条件可写成:$u+v+t=0$,或 $t=-(u+v)$。按照这个附加条件,上述 a_1 轴的指数就应该是 $[2\bar{1}\bar{1}0]$,而不是 $[2000]$;同样,a_2 和 a_3 轴的指数分别是 $[\bar{1}2\bar{1}0]$ 和 $[\bar{1}\,\bar{1}20]$。图 1-19 中标出了六方晶体中各重要晶向的四轴指数。它们是 $[0001]$、$\langle 10\bar{1}0 \rangle$、$\langle 11\bar{2}0 \rangle$、$\langle 10\bar{1}1 \rangle$ 等。

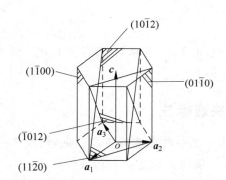

图 1-18　六方晶体中常见的晶面

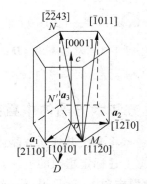

图 1-19　六方晶体中常见的晶向

　　除上述几个特殊晶向外,对一般的晶向,很难直接求出四轴指数 $[u\,v\,t\,w]$,因为很难保证在沿 a_1,a_2,a_3 和 c 轴分别走了 u,v,t 和 w 步后既要达到晶向上的另一点,又要满足条件 $t=-(u+v)$。比较可靠的标注指数方法是解析法。该法是先求出待标晶向在 a_1,a_2 和 c 三个轴下的指数 U,V,W(这比较容易求得),然后按以下公式算出四轴指数 u,v,t,w:

$$
\begin{cases}
u = \dfrac{1}{3}(2U-V) \\[2mm]
v = \dfrac{1}{3}(2V-U) \\[2mm]
t = -(u+v) = -\dfrac{1}{3}(U+V) \\[2mm]
w = W
\end{cases}
\tag{1-1}
$$

此公式可证明如下:

　　由于三轴指数和四轴指数均描述同一晶向,故

$$u\boldsymbol{a}_1 + v\boldsymbol{a}_2 + t\boldsymbol{a}_3 + w\boldsymbol{c} = U\boldsymbol{a}_1 + V\boldsymbol{a}_2 + W\boldsymbol{c} \tag{1-2}$$

又由几何关系:

$$\boldsymbol{a}_1 + \boldsymbol{a}_2 = -\boldsymbol{a}_3 \tag{1-3}$$

再由等价性要求： $\qquad t=-(u+v)$ $\qquad(1\text{-}4)$

解以上 3 个联立方程，即得到式(1-1)。由式(1-1)又可解出：

$$U=2u+v,\quad V=2v+u,\quad W=w \qquad(1\text{-}5)$$

式(1-5)和式(1-1)可用矩阵表示如下：

$$\begin{bmatrix} U \\ V \\ W \end{bmatrix} = \begin{bmatrix} 2 & 1 & 0 \\ 1 & 2 & 0 \\ 0 & 0 & 1 \end{bmatrix} \begin{bmatrix} u \\ v \\ w \end{bmatrix} \qquad(1\text{-}6)$$

$$\begin{bmatrix} u \\ v \\ w \end{bmatrix} = \begin{bmatrix} \dfrac{2}{3} & -\dfrac{1}{3} & 0 \\ -\dfrac{1}{3} & \dfrac{2}{3} & 0 \\ 0 & 0 & 1 \end{bmatrix} \begin{bmatrix} U \\ V \\ W \end{bmatrix} \qquad(1\text{-}7)$$

例 2　求 $\boldsymbol{a}_1$ 轴；(2)$\boldsymbol{a}_1$ 和 $-\boldsymbol{a}_3$ 交角的平分线。

解　(1) 从晶胞图直接得到：$U=1,V=0,W=0$。按式(1-1)算得：$u=\dfrac{2}{3},v=-\dfrac{1}{3}$, $t=-\dfrac{1}{3},w=0$,故 $\boldsymbol{a}_1=\dfrac{1}{3}[2\,\bar{1}\,\bar{1}0]$。

(2) 参见图 1-19,从晶胞图,$\boldsymbol{D}=\boldsymbol{a}_1+(-\boldsymbol{a}_3)=2\boldsymbol{a}_1+\boldsymbol{a}_2$,所以 $U=2,V=1,W=0$,代入式(1-1)得到：$u=1,v=0,t=-1,w=0$,故 $\boldsymbol{D}=[10\bar{1}0]$。

1.3.2　立方和六方晶体中重要晶向的快速标注

在以后各章将多次遇到立方晶体和六方晶体中的一些低指数重要晶向,需要迅速确定其指数。根据上述标定指数的方法,我们归纳出一条快速标定晶向指数的口诀,即:"**指数看特征,正负看走向**"。就是说,根据晶向的特征,决定指数的数值;根据晶向是"顺轴"(即与轴的正向成锐角)还是"逆轴"(即与轴的正向成钝角),决定相应于该轴的指数的正负。下面具体讨论立方晶体和六方晶体中的各重要晶向。

1.3.2.1　立方晶体

立方晶体中各重要晶向的特征如下：

〈100〉——晶轴；沿着 $\boldsymbol{a}$ 轴,则第一指数为 1,依此类推；如果"逆轴"(如沿 $-\boldsymbol{a}$ 轴),则相应指数为 $\bar{1}$。

〈110〉——面对角线。若面对角线在 $\boldsymbol{a}$ 面(即(100)面)上,则第一指数为 0,其余两个指数为 1 或 $\bar{1}$(取决于所论对角线是"顺着"还是"逆着"相应的晶轴)。

〈111〉——体对角线,3 个指数都是 1 或 $\bar{1}$,取决于该对角线与相应轴的交角(锐角为 1,钝角为 $\bar{1}$)。

〈112〉——顶点到对面(即不通过该顶点的{100}面)的面心的连线。如果对面是 $\boldsymbol{a}$ 面,则第一指数为 2 或 $\bar{2}$,其余两个指数为 1 或 $\bar{1}$。如果考虑晶向的长度,则由顶点到对面面心的连线应该是 $\dfrac{1}{2}\langle112\rangle$,即〈112〉长度的一半。

1.3.2.2　六方晶体

六方晶体中各重要晶向的特征如下：

$[0001]$——c 轴。

$\langle 2\bar{1}\bar{1}0\rangle$——和 a_1，a_2 或 a_3 轴平行的晶向。和哪个轴正（或反）平行，则相应的指数就是 2（或 $\bar{2}$），其余 3 个指数就是 $\bar{1},\bar{1},0$（或 $1,1,0$）。

$\langle 10\bar{1}0\rangle$——两个晶轴 $\pm a_i$ 和 $\mp a_j$ 交角的平分线（$i,j=1,2,3,i\neq j$）。例如 $[10\bar{1}0]$ 是 $+a_1$ 轴和 $-a_3$ 轴交角的平分线；$[0\bar{1}10]$ 是 $-a_2$ 轴和 $+a_3$ 轴交角的平分线，等等。

根据以上几类晶向指数，还可以迅速求得某些不平行于基面的重要晶向。方法是先求该晶向在基面上的投影线的指数 $[u\,v\,t\,0]$，而 w 可从晶胞图中直观看出。例如，求图 1-19 中 MN 的指数时，先找出 MN 的投影 MN' 的指数 $\left[\dfrac{\bar{2}}{3}\ \dfrac{\bar{2}}{3}\ \dfrac{4}{3}\ 0\right]$，而从图 1-19 中直观看出 $w=1$，故 MN 的指数 $\left[\dfrac{\bar{2}}{3}\ \dfrac{\bar{2}}{3}\ \dfrac{4}{3}\ 1\right]$，化整后得到 $[\bar{2}\,\bar{2}\,4\,3]$。

1.4　常见晶体结构及其几何特征

1.4.1　常见晶体结构

常见的晶体结构有以下三类：

(1) 体心立方结构，缩写为 BCC(body-centered cubic)。属于此类结构的金属有：碱金属，难熔金属（V、Nb、Ta、Cr、Mo、W），α-Fe 等。

(2) 面心立方结构，缩写为 FCC(face-centered cubic)。属于此类结构的金属有：Al，贵金属，γ-Fe，Ni，Pb，Pd，Pt 以及奥氏体不锈钢等。

(3) 密排六方结构，缩写为 HCP(hexagonal close-packed) 或 CPH。属于此类结构的金属有：α-Be$\left(\dfrac{c}{a}=1.57\right)$，$\alpha$-Ti，$\alpha$-Zr 及 α-Hf$\left(\dfrac{c}{a}\text{均为}1.59\right)$，$\alpha$-Co 及 Mg$\left(\dfrac{c}{a}=1.62\right)$，Zn$\left(\dfrac{c}{a}=1.86\right)$，Cd$\left(\dfrac{c}{a}=1.89\right)$ 等。

1.4.2　几何特征

所谓几何特征包括以下几种：

(1) 配位数　一个原子周围的最近邻原子数称为**配位数**。对纯元素晶体来说，这些最近邻原子到所论原子的距离必然是相等的，但对于多种元素形成的晶体，不同元素的最近邻原子到所论原子的距离则不一定相等。这里，"最近"是同种原子相比较而言，而配位数则是一个原子周围的各元素的最近邻原子数之和。配位数通常用 CN(coordination number) 表示。例如，CN12 表示配位数为 12。

(2) 一个晶胞内的原子数 n　这可以从晶胞图中直观看出。但要注意，位于晶胞顶点的原子是相邻的 8 个晶胞共有的，故属于一个晶胞的原子数是 1/8。位于晶胞的棱上的原子是相邻的 4 个晶胞共有的，故属于一个晶胞的原子数是 1/4。位于晶胞外表面（$\langle100\rangle$面）上的原子是两个晶胞共有的,故属于一个晶胞的原子数是$\frac{1}{2}$。

(3)紧密系数 ξ **紧密系数**又称**堆垛密度**,它的定义是:

$$\xi = \frac{晶胞中各原子的体积之和}{晶胞的体积}$$

在计算 ξ 时,假定原子是半径为 r 的刚性球,而且相距最近的原子是彼此相切的(刚球密排模型)。

根据以上定义和说明,不难算出 BCC,FCC 和 HCP 三种结构的 CN,n 和 ξ 值(如表 1-2 所示)。表中还给出了原子半径 r、原子体积 v 和晶胞体积 V。

表 1-2   常见晶体的几何参数

晶体	CN	n	r	v	V	ξ
BCC	8	2	$\dfrac{\sqrt{3}\,a}{4}$	$\dfrac{\sqrt{3}\,\pi a^3}{16}$	a^3	0.68
FCC	12	4	$\dfrac{\sqrt{2}\,a}{4}$	$\dfrac{\sqrt{2}\,\pi a^3}{24}$	a^3	0.74
HCP	12	6	$\dfrac{a}{2}$	$\dfrac{\pi a^3}{6}$	$\dfrac{3\sqrt{3}}{2}\left(\dfrac{c}{a}\right)a^3$	0.74

(4)密排面和密排方向   不同晶体晶格中不同晶面、不同晶向上的原子排列方式和排列密度不一样。表 1-3 和表 1-4 给出了体心立方晶格和面心立方晶格中各主要晶面、晶向上的原子排列方式和排列密度。可见,在 BCC 中,原子密度最大的晶面为 {110},称为密排面;原子密度最大的晶向为 ⟨111⟩,称为密排方向。而在 FCC 中,密排面为 {111},密排方向为 ⟨110⟩。

表 1-3   体心立方、面心立方晶格主要晶面的原子排列方式和排列密度

晶 面 指 数	体心立方晶格		面心立方晶格	
	晶面原子排列示意图	晶面原子密度(原子数/面积)	晶面原子排列示意图	晶面原子密度(原子数/面积)
{100}		$\dfrac{4\times\frac{1}{4}}{a^2}=\dfrac{1}{a^2}$		$\dfrac{4\times\frac{1}{4}+1}{a^2}=\dfrac{2}{a^2}$
{110}		$\dfrac{4\times\frac{1}{4}+1}{\sqrt{2}\,a^2}=\dfrac{1.4}{a^2}$		$\dfrac{4\times\frac{1}{4}+2\times\frac{1}{2}}{\sqrt{2}\,a^2}=\dfrac{1.4}{a^2}$
{111}		$\dfrac{3\times\frac{1}{6}}{\frac{\sqrt{3}}{2}\,a^2}=\dfrac{0.58}{a^2}$		$\dfrac{3\times\frac{1}{6}+3\times\frac{1}{2}}{\frac{\sqrt{3}}{2}\,a^2}=\dfrac{2.3}{a^2}$

表 1-4　体心立方、面心立方晶格主要晶向的原子排列方式和排列密度

晶面指数	体心立方晶格		面心立方晶格	
	晶向原子排列示意图	晶向原子密度（原子数/面积）	晶向原子排列示意图	晶向原子密度（原子数/面积）
$\langle 100 \rangle$	a	$\dfrac{2\times\frac{1}{2}}{a}=\dfrac{1}{a}$	a	$\dfrac{2\times\frac{1}{2}}{a}=\dfrac{1}{a}$
$\langle 110 \rangle$	$\sqrt{2}a$	$\dfrac{2\times\frac{1}{2}}{\sqrt{2}\,a}=\dfrac{0.7}{a}$	$\sqrt{2}a$	$\dfrac{2\times\frac{1}{2}+1}{\sqrt{2}\,a}=\dfrac{1.4}{a}$
$\langle 111 \rangle$	$\sqrt{3}a$	$\dfrac{2\times\frac{1}{2}+1}{\sqrt{3}\,a}=\dfrac{1.16}{a}$	$\sqrt{3}a$	$\dfrac{2\times\frac{1}{2}}{\sqrt{3}\,a}=\dfrac{0.58}{a}$

1.4.3　常见晶体结构中的重要间隙

由于球形原子不可能无空隙地填满整个空间,故晶体中必有**间隙**。间隙的大小、数量和位置也是晶体的一个重要特征,对于分析复杂的合金结构和陶瓷结构很有用处。在 BCC,FCC 和 HCP 晶体中有两类重要的间隙,即**八面体间隙**和**四面体间隙**。分别讨论如下。

1.4.3.1　FCC 晶体

（1）八面体间隙

FCC 晶胞的 6 个面心原子可以连成一个边长为 $\dfrac{\sqrt{2}}{2}a$ 的正八面体,其中心（体心）就是八面体间隙的中心,如图 1-20 所示。由于 FCC 晶胞的每条棱的中点和体心是等同的位置,故它们都是八面体间隙的中心。显然,一个晶胞中八面体间隙的数量为 $12\times\dfrac{1}{4}+1=4$（个）,故八面体间隙数与原子数之比为 1∶1。如果在间隙中填入半径为 r_x 的刚性小球（即填隙原子）,使小球恰好和最近邻的点阵原子相切,则 r_x 就是间隙大小的度量。根据这个相切条件,不难由图 1-20(a)算出八面体间隙相对大小 $\dfrac{r_x}{r}$：

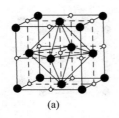　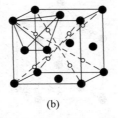

　　　　　　(a)　　　　　　　　　　　　(b)

图 1-20　面心立方晶体中的八面体间隙(a)和四面体间隙(b)

因为

$$r_x + r = \frac{a}{2}$$

而

$$r = \frac{\sqrt{2}}{4}a$$

所以

$$\frac{r_x}{r} = \frac{a}{2r} - 1 = 0.414 \tag{1-8}$$

（2）四面体间隙

如果用(200)、(020)和(002)3个平面将FCC晶胞分为8个相同的小立方体,则每个小立方体的中心就是四面体间隙的中心,因为同它相距为$\frac{\sqrt{3}}{4}a$的4个最近邻原子构成一个边长为$\frac{\sqrt{2}}{2}a$的正四面体,如图1-20(b)所示。显然一个晶胞内有8个四面体间隙,故四面体间隙数与原子数之比为2:1。根据填隙原子和最近邻点阵原子相切的条件,不难由图1-20(b)算出四面体间隙相对于点阵原子的大小$\frac{r_x}{r}$。因为

$$r_x + r = \frac{\sqrt{3}}{4}a$$

而

$$r = \frac{\sqrt{2}}{4}a$$

所以

$$\frac{r_x}{r} = \frac{\frac{\sqrt{3}}{4}a}{r} - 1 = \sqrt{\frac{3}{2}} - 1 = 0.225 \tag{1-9}$$

1.4.3.2　BCC晶体

（1）八面体间隙

BCC晶体的八面体间隙在面心和棱的中点(对BCC晶体,这些都是等同点),如图1-21(a)所示。一个晶胞中八面体间隙的数量是$6 \times \frac{1}{2} + 12 \times \frac{1}{4} = 6$(个),故八面体间隙数与原子数之比为6:2=3:1。在计算$\frac{r_x}{r}$时应该注意,间隙原子(填在间隙中的刚性小球)只和相距它为$\frac{a}{2}$的两个点阵原子相切,而不和相距它为$\frac{\sqrt{2}}{2}a$的四个原子相切(即非正八面体),因此有

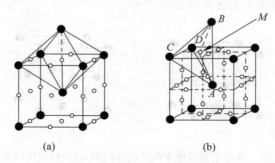

图1-21　体心立方晶体中的八面体间隙(a)和四面体间隙(b)

$$r_x + r = \frac{a}{2}$$

而

$$r = \frac{\sqrt{3}}{4}a$$

所以

$$\frac{r_x}{r} = \frac{\frac{a}{2}}{r} - 1 \approx 0.155 \tag{1-10}$$

（2）四面体间隙

在图 1-21(b) 中，两个相邻晶胞的体心原子 A 和 B，以及相邻晶胞公共棱上的原子 C 和 D，就构成四面体的顶点，其中心 $M\left(\frac{1}{2}, \frac{1}{4}, 1\right)$ 就是四面体间隙的中心。显然，每个表面（$\{100\}$ 面）上都有 4 个与 M 等同的点，故一个晶胞中的四面体间隙数为 $4 \times 6 \times \frac{1}{2} = 12$（个），四面体间隙数与原子数之比为 $12 : 2 = 6 : 1$。从对称性可知，填在四面体间隙的最大间隙原子是与 4 个顶点的原子同时相切的，故二者半径之和为

$$r_x + r = \sqrt{\left(\frac{a}{4}\right)^2 + \left(\frac{a}{2}\right)^2} = \frac{\sqrt{5}}{4}a$$

因为

$$r = \frac{\sqrt{3}}{4}a$$

所以

$$\frac{r_x}{r} = \frac{\frac{\sqrt{5}}{4}a}{r} - 1 = \sqrt{\frac{5}{3}} - 1 = 0.291 \tag{1-11}$$

1.4.3.3　HCP 晶体

（1）八面体间隙

HCP 晶体的八面体间隙如图 1-22（a）所示。其中一个间隙 M 的坐标为 $\left(\frac{1}{3}, -\frac{1}{3}, \frac{1}{4}\right)$。从图看出，在一个 HCP 晶胞内有 6 个八面体间隙，故八面体间隙数与原子数之比为 $6 : 6 = 1 : 1$。间隙大小 $\frac{r_x}{r}$ 可由 $\triangle \overline{AMM'}$ 求得

$$r_x + r = \sqrt{\left[\frac{2}{3}(a\cos 30°)\right]^2 + \left(\frac{c}{4}\right)^2} = a\sqrt{\frac{1}{3} + \frac{1}{16}\left(\frac{c}{a}\right)^2}$$

$$r = \frac{a}{2}$$

$$\frac{r_x}{r} = \frac{a\sqrt{\frac{1}{3} + \frac{1}{16}\left(\frac{c}{a}\right)^2}}{\frac{a}{2}} - 1 = 2\sqrt{\frac{1}{3} + \frac{1}{16}\left(\frac{8}{3}\right)} - 1 = 0.414 \tag{1-12}$$

（2）四面体间隙

HCP 晶体的四面体间隙位置如图 1-22(b) 所示。图中画出了位于 c 轴上的两个四面体间隙位置。由于平行于 c 轴的六条棱上的原子排列情况是和 c 轴完全相同的，故在每条棱上与 c 轴上间隙对应的位置也有两个四面体间隙。此外，以晶胞中部 3 个原子中的每一个

为顶点,以其上方(顶层)和下方(底层)的 3 个原子构成的三角形为底,分别可作一四面体,其中心就是四面体间隙的中心。这样,一个六方晶胞内的四面体间隙总数应是 c 轴上的间隙数,6 条平行于 c 轴的棱上的间隙数以及通过晶胞中部的 3 个原子而平行于 c 轴的 3 条竖直线上的间隙数之和。其值为 $2+6\times2\times\dfrac{1}{3}+2\times3=12$(个),四面体间隙数与原子数的比为 $12:6=2:1$。为了求间隙的大小,可以分析任意一个四面体,例如,以晶胞中部 3 个原子为下底的四面体 $\overline{ABCD}$(见图 1-22(b))。假定顶点距间隙 I 的距离为 x,则有

$$x=AI=r_x+r=\overline{IB}$$

所以

$$x^2=(r_x+r)^2=\left(\frac{2}{3}a\cos30°\right)^2+\left(\frac{c}{2}-x\right)^2$$

由此解出

$$x=\frac{a^2}{3c}+\frac{c}{4}=r_x+r,\quad 因\ r=\frac{a}{2}$$

所以

$$\frac{r_x}{r}=\frac{x}{r}-1=2\left(\frac{a}{3c}+\frac{c}{4a}\right)-1=2\left(\frac{1}{3}\sqrt{\frac{3}{8}}+\frac{1}{4}\sqrt{\frac{8}{3}}\right)-1$$

$$=\frac{\sqrt{6}}{2}-1=0.225 \tag{1-13}$$

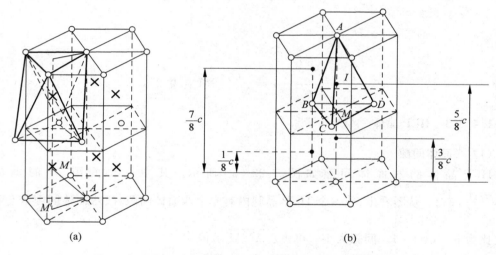

图 1-22 密排六方晶体中的八面体间隙(a)和四面体间隙(b)

表 1-5 总结了 BCC,FCC 和 HCP 3 种结构中八面体间隙和四面体间隙的特点。

表 1-5 3 种典型晶体中的四面体和八面体间隙

晶体结构	八面体间隙		四面体间隙	
	$\dfrac{间隙数}{原子数}$	$\dfrac{r_x}{r}$	$\dfrac{间隙数}{原子数}$	$\dfrac{r_x}{r}$
BCC	3	0.155	6	0.291
FCC	1	0.414	2	0.225
HCP	1	0.414	2	0.225

从表 1-2 和表 1-3 可以看出：

（1）FCC 和 HCP 都是密排结构，而 BCC 则是比较"开放"的结构，因为它的间隙较多。因此，氢、硼、碳、氮、氧等原子半径较小的元素（所谓间隙式元素）在 BCC 金属中的扩散速率比在 FCC 及 HCP 金属中高得多。

（2）FCC 和 HCP 金属中的八面体间隙大于四面体间隙，故这些金属中的间隙式元素的原子必位于八面体间隙中。

（3）在 BCC 晶体中，四面体间隙大于八面体间隙，因而间隙式原子应占据四面体间隙位置。但另一方面，由于 BCC 的八面体间隙是不对称的，即使上述间隙式原子占据八面体间隙位置，也只引起距间隙中心为 $\frac{a}{2}$ 的两个原子显著地偏离平衡位置，其余 4 个原子$\left(\text{距间}\right.$隙中心为 $\frac{\sqrt{2}}{2}a$ 的原子$\left.\right)$则不会显著地偏离其平衡位置，因而总的点阵畸变不大。因此，在有些 BCC 金属中，间隙原子占据四面体间隙位置（如碳在钼中），在另一些 BCC 晶体中，间隙原子占据八面体间隙位置（如碳在 α 铁中）。

（4）FCC 和 HCP 中的八面体间隙远大于 BCC 中的八面体或四面体间隙，因而间隙式元素在 FCC 和 HCP 中的溶解度往往比在 BCC 中大得多。

（5）FCC 和 HCP 晶体中的八面体间隙大小彼此相等，四面体间隙大小也相等，其原因在于这两种晶体的原子堆垛方式非常相像（详见 1.5 节）。

1.5　晶体的堆垛方式

任何晶体都可以看成是由任给的 (hkl) 原子面一层一层地堆垛而成的。例如，简单立方晶体可以看成是由一系列平行的 (001) 原子面堆垛而成，也可以看成是由一系列平行的 (110) 原子面堆垛而成。但是，不同的 (hkl) 面，堆垛次序是不同的。在上例中，相邻的 (001) 面没有发生相对错动，就是说，沿 (001) 法线方向看去，各层原子是重合的。这时我们就说，各层原子处于相同的位置（不计法线方向位移）。若每层位置用字母 A 表示，则简单立方晶体按 (001) 面的堆垛次序就是 $AAAA\cdots$。对于 (110) 面，情况就不同了。相邻的 (110) 层错动了 $\frac{1}{2}[\bar{1}10]$ $\left(\text{即沿}[\bar{1}10]\text{方向错动了}\frac{\sqrt{2}}{2}a\right)$。如果一层的位置用 A 表示，则相邻层就是 B，于是简单立方晶体按 (110) 面的堆垛次序就是 $ABAB\cdots$。

下面着重讨论 HCP 和 FCC 两种晶体按密排面（HCP 的 (0001) 面和 FCC 的 (111) 面）的堆垛次序。

从 HCP 的晶胞图（图 1-11）可以看出，位于晶胞中部$\left(z=\frac{1}{2}c\,\text{处}\right)$的密排原子层相对于底层错动了 $\frac{1}{3}[10\bar{1}0]$，而顶层又相对于中间层错动了 $\frac{1}{3}[\bar{1}010]$，因而回到了底层的位置（即沿 $[0001]$ 方向看去，顶层和底层的原子是重合的）。因此，若令底层位置为 A，中间层为 B，则顶层位置也是 A，于是 HCP 晶体按密排面 (0001) 的堆垛次序就是 $ABAB\cdots$。

为了揭示 FCC 晶体按密排面 (111) 的堆垛次序，可以画出两个共棱的晶胞，并标出 4 个相邻的(111)面,以及面上的原子,如图 1-23 所示。由于 FCC 晶体中相距为 $\frac{\sqrt{2}}{2}a$ 的原子是彼此相切的,故图中第二层(111)面上的原子 8 是和第一层(111)面上的原子 1、2 和 3 相切的,原子 8 在第一层(111)面上的投影 8′ 就在 △123 的重心上。因此,第二层相对于第一层的位移(错动)为 $\overline{1-8'}=\frac{1}{3}(\overline{1-5})=\frac{1}{6}[11\overline{2}]$。同理,第三层(111)面相对于第二层的位移也是 $\frac{1}{6}[11\overline{2}]$,以此类推。这样,第四层相对于第一层的位移就是 $3\times\frac{1}{6}[11\overline{2}]=\frac{1}{2}[11\overline{2}]=\overline{1-5}$,即正好沿 $[11\overline{2}]$ 方向位移了一个原子间距,因而第四层的位置和第一层是相同的。因此,FCC 晶体按(111)面的堆垛次序是 $ABCABC\cdots$。

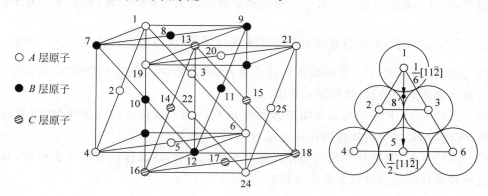

图 1-23 FCC 按(111)面的堆垛次序

现在,我们就将 HCP 和 FCC 晶体的密排面堆垛方式作一个比较。

(1) 如果只看一层密排面,两种晶体是没有差别的,因为在(0001)和(111)面上的每个原子都是和邻近的 6 个原子相切的。

(2) 如果看相邻的两层密排面,两种晶体仍然没有差别,因为两层的相对位移都是 $\frac{1}{6}\langle 112\rangle$,在一层上的每个原子都是和另一层的 3 个最近邻原子相切。正是由于两种晶体中相邻两层密排面的堆垛情况完全相同,两种晶体中的八面体间隙和四面体间隙才都分别相等(见表 1-3),因为这些间隙都存在于相邻两层密排面之间。

(3) 如果看相邻的 3 层密排面,那么 HCP 和 FCC 两种晶体就有差别了,因为前者按密排面的堆垛次序是 $ABAB\cdots$,后者则是 $ABCABC\cdots$。为了更清楚地看出这两种堆垛次序的差别,我们可以在 FCC 晶体中选取一个类似于六方晶胞的特殊晶胞,其基面是(111),4 个六方轴是:$a_1=\frac{1}{2}[10\overline{1}]$,$a_2=\frac{1}{2}[\overline{1}10]$,$a_3=\frac{1}{2}[0\overline{1}1]$,$c=[111]$,如图 1-24(a)所示。图 1-24(b)是原子在底层(A 层)的投影。从以上两图可以清楚地看到 FCC 和 HCP 两种晶体结构的类似性和差别。

最后,我们简单地讨论一下堆垛层错。

如上所述,FCC 晶体中密排面的正常堆垛次序是 $ABCABC\cdots$。但有时候,在局部区域,这种正常的堆垛次序会受到破坏。例如,若将某一个 A 层原子抽走,堆垛次序就变成 $ABC\,\vdots\,BCABC\cdots$。这里,虚线处的 A 层被抽走了,因而与 C 层相邻的是 B 层,这不符合正

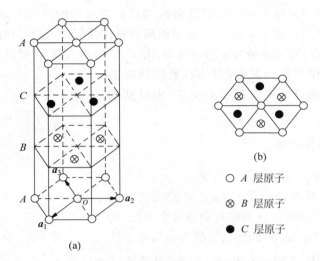

图 1-24　用六方晶轴表示的 FCC 晶胞(a)及原子在密排面上的投影(b)

常堆垛次序,我们就说,在竖短虚线处出现了堆垛层错。同样,在 HCP 晶体中,密排面的正常堆垛次序是 $ABABAB\cdots$,若在某个 A 层和相邻的 B 层之间插入一个 C 层(为什么不能插入 A 层或 B 层?),则堆垛次序变为 $ABABA \vdots C \vdots BAB\cdots$,于是在 $A-C$ 和 $B-C$ 处(竖短虚线位置)出现两层层错。

　　关于实际晶体中堆垛层错的形成原因和类型,我们将在以后各章陆续讨论。

　　在上面都是用拉丁字母的顺序来表示堆垛次序和层错。还有一种表示方法是用三角形符号表示,并规定,凡是依照拉丁字母顺序的堆垛次序用倒三角形▽表示,相反的次序用正三角形△表示。这样的符号就叫 Frank 符号。按照 Frank 符号,FCC 晶体密排面的堆垛次序可表示为▽▽▽▽▽▽▽…,HCP 晶体密排面的堆垛次序则为▽△▽△▽△…。用 Frank 符号表示 FCC 晶体密排面的层错和孪晶是比较直观、清楚的(详见第 3 章)。

1.6　晶　体　投　影

　　描述晶体取向的方法有两种。一种是用晶面和晶向指数表示;另一种是用晶体投影图表示。所谓晶体投影就是按一定规则表示各晶面或晶向分布的图形。按不同的规则,就得到不同的投影。

1.6.1　球投影

1.6.1.1　原理

　　设想有一个参考球,将晶体放置在球心,如图 1-25 所示。由于我们关心的是各晶面或晶向的取向,而不是它们的绝对位置,因此,我们假定参考球的半径比晶体尺寸大得多,因而可以认为所有晶面或晶向都通过球心。

　　在上述假定下,晶向可以用它与球面的交点来表示。晶面则可以用两种方法表示:一种用极点表示,另一种用面痕表示。所谓**晶面极点**就是该晶面的法线与球面的交点;例如,图1-25中的 P 点就是晶面 F 的极点。所谓**面痕**就是该晶面扩大后与球面的交线。由于假定各晶面都通过球心,故交线必为大圆。例如,图1-25中的大圆 M 就是 F 面的面痕。

如果在球面上作出所有晶面的极点,就得到晶面的球投影。如作出所有晶向与球面的交点,则得到晶向的球投影。

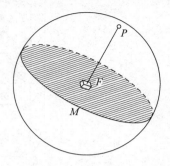

图1-25　晶面 F 的球投影
（极点 P）

1.6.1.2　测角和旋转

任何晶体投影主要要解决两个问题。

第一个问题是测定任给两晶面之间的夹角。例如,图1-26中给出了晶体的顶面和右侧面两个晶面,其极点分别为 P_1 及 P_2。显然,此二晶面的夹角就等于其法线(半径) $\overline{OP_1}$ 和 $\overline{OP_2}$ 之间的夹角 ϕ。因此,只要通过极点 P_1,P_2 和球心 O 作一个**大圆**(位于球面上且圆心在球心的圆),那么大圆弧 $\overset{\frown}{P_1P_2}$ 的弧度就是 ϕ。

第二个问题是将晶体绕给定轴旋转一定的角度,求旋转以后新的极点位置。

图1-27给出了转轴 SN 和晶面极点 P。现将晶体绕转轴顺时针(沿转轴自上而下看去)旋转 α 角,求旋转后极点 P 的位置 P'。

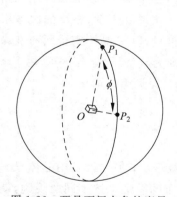

图1-26　两晶面间夹角的度量

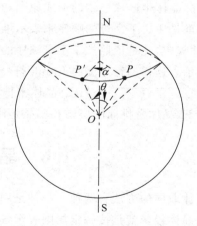

图1-27　晶面极点 P 绕 SN 轴旋转 α 角后至位置 P'

由于晶面 P 与转轴 SN 的夹角 θ 是一定的,故在晶体旋转过程中,$\overline{OP}$ 将形成一个半顶角为 θ 的回转圆锥,圆锥与球面的交线是一个**小圆**(因圆心不在球心),这个小圆就是 P 点运动的轨迹。图1-27中画出了 P 点绕 SN 轴旋转 α 角的位置 P',α 就是小圆弧 $\overset{\frown}{PP'}$ 的弧度数。

由上所述可得以下重要结论:

(1) 欲测任二晶面 P_1 和 P_2 的夹角,必须作一个通过 P_1 和 P_2 两极点的大圆,大圆弧 $\overset{\frown}{P_1P_2}$ 的弧度就是 P_1 与 P_2 的夹角。

（2）当晶体绕给定轴旋转时，任意晶面极点将沿一个垂直于转轴的小圆的圆周运动。起点 P 和终点 P' 之间的小圆弧度 $\overset{\frown}{PP'}$ 就是转角（见图 1-27）。

1.6.1.3　刻度球及其应用

所谓**刻度球**乃是用于测角和旋转的工具。它是根据上述测角和旋转的原理，在球面上刻画了一系列大圆和小圆的球，如图 1-28 所示。从图看出，刻度球非常类似于地球仪。它也有南极 S 和北极 N，所有大圆都通过南北极，称为经线；所有小圆都垂直于直径 SN（圆心被 SN 穿过），称为纬线。每条经线都被各纬线等分成 360 格（每格 1°）；每条纬线也被各经线等分成 360 格（每格 1°）。仿照地理学，位于同一经线、不同纬线上的两点是同经度而不同纬度的，这两点沿经线的角度差就是纬度差。同样，位于同一纬线、不同经线上的两点是同纬度而不同经度的，这两点沿纬线的角度差就是经度差。例如，在图 1-29 中，A,B 两点同经度，其纬度差是 α；A,C 两点同纬度，其经度差是 β。

图 1-28　刻度球

现讨论如何利用此刻度球进行测角和转动操作。为此，我们设想晶体的投影球是透明的，也就是假定各晶向或晶面极点都画在一个透明的球表面上，这个球的直径和刻度球极为相近，刚好能套在刻度球外面，而又能自由转动，如图 1-30 所示。

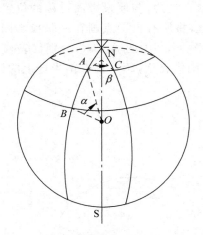

图 1-29　经度差和纬度差的度量

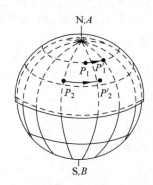

图 1-30　利用刻度球进行转动和测角的操作

如果要测定任给二晶面 P_1 和 P_2 之间的夹角，就可以通过转动透明的投影球（内部的刻度球不动），使 P_1,P_2 两点都位于某一条经线上，然后测量这两点的纬度差即得到两晶面的夹角。

如果要使晶体绕给定的 $[uvw]$ 轴转动 α 角，那么就可以通过转动透明的投影球，使它表面上的 $[uvw]$ 点和刻度球的 N 极或 S 极重合，然后将各极点沿其所在的纬线运动，使终点和起点之间的经度差为 α。例如，图 1-30 中的极点 P_1 和 P_2 就分别转到 P_1' 和 P_2'（注意，所有极点都要转动，因为晶体是整体转动）。

1.6.2 极射投影

球投影虽然能表示晶体的取向、测定晶面夹角,以及将晶体绕定轴旋转,但在三维的球面上操作是很不方便的。为了便于在纸面上操作,需将球面上各极点投影到一个平面上,得到各晶面或晶向的平面投影。根据光源位置的不同,可以得到不同的平面投影,其中最重要的一种就是**极射投影**。

极射投影的原理如图 1-31 所示。光源 S 位于球面上的南极点。投影面垂直于南极与北极的连线 SN,SN 与投影面的交点就是极射投影中心 O'。

极射投影的主要性质如下:

(1)平行于投影面的大圆(位于图 1-31 中的赤道平面 M 上)其极射投影是一个圆,圆心就是极射投影中心 O'。这个大圆称为基圆。

(2)平行于投影面的晶向或晶面法线,其极射投影必在基圆上,且有两点(位于基圆的某一直径的两端)。

(3)只有半个球(图 1-31 中赤道平面 M 左边的半球,即北半球)上极点的极射投影位于基圆内;另半个球(南半球)上极点的投影则位于基圆外。由于任意晶向或晶面法线与球面的交点有两个,如一个在南半球上,另一个必在北半球上,因此,人们只需要将北半球上所有极点的投影就够了,而不需要基圆外的投影。在个别情形下,需要将全球上的极点的极射投影都画在基圆内。为此就需要两张投影图,其光源及投影面位置正好相反。例如,为了得到南半球上极点的投影,需把光源放在 N 点,投影面放在右边、与原投影面对称的位置(对称面就是赤道平面 M)。然后,将两张投影图叠在一起,将所有投影点画在一张投影图上,并用不同的记号区别南半球和北半球上的极点。例如图 1-32 中的 A,B,C 分别代表 A,B,C 面在北半球上的极点的投影,用"●"表示;A',B',C' 则代表 A,B,C 面在南半球上的极点的投影,用"○"表示。

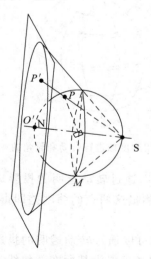

图 1-31 极射投影的原理

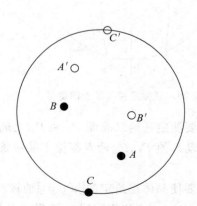

图 1-32 全球上的极点的极射投影

(4)球面上大圆的极射投影是一段通过基圆某直径两端的圆弧(见图 1-33)。在特殊情形下也可以是一条直径线(当大圆垂直于投影面时)或是基圆(当大圆平行于投影面时)。

（5）球面上小圆的极射投影也是小圆，它不通过直径的两端，且圆心并不和圆周上各点等距离（只是等角图），如图 1-34 所示。

（6）由于球面上两极点间的角度是用这两点之间的大圆弧度来度量，因此，在极射投影图上两极点间的角度也要用这两点之间的大圆弧度来度量。

（7）当晶体绕定轴旋转时，由于极点在球面上的轨迹是小圆，故按性质（5），它在极射投影上的轨迹也是小圆。在旋转过程中任何极点间的夹角当然是不变的。

1.6.3 乌氏网及其应用

所谓**乌氏网**（Wulff net）就是刻度球的极射投影。投影时光源放在赤道上某点，投影平面则垂直于光源和球心的连线（见图 1-31）。图 1-35 是一张缩小了的乌氏网。通过南极与北极的各大圆是经线；垂直于南北极轴的各小圆是纬线（见 1.6.1.3 节）。

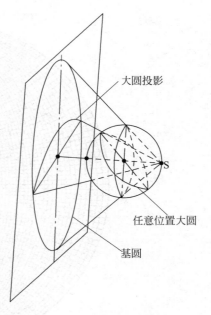

图 1-33 大圆的极射投影

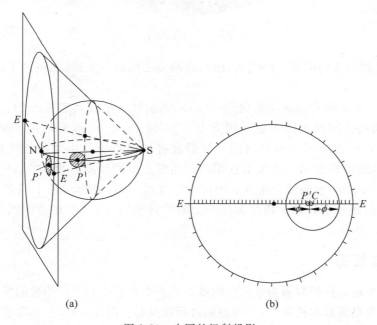

(a)   (b)

图 1-34 小圆的极射投影

既然刻度球可用于测定球面上极点之间的夹角以及确定晶体旋转时极点的运动，它的极射投影——乌氏网自然就用于测定极射投影图上极点之间的夹角以及确定晶体旋转时极射投影点的运动。为此，首先要将极射投影图画在一张透明纸上，再将它叠在乌氏网上，使二者中心重合。这样就可进行测角和旋转操作了。

（1）测角 如欲测定两晶面极点 P_1，P_2 之间的交角，只要将透明纸绕中心旋转，使 P_1，

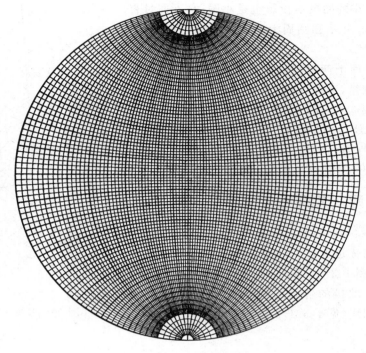

图 1-35   乌氏网

P_2 两点刚好转到乌氏网的某一经线上，读出这两点之间的纬度差，就得到 P_1 和 P_2 面间的夹角。

(2) 旋转   为了确定晶体绕给定的 $[uvw]$ 轴旋转 α 角以后各极点的位置，首先要将 $[uvw]$ 点转到乌氏网的北极 N 或南极 S 上。如果 $[uvw]$ 点本来就在基圆上，那么只要将透明纸绕中心旋转即可达到此目的。然后就将各极点沿其所在的纬线按规定的转动方向转动 α 角，也就是在同一纬线上找出与原始极点位置经度差为 α 的新位置，这个位置就是原极点绕 $[uvw]$ 轴旋转 α 角以后的位置。这里，请读者思考两个问题：①如果极点转到基圆上以后还没有转够 α 角怎么办？②如果转轴 $[uvw]$ 不在基圆圆周上又该如何转动？

1.6.4   标准投影

所谓**标准投影**是指投影面为低指数的重要晶面或投影中心为低指数的重要晶向的极射投影。前者称为**晶面标准投影**，后者称为**晶向标准投影**。因此，(hkl) 标准投影的投影面就是 (hkl)（或者说，投影中心是 (hkl) 面的法线）；$[uvw]$ 标准投影的投影中心就是 $[uvw]$ 方向。

图 1-36 是立方晶体的 (001) 标准投影。读者在看此图时可将它想象为一个立体的球，x 轴（$[100]$ 轴）向下，y 轴（$[010]$ 轴）向右，z 轴（$[001]$ 轴）指向读者。

图 1-37 是六方晶体金属锌（$c/a=1.86$）的 (0001) 标准投影。注意，c/a 不同的 HCP 晶体的标准投影是不同的。而立方晶体的标准投影则可以通用。

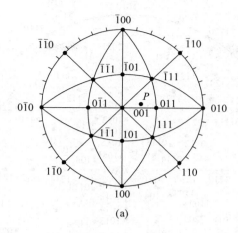

(a)

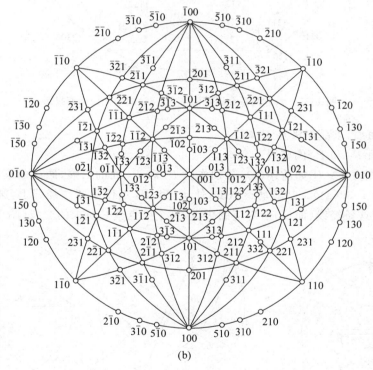

(b)

图 1-36 立方晶系(001)标准投影

(a) 简图；(b) 详图

1.6.5 极射投影练习

为了帮助读者熟悉极射投影的性质和乌氏网的应用,我们列举以下练习题。在所有练习中,投影图都画在透明纸上,然后叠在乌氏网上,使二者的中心重合。

(1) 已知晶面极点 P,求面痕

作图方法:转动透明纸,使 P 点位于乌氏网的赤道上(图 1-38),然后在赤道上找出距 P 点 90° 的 M 点,描下通过 M 点的经线。此经线就是所求的面痕。

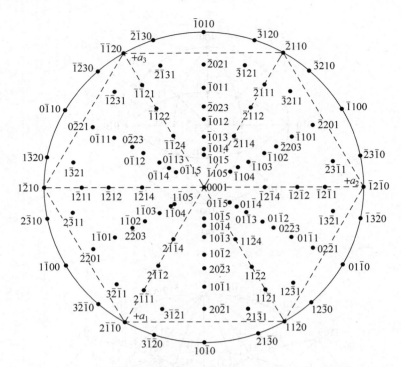

图 1-37　六方晶系金属锌($c/a=1.86$)的(0001)标准投影

（2）已知面痕，求晶面极点 P（略）

（3）求晶面 P_1 和 P_2 的交线

有两种作图方法。①如前述(1)，分别作出 P_1 和 P_2 面的面痕，两条面痕的交点就是所求的交线（见图 1-39(a)）。②转动透明纸，使 P_1 和 P_2 点位于同一经线上，画出这条经线，然后按(2)找出这条经线（面痕）所对应的极点，这个极点就是所求的交线（图 1-39(b)）。

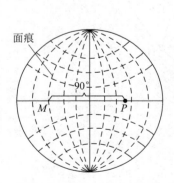

图 1-38　由极点 P 求面痕

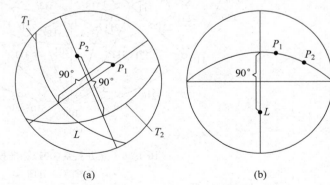

图 1-39　晶面 P_1 和 P_2 的交线 L 的两种求法
(a) 求面痕的交点；(b) 求二面法线的公垂线

（4）求晶向 A 和 B 所决定的晶面（略）

（5）用双面面痕法测滑移面

已知单晶体的位向（包括晶体外表面指数及交线的方向指数）；滑移线 T_A 和 T_B 与晶体的侧棱的交角 α 和 β；A 面和 B 面的交角 θ（见图 1-40(a)）。求作滑移面。

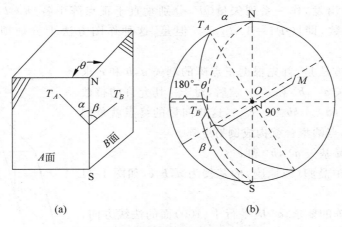

图 1-40　用双面面痕法测定滑移面

(a) 样品及滑移线 T_A,T_B 位置；(b) 极射投影分析

作图方法：由于滑移面是由两条直线 T_A 和 T_B 决定的,故只要求出它们的极点 T_A 和 T_B,那么通过这两点的大圆就是滑移面。T_A 必须满足两个条件：①在 A 面上；②与 SN 成 α 角(SN 是 A 面和 B 面的交线)。T_B 也必须满足两个条件：①在 B 面上；②与 SN 成 β 角。由此可见,要作出极点 T_A,T_B,必须先定出 A 面,B 面及 SN 方向(参考面和参考方向)。由此得出作图步骤如下：①以 A 面为投影面作基圆,见图 1-40(b)；②在基圆上任取一点 N 作为 A,B 面的交线的极射投影点,交线的另一极点为 S(N 和 S 在基圆直径的两端)；③在基圆上按图 1-40(a)的方位关系确定一点 T_A,使 T_A 至 N 点为 α 角,则 T_A 就是 A 面上的滑移线极点；④根据 θ 角作 B 面大圆,它必须通过 A,B 面的交线 N 及 S 点；⑤根据图 1-40(a)中 T_B 的方位及 β 角作出 B 面上的滑移线 T_B；⑥通过 T_A,T_B 两点作一大圆(M)及其极点 M,则 M 就是所求的滑移面。

上面这个例子是有代表性的,因为双面面痕法不仅可用来确定滑移面,也可用来确定孪生面、新相的惯析面等,在实际工作中是十分得力的工具。

1.7　倒易点阵

人们在研究晶体对 X 射线或电子束的衍射效应时知道,某晶面($h\,k\,l$)能否产生衍射的重要条件就是该面相对于入射束的取向,以及晶面间距 $d_{(h\,k\,l)}$。因此,为了从几何上形象地确定衍射条件,人们试图找到一种新的点阵,使该点阵的每一结点都对应着正点阵(即实际点阵)中的一定晶面,即不仅反映该晶面的取向,而且还反映晶面距。具体来说,要求从新点阵原点 O 至任一结点 $P(h,k,l)$ 的矢量 $\overrightarrow{OP}$ 正好沿正点阵中($h\,k\,l$)面的法线方向,而 OP 的长度就等于晶面距的倒数,即 $|\overrightarrow{OP}| = 1/d_{(hkl)}$。这样的新点阵就叫**倒易点阵**。

能不能找到这样的点阵？它有什么性质？在晶体学中有何用处？这些就是本节要讨论的主要内容。

1.7.1　倒易点阵的确定方法,倒易基矢

按上述要求,原则上讲只要有了正点阵,就可以作出倒易点阵,办法是从倒易点阵

的原点(可任选)出发,作一系列矢量$\overrightarrow{OP}$,分别垂直于正点阵中各(hkl)面,并取其长度等于晶面距的倒数,即$|\overrightarrow{OP}|=1/d_{(hkl)}$。但是,这种作图方法十分烦琐,且难以进行定量分析。

比较合理的方法是,首先根据正点阵的基矢$\boldsymbol{a},\boldsymbol{b}$和$\boldsymbol{c}$求出倒易点阵的基矢$\boldsymbol{a}^*,\boldsymbol{b}^*$和$\boldsymbol{c}^*$。然后,对于一切允许的整数$h,k,l$,作出向量$(h\boldsymbol{a}^*+k\boldsymbol{b}^*+l\boldsymbol{c}^*)$,这些向量的终点就是倒易点阵的结点,结点的集合就构成倒易点阵。

如何确定倒易基矢$\boldsymbol{a}^*,\boldsymbol{b}^*$和$\boldsymbol{c}^*$?

假定正点阵中晶胞(或原胞)的基矢为$\boldsymbol{a},\boldsymbol{b},\boldsymbol{c}$,如图1-41所示。

按照倒易点阵的要求,$\boldsymbol{a}^*$应平行于(100)面的法线方向,即$\boldsymbol{a}^*//(\boldsymbol{b}\times\boldsymbol{c})$;它的长度应等于$(100)$面间距的倒数,$|\boldsymbol{a}^*|=1/d_{(100)}$。综合上述得到

$$\boldsymbol{a}^*=\frac{\boldsymbol{b}\times\boldsymbol{c}}{|\boldsymbol{b}\times\boldsymbol{c}|}\cdot\frac{1}{d_{(100)}} \qquad (1\text{-}14)$$

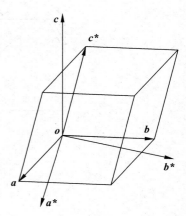

图1-41 倒易点阵基矢与正点阵基矢间的关系

但从图1-42可见,$d_{(100)}=\boldsymbol{a}\cdot\dfrac{\boldsymbol{b}\times\boldsymbol{c}}{|\boldsymbol{b}\times\boldsymbol{c}|}$,代入上式得到

$$\left.\begin{array}{l}\boldsymbol{a}^*=\dfrac{\boldsymbol{b}\times\boldsymbol{c}}{\boldsymbol{a}\cdot\boldsymbol{b}\times\boldsymbol{c}}=\dfrac{\boldsymbol{b}\times\boldsymbol{c}}{V}\\[3mm]\boldsymbol{b}^*=\dfrac{\boldsymbol{c}\times\boldsymbol{a}}{\boldsymbol{b}\cdot\boldsymbol{c}\times\boldsymbol{a}}=\dfrac{\boldsymbol{c}\times\boldsymbol{a}}{V}\\[3mm]\boldsymbol{c}^*=\dfrac{\boldsymbol{a}\times\boldsymbol{b}}{\boldsymbol{c}\cdot\boldsymbol{a}\times\boldsymbol{b}}=\dfrac{\boldsymbol{a}\times\boldsymbol{b}}{V}\end{array}\right\} \qquad (1\text{-}15)$$

式中,$V=\boldsymbol{a}\cdot\boldsymbol{b}\times\boldsymbol{c}=\boldsymbol{b}\cdot\boldsymbol{c}\times\boldsymbol{a}=\boldsymbol{c}\cdot\boldsymbol{a}\times\boldsymbol{b}=$晶胞(或原胞)的体积。

由$\boldsymbol{a}^*,\boldsymbol{b}^*,\boldsymbol{c}^*$即可作出倒易晶胞(或倒易原胞)。

1.7.2 倒易点阵的基本性质

根据公式$(1\text{-}15)$,可得出倒易点阵的基本性质如下:

(1)正点阵和倒易点阵的同名基矢的点积为1,不同名基矢的点积为零,即:

$$\left.\begin{array}{l}\boldsymbol{a}\cdot\boldsymbol{a}^*=\boldsymbol{b}\cdot\boldsymbol{b}^*=\boldsymbol{c}\cdot\boldsymbol{c}^*=1\\[2mm]\boldsymbol{a}\cdot\boldsymbol{b}^*=\boldsymbol{a}^*\cdot\boldsymbol{b}=\boldsymbol{b}\cdot\boldsymbol{c}^*=\boldsymbol{b}^*\cdot\boldsymbol{c}=\boldsymbol{c}\cdot\boldsymbol{a}^*=\boldsymbol{c}^*\cdot\boldsymbol{a}=0\end{array}\right\} \qquad (1\text{-}16)$$

(2)正点阵晶胞(或原胞)的体积V与倒易点阵晶胞(或原胞)的体积V^*呈倒数关系:

$$V^*=\frac{1}{V} \qquad (1\text{-}17)$$

证明

$$V^*=\boldsymbol{a}^*\cdot\boldsymbol{b}^*\times\boldsymbol{c}^*=\frac{1}{V^3}\{(\boldsymbol{b}\times\boldsymbol{c})\cdot[(\boldsymbol{c}\times\boldsymbol{a})\times(\boldsymbol{a}\times\boldsymbol{b})]\}$$

$$=\frac{1}{V^3}\{(\boldsymbol{b}\times\boldsymbol{c})\cdot[((\boldsymbol{c}\times\boldsymbol{a})\cdot\boldsymbol{b})\boldsymbol{a}-((\boldsymbol{c}\times\boldsymbol{a})\cdot\boldsymbol{a})\boldsymbol{b}]\}$$

$$=\frac{1}{V^3}\{(\boldsymbol{b}\times\boldsymbol{c})\cdot V\boldsymbol{a}\}=\frac{1}{V}$$

（3）正点阵的基矢与倒易点阵的基矢互为倒易，即

$$\boldsymbol{a} = \frac{\boldsymbol{b}^* \times \boldsymbol{c}^*}{V^*}, \quad \boldsymbol{b} = \frac{\boldsymbol{c}^* \times \boldsymbol{a}^*}{V^*}, \quad \boldsymbol{c} = \frac{\boldsymbol{a}^* \times \boldsymbol{b}^*}{V^*} \tag{1-18}$$

证明

$$\frac{\boldsymbol{b}^* \times \boldsymbol{c}^*}{V^*} = V \left[\frac{\boldsymbol{c} \times \boldsymbol{a}}{V} \times \frac{\boldsymbol{a} \times \boldsymbol{b}}{V} \right]$$

$$= \frac{1}{V} \left[((\boldsymbol{c} \times \boldsymbol{a}) \cdot \boldsymbol{b}) \boldsymbol{a} - ((\boldsymbol{c} \times \boldsymbol{a}) \cdot \boldsymbol{a}) \boldsymbol{b} \right] = \boldsymbol{a}$$

其他等式同理可证。

综合式(1-17)和式(1-18)可见，正点阵与倒易点阵是互为倒易的。

（4）任意倒易矢量 $\boldsymbol{g} = h\boldsymbol{a}^* + k\boldsymbol{b}^* + l\boldsymbol{c}^*$ 必然垂直于正点阵中的 $(h\,k\,l)$ 面。

在图 1-42 中画出了正点阵的基矢 $\boldsymbol{a}, \boldsymbol{b}, \boldsymbol{c}$，晶面 $(h\,k\,l)$（即 $\triangle ABC$ 平面），以及倒易矢量 $\boldsymbol{g} = h\boldsymbol{a}^* + k\boldsymbol{b}^* + l\boldsymbol{c}^*$（图中未画出倒易基矢）。现证明 $\boldsymbol{g}$ 垂直于 $\triangle ABC$ 的各边，因而垂直于 $(h\,k\,l)$ 面。从图可见：

$$\boldsymbol{g} \cdot \overrightarrow{AB} = \boldsymbol{g} \cdot (\overrightarrow{OB} - \overrightarrow{OA})$$

$$= [h\boldsymbol{a}^* + k\boldsymbol{b}^* + l\boldsymbol{c}^*] \cdot \left(\frac{\boldsymbol{b}}{k} - \frac{\boldsymbol{a}}{h} \right) = 0$$

所以

$$\boldsymbol{g} \perp \overrightarrow{AB}$$

同理可证，$\boldsymbol{g} \perp \overrightarrow{BC}$ 及 $\overrightarrow{CA}$，所以 $\boldsymbol{g}$ 垂直于 $(h\,k\,l)$ 面。

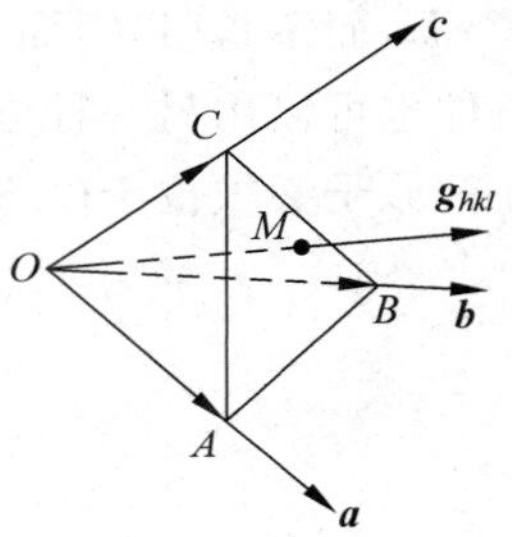

图 1-42　倒易矢 $\boldsymbol{g}_{hkl}$ 与晶面 $(h\,k\,l)$ 的关系

（5）倒易矢长度与晶面距有如下关系：

$$|\boldsymbol{g}| = 1/d_{(hkl)} \tag{1-19}$$

证明　既然 $\boldsymbol{g} \perp (h\,k\,l)$，故 $\boldsymbol{g}$ 与 $(h\,k\,l)$ 的交点 M 到原点的距离 $\overline{OM}$ 就是 $(h\,k\,l)$ 的晶面距 $d_{(hkl)}$（见图 1-42）。但 $\overline{OM}$ 等于 $\overline{OA}$ 在 $\boldsymbol{g}$ 上的投影，故有

$$d_{(hkl)} = \overrightarrow{OA} \cdot \frac{\boldsymbol{g}}{|\boldsymbol{g}|} = \frac{1}{|\boldsymbol{g}|} \frac{\boldsymbol{a}}{h} \cdot (h\boldsymbol{a}^* + k\boldsymbol{b}^* + l\boldsymbol{c}^*) = \frac{1}{|\boldsymbol{g}|}$$

所以

$$|\boldsymbol{g}| = \frac{1}{d_{(hkl)}}$$

1.7.3　实际晶体的倒易点阵

如前所述，为了求得倒易点阵，首先要求出倒易基矢 $\boldsymbol{a}^*, \boldsymbol{b}^*$ 和 $\boldsymbol{c}^*$，然后对于一切允许的整数值 h, k, l，作出相应的 $\boldsymbol{g}$ 矢量，$\boldsymbol{g} = h\boldsymbol{a}^* + k\boldsymbol{b}^* + l\boldsymbol{c}^*$，$\boldsymbol{g}$ 矢量的端点就是倒易点阵的结点。

哪些 h, k, l 值是允许的呢？ 或者说，正点阵中哪些 $(h\,k\,l)$ 面具有相应的倒易结点，哪些没有？ 为了回答这个问题，让我们来比较一下简单立方、面心立方和体心立方的倒易点阵。如果三者的正点阵基矢都选成立方晶胞的 3 条边 $\boldsymbol{a}, \boldsymbol{b}$ 和 $\boldsymbol{c}$，那么它们的倒易基矢 $\boldsymbol{a}^*, \boldsymbol{b}^*, \boldsymbol{c}^*$ 都相同。但三者的倒易点阵并不相同。例如，简单立方的倒易点阵上有 $(0,0,1)$ 和 $(1,1,0)$ 结点，它们分别对应着正点阵中的 (001) 面和 (110) 面；可是，对 FCC 和 BCC 点阵来说，它们的倒易点阵中就没有 $(0,0,1)$ 结点，这是因为这两种晶体的正点阵中距原点最近的晶面是

(002)面,而不是(001)面,因此沿 $\boldsymbol{c}^*$ 轴方向第一个结点就是(0,0,2),距原点距离为 $\dfrac{1}{d_{(002)}}=$ $\dfrac{2}{a}$,以下依次为(0,0,4),(0,0,6)等结点,而没有(0,0,1),(0,0,3),(0,0,5)等结点。对于 FCC 来说,由于(220)面比(110)面更接近原点,故沿 FCC 倒易点阵的⟨110⟩* 方向上第一个 结点就是(2,2,0),而不是(1,1,0)。但 BCC 则和简单立方晶体一样,均有(1,1,0)倒易结点,因为两种晶体的正点阵中都没有比(110)面距原点更近的平行晶面。

从以上讨论可见,在倒易点阵中出现 (h,k,l) 结点的条件是:正点阵中相互平行的 $(h\,k\,l)$ 面的全体必须包含(通过)所有的正点阵结点。例如,FCC 和 BCC 的(002)平行晶面族包含 了全部原子,而(001)平行晶面族则只包括了一半原子,故这两种晶体的倒易点阵中就出现 (0,0,2)结点,而不出现(0,0,1)结点。同样,在 FCC 晶体中包含全部原子的平行晶面族是 (220)面,而不是(110)面,故其倒易点阵中就出现(2,2,0)结点,而不出现(1,1,0)结点。上 述条件也可以用另一种方式表达,那就是:倒易点阵中出现 (h,k,l) 结点的条件是,晶体中 的任一原子必须位于 $(h\,k\,l)$ 平行晶面族的某一个面上。

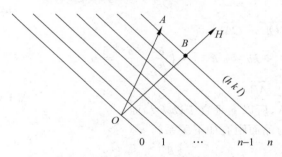

图 1-43   原子 A 位于 $(h\,k\,l)$ 面上的条件

如何判断某原子 (x,y,z) 是否在 $(h\,k\,l)$ 面上呢? 在图 1-43 中,假定坐标为 (x,y,z) 的 A 原子位于第 n 层 $(h\,k\,l)$ 面上(以通过原点的面为 0 层)。若作倒易矢量 $\boldsymbol{g}=OH=h\boldsymbol{a}^*+$ $k\boldsymbol{b}^*+l\boldsymbol{c}^*$,与第 n 层 $(h\,k\,l)$ 面交于 B 点,那么显然有 $OB=nd_{(hkl)}$,根据图 1-43 的几何关 系有

$$nd_{(h\,k\,l)}=OA\cdot\frac{\boldsymbol{g}}{|\boldsymbol{g}|}$$

$$=(x\boldsymbol{a}+y\boldsymbol{b}+z\boldsymbol{c})\cdot\frac{(h\boldsymbol{a}^*+k\boldsymbol{b}^*+l\boldsymbol{c}^*)}{\left(\dfrac{1}{d_{(h\,k\,l)}}\right)}$$

$$=(hx+ky+lz)d_{(hkl)}$$

由此得到

$$hx+ky+lz=n \tag{1-20}$$
$$n=0,\quad \pm1,\pm2,\cdots$$

这就是 (x,y,z) 原子位于第 n 层 $(h\,k\,l)$ 面上的条件。对于给定的晶体(因而有确定的 原子位置 (x,y,z)),式(1-20)给出了允许的 (h,k,l) 值,从而决定了倒易点阵中允许的 结点。

下面根据式(1-15)和式(1-20)来讨论某些实际晶体的倒易点阵。

（1）简单立方点阵

倒易基矢为

$$
\left.
\begin{aligned}
\boldsymbol{a}^* &= \frac{\boldsymbol{b} \times \boldsymbol{c}}{V} = \frac{a^2 \boldsymbol{i}}{a^3} = \left(\frac{1}{a}\right)\boldsymbol{i} \\
\boldsymbol{b}^* &= \frac{\boldsymbol{c} \times \boldsymbol{a}}{V} = \left(\frac{1}{a}\right)\boldsymbol{j} \\
\boldsymbol{c}^* &= \frac{\boldsymbol{a} \times \boldsymbol{b}}{V} = \left(\frac{1}{a}\right)\boldsymbol{k}
\end{aligned}
\right\}
\tag{1-21}
$$

可见，$\boldsymbol{a}^* /\!/ \boldsymbol{a}, \boldsymbol{b}^* /\!/ \boldsymbol{b}, \boldsymbol{c}^* /\!/ \boldsymbol{c}$；长度恰为倒数。

$$
\boldsymbol{a}^* = \boldsymbol{b}^* = \boldsymbol{c}^* = \frac{1}{a}
\tag{1-22}
$$

由于 $(x,y,z)=(0,0,0)$，故不论什么 (h,k,l) 值，式(1-20)左边恒等于零。

结论：简单立方晶体的倒易结点阵仍为简单立方，晶胞边长为 $1/a$。

（2）体心立方点阵

有两种方法确定 BCC 的倒易点阵。

第一种方法：正点阵的基矢仍取立方晶胞的三条正交棱 $\boldsymbol{a},\boldsymbol{b},\boldsymbol{c}$；倒易基矢如上所述。但由于体心原子 $\left(\frac{1}{2},\frac{1}{2},\frac{1}{2}\right)$ 的存在，只有满足下述条件的 (h,k,l) 倒易结点才能出现：

$$
\frac{h+k+l}{2} = n
$$

这表明，$(h+k+l)$ 必须为偶数。因此，在 BCC 的倒易点阵中没有 $(1,0,0)$，$(3,0,0)$，$(5,0,0)$，…，(111)，(333)，(555) 等结点，但 $(1,1,0)$，$(2,2,0)$，$(3,3,0)$… 各点均存在。如果画出倒易点阵在 (001) 面上的投影，将得出图 1-44 所示的倒易结点投影图。

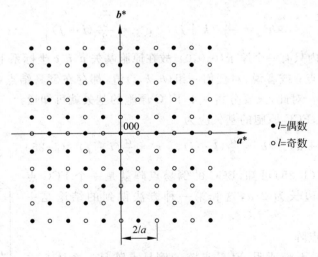

图 1-44　BCC 的倒易点阵在(001)面上的投影

从图看出，BCC 的倒易点阵是一个立方晶胞的边长为 $2/a$ 的 FCC 点阵。

第二种方法：正点阵的基矢取成原胞的三条棱 $\boldsymbol{a}$、$\boldsymbol{b}$ 和 $\boldsymbol{c}$，如图 1-45 所示。用向量表示为

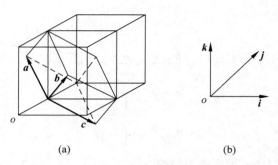

图 1-45　原胞的基矢 a,b,c（图（a））和晶胞基矢 i,j,k（图（b））的关系

$$a = \frac{a}{2}(-i+j+k)$$
$$b = \frac{a}{2}(i-j+k)$$ (1-23)
$$c = \frac{a}{2}(i+j-k)$$

故倒易基矢为
$$a^* = \frac{b \times c}{V} = \frac{\frac{a^2}{4}[(i-j+k)\times(i+j-k)]}{\frac{a^3}{2}}$$

$$a^* = \frac{1}{a}(j+k) = \frac{\frac{2}{a}}{2}(j+k)$$

同样， (1-24)

$$b^* = \frac{\frac{2}{a}}{2}(k+i), \quad c^* = \frac{\frac{2}{a}}{2}(i+j)$$

由于一个原胞内只有一个原子$(0,0,0)$，故在原胞基矢 a,b,c 坐标系下的任何晶面$(h\,k\,l)$都有相应的倒易结点；或者说，对任何一组(h,k,l)值，都存在倒易结点(h,k,l)。这样得到的点阵是什么类型？对此，只要分析一下 FCC 原胞的基矢就可知道。

从图 1-9 可见，FCC 原胞的基矢应为

$$a = \frac{a}{2}(j+k), \quad b = \frac{a}{2}(k+i), \quad c = \frac{a}{2}(i+j) \quad (1-25)$$

比较式(1-24)和式(1-25)可知，BCC 的倒易点阵就是一个 FCC 点阵，其立方晶胞的边长为 $2/a$，这和第一种方法得到的结论是一样的。

（3）面心立方点阵

仿照上述，读者不难证明，FCC 点阵的倒易点阵是一个体心立方点阵，其立方晶胞的边长为 $2/a$。

（4）简单六方点阵

六方点阵原胞如图 1-46 所示。倒易基矢为

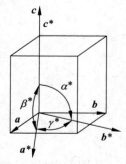

图 1-46　六方点阵中两种基矢的关系

$$a^* = \frac{b \times c}{V} = \frac{b \times c}{(a \times b) \cdot c} = \frac{b \times c}{abc\sin120°} = \frac{2}{\sqrt{3}\,a^2c}(b \times c)$$

$$b^* = \frac{c \times a}{V} = \frac{2}{\sqrt{3}\,a^2c}(c \times a)$$

$$c^* = \frac{a \times b}{V} = \frac{2}{\sqrt{3}\,a^2c}(a \times b)$$

$$(1\text{-}26)$$

由此可见,a^*,b^* 轴均在基面(0001)上,其模分别为

$$|a^*| = |b^*| = \frac{2}{\sqrt{3}\,a^2c}(ac) = \frac{2}{\sqrt{3}\,a}$$

$$|c^*| = \frac{2|(a \times b)|}{\sqrt{3}\,a^2c} = \frac{2a^2\sin120°}{\sqrt{3}\,a^2c} = \frac{1}{c}$$

$$(1\text{-}27)$$

因为 $a^* \perp b$, $b^* \perp a$, 故 $(a^*, b^*) = 60°$。

$$c^* \perp a^*, \quad c^* \perp b^* \tag{1-28}$$

对于简单六方点阵来说,由于原胞中只有一个原子$(0,0,0)$,故对任何一组 h,k,l 值,均可作出相应的倒易结点(h,k,l)。

图 1-47 是简单六方点阵的倒易点阵在(0001)面上的投影。从图可以看出,倒易点阵仍然是简单六方点阵。

(5) 密排六方结构

正点阵原胞仍如图 1-11 所示,因而倒易基矢和简单六方一样。但是,由于密排六方的原胞内有一附加的原子,其坐标为 $\left(\frac{2}{3}, \frac{1}{3}, \frac{1}{2}\right)$,故只有满足方程 $\frac{2}{3}h + \frac{1}{3}k + \frac{1}{2}l = n$ 的(h,k,l)结点才存在,其他结点应消失。但这样一来,各结点就不再是等同点了,密排六方晶体只有倒易结构,没有倒易点阵。这当然是合理的,因为密排六方晶体就不是点阵。读者只要将图 1-47 中那些不满足上述方程的(h,k,l)结点去掉,剩下的就是倒易结构。

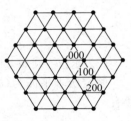

图 1-47　在(0001)面上的投影

1.7.4　倒易点阵的应用

倒易点阵的主要应用有以下三方面:①解释 X 射线及电子衍射图像;②研究能带理论(布里渊区);③推导晶体学公式。这里只讨论如何利用倒易点阵的性质,迅速地导出许多重要的晶体学关系式。

(1) 晶带方程

相交于同一直线的两个或多个晶面就构成一个**晶带**,如图 1-48 所示。交线就叫**晶带轴**。与晶带轴垂直的平面就叫**晶带平面**(在极射投影图上就是晶带大圆)。如果晶带轴的方向指数为$[u\,v\,w]$,那么这个晶带就叫$[u\,v\,w]$晶带。

如何判断某晶面$(h\,k\,l)$是否属于$[u\,v\,w]$晶面? 显然,如果$(h\,k\,l)$属于$[u\,v\,w]$晶带,则$(h\,k\,l)$晶面的法线必须垂直于$[u\,v\,w]$。根据倒易点阵的性质,晶面$(h\,k\,l)$的法线平行于倒易矢量 $g = ha^* + kb^* + lc^*$,故上述互垂条件可表示为

$$g \cdot (ua + vb + wc) = 0$$

将 g 代入上式,并利用倒易点阵性质(1),可得

$$hu + kv + lw = 0 \qquad (1-29)$$

这就是晶体学中十分重要的**晶带方程**。

（2）求$(h_1k_1l_1)$和$(h_2k_2l_2)$两个晶面构成的晶带

假定所构成的晶带为$[u\ v\ w]$，那么由式(1-29)有：

$$h_1u + k_1v + l_1w = 0$$

$$h_2u + k_2v + l_2w = 0$$

解此方程组，即可求得$[u\ v\ w]$。结果如下：

$$u = k_1l_2 - k_2l_1, \quad v = l_1h_2 - l_2h_1, \quad w = h_1k_2 - h_2k_1$$

$$(1-30)$$

这个公式有一简便记忆法：将(h_1,k_1,l_1)及(h_2,k_2,l_2)各写两次，排成两行，去掉首尾各一列，计算剩余的 3 个二阶行列式，即得u,v,w：

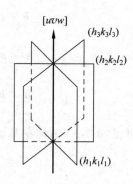

图 1-48　三组晶面$(h_1k_1l_1)$，$(h_2k_2l_2)$和$(h_3k_3l_3)$属于晶带$[u\ v\ w]$

$$\begin{array}{c|ccc|c} h_1 & k_1 & l_1 & h_1 & k_1 & l_1 \\ & \times & \times & \times & \\ h_2 & k_2 & l_2 & h_2 & k_2 & l_2 \end{array}$$

$$u = \begin{vmatrix} k_1 & l_1 \\ k_2 & l_2 \end{vmatrix}, \quad v = \begin{vmatrix} l_1 & h_1 \\ l_2 & h_2 \end{vmatrix}, \quad w = \begin{vmatrix} h_1 & k_1 \\ h_2 & k_2 \end{vmatrix}$$

（3）求$[u_1\ v_1\ w_1]$和$[u_2\ v_2\ w_2]$决定的平面（属于两个晶带的平面）

假定所求平面为$(h\ k\ l)$面，由于$(h\ k\ l)$面的法线必然垂直于$[u_1\ v_1\ w_1]$及$[u_2\ v_2\ w_2]$，故有

$$(h\boldsymbol{a}^* + k\boldsymbol{b}^* + l\boldsymbol{c}^*) \cdot [u_1\boldsymbol{a} + v_1\boldsymbol{b} + w_1\boldsymbol{c}] = 0$$

$$(h\boldsymbol{a}^* + k\boldsymbol{b}^* + l\boldsymbol{c}^*) \cdot [u_2\boldsymbol{a} + v_2\boldsymbol{b} + w_2\boldsymbol{c}] = 0$$

由此得到

$$u_1h + v_1k + w_1l = 0$$

$$u_2h + v_2k + w_2l = 0$$

解此方程组得到

$$h = v_1w_2 - v_2w_1, \quad k = w_1u_2 - u_2u_1, \quad l = u_1v_2 - u_2v_1 \qquad (1-31)$$

记忆方法同上，即：

$$\begin{array}{c|ccc|c} u_1 & v_1 & w_1 & u_1 & v_1 & w_1 \\ & \times & \times & \times & \\ u_2 & v_2 & w_2 & u_2 & v_2 & w_2 \end{array}$$

$$h = \begin{vmatrix} v_1 & w_1 \\ v_2 & w_2 \end{vmatrix}, \quad k = \begin{vmatrix} w_1 & u_1 \\ w_2 & u_2 \end{vmatrix}, \quad l = \begin{vmatrix} u_1 & v_1 \\ u_2 & v_2 \end{vmatrix}$$

（4）晶面距

设晶面$(h\ k\ l)$的**晶面距**为$d_{(hkl)}$，根据倒易点阵的性质有

$$\frac{1}{d^2_{(hkl)}} = \boldsymbol{g}_{hkl} \cdot \boldsymbol{g}_{hkl} = (h\boldsymbol{a}^* + k\boldsymbol{b}^* + l\boldsymbol{c}^*) \cdot (h\boldsymbol{a}^* + k\boldsymbol{b}^* + l\boldsymbol{c}^*)$$

$$= h^2(\boldsymbol{a}^*)^2 + k^2(\boldsymbol{b}^*)^2 + l^2(\boldsymbol{c}^*)^2 + 2hk\boldsymbol{a}^* \cdot \boldsymbol{b}^* + 2kl\boldsymbol{b}^* \cdot \boldsymbol{c}^* + 2lh\boldsymbol{c}^* \cdot \boldsymbol{a}^*$$

$$(1-32)$$

$$(\boldsymbol{a}^*)^2 = \frac{|\boldsymbol{b}\times\boldsymbol{c}|^2}{V^2} = \frac{b^2 c^2 \sin^2\alpha}{V^2}, \quad (\boldsymbol{b}^*)^2 = \frac{c^2 a^2 \sin^2\beta}{V^2}, \quad (\boldsymbol{c}^*)^2 = \frac{a^2 b^2 \sin^2\gamma}{V^2}$$

$$\boldsymbol{a}^* \cdot \boldsymbol{b}^* = \frac{1}{V^2}\left[(\boldsymbol{b}\times\boldsymbol{c}) \cdot (\boldsymbol{c}\times\boldsymbol{a})\right] = \frac{1}{V^2}\left[(\boldsymbol{b}\cdot\boldsymbol{c})(\boldsymbol{c}\cdot\boldsymbol{a}) - (\boldsymbol{b}\cdot\boldsymbol{a})c^2\right]$$

$$= \frac{abc^2}{V^2}\left[\cos\alpha\cos\beta - \cos\gamma\right]$$

$$\text{(1-33)}$$

同理，

$$\boldsymbol{b}^* \cdot \boldsymbol{c}^* = \frac{bca^2}{V^2}(\cos\beta\cos\gamma - \cos\alpha)$$

$$\boldsymbol{c}^* \cdot \boldsymbol{a}^* = \frac{cab^2}{V^2}(\cos\gamma\cos\alpha - \cos\beta)$$

这里，V 是晶胞的体积，可推导如下：

$$V^2 = |(\boldsymbol{a}\times\boldsymbol{b})\cdot\boldsymbol{c}|^2 = |\boldsymbol{a}\times\boldsymbol{b}|^2 c^2 \cos^2(\boldsymbol{a}\times\boldsymbol{b}, \boldsymbol{c})$$

$$= |\boldsymbol{a}\times\boldsymbol{b}|^2 c^2 [1 - \sin^2(\boldsymbol{a}\times\boldsymbol{b}, \boldsymbol{c})] = a^2 b^2 c^2 \sin^2\gamma - |(\boldsymbol{a}\times\boldsymbol{b})\times\boldsymbol{c}|^2$$

$$= a^2 b^2 c^2 \sin^2\gamma - [\boldsymbol{c}\times(\boldsymbol{a}\times\boldsymbol{b})]\cdot[\boldsymbol{c}\times(\boldsymbol{a}\times\boldsymbol{b})]$$

$$= a^2 b^2 c^2 \sin^2\gamma - [(\boldsymbol{c}\cdot\boldsymbol{b})\boldsymbol{a} - (\boldsymbol{c}\cdot\boldsymbol{a})\boldsymbol{b}]\cdot[(\boldsymbol{c}\cdot\boldsymbol{b})\boldsymbol{a} - (\boldsymbol{c}\cdot\boldsymbol{a})\boldsymbol{b}]$$

$$= a^2 b^2 c^2 \sin^2\gamma - a^2 b^2 c^2 [\cos^2\alpha + \cos^2\beta - 2\cos\alpha\cos\beta\cos\gamma]$$

$$= a^2 b^2 c^2 [1 - \cos^2\alpha - \cos^2\beta - \cos^2\gamma + 2\cos\alpha\cos\beta\cos\gamma]$$

$$V = abc\sqrt{1 - \cos^2\alpha - \cos^2\beta - \cos^2\gamma + 2\cos\alpha\cos\beta\cos\gamma} \qquad \text{(1-34)}$$

由式(1-32)～式(1-34)可得正交、立方和六方晶体的晶面距 d 如下。

① 正交晶体：$\alpha = \beta = \gamma = 90°, V = abc$

$$\frac{1}{d^2} = \frac{h^2}{a^2} + \frac{k^2}{b^2} + \frac{l^2}{c^2} \qquad \text{(1-35)}$$

② 立方晶体：

$$d = \frac{a}{\sqrt{h^2 + k^2 + l^2}} \qquad \text{(1-36)}$$

③ 六方晶体：

$$a = b, \quad \alpha = \beta = 90°, \quad \gamma = 120°, \quad V = \frac{\sqrt{3}}{2}a^2 c$$

$$(\boldsymbol{a}^*)^2 = (\boldsymbol{b}^*)^2 = \frac{4}{3a^2}, \quad (\boldsymbol{c}^*)^2 = \frac{1}{c^2}$$

$$\boldsymbol{a}^* \cdot \boldsymbol{b}^* = \frac{2}{3a^2}, \quad \boldsymbol{b}^* \cdot \boldsymbol{c}^* = \boldsymbol{c}^* \cdot \boldsymbol{a}^* = 0$$

$$\frac{1}{d} = \sqrt{\frac{4}{3}\left(\frac{h^2 + hk + k^2}{a^2}\right) + \frac{l^2}{c^2}} \qquad \text{(1-37)}$$

(5) 晶面$(h_1 k_1 l_1)$与$(h_2 k_2 l_2)$的夹角 ϕ

晶面夹角应等于其法线的夹角。令法线为

$$\boldsymbol{g}_1 = h_1 \boldsymbol{a}^* + k_1 \boldsymbol{b}^* + l_1 \boldsymbol{c}^*, \quad \boldsymbol{g}_2 = h_2 \boldsymbol{a}^* + k_2 \boldsymbol{b}^* + l_2 \boldsymbol{c}^*$$

$$\cos\phi = \frac{\boldsymbol{g}_1 \cdot \boldsymbol{g}_2}{|\boldsymbol{g}_1||\boldsymbol{g}_2|} = d_1 d_2 [(h_1 \boldsymbol{a}^* + k_1 \boldsymbol{b}^* + l_1 \boldsymbol{c}^*) \cdot (h_2 \boldsymbol{a}^* + k_2 \boldsymbol{b}^* + l_2 \boldsymbol{c}^*)]$$

$$= d_1 d_2 [h_1 h_2 (\boldsymbol{a}^*)^2 + k_1 k_2 (\boldsymbol{b}^*)^2 + l_1 l_2 (\boldsymbol{c}^*)^2 + (h_1 k_2 + h_2 k_1)\boldsymbol{a}^* \cdot \boldsymbol{b}^*$$

$$+ (l_2 h_1 + l_1 h_2)\boldsymbol{c}^* \cdot \boldsymbol{a}^* + (k_1 l_2 + k_2 l_1)\boldsymbol{b}^* \cdot \boldsymbol{c}^*] \qquad \text{(1-38)}$$

式中，d_1，d_2 分别是 $(h_1k_1l_1)$ 和 $(h_2k_2l_2)$ 面的晶面距。

对于六方晶系，利用式(1-33)及式(1-37)可得

$$\cos\phi = \frac{h_1h_2 + k_1k_2 + \frac{1}{2}(h_1k_2 + h_2k_1) + \frac{3}{4}\frac{a^2}{c^2}l_1l_2}{\sqrt{\left(h_1^2 + k_1^2 + h_1k_1 + \frac{3}{4}\frac{a^2}{c^2}l_1^2\right)\left(h_2^2 + k_2^2 + h_2k_2 + \frac{3}{4}\frac{a^2}{c^2}l_2^2\right)}} \tag{1-39}$$

对于正交晶系，利用式(1-33)及式(1-35)可得

$$\cos\phi = \frac{\frac{h_1h_2}{a^2} + \frac{k_1k_2}{b^2} + \frac{l_1l_2}{c^2}}{\sqrt{\left(\frac{h_1^2}{a^2} + \frac{k_1^2}{b^2} + \frac{l_1^2}{c^2}\right)\left(\frac{h_2^2}{a^2} + \frac{k_2^2}{b^2} + \frac{l_2^2}{c^2}\right)}} \tag{1-40}$$

对立方晶体，由于 $a=b=c$，上式简化为

$$\cos\phi = \frac{h_1h_2 + k_1k_2 + l_1l_2}{\sqrt{(h_1^2 + k_1^2 + l_1^2)(h_2^2 + k_2^2 + l_2^2)}} \tag{1-41}$$

值得注意的是，立方晶系的晶面交角与点阵常数无关。

(6) 晶向 $[u\ v\ w]$ 的长度

令 $\boldsymbol{L}=[u\ v\ w]$，则其长度 L 可由下式求得

$$L^2 = \boldsymbol{L} \cdot \boldsymbol{L} = [u\boldsymbol{a} + u\boldsymbol{b} + w\boldsymbol{c}] \cdot [u\boldsymbol{a} + u\boldsymbol{b} + w\boldsymbol{c}]$$

$$= u^2a^2 + v^2b^2 + w^2c^2 + 2uv\boldsymbol{a} \cdot \boldsymbol{b} + 2vw\boldsymbol{b} \cdot \boldsymbol{c} + 2wu\boldsymbol{c} \cdot \boldsymbol{a}$$

所以

$$L = \sqrt{u^2a^2 + v^2b^2 + w^2c^2 + 2(uv\boldsymbol{a} \cdot \boldsymbol{b} + vw\boldsymbol{b} \cdot \boldsymbol{c} + wu\boldsymbol{c} \cdot \boldsymbol{a})} \tag{1-42}$$

对六方晶系，由上式可得

$$L = a\sqrt{u^2 + v^2 + \frac{w^2c^2}{a^2} - uv} \tag{1-43}$$

这里，u,v,w 是六方晶系的三轴制指数。

对正交晶系：

$$L = \sqrt{u^2a^2 + v^2b^2 + w^2c^2} \tag{1-44}$$

对立方晶系：

$$L = a\sqrt{u^2 + v^2 + w^2} \tag{1-45}$$

(7) 晶向 $[u_1\ v_1\ w_1]$ 与 $[u_2\ v_2\ w_2]$ 的夹角 θ

令 $\boldsymbol{L}_1=[u_1v_1w_1]=u_1\boldsymbol{a}+v_1\boldsymbol{b}+w_1\boldsymbol{c}$，$\boldsymbol{L}_2=[u_2\ v_2\ w_2]=u_2\boldsymbol{a}+v_2\boldsymbol{b}+w_2\boldsymbol{c}$，则得到

$$\cos\theta = \frac{\boldsymbol{L}_1 \cdot \boldsymbol{L}_2}{L_1L_2} \tag{1-46}$$

式中，L_1，L_2 分别是 $[u_1\ v_1\ w_1]$ 和 $[u_2\ v_2\ w_2]$ 的长度，可按式(1-42)求得。

对六方晶系：

$$\cos\theta = \frac{u_1u_2 + v_1v_2 + w_1w_2(c/a)^2 - \frac{1}{2}(u_1v_2 + u_2v_1)}{\sqrt{u_1^2 + v_1^2 - u_1v_1 + w_1^2(c/a)^2} \cdot \sqrt{u_2^2 + v_2^2 - u_2v_2 + w_2^2(c/a)^2}} \tag{1-47}$$

对正交晶系：

$$\cos\theta = \frac{u_1u_2a^2 + v_1v_2b^2 + w_1w_2c^2}{\sqrt{u_1^2a^2 + v_1^2b^2 + w_1^2c^2} \cdot \sqrt{u_2^2a^2 + v_2^2b^2 + w_2^2c^2}} \tag{1-48}$$

对立方晶系：

$$\cos\theta = \frac{u_1 u_2 + v_1 v_2 + w_1 w_2}{\sqrt{u_1^2 + v_1^2 + w_1^2} \cdot \sqrt{u_2^2 + v_2^2 + w_2^2}} \tag{1-49}$$

1.8　菱方晶系的两种描述

菱方晶体可采用两套坐标轴来描述，即菱方晶轴和六方晶轴，如图 1-49 所示。图中 a_R，b_R 和 c_R 是菱方轴的基矢，它们之间的夹角为 α。a_H，b_H 和 c_H 是六方轴的基矢，a_H 和 b_H 的模相等，夹角为 $120°$，且都垂直于 c 轴。根据图 1-49 可以求得两组基矢之间的关系。根据基矢关系又可求得在两组坐标轴下的点阵常数和晶面、晶向指数之间的关系，现分别讨论如下。

1.8.1　菱方轴和六方轴的基矢关系

根据图 1-49 所示的几何关系，可以直接得到菱方轴和六方轴的基矢关系如下：

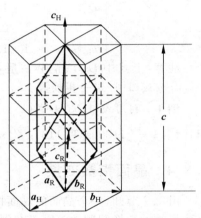

图 1-49　描述菱方晶体的两组坐标系

$$\left.\begin{aligned} a_R &= \frac{1}{3}a_H - \frac{1}{3}b_H + \frac{1}{3}c_H \\ b_R &= \frac{1}{3}a_H + \frac{2}{3}b_H + \frac{1}{3}c_H \\ c_R &= -\frac{2}{3}a_H - \frac{1}{3}b_H + \frac{1}{3}c_H \end{aligned}\right\} \tag{1-50}$$

或写成

$$\begin{bmatrix} a_R \\ b_R \\ c_R \end{bmatrix} = \frac{1}{3}\begin{bmatrix} 1 & -1 & 1 \\ 1 & 2 & 1 \\ -2 & -1 & 1 \end{bmatrix}\begin{bmatrix} a_H \\ b_H \\ c_H \end{bmatrix} \tag{1-50a}$$

由此又可得到

$$\begin{bmatrix} a_H \\ b_H \\ c_H \end{bmatrix} = 3\begin{bmatrix} 1 & -1 & 1 \\ 1 & 2 & 1 \\ -2 & -1 & 1 \end{bmatrix}^{-1}\begin{bmatrix} a_R \\ b_R \\ c_R \end{bmatrix} = \begin{bmatrix} 1 & 0 & -1 \\ -1 & 1 & 0 \\ 1 & 1 & 1 \end{bmatrix}\begin{bmatrix} a_R \\ b_R \\ c_R \end{bmatrix} \tag{1-50b}$$

1.8.2　点阵常数换算公式

由式(1-50)得到

$$a_R^2 = a_R \cdot a_R = \frac{1}{9}(a_H - b_H + c_H) \cdot (a_H - b_H + c_H) = \frac{1}{9}(3a_H^2 + c_H^2)$$

$$a_R \cdot b_R = a_R^2 \cos\alpha = \frac{1}{9}(a_H - b_H + c_H) \cdot (a_H + 2b_H + c_H) = \frac{1}{9}\left(c_H^2 - \frac{3}{2}a_H^2\right)$$

由以上二式得到

$$\left.\begin{aligned} a_R &= \frac{1}{3}\sqrt{3a_H^2 + c_H^2} \\ \cos\alpha &= \frac{2c_H^2 - 3a_H^2}{2(c_H^2 + 3a_H^2)} \end{aligned}\right\} \tag{1-51}$$

类似地,由式(1-50b)可得

$$\left.\begin{array}{l} a_{\mathrm{H}} = a_{\mathrm{R}}\sqrt{2(1-\cos\alpha)} \\[2mm] c_{\mathrm{H}} = a_{\mathrm{R}}\sqrt{3(1+2\cos\alpha)} \end{array}\right\} \tag{1-52}$$

1.8.3　晶向指数变换

设同一晶向在菱方轴下的晶向指数为$[u_{\mathrm{R}}\ v_{\mathrm{R}}\ w_{\mathrm{R}}]$,在六方轴下的晶向指数为$[U_{\mathrm{H}}\ V_{\mathrm{H}}\ W_{\mathrm{H}}]$,根据线性代数,由式(1-50a)和式(1-50b)可直接写出:

$$\begin{bmatrix} U_{\mathrm{H}} \\ V_{\mathrm{H}} \\ W_{\mathrm{H}} \end{bmatrix} = \frac{1}{3}\begin{bmatrix} 1 & 1 & -2 \\ -1 & 2 & -1 \\ 1 & 1 & 1 \end{bmatrix}\begin{bmatrix} u_{\mathrm{R}} \\ v_{\mathrm{R}} \\ w_{\mathrm{R}} \end{bmatrix} \tag{1-53}$$

$$\begin{bmatrix} u_{\mathrm{R}} \\ v_{\mathrm{R}} \\ w_{\mathrm{R}} \end{bmatrix} = 3\begin{bmatrix} 1 & 1 & -2 \\ -1 & 2 & -1 \\ 1 & 1 & 1 \end{bmatrix}^{-1}\begin{bmatrix} U_{\mathrm{H}} \\ V_{\mathrm{H}} \\ W_{\mathrm{H}} \end{bmatrix} = \begin{bmatrix} 1 & -1 & 1 \\ 0 & 1 & 1 \\ -1 & 0 & 1 \end{bmatrix}\begin{bmatrix} U_{\mathrm{H}} \\ V_{\mathrm{H}} \\ W_{\mathrm{H}} \end{bmatrix} \tag{1-54}$$

注意,上式中$U_{\mathrm{H}},V_{\mathrm{H}},W_{\mathrm{H}}$是六方晶系三轴制下的指数,如欲得到四指数$u_{\mathrm{H}},v_{\mathrm{H}},t_{\mathrm{H}},w_{\mathrm{H}}$,需按式(1-1)进一步换算。

例1　利用式(1-53)和式(1-54)很容易得到$[111]_{\mathrm{R}}//[001]_{\mathrm{H}}=[0001]_{\mathrm{H}}$,$[100]_{\mathrm{R}}//[1\bar{1}\bar{1}]_{\mathrm{H}}=$ $[1\bar{1}01]_{\mathrm{H}}$; $\frac{1}{3}[11\bar{2}0]_{\mathrm{H}}=[110]_{\mathrm{H}}//[01\bar{1}]_{\mathrm{R}}$, $\frac{1}{2}[10\bar{1}0]_{\mathrm{H}}=\frac{1}{2}[210]_{\mathrm{H}}//[11\bar{2}]_{\mathrm{R}}$ 等。

1.8.4　晶面指数变换

由1.7节知,一个晶面的晶面指数就是该晶面的法线在倒易点阵中的方向指数。因此晶面指数的变换问题就等同于在倒易空间的晶面法线方向的变换问题。根据上述,这需要首先确定在倒易空间中菱方轴和六方轴的基矢(倒易基矢)之间的关系。这个关系可由倒易基矢的定义及式(1-50)导出:

$$\boldsymbol{a}_{\mathrm{R}}^{*} = \frac{\boldsymbol{b}_{\mathrm{R}}\times\boldsymbol{c}_{\mathrm{R}}}{V_{\mathrm{R}}} = \frac{1}{9V_{\mathrm{R}}}[(\boldsymbol{a}_{\mathrm{H}}+2\boldsymbol{b}_{\mathrm{H}}+\boldsymbol{c}_{\mathrm{H}})\times(-2\boldsymbol{a}_{\mathrm{H}}-\boldsymbol{b}_{\mathrm{H}}+\boldsymbol{c}_{\mathrm{H}})]$$

$$= \frac{1}{3V_{\mathrm{R}}}[\boldsymbol{a}_{\mathrm{H}}\times\boldsymbol{b}_{\mathrm{H}}+\boldsymbol{b}_{\mathrm{H}}\times\boldsymbol{c}_{\mathrm{H}}-\boldsymbol{c}_{\mathrm{H}}\times\boldsymbol{a}_{\mathrm{H}}] = \frac{V_{\mathrm{H}}}{3V_{\mathrm{R}}}[\boldsymbol{a}_{\mathrm{H}}^{*}-\boldsymbol{b}_{\mathrm{H}}^{*}+\boldsymbol{c}_{\mathrm{H}}^{*}]$$

$$\boldsymbol{b}_{\mathrm{R}}^{*} = \frac{\boldsymbol{c}_{\mathrm{R}}\times\boldsymbol{a}_{\mathrm{R}}}{V_{\mathrm{R}}} = \frac{1}{9V_{\mathrm{R}}}[(-2\boldsymbol{a}_{\mathrm{H}}-\boldsymbol{b}_{\mathrm{H}}+\boldsymbol{c}_{\mathrm{H}})\times(\boldsymbol{a}_{\mathrm{H}}-\boldsymbol{b}_{\mathrm{H}}+\boldsymbol{c}_{\mathrm{H}})]$$

$$= \frac{V_{\mathrm{H}}}{3V_{\mathrm{R}}}[\boldsymbol{b}_{\mathrm{H}}^{*}+\boldsymbol{c}_{\mathrm{H}}^{*}]$$

$$\boldsymbol{c}_{\mathrm{R}}^{*} = \frac{\boldsymbol{a}_{\mathrm{R}}\times\boldsymbol{b}_{\mathrm{R}}}{V_{\mathrm{R}}} = \frac{1}{9V_{\mathrm{R}}}[(\boldsymbol{a}_{\mathrm{H}}-\boldsymbol{b}_{\mathrm{H}}+\boldsymbol{c}_{\mathrm{H}})\times(\boldsymbol{a}_{\mathrm{H}}+2\boldsymbol{b}_{\mathrm{H}}+\boldsymbol{c}_{\mathrm{H}})]$$

$$= \frac{V_{\mathrm{H}}}{3V_{\mathrm{R}}}[-\boldsymbol{a}_{\mathrm{H}}^{*}+\boldsymbol{c}_{\mathrm{H}}^{*}]$$

故可写成

$$\begin{bmatrix} \boldsymbol{a}_{\mathrm{R}}^{*} \\ \boldsymbol{b}_{\mathrm{R}}^{*} \\ \boldsymbol{c}_{\mathrm{R}}^{*} \end{bmatrix} = \frac{V_{\mathrm{H}}}{3V_{\mathrm{R}}}\begin{bmatrix} 1 & -1 & 1 \\ 0 & 1 & 1 \\ -1 & 0 & 1 \end{bmatrix}\begin{bmatrix} \boldsymbol{a}_{\mathrm{H}}^{*} \\ \boldsymbol{b}_{\mathrm{H}}^{*} \\ \boldsymbol{c}_{\mathrm{H}}^{*} \end{bmatrix} \tag{1-55}$$

$$\begin{bmatrix} \boldsymbol{a}_H^* \\ \boldsymbol{b}_H^* \\ \boldsymbol{c}_H^* \end{bmatrix} = \frac{3V_R}{V_H} \begin{bmatrix} 1 & -1 & 1 \\ 0 & 1 & 1 \\ -1 & 0 & 1 \end{bmatrix}^{-1} \begin{bmatrix} \boldsymbol{a}_R \\ \boldsymbol{b}_R \\ \boldsymbol{c}_R \end{bmatrix} = \frac{V_R}{V_H} \begin{bmatrix} 1 & 1 & -2 \\ -1 & 2 & -1 \\ 1 & 1 & 1 \end{bmatrix} \begin{bmatrix} \boldsymbol{a}_R \\ \boldsymbol{b}_R \\ \boldsymbol{c}_R \end{bmatrix} \tag{1-56}$$

与 1.8.3 节中的讨论类似,根据式(1-55)及式(1-56)可得到晶面法线在倒易空间的指数(也就是在正空间的晶面指数)的变换公式如下:

$$\begin{bmatrix} h_H' \\ k_H' \\ l_H' \end{bmatrix} = \begin{bmatrix} 1 & 0 & -1 \\ -1 & 1 & 0 \\ 1 & 1 & 1 \end{bmatrix} \begin{bmatrix} h_R \\ k_R \\ l_R \end{bmatrix} \tag{1-57}$$

$$\begin{bmatrix} h_R' \\ k_R' \\ l_R' \end{bmatrix} = \begin{bmatrix} 1 & -1 & 1 \\ 1 & 2 & 1 \\ -2 & -1 & 1 \end{bmatrix} \begin{bmatrix} h_H \\ k_H \\ l_H \end{bmatrix} \tag{1-58}$$

由上式求得的带一撇的晶面指数尚需乘以适当的公因子,以化为互质的最小指数。

例 2　根据以上公式不难得到,$(111)_R /\!/ (0001)_H$,$(100)_R /\!/ (1\bar{1}01)_H$;$(11\bar{2}0)_H /\!/ (01\bar{1})_R$;$(10\bar{1}0)_H /\!/ (11\bar{2})_R$ 等。

最后需要指出,在图 1-49 中当 $\alpha = 60°$ 时,这个特殊的菱方晶体就是 FCC。在此,该图清楚地表示了菱方、六方和面心立方结构的关系。特别是,式(1-57)和式(1-58)给出了 FCC-HCP 型马氏体相变的位向关系。根据这两个公式,也可以由 FCC 晶体中的间隙位置求出 HCP 晶体中的间隙位置,反之亦然。

习　题

1-1　布拉维点阵的基本特点是什么?

1-2　论证为什么有,且仅有 14 种 Bravais 点阵。

1-3　以 BCC,FCC 和六方点阵为例说明晶胞和原胞的异同。

1-4　什么是点阵常数?各种晶系各有几个点阵常数?

1-5　分别画出锌和金刚石的晶胞,并指出其点阵和结构的差别。

1-6　写出立方晶系的{123}晶面族和〈112〉晶向族中的全部等价晶面和晶向的具体指数。

1-7　在立方晶系的晶胞图中画出以下晶面和晶向:(102),$(11\bar{2})$,$(\bar{2}13)$,$[110]$,$[11\bar{1}]$,$[1\bar{2}0]$ 和 $[\bar{3}21]$。

1-8　标注图 1-50 所示立方晶胞中的各晶面及晶向指数。

1-9　写出六方晶系的{11\bar{2}0},{10\bar{1}2}晶面族和〈2\bar{1}\bar{1}0〉,〈\bar{1}011〉晶向族中的各等价晶面及等价晶向的具体指数。

1-10　在六方晶胞图中画出以下晶面和晶向:(0001),$(01\bar{1}0)$,$(\bar{2}110)$,$(10\bar{1}2)$,$(\bar{1}012)$,$[0001]$,$[\bar{1}010]$,$[1\bar{2}10]$,$[01\bar{1}1]$ 和 $[0\bar{1}11]$。

1-11　写出图 1-51 所示立方晶胞中 $ABCDA$ 面的晶面指数,以及 AB、BC、CD、DA 各晶向的晶向指数。

1-12　写出图 1-52 所示六方晶胞中 $EFGHIJE$ 面的密勒-布拉菲晶面指数,以及 EF、FG、GH、HI、IJ、JE 各晶向的密勒-布拉菲晶向指数。

1-13　某著作中给出六方点阵 $MoSi_2$ 的错误晶胞如图 1-53 所示。指出其错误所在,画出一个正确的六方晶胞,并给出 a、c 点阵常数的数值。

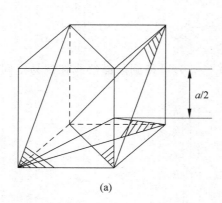

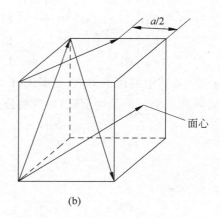

面心

(a)　　　　　　　　　　(b)

图　1-50

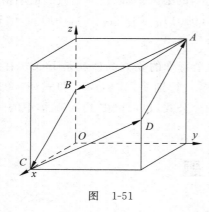

图　1-51

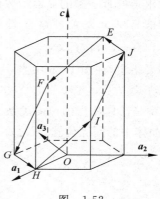

图　1-52

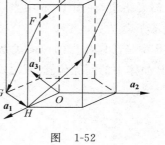

○ 硅原子
● 钼原子

0.6529nm

0.4642nm

图　1-53

1-14　在晶胞图中给出下列晶向上的单位向量长度（即最短原子间距,用点阵常数表示）:

FCC 晶体中: $[110]$_____; $[1\bar{1}2]$_____。

BCC 晶体中: $[111]$_____; $[\bar{1}12]$_____。

HCP 晶体中: $[10\bar{1}0]$_____; $[\bar{1}011]$_____。

1-15　绘出(110)、(112)、(113)晶面的晶带轴,并写出其具体的晶向指数。

1-16　试画出立方晶体中的(123)晶面和$[\bar{3}46]$晶向。

1-17　写出 FCC、BCC、HCP$(c/a > \sqrt{8/3})$晶体的密排面、密排面间距、密排方向、密排方向最小单位长度。

1-18　写出镍(Ni)晶体中面间为 0.1246nm 的晶面族指数。镍的点阵常数为 0.3524nm。

1-19　已知晶体中两不平行晶面$(h_1k_1l_1)$和$(h_2k_2l_2)$,证明晶面$(h_3k_3l_3)$与$(h_1k_1l_1)$和$(h_2k_2l_2)$属于同一晶带,其中 $h_3 = h_1 + h_2$,$k_3 = k_1 + k_2$,$l_3 = l_1 + l_2$。

1-20　二维晶系和点阵共有几种?请用图形表示其类型并指出点阵常数间的关系和特点。

1-21　标注图 1-54 中所示的六方晶胞中的各晶面及晶向指数(用四指数系)。

1-22　用解析法求图 1-54(b)中的各晶向指数(按三指数-四指数变换公式)。

1-23　根据 FCC 和 HCP 晶体的堆垛特点论证这两种晶体中的八面体和四面体间隙的尺寸必相同。

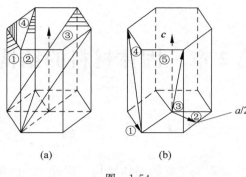

(a)　　　　(b)

图　1-54

1-24　以六方晶体的三轴 a,b,c 为基,确定其八面体和四面体间隙中心的坐标。

1-25　按解析几何证明立方晶系的 $[h\,k\,l]$ 方向垂直于 $(h\,k\,l)$ 面。

1-26　由六方晶系的三指数晶带方程导出四指数晶带方程。

1-27　画出立方晶系的 (001) 标准投影。要求标出所有低指数(指数不大于3)的点和晶带大圆(禁查参考书或笔记)。

1-28　用解析法验证各晶带大圆上的极点(晶面)确系共晶带的,并求出晶带轴。

1-29　画出六方晶系的 (0001) 标准投影。要求标出 (0001), $\{10\bar{1}0\}$, $\{11\bar{2}0\}$ 和 $\{10\bar{1}2\}$ 等各个晶面的面痕(大圆)。

1-30　用解析法求上题中各晶面的交线的晶向指数,并标于上述 (0001) 标准投影图中。

1-31　求出立方晶体中指数不大于3的低指数晶面的晶面距 d 和低指数晶向长度 L(以晶胞边长 a 为单位)。

1-32　求出六方晶体中 $[0001]$, $[10\bar{1}0]$, $[11\bar{2}0]$ 和 $[10\bar{1}1]$ 等晶向的长度(以点阵常数 a 和 c 为单位)。

1-33　计算立方晶体中指数不大于3的各低指数晶面间的夹角(列表表示)。为什么夹角和点阵常数无关?

1-34　计算立方晶体中指数不大于3的各低指数晶向间的夹角(列表表示),并将所得结果和上题比较。

1-35　计算六方晶体中 (0001), $\{10\bar{1}0\}$ 和 $\{11\bar{2}0\}$ 之间的夹角。

1-36　分别用晶面夹角公式及几何法推导六方晶体中 $(10\bar{1}2)$ 面和 $(\bar{1}012)$ 面的夹角公式(用点阵常数 a 和 c 表示)。

1-37　利用上题所得的公式具体计算 $Zn(c/a=1.86)$, $Mg(c/a=1.62)$ 和 $Ti(c/a=1.59)$ 3 种金属的 $(10\bar{1}2)$ 面和 $(\bar{1}012)$ 面的夹角。

1-38　将 $(10\bar{1}2)$ 和 $(\bar{1}012)$ 分别换成 $[\bar{1}011]$ 和 $[10\bar{1}1]$,重做 1-36 题,1-37 题。

1-39　推导菱方晶体在菱方轴下的点阵常数 a_R,α_R 和在六方轴下的点阵常数 a_H,c_H 之间的换算公式。

1-40　已知 $\alpha\text{-}Al_2O_3$(菱方晶体)的点阵常数为 $a_R=5.12\text{Å}$, $\alpha_R=55°17'$,求它在六方轴下的点阵常数 a_H 和 c_H。

第2章 固体材料的结构

2.1 引 言

固体材料的各种性质主要取决于它的晶体结构。因此,要正确地选择性能符合要求的材料或研制具有更好性能的材料,首先要熟悉、乃至控制其结构。除了实用意义外,研究固体材料的结构还有很大的理论意义,因为材料的结构是和组成材料的原子之间的作用力——结合键密切相关的,而结合键乃是各种固体理论的基本出发点(或基本参数)。通过固体材料结构的研究可以最直接、最有效地确定结合键的类型和特征。

由于以上原因,固体材料的结构测定已成为材料科学中一个独立的、重要的研究领域,即所谓结构分析。结构分析的方法很多,其中最重要、应用最广泛的方法就是 X 光、电子和中子衍射方法,其基本原理在于一定的晶体结构对应着一定的衍射图像和衍射线(或斑点)强度,通过对衍射图像和强度的分析即可推知晶体结构。具体的测定和分析方法请参考有关的书籍。

由于晶体结构和组成晶体的原子的结构密切相关,本章首先简单复习物理和化学中学过的原子结构和结合键,然后以此为基础,着重讨论各种重要类型固体材料的结构及其性能特点。这些材料包括:金属、非金属、离子晶体、陶瓷材料、合金(包括固溶体和金属间化合物)等。

通过本章学习,除了要掌握一些基本概念(如合金相和组织的概念,成分的表示等)外,还要熟悉一些典型晶体的结构、特点和决定结构的主要因素、结构与性能的关系等。

2.2 原 子 结 构

本节讨论孤立(或自由)原子的电子结构,也就是处于气态(或蒸气中)原子的电子结构。

2.2.1 经典模型和玻尔理论

经典的原子模型认为,原子是由带正电荷 $+Ze$ 的原子核和 Z 个绕核旋转的电子组成(Z 是原子序数)。为了解释原子的稳定性和原子光谱(尖锐的线状光谱),玻尔对此经典模型作了两点重要的修正:

(1)电子不能在任意半径的轨道上运动,只能在一些半径为确定值 $r_1, r_2, \cdots$ 的轨道上运动。我们把在确定半径的轨道上运动的电子状态称为**定态**。每一定态(即每一个分立的 r 值)对应着一定的能量 E(E=电子的动能+电子与核之间的势能)。由于 r 只能取分立的数值,能量 E 也只能取分立的数值,这就叫**能级的分立性**。当电子从能量为 E_1 的轨道跃迁到能量为 E_2 的轨道上时,原子就发出(当 $E_1 > E_2$ 时)或吸收(当 $E_1 < E_2$ 时)频率为 ν 的辐

射波。ν 值符合爱因斯坦公式

$$E_1 - E_2 = h\nu \tag{2-1}$$

式中，h 是普朗克常数，$h = 6.63 \times 10^{-34}$ J·s。

(2) 处于定态的电子，其角动量 L 也只能取一些分立的数值，且必须为 $\left(\dfrac{h}{2\pi}\right)$ 的整数倍，即

$$L = |\boldsymbol{r} \times m\boldsymbol{u}| = k\left(\frac{h}{2\pi}\right) \tag{2-2}$$

式中，m 和 $\boldsymbol{u}$ 分别为电子的质量和速度，k 为整数。式(2-2)就称为**角动量的量子化条件**。

能量的分立性和角动量的量子化条件，就是玻尔理论的基本思想。对于氢原子，轨道是圆形的。对于非氢原子，轨道可以是椭圆形的，此时就需要引入两个量子数。一个是度量轨道能量的主量子数 n，另一个是度量轨道角动量的角量子数 k。可以认为 n 和 k 分别决定了椭圆的长轴和短轴，而 k/n 则决定了椭圆的离心率。

2.2.2　波动力学理论和近代原子结构模型

玻尔理论虽然能定性地解释原子的稳定性(定态的存在)和线状原子光谱，但在细节和定量方面仍与实验事实有差别。特别是，它不能解释电子衍射现象，因为它仍然是将电子视为服从牛顿力学的粒子。从理论上讲它也是不严密的，因为它给牛顿力学硬性附加了两个限制条件，即能量的分立性和角动量的量子化条件。要克服玻尔理论的缺陷和矛盾，就必须摒弃牛顿力学，建立崭新的理论，这就是波动力学(或量子力学)理论。

按照波动力学观点，电子和一切微观粒子都具有二象性，即既具有粒子性，又具有波动性。联系二象性的基本方程是

$$\lambda = \frac{h}{P} = \frac{h}{mu} \tag{2-3}$$

此式表明，一个动量为 $P = mu$ 的电子(或其他微观粒子)的行为(或属性)宛如波长为 $\lambda = h/P$ 的波的属性。从式(2-3)可以看出，如果通过改变外场而改变电子的动量，电子波的波长也就随之而变。将实验中通常遇到的电子速率和质量值代入式(2-3)计算出波长 λ 后即可发现，λ 值正好和晶体中相邻原子间的距离为同一数量级，因而有可能满足布拉格公式而发生电子(被晶体)衍射效应。因此，式(2-3)可以认为是一切有关原子结构和晶体性质的理论的实验基础。

由于电子具有波动性，谈论电子在某一瞬时的准确位置就没有意义。我们只能询问电子出现在某一位置的几率(可能性)，因为电子有可能出现在各个位置，只是出现在不同位置的几率不同。以电子衍射实验为例，衍射线(或斑点)出现在许多位置，不同位置的衍射线(或斑点)具有不同的黑度，黑度大的地方就是出现电子的几率大的位置。同样，对于定态的原子来说，电子也不是位于确定半径的平面轨道上，而是有可能位于核外空间的任何地方，只是在不同的位置出现电子的几率不同。这样，经典的轨道概念就必须摒弃。人们往往用连续分布的"电子云"代替轨道来表示单个电子出现在各处的几率，电子云密度最大的地方就是电子出现几率最大的地方。

为了定量地描述电子的状态和出现在某处的几率，需要引入一个几率波的波函数 $\psi(\boldsymbol{r}, t)$，而 $|\psi|^2 = \psi\psi^*$ 就是在 t 时刻，在位矢为 $\boldsymbol{r}$ 处单位体积内找到电子的几率(也就是在 $\boldsymbol{r}$ 处的电

子云密度)。ψ满足波动力学基本方程,即**薛定谔方程**:

$$i\hbar\frac{\partial\psi}{\partial t}=\hat{H}\psi \tag{2-4}$$

式中,$\hbar=\dfrac{h}{2\pi}$;$\hat{H}$是哈密顿算符(能量算符),

$$\hat{H}=-\frac{\hbar^2}{2m}\nabla^2+V \tag{2-5}$$

这里,V是势能;∇^2是拉普拉斯算符,

$$\nabla^2=\frac{\partial^2}{\partial x^2}+\frac{\partial^2}{\partial y^2}+\frac{\partial^2}{\partial z^2}$$

在外场不变,因而总能量E恒定(电子处于定态)的情况下,波函数ψ可以写成

$$\psi=\exp\left(-\frac{i}{\hbar}Et\right)u(x,y,z) \tag{2-6}$$

将式(2-6)代入式(2-4)就得到定态薛定谔方程:

$$\hat{H}u=Eu \tag{2-7}$$

式中,u是波函数随空间变化的部分。

方程(2-4)和方程(2-7)就是波动力学的基本方程。原则上,只要给定了势函数V,就可以解出波函数,进而求出能量E、角动量L等物理量。关于在各种情况下薛定谔方程的解法可参看量子力学教程。这里只是指出,由于波函数要满足单值、有限、连续等边界条件,能量E、角动量L等物理量都只能取分立的数值,称为**本征值**;相应的波函数称为**本征函数**。

对于孤立原子,每个电子都是在核和其他电子的势场中运动。如果将势场看成是有心力场,求解薛定谔方程,就可得到波函数和相关的物理量(如E,L等)。所得公式中包含4个只能取整数值的参数n,l,m和m_s,这就是大家熟知的4个量子数,即**主量子数**n,**角量子数**l,(轨道)**磁量子数**m和**自旋磁量子数**m_s。

主量子数n是决定能量的主要参数(对氢原子,则是唯一参数,$E_a\propto-1/n^2$),$n=1,2,\cdots,$(正整数)。

轨道角量子数l决定了轨道角动量的大小。对碱金属原子,能量不仅与n有关,还与l有关,$l=0,1,2,\cdots,(n-1)$共n个值。

轨道磁量子数m决定了轨道角动量在外磁场方向的投影值。$m=0,\pm1,\pm2,\cdots,\pm l$。

自旋磁量子数m_s决定了自旋角动量在外磁场方向的投影值,$m_s=\pm\dfrac{1}{2}$(共两个值)。

这样,在不考虑电子的自旋-轨道耦合(即不考虑电子的自旋运动和轨道运动之间的磁相互作用)的情况下,一般原子中的电子状态(包括E和L值)就是由n,l,m和m_s这4个量子数决定的,而波函数可以写成$u=u_{nlmm_s}$。

虽然近代原子模型中不存在电子按确定轨道一层一层排列的概念,但人们习惯上还是将核外电子按能量分组或按n分成壳层。例如$n=1,2,3,\cdots$分别称为第1,第2,第3,$\cdots$壳层,并用字母$K,L,M,\cdots$表示。对同一个n值(即同一壳层),又按l值分成若干次壳层,并用字母s,p,d,f等分别表示$l=0,1,2,3$的次壳层。于是,对于一个处于$n=2,l=0$的电子,我们就说它处于$2s$态;处于$n=2,l=1$的电子就是$2p$态电子,等等。有时也把状态说成“轨道”,例如$3d$轨道上的电子就是指$3d$态电子(即$n=3,l=2$状态的电子)。当然,这里

"轨道"的含义是电子云,而不是经典的轨道。

要进一步分析各种状态的电子云形状和分布,就需求出该状态的波函数 u_{nlm}(暂不考虑自旋的影响)。通常将波函数写成

$$u_{nlm} = R_{nl}(r)Y_{lm}(\varphi,\theta) \tag{2-8}$$

式中, $R_{nl}(r)$ 是径向分布函数, $|R_{nl}(r)|^2 = R_{nl}(r) \cdot R_{nl}^*(r)$ 称为径向几率因子,代表在 r 处找到一个 (n,l,m) 态电子的几率。$Y_{lm}(\varphi,\theta)$ 是角分布函数, $|Y_{lm}|^2 = Y_{lm}(\varphi,\theta)Y_{lm}^*(\varphi,\theta)$ 代表在 (φ,θ) 处找到 (n,l,m) 态电子的几率。

为了形象地表示电子云的形状和分布,可以分别作出径向分布几率图($|R_{nl}(r)|^2$-r 关系图)和角分布几率图(或称极图,即 $|Y_{lm}|^2$-(φ,θ) 关系图)。由此二图就很容易按式(2-8)求得在 (r,φ,θ) 处 (n,l,m) 态的电子云密度。显然,径向分布几率图必然是球对称的(球心在原子核)。为了进一步了解以上二图的特点,图 2-1 画出了氢原子的 $2p$ 和 $3p$ 态电子的径向分布几率图,图 2-2 至图 2-5 画出了氢原子的 s,p,d 和 f 态电子的角分布几率图。

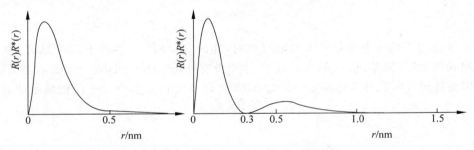

图 2-1　氢原子的 $2p$ 和 $3p$ 态电子的径向分布几率图

从图 2-1 可看出:

(1) (n,l) 态电子的径向分布几率图上存在着 $n_r = n - l - 1$ 个球节(球节是指 $|R_{nl}|^2 = 0$ 而 $r \neq 0$ 的位置)。

(2) s 态电子的角分布几率图总是球对称的。s 态只有一个轨道,即 $l = 0$, $m = 0$ 的轨道(或次壳层),如图 2-2 所示。

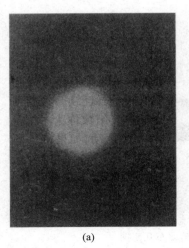
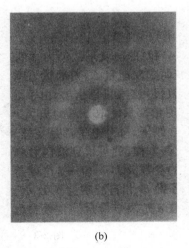

(a)　　　　　　　　　　　　　　(b)

图 2-2　s 态电子的角分布几率图

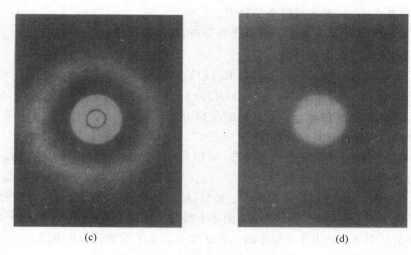

(c)   (d)

图 2-2(续)

（3）p 态电子的角分布几率图是轴对称的，如图 2-3 所示。p 态有三个轨道，即 $l=1$，$m=0$ 和 $m=\pm1$。但是，从 m 的意义可知，如果没有外场，$m=0$ 和 $m=\pm1$ 的状态是没有区别的，因为任何方向的参考轴都是等价的，因而此时 p 态的角分布几率图仍然是球对称的。

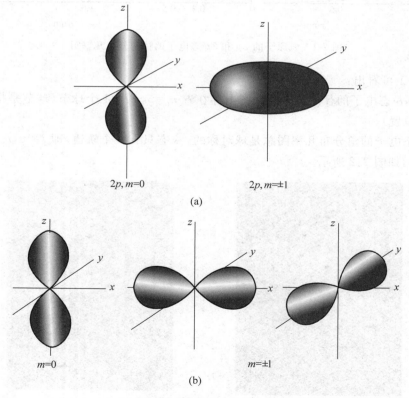

图 2-3 p 态电子的角分布几率图

（a）外场沿 z 轴；（b）在晶体中（晶体场沿 x,y,z 轴）

然而,在分子或晶体中,由于原子间相互作用力的存在,三个 p 态轨道是相互正交的,这对于理解某些分子或晶体的结构是非常重要的(见 2.4 节,2.5 节)。

(4)基于同样的理由,在没有外场的情形下,d 态和 f 态电子的角分布几率图也应该是球对称的,但在分子或晶体中,它们就不再是球形的。d 态包括 5 个轨道,即 $l=2$,$m=0$,± 1 和 ± 2。f 态包括 7 个轨道,即 $l=3$,$m=0$,± 1,± 2,± 3。图 2-4 给出了 d 态电子的角分布几率。

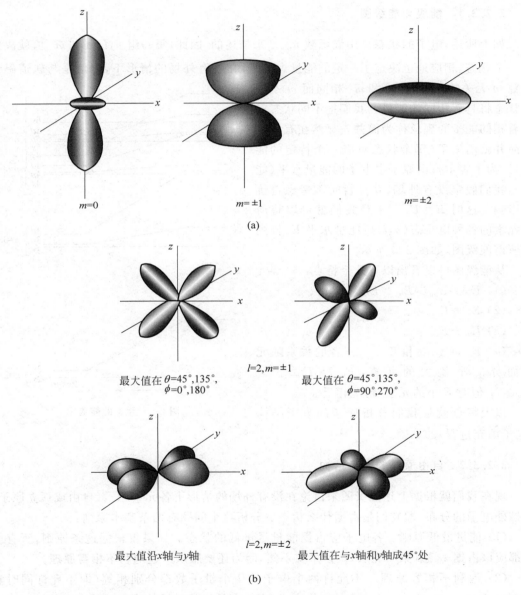

图 2-4　d 态电子的角分布几率图

(a)外场沿 z 轴;(b)在晶体中(晶体场沿 x,y,z 轴)

（5）由图 2-1 知，当 r 较大时 $|R_{nl}|^2 \approx$ const.，因此，对于原子的外层电子（价电子）来说，由于 r 大致在 10^{-10} m 左右（相当于晶体中原子间的距离），故 $|R_{nl}|^2$ 不随 r 变化，因而按照式（2-8），外层（价）电子云的形状就基本上取决于角分布几率图的形状。这对于分析晶体中结合键的方向性是很重要的。

2.2.3 能级图和元素的原子结构

2.2.3.1 能级和能级图

如上所述，电子的状态是用波函数 u_{nlmm_s} 来描述的，因此，每一组 n, l, m 和 m_s 值就决定了一个状态，相应地也决定了一定的能量。但是，在没有外场的情形下，能量是与轨道磁量子数 m 无关的，这样，n, l 和 m_s 相同而 m 不同的状态将具有相同的能量。我们把不同状态对应着相同能量的现象称为**简并**。显然在有外场时简并就消失了（每个状态对应一个特定的能量）。为了表示自由原子中电子的能量水平（能级），我们假定没有外场，并且暂时不考虑自旋的影响。这时 $E = E_{nl}$。于是我们就可以将所有元素的各种电子态（n, l）按能量水平 E_{nl} 排列成所谓能级图，如图 2-5 所示。

从能级图可以看出以下几个特点：

（1）$E_{nf} > E_{nd} > E_{np} > E_{ns}$。

（2）$E_{nl} > E_{(n-1)l}$。

（3）$E_{ns} > E_{(n-1)p}$。

（4）$E_{ns}, E_{(n-1)d}$ 和 $E_{(n-2)f}$ 三者的关系随元素而异。对 Z 大的元素，$E_{ns} > E_{(n-1)d} > E_{(n-2)f}$；但对 Z 小的元素，情况相反。

以上特点就是我们分析原子的电子结构（电子填充过程）的基础。

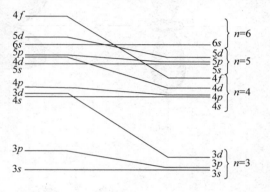
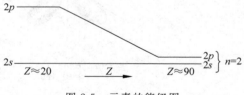

图 2-5 元素的能级图

2.2.3.2 自由原子的电子结构

现在我们就根据上述能级图来讨论在没有外场的情形下各元素原子（自由或孤立原子）中核外电子的分布，即它们是占据什么状态。分析这个问题有两条基本原则：

（1）**能量最低原则** 各电子应占据能量尽量低的状态。如果仅根据这条原则，所有电子都应该占据 $1s$ 态（第一壳层）。但事实不然，因为还要服从下述**泡利不相容原理**。

（2）**泡利不相容原理** 不允许两个电子的 4 个量子数都分别相等（即不允许同时有 $n_1 = n_2, l_1 = l_2, m_1 = m_2, m_{s_1} = m_{s_2}$）。换言之，由 4 个具体的量子数确定的状态只能被一个电子占据。也有些书上将泡利不相容原理表述为："每个状态（或每个轨道）只能容纳两个自旋相反的电子。"这里所说的一个状态是指由一组 n, l 和 m 决定的状态。既然两个电子的 n, l, m 都相同，那么它们的自旋磁量子数 m_s 必然不同——一个是 $+1/2$，另一个就是 $-1/2$。

这就叫**自旋相反**（或**自旋反平行**）。按照这种规定，s 态最多只能容纳两个电子 $\left(l=0 ; m=0 ; m_s=\pm\dfrac{1}{2}\right)$；$p$ 态最多只能容纳 6 个电子 $\left(l=1 ; m=0,\pm 1 ; m_s=\pm\dfrac{1}{2}\right)$；$d$ 态最多只能容纳 10 个电子 $\left(l=2 ; m=0,\pm 1,\pm 2 ; m_s=\pm\dfrac{1}{2}\right)$；$f$ 态最多只能容纳 14 个电子（$l=3 ; m=0,\pm 1,\pm 2,\pm 3 ; m_s=\pm 1/2$）。总之，有几个 m 值，就有几个轨道，每个轨道上可容纳两个电子。那么，对于给定的 n 值有几个 m 值呢？这可从下表推知：

l 值	0	1	2	3	…	$n-1$
m 值	0	$0,\pm 1$	$0,\pm 1,\pm 2$	$0,\pm 1,\pm 2,\pm 3$	…	$0,\pm 1,\cdots,\pm(n-1)$
m 值的个数	1	3	5	7	…	$2(n-1)+1$

因此，对给定的 n 值，有 $(n-1)$ 个 l 值，对应着 $1+3+5+7+\cdots+[2(n-1)+1]$ 个 m 值。故 m 值的个数为 $\dfrac{1+[2(n-1)+1]}{2}\cdot n=n^2$。这表明第 n 壳层有 n^2 个轨道（每个轨道对应一组 n,l,m 值），因而可容纳 $2n^2$ 个电子。

现在我们就根据能级图和上述两条原则来讨论周期表中各元素的原子结构。

第 Ⅰ 周期只有一个电子壳层（$n=1$），一个状态（或轨道），即 $1s$ 态，故第 Ⅰ 周期只有两个元素：H$(1s)^1$ 和 He$(1s)^2$（上标为该状态的电子数）。

第 Ⅱ 周期有两个电子壳层（$n=2$），可占据的状态数（或轨道数）为 $1(1s)+1(2s)+3(2p)=5$，可容纳的电子数为 10，故包含 8 个元素：从 Li$(1s)^2(2s)^1$ 到 Ne$(1s)^2(2s)^2(2p)^6$。

第 Ⅲ 周期有三个电子壳层，可占据的状态数应为 $5+1(3s)+3(3p)+5(3d)=14$。但从能级图（图 2-5）可知，对轻元素（Z 小的元素），$E_{3d}>E_{4s}$，故第三壳层中不包括 $3d$ 态，因而总状态数为 $5+4=9$，总电子数为 $10+8=18$，故第 Ⅲ 周期也只有 8 个元素：从 Na$(1s)^2(2s)^2(2p)^6(3s)^1$ 到 Ar$(1s)^2(2s)^2(2p)^6(3s)^2(3p)^6$。

以上三个周期就是所谓**短周期**。其特点是所有元素的电子态均为 s 或 p 态（称为 sp 元素）。

从第 Ⅳ 周期开始，不仅包含 sp 元素，还包含 d 或 f 元素，即电子填充在 d 或 f 轨道，因而第 Ⅳ 到第 Ⅶ 周期都称为**长周期**。和上面短周期的分析方法类似，只要根据能级图和元素的原子序数（即核外电子数）即可写出其电子结构。这里只指出 3 个特点：

（1）凡是外层电子填充在 d 轨道的元素都称为**过渡族元素**。因此，第 Ⅳ 周期中从 Sc$(z=21)$ 到 Cu$(z=29)$，第 Ⅴ 周期中从 Y$(z=39)$ 到 Ag$(z=47)$，第 Ⅵ 周期中从 Hf$(z=72)$ 到 Au$(z=79)$ 均为过渡族元素。

（2）凡是外层电子填充在 $4f$ 轨道上的元素称为**镧系元素**（又称为**稀土元素**），包括第 Ⅵ 周期中从 La$(z=57)$ 到 Lu$(z=71)$ 的 15 个元素。凡是外层电子填充在 $5f$ 轨道上的元素称为**锕系元素**，包括从 Ac$(z=89)$ 到 Lw$(z=103)$ 的 15 个元素。

（3）从能级图可知，对过渡族元素，E_{ns} 和 $E_{(n-1)d}$ 的能量相近。对镧系和锕系元素，E_{ns}、$E_{(n-1)d}$ 和 $E_{(n-2)f}$ 的能量都相近，因此这些元素都是变价的。镧系元素的物理和化学性质非常相似，其原因就在于 E_{6s}、E_{5d} 和 E_{4f} 能级非常相近。

表 2-1 列举了周期表上各元素的原子结构，这对于研究分子和固体的结合键是非常有

用的。要强调指出的是,表 2-1 中列举的都是自由原子的基态结构,即既没有外场作用,原子也没有被激发,因而各电子都处于尽可能低的能级(这种状态就称为**基态**或正常态)。

表 2-1　元素的原子结构

元素及原子序数		主量子数及角量子数									
	$n=$	1	2		3			4			
	$l=$	0	0	1	0	1	2	0	1	2	3
1 H	. .	1									
2 He	. .	2									
3 Li	. .	2	1								
4 Be	. .	2	2								
5 B	. .	2	2	1							
6 C	. .	2	2	2							
7 N	. .	2	2	3							
8 O	. .	2	2	4							
9 F	. .	2	2	5							
10 Ne	. .	2	2	6							
11 Na	. .	2	2	6	1						
12 Mg	. .	2	2	6	2						
13 Al	. .	2	2	6	2	1					
14 Si	. .	2	2	6	2	2					
15 P	. .	2	2	6	2	3					
16 S	. .	2	2	6	2	4					
17 Cl	. .	2	2	6	2	5					
18 Ar	. .	2	2	6	2	6					
19 K	. .	2	2	6	2	6		1			
20 Ca	. .	2	2	6	2	6		2			
21 Sc	. .	2	2	6	2	6	1	2			
22 Ti	. .	2	2	6	2	6	2	2			
23 V	. .	2	2	6	2	6	3	2			
24 Cr	. .	2	2	6	2	6	5	1			
25 Mn	. .	2	2	6	2	6	5	2			
26 Fe	. .	2	2	6	2	6	6	2			
27 Co	. .	2	2	6	2	6	7	2			
28 Ni	. .	2	2	6	2	6	8	2			
29 Cu	. .	2	2	6	2	6	10	1			
30 Zn	. .	2	2	6	2	6	10	2			
31 Ga	. .	2	2	6	2	6	10	2	1		
32 Ge	. .	2	2	6	2	6	10	2	2		
33 As	. .	2	2	6	2	6	10	2	3		
34 Se	. .	2	2	6	2	6	10	2	4		
35 Br	. .	2	2	6	2	6	10	2	5		
36 Kr	. .	2	2	6	2	6	10	2	6		

续表

元素及原子序数		主量子数及角量子数									
$n=$	1	2	3	4				5			6
$l=$	—	—	—	0	1	2	3	0	1	2	0
37 Rb	2	8	18	2	6			1			
38 Sr	2	8	18	2	6			2			
39 Y	2	8	18	2	6	1		2			
40 Zr	2	8	18	2	6	2		2			
41 Nb	2	8	18	2	6	4		1			
42 Mo	2	8	18	2	6	5		1			
43 Tc	2	8	18	2	6	6		1			
44 Ru	2	8	18	2	6	7		1			
45 Rh	2	8	18	2	6	8		1			
46 Pd	2	8	18	2	6	10		—			
47 Ag	2	8	18	2	6	10		1			
48 Cd	2	8	18	2	6	10		2			
49 In	2	8	18	2	6	10		2	1		
50 Sn	2	8	18	2	6	10		2	2		
51 Sb	2	8	18	2	6	10		2	3		
52 Te	2	8	18	2	6	10		2	4		
53 I	2	8	18	2	6	10		2	5		
54 Xe	2	8	18	2	6	10		2	6		
55 Cs	2	8	18	2	6	10		2	6		1
56 Ba	2	8	18	2	6	10		2	6		2
57 La	2	8	18	2	6	10		2	6	1	2
58 Ce	2	8	18	2	6	10	2	2	6		2
59 Pr	2	8	18	2	6	10	3	2	6		2
60 Nd	2	8	18	2	6	10	4	2	6		2
61 Pm	2	8	18	2	6	10	5	2	6		2
62 Sm	2	8	18	2	6	10	6	2	6		2
63 Eu	2	8	18	2	6	10	7	2	6		2
64 Gd	2	8	18	2	6	10	7	2	6	1	2
65 Tb	2	8	18	2	6	10	9	2	6		2
66 Dy	2	8	18	2	6	10	10	2	6		2
67 Ho	2	8	18	2	6	10	11	2	6		2
68 Er	2	8	18	2	6	10	12	2	6		2
69 Tm	2	8	18	2	6	10	13	2	6		2
70 Yb	2	8	18	2	6	10	14	2	6		2
71 Lu	2	8	18	2	6	10	14	2	6	1	2
72 Hf	2	8	18	2	6	10	14	2	6	2	2

　　最后我们还要简单地讨论一下电子填充次-次-壳层的规则。这里所谓次-次-壳层,是指主量子数 n 和角量子数 l 都相同的壳层。这规则就是:n 和 l 都相同的电子力图占据自旋相同的次-次-壳层,或者说尽可能保持自旋不成对。(如果两个电子的 m_s 值分别为 $+1/2$

和－1/2,则说它们的自旋是成对的。)这个规则就称为**自旋不成对规则**或**洪德规则**。既然电子的 n,l 和 m_s 值都相同,那么按照泡利不相容原理,它们的 m 值就不相同。例如,氮的最外层电子态是 $(2p)^3$,三个外层电子不仅 n 和 l 相同,m_s 也相同(或者都是＋1/2,或者都是－1/2),而 m 值则分别为 0,1 和－1。然而,对于外层电子态是 $(2p)^4$ 的氧来说,4 个外层电子的自旋量子数不可能都相同,这是因为 m 值只有 3 个(0,1 和－1),因而 4 个电子中至少有 2 个具有相同的 m 值。按泡利不相容原理,这 2 个电子的 m_s 值必须不同,或者说,它们的自旋是成对的,而自旋不成对的电子最多只有 2 个。这样,氧的 4 个外层电子的状态就是 $(n,l,m,m_s)=(2,1,0,1/2),(2,1,0,-1/2),(2,1,1,1/2)$ 和 $(2,1,-1,1/2)$。

自旋不成对规则并非一条独立的规则,而是能量最低原则的结果,因为自旋不成对的状态比成对的状态具有更低的能量。虽然如此,这条规则对于分析结合键和物质的磁性都是很重要的。

2.2.4 原子稳定性和能级的实验测定

2.2.4.1 原子稳定性

原子的稳定性可以通过测定其**电离能**来确定。所谓电离能就是将原子的外层电子击出所需的最小能量,也叫电离电位,单位是 V 或 eV。依次将原子的 1 个、2 个、3 个…外层电子击出所需的最小能量就分别称为 1 级、2 级、3 级…电离电位。显然,某电子态越稳定,相应的电离电位就越高。作为例子,表 2-2 列举了短周期中若干元素的电离电位值。

表 2-2 短周期中若干元素的电离电位值

元素	电离电位/V		电离过程	终态电子结构
He	1 级	24.465	$He \longrightarrow He^+$	$(1s)^1$
Li	1 级	5.37	$Li \longrightarrow Li^+$	$(1s)^2$
	2 级	75.28	$Li^+ \longrightarrow Li^{++}$	$(1s)^1$
Be	1 级	9.28	$Be \longrightarrow Be^+$	$(1s)^2(2s)^1$
	2 级	18.12	$Be^+ \longrightarrow Be^{++}$	$(1s)^2$
	3 级	153.1	$Be^{++} \longrightarrow Be^{+++}$	$(1s)^1$
B	1 级	8.28	$B \longrightarrow B^+$	$(1s)^2(2s)^2$
	2 级	25.0	$B^+ \longrightarrow B^{++}$	$(1s)^2(2s)^1$
	3 级	37.75	$B^{++} \longrightarrow B^{+++}$	$(1s)^2$
	4 级	258.1	$B^{+++} \longrightarrow B^{++++}$	$(1s)^1$
C	1 级	11.217	$C \longrightarrow C^+$	$(1s)^2(2s)^2(2p)^1$
	2 级	24.27	$C^+ \longrightarrow C^{++}$	$(1s)^2(2s)^2$
	3 级	47.65	$C^{++} \longrightarrow C^{+++}$	$(1s)^2(2s)^1$
	4 级	64.22	$C^{+++} \longrightarrow C^{++++}$	$(1s)^2$
	5 级	389.9	$C^{++++} \longrightarrow C^{+++++}$	$(1s)^1$
O	1 级	13.55	$O \longrightarrow O^+$	$(1s)^2(2s)^2(2p)^3$
F	1 级	18.6	$F \longrightarrow F^+$	$(1s)^2(2s)^2(2p)^4$
Ne	1 级	21.47	$Ne \longrightarrow Ne^+$	$(1s)^2(2s)^2(2p)^5$
Na	1 级	5.12	$Na \longrightarrow Na^+$	$(1s)^2(2s)^2(2p)^6$

分析表 2-2 中的数据可以得出以下结论：

（1）中性原子的电离电位最低。随着离子价增加，电子越来越难被击出，电离电位也就越来越高，因此表 2-2 中所有元素的 1 级电离电位都最低，2 级、3 级…电离电位依次升高。

（2）$(1s)^2$ 是比较稳定的状态，因而要使 $(1s)^2$ 电离成 $(1s)^1$ 需要很高的电离电位。这就是为什么 He 的 1 级电离电位就很高，而 Li 的 2 级、Be 的 3 级，B 的 4 级以及 C 的 5 级电离电位都比其前一级电离电位高得多。

（3）在其他因素相同的情况下，核电荷越大的元素，其同级电离电位也越高。例如，Be 的一级电离电位比 Li 高，而 O，F，Ne 的一级电离电位也是依次升高的。

（4）次外层电子对外层电子有屏蔽作用，即减弱核对外层电子的库仑引力，从而使后者的电离电位减小。例如硼的一级电离电位低于铍，钠的一级电离电位远低于氖（若仅按核电荷的大小，次序应该相反）。

总之，衡量原子稳定性的电离电位取决于三个因素，即 $(1s)^2$ 的稳定性、核电荷的大小和屏蔽效应。

值得指出的是，重元素的 $(ns)^2$ 电子态也是稳定的，而且 n 越大越稳定。例如 Al（外层结构是 $(3s)^2(3p)^1$）一般是三价，而不形成稳定的 Al^+ 离子。但 Tl（外层结构是 $(6s)^2(6p)^1$）却容易形成单价的铊盐，而不易形成三价铊盐。同样，In 和 Sn 的 $(5s)^2$ 电子态也是稳定的。当这些重元素在形成合金时，$(ns)^2$ 电子态也是稳定的，即 $(ns)^2$ 电子不起键合作用。

2.2.4.2　原子能级的实验测定

当一个处于基态的自由原子受到高速电子（或其他粒子）的轰击时，根据入射电子的能量，可能发生以下各种情况：

（1）原子的外层电子由基态的能级 E_1 跃迁到更高的（激发态）能级 E_2。当电子由能级 E_2 返回能级 E_1 时，原子就发出一定频率 ν 的可见光。ν 值由下式确定：

$$E_1 - E_2 = h\nu \tag{2-9}$$

（2）当入射电子的能量更高时，可以将外层电子击出而脱离原子，这就是上述电离现象。

（3）当入射电子的能量足够高时，可以将内层电子击出，随后在它外层的电子跃迁到该层，并发出波长为 0.1nm 左右的 X 光，其频率 ν 也由式（2-9）决定（此时 E_2 是内层电子的能级，E_1 是该层外面跃迁电子的能级）。

无论是发射可见光还是发射 X 光，只要测定辐射线的频率和强度，就可推知原子的各电子态的能级，以及从一个状态向另一个状态跃迁的几率。

2.3　结　合　键

所谓结合键是指由原子结合成分子或固体的方式和结合力的大小。结合键决定了物质的一系列物理、化学、力学等性质。从原则上讲，只要能从理论上正确地分析和计算结合键，就能预计物质的各项性质。因此，结合键的分析和计算乃是各种分子和固体电子理论的基础。遗憾的是，目前还不能对各种物质的结合键进行准确的理论计算。然而，即使是半定量或定性的分析，对于理解固体材料的结构和性质也大有帮助。因此，本节将简单地复习一下读者在化学课程中学过的结合键类型及其基本特征，作为随后深入学习的基础。

不论什么物质,其原子结合成分子或固体的力(结合力)从本质上讲都起源于原子核和电子间的静电交互作用(库仑力)。要计算结合力,就需要知道外层电子(价电子)围绕各原子核的分布。根据电子围绕原子的分布方式,可以将结合键分为5类,即**离子键**、**共价键**、**金属键**、**分子键和氢键**。虽然不同的键对应着不同的电子分布方式,但它们都满足一个共同的条件(或要求),即键合后各原子的外层电子结构要成为稳定的结构,也就是惰性气体原子的外层电子结构,如$(1s)^2$、$(ns)^2(np)^6$ 和$((n-1)d)^{10}(ns)^2(np)^6$。由于"八电子层"结构(即$(ns)^2(np)^6$ 结构)是最普遍、最常见的稳定电子结构,因此可以说,不同的结合键代表实现八电子层结构的不同方式。

2.3.1 离子键

典型的金属元素和非金属元素就是通过离子键而化合的。此时金属原子的外层价电子转移到非金属原子的外层,因而形成外层都是八电子层的金属正离子和非金属负离子,正负离子通过静电引力(库仑引力)而结合成所谓**离子型化合物**(或**离子晶体**),因此,离子键又称极性键。显然离子化合物必须是电中性的,即正电荷数应等于负电荷数。典型的离子化合物有 NaCl,$MgCl_2$ 等,其结构特点将在 2.10 节进一步讨论。

2.3.2 共价键

元素周期表中同族元素的原子就是通过共价键而形成分子或晶体的。典型的例子有H_2,O_2,F_2,金刚石,SiC 等。此外,许多碳-氢化合物也是通过共价键结合的。在这些情况下,不可能通过电子的转移使每个原子外层成为稳定的八电子层(或$1s^2$)结构,也就是说,不可能通过离子键而使原子结合成分子或晶体。然而,相邻原子通过共用一对或几对价电子却可以使各原子的外层电子结构都成为稳定的八电子层(或$1s^2$)结构。例如,形成氢分子时2个氢原子的核外电子就是2个氢原子共有的,即2个外层电子是围绕2个氢原子核运动的,每个氢原子都通过共用一对电子获得了$1s^2$ 的稳定外层结构。同样,两个氧原子通过共用两对价电子获得八电子层的稳定结构,形成稳定的氧分子。在金刚石晶体中,每个碳原子贡献出4个价电子,与4个相邻的碳原子共用,因而每个碳原子的外层都达到八电子层的稳定结构。

共价键是用点、短线(键线)或粗棒(键棒)表示,如图 2-6,图 2-7 所示。图中连接相邻原子的黑棒即表示共价键,也就是价电子密度较高的区域。

通常在形成共价键时不形成正、负离子,此种共价键便称为**非极性**(或均匀极性)**共价键**。但在氢与ⅤB-ⅦB族元素[①]形成的分子中,共用电子对并不是对称地分布于两个原子之间,而是更靠近ⅤB-ⅦB族原子(因为它们对电子的引力更强)。这样一来,分子中,正、负电荷中心便不重合,这种分子便称为**极性分子**,构成这种分子的键就称为**极性共价键**。

前面谈到,各种结合键的结合力都来源于静电引力。那么,对共价键来说,此引力是如何产生的? 粗略地说,可以认为,它是共用电子对(负电荷)和离子实(正电荷)相互吸引的结果。共价键还有其他许多重要特点,我们将在后面进一步讨论。

---

① 此处元素是按结构分类的,见图 2-34。

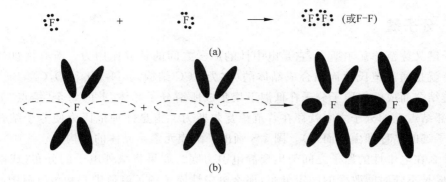

图 2-6　构成氟分子的共价键(a)用点或键线表示,(b)用键棒表示

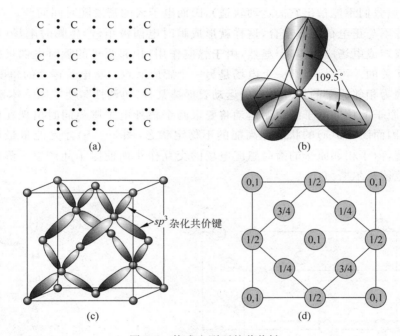

图 2-7　构成金刚石的共价键

(a) 用点表示；(b) 碳原子的四个 sp^3 杂化轨道分别指向四面体的四个顶点,轨道向夹角为
109.5°；(c) 由四面体 sp^3 共价键形成的金刚石立方结构,其中每个短棒表示一个电子对共价
键；(d) 每个碳原子相对于基面的 z 坐标

2.3.3　金属键

　　金属原子的外层价电子数比较少(通常 s,p 价电子数少于 4),而金属晶体结构的配位
数却很高(高于 6),因此金属晶体中各原子不可能通过电子转移或共用电子而达到八电子
层的稳定结构。金属晶体中各原子的结合方式是通过金属键,即各原子都贡献出其价电子
而变成外层为八电子层的金属正离子,所有贡献出来的价电子则在整个晶体内自由地运动
(故称为自由电子),或者说,这些价电子是为所有金属原子(正离子)所共用。金属晶体的结
合力就是价电子集体(亦称自由电子气)与金属正离子间的静电引力。有人形象地将自由电
子气比作"黏结剂",它将金属正离子牢牢地粘在一起。

2.3.4 分子键

分子键又称范德瓦尔斯力,它是电中性的原子之间的长程作用力。所有惰性气体原子在低温下就是通过范氏力而结合成晶体的(多为 FCC 结构)。N_2,O_2,CO,Cl_2,Br_2 和 I_2 等由共价键结合而成的双原子分子在低温下聚集成所谓分子晶体,此时每个"结点"上有一个分子,相邻结点上的分子之间就存在着范德瓦尔斯力。正是此种范氏力使分子结合成分子晶体(分子键的名称即由此而来)。图 2-8 画出了卤族元素碘晶体的结构。

为什么在电中性的原子之间会出现静电引力呢?如果将核外电子的分布(或电子云的密度)看成是不随时间改变的固定分布,那么电中性原子的正电荷中心和负电荷中心在任何时刻都应该重合,因而不可能对其他原子或电子有静电引力。然而,实际上核外电子是在不断运动的(虽然我们不能指出它的运动轨道),因而电子云的密度随时间而变。在每一瞬间,负电荷中心并不与正电荷中心重合,这样就形成瞬时电偶极矩,产生瞬时电场(虽然按时间平均的电偶极矩或电场应为零)。显然,由于感应作用,相邻原子的瞬时电偶极矩或电场不可能是彼此无关的。可以认为,一个电场是另一个感应所致。从电子运动的角度看,这种感应效应就表现为相邻原子的核外电子的运动要保持某种"协调性",使二原子体系能量最低。例如,两个氢原子的核外电子的协调运动将要求两个核外电子避免同时出现在两个原子核之间的区域,因而图 2-9(a)的状态是高能的不稳定状态,图 2-9(b)才是能量最低的稳定状态。这意味着,由于相邻原子的瞬时感应电场的交互作用而使原子间产生了静电引力。这种引力就是范德瓦尔斯力。

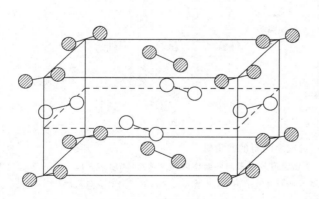

图 2-8 碘晶体的结构
(注意,即使在同一层中,分子的排列也有两种不同的方位)

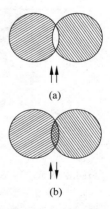

图 2-9 氢分子的不稳定电子态
(a)和稳定电子态(b)

2.3.5 氢键

在 HF,H_2O,NH_3 等物质中,分子都是通过极性共价键结合的(见前面关于共价键的讨论),而分子之间则是通过氢键连接的。下面以水为例加以说明。

图 2-10 是由氢键构成水的结构示意图。图(a)中黑实线代表氢和氧原子间的共价键,双短线则代表氧原子外层未共价的成对电子。由于氢-氧原子间的共用电子对靠近氧原子而远离氢原子,又由于氢原子除去一个共价电子外就剩下一个没有任何核外电子作屏蔽的

原子核(质子),于是这个没有屏蔽的氢原子核就会对相邻水分子中的氧原子外层未共价电子(由双短线表示的成对电子)有较强的静电引力(库仑引力),这个引力就是氢键,如图 2-10(a)中的虚线所示。氢键将相邻的水分子(图 2-10(b))连接起来(图 2-10(c)),起着桥梁的作用,故又称为氢桥。

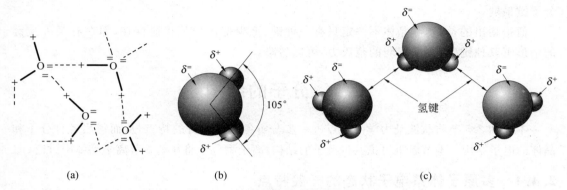

图 2-10　由氢键构成水的结构示意图

(a) 水中的氢键(+为质子,黑实线为共价键,虚线为氢键);

(b) 水分子示意图;(c) 由氢键构成水(冰晶体也是由氢键构成)

从上面的讨论可知,形成氢键必须满足以下两个条件:(1)分子中必须含氢;(2)另一个元素必须是显著的非金属元素(F,O 和 N 分别是ⅦB、ⅥB 和ⅤB 族的第一个元素)。这样才能形成极性分子,同时形成一个裸露的质子。

以上我们简单地讨论了结合键的类型及其本质。表 2-3 比较了各种结合键的主要特点及实例。

表 2-3　各种结合键的比较

结合键类型	实体	结合键		主 要 特 征
		kcal/mol[①]	eV/分子	
离子键	LiCl	199	8.63	非方向键,高配位数,低温不导电,高温离子导电
	NaCl	183	7.94	
	KCl	166	7.20	
	RbCl	159	6.90	
共价键	金刚石	170	7.37	空间方向键,低配位数,纯晶体在低温下电导率很小
	Si	108	4.68	
	Ge	89	3.87	
	Sn	72	3.14	
金属键	Li	37.7	1.63	非方向键,配位数及密度都极高,电导率高,延性好
	Na	25.7	1.11	
	K	21.5	0.934	
	Rb	19.6	0.852	
分子键	Ne	0.46	0.020	低的熔点和沸点;压缩系数大;保留了分子的性质
	Ar	1.79	0.078	
	Kr	2.67	0.116	
	Xe	3.92	0.170	
氢键	H_2O(冰)	12	0.52	结合力高于无氢键的类似分子[②]
	HF	7	0.30	

① 1kcal=4.18kJ。

② H_2S,H_2Se 和 H_2Te 就是与 H_2O 类似但无氢键的分子。HCl,HBr 和 HI 则是与 HF 类似但无氢键的分子。

从上面的讨论可以看出,离子键、共价键和金属键都牵涉原子外层电子的重新分布,这些电子在键合后不再仅仅属于原来的原子,因此,这三种键都称为**化学键**。相反,在形成分子键和氢键时,原子的外层电子分布没有变化,或变化极小,它们仍然属于原来的原子(仍然绕原来的原子核运动)。因此,这两种键就称为**物理键**。一般来说,化学键最强,氢键次之,分子键最弱。

值得指出的是,实际晶体不一定只有一种键,至少范氏力就普遍存在,但在有某种主键的情形下其他键(特别是很弱的范氏力)可以忽略。

2.4　分子的结构

本节和 2.5 节将从波动力学的观点进一步分析各种结合键的特点,从而得出各种分子和晶体的电子结构。本节着重讨论共价分子的结构,离子型分子将在 2.5 节离子晶体中讨论。

2.4.1　多原子体系电子状态的一般特点

分子和晶体分别是由几个(至少两个)或大量原子组成,因此我们面临的是由多个原子核和电子组成的复杂体系问题(波动力学中称为多体问题)。分析这些问题的基本出发点仍然是薛定谔方程,加上泡利不相容原理。由此原则上即可求得在分子或晶体中电子的分布和能态。如同分析氢原子问题一样,关键还在于由薛定谔方程解出表征电子状态的波函数。但是,由于在分子或晶体中每个电子都是在多个核和其他各电子产生的复杂势场中运动,势函数往往难以确定。即使能求出一个比较准确的势函数,在求解薛定谔方程时也往往会遇到巨大的数学上的困难。因此,人们在分析分子和晶体问题时往往要作一些简化(或近似)的处理。至于如何简化处理,将在固体物理课程中进一步讨论。

下面我们仅仅简单归纳一下一般的分析结果。

(1) 各原子的内层电子状态基本上不受其他原子的影响,因而键合前后内层电子的能级和电子云分布基本上没有变化,或者说,内层电子是属于原子的,它们仍占据**原子轨道**(或非键合轨道),仍然用孤立原子的 4 个量子数描述其状态。

(2) 各原子的外层电子状态或多或少要受到其他原子的影响,影响的程度取决于结合键的类型。形成分子键时影响最小,电子基本上占据各自的原子轨道。形成离子键时,电子转移到相邻原子而处于后者的原子轨道上,故仍属于单个原子的。形成共价键和金属键时,外层电子的能级发生很大的变化:对分子来说,共价的电子能级分裂成两个或多个新的能级,形成所谓**分子轨道**。而对固体来说,形成共价键或金属键的价电子能级分裂成大量的、相距甚近(即能量差甚小)的新能级,形成一个近乎连续的**能带**。

(3) 外层(键合)电子的能量、角动量等力学量仍然只能取一些分立值,这些分立值也是用一组量子数表征,称为分子量子数,它不同于孤立原子的量子数。对共价分子来说,一组分子量子数就决定了一个分子轨道(即分子中价电子的一个能级)。分子和固体中的电子都要服从泡利不相容原理,因而每个分子轨道上只能容纳两个自旋相反的键合电子。

(4) 在分子和晶体中相邻原子(或离子)之间的距离是一定的,称为**平衡间距**,因为它是原子间的引力和斥力达到平衡时的位置。我们在 2.3 节讨论了使原子结合成分子或固体的引力的起源。我们看到,对不同的结合键,引力的大小、特点以及产生引力的直接原因都是不同的(虽然本质上都是静电引力)。但是,如果只有引力,相邻原子应该无限接近,以致重合,而不会保持一定的距离。由此可见,原子间一定还存在着斥力。斥力从何而来? 有些教科书上认为斥力就是同号电荷(同号离子或电子)之间的静电排斥作用,其实不然。产生斥力的主要原因可以解释如下:随着相邻原子在引力作用下不断靠近,它们的电子云将自外层至内层依次重叠。我们将位于重叠电子云内的电子称为重叠电子。如果重叠电子是在各原子的闭壳层上(即该层电子数已达到 $2n^2$),那么由于泡利不相容原理,重叠后这些电子不允许都在闭壳层上,某些重叠电子必须进入新的壳层,而这样一来就会使体系能量大大升高(参看图 2-5 所示的能级图),处于不稳定状态,这就相当于两个闭壳层的电子云相互排斥。由此可见,相邻原子间的斥力主要起源于闭壳层电子云的重叠效应,同号电荷间的静电斥力则是次要的。

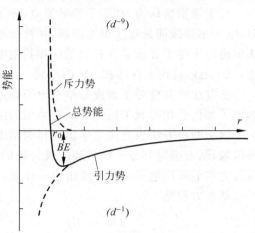

图 2-11　两原子间的势能曲线

图 2-11 示意地画出了两原子间的引力势、斥力势和总势能随原子间距离 r 的变化,总势能曲线的极小值处就对应着平衡间距 r_0。

根据闭壳层电子云重叠导致能量急剧升高的原则不难推知,在形成共价键和金属键时,电子云重叠最多(因为此时闭壳层是内层),形成离子键时电子云重叠较少,而形成分子键时重叠最少。图 2-12 示意地画出了 4 种结合键的电荷分布。

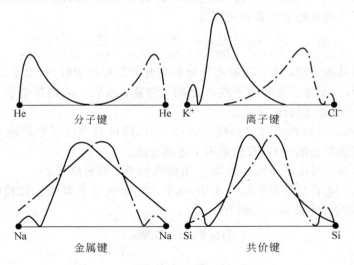

图 2-12　4 种结合键的电荷分布

2.4.2　共价分子的结构

上面一般地讨论了多原子体系的电子状态。现在要具体地讨论共价分子的结构,即确定其波函数,进而求出分子的能级和电子云分布(分子轨道)。为简单起见(但并不失一般特点),我们分析 H_2 这个最简单的共价分子。分析的出发点仍然是薛定谔方程,但由于数学上的困难,需采用近似方法求解。主要有两种近似方法,即**分子轨道法**和**价键法**。

分子轨道法认为,和原子情形类似,分子也有自己的分子轨道和分子能级。在分子基态时,电子也是按能量顺序填充能级,并符合泡利不相容原理和洪德规则。因此,在分子轨道法中将每个电子看成是在各原子核和其他电子的总势场中运动,并用分子轨道波函数 Ψ 描述,$|\Psi_1^2|\Delta V$ 就代表在体积 ΔV 内找到一个电子的几率。

价键法将共价分子看成是单个原子自远而近逐渐趋近的结果,它着眼于分析单个原子的电子如何受相邻原子的影响。它采用的波函数 Φ 是两个共价的价电子的联合波函数。

以上两种方法当然应该给出同样的结果。下面具体讨论如何用价键法求解 H_2 分子的波函数,从而确定其分子轨道和能级。我们所研究的对象是相距 R 的两个氢原子 A 和 B,以及它们的外层电子 1 和 2 所组成的体系,如图 2-13 所示。

基本方程是

$$\hat{H}\Phi = E\Phi \qquad (2\text{-}10)$$

式中,E,Φ 和 $\hat{H}$ 分别是电子体系的势能、波函数和哈密顿算符。

由于在 $R\to\infty$ 时电子的能量应等于每个氢原子中电子的能量之和,即 $2E_0$(设各原子均处于基态),故在

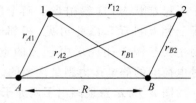

图 2-13 H_2 分子体系

某确定距离 R 时,电子的能量可看成是 $2E_0$ 加上一个修正值 $\varepsilon(R)$。即

$$E(R) = 2E_0 + \varepsilon(R) \qquad (2\text{-}11)$$

显然,$\varepsilon(R)$ 是表示当两个氢原子从 ∞ 远趋近于 R 时电子能量的改变,也就是我们所要确定的能量。又电子系统的哈密顿算符可写成

$$\hat{H} = -\frac{h^2}{2m}\nabla_1^2 - \frac{h^2}{2m}\nabla_2^2 - \frac{e^2}{r_{A1}} - \frac{e^2}{r_{B2}} - \frac{e^2}{r_{B1}} - \frac{e^2}{r_{A2}} + \frac{e^2}{r_{12}} \qquad (2\text{-}12)$$

式中,前两项是动能算符;第三至第六项分别是电子 1 和原子核 A、电子 2 和原子核 B、电子 1 和原子核 B,以及电子 2 和原子核 A 之间的势能;最后一项则是电子 1 和 2 的相互作用能。r_{A1},r_{B2},$\cdots$ 的意义见图 2-13。

原则上,将式(2-11)和式(2-12)代入式(2-10),即可解出电子系统的本征波函数和本征能量。但由于数学上的困难,我们采用下述逼近法。

首先确定 $R\to\infty$ 时电子系统的解 Φ_0。为此我们考虑两种情形:

第一种情形:电子 1 完全在原子 A 中,电子 2 完全在原子 B 中。设相应的波函数分别为 Ψ_{A1} 和 Ψ_{A2}(均为原子波函数),则有

$$\left.\begin{array}{l} \hat{H}_{A1}\Psi_{A1} = E_0\Psi_{A1} \\[2mm] \hat{H}_{A2}\Psi_{B2} = E_0\Psi_{B2} \end{array}\right\} \qquad (2\text{-}13)$$

式中,

$$\left.\begin{array}{l} \hat{H}_{A1} = -\dfrac{h^2}{2m}\nabla_1^2 - \dfrac{e^2}{r_{A1}} \\[3mm] \hat{H}_{B2} = -\dfrac{h^2}{2m}\nabla_2^2 - \dfrac{e^2}{r_{B2}} \end{array}\right\} \qquad (2\text{-}14)$$

显然，$\hat{H}_{A1}$ 是电子 1 在原子核 A 附近运动时的哈密顿算符；$\hat{H}_{B2}$ 是电子 2 在原子核 B 附近运动时的哈密顿算符。E_0 是单个原子的基态能量。将式(2-12)代入式(2-10)，并利用式(2-14)，(注意此时 $r_{12} \to \infty$，$E = E_0$)就得到在第一种情形下电子体系的波函数 Φ_{01} 所需满足的方程：

$$(\hat{H}_{A1} + \hat{H}_{B2})\Phi_{01} = 2E_0\Phi_{01} \tag{2-15}$$

由式(2-13)可知，方程(2-15)的解可取为

$$\Phi_{01} = \Psi_{A1}\Psi_{B2} \tag{2-16}$$

　　第二种情形：电子 1 完全在原子 B 中，电子 2 完全在原子 A 中，设相应的波函数分别为 Ψ_{B1} 和 Ψ_{A2}，则有

$$\left.\begin{array}{l} \hat{H}_{B1}\Psi_{B1} = E_0\Psi_{B1} \\[2mm] \hat{H}_{A2}\Psi_{A2} = E_0\Psi_{A2} \end{array}\right\} \tag{2-17}$$

式中，

$$\left.\begin{array}{l} \hat{H}_{B1} = -\dfrac{h^2}{2m}\,\nabla_1^2 - \dfrac{e^2}{r_{B1}} \\[4mm] \hat{H}_{A2} = -\dfrac{h^2}{2m}\,\nabla_1^2 - \dfrac{e^2}{r_{A2}} \end{array}\right\} \tag{2-18}$$

显然，$\hat{H}_{B1}$ 是电子 1 在原子核 B 附近运动时的哈密顿算符；$\hat{H}_{A2}$ 是电子 2 在原子核 A 附近运动时的哈密顿算符。将式(2-12)代入式(2-10)，并利用式(2-18)就得到在第二种情形下电子体系的波函数 Φ_{02} 所需满足的方程：

$$(\hat{H}_{A2} + \hat{H}_{B1})\Phi_{02} = 2E_0\Phi_{02} \tag{2-19}$$

由式(2-17)可知，方程(2-19)的解可取为

$$\Phi_{02} = \Psi_{A2}\Psi_{B1} \tag{2-20}$$

综合式(2-16)和式(2-20)就得到在 $R \to \infty$ 时，在一般情形下(即电子并不完全在某一原子中)电子体系的波函数 Φ_0：

$$\Phi_0 = C_1\Phi_{01} + C_2\Phi_{02} = C_1\Psi_{A1}\Psi_{B2} + C_2\Psi_{A2}\Psi_{B1} \tag{2-21}$$

式中，C_1 和 C_2 是待定系数，Φ_0 就称为体系的零级波函数，它所对应的能量 $E = 2E_0$。

　　现在我们让两个原子自 ∞ 处逐渐逼近至距离 R 处(见图 2-13)。此时体系的波函数可以近似地表示为

$$\Phi = \Phi_0 + \varphi = C_1\Psi_{A1}\Psi_{B2} + C_2\Psi_{A2}\Psi_{B1} + \varphi \tag{2-22}$$

显然，只要 R 不是太小，φ 就可看作对零级波函数的微小修正。

　　为了得到体系的哈密顿算符，可将式(2-14)、式(2-18)分别代入式(2-12)：

$$\hat{H} = \hat{H}_{A1} + \hat{H}_{B2} + W_{12} \tag{2-23}$$

或

$$\hat{H} = \hat{H}_{A2} + \hat{H}_{B1} + W_{21} \tag{2-24}$$

$$W_{12} = -\frac{e^2}{r_{A2}} - \frac{e^2}{r_{B1}} + \frac{e^2}{r_{12}} \tag{2-25}$$

$$W_{21} = -\frac{e^2}{r_{A1}} - \frac{e^2}{r_{B2}} + \frac{e^2}{r_{12}} \tag{2-26}$$

式(2-25)和式(2-26)中的前两项均代表电子与不属于该电子的原子的原子核之间的相互

作用。

将式(2-11),式(2-22)至式(2-24)代入式(2-12),并利用式(2-15),式(2-16),式(2-19),式(2-20)等关系式,同时忽略 $W\varphi$,$\varepsilon\varphi$ 等二次微量(只要 R 不是太小),就得到

$$(\hat{H}_{A1} + \hat{H}_{B2})\varphi - 2E_0\varphi = (\varepsilon - W_{12})C_1\Phi_{01} + (\varepsilon - W_{21})C_2\Phi_{02} \tag{2-27}$$

或

$$(\hat{H}_{A2} + \hat{H}_{B1})\varphi - 2E_0\varphi = (\varepsilon - W_{12})C_1\Phi_{01} + (\varepsilon - W_{21})C_2\Phi_{02} \tag{2-28}$$

根据线性方程组理论,即可从上面两个关于未知数 φ(波函数的修正)和 ε(能量本征值的修正)的方程组中解出 φ 和 ε 来。将 φ 和 ε 值代入方程(2-11)和方程(2-22),就得到所要求的体系波函数和能量本征值如下。

第一组解:

$$\left.\begin{array}{l} E_a = 2E_0 + \dfrac{K - A}{1 - S^2} \\[3mm] \phi_a = \Psi_{A1}\Psi_{B2} - \Psi_{A2}\Psi_{B1} \end{array}\right\} \tag{2-29}$$

第二组解:

$$\left.\begin{array}{l} E_s = 2E_0 + \dfrac{K_E + A_E}{1 + S^2} \\[3mm] \Phi_s = \Psi_{A1}\Psi_{B2} + \Psi_{A2}\Psi_{B1} \end{array}\right\} \tag{2-30}$$

式中,

$$\left.\begin{array}{l} K = \displaystyle\int W_{12}(\Psi_{A1}\Psi_{B2})^2\,\mathrm{d}v_1\,\mathrm{d}v_2 = \int W_{21}(\Psi_{A2}\Psi_{B1})^2\,\mathrm{d}v_1\,\mathrm{d}v_2 \\[3mm] A = \displaystyle\int W_{12}\Psi_{A1}\Psi_{B2}\Psi_{A2}\Psi_{B1}\,\mathrm{d}v_1\,\mathrm{d}v_2 = \int W_{21}\Psi_{A2}\Psi_{B1}\Psi_{A1}\Psi_{B2}\,\mathrm{d}v_1\,\mathrm{d}v_2 \\[3mm] S^2 = \displaystyle\int \Psi_{A1}\Psi_{B2}\Psi_{A2}\Psi_{B1}\,\mathrm{d}v_1\,\mathrm{d}v_2 \\[3mm] \mathrm{d}v_1 = \mathrm{d}x_1\,\mathrm{d}y_1\,\mathrm{d}z_1, \quad \mathrm{d}v_2 = \mathrm{d}x_2\,\mathrm{d}y_2\,\mathrm{d}z_2 \end{array}\right\} \tag{2-31}$$

由于氢的原子波函数 Ψ_{A1},Ψ_{B2},Ψ_{A2},Ψ_{B1} 等都是已知量,故式(2-29)至式(2-31)中各量均可算出。公式中的 K 是库仑相互作用能,它代表了除原子核相互作用外的原子的电相互作用的平均能量。A 称为交换能,它代表了两个电子在两个原子之间交换位置引起的能量变化(A 的积分表达式称为交换积分)。

从式(2-29)和式(2-30)可以看出,第一组解是反对称解,即电子 1 和 2 换位后波函数 Φ_a 反号。第二组解则是对称解,电子 1 和 2 换位后波函数 Φ_s 不变。图 2-14 示意地画出了波函数随位置的变化(记住: $|\Phi|^2$ 给出了该处出现电子的几率或电子云密度!)

为了求得两个氢原子间的相互作用力 $F(R)$,需要知道两原子间的势能 $U(R)$。$U(R)$ 应等于电子能量 $E(R)$ 与两个原子核之间的库仑相互作用能 $\dfrac{e^2}{R}$ 之和:

$$U(R) = \frac{e^2}{R} + E(R) \tag{2-32}$$

将式(2-29)及式(2-30)代入式(2-32)得到

$$\left.\begin{array}{l} U_a = 2E_0 + \dfrac{e^2}{R} + \dfrac{K - A}{1 - S^2} \quad (\text{反对称态}) \\[3mm] U_s = 2E_0 + \dfrac{e^2}{R} + \dfrac{K + A}{1 + S^2} \quad (\text{对称态}) \end{array}\right\} \tag{2-33}$$

图 2-15 分别画出了 U_a 和 U_s 随 R 的变化曲线。由 $U(R)$ 即可求得两原子间的相互作用力 $F(R)$：

$$F(R) = -\frac{\mathrm{d}U(R)}{\mathrm{d}R} \tag{2-34}$$

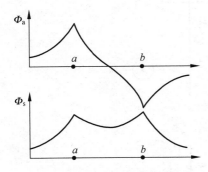

图 2-14 波函数 Φ_a 和 Φ_s 随位置的变化

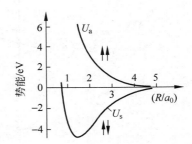

图 2-15 H_2 分子两个最低能态的势能曲线

根据以上分析，可以得出以下小节中的重要结果。

2.4.2.1 能级分裂和分子能级的形成

如上所述，随着两个氢原子由远趋近，原子的 $1s$ 能级将分裂成两个能级 E_a 和 E_s，其中一个能级比原子的 $1s$ 能级更高（$E_a > 2E_0$），另一个能级则更低（$E_s < 2E_0$）。因此，在形成稳定的氢分子时，两个价电子必然占据 E_s 能级，或者说，二电子体系必然处于对称态。而对称态势能曲线（$U_s(R)$ 曲线）的最低点所对应的 R 就是稳定的 H_2 分子中两个原子间的距离（见图 2-16）。

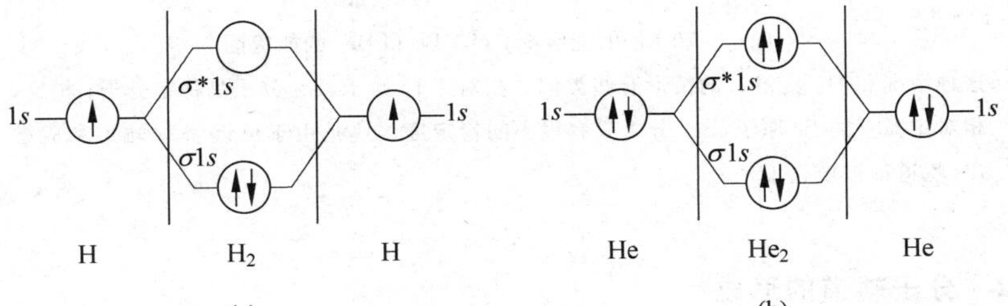

图 2-16 H_2、He_2 分子能级图

(a) H_2 分子的能级图；(b) He_2 分子的能级图

在 H_2 中，两个电子填充 $\sigma 1s$ 成键轨道，所以 H_2 分子的能量比孤立原子的能量低。

在 He_2 中，4 个电子填充 $\sigma 1s$ 成键轨道和 $\sigma^* 1s$ 反键轨道，使其总能量不低于孤立的

He 原子，因此，He 是单原子物质

除 s 态外，p, d, f 等状态的原子能级也会分裂成一些新的能级，其中一半比原子能级更高，另一半则更低。我们把这些由原子能级分裂而成的新能级称为分子能级，它表示了分子中价电子允许的能态。图 2-16 至图 2-18 画出了一些双原子分子的分子能级及其与原子能级的关系（对应于平衡的原子间距），图中的细节将在下面讨论。

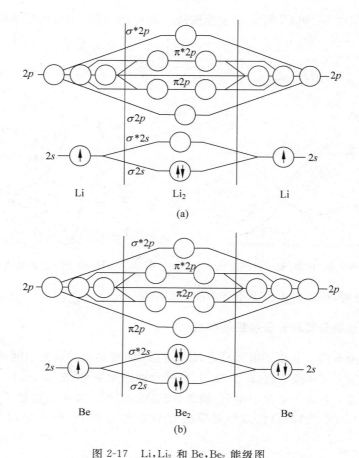

图 2-17   Li，Li$_2$ 和 Be，Be$_2$ 能级图

（a）Li 和 Li$_2$ 的能级图；（b）Be 和 Be$_2$ 的能级图

这种情况和 H$_2$ 及 He$_2$ 的情形有些类似。相对于 Li 原子，Li$_2$ 分子是稳定分子；相反，相对于孤立的 Be 原子，Be$_2$ 分子只有很小的稳定度。这是由于反键 $\sigma^2 2s$ 轨道和成键 $\sigma 2s$ 轨道都被填充了

2.4.2.2   分子轨道的形成

当两个氢原子由远趋近时，它们的价电子云就要发生重叠，合成为新的电子云。合成的电子云便称为分子轨道。电子云如何合成？是相互加强还是相互削弱？这就取决于两个价电子体系的状态。根据图 2-15 所示的势能曲线可以推知，如果两个价电子处于对称态（占据 E_s 能级），那么两个原子将互相吸引，因而其电子云将相互加强。这样得到的合成电子云就称为成键轨道，因为它吸引两个原子核而形成稳定的氢分子。如果两个价电子处于反对称态（占据 E_a 能级），那么两个原子将相互排斥，因而其电子云相互削弱。这样合成的电子云就称为反键轨道，因为此时不可能形成稳定的 H$_2$ 分子。根据上述加强和削弱的原则，不难求得各种电子云的合成结果。作为例子，我们将分别讨论两个 s 态电子云和两个 p 态电子云的合成结果，如图 2-19 至图 2-21 所示。

图 2-19（b）表示两个 s 态电子云部分地重叠并相互加强（叠加）而形成成键轨道。

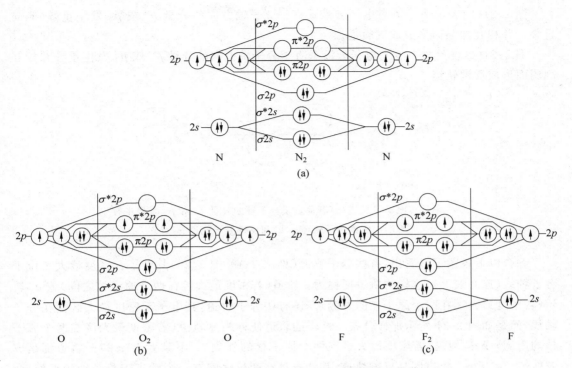

图 2-18　(a) N₂、(b) O₂ 和(c)F₂ 的能级图

它们都形成稳定的双原子分子,这是由于它们的成键电子总数超过了反键电子总数。虽然各能级位置是示意的,但可以看出,有六个过剩成键电子的 N₂ 的键能量大;只有两个过剩成键电子的 F₂ 的键能最小

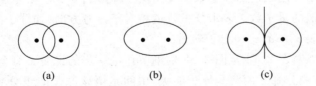

图 2-19　原子 *s* 轨道(a)的重叠产生成键分子轨道 σ(b)和反键分子轨道 σ*(c)

图 2-19(c)表示两个 *s* 态电子云部分地重叠并相互削弱(相减)而形成反键轨道。

图 2-20(b)表示两个 *p* 态电子云沿分子轴(连心线)方向的分量 p_z 发生重叠并相互加强而形成成键轨道。

图 2-20(c)表示两个 *p* 态电子云沿分子轴(连心线)方向的分量 p_z 发生重叠并相互削弱而形成反键轨道。

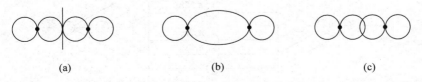

图 2-20　原子 *p* 轨道(a)沿分子轴方向重叠产生成键分子轨道 σ(b)和反键分子轨道 σ*(c)

图 2-21(b)表示两个 p 态电子云沿垂直于分子轴方向的分量 p_x 或 p_y 发生重叠(侧向重叠),并相互加强而形成成键轨道。

图 2-21(c)表示两个 p 态电子云沿垂直于分子轴方向的分量 p_x 或 p_y 发生重叠并相互削弱而形成反键轨道。

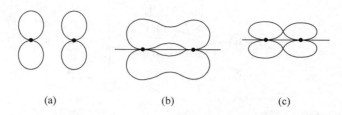

(a)   (b)   (c)

图 2-21 原子 p 轨道(a)沿垂直于分子轴的分量 p_x 和 p_y 发生重叠
而产生成键分子轨道 π(b)和反键分子轨道 π^*(c)

综合以上各图可以看出,有些分子轨道(见图 2-19,图 2-20)其电子云密度最大区位于分子轴线(连心线上),这样的轨道便称为 σ 轨道(若密度最大区在两个原子核之间)或 σ^* 轨道(若密度最大区在两个原子核的外侧)。还有些分子轨道,其电子云密度最大区不在分子轴线,而是如图 2-21 所示那样分布。这样的轨道便称为 π 轨道(若密度最大区在两个原子核的内侧)或 π^* 轨道(若密度最大区在两个原子核的外侧)。不难看出,σ 和 π 轨道都是成键轨道。σ^* 和 π^* 轨道则是反键轨道,其特点是在两核之间有一个垂直于分子轴的平面,此平面上各点电子云密度为零(这个平面称为节面)。

类似地,两个 d 态电子云重叠时,除了可能形成 σ、π 轨道外还可能形成 δ 轨道,而两个 f 态电子云重叠时还要增加 φ 轨道等。

正像在孤立原子中用轨道磁量子数 m 表示轨道相对于外场(参考方向)的分布一样,在分子中也用一个类似的量子数 λ 表示分子轨道相对于参考方向(如分子的轴)的分布,$\lambda=0$,$1,2,3,\cdots$ 就分别代表 $\sigma,\pi,\delta,\varphi,\cdots$ 分子轨道。

现在我们就可以对图 2-16 至图 2-18 的细节作进一步的说明。每个元素的能级图上都有三区,由两条竖直线分开。两侧是原子能级,中间是由该原子能级分裂而成的分子能级。例如,在有外场时原子的能级有三个,即 $2p_x,2p_y$ 和 $2p_z$(对应于三个互相正交的 p 轨道),在两个原子结合成分子时,每个能级都分裂成两个能级(成键和反键),这样就得到了 $2p$ 原子能级所形成的分子能级,如图 2-22 所示。其中 $\sigma 2p_z$ 和 $\sigma^* 2p_z$ 分别代表由原子的 $2p_z$ 能级分裂而成的成键和反键能级(z 轴是分子轴)。$\pi_x 2p_x,\pi_x^* 2p_x$ 和 $\pi_y 2p_y,\pi_y^* 2p_y$ 分别代表由原子的 $2p_x$ 和 $2p_y$ 能级分裂而成的成键和反键能级。在没有外磁场的情形下,原子的 $2p$

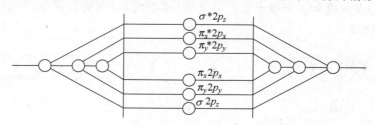

图 2-22 在外磁场下由 $2p$ 能级形成的分子能级

能级是三重简并的,但在形成分子时,由于 z 轴(分子轴)相当于外场方向,而 x 和 y 轴是等价的,故 $\sigma 2p_z$ 和 $\sigma^* 2p_z$ 能级是非简并的,而 $\pi_x 2p_x$ 和 $\pi_y 2p_y$ 应具有相同的能量,故写成 $\pi 2p$。这样就得到图 2-16 至图 2-18 所示的分子能级图。由于 $\pi 2p$ 是二重简并能级,它包含了两个轨道($\pi_x 2p_x$ 和 $\pi_y 2p_y$),故图中 π 能级上画了两个圆圈(每个圆圈相当于一个轨道)。

上述形成分子轨道的方式不仅适用于同种原子形成的分子,而且适用于异种原子形成的分子。图 2-23 画出了 HF 的成键分子轨道和能级,它是由氢的 s 轨道和氟的 p 轨道重叠而形成的。

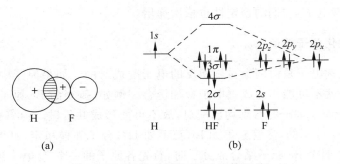

图 2-23 HF 的成键轨道(a)和能级(b)

形成成键轨道时,p-p 电子云的重叠度大于 s-p 电子云,后者又大于 s-s 电子云。因此 p-p 结合键的强度大于 s-p 键,而 s-p 键的强度又大于 s-s 键。对于 p-p 键来说,形成 σ 键时的电子云重叠度大于 π 键(侧向)重叠度,因而在分子能级图上 σp 和 $\sigma^* p$ 能级远离原子的 p 能级,而 πp 和 $\pi^* p$ 能级则与原子的 p 能级相差不大(电子云重叠度越大,相应的成键分子能级下降越多)。

2.4.2.3 电子的填充和分子稳定条件

电子填充分子轨道的基本原则是与填充原子轨道一样的,但由于有成键轨道和反键轨道之分,具体的填充方式也略有差别。这种差别起源于电子的**自旋匹配规则**,简述如下:

前面谈到,电子体系的状态完全取决于体系的波函数。所谓"状态",不仅是指电子在空间的分布,还应包括电子的自旋状态(各电子的自旋方向),因而总波函数 Ψ 应该是表示电子空间分布的波函数 Φ(由式(2-21)和式(2-22)确定)和表示自旋状态的波函数 S 的乘积:

$$\Psi = \Phi S \tag{2-35}$$

对于像电子这样的服从泡利不相容原理的微观粒子(所谓费米粒子),量子力学指出,体系的波函数 Ψ 必须是反对称的。因此,如果两个价电子在成键轨道上(或者说,如果它们是成键电子),那么由于其空间波函数是对称的($\Phi = \Phi_s$),自旋旋函数 S 就必须是反对称的,因而两个成键电子的自旋方向必须相反。如果两个价电子是在反键轨道上,那么由于 Φ 是反对称的($\Phi = \Phi_a$),S 就必须是对称的,因而两个价电子的自旋可以是同向(或平行)的,而且按照洪德规则,它们要尽量保持平行。以上所述就是分子轨道中价电子的自旋匹配规则。

综上所述,可将电子填充规则归纳如下:

① 尽量填在低能级上。

② 每个轨道（即能级图中的每个圆圈）最多只能容纳两个电子。

③ 如果这两个电子在成键轨道上，它们的自旋必须相反（配对）；如果在反键轨道上，它们的自旋力图保持平行。

读者可以根据上述三原则去分析如图 2-16 至图 2-18 所示的各种分子能级图和电子填充情况。当然，这些图画的都是分子处于基态（最低能态）的情况。

如何从能级及电子填充图上判断分子的稳定性呢？判据很简单：要形成稳定的分子，在成键轨道上的电子（成键电子）的总数必须大于在反键轨道上的电子（反键电子）的总数。而且过剩的成键电子越多，键合能越大，分子越稳定。例如，F_2，O_2 和 N_2 分别有 2 个，4 个和 6 个过剩的成键电子，它们的稳定性也依次递增。

2.4.2.4　杂化分子轨道

上面谈到，成键电子是由两个自旋相反的电子配成对的。如果原子中的外层电子自旋已经配成对，它们就不可能作为成键电子参加键合。例如，孤立的 Be 原子基态的电子结构是 $1s^2 2s^2$。由于所有 s 电子的自旋均已配对，故不可能形成共价键。但事实上，蒸气状态的 Be 是能够形成 Be_2 分子的，尽管它不如 Li（更不如 H_2）分子那样稳定（见图 2-17）。人们对此现象的解释是：两个 Be 原子结合成分子时，首先各原子的一个 $2s$ 电子被激发到 $2p$（$2p_x$，$2p_y$ 或 $2p_z$）态，形成 $1s^2 2s^1 2p^1$ 结构（见图 2-24(a)）。然后未配对的 $2s^1$ 和 $2p^1$ 轨道叠加成新的 s-p 杂化原子轨道（见图 2-24(b)）。最后，两个 s-p 杂化原子轨道叠加成一个杂化分子轨道（见图 2-24(c)）。

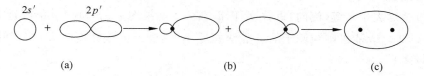

$2s'$　　　　$2p'$

(a)　　　　　　　　　　　　　(b)　　　　　　　　　　(c)

图 2-24　Be 的杂化分子轨道形成过程

分析以上过程的能量变化可知，使配对电子由 $2s$ 态激发到 $2p$ 态是需要消耗能量的，但随后由杂化原子轨道结合成杂化分子轨道时又会释放能量。要想形成杂化轨道，释放的能量必须大于消耗的（激发）能量。这就要求激发能不能太大，故常见的杂化轨道往往是同一壳层的 s 态和 p 态杂化，或是 ns，np 和 $(n-1)d$ 态的杂化等。

下面再举两个杂化共价的例子。第一个例子是甲烷分子 CH_4，其分子轨道是由 C 原子的 sp^3 杂化轨道和 H 原子的 s 轨道叠加而成，如图 2-25 所示。金刚石的分子轨道（图 2-7）也与此类似。第二个例子是乙烯分子 C_2H_4，其分子轨道的形成过程可以设想如下。首先是每个碳原子的 $2s$ 电子被激发，形成 $1s^2 2s^1 2p_x^1 2p_y^1 2p_z^1$ 结构。然后 $2s^1$，$2p_x^1$ 和 $2p_y^1$ 三个轨道杂化，形成 sp^2 杂化原子轨道，如图 2-26(a) 所示（图中三个杂化轨道都在 xy 平面内，互成 $120°$ 的角）。当两个碳原子和四个氢原子结合成分子时，每个碳原子的三个杂化 sp^2 轨道分别与两个氢原子的 s 轨道及另一个碳原子的 sp^2 轨道叠加，形成 C—H 间的

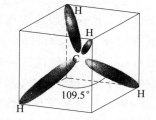

图 2-25　甲烷分子 CH_4 的四个构成四面体的 sp^3 杂化共价键

s-sp^2 杂化 σ 轨道和 C—C 间的 sp^2-sp^2 杂化 σ 轨道,如图 2-26(b)所示(该图图面是 xy 平面,y 轴沿两个碳原子的连心线)。但是,由于每个碳原子还有一个 p_z 轨道没有与 s 轨道杂化,而 p_z 轨道是垂直于分子平面(xy 平面)的,故在两个碳原子之间除形成 σ 轨道外,还由于两个碳原子的 p_z 轨道横向重叠而形成 π 轨道,如图 2-26(c)所示(图中影线区是 π 轨道,连接原子的各条直线表示杂化的 σ 轨道)。可以认为,图 2-26(b)是乙烯分子的俯视图(沿 z 轴方向看去)。

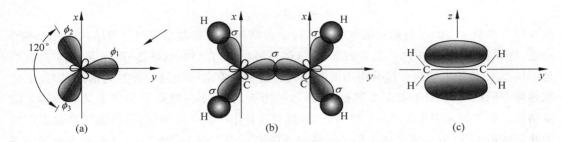

图 2-26　乙烯 C_2H_4 分子轨道的形成过程

(a) sp^2 杂化轨道在 xy 面内的截面;(b)乙烯分子的俯视图;(c)乙烯中 σ 键和 π 键的关系

在本例中,两个碳原子是由 σ 和 π 两种键连接在一起的,这就叫双键连接。在化学中乙烯分子结构可示意地表示为 H—C ═ C—H。

从以上各例中我们还可看出共价键的一个显著特点,就是它的方向性。例如,CH_4 和金刚石的四个共价键(四个分子轨道)互成 $109.5°$ 的夹角,与每个碳原子等距离的四个共价原子构成正四面体的顶点。C_2H_2 的共价键位于同一平面上,互成 $120°$ 角,与每个碳原子共价的三个原子构成平面三角形的顶点,等等。显然,共价键的方向性来源于 p,d,f 等状态电子云的不对称分布(只有 s 态电子云是对称的球形分布)。例如,由于 3 个 p 态电子云(p_x,p_y 和 p_z)是互相正交的,由 p 态原子轨道叠加成的分子轨道也应该是沿 3 个互相正交的方向。但如果 p 态和 s 态杂化,4 个杂化轨道就不可能相互正交了,然而它们仍然是方向键,而不是球形对称的键。通常把键与键之间的夹角称为**键角**,共价键所连接的一对原子间的距离称为**键长**。表 2-4 列举了某些常见的杂化轨道及其方向性(用共价原子连成的几何形体来表征)。表中第一栏是键数,即具有该杂化(原子)轨道的原子周围的共价原子数。

表 2-4　某些常见的杂化键及其特点

键　数	杂　化　键	键的方向性
2	sp	直线
3	sp^2	平面三角形
	ds^2	平面三角形
	p^3	三棱锥
4	sp^3	四面体
	dsp^2	平面正方形
5	d^4s	四棱锥
6	d^2sp^3	八面体
	d^4sp	三棱柱
8	sp^3d^3f	立方体

值得指出的是,spd 杂化键(或轨道)在过渡族金属中是常见的。

2.4.2.5　共振共价键

实验表明,有的有机化合物,从其性质来看,似乎可以有两种不同的结构。实际的(或最稳定的)结构究竟是哪一种呢? 量子力学指出,描述最稳定结构(最低能态)的波函数 Ψ 应该是描述各种不同结构的波函数 Ψ_1 和 Ψ_2 的线性组合:

$$\Psi = a_1\Psi_1 + a_2\Psi_2$$

线性组合系数 a_1 和 a_2 的相对值取决于结构 1 和结构 2 的相对稳定性:若结构 1 比结构 2 稳定,则 $a_1 > a_2$,反之亦然。上式的意义是,体系最稳定的结构(或状态)既不是结构 1,也不是结构 2,而是按上述线性组合得出的新结构。这种现象也可用另一种方式描述,即分子是在两种不同结构(1 和 2)之间高频振荡,因而平均来说,分子呈现既非结构 1 又非结构 2 的新结构。由于振荡频率极高(约 10^{18} 次/s),故只有价电子在各原子间振荡,原子本身不可能如此高频地振荡(分子或晶体中原子的热振动频率只有大约 10^{12} 次/s)。人们把价电子在不同原子间高频振荡的现象称为共振共价,相应的结合键就称为**共振共价键**。量子力学还指出,两种不同结构的能量越相近,通过共振引起的能量下降越多,因而新结构(共振结构)越稳定。

一个典型的例子就是苯 C_6H_6。人们早就知道,苯的 6 个碳原子形成封闭的平面环(称为环键),但每个碳原子的 4 个价电子在环内如何分布却是个长期争论的问题。图 2-27(a) 是苯分子结构图。和乙烯情况类似,由于每个碳原子是与 3 个原子(两个 C 原子,一个 H 原子)共价,故其原子轨道必为 sp^2 杂化轨道,因而苯的分子轨道由以下各部分组成:C—H 间的 $s\text{-}sp^2$ 杂化 σ 轨道,C—C 间的 $sp^2\text{-}sp^2$ 杂化 σ 轨道(图 2-27(b)),和 C—C 间的 $p\text{-}p\pi$ 轨道。由于一个碳原子只有 4 个价电子,只能与一个碳原子形成 π 键,因而整个苯分子内只有 3 个 π 键。那么这 3 个 π 键在封闭环内如何分布呢? 按照共振共价键理论,π 键并不是固定在某一对碳原子之间(如图 2-27(c)或(d)那样),而是在环内高频振荡,因而形成连续的环形 π 轨道,如图 2-27(e)和(f)所示。这样一来,每个碳原子都贡献出一个价电子,不是在固定的一对碳原子间共用,而是在整个环内 6 个碳原子间共用。这种共振共价的概念就是我们以后讨论金属共振共价键的基础(见 2.5 节)。

2.4.2.6　共价键的本质

我们在 2.3 节中曾经指出,粗略地说,共价键起源于共用的电子与各原子实间的库仑力相互作用。现在,根据本节的讨论,我们可以进一步指出,共价键起源于交换能,因为从式(2-33)可以看到,变换能(该式中的 A)的绝对值越大,分子的能量 U_a 越低,因而越稳定。

前已指出,交换能代表了两个电子在两个原子间交换位置引起的能量变化。从本质上讲,这种交换效应也是一种共振效应,因为价电子是在两个原子实间高频地振荡。根据上述共振共价效应可以推知,最稳定的状态既不是状态 1(电子 1 属于原子 A,电子 2 属于原子 B),也不是状态 2(电子 2 属于原子 A,电子 1 属于原子 B),而是两个电子在两个原子间高频振荡的状态(平均来说,价电子位于两个原子之间),因为这种新状态的能量比状态 1 或 2 的能量都低,降低的能量就是交换能(绝对值)。因此人们也常说,共价键是交换力引起的。

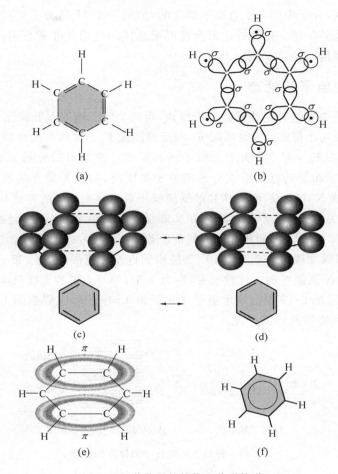

(a)

(b)

(c)

(d)

(e)

(f)

图 2-27　苯分子的结构和分子轨道

2.5　晶体的电子结构

2.5.1　晶体的结合键

2.3 节所述的 5 种结合键都可以在相应的晶体中找到。例如,在 NaCl 这样的离子晶体中原子就是通过离子键而结合的(见图 2-51),金刚石晶体的结合键则是共价键(见图 2-7),典型金属的结合键是金属键;卤族元素晶体(分子晶体)的结合键是分子键(见图 2-8),而冰晶体中则存在着氢键。应该指出的是,像 NaCl,金刚石和典型金属这样一些只包含单一一种结合键的晶体并不多。多数晶体包含两种或多种结合键。例如,在图 2-8 所示的卤素晶体中,虽然各分子间是通过分子键(范德瓦尔斯力)结合成晶体,但组成分子的一对原子间存在着很强的共价键。在冰晶体中(见图 2-28),虽然每个 H_2O 分子中的氧原子是通过

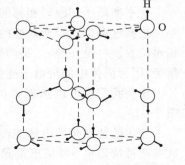

图 2-28　冰晶体的结构

氢键和相邻的 H_2O 分子中的一个氢原子结合的,但同一个 H_2O 分子中的氧原子和氢原子之间的结合键则是共价键。像这样由混合键形成晶体的现象是非常普遍的,我们以后在讨论元素和合金的结构时还会谈到。

2.5.2 晶体中电子的能态

我们在 2.4 节中通过对氢分子的分析得到,当两个原子趋近而形成分子时,孤立原子的每个能级会分裂成两个能级:成键能级 E_s 和反键能级 E_a。这两个能级相对于原子能级 E_0 的差值 (E_0-E_s) 和 (E_a-E_0) 取决于二原子间的距离。按类似的分析方法不难推知,当 3 个、4 个或 N 个原子由远趋近而形成分子或原子集团时,每个非简并的原子能级将相应地分裂成 3 个、4 个或 N 个能级,而最高和最低能级相对于原子能级的差值只取决于原子间的距离,与原子数无关。这样,原子数越多,相邻能级间距离就越小(能级越密)。对于 1 摩尔固体来说,$N=6.02\times10^{23}$,因而相邻能级间的距离就非常小,近乎是连续的。也就是说,每个原子的 s 能级将展宽成包含 6.02×10^{23} 条能级的近连续能带,称为 s 带;每个原子的 p 能级将展宽成包含 $3N$ 条能级的近连续能带,称为 p 带,等等。带的宽度只取决于原子间的距离。作为一个例子,图 2-29 中分别示意地画出了由 Li 原子形成假想的 Li_2 分子以及固体 Li 时能级的分裂和能带的形成过程。

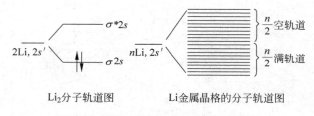

Li_2分子轨道图　　　　Li金属晶格的分子轨道图

图 2-29　锂分子的能级和固体锂的能带

由于能级分裂是相邻原子的各轨道相互作用(或电子云交叠)的结果,因而当原子间距等于实际固体中原子的平衡间距时,只有外层(和次外层)电子的能级有显著的相互作用而展宽成带,内层电子仍处于分立的原子能级上,如图 2-30 所示。人们通常把由价电子(即参加化学键合的电子)的原子能级展宽而成的带称为**价带**,由价电子能级以上的空能级展宽而成的带则称为**导带**。

电子填充能带时仍然遵从能量最低原则和泡利不相容原理,即电子尽量占据能带底部的低能级,但每个能级上最多只能有两个自旋相反的电子。

在平衡原子间距时相邻能带(特别是价带和导带)的相对位置对固体的性质有很大的影响。根据这两个能带所对应的原子能级的能量间隔和固体中平衡的原子间距,可能有两种相对位置。一是交叠,二是两带分开。两个分开能带之间的能量间隔 ΔE_g 称为**能隙**,或称**禁带**,因为固体中的价电子能量不允许在这个范围内存在(见图 2-31)。

现在我们就可以从能带的角度定性地讨论一下**导体**、**绝缘体**和**半导体**的区别(参见图 2-31)。

导体的特点是外电场能改变价电子的速度分布或能量分布,造成价电子的定向流动。这有两种情形:一种情形是固体中的价电子浓度(即平均每个原子的价电子数)比较低,没有填满价带。例如,一价的金属锂中价电子就只填充了 $2s$ 带中的一半能级(位于能带底部

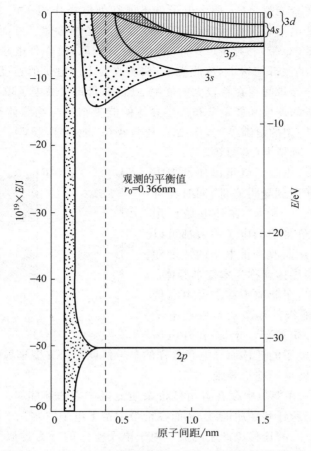

图 2-30　外层和内层电子的能量分布与原子间距的关系

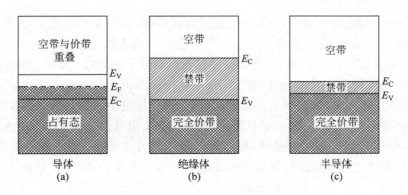

图 2-31　交叠的能带(a)和分开的能带(b)和(c)

的能级),因而在很小的外电场作用下最高的被填充能级(称为费米能级)上的电子就能跃迁到相邻的空能级上,从而其下层能级上的价电子又能跃迁到上一层,依此类推,这样就改变了价电子的能量和速度分布,形成定向电流;另一种导电的情形是价带和导带交叠,因而在外电场作用下电子能填入导带。例如在二价的金属铍中,价电子数恰好能填满 $2s$ 带,如果

在 $2s$ 和 $2p$ 带间存在着能隙 ΔE_g，那么电子就不能在外电场作用下由 $2s$ 带跃迁到 $2p$ 带。既然外电场不能改变电子的速度（和能量）分布，铍就将是绝缘体。然而，事实上铍是导体，原因就在于铍的价带（$2s$ 带）和导带（$2p$ 带）交叠，没有能隙，故在外电场作用下费米能级上的电子能填入 $2p$ 带的底部能级上，依此类推，从而改变了价电子的速度和能量分布。绝缘体的特点是在价带与导带间存在着较大的能隙 ΔE_g，而价带又被电子填满，因而通常情形下外电场不能改变电子的速度和能量分布。半导体的能带结构与绝缘体类似，即价带被电子填满，它与导带间有一定的能隙 ΔE_g，但 ΔE_g 比较小（一般小于 $2eV$）。半导体为什么有一定的导电性呢？有三种情形（见图 2-32）：

（1）ΔE_g 非常小，热激活就足以使价带中费米能级上的电子跃迁到导带底部，同时在价带中留下"电子空穴"。于是，在外电场作用下，导带中的电子和价带中的电子空穴都可以向相邻的能级迁移，从而改变价电子的速度和能量分布。这样的半导体就称为**本征半导体**。

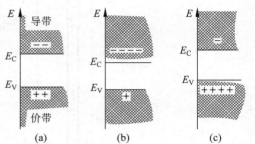

图 2-32　三类半导体的能带和能隙

（2）ΔE_g 比较小，在能隙中存在着由高价杂质元素产生的新能级。热激活足以使电子从杂质能级跃迁到导带底部。于是，在外电场作用下，通过导带中电子的迁移而导电。这样的半导体就称为 **n 型半导体**，而杂质原子称为"施主"原子，因为它将电子施给导带。

（3）ΔE_g 比较小，在能隙中存在着由低价杂质元素产生的新能级。热激活足以使价带中费米能级上的电子跃迁到杂质能级，从而在价带中留下电子空穴。于是在外电场作用下，通过价带中的电子空穴的迁移也产生电流。由于电子空穴的行为类似于带正亀荷的粒子，故这类半导体称为 **p 型半导体**，而杂质原子称为"受主"原子，因为它的能级"接受"价带的电子。

值得指出的是，固体中能带的存在是有实验证据的，这就是固体的软 X 射线谱实验。我们在 2.2 节中曾谈到，用高能粒子轰击原子时会发出具有特定波长的 X 光，其频率由公式 $E_1 - E_2 = h\nu$ 决定，式中 E_1 和 E_2 分别是外层和内层电子的能级。现在，如果用高能粒子轰击某些原子序数较小的固体材料，如 Li，Be，Al，…那么由于外层电子不再在一个具有确定能量 E_1 的原子能级上，而是具有连续能量，因而由外层电子跃迁到内层而发出的 X 光也就不再是具有特定波长的 X 光，而是具有连续波长的 X 射线谱。由于波长比较长（一般为 10nm 左右），故称为软 X 射线。这样，根据软 X 射线谱的宽度即可求出能带宽度，而发射谱在短波方面的尖锐边缘（短波限）就相当于价带中的费米能级。图 2-33 给出了若干固体的软 X 射线发射谱。

关于固体中能带及能隙的定量分析属于固体物理范畴，这里就不详述了。

2.5.3　晶体的结合能

由中性原子结合成晶体所释放的能量或将晶体拆散成中性原子所消耗的能量称为晶体的结合能或内聚能。显然晶体的结合能就等于它的升华热。下面简单介绍各类晶体结合能的大体计算方法，借以引入一些新的概念。

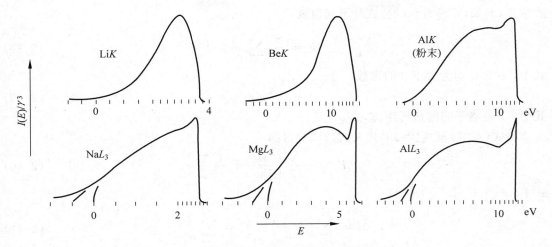

图 2-33　固体的软 X 射线发射谱

2.5.3.1　离子晶体

我们以 NaCl 为例,讨论 U_0 的计算方法。为此我们设想 NaCl 晶体是通过以下步骤形成的:

(1) 将 Na 原子的一个外层(价)电子取出,形成 Na^+ 离子。为此需消耗能量 $I=496kJ/mol$(此即 1mol 钠原子的第一电离能)。

(2) 将该电子转移到 Cl 原子,形成 Cl^- 离子。形成 1mol Cl^- 离子时释放的能量为 $E_a=349kJ$(此即 1mol Cl 原子的第一电子亲和能)。

(3) 将 Na^+ 离子和 Cl^- 离子自无穷远处移近到平衡间距 r_0,此时正负离子间的静电引力恰和由于两种离子的闭壳层电子云重叠而产生的斥力相平衡。在此过程中,由 1mol Na^+ 离子和 1mol Cl^- 离子组成的体系的总势能变化为

$$\Delta E = E_0 - E_\infty$$

式中, E_0 和 E_∞ 分别为离子间距为 r_0 及 ∞ 时体系的势能。令 $E_\infty = 0$,则 $\Delta E = E_0 < 0$。令 $E_0' = -E_0$,则 E_0' 就是由 1mol Na^+ 和 1mol Cl^- 形成 1 mol NaCl 晶体时释放的能量,称为 1mol NaCl 晶体的**晶格能**或**键能**。

为了计算 E_0,我们首先计算将正负离子自无穷远处移近到任一距离 r 时体系势能的变化 E_r:

$$E_r = 引力势 E_1 + 斥力势 E_2 \tag{2-36}$$

这里, E_1 是所有离子对之间静电引力势能之和,也等于每对离子的静电引力势乘以离子对的数目 N_0(对 1 mol 晶体, $N_0 = 6.02 \times 10^{23}$),故有

$$E_1 = \sum_{i=1}^{N_0} \sum_{\substack{j=1 \\ (i \neq j)}}^{N_0} \left[\pm \frac{1}{4\pi\varepsilon_0} \left(\frac{e^2}{r_{ij}} \right) \right] = \frac{N_0}{2} \sum_{j=2}^{N_0} \left[\pm \frac{1}{4\pi\varepsilon_0} \left(\frac{e^2}{r_{1j}} \right) \right] \tag{2-37}$$

式中, ε_0 是换算因子(即真空的绝对介电常数),是 i 离子与 j 离子间的距离。当 i 和 j 为同号离子时式(2-37)取正号,异号离子时取负号。

斥力势 E_2 主要是由相邻离子的闭壳层电子云重叠引起的(见 2.4 节),其值可按经验公

式估算,例如,一种常见的公式是幂函数式:

$$E_2 = \frac{N_0}{2} \sum_{j=2}^{N_0} \frac{b}{r_{1j}^n} \tag{2-38}$$

式中,b 和 n 均为大于 0 的常数。令

$$r_{1j} = a_j r \tag{2-39}$$

式中,r 是离子间的最短距离,故 $a_j \geqslant 1$。

将式(2-37)至式(2-39)代入式(2-36)得到

$$E_r = -\frac{N_0}{2} \left[\frac{Me^2}{4\pi\varepsilon_0 r} - \frac{C}{r^n} \right] \tag{2-40}$$

式中,

$$M = \sum_{j=2}^{N_0} \left(\pm \frac{1}{a_j} \right), \quad C = \sum_{j=2}^{N_0} \frac{b}{a_j^n} \tag{2-41}$$

M 称为马德隆常数,它取决于晶体结构。例如,对 NaCl,CsCl 和闪锌矿(ZnS)三种立方结构晶体,M 值分别为 1.7476,1.7627 和 1.6381。参数 C 和 n 也与晶体结构有关,可由以下两条件推出:

(1)
$$\left(\frac{\mathrm{d}E_r}{\mathrm{d}r} \right)_{r=r_0} = 0 \quad \text{(平衡条件)} \tag{2-42}$$

$$C = \left(\frac{Me^2}{4\pi\varepsilon_0 n} \right) r_0^{n-1} \tag{2-43}$$

将式(2-42)代入式(2-40)得到

$$E_0 = -\frac{N_0 Me^2}{8\pi\varepsilon_0 r_0} \left(1 - \frac{1}{n} \right) \tag{2-44}$$

(2)
$$K = V_0 \left(\frac{\mathrm{d}^2 E_r}{\mathrm{d}V^2} \right)_{V=V_0} \tag{2-45}$$

式中,K 为晶体的体弹性模量,V 和 V_0 分别为相邻的 Na^+ 和 Cl^- 离子间距为 r 及 r_0 时晶体的体积。若一个离子占据的体积为 v,则 $V = 2N_0 v$。v 可根据晶体结构确定。例如,由 NaCl 的晶胞(见图 2-51)不难求得

$$v = 晶胞体积/晶胞中总离子数 = (2r)^3/8 = r^3$$

所以,
$$V = 2N_0 r^3, \quad V_0 = 2N_0 r_0^3 \tag{2-46}$$

将式(2-40)、式(2-46)代入式(2-45),并利用式(2-43),得到

$$n = 1 + \frac{72\pi\varepsilon_0 r_0^4 K}{Me^2} \tag{2-47}$$

因此,根据实验测得的晶体的体弹性模量 K 和离子的平衡间距 r_0 就可由式(2-47)、式(2-43)算出参数 n 和 C,进而由式(2-44)求出晶体的总势能 E_0 或晶格能 E_0'。对 NaCl 晶体,$n \approx 8$,这表明,晶格能主要是引力势能(库仑能),而和泡利不相容原理相关的斥力能只占晶格能的 1/8。

求得了 E_0 以后,晶体的结合能 U_0 就可由下式求得:

$$U_0 = E_0' - (I - E_a) \tag{2-48}$$

式(2-48)表明,晶体的结合能应等于晶格能(或键能)减去形成正负离子所消耗的能量。对 NaCl 晶体,$E_0' \approx 788\text{kJ/mol}$,$I \approx 496\text{kJ/mol}$,$E_a = 349\text{kJ/mol}$,所以 $U_0 \approx 788 - (496 - 349) \approx 641\text{kJ/mol}$。在有些书上,将 E_0' 看成是结合能,这是有误差的,但也是允许的,因为以上各项

能量的实验值或计算值都有一定的误差或不确定性。

2.5.3.2　分子晶体

惰性气体分子晶体的结合能的计算方法和上述离子晶体相似,只是由于没有电子的转移,故

$$U_0 = E_0' = -E_0 \tag{2-49}$$

为了计算 E_0,首先计算将中性原子自无穷远处移近到原子间距为 r 时体系势能的变化:

$$\Delta E = E_r - E_\infty = E_r \quad (\text{令 } E_\infty = 0)$$

而

$$E_r = E_1 + E_2 = \frac{N_0}{2} \sum_{j=1}^{N_0} \left(-\frac{A}{r_{1j}^6}\right) + \frac{N_0}{2} \sum_{j=1}^{N_0} \frac{B}{r_{1j}^{12}}$$

式中, A、B 为常数。上式右边第一项代表由于瞬时极化引起的静电引力势,第二项代表由于闭壳层电子云重叠引起的斥力势。令 $\sigma = \left(\dfrac{B}{A}\right)^{1/6}$, $\varepsilon = A^2/4B$,代入上式则得到更常见的惰性气体分子晶体的势能公式:

$$E_r = \frac{N_0}{2} \sum_{j=2}^{N_0} 4\varepsilon \left[\left(\frac{\sigma}{r_{1j}}\right)^{12} - \left(\frac{\sigma}{r_{1j}}\right)^6\right] \tag{2-50}$$

参数 ε 和 σ 称为惰性气体的雷纳德-琼斯系数。和离子晶体的情形类似,根据式(2-39),式(2-42),式(2-45)和式(2-50)可以推出:

平衡原子间距:　　　　　　　　$r_0 = 1.09\sigma \tag{2-51}$

体弹性模量:　　　　　　　　　$K = 75\varepsilon/\sigma^3 \tag{2-52}$

晶体结合能:　　　　　　　　　$U_0 = 8.6 N_0 \varepsilon \tag{2-53}$

和离子晶体的情形一样,根据实验测得的 r_0 和 K 值即可由式(2-51)~式(2-53)算出结合能。

2.5.3.3　共价晶体

以 Si 晶体为例,由中性 Si 原子形成 Si 晶体的过程可设想为两步:首先是使 Si 原子由 $3s^2 3p^2$ 电子态变成 $3s^1 3p^3$ 杂化态,为此需消耗能量 E_h。第二步是将杂化态的 Si 原子由无穷远处移近到平衡间距 r_0 处,形成 Si 晶体。这时由于成键轨道上的电子数必多于反键轨道上的电子数,故体系能量下降,即释放出一定的键能 E_1。同时由于闭壳层电子云重叠而产生排斥能 E_2。因此,Si 晶体的结合能为

$$U_0 = E_1 - E_2 - E_h \tag{2-54}$$

2.5.3.4　金属晶体

为了求得金属晶体的结合能,也可以设想晶体的形成过程分两步:首先将孤立的金属原子电离成价电子和正离子,所需电离能为 E_1。其次分别将电子及正离子从无穷远处移近,形成金属晶体。如果此时电子和正离子又复合为中性原子,那么结合能将为零。但由于形成晶体后电子不再处于原子的能级,而是展宽成带,故晶体的能量要下降($-E$),这里 E 就是电子—正离子系统的能量, $E < 0$,因此金属晶体的结合能就是:

$$U_0 = (-E) - E_I = -(E + E_I) \tag{2-55}$$

至于 E 的具体计算可参看有关的固体物理教材。

2.6   元素的晶体结构和性质

从本节起,我们将从结合键的角度依次讨论元素和各类合金的晶体结构和性质。

2.6.1   元素的晶体结构

按照晶体结构,可以将元素周期表上的元素分为三类,如图 2-34 所示。[①]

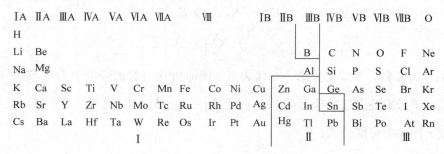

图 2-34   元素按晶体结构分类

第Ⅰ类包括所有的 A 族元素、第Ⅷ族和ⅠB 族元素。除少数例外,这些元素都具有典型的金属结构,即面心立方、密排六方和体心立方结构,其特点是具有高配位数(见第 1 章)。值得一提的是镧系(稀土)元素和锕系元素。镧系中后面部分的元素(从 Gd 到 Lu,即所谓重稀土)具有上述典型的金属结构,但前面部分元素则略有变异:密排面的堆垛次序既不是 HCP 的 $ABAB\cdots$,也不是 FCC 的 $ABCABC\cdots$ 而是 $ABACABAC\cdots$(对 La,Ce,Pr,Nd)或 $[ABABCBCAC]ABABCBCAC\cdots$(对 Sm)。发生这种变异的原因尚不清楚,估计和 $4f$ 电子参加键合有关(因为 $(4f)$、$(5d)$ 和 $(6s)$ 电子的能级相近)。对锕系元素,由于 $(5f)$、$(6d)$ 和 $(7s)$ 电子能级更加相近,故 $5f$ 电子更可能参加键合,因而在锕系元素中,除钍具有典型的金属结构外,其他元素(如 α-U, α-Pu 等)往往具有异常的复杂结构。

在讨论第Ⅱ类元素的结构之前,我们先讨论第Ⅲ类元素的结构。这类元素包括ⅣB 到ⅦB 族元素,其结构特点是,每个原子具有 $(8-N)$ 个近邻原子,这里 N 是该元素所属的族数。这个特点就称为 **8－N 规则**。显然,$8-N$ 规则是原子为了通过共价键达到八电子层结构的必然结果。下面分别讨论属于第Ⅲ类的各族元素的晶体结构。

ⅣB 族元素碳(金刚石)、硅、锗和灰锡都具有人们熟知的金刚石结构,如图 2-7 所示。图中碳原子位于 FCC 点阵的结点及 4 个不相邻的四面体间隙位置。这样,每个碳原子有 4 个距离为 $\frac{\sqrt{3}}{4}a$ 的最近邻原子,即配位数为 4,符合 $8-N$ 规则($N=4$,$8-N=4$),这显然是 sp^3 杂化共价的结果。图 2-35(a)是金刚石结构的另一种表示方式。

碳还有另一种同素异构体,即石墨,其结构如图 2-35(b)所示。它具有简单六方点阵,其(0001)面的堆垛次序也是 $ABAB\cdots$,但和密排六方结构有三点区别:(1)(0001)面不是密

---

① 图 2-34 是金属物理、材料科学书中常见的周期表形式,它是按金属-非金属来划分 A、B 族的。而化学书中常见的周期表形式则是按电子填充特性来划分 A、B 族的,见表 2-5。

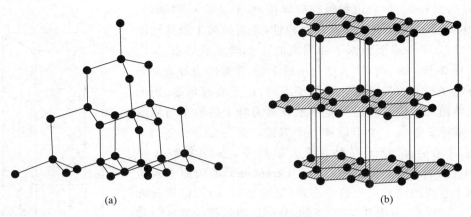

(a)　　　　　　　　　　　　　(b)

图 2-35　碳同素异构体的晶体结构

(a) 金刚石；(b) 石墨

排面。从图 2-35 可以看出，(0001)面上每个碳原子只有三个最近邻碳原子(而不是 6 个原子)。(2)轴比 $\frac{c}{a}=2.73\geqslant1.633$，故相邻两层(0001)面上的原子是不相切的。(3)相邻两层(0001)面上的原子沿六角形边的方向发生位移(或错动)，在通常的四轴(a_1，a_2，a_3 和 c 轴)下，相对位移方向就是〈$11\bar{2}0$〉，而不是〈$10\bar{1}0$〉。石墨的这种结构是与它的结合键密切相关的。人们认为，在石墨中相邻的(0001)层原子之间的结合键是范德瓦尔斯力，故层与层之间很容易滑动。在同一层原子间的结合键是(sp^2)杂化的 σ 键。但由于每个碳原子只有 3 个最近邻，剩下的一个电子就可以在层内自由运动，因而石墨在平行于基面的方向就有一定的(虽然是较小的)导电性。

图 2-36 表示碳同素异构体的新成员，图(a)为富勒烯(buckminsterfullerene)，图(b)为碳纳米管(CNT)。富勒烯家族包括 C_{60}、C_{70} 等。一个 C_{60} 分子的结构类似一个足球，它是由

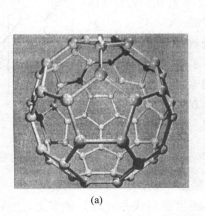
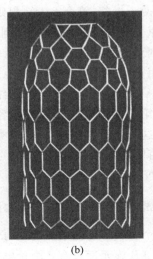

(a)　　　　　　　　　(b)

图 2-36　碳同素异构体的新成员

(a) 富勒烯；(b) 碳纳米管(CNT)

12个五边形和20个六边形组成的球体,并有5次对称轴,如图2-36(a)所示。C_{60}具有很高的对称性,是富勒烯中最稳定的分子。C_{60}分子中每个碳原子和周围的3个碳原子采用$sp^{2.28}$杂化形成3个σ键,和$s^{0.09}p$杂化形成π键,在球的内外表面分布着π电子云。这与平面共轭分子不同,由于表面弯曲,影响到杂化轨道的性质。但仍可简单地表示为每个碳原子与周围的3个碳原子形成2个单键和一个双键。在一定条件下,C_{60}分子可以结合成分子晶体,属立方晶系,点阵常数$a=1.4\text{mm}$。碳纳米管是由称做石墨片(graphene)的碳原子六角平面网络卷成的纳米尺寸的空心管(见图2-36(b)),依构成管的原子层的厚度(石墨片层数)不同,分单层纳米管(SWNT)和多层纳米管(MNNT)。CNT的长径比都很大。

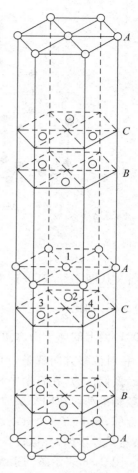

ⅤB族元素砷、锑、铋等属于菱方晶系。图2-37是用六方晶轴表示的锑的结构。在第1章中谈到,在六方晶系下(0001)层的堆垛次序是$ABCABC\cdots$不过对锑来说,和简单菱形结构不同的是,各层并非等距离的,而是每两层组成一个相距很近的双层,双层与双层之间则相距较远。例如图2-37中就画出了AB,CA和BC三个双层。双层之间的原子是不接触的,每一单层内的原子(即构成平面六角形的各原子)也不接触,它们只和同一双层中的另一单层内的最近邻原子相接触,因而配位数是3,符合$8-N$规则($8-N=8-5=3$)。图2-37中画出了原子1的3个最近邻配位原子2,3和4。由此可见,共价键存在于双层内,而双层与双层之间则是分子键。

图 2-37　锑的结构

ⅥB族元素硒、碲也属于菱方晶系,原子排列成螺旋链,因而每个原子有两个近邻,符合$8-N$规则,如图2-38所示。显然,链内近邻原子是共价键,而链之间则是分子键。

ⅦB族元素碘的结构见图2-8。从图2-8看出,原子是成对地排列的,每个原子有一个最近邻原子($8-N=8-7=1$)。每对原子就是一个碘分子,分子之间的结合键则是分子键。

在讨论了第Ⅰ和第Ⅲ类元素后就容易了解第Ⅱ类元素的结构特点了。这类元素往往兼有Ⅰ,Ⅲ类元素的某些特点。例如,汞虽具有简单菱方(或略微畸变了的立方)结构,但其配位数也符合$8-N$规则(每个汞原子有$8-2=6$个近邻原子)。

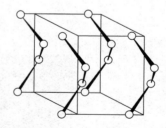

图 2-38　硒和碲的晶体结构

锌和镉虽具有密排六方结构,但$\dfrac{c}{a}$很大$\left(\dfrac{c}{a}=1.86>1.633\right)$,故并非严格的密排结构,每个原子只和同一个(0001)层内的6个原子相接触,也符合$8-N$规则($8-2=6$)。虽然符合$8-N$规则,但ⅡB族元素只有2个价电子,不可能形成共价键。事实上,这些元素晶体都是金属。对于其余的第Ⅱ类元素铟、铊、铅等,虽然具有典型的金属结构,但点阵常数要比Ⅰ类元素的大得多,这是由于原子电离不完全的缘故。

2.6.2　元素性质的周期性

由于周期表中元素的外层电子(价电子)数是周期性地变化的,因而和结合键相关的一些性质也必然是随原子序数而周期性地变化。因此这些性质就定性地反映了晶体的结合强度。这些性质包括:

(1) 熔点和升华热

一般来说,熔点越高或升华热越大,结合强度越高。图 2-39 画出了熔点随原子序数 Z 的变化。从图 2-39 看出,熔点有两个极大值,一个在过渡族金属系列的中部,另一个则在ⅣB族元素。值得注意的是,由于熔点是固相和液相平衡的温度,而升华热是将 1mol 固体转变成中性原子的蒸气所需的热量,因而这两个性质都和两相的性质有关(熔点和固—液相性质有关,升华热和固—气相性质有关),而不仅仅是取决于固体的性质。

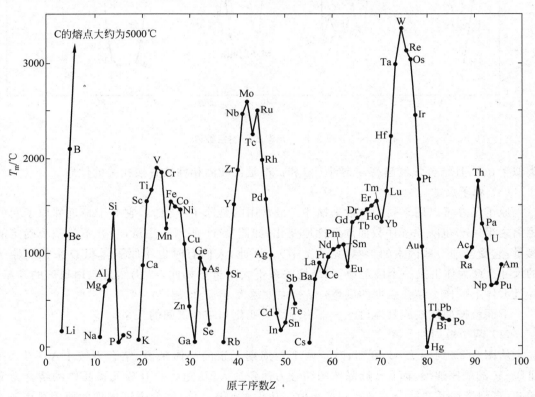

图 2-39　元素的熔点 T_m

(2) 压缩系数和膨胀系数

压缩系数 β 的定义是单位压强引起的相对体积变化,即 $\beta = \dfrac{\mathrm{d}V}{V \mathrm{d}p}$,式中 V 和 p 分别是体积和压强。β 与原子序数 Z 的关系如图 2-40 所示。通常 β 反比于晶体的结合强度,故结合强度很高的过渡族金属和ⅣB族元素的压缩系数都很小。

热膨胀系数 α 定义为单位温度变化引起的相对长度变化,$\alpha = \dfrac{\mathrm{d}l}{l \mathrm{d}t}$。$\alpha$ 和原子序数的关系

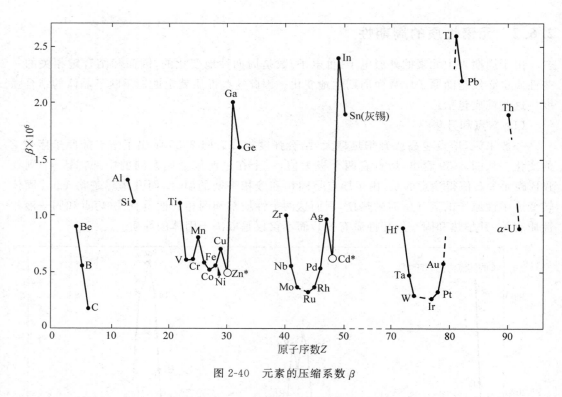

图 2-40 元素的压缩系数 β

类似于 β,而且结合强度越高,α 越小。β 和 α 都是仅和固相性质直接相关的性质。

(3) 原子尺寸

原子尺寸可以用不同的参数来描述。最常用的是原子半径 r_0,它等于最近邻原子间的距离之半。r_0 也随原子序数而周期性地变化,如图 2-41 所示。注意,r_0 并不是一个确定的参量,它受其他一些因素的影响(见 2.7 节)。因此,人们有时也用原子体积 Ω 来描述原子的尺寸。Ω 大体上是一个确定值,和结构关系不大。虽然如此,r_0 仍然是应用很广的参量,并且大体上可作为结合强度的度量:结合强度越大,r_0 应该越小。

下面就按周期或族具体讨论一下物理性质变化和结合键间的关系。

(1) 两个短周期

从图 2-39 到图 2-41 可知,对于两个短周期元素的晶体来说,结合力按 I A→II A→III B→… 的顺序递增,而 IVB 族晶体的结合力达到最大值,随后的 B 族元素晶体的结合力又递减,直到惰性元素结合力又达到最小值。从 I A 到 IVB 族,结合强度增加的原因是由于 p 电子对(sp)杂化轨道的贡献增加,同时键的本质也由 I A 族的纯金属键变为 IVB 族的纯共价键。金刚石的超高熔点、低压缩系数和小原子半径表明,共价键比自由电子的金属键强得多。从 IVB 族以后直到 O 族,总结合强度下降,压缩系数和原子半径增加(VB 和 VIIB 族),而双原子固体和惰性气体则熔点非常低。这并不意味着在 VB 到 VIIB 族中原子间的共价键更弱,而是现有的空间定向共价键数目(8−N)不足以将三维晶体连接在一起。因此这些固体的键合乃是弱得多的范德瓦尔斯键,这种键分别将 VB,VIB,VIIB 和 O 族中的层、链、双原子分子或单个原子连接在一起。在整个短周期中,每个原子参加键合的电子数(即价电子数)均等于其族数 N。

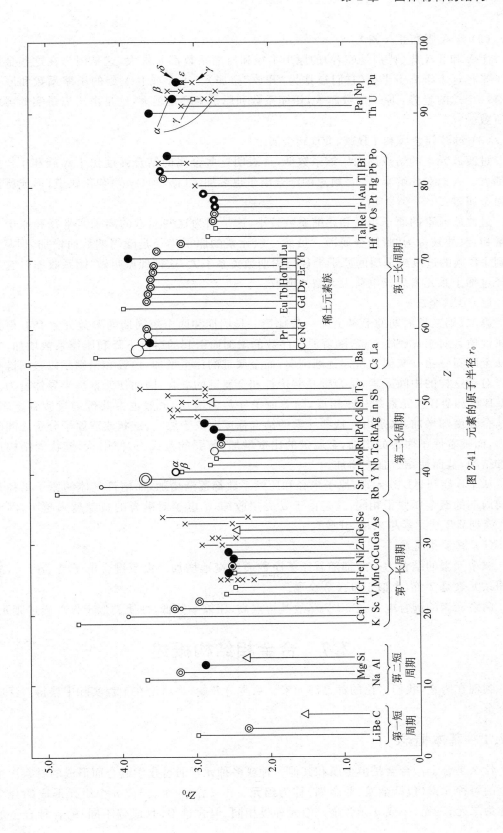

图 2-41　元素的原子半径 r_0

（2）ⅠA族和ⅡA族

ⅠA和ⅡA族（特别是前者）的原子半径和压缩系数都非常大，这是因为在这些金属中原子半径远大于离子半径（它们被称为"开放"金属）。ⅠA或ⅡA族的压缩系数和原子半径有一个总的趋势：原子序数越大，压缩系数和原子半径也越大，这是由于离子实的屏蔽效应所致。

（3）过渡族金属和ⅠB族、ⅡB族金属

过渡族元素的熔点高而压缩系数低，这表明这些金属的结合强度比ⅠA族和ⅠB族金属都大。人们对此解释是：d轨道的结合电子也参加了(sp)和(spd)杂化轨道，形成所谓的共振金属键。

过渡族元素的原子半径和压缩系数较小，这是因为这些元素的离子实半径和原子半径非常相近（故被称为"封闭金属"）。虽然一般元素的原子半径是随周期数而增加，但从ⅣA族到ⅠB族的过渡族金属的原子半径与周期数关系不大，这种现象叫做"镧系收缩"，它是由于经过稀土系元素后核电荷大大增加所致。

（4）B族金属

第二、第三长周期的B族元素一般比第一长周期和两个短周期的B族元素具有更强的金属性质。对于ⅣB族元素，随着原子序数的增加而引起的熔点下降和压缩系数增加，反映了从金刚石→锗→灰锡共价键逐渐削弱，而金属键的比重增加，白锡和铅则是以金属键为主了。对锗这样的中间元素，结合键是共价键和金属键的混合，因而使元素呈半导体行为。可是ⅤB族和ⅥB族元素却与此相反，随着原子序数的增加，虽然也由共价键过渡到金属键，但结合强度却增加，这是由于这些元素的结合强度取决于层状、链状或双原子分子之间的范氏力，而随着原子序数的增加，金属键的比重增加，薄弱的范氏力，使层状、链状等结构连成三维结构，从而使结合强度增加。

从ⅠB族到ⅧB族元素，原子半径和压缩系数都逐渐增加，而惰性气体的原子半径几乎和同周期的碱金属原子相同，这是由于d壳层收缩，d电子对键合的贡献越来越小，因而从ⅠB族到ⅧB族元素越来越"开放"。

（5）镧系和锕系

镧系元素的结合力一般都随着原子序数而缓慢地增加。由于键合电子是$5d^16s^2$，故通常镧系元素是3价，类似于ⅢA族金属。

锕系元素的键合电子是$6d^27s^2$，故其熔点高，压缩系数低，性质类似于ⅣA族过渡元素。

2.7　合金相结构概述

到现在为止，我们讨论的都是纯元素。从本节开始，将讨论在工程实际中获得广泛应用的合金。

2.7.1　基本概念

什么是合金？**合金**是由金属和其他一种或多种元素通过化学键合而形成的材料。组成合金的每种元素（包括金属、非金属）称为**组元**。由2个、3个、…或n个组元形成的合金分别称为二元、三元、…或n元合金。组元种类相同、但含量不同（成分不同）的各种合金形成一个合金系列,或简称**合金系**。因此,对应于组元数目,就有二元系,三元系,…,n 元系。当然纯金属也可以看成是一种特殊的合金系,即单元系。

和纯金属不同,在一定的外界条件(一定的温度和压强)下,一定成分(指合金的总成分)的合金内部不同区域可能具有不同的成分、结构和性能。人们把具有相同的(或连续变化的)成分、结构和性能的部分(或区域)称为**合金相**或简称**相**。因此,在一定的外界条件下,一定成分的合金可以由若干不同的相组成,这些相的总体便称为合金的**组织**。

2.7.2 合金成分的表示

合金成分的表示方法有两种:各组元的摩尔分数和质量分数。组元 i 的摩尔分数 x_i 和质量分数 w_i 的关系为

$$x_i = \frac{\dfrac{w_i}{M_i/N_a}}{\sum\limits_{j=1}^{n} \dfrac{w_j}{M_j/N_a}} = \frac{w_i/M_i}{\sum\limits_{j=1}^{n} w_j/M_j} \tag{2-56}$$

$$w_i = \frac{x_i M_i/N_a}{\sum\limits_{j=1}^{n} x_j M_j/N_a} = \frac{M_i x_i}{\sum\limits_{j=1}^{n} M_j x_j} \tag{2-57}$$

式中,M_i 为 i 组元的摩尔质量;M_j 为 j 组元的摩尔质量;N_a 为阿伏加德罗常数。

2.7.3 合金相分类

按照晶体结构,可以将合金相分为固溶体和化合物两类。

固溶体是一种组元(溶质)溶解在另一种组元(溶剂,一般是金属)中,其特点是溶剂(或称基体)的点阵类型不变,溶质原子或是代替部分溶剂原子而形成置换式固溶体,或是进入溶剂组元点阵的间隙中而形成间隙式固溶体。一般来说,固溶体都有一定的成分范围。溶质在溶剂中的最大含量(即极限溶解度)便称为**固溶度**。

化合物是由两种或多种组元按一定比例(一定的成分)构成一个新的点阵,它既不是溶剂的点阵,也不是溶质的点阵。以 NaCl 为例(见图 2-51),Na^+ 离子和 Cl^- 离子分别占据各自的面心立方点阵(称为分点阵或次点阵),而 NaCl 的点阵就是由两个面心立方分点阵穿插而成的复合点阵。虽然化合物通常可以用一个化学式(如 $A_x B_y$)表示,但许多化合物,特别是金属与金属形成的化合物(所谓金属间化合物)往往或多或少有一定的成分范围(但一般比固溶体的成分范围小得多)。

2.8 影响合金相结构的主要因素

影响合金相结构的主要因素有以下几个:

2.8.1 原子半径或离子半径

在分析合金相结构时,人们往往将原子看成是刚性小球,并假定最近邻的原子或离子是相切的。这样,最近邻原子或离子之间的距离就等于两个原子或离子半径之和。

对于金属和共价晶体,一般用原子半径表示原子的大小。其定义是同种元素的晶体中

表 2-5　元素的单键共价半径和金属半径(配位数为 12 的条件下)/Å

说明：
14
Si
1.17　单键共价半径
1.32　金属半径

每个元素格中数据顺序为：原子序数／元素符号／单键共价半径／金属半径

周期	I-A	II-A	III-B	IV-B	V-B	VI-B	VII-B	VIII	VIII	VIII	I-B	II-B	III-A	IV-A	V-A	VI-A	VII-A	0
1	1 H 0.32																	2 He
2	3 Li 1.23 1.55	4 Be 0.89 1.12											5 B 0.82 0.98	6 C 0.77 0.91	7 N 0.70 0.92	8 O 0.66	9 F 0.64	10 Ne
3	11 Na 1.54 1.90	12 Mg 1.36 1.60											13 Al 1.18 1.43	14 Si 1.17 1.32	15 P 1.10 1.28	16 S 1.04 1.27	17 Cl 0.99	18 Ar
4	19 K 2.03 2.35	20 Ca 1.74 1.97	21 Sc 1.44 1.65	22 Ti 1.32 1.47	23 V 1.22 1.36	24 Cr 1.18 1.30	25 Mn 1.17 1.27	26 Fe 1.17 1.26	27 Co 1.16 1.25	28 Ni 1.15 1.25	29 Cu 1.17 1.28	30 Zn 1.25 1.37	31 Ga 1.26 1.41	32 Ge 1.22 1.37	33 As 1.21 1.39	34 Se 1.17 1.40	35 Br 1.14	36 Kr
5	37 Rb 2.16 2.48	38 Sr 1.91 2.15	39 Y 1.62 1.78	40 Zr 1.45 1.60	41 Nb 1.34 1.47	42 Mo 1.30 1.39	43 Tc 1.27 1.35	44 Ru 1.25 1.34	45 Rh 1.25 1.34	46 Pd 1.28 1.37	47 Ag 1.34 1.44	48 Cd 1.48 1.54	49 In 1.44 1.66	50 Sn 1.40 1.62	51 Sb 1.41 1.59	52 Te 1.37 1.60	53 I 1.33	54 Xe
6	55 Cs 2.35 2.67	56 Ba 1.98 2.22	57~71 La-Lu	72 Hf 1.44 1.62	73 Ta 1.34 1.49	74 W 1.30 1.41	75 Re 1.28 1.37	76 Os 1.26 1.35	77 Ir 1.27 1.36	78 Pt 1.30 1.39	79 Au 1.34 1.46	80 Hg 1.44 1.57	81 Tl 1.48 1.71	82 Pb 1.47 1.75	83 Bi 1.46 1.70	84 Po 1.46 1.76	85 At 1.45	86 Rn
7	87 Fr	88 Ra	89~103 Ac-Lr															

镧系：

57 La 1.69 1.88	58 Ce 1.65 1.82	59 Pr 1.64 1.83	60 Nd 1.64 1.82	61 Pm 1.63	62 Sm 1.62 1.81	63 Eu 1.85 1.99	64 Gd 1.62 1.81	65 Tb 1.61 1.80	66 Dy 1.60 1.80	67 Ho 1.58 1.79	68 Er 1.58 1.78	69 Tm 1.58 1.77	70 Yb 1.58 1.94	71 Lu 1.58 1.75

锕系：

89 Ac	90 Th 1.65 1.80	91 Pa	92 U 1.42	93 Np	94 Pu	95 Am 1.73	96 Cm	97 Bk	98 Cf	99 Es	100 Fm	101 Md	102 No	103 Lr

注：1Å＝0.1nm

最近邻原子核之间距离之半。值得注意的是,即使是同一元素,其原子半径也未必是一个确定值。例如,对共价晶体来说,原子半径就取决于原子间的结合键是单键、双键或三键。不难想见,同一元素的单键共价半径大于双键或三键的共价半径,因为后者的结合力比前者强,因而原子靠得更近。对于金属晶体来说,原子半径与配位数有关。以 Fe 为例,利用 X 光测定 α-Fe 和 γ-Fe 的点阵常数就可发现,α-Fe 的原子半径比 γ-Fe 小 3%。一般来说,当配位数由 12 变成 8,6,或 4 时,原子半径将分别收缩 3%,4% 或 12%。同一元素可能具有不同的原子半径,这对于分析、比较合金元素对合金相结构的影响是很不方便的。为了便于分析、比较,人们对每种元素必须确定一个统一的原子半径。为此,对共价晶体,人们采用单键共价半径 $r(1)$。对金属晶体,人们采用在配位数为 12 的同素异构体中的原子半径,并称为哥德斯密德原子半径(Goldschmid atomic radius)r(CN12)。表 2-5 给出了元素的 $r(1)$ 和 r(CN12)值(对于没有配位数为 12 的同素异构体的元素,其 r(CN12)值是按上述原子半径与配位数的关系换算得到的)。从表中不难看出,r(CN12)一般比 $r(1)$ 大 10%~15%。

对于非金属的分子晶体,也用原子半径表示原子的大小,但此时存在两个原子半径:一个是共价半径,另一个是范德瓦尔斯原子半径,它等于相邻分子间距离之半。显然范氏原子半径远大于共价半径。例如,在氯分子晶体中,氯原子有两个邻近距离,一个是 0.198nm,即共价直径;另一个是 0.360nm,即范氏直径。

对于离子晶体,一般采用离子半径 r^+ 或 r^- 来表示正、负离子的尺寸。由于正、负离子是不同的元素,而用 X 光方法只能测出离子化合物中正、负离子之间的距离 r_0,$r_0 = r^+ + r^-$,因此很难明确确定正、负离子的界限,亦即很难确定 r^+ 和 r^- 的准确数值。为了确定 r^+ 和 r^-,人们假定,同一种元素在具有相同晶体结构的不同化合物中的离子半径是相同的。例如在 LiF 和 LiCl 中,r_{Li^+} 都是同一数值。如果实验测出 LiF 和 LiCl 中正、负离子的间距分别为 $r_{0_{LiF}}$ 和 $r_{0_{LiCl}}$ 则有

$$r_{Li^+} + r_{Cl^-} = r_{0_{LiCl}}$$

$$r_{Li^+} + r_{F^-} = r_{0_{LiF}}$$

两式相减得到:$r_{Cl^-} - r_{F^-} = r_{0_{LiCl}} - r_{0_{LiF}}$。这样就能求出两个负离子 Cl^- 和 F^- 的离子半径差来。同理也能求出两个正离子的半径差。实验发现,对于确定的一对正(或负)离子来说,其离子半径差大体上恒定,这表明,可以认为离子的确是具有确定的半径的,而且只要知道一个离子的半径,就可由上述离子半径差规则求出其他的离子半径来。哥德斯密德根据在离子化合物中负离子(大离子)相切的假定,求得 O^{2-} 的离子半径为 0.132nm,并由此推出了其他许多元素的离子半径,这就是所谓的哥德斯密德离子半径。还有一种离子半径,叫作泡林(Pauling)离子半径,它是根据量子力学理论,按有效核电荷算出的。表 2-6 给出了元素的哥德斯密德和泡林离子半径值。

值得指出的是,离子半径是一个近似的概念。一则,核外电子云是连续分布的,并无确定的范围(只有在无穷远处电子云密度才为 0)。二则,许多离子晶体并非典型的离子键,而是或多或少有共价键的成分。我们知道,形成共价键时,共用电子在两个原子核间平均分配(共用)。若共用电子对偏向(靠近)一个核,则形成极性共价键。在极端的情形下,这对电子完全进入一个核的范围(绕该核球形分布),则形成典型的离子键。实际晶体中价电子对不完全属于一个核,这样,结合键就或多或少具有极性共价键的特点。在这种情况下,离子半径的意义就不确切了。

表 2-6　元素的哥德斯密德离子半径及泡林离子半径（CN＝6）

离子	离子半径/0.1nm		离子	离子半径/0.1nm	
	哥德斯密德	泡　林		哥德斯密德	泡　林
Li^+	0.78	0.60	Br^-	1.96	1.95
Na^+	0.98	0.95	I^-	2.20	2.16
K^+	1.33	1.33	Cu^+	—	0.96
Rb^+	1.49	1.48	Ag^+	1.13	1.26
Cs^+	1.65	1.69	Au^+	—	1.37
Be^{2+}	0.34	0.31	Zn^{2+}	0.83	0.74
Mg^{2+}	0.78	0.65	Cd^{2+}	1.03	0.97
Ca^{2+}	1.06	0.99	Hg^{2+}	1.12	1.10
Sr^{2+}	1.27	1.13	Sc^{3+}	0.83	0.81
Ba^{2+}	1.43	1.35	Y^{3+}	1.06	0.93
B^{3+}	—	0.20	La^{3+}	1.22	1.15
Al^{3+}	0.57	0.50	Ce^{3+}	1.18	—
Ga^{3+}	0.62	0.62	Ce^{4+}	1.02	1.01
C^{4+}	0.20	0.15	Ti^{4+}	0.64	0.68
Si^{4+}	0.39	0.41	Zr^{4+}	0.87	0.80
Ge^{4+}	0.44	0.53	Hf^{4+}	0.84	—
Sn^{4+}	0.74	0.71	Th^{4+}	1.10	1.02
Pb^{4+}	0.84	0.84	V^{5+}	0.40	0.59
Pb^{2+}	1.32	1.21	Nb^{5+}	0.69	0.70
N^{5+}	0.15	0.11	Ta^{5+}	0.68	—
P^{5+}	0.35	0.34	Cr^{3+}	0.64	—
As^{5+}		0.47	Cr^{6+}	0.35	0.52
Sb^{5+}	—	0.62	Mo^{6+}	—	0.62
Bi^{5+}	—	0.74	W^{6+}	—	0.62
O^{2-}	1.32	1.40	U^{4+}	1.05	0.97
S^{2-}	1.74	1.84	Mn^{2+}	0.91	0.80
S^{6+}	0.34	0.29	Mn^{4+}	0.52	0.50
Se^{2-}	1.91	1.98	Mn^{7+}	—	0.46
Se^{6+}	0.35	0.42	Fe^{2+}	0.82	0.80
Te^{2-}	2.11	2.21	Fe^{3+}	0.67	—
F^-	1.33	1.36	Co^{2+}	0.82	0.72
Cl^-	1.81	1.81	Ni^{2+}	0.78	0.69

2.8.2　电负性

　　元素的电负性是表示它在和其他元素形成化合物或固溶体时吸引电子的能力的一个参量。例如，Na 和 Cl 化合成 NaCl 时，Cl 很容易吸引 Na 的外层电子，因而 Cl 的电负性很强，而 Na 的电负性很弱（或者说 Na 的电正性很强）。显然，一个元素的电负性是相对于另一个元素而言的。因此，如果令 A,B 二元素的电负性分别为 x_A 和 x_B，那么，只有（x_A-x_B）才有意义。这个差值与什么因素有关呢？泡林认为，它应该与 $A—A,B—B$ 及 $A—B$ 等键的键

能 E_{AA},E_{BB} 及 E_{AB} 有关。令 $\Delta_{AB} = E_{AB} - \frac{1}{2}(E_{AA} + E_{BB})$,则

$$|x_A - x_B| \propto \sqrt{|\Delta_{AB}|} \quad (eV)$$

显然,如果 $A-B$ 键是非极性共价键,则 $\Delta_{AB} = 0$,因而 $x_A = x_B$。即 A,B 元素吸引电子的能力是相同的。如果 $A-B$ 键是极性共价键(或具有离子键的特征),则 $\Delta_{AB} \neq 0$,因而 $x_A \neq x_B$。

为了应用方便起见,人们往往给每个元素赋予一个确定的电负性数值。这当然有一定的随意性,即人们可以任意规定某个元素的电负性,作为比较的标准,由此求出其他元素的电负性。哥弟(Gordy)采用了另外的方法确定电负性。他将电负性定义为 $n'e/r$,$n'e$ 代表作用于价电子上的有效核电荷(考虑到屏蔽效应),r 是单键半径。在对屏蔽效应作了某些简化后,他最后得到下述关系式:

$$x = 0.31\left(\frac{n'+1}{r}\right) + 0.50 \tag{2-58}$$

式中,x 是元素的电负性;r 是单键共价半径;n' 是价电子数。n' 不一定等于化学价 v(尤其对非金属),例如,对钠,$n' = 1 = v$;但对氧,$n' = 6 \neq v = 2$。表 2-7 给出了若干元素的 r、n' 和 x 值。

表 2-7 若干元素的电负性、共价半径和价电子数

元素	r	n'	x	元素	r	n'	x	元素	r	n'	x
Ag	1.53	1	1.9	Ga	1.26	3	1.4	Pb	1.46	4	1.5
Al	1.26	3	1.5	Ge	1.22	4	1.7	Po	1.46	6	2.0
As	1.21	5	2.0	H	0.37	1	2.13	Rb	2.11	1	0.78
An	1.50	1	3.1	Hg	1.50	2	1.0	S	1.04	6	2.53
B	0.88	3	1.9	I	1.33	7	2.45	Sb	1.41	5	1.8
Ba	2.17	2	0.9	In	1.44	3	1.4	Sc	1.61	3	1.3
Be	1.06	2	1.45	K	1.96	1	0.80	Se	1.17	6	2.4
Bi	1.40	5	1.8	La	1.86	3	1.2	Si	1.17	4	1.8
Br	1.14	7	2.75	Li	1.34	1	0.95	Sn	1.40	4	1.7
C	0.77	4	2.55	Mg	1.40	2	1.2	Sr	1.93	2	1.0
Ca	1.78	2	1.0	Mn	1.18	7	2.6	Tc	1.31	6	2.4
Cd	1.48	2	1.1	Mo	1.36	6	2.1	Te	1.37	6	2.1
Cl	0.99	7	2.97	N	0.74	5	2.98	Ti	1.45	4	1.6
Cr	1.25	6	2.2	Na	1.54	1	0.90	Tl	1.47	3	1.3
Cs	2.25	1	0.75	Nb	1.43	5	1.8	V	1.30	5	1.9
Cu	1.35	1	2.2	O	0.73	6	3.45	Y	1.75	3	1.3
F	0.72	7	3.95	P	1.10	5	2.1	Zn	1.31	2	1.2
								Zr	1.58	4	1.6

2.8.3 价电子浓度

价电子浓度(或简称电子浓度)是指合金中每个原子平均的价电子数,用 e/a 表示。对于由 $1,2,\cdots,m$ 组元形成的 m 元合金,我们有

$$e/a = Z_1 C_1 + Z_2 C_2 + \cdots + Z_m C_m \tag{2-59}$$

式中,$Z_i(i=1-m)$ 为组元 i 的原子价电子数,C_i 为组元 i 的原子百分数($C_1 + C_2 + \cdots +$

$C_m = 1$)。对于第Ⅷ族组元,规定其价电子数为零($Z=0$),而对其他组元,价电子数就等于它在周期表中的族数($Z=N$)。例如,对 60at%Cu+40at%Zn 这个二元合金,$e/a = 1 \times 0.60 + 2 \times 0.40 = 1.40$。

将第Ⅷ族元素的原子价电子数定为零,这是为了说明某些合金的形成规律而作的硬性规定[①]。但也有人对此予以了粗略的解释,认为由于第Ⅷ族元素原子的外层很容易从其他原子中得到电子而达到稳定的 18 电子壳层结构,因而这族元素在和其他元素形成合金时不但贡献出价电子,也同样吸收电子,使总的价电子变化为零。

2.8.4   其他因素

除以上三个主要因素外,对于具体类型的合金还可能有其他因素(或参数)。例如,对离子和共价晶体,"电荷半径比之和" $\sum \dfrac{Z}{r_K}$ 及 $\sum \dfrac{Z'}{r_{COV}}$ 也是有用的参数。这里 Z 的意义同上,Z' 是考虑屏蔽效应后的有效核电荷数,r_K 和 r_{COV} 分别是离子实半径和共价半径。不难理解,$\dfrac{Z}{r_K}$ 越小,元素的金属性越强。

2.9   固   溶   体

2.9.1   什么是固溶体

人们通常所说的**固溶体**具有以下三个基本特征:

(1) 溶质和溶剂原子占据一个共同的布拉菲点阵,且此点阵类型和溶剂的点阵类型相同。例如,少量的锌溶解于铜中形成的以铜为基的 α 固溶体(亦称 α 黄铜)就具有溶剂(铜)的面心立方点阵,而少量铜溶解于锌中形成的以锌为基的 η 固溶体则具有锌的六方点阵(密排六方结构)。

(2) 有一定的成分范围,也就是说,组元的含量可在一定范围内改变而不会导致固溶体点阵类型的改变。某组元在固溶体中的最大含量(或溶解度极限)便称为该组元在该固溶体中的**固溶度**。由于成分范围可变,故通常固溶体不能用一个化学式来表示。

(3) 具有比较明显的金属性质,例如,具有一定的导电和导热性和一定的塑性等。这表明,固溶体中的结合键主要是金属键。

2.9.2   固溶体分类

固溶体可以从不同的角度来分类:

(1) 根据固溶体在相图中的位置分类,可分为:

① 端部固溶体,也称初级固溶体,边际固溶体。它位于相图端部,亦即其成分范围包括纯组元($C_A = 100\%$ 或 $C_B = 100\%$)。例如,在 Cu-Zn 系相图中(见图 2-42),α 和 η 固溶体都是端部(或初级)固溶体。通常讲的固溶体就是指端部固溶体。

② 中间固溶体,也称二次固溶体。它位于相图中间,因而任一组元的浓度均大于 0,小

---

① 有时也规定过渡族合金的价电子浓度等于"平均族数",即总外壳层电子数与原子数之比。

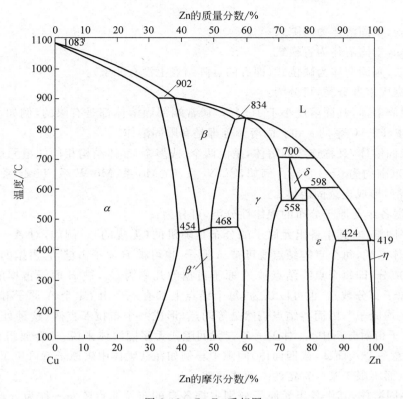

图 2-42 Cu-Zn 系相图

于 100%。例如,图 2-42 中的 β 相(亦称 β 黄铜)在高温下就是一个二次固溶体。这种固溶体虽有一定的成分范围,但并不具有任一组元的结构,故严格来讲,不符合前面谈到的固溶体定义。因此,"二次固溶体"这个名称已不常用,而代之以"中间相"了。不过,也可以将它看成是以化合物为基的固溶体,例如 β 黄铜就可看成是以金属间化合物 CuZn 为基的固溶体。

(2) 根据溶质原子在点阵中的位置分类,可分为:

① 置换式固溶体,亦称替代固溶体,其溶质原子位于点阵结点上,替代(置换)了部分溶剂原子。例如,Cu-Zn 系中的 α 和 η 固溶体都是置换式固溶体。一般,金属与金属形成的固溶体都是置换式的。

② 间隙式固溶体,亦称填隙式固溶体,其溶质原子位于溶剂点阵的间隙中。例如,在 Fe—C 系的 α 固溶体中,碳原子就位于铁原子的 BCC 点阵的八面体间隙中。一般,金属与非金属元素 H,B,C,N 等形成的固溶体都是间隙式的。

通过实验可以判断一个固溶体是置换式还是间隙式。为此,首先通过 X 光或电子衍射确定固溶体的点阵类型和点阵常数,由此即可推出一个晶胞内的原子数 n 和晶胞体积 V,再根据该固溶体的平均原子量 $\overline{A}$ 及阿伏加德罗常数 N_a 即可算出固溶体的理论密度 ρ_c:

$$\rho_c = \frac{n \cdot \overline{A}}{V \cdot N_a} \qquad (2-60)$$

另一方面,又可通过实验直接测出该固溶体的实际密度 ρ_e,于是比较 ρ_c 和 ρ_e 即可判断该固溶体的类型：

若 $\rho_c < \rho_e$，则固溶体为间隙式；

若 $\rho_c = \rho_e$，则固溶体为置换式；

若 $\rho_c > \rho_e$，则固溶体为缺位式（即有的点阵结点上没有原子）。

（3）根据固溶度分类，可分为：

① 有限固溶体，其固溶度小于 100%。通常端部固溶体都是有限的，例如，Cu-Zn 系的 α 和 η 固溶体，Fe—C 系的 α 和 γ 固溶体等都是有限固溶体。

② 无限固溶体，又称连续固溶体，是由两个（或多个）晶体结构相同的组元形成的，任一组元的成分范围均为 0～100%。例如，Cu-Ni 系、Cr-Mo 系、Mo-W 系、Ti-Zr 系等在室温下都能无限互溶，形成连续固溶体。

（4）根据各组元原子分布的规律性分类，可分为：

① 无序固溶体，其中各组元原子的分布是随机的（无规的）。例如，对 A—B 二元置换式无序固溶体来说，每个点阵结点既可被 A 原子、也可被 B 原子占据，且占据的几率就等于相应组元的成分，即每个点阵结点被 A 原子占据的几率为 C_A，被 B 原子占据的几率为 C_B（C_A，C_B 为原子百分数）。也可以认为，每个结点上都有一个由 C_A 个 A 原子和 C_B 个 B 原子构成的"平均原子"，因而各结点仍然是等同点，形成一个布拉菲点阵（这种处理方法常用于 X 光和电子衍射分析中）。对 M—X 二元间隙式无序固溶体来说，非金属组元 X 的原子可分布在任意一个八面体（或四面体）间隙中。例如在铁素体中碳原子就可位于任何一个八面体间隙中（而不限于某些特定的八面体间隙）。

② 有序固溶体，其中各组元原子分别占据各自的布拉菲点阵——称为分点阵，整个固溶体就是由各组元的分点阵组成的复杂点阵——也叫超点阵或超结构（或迭结构）。例如，0.5Fe（摩尔分数）+0.5Al（摩尔分数）合金在高温下为具有体心立方点阵的无序固溶体，每个结点由半个 Fe 原子和半个 Al 原子组成的"平均原子"所占据，但在低温下，一种原子（如 Fe 原子）占据晶胞的顶点，另一种原子（如 Al 原子）占据体心。此时顶点和体心不再是等同点，因而 FeAl 合金在低温下就不再是体心立方点阵，而是由两个分别被铁原子和铝原子占据的简单立方分点阵穿插而成的复杂点阵，即超点阵。又如 Fe_3Al 合金，在高温下也是体心立方点阵，每个结点被一个由 3/4 个铁原子、1/4 个铝原子组成的平均原子所占据，但在低温下则是由 4 个简单立方分点阵穿插而成的超点阵，其中 3 个分点阵由铁原子占据，1 个分点阵由铝原子占据。当然，有序合金并不限于 Fe—Al 系，其他一些合金系（包括三元系）在低温下也存在有序合金。图 2-43 画出了若干二元和三元有序合金的结构，作为练习，请读者指出其分点阵（要求各分点阵是同类型的）。

2.9.3　固溶度和 Hume-Rothery 规则

固溶度是指固溶体中溶质的最大含量，也就是溶质在溶剂中的极限溶解度。它可以由实验测定，也可按热力学原理进行计算。研究固溶度不仅有理论意义，而且具有很大的实际意义，因为固溶度的大小及其随温度的变化直接关系到合金的性能和热处理行为。

间隙式固溶体的固溶度（即非金属溶质的极限溶解度）都是很有限的，而置换式固溶体的固溶度则随合金系不同而有很大的差别——从几个 ppm（mg/kg，百万分之一）到 100%。为了预计置换式初级固溶体的固溶度，Hume-Rothery 提出了以下经验规则。

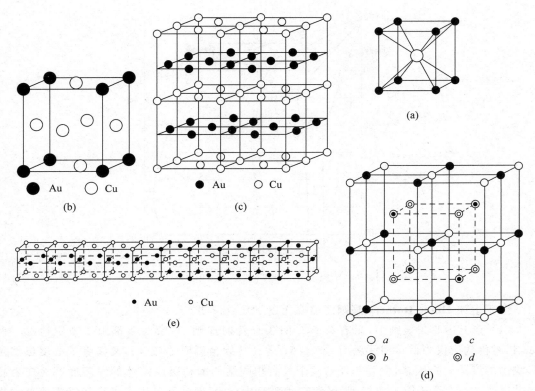

图 2-43 典型的有序合金结构

(a) FeAl 或 CuZn；(b) Cu₃Au；(c) CuAu；(d) Fe₃Al；(e) CuAu 长周期结构

(1) 如果形成合金的元素的原子半径之差超过 $14\%\sim15\%$，则固溶度极为有限。这一规则有时称为 **15%规则**，它可表示为

当 $\qquad\qquad \delta=[\,|d_A-d_B|/d_A\,]\times100\%>14\%\sim15\%$ 时，

固溶度就极为有限。这里 d_A 和 d_B 分别是溶剂 A 和溶质 B 的原子直径，即 A 和 B 晶体中最近邻原子间的距离。

(2) 如果合金组元的负电性相差很大，例如当 Gordy 定义的负电性值相差 0.4 以上（即 $|x_A-x_B|>0.4$）时，固溶度就极小，因为此时 A、B 二组元易形成稳定的中间相——正常价化合物（见 2.12 节）。这一规则也称**负电（原子）价效应**。

(3) 两个给定元素的相互固溶度是与它们各自的原子价有关的，且高价元素在低价元素中的固溶度大于低价元素在高价元素中的固溶度。这一规则称为**相对价效应**。

(4) 如果用价电子浓度表示合金的成分，那么ⅡB～ⅤB族溶质元素在ⅠB族溶剂元素中的固溶度都相同——约为 $e/a=1.36$，而与具体的元素种类无关。这表明在这种情形下，价电子浓度 e/a 是决定固溶度的一个重要因素。以 Cu 作溶剂为例，Zn，Ga，Ge，As 等 2～5 价元素在 Cu 中的初级固溶度分别为 38%，20%，12% 和 7.0%（见图 2-44），相应的极限电子浓度分别为 1.38，1.40，1.36 和 1.28。

(5) 两组元形成无限（或连续）固溶体的必要条件是它们具有相同的晶体结构。例如前面列举的 Cu-Ni，Cr-Mo，Mo-W，Ti-Zr 等形成无限固溶体的合金系都符合此条件。

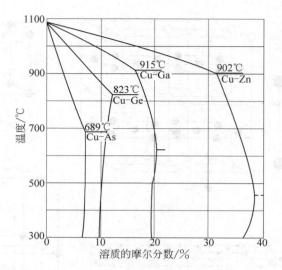

图 2-44   Cu-M 相图的一部分(M 代表 Zn,Ga,Ge 或 As)

对于上述 **Hume-Rothery 规则**还需要作以下几点说明：

(1) 在上述 5 条规则中,只有第 1,2 两条是普遍规则,其余 3 条都限于特定情况。例如,相对价效应仅当低价组元为 Cu,Ag,Au 等ⅠB 族金属时才成立；又如电子浓度虽然是影响固溶度的一个因素,但并非任意两个具有相同结构的初级固溶体的固溶度都对应着相同的电子浓度；至于第 5 条规则,虽然它是普遍成立的,但并不是用来确定初级固溶度的规则。由于这些原因,读者在不同的书中看到的 Hume-Rothery 规则,内容可能不尽相同。例如有的只包括 1~4,1~3 甚至 1~2 条规则。但无论如何,第 1,2 两条规则都是共同的,是 Hume-Rothery 规则的最基本内容。

(2) Hume-Rothery 的第 1、第 2 规则都是**否定的规则**,即它们只指出了在什么条件下不可能有显著的固溶度,而没有指出在什么条件下就肯定有显著的固溶度。

(3) 上述两条规则还只是定性或半定量的规则。例如,所谓显著的固溶度并没有确切的规定。作为近似估算,人们通常认为,固溶度大于 5%(摩尔分数)就算是显著的固溶度。

基于 Hume-Rothery 第 1,2 两条规则,Darken-Gurry 提出了用作图法预计某溶质组元在给定的溶剂组元中的固溶度,这就是所谓 Darken-Gurry 图。它是一个以哥德斯密德(Goldschmid)原子半径为横坐标,以哥弟(Gordy)定义的负电性为纵坐标的图形。为了预计在给定的溶剂组元中,哪些溶质组元的固溶度可能比较大,哪些肯定很小,只需将溶剂组元和所有待分析的溶质组元的代表点按其原子半径和负电性值标在上述图中,然后以溶剂组元的代表点为中心作一椭圆,椭圆的长轴和短轴各平行于一个坐标轴,在横坐标轴方向的轴长为 $0.3r_A$,在纵坐标轴方向的轴长是 $0.8r_A$,这里 r_A 是溶剂组元的 Goldschmid 原子半径。于是,根据溶质组元代表点相对于椭圆的位置就可以预计该组元在给定溶剂中的固溶度：若代表点在椭圆外,则固溶度必然很小,若在椭圆内则固溶度可能较大,且溶质的代表点越靠近溶剂的代表点(即椭圆中心),则固溶度可能越大。作为一个例子,图 2-45 分析了各种溶质组元在 Ta(溶剂)中的固溶度。

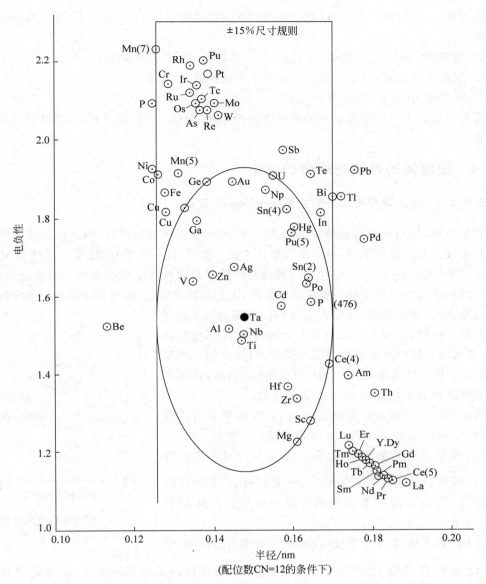

图 2-45　用 Darken-Gurry 图分析各组元在 Ta 中的固溶度

利用 Darken-Gurry 作图方法分析大量的初级固溶体(约 60 种溶剂、1500 种固溶体)后发现,在预计固溶度较小的固溶体中,80%~90%符合实际,即可靠性为 80%~90%,而在预计固溶度较大的固溶体中只有 60%符合实际,即可靠性为 60%,因此在全部固溶体中用 Darken-Gurry 图预计固溶度的平均可靠性约为 75%。请读者思考一下,为什么可靠性达不到 100%? 为什么在预计固溶度小的情形下其可靠性比在预计固溶度大的情形下更高?

为了进一步提高预计的可靠性,Geschneider 提出了进一步的修正。他首先将元素分为两类,一类是 d 壳层部分地被电子填充的 d 元素,即周期表上的ⅢA～ⅢB族元素;另一类是 d 壳层完全未被电子填充或已完全填满的 sp 元素,即周期表上的ⅠA,ⅡA 以及ⅡB～

ⅥB 族元素。其次,他提出,在以下三种情形下固溶度必然很小,不必用 Darken-Gurry 图进行分析:

① 溶剂和溶质二组元都是 sp 元素,且二者具有不同的晶体结构;

② 溶剂为 d 元素,溶质为不具有常见金属结构的 sp 元素;

③ 溶剂为 sp 元素,溶质为 d 元素。

若仅对除以上三种情形之外的固溶体进行 Darken-Gurry 作图分析,则预计的可靠性将显著提高。

2.9.4 固溶体的性能与成分的关系

2.9.4.1 点阵常数与成分的关系——Vegard 定律

实验发现,当两种同晶型的盐(如 KCl—KBr)形成连续固溶体时,固溶体的点阵常数与成分呈直线关系。也就是说,点阵常数正比于任一组元(任一种盐)的浓度。这就是 Vegard 定律。后来,人们将 Vegard 定律推广到由两种具有相同晶体结构的金属所形成的固溶体。对于由结构不同的两种金属所形成的固溶体,人们仍然假设,只要将各金属的点阵常数折算成配位数为 12 时的数值(见 2.8 节),Vegard 定律就仍然适用。

如果 Vegard 定律果真适用于由金属 A 和 B 形成的固溶体,那么固溶体的点阵常数就应与成分(例如 B 组元的原子分数 C_B)呈线性关系,如图 2-46 中直线 $\overline{MN}$ 所示,该图两端的纵坐标分别是金属 A 和 B 的点阵常数。

然而分析了许多实际情形后发现,对大多数金属固溶体来说,Vegard 定律并不成立。实际情况有三种:

(1) 实际点阵常数大于按 Vegard 定律计算出的点阵常数,如图 2-46 曲线 $\overparen{MCN}$ 所示。这时我们就说,实际固溶体相对于 Vegard 定律有正偏离。属于这类固溶体的有 Cu-Au、Cu-Pd、Cu-Ag 等。

(2) 实际点阵常数小于按 Vegard 定律算出的点阵常

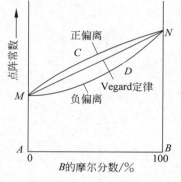

图 2-46   固溶体的点阵常数与成分的关系

数,如图 2-46 中曲线 $\overparen{MDN}$ 所示。这时我们就说,实际固溶体相对于 Vegard 定律有负偏离。属于这类固溶体的有 Ag-Au,Ag-Pd,Ag-Pt,Co-Ni 等。

(3) 完全符合 Vegard 定律的固溶体很少,它们都是由 Mo,W,Ta,Nb 等金属相互形成的固溶体。

由以上的实例可以看出,即使是由具有相同晶体结构、并能无限互溶的金属形成的固溶体也未必符合 Vegard 定律。因此,对金属固溶体来说,Vegard 定律只是少数特例,而不是一般规律。只有对很稀的固溶体,Vegard 定律才近似成立。

为什么实际固溶体不符合 Vegard 定律呢?归根结底是因为影响合金相结构的因素有多个,而不只是一个尺寸因素。如果说,Vegard 定律反映了尺寸因素,那么和 Vegard 定律的偏离就是其他因素(如电子浓度、负电性等)综合作用的结果。

如何预计实际固溶体和 Vegard 定律偏离的情况呢?从宏观上讲,可根据相图来判断:如果该固溶体的液相线是凹的(这种情况较少),则一般是正偏离;如果是凸的(这种情况较多），则是负偏离；如果液相线近似是直线，则该固溶体近似符合 Vegard 定律。从微观上讲，可根据原子间作用力来判断：若异类原子间的引力大于同类原子间的引力，则由这两类原子形成的固溶体必有负偏离；反之则为正偏离；而当异类原子间的引力等于同类原子间的引力时固溶体正好符合 Vegard 定律。

2.9.4.2　力学性能与成分的关系

固溶体的强度和硬度往往高于各组元的，而塑性则较低，这种现象就称为固溶强化。强化的程度（或效果）不仅取决于它的成分，还取决于固溶体的类型、结构特点、固溶度、组元原子半径差等一系列因素。现将固溶强化的特点和规律概述如下：

间隙式溶质原子的强化效果一般要比置换式溶质原子更显著。这是因为间隙式溶质原子往往择优分布在位错线上，形成间隙原子"气团"，将位错牢牢地钉扎住，从而造成强化（详见第 4 章）。相反，置换式溶质原子往往均匀分布在点阵内，虽然由于溶质和溶剂原子尺寸不同，造成点阵畸变，从而增加位错运动的阻力，但这种阻力比间隙原子气团的钉扎力小得多，因而强化作用也小得多。

显然，溶质和溶剂原子尺寸相差越大或固溶度越小，固溶强化越显著。

但是也有些置换式固溶体的强化效果非常显著，并能保持到高温。这是由于某些置换式溶质原子在这种固溶体中有特定的分布。例如，在面心立方的 18Cr-8Ni 不锈钢中，合金元素镍往往择优分布在{111}面上的扩展位错层错区，使位错的运动十分困难（见第 4 章）。

对于某些具有无序—有序转变的中间固溶体来说，有序状态的强度高于无序状态。这是因为在有序固溶体中最近邻原子是异类原子，因而结合键是 $A—B$ 键，而在无序固溶体中结合键是平均原子间的键（平均原子是指 C_A 个 A 原子和 C_B 个 B 原子组成的原子，见前述）。由于在具有无序—有序转变的合金中 $A—B$ 原子间的引力必然大于 $A—A$ 和 $B—B$ 原子间的引力，故有序固溶体要破坏大量的 $A—B$ 键而发生塑性变形和断裂就比无序固溶体困难得多。这种现象也叫**有序强化**。

2.9.4.3　物理性能和成分的关系

固溶体的电学、热学、磁学等物理性质也随成分而连续变化，但一般都不是线性关系。图 2-47 画出了 Cu-Ni 合金（连续固溶体）在 0℃ 的电阻率 ρ 随含镍量（重量百分数）的变化曲线。从图看出，固溶体的电阻率是随溶质浓度的增加而增加的，而且在某一中间浓度时电阻率最大。这是由于溶质原子加入后破坏了纯溶剂中的周期势场，在溶质原子附近电子波受到更强烈的散射，因而电阻率增加。但是，如果在某一成分下合金呈有序状态，则电阻率急剧下降，因为有序合金中势场也是严格周期性的，因而电子波受到的散射较小。图 2-48 分别画出了从 650℃ 淬火和 200℃ 退火的 Cu-Au 连续固溶体的电阻率随成分的变化。淬火状态的合金是无序固溶体，其电阻率随溶质（含量较低的组元）浓度而连续增大，在浓度为 50% 时电阻率达到极大值，如曲线ⓐ所示。退火状态的合金是部分有序合金，并且成分越接近完全有序的 Cu_3Au 和 $CuAu$ 合金时有序度越高，因而电阻率越低（和同样成分的无序固溶体相比较），而 Cu_3Au 和 $CuAu$ 合金的电阻率则达到极小值，如图 2-48 中的折线ⓑ所示。

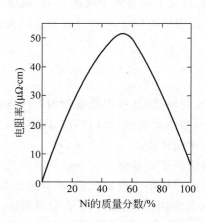

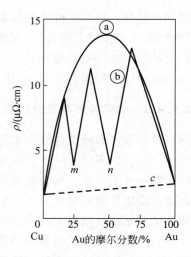

图 2-47　Cu-Ni 合金在 0℃的电阻率与成分的关系　　图 2-48　Cu-Au 合金的电阻率与成分的关系
　　　　　　　　　　　　　　　　　　　　　　　　ⓐ淬火合金；ⓑ 退火合金

2.10　离子化合物

顾名思义,离子化合物是通过离子键结合而成的。因此,典型的离子化合物应该是强正电性元素(如金属)和强负电性元素(如氧、硫、卤族元素等)形成的化合物,如 NaCl,CaO,ZnS 等。本节将讨论这类化合物的结构特点。

2.10.1　决定离子化合物结构的几个规则

Pauling 提出了下述决定离子化合物结构的几条经验规则。

2.10.1.1　负离子配位多面体规则(Pauling 第一规则)

该规则指出,"在正离子周围形成一负离子配位多面体,正负离子之间的距离取决于离子半径之和,而配位数则取决于正负离子半径之比"。现解释如下:

首先,由于负离子的半径一般都大于正离子半径,故在离子晶体中,正离子往往处于负离子所形成的多面体的间隙中。

其次,只有当正负离子相切时正负离子间的距离 r_0 才对应着最低的能量状态,因而才是平衡的离子间距 r_e。即 $r_0 = r^+ + r^- = r_e$,如图 2-49(a)和图 2-49(b)所示。如果正负离子不相切,则晶体处于高能状态,此时将有：正负离子间距 $r_0 >$ 平衡间距 $r_e (r_e = r^+ + r^-)$,如图 2-49(c)所示。由图 2-49 不难看出,形成低能、稳定结构的条件是

$$r_i \leqslant r^+ \quad 或 \quad \frac{r^+}{r^-} \geqslant \frac{r_i}{r^-} \tag{2-61}$$

式中, r_i 是负离子配位多面体间隙的半径。只要正离子的配位数确定, r_i/r^- 便随之确定。实际上我们在第 1 章 1.4 节中已经计算了在配位数为 4 和 8 的情形下的 r_i/r^- 值(r^- 就相当于该处的 r)。表 2-8 列举了各种负离子配位多面体的 r_i/r^- 值。根据式(2-61),并利用表 2-8,就可预计给定离子晶体的结构特点(详见下述)。表 2-9 列举了在陶瓷材料中占有

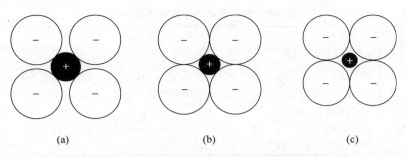

图 2-49　正离子周围的负离子配位多面体的稳定性对比

(a) 稳定；(b) 稳定；(c) 不稳定

特别重要地位的各种氧化物中，正离子的氧离子配位数。读者可以根据式（2-61）和表 2-8 来验证表 2-9。

表 2-8　各种负离子多面体中的 (r_i/r^-) 值

r_i/r^-	正离子配位数	负离子配位多面体的形状		
$0 < r_i/r^- < 0.155$	2	哑铃状		
$0.155 \leqslant r_i/r^- < 0.225$	3	三角形		
$0.255 \leqslant r_i/r^- < 0.414$	4	四面体		
$0.414 \leqslant r_i/r^- < 0.732$	6	八面体		
$0.732 \leqslant r_i/r^- < 1.00$	8	立方体		
$1 \leqslant r_i/r^-$	12	最密堆积		

表 2-9   各种正离子的氧离子配位数

氧离子配位数	正 离 子
3	B^{3+},C^{4+},N^{5+}
4	Be^{2+},B^{3+},Al^{3+},Si^{4+},P^{5+},S^{6+},Cl^{7+},V^{5+},Cr^{6+},Mn^{7+},Zn^{2+},Ga^{3+},Ge^{4+},As^{5+},Se^{6+}
6	Li^+,Mg^{2+},Al^{3+},Se^{3+},Ti^{4+},Cr^{3+},Mn^{2+},Fe^{2+},Fe^{3+},Co^{2+},Ni^{2+},Cu^{2+},Zn^{2+},Ga^{3+}, Nb^{5+},Ta^{5+},Sn^{4+}
6~8	Na^+,Ca^{2+},Sr^{2+},Y^{3+},Zr^{4+},Cd^{2+},Ba^{2+},Ce^{4+},Sm^{3+},Lu^{3+},Hf^{4+},Th^{4+},U^{4+}
8~12	Na^+,K^+,Ca^{2+},Rb^+,Sr^{2+},Cs^+,Ba^{2+},La^{3+},Ce^{3+},Sm^{3+},Pb^{2+}

2.10.1.2   电价规则（Pauling 第二规则）

由于在形成每一个离子键时正离子给出的价电子数应等于负离子得到的价电子数,因此有

$$\frac{Z_+}{CN_+} = \frac{Z_-}{CN_-} \tag{2-62}$$

式中,Z_+ 和 Z_- 分别是正、负离子的电价（即金属元素和非金属元素的原子价）,CN_+ 和 CN_- 分别是正离子和负离子的配位数。式(2-62)就是决定离子化合物的晶体结构的电价规则或 Pauling 第二规则。它可以用来确定负离子配位数 CN_-:

$$CN_- = \frac{Z_-}{Z_+} \times CN_+ \tag{2-63}$$

具体的应用在下面再讨论。

2.10.1.3   负离子多面体共用顶点、棱和面的规则

这一规则也称 Pauling 第三规则。它指出:"在一个配位结构中,当配位多面体共用棱、特别是共用面时,其稳定性会降低,而且正离子的电价越高、配位数越低,则上述效应越显著。"这个效应是很容易理解的,因为在相邻两个多面体仅共顶点、仅共棱和仅共面等种种情形下,相邻正离子间的距离是递减的,因而离子间的静电斥力是递增的,故稳定性也递减。图 2-50 分别画出了共顶点、共棱和共面的配位四面体和配位八面体。由简单的几何关系不难算出,共顶点、共棱和共面的配位四面体中的正离子间距比为 1:0.58:0.33,而在配位八面体中相应的比值则为 1:0.71:0.58,由此不但可看出上述效应,而且可看出此效应确实随着 CN_+ 的减少而增强。

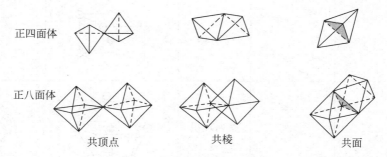

图 2-50   共用顶点、棱和面的配位四面体和八面体
(多面体共用顶点、棱或面时,多面体中心距离变化示意图)

根据 Pauling 第三规则很容易引出 Pauling 第四和第五规则。第四规则指出,"在含有一种以上的正离子的晶体中,电价大、配位数小的正离子周围的负离子配位多面体力图共顶连接。"而第五规则则指出,"晶体中配位多面体的类型力图最少",这是因为化学上相同的离子应具有类似的配位情况,而不同类型(不同形状和尺寸)的配位多面体是很难堆积在一起而形成均匀结构的。

2.10.2　典型离子化合物的晶体结构

下面按化学式讨论一些典型离子化合物的晶体结构,它们大都是重要的陶瓷材料。

2.10.2.1　AB 型化合物的结构

(1) NaCl 型结构(岩盐结构)

NaCl 的结构如图 2-51 所示。它是一个以面心立方点阵为基的结构,Cl^- 离子占据 FCC 点阵的结点,Na^+ 离子则位于其八面体间隙中。此结构也可以看成是由两个面心立方分点阵穿插而成的叠结构(或超点阵),其中一个是 Cl^- 离子分点阵,另一个是 Na^+ 离子分点阵。

现在来验证一下这个结构是否符合 Pauling 规则。首先按第一规则(式(2-61))验证负离子配位多面体类型。为此先从表 2-6 的数据算出 $\frac{r_+}{r_-} = \frac{r_{Na^+}}{r_{Cl^-}} \approx 0.54$ 再将此值和表 2-8 对照。由于 0.54 在 0.414 和 0.732 之间,故由式(2-61)知,负离子多面体应为八面体,这是符合图 2-51 所示的结构的,因为 Na^+ 离子正是位于 Cl^- 离子的八面体间隙中。其次,再按第二规则(式(2-62))来确定 Cl^- 离子的配位数 CN_-。由于 $Z_- = Z_+ = 1$,$CN_+ = 6$(见图 2-51),代入式(2-63)得到:$CN_- = \frac{1}{1} \times 6 = 6$,即每个 Cl^- 离子同时与 6 个 Na^+ 离子形成离子键,这也符合 NaCl 结构特点。

具有 NaCl 型结构的陶瓷材料还有:NaI,MgO,CaO,SrO,BaO,CdO,CoO,MnO,FeO,NiO,TiN,LaN,TiC,ScN,CrN,ZrN 等。

在下面的讨论中,我们仅指出各种陶瓷材料的结构,而不再按 Pauling 规则验证。作为练习,读者可自行验证。

(2) CsCl 型结构(AB)型

CsCl 具有简单立方的布拉菲点阵,一种离子占据晶胞的结点,另一种离子占据体心,如图 2-52 所示。这种结构也可看成是由两个简单立方分点阵穿插而成的超结构(或超点阵)。在常用陶瓷材料中具有这种结构的很少。

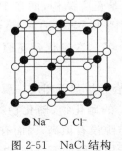

●Na^-　○Cl^-

图 2-51　NaCl 结构

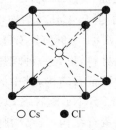

○Cs^-　●Cl^-

图 2-52　CsCl 结构

（3）闪锌矿（立方 ZnS）型结构（AB 型）

闪锌矿（立方 ZnS）型结构如图 2-53 所示。它的布拉菲点阵是面心立方，其中较大的 S^{2-} 离子占据 FCC 晶胞的结点，较小的 Zn^{2+} 离子占据四个不相邻的四面体间隙中。

属于闪锌矿结构的化合物有：β-SiC，GaAs，AlP，InSb 等（见表 2-14）。细晶 SiC 陶瓷强度很高，是一种有前途的高温结构材料。GaAs 是人们熟知的半导体化合物。

（4）纤锌矿（六方 ZnS，ZnO）型结构（AB 型）

纤锌矿（六方 ZnS，ZnO）型结构如图 2-54 所示。它具有简单六方点阵，较大的 S^{2-}（或 O^{2-}）离子占据结点，较小的 Zn^{2+} 离子位于图示的 5 个（实际上是两个）四面体间隙中。

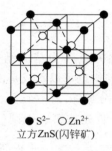

● S^{2-}　○ Zn^{2+}
立方 ZnS（闪锌矿）

图 2-53　闪锌矿结构

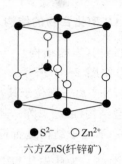

● S^{2-}　○ Zn^{2+}
六方 ZnS（纤锌矿）

图 2-54　纤锌矿结构

属于纤锌矿型结构的化合物有 BeO，ZnO，AlN 等。BeO 的熔点在 2500℃ 以上，导热系数是 α-Al_2O_3 的 15～30 倍，是优质耐热、导热材料。同时 BeO 在中子或其他射线辐照下相当稳定，又是一种很好的反应堆结构材料。ZnO 是一种半导体材料，可用作非线性变阻器。AlN 也是一种优良的导热材料。一般由小原子序数元素构成的陶瓷材料导热性较好（请读者考虑原因是什么？）

2.10.2.2　AB_2 型化合物的结构

（1）萤石（CaF_2）型结构

萤石（CaF_2）具有面心立方点阵，其中小离子 Ca^{2+} 占据结点，大离子 F^- 占据所有的四面体间隙，如图 2-55 所示。但是，这种结构也可以看成是 Ca^{2+} 位于 F^- 的六面体中心。

属于 CaF_2 型的 AB_2 型化合物有 ThO_2，UO_2，CeO_2，BaF_2，PbF_2，SrF_2 等。

CaF_2 熔点低，作为陶瓷材料，用作助熔剂，吸附剂及过滤用介质。优质的萤石单晶能透过红外线。UO_2 是重要的核材料。

这里还要顺便提一下 ZrO_2，ZrO_2 在 1000℃ 以上是正方结构，而在 1000℃ 以下是单斜结构，但非常接近于萤石（CaF_2）结构，如图 2-56 所示（图中 $a=0.5194nm\approx b=0.5206nm\approx c=0.5308nm$，$\beta=80°84'\approx 90°$）。$ZrO_2$ 的熔点高达 2700℃，在氧化及还原气氛中均极稳定，是一种优质的高温材料，也是一种理想的发热体。

此外还有一种反萤石结构，其中的正负离子分布恰好与萤石相反。属于此种晶型的有：Li_2O，Na_2O，K_2O，Li_2S，Na_2S，K_2S 以及 Li^+，Na^+，K^+ 的硒化物、碲化物等 A_2B 型化合物。无论是萤石还是反萤石结构，其结构胞中均有较大的空隙没有填满，因而有利于离子的迁移。利用这个特点，CeO_2 可用作高温燃料电池中构成离子导电通路的新型固体电介质材料。

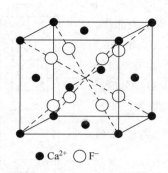

● Ca²⁺　○ F⁻

图 2-55　萤石(CaF₂)的结构胞

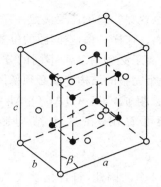

图 2-56　ZrO₂ 的低温型结构胞

（2）金红石型结构（AB_2 型）

金红石是 TiO_2 的一种常见的稳定结构（此外，TiO_2 还有板钛矿及锐钛矿结构），也是陶瓷材料中比较重要的一种结构。它具有简单正方点阵，其结构胞如图 2-57 所示。每个结构胞中含有两个 Ti^{4+} 离子和四个 O^{2-} 离子。Ti^{4+} 离子的坐标为 $(0,0,0)$ 和 $\left(\frac{1}{2},\frac{1}{2},\frac{1}{2}\right)$，$O^{2-}$ 离子的坐标为 $(u,u,0)$，$(1-u,1-u,0)$，$\left(\frac{1}{2}+u,\frac{1}{2}-u,\frac{1}{2}\right)$ 和 $\left(\frac{1}{2}-u,\frac{1}{2}+u,\frac{1}{2}\right)$，这里 $u=0.31$。TiO_2 的正负离子半径比为 0.48，请读者用 Pauling 规则分析此结构。

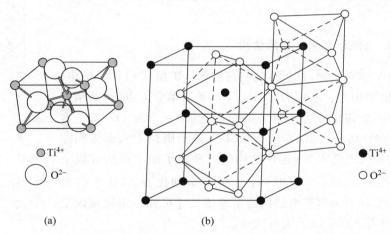

　○ Ti⁴⁺　　　　　　　　　● Ti⁴⁺

　○ O²⁻　　　　　　　　　○ O²⁻

（a）　　　　　　　（b）

图 2-57　金红石结构及其负离子多面体

金红石是一种重要的电容器材料，生产中用的 TiO_2 原料称为钛白粉。

具有金红石型结构的 AB_2 化合物有 GeO_2，SnO_2，PbO_2，MnO_2，NbO_2，MoO_2，WO_2，CoO_2，MnF_2，CoF_2，FeF_2，MgF_2 等。

2.10.2.3　A_2B_3 型化合物的结构

典型的 A_2B_3 型化合物是刚玉（$\alpha\text{-}Al_2O_3$），它具有简单六方点阵，其结构胞如图 2-58 所示。图中氧离子构成密排六方结构，其密排面（0001）的堆垛次序是 $ABAB\cdots$，而 Al^{3+} 离子位于该结构的八面体间隙中。按价电规则可知，每个 O^{2-} 离子同时与 4 个 Al^{3+} 离子构成离子键，故 Al^{3+} 离子只占据了八面体间隙总数的三分之二，其余三分之一间隙是空着的。究竟空间隙在什么位置呢？这里还要满足一条原则，即 Al^{3+} 离子（同类离子）必须尽量远离。这样一来，空间隙的位置就必须如图 2-58 所示的那样，或者说，Al^{3+} 离子必须有 3 种不同的分布，即图中的 Al_D，Al_E 和 Al_F。这样一来，一个完整的结构胞就必须像图 2-58 那样由平行于 (0001) 的 13 层原子层组成，即：$O_A Al_D O_B Al_E O_A Al_F O_B Al_D O_A Al_E O_B Al_F O_A$。从图 2-58 还可看出，在这个结构胞中 O^{2-} 离子总数为：$2 \times \left(1 \times \frac{1}{2} + 6 \times \frac{1}{6}\right) + 2 \times \left(1 + 6 \times \frac{1}{3}\right) + 3 \times 3 = 18$ 个；Al^{3+} 离子总数为：$6 \times 2 = 12$ 个。因此，符合化学式 Al_2O_3。

我们在第 1 章已指出，六方晶系可以转换成菱方晶系，故有些书刊上称 $\alpha\text{-}Al_2O_3$ 具有简单菱方点阵。

除了 $\alpha\text{-}Al_2O_3$ 外，属于刚玉型结构的 A_2B_3 化合物还有 Cr_2O_3，$\alpha\text{-}Fe_2O_3$，Ti_2O_3，V_2O_3 等。

$\alpha\text{-}Al_2O_3$ 是极重要的陶瓷材料。它是刚玉-莫莱石瓷及氧化铝瓷中的主晶相。纯度在 99% 以上的半透明氧化铝瓷可以作高压钠灯的内管及微波窗口。掺入不同的微量杂质可使 Al_2O_3 着色，如掺铬的氧化铝单晶即成红宝石，可作仪表、钟表轴承，也是一种优良的固体激光基质材料。蓝宝石单晶在用于发光二极管的外延基板方面，近年来发展迅猛。

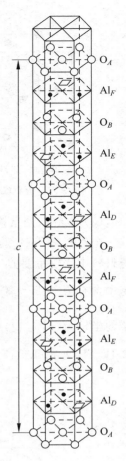

O —— O^{2-}离子

● —— Al^{3+}离子

▱ —— 空位

图 2-58　刚玉的结构

2.10.2.4　ABO_3 型化合物的结构

作为 ABO_3 型化合物的例子，我们讨论钙钛矿型（$CaTiO_3$）结构。图 2-59 是它的结构胞。从图看出，$CaTiO_3$ 系简单立方点阵，其结构可以看成是由两个简单立方点阵穿插而成，其中一个被 O^{2-} 离子占据，另一个被 Ca^{2+} 离子占据，而较小的 Ti^{4+} 离子则位于八面体间隙中。从简单的几何关系可知，这种结构的三种离子的半径应有以下关系：$r_A + r_0 = \sqrt{2}(r_B + r_0)$，式中 r_A，r_B 和 r_0 分别代表 A，B 和 O 的离子半径。但实际上 ABO_3 型结构的正离子尺寸可在一定范围内变动，只要求三种离子满足以下关系就行：

$$r_A + r_0 = t \cdot \sqrt{2}(r_B + r_0)，\text{式中变动因子 } t \text{ 在 } 0.77 \sim 1.1 \text{ 之间。}$$

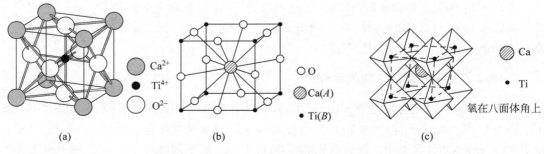

Ca^{2+}
Ti^{4+}
O^{2-}

(a)

O
Ca(A)
Ti(B)

(b)

Ca
Ti
氧在八面体角上

(c)

图 2-59　钙钛矿型结构（$CaTiO_3$ 为例）

钙钛矿型结构在电子陶瓷材料中十分重要,一系列具有铁电性质的晶体(如 $BaTiO_3$,
$PbTiO_3$ 等)都具有这种结构。此外,$SrTiO_3$,$PbZrO_3$,$PbHfO_3$,$KNbO_3$,$NaNbO_3$,$KTaO_3$,
$NaTaO_3$ 等也具有这种结构。激光基质材料 $YAlO_3$ 也属于畸变的钙钛矿型结构。

2.10.2.5 AB_2O_4 型结构

AB_2O_4 型化合物中最重要的一种结构就是尖晶石。具有尖晶石结构的化合物有 100
多种,其中 A 可以是 Mg^{2+},Mn^{2+},Fe^{2+},Co^{2+},Zn^{2+},Cd^{2+},Ni^{2+} 等二价金属离子,B 可以是
Al^{3+},Cr^{3+},Fe^{3+},Co^{3+} 等三价金属离子。实际上,Fe_3O_4 就属于 AB_2O_4 型结构。其结构特
点是,O^{2-} 离子为立方密排,A^{2+} 离子和 B^{3+} 离子则填充在 O^{2-} 离子间隙中。

图 2-60 是典型的尖晶石 $MgAl_2O_4$ 的结构胞,它具有面心立方点阵,其结构特点如下:
(1) Mg^{2+} 离子形成金刚石结构;(2)在每个四面体间隙中有 4 个密堆的氧离子,形成四面体
(或连成小立方体),其中心即为四面体间隙的中心,且各四面体(或小立方体)的位向都相
同;(3)在中心没有 Mg^{2+} 离子的氧离子小立方体的其余 4 个顶点上分布有 Al^{3+} 离子。这
样,在一个结构胞中 Mg^{2+} 离子总数为 $8\times\dfrac{1}{8}+6\times\dfrac{1}{2}+4=8$ 个,O^{2-} 离子总数为 $4\times8=32$
个,Al^{3+} 离子总数为 $4\times4=16$,故化学式符合 $MgAl_2O_4$。这个结构还可以从另外的角度来
描述,即氧离子占据面心立方点阵的结点,Mg^{2+} 离子占据 1/8 的四面体间隙,Al^{3+} 离子占据
1/2 的八面体间隙,这样的尖晶石称为正型尖晶石。此外还有所谓反型尖晶石,其结构特点
是 A^{2+} 离子占据 1/4 的八面体间隙,B^{3+} 则占据 1/4 的八面体间隙和 1/8 的四面体间隙。一

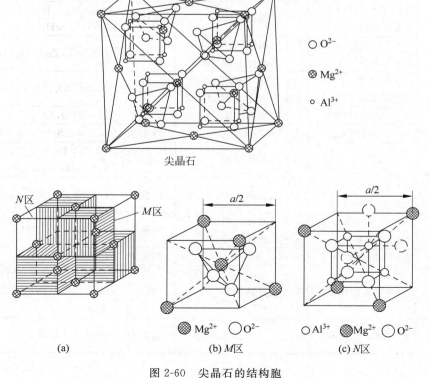

图 2-60 尖晶石的结构胞

种重要的反型尖晶石材料就是铁氧体,如 Fe_3O_4(可看成是 $Fe^{2+}Fe_2^{3+}O_4$)。

2.10.3 氧化物结构的一般规律

上面讨论的一些氧化物结构有一个重要特点,就是氧离子密排。事实上,在大多数简单的氧化物结构中氧离子都排成面心立方、密排六方或近似密排的简单立方,而正离子(金属离子)则位于八面体间隙、四面体间隙或简单立方的体心(六面体间隙)。表 2-10 列举了一些常见的氧化物结构。表中的 A,B,M 等字母代表金属离子,O 代表氧离子。字母的上标指出了该离子的位置,其中 O(或其他非金属元素 X)的上标 c,h,sc 等分别表示 O^{2-}(或 X)离子排成面心立方、密排六方或简单立方;金属离子的上标 t,o,cb 等分别表示该金属离子位于四面体间隙、八面体间隙或六面体间隙(体心)。

表 2-10 某些常见氧化物的晶体结构

氧离子排列	正负离子配位数及化学式	正离子位置	结构类型	实　例
FCC	$6:6MO(M^oO^c)$	全部八面体间隙	岩盐	NaCl, KCl, LiF, KBr, MgO, CaO, SrO, BaO, Cd, VO, MnO, FeO, CoO, NiO
	$4:4MO(M^tO^c)$	1/2 四面体间隙	闪锌矿	ZnS, SiC
	$4:8M_2O(M_2^tO^c)$	全部四面体间隙	反萤石	$Li_2O, Na_2O, K_2O, Rb_2O$
	$6:3MO_2(M^oO_2^c)$	1/2 八面体间隙	金红石	$TiO_2, GeO_2, SnO_2, PbO_2, VO_2, NbO_2, TeO_2, MnO_2, RuO_2, OsO_2, IrO_2$
	$12:6:6ABO_3$ $(A^cB^oO_3^c)$	1/4 八面体间隙(B)	钙钛矿	$CaTiO_3, SrTiO_3, SrSnO_3, SrZrO_3, SrHfO_3, BaTiO_3$
	$4:6:4AB_2O_4$ $(A^tB_2^oO_4^c)$	1/8 四面体间隙(A) 1/2 八面体间隙(B)	尖晶石	$FeAl_2O_4, ZnAl_2O_4, MgAl_2O_4$
	$4:6:4B(AB)O_4$ $(B^t)(AB)^oO_4^c$	1/8 四面体间隙(B) 1/2 八面体间隙(A,B)	反尖晶石	$FeMgFeO_4, MgTiMgO_4$
HCP	$4:4MO(M^tO^h)$	1/2 四面体间隙	纤锌矿	ZnS, ZnO, SiC
	$6:6MO(M^oO^h)$	全部八面体间隙	砷化镍	NiAs, FeS, FeSe, CoSe
	$6:4M_2O_3(M_2^oO_3^h)$	2/3 八面体间隙	刚玉	$Al_2O_3, Fe_2O_3, Cr_2O_3, Ti_2O_3, V_2O_3, Ga_2O_3, Rh_2O_3$
	$6:6:4ABO_3$ $(A^oB^oO_3^h)$	2/3 八面体间隙(A,B)	钛铁矿	$FeTiO_3, NiTiO_3, CoTiO_3$
	$6:4:4A_2BO_4$ $(A^oB^tO_4^h)$	1/2 八面体间隙(A) 1/8 四面体间隙(B)	橄榄石	Mg_2SiO_4, Fe_2SiO_4
SC	$8:8MO(M^{cb}O^{sc})$	全部立方体中心	氯化铯	CsCl, CsBr, CsI
	$8:4MO_2(M^{cb}O_2^{sc})$	1/2 立方体中心	萤石	$ThO_2, CeO_2, PrO_2, ClO_2, ZrO_2, HfO_2, NPO_2, PuO_2, AmO_2$
相互连接的四面体	$4:2MO_2$	—	硅石型	SiO_2, GeO_2

2.10.4　决定无机化合物晶体结构的其他方法

上面谈到,按照泡林规则可以推测或检验无机化合物的晶体结构。但实际发现,有时会出现例外。原因何在? 原因就在于泡林规则是以离子半径和电价为参数,因而只适用于纯离子晶体。由于离子半径的不确切性,特别是由于很多晶体都或多或少地含有共价键成分,故出现例外是可以理解的。那么,怎样才能更准确地预计无机化合物的晶体结构呢? 人们提出过各种方法,其中一种就是采用电荷-半径比之和 $\sum \dfrac{Z}{r_k}$、电负性差 Δx 和正负离子半径比 r_c/r_a 三个参数的函数 $\lambda = \lambda\left(\sum \dfrac{Z}{r_K}, \Delta x, \dfrac{r_c}{r_a}\right)$ 来作为预计无机化合物晶体结构的判据。显然,$\sum \dfrac{Z}{r_K}$ 和 Δx 两个参数是反映结合键性质的参数。为了便于用作图法确定结构,需将上述三个参数合并为两个参数,即 $\sum \dfrac{Z}{r_K}$ 和 $\Delta x\left(\dfrac{r_c}{r_a}\right)$,因而晶型判据为 $\lambda = \lambda\left(\sum \dfrac{Z}{r_K}, \Delta x\left(\dfrac{r_c}{r_a}\right)\right)$。于是,用这两个参数为坐标,就可将各种无机化合物的代表点标在图中,如图 2-61 所示。该图表示了各种 AB 型化合物的晶体结构与两个参数 $\sum \dfrac{Z}{r_K}$ 及 $\Delta x\left(\dfrac{r_c}{r_a}\right)$ 的关系。该图大体可分为三个区域,即四面体结构区、岩盐结构区和 CsCl 结构区。在 $\sum \dfrac{Z}{r_K}$ 大、$\Delta x\left(\dfrac{r_c}{r_a}\right)$ 小时形成四面体结构;$\sum \dfrac{Z}{r_K}$ 小、$\Delta x\left(\dfrac{r_c}{r_a}\right)$ 大时形成 CsCl 结构;岩盐结构则介乎其间。四面体结构和岩盐结构的大致分界线可表示为

$$\Delta x\left(\frac{r_c}{r_a}\right) - 0.535\log\left(\sum \frac{Z}{r_K}\right) - 0.12 = 0 \tag{2-64}$$

对于 A_2B_3 型及多元化合物,也可以用类似的键参数图来分析其结构。这虽然只是一种经验或半经验的方法,但具有一定的实用价值。

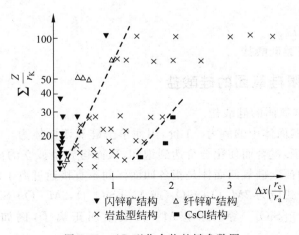

图 2-61　AB 型化合物的键参数图

2.11　硅酸盐结构简介

硅酸盐是一种丰产、廉价的陶瓷材料。例如普通水泥就是人们最熟悉的硅酸盐,其明显优点是能将岩石(骨架)结合成整块材料。许多陶瓷材料(如砖、瓦、玻璃、搪瓷等)都是由硅酸盐制成的。硅酸盐还用在电绝缘体、化学容器、增强玻璃纤维等许多工业领域。用于制造陶瓷材料的重要硅酸盐矿物有长石、高岭土、滑石、镁橄榄石等。

从化学成分看,硅酸盐分为正硅酸盐(即$(SiO_4)^{4-}$的盐)、偏硅酸盐(即$(SiO_3)^{2-}$的盐)等等。它们的成分和结构都比较复杂,但在所有的硅酸盐结构中起决定作用的是硅-氧间的结合,而硅-氧结合是比较单纯的,有规律的,它是我们理解各种硅酸盐结构的基础。

2.11.1　硅酸盐结构的一般特点及分类

硅酸盐结构的基本特点如下:

(1) 硅酸盐的基本结构单元是**[SiO_4]四面体**,硅原子位于氧原子四面体的间隙中。硅-氧之间的平均距离为 0.160nm 左右,此值小于硅氧离子半径之和,说明硅-氧之间的结合键不仅是纯离子键,还有相当的共价键成分。因此,[SiO_4]四面体的结合是很牢固的。不论是离子键还是共价键,四面体中的每个氧原子外层只有 7 个电子,故为-1价,还能和其他金属离子键合。

(2) 每一个氧最多只能被两个[SiO_4]四面体所共有,此时该氧原子的外层电子数恰好达到 8。

(3) [SiO_4]四面体可以是互相孤立地在结构中存在,也可以通过共顶点(通过氧)互相连接。

(4) Si—O—Si 的结合键形成一折线。在硅酸盐中,在氧上的这个键角接近 145°。

在硅酸盐结构中铝离子与氧离子既可以形成铝氧四面体,又可形成铝氧八面体,即铝离子的配位数可以是 4 或 6。

按照硅氧四面体在空间的组合情况,可将硅酸盐分成下列几类:

(1) 含有有限硅氧团的硅酸盐(也称岛状硅酸盐);

(2) 链状硅酸盐;

(3) 层状硅酸盐;

(4) 骨架状硅酸盐。

下面分别讨论各类硅酸盐。

2.11.2　含有有限硅氧团的硅酸盐

1) 含孤立有限硅氧团的硅酸盐

如上所述,硅氧四面体中的氧为-1价,因而单个硅氧四面体为-4价。故有可能和其他正离子(如金属离子)键合而使化合价达到饱和,从而得到由孤立的硅氧四面体构成的稳定结构。这里所说的孤立硅氧四面体是指各四面体间不直接通过离子键或共价键结合。因此这种化合物的分子式应为 $2M_2^+O \cdot SiO_2$(或 $M_4^+[SiO_4]$),$2M^{2+}O \cdot SiO_2$(或 $M_2^{2+}[SiO_4]$),$M^{4+}O_2 \cdot SiO_2$(或 $M^{4+}[SiO_4]$)等。这里 M^{n+} 代表金属正离子,例如 Mg^{2+},Ca^{2+},Fe^{2+},Be^{2+},Zn^{2+},Mn^{4+},Zr^{4+} 等。

含孤立有限硅氧团的典型硅酸盐有镁橄榄石 Mg_2SiO_4、锆英石 $ZrSiO_4$ 等。

镁橄榄石是镁橄榄石瓷中的主晶相,这种瓷料的电绝缘性能很好,但热膨胀系数高达 $10^{-5}/℃$,抗热冲击性也差。镁橄榄石中的 Mg^{2+} 的离子半径和 Fe^{2+} 及 Mn^{2+} 相近,因而这些离子可以相互置换而形成固溶体。在这一族中,除镁橄榄石外还有铁橄榄石、镁铁橄榄石、锰铁橄榄石和锰橄榄石等。

显然,在含孤立有限硅氧团的硅酸盐中,氧硅比 $v=\dfrac{4}{1}=4$。

图 2-62 画出了镁橄榄石的理想结构,其特点如下:

(1)氧离子接近密排六方结构,图 2-62 的图面即为密排面(0001),其堆垛次序为 $ABAB\cdots$。Si^{4+} 离子位于 CPH 的四面体间隙中,Mg^{2+} 则位于八面体间隙中。

(2)硅氧四面体都是孤立的,即彼此不共顶,不共棱,也不共面。每个四面体都有一个面(底面)平行于图面,亦即有 3 个氧离子或在 A 层,或在 B 层,而第 4 个氧离子或在图面以上,或在图面以下。这样,总共有 4 种不同位向的四面体,如图 2-62 所示。

(3)在每个硅氧四面体邻近,对称分布着 3 个镁离子。这 3 个镁离子位于同一层(A 层或 B 层)。由于每个镁离子同时属于 3 个氧离子(见图 2-62),其中 2 个氧离子在所讨论四面体的顶点,故属于该四面体的镁离子数为 $3\times\dfrac{2}{3}=2$ 个,因此这个结构单元的分子式(也就是这种硅酸盐的分子式)为 Mg_2SiO_4。

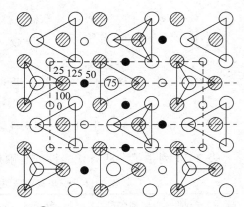

⦸ 代表A层氧离子在25高度

◯ 代表B层氧离子在75高度

● 代表位于50高度的镁离子

○ 代表位于0高度的镁离子

硅在四面体中心未示出

图 2-62　镁橄榄石的理想结构

(4)布拉菲点阵是简单正交点阵,如图 2-62 中虚线所示。

除了镁橄榄石族及锆英石族外,属于这类硅酸盐的还有石榴石族,后者属立方晶系,其通式是 $M_3^{2+}M_2^{3+}[SiO_4]_3$(或 $3M^{2+}O\cdot M_2^{3+}O\cdot 3SiO_2$),其中 M^{2+} 可以是 Fe^{2+} Mn^{2+},Ca^{2+} 等,而 M^{3+} 可以是 Al^{3+},Cr^{3+},Fe^{3+} 等。重要的固体激光基质材料钇铝石榴石 $Y_3Al_5O_{12}$(简称 YAG)也具有这种结构,其分子式也可以写成 $Y_3^{3+}Al_2^{3+}[Al^{3+}O_4]_3$,即原来石榴石中的 Si^{4+} 离子被 Al^{3+} 离子所代替,而 M^{2+} 离子则被 Y^{3+} 离子代替了。

孤立的有限硅氧团也称单一有限硅氧团。

2)含成对有限硅氧团和环状有限硅氧团的硅酸盐

除上述单一(孤立)的有限硅氧团外,硅氧四面体还可以成对地连接,或连成封闭环。图 2-63 比较了单一硅氧团(图(a)),成对硅氧团(图(b))和各种环状硅氧团(图(c)~(e))。其中(图(c))为 3 节单环,图(d)为 4 节,图(e)为 6 节。

在含成对硅氧团的硅酸盐中,氧硅比 $v=3.5$。硅钙石 $Ca_3[Si_2O_7]$(即 $3CaO\cdot 2SiO_2$)即为一例。

图 2-63(c)至图(e)所示的环状有限硅氧团分别为 $[Si_3O_9]^{6-}$,$[Si_4O_{12}]^{8-}$ 和 $[Si_6O_{18}]^{12-}$,

其氧硅比均为 $v=3$。绿柱石 $Be_3Al_2[Si_6O_{18}]$ 即为一例。它属于六方晶系,负离子 O^{2-} 排成 CPH 结构,Be^{2+} 和 Al^{3+} 则分别位于其四面体和八面体间隙中。又如,具有很低膨胀系数 $(1×10^{-6}/℃)$ 的堇青石瓷中的主晶相堇青石 $Mg_2Al_3[Si_5AlO_{18}]$(即 $2MgO \cdot 2Al_2O_3 \cdot 5SiO_2$)的结构也和绿柱石类似,只是绿柱石中的 Be^{2+} 离子被 Mg^{2+} 离子代替,1/6 的 Si^{4+} 离子被 Al^{3+} 离子代替,为了保持化合价平衡,有一个 Mg^{2+} 被 Al^{3+} 所置换。

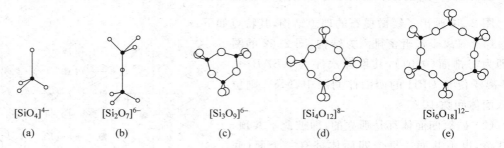

$$[SiO_4]^{4-} \quad [Si_2O_7]^{6-} \quad [Si_3O_9]^{6-} \quad [Si_4O_{12}]^{8-} \quad [Si_6O_{18}]^{12-}$$

(a)　　　　(b)　　　　(c)　　　　(d)　　　　(e)

图 2-63　单一硅氧团(a),成对硅氧团(b)和 3,4,6 节环状硅氧团(c),(d)和(e)

表 2-11 列举了一些有代表性的有限硅氧团和链状硅酸盐矿物。

表 2-11　一些有代表性的有限硅氧团和链状硅酸盐矿物

硅酸盐类型		矿物名称	分子式	晶系	密度	折射率近似值	线膨胀系数/10^{-6}
有限硅氧团	单一四面体	镁橄榄石	$Mg_2[SiO_4]$	正交	3.21	1.65	11
		铁橄榄石	$Fe_2[SiO_4]$	正交	4.35	1.85	
		锆英石	$Zr[SiO_4]$	正方	4.60	1.97	4.5
	成对四面体	硅钙石	$Ca_3[Si_2O_7]$	正交		1.65	
	六节单环	绿柱石	$Be_3Al_2[Si_6O_{18}]$	六方	2.71	—	
		堇青石	$Mg_2Al_3[Si_5AlO_{18}]$	正交	2.60	1.54	1
链状硅酸盐		顽火辉石	$Mg_2[Si_2O_6]$	正交	3.18	1.65	
		原顽火辉石	$Mg_2[Si_2O_6]$	正交	3.10		11
		斜顽火辉石	$Mg_2[SiO_6]$	单斜	3.18	1.6	8.9
		硅灰石	$Ca_3[Si_3O_9]$	三斜	2.92	1.63	12
		硅线石	$Al[AlSiO_5]$	正交	3.25	1.66	4.6
		红柱石	$Al_2[O/SiO_4]$	正交	3.14	1.64	10.6
		蓝晶石	$Al_2[O/SiO_4]$	三斜	3.67	1.72	9.2
		3:2 莫来石	$Al[Al_{1.25}Si_{0.75}O_{4.875}]$	正交	3.16	1.65	4.5
		2:1 莫来石	$Al[Al_{1.4}Si_{0.6}O_{4.8}]$	正交	3.17	1.66	

2.11.3　链状硅酸盐

链状硅酸盐是由大量的(理论上讲是无限的)硅氧四面体通过共顶连接而形成的一维结构。它有两种形式,即单链结构和双链结构,如图 2-64(a)~(c)所示。由图(a)、(b)不难看出,单链结构的基本单元就是一个硅氧四面体,其分子式为 $[SiO_3]^{2-}$;图(c)所示双链结构的基本单元是四个硅氧团 $\left(2+4×\dfrac{1}{2}=4\right)$,其中 Si^{4+} 排成六角形。故基本单元中 Si^{4+} 离子数为 4,O^{2-} 离子数为 $2×4+4×\left(\dfrac{1}{2}+\dfrac{1}{4}\right)=11$,因而分子式为 $[Si_4O_{11}]^{6-}$。

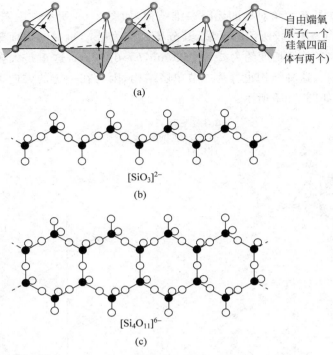

图 2-64 链状硅氧四面体

（a）单链结构立体图；（b）单链结构投影图；（c）双链结构投影图

单链结构又可按一维方向的周期性（即硅氧团的重复单元）而分成一节链、二节链、三链、四节链、五节链和七节链，如图 2-65 所示。

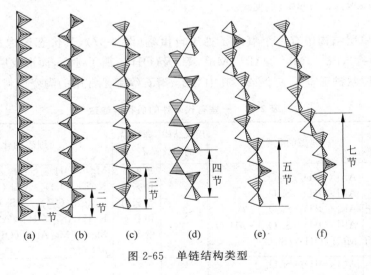

图 2-65 单链结构类型

一些有代表性的链状硅酸盐矿物参见表 2-11。

2.11.4 层状硅酸盐

层状硅酸盐是由大量（或无限多）的、底面在同一平面上的硅氧四面体通过在该平面上共顶连接而形成的具有六角对称的无限二维结构,如图 2-66 所示。由图看出,此结构的基本单元是图 2-66(b) 中虚线所示的区域,其分子式应为 $[Si_4O_{10}]^{4-}$,因而整个这一层四面体可表为 $[Si_4O_{10}]_n^{4n-}$。单元长度约为 $a=0.520nm$,$b=0.90nm$,这正是大多数层状硅酸盐结构的点阵常数范围。这种结构也称为二节单层结构,因为在一定的方向上它是以两个四面体为重复周期的,如图 2-67 所示。

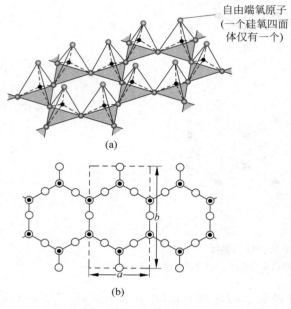

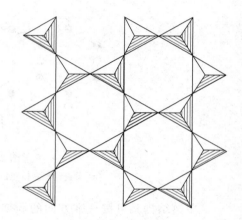

图 2-66 层状硅酸盐中的硅氧四面体

(a) 立体图;(b) 在层面上的投影图

图 2-67 二节单层结构

由于这种单层结构中有一个氧离子处于自由端(图 2-67),其价态未饱和,故可与其他金属离子(如 Fe^{2+},Fe^{3+},Mg^{2+},Al^{3+},Mn^{3+} 等)及 $(OH)^-$ 离子键合,而形成层状硅酸盐。一些有代表性的层状硅酸盐见表 2-12。其中黏土、滑石等都是常用的陶瓷原料。

表 2-12 一些有代表性的层状硅酸盐

层状结构中的层数	硅酸盐矿石名称	理想的化学式	层状结构中的层数	硅酸盐矿石名称	理想的化学式
2	高岭土 地开石 珍珠陶土 叙永石 叶蛇纹石	$Al_2[(OH)_4/Si_2O_5]$ $Al_2[(OH)_4/Si_2O_5]$ $Al_2[(OH)_4/Si_2O_5]$ $Al_2[(OH)_4/Si_2O_5] \cdot nH_2O$ $Mg_3[(OH)_4/Si_2O_5]$	3	皂石 白云母 金云母 伊利石 蛭石	$Mg_3[(OH)_2/Si_4O_{10}] \cdot nH_2O$ $KAl_2[(OH)_2/AlSi_3O_{10}]$ $KMg_3[(OH)_2/AlSi_3O_{10}]$ $(K,H)Al_2[(OH)_2/AlSi_3O_{10}]$ $Mg_{0.33}(Mg_1Al)_3[(OH)_2/AlSi_3O_{10}] \cdot nH_2O$
3	叶蜡石 蒙脱石 滑石	$Al_2[(OH)_2/Si_4O_{10}]$ $Al_2[(OH)_2/Si_4O_{10}] \cdot nH_2O$ $Mg_3[(OH)_2/Si_4O_{10}]$	4	绿泥石	$3Mg(OH)_2 \cdot Mg_3[(OH)_2/Si_4O_{10}]$

下面我们以高岭石(自然界黏土的主要成分)为例,具体讨论层状硅酸盐的某些结构特点。高岭石层状结构的层面为(001),图 2-68 是原子在层面上的投影。原子近旁的数字表

示该原子沿[001]方向的高度(即 z 坐标)。从图可以看出以下特点:

(1) 原子是按层分布的,各层均平行于(001)面。从图 2-68 可见,第 1 层($z=0.00$)全部是 O^{2-} 离子;第 2 层($z=0.58$)全部是 Si^{4+} 离子;第 3 层($z=2.20$)有 2/3 的 O^{2-} 离子和 1/3 的 $(OH)^-$ 离子;第 4 层($z=3.30$)全部是 Al^{3+} 离子;第 5 层($z=4.24$)全部是 $(OH)^-$ 离子。

(2) 在第 1~3 层上的邻近 O^{2-} 离子和 Si^{4+} 离子构成 $[SiO_4]^{4-}$ 四面体(如图中的 $ABCD$ 四面体,Si^{4+} 离子 S 在其中心),故这 3 层合称 $[SiO_4]$ 四面体层。在第 3~5 层上的邻近 O^{2-}、$(OH)^-$ 和 Al^{3+} 离子构成八面体(如图中的 $DEFGHJ$ 八面体,Al^{3+} 离子 M 在其中心),故这 3 层合称 $[AlO_2(OH)_4]$ 八面体层。于是,整个高岭石层状结构就是由 $[SiO_4]$ 四面体层和 $[AlO_2(OH)_4]$ 八面体层复合而成的双层结构。这种硅酸盐便称双层矿或 1:1 型层状硅酸盐。

(3) 为了清晰地看出八面体的结构,可将图 2-68 中第 1、2 两层原子全部去掉,然后将所有八面体的棱都画出来,得到如图 2-69 所示的结构。从图即可看出,八面体的组成应为 $AlO(OH)_2$,而不是上面写的表观组成 $[AlO_2(OH)_4]$。

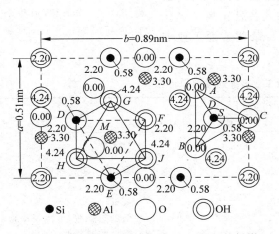

图 2-68　高岭石层状结构在(001)面上的投影

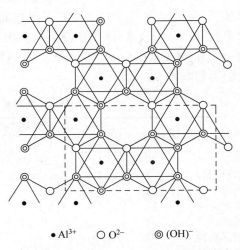

图 2-69　$AlO(OH)_2$ 的八面体层结构

(4) 由于高岭石的复合层中一侧(上述第 1 层)为 O^{2-} 离子,另一侧(上述第 5 层)为 $(OH)^-$ 离子,故复合层与复合层之间必为氢键结合,因而它们的相互排列关系不完全固定。例如在 a 轴和 b 轴方向上可以偏离一定的距离,甚至旋转一定的角度,而仍然能维持氢键结合。这就是为什么自然界存在着成分相同而结构略异的层状硅酸盐矿石,如高岭土、地开石、珍珠陶土等。

高岭石结构略经变化就可以得到其他双层矿石,如多水高岭石(在复合层间存在 H_2O)、叶蛇纹石(用 Mg^{2+} 代替 Al^{3+})等。

除了双层矿石外,还有三层矿(或称 2:1 层状硅酸盐)。它是由两层 $[SiO_4]$ 四面体和一层 (Al,O,OH) 八面体组成,这两层四面体分别位于八面体的两侧。具体排列情况这里就不详述了。常见的滑石、云母等都属于三层矿(见表 2-12)。

2.11.5　骨架状硅酸盐

骨架状硅酸盐也称网络状硅酸盐,它是由硅氧四面体在空间组成的三维网络结构。

典型的骨架状硅酸盐就是硅石（即 SiO_2）本身。硅石有三种同质异构体，即石英、鳞石英和方石英。其稳定的温度范围如下：

$$石英 \xrightarrow{870℃} 鳞石英 \xrightarrow{1470℃} 方石英 \longrightarrow 熔融态$$

方石英的晶体结构如图 2-70 所示。从图看出，Si^{4+} 排成金刚石结构，O^{2-} 离子则位于沿 $\langle 111 \rangle$ 方向的一对 Si^{4+} 离子之间，成为"桥接"一对 Si^{4+} 离子的桥接氧离子（其外层电子数达到饱和值 8）。显然，位于四面体间隙的四个 Si^{4+} 离子就是四个硅氧四面体的中心，这些硅氧四面体通过桥氧离子彼此相连，形成空间网络（或骨架）。

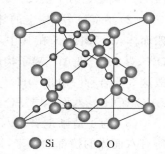

熔融的硅石很容易通过快冷而得到无定形的石英玻璃。由于所有氧都是桥接氧，故此种玻璃很硬，热膨胀系数很小。石英玻璃有许多不可替代的特殊用途，但由于其黏度高因而难以成型，价格也很高。为了得到特定性能（如成型性、黏性、折射率、色散等）的玻璃，往往在石英玻璃中加入各种正离子氧化物，如 Na_2O，CaO，Al_2O_3 等。表 2-13 列举了某些普通工业玻璃的类型和特点。

图 2-70　方石英的晶体结构
每个 Si^{4+} 被四个 O^{2-} 所包围形成 $[SiO_4]^{4-}$ 四面体，而每个 O^{2-} 为两个 $[SiO_4]^{4-}$ 四面体所共有

表 2-13　某些普通工业玻璃的类型和特点

类　　型	主要组元的质量分数						特　　点
	SiO_2	Na_2O	CaO	Al_2O_3	B_2O_3	MgO	
窗	72	14	10	1		2	长寿命
板（建筑）	73	13	13	1			长寿命
容器	74	15	5	1		4	易加工，耐化学的
灯泡	74	16	5	1		2	易加工
纤维（电）	54		16	14	10	4	低碱
耐热玻璃	81	4		2	12		低的热膨胀，低离子交换
石英玻璃	99						极低的热膨胀

除硅石外，陶瓷中另一种常用的骨架状硅酸盐就是长石，它是由硅氧四面体及铝氧八面体联合组成的空间网络结构。由于 Al^{3+} 离子代替了 Si^{4+} 离子，故网络中出现负电性，为了平衡化合价，还须加入 K^+，Na^+，Ca^{2+}，Ba^{2+} 等离子。例如钾长石的化学式为 $K[AlSi_3O_8]$ 或 $K_2O \cdot Al_2O_3 \cdot 6SiO_2$。这种结构的特点是空隙大、密度低、易形成玻璃相（无定性结构）。它在陶瓷中常用作助熔剂。

2.12　金属间化合物（Ⅰ）：价化合物

在 2.10、2.11 两节讨论了各种陶瓷材料，它们是金属和非金属间形成的化合物，即普通（化学上的）化合物，其共同特点是：①结合键主要是离子键，或含一定比例的共价键；②有确定的成分，可以用准确的分子式表示；③具有典型的非金属性质，如不导电、导热性差、是脆性材料等。

从本节起，将讨论各种金属与金属、金属与准金属形成的化合物，即所谓金属间化合物。

它们都或多或少地偏离了以上特点,偏离的程度则取决于决定该化合物结构的因素。根据这些因素,可将金属间化合物分为三类,即由电负性决定的**原子价化合物**(或简称**价化合物**)、由电子浓度决定的**电子化合物**,以及由原子尺寸决定的**尺寸因素化合物**。除了这三类由单一因素决定的典型金属间化合物外,还有许多金属间化合物,其结构是由两个或多个因素决定的,我们统称为复杂化合物。本节及以下各节将分门别类地讨论各种金属间化合物。首先讨论价化合物。

顾名思义,价化合物就是符合原子价规则的化合物,也就是正负离子间通过电子的转移(离子键)和(或)电子的共用(共价键)而形成稳定的 8 电子组态 ns^2np^6 的化合物。

按照结合键的性质,价化合物可分为离子化合物、共价化合物和离子-共价化合物。在离子-共价化合物中,价电子既没有从正离子转到负离子,也不是位于两种离子的中间位置,而是偏向于(或更接近于)一种离子。

按照价电子是否都是键合电子,又可将价化合物分为正常价化合物和一般价化合物,前者的价电子都是键合电子,后者只有部分价电子是键合电子。因此,对于化学式为 C_mA_n 的正常价化合物,由于 m 个阳离子(正离子,cation)C 的价电子数必须恰好补足 n 个阴离子(负离子,anion)A 的 8 电子壳层,故有

$$me_C = n(8 - e_A) \tag{2-65}$$

式中,e_C 和 e_A 分别是非电离态的 C 和 A 的价电子数。式(2-65)就是正常价化合物的价电子方程,它决定了正常价化合物可能的 m、n 值。请读者思考,如果 C 和 A 都是 s、p 元素,上述方程共有几组解(即几组可能的 (m,n) 值)?(注意 I、II 和 III 族元素是不可能作为阴离子的。)

对于化学式为 C_mA_n 的一般价化合物,由于 m 个阳离子提供给 n 个阴离子的键合电子数必须等于 n 个阴离子为补足成 8 电子层所需要的电子数,故其价电子方程应为

$$m(e_C - e_{CC}) = n(8 - e_A - e_{AA}) \tag{2-66}$$

式中,e_{CC} 是留在每个阳离子上的平均价电子数,包括非键合电子和形成 C—C 键的电子,它们是不形成 C—A 键的。e_{AA} 则是每个阴离子由于阴离子之间形成共价键而获得的平均价电子数,这些价电子也是不参与 C—A 键的。

由式(2-65)和式(2-66)不难看出,正常价化合物只是一般价化合物的特殊情形,即 $e_{AA} = e_{CC} = 0$ 的情形。若化合物中 e_{CC} 很大,则称为多阳离子化合物。若 e_{AA} 很大,则称为多阴离子化合物。

应该指出,价化合物,特别是正常价化合物,和 2.10 节讨论的离子化合物之间并无截然的界限。可以认为,具有正常价的金属间化合物包括除金属卤化物和氧化物以外的一切离子化合物。因此,正常价化合物的结构也就包括 2.10 节中讨论过的各种典型离子化合物的晶体结构。表 2-14 分别列举了具有 NaCl、CaF_2、反 CaF_2、闪锌矿和纤锌矿结构的各种正常价化合物。其中值得注意的是具有闪锌矿和纤锌矿结构的化合物。近年来,由于对发光二极管化合物半导体材料的兴趣,人们广泛地研究了各种具有这类结构(或类似结构)的化合物。人们发现,按照缺陷情况,这些化合物又可进一步分为具有正常四面体结构的化合物和具有缺位四面体结构的化合物。前者的特点是:①每个原子的平均价电子数为 4;②每个原子被 4 个位于四面体顶点的最近邻异类原子包围,而所论原子则位于四面体中心。后者的特点是:①每个原子的平均价电子数大于 4;②每个原子的最近邻原子数少于 4,因而有

的四面体顶点是空着的(缺位)。(请读者思考,特点①和②有什么联系?)表 2-14 中列举的闪锌矿和纤锌矿结构的化合物都是正常四面体结构的化合物,而 α-Al_2S_3 则具有缺位的纤锌矿结构。

表 2-14 各种正常价化合物的结构

NaCl 型	CaF₂ 型	反 CaF₂ 型		闪锌矿型			纤锌矿型
MgSe	PtSn₂	Mg₂Si	LiMgAs	CuI	BeTe	β-SiC	β-AgI
CaSe	Pt₂P	Mg₂Ge	LiMgSb	γ-AgI	ZnTe		β-ZnS
SrSe	PtIn₂	Mg₂Sn	LiMgBi		CdTe		β-CdS
BaSe	AuAl₂	Mg₂Pb	AgMgAs	BeS	HgTe		MnS
MnSe		Li₂S	CuMg	α-ZnS			MgS
PbSe		Na₂S	CuMg	α-Cds	AlP		CdSe
CaTe		Cu₂S	CuCdSb	HgS	GaP	InP	MnSe
SrTe		Be₂S	Li₃AlN₃	MnS	InP		AlN
BaTe		Cu₂Se	Li₃GaN₃	BeSe	AlAs		GaN
SnTe		Ir₂P	Li₅SiN₃	ZnSe	GaAs		InN
PbTe		LiMgN	Li₅TiN₃	CdSe	InAs		
		LiZnN	Li₅GeN₃	AlSb	GaSb		
				MnSe	HgSe		
					InSb		

关于正常价化合物的形成规律,Hume-Rothery 指出了两点: ①所有金属一般都倾向于与ⅣB、ⅤB 和ⅥB族元素形成正常价化合物。②金属的正电性越强或 B 族元素的负电性越强,上述倾向性就越大,而且化合物也越稳定。以金属 Mg 与ⅣB、ⅤB 和ⅥB 族元素 X 形成的正常价化合物 Mg_2(Si,Ge,Sn 或 Pb)、Mg_3(P,As,Sb 或 Bi)、Mg(S,Se 或 Te)为例,实验发现,在 Mg 与同族元素形成的化合物中,X 的原子序数越大,化合物的熔点越低;而在 Mg 与同周期元素形成的化合物中,X 的原子序数越大,化合物的熔点越高。由此可见,金属元素 M(这里是 Mg)与 B 族元素的负电性差越大,它们形成的正常价化合物就越稳定。

由于价化合物的结合键主要是离子键和(或)共价键,故这类化合物主要呈现非金属性质或半导体性质。

在价化合物中还要提到一种边缘(或过渡)状态的化合物,即砷化镍(NiAs)结构,它的结合键和性质都介于典型的价化合物和典型的金属间化合物
(如电子化合物)之间。

砷化镍结构往往是由过渡族金属 Cr,Mn,Fe,Co,Ni,(Cu),(Pd),(Pt)与准金属 S,Se,Te,As,Sb,Bi(有时也与 Ge 及 Sn)形成的合金,其结构胞如图 2-71 所示。从图 2-71 可见,准金属原子形成密排六方结构,而过渡族金属原子则位于其八面体间隙中(这些金属原子本身形成一简单六方结构)。两类原子分层分布,形成所谓层状结构。

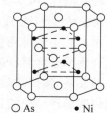

○ As   ● Ni

图 2-71 NiAs 的晶体结构

按照上述结构模型,砷化镍结构的化学式应该都是 AB(A 为金属,B 为准金属)。大多数具有砷化镍结构的化合物都是 AB 型,如表 2-15 所示。然而实验发现,这些化合物往往有一定的成分范围,即 A,B 原子数之比不是严格的 1∶1。例如,在 NiSb 中 Ni 原子含量可在 46.4%(摩尔分数)到 54.4%(摩尔分数)之间。当 Ni 原子未填满八面体间隙时,含 Ni 量就低于 50%(摩尔分数);当 Ni 原子不仅填满了八面体间隙,而且还有些 Ni 原子填入三角形间隙时,含 Ni 量就高于 50%(摩尔分数)(想想看,为什么不填入四面体间隙?)。由此可见,在砷化镍结构中,金属分点阵(A 分点阵)可以是有缺陷的——有空位或间隙原子,而准金属分点阵(B 分点阵)则是完整的。又如,在 FeSb(含 Fe 为 52%～58%(摩尔分数))和 CoSb(含 Co 为 50.8%～56.4%(摩尔分数))结构中都具有过剩的"间隙式"过渡族金属原子,它们彼此还可形成连续固溶体。

表 2-15　NiAs 结构

TiS	TiSe	CrTe	MnAs	PtSb	NiSn
VS	VSe	MnTe	NiAs	MnBi	PtSn
NbS	CrSe	FeTe	CrSb	NiBi	CuSn
CrS	FeSe	CoTe	MnSb	RhBi	AuSn
FeS	CoSe	NiTe	FeSb	PtBi	PtPb
CoS	NiSe	RhTe	CoSb		InPb
NiS	TiTe	PdTe	NiSb		
	VTe	PtTe	PdSb		

在某些具有砷化镍结构的化合物中,过渡族金属 A 的分点阵中的缺陷是如此之多,以致其化学式不能再用 AB 表示,而应写成 A_mB_n,这里 m 可大于或小于 n,视准金属而定。随着 B 组元(准金属)外层电子数(或族数)减小,结构便从缺陷型(相当于 B 过剩)变为间隙型(A 过剩),这表明,当 B 组元外层电子较少时,就需要由更多的 A 组元来提供电子,以维持结构的稳定性。例如,当 B 组元是ⅤB族元素时,化学式通常是 AB(当然成分可有偏离),但当 B 是ⅢB或ⅣB族元素时,化学式就可以是 A_2B(如 Ni_2In,Ni_2Ge,Mn_2Sn 等),而当 B 是ⅥB族元素时,化学式就可以是 AB_2(如 $CoTe_2$ 和 $NiTe_2$)。它们都不再是层状结构了。

在砷化镍型结构中,金属 A 与准金属 B 原子间的结合键是离子键,而 A 与 A 之间是金属键。两种键的相对强度取决于准金属的性质(电负性大小)和化合物的成分。

随着组元(特别是 B 组元)的不同,不仅化合物的成分和化学式可以在很宽范围内变化,其性能、结合键和轴比(c/a)也可以在很宽的范围内变化。表 2-15 中按照 c/a 递减的顺序列举了一些具有砷化镍结构的化合物。从表 2-15 看出,随着准金属的电负性减小(或电正性增大),离子键减弱而金属键增强,因而金属性增强,轴比 c/a 不断减小(在离子键为主的 NiS 中由于负离子要密排,所以 c/a 达到 1.633)。这就是为什么人们将砷化镍结构看成是由非金属化合物到金属间化合物之间的过渡(或边缘)结构。事实上,有人干脆将它看成是电子浓度(e/a)为 5/2 的电子化合物(见下节),但其中过渡族金属的价并不总是零。例如,在 NiSb 中 Ni 的原子价为 0,但在 NiSn 和 NiS 中 Ni 的原子价分别取 +1 和 -1。

2.13   金属间化合物（Ⅱ）：电子化合物

Hume-Rothery 发现，Cu，Ag，Au 三个元素与周期表上 B 族元素形成的二元相图彼此非常相似。从图 2-42（Cu-Zn 相图）可以看出，随着含锌量的增加，依次出现 β，γ 和 ε 等中间相。这些相的成分和结构如下：

β 相具有体心立方结构，其化学式为 CuZn。在 454℃ 以下，无序的 β 相转变为有序的 β' 相（具有 CsCl 型结构）。

γ 相是复杂立方结构，其结构胞可以看成是由 27 个 β 黄铜晶胞组成的大立方体，但顶点和体心的原子被取走，其余原子均略有位移，因而结构胞内的原子总数为 52，如图 2-72 所示。γ 相的化学式为 Cu_5Zn_8。

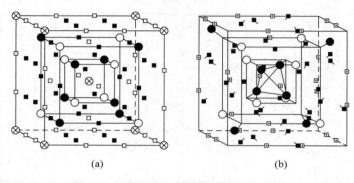

(a)   (b)

图 2-72 γ 黄铜的结构

ε 相是密排六方结构，其化学式为 $CuZn_3$。

在 Ag-Zn 和 Au-Zn 系中，随着含锌量的增加，也依次出现同样化学式和结构的 β，γ，和 ε 相。在贵金属和三价或四价 B 族元素形成的二元合金系中，也依次出现同样或类似结构的中间相，只是化学式不同，亦即成分不同。然而，Hume-Rothery 指出，如果成分不是用质量或摩尔分数、而是用电子浓度 e/a 来表示，那么这些合金系中相同（或近似）结构的相都具有相同（或近似相同）的成分。例如，在 Cu-Zn，Ag-Zn，Cu-Sn 三个合金系中，β 相均为体心立方结构，化学式分别为 CuZn，AgZn 和 Cu_5Sn，而 e/a 均为 3/2；γ 相均为复杂立方结构，化学式分别为 Cu_5Zn_8，Ag_5Zn_8 和 $Cu_{31}Sn_8$，而 e/a 均为 21/13；ε 相均为密排六方结构，化学式分别为 $CuZn_3$，$AgZn_3$ 和 Cu_3Sn，而 $e/a=7/4$。

人们把具有一定（或近似一定）的电子浓度值而结构相同或密切相关的相称为**电子相**，因为看来决定这种相的结构的主要因素是电子浓度。在有些书刊上，电子相又称为电子化合物或 Hume-Rothery 化合物。

除了决定相结构的主要因素是电子浓度这一基本特点外，进一步的研究还发现了电子相的其他一些特点：

（1）除贵金属外，铁族（Ⅷ族）元素也与某些 B 族元素形成电子相，如表 2-16 所示。

（2）价电子浓度为 3/2 的电子相有三种可能的结构，即 BCC 结构（β 相）、复杂立方的 β-Mn 结构（μ 相）和密排六方结构（ζ 相）（见表 2-16）。这表明，即使对电子相，e/a 也不是决定结构的唯一因素。一般来说，B 族元素的价越高、尺寸因素越小以及温度越低，均越有利

于 ζ 或 μ 相的形成,而不利于 β 相的形成。

表 2-16　典型的电子相

e/a=3/2			e/a=21/13	e/a=7/4
BCC 结构（β 相）	复杂立方"β-Mn"结构（μ 相）	CPH 结构（ζ 相）	γ 黄铜结构（γ 相）③	CPH 结构（ε 相）
CuBe	Cu_5Si	Cu_3Ga	Cu_5Zn_8	$CuZn_3$
CuZn	Ag_3Al	Cu_5Ge	Cu_5Cd_8	$CuCd_3$
Cu_3Al	Au_3Al	AgZn	Cu_5Hg_8	Cu_3Sn
Cu_3Ga①	$CoZn_3$	AgCd	Cu_9Al_4	Cu_3Ge
Cu_3In②		Ag_3Al	Cu_9Ga_4	Cu_3Si
Cu_5Si①		Ag_3Ga	Cu_9In_4	$AgZn_3$
Cu_5Sn		Ag_3In	$Cu_{31}Si_8$	$AgCd_3$
AgMg		Ag_5Sn	$Cu_{31}Sn_8$	Ag_3Sn
AgZn①		Ag_7Sb	Ag_5Zn_8	Ag_5Al_3
AgCd①		Au_3In	Ag_5Cd_8	$AuZn_3$
Ag_3Al①		Au_5Sn	Ag_5Hg_8	$AuCd_3$
Ag_3In①			Au_9In_4	Au_3Sn
AuMg			Au_5Zn_8	Au_5Al_3
AuZn			Au_5Cd_8	
AuCd			Au_9In_4	
FeAl			Mn_5Zn_{21}	
CoAl			Fe_5Zn_{21}	
NiAl			Co_5Zn_{21}	
NiIn			Ni_5Be_{21}	
PdIn			Rh_5Zn_{21}	
XTl④			Pd_5Zn_{21}	
			Pt_5Be_{21}	
			Pt_5Zn_{21}	
			$Na_{31}Pb_8$	

① 在不同温度下具有不同的结构;

② 简单立方结构,成分是近似的;

③ 有些合金具有畸变的 γ 黄铜结构。

④ X 可能代表 Mg,Ca 或 Sr。

（3）大多数典型的电子相都出现在较宽的浓度范围内。以 Cu-Zn 系为例,β 相的最大固溶范围为 36％～55％Zn（摩尔）,γ 相为 57％～70％Zn（摩尔）,ε 相为 78％～86％Zn（摩尔）。因此,电子相是典型的金属间化合物而不是化学意义上的化合物,将它表示成具有特定的 e/a 值的化学式并没有多大的意义。我们只能说,电子相的稳定范围与 e/a 有关。图 2-73 画出了某些电子相的浓度范围（用价电子浓度 e/a 表示）。

（4）电子相的主要结合键是金属键,具有明显的金属特性。

电子相的结构及其稳定性与价电子浓度 e/a 的关系可以用简单的电子论（所谓刚能带模型）较好地加以解释。该理论的基本思想是利用薛定谔方程求解在周期势场中的电子能态。结果发现,对于一定的结构,只有当 e/a 在一定范围内时价电子的最高能量（所谓费米

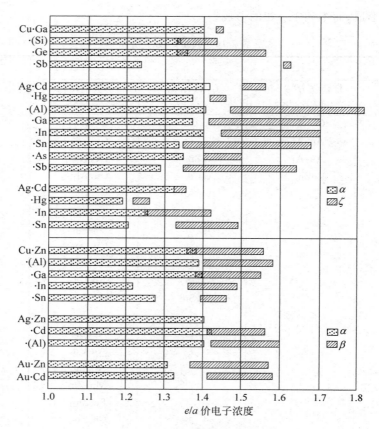

图 2-73 某些电子相的浓度范围

能)才较低,超过此范围则费米能剧增,因而不再能保持该结构。详细分析可参看固体物理书。

2.14 金属间化合物(Ⅲ):尺寸因素化合物——密排相

有一些金属间化合物,其晶体结构主要取决于组元原子的半径比。这样的化合物称为**尺寸因素化合物**。它包括两类。一类是由金属与金属元素形成的**密排相**,另一类是金属与非金属元素形成的**间隙相**。本节着重讨论密排相,下节讨论间隙相。

2.14.1 密排相中原子排列的几何原则

密排相的原子排列遵从以下三原则:

(1)空间填充原则 原子应尽可能致密地填满空间,或者说,应具有尽可能高的配位数。对于由同种原子(同样尺寸的刚性球)组成的合金来说,最高配位数就是 12。对于不同种原子(不同尺寸的刚性球)组成的合金来说,最高配位数可为 14,15 和 16(见图 2-81)。例如,在周期表中已知结构的 91 个元素中,有 52 个是配位数为 12 的 FCC 或 CPH 结构。如果允许 10% 的距离偏差,则密排结构的元素达到 58 个。

(2)对称原则 晶体中原子的排列应形成高对称的结构。例如,在 91 个元素中只有对称性较高的 FCC、CPH 和 BCC 结构,而没有对称性较低的、配位数为 9、10 或 11 的结构。

（3）连接原则 如果将晶体中相距最近的每对原子逐一连接,那么由于晶体结构的不同,被连接的原子有可能形成孤立的原子对（零维）、原子链（一维）、平面原子网络（二维）和空间原子栅格（三维）,它们分别称为岛状、链状、网状和栅状连接,用字母 I,C,N 和 L 表示。连接原则指出,具有密排结构的晶体中往往形成三维栅状连接。

现在的问题是,原子应按什么方式排列才能满足以上三条原则、形成密排晶体结构呢?分析各种实际晶体后发现,有两种密排方式,即**几何密排**和**拓扑密排**,它们分别形成几何密排相（GCP 相）和拓扑密排相（TCP 相）。

2.14.2 几何密排相

几何密排相是由密排原子面（FCC 晶体中的 {111} 面或 CPH 晶体中的 (0001) 面）按一定次序堆垛而成的结构。堆垛次序可以有多种,如 $ABCABC\cdots$（c 型）,$ABAB\cdots$（h 型）,$ABCACB\cdots$（cch 型）等。例如,图 2-43(b) 表示的 Cu_3Au 有序相就是 c 型 GCP 相的结构胞,其 (111) 面为密排面,堆垛次序为 $ABCABC\cdots$。又如,铝和稀土元素 R 形成的 Al_3R 相也是 GCP 相,且随着 R 的原子半径由小变大,GCP 相也由 c 型变为 h 型。

GCP 相中近邻原子彼此相切,配位数为 12,结构中有两种间隙:四面体间隙和八面体间隙。

2.14.3 拓扑密排相

拓扑密排相是由密排四面体按一定次序堆垛而成的结构。每个四面体的 4 个顶点均被同一种原子占据,且彼此相切。不同种类原子所占的四面体,其大小和形状均不相同,可以是规则的,也可以是不规则的。为了了解拓扑密排相的具体、细致特点,我们来讨论三种典型的拓扑密排相,即 Laves 相、σ 相和 $Cr_3Si(A15)$ 相。

2.14.3.1 Laves 相

Laves 等人发现,许多 AB_2 型的金属间化合物具有 $MgCu_2$,$MgNi_2$ 或 $MgZn_2$ 的结构,而这 3 种化合物的结构是密切相关的,它们都是以尺寸因素为主导的密排结构（后面将会看到,在理想密排情况下要求大原子 A 与小原子 B 的直径之比为 1.225）。人们将这类化合物统称为 Laves 相。下面分别讨论三种典型 Laves 相的结构特点。

（1）$MgCu_2$

$MgCu_2$ 的结构胞见图 2-74。其结构特点如下:

① $MgCu_2$ 具有 FCC 点阵,Mg 原子位于点阵结点及四个隔开的四面体间隙中。在图 2-74 中,位于间隙中的 Mg 原子坐标分别为:$M\left(\frac{1}{4}, \frac{1}{4}, \frac{3}{4}\right)$,$N\left(\frac{3}{4}, \frac{3}{4}, \frac{3}{4}\right)$,$P\left(\frac{3}{4}, \frac{1}{4}, \frac{1}{4}\right)$ 和 $Q\left(\frac{1}{4}, \frac{3}{4}, \frac{1}{4}\right)$。因此,一个结构胞内共有 8 个 Mg 原子。按照空间填充原则（密排原则）,相距为 $d_{Mg\text{-}Mg} = \frac{1}{4}\langle111\rangle$ 的一对 Mg 原子（即结点上的 Mg 原子及其最近邻的间隙中的 Mg 原子）是相切的,故 Mg 原子直径为 $D_{Mg} = d_{Mg\text{-}Mg} = \frac{\sqrt{3}}{4}a$。

② 在 FCC 点阵的其余 4 个四面体间隙中,每个间隙内都有 4 个彼此相切的 Cu 原子,形成一个小四面体,四面体中心就是间隙中心。因此,一个结构胞中共有 16 个 Cu 原子。

③ 从图 2-74 还可以看出,一个结构胞内有 5 个大小和形状都相同的、共顶连接的 Cu 原子四面体,四面体的各棱平行于〈110〉,各表面则平行于{111}。据此不难推知,四面体的边长应为 $\frac{1}{4}\langle110\rangle=\frac{\sqrt{2}}{4}a$(这一点只要分析位于 $[\bar{1}10]$ 晶向上、等距离分布的 Cu 原子列…—9—10—13—14—…即可得知)。因此 Cu 原子直径 $D_{Cu}=$ 相邻 Cu 原子间距离 $d_{Cu-Cu}=\frac{\sqrt{2}}{4}a$,因此 $\frac{D_{Mg}}{D_{Cu}}=\frac{\sqrt{3}}{\sqrt{2}}\approx1.225$。

根据上述 Cu 原子四面体的分布规律还很容易推知每个 Cu 原子的坐标。为此只需分析平行于各坐标面((100)面、(010)面和(001)面)的 Cu 原子列的位置。例如,分析平行于(001)面的 Cu 原子列距(001)的距离即得到该 Cu 原子的 z 坐标。在图 2-74 中,对原子列 1—2 和 5—6,$z=\frac{1}{8}$;对原子列 4—3—8—7,$z=\frac{3}{8}$;对原子列 9—10—13—14,$z=\frac{5}{8}$;对原子列 12—11 和 16—15,$z=\frac{7}{8}$。请读者根据这个原则求出结构胞内所有 Cu 原子的坐标。

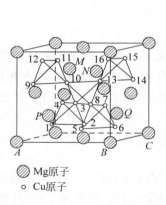

图 2-74　MgCu₂ 的结构胞

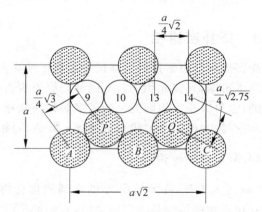

图 2-75　MgCu₂ 在(110)截面上的原子分布

④ 从密排的角度看,不但要求最近邻的 Mg 原子彼此相切,最近邻的 Cu 原子彼此相切,而且最近邻的 Mg-Cu 原子最好也能相切。能否做到这点呢? 让我们考察一下在(110)截面上的原子分布,如图 2-75 所示。图中各原子的编号是和图 2-74 对应的,故 Mg 原子 A—P—B—Q—C 是依次相切的,Cu 原子 9—10—13—14 也是依次相切的。为了确定 Mg 原子和最近邻的 Cu 原子是否相切,让我们计算一下 Mg 原子 P 和 Cu 原子 9 之间的距离 d_{P-9}($=d_{Mg-Cu}$)。从图 2-75 的几何关系显然可见,$d_{P-9}=d_{Mg-Cu}=$

$$\sqrt{\left(\frac{5}{8}a-\frac{1}{4}a\right)^2+\left(\frac{d_{Cu-Cu}}{2}\right)^2}=\sqrt{\frac{9}{64}a^2+\frac{2}{64}a^2}=\frac{\sqrt{11}}{8}a\approx0.415a。$$ 由于 $d_{P-9}>\frac{D_{Mg}+D_{Cu}}{2}=$

$\frac{1}{2}\left(\frac{\sqrt{3}}{4}a+\frac{\sqrt{2}}{4}a\right)=\frac{1}{8}(\sqrt{2}+\sqrt{3})a=0.393a$,故 P 原子和 9 原子不相切。这就是说,在 MgCu₂ 结构中同类原子是相接触的,异类原子是不接触的。

⑤ 和只有一个配位数的 GCP 相不同，$MgCu_2$ 相有两个不相等的配位数，即 Mg 原子的配位数 $CN_{(Mg)}$ 和 Cu 原子的配位数 $CN_{(Cu)}$。这里配位数的定义是所论原子周围的最近邻 Mg 原子数和最近邻 Cu 原子数之和（虽然两类原子距所论原子的距离并不相等）。

我们先求 $CN_{(Mg)}$。假设我们考虑的 Mg 原子是图 2-74 中的 M 原子。从图显然可见，距它最近的 Mg 原子是相距为 $\frac{\sqrt{3}}{4}a$ 的 4 个 Mg 原子。为了确定 M 原子周围最近邻的 Cu 原子数，设想用（200）、（020）和（002）3 个平面将晶胞分成 8 个边长为 $\frac{a}{2}$ 的小立方体，那么与 M 原子所在的小立方体相邻的小立方体有 6 个，每个都包含 4 个 Cu 原子，其中两个是距 M 原子最近的。例如，在图 2-74 中，M 前方小立方体中的 10，12 两个原子，M 右方小立方体中的 13，16 两个原子，以及 M 下方小立方体中的 3，4 两个原子都是距 M 原子最近的 Cu 原子（如前所述，此距离为 $\frac{\sqrt{11}}{8}a$）。考虑到 M 后方、左方和上方还各有一个小立方体，每个小立方体内也有两个距 M 原子为 $\frac{\sqrt{11}}{8}a$ 的 Cu 原子，故 M 原子的最近邻 Cu 原子数为 12。这样一来就得到 $CN_{(Mg)} = 4_{(Mg)} + 12_{(Cu)} = 16$。这就是位于四面体间隙中的 Mg 原子的配位数。请读者思考，位于点阵结点上的 Mg 原子（例如图 2-74 中的 B 原子）的配位数是多少呢？

我们再来求 $CN_{(Cu)}$。假设我们所考虑的 Cu 原子是图 2-74 中的 10 号原子。显然，此原子的最近邻原子有 6 个，即图中的 9，11，12，3，8 和 13 号原子。至于最近邻的 Mg 原子数，也可以按上述小立方体来分析：与 10 号原子所在的小立方体相邻的小立方体也有 6 个，每个都包含一个 Mg 原子，故 10 号原子的最近邻 Mg 原子数也是 6。因此，$CN_{(Cu)} = 6_{(Mg)} + 6_{(Cu)} = 12$。

⑥ $MgCu_2$ 结构的另一个特点是，它不仅可以看成是由密排四面体堆垛而成，而且还可以看成是由 {111} 面堆垛而成的层状结构。图 2-76（a）是 Mg 原子按（111）面（或其他等价晶面）的堆垛方式，图中水平面即为（111）面，竖直方向（相当于六方晶胞的 c 轴）为 [111] 方向。白原子和黑原子分别是点阵结点上和四面体间隙中的 Mg 原子。相邻的白原子和黑原子层相距 $\frac{1}{4}$[111]，形成双层复合层。相邻的复合层彼此错开了 $\frac{1}{6}\langle 112 \rangle$。若用 X,Y,Z 表示不同位置的双层复合层，那么复合层的堆垛次序就是 $XYZXYZ\cdots$，相邻复合层之间的距离为 $d_{(111)} = \frac{1}{3}[111] = \sqrt{3}\,a/3$（见图 2-76）。至于 Cu 原子按（111）面的堆垛方式见图 2-77（a）。图中的阴影面是（111）面，竖直方向是 [111]。从图看出，在 $MgCu_2$ 中 Cu 原子四面体是共顶点（顶对顶）连接的。

虽然可以将 $MgCu_2$ 看成是由 {111} 面堆垛而成的层状结构，但此面并不是最密排面，相邻的 Mg 原子层和 Cu 原子层并不相接触，这是其与 GCP 相不同之处。

（2）$MgZn_2$ 和 $MgNi_2$

这两种化合物的结构和 $MgCu_2$ 非常相似，这可以从其层状结构看出。

$MgZn_2$ 具有简单六方点阵，Mg 原子占据密排六方结构的原子位置以及一半四面体间隙位置，它按（0001）面的堆垛方式如图 2-76（b）所示。从图看出点阵上的 Mg 原子（白原子）和

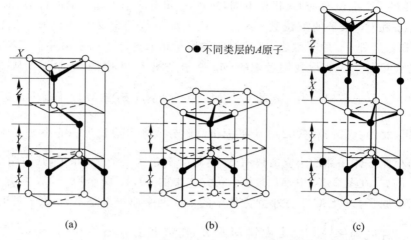

图 2-76　在 Laves 相中 A 原子的分布和双层的堆垛次序
(a) MgCu$_2$；(b) MgZn$_2$；(c) MgNi$_2$

四面体间隙中的 Mg 原子(黑原子)所组成的双层复合层,但复合层的堆垛次序是 $XYXY\cdots$,而不是 $XYZXYZ\cdots$。Zn 原子也形成密排四面体,位于四面体间隙中。Zn 原子按(0001)面的堆垛方式如图 2-77(b)所示。Zn 四面体的堆垛特点是,沿[0001]方向交替出现共顶连接和共面连接。

在 MgNi$_2$ 中,Mg 原子双层复合层的堆垛次序是 $XYXZXYXZ\cdots$,Ni 原子四面体沿[0001]方向的连接方式是共顶连接和交替的共顶-共面连接的混合,如图 2-76(c)和图 2-77(c)所示。

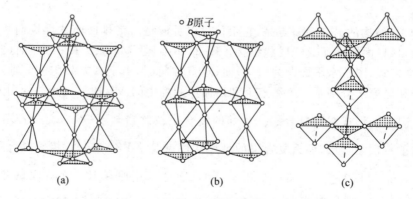

图 2-77　在 Laves 相中 B 原子的分布和四面体的堆垛次序
(a) MgCu$_2$；(b) MgZn$_2$；(c) MgNi$_2$

由于 MgCu$_2$,MgZn$_2$ 和 MgNi$_2$ 三种典型结构非常类似,仅仅堆垛次序有差别,故它们的结构特点也必然相同或相似。这样,我们可以将 AB_2 型 Laves 相的特点归纳如下:

① 结构:可看成由 B 原子密排四面体堆垛而成,A 原子位于 B 原子四面体之间。A 原子本身也组成密排四面体。也可看成是由平行于密排面((111)或(0001)面)的 A 原子双层复合层和 B 原子密排面按一定堆垛方式堆垛而成的层状结构。

② 密排：最近邻的同类原子是相接触的，但异类原子（A-B 原子）并不接触。为此要求大原子 A 和小原子 B 的直径比为 1.225。

③ 高配位数：$CN(A)=4(A)+12(B)=16$，$CN(B)=6(A)+6(B)=12$。

目前已发现的 Laves 相不下 200 个（包括三元合金），其中大部分是 $MgCu_2$ 型的，少数是 $MgZn_2$ 型的，只有极少数是 $MgNi_2$ 型的。表 2-17 列举了一些有代表性的 AB_2 型 Laves 相。

表 2-17　某些有代表性的 AB_2 型 Laves 相

$MgCu_2$ 型	$AgBe_2$	$TiBe_2$	$NaAu_2$	$LaMg_2$	$BiAu_2$	KBi_2
$MgZn_2$ 型	$CaMg_2$	$ZrRe_2$	KNa_2	$TaFe_2$	$NbMn_2$	UNi_2
$MgNi_2$ 型	$NbZn_2$	$ScFe_2$	$ThMg_2$	$HfCr_2$	β-Co_2Ti	UPt_2

形成 Laves 相的二组元可以是周期表中相距很远的金属元素，也可以是非常近的金属元素（如 KNa_2）。同一种金属在一种化合物中可以是 A 组元，而在另一种化合物中是 B 组元（如 $MgCu_2$ 和 $LaMg_2$）。虽然在大多数 Laves 相中至少有一个组元是过渡族元素，但也有的 Laves 相中两个组元都是非过渡族元素。此外，也不是所有 Laves 相的组元原子直径比均为 1.225。事实上 Laves 相的 D_A/D_B 可在 1.05 到 1.68 的范围内变化。这表明，有些 Laves 相并不是理想的密排结构。至于为什么 Laves 相有 $MgCu_2$、$MgZn_2$ 和 $MgNi_2$ 三种不完全相同的结构，人们认为，这是由于其他因素（如电子浓度、电负性等）也或多或少有一定的影响（尽管尺寸因素是主要的）。

2.14.3.2　σ 相

在许多含 Fe，Cr 的高温合金和耐热钢中，往往由于成分控制或热处理不当，会析出一种硬而脆的 σ 相，使合金的韧性显著降低。特别是当 σ 相成粗大片状或沿晶界分布时，对材料的脆化作用尤其显著。因此，人们对 σ 相的性质、结构及形成规律进行了深入的研究。

σ 相的结构如图 2-78 所示。它具有简单正方点阵，一个晶胞内包含 30 个原子。这可以从图 2-78(a)看出。图旁的标注 $2a$，$4g$，$8i$，…分别表示在 a，g，i…位置有 2，4，8…个原子。各位置的 z 坐标亦已标于图中（c 轴垂直于纸面）。从图还可看出，σ 相也是层状结构，即可以看成是密排原子层按一定次序堆垛而成。图 2-78(b)分别画出了在 $z=0$ 或 1 的原子层（晶胞的顶面和底面）以及 $z=0.5$ 的原子层（中间层）上的原子分布。可以看出，每层原子形成三角形和六角形网络，称为 Kagomé 网络。$z=0$（或 1）层上的网络相对于 $z=0.5$ 层上的网络旋转了 90°，而在相邻的两层 Kagomé 网络之间的原子，它在(001)上的投影恰好和 Kagomé 网络的六角形中心重合。值得注意的是，σ 相的 c/a 只有 0.5 左右，这表明，与纯组元相比，σ 相中的原子在 c 轴方向的距离"被迫"大大缩短了。据此人们认为，σ 相中原子的电离态是不同于纯组元的。

σ 相最初是在 Fe-Cr 合金和不锈钢中发现的，后来在由 ⅤA 或 ⅥA 族元素与 ⅦA 或 Ⅷ族元素形成的许多合金中都发现了 σ 相。表 2-18 列举了若干二元合金系中的 σ 相。从表可以看出，σ 相的成分范围是比较宽的，不能用确定的化学式来表示。

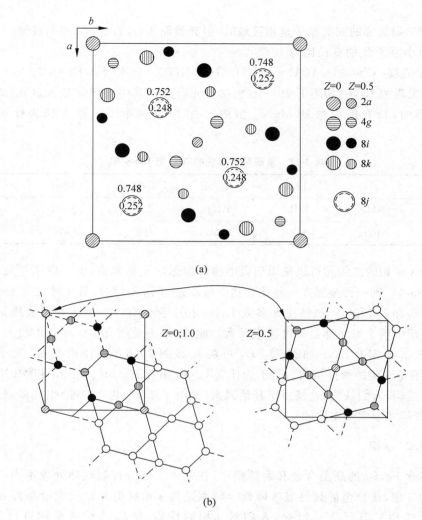

图 2-78　σ 相的结构

(a) 原子在(001)上的投影；(b) 在 $z=0$(或 1)及 $z=0.5$ 上的 Kagomé 网络

表 2-18　某些二元合金系中的σ 相

合金系	σ 相的近似成分范围 (摩尔分数)	每个原子具有的 $s+d$ 电子数	特　　　点
Cr-Mn	(17%～28%)Cr	6.8	直到熔点皆稳定
Cr-Fe	(43%～50%)Cr	7.1	仅在固态下形成
Cr-Co	(53%～58%)Cr	7.2	仅在固态下形成
V-Mn	(17%～28%)V	6.5	
V-Fe	(48%～52%)V	7.1	也许直到熔点皆稳定
V-Co	(40%～55%)V	7.1	
V-Ni	(55%～65%)V	7.0	
Mo-Fe	(47%～50%)Mo	7.2	仅在高温下稳定
Mo-Co	(59%～61%)Mo	7.2	仅在高温下稳定
W-Fe	(50%～60%)W	—	仅在高温下稳定
W-Co	(50%～60%)W		仅在高温下稳定

二元合金中形成 σ 相的条件如下：

（1）一般要求原子大小之差小于 13%。目前能形成 σ 相的二元系中原子尺寸最大的是 W-Co 系，二组元原子尺寸相差 12%。

（2）一个组元属于周期表中第 ＶＡ、ⅥA 族元素（体心立方），另一组元属于第 ⅦA 或第 Ⅷ族元素（面心立方、密排六方或其他结构）。

（3）σ 相的 $s+d$ 层电子浓度在 6.2~7.2 之间（一般为 7 左右），见表 2-18。

（4）第三组元的加入会影响 σ 相形成的浓度和温度范围。例如，许多元素都使 Fe-Cr 系中 σ 相形成的温度范围提高：不加第三组元时 Fe-Cr 系的 σ 相只在 820℃ 以下稳定；加入 Ni 后其稳定温度范围提高到 850℃；加入 Si 后提高到 950℃，加入 Mn 和 Mo 则使稳定的温度范围提高到 1000℃。又如，在 Ni-Cr 二元系中不出现 σ 相，但加入 Si，Mo 或 W 后就可能出现 σ 相。

三元或多元合金系中也存在 σ 相，其规律较二元系更复杂。人们发现，即使三组元中任意两组元形成的合金系中都不出现 σ 相，但三元合金系中仍可存在 σ 相，例如 Ni-Cr-Mo 合金系在 600℃ 就存在着成分范围很宽的 σ 相。如果三个二元系中有两个系存在 σ 相，那么这两个 σ 相一定形成连续固溶体，如 Fe-Cr-Mn，Fe-Cr-Co，Fe-Co-V，Cr-Co-Mo 和 Fe-Cr-V 系。如果只有一个二元系（如 A-B 系）中出现 σ 相，那么第三组元（C 组元）的加入往往会使 σ 相的成分（指 A，B 组元的含量）范围变宽，例如 Fe-Cr-W 和 Co-Cr-W 系的情况就是如此。

鉴于 σ 相对材料的性能有重大影响，而在一些高温合金中 σ 相的孕育期又很长，难以通过一般的短期实验来确定它会不会形成，人们自然期望发展某种合金理论，来预计给定的合金系中会不会出现 σ 相。遗憾的是，尽管从 20 世纪 30 年代以来人们就提出过各种金属和合金的理论，包括经验和半经验的理论，热力学理论，能带理论等，但这些理论目前尚不能直接用于各种实用合金。直到 20 世纪 60 年代中期才提出第一个直接用于预计实用合金中 σ 相的形成的理论，即所谓 **电子空穴理论**，这就是相计算（phase computation，简称 PHACOMP）的开端。下面简单介绍这一理论和相计算方法。

相计算理论的基本思想是认为 σ 相或一般的 TCP 相都可以看成是电子化合物，也就是说，相的形成和稳定性是由电子浓度 e/a 决定的。但是，所用的判据不是 e/a 本身，而是 Pauling 在 1938 年提出的"电子空穴"（electron hole）。

我们首先解释电子空穴的含义。在 2.4 节和 2.5 节中曾指出，在有些晶体中存在着杂化轨道。例如，在包含过渡族元素的固体中，过渡族元素原子的 ns，np 和 $(n-1)d$ 轨道（或能级）上的电子都参与固体的键合，形成新的 spd 杂化轨道。但是，并非所有 d 轨道上的电子都参与键合。为了确定过渡族元素原子的键合电子数，Pauling 注意到以下两个实验事实：（1）过渡族元素具有较强的顺磁性，说明其原子中存在着较大的固有磁矩，它取决于未填满的 d 轨道上自旋未配对的电子数。实验测得，Cr，Mn，Fe，Co，Ni 等金属的饱和原子磁矩分别为 0.22，1.22，2.22，1.71，0.61μ_B（μ_B 为玻尔磁子）。（2）在第四周期元素中从 K 至 Cr，金属原子半径递减（K—0.235nm，Ca—0.197nm，Sc—0.165nm，Ti—0.147nm，V— 0.136nm，Cr—0.130nm），而从 Cr 到 Ni，金属原子半径几乎不变（Cr—0.130nm，Mn— 0.127nm，Fe—0.126nm，Co—0.125nm，Ni—0.125nm）。其他长周期中也有类似现象。基于这些事实，Pauling 提出：

(1) 过渡族元素原子的 d 电子可分为键合电子和非键合电子两部分,前者参与固体的键合,形成 sd 杂化键;后者不参与键合。与此相应,五个 d 轨道中有 2.56 个是键合轨道,2.44 个是非键合轨道,或称原子轨道。非键合电子即在原子轨道上。

(2) 由于固有磁矩取决于自旋未配对的非键合 d 电子数,故从 Cr 的饱和磁矩可知,它应有 0.22 个非键合的 d 电子。因一个 Cr 原子有 5 个 d 电子和 1 个 s 电子,故 Cr 的键合电子数应为 $5+1-0.22=5.78$ 个,其中键合 d 电子数为 $5-0.22=4.78$ 个。

(3) 由于从 Mn 到 Ni 各元素的原子半径几乎都与 Cr 的相等,故可认为这些元素原子的键合电子数都是 5.78。因这些元素都有两个 s 电子,故它们的键合 d 电子数应为 3.78 个。因此,Mn,Fe,Co,Ni 等元素的非键合 d 电子数分别为 $1.22(=5-3.78)$,$2.22(=6-3.78)$,$3.22(=7-3.78)$ 和 $4.22(=8-3.78)$。

(4) 非键合 d 电子在 2.44 个非键合轨道上的分布如图 2-79 所示。由于每个轨道上可容纳两个自旋相反的电子,故可认为图 2-79 中每个方框内有 4.88 个电子位置(当然是指能量空间中的位置),其中一半(方框的上半部分)是可被自旋为正的电子占据的位置,另一半(方框的下半部分)则

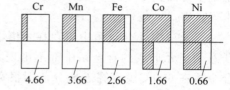

图 2-79 过渡族金属的电子空穴

是可被自旋为负的电子占据的位置。图中的阴影区就是已被电子占据的电子位置,空白区则是未被电子占据的位置。Pauling 将未被 d 电子占据的位置称为电子空穴或电子空位。显然每个原子的电子空穴数值 N_v 就等于未被电子占据的非键合 d 轨道数之半。根据上述各元素原子的非键合 d 电子数不难算出 Cr,Mn,Fe,Co 和 Ni 的 N_v 值分别为 4.66,3.66,2.66,1.66 和 0.66。

表 2-19 综合了 Pauling 提出的 d 电子分布。

表 2-19 Pauling 提出的 d 电子分布

元素	Ar 壳层外的总电子数	键合轨道上的电子数	原子 d 轨道上的电子数		电子空穴数 N_v	原子饱和磁矩 $/\mu_B$
			n^+	n^-		
K	1	1	—	—		
Ca	2	2	—	—		
Sc	3	3	—	—		
Ti	4	4	—	—		
V	5	5	—	—		
Cr	6	5.78	0.22	—	4.66	0.22
Mn	7	5.78	1.22	—	3.66	1.22
Fe	8	5.78	2.22	—	2.66	2.22
Co	9	5.78	2.44	0.78	1.66	1.71
Ni	10	5.78	2.44	1.78	0.6	0.61
Cu	11	—	2.44	2.44		

根据 d 电子分布即可推算过渡族元素原子的饱和磁矩,因为饱和磁矩等于自旋未配对的非键合 d 电子数,也就是自旋为正的 d 电子数 n^+(图 2-79 的上部阴影区的面积)减去自旋为负的 d 电子数 n^-(图 2-79 的下部阴影区的面积),n^+-n^-。从图 2-79 可见,对 Cr,Mn,Fe 元素来说,$n^-=0$,故 $n^+-n^-=n^+=$ 键合的 d 电子数,即 0.22,1.22 和 2.22(μ_B),

这与实验结果吻合。对 Co 和 Ni 两个元素来说，$n^+ - n^-$＝电子空穴数 N_v，即 1.66 和 0.66(μ_B)，这也与实验值(1.71 和 0.61μ_B)相近。从以上讨论不难看出，Pauling 提出 2.44 个非键合轨道完全是为了拟合实验测得的饱和磁矩。

在电子空穴这一概念的基础上，提出了预计 σ 相形成的判据，即所谓相计算方法。该判据是：当合金的平均电子空穴数 $\overline{N}_v$ 大于某一临界值 $\overline{N}_{vc}$ 时便会形成 σ 相，否则就不形成 σ 相。亦即，当 $\overline{N}_v > \overline{N}_{vc}$ 时，形成 σ 相；当 $\overline{N}_v < \overline{N}_{vc}$ 时，不形成 σ 相。这里 $\overline{N}_v$ 按下式计算：

$$\overline{N}_v = \sum C_i (N_v)_i \tag{2-67}$$

式中，C_i 是 i 组元的原子分数(或原子比)；$(N_v)_i$ 是 i 组元的电子空穴数。在利用上式计算 $\overline{N}_v$ 时要注意以下几点：

(1) $(N_v)_i$ 的选取。

上面讨论了按 Pauling 假设得出的 Cr，Mn，Fe，Co，Ni 等元素的 N_v 值。对于其他元素则不可能通过分析饱和磁矩得出 N_v 值。为了求得它们的 N_v 值，需要作某些假设。

对于和 Cr，Mn，Fe，CO，Ni 同族的元素，可根据"同族元素具有相同的 N_v 值"的假设来确定其 N_v 值。

对于ⅢB 族元素(B，Al)，ⅣA 族元素(Ti、Zr)和ⅤA 族元素(V，Nb，Ta)等特种钢中常用的组元元素，可按以下经验公式计算 N_v 值：

$$N_v = 10.66 - G.N. \tag{2-68}$$

这里，G. N. 是该元素在周期表中所在的族数。

(2) 其他析出相的影响

上面讲的 σ 相形成的判据是指从固溶体(γ 相)中析出 σ 相的条件。但是许多合金钢往往首先析出其他相，如各种碳化物、硼化物、γ' 相(Ni_3Al)等，高温长期加热后才析出 σ 相，而相计算的目的正是要判断会不会析出 σ 相。对于这些合金来说，在计算 $\overline{N}_v$ 时就不能按合金的初始成分，而要按析出其他相以后剩余固溶体的成分。显然剩余固溶体的成分取决于其他相的种类(化学式)和数量，难以准确计算。因此，对于具体的合金系(主要是 Ni 基、Fe 基耐热钢)，人们提出了各种计算 $\overline{N}_v$ 值的经验公式。例如，对 Cr-Co-Ni 系、Cr-Co-Fe 系、Cr-Co-Mo 系和 Cr-Ni-Mo 系，有以下经验公式：

$$\overline{N}_v = 0.66Ni + 1.71Co + 2.66Fe + 4.66Cr + 9.66(Mo + W) + 3.66Mn \tag{2-69}$$

式中，Ni，Co，…分别代表相应元素的原子分数(原子比)。至于临界电子空穴数 $\overline{N}_{vc}$，当然取决于合金系和温度。对于一定的合金系和一定的温度，$\overline{N}_{vc}$ 应该是一个常数，其值应由实验确定。对各种耐热合金，$\overline{N}_{vc}$ 值在 2.20 到 2.70 之间[①]。

由于上述相计算法是基于 $\overline{N}_v$ 这个物理量的，故亦称 $\overline{N}_v$ 相计算法($\overline{N}_v$-Phacomp)。这种方法虽已得到广泛的应用，但仍存在一些问题。它主要适用于预计锻造的镍基合金中 σ 相的形成条件，对其他情况就不很适用。即使在适用的情况下，$\overline{N}_{vc}$ 值也不是一个恒定的常数，因而有时预计结果比较近似，偏差较大。

针对上述问题，20 世纪 80 年代末人们又提出了新的相计算方法，称为 $\overline{M}_d$ 相计算法($\overline{M}_d$-Phacomp)。它的基本思想是应用分子轨道理论计算合金中过渡族合金元素 M 的 d 电

---

① 至于各种经验公式及其来源，这里就不讨论了，有兴趣的读者可参看有关的专著，例如三岛良績等编写的专著《新材料開発と材料設計學》(1985)。

子能级 M_d。为此,首先要根据基体金属的结构特点假设一个原子集团(相当于一个大分子),合金元素 M 就位于集团中心。然后针对此原子集团假设一定的交互作用势函数,用分立变分法求解波动方程,得到 M_d。表 2-20 列举了在 Ni 基合金中各元素的 M_d 理论计算值。

表 2-20   在 Ni 基合金中各元素的 M_d 理论计算值

元素	Al	Si	Ti	V	Cr	Mn	Fe	Co
M_d/eV	1.900	1.900	2.271	1.543	1.142	0.957	0.858	0.777
元素	Ni	Cu	Zr	Nb	Mo	Ta	W	
M_d/eV	0.717	0.615	2.944	2.117	1.550	2.224	1.655	

根据 M_d 值和合金成分,即可求出合金的平均 d 电子能级 $\overline{M}_d$:

$$\overline{M}_d = \sum C_i (M_d)_i \tag{2-70}$$

式中,C_i 的意义同式(2-67),$(M_d)_i$ 是合金中 i 组元的 M_d 值。

实验发现,在含过渡族元素的三元合金等温截面上,γ 固溶体和 σ 相或其他 TCP 相(包括 GCP 相)的相界线上的 $\overline{M}_d$ 值大体是一个常数(与成分无关),称为临界 $\overline{M}_d$ 值,记作 $\overline{M}_{dc}$。

于是,会不会从母相(γ 相)中析出新相(σ 相或其他 TCP 相)的判据可表为:

当 $\overline{M}_d > \overline{M}_{dc}$ 时,会析出;

当 $\overline{M}_d < \overline{M}_{dc}$ 时,不会析出。

$\overline{M}_{dc}$ 值取决于合金系及析出相的种类,并与温度有关。

与 $\overline{N}_v$ 相计算法相比,$\overline{M}_d$ 相计算法有三个明显的优点:

① 理论更严密。M_d 是根据分子轨道理论算出的,而 N_v 则是为了凑合实验观测到的某些过渡族元素的饱和磁矩而提出的。

② 应用更普遍。$\overline{M}_d$ 相计算法不仅适用于 Ni 基合金,也适用于 Co 基、Fe 基、Ti 基合金;不仅可预计 σ 相,也可预计其他 TCP 相(如 Fe-Co-Mo 系的 μ 相)、GCP 相(如 Ni-Ti-Al 和 Ni-Ti-Cr 系的 γ' 相和 $\eta(Ni_3Ti)$ 相)或其他相(如 $\beta(NiAl)$ 相)。

③ 准确性更高。这是因为 $\overline{M}_{dc}$ 比较接近于一个恒定的常数,而 $\overline{N}_{vc}$ 则在较大范围内变动。例如,即使对 $\overline{N}_{vc}$ 相计算法比较适用的 Ni 基合金,不同合金的 $\overline{N}_{vc}$ 值也在 2.15~2.5 的范围内变化,而 $\overline{M}_{dc}$ 值仅在 0.915~0.955 的范围内变化。

尽管 $\overline{M}_d$ 相计算法有以上优点,但目前尚未得到普遍的应用。作者发现,它还存在若干问题,例如在原子集团的选取和 $\overline{M}_{dc}$ 的计算方面都有一定的随意性(或不确定性),需要进一步发展和完善。

2.14.3.3 Cr_3Si 型结构

在大多数由 Ti、V 或 Cr 族元素(A 组元)与 Mn,Fe,Co,Ni,Cu,Al,Si 或 P 族元素(B 组元)形成的合金系中会出现具有同样结构的 A_3B 相,它也是一种具有高配位数的密排结构。由于这类化合物大都具有超导性质,故在高温氧化物超导材料出现以前曾对这类化合物进行过许多研究。下面以典型的化合物 Cr_3Si 为例简单地讨论其结构特点。

Cr_3Si 的结构胞如图 2-80 所示。Si 原子占据 BCC 点阵的结点,Cr 原子位于每个 $\{100\}$ 面上的两个四面体间隙处,并沿 $\langle 100 \rangle$ 方向排成交叉链,链内存在着很强的共价键。从图看出,每个 Cr 原子周围有 10 个邻近的 Cr 原子和 4 个 Si 原子。在 10 个邻近的 Cr 原子中有两个距所论 Cr 原子的距离为 $a/2$,另外 8 个 Cr 原子距所论 Cr 原子的距离为 $\sqrt{6}a/4$,而 4 个 Si 原子距所论 Cr 原子的距离为 $\sqrt{5}a/4$。每个 Si 原子周围有 12 个相距为 $\sqrt{5}a/4$ 的 Cr 原子,但没有最近邻的 Si 原子。因此得到:$CN_{(Cr)} = 10_{(Cr)} + 4_{(Si)} = 14$,$CN_{(Si)} = 12$。

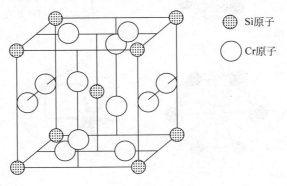

Si原子

Cr原子

图 2-80 Cr_3Si 的结构胞

具有 Cr_3Si 结构的 A_3B 化合物的原子半径比在 0.84 到 1.12 之间。

以上讨论了 3 种有代表性的 TCP 相。现将其特点归纳如下:

(1) 密排 由于 TCP 相的各组元原子大小不同,且符合一定的原子半径比,故 TCP 相中的原子比 FCC,CPH 纯金属或其他 GCP 相更致密地填充整个空间。

(2) 高配位数 TCP 相具有高的配位数(CN12,CN14,CN15 和 CN16),而且不同组元原子或在不同位置的原子可以有不同的配位数,这是不同于 GCP 相的,后者只有一个配位数。

(3) 层状结构 TCP 相可以看成是由两类原子的密排层依次相间堆垛而成。

(4) 四面体堆垛 TCP 相往往也可以看成是由规则或不规则四面体无间隙地填满整个空间而形成的。

(5) Kasper 相和 Kasper 多面体 上述由四面体堆垛而成的 TCP 相也称为 Kasper 相,因为 Kasper 等人发现,这样的 TCP 相也可看成是由各种配位多面体(称为 Kasper 配位多面体)堆垛而成。

所谓 Kasper 配位多面体是以给定原子为中心,以其最近邻原子(不论哪类原子,也不要求这些原子到给定原子的距离都一样)为顶点的多面体。显然,给定原子的配位多面体的顶点数 V 就等于该原子的配位数 CN。由于不同种类的原子可能有不同的配位数,因而给定的 TCP 相可能是由不同形状和尺寸的 Kasper 多面体堆垛而成。Kasper 多面体的表面数 F、棱(边)数 E 和顶点数 V 应有以下关系(欧拉定理):

$$V - E + F = 2 \tag{2-71}$$

根据拓扑学和晶体学知识可以证明,能无间隙地填满整个空间的 Kasper 多面体必须具有以下特点:①多面体的各外表面都是三角形;②多面体是凸的;③每个顶点有 5 或 6 条棱相遇。为了满足这些条件,Kasper 多面体的顶点数(或配位数)只能是 12,14,15 和 16。相应的多面体分别记为 CN12,CN14,CN15 和 CN16。图 2-81 画出了这些多面体及顶点原子的分布图。图中用平行线连接的原子是位于平行于纸面的同一层上,而对于用 V 形线连接的一对原子,则粗的一端(开口端)的原子在尖的一端(闭合端)的原子的上层。请读者思

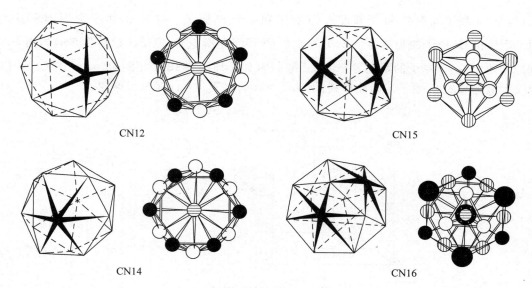

CN12　　　　　　　　　　　　　　CN15

CN14　　　　　　　　　　　　　　CN16

图 2-81　各种 Kasper 多面体

考,Laves 相、σ 相和 Cr_3Si 相应由什么样的 Kasper 多面体组成?

值得指出的是,Kasper 多面体都可以划分成顶点在多面体中心的四面体,故 Kasper 多面体无间隙地填满空间和四面体无间隙地填满空间是一回事。

2.15　间隙化合物

2.15.1　间隙化合物的分类:Hägg 规则

由原子半径较大的过渡族金属元素和原子半径较小的准金属元素 H,B,C,N,Si 等形成的金属间化合物称为间隙化合物或间隙相,因为在这种化合物中准金属原子是位于金属结构的间隙中。间隙相也称 Hägg 相,因为 Gunnar Hägg 对这类化合物进行过系统的研究。

间隙相通常可用一个化学式表示,并具有特定的结构。此结构往往不同于纯组元的结构,而是取决于准金属元素 X 与过渡族金属元素 M 的原子半径比 r_X/r_M。Hägg 指出:

当 $r_X/r_M < 0.59$ 时,形成结构简单的间隙相,并具有简单的化学式 MX,M_2X,M_4X 和 MX_2。

当 $r_X/r_M > 0.59$ 时,形成结构复杂的间隙相,其典型的化学式为 M_3C、$M_{23}C_6$ 和 M_6C,但也可有少数其他类型如 M_7C_3 等。这里 M 可以是一种金属元素,如 Fe_3C,也可以是两种或多种金属元素,如 $(Fe,Mn)_3C$,$(Fe,Cr)_3C$ 等。后两种化合物可以看成是 Mn,Cr 置换部分 Fe 原子而固溶在 Fe_3C 中。

Hägg 还指出,当 $r_X/r_M = 0.23$ 时,准金属原子占据过渡族金属结构的四面体间隙;而当 r_X/r_M 在 0.41 到 0.59 之间时则占据八面体间隙。在有些文献上,将上述区分间隙化合物的规则称为 Hägg 规则。根据 Hägg 规则不难理解:①由于氢和氮原子的半径比较小($r_H = 0.046nm$,$r_N = 0.071nm$),故所有过渡族金属的氢化物、氮化物都满足 $r_X/r_M < 0.59$,因而都是简单间隙相;②由于硼原子半径较大($r_B = 0.097nm$),故所有过渡族金属的硼化

物都是复杂间隙相；③由于碳原子具有中等大小的原子半径（$r_C = 0.077$nm），故原子半径较大的过渡族元素（族数小或周期数大的过渡族元素）的碳化物是简单的间隙相，例如 VC，WC，TiC 等，而原子半径较小的过渡族元素（族数大或周期数小的元素）的碳化物则是复杂间隙相，例如 Fe_3C，$Cr_{23}C_6$，Fe_4W_2C 等。

2.15.2　间隙化合物的结构

2.15.2.1　简单间隙化合物的结构

在简单间隙化合物中，金属原子几乎总是排成 FCC 或 CPH 结构。在少数情形下也位于体心立方或简单六方点阵上。在偶尔的情形下，还位于略有畸变的上述点阵上。至于准金属原子，它通常都位于四面体或八面体间隙中。

化学式为 MX 的氮化物、碳化物和氢化物一般都是立方结构，其中金属原子占据 FCC 的结点，准金属原子则占据其八面体间隙（因而形成 NaCl 型结构）或四面体间隙（因而形成闪锌矿型结构）。但也有极少数间隙相是以 BCC 或 CPH 为基的。

在化学式为 M_2X 的间隙相中，金属原子一般排成密排六方，但有时也排成立方（W_2N 和 Mo_2N）。准金属原子则占据部分四面体或八面体间隙。

表 2-21 列举了各种简单间隙化合物的结构。

表 2-21　各种简单间隙化合物的结构

化　学　式		结　　构
M_4X	Fe_4N，Nb_4C	FCC
M_2X	Fe_2N，Cr_2N，Mn_2N，Nb_2N，Ta_2N，V_2N，Ni_3N，W_2C，Mo_2C，Ta_2C，V_2C，Nb_2C	CPH
MX	ZrN，ScN，TiN，VN，CrN，ZrC，TiC，TaC，VC，ZrH，TiH 等	FCC
	WC，MoN	简单六方
	NaH，TaH	BCC
MX_2	TiH_2	FCC

2.15.2.2　复杂间隙化合物的结构

在合金钢中常出现各种类型的复杂间隙化合物，主要是 Cr，Mo，Co，Fe 及其合金的碳化物。下面我们讨论三类典型的复杂间隙化合物的结构。

（1）M_3C 型　典型的化合物就是 Fe_3C，它属于正交晶系，点阵常数为 $a = 0.4524$nm，$b = 0.5089$nm，$c = 0.6743$nm。图 2-82 是 Fe_3C 晶胞在 xy 平面上的投影。图例中的数字分别代表 Fe 原子和碳原子的 z 坐标。从图 2-82（a）看出，一个晶胞内共有 12 个 Fe 原子（即图中 1～12 号原子）和 4 个碳原子（即图中的 $a \sim d$ 号原子）。在图 2-82（b）中将邻近的 6 个 Fe 原子连成三棱柱，中间包含 1 个碳原子，这可以看成是 Fe_3C 的结构单元。这个结构单元也可以看成是由 6 个 Fe 原子和 1 个 C 原子组成的两个共顶四面体（C 原子是公共顶点），如图 2-82（c）所示。从图 2-82（c）看出，每个碳原子有 6 个邻近的 Fe 原子。

（2）$M_{23}C_6$ 型　典型的化合物是 $Cr_{23}C_6$，其结构胞如图 2-83 所示。它是一个 FCC 点阵，$a = 1.064$nm。晶胞中 Cr 原子的分布如下：①在 FCC 的结点上各有一个以 Cr 原子，共 4 个原子；②在每个结点上还有一个以 Cr 原子为顶点的小十四面体（十四面体的外表面由

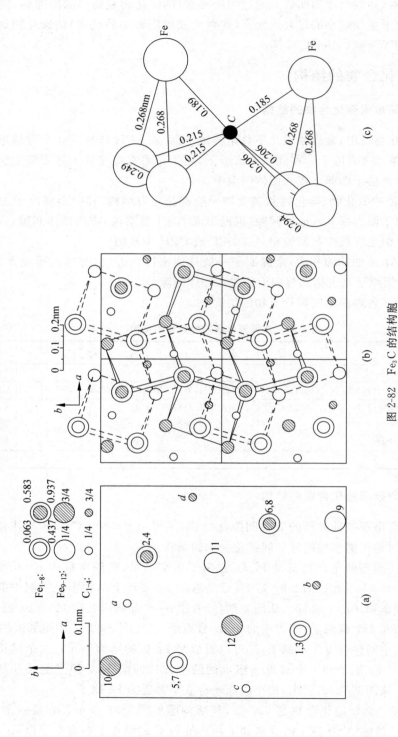

图 2-82 Fe₃C 的结构胞

(a) 在 xy 面（即（001）面）上的投影；(b) 四个相邻的晶胞在 xy 面上的投影及其所构成的三棱柱（实三棱柱在上层，虚三棱柱在下层）；(c) 共顶四面体结构单元

6 个 {100} 面和 8 个 {111} 面组成),所有十四面体的顶点 Cr 原子总数为 $12 \times \frac{1}{8} \times 8 +$
$12 \times \frac{1}{2} \times 6 = 48$ 个;③在所有八面体间隙中都有一个以 Cr 原子为顶点的小六面体(其外表
面为 6 个 {110} 面),各六面体顶点 Fe 原子总数为 $8 \times \frac{1}{4} \times 12 + 8 = 32$ 个;④在 8 个四面体
间隙中各有一个 Cr 原子。因此,晶胞中 Cr 原子总数为 $4 + 48 + 32 + 8 = 92$ 个。碳原子位于
沿 $\langle 100 \rangle$ 方向的每对十四面体和六面体之间(中点),共有 24 个碳原子,故按结构胞的化学式
为 $Cr_{92}C_{24}$,即 $Cr_{23}C_6$。值得注意的是,在多元合金钢中,只有位于四面体间隙中的 8 个 Cr
原子可以被其他合金元素原子如 Mo,W,Fe 等代替,得到 $(Cr, Fe, W, Mo)_{23}C_6$ 化合物。

(3) M_6C 型　典型的化合物是 Fe_4W_2C 其结构胞如图 2-84 所示。它也是一个 FCC 点
阵。M 原子的分布如下:①在 FCC 点阵的结点上各有一个以 M 原子为顶点的八面体(其
外表面为 8 个 {111} 面),故共有 $6 \times \left(8 \times \frac{1}{8} + 6 \times \frac{1}{2} \right) = 24$ 个 M 原子;②在各个八面体间隙
中各有 1 个以 M 原子为顶点的四面体(其外表面是 4 个 {111} 面),故共有 $4 \times$
$\left(12 \times \frac{1}{4} + 1 \right) = 16$ 个 M 原子;③在 4 个隔开的四面体间隙中各有 1 个以 M 原子为顶点的
八面体,在其余 4 个四面体间隙中则各有 1 个以 M 原子为顶点的四面体。故在 8 个四面体
间隙中共有 $6 \times 4 + 4 \times 4 = 40$ 个 M 原子;④沿 $\langle 111 \rangle$ 方向在相邻的 2 个 M 原子四面体之间
有 1 个 M 原子,故共有 $4 \times 4 = 16$ 个 M 原子。因此,M 原子的总数为 $24 + 16 + 40 +$
$16 = 96$。碳原子位于沿 $\langle 111 \rangle$ 方向的 2 个 M 原子八面体之间,故共有 $4 \times 4 = 16$ 个碳原子。
因此,按晶胞的化学式为 $M_{96}C_{16}$ 或 M_6C。

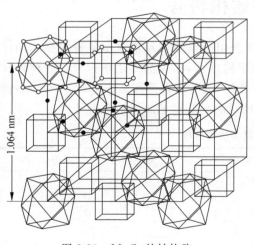

图 2-83　$M_{23}C_6$ 的结构胞

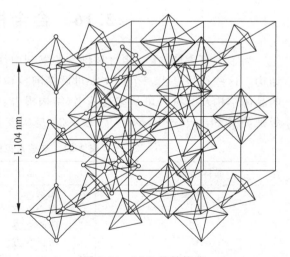

图 2-84　M_6C 的结构胞

2.15.3　间隙化合物的特性

间隙化合物,特别是简单的间隙化合物,具有以下一些特性:

(1) 虽然原子半径比是决定结构的主要因素,因而这种化合物也可归为尺寸因素化合
物,但价电子浓度因素对结构也有很大的影响。这就是为什么当金属组元 M 是 BCC 时,间

隙化合物 MX 往往是 FCC 或 CPH,而不是 X 原子填在 BCC 点阵间隙中。业已发现,简单间隙相的结构和价电子浓度有很好的对应关系。

(2)虽然间隙化合物可以用一个化学式表示,但大多数间隙化合物的成分可以在一定的范围内变化。显然,当某类间隙被准金属原子填满时成分就达到了上限。此外,许多间隙相还具有很宽的相互固溶范围,甚至形成连续固溶体。例如,由 Ti,Zr,V,Nb,Ta 的碳化物彼此形成的二元系几乎都具有完全固溶范围。Ti,Zr,V,Nb 的氮化物也是这种情况。

(3)虽然间隙化合物中准金属元素的含量很高,但它仍具有明显的金属性质。例如有金属光泽,较好的导电性,正的电阻温度系数等。

(4)间隙化合物一般具有很高的熔点、极高的硬度和脆性。这种化合物弥散在钢中就使钢硬化,耐磨。高速切削工具钢的耐磨性就来源于多种间隙化合物的共同作用。

(5)间隙化合物中的结合键是混合型的:金属原子之间是通过 d 电子形成金属键,而金属与准金属原子之间则通过金属的 d 电子和准金属的 p 电子形成很强的定向(八面体)共价键。金属键决定了间隙化合物的明显金属性质,共价键则决定了它的高熔点、高硬度和脆性。

(6)某些间隙化合物具有超导性,如 $NbC_{0.3}N_{0.7}$。非超导材料 Pd,Pd-Ag 和 Pd-Cu 在加入间隙元素 H 后也变成超导材料。

(7)过渡族金属的硼化物和磷化物可通过快冷而成为非晶态材料,其力学和电学性能类似于钢。

以上讨论了各种有代表性的金属间化合物。因篇幅有限,不可能对其他各种各样的金属间化合物进行逐一的讨论,但读者只要弄清了本章讨论的各种有代表性的结构的特点和规律,就不难看懂其他各种化合物的结构。

2.16   合金相结构符号

为了书写方便,在一些材料科学的书刊中往往采用简单的符号来表示各种类型的晶体结构。这些符号是由一个英文字母后接阿拉伯数字构成的,称为晶体结构符号。各种各样的晶体结构及其符号可从多卷丛书《结构报告》中查到(该书初版是德文 *Strukturbericht*,续版是英文 *Structure Reports*)。表 2-22 是从该书摘录的一些常见晶体结构符号。

表 2-22   某些常见的晶体结构符号

晶体结构符号	晶体结构类型	晶胞内的分子(或原子)数
A 型	元素	
A1	面心立方	4
A2	体心立方	2
A3	密排六方	2
A4	金刚石立方	8
A5	面心正方	4
A6	体心正方	2
A7	As 结构(菱方)	2
A8	Se 结构(六方)	3
A9	石墨结构(六方)	4
A10	固态汞结构(六方)	4

续表

晶体结构符号	晶体结构类型	晶胞内的分子(或原子)数
A11	Ga 结构(正方)	
A12	α-Mn 结构(立方)	58
A13	β-Mn 结构(立方)	20
A15	β-W 结构(立方)	8
B 型	AB 型化合物	
B1	NaCl 结构(立方)	4
B2	CsCl 结构(立方)	1
B3	ZnS 结构(立方)	4
B4	ZnO,ZnS 结构(六方)	2
B5	SiC 结构(六方)	4
B 型	AB 型化合物	
B6	SiC 结构(六方)	6
B7	SiC 结构(六方)	15
B8	NiAs 结构(六方)	2
B9	HgS 结构(六方)	3
B11	PbO 结构(正方)	2
B12	BN 结构(六方)	
C 型	AB_2 型化合物	
C1	CaF_2 结构(立方)	4
C2	FeS_2 结构(立方)	4
C3	Cu_2O 结构(立方)	2
C4	TiO_2 结构(正方)	2
C5	TiO_2 结构(正方)	4
C8	SiO_2 结构(六方)	3
C9	SiO_2 结构(立方)	8
C10	SiO_2 结构(六方)	4
C11	CaC_2 结构(立方)	4
C14	$MgZn_2$ 结构(六方)	4 ⎫Laves 相
C15	$MgCu_2$ 结构(立方)	8 ⎭
C21	TiO_2 结构(正交)	
C43	ZrO_2 结构(单斜)	4
D 型	A_mB_n 型化合物	
D51	Al_2O_3 结构(菱方)	2
D52	La_2O_3 结构(六方)	1
E…K 型	更复杂的化合物	
G1	$CaCO_3$ 结构(菱方)	2
G4	$FeTiO_3$ 结构(菱方)	2
G5	$CaTiO_3$ 结构(立方)	1
H12	$(Mg,Fe)SiO_4$ 结构	4
L 型	合金	
L10	AuCu 结构	
L12	$AuCu_3$ 结构	
O 型	有机化合物	
O1	CH_4 结构(立方)	4
O5₁₅	$C_{14}H_{12}$ 结构(单斜)	4
S 型	硅酸盐	

从表 2-22 可以看出,不同的英文字母代表不同类型的材料。例如:

A—元素;B—AB 型化合物;C—AB_2 型化合物;D—A_mB_n 型化合物;E…K—更复杂的化合物;G—ABO_3 型化合物;L—(有序)合金;O—有机化合物;S—硅酸盐。

习　　题

2-1　写出联系微观粒子二象性的基本公式。

2-2　讨论波函数的意义及其与电子云的关系。

2-3　定性讨论四个量子数的意义。

2-4　举例说明原子中电子填充(或分布)规则。

2-5　什么是过渡族元素和稀土元素?

2-6　举例说明各种结合键的特点。

2-7　什么是分子轨道?它和原子轨道有什么关系?举例说明。

2-8　已知 NH_3 分子是三棱锥形,N—H 之间的键角为 107°。请画出这个化合物中 p 轨道和 s 轨道重叠所形成的 σ 键。

2-9　什么是能带?导体、半导体和绝缘体的能带有什么区别?

2-10　什么是固体的结合能?分别写出离子晶体、分子晶体、共价晶体和金属晶体的结合能的一般表达式(只要求写出相关的各部分能量)。

2-11　比较石墨和金刚石的晶体结构、结合键和性能。

2-12　为什么元素的性质随原子序数周期性地变化?短周期元素和长周期元素的变化有何不同?原因何在?

2-13　讨论各类固体中原子半径的意义及其影响因素,并举例说明。

2-14　解释下列术语:合金、组元、相、组织、固溶体、金属间化合物、超结构(或超点阵)、分点阵(或次点阵)、电负性、电子浓度等。

2-15　有序合金的原子排列有何特点?这种排列和结合键有什么关系?为什么许多有序合金在高温下变成无序?从理论上如何确定有序—无序转变的温度(居里温度)?

2-16　试将图 2-43 中的各种有序合金结构分解为次点阵(指出次点阵的数量和类型)。

2-17　简述 Hume-Rothery 规则及其实际意义。

2-18　利用 Darken-Gurry 图分析在 Mg 中的固溶度可能比较大的元素(所需数据参看表 2-7)。

2-19　什么是 Vegard 定律?为什么实际固溶体往往不符合 Vegard 定律?

2-20　固溶体的力学和物理性能和纯组元的性能有何关系?请定性地加以解释。

2-21　叙述有关离子化合物结构的 Pauling 规则,并用此规则分析岩盐、闪锌矿、纤锌矿、萤石、刚玉、金红石等的晶体结构。

2-22　讨论氧化物结构的一般规律。

2-23　讨论硅酸盐结构的基本特点和类型。

2-24　从以下六方面总结、比较价化合物、电子化合物、TCP 相和间隙相(间隙化合物)等各种金属间化合物。(1)组成元素;(2)结构特点;(3)结合键;(4)决定结构的主要因素及理论基础;(5)性能特点;(6)典型例子。

2-25　根据 $MgCu_2$ 的结构特点(规律),利用计算机确定 $MgCu_2$ 结构胞中各原子的坐标,以及 Mg 和 Cu 原子的配位数。

2-26　简述相计算理论的内容及其实际意义。

2-27　试从结构上比较硅酸盐晶体与硅酸盐玻璃的区别。

第 3 章 晶体的范性形变

3.1 引 言

众所周知,晶体在外力作用下会发生变形。当外力较小时变形是弹性的,即卸载后变形也随之消失。这种可恢复的变形就称为**弹性变形**。晶体在弹性变形时,应力和应变呈线性关系,此称为胡克定律。例如,在单向拉伸时,拉应力 σ 和伸长应变 ε 的关系为 $\sigma = E\varepsilon$,式中 E 称为杨氏模量。在剪切变形时,剪应力 τ 和剪应变 γ 的关系为 $\tau = G\gamma$,式中 G 为剪切模量。E 和 G 都是材料常数。但是,当外加应力超过一定值(即屈服极限)时,应力和应变就不再呈线性关系,卸载后变形也不能完全消失,而会留下一定的残余变形或永久变形。这种不可恢复的变形就称为**塑性变形**(工程用语)或**范性形变**(金属物理用语)。

晶体的弹性性能用弹性模量(E 和 G)表示。晶体的塑性(塑性变形能力)则常用单向拉伸时的**延伸率**(即断裂前的最大相对伸长)和**断面收缩率**(断裂前最大的相对断面积缩减)表示。晶体的力学性能就是弹性、塑性和强度等三方面性能的综合。

晶体的弹性与材料的微观组织(或结构)关系不大(因而和成分、热处理的关系也不大),属于对结构不敏感的性能,而晶体的塑性和强度(主要是屈服极限)则对微观组织(结构)十分敏感,属于对结构敏感的性能。

研究晶体的变形特点(或称力学行为)需从理论和实验两方面着手。

理论方面有两条途径。一是宏观途径,即建立唯象理论,如各种弹、塑性理论和断裂力学等,用于分析、计算工程结构和构件在加工和使用条件下的应力、应变和断裂条件(准则)。二是微观途径,即建立晶体变形的微观模型,研究塑性变形的微观机制,并确定微观组织(结构)与力学性能(主要是塑性和强度)之间的关系。

实验方面是利用各种宏观和微观的实验技术,测定构件内的应力和应变,材料的各种力学性能,以及微观组织和缺陷等。

为了正确地设计工程结构和构件,正确地选材,乃至发展新材料,材料工作者必须熟悉以上各方面研究内容和方法。

本章着重讨论单晶体的范性形变方式和规律,并在此基础上简单地讨论多晶体的范性形变特点。至于范性形变的位错机制则在第 4 章深入讨论。

虽然从宏观上看,固体的范性形变方式很多,如伸长和缩短、弯曲、扭转以及各种复杂变形,但从微观上看,单晶体范性形变的基本方式只有两种,即**滑移**和**孪生**。

滑移和孪生都是剪应变,即在剪应力作用下晶体的一部分相对于另一部分沿着特定的晶面和晶向发生平移,如图 3-1 和图 3-2 所示。在滑移的情形下,该特定晶面和晶向分别称为滑移面和滑移方向。一个滑移面和位于该面上的一个滑移方向便组成一个**滑移系统**,用 $\{hkl\}\langle uvw \rangle$ 表示。类似地,在孪生的情形下,该特定晶面和晶向分别称为孪生面和孪生方向。一个孪生面和位于该面上的一个孪生方向组成一个**孪生系统**，也用 $\{hkl\}\langle uvw\rangle$ 表示。从图 3-1 和图 3-2 可以看出，滑移和孪生的基本差别是，滑移不改变晶体各部分的相对取向，也就是不在晶体内部引起位向差。而孪生则相反，发生了孪生的部分（称为孪晶）和未发生孪生的部分（称为基体）具有不同的位向，二者构成镜面对称关系，对称面（镜面）就是孪生面。

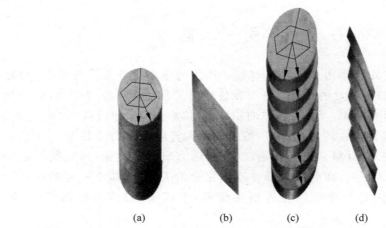

图 3-1　晶体滑移模型
（a），（b）滑移前；（c），（d）滑移后

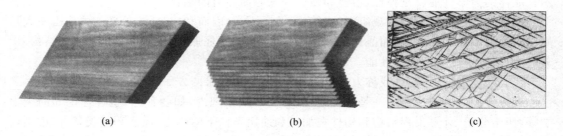

图 3-2　孪生模型
（a）孪生前；（b）孪生后；（c）Ti(99.77%)中的变形孪晶

滑移和孪生都会在样品表面形成台阶（除非该表面平行于滑移方向或孪生方向）。滑移时形成的台阶就称为滑移线，如图 3-3 所示，它就是滑移面和表面的交线。每个台阶的高度约为 100nm。在金相显微镜下看到的滑移痕迹往往是由许多相距为 10nm 左右的滑移线形成的滑移带。相邻滑移带之间的距离约为 100nm。每个孪晶（相当于一个滑移带）也包含许多台阶，但相邻台阶之间的距离恰好是孪生面的晶面距（0.1nm 左右），每个台阶的高度都相同（也是 0.1nm 的数量级）。

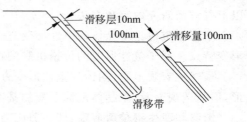

图 3-3　滑移线的形成

以下各节将对滑移和孪生进行深入的讨论。

3.2　滑移系统和 Schmid 定律

3.2.1　晶体的滑移系统

　　晶体的滑移系统首先取决于晶体结构,但也与温度、合金元素等有关。表 3-1 给出了在常温、常压下各种晶体的滑移系统。从表 3-1 看出,对 FCC、BCC 及 CPH 三类晶体来说,**滑移方向都是最密排的方向,而滑移面则往往是密排面**。例如,FCC 晶体的滑移系统{111}⟨110⟩就是由最密排面和最密排方向组成的。由于 FCC 晶体有 4 个不同取向的{111}面,每个面上又有 3 个密排方向,故共有 12 个晶体学上等价的滑移系统。CPH 晶体的滑移系统与 c/a 有关。对于 c/a 较大的晶体如 Zn,Cd,其密排面是(0001),故滑移系统就是(0001)⟨11$\bar{2}$0⟩,共 3 个等价的滑移系统。对于 c/a 较小的晶体如 Mg,Ti,Zr 等,其滑移面除(0001)外还有{10$\bar{1}$0}和{10$\bar{1}$1},因为它们的原子密度相差不多。

表 3-1　各种晶体的滑移系统和临界分切应力

晶体结构	金属	滑移面	滑移方向	临界分切应力/MPa
FCC	Ag	{111}	⟨110⟩	0.37
	Al	{111}	⟨110⟩	0.79
	Cu	{111}	⟨110⟩	0.98
	Ni	{111}	⟨110⟩	5.68
CPH	Mg	(0001)	⟨11$\bar{2}$0⟩	0.39～0.50
		{10$\bar{1}$0}	⟨11$\bar{2}$0⟩	40.7
	Be	{0001}	⟨11$\bar{2}$0⟩	1.38
		{10$\bar{1}$0}	⟨11$\bar{2}$0⟩	52.4
	Co	{0001}	⟨11$\bar{2}$0⟩	0.64～0.69
	Ti	{10$\bar{1}$0}	⟨11$\bar{2}$0⟩	12.8
	Zr	{10$\bar{1}$0}	⟨11$\bar{2}$0⟩	0.64～0.69
BCC	Fe	{110}{112}{123}	⟨111⟩	27.6
	Mo	{110}{112}{123}	⟨111⟩	96.5
	Nb	{110}	⟨111⟩	33.8
	Ta	{110}	⟨111⟩	41.4

　　BCC 晶体的滑移系统比较特殊,可能有{110}、{112}和{123}等滑移面,视具体晶体和温度条件而定(见表 3-1)。但对 α-Fe 来说,由于它的滑移线是波浪形的,人们推测,它可能同时具有以上 3 组滑移面,也就是说,晶体同时沿上述 3 组面构成的曲折滑移面滑移,因而这种滑移又叫铅笔状滑移。

　　随着温度的升高,滑移系统可能增多。例如,Al 在高温下还可能出现{001}⟨110⟩滑移系统。

3.2.2　Schmid 定律

　　由于滑移是晶体沿滑移面和滑移方向的剪切过程,故可想见,决定晶体能否开始滑移的应力一定是作用在滑移面上沿着滑移方面的剪应力,或称为**分切应力**。

现在让我们用一根正断面积为 A_0 的单晶试棒进行拉伸试验,如图 3-4 所示。假定拉力 $\boldsymbol{F}$ 和滑移面法线 $\boldsymbol{n}$ 的夹角为 ϕ,$\boldsymbol{F}$ 和滑移方向 $\boldsymbol{b}$ 的夹角为 λ,则由图 3-4 很容易求得,作用在滑移面上沿着滑移方向的分切应力为

$$\tau = \frac{F\cos\lambda}{\left(\dfrac{A_0}{\cos\phi}\right)} = \frac{F}{A_0}\cos\lambda\cos\phi = \sigma\cos\lambda\cos\phi = \sigma\mu \tag{3-1}$$

式中,$\sigma = \dfrac{F}{A_0}$ 为拉伸应力。$\mu = \cos\lambda\cos\phi$,称为取向因子或 Schmid 因子。

Schmid 用同种材料但不同取向(不同 μ 值)的单晶试棒进行拉伸试验,结果发现,尽管不同试棒的 μ 值不同,但开始滑移时的分切应力都相同——等于某一确定值 τ_c,换言之,晶体开始滑移所需的分切应力是

$$\tau = \sigma\mu = \tau_c \tag{3-2}$$

τ_c 就称为**临界分切应力**,它是个材料常数。式(3-2)就称为 Schmid 定律。它可以表述为:**当作用在滑移面上沿着滑移方向的分切应力达到某一临界值 τ_c 时,晶体便开始滑移**。

Schmid 实验的结果画在图 3-5 中,从图看出,实验点近似位于双曲线($\sigma\mu =$ const.)上。

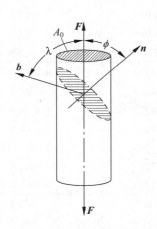

图 3-4　单晶试棒的单向拉伸

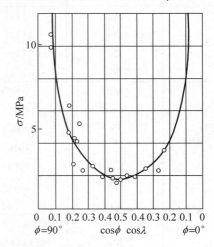

图 3-5　Schmid 的实验结果

表 3-1 列举了某些金属的临界分切应力 τ_c 值。值得注意的是,FCC 的 τ_c 值比 BCC 低十几倍。

下面对 Schmid 定律进行一些讨论。

Schmid 定律是一个近似的定律,因为 τ_c 值与实验精度有关:测定应变的仪表越精确,τ_c 的实验值便越小。

按照 Schmid 定律,单晶体是没有确定的屈服极限 σ_{ys} 的,因为单晶体开始塑性变形时 σ_c 是一定的,因而拉应力 σ_{ys} 并不是一个常数,它取决于单晶体的位向($\tau_{ys} = \tau_c/\mu$)。人们常将 μ 值大的位向称为软位向,μ 值小的位向称为硬位向。

如果晶体有若干个等价的滑移系统,那么它们的 τ_c 必相同,因而在加载时首先发生滑移的滑移系统必为 μ 值最大的系统,因为作用在此滑移系上的 τ 最大($\tau = \sigma\mu$)。如果两个或多个滑移系统具有相同的 μ 值,则滑移时必有两个或多个滑移系统同时开动。我们把只有一

个滑移系统的滑移称为**单滑移**,具有两个或多个滑移系统的滑移则分别称为**双滑移**或**多滑移**。

3.2.3 Schmid 定律的应用

当晶体具有等价的滑移系统时,利用 Schmid 定律便可确定在给定方向加载(拉伸或压缩)时滑移首先沿哪个或哪些系统进行,是单滑移、双滑移和多滑移。

根据上面的讨论可知,为了回答这些问题,只要计算在给定的加载方向下所有等价滑移系统的取向因子 μ。根据这一思路,人们逐一计算了在任给加载方向下面心立方晶体的 12 个等价的 $\{111\}\langle110\rangle$ 系统的 μ 值和体心立方晶体的 12 个 $\{110\}\langle111\rangle$ 系统的 μ 值。根据计算的结果,人们发现了一个快速确定具有最大取向因子 μ_{max} 的滑移系统的方法,也就是快速确定"启动"滑移系统的方法,这就是所谓"**映像方法**"或"**映像规则**"。

为了说明映像规则,需要利用极射投影图——通常是用(001)标准投影。图 3-6 是立方晶体的(001)标准投影。从图可以看出,它是由 24 个彼此相邻的**取向三角形**组成,每个三角形的三个顶点分别都是二次轴 $\langle110\rangle$、三次轴 $\langle111\rangle$ 和四次轴 $\langle100\rangle$。(整个投影球球面上共有 48 个取向三角形)。因此,任给的加载方向 **F** 必然位于某个取向三角形中,亦即可以用某取向三角形中的一个极点来表示 **F**。为确定起见,假定 **F** 沿 [215] 方向,那么它显然应在取向三角形 $[10\bar{1}]$—$[\bar{1}11]$—$[001]$ 内,如图 3-6 所示。我们假定所研究的晶体是 FCC 结构。那么在 **F** 作用下晶体的滑移面就是(111)的"像"($1\bar{1}\bar{1}$)(以(111)的对面,即 [001] 和 $[\bar{1}01]$ 决定的平面,为镜面),而滑移方向就是 $[10\bar{1}]$ 的"像" $[01\bar{1}]$(以 $[10\bar{1}]$ 的对面,即 [001] 和 $[\bar{1}11]$ 决定的平面,为镜面),故滑移系统就是($1\bar{1}\bar{1}$)$[01\bar{1}]$。

对于没有学过极射投影的读者,也可以利用我们提出的"**取向胞**"来分析滑移系统。对立方晶体来说,取向胞就是一个表示晶体位向的立方体,晶体就放在立方体中心,并假定晶体比立方体小得多,因而任何晶面都可认为是通过中心的。于是一个晶面在空间的取向就可以用它的法线与立方体表面的交点(极点)来表示。图 3-7 是立方晶体的 $\langle100\rangle$ 取向胞,即假定(100)面平行于立方体的前表面,(010)面平行于右表面,(001)面平行于上表面(顶面)。这样一来,其他任何晶面的极点位置都是确定的。从图 3-7 可以看出,整个取向胞的表面也是由 48 个取向三角形组成(其中 24 个可见),而任何一个加载方向 **F** 必然位于某一取向三角形中,因而同样可以用映像规则来确定在 **F** 作用下起动的滑移系统。图 3-7 中指出了沿 FCC 晶体的 [215] 方向加载时 **F** 的位置,由此同样可用映像规则确定其滑移系统为($1\bar{1}\bar{1}$)$[01\bar{1}]$。

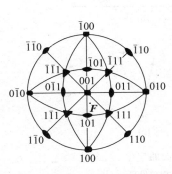

图 3-6 立方晶体的(001)标准投影和映像规则

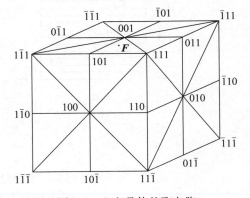

图 3-7 立方晶体的取向胞

显然,用取向胞表示晶体的取向和分析其变形行为比用极射投影更直观。

按取向规则不难看出,当 F 位于取向三角形的边界上时晶体发生双滑移,位于取向三角形顶点时则发生多滑移。

3.3　滑移时参考方向和参考面的变化

单晶体在自由滑移时,虽然它的晶轴 a,b,c 或任何$[uvw]$晶向在空间的方位始终不变,但由于试样变形,它的轴向(或任何带有标记的方向)和外表面(如侧表面或任何带有标记的平面)在空间的方位一般都要改变,因而其指数也会改变。我们将试样的轴向或任何带有标记的方向称为**参考方向**,将试样的外表面或任何带有标记的平面称为**参考面**。下面首先讨论在单滑移过程中参考方向和参考面的指数如何改变。

3.3.1　参考方向的变化

图 3-8(a)和(b)分别画出了在单晶体滑移前后试样表面上某一刻线(参考方向)$\overline{AB}$的变化。显然,$\overline{AB}$在空间方位的变化只取决于 B 点相对于 A 点的位移。在图 3-8(c)中此相对位移为$\overrightarrow{BB'}$。假定滑移前刻线为 $d=\overrightarrow{AB}$,滑移后刻线变为 $D=\overrightarrow{AB'}$。如果切变量为 γ(γ 是平行于滑移面且相距为单位距离的两层间的相对位移),沿滑移方向的单位向量为 b,沿滑移面法线方向的单位向量为 n,那么从图 3-8(c)得到

$$D = d + \overrightarrow{BB'} = d + \gamma(d \cdot n)b \tag{3-3}$$

由式(3-3)不难看出,当参考方向平行于滑移面时,$d \cdot n = 0$,因而 $D = d$。这表明,**滑移面上的参考方向在滑移过程中保持不变**。

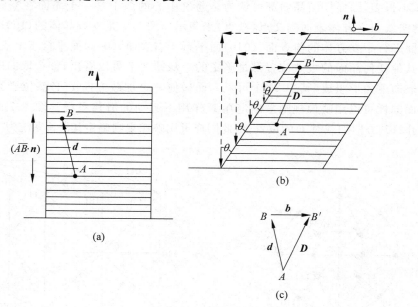

图 3-8　滑移过程中参考方向的变化

(a) 滑移前；(b) 滑移后；(c) 相对位移

例 1　有一根 BCC 单晶试棒,其滑移系统为 $\{110\}\langle111\rangle$。今沿棒轴 $[\bar{1}23]$ 方向拉伸,问切变量达到 $\frac{\sqrt{6}}{4}$ 时,棒轴的取向如何?

解　已知 $d=[\bar{1}23]$,$\gamma=\frac{\sqrt{6}}{4}$。由映像规则可知,沿 $[\bar{1}23]$ 方向拉伸时,滑移系统应为 $(\bar{1}01)[111]$,故 $n=[\bar{1}01]/\sqrt{2}$,$b=[111]/\sqrt{3}$。将这些数据代入式(3-3)得到

$$D=[\bar{1}23]+\frac{\sqrt{6}}{4}\times([\bar{1}23]\cdot[\bar{1}01]/\sqrt{2})[111]/\sqrt{3}$$

$$=[\bar{1}23]+\frac{1}{4}\times[(-1)\times(-1)+2\times0+3\times1][111]$$

$$=[\bar{1}23]+[111]=[034]$$

讨论:

(1) 公式(3-3)是针对拉伸的情形导出的。对于压缩情形,只要将 b 反向,就可导出类似的公式。如果规定拉伸时 γ 为正,压缩时 γ 为负,那么无论是拉伸还是压缩情形下都可用式(3-3)表示参考方向的变化。

(2) 由于 b,n 和 d 三个向量都有正、反两个方向可供选择,这里就存在一个"匹配"问题。从图 3-8(c)可以看出,这三个向量正向的选择应符合以下条件:$(d\cdot n)(d\cdot b)>0$。如果 n 和 b 是由 d 按映像规则确定的,那么上述条件会自动得到满足。

3.3.2　参考面的变化

一个平面的方位和面积可以用它法线方向上的一个向量来表示,向量长度就等于面积。

现在假定在滑移前某参考面为 a,滑移后该面变成 A,求 A 和 a 的关系。

为此,我们在 a 面上任选两个不平行的向量 d_1 和 d_2,它们在滑移后分别变为 D_1 和 D_2。于是我们有:$a=d_1\times d_2$,$A=D_1\times D_2$。将式(3-3)代入这里关于 A 的公式,就得到

$$A=D_1\times D_2=[d_1+\gamma(d_1\cdot n)b]\times[d_2+\gamma(d_2\cdot n)b]$$

$$=d_1\times d_2+\gamma[(d_2\cdot n)d_1-(d_1\cdot n)d_2]\times b$$

$$=a+\gamma[n\times(d_1\times d_2)]\times b$$

$$=a-\gamma[b\times(n\times a)]$$

$$=a-\gamma[(b\cdot a)n-(b\cdot n)a]$$

因为　　　　　　　　　　　　　　　　$b\cdot n\equiv0$

所以　　　　　　　　　　　　　　　$A=a-\gamma(a\cdot b)n$　　　　　　　　　　(3-4)

由式(3-4)不难看出,当参考面平行于滑移面时,$a\cdot b=0$,因而 $A=a$。这表明,**滑移前后滑移面的方位和面积都不变**。

例 2　如果在例 1 中试样的一个侧表面为 (210),求滑移后该面的指数。

解　将 $a=[210]$,$b=[111]/\sqrt{3}$,$n=[\bar{1}01]/\sqrt{2}$,$\gamma=\sqrt{6}/4$ 等数据代入式(3-4)得到

$$A=[210]-\frac{\sqrt{6}}{4}([210]\cdot[111]/\sqrt{3})[\bar{1}01]/\sqrt{2}$$

$$= [\bar{2}10] - \frac{1}{4}(2 \times 1 + 1 \times 1 + 0 \times 1)[\bar{1}01]$$

$$= [\bar{2}10] - \frac{1}{4}[\bar{3}03] = \frac{1}{4}[11\ 4\ \bar{3}]$$

因此,滑移后$(\bar{2}10)$面将变成$(11\ 4\ \bar{3})$面。(请读者思考,$[\bar{2}10]$方向是否也变成$[11\ 4\ \bar{3}]$方向? 为什么?)

关于式(3-4)的讨论和式(3-3)完全一样。

上面我们讨论的都是单滑移情形。如果试样轴向(或加载方向)刚好位于取向三角形的边上时,就要发生**双滑移**,即两个等价的滑移系统将同时开动。在双滑移的情况下如何确定参考方向和参考面的变化呢? 原则上只要将两个单滑移引起的变化叠加即可。下面我们讨论两个特殊情况(假定双滑移系统为(n_1, b_1)和(n_2, b_2))。

(1)试样轴向的变化

由式(3-3)可以得到,当晶体沿滑移系(n_1, b_1)滑移时,轴向变化为

$$\Delta L_1 = \Delta \gamma (l \cdot n_1) b_1$$

当晶体沿滑移系(n_2, b_2)滑移时,轴向变化为

$$\Delta L_2 = \Delta \gamma (l \cdot n_2) b_2$$

因此,当晶体发生双滑移时,轴向变化应为

$$\Delta L = \Delta L_1 + \Delta L_2 = (\Delta \gamma) \cdot [(l \cdot n_1) b_1 + (l \cdot n_2) b_2]$$

因双滑移时n_1和n_2对称于l,故$l \cdot n_1 = l \cdot n_2 = l\cos\phi$,代入上式有

$$\Delta L = (\Delta \gamma) \cdot l\cos\phi \cdot (b_1 + b_2) \tag{3-5}$$

(2)试样端面的变化

按照和上面类似的讨论,可得到端面的变化为

$$\Delta A = (\Delta \gamma) a\cos\lambda \cdot (n_1 + n_2) \tag{3-6}$$

3.4   滑移过程中晶体的转动

上节讨论的都是自由滑移,其特点是晶轴a、b、c和任何其他晶向$[uvw]$或晶面(hkl)在空间的方位(即相对于实验室参照系)都保持不变。然而,在通常的力学试验(拉伸和压缩)中,这是不可能的。实验发现,晶体在滑移的同时还伴随有转动,即晶体整体相对于实验室参照系发生转动,因而a,b,c轴和任何其他晶向$[uvw]$或晶面(hkl)在空间的方位都要改变。下面我们就来分析晶体转动的原因、规律和后果。

3.4.1   晶体转动的原因

从图3-6或图3-7可见,在自由滑移时,试样的轴(参考方向)和端面(参考面)在空间的方位一般都要改变。可是在通常的力学试验中,由于夹头对试样的约束,其方位是不能随意改变的。例如在拉伸时夹头将试样两端夹住,因而在拉伸过程中试样轴必须始终沿着两个夹头的连线(对中),这样,试样在拉伸过程中就必须一面滑移,一面转动。在压缩时,压头将试样的两个端面紧紧压住,因而这两个面(称为压缩面)在空间的方位也不能改变,因而试样在压缩过程中也必须一面滑移,一面转动。

　　对多晶体来说,由于晶界、缺陷、杂质等的约束作用,各晶粒在滑移过程中也伴随着转动,这正是形成织构的原因之一(见 3.15 节)。

3.4.2　晶体转动的规律

　　实验表明,单晶体在拉伸时滑移方向力图转向(或趋近)拉伸轴;压缩时则滑移面力图转向(或趋近)压缩面(即端面)。图 3-9 用极射投影图表示面心立方晶体沿 $[\overline{1}25]$ 拉伸时由于晶体转动而引起的加载方向 $\boldsymbol{F}$ 的变化。它是在拉伸过程中不断用 X 光衍射方法测定试样的取向(即试样轴的方向)得到的。从图 3-9 看出,在拉伸过程中试样的轴向由 $\boldsymbol{F}_0 \rightarrow \boldsymbol{F}_1 \rightarrow \boldsymbol{F}_2 \rightarrow \cdots$,越来越趋近于滑移方向 $[\overline{1}01]$,而且 $\boldsymbol{F}_0,\boldsymbol{F}_1,\boldsymbol{F}_2,\cdots$ 和 $[\overline{1}01]$ 各点都在同一个大圆(经线)上,可见转轴 $\boldsymbol{R}$ 应平行于 $\boldsymbol{F}_0 \times \boldsymbol{b}$。在压缩过程中压力方向由 $\boldsymbol{F}_0 \rightarrow \boldsymbol{F}_1' \rightarrow \boldsymbol{F}_2' \rightarrow \cdots$,越来越趋近于滑移面的法线 $[111]$。$\boldsymbol{F}_0,\boldsymbol{F}_1',\boldsymbol{F}_2',\cdots$ 各点和 $[111]$ 也在同一大圆上,可见转轴 $\boldsymbol{R}$ 应平行于 $\boldsymbol{F}_0 \times \boldsymbol{n}$。

　　上述晶体转动规律不限于立方晶体,对其他各种晶体都适用。

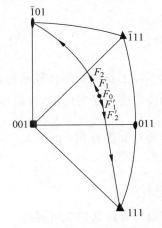

图 3-9　FCC 单晶在拉伸和压缩过程中拉伸轴或压缩面的取向变化

3.4.3　晶体转动的后果

3.4.3.1　试样长度的变化

　　单晶试棒在拉伸时会伸长,伸长量取决于晶体的位向和切变量 γ。若原长为 l,滑移后变为 L,则由式(3-3)可得

$$L^2 = \boldsymbol{L} \cdot \boldsymbol{L} = [\boldsymbol{l} + \gamma(\boldsymbol{l} \cdot \boldsymbol{n})\boldsymbol{b}] \cdot [\boldsymbol{l} + \gamma(\boldsymbol{l} \cdot \boldsymbol{n})\boldsymbol{b}]$$
$$= l^2 + 2\gamma(\boldsymbol{l} \cdot \boldsymbol{n})(\boldsymbol{l} \cdot \boldsymbol{b}) + \gamma^2(\boldsymbol{l} \cdot \boldsymbol{n})^2$$
$$= l^2(1 + 2\gamma\cos\lambda_0\cos\phi_0 + \gamma^2\cos^2\phi_0)$$

所以
$$L = l\sqrt{1 + 2\gamma\cos\lambda_0\cos\phi_0 + \gamma^2\cos^2\phi_0} \qquad (3\text{-}7)$$

式中,λ_0 和 ϕ_0 分别是试样的初始轴向(即 $\boldsymbol{F}_0$ 方向)与滑移方向及滑移面法线方向的交角。

　　读者可能会问,公式(3-7)乃是由自由滑移下得到的公式(3-3)导出的,这与转动有什么关系呢? 问题在于,如果没有转动,那么按式(3-7)算出的 L 并不在拉伸机夹头的连线上,因而也就不是试验中测得的轴向长度。正是通过晶体转动,才使得因滑移而改变了方位的参考方向 $\boldsymbol{L}$ 又回到初始的轴向,因而沿原始轴向测得的试样长度正好符合公式(3-7)。

　　单晶试棒在压缩时的长度变化公式是否与上面的公式(3-7)一样,只需将 γ 变成 $-\gamma$ 呢? 完全不是。原因在于压缩时的约束条件是使试样的端面(或者说压缩面)的法线方向保持不变。也就是说,压缩时晶体转动的结果是使压缩面 $\boldsymbol{A}$ 回到初始的 $\boldsymbol{a}$,而不是使 $\boldsymbol{L}$ 回到 $\boldsymbol{l}$。

　　于是我们可由式(3-4)得到

$$A^2 = \boldsymbol{A} \cdot \boldsymbol{A} = [\boldsymbol{a} - \gamma(\boldsymbol{a} \cdot \boldsymbol{b})\boldsymbol{n}] \cdot [\boldsymbol{a} - \gamma(\boldsymbol{a} \cdot \boldsymbol{b})\boldsymbol{n}]$$
$$= a^2 - 2\gamma(\boldsymbol{a} \cdot \boldsymbol{b})(\boldsymbol{a} \cdot \boldsymbol{n}) + \gamma^2(\boldsymbol{a} \cdot \boldsymbol{b})^2$$
$$= a^2[1 - 2\gamma\cos\lambda_0\cos\phi_0 + \gamma^2\cos^2\lambda_0]$$

所以
$$A = a\sqrt{1 - 2\gamma\cos\lambda_0\cos\phi_0 + \gamma^2\cos^2\lambda_0} \tag{3-8}$$

根据试样体积不变原理,试样轴向长度 L 应由下式决定:
$$AL = al$$

所以
$$L = \frac{al}{A} = \frac{l}{\sqrt{1 - 2\gamma\cos\lambda_0\cos\phi_0 + \gamma^2\cos^2\lambda_0}} \tag{3-9}$$

以上我们是用试样的初始长度 l、初始位向(λ_0,ϕ_0)和切变 γ 来表示 L。由于 γ 与试样的位向变化是对应的,我们也可以用 l,λ,ϕ 来表示 L。例如,在拉伸时有
$$\boldsymbol{L} = \boldsymbol{l} + \gamma(\boldsymbol{l} \cdot \boldsymbol{n})\boldsymbol{b}$$

两边与 $\boldsymbol{n}$ 作点积;由于 $\boldsymbol{b} \cdot \boldsymbol{n} = 0$,故得到
$$L\cos\phi = l\cos\phi_0$$

所以
$$L = \frac{l\cos\phi_0}{\cos\phi} \tag{3-10}$$

两边与 $\boldsymbol{b}$ 作叉积又可得到
$$L\sin\lambda = l\sin\lambda_0$$
$$L = \frac{l\sin\lambda_0}{\sin\lambda} \tag{3-11}$$

所以

以上二式也可统一写成
$$\frac{L}{l} = \frac{\cos\phi_0}{\cos\phi} = \frac{\sin\lambda_0}{\sin\lambda} \tag{3-12}$$

在压缩时有
$$\boldsymbol{A} = \boldsymbol{a} - \gamma(\boldsymbol{a} \cdot \boldsymbol{b})\boldsymbol{n}$$

两边与 $\boldsymbol{b}$ 作点积得到
$$A\cos\lambda = a\cos\lambda_0$$

两边与 $\boldsymbol{n}$ 作叉积得到
$$A\sin\phi = a\sin\phi_0$$

综合以上两式,并利用体积不变的关系,最后得到
$$\frac{L}{l} = \frac{a}{A} = \frac{\cos\lambda}{\cos\lambda_0} = \frac{\sin\phi}{\sin\phi_0} \tag{3-13}$$

式(3-12)和式(3-13)表明,在拉伸或压缩试验中,只要用 X 光方法测定每一瞬时试样的取向(从而定出了 λ 和 ϕ),就可算出试样在该瞬时的长度 L,而不必直接测量长度。

3.4.3.2　试样的位向变化和双滑移

上面介绍过单晶试棒在拉伸或压缩时位向会不断改变。例如拉伸时轴向($\boldsymbol{F}$ 方向)趋于滑移方向。但最终试样轴向能否平行于滑移方向呢? 不一定。这里除了晶体塑性的限制外,最主要的因素就是晶体位向的变化可能引起滑移方式的变化——由单滑移变成双滑移。让我们以 FCC 晶体沿 $[\bar{1}25]$ 方向拉伸为例。如前所述,在拉伸过程中试样轴向由 $\boldsymbol{F}_0[\bar{1}25] \rightarrow \boldsymbol{F}_1 \rightarrow \boldsymbol{F}_2 \rightarrow \cdots$,如图 3-10 所示。当试样的取向($F$ 点)位于取向三角形的边上(如图中的 $\boldsymbol{F}_1$)

时将开始双滑移。此时试样轴既要转向原滑移方向$[\bar{1}01]$，又要转向新滑移方向$[011]$，两个
转动合成的结果就使试样轴沿取向三角形边上移动。当
F 达到$[\bar{1}12]$方向时（图 3-10 中的 F_2），由于 F 和两个滑移
方向三者在同一平面上，且 F 对称于两个滑移方向，故两
个转动具有同一转轴，而转动方向相反，因而相互抵消。
也就是说，当试样轴变为$[\bar{1}12]$时，晶体只发生双滑移，不
再转动，因而取向不再改变。换言之，$[\bar{1}12]$就是这个单晶
试棒的最终稳定取向（这里当然假定晶体的塑性足够好，γ
可以很大而不断裂）。此外，试样开始双滑移时的切变量 γ
也可以按照式（3-3）算出（见下面的例题）。

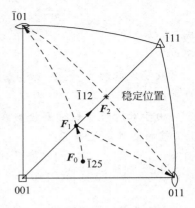

图 3-10 FCC 晶体在拉伸时

对于压缩过程也可以类似地分析。对于具有$\{110\}$
$\langle 111\rangle$滑移系的 BCC 晶体的变形过程，分析方法也完全
一样。

下面举一个具体的例子。

例 假定将一个 FCC 单晶试棒沿轴向$[\bar{1}25]$进行拉伸。求：（1）初始滑移系统；（2）晶
体在单滑移时的转动规律和转轴；（3）γ 达到多少才开始双滑移；（4）开始双滑移时试样的
取向；（5）双滑移过程中晶体的转动规律和转轴；（6）试样最终的稳定取向。

解 （1）首先画出（001）标准极射投影（图 3-6）或取向胞（图 3-7）。其次判断$[\bar{1}25]$应
位于取向三角形$[001]$—$[\bar{1}11]$—$[011]$中。按照映像规则，初始滑移系应为$(111)[\bar{1}01]$。

（2）单滑移时试样轴应转向$[\bar{1}01]$，转轴为$[\bar{1}25]\times[\bar{1}01]=[\bar{1}2\bar{1}]$（见第 1 章）。

（3）γ 可按下式计算：

$$L = l + \gamma(l \cdot n)b$$

令 $l=[\bar{1}25]$，$L=[\bar{v}\ v\ w]$（因双滑移开始时 F 在$[001]$—$[\bar{1}11]$边上，所以 $u=-v$），
$n=\dfrac{[111]}{\sqrt{3}}$，$b=\dfrac{[\bar{1}01]}{\sqrt{2}}$，代入上式：

$$[\bar{v}\ v\ w]=[\bar{1}25]+\gamma\left([\bar{1}25]\cdot\frac{[111]}{\sqrt{3}}\right)\frac{[\bar{1}01]}{\sqrt{2}}$$

$$=[\bar{1}25]+\frac{\gamma}{\sqrt{6}}((-1)\times 1+2\times 1+5\times 1)[\bar{1}01]$$

$$=[\bar{1}25]+\sqrt{6}\,\gamma[\bar{1}01]$$

所以 $\qquad\qquad -v=-1-\sqrt{6}\,\gamma,\quad v=2,\quad w=5+\sqrt{6}\,\gamma$

解得： $\qquad u=-v=-2,\quad v=2,\quad \gamma=\dfrac{-1+v}{\sqrt{6}}=\dfrac{1}{\sqrt{6}}=\dfrac{\sqrt{6}}{6},\quad w=5+\sqrt{6}\,\gamma=6.$

（4）双滑移开始时试样的取向为 $L=[\bar{2}26]$或$[\bar{1}13]$。

（5）双滑移时试样轴一方面转向$[\bar{1}01]$，其转轴为 $n_1=[\bar{1}13]\times[\bar{1}01]=[1\bar{2}1]$，同时它又
转向$[011]$，其转轴为 $n_2=[\bar{1}13]\times[011]=[\bar{2}1\bar{1}]$，故合成转轴为 $n=n_1+n_2=[\bar{1}\,\bar{1}0]$，可见，
双滑移后 F 点沿$[001]$—$[\bar{1}11]$边上移动。

（6）假定试样的稳定取向为 $[\bar{v}'v'w']$，则要求 $n=n_1+n_2=[000]$。亦即要求：

$$[\bar{v}'v'w']\times[\bar{1}01]+[\bar{v}'v'w']\times[011]=[000]$$

或

$$[v'\ v'-w'\ v']+[v'-w'\ v'\ \bar{v}']=[000]$$

所以

$$w'=2v'$$

故稳定取向为 $[\bar{v}'\ v'\ 2v']$ 或 $[\bar{1}12]$。

讨论：

由于双滑移开始时 F 恰好在 $[\bar{1}25]-[\bar{1}01]$ 大圆在 $[001]-[\bar{1}11]$ 大圆的交点处，故可按 1.7 节的公式求之如下：

因为

$$[\bar{1}25]\times[\bar{1}01]=[1\bar{2}1],\quad [001]\times[\bar{1}11]=[110]$$

所以，交点为：$[1\bar{2}1]\times[110]=[\bar{1}13]$。此即 F 方向。

3.4.3.3　几何软化

我们在 3.2 节曾经指出，只有当作用在滑移面上、沿着滑移方向的剪应力 τ 达到确定值 τ_c（临界分切应力）时晶体才开始滑移。由于滑移会引起晶体内部结构（主要是位错等缺陷的密度和分布）的变化，因而维持滑移继续进行所需的剪应力 τ 将大于 τ_c。这种现象称为物理硬化，或简称**硬化**。在变形初期，由于结构变化很小，物理硬化可以忽略，因而使晶体继续滑移所需的 τ 基本不变（$\tau=\tau_c$）。然后根据 Schmid 定律，即使 $\tau=\tau_c$ 不变，使晶体继续滑移的正应力 σ_y 却会改变（$\tau_c=\tau_y\mu$）。

实验发现，单晶体在拉伸试验初期，拉应力 F 会随着变形量的增加而减小，如图 3-11 所示。这种现象是由于晶体位向变化引起的，故称为**几何软化**。它可以解释如下。

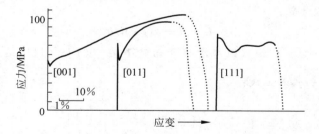

图 3-11　各种不同取向单晶体的 σ-ε 曲线

根据力学关系可知，在滑移过程中，作用在滑移面上，沿着滑移方向的剪应力 τ 应为

$$\tau=\frac{剪力}{滑移面面积}=\frac{F\cos\lambda}{A_0/\cos\phi_0}=\frac{F}{A_0}\cos\phi_0\cos\lambda$$

式中，各物理量意义见 3.2 节。注意，这里滑移面面积是 $(A_0/\cos\phi_0)$ 而不是 $(A_0/\cos\phi)$，因为我们在 3.3 节中已指出，**在滑移过程中滑移面是不变的，因而它就等于初始的滑移面积**。

由于忽略物理硬化，故当 $\tau=\tau_c$ 时，晶体就可继续滑移，因此由上式可得到，继续滑移所需的轴向拉力 F 为

$$F=\frac{\tau_c A_0}{\cos\phi_0\cdot\cos\lambda} \tag{3-14}$$

由于在拉伸过程中，滑移方向转向 F，故 λ 不断减小（$\cos\lambda$ 不断增加），F 也随之减小。

如果将式(3-11)代入式(3-14)还可得到

$$F = \frac{\tau_c A_0}{\cos\phi_0 \sqrt{1 - \left(\frac{l}{L}\right)^2 \sin^2\lambda_0}} \tag{3-15}$$

由此直接看出,拉力 F 随试样伸长而减小。

在压缩试验中是否也会出现几何软化现象呢?这个问题比较复杂,它取决于试样的长径比(l/d)以及晶体的位向。

在典型的压缩试验中 $l/d \approx 3$(太短则端面效应(即应力不均匀)显著;太长则试样易翘曲),在这种"长试样"的情形下,和分析拉伸的情形一样,尽管仍然可以得出式(3-14):

$$F = \frac{\tau_c A_0}{\cos\phi_0 \cdot \cos\lambda}$$

但由于压缩过程中 λ 不断增大,故 F 也不断增大,不可能出现几何软化现象。

但对于 l/d 很小的短圆柱体压缩试验来说,由于应力的不均匀性,我们只能分析试样内一个微分柱体,其横断面为 ΔA,如图 3-12 所示。假定压力 F 作用在面积为 A 的端面上。那么,微分柱体受的轴向压力是 $\left(\dfrac{F}{A}\right)\Delta A$,故作用在微分柱体内的滑移面上、沿着滑移方向的剪应力(分切应力)为

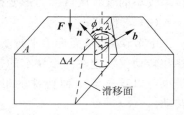

图 3-12 试样内的小圆柱体

$$\tau = \frac{\dfrac{F}{A}\Delta A \cdot \cos\lambda}{\dfrac{\Delta A}{\cos\phi}} = \frac{F}{A}\cos\phi\cos\lambda \tag{3-16}$$

注意,这里的 A 和 ΔA 在滑移过程中都是变化的,微分柱体内的滑移面积是 $\Delta A/\cos\phi$,而不是 $\Delta A_0/\cos\phi_0$。将式(3-13)代入式(3-16)就得到

$$\tau = \frac{F}{\dfrac{A_0 l}{L}}\left(\frac{L}{l}\cos\lambda_0\right)\sqrt{1 - \left(\frac{L}{l}\sin\phi_0\right)^2}$$

$$= \frac{F}{A_0}\left(\frac{L}{l}\right)^2 \cos\lambda_0 \sqrt{1 - \left(\frac{L}{l}\sin\phi_0\right)^2}$$

所以

$$F = \frac{\tau_c A_0 \left(\dfrac{l}{L}\right)^2}{\cos\lambda_0 \sqrt{1 - \left(\dfrac{L\sin\phi_0}{l}\right)^2}} = \frac{\tau_c A_0}{\cos\lambda_0 \left(\dfrac{L}{l}\right)^2 \sqrt{1 - \left(\dfrac{L\sin\phi_0}{l}\right)^2}} \tag{3-17}$$

这个式子表明,在一定的位向(一定的 λ_0 和 ϕ_0 值)下,F 有可能随 $\left(\dfrac{L}{l}\right)$ 减小而减小,即出现几何软化现象。当 ϕ_0 很大时,也就是当滑移面很陡时,几何软化现象更为显著。例如,当锌的滑移面几乎平行于压力方向时,就会在试样的局部区域发生"弯折",此时压力下降(见 3.5 节)。

3.5 滑移过程的次生现象

我们在 3.1 节曾经指出,滑移的结果会在试样表面出现滑移线和滑移带。由于晶体内部的不均匀性(如存在杂质和各种缺陷),晶体滑移后还可能出现其他一些次生现象,

例如：

（1）晶面弯曲

在理想情形下，晶面在滑移前后始终是平面，因而由各晶面衍射的劳厄斑点是明锐的斑点。可是由于局部区域的微观缺陷、杂质等的阻碍作用，滑移面可能发生弯曲。这种弯曲的晶面可近似地看成是由一系列位向差很小的平面组成，因此它的劳厄斑就不再是明锐的斑点，而是拉长了（带尾巴的）斑点，这种现象称为**星芒**。晶面弯曲后，进一步的滑移就更困难了。

（2）形变带

我们在上节讨论晶体转动时都假定转动是均匀的，因而晶体内部各处转角都相同。但实际上由于局部区域存在杂质和各种缺陷，这些区域的转动就受到阻碍，其转角小于远离杂质和缺陷的区域。转角不同的区域就有位向差，因而在显微镜下存在反差（衬度）。我们把转角较小的带状区域称为**形变带**，如图 3-13 所示。

（3）弯折带

上节谈到，基面近乎平行于压力方向的锌（或镉）单晶在压缩试验时会发生弯折现象，滑移和转动仅发生在一个狭窄的带状区域，这个带状区域就叫**弯折带**，如图 3-14 所示。弯折带也可以看成是一种特殊的形变带——转动都集中在带内，带外各部分既不滑移，也不转动。

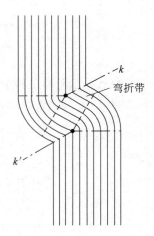

图 3-13　形变带　　　　　　　　　　图 3-14　Zn 的弯折带

无论是形变带还是弯折带，带内外的位向差都不是确定的，而是随着变形量的增加而增加，这是不同于孪晶之处。

3.6　单晶体的硬化曲线

我们在 3.4 节中曾指出，在滑移过程中由于晶体内部结构（主要是位错的密度、分布和性质等）的变化，继续维持滑移所需的切应力（亦称**流变应力**）随切变量 γ 而不断增加，这种现象称为（物理）硬化。

描述单晶体应变硬化行为的曲线就是应变硬化曲线，通常也就是晶体在拉伸时的切应力-切变曲线,或 τ-γ 曲线。(想想看,为什么不能像多晶体那样,用 σ-ϵ 曲线描述其硬化行为呢?)

图 3-15 是一条典型的 FCC 晶体的应变硬化曲线。从这条曲线上可以得到两个表示硬化的参量:(1)硬化量 τ_h,它等于流变应力 τ 与临界分切应力 τ_c 的差值,$\tau_h = \tau - \tau_c$。(2)硬化率(或硬化系数)$\dfrac{d\tau}{d\gamma}$。根据硬化率可以将硬化曲线分为三个阶段:

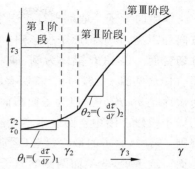

图 3-15　FCC 晶体典型的应变硬化曲线

第 I 阶段是**易滑移阶段**,$d\tau/d\gamma$ 非常小。第 II 阶段是**线性硬化阶段**,$d\tau/d\gamma$ 为一恒定的最大值。第 III 阶段是**抛物线硬化阶段**,$d\tau/d\gamma$ 随着 γ 增加而减小。

硬化曲线各阶段的范围和斜率随金属而异。即使是同种材料,硬化曲线也与晶体的位向有关。有些书上根据临界分切应力和晶体的位向无关(Schmid 定律),就推断硬化曲线也与晶体位向无关,这是不符合实验事实的。此外,硬化曲线当然也与温度、合金元素等因素有关:温度升高,则硬化曲线斜度减小。加入合金元素往往可以增加硬化率。

在不同的阶段,样品表面形貌也不同。在第 I 阶段,样品表面只有一些均匀分布的细小滑移线。在第 II 阶段则在均匀细滑移线的背景上出现不均匀分布的粗滑移带。第 III 阶段出现交叉滑移带,它往往是交滑移的结果,交滑移使应力松弛,因而硬化率下降。

整个硬化过程和特点都用位错理论加以解释(详见第 4 章)。

3.7　孪生系统和原子的运动

3.7.1　晶体的孪生系统

晶体的孪生系统主要取决于晶体结构。FCC 晶体的孪生系统是 $\{111\}\langle112\rangle$,BCC 晶体的孪生系统是 $\{112\}\langle111\rangle$,CPH 晶体的孪生系统是 $\{10\bar{1}2\}\langle\bar{1}011\rangle$,其他晶体的孪生系统见表 3-2。

表 3-2　常见晶体的孪生要素及切变 γ

晶 体 结 构	K_1	K_2	η_1	η_2	γ
FCC	(111)	$(11\bar{1})$	$[11\bar{2}]$	$[112]$	$1/\sqrt{2}$
BCC	(112)	$(\bar{1}\,12)$	$[\bar{1}\,11]$	$[111]$	$1/\sqrt{2}$
CPH	$(10\bar{1}2)$	$(\bar{1}012)$	$[\bar{1}011]$	$[10\bar{1}1]$	$\{(c/a)^2-3\}/(c/a)\sqrt{3}$
	$(11\bar{2}1)$	(0001)	$[11\bar{2}\,6]$	$[11\bar{2}0]$	
	$(11\bar{2}2)$	$(11\bar{2}4)$	$[11\bar{2}\,3]$	$[22\bar{4}3]$	
α-U(正交)	(130)	$(1\bar{1}0)$	$[3\bar{1}0]$	$[110]$	0.299
	$(1\bar{7}2)$	(112)	$[312]$	$[3\bar{7}2]$	0.228
FCT(面心正方)	(101)	$(10\bar{1})$	$[10\bar{1}]$	$[101]$	$(c/a-a/c)$

3.7.2 孪生时原子的运动和特点

孪生时原子一般都平行于孪生面和孪生方向运动。因此,为了"如实"反映原子的运动方向和距离,必须将原子投影到一个包含孪生方向并垂直于孪生面的平面上。这个平面就称**切变**面。以 FCC 晶体为例,如果在某种外力下,孪生系统是 $(1\bar{1}1)[1\bar{1}\,\bar{2}]$,那么切变面就是 (110)(见图 3-16(a))。将所有原子都投影到 (110) 面上就得到图 3-16(b)。(110) 面的堆垛次序是 $ababab\cdots$,但为了使图面清晰,图 3-16(b)中只画出了一层 (110) 面(a 层或 b 层)上的原子投影。图中空圆表示孪生前原子的位置。如何确定原子的运动呢?这里要遵守两条规则:第一,原子的最终位置(运动后的位置)要与基体中的原子构成映像关系,镜面就是孪生面。或者说,孪生面两侧的原子必须对称于孪生面。第二,最小位移原则。根据最小功原理,原子移动的距离应最小。根据以上两条原则就可画出各原子的运动方向和距离,如图 3-16(b)所示。图中实圆表示孪生后原子的位置。由图 3-16(b)可以看出孪生有以下各特点:

(1) 孪生不改变晶体结构。例如在图 3-16(b)中基体和孪晶都是 FCC 结构。

(2) 孪晶与基体的位向不同,二者的位向关系是确定的。定量的位向关系将在 3.8 节讨论。

(3) 孪生时,平行于孪生面的同一层原子的位移均相同,位移量正比于该层到孪生面的距离。相邻两层原子间的相对位移均为 $\frac{1}{6}[1\bar{1}\,\bar{2}]$。因此,孪生时的切变 γ 是一个确定值:

$$\gamma = \frac{\frac{1}{6}[1\bar{1}\,\bar{2}]}{d_{(1\bar{1}1)}} = \frac{\frac{a}{6}\sqrt{6}}{\frac{a}{\sqrt{3}}} = \frac{\sqrt{2}}{2} \approx 0.707$$

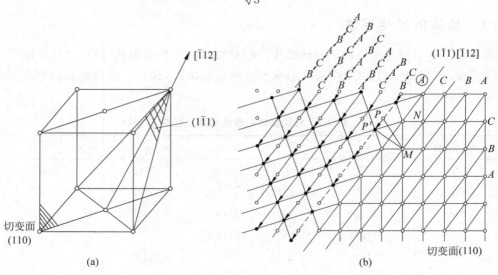

图 3-16　FCC 晶体孪生时原子的运动

(a) 孪生系统和切变面;(b) 孪生前后原子位置在切变面(110)上的投影

(○ 孪生前位置,● 孪生后位置)

（4）孪生时堆垛次序的变化

图 3-16(b) 标出了 $(1\bar{1}1)$ 面的堆垛次序。在孪生面右下方（基体部分），堆垛次序是 $ABCABC\cdots$，孪生面为 Ⓐ；在孪生面左上方（孪晶部分），堆垛次序为 Ⓐ$CBACBA\cdots$。如果将字母顺序 $ABCABC\cdots$ 视为正常顺序，那么 AC,CB,BA 等顺序均属层错（见 1.5 节）。因此可以认为，孪晶内部是连续的堆垛层错结构。从物理过程看，孪生过程可以看成是孪生面左上方的晶体相对于右下方晶体连续滑动的结果，但滑移面依次为孪生面 Ⓐ 的左上方第一层、第二层、第三层…。每次的滑动量均为 $\frac{1}{6}[1\bar{1}\bar{2}]$。沿第一层滑动后，从孪生面右下方到左上方的堆垛次序为 $\cdots ABC$Ⓐ$CABCABC\cdots$，出现了一层层错 AC；沿第二层滑动后，堆垛次序变为 $\cdots ABCA$Ⓒ$BCABCA\cdots$，出现两层层错 AC,CB；沿第三层滑动后，堆垛次序为 $\cdots ABCAC$Ⓑ$ABCAB\cdots$，出现三层层错 AC,CB,BA。依此类推，沿第 n 层滑动后，就得到 n 层层错，也就是得到 n 层厚度的孪晶。（上述堆垛次序符号中字母写在圆圈内的那一层是该次滑动中的界面。因该层不滑动，故其堆垛次序不变。）

（5）孪晶界面能

位于均匀介质内部的原子受周围原子作用的合力为零，处于能量最低的状态。但位于两种介质界面上的原子所受的周围原子的合力不为零，因而能量较高。液体的表面张力或表面能即源于此。在不同物质的固体界面上或同种物质但不同结构的相界面上同样也存在界面能或界面张力。在孪晶和基体的界面上是否也存在着界面能呢？这就要分析界面上原子的受力情况是否和基体内部或孪晶内部的原子相同。由于受力情况取决于每个原子的近邻原子分布，只要分布不同，受力就不同。在基体中每个原子与最近邻原子间的距离是 $\frac{\sqrt{2}}{2}a$，与次近邻原子间的距离是 a，与第三近邻间的距离是 $\frac{\sqrt{6}a}{2}$，在孪晶与基体界面两侧（左上方或右下方第一层）的原子，它的环境（即邻近原子分布）就不同于基体或孪晶内部的原子。例如，图 3-16(b) 中的 M 原子，它与所有最近邻原子间的距离都是 $\frac{\sqrt{2}}{2}a$，与所有次近邻原子间的距离都是 a，但与第三近邻原子间的距离则各不相同：它与原子 N 的距离是 $\frac{\sqrt{6}}{2}a$，但与界面另一边的原子 P' $\left(P'\text{是原子}\ P\ \text{运动后的位置}, \overline{MP}=\frac{\sqrt{6}}{2}a\right)$ 的距离 $\overline{MP'}=$

$$\sqrt{\left(\frac{\sqrt{6}}{2}a\right)^2-\left(\frac{\sqrt{6}}{2}a\right)^2}=\frac{2a}{\sqrt{3}}，\text{也就是缩短了}\ \dfrac{\frac{\sqrt{6}}{2}a-\frac{2}{\sqrt{3}}a}{\frac{\sqrt{6}}{2}a}=5.7\%。\text{这表明，孪晶-基体界面上的}$$

原子处于较高的能量状态，这种比内部原子高出的能量就是孪晶的界面能。不过，由于最近邻和次近邻原子距离均未变，只是第三近邻原子距离才缩短 5.7%，故孪晶界面的界面能是很小的。

上述分析方法完全适用于 BCC 晶体。不过在作原子投影图时最好将平行于切变面（图面）的各层原子都投影到图面上，否则根据图面直观判断的最小位移未必真是最小位移，也就是说,可能会把原子运动方向画反了。这一点读者作了本章习题 3-12 后就会体会得到。

对于 CPH 或其他结构的晶体,原则上也是用上述方法分析原子的运动,但分析的结果会发现新的特点,例如,距孪生面不同距离的原子层上的原子,其位移方向都不相同(只有这样才能满足映像关系)。但平均(宏观)来看,各层的位移还是沿孪生方向。有兴趣的读者可参看有关孪生的专著。

3.8　孪生要素和长度变化规律

3.8.1　孪生引起的形状变化

假定有一个球状单晶体(或设想晶体内的某一球状区域)。当它以某一直径平面为孪生面发生孪生后,会变成什么形状呢? 由于平行于孪生面的各层都沿孪生方向位移,且位移量正比于该层到孪生面的距离,所以孪生是一种均匀变形。从数学上讲,就是一种线性变换。我们通过线性变换公式求出晶体形状变化。为此首先建立一组正交坐标系 $OXYZ$,令 XOZ 面为孪生面,$\overline{OX}$ 轴为孪生方向,如图 3-17 所示。

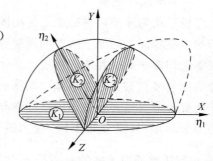

图 3-17　孪生引起的球状单晶形状变化

孪生前晶体是半径为 1 的球体,其方程为

$$x^2 + y^2 + z^2 = 1 \tag{3-18}$$

孪生将三个正交基 i, j, k 变为 $\bar{i}, \bar{j}, \bar{k}$,且

$$\bar{i} = i, \quad \bar{j} = j + \gamma i, \quad \bar{k} = k$$

有:$(\bar{i} \quad \bar{j} \quad \bar{k}) = (i \quad j \quad k) \begin{bmatrix} 1 & \gamma & 0 \\ 0 & 1 & 0 \\ 0 & 0 & 1 \end{bmatrix}$

故孪生的线性变换矩阵为

$$\boldsymbol{A} = \begin{bmatrix} 1 & \gamma & 0 \\ 0 & 1 & 0 \\ 0 & 0 & 1 \end{bmatrix} \tag{3-19}$$

因此,向量 $(x \quad y \quad z)$ 经线性变换 $\boldsymbol{A}$ 后将变成 $(x' \quad y' \quad z')$,且

$$\begin{bmatrix} x' \\ y' \\ z' \end{bmatrix} = \boldsymbol{A} \begin{bmatrix} x \\ y \\ z \end{bmatrix} = \begin{bmatrix} 1 & \gamma & 0 \\ 0 & 1 & 0 \\ 0 & 0 & 1 \end{bmatrix} \begin{bmatrix} x \\ y \\ z \end{bmatrix} \tag{3-20}$$

所以　　　　　　　　$x' = x + \gamma y, \quad y' = y, \quad z' = z \tag{3-21}$

将式(3-21)代入式(3-18)得到

$$(x' - \gamma y')^2 + (y')^2 + (z')^2 = 1$$

或　　　　$(x')^2 + (1 + \gamma^2)(y')^2 + (z')^2 - 2\gamma x'y' = 1 \tag{3-22}$

这是一般的椭球方程。亦即球状单晶在孪生后变成椭球。

3.8.2　孪生四要素和切变计算

从图 3-17 可以看出,在孪生过程中有两个不畸变面,即该面上任何晶向在孪生后都不改变长度,因而该面的面积和形状都不变。第一个不畸变面就是孪生面 K_1,第二个不畸变

面是 K_2，后者在孪生后恰好变成椭球和球的交面（仍然是单位半径的圆）。此外还有两个特殊的不畸变方向，一个就是孪生方向 η_1，另一个是 K_2 面与切变面（即包含 η_1 并垂直于 K_1 的平面）的交线 η_2（见图 3-17）。人们把 K_1，η_1，K_2，η_2 称为孪生四要素。对一定的晶体结构，孪生四要素都是确定的。例如，FCC 晶体的 (K_1,K_2) 面是一对相交于 $\langle 110 \rangle$ 方向的 $\{111\}$ 面，而 (η_1,η_2) 方向则是一对位于同一个 $\{110\}$ 面上的 $\langle 112 \rangle$ 方向。图 3-18(a) 画出了一组可能的 (K_1,K_2) 面和 (η_1,η_2) 方向。读者可以自行画出其他各种可能的 (K_1,K_2) 面和 (η_1,η_2) 方向。BCC 晶体的 (K_1,K_2) 面是一对相交于 $\langle 110 \rangle$ 方向的 $\{112\}$ 面，(η_1,η_2) 方向则是一对位于同一个 $\{110\}$ 面上的 $\langle 111 \rangle$ 方向，如图 3-18(b) 所示。CPH 晶体中可能匹配的 (K_1,K_2) 面是一对交于 $\langle \bar{1}2\bar{1}0 \rangle$ 的 $\{10\bar{1}2\}$ 面，而 (η_1,η_2) 方向是一对位于同一个 $\{\bar{1}2\bar{1}0\}$ 面上的 $\langle \bar{1}011 \rangle$ 方向，图 3-18(c) 给出了一种可能的匹配。

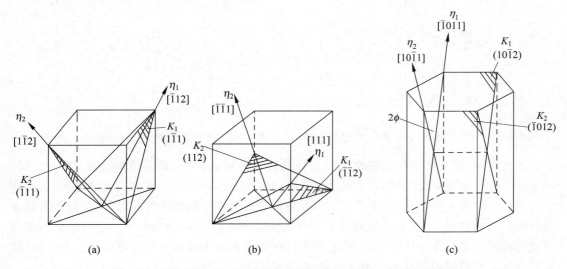

图 3-18　FCC 晶体(a)、BCC 晶体(b)和 CPH 晶体(c)的孪生四要素

其他各种晶体的孪生四要素见表 3-2。

知道了 K_1，K_2 面，就可算出其夹角 2ϕ（见图 3-19），从而计算出切变 γ 来，

$$\operatorname{ctan}2\phi = \frac{\gamma}{2}$$

或
$$\gamma = 2\operatorname{ctan}2\phi \tag{3-23}$$

按此式计算 γ 显然比按原子投影图计算 γ（见 3.7 节）方便得多（特别是对于复杂结构的晶体）。

3.8.3　孪生时长度变化规律

从图 3-19 容易看出，凡是位于 K_1 和 K_2 面相交成锐角区域的晶向（如 $\overline{OA}$），孪生后必缩短（$\overline{OA'} < \overline{OA} = 1$）；凡是位于 K_1 和 K_2 面相交成钝角区域的晶向（如 $\overline{OB}$），孪生后必伸长（$\overline{OB'} > \overline{OB} = 1$）。这就是孪生时长度的变化规律。

下面以 CPH 晶体为例，说明这一规律的实际应用。当 CPH 晶体发生孪生时，[0001] 方向是伸长还是缩短？为了回答这个问题就需要知道 CPH 晶体的 (K_1,K_2) 面在靠近

[0001]区域的夹角 2ϕ 是锐角还是钝角？图 3-20 画出了一对 (K_1,K_2) 面。从图可见，2ϕ 与轴比 c/a 有以下关系：

$$\tan\phi=\frac{\sqrt{3}\,a/2}{c/2}=\frac{\sqrt{3}}{c/a}$$

当 $c/a=\sqrt{3}$ 时，$\phi=45°$，$2\phi=90°$；

当 $c/a>\sqrt{3}$ 时，$\phi<45°$，$2\phi<90°$；

当 $c/a<\sqrt{3}$ 时，$\phi>45°$，$2\phi>90°$。

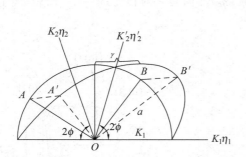

图 3-19　切变 γ 和 K_1、K_2 面交角 2ϕ 的关系

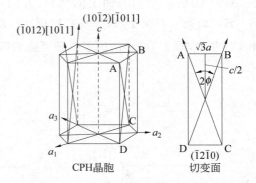

图 3-20　CPH 晶体的 2ϕ 角与轴比 c/a 的关系

　　由此可见，要判断[0001]在孪生后是伸长还是缩短，必须知道晶体的轴比 c/a。例如，对 Zn($c/a=1.86$)来说，孪生后[0001]会缩短，但对 Ti($c/a=1.59$)来说，孪生后[0001]会伸长。由此又可进一进推知，锌单晶沿[0001]方向拉伸时不可能发生孪生，因为拉伸要求晶体沿[0001]方向伸长，因而不可能通过孪生来达到这个变形要求。同理，平行于锌单晶的基面压缩时也不可能发生孪生。反向加载(即沿[0001]方向压缩或沿平行于基面的方向拉伸)则可以孪生。钛单晶的情况与锌单晶恰好相反。

　　通过对晶体变形行为的分析，还可推断晶体的塑性。例如，锌在[0001]方向拉伸时必然极脆，因为滑移和孪生都不可能。沿[0001]压缩则可能有一定的塑性，因为晶体可以孪生，而孪生使晶体的位向发生变化，因而又有可能进一步滑移。

　　如果我们不仅想知道[0001]方向在孪生后的长度变化，而且想知道任意的 $[u\ v\ t\ w]$ 方向在孪生后是伸长还是缩短，那么就需要分析所论方向在三对可能的 (K_1,K_2) 面是锐角区还是钝角区。为此，我们需做出 CPH 晶体的(0001)标准投影，如图 3-21 所示。该图是锌($c/a=1.86$)的(0001)标准投影，图中画出了三对 (K_1,K_2) 面：第一对是$(10\bar{1}2)$和$(\bar{1}012)$面，其面痕分别为Ⅰ和Ⅱ；第二对是$(01\bar{1}2)$和$(0\bar{1}12)$面，其面痕分别为大圆Ⅲ和Ⅳ；第三对是$(1\bar{1}02)$和$(\bar{1}102)$面，其面痕分别为大圆Ⅴ和Ⅵ。可以看出，整个球面由 24 个等价的取向三角形组

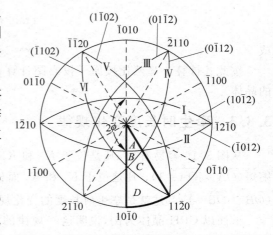

图 3-21　锌的(0001)标准投影和三对 (K_1,K_2) 面

成,其顶点分别是[0001]—⟨10$\bar{1}$0⟩—⟨2$\bar{1}$ $\bar{1}$0⟩。每个取向三角形都被上述三对 K_1,K_2 面(大圆)分成 A,B,C,D 四个区域(见图 3-21)。根据上面讲的长度变化规律不难判断,当晶体分别沿各对(K_1,K_2)面孪生时,位于各区域内的晶向是伸长还是缩短。判断的结果列于表 3-3 中。表中的"+"号表示伸长,"—"号表示缩短。

表 3-3　当锌沿(Ⅰ,Ⅱ)、(Ⅲ,Ⅳ)或(Ⅴ,Ⅵ)面发生孪生时,位于 A,B,C,D 各区的晶向的长度变化

区 (K_1,K_2)	A	B	C	D
(Ⅰ,Ⅱ)	−	+	+	+
(Ⅲ,Ⅳ)	−	−	+	+
(Ⅴ,Ⅵ)	−	−	−	+

3.8.4　孪生时试样的最大伸长和最大缩短量

我们在前面已经证明,半径为 1 的球状单晶孪生后变成椭球,其方程见公式(3-22)。显然,椭球的长轴和短轴就分别决定了试样的最大伸长和最大缩短。为了求长、短轴,需将方程(3-22)化为标准型。

首先,将方程(3-22)和一般的二次方程

$$a_{11}x'^2+a_{22}y'^2+a_{33}z'^2+2a_{12}x'y'+2a_{23}y'z'+2a_{13}x'z'=1 \tag{3-24}$$

比较可知, $a_{11}=a_{33}=1,a_{22}=1+\gamma^2,a_{12}=a_{21}=-\gamma,a_{23}=a_{32}=a_{13}=a_{31}=0$,

故方程(3-22)可改写为

$$(x'y'z')\begin{bmatrix}1 & -\gamma & 0\\-\gamma & 1+\gamma^2 & 0\\0 & 0 & 1\end{bmatrix}\begin{bmatrix}x'\\y'\\z'\end{bmatrix}=1 \tag{3-25}$$

其次,求矩阵 $\begin{bmatrix}1 & -\gamma & 0\\-\gamma & 1+\gamma^2 & 0\\0 & 0 & 1\end{bmatrix}$ 的特征值和特征向量。为此,令 $\begin{vmatrix}1-\lambda & -\gamma & 0\\-\gamma & 1+\gamma^2-\lambda & 0\\0 & 0 & 1-\lambda\end{vmatrix}=0$

由此解出三个特征值为

$$\lambda_1=1,\quad \lambda_{2,3}=1+\frac{\gamma^2}{2}\pm\gamma\sqrt{1+\frac{\gamma^2}{4}}$$

同时还可求出三个相应的特征向量。若以此特征向量为基,则方程(3-22)变为

$$X^2+\lambda_2 Y^2+\lambda_3 Z^2=1$$

或

$$\frac{X^2}{1^2}+\frac{Y^2}{\left(\frac{1}{\sqrt{\lambda_2}}\right)^2}+\frac{Z^2}{\left(\frac{1}{\sqrt{\lambda_3}}\right)^2}=1 \tag{3-26}$$

最大伸长为

$$\left(\frac{\Delta l}{l}\right)_{max}=\frac{\frac{1}{\sqrt{\lambda_2}}-1}{1}\times100\%=\left(\frac{1}{\sqrt{1+\frac{\gamma^2}{2}-\gamma\sqrt{1+\frac{\gamma^2}{4}}}}-1\right)\times100\% \tag{3-27}$$

最大缩短为

$$\left(\frac{\Delta l}{l}\right)_{min}=\frac{1-\frac{1}{\sqrt{\lambda_3}}}{1}\times100\%=\left(1-\frac{1}{\sqrt{1+\frac{\gamma^2}{2}+\gamma\sqrt{1+\frac{\gamma^2}{4}}}}\right)\times100\% \tag{3-28}$$

对 FCC 和 BCC 晶体，$\gamma = \sqrt{2}/2$，$\left(\dfrac{\Delta l}{l}\right)_{\max} = 41.4\%$，$\left(\dfrac{\Delta l}{l}\right)_{\min} = 29.3\%$。对锌，$\gamma = 0.139$，

$\left(\dfrac{\Delta l}{l}\right)_{\max} = 7.2\%$，$\left(\dfrac{\Delta l}{l}\right)_{\min} = 6.7\%$。

3.9 孪晶和基体的位向关系

在材料研究工作中，有时需要确定基体和孪晶的位向关系，也就是要确定基体中的某一晶面或晶向与孪晶中的哪一晶面或晶向平行。此外，人们有时还要知道，某一晶向在孪生后变成什么方向。下面我们就来分别讨论这两个问题。为简单起见，我们只讨论立方晶系。

3.9.1 位向关系

确定基体和孪晶的位向关系，实质上就是要确定空间某一固定方向（晶向或晶面法线）在基体的晶轴（$\overrightarrow{OX_{1M}}$，$\overrightarrow{OX_{2M}}$，$\overrightarrow{OX_{3M}}$）坐标系下和在孪晶的晶轴（$\overrightarrow{OX_{1t}}$，$\overrightarrow{OX_{2t}}$，$\overrightarrow{OX_{3t}}$）坐标系下的指数关系。从数学上讲就是求向量在不同基下的坐标变换。因此关键在求出基体中的晶轴$\overrightarrow{OX_{1M}}$，$\overrightarrow{OX_{2M}}$，$\overrightarrow{OX_{3M}}$（可视为老基）和孪晶中的晶轴$\overrightarrow{OX_{1t}}$，$\overrightarrow{OX_{2t}}$，$\overrightarrow{OX_{3t}}$（可视为新基）之间的关系。

但是，这两组基的关系不易直接找到。为了确定两组基的关系，我们要着眼于孪生的特点：对立方晶体来说，孪晶可以看成是由基体绕孪生面法线旋转 π 角得到。据此，我们在基体中引入一个中间坐标系$\overrightarrow{OX'_{1M}X'_{2M}X'_{3M}}$，使$\overrightarrow{OX'_{1M}}$轴沿孪生方向，$\overrightarrow{OX'_{2M}}$轴沿孪生面法线方向，如图 3-22 所示。将$\overrightarrow{OX'_{1M}X'_{2M}X'_{3M}}$绕$\overrightarrow{OX'_{2M}}$轴旋转 π 角就得到孪晶中相应的中间坐标系$\overrightarrow{OX'_{1t}X'_{2t}X'_{3t}}$，此时基体中的晶轴$\overrightarrow{OX_{1M}}$，$\overrightarrow{OX_{2M}}$和$\overrightarrow{OX_{3M}}$也旋转到孪晶中的晶轴位置$\overrightarrow{OX_{1t}}$，$\overrightarrow{OX_{2t}}$和$\overrightarrow{OX_{3t}}$（图中未画出）。

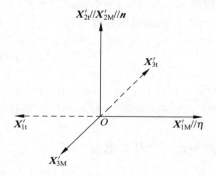

图 3-22 中间坐标系$\overrightarrow{OX'_{1M}X'_{2M}X'_{3M}}$（基体中）和$\overrightarrow{OX'_{1t}X'_{2t}X'_{3t}}$（孪晶中）

如何通过中间坐标系求出基体中和孪晶中晶轴的关系呢？这就要求依次找出以下坐标系之间的关系：$\overrightarrow{OX_{1M}X_{2M}X_{3M}} \overset{A}{\longrightarrow} \overrightarrow{OX'_{1M}X'_{2M}X'_{3M}} \overset{B}{\longrightarrow}$ $\overrightarrow{OX'_{1t}X'_{2t}X'_{3t}} \overset{C}{\longrightarrow} OX_{1t}X_{2t}X_{3t}$ 也就是找出联系以上各组坐标系的矩阵 A，B 和 C。现分述如下：

（1）$\overrightarrow{OX_{1M}X_{2M}X_{3M}}$ 与 $\overrightarrow{OX'_{1M}X'_{2M}X'_{3M}}$ 的关系

由于晶体的孪生面和孪生方向都是已知的，故这两组坐标系之间的关系可写成右表。表中各元素 a_{ij} 代表X'_{iM}轴和 X'_{jM}轴夹角的余弦，可由孪生系统求得。由此即可得到矩阵 A：

	X_{1M}	X_{2M}	X_{3M}
X'_{1M}	a_{11}	a_{12}	a_{13}
X'_{2M}	a_{21}	a_{22}	a_{23}
X'_{3M}	a_{31}	a_{32}	a_{33}

$$A = \begin{bmatrix} a_{11} & a_{12} & a_{13} \\ a_{21} & a_{22} & a_{23} \\ a_{31} & a_{32} & a_{33} \end{bmatrix} \tag{3-29}$$

而两组基的关系为

$$\begin{bmatrix} X'_{1\mathrm{M}} \\ X'_{2\mathrm{M}} \\ X'_{3\mathrm{M}} \end{bmatrix} = \boldsymbol{A} \begin{bmatrix} X_{1\mathrm{M}} \\ X_{2\mathrm{M}} \\ X_{3\mathrm{M}} \end{bmatrix} \tag{3-30}$$

（2）$\overline{OX'_{1\mathrm{M}}X'_{2\mathrm{M}}X'_{3\mathrm{M}}}$ 与 $\overline{OX'_{1t}X'_{2t}X'_{3t}}$ 的关系

由于 $\overline{OX'_{1t}X'_{2t}X'_{3t}}$ 是通过将 $\overline{OX'_{1\mathrm{M}}X'_{2\mathrm{M}}X'_{3\mathrm{M}}}$ 绕 $\boldsymbol{X}'_{2\mathrm{M}}$ 轴旋转 180° 得到的，故这两组基的关系也是已知的，如右表所示。表中的数值仍是相应轴夹角的余弦。由此即可得到矩阵 $\boldsymbol{B}$

	$X'_{1\mathrm{M}}$	$X'_{2\mathrm{M}}$	$X'_{3\mathrm{M}}$
X'_{1t}	-1	0	0
X'_{2t}	0	1	0
X'_{3t}	0	0	-1

$$\boldsymbol{B} = \begin{bmatrix} -1 & 0 & 0 \\ 0 & 1 & 0 \\ 0 & 0 & -1 \end{bmatrix}$$

而两组基的关系为

$$\begin{bmatrix} X'_{1t} \\ X'_{2t} \\ X'_{3t} \end{bmatrix} = \boldsymbol{B} \begin{bmatrix} X'_{1\mathrm{M}} \\ X'_{2\mathrm{M}} \\ X'_{3\mathrm{M}} \end{bmatrix} \tag{3-31}$$

（3）$\overline{OX'_{1t}X'_{2t}X'_{3t}}$ 与 $\overline{OX_{1t}X_{2t}X_{3t}}$ 的关系

由于坐标系 $\overline{OX'_{1t}X'_{2t}X'_{3t}}$ 和 $\overline{OX_{1t}X_{2t}X_{3t}}$ 分别是由 $\overline{OX'_{1\mathrm{M}}X'_{2\mathrm{M}}X'_{3\mathrm{M}}}$ 和 $\overline{OX_{1\mathrm{M}}X_{2\mathrm{M}}X_{3\mathrm{M}}}$ 绕 $\overline{OX'_{2\mathrm{M}}}$ 轴旋转 π 角得到，故 $\overline{OX'_{1t}X'_{2t}X'_{3t}}$ 与 $\overline{OX_{1t}X_{2t}X_{3t}}$ 的关系应和 $\overline{OX'_{1\mathrm{M}}X'_{2\mathrm{M}}X'_{3\mathrm{M}}}$ 与 $\overline{OX_{1\mathrm{M}}X_{2\mathrm{M}}X_{3\mathrm{M}}}$ 的关系完全一样，故可直接写出右表，因而得到矩阵 $\boldsymbol{C}$：

	X'_{1t}	X'_{2t}	X'_{3t}
X_{1t}	a_{11}	a_{21}	a_{31}
X_{2t}	a_{12}	a_{22}	a_{32}
X_{3t}	a_{13}	a_{23}	a_{33}

$$\boldsymbol{C} = \begin{bmatrix} a_{11} & a_{21} & a_{31} \\ a_{12} & a_{22} & a_{32} \\ a_{13} & a_{23} & a_{33} \end{bmatrix} = \boldsymbol{A}^{\mathrm{T}}$$

而

$$\begin{bmatrix} X_{1t} \\ X_{2t} \\ X_{3t} \end{bmatrix} = \boldsymbol{A}^{\mathrm{T}} \begin{bmatrix} X'_{1t} \\ X'_{2t} \\ X'_{3t} \end{bmatrix} \tag{3-32}$$

将式（3-30）和式（3-31）代入式（3-32）得到

$$\begin{bmatrix} X_{1t} \\ X_{2t} \\ X_{3t} \end{bmatrix} = \boldsymbol{A}^{\mathrm{T}} \boldsymbol{B} \boldsymbol{A} \begin{bmatrix} X_{1\mathrm{M}} \\ X_{2\mathrm{M}} \\ X_{3\mathrm{M}} \end{bmatrix} = \boldsymbol{D} \begin{bmatrix} X_{1\mathrm{M}} \\ X_{2\mathrm{M}} \\ X_{3\mathrm{M}} \end{bmatrix} \tag{3-33}$$

将矩阵 $\boldsymbol{A}^{\mathrm{T}}$，$\boldsymbol{B}$ 和 $\boldsymbol{A}$ 代入上式，可求得

$$\boldsymbol{D} = \begin{bmatrix} 2a_{21}^2 - 1 & 2a_{21}a_{22} & 2a_{21}a_{23} \\ 2a_{21}a_{22} & 2a_{22}^2 - 1 & 2a_{22}a_{23} \\ 2a_{21}a_{23} & 2a_{22}a_{23} & 2a_{23}^2 - 1 \end{bmatrix} \tag{3-34}$$

而任一晶向在孪晶中的指数 $[u_t \quad v_t \quad w_t]$ 与在基体中的指数 $[u_{\mathrm{M}} \quad v_{\mathrm{M}} \quad w_{\mathrm{M}}]$ 的关系为

$$\begin{bmatrix} u_t \\ v_t \\ w_t \end{bmatrix} = (\boldsymbol{D}^T)^{-1} \begin{bmatrix} u_M \\ v_M \\ w_M \end{bmatrix} = \boldsymbol{D} \begin{bmatrix} u_M \\ v_M \\ w_M \end{bmatrix} \tag{3-35}$$

式(3-34)和式(3-35)就是确定孪晶和基体位向关系的基体公式。值得注意的是,矩阵 $\boldsymbol{D}$ 只取决于孪生面法线与基体的晶轴 $[100]_M$、$[010]_M$ 和 $[001]_M$ 的夹角的方向余弦 a_{21}、a_{22} 和 a_{23}。也就是说,基体和孪晶的位向关系只取决于孪生面。这个结论对于立方晶体(其孪生属于第一类孪晶)是成立的。对于第二类孪晶,也可应用类似的方法分析位向关系,只是矩阵 $\boldsymbol{B}$ 要改成

$$\boldsymbol{B} = \begin{bmatrix} 1 & 0 & 0 \\ 0 & -1 & 0 \\ 0 & 0 & -1 \end{bmatrix}$$

此外,由于非立方晶体的晶轴是非正交的,故运算过程和所得结果都更复杂,这里就不具体讨论了。下面举两个具体的例子。

例1 将一个 FCC 晶体沿 $[144]$ 方向拉伸。若它沿(111)面孪生,问在孪晶中拉伸轴是什么方向?

解 因为孪生面是(111),所以 $a_{21} = a_{22} = a_{23} = \dfrac{1}{\sqrt{3}}$,将这些数值代入式(3-34)得到

$$\boldsymbol{D} = \begin{bmatrix} -\dfrac{1}{3} & \dfrac{2}{3} & \dfrac{2}{3} \\ \dfrac{2}{3} & -\dfrac{1}{3} & \dfrac{2}{3} \\ \dfrac{2}{3} & \dfrac{2}{3} & -\dfrac{1}{3} \end{bmatrix}$$

于是,在孪晶中拉伸轴的方向 $[u_t \quad v_t \quad w_t]$ 可按下式确定

$$\begin{bmatrix} u_t \\ v_t \\ w_t \end{bmatrix} = \begin{bmatrix} -\dfrac{1}{3} & \dfrac{2}{3} & \dfrac{2}{3} \\ \dfrac{2}{3} & -\dfrac{1}{3} & \dfrac{2}{3} \\ \dfrac{2}{3} & \dfrac{2}{3} & -\dfrac{1}{3} \end{bmatrix} \begin{bmatrix} 1 \\ 4 \\ 4 \end{bmatrix} = \begin{bmatrix} 5 \\ 2 \\ 2 \end{bmatrix}$$

即在孪晶中拉伸轴是 $[522]$ 方向。

例2 在一个 BCC 晶体内有一个孪晶,孪生面为(112)。今平行于晶体的(001)面切下薄片,减薄后供电镜观察。问在孪晶中此薄片表面(即电镜下观察面)是什么面?

解 因为孪生面是(112)面,所以 $a_{21} = a_{22} = 1/\sqrt{6}$,$a_{23} = 2/\sqrt{6}$。代入式(3-34)得到

$$\boldsymbol{D} = \begin{bmatrix} -\dfrac{2}{3} & \dfrac{1}{3} & \dfrac{2}{3} \\ \dfrac{1}{3} & -\dfrac{2}{3} & \dfrac{2}{3} \\ \dfrac{2}{3} & \dfrac{2}{3} & \dfrac{1}{3} \end{bmatrix}$$

故在孪晶中薄片表面的法线 $[u_t \quad v_t \quad w_t]$ 为

$$
\begin{bmatrix} u_t \\ v_t \\ w_t \end{bmatrix} = \begin{bmatrix} -2/3 & 1/3 & 2/3 \\ 1/3 & -2/3 & 2/3 \\ 2/3 & 2/3 & 1/3 \end{bmatrix} \begin{bmatrix} 0 \\ 0 \\ 1 \end{bmatrix} = \begin{bmatrix} 2/3 \\ 2/3 \\ 1/3 \end{bmatrix}
$$

因此,在孪晶中,薄片表面为(221)面。

3.9.2　孪生引起的晶向变化

这里要回答的问题是,基体中的一个晶向$[u_M \quad v_M \quad w_M]$在晶体发生孪生后变成孪晶中的什么方向?

分析这个问题的思路是

$$[u_M \quad v_M \quad w_M] \xrightarrow{A} [u'_M \quad v'_M \quad w'_M] \xrightarrow{L} [u''_M \quad v''_M \quad w''_M] \xrightarrow{A^{-1}} [U_M \quad V_M \quad W_M] \xrightarrow{D}$$
$$[U_t \quad V_t \quad W_t]$$

上式中,$[u'_M \quad v'_M \quad w'_M]$和$[u''_M \quad v''_M \quad w''_M]$分别是在孪生前和孪生后所论晶向在中间坐标系$\overline{OX_{1M}X_{2M}X_{3M}}$下的晶向指数。$[U_M \quad V_M \quad W_M]$和$[U_t \quad V_t \quad W_t]$分别是孪生后所论晶向在基体和孪晶的晶轴坐标系下的方向指数。矩阵 A 和 D 见式(3-29)和式(3-34)。L 是在中间坐标系$\overline{OX_{1M}X_{2M}X_{3M}}$下孪生的线性变换矩阵。从 3.8 节可知:

$$
L = \begin{bmatrix} 1 & \gamma & 0 \\ 0 & 1 & 0 \\ 0 & 0 & 1 \end{bmatrix}
$$

因此有

$$
\begin{bmatrix} U_t \\ V_t \\ W_t \end{bmatrix} = DA^{-1}LA \begin{bmatrix} u_M \\ v_M \\ w_M \end{bmatrix} = F \begin{bmatrix} u_M \\ v_M \\ w_M \end{bmatrix} \tag{3-36}
$$

式中,

$$
F = DA^{-1}LA = \begin{bmatrix} 2a_{21}^2-1 & 2a_{21}a_{22} & 2a_{21}a_{23} \\ 2a_{21}a_{22} & 2a_{22}^2-1 & 2a_{22}a_{23} \\ 2a_{21}a_{23} & 2a_{22}a_{23} & 2a_{23}^2-1 \end{bmatrix} \cdot \begin{bmatrix} a_{11} & a_{21} & a_{31} \\ a_{12} & a_{22} & a_{32} \\ a_{13} & a_{23} & a_{33} \end{bmatrix} \cdot
$$

$$
\begin{bmatrix} 1 & \gamma & 0 \\ 0 & 1 & 0 \\ 0 & 0 & 1 \end{bmatrix} \cdot \begin{bmatrix} a_{11} & a_{12} & a_{13} \\ a_{21} & a_{22} & a_{23} \\ a_{31} & a_{32} & a_{33} \end{bmatrix}
$$

$$
= \begin{bmatrix} 2a_{21}^2-1 & 2a_{21}a_{22} & 2a_{21}a_{23} \\ 2a_{21}a_{22} & 2a_{22}^2-1 & 2a_{22}a_{23} \\ 2a_{21}a_{23} & 2a_{22}a_{23} & 2a_{23}^2-1 \end{bmatrix} \cdot
$$

$$
\begin{bmatrix} 1+\gamma a_{11}a_{21} & \gamma a_{11}a_{22} & \gamma a_{11}a_{23} \\ \gamma a_{12}a_{21} & 1+\gamma a_{12}a_{22} & \gamma a_{12}a_{23} \\ \gamma a_{13}a_{21} & \gamma a_{13}a_{22} & 1+\gamma a_{13}a_{23} \end{bmatrix}
$$

$$
= \left(\begin{bmatrix} 2a_{21}^2 & 2a_{21}a_{22} & 2a_{21}a_{23} \\ 2a_{21}a_{22} & 2a_{22}^2 & 2a_{22}a_{23} \\ 2a_{21}a_{23} & 2a_{22}a_{23} & 2a_{23}^2 \end{bmatrix} - \begin{bmatrix} 1 & 0 & 0 \\ 0 & 1 & 0 \\ 0 & 0 & 1 \end{bmatrix} \right) \cdot
$$

$$\left[\begin{bmatrix} 1 & 0 & 0 \\ 0 & 1 & 0 \\ 0 & 0 & 1 \end{bmatrix} + \gamma \begin{bmatrix} a_{11}a_{21} & a_{11}a_{22} & a_{11}a_{23} \\ a_{12}a_{21} & a_{12}a_{22} & a_{12}a_{23} \\ a_{13}a_{21} & a_{13}a_{22} & a_{13}a_{23} \end{bmatrix}\right]$$

按分配律将上式展开,并利用坐标轴的正交条件,最后得到

$$\boldsymbol{F} = 2\begin{bmatrix} a_{21}^2 & a_{21}a_{22} & a_{21}a_{23} \\ a_{21}a_{22} & a_{22}^2 & a_{22}a_{23} \\ a_{21}a_{23} & a_{23}a_{22} & a_{23}^2 \end{bmatrix} - \begin{bmatrix} 1 & 0 & 0 \\ 0 & 1 & 0 \\ 0 & 0 & 1 \end{bmatrix} - \gamma\begin{bmatrix} a_{11}a_{21} & a_{11}a_{22} & a_{11}a_{23} \\ a_{12}a_{21} & a_{12}a_{22} & a_{12}a_{23} \\ a_{13}a_{21} & a_{13}a_{22} & a_{13}a_{23} \end{bmatrix} \tag{3-37}$$

下面举两个例子。

例3　BCC 晶体中有一个碳原子位于间隙位置 $\left(0,0\frac{1}{2}\right)$。若晶体沿 $(112)[\bar{1}\,\bar{1}1]$ 系统发生孪生,问孪生后碳原子位于何处?

解　本题是要求向量 $\left[0,0\frac{1}{2}\right]$ 在孪生后变成什么向量。因孪生系统为 $(112)[\bar{1}\,\bar{1}1]$,故

$$a_{11}=a_{12}=-1/\sqrt{3},a_{13}=-1/\sqrt{3},a_{21}=a_{22}=1/\sqrt{6},a_{23}=2/\sqrt{6}。$$

又 BCC 晶体孪生时切变 $\gamma=\sqrt{2}/2$。将以上数据代入式(3-37)得到

$$\boldsymbol{F} = 2\begin{bmatrix} \frac{1}{6} & \frac{1}{6} & \frac{2}{6} \\ \frac{1}{6} & \frac{1}{6} & \frac{2}{6} \\ \frac{2}{6} & \frac{2}{6} & \frac{4}{6} \end{bmatrix} - \begin{bmatrix} 1 & 0 & 0 \\ 0 & 1 & 0 \\ 0 & 0 & 1 \end{bmatrix} - \frac{\sqrt{2}}{2}\begin{bmatrix} -\frac{1}{\sqrt{18}} & -\frac{1}{\sqrt{18}} & -\frac{2}{\sqrt{18}} \\ -\frac{1}{\sqrt{18}} & -\frac{1}{\sqrt{18}} & -\frac{2}{\sqrt{18}} \\ \frac{1}{\sqrt{18}} & \frac{1}{\sqrt{18}} & \frac{2}{\sqrt{18}} \end{bmatrix}$$

$$= \begin{bmatrix} -\frac{1}{2} & \frac{1}{2} & 1 \\ \frac{1}{2} & -\frac{1}{2} & 1 \\ \frac{1}{2} & \frac{1}{2} & 0 \end{bmatrix}$$

将上式代入式(3-36)得到

$$\begin{bmatrix} U_{\mathrm{t}} \\ V_{\mathrm{t}} \\ W_{\mathrm{t}} \end{bmatrix} = \begin{bmatrix} -\frac{1}{2} & \frac{1}{2} & 1 \\ \frac{1}{2} & -\frac{1}{2} & 1 \\ \frac{1}{2} & \frac{1}{2} & 0 \end{bmatrix}\begin{bmatrix} 0 \\ 0 \\ \frac{1}{2} \end{bmatrix} = \begin{bmatrix} \frac{1}{2} \\ \frac{1}{2} \\ 0 \end{bmatrix}$$

即孪生后该碳原子位于孪晶中(001)面的中心。由于 BCC 晶体中 $\{001\}$ 面的面心和 $\langle 001 \rangle$ 棱的中点都是等价的八面体间隙位置,可见位于 $\left(0,0\frac{1}{2}\right)$ 处的碳原子在 $(112)[\bar{1}\,\bar{1}1]$ 孪生后仍位于同样性质的间隙位置。但是,按以上公式计算位于 $\left(\frac{1}{2},0,0\right)$ 和 $\left(0,\frac{1}{2},0\right)$ 位置的碳原子后将会发生,孪生以后它们将分别位于 $\left(-\frac{1}{4},\frac{1}{4},\frac{1}{4}\right)$ 和 $\left(\frac{1}{4},-\frac{1}{4},\frac{1}{4}\right)$。由于此处间隙太

小,故这些碳原子在孪生时不会径直达到上述间隙位置,它们在达到八面体间隙位置后就不再移动了。

例 4　当一个体心立方晶体沿 $(112)[\bar{1}11]$ 系统发生孪生时,位错的柏氏矢量 $\dfrac{a}{2}[\bar{1}11]$ 将变成什么矢量?

解　因为孪生系统和例题 1 相同,故矩阵 $\boldsymbol{F}$ 也相同:

$$\boldsymbol{F} = \begin{bmatrix} -\dfrac{1}{2} & \dfrac{1}{2} & 1 \\[2mm] \dfrac{1}{2} & -\dfrac{1}{2} & 1 \\[2mm] \dfrac{1}{2} & \dfrac{1}{2} & 0 \end{bmatrix}$$

因为位错的柏氏矢量 $\dfrac{a}{2}[\bar{1}11]$ 将变成

$$\begin{bmatrix} u_t \\ v_t \\ w_t \end{bmatrix} = a \begin{bmatrix} -\dfrac{1}{2} & \dfrac{1}{2} & 1 \\[2mm] \dfrac{1}{2} & -\dfrac{1}{2} & 1 \\[2mm] \dfrac{1}{2} & \dfrac{1}{2} & 0 \end{bmatrix} \begin{bmatrix} -\dfrac{1}{2} \\[2mm] \dfrac{1}{2} \\[2mm] \dfrac{1}{2} \end{bmatrix} = a \begin{bmatrix} 1 \\ 0 \\ 0 \end{bmatrix}$$

或写成 $a[100]$。由此可见,孪生后位错的柏氏矢量的大小和方向都可能改变。

在结束本节时我们还要指出两点:①本节对位向关系的分析具有普遍意义,例如,在马氏体相变时新相和母相间也有特定的位向关系,其分析方法也与此类似;②本节虽然只是对立方晶体进行了分析,但分析的思路对其他各种晶系均适用,有兴趣的读者可参阅有关的文献。

3.10　孪生系统的实验测定

通过力学和 X 光衍射实验,可以测定孪生的 4 个要素,进而求出切变 γ。为此,首先要制备单晶,并用 X 光劳厄法测定单晶体的取向。然后选择适当的力学试验,使产生孪晶,并测定孪晶和晶体的某一参考方向的夹角。最后通过极射投影图分析,确定孪生的要素。下面详细讨论分析过程。

假定孪生后的单晶体如图 3-23 所示。

已知:(1)晶体的位向,即侧面 M_1 的晶面和棱 E 的晶向指数。(2)侧面 M_2 和 M_1 的夹角。为简单起见,这里假定夹角是 $90°$。(3)在 M_1 和 M_2 面上孪晶和公共棱 E 的夹角 α 及 β。(4)在 M_1 和 M_2 面上孪生造成的浮凸(即倾斜面 T_1 和 T_2)与 M_1,M_2 面的夹角 ω_1,ω_2。若孪生面(即 K_1 面)与 M_1,M_2 面的交线分别为 t_1,t_2(见图 3-23),那么 ω_1 和 ω_2 就分别是 M_1 绕 t_1 轴旋转至 T_1 和 M_2 绕 t_2 轴旋转至 T_2 所需的转角。

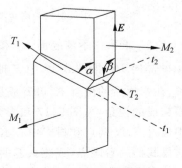

图 3-23　有孪晶的单晶体

根据以上数据,即可用极射投影法确定孪生 4 要素及切变 γ,具体步骤如下:

(1) 以 M_1 面为基圆,作极射投影。因棱 E 在 M_1 面上,其极点 E 必在基圆上,如图 3-24 所示(E 点可取在基圆上的任一点)。

(2) 作 M_2 面。因 M_2 面垂直于 M_1 面,并包含 E,故其面痕(M_2)为通过 E 点的一条直径(大圆),其极点 M_2 则位于基圆上,$\overline{M_2M_1}$ 和该直径垂直。

(3) 求孪生面 K_1。为此,只要作出该面上的两条直线 t_1 和 t_2。t_1 位于 M_1 面上并与 E 成 α 角,t_2 位于 M_2 面上并与 E 成 β 角,由此即可作出 t_1 和 t_2 的位置,如图 3-24 所示。过 t_1 和 t_2 点的大圆即为孪生面的面痕(K_1),由此即可定出其极点 K_1。

(4) 求孪生方向 η_1。为此,首先将孪生面面痕(K_1)绕 t_1 轴旋转某一 θ 角(见图 3-25),使(K_1)转到基圆上(因而极射投影面由 M_1 变为 K_1)。此时(M_1),(M_2)两个面痕转至图 3-25 中实线圆弧(大圆)位置,其交点即为变换投影面后棱 E 的位置,(M_2)面痕与基圆的交点即为变换后 t_2 的位置(t_1 当然不变)。其次,作出 M_1 面绕 t_1 旋转 ω_1 角后的位置 T_1。图 3-25 中虚线即为 T_1 面面痕(T_1)(通过 t_1 点的大圆弧),T_1 为其极点。同样可作出 M_2 面绕 t_2 旋转 ω_2 角后的位置 T_2(面痕为虚线(T_2),极点为 T_2)。面痕(T_1)和(T_2)的交点 E' 就是 $\overline{OE}$ 在孪生后的取向。从孪生的几何关系(见图 3-18)可知 E 和 E' 所决定的平面与 K_1 面的交线就是孪生方向。故在图 3-25 中通过 E,E' 两点的大圆与基圆(即(K_1)面痕)的交点就是孪生方向 η_1。

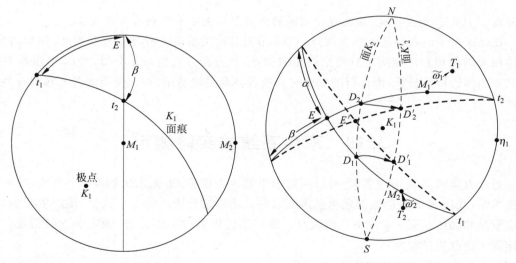

图 3-24　用极射投影确定孪生要素　　　　　　图 3-25　孪生的几何关系

(5) 求第二不畸变面 K_2 和第二不畸变方向 η_2。首先作出一条位于 K_1 面上并垂直于 η_1 的晶向 $\overline{SN}$(即图 3-17 中 Z 轴)。那么从孪生的几何关系可知,K_2 面必通过 S,N 两点。K_2 在孪生后的位置 K_2' 可看成是由 K_2 面绕 $\overline{SN}$ 轴旋转 $2(90-\phi)$ 角而得到(2ϕ 是 K_1 和 K_2 面交成的锐角,见图 3-17 和图 3-19)。K_2 和 K_2' 必然对称于以 η_1 为法线的平面(即图 3-25 中通过 S,N 两点和投影中心 K_1 的直径平面)。据此,就可以用尝试法确定 K_2 面的位置。这里我们的着眼点(或感兴趣的晶向)是 K_2 面与 M_1 面及 M_2 面的交线 D_1 及 D_2。D_1(或 D_2)点必须同时满足两个条件:①D_1(或 D_2)在孪生后的位置 D_1'(或 D_2')必为 K_2' 面与 T_1 面

（或 T_2 面）的交点；②D_1 和 D_1'（或 D_2 和 D_2'）必须对称于 $\overline{SN}$ 平面，如果我们任取一个通过 S,N 点的大圆为 K_2 面，那么根据对称性，我们立即可以画出相应的 K_2' 面。因而 D_1,D_2，D_1' 和 D_2' 点也随之而定。但一般来说这 4 个点并不满足上述第②个条件。因此我们就需要尝试取另外一个通过 S,N 点的大圆作为 K_2 面，求出另外一组 D_1,D_2,D_1' 和 D_2' 点。如果这 4 个点仍不符合条件②，则上述过程还要继续下去，直到所得到的 4 个点 D_1,D_2,D_1' 和 D_2' 满足条件②为止。这时的 K_2 面才是真正的第二不畸变面。K_2 确定以后，第二不畸变方向 η_2 就很容易确定，因为它必须位于 K_2 面上，又垂直于 K_1 和 K_2 面的交线 $\overline{SN}$。

至于孪生时的切变 γ，只要利用乌氏网测定从 D_1 到 D_1'（或从 D_2 到 D_2'）绕 $\overline{SN}$ 轴旋转的角度 $\overset{\frown}{D_1D_1'}$（或 $\overset{\frown}{D_2D_2'}$）即可求得。因为 $\overset{\frown}{D_1D_1'} = \overset{\frown}{D_2D_2'} = 2\times(90°-2\phi) = 180°-4\phi$（这里 2ϕ 是 K_1 和 K_2 面所夹的锐角），所以 $\gamma = 2\tan 2\phi = 2\tan\left(90°-\dfrac{\overset{\frown}{D_2D_2'}}{2}\right)$。

至此，孪生 4 要素及切变 γ 都已完全确定。上述分析方法具有一定的普遍意义。例如，根据样品两个侧面上的面痕确定滑移面或马氏体相变的惯析面都可利用这种方法。

3.11　滑移和孪生的比较

1）相同方面

（1）从宏观上看，二者都是晶体在剪应力作用下发生的均匀剪切变形。

（2）从微观上看，二者都是晶体范性形变的基本方式，是晶体的一部分相对于另一部分沿一定的晶面和晶向平移。

（3）二者都不改变晶体结构。

（4）从变形机制看，二者都是晶体中位错运动的结果。

2）不同方面

（1）滑移不改变位向，即晶体中已滑移部分和未滑移部分的位向相同。孪生则改变位向，即已孪生部分（孪晶）和未孪生部分（基体）的位向不同，而且两部分具有特定的位向关系（对称关系）。

（2）滑移时原子的位移是沿滑移方向的原子间距的整数倍，而且在一个滑移面上的总位移往往很大。但孪生时的位移小于孪生方向的原子间距。例如，FCC 晶体孪生时，原子的位移只有孪生方向的原子间距 $\left(\dfrac{a}{2}\langle 112\rangle\right)$ 的三分之一。

（3）滑移时只要晶体有足够的塑性，切变 γ 可以为任意值。但孪生时切变 γ 是一个确定值（由晶体结构决定），且一般都较小。因此滑移可以对晶体的塑性变形有很大的贡献，而孪生对塑性变形的直接贡献则非常有限。虽然由于孪生引起位向变化，可能进一步诱发滑移，但总的来说，如果某种晶体的主要变形方式是孪生，则它往往比较脆。

（4）虽然从宏观上看，滑移和孪生都是均匀切变，但从微观上看，孪生比滑移变形更均匀，因为在孪生时每相邻两层平行于孪生面的原子层都发生同样大小的相对位移（对 FCC 晶体相对位移是 $\dfrac{1}{6}\langle 112\rangle$；对 BCC 晶体是 $\dfrac{1}{6}\langle 111\rangle$）。而滑移时，相邻滑移线间的距离达到几十纳米以上，相邻滑移带间的距离则更大，但滑移只发生在滑移线处，滑移线之间及滑移带之间的区域均无变形,故变形是不均匀分布的。

（5）滑移过程比较平缓,因而相应的拉伸曲线比较光滑、连续。孪生往往是突然发生的,甚至可以听见急促的响声（例如锡、镉等单晶在孪生时发生"喊叫"声）,相应的拉伸曲线上出现锯齿形的脉动,如图 3-26 所示。

（6）滑移和孪生发生的条件往往不同。晶体的对称度越低,越容易发生孪生。例如,在 α-U（底心正交结构）、锆、锌、镉（CPH 结构）和锑（菱方结构）等金属中往往观察到大量的粗大孪晶。此外,变形温度越低,加载速率越高（如冲击加载）,也越容易发生孪生。

（7）滑移有确定的（虽然是近似的）临界分切应力,而孪生是否也存在着确定的临界分切应力则尚无实验证据,但一般来说,引起孪生所需的分切应力往往高于滑移的临界分切应力。

（8）滑移是全位错运动的结果,孪生则是分位错运动的结果（见 4.23 节）。

最后讨论如何根据变形后的样品表面形貌来区别孪晶、滑移带和形变带。有人提出,在同样放大倍数的显微镜下观察,孪晶比滑移线（或带）粗。这个结论在有些情况下是对的,例如 FCC 晶体的退火孪晶就非常粗大。但它并不普遍成立。事实上,孪晶和滑移带的宽度都与变形量有关。比较可靠的识别方法是,先将变形后的样品表面磨光或抛光,使变形痕迹（孪晶、滑移带或形变带）全部消失。再选用适当的腐刻剂腐蚀样品表面,然后在显微镜下观察。如果看不到变形痕迹（即样品表面处处衬度一样）,则该样品原来的表面形变痕迹必为滑移带。这是因为滑移不会引起位向差,故表面各处腐蚀速率相同,原来光滑的平面始终保持平面,没有反差。如果在腐蚀后的样品表面上重新出现变形痕迹,则它必为孪晶或形变带,因为孪晶和形变带内的位向是不同于周围未变形区域的,因而其腐蚀速率也不同于未变形区,故在表面就出现衬度不同的区域。为了进一步区别孪晶和滑移带,可将样品再进行变形,经过磨（抛）光、腐蚀后再在显微镜下观察。如果由于第二次变形而使衬度进一步增加了,则该变形区是形变带;若衬度不变,则变形区是孪晶。这是因为孪晶和基体的位向差是一定的,不随形变量增加而增加,而形变带内和带外的位向差则随形变量增加而增加。

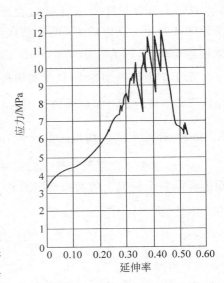

图 3-26　在镉单晶的拉伸曲线上由于孪生引起的锯齿形脉动

3.12　多晶体范性形变的一般特点

从本节起,我们将在单晶体范性形变的基础上进一步讨论多晶体范性形变的特点。本节着重讨论微观特点,随后各节将讨论宏观特点及若干实际问题。

3.12.1　晶粒边界

多晶材料是由许多取向不同的小单晶体即晶粒组成的。晶粒和晶粒之间的过渡区域就称晶粒边界或简称**晶界**。

　　晶界内的原子是如何排列的呢？或者说，晶界的本质是什么？早期，人们根据在高温下晶粒和晶粒之间会发生"黏性流动"这一实验现象，认为晶界材料是无定形物质，即原子完全混乱排列的非晶态材料，就像沥青、玻璃那样。也有人对晶界内原子的排列提出了各种模型和理论，如无序群模型、小岛模型等等。自从位错理论提出后，人们又对晶界的结构提出了各种位错模型，其中小角度晶界（即相邻晶粒的位向差很小（例如小于 3°）的晶界）的位错模型已得到公认，并有实验证据，我们将在第 4 章讨论。总起来说可以认为，晶界是有大量缺陷的晶态材料，这里不仅有大量的位错，还有许多点缺陷（空位和间隙原子）。此外，材料中的杂质原子或某些沉淀相也往往优先分布在晶粒边界。作为晶粒与晶粒间的过渡层，晶界的厚度往往只有几个或十几个原子间距。这样薄层的晶界具有什么性质？它在多晶体范性形变中起着什么作用？

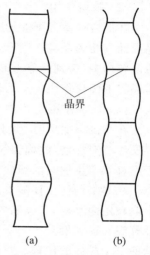

图 3-27　多晶 α-Fe 的拉伸
试验结果
（a）室温；（b）高温

　　为了研究晶界的力学行为，有人将同样的多晶 α-Fe 试样分别在室温和高温下进行拉伸试验。这些试样的晶界都近似垂直于试样轴。试验结果发现，在室温下拉伸时，靠近晶界处试样的直径变化很小，远离晶界处则直径显著减小。在高温下拉伸时情况恰好相反：晶界附近试样显著变细，远离晶界处则变化很小，如图 3-27 所示。

　　这个试验表明，低温或室温下，晶界强而晶粒本身弱；高温下则相反。这样就必然存在着一个温度，在此温度下晶界和晶粒本身强度相等。这个温度便称为**等强温度**（equicohesive temperature）。图 3-28 定性地画出了晶界和晶粒的强度随温度的变化，并标出了等强温度 T_{eq}。从图 3-28 还可看出，T_{eq} 与变形速率有关。变形速率越高，晶界越强，而晶粒的强度与变形速率关系不大，因而 T_{eq} 升高。

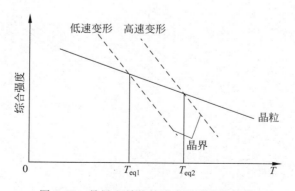

图 3-28　晶界和晶粒的强度随温度的变化

　　晶界在多晶体范性形变中起什么作用呢？大体上有四方面作用。

（1）协调作用

多晶体在范性形变时各晶粒都要通过滑移或孪生而变形。但由于多晶体是一个整体，各晶粒的变形不能是任意的,而必须相互协调,否则在晶界处就会裂开。晶界正是起着协调相邻晶粒的变形的作用。由于协调变形的要求,在晶界处变形必须连续,亦即两个相邻晶粒在晶界处的变形必须相同。为了用实验证实晶界处变形的连续性,有人做了专门的硬度实验,即从一个晶粒的中心到另一个相邻晶粒的中心逐点打硬度,结果发现,两个晶粒在晶界处的硬度是非常相近的。

（2）障碍作用

在低温或室温下变形时,由于晶界比晶粒强,故滑移主要在晶粒内进行。它不可能穿过晶界而在相邻晶粒内进行。可见,晶界限制了滑移。另外,由于晶界内大量缺陷的应力场,使晶粒内部(特别是靠近晶界区)滑移更困难,或者说,需要更高的外加应力才能滑移。这就是晶界的障碍作用。从而也产生了图 3-27(a)所示的效果。

（3）促进作用

在高温下变形时,由于晶界比晶粒弱,故除了晶粒内滑移外,相邻两个晶粒还会沿着晶界发生相对滑动,此称为晶界滑动。晶界滑动也造成晶体宏观塑性变形,但变形量往往远小于滑移和孪生引起的塑性变形。

晶界滑动往往伴随着晶界迁移。所谓**晶界迁移**就是一个晶粒内的原子通过扩散向另一个晶粒定向移动,造成晶界从一个位置迁移到另一个位置。为什么晶界滑动会伴随着晶界迁移呢?让我们分析一下三个相邻晶粒之间的晶界发生滑动的情形。图 3-29(a)是晶界滑动前三个晶界的位置。我们在 3.7 节曾指出,位向不同的区域(如基体和孪晶)之间的界面处是存在着界面能的,因而不同位向的晶粒之间也存在晶界界面能,从"力"的角度说,就是存在着界面张力。如果三晶粒的结构相同(同一种相),那么晶粒 1,2,3 之间的界面张力必相等,$T_{12} = T_{23} = T_{31}$。由平衡条件可知,汇交于一点的三个相等的力必然相交成 120° 的角。现在,假定晶粒 1 和 2 发生相对滑动,如图 3-29(b)所示。由于滑动后三条晶界不再相交于

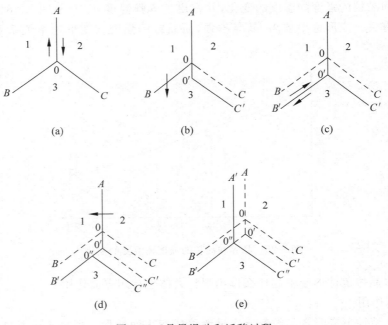

图 3-29　晶界滑动和迁移过程

一点,故三个界面张力不可能平衡,或者说体系必处于较高的能量状态,因而在界面张力(或界面能)作用下,晶粒 3 内的原子必向晶粒 1 扩散,使晶界$\overline{13}$发生迁移,直到三晶界再次汇交于一点,如图 3-29(c)所示。如果随后再沿其他各晶界(晶界$\overline{13}$,$\overline{23}$等)发生滑动和迁移,原来的晶界就可以迁移到其他任何位置,如图 3-29(d)和(e)所示。由此可见,整个晶界滑动-迁移过程就是在外力作用下的晶界滑动和在界面能驱动下的晶界迁移过程。

(4) 起裂作用

一方面,由于晶界阻碍滑移,此处往往应力集中(在 4.19 节将分析由于位错塞积引起的应力集中);另一方面,由于杂质和脆性,第二相往往优先分布于晶界,使晶界变脆;这样一来,在变形过程中裂纹往往起源于晶界。此外,由于晶界处缺陷多,原子处于能量较高的不稳定状态,在腐蚀介质作用下,晶界往往优先被腐蚀(所谓晶间腐蚀),形成微裂纹。

3.12.2　多晶体范性形变的微观特点

与单晶体的范性形变相比,多晶体的范性形变有三个突出的微观特点,即多方式、多滑移和不均匀。

(1) 多方式

多晶体的范性形变方式除了滑移和孪生外,还有晶界滑动和迁移,以及点缺陷的定向扩散。

滑移和孪生是室温和低温下范性形变的重要方式,此时外加应力超过晶体的屈服极限。

晶界滑动和迁移是高温下的范性形变方式之一,此时外加应力往往低于该温度下的屈服极限。例如,对高温合金经常进行的蠕变试验就是在高温和远低于屈服极限的外应力作用下的长时间力学试验,此时试样会发生随时间不断增加的缓慢的塑性变形(蠕变),其微观变形方式主要就是晶界滑动和迁移。

如果试验温度非常高,而外加应力非常低,那么还可能出现由于点缺陷的定向扩散而引起的塑性变形(亦称扩散蠕变)。在这种情况下,由于温度极高,间隙原子和空位等点缺陷的迁移率很大,在外加应力作用下它们将发生定向扩散:间隙原子运动到与拉应力垂直的晶面之间,使晶体沿拉应力方向膨胀,或者空位运动到与压应力垂直的晶面上,使晶体沿压应力方向收缩。

由上述可见,多晶体可能有四种微观的范性形变方式。至于何种方式占主导地位取决于变形温度和应力。

(2) 多滑移

与单晶体不同,多晶体变形时开动的滑移系统不仅仅取决于外加应力,而且取决于协调变形的要求。理论分析表明,为了维持多晶体的完整性,即在晶界处既不出现裂纹,也不发生原子的堆积,每个晶粒至少要有五个滑移系统同时开动,虽然这些系统的分切应力并非都最大。实验观察也证明,多滑移是多晶体范性形变时的一个普遍现象。图 3-30(a)表示多晶铝发生塑性变形后的表面形貌。注意滑移带在同一晶粒中是平行的,但穿过晶界时是不连续的。这充分说明多晶体塑性变形时每个晶粒的滑移既分别进行,又相互协调的多滑移特征。但正因为如此,多晶体中相邻晶粒位向不同而产生内应力。而且如图 3-30(b)所示,在外加应力时,不同位向的晶粒会表现出"软"、"硬"不同的特性。对此,后面还要进一步讨论。

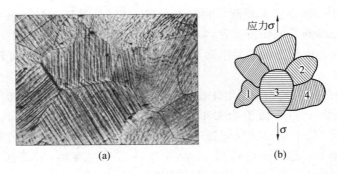

图 3-30　多晶体塑性变形的特征

（a）多晶铝发生塑性变形后的表面形貌,滑移带在同一晶粒中是平行的,但穿过晶界时是不连续的；（b）多晶体中由于相邻晶粒位向不同而产生内应力

（3）不均匀

与单晶体相比,多晶体的范性形变更加不均匀。除了更多系统的多滑移外,由于晶界的约束作用,晶粒中心区的滑移量也大于边缘区（即晶界附近的区域）。在晶体发生转动时（见3.4 节）,中心区的转角也大于边缘区,因此多晶体变形后的组织中会出现更多、更明显的滑移带、形变带和晶面弯曲,也会形成更多的晶体缺陷（见第 4 章）。

作为不均匀变形的实际例子,下面讨论一下"橘皮组织"。所谓橘皮组织就是金属经过冷加工以后自由表面（外表面）凹凸不平,好像用鹅卵石铺的马路或橘子皮一样。其形成的原因就是因为晶粒中心的滑移量大,因而表面滑移台阶高,而边缘区滑移量小,因而滑移台阶低。这种橘皮组织严重影响产品的外观或零件间的相互配合。显然晶粒越粗大,橘皮组织越严重,故为了消除或减轻橘皮组织,应尽量采用细晶粒材料。

以上讨论了多晶体范性形变的三个基本特点。由于这些特点,特别是由于多滑移和变形的不均匀性,又派生出其他一系列特点,包括：①产生内应力；②出现加工硬化；③形成纤维组织（即杂质和第二相择优分布）和择优取向（织构）。

3.12.3　晶粒度及其对性能的影响

所谓**晶粒度**就是指晶粒的大小。它可以用单位体积材料中的晶粒数或单位截面面积内的晶粒数来度量。一种较近似、但较方便的表示方法是将晶粒近似地看成是球形,把各球形晶粒的平均直径 d 作为晶粒度的度量。

晶粒度对晶体的各种性能都有影响,而影响最大的是力学性能,特别是对屈服极限的影响。

一般来说,晶粒越细,阻碍滑移的晶界便越多（或晶界面积越大）,屈服极限也就越高。实验发现,大多数金属的屈服极限 σ_y 与晶粒度 d 有以下关系：

$$\sigma_y = \sigma_i + Kd^{-\frac{1}{2}}$$

式中, σ_i 和 K 都是常数。这个公式称为 **Hall-Petch 公式**。许多加工硬化的位错理论也导出了这样的关系式,这里就不详细讨论了。精细的实验表明,具有明显屈服点的金属特别符合上述公式,而没有明显屈服点的 FCC 金属则不甚符合。

除了屈服极限外,金属的硬度与晶粒度也有一定的关系,例如:

$$HV \quad 或 \quad HB = A + Bd^{-\frac{1}{4}}$$

式中, HV 或 HB 分别是维氏或布氏硬度。A 和 B 是常数。显然这个公式有一个前提,即压痕大于晶粒直径。否则,塑性变形都发生在一个晶粒内部,晶界的影响就不大,因而晶粒度对硬度也就没有多大的影响。

晶粒度对晶体的形变硬化行为也有很大的影响。

3.13　冷加工金属的储能和内应力

冷加工会引起点阵畸变或晶格扭曲。与此相应,晶体内部也就储存了一定的畸变能(弹性能)。实验结果表明,在冷加工过程中消耗于塑性变形的功有 5% 是以畸变能的形式储存在晶体内部,其余 95% 变成热而耗散掉。晶体内部储能的大小与很多因素有关,如形变温度、形变量、晶粒度等。温度越低,形变量越大;晶粒越细,储能也越大。值得注意的是,随着变形量的增加,储能增加得越来越少,最后达到一个极限值(一般为几 J/mol 到几十 J/mol)。

晶体中既然存在着一定的畸变能,相应地就有一定的**内应力**。所谓内应力就是在晶体内部各部分之间的相互作用力。根据作用力与反作用力的关系,如果晶体内一部分受拉应力,另一部分就一定受同样大小的压应力,因此,从整个晶体看,内应力是相互平衡的,即晶体整体并没有合成的应力。由于内应力是在卸载后仍然保留在晶体内部的应力,故又叫**残余应力**。

根据内应力作用的范围(或分布范围)可以将它分成两大类。一类是所谓**宏观内应力**,它是在比较大的范围内(例如在整个试样或零件的横断面上)相互平衡的拉应力和压应力。另一类是**微观内应力**,它是在晶粒甚至晶胞范围内相互平衡的拉应力和压应力。

一般来说,产生内应力的原因是不均匀变形,而引起不均匀变形的因素则有许多,例如冷加工、冷却不均匀、温度不均匀、形变不均匀,以及局部相变等。

冷加工既可引起宏观内应力,也可引起微观内应力。

作为宏观内应力的例子,我们假定有一根金属圆棒,受弯矩 M 作用,如图 3-31 所示。当弯矩 $M = M_1$ 时,圆棒最上部及最下部纤维恰好达到弹性极限 σ_1(见图 3-31(a)),根据胡克定律,这时应力分布是直线分布(图 3-31(b))。如果这时将弯矩 M_1 卸掉,金属棒就立即恢复原状,因而不存在内应力。但是如果弯矩 M_1 增加到 M_2,那么圆棒上部和下部的某些纤维所受的应力便超过弹性极限,因而发生塑性变形(上部纤维被拉长,下部纤维则缩短)。这时应力分布如图 3-31(c)所示,最大应力是 σ_2(请对照图 3-31(a))。若此时将弯矩卸掉,应力分布将会怎样?为回答此问题,可假定 M_2 仍然存在,但反方向加一个大小相等的弯矩 M_2'($M_2' = -M_2$)。由于卸载过程应该是弹性变形(弹性恢复),故 M_2' 引起的应力分布应为直线分布,如图 3-31(d)所示。因 $M_2' = -M_2$,故图 3-31(c)和(d)中曲线下的面积(阴影区的面积)应该相等,这就要求 $\sigma_2' > \sigma_2$。最后的应力分布应该是图 3-31(c)和(d)的叠加,结果如图 3-31(e)所示。由此可见,经过塑性弯曲后的金属棒内是存在内应力的。

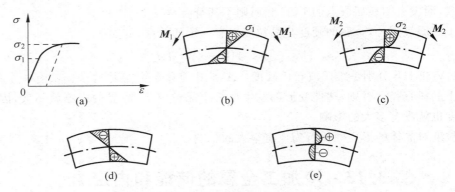

图 3-31　金属棒冷弯时内应力的产生过程

现在再来讨论由于零部件内部温度不匀引起的热应力和由于局部相变引起的相变应力。为此我们来分析一根燃料元件棒(用铝或其他金属管包覆的铀棒)在反应堆运行时的内应力。由于铀的裂变反应,铀棒的温度很高。但包覆管是与冷却水接触的,故温度很低,这样一来,从铀棒中心到包覆管表面就存在着较大的(径向)温度梯度,如图 3-32 所示。不同温度区的材料将发生不同程度的热膨胀,从而形成内应力,即热应力。如果铀棒中心温度高于 660℃,则发生 α-U→β-U 的相变,并伴随着体积显著膨胀,于是在中心区和外围的未相变区之间便产生相变应力,因而燃料元件内的总内应力就是热应力和相变应力的叠加(见图 3-32)。

作为微观应力的例子,让我们分析多晶体内不同位向的相邻晶粒在拉应力 σ 作用下的变形情况。在图 3-30(b)中,晶粒 1 和 2 的滑移面与 σ 大约成 45°,因而分切应力较大,容易滑移。人们称这样的晶粒为软位向晶粒。晶粒 3 和 4 的滑移面分别近似地垂直和平行于拉应力 σ,故不易滑移,是硬位向晶粒。显然软位向晶粒的屈服极限低于硬位向晶粒。因此,在拉应力 σ 作用下,软位向的晶粒塑性变形多,硬位向的晶粒塑性变形少或仍在弹性变形范围内。这样一来,在卸载后,由于软位向晶粒的残余变形(永久变形)大,而硬位向晶粒的残余变形小,前者就受到压应力作用,后者则受到拉应力作用。

在晶体范性形变过程中,由于形成各种缺陷,造成点阵畸变,从而形成弹性应力场,这也是造成微观内应力的重要原因。

关于冷却不均匀、温度不均匀、相变不均匀等造成的内应力我们就不详细讨论了。

最后,我们简单讨论一下储能和内应力对金属性能的影响。

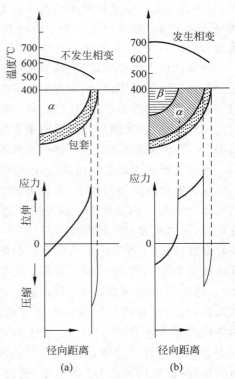

图 3-32　燃料元件内的温度分布和应力分布
(a) $T_{中心}$<660℃；(b) $T_{中心}$<660℃

金属在冷加工中的储能和内应力对金属的加工、热处理和使用性能都有重大影响。总的来说，由于内部储能和形成内应力，金属从热力学上讲是处于不稳定状态。它可以造成以下几方面危害：

（1）内应力可能叠加在工作应力上，使零件在使用时过早破坏或产生过量的塑性变形。

（2）内应力可能叠加在加工应力上，使材料在加工时开裂。这正是冷加工过程中往往需要多次退火的原因。

（3）储能和内应力可以加速退火过程。

（4）储能和内应力使金属在化学上更不稳定，因而容易被腐蚀，这种由于应力作用而加速的腐蚀称为**应力腐蚀**。

事物都是一分为二的。在生产实际中有时也故意在金属中创造内应力，以提高某些力学性能。例如，为了防止金属脆性断裂，特别是为了防止疲劳断裂，就可以预先进行表面喷丸处理。就是说，预先用小铁丸喷射到金属表面，造成表面压痕，因而表层受压应力作用，次表层则受拉应力作用。由于试样或零件的断裂往往是表面裂纹在拉应力作用下向内层扩展的结果，故表面预先存在的压应力对于防止断裂是有益的。

3.14　应　变　硬　化

应变硬化又称**加工硬化**，是材料重要的力学行为（或特性）之一，具有较大的实际意义。

3.14.1　应变硬化现象

实践表明，金属在冷加工过程中，要想不断地塑性变形，就需要不断增加外应力（亦称流变应力）。这表明，金属对塑性变形的抗力是随变形量的增加而增加的。这种流变应力随应变的增加而增加的现象就称为应变硬化。

无论单晶体还是多晶体，其应变硬化行为都可用硬化曲线来表示。所谓硬化曲线就是晶体变形时流变应力和应变的关系曲线。不过，单晶体和多晶体硬化曲线的含义有质的差别。对单晶体，流变应力是指作用在滑移面上沿着滑移方向的剪应力（分切应力）τ，而应变则是指剪应变（或切变）γ，因此，单晶体的硬化曲线就是 τ-γ 曲线（见 3.6 节）。对多晶体，应变是指在主流动方向（主要变形方向）的变形量，流变应力则是指引起该应变的应力。例如，多晶体在拉伸时的硬化曲线就是拉应力 σ 和拉伸应变 ε 的关系曲线，即常见的拉伸曲线。

硬化会使金属的力学性能发生什么变化呢？这只要分析一下金属的拉伸曲线（图 3-33）就清楚了。

假定作用在试样横截面上的名义应力（或条件应力，即用拉伸载荷除以试样的初始横截面积得到的应力）$\overline{oa}$ 超过了屈服极限 $\overline{oa_0}$（$\overline{oa_0}=\sigma_{0.2}$），那么试样就发生塑性变形，总的应变为 $\overline{ac}$（见图 3-33）。如果这时逐渐减少应力（卸载），那么试样就沿直线 cd 缩短（cd 近似地平行于直线 $\overline{ob}$）。当载荷完全卸去后，试样仍保留一定的残余变形（或永久变形）$\overline{od}$（$\overline{od}\approx\overline{bc}$），因为

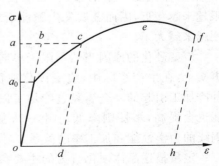

图 3-33　金属典型的拉伸曲线

只有弹性变形部分($\overline{ab}$段)是可以恢复的。现在,如果再次拉伸,直到断裂,那么拉伸曲线将是$\overparen{dcef}$。显然,第二次拉伸只有达到c点时才开始塑性变形。可见,材料的屈服极限提高了(由$\overline{oa_0}$提高到$\overline{oa}$)。或者说,由于预先的塑性变形(第一次拉伸),使以后塑性变形更困难了。此外,如果第一次拉伸一直到断裂,那么试样的总应变(延伸率)为$\overline{oh}$,但第二次拉伸时试样断裂后的总应变为$\overline{dh}<\overline{oh}$,可见延伸率减少了,亦即材料的塑性更差了。

塑性变形对强度极限(抗拉强度)有什么影响呢? 从图3-33看似无影响,因为两次拉伸过程中应力和应变都沿着曲线$\overparen{cef}$变化。但事实上这个结论是不对的。问题在于在计算名义应力时都采用了第一次拉伸前的初始横截面积,而实际上第二次拉伸的初始横截面积比它小,因而算出的应力应更大。因此为了显示塑性变形对强度极限的影响,应该采用一些横截面积相同,但预变形(塑性变形)不同试样进行拉伸试验,这样就得到图3-34(a)所示的拉伸曲线。图3-34(b)画出了c,d,e,f,g等5个试样在第二次拉伸时的拉伸曲线,它们都经过了第一次拉伸,最大拉伸应力(即卸载前的最大拉应力)分别为图3-34(a)中的$\overline{oc},\overline{od},\overline{oe},\overline{of}$和$\overline{og}$,第一次拉伸后5个试样的横截面积都相同。

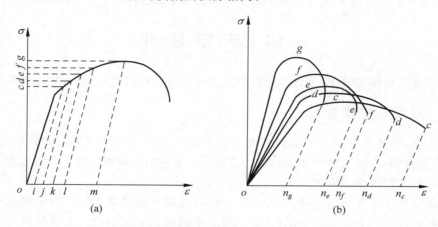

图 3-34　具有相同横截面、不同预变形的试样的拉伸曲线

从图3-34可以看出,塑性变形会使金属的强度性能(屈服极限、硬度、强度极限、弹性模量等)提高,而塑性性能(延伸率、断面收缩率等)降低。但是,不同的性能,其变化大小是不同的。例如,屈服极限提高得多,而强度极限增加较少,杨氏模量的变化也很小。这样一来,随着塑性变形量的增加,屈服极限和强度极限越来越接近,因而金属发生脆性断裂的危险性便越来越大了。

应变硬化的原因当然不限于单向拉伸变形。事实上,在生产实际中,应变硬化往往是由于各种冷加工引起的。金属经过冷加工以后,强度性能也会提高,塑性则降低。图3-35画出了冷拉铜线的力学性能和加工率的关系。

定量描述晶体硬化行为的主要参数有两个。一个是材料的屈服极限,另一个是"硬化速率"或

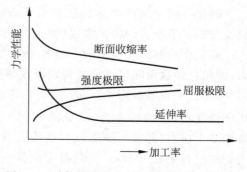

图 3-35　冷拉铜线的力学性能与加工率的关系

硬化系数 k。$k = \dfrac{d\sigma}{d\varepsilon}$，其意义是增加单位应变所需增加的应力。不过这里的应力 σ 是真应力（即以瞬时的载荷除以该瞬时试样的横断面积），因而 k 就是真应力-应变曲线上各点的斜率。在变形量不大的情况下，也可以用名义应力-应变曲线的斜率来近似地表示硬化速率。

3.14.2　实际晶体的硬化行为

如上所述，晶体的硬化行为可以通过单向拉伸试验，测定其拉伸曲线来确定。这里只是简单地归纳一下某些典型晶体，特别是 FCC 晶体和 BCC 晶体的应变硬化特点。

FCC 晶体的硬化特点如下：

（1）屈服极限比较低，往往低于其他晶体。

（2）硬化速率比较高，往往高于其他晶体。

（3）延伸率高，即塑性好。事实上，FCC 晶体不发生脆性解理断裂（见 3.17 节）。

（4）应力-应变曲线可划分为 4 个区，如图 3-36(a)所示。这 4 个区是：Ⅰ—弹性变形区，应力-应变成直线关系（符合胡克定律）；Ⅱ—过渡区，硬化速率不断减少；Ⅲ—线性硬化区，应变硬化速率保持恒定值；Ⅳ—抛物线硬化区，此时应力 σ 正比于 $\sqrt{\varepsilon}$，硬化速率不断减小。人们认为，过渡区是由于试样内晶粒度和亚结构不同，因而变形很不均匀造成的。线性硬化区主要是多滑移引起的，而抛物线硬化区则和交滑移密切相关，因为交滑移会使应力暂时松弛，因而硬化速率减小。至于各区的范围（各段曲线的长短）则与具体金属有关，特别是与金属的塑性有关。

BCC 晶体的拉伸曲线如图 3-36(b)所示。它除了有弹性变形区（Ⅰ）、抛物线硬化区（Ⅲ）以外，还有一个特别的流动区（Ⅱ），其特点是有一个明显的屈服点。当应力低于某一临界值（上屈服点）σ_{yu} 时，只有弹性变形。当应力达到 σ_{yu} 时突然发生显著的塑性变形，且使试样继续变形所需的应力迅速减小到更低的临界值（下屈服点）σ_{yl}。只要外应力维持在恒定的 σ_{yl} 值，试样就能继续伸长（塑性流动），直到第Ⅲ阶段开始，试样才发生明显的硬化。这种具有明确的屈服点（明确的弹性—塑性变形分界点）和塑性流动现象就叫明显屈服点现象。实验表明，明显屈服点现象与材料的纯度及试验温度都有关。例如，极纯的 α-Fe 在拉伸时并无明显屈服现象，但只要铁中含有微量杂质（间隙式杂质，如 0.04% 的 C 或 N），就会出现明显屈服点现象。随着温度的升高，屈服极限急剧降低，明显屈服点现象也消失。

与明显屈服点现象密切相关的还有两个其他的现象，即**流动带**和**应变时效现象**。

流动带又称吕德-切尔诺夫带（Lüder-Чернов band）。它是光滑的 BCC 金属试样在拉伸后表面出现的斜线，大致与拉伸方向成 45°角。其形成原因是由于 BCC 晶体变形极不均匀。例如，在单向拉伸时，往往在试样夹持端附近首先发生塑性变形，因为此处由于夹头作用引起应力集中，应力首先达到 σ_{yu}。一旦开始变形，由于继续变形所需的应力 σ_{yl} 低于 σ_{yu}，故该处将继续塑性流动，直到显著硬化，引起相邻区域应力集中而开始塑性变形。于是，塑性流动就从最初变形区，转到相邻区，依此类推。可见，整个变形过程是依次在各区进行的，而不是在试样各处同时发生的。这样一来，相邻变形区之间就出现"边界"，此边界即为流动线。

应变时效现象是指经过预拉伸至流动平台附近（$\sigma \approx \sigma_{yl}$ 处）然后卸载的 BCC 晶体，在第二次拉伸时，其屈服极限随着卸载后停放的时间增加而提高。如果预拉伸卸载后立即进行第二

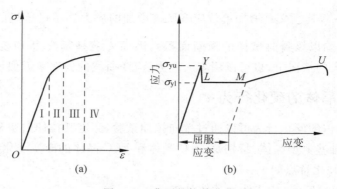

图 3-36　典型的拉伸曲线
(a) FCC,CPH 和其他大部分金属；(b) BCC 金属

次拉伸,则屈服极限为 σ_{yl}；若卸载后停放了较长的时间再拉伸,则屈服极限为 $\sigma_{yu}(\sigma_{yu} > \sigma_{yl})$。

明显屈服点及其相关现象可以用位错理论满意地解释(见 4.15 节)。

3.14.3　影响应变硬化的因素

影响金属应变硬化的主要因素有：变形温度、变形速度、晶粒度、合金元素等。

(1) 变形温度

一般,温度越高,屈服极限越低,硬化速率也越小。具体的影响还与金属种类有关。例如,对 FCC 晶体,温度主要影响硬化速率,对屈服极限影响不大。对 BCC 晶体,情况恰好相反,屈服极限随着温度降低而急剧增加,硬化速率则与温度关系不太大。对 CPH 晶体,特别是 c/a 比较大的锌、镉、镁等晶体,温度升高则屈服极限显著降低。

(2) 变形速度

原子热运动(或称热激活)会促进塑性变形,而热运动不但与温度有关,而且与变形速度有关。因此,增加变形速度就相当于降低温度,因为二者都抑制了原子的热运动。当然原子扩散主要取决于温度,变形速度的影响要小得多。实际上,在普通拉伸试验范围内改变变形速度对拉伸曲线没有多大的影响。

但是,在高速变形时就可能出现新的情况。例如金属可能自动升温(因为塑性变形过程中产生的热量来不及散出去)。实验证明,在最快的拉伸试验中($d\varepsilon/dt \approx 8000\%/s$),颈缩断面的温度可能升高 $200℃$,从而引起金属软化,拉伸曲线也就急剧下降。

当变形速率非常高时还可能发生质的变化,金属的爆炸成形就是一个典型的例子。所谓爆炸变形就是通过炸药爆炸产生高强度冲击波,使金属变形。实践证明,在高强度冲击波作用下材料的性能会发生显著变化。经过爆炸变形以后的钢材,屈服极限可以提高一倍,硬度显著增加,延伸率则减半,韧性-脆性转变温度也升高,因而材料变脆(见 3.17 节)。值得注意的是,通过控制炸药的数量及爆炸次数,有可能控制硬度的数值及分布。例如,有可能使奥氏体锰钢的表面硬度提高两倍,而中心硬度仍不变。实践证明,这种硬化效果要比冷加工好得多,因为即使是高度冷轧(加工率为 95%)的钢板,硬度也只提高一倍。

为什么爆炸变形会引起金属性能显著变化呢？这就与爆炸变形的微观过程有关。实验发现,爆炸过程有以下一些微观特点：①形成大量的孪晶,而滑移则或多或少地受到抑制,即使是滑移系统很多的 FCC 晶体,情况也是如此。这种孪晶就是硬化的一个原因。②产生大量的点缺陷(比冷加工产生的点缺陷多得多)。③很容易发生再结晶和相变(如时效),造成相变强化。④位错密度大大增加。

以上讲的是一般规律,但也有些例外。例如有的金属出现爆炸软化或晶体反而更完善(缺陷更少)的现象。这表明,爆炸变形是一个由许多因素决定的复杂过程,其具体效果目前仍需由实验测定。

（3）晶粒度

晶粒越细,屈服极限及硬度越高。这一点已在 3.12 节中讨论过了。此外,晶粒度对拉伸曲线也有影响。例如,FCC 晶体在变形量不太大时,晶粒越细,硬化越快,曲线也越陡。但在大变形量时,晶粒度影响就不大了,因为此时即使是大晶粒的试样也发生显著的多滑移,硬化也很严重。对 CPH 晶体来说,由于硬化的主要原因是晶界阻碍滑移,故晶粒越细,硬化越快。硬化曲线随着晶粒度减小而急剧上升(变陡)。对 BCC 晶体来说,硬化曲线的形状主要取决于间隙式杂质元素。

（4）合金元素

工程材料大都是二元或多元合金。从力学性能上讲,加合金元素大都是为了强化金属,即提高屈服极限和硬化速率,或延长硬化阶段。同时,也容易使金属变脆。

合金元素的效果取决于它的数量、形态和分布。一般来说,弥散分布的细小沉淀相(相距大约 10nm)的强化效果最大,固溶强化次之,而形成粗大的沉淀相时,强化效果最差。至于间隙式元素,它主要影响 BCC 晶体的硬化行为(见前述)。

关于合金硬化的机制,将在第 4 章进一步讨论。

3.14.4　应变硬化在生产实际中的意义

在生产实际中,应变硬化有不利方面,也有有利方面。

不利方面是：①由于金属在加工过程中塑性变形抗力不断增加,使金属的冷加工需要消耗更多的功率；②由于应变硬化使金属变脆,因而在冷加工过程中需要进行多次中间退火,使金属软化,能够继续加工而不致裂开；③有的金属(如铼)尽管某些使用性能很好,但由于解决不了加工问题,其应用受到很大限制。

有利方面是：①有些加工方法要求金属必须有一定的加工硬化。例如,在用金属板材冲压成杯子时,起初板的塑性变形只发生在模口处(图 3-37(b)的 r 处),因为此处应力集中。如果板材没有或很少应变硬化,那么随后的变形将始终在此处进行,直到断裂,这样冲压产品将是一块圆板,而不是杯。只有板材发生硬化,进一步的塑性变形才会相继在其他部位发生,最后冲压成杯,如图 3-37 所示。金属的拉伸过程(如拉丝)也要求金属线材在模口处能迅速硬化。②可以通过冷加工控制产品的最后性能。例如,某些不锈钢冷轧后的强度可以提高一倍以上。冷拉的钢丝绳不仅强度高,而且表面光洁。对于工业上广泛应用的铜导线,由于要求导电性好,不允许加合金元素,加工硬化是提高其强度的唯一办法。③有些零部件在工作条件表面会不断硬化,以达到表面耐冲击、耐磨损的要求。例如,铁路的道岔由于经常受到火车轮的冲击和磨损,必须具有很高的冲击韧性和表面硬度。为此,人们采用奥氏体高锰钢的道岔。这种材料的特点是应变硬化速率很高,因而在火车轮的冲击作用(相当于冷加工)下,表面硬度可以达到很高的数值,但中心部分韧性仍很好(因为是面心立方金属）。近年来也有人采用爆炸硬化的办法对道岔进行预处理,这样可使表面硬度提高两倍。不过由于经济方面的原因,爆炸变形方法主要还是用于宇航工业,在普通工业中应用尚少。

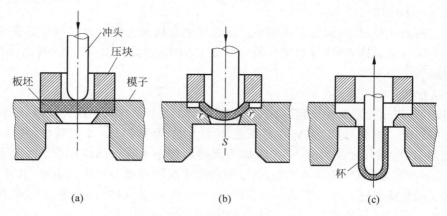

图 3-37　金属板冲压成杯过程

（a）冲头进入；（b）正在冲压；（c）取出冲头

应变硬化虽能提高金属的强度性能,但它并不是工业上广泛应用的强化方法。这是因为它受到两个限制。第一,使用温度不能太高,否则由于退火效应,金属会软化;第二,由于硬化会引起金属脆化,对于本来就很脆的金属,一般不宜利用应变硬化来提高强度性能(但这一点也不是绝对的,在特定条件下,也可以用应变硬化来提高难熔金属钼和钨的强度性能)。

关于应变硬化的位错理论,我们将在下一章讨论。

3.15　多晶材料的择优取向（织构）

3.15.1　概述

在一般情况下,多晶体内各晶粒在空间的取向是任意的,各晶粒之间没有一定的位向关系。这样一种位向分布就叫紊乱分布或无规分布。但是金属在冷加工以后,各晶粒的位向就有一定的关系。例如某些晶面或晶向彼此平行,且都平行于零件的某一外部参考方向（如棒轴,板面等）。这样一种位向分布就称为**择优取向**或简称**织构**。

形成织构的原因并不限于冷加工,其他一些冶金或热处理过程如铸造、电镀、气相沉积、热加工、退火等都可以产生织构。我们这里只讨论冷加工产生的织构,简称**加工织构**或**形变织构**。

织构的分类方法有多种。第一种是按织构的形成原因分类,如铸造织构、电镀织构、退火织构(或称再结晶织构)、加工织构等。其中加工织构又可按加工方法进一步分为深冲织构、拉伸织构、挤压织构、锻造织构、轧制织构等。第二种更常用的分类方法是按零件的外形将织构分为丝织构和板织构。前者是各晶粒有一个(或几个)共同的晶向平行于一维零件(棒、丝、线材等)的轴。后者是各晶粒有一个(或几个)共同的晶面平行于二维零件(板)的表面(板面),并且还有一个(或几个)共同的晶向平行于轧制方向。第三种分类方法是按照共同晶向(或晶面)的个数将织构分为单织构和双织构。前者是各晶粒只有一个共同的晶向平行于某参考方向(或主变形方向),后者则具有两个共同的晶向。例如,冷拉的体心立方金属线材就具有一个简单的〈110〉织构,而冷拉的面心立方线材就具有两个丝织构,一个是〈111〉,另一个是〈100〉。这表明,存在着两类晶粒,一类晶粒的〈111〉方向平行于线材轴间,另一类晶粒的〈100〉方向平行于线材轴向,这就是双织构。在实际上还可能碰到多织构的情形(但织构太多就等于无织构,为什么?)

我们在第 1 章曾指出,单晶体是各向异性的,由大量的、取向紊乱的晶粒组成的多晶体则是伪各向同性的。那么有织构的多晶体的性能是否有方向性呢? 显然它也是各向异性的,只是各向异性的程度不像单晶体那样显著而已。可以认为,无论从位向还是从性能看,有织构的多晶材料都介于单晶体和完全紊乱取向的多晶体之间。

由于织构引起金属各向异性,这在很多情形下都给金属的加工和使用带来麻烦。但有的情况下各向异性也有好处,因此人们希望能根据需要,控制织构。这就需要比较深入地了解织构的特点、描述和测定方法以及它的形成规律和理论。

3.15.2　织构的描述和测定方法

3.15.2.1　织构的描述方法

所谓描述织构,就是要指出多晶体中某个(或某些)晶向或晶面与试样(或零件)的参考方向(如轴向,轧制方向等)或参考面(如板面)之间的关系。有三种表示方法:

第一种方法:用晶向指数表示。例如上述的冷拉体心立方金属线材的织构就可表示为〈110〉丝织构,意即〈110〉∥丝轴。冷拉的面心立方金属线材的织构可表示为〈111〉+〈110〉丝织构,意即有些晶粒的〈111〉∥丝轴,另一些晶粒的〈110〉∥丝轴。表示轧板的织构需要用两个参考方向,即轧板表面的法线方向 N. D. 和轧制方向 R. D. 。例如体心立方金属的冷轧织构为{100}∥板面,〈011〉∥轧向,于是这种板织构就表示为{100}〈011〉。同理,面心立方金属的轧制织构表示为{110}〈112̄〉+{112}〈111̄〉,这也是一个双织构。用晶向指数表示织构的优点是简单明了。但缺点是只表示了理想织构(即参考方向或参考面的理想指数),而没有表示出实际织构和理想织构的偏差,因为实际上在不同的晶粒内参考方向或参考面的指数并不完全相同,它们或多或少地偏离了理想指数。例如,从体心立方金属的拉伸织构〈110〉看来,似乎所有晶粒的〈110〉都平行于丝轴。实际上并非如此整齐,而是大多数晶粒的〈110〉方向接近(不是严格)平行于丝轴,或者说,〈110〉方向分布在丝轴附近的某一范围内,并且这个范围的大小与加工率有关;一般加工率越大,范围越小,即〈110〉越接近于丝轴;加工率越小,则范围越大,即〈110〉的分布越分散。为了进一步反映晶粒位向与参考方向(或参考面)间的关系,需要采用织构系数,它是在有织构和无织构情形下平行于某一参考方向(或参考面)的某一晶向(或晶面)数目之比。

第二种方法:用(正)极图表示。它是用极射投影方法表示在一定的织构下某任给晶向或晶面在空间的分布,因此,参照系就是参考面或参考方向。例如,图 3-38(a)和(b)分别画出了冷轧镁板的(0001)极图和{101̄1}极图。此二图分别表示在同一织构下,(0001)面和{101̄1}面在空间的分布。图中的投影面(参考面)即为板面(图中 T. D. 是板的横向,它与 N. D. 及 R. D. 二者都垂直)。从这种图上可以看到许多区域,分别画有不同密度(或不同稀疏程度)的影线,用以表示所论晶面{h k l}(在图 3-38(a)中是(0001)面,在(b)中是{101̄1}面)或所论晶向〈u v w〉在各区域的分布。某区域的影线越密,就表示该区域的{h k l}或

$\langle uvw \rangle$ 越多,或者说,有更多的晶粒其 $\{hkl\}$ 或 $\langle uvw \rangle$ 出现在该区域。影线稀疏则意思相反。如果某区域是空白的(没有影线),那么就表示几乎没有几个晶粒的 $\{hkl\}$ 或 $\langle uvw \rangle$ 处于该区。由此可见,各区域的形状、大小和影线浓度就完全表示了某一晶面 $\{hkl\}$ 或某一晶向 $\langle uvw \rangle$ 在空间的分布。这种表示晶面 $\{hkl\}$ 或晶向 $\langle uvw \rangle$ 在空间的分布的极射投影图便称为 $\{hkl\}$ 极图或 $\langle uvw \rangle$ 极图。我们从图 3-38(a)可以看出,冷轧镁板中大多数晶粒的(0001)面平行于板面,因而高度冷轧的镁板具有很强的或明显的(0001)织构。

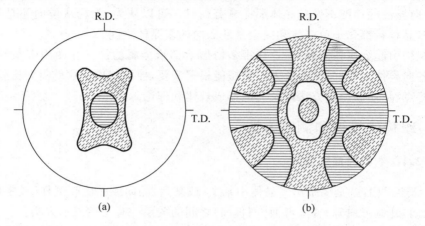

图 3-38　冷轧镁板的(0001)极图(a)和 $\{10\bar{1}1\}$ 极图(b)

除了用影线密度定性地表示织构程度外,还可以用织构系数定量地描述,如图 3-39 所示,图中各区的数值正比于该区的影线浓度,或者说正比于 $\{hkl\}$(或 $\langle uvw \rangle$)在该区域内的晶粒数。

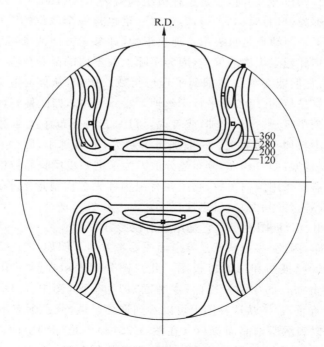

图 3-39　冷轧 95% 的铝板的 $\{200\}$ 极图

第三种方法：用反极图表示。如上所述，正极图（或普通极图）是以试样或零件的参考面或参考方向为基准，将某特定晶面{hkl}或特定晶向〈uvw〉的位置表示出来。由于织构只取决于晶面{hkl}（或晶向〈uvw〉）和参考面（或参考方向）二者之间的相对位置，因此完全可以反过来，以某一晶面或晶向为基准，而将参考面或参考方向的位置表示出来，这样就得到反极图。通常，反极图就是在一个标准投影图上画出参考方向出现在各位置的几率，或者说，参考方向具有各种晶向指数的几率（注意，同一参考方向在不同晶粒内的晶向指数是不同的）。图 3-40 给出了在 500℃ 挤压的铀棒织构的反极图（在 500℃ 下铀具有正交结构）。在反极图上也划分了许多小区域，区域的边界线上标注了一定的指数。在{hkl}处的指数正比于{hkl}×射线衍射强度，因而它就代表了有多少晶粒的{hkl}面法线平行于试样或零件的参考方向。指数越大，这样的晶粒越多，因而{hkl}织构程度越高。我们从图 3-40看到，500℃ 挤压的铀棒在(010)附近指数最大，在(110)附近也比较大，因此这种铀棒具有双织构(010)＋(110)。从这个例子我们可以看到反极图的一个巨大优点，即在一张反极图上可以同时表示双织构或多织构，而用一张正极图就无法表示双织构或多织构。但显然只有在丝织构（只有一个参考方向，即丝轴）的情形下，反极图才具有这个优点。如果是板织构，那就需要用两张或三张反极图，因为每张反极图上只能表示一个参考方向（轧向 R. D.，横向 T. D. 和板面法线方向 N. D.）。因此，在实际中很少用反极图表示板织构。反极图特别适用于表示低对称度的金属的丝织构，因为这些金属由于结构复杂，X 光照片上会出现大量晶面的衍射线（包括一些高指数的衍射线），只有用反极图才便于表示出大量的晶面分布（立方金属衍射线少，织构比较集中，用少数几张正极图就能表示各晶面的分布）。因此 α-铀的丝织构一般都用反极图表示，而板织构则用正极图表示。

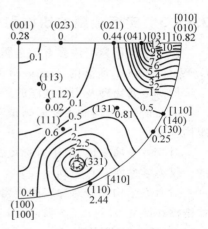

图 3-40　500℃ 挤压铀棒的反极图
（加工率 77%）

3.15.2.2　织构的测定方法

原则上讲，凡是能够测定金属各向异性的方法都可用来测定织构。但实际上最准确、最方便、因而应用也最广泛的方法是 X 光衍射方法。它是用一束平行的 X 光照射到试样（或零件）上，根据不同方向的衍射线强度（衍射仪法）或根据各个方向的照相底片上衍射图像（断续衍射环）的分布和黑度（照相法）来确定织构的类型和程度。关于具体的实验方法请参阅《金属 X 射线衍射教程》，这里不拟详述。但必须指出，X 光方法只有在加工率比较大（例如达到 30%～50%）、晶粒也不太粗大时才比较适用。

近年来，电子衍射方法也得到一定的应用。它的原理与 X 光衍射方法完全一样，只是在同样电压下电子波波长更短，因而适用于晶粒度十分小的情况（这时用 X 光衍射方法得不到明锐的衍射线）。此外，由于电子波的穿透深度很小，只有 10nm 到 100nm，因而特别适于测定很薄的表面层（电镀层、气相沉积层等）的织构。与电子衍射类似，中子衍射方法也可以用来测定织构。

偶尔也可采用光学方法测织构。它的原理是根据不同的晶面或晶向具有不同的抗腐蚀能力。由于金属表面各晶粒位向不同,因而只要选择适当的腐蚀剂就能使不同晶粒受到不同程度的腐蚀,致使金属表面成为阶梯形。在一定入射光下金属表面各处反光情况就不同,因而形成衬度。在无织构情形下,不论将试样表面倾斜什么角度,衬度不变,而在有织构情形下,衬度就随表面倾斜角度而变。光学方法的优点是设备简单,只要平行光源(甚至太阳光)就行,操作也较容易,但最大缺点是不可靠。因此,只有当晶粒度很大,用 X 光衍射方法得不到统计的结果时才应用光学方法。看来光学方法只适用于粗略地判断是否有织构。光学方法还有多种,这里就不一一讨论了。应该指出,根据一般的金相磨片是不能判断有没有织构的。

对于铁磁材料或对称度很低的金属,也可以通过测定不同方向的磁学性质来测定织构。但同样也不十分准确。不过物理及力学实验的方法往往比较灵敏。例如,在加工率仅达到 10%～15% 时就能测定各向异性。

3.15.3　实际金属的织构和各向异性

迄今已经积累了许多有关金属加工织构的实验资料,可以在相应的书刊中查到(例如,G. Wassermann,所著的 *Texturen Metallischer Werkstoffe*)。我们在这里只是简单讨论一下织构对金属物理及力学性能的影响。

前面谈到,织构的主要影响是引起金属各向异性,但各向异性的程度取决于金属种类和织构程度。

对立方金属来说,由于对称度高,各向异性不显著,尤其是物理性质,几乎是各向同性的。仅力学性能有点差别。

对六方结构和低对称度的金属来说,由于滑移面少,织构引起的各向异性相当显著。例如锆棒在冷轧 97% 以后,纵向($\langle 10\overline{1}0 \rangle$方向)的延伸率为 4%,断面收缩率为 60%,而横向($\langle 11\overline{2}0 \rangle$方向)的延伸率只有 1%,断面收缩率只有 8%(虽然两个方向的强度性能相差不大)。

由此可见,结构对金属各向异性的影响是与单晶体本身的各向异性密切相关的。表 3-4 和表 3-5 分别列举了一些低对称度金属单晶体沿平行和垂直于某主要晶轴的方向的物理性能。从表中可以看出,像 α-U 这样低对称度(斜方结构)的金属,物理性能的各向异性相当显著。例如,沿[100]和[001]方向的热膨胀系数是正的,而沿[010]方向是负的。正是由于单晶 α-U 显著的各向异性,使得有织构的多晶 α-U 棒(燃料元件)在反应堆内使用时形状和尺寸会发生显著的变化。

表 3-4　某些单晶体沿平行和垂直于主要晶轴方向的各向异性

金属	电阻率/$10^{-6}\Omega \cdot cm$		热膨胀系数/10^{-6}		
	//	⊥	温度/℃	//	⊥
Mg	3.85	4.55	−20	26.4	25.6
Zn	6.06	5.83	20～100	63.9	14.1
Cd	8.36	6.87	20～1000	52.6	21.4
Hg			−188～79	47.0	37.5
Bi	138	109	−20	14.0	10.4
Sb	35	42.6	−20	15.6	8.0
Te	56000	154000	−20	−1.6	27.2

表 3-5　α-U 单晶在 0～600℃ 的热膨胀系数

温度/℃	线膨胀系数 $\left(\dfrac{L_T-L_0}{L_0}\right)/10^{-4}$			体膨胀系数 $\left(\dfrac{V_T-V_0}{V_0}\right)/10^{-4}$
	//[100]	//[010]	//[001]	
0	0	0	0	0
25	0.05	−0.002	0.05	0.09
50	0.10	−0.004	0.10	0.19
100	0.22	−0.007	0.21	0.39
200	0.48	−0.019	0.44	0.87
300	0.8	−0.052	0.70	1.42
400	1.17	−0.124	1.02	2.04
500	1.59	−0.250	1.40	2.73
600	2.07	−0.450	1.88	3.48

3.15.4　织构理论概述

金属在加工过程中为什么形成织构？如何预计织构？从原则上讲，只要根据前面讨论过的单晶体范性形变模型就可以解释和预计各种织构。这是因为在加工过程中每个晶粒都沿一定的滑移面滑移，并按一定规律转动，使滑移方向趋向于主应变方向或使滑移面趋向于压缩面(见 3.4 节)。因此，当形变量足够大时，所有晶体的滑移方向或滑移面都将与参考方向或参考面平行，这就形成了织构。例如，密排六方金属的压缩织构都是[0001](即滑移面(0001)平行于压缩面)，轧制织构都是(0001)(即滑移面(0001)平行于轧板板面)。这就是简单的滑移和转动的结果。某些面心立方金属的轧制织构也可以类似地加以解释，只是情况稍微复杂一点，因为在变形过程中会出现双滑移。例如，在图 3-41 中假定主变形方向(即轧制方向)是 P(P 相当于图 3-6、图 3-7 中的拉力 F 的方向)，那么在形变开始时，滑移系统是 $(1\bar{1}1)[011]$。在形变过程中由于晶体转动，P 点趋向于[011]，但在 P 点到达取向三角形的边界时晶体又开始沿 $(\bar{1}11)[101]$ 系统滑移(双滑移)，由双滑移引起的合成转动就使 P 点最后达到[112]，也就是说，[112] // 轧向。轧板板面应该是包含[112]方向并和两个滑移面 $(1\bar{1}1)$ 及 $(\bar{1}11)$ 成对称分布的平面，从图 3-41(b)可以看出，这个平面就是 $(1\bar{1}0)$ 面。由以上分析可见，FCC 金属高度冷轧后将得到 $\{1\bar{1}0\}\langle112\rangle$ 板织构。这是符合实际的。

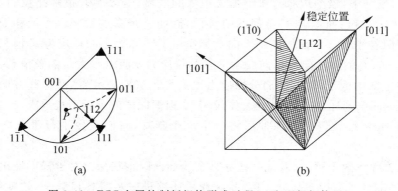

图 3-41　FCC 金属轧制板织构形成过程(a)和理想织构(b)

上面两个例子只是说明了织构理论的基本思想(或原则),即通过滑移和晶体转动,使各晶粒的某一共同晶向(或晶面)平行于主应变方向。但实际中的许多织构并不能用简单的滑移(单滑移或双滑移)和转动来解释。其原因有三:一是实际过程往往非常复杂,主应力或主应变方向不易确定;二是由于晶界的影响,每个晶粒都发生多滑移(两个以上的滑移系统);三是滑移和转动可能进一步诱发孪生,而孪生也使位向改变。因此,为了普遍地解释和预计各种织构,人们提出了各种更复杂的织构理论。虽然这些理论的基本思想和原则仍然是基于滑移、转动和孪生过程,但由于采用了多滑移模型和引进了孪生过程,细节更加复杂。我们不打算进一步讨论。但必须指出,目前还没有一个能解释和预计一切织构的普遍理论。即使是在简单情况下比较成功的理论,也仅仅能预计理想织构,而不能预计其细节(如织构的散布情况)。因此,目前确定织构的最可靠方法还是实验测定。

3.15.5　织构的实际意义及其控制方法

在生产实际中,织构往往会给金属的加工和产品的使用带来不少麻烦。下面仅举数例。

(1) 镁板的加工

冷轧镁板会产生$(0001)\langle11\bar{2}0\rangle$织构。这样的镁板在拉伸试验时,如果拉力平行或垂直于板面,就几乎没有一点塑性(因为取向因子为零),进一步加工(例如用这样的镁板冲压成杯)就很容易裂开。值得注意的是,这种加工织构并不能通过随后热处理来消除。因此为了避免严重的各向异性,或者为了便于进一步加工,通常镁板的加工率都不宜太大。对于其他一些六方金属情况也是如此。

(2) 深冲金属杯的制耳

实践中发现,冷轧的黄铜板在深冲时会得到带有"耳朵"的杯子,这种现象称为**制耳**。图 3-42(a)和(b)分别示出了具有 4 个制耳的杯和无制耳的杯。有时还会得到具有 5 个制耳的杯。制耳的数目和位置都取决于板坯的加工历史。

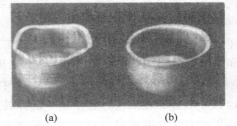

图 3-42　具有 4 个制耳(a)和无制耳(b)的黄铜杯

为什么会形成制耳呢?原因就在于冷轧板材有织构。图 3-43(a)和(b)分别画出了采用不同的加工制度得到的冷轧黄铜的{111}极图。在图 3-43(a)的情形下,极图边缘有 4 个影线很浓的区域,这表明有很多晶粒的{111}集中在这个浓区。由于{111}面是 FCC 金属的滑移面,因而这张图也就表示了滑移面的分布。我们知道,深冲时在平行于板面的各个方向上都作用了同样大小的拉应力 σ,但只有图中箭头所示的 4 个方向(它们和轧向或横向成 45°角)的拉应力 σ 能引起大量晶粒滑移,因为此时较多的{111}面上取向因子最大,因而分切应力也最大。从宏观上看,沿这些方向板坯的伸长最多,因而形成四个制耳,它们与轧向大体成 45°。根据同样的分析不难看出,具有图 3-43(b)所示织构的冷轧板坯在进一步深冲后将产生六个制耳,它们大致平行于轧向或和轧向成 60°的角。

制耳现象并不限于黄铜,其他一些立方金属如低碳钢在深冲时也都可能出现制耳。

带有制耳的杯子有很多坏处。第一,深冲后还须进一步将杯口剪平,这就增加了工序,浪费了材料。第二,杯子各部分厚薄必然不匀。第三,杯子也是各向异性的。因此在生产中

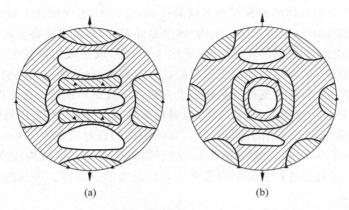

图 3-43　由不同的冷轧-退火制度得到的两种 70-30 黄铜板的{111}极图
由(a)板冲压成的杯将有 4 个制耳由(b)板冲压成的杯将有 6 个制耳

应设法控制冷轧织构,以避免或减轻随后深冲时产生制耳的现象。控制织构的一种方法是控制加工和热处理制度,目的是得到只有轻微织构的加工组织或得到细晶粒的再结晶组织(见第 10 章)。另一种方法是改变轧板的生产工艺。例如在生产中制造用于深冲的低碳钢板时,常常采用交叉轧制方法(即沿著板材的两个互垂方向交替轧制),但这种方法成本高,且只能生产小板(受轧辊宽度的限制)。

(3) 金属的热循环生长

实践发现,具有织构的多晶金属棒经过多次反复加热和冷却后会显著伸长,这种现象就称为热循环生长。例如,具有[010]织构的冷轧 α-U 棒在 50～550℃之间循环加热-冷却 1300 次和 3000 次以后,长度分别增加 3 倍和 6 倍,其主要原因就是织构及其引起的热膨胀各向异性。实验还发现,只要温差范围足够大,所有金属和合金都会发生热循环生长,但原因各不相同。立方金属的热循环生长是由足够大的热应力引起的,因而与加热及冷却速率以及金属的组织(各相的性质、数量和分布)等因素有关。

(4) 金属铀的辐照生长

实践证明,在核反应堆内作为裂变材料(核燃料)使用的 α-U 棒在有织构的情形下会由于受到中子照射(辐照)而发生显著的各向异性生长。例如,具有[010]织构的 α-U 棒在 100℃经中子辐照(燃耗达到 0.1%(总原子))后,沿[100]方向缩短 42%,沿[010]方向伸长 42%,沿[001]方向则长度不变。这种现象就叫辐照生长。出现这种现象的基本条件是有织构。无织构的 α-U 棒或立方结构的 γ-U 棒并不发生辐照生长。辐照生长是核反应堆运行过程中值得注意的重要问题,可能导致重大的反应堆事故。因此要设法防止或减小辐照生长。为此可以采用各种方法,例如,通过热处理消除或大大减轻 α-U 棒的织构;通过加多量合金元素使得到立方结构的 γ-U 组织;采用弥散分布的 α-U 颗粒(弥散在其他材料(基体)中,代替整体的 α-U 棒等)。

辐照生长的理论有多种。有的着眼于塑性变形的各向异性,有的着眼于热膨胀的各向异性,有的着眼于扩散的各向异性等等。这里就不深入讨论了。

以上的例子都是说明织构的危害性。但事物都不是绝对的,在有的情况下人们还设法获得某种织构,以利用其各向异性。一个典型的例子就是变压器用的硅钢片的生产。实验发现,Fe-3%Si 合金单晶体的磁化率是各向异性的,沿〈100〉方向磁化率最大。因此,如果能制备具有{011}〈100〉织构(也称 Gauss 织构)的多晶硅钢片,那么只要将这种板材沿轧制方向(即〈100〉方向)切成长条,然后堆垛成芯棒(见图 3-44(a))或拼成矩形铁框(图 3-44(b)),就能大大减少磁滞损耗,从而显著提高变压器的功率。但是,如果能得到具有{001}〈100〉织构(称为立方织构)的板材,那么就可以从轧板上直接冲压成矩形铁框。这不但减少了工序,而且由于矩形铁框是一个整体,没有空气隙,磁滞损失将进一步减少,变压器的功率也就进一步提高。不过目前工业上应用的还是{011}〈100〉织构的板材,因为{001}〈100〉织构难以得到(仅限于厚度小于 0.1mm 的薄硅钢片)。至于如何获得 Gauss 织构或立方织构,这里就不讨论了(原则上还是通过控制轧制和退火工艺以及杂质含量等。而这些工艺主要还是由实验确定)。

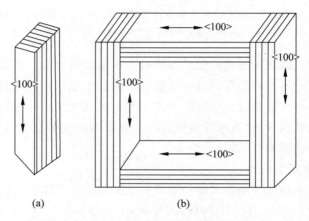

图 3-44   由硅钢片堆垛成芯棒(a)和矩形铁框(b)

3.16   纤维组织和流线

冷加工不仅使紊乱取向的多晶材料变成有择优取向的材料,而且将晶粒拉长,使材料中的不溶杂质、第二相(沉淀相)和各种缺陷(如气孔、缩松等)发生变形。由于晶粒、杂质、第二相、缺陷等都沿着金属的主变形方向被拉长成纤维状,故称为**纤维组织**。如果将冷加工后的金属进行腐刻,那么沿着纤维方向就会出现一些平行的条纹,称为**流线**。流线有时用肉眼或低倍放大镜就可看到,有时则要用金相显微镜观察。在个别情况下流线很粗大,在断口或粗磨光的表面上用肉眼就能直接看到。

由于流线总是平行于主变形方向,因此根据流线就可以推断金属的加工过程。

现在进一步讨论形成纤维的各种原因。

最常见的原因是非金属夹杂物。例如,为了改善钢的切削加工性能,常常加入一点硫,硫和锰作用就形成很多 MnS 夹杂物。热加工时,由于 MnS 在高温下有一定的塑性,它就沿轧制方向伸长,形成连续的纤维组织。但在冷加工时由于 MnS 和一切非金属夹杂物一样很脆,因而或是被轧碎,或是形成断断续续的纤维组织。一些金属的氢化物(如氢化铀、氢化锆)在冷加工时也与此类似。

除了非金属夹杂物外,金属夹杂物在加工中也形成连续的纤维组织。但这种情况比较少。

　　任何多相合金在加工时也会形成一定的带状结构,这主要是由于各相分布不可能绝对均匀,它们塑性变形的能力也各不相同。例如,碳钢中就往往发生碳的偏析,因而有些地方 Fe_3C 多,有些地方铁素体多,在加工时这两个相就被拉长,形成铁素体-Fe_3C 交替分布的带状结构。在一般的钢铁腐蚀剂下就出现黑带(Fe_3C)和白带(铁素体)。

　　即使是固溶体也存在成分偏析,因而加工时也出现带状组织。

　　最后,金属中的空穴(包括金属在凝固时形成的气孔和缩松等)在加工时也会被拉长。当加工率很大,温度足够高时,这些孔穴可能被压紧和焊合。如果加工率不够大或温度不够高,这些孔穴就形成发状裂纹(称为发裂)。

　　总之,由于实际金属中不可避免地存在着各种杂质、第二相、成分偏析或铸造缺陷,在进一步加工时形成带状组织或纤维组织就是一个非常普遍的现象。

　　纤维组织对性能的影响如何? 一般来说,它使金属纵向(纤维方向)强度高于横向强度。这是因为在横断面上杂质、第二相、缺陷等脆性低强度"组元"的截面面积小,而在纵断面(平行于纤维方向的断面)上这些组元的截面面积大。虽然在一般情形下,这种各向异性对零件的实际使用影响不大,但当零件承受很大的载荷或承受冲击和交变载荷时,就可能引起很大的危险。在这种情况下就应该改进加工方法,使纤维组织(或流线)与载荷的作用面垂直。下面举两个例子来说明。

　　第一个例子是起重机吊钩中流线的控制。

　　一般的起重机吊钩应该是用轧制的棒材锻造而成,这时流线的分布如图 3-45(a)所示。但在实际中也发生过吊钩在使用中突然破坏的情况。分析这种吊钩的流线后发现,所有流线都是平行的直线,如图 3-45(b)所示。这就表明,这种吊钩不是按规定的加工方法(锻造)制成的,而是由轧板直接剪切的,这种吊钩在起重时,EF 断面(见图 3-45(b))上作用了很大的弯矩,相应的拉应力是与 EF 断面垂直的。由于 EF 断面与流线平行,因而在拉应力作用下很容易沿此面断裂。类似的例子还可以举出很多,例如,柴油发动机的曲轴、承受大载荷的螺钉、飞机螺旋桨的法兰等零件在加工时都要设法使拉应力作用面与流线垂直,才不易破

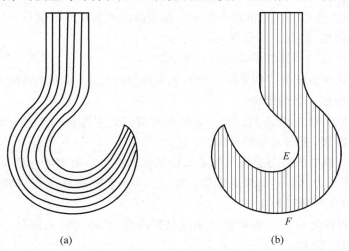

(a)　　　　　　　　　(b)

图 3-45　在不同加工方法制造的吊钩中流线的分布

(a) 用轧制钢棒锻造而成;(b) 用轧板机械加工而成

坏。但这有时会给加工带来不少困难(难以实现这种理想的流线分布)。

第二个例子是锆和锆合金中 ZrH 位向的控制。

锆和锆合金是压水反应堆的重要结构材料和包套材料。但是这种材料在使用过程中会吸收氢,并析出 ZrH 小片,使材料变脆,这种现象称为**氢脆**。实践发现,压水堆中有的燃料元件包壳(即包覆在铀棒外面的锆合金管)就是由于氢脆而过早破裂的。显然氢脆的危害性是与 ZrH 片的位向密切相关。如果 ZrH 片都定向排列(形成纤维组织),并垂直于外加拉应力方向,氢脆就十分严重。ZrH 片的位向取决于以下两个因素:

(1) 加工方法　锆或锆合金管可以用锻造、长芯棒拉伸、无芯棒拉伸等各种方法加工。分析各种方法得到的 ZrH 片位向后发现,ZrH 片总是平行于拉伸变形(正应变)的方向,而垂直于压缩变形(负应变)的方向。这种由于加工引起的 ZrH 片定向分布的现象称为"**自然定向**"。因此,选择适当的加工方法和工艺参数就可以预先控制随后形成的 ZrH 片的位向。

(2) 外加应力　实验发现,外应力会使原有的 ZrH 片重新定向,这叫做"应力定向"。应力定向有以下规律:①应力定向的趋势是使氢化锆片平行于压应力或垂直于拉应力,因而是最危险的定向。②应力定向的程度和应力及加工历史有关。如果外应力是拉应力,那么只有沿着拉应力方向预先发生过压缩变形时,拉应力才引起显著的应力定向。如果预先是拉伸变形,那么随后沿着这个方向的拉应力就不引起显著的应力定向。如果外加应力是压应力,那么不管这个方向预先经过什么样的变形都会产生显著的应力定向。外加应力越大,应力定向越显著。由于锆合金管加工时一般径向和圆周方向都发生压缩变形,不难想象,随后沿着这两个方向的应力都会引起显著的应力定向。③热加工管的应力定向比冷加工管严重得多。因此为了防止应力定向,应尽量采用冷加工,甚至在室温以下加工。

3.17　晶体的断裂

3.17.1　概述

晶体的范性形变超过一定值就会**断裂**。断裂的方式和特点不仅和晶体(材料)有关,而且和外部因素如温度、加载方式等有关。

晶体的断裂可以按照断裂的不同特点分类。

(1) 按照宏观变形分类　如果断裂前有明显的塑性变形,那么这种断裂就称为韧性(或塑性)断裂,否则就称为脆性断裂。

(2) 按照微观裂缝扩展速率分类　如果在断裂过程中晶体内部微裂缝迅速扩展,则称此种断裂为脆性断裂,否则就称韧性断裂。

(3) 按照引起断裂的应力分类　如果晶体是在剪应力作用下发生滑移并最终沿滑移面滑开,则称此种断裂为剪断。如果晶体是在拉应力(正应力)作用下没有滑移而沿某晶面法线方向拉开,则称此种断裂为拉断。

(4) 按照断口位置分类　如果断口穿过晶粒内部,则称为穿晶断裂。如果断口沿着晶粒边界,则称为晶间断裂。

此外,还有人根据结构或部件的使用条件将断裂分为低温脆性断裂、疲劳断裂、蠕变断裂和韧性断裂。

工程上常用的分类方法是按断裂前有无明显的宏观塑性变形。本节亦采用这种分类方法。

值得指出的是,工程结构和部件的断裂条件往往不同于普通材料力学试验中小试样的断裂条件。我们从铸铁、玻璃、沥青、金属陶瓷等"脆性材料"以及碳钢、铝、铜等"塑性材料"的室温拉伸曲线可以看出,无论是脆性断裂还是韧性断裂,引起断裂的应力都不低于材料的屈服强度或弹性极限,而且塑性材料在断裂前还有明显的塑性变形。然而工程结构和部件断裂时,所承受的外应力往往远低于材料的屈服强度或弹性极限,而且即使是"塑性"材料,断裂前也没有明显的塑性变形。这也表明将材料分为脆性的或塑性的是不准确的、不科学的,因为材料的塑性或脆性不仅与材料有关,还与温度、加载方式等外部因素有关。为什么工程结构和部件的断裂条件和特点不同于小的拉伸试样呢? 为了回答这个问题,我们首先回顾一下工程结构和部件发生断裂事故的历史。

从历史上看,比较大的断裂事故集中发生在两个阶段。

第一阶段是 20 世纪 30～40 年代,当时国外一些大型货轮、铁桥、大型油槽、透平发电机、长途气体管道、高压容器等结构和部件接二连三地发生断裂事故。这些结构和部件都是用碳钢制造的,它们在断裂时有以下共同特点:①断裂都发生在很低的应力——远低于设计中的许用应力,但若将断裂后的碎片作成小拉伸试样,进行拉伸试验,则实验测得的屈服强度仍然合格(高于许用应力);②断裂往往发生在严寒的冬天;③结构或部件都是大型焊接件;④都是脆性断裂。人们对这些断裂事故进行深入研究后发现,这些结构和部件发生低应力脆性断裂(而不像小试样在室温拉伸时那样发生高应力韧性断裂)。其原因有二:一是这种材料在低温(低于室温几十摄氏度)下特别脆,对缺陷十分敏感;二是焊缝质量有问题,焊缝本身成了一个缺陷(微裂缝)。

第二阶段是 20 世纪 60 年代左右。当时人们为了防止脆性断裂,千方百计提高材料的屈服强度 σ_{ys}(常用 $\sigma_{0.2}$),因而发展了许多高强度材料,如高强钢($\sigma_{ys}=1.7\times10^3$ MPa)、高强钛合金($\sigma_{ys}\approx10^3$ MPa)和高强铝合金($\sigma_{ys}\approx600$ MPa),用作宇航材料。然而事与愿违,随着高强材料的出现,断裂事故非但没有防止或减少,反而增多了,而且断裂都发生在低应力下(工作应力往往只有屈服强度之半)。人们通过对这类高强材料断裂事故的分析,逐渐发展了一门新的学科,即所谓**断裂力学**。下面将对它作简单的介绍。

3.17.2　脆性断裂的微观理论——Griffith 裂缝理论

为了建立脆性断裂的微观理论,我们首先分析一下固体的理论断裂强度,并与固体的实际断裂强度进行比较。

所谓固体的理论断裂强度就是没有微裂缝的理想固体的断裂强度 σ_0。如何求 σ_0 呢? 我们假定有一块玻璃,在拉力 f 的作用下沿垂直面 $m-n$ 断开,如图 3-46(a)所示。图中的白圈代表原子,连接原子的短线代表结合键。根据物理学中讨论的一对原子间的作用力随原子间距离的变化规律可知,使 $m-n$ 面两边的相邻原子面沿法线方向发生位移 x 所需的正应力 σ 应如图 3-46(b)所示。从曲线看出,当位移达到某一临界值 x_m 时正应力达到极大值 σ_0,显然 σ_0 就是固体沿 $m-n$ 面断开的断裂应力或理论断裂强度。如何估算 σ_0? 我们的基本出发点是:固体断裂前的最大弹性能(亦即 $\sigma=\sigma_0$ 时固体的弹性能)W 必须等于断裂后两个新鲜表面(断口)的表面能 γA 之和:

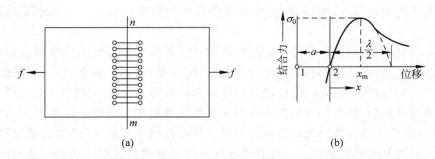

图 3-46　(a) 断面 $m\text{-}n$ 两边的原子和(b)正应力 σ 与原子相对位移 x 的关系曲线

$$W = 2\gamma A \tag{3-38}$$

式中，A 是 $m\text{-}n$ 截面面积，γ 是单位 $m\text{-}n$ 截面(或单位面积断口)的表面能(比表面能)。

为了求 W，我们将图 3-46(b)中在 $(0, \sigma_0)$ 区间的 $\sigma\text{-}x$ 曲线近似看成是正弦曲线：

$$\sigma = \sigma_0 \sin \frac{2\pi x}{\lambda} \tag{3-39}$$

式中，波长 λ 的意义见图 3-46(b)。显然，在 $x = \lambda/4$ 处，$\sigma = \sigma_0$。于是断裂前瞬间固体的弹性能为

$$W = \int_0^{\lambda/4} \sigma A \, \mathrm{d}x = A\sigma_0 \int_0^{\lambda/4} \sin \frac{2\pi x}{\lambda} \mathrm{d}x = \frac{A\sigma_0 \lambda}{2\pi} \tag{3-40}$$

为了求 λ，我们分析 x 很小的情形。此时一方面胡克定律成立，故有

$$\sigma = E\left(\frac{x}{a}\right) \tag{3-41}$$

式中，a 的意义见图 3-46(b)，E 为杨氏模量。另一方面，式(3-39)可近似写成

$$\sigma \approx \sigma_0 \frac{2\pi x}{\lambda} \tag{3-42}$$

由式(3-41)与式(3-42)相等，得到

$$E\left(\frac{x}{a}\right) = \frac{2\pi \sigma_0 x}{\lambda}$$

$$\lambda = \frac{2\pi \sigma_0 a}{E} \tag{3-43}$$

将式(3-40)、式(3-43)代入式(3-38)得到

$$\frac{A\sigma_0}{2\pi} \cdot \frac{2\pi \sigma_0 a}{E} = 2\gamma A$$

$$\sigma_0 = \sqrt{\frac{2\gamma E}{a}} \tag{3-44}$$

这就是固体理论断裂强度的计算公式。按此式算出的理论断裂强度 σ_0 比固体的实际断裂强度高 1～2 个数量级。例如，对许多固体，$a \approx 0.3\,\mathrm{nm}$，$E = 10^{10}\,\mathrm{Pa}$，$\gamma = 1 \cdot \mathrm{N/m}$，代入上式得到，$\sigma_0 \approx 7000\,\mathrm{MPa}$。但实际材料如普通玻璃的断裂强度却不到 700Pa。

为什么固体的实际断裂强度远低于理论断裂强度？Griffith 提出，这是由于固体中本来就存在着某种微裂缝，例如图 3-47 中所示的扁平椭圆形微裂缝。这种裂缝就称为 Griffith 裂缝。由于裂缝引起应力集中，即使平均的外加应力远低于理论强度，但在应力集

中的地方应力仍可能达到或超过理论强度,于是裂缝就会迅速扩展。理论计算得到,在外应力 $\bar{\sigma}$ 的作用下,在长为 $2c$、曲率半径为 ρ 的椭圆形裂缝端部,有效拉应力将达到

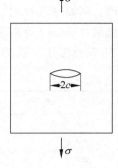

$$\sigma_e = 2\bar{\sigma}\left(\frac{c}{\rho}\right)^{\frac{1}{2}} \qquad (3\text{-}45)$$

为了计算方便起见,一般认为 $\rho = a$(a 是位于断裂面两边相邻原子的间距,见图 3-46(b))。

现在断裂条件应为 $\qquad \sigma_e = \sigma_0$

将式(3-44)和式(3-45)代入上式就得到

$$\bar{\sigma} = \left(\frac{\gamma E}{4c}\right)^{\frac{1}{2}} \qquad (3\text{-}46)$$

图 3-47 Griffith 裂缝

这个 $\bar{\sigma}$ 就是 Griffith 裂缝扩展所需的应力,也就是晶体的实际断裂强度。式(3-46)就是 Griffith 裂缝理论的数学表达式。

实验证明,Griffith 裂缝理论特别适用于完全脆性材料,特别是非晶态材料。例如,刚刚拉制的玻璃丝,其弯曲强度高达 6000MPa,接近理论强度。这是因为刚刚拉制出来的细玻璃丝中没有微裂缝(或微裂缝极小)。但在空气中搁置几小时后,由于大气腐蚀的结果,表面可能形成微裂缝(蚀坑),因而强度就降到理论强度的百分之一左右。

从上面的讨论可以得出一个重要的结论,即脆性断裂和裂缝,特别是与表面裂缝(包括它的大小、形状和分布)密切相关。断裂过程就是在拉力作用下裂缝迅速扩展(直至断裂)的过程。裂纹扩展的平面总是垂直于拉应力的平面。这个平面就是脆性断裂面。因此脆性断口总是垂直于拉应力的。从公式(3-46)还可以看出脆性断裂的另外两个特点:一个特点是,脆性材料没有确定的断裂强度,因为 $\bar{\sigma}$ 取决于裂纹形状和尺寸;第二个特点是,脆性材料中的裂缝一旦开始扩展,就会加速进行,因而断裂过程十分突然,这就是所谓灾难性的断裂(理论计算表明,裂缝扩展的极限速度可以达到声速的三分之一或更高)。

3.17.3 金属脆性断裂的特点

按照断口的位置,金属的脆性断裂可以是晶间断裂,也可以是穿晶断裂。前者是由于在晶界处析出了脆性第二相(如间隙相)。在多数情形下,金属在室温和低温下的脆性断裂是穿晶型的。下面主要讨论金属的脆性穿晶断裂。

金属晶体和玻璃之类的非晶材料的断裂有共同之处。例如,从宏观上讲,二者都没有明显的塑性变形;从微观上讲,断裂都是由于微裂缝的扩展引起的。但是,金属的脆性穿晶断裂也有许多不同于非晶体的独特之处,包括:

(1)金属在断裂前往往或多或少都有一定的微观塑性变形,因为即使在 0K,金属晶体也能发生滑移或孪生,而非晶态材料在室温下是不能塑性变形的。

(2)金属发生脆性穿晶断裂时往往沿着特定的晶面裂开(拉断),这个晶面就称为**解理面**。所谓解理,就是晶体沿特定的晶面被拉开或劈开。例如,如果用一把锋利的尖劈将单晶锌猛劈一下,锌就沿(0001)面断开,因而锌的解理面就是(0001)。

是不是所有金属都会发生解理?不是。实践证明,最容易发生解理的金属是体心立方金属(但碱金属例外)。其次是某些六方金属(如锌)和低对称度的金属(如锑、铋等)。至于

面心立方金属,至今未发现解理现象,因而也就不会发生脆性断裂。

哪些晶面是解理面? 人们认为解理面应该是表面能最小的晶面,因为裂缝容易沿这种晶面扩展。例如锌的(0001)面就是表面能最小的晶面。但此规律似乎并不普遍适用。例如体心立方金属的{110}面表面能最小,但许多体心立方金属的解理面却是{100}面(有人认为这是由于金属不纯,杂质使{110}面的表面能提高了)。表3-6给出了若干金属的解理面和临界正应力。

表 3-6　某些金属的解理面和临界正应力

金　　属	解　理　面	温度/℃	临界正应力/MPa
体心立方			
α-Fe	{100}	−100	255
α-Fe	{100}	−185	270
Cr	{100}		
Mo	{100}		
W	{100}		
V	{100}		
Nb	{100}		
Ta	{100}		
密排六方			
Zn(0.05%Cd)	(0001)	−80	1.9
	(0001)	−185	1.9
	(10$\bar{1}$0)	−185	7.8
Zn+0.13%Cd	(0001)	−185	2.9
Zn+0.53%Cd	(0001)	−185	11.8
Cd	(0001)		
Mg	{10$\bar{1}$2},{10$\bar{1}$1},{10$\bar{1}$0}		
正交			
α-U			
菱方			
Bi	(111)	20	3.1
	(111)	−80	6.8
Sb	(111)		5.3
As	(111),(110)		

(3) 将金属晶体沿解理面(沿法线方向)拉开所需的正应力是一定的,此应力称为该金属的临界(解理)正应力。某些金属的临界正应力也一并列于表3-6中。由于使金属开始滑移或孪生所需的应力(临界分切应力)也是一定的(虽然孪生的临界分切应力不太确定,但必在某一范围内),故在一定的外力作用下究竟晶体是先滑移、孪生还是先解理,就取决于各种临界应力的相对值。各种因素(温度、应力状态、成分、组织等)对金属变形和断裂行为的影响也取决于它们对各种临界应力的影响。

(4) 由于解理面是一个晶面,故金属脆性断裂的断口往往平整光亮,并与拉应力垂直。

(5) 金属中一般不存在足以引起断裂的预裂缝,因为将一般金属的表面能 γ、杨氏模量 E、实际断裂强度 σ_c 等参量代入公式(3-46)中算出的微裂缝长度远大于金属中天然存在的裂缝(预裂缝)的尺寸(对软金属,计算的预裂缝长达数毫米)。那么这些金属为什么仍然会发生脆性断裂呢？这里关键在于金属能够塑性变形。在塑性变形过程中,当滑移或孪生受到障碍物(如晶界、第二相、夹杂物等)限制时,在障碍物处便产生应力集中,进而引起各种尺寸的裂缝。这个过程称为裂缝的成核。裂缝成核的进一步机制(更本质的机制)是位错机制,即通过位错的塞积、交割、反应等过程形成裂缝。关于这些机制,我们将在下一章讨论。

(6) 金属中裂缝的扩展过程十分复杂,可能导致各种各样的微观(断口)形貌。这里,一个关键因素是在裂缝扩展过程中裂缝尖端附近的材料会由于应力集中而发生局部塑性变形。局部塑性变形引起什么后果？总的来说,它使裂缝扩展更困难,因为塑性变形会松弛应力。从能量上讲,就是弹性能(这是裂缝扩展的驱动力)不仅要消耗于裂缝的表面能,而且要消耗于局部塑性变形,只有当弹性能大于表面能与局部塑性变形功之和时,裂缝才能扩展。

因此对金属来说,脆性材料中裂缝扩展的条件(式(3-46))要修改成:$\bar{\sigma} = \left(\dfrac{\gamma' E}{4c}\right)^{1/2}$,这里 γ' 等于表面能 γ 加上塑性变形功,称为有效变形能。具体来说,局部塑性变形可能引起 4 种结局:

① 当 $\bar{\sigma} \gg \gamma'$(即当外加应力很大,因而弹性能很大,或者金属的塑性变形功很小时),裂缝继续高速扩展,直到断裂。典型的金属脆性断裂就是这种情形。

② 由于塑性变形使应力松弛,因而裂缝尖端的有效平均应力 $\bar{\sigma}_e$ 下降,裂缝停止扩展。

③ 由于 $\bar{\sigma}_e$ 下降,裂缝不能继续沿原来的路径(原来的断裂平面)扩展,但由于裂缝尖端的材料硬化而引起的应力集中,诱发了新的微裂缝,于是原来的裂缝就改变扩展方向而沿着新的断裂面扩展,因而最后的断口将不是一个平面而是阶梯面。

④ 如果晶体的滑移(或孪生)临界分切应力低,硬化又不严重,则可能在裂缝尖端的剪应力分量作用下发生剪切变形,最后导致剪断。剪断的断裂面大体与最大拉应力平面(主裂缝扩展平面)成 45°。

由上述可见,金属的性质(塑性、硬化行为、弹性模量、表面能等)和外部因素(温度、应力状态、变形速度等)一道,决定着金属的断裂行为。从微观上讲,金属脆性断裂与塑性断裂的区别是裂缝扩展行为不同:前者在裂缝尖端只发生少量的塑性变形,因而裂缝扩展迅速;后者则伴随着大量的局部塑性变形,因而扩展缓慢。

3.17.4　影响金属的韧性、脆性和断裂的因素

前面多次谈到,金属的韧性、脆性和断裂行为是由内因和外因二者共同决定的。

内因是指金属的成分、结构和组织,包括各相的结构、数量、大小、形状和分布,晶粒度,织构,晶体缺陷等。

外因是指温度、应力状态、加载速度、加载方式、介质和环境等。

关于各种因素对金属(或一般来说,对材料)的韧性、脆性和断裂行为的影响问题,在材料的力学性能课程中将进行深入的讨论,此处只是扼要地谈一下影响金属韧性、脆性和断裂行为的主要内外因素。

3.17.4.1　温度

温度对金属的韧性或脆性有很大的影响。温度越高,韧性越好;温度越低则越脆。但影响的程度则与金属结构密切相关。例如,面心立方金属即使在低温下也有一定的塑性,不

会发生完全脆性断裂,而低对称度的金属,特别是体心立方金属则只有在较高的温度下才发生韧性(或塑性)断裂,在低温下发生脆性断裂,并且温度越低,越接近于完全脆性断裂。在中间某一温度范围内出现由韧性到脆性的转变。这个温度范围就称为"韧性(或塑性)—脆性转变温度范围",或简称脆性转变温度范围。

当材料由韧性断裂转变为脆性断裂时,出现以下现象:①在缺口冲击试验中吸收的能量急剧减少;②在拉伸试验中延伸率或断面收缩率急剧减少;③断口上不规则的光亮小面增加,粗糙的纤维组织减少。

图 3-48 是碳钢的缺口冲击试验和拉伸试验结果。从图 3-48 看出:脆性转变发生在一个温度范围,此范围的宽窄与金属的性质及试验条件有关。不过在实际中为了便于使用及评价材料,人为地规定了一个确定的韧性—脆性转变温度DBTT(ductile-brittIe transition temperature)。然而,DBTT 的规定(或定义)并不是统一的,而是有多种定义。例如,它可以定义为:①当夏氏 V形缺口试样的断口上有一半脆性断裂、一半韧性断裂时的温度;②当上述试样断裂后吸收的能量等于完全韧性断裂和完全脆性断裂时吸收的能量的平均值时的温度;③夏氏标准 V 形缺口试样断裂时吸收特定的能量(例如15 呎-磅,

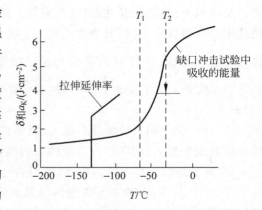

图 3-48   碳钢的夏氏 V 形缺口冲击试验和拉伸试验结果

即 20.34J)的温度。由此可见,在给出金属的 DBTT 时,必须指出试验方法和条件。脆性转变温度并不是材料的一个本质性参量,因为在此温度附近,材料的其他物理性质并不发生突变。虽然如此,在材料的生产(加工)和使用中,DBTT 仍是一个重要参量。某种材料的DBTT 越高,它在室温下就越脆。

低对称度的金属特别是体心立方金属为什么存在一个韧性-脆性转变温度呢? 从宏观上看,可以认为是由于金属的断裂强度 σ_f 和屈服强度 σ_{ys} 随温度的变化速率不同:σ_f 和 σ_{ys} 都随温度下降而增加,但 σ_f 的变化比较平缓,而 σ_{ys} 在温度下降至 DBTT 以后则急剧增加而趋近于 σ_f。在温度高于 DBTT 时,$\sigma_f \gg \sigma_{ys}$,试样必先塑性变形,后断裂(韧性断裂);在温度低于 DBTT 时,$\sigma_f \approx \sigma_{ys}$,试样将发生脆性断裂。对面心立方金属,$\sigma_{ys}$ 随温度的变化始终是平缓的,因而在任何温度下 σ_{ys} 都低于 σ_f,故不会发生脆性断裂,因而也就不存在 DBTT。从微观上看,体心立方金属存在 DBTT 的原因是与位错的起动力及柯氏气体有关(见第 4 章)。

3.17.4.2   应力状态

所谓一点的应力状态是指通过该点的各个平面上的正应力和剪应力分量。人们把某点的最大拉应力分量 σ_{max} 与最大剪应力分量 τ_{max} 之比作为应力状态"软"或"硬"的度量。(σ_{max}/τ_{max})越大,应力状态越硬,(σ_{max}/τ_{max})越小,应力状态越软。由于裂缝是在拉应力下扩展,故应力状态越硬,越易发生脆性断裂。反之,若应力状态软,则裂缝尖端易发生塑性变形而使应力松弛,因而易发生韧性断裂。根据这个道理,金属在弯曲时比拉伸时更容易发生脆性断裂,而在扭转时则容易发生韧性断裂。

应该指出,在生产实际中最危险的应力状态是三向拉应力状态,因为根据应力分析(或从应力圆)可知,此时剪应力分量非常小,在裂缝尖端不发生塑性变形,因而应力得不到松弛,断裂必然是脆性的。为什么会出现三向拉应力状态? 一个可能的直接原因是外加载荷是三维的。另一个可能的原因(也是普遍的、常见的原因)是金属试样或零部件的形状或结构不均匀,例如存在着表面切口、断面面积突变、表面或内部裂缝、焊缝,以及某些金属内部的粗大夹杂物(微观缺陷),等等。

历史上第一阶段(低碳钢部件)的断裂事故就是由于低温和焊缝附近的三向拉应力状态共同作用的结果。

3.17.4.3　加载速率(应变速率)

加载速率(或应变速率)对金属的塑性变形和断裂行为也有一定的影响,但影响远不如温度和应力状态等因素那样大,而且仅限于体心立方和密排六方金属。面心立方金属对加载速率不敏感。具体的影响是,应变速率越高,塑性变形就越受到限制(滑移来不及进行),因而需要在更高的应力下屈服。由于应力集中不能通过塑性变形来松弛,因而容易发生脆性断裂。

3.17.4.4　交变应力

如果材料受到大小和方向都随时间而周期性变化的交变应力作用,那么即使最大应力远低于屈服极限,材料也可能在一定的时间(或一定的应力交变次数)后发生断裂。这种断裂就称为疲劳断裂或疲劳破坏,其特点是断裂前没有明显的塑性变形,因而属于脆性断裂。

3.17.4.5　环境和介质

周围环境和介质对金属构件的韧性和断裂行为有很大的影响。下面简单介绍两种环境的影响。

(1) 腐蚀脆化

腐蚀对金属可能有以下几方面影响:

① 影响表面能(或界面能),使形成裂缝所需的能量减小;

② 由于形成腐蚀坑或腐蚀产物而引起应力集中;

③ 使金属零件的承载面积减少,平均应力增加,但一般情形下面积减少很有限,影响不大;

④ 腐蚀介质沿高能缺陷区(位错、晶界、相界等处)渗透到金属内部,发生选择性腐蚀,大大削弱了晶体的结合力;

⑤ 气体介质向金属内部扩散,引起金属脆化。

腐蚀和应力往往是互相加重的,腐蚀引起应力集中,应力集中又加速腐蚀。由于晶粒边界既是高能缺陷区,又是应力集中的地方,故晶间(应力)腐蚀往往是材料最常见、最危险的腐蚀形式,往往导致晶间脆性断裂。

在间隙式元素引起的脆化现象中,最常见的一种是**氢脆**。金属中氢脆的来源很多,例如金属在有水蒸气的气氛下熔炼,表面酸洗,电镀等处理过程中都会吸氢。这些氢气(以氢原子或离子状态)扩散到金属内部就会引起氢脆。氢脆的原因有三方面:①少量的氢将溶解在金属点阵中,且氢原子比较多地聚集在刃型位错周围形成柯氏气团,阻碍位错运动(见4.15节);②吸氢很多时就可能形成脆性氢化物,像微裂缝一样散布于金属内部;③氢原子扩散到缺陷区(晶界、位错、空位等)结合成氢分子,造成很大的内应力。为了防止氢脆,一方面要通过改进生产工艺,减少吸氢;另一方面在必要时要进行真空除气。

(2) 辐照脆化

实验和反应堆运行经验都表明,材料经过高能粒子(包括中子、电子等)照射后会变脆,这就叫辐照脆化。辐照脆化表现在以下几方面:①强度指标(屈服强度、强度极限、硬度、弹性模量等)增加,韧性指标(拉伸延伸率、断面收缩率、冲击韧性等)减小;②屈服强度的增加远超过强度极限(断裂强度)的增加;③屈服强度更急剧地随温度的减低而增加;④韧性—脆性转变温度升高;⑤拉伸时明显屈服点现象更明显。甚至 FCC 金属(如 Cu,Ni)经过一定辐照后也出现明显屈服点。

辐照脆化的理论大都是着眼于辐照阻碍位错起动或阻碍位错运动。这里就不详述了。

3.17.4.6　加工方式

不同的加工方式会产生不同的织构,从而在某些方向上出现脆性。例如,高度轧制的钼板和钨板很容易分层,因为平行板面的晶界面积最大,平行于轧向的晶粒直径也最大,因而裂缝很容易平行于板面,沿着轧向扩展。

以上讨论了影响金属的韧性、脆性和断裂的各种外因。下面再讨论两种内因。

3.17.4.7　晶体结构

从前面的讨论中已经看到,晶体结构对金属的韧性、脆性和断裂有很大的影响。最明显的事实就是 FCC 金属具有很高的塑性,至今未发现脆性断裂,而 BCC,CPH 金属的塑性就差得多,容易发生脆性断裂。一般来说,晶体的对称度越低或结构越复杂,金属就越脆,例如锑就很脆。

关于晶体结构对金属韧性或脆性的影响一般是用滑移系的多少来解释,但这只是个粗略的解释,因为影响金属韧性或脆性的因素很多。

3.17.4.8　成分和组织

关于杂质和合金元素的影响,有两条人们熟悉的原则:第一,金属越纯,塑性越好。杂质,特别是氢、氧、氮、碳等间隙式杂质元素,会显著降低金属的塑性。第二,为了提高金属强度而加入的合金元素往往降低金属的塑性。强化效果越显著,塑性下降越多,脆性断裂的可能性越大。所以工程实际中常常为了改善加工性而不得不牺牲一些强度性能。但这条原则也不是绝对的,事实上,人们通过选择适当和适量的合金元素、热处理工艺和改进加工方法等各种途径也可以得到既有很高的强度,又有很好的塑性的材料。

3.17.4.9　晶粒度

与通常的合金元素的影响不同,细化晶粒不仅提高金属的强度,同时还提高其韧性。前者是因为晶界阻碍滑移,后者是因为晶界不仅阻碍裂纹的扩展,而且随着晶界数量的增多,在每一晶界处的应力集中更小了(应力分布更均匀了)。由于细晶粒材料的韧性高,它的韧

性—脆性转变温度也就降低了。实验发现,金属的韧性—脆性转变温度 DBTT 与晶粒度 d 的对数成直线关系:

$$\text{DBTT} = \lg(d^{\frac{1}{2}})$$

习　题

3-1　写出 FCC 晶体在室温下所有可能的滑移系统(要求写出具体的晶面、晶向指数)。

3-2　已知某铜单晶试样的两个外表面分别是(001)和(111)。请分析当此晶体在室温下滑移时在上述每个外表面上可能出现的滑移线彼此成什么角度?

3-3　若直径为 5mm 的单晶铝棒在沿棒轴[123]方向加 40N 的拉力时即开始滑移,求铝在滑移时的临界分切应力。

3-4　利用计算机验证,决定滑移系统的映像规则对 FCC 晶体和具有{110}⟨111⟩滑移系统的 BCC 晶体均适用。(提示:对于任意设定的外力方向,用计算机计算所有等价滑移系统的取向因子。)

3-5　如果沿 FCC 晶体的[110]方向拉伸,请写出可能启动的滑移系统。

3-6　请在 Mg 的晶胞图中画出任一对可能的双滑移系统,并标出具体指数。

3-7　证明取向因子的最大值为 $0.5(\mu_{\max}=0.5)$。

3-8　如果沿铝单晶的[2$\bar{1}$3]方向拉伸,请确定:

(1)初始滑移系统;(2)转动规律和转轴;(3)双滑移系统;(4)双滑移开始时晶体的取向和切变量;(5)双滑移过程中晶体的转动规律和转轴;(6)晶体的最终取向(稳定取向)。

3-9　将上题中的拉伸改为压缩,重解上题。

3-10　将 3-8 题中的铝单晶改为铌单晶,重解该题。

3-11　分别用矢量代数法和解析几何法推导单晶试棒在拉伸时的长度变化公式。

3-12　用适当的原子投影图表示 BCC 晶体孪生时原子的运动,并由此图计算孪生时的切变,分析孪生引起的堆垛次序的变化和引起层错的最短滑动矢量。

3-13　用适当的原子投影图表示锌($c/a=1.86$)单晶在孪生时原子的运动,并由图计算切变。

3-14　用解析法(代公式法)计算锌在孪生时的切变,并和上题的结果相比较。

3-15　已知镁($c/a=1.62$)单晶在孪生时所需的临界分切应力比滑移时大好几倍,试问当沿着 Mg 单晶的[0001]方向拉伸或压缩时,晶体的变形方式如何?

3-16　如果要求你用双面面痕法测定某一六方金属的孪生系统,请写出整个实验程序。

3-17　实验测得某种材料的屈服极限 σ_s 与晶粒度 d 的关系见下表。请验证这些数据是否符合 Hall-Patch 公式。如果符合,请用最小二乘法确定公式中的常数,并由此计算晶粒度为 $d=10\mu m$ 的材料的屈服极限。

$d/\mu m$	250	111	37	18	6.9	5.4	3.0
σ_s/Pa	103	131	193	207	303	341	428

3-18　讨论金属中内应力的基本特点、成因,以及对金属加工和使用的影响。

3-19　讨论金属的应变硬化现象、影响因素及其对金属加工和使用行为的影响。

3-20　什么是织构(或择优取向)?形成形变织构(或加工织构)的基本原因是什么?

3-21　举例说明织构对金属的加工及使用行为的影响。

3-22　高度冷轧的铝板在高温退火后会形成完善的{001}⟨100⟩织构(立方织构)。如果将这种铝板深冲成杯,会产生几个制耳?在何位置?

3-23 实践表明,高度冷轧的镁板在深冲时往往会裂开,试分析其原因。

3-24 总结、比较 FCC 与 BCC 晶体的变形和断裂行为,并加以解释。

3-25 比较 Griffith 的微观断裂理论和 Irwin 的宏观断裂理论,说明其异同和应用。

3-26 一块宽为 $2w$ 的大平板的一侧有一个长为 $a = 25\text{mm}$ 的穿透边缘裂纹($w \gg a$),拉应力垂直于裂纹表面。已知材料的 $K_{1c} = 26 \times 10^3 \text{ N/m}^{3/2}$,试求此板的脆断强度(不考虑塑性变形。对于 $w \gg a$ 的单边穿透边缘裂纹,从手册查得其形状因子为 $Q \approx 0.797$)。

3-27 讨论线弹性断裂力学的应用范围。

3-28 总结影响金属韧性和强度的因素。

3-29 简述断口分析的应用和分析步骤。

3-30 简述应变软化及超塑性现象,说明其原因。

第4章 晶体中的缺陷

4.1 引 言

第1章曾指出,即使在0K,实际晶体中也不是所有原子都严格地按周期性规律排列的,因为晶体中存在着一些微小的区域,在这些区域内或穿过这些区域时,原子排列的周期性受到破坏。这样的区域便称为晶体缺陷。按照缺陷区相对于晶体的大小,可将晶体缺陷分为以下四类:

(1)点缺陷 如果在任何方向上缺陷区的尺寸都远小于晶体或晶粒的线度,因而可以忽略不计,那么这种缺陷就称为点缺陷。例如,溶解于晶体中的杂质原子就是点缺陷。晶体点阵结点上的原子进入点阵间隙中时便同时形成两个点缺陷——空位和间隙原子,等等。

(2)线缺陷 如果在某一方向上缺陷区的尺寸可以与晶体或晶粒的线度相比拟,而在其他方向上的尺寸相对于晶体或晶粒线度可以忽略不计,那么这种缺陷就称为线缺陷或位错,这是本章要着重讨论的缺陷。

(3)面缺陷 如果在共面的各方向上缺陷区的尺寸可与晶体或晶粒的线度相比拟,而在穿过该面的任何方向上缺陷区的尺寸都远小于晶体或晶粒的线度,那么这种缺陷便称为面缺陷。例如第1章提到的晶粒边界或层错面都是面缺陷。

(4)体缺陷 如果在任意方向上缺陷区的尺寸都可以与晶体或晶粒的线度相比拟,那么这种缺陷就是体缺陷。例如,亚结构(嵌镶块)、沉淀相、空洞、气泡、层错四面体(见本章4.2节)等缺陷都是体缺陷。

由上述可见,点缺陷、线缺陷、面缺陷和体缺陷可以近似地分别看成是零维、一维、二维和三维缺陷。

不论哪种晶体缺陷,其浓度(或缺陷总体积与晶体体积之比)都是十分低的。虽然如此,缺陷对晶体性质的影响却非常大。例如,它影响到晶体的力学性质、物理性质(如电阻率、扩散系数等)、化学性质(如耐蚀性)以及冶金性能(如固态相变)等。

本章只在4.2节、4.3节讨论点缺陷,其余各节都讨论线缺陷——位错。其原因有三:①位错是晶体中最重要的一种缺陷,对晶体(特别是金属晶体)的各种性能(特别是力学性能)有很大的影响;②位错部分的内容丰富,且许多概念和属性较难理解;③位错和其他各种缺陷是密切相关的,是可以相互转化的。实际上,我们在讨论位错的过程中就要讨论某些面缺陷和体缺陷。

4.2 点缺陷的基本属性

4.2.1 点缺陷类型

点缺陷有两种基本类型,即空位和间隙原子。前者是未被占据的(或空着的)原子位置,后者则是进入点阵间隙中的原子。除了外来杂质原子这样的间隙原子外,晶体中的空位和间隙原子的形成是与原子的热运动或机械运动有关的。

众所周知,固体中的原子是围绕其平衡位置作热振动的。由于热振动的无规性,原子在某一瞬时可能获得较大的动能或较大的振幅而脱离平衡位置。如果此原子是表面上的原子,它就会脱离固体而"蒸发"掉,接着次表面的原子就会迁移到表面的空位置,于是就在晶体内部形成一个空位。如果此原子是晶体内部的原子,它就会从平衡原子位置进入附近的点阵间隙中,于是就在晶体中同时形成一个空位和一个间隙原子。

如果只形成空位而不形成等量的间隙原子,这样形成的缺陷(空位)便称为肖脱基缺陷(Schottky disorder)。如果同时形成等量的空位和间隙原子,则所形成的缺陷(空位和间隙原子对)称为弗兰克尔缺陷(Frenkel disorder)。对于金属晶体来说,肖脱基缺陷就是金属离子空位,而弗兰克尔缺陷就是金属离子空位和位于间隙中的金属离子。对于离子晶体来说,情况稍微复杂一点。由于局部电中性的要求,离子晶体中的肖脱基缺陷只能是等量的正离子空位和负离子空位。又由于离子晶体中负离子半径往往比正离子大得多,故弗兰克尔缺陷只可能是等量的正离子空位和间隙正离子。图 4-1 示意地画出了含有肖脱基缺陷的 NaCl 晶体在(100)面上的离子分布。弗兰克尔缺陷则主要出现在 AgCl 和 AgBr 中。

在实际晶体中,点缺陷的形式可能更复杂。例如,即使在金属晶体中,也可能存在两个、三个甚至多个相邻的空位,分别称为双空位、三空位或空位团。但由多个空位组成的空位团从能量上讲是不稳定的,很容易沿某一方向"塌陷"成空位片(即在某一原子面内有一个无原子的小区域)。同样,间隙原子也未必都是单个原子,而是有可能 m 个原子均匀地分布在 n 个原子位置的范围内($m > n$),形成所谓"挤塞子"(crowdion),如图 4-2 所示。

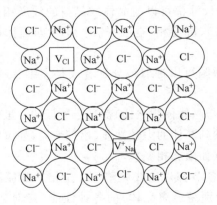

图 4-1　NaCl 晶体中的肖脱基缺陷
（Na$^+$ 和 Cl$^-$ 离子空位）

图 4-2　含有挤塞子的 FCC
晶体的(111)面

4.2.2　点缺陷的平衡浓度

人们或许会认为,没有任何缺陷的完整晶体在热力学上是最稳定的。然而事实并非如此。热力学分析表明,在高于 0K 的任何温度下,晶体最稳定的状态是含有一定浓度的点缺陷的状态。这个浓度就称为在该温度下晶体中点缺陷的平衡浓度,用 $\bar{C}_v$ 表示。下面我们就推导 $\bar{C}_v$ 与温度的关系。

首先分析金属晶体。假定在一定的温度 T 和压强 P 下,从 N 个原子组成的完整晶体

中取走 n 个原子(这就相当于引进 n 个空位)。令完整晶体和含有 n 个空位的晶体的自由焓(或吉氏自由能)分别为 G_0' 和 G'。由于引进了空位以后原子间的键能和晶体体积都要变化,故晶体的内能和焓都要改变。由于空位在晶体的各原子位置上有各种可能的分布,故引进空位后晶体增加了混合熵 S_m'。又由于引进空位后原子的振动频率有所改变,故振动熵也要改变。因此我们有

$$\Delta G' = G' - G_0' = \Delta H' - T\Delta S' = n(u + P\Delta v) - T(S_m' + \Delta S_f') \tag{4-1}$$

式中,$\Delta H'$ 和 $\Delta S_f'$ 分别为引进了 n 个空位后晶体的焓变和振动熵变,u 为一个空位的生成(内)能,Δv 为引起一个空位引起的晶体体积变化。令 $u + P\Delta v = \Delta h =$ 一个空位的生成焓,$\Delta S_f' = n\Delta S_f^0$,式中 ΔS_f^0 是增加一个空位引起的振动熵变。将以上各量代入式(4-1)得到

$$G' = G_0' + n\Delta h - TS_m' - nT\Delta S_f^0 \tag{4-2}$$

混合熵 S_m' 可按波尔兹曼公式求得

$$S_m' = k_B \ln W = k_B \ln C_N^n = k_B \ln \left(\frac{N!}{n!(N-n)!} \right) \tag{4-3}$$

式中,W 是出现 n 个空位和 $(N-n)$ 个原子这种状态的热力学几率,即 n 个空位在 N 个原子位置上的分布数,也就是从 N 个原子位置中取出 n 个的组合数 C_N^n。

利用斯忒林公式(Stirling formula):

$$\ln x! \approx x\ln x - x \qquad (x \gg 1)$$

可以将式(4-3)进一步展开:

$$\begin{aligned} S_m' &= k_B[N\ln N - N - n\ln n + n - (N-n)\ln(N-n) + (N-n)] \\ &= -Nk_B\left[\left(\frac{n}{N}\right)\ln\left(\frac{n}{N}\right) + \left(\frac{N-n}{N}\right)\ln\left(\frac{N-n}{N}\right) \right] \\ &= -Nk_B[C_v\ln C_v + (1-C_v)\ln(1-C_v)] \end{aligned} \tag{4-4}$$

式中,$C_v = \dfrac{n}{N}$,为晶体中空位的浓度。

由式(4-4)即可作出 S_m' 与 C_v 间的关系曲线,如图 4-3 所示。从图看出,当 $C_v = 0.5$ 时 $S_m' = (S_m')_{max}$。且曲线对称于直线 $C_v = 0.5$。注意,在 C_v 很小时,曲线很陡。有人利用这点解释为什么将高纯度材料进一步提纯相当困难(请读者想想,如何解释?)。

将式(4-4)代入式(4-2)得到

$$\begin{aligned} G' = G_0' &+ NC_v\Delta h + Nk_BT[C_v\ln C_v \\ &+ (1-C_v)\ln(1-C_v)] - NC_vT\Delta S_f^0 \end{aligned} \tag{4-5}$$

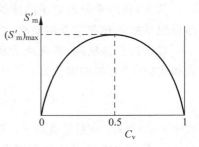

图 4-3 S_m'-C_v 曲线

按定义,空位的平衡浓度 $\overline{C}_v$ 应该是对应于最小自由焓($G = G_{min}$)的空位浓度。因此,只要令 $\dfrac{dG'}{dC_v} = 0$,即可由式(4-5)解出 $\overline{C}_v$ 来(注意,由于实际晶体中 $C_v \ll 1$,故在求导时可以近似认为 ΔS_f^0 与 C_v 无关)。由式(4-5)得到

$$\frac{dG'}{dC_v} = N\Delta h + Nk_BT[\ln\overline{C}_v + 1 - \ln(1-\overline{C}_v) - 1] - NT\Delta S_f^0 = 0$$

由此求得

$$\ln\left(\frac{\overline{C}_v}{1-\overline{C}_v}\right) = \frac{T\Delta S_f^0 - \Delta h}{k_BT}$$

因为 $\qquad\qquad\qquad\qquad C_v \ll 1$

所以

$$\bar{C}_v \approx \exp\left(\frac{\Delta S_f^0}{k_B}\right) \cdot \exp\left(-\frac{\Delta h}{k_B T}\right) = \exp\left(\frac{\Delta S_f}{R}\right)\exp\left(-\frac{\Delta H_v}{RT}\right) = \exp\left[-\left(\frac{\Delta G_v - T\Delta S_f}{RT}\right)\right]$$

或

$$\left.\begin{aligned} \bar{C}_v &= \exp\left(-\frac{\Delta G_v}{RT}\right) \\ \bar{C}_v &= C_0 \exp\left(-\frac{\Delta H_v}{RT}\right) \\ C_0 &= \exp\left(\frac{\Delta S_f}{R}\right) \end{aligned}\right\} \qquad (4\text{-}6)$$

式中，ΔH_v 和 ΔG_v 分别为 1mol 空位的生成焓和生成自由焓；ΔS_f 为增加 1mol 空位引起的振动熵变。

式(4-6)表明：(1)在一定的温度下，确实存在一个平衡的空位浓度，此时晶体的自由焓最低，因而最稳定；(2)平衡浓度随温度升高而呈指数地急剧增加。这些就有点缺陷的基本特点。

空位的平衡浓度 $\bar{C}_v$ 可以通过实验确定，因而根据式(4-6)，只要测得了若干不同温度下的 $\bar{C}_v$ 值，就可用最小二乘法比较准确地求出 ΔG_v、ΔH_v 和 ΔS_f 来。作为一个实例，实验测得在金中空位的生成焓为 $\Delta H_v \approx 96.37\text{kJ/mol}$，$\Delta S_f \leqslant 19.27 \times 10^{-3}\,\text{kJ/(mol·K)}$。故按式(4-6)算出，$C_0 \approx 10$，在 1000K 时 $e^{-\Delta H_v/RT} \approx 10^{-5}$，$\bar{C}_v \approx 10^{-4}$。由此可见，即使在很高的温度下，平衡浓度也是很低的，但由于晶体中的原子数 N 极大，故空位(或其他点缺陷)的绝对数值并不小，例如 1mol 金在 1000K 下空位数为 $6.02 \times 10^{23} \times 10^{-4} = 6.02 \times 10^{19}$ 个。顺便一提，由于决定 $\bar{C}_v$ 数量级的主要因子是 $e^{-\Delta H_v/RT}$，故在近似估算 $\bar{C}_v$ 时往往取 $C_0 \approx 1$(即 $\Delta S_f = 0$)，因而 $\bar{C}_v \approx e^{-\Delta H_v/RT}$。

其次，我们来分析离子晶体的点缺陷平衡浓度。前面曾指出，离子晶体中有两类缺陷，即肖脱基缺陷和弗兰克尔缺陷。

对于肖脱基缺陷，其正离子和负离子空位的平衡浓度都可以按上述热力学方法分析，得到和式(4-6)类似的表达式：

$$\bar{C}_{va} = \exp\left(-\frac{\Delta G_{va}}{RT}\right), \quad \bar{C}_{vc} = \exp\left(-\frac{\Delta G_{vc}}{RT}\right)$$

式中，$\bar{C}_{va}$ 和 $\bar{C}_{vc}$ 分别是负离子(或阴离子)空位和正离子(或阳离子)空位的平衡浓度，ΔG_{va} 和 ΔG_{vc} 分别是负离子空位和正离子空位的摩尔生成自由焓。由以上两式便得到

$$\bar{C}_{va} \cdot \bar{C}_{vc} = \exp\left[-\left(\frac{\Delta G_{va} + \Delta G_{vc}}{RT}\right)\right] = \exp\left(-\frac{\Delta G_S}{RT}\right) \qquad (4\text{-}7)$$

式中，$\Delta G_S = \Delta G_{va} + \Delta G_{vc}$ 是肖脱基缺陷(即正负离子空位对)的摩尔生成自由焓。由于某种空位(或间隙原子)的平衡浓度从数学上讲就代表了该种空位(或间隙原子)出现的几率，故式(4-7)右边就是同时出现一个负离子空位和一个正离子空位的几率，也就是出现一个肖脱基缺陷的几率，或者说，肖脱基缺陷的平衡浓度 $\bar{C}_S$：

$$\bar{C}_S = \bar{C}_{va} \cdot \bar{C}_{vc} = \exp\left(-\frac{\Delta G_S}{RT}\right) \qquad (4\text{-}8)$$

对于弗兰克尔缺陷，根据类似的分析可以得到

$$\overline{C}_F = \overline{C}_{ic} \cdot \overline{C}_{vc} = \exp\left(\frac{-(\Delta G_{ic} + \Delta G_{vc})}{RT}\right) = \exp\left(-\frac{\Delta G_F}{RT}\right) \tag{4-9}$$

式中，$\overline{C}_{ic}$ 和 $\overline{C}_{vc}$ 分别是间隙正离子和正离子空位的平衡浓度，$\overline{C}_F$ 是弗兰克尔缺陷的平衡浓度（也就是同时形成一个正离子空位和一个间隙正离子的几率）。ΔG_{ic}、ΔG_{vc} 和 ΔG_F 分别为间隙正离子、正离子空位和弗兰克尔缺陷的摩尔生成自由焓。

值得指出的是，在推导式(4-7)、式(4-8)时并未假定 $\overline{C}_{va} = \overline{C}_{vc}$。同样，在式(4-9)中也没有假定 $\overline{C}_{ic} = \overline{C}_{vc}$。实际上，在一些复杂的离子晶体（例如包含两种或多种不同价态的金属离子晶体）中，$\overline{C}_{va}$ 未必等于 $\overline{C}_{vc}$，$\overline{C}_{ic}$ 也未必等于 $\overline{C}_{vc}$，但式(4-8)和式(4-9)仍然成立（这些公式类似于化学平衡中的质量作用常数）。

4.2.3　过饱和点缺陷的形成

在点缺陷的平衡浓度下晶体的吉氏自由能最低，因而最稳定。具有平衡浓度的缺陷又称为热（平衡）缺陷。但是在有些情形下晶体中点缺陷的浓度可能高于平衡浓度，这样的点缺陷就称为过饱和点缺陷或非平衡点缺陷。通常获得过饱和点缺陷的方式有以下三种。

（1）淬火

从前面的讨论可知，晶体中空位的浓度是随温度升高而急剧增加的。因此，如果将晶体加热到高温，保温足够的时间，然后急冷到低温（淬火），那么空位就来不及通过向位错、晶界等"漏洞"处扩散而消失，因而晶体在低温下仍保留了高温时的空位浓度，或者说，晶体在低温下含有过饱和的空位。在下一节我们将进一步讨论如何利用淬火实验测定空位的生成焓。

（2）冷加工

金属在室温下进行压力加工（冷加工）时会产生空位，其微观机制是由于位错交割所形成的割阶发生攀移，详细讨论见 4.20 节。

（3）辐照

当金属受到高能粒子（中子、质子、氚核、α-粒子、电子等）照射时，金属点阵上的原子有可能被击出，而进入点阵间隙中。由于被击出的原子具有很高的能量，它在进入稳定的间隙位置之前还会将点阵上的其他原子击出，后者又可能再击出另外的原子，依此继续下去，这样就会形成大量的、等量的空位和间隙原子（这是与热平衡缺陷不同的）。近似估算指出，辐照产生的缺陷对的浓度正比于辐照剂量 ϕt（ϕ 是单位时间内通过单位面积固体材料的高能粒子数，称为辐照通量，t 是辐照时间）。例如，铜在中子能量为 $1\mathrm{MeV}$、通量为 10^{13}（中子/$\mathrm{cm}^2 \cdot \mathrm{s}$）的反应堆中辐照 1 天后，缺陷对的浓度达到 6×10^{-4}，此值接近于熔点附近的热平衡浓度。辐照产生的点缺陷除了过饱和度大外，还可能有特别的分布，例如，在密排方向上 n 个原子间距的范围内分布了 $(n+1)$ 个间隙原子，形成所谓挤塞子。

4.2.4　点缺陷对晶体性质的影响

在一般情形下，点缺陷主要影响晶体的物理性质，如比容、比热容、电阻率等。

（1）比容　为了在晶体内部产生一个空位，需将该处的原子移到晶体表面上的新原子位置，这就导致晶体体积增加。

（2）**比热容**　由于形成点缺陷需向晶体提供附加的能量（空位生成焓），因而引起附加比热容。

（3）**电阻率**　金属的电阻来源于离子对传导电子的散射。在完整晶体中，电子基本上是在均匀电场中运动，而在有缺陷的晶体中，在缺陷区点阵的周期性被破坏，电场急剧变化，因而对电子产生强烈散射，导致晶体的电阻率增大。

此外，点缺陷还影响其他物理性质，如扩散系数、内耗、介电常数等。在碱金属的卤化物晶体中，由于杂质或过多的金属离子等点缺陷对可见光的选择性吸收，会使晶体呈现色彩。这种点缺陷便称为**色心**。

在一般情形下，点缺陷对金属力学性能的影响较小，它只是通过与位错交互作用，阻碍位错运动而使晶体强化。但在高能粒子辐照的情形下，由于形成大量的点缺陷和挤塞子，会引起晶体显著硬化和脆化。这种现象称为**辐照硬化**。

4.3　点缺陷的实验研究

点缺陷的形貌可以用电镜直接观测。点缺陷的其他性质如生成焓、生成熵、扩散激活能（或迁移率）以及由点缺陷引起的晶体体积变化等，都可以通过各种物理实验测定。下面简单地介绍某些常见的实验。

4.3.1　比热容实验

若晶体中点缺陷浓度为 C（相当于 1 个原子对应 C 个点缺陷），则附加的原子比热容 ΔC_p 为

$$\Delta C_p = \frac{\mathrm{d}(C\Delta h)}{\mathrm{d}T} = \frac{\Delta H}{N_0} \cdot \frac{\mathrm{d}C}{\mathrm{d}T} \tag{4-10}$$

式中，Δh 和 ΔH 分别是 1 个和 1mol 点缺陷的生成焓，可视为与温度无关的常数。N_a 是阿伏加德罗常数，$N_a = 6.02 \times 10^{23}$。

另外，点缺陷的浓度一般可表示为

$$C = C_0 \exp\left(-\frac{\Delta h}{k_B T}\right) = C_0 \exp\left(-\frac{\Delta H}{RT}\right) \tag{4-11}$$

（参看式(4-6)。）

将式(4-11)代入式(4-10)得到附加的原子比热容为

$$\Delta C_p = \frac{(\Delta h)^2}{k_B T^2} \cdot C = \frac{(\Delta H)^2}{N_a R T^2} \cdot C \tag{4-12}$$

而 1mol 晶体的附加热容量为

$$\Delta C_p = N_a \Delta C_p = \frac{(\Delta H)^2}{RT^2} \cdot C \tag{4-13}$$

另外，根据式(4-6)可以写出

$$C = \mathrm{e}^{\Delta S_f/R} \cdot \mathrm{e}^{-\Delta H/RT} \tag{4-14}$$

将式(4-14)代入式(4-13)得到

$$\Delta C_p = \frac{(\Delta H)^2}{RT^2} \cdot \mathrm{e}^{\Delta S_f/R} \cdot \mathrm{e}^{-\Delta H/RT}$$

所以

$$\ln(T^2 \Delta C_p) = \ln\left[\frac{(\Delta H)^2}{R} e^{\Delta S_f/R}\right] - \frac{\Delta H}{RT} = A - \frac{\Delta H}{RT} \tag{4-15}$$

式中，$A = \ln\left[\dfrac{(\Delta H)^2}{R} e^{\Delta S_f/R}\right]$ 是一个与温度无关的常数。

　　由式(4-15)可见，如果能测出各种温度下的附加热容量 ΔC_p，就可作出 $T^2 \Delta C_p$-$\dfrac{1}{T}$关系直线。由直线的斜率可求出点缺陷生成焓 ΔH，再由直线的截距，可以算出点缺陷生成熵 ΔS。

　　如何测定附加热容量 ΔC_p 呢？我们知道，通常比热实验中测得的是晶体的总热容量 C_p。它由两部分组成，一部分是由于原子(或离子)热振动引起的热容量 C_p^0(完整晶体的热容量)，另一部分是由于形成点缺陷引起的附加热容量 ΔC_p。故 $C_p = C_p^0 + \Delta C_p$。由式(4-13)及式(4-14)可以看出，只有在很高的温度(接近熔点)时 ΔC_p 才较显著。如果温度不太高，则 $\Delta C_p \ll C_p^0$，因而 $C_p \approx C_p^0$。因此，如果测出晶体的热容量-温度关系曲线(见图 4-4)，那么曲线的低温段就代表了 C_p^0，只要将这段曲线外推到高温(接近熔点的温度)，就可求出 ΔC_p。图 4-4 是实验测得的钾的 C_p-T 曲线，图中虚线到实线间的垂直距离就是在相应温度下的 ΔC_p 值。

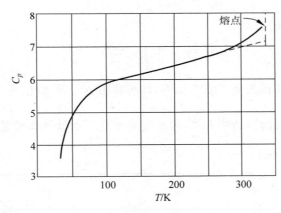

图 4-4　钾的热容量与温度的关系

4.3.2　热膨胀实验

　　晶体在加热或冷却时体积会发生变化。这种变化包括两部分，一是由于原子(离子)间的平均距离(或点阵常数)改变引起的体积变化，这就是通常所说的热膨胀；二是由于点缺陷浓度改变引起的晶体体积变化。若晶体的体积为 V，总体积变化为 ΔV，其中热膨胀为 $(\Delta V)_l$，点缺陷引起的体积变化为 $(\Delta V)_d$，则有

$$\frac{\Delta V}{V} = \frac{(\Delta V)_l}{V} + \frac{(\Delta V)_d}{V} \tag{4-16}$$

由于晶体体积随温度的变化通常都很小，故：

$$\frac{\Delta V}{V} = \frac{(l + \Delta l)^3 - l^3}{l^3} \approx 3\left(\frac{\Delta l}{l}\right) \tag{4-17}$$

式中，l 为晶体的线度。

类似地可写出

$$\frac{(\Delta V)_l}{V} = 3\left(\frac{\Delta a}{a}\right) \tag{4-18}$$

点缺陷引起的体积变化是多少呢？如前所述，晶体中形成一个空位，就要增加一个原子体积，而形成一个间隙原子则要减少一个原子体积。因此，形成浓度为 $\overline{C}_v$ 的空位和浓度为 $\overline{C}_i$ 的间隙原子时，晶体的相对体积变化就是

$$\frac{(\Delta V)_d}{V} = \overline{C}_v - \overline{C}_i \tag{4-19}$$

将式(4-17)～式(4-19)代入式(4-16)得到

$$\overline{C}_v - \overline{C}_i = 3\left[\frac{\Delta l}{l} - \frac{\Delta a}{a}\right] \tag{4-20}$$

上式中总膨胀量 $\left(\dfrac{\Delta l}{l}\right)$ 可由热膨胀实验测出，$\left(\dfrac{\Delta a}{a}\right)$ 可由 X 光衍射实验测出，因而 $\overline{C}_v - \overline{C}_i$ 可以算出。若 $\overline{C}_v - \overline{C}_i > 0$，则晶体中的主要点缺陷是空位；若 $\overline{C}_v - \overline{C}_i < 0$，则主要点缺陷是间隙原子。对金属晶体来说，$\overline{C}_v \gg \overline{C}_i$，故式(4-20)可写为

$$\overline{C}_v = 3\left[\frac{\Delta l}{l} - \frac{\Delta a}{a}\right] \tag{4-21}$$

将式(4-21)代入式(4-6)得到

$$\ln 3\left(\frac{\Delta l}{l} - \frac{\Delta a}{a}\right) = \frac{\Delta S_v}{R} - \frac{\Delta H_v}{RT} \tag{4-22}$$

由上式可见，只要测出不同温度下的 $\dfrac{\Delta l}{l}$ 及 $\dfrac{\Delta a}{a}$，即可算出 ΔS_v 及 ΔH_v 来。图 4-5 给出了由热膨胀实验和 X 光衍射测得的铝的 $\dfrac{\Delta l}{l}$ 和 $\dfrac{\Delta a}{a}$ 随温度的变化。由这些实验数据求得 Cu 的 $\Delta H_v =$ 73kJ/mol，$\Delta S_v \approx 20$J/(mol · K)。

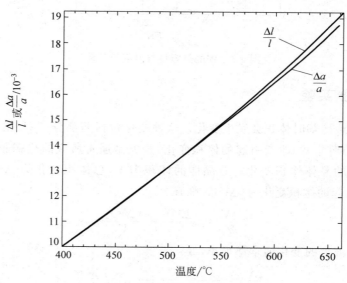

图 4-5　铝的 $\dfrac{\Delta l}{l}$ 和 $\dfrac{\Delta a}{a}$ 随温度的变化

热膨胀实验虽然原理较简单,但技术上难度很大,这是因为 $\bar{C}_v$ 很小,$\bar{C}_v \approx 10^{-4}$,因此,若要求 $\bar{C}_v$ 的准确度达到 10%,则 $\dfrac{\Delta l}{l}$ 和 $\dfrac{\Delta a}{a}$ 的测量精度要达到 10^{-5}。

4.3.3　淬火实验

淬火实验的程序是,首先在很低的温度 T_0 下测定晶体的电阻率 ρ_0,然后将晶体加热至高温 T_q,保温足够长的时间后急冷至低温 T_0,再在 T_0 下测定晶体的电阻率 ρ_0'。于是根据两次测量的电阻率差值 $\Delta\rho = \rho_0' - \rho_0$ 就可求出空位的生成焓,进而得到空位平衡浓度与温度的关系。为什么两次测量的电阻率不同($\rho_0' \neq \rho_0$)呢? 这就要分析电阻率的起因和两次测量中晶体状态的差别。

与热膨胀类似,晶体的电阻率也由两部分组成:与晶格振动相关的电阻率 $\rho(T)$,以及与缺陷相关的电阻率 ρ_d。后者又可分成由空位引起的电阻率 ρ_v 和由其他各种缺陷(位错、间隙原子、杂质等)引起的电阻率 ρ_d'。因此,晶体的电阻率 ρ 可表示为

$$\rho = \rho(T) + \rho_d' + \rho_v \tag{4-23}$$

两次测量中电阻率之差为

$$\Delta\rho = \Delta\rho(T) + \Delta\rho_d' + \Delta\rho_v \tag{4-24}$$

由于两次测量是在同一温度 T_0 下进行的,故 $\Delta\rho(T)=0$;如果在淬火过程中晶体不变形,也没有玷污,那么由于位错密度及分布、杂质浓度等都不变,故 $\Delta\rho_d'=0$。唯一的变化是 $\Delta\rho_v \neq 0$,这是因为在两次测量时晶体中的空位浓度不同。在第一次测量时,空位浓度是温度 T_0 下的平衡浓度 $\bar{C}_v(T_0)$。接着晶体加热到高温 T_q 并保温足够的时间,因而空位浓度变为 T_q 下的平衡浓度 $\bar{C}_v(T_q)$($\bar{C}_v(T_q) \gg \bar{C}_v(T_0)$)。随后淬火(急冷)到温度 T_0 时,空位来不及向位错、晶界等点缺陷的"漏洞"处扩散而消失,因而在温度 T_0 时晶体中的空位是过饱和的(非平衡空位,见 4.2 节)。如果冷却速度足够快,则在第二次测量时空位浓度为 $C_v'(T_0) = \bar{C}_v(T_q)$。

由于一般金属中的空位浓度都很低(即使在接近熔点时平衡浓度也只有 10^{-4} 左右),故可认为,空位引起的电阻率 ρ_v 正比于空位浓度。于是由式(4-24)可写出:

$$\Delta\rho = \Delta\rho_v = \alpha\Delta C_v = \alpha[\bar{C}_v(T_q) - \bar{C}_v(T_0)]$$
$$\approx \alpha\bar{C}_v(T_q) \tag{4-25}$$

式中,α 为比例系数。

将式(4-6)代入式(4-25)得到

$$\Delta\rho = A\exp\left(-\frac{\Delta H_v}{RT_q}\right) \tag{4-26}$$

根据此式,只要将许多相同的晶体加热到不同的淬火温度 T_q,然后急冷至同样的低温 T_0($T_0 \ll T_q$),测定各晶体在加热前(温度为 T_0)和冷却后(温度仍为 T_0)的电阻率,求出其 $\Delta\rho$ 值,并作出 $\ln(\Delta\rho)$-$\dfrac{1}{T_q}$ 的关系曲线(直线),就可由直线的斜率求出空位生成焓 ΔH_v 来。图 4-6 是金丝的"淬入"电阻率 $\Delta\rho$ 与淬火

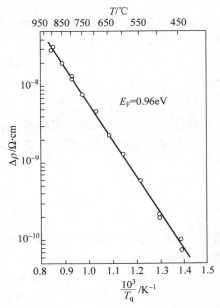

图 4-6　金丝的"淬入"电阻率与淬火温度的关系

温度倒数 $\dfrac{1}{T_q}$ 的关系直线,由直线斜率求得 $\Delta H_v \approx 94.5 \text{kJ/mol}$。

4.3.4 淬火—退火实验

淬火—退火实验的步骤如下:

① 在很低的温度 T_0 下测定晶体的电阻率 ρ_0。此时晶体中空位浓度为平衡浓度 $\bar{C}_v(T_0)$。

② 将晶体加热到高温 T_q,保温足够长的时间,使晶体中的空位浓度达到 T_q 下的平衡浓度 $\bar{C}_v(T_q)$。

③ 淬火:将晶体由 T_q 急冷至 T_0,然后测定其电阻率 ρ_0'。此时晶体中的空位浓度为 $C_v'(T_0) = \bar{C}_v(T_q)$。

④ 低温退火:将晶体加热到 T_0 与 T_q 之间的某一温度 $T(T_0 < T \ll T_q)$,保温一定的时间 t,使空位浓度由 $\bar{C}_v(T_q)$ 下降到 $C_v(T)$(但仍高于温度 T 下的平衡浓度 $\bar{C}_v(T)$)。

⑤ 再将晶体急冷至 T_0,测定其电阻率 ρ_0''。

根据上述实验即可求出空位在晶体中扩散的激活能或激活焓 ΔH_m(ΔH_m 的意义请见 8.8.4 节)。具体方法如下。

我们首先分析在等温退火过程中空位浓度的变化。在退火开始时($t = 0$),浓度为 $\bar{C}(T_q)$;保温 t 时间后浓度变为 $C_v(T)$;若保温无穷长时间($t = \infty$),则浓度变为 $\bar{C}_v(T)$。假定空位是向固定的"漏洞"中扩散,那么由扩散方程可以解出

$$C_v(T) - \bar{C}_v(T) = (C_v(T_q) - \bar{C}_v(T))e^{-t/\tau}$$

式中,τ 是常数,称为空位扩散的弛豫时间。

由于退火是在低温下进行的,故 $\bar{C}_v(T) \approx \bar{C}_v(T_0)$,因而上式可近似写成

$$C_v(T) - \bar{C}_v(T_0) \approx (C_v(T_q) - \bar{C}_v(T_0))e^{-t/\tau} \tag{4-27}$$

前面曾指出,当空位浓度低时,可以认为电阻率的变化正比于空位浓度的变化,故由式(4-27)可得到

$$\rho_0'' - \rho_0 \approx (\rho_0' - \rho_0)e^{-t/\tau}$$

或

$$\Delta\rho(t) = \Delta\rho_0 e^{-t/\tau} \tag{4-28}$$

由上式可见,根据退火实验测出的 ρ_0,ρ_0' 和 ρ_0'',以及退火时间 t,即可算出弛豫时间 τ。

如何由 τ 求出 ΔH_m 呢? 这需要用到扩散理论(见第 8 章)给出的两个关系式:

$$\tau = \frac{l^2}{\beta D_v} \tag{4-29}$$

$$D_v = A\exp\left(-\frac{\Delta H_m}{RT}\right) \tag{4-30}$$

式中,l 是空位与"漏洞"间的距离,β 是与"漏洞"几何形状有关的常数,D_v 是空位扩散系数,A 是常数。

原则上只要按式(4-29)由实验求得的 τ 值算出 D_v,再代入式(4-30)即可求出 ΔH_m。但问题是式(4-29)中的参数 l,特别是 β,很难确知。为了避免这两个参数,可以采用同一个样品先后在不同温度下进行两次退火实验。一次退火温度为 T_1,得到弛豫时间 τ_1;另一次退火温度为 T_2,得到弛豫时间 τ_2。于是由式(4-29)和式(4-30)得到

$$\frac{\tau_1}{\tau_2} = \frac{D_v(T_2)}{D_v(T_1)} = \exp\left[-\frac{\Delta H_m}{R}\left(\frac{1}{T_2} - \frac{1}{T_1}\right)\right] \tag{4-31}$$

据此即可由 τ_1 和 τ_2 算出 ΔH_m 来。

图 4-7 给出了金的实验结果。样品从 700℃ 淬火，然后在 40℃ 退火 120h，再在 60℃ 进行第二次退火。由此实验求得的 $\Delta H_m = 79\text{kJ/mol}$。

应该注意，为了保证两次实验中参数 l 和 β 相同，不仅要采用同一样品，而且退火温度 T_1 和 T_2 都要低（为什么？）

通过淬火—退火实验测定了 Cu，Ag，Au，Al 等金属的摩尔空位生成焓 ΔH_v、生成熵 ΔS_v 和扩散激活能 ΔH_m，如表 4-1 所示。表中还列举了一些用热膨胀实验测得的结果。可以看出，它和淬火实验的结果是吻合的。

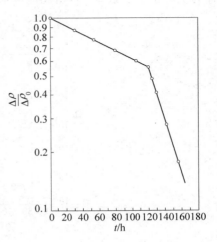

图 4-7　金的退火实验结果

表 4-1　某些金属的 ΔH_v，ΔS_v 和 ΔH_m 值

金　属	$\Delta H_v/\text{kJ} \cdot \text{mol}^{-1}$（热膨胀）	$\Delta H_v/\text{kJ} \cdot \text{mol}^{-1}$（淬火）	$\Delta H_m/\text{kJ} \cdot \text{mol}^{-1}$淬火—退火	$\Delta S_v/R$
Au	90.7	93.2	67.5	1.0
Ag	105.1	101.9	80.0	1.5
Al	72.3	74.7	46.3	2.2
Cu	112.8			1.5

4.3.5　正电子湮没实验

正电子湮没技术是一项比较新的核物理实验技术，20 世纪 70 年代起才较多地用于固体材料的研究，特别是固体缺陷（尤其是点缺陷）的研究。下面简单地介绍如何利用正电子湮没技术测定空位生成焓。

大家知道，^{22}Na，^{64}Cu 等具有 β^+ 衰变的放射性同位素会放出正电子，它的质量与电子相同，但带单位正电荷，且具有很高的能量（MeV 的数量级）。^{22}Na 在放出高能正电子的同时发射出一个能量为 1.28MeV 的 γ 光子。高能的正电子在射入被研究的固体后首先在极短的时间（约 10^{-12}s）内被"热化"，即通过电离碰撞、产生等离子体和电子-空穴对等损失其能量，最后通过声子散射与固体物质达到热平衡。热化后的正电子能量约为 $k_B T$（在室温下 $k_B T \approx 0.0258\text{eV}$），远小于固体中电子的动能（约几个 eV）。当热化后的正电子和电子相遇时，正、负电子对便同时消失而转变成两个能量各为 0.511MeV 的 γ 光子（有时会产生 1 个或 3 个 γ 光子）。热化正电子在湮没前往往在固体中自由扩散一段时间 τ，τ 就称为正电子湮没寿命，它与固体结构（特别是缺陷状态）密切相关。不过，由于正电子的热化时间（约 10^{-12}s）远小于自由扩散时间（约 10^{-10}s），故在实际测量中为方便起见，人们将寿命 τ 规定为从发射 1.28MeV 的光子到发射两个 0.511MeV 的光子这两个事件间的时间间隔。当然，不可能所有正电子都具有同样的寿命。利用正电子湮没寿命谱仪可以测定寿命谱曲线，或正电子寿命分布曲线,如图 4-8 所示。此图的横坐标正比于正电子寿命 τ,纵坐标正比于寿命为 τ 的正电子数 $S(\tau)$,由此即可求得平均寿命 $\bar{\tau}$ 为

$$\bar{\tau} = \frac{1}{N_0} \int_0^\infty \tau S(\tau) \mathrm{d}\tau \tag{4-32}$$

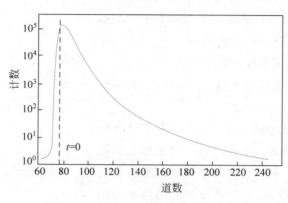

图 4-8　寿命谱曲线

为了根据上述实验测得的 $\bar{\tau}$ 值确定缺陷的特性,需要从微观角度分析正电子湮没的模型和特点。原来,固体中的正电子有两种状态:一种是在无缺陷区的正电子;由于受点阵上离子的斥力,这里的正电子不可能接近离子芯,而是在离子之间自由运动,这种正电子就称为自由态正电子。另一种是在缺陷区的正电子;由于缺陷区的电场不同于无缺陷区,故正电子的分布也不同。为确定起见,假定此缺陷是单个空位。由于空位处缺少正离子,形成负电场,因而正电子很容易被吸引在这里,这就叫正电子捕获。被捕获的正电子称为束缚态(或捕获态)正电子。自由态和束缚态的正电子都会与电子结合而发生湮没,但自由态正电子湮没寿命 τ_f 小于束缚态正电子的湮没寿命 τ_v($\tau_f < \tau_v$),这是因为在空位处电子数(包括价电子数,特别是内层芯电子数)小于无缺陷区的电子数。显然,实验测得的正电子平均寿命 $\bar{\tau}$ 是与 τ_f,τ_v 以及空位浓度都有关的。为了找到这种关系,需要进一步提出具体的捕获模型。

捕获模型包括以下假设:

(1) 捕获陷阱的性质　捕获陷阱是单空位、双空位、三空位、空位团还是位错、晶界? 缺陷的分布和浓度如何?

(2) 捕获几率与缺陷浓度的关系　通常都假设缺陷对正电子的捕获几率正比于缺陷浓度。

(3) 湮没规律　通常假定自由态正电子和捕获态正电子均按指数规律衰减,衰减常数(即湮没几率)分别为 $1/\tau_f$ 和 $1/\tau_d$(τ_f 和 τ_d 分别为自由正电子和捕获正电子的寿命)。这样,实验测出的寿命谱(图 4-8)就可看成是由两条指数衰减曲线合成,通过计算机拟合即可求出 τ_f 和 τ_d。

在缺陷是单空位的情形下,根据上述捕获模型可以导出

$$\bar{\tau} = \tau_f \left(\frac{1 + \mu \bar{C}_v \tau_v}{1 + \mu \bar{C}_v \tau_f} \right) \tag{4-33}$$

式中,μ 是单位浓度的空位对正电子的捕获几率,$\bar{C}_v$ 是空位平衡浓度。τ_f,τ_v 和 μ 均可视为与温度无关的常数,但 $\bar{C}_v$ 和 $\bar{\tau}$ 则与温度有关。将式(4-33)改写为

$$\bar{C}_{\mathrm{v}} = \frac{\bar{\tau} - \tau_{\mathrm{f}}}{\tau_{\mathrm{v}} - \bar{\tau}} \cdot \frac{1}{\mu \tau_{\mathrm{f}}} \tag{4-34}$$

将式(4-6)代入上式,两边取对数,整理后得到

$$\ln\left(\frac{\bar{\tau} - \tau_{\mathrm{f}}}{\tau_{\mathrm{v}} - \bar{\tau}}\right) = -\frac{\Delta H_{\mathrm{v}}}{RT} + A \tag{4-35}$$

式中, $A = \ln(C_0 \mu \tau_{\mathrm{f}})$ 是一个与温度无关的常数。由此可见,只要在不同的温度下(从低温直到熔点附近)测定正电子湮没寿命谱,从中求出 $\bar{\tau}$、τ_{f} 和 τ_{v},就可作出 $\ln\left(\dfrac{\bar{\tau} - \tau_{\mathrm{f}}}{\tau_{\mathrm{v}} - \bar{\tau}}\right) - \dfrac{1}{T}$ 关系曲线(直线),直线的斜率就给出了空位生成焓 ΔH_{v}。用正电子湮没实验研究缺陷的优点是精确度高(测量 ΔH_{v} 的精确度可高达 $\pm 0.05\mathrm{eV}$),且可探测原子量级尺度的微缺陷和低浓度(约 10^{-7})的缺陷。缺点是数据处理和解释往往比较困难。

4.4　位错理论的提出

位错是晶体中的一维缺陷。就是说,缺陷区是细长的管状区域,管内的原子排列是混乱的,破坏了点阵的周期性(见 4.5 节)。位错的概念是 1934 年提出的。当时只是一种设想,直到 20 世纪 50 年代以后才从实验中观察到位错。人们提出位错这种设想主要是由于有许多实验现象很难用完整(理想)晶体的模型来解释。其中最大一个矛盾就是晶体的实际强度远低于其理论强度。所谓晶体的实际强度就是实验测得的单晶体的临界分切应力 τ_{c}(见 3.2 节),其值一般在 $10^{-4} \sim 10^{-8} G$,G 是晶体的剪切模量,而理论强度则是按完整晶体刚性滑移模型计算的强度。按照此模型,晶体滑移时晶体各部分是作为刚体而相对滑动的,连接滑移面两边的原子的结合键将同时断裂。这种刚性滑移模型类似于一堆扑克牌滑开的情形。

如何按照刚性滑移模型计算理论强度呢?为此需要分析晶体滑移过程中所受的力。如图 4-9 所示,当滑移面上部晶体相对于下部晶体发生位移 x 时(x 轴沿滑移方向),上部晶体受了两个力,一个是作用的滑移面上沿着滑移方向的外加剪应力 τ(这是引起滑移的外力),另一个是下部晶体对上部晶体的作用力 τ'(这是阻止滑移的内力),要维持位移 x,就要求 $\tau = \tau'$。显然 τ' 是位移 x 的函数:当 $x = na$ 时(n 是沿滑移方向的原子间距,$n = 0, 1, 2, \cdots$),晶体处于稳定平衡;当 $x = (2n+1)\dfrac{a}{2}$ 时,晶体处于亚稳平衡。当 $(2n+1)\dfrac{a}{2} > x > na$ 时 τ' 与 x 轴反向,因而阻碍滑移;当 $(2n+1)\dfrac{a}{2} < x < (n+1)a$ 时,τ' 与 x 轴同向,帮助滑移。由此可见,τ' 是 x 的周期函数,因而维持位移 x 所需的 τ 也应是周期函数。为简单起见,假定此周期函数是正弦函数:

$$\tau = \tau_{\mathrm{m}} \sin\left(\frac{2\pi x}{a}\right) \tag{4-36}$$

显然,要想使滑移不断进行,τ 必须大于 τ_{m},τ_{m} 就是晶体的理论强度。

为了确定 τ_{m},让我们分析小位移($x \ll a$)的情形。此时,一方面由式(4-36)(此式对任何 x 值都成立)可以得到

$$\tau \approx \tau_{\mathrm{m}}\left(\frac{2\pi x}{a}\right) \tag{4-37}$$

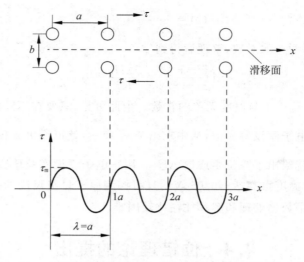

图 4-9   晶体滑移时滑移面上部原子受力与位置关系

另一方面,在小位移时变形是弹性的,应力-应变关系应符合胡克定律,故有

$$\tau = G\gamma = G\left(\frac{x}{b}\right) \tag{4-38}$$

式中, b 是平行滑移面的相邻两层原子面之间的距离。比较式(4-37)和式(4-38)得到

$$\tau_m = \frac{G}{2\pi}\left(\frac{a}{b}\right) \tag{4-39}$$

作为近似计算,可令 $a \approx b$,故,

$$\tau_m = \frac{G}{2\pi} \approx 0.1G \tag{4-40}$$

可见,晶体的理论强度 τ_m 比实际强度 τ_c (一般为 $10^{-4} \sim 10^{-8}G$)至少高三个数量级。后来人们又提出了其他各种周期函数,试图得到接近于 τ_c 的 τ_m 值。但最终得到 $\tau \approx G/30 \sim 10^{-2}G$,仍然比实际强度高得多。

理论强度和实际强度的巨大差别迫使人们放弃完整晶体的刚性滑移模型。人们推想,晶体中一定存在着某种缺陷,它不仅引起应力集中,而且缺陷区内的原子处于不稳定状态(因为原子离开了正常的点阵位置),因而很容易运动。这样一来,晶体的滑移过程就是首先在缺陷区发生局部滑移,然后局部滑移区不断扩大。

这种引起局部滑移的缺陷就是位错。以下各节将比较深入地讨论位错的原子组态、几何特征和各种属性。

4.5   什么是位错

为了容易理解位错的几何特征,下面介绍两种形成位错的方式,即局部滑移和局部位移。

4.5.1   局部滑移

如果晶体的一部分区域发生了一个原子间距的滑移,另一部分区域不滑移,那么在滑移面上已滑移区和未滑移区边界处的原子将如何排列呢？显然,在边界处原子的相对位移不可能是从 1 个原子间距突然变为 0,否则此处就会发生原子的"重叠"或出现"缝隙"。可见,已滑移区和未滑移区的边界不可能是一条几何上的"线",而是一个过渡区。在此区内,原子的相对位移从 1 个原子间距逐渐减至 0。这样一来,在过渡区内原子排列就是不规则的(非周期性排列),因而滑移面两边的原子就不可能"对齐",或者说,必然会出现严重的"错配"。这个原子错配的过渡区域便称为位错。由于过渡区只有几个或十几个原子间距的宽度,而长度却达到晶体的宏观尺寸,故位错是一个非常细长的管状缺陷区,从宏观上看,就是一个线缺陷。

位错中心区(即过渡区)内原子究竟如何排列呢？应该说,此处原子的准确位置至今仍不甚清楚,但原子排列的基本特点却是可以推知的,它取决于位错线(也就是已滑移区和未滑移区的边界线)与滑移方向二者的相对位向。根据相对位向,可将位错分为以下三类:

(1) 刃型位错　位错线垂直于滑移方向。

图 4-10(a)是一个简单立方晶体局部滑移的示意图。图中 $\overline{ABCDA}$ 是滑移面,箭头是滑移方向,它与已滑移区(左边)—未滑移区(右边)的边界线,即位错线 $\overline{EF}$ 垂直。这种滑移方向与位错线垂直的位错便称为刃型位错或简称刃位错。如上所述,从微观上看,位错线 $\overline{EF}$ 是一个过渡区。图 4-10(b)和(c)分别是原子在垂直于位错线的平面上和平行于滑移面的平面上的投影。这里,过渡区内的原子位置是根据位移过渡(从 b 过渡到 0)的要求确定的,或者说是由于滑移面上部晶体中的 n 列原子面(指垂直于滑移面的滑移方向的原子面)须和下部晶体中的 $(n-1)$ 列原子面相容所决定的。

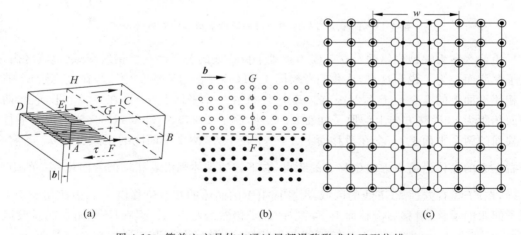

(a)　　　　　　　　　　(b)　　　　　　　　　　(c)

图 4-10　简单立方晶体中通过局部滑移形成的刃型位错

从图 4-10 可以看出,刃型位错的结构(即过渡区内的原子排列或原子组态)有一个特点,就是存在一个对称的半原子面。由此可见,刃型位错也可看成是通过在完整晶体中插入半个原子面而形成的,半原子面的边缘 EF 就是刃型位错线,因为它像刀刃。在位错 $\overline{EF}$ 处,滑移面上下的原子严重错排(或说错配度最大)。

根据附加半原子面的位置,人们还把刃型位错进一步分为正刃型位错和负刃型位错。前者是附加半原子面位于滑移面上方,后者则位于下方。正刃型位错的简单表示符号是⊥,负刃型位错则是⊤。这里水平短线代表滑移面,垂直短线代表附加半原子面。显然,正刃型和负刃型位错并无本质的差别,因为只要将晶体翻转(绕 $\overline{EF}$ 旋转 180°),位错就反号。

（2）螺型位错　位错线平行于滑移方向。

图 4-11(a)也是一个简单立方晶体发生局部滑移的示意图。滑移面仍为$\overline{ABCDA}$,滑移方向如箭头所示。与图 4-10 不同的是,这里已滑移区(右边)和未滑移区(左边)的边界线,即位错线$\overline{EF}$平行于滑移方向。这种滑移方向与位错线平行的位错便称为螺型位错,或简称螺位错。

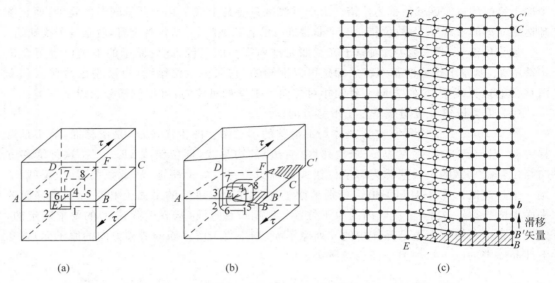

图 4-11　简单立方晶体中通过局部滑移形成的右旋螺位错

为什么称为螺型位错呢？这是因为垂直于位错线的各平面在位错线附近(过渡区内)变成了螺旋面。为了说明这点,让我们考察图 4-11(a)中在边界线$\overline{EF}$附近、在垂直于$\overline{EF}$的两个相邻平面上的 8 个原子 1,2,…,8。其中 1～4 在一个平面上,5～8 在另一个平面上,两个平面相距为 a(滑移方向上的原子间距)。此外,原子 1,2,5,6 和 3,4,7,8 分别位于平行于滑移面的两个平面上,一个在滑移面上方,一个在下方,两个平面间的距离也是 a。若将$\overline{EF}$线右上方的晶体沿箭头方向位移$\dfrac{a}{2}$的距离,右下方的晶体则沿着相反的方向位移$\dfrac{a}{2}$的距离。这样,在$\overline{EF}$线右方远离$\overline{EF}$线的区域,滑移面上下的晶体的相对位移仍是 a,因而相当于 1 个原子间距的滑移,滑移后滑移面上下两层的原子仍然是对齐的。但在$\overline{EF}$线附近的过渡区内的原子,如 1,2,…,8 等原子,其位移就各不相同,且滑移面上下两层的相对位移都小于 a,这样一来,1,2,…,8 等 8 个原子在局部滑移后就位于一条螺旋线上,原来的平面$\overline{1234}$和$\overline{5678}$都变成了连续的螺旋面,如图 4-11(b)所示。图 4-11(c)是原子在滑移面上的投影,其绘制方法如下：首先画出完整晶体中原子在滑移面(如(001)面)上的投影,滑移面上层的原子用空心圆表示,下层原子用实心圆表示。其次任选适当宽度的过渡区(通常是 3～5 层原子的宽度。图 4-11(c)中选了 3 层),过渡区与滑移方向平行。然后,令过渡区左方原子不动,右方空心圆沿箭头所示的滑移方向位移 $a/2$,实心圆则沿反向位移 $a/2$。最后将过渡区左边的空心圆和实心圆分别和右边的对应空心圆和实心圆相连(直线连接),这些连线与沿滑移方向的各列(图中是 3 列)原子连线的交点就给出了过渡区内原子的位置。从图 4-11可以看出,这些原子近似地按螺旋线分布(立体看来,就是一条螺旋线)。

螺型位错也有两种：左旋和右旋。上面讨论的是右旋螺位错，因为从原子 1 到 8 是按右手螺旋规则前进的。如果将图 4-11 中的局部滑移方向逆转，就得到图 4-12 所示的左旋螺位错，因为位错线中心区原子分布符合左手螺旋规则。

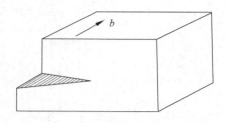

图 4-12　通过局部滑移形成的左旋螺位错

应该指出的是，左旋和右旋螺位错是有本质差别的。无论将晶体如何放置也不可能使左（或右）旋螺位错变为右（或左）旋螺位错。

螺位错有时用符号 $ 表示。

（3）混合位错　位错线与滑移方向成任意角度 α。

当位错线既不平行、又不垂直于滑移方向时，可以将晶体的滑移（滑移面两边的相对位移 a）分解为平行于边界线的位移分量 $a\cos\alpha$ 和垂直于边界线的分量 $a\sin\alpha$，也就是将位错看成是由螺型位错和刃型位错混合而成的，故称为混合位错。图 4-13(a) 表示一条位错线从螺型变化到混合型再变化到刃型位错的过程。

虽然螺型位错必然是直线形状，但刃型、混合位错却可能是直线、曲线或封闭曲线，因为原则上我们可以让任何区域发生局部滑移，因而得到任意形状的边界线。例如，可以让一个圆形区域内部发生滑移，外部不滑移，因而得到封闭的圆周边界。这种封闭位错称为位错环。不论位错线是什么形状，都可以按照上面讨论的方法和步骤画出位错中心区的原子组态。图 4-13(b) 是一条任意曲线位错附近的原子在滑移面上的投影。从图 4-13(b) 可以看出从螺型位错到刃型位错的连续变化。（图中的空心圆代表滑移面上面的原子，实心圆代表下面的原子。）

4.5.2　局部位移

从力学上讲，上面讨论的局部滑移实际上是一种剪应变。我们知道，一般的应变应该既有剪应变分量，又有正应变分量。因此，我们应该将形成位错的方式由局部滑移推广到局部位移。局部位移如何形成位错？主要有以下四步操作：

（1）在晶体中作一个切面（切一刀）。这个切面不仅可以是平面，也可以是曲面，但切面不能贯穿晶体，它必须终止于晶体内部（切"半刀"）。

（2）让切面两边的晶体发生相对位移 u，但在已发生相对位移 u 的区域和不发生位移的区域之间也必须有一个过渡区，在此区内位移由 u 逐渐减至 0。

（3）在已发生位移 u 的区域内，如果由于发生位移 u 而产生了缝隙，则按点阵的周期性规律填补原子；如果产生了原子的堆积，则将多余的（堆积的）原子去掉，以维持点阵上原子的周期性排列。

（4）将切面两边的晶体粘合。

经过以上四步操作后，切面的边界线就是位错线。现在以刃位错和螺位错为例，说明如何通过以上四步操作形成位错：

① 切面就是滑移面；

② 相对位移 u 就是滑移矢量（对简单立方晶体，$u = a\langle 100 \rangle$）；

③ 由于在已滑移区既不产生缝隙、也不形成原子的堆积，故无须填补或取走原子；

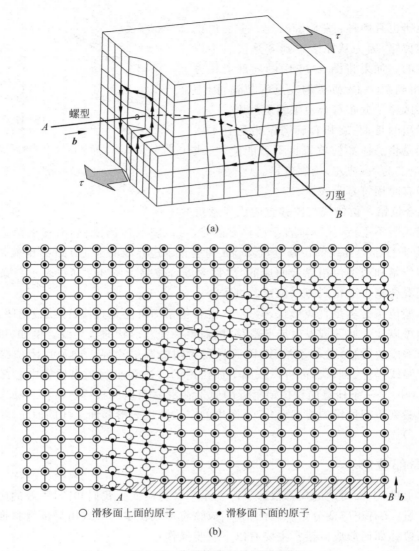

图 4-13　位错线附近的原子组态

（a）一条位错线从螺型变化到混合再变化到刃型位错的过程；（b）任意曲线位错附近的原子组态

④ 将滑移面两边的晶体粘合。

对刃型位错来说还有一种取切面的办法，那就是取一个垂直于滑移面的切面，取相对位移矢量 u 沿切面的法线方向（这种位移相当于正应变）。如果位移的结果是使切面两边的晶体分开，则在缝隙处按点阵周期性要求填补原子。这样一来，就相当于在滑移面上部插入了半个原子面，因而得到正刃型位错。如果位移的结果是使切面两边的晶体重叠（发生原子堆积），则将重叠的原子去掉。这相当于将滑移面上部的一个半原子面抽出，因而得到负刃型位错。

以上讨论了两种形成位错的方式。虽然它们未必是晶体中形成位错的实际方式（或原因），但按这两种方式形成的位错仍具有普遍性。不仅如此，局部滑移或局部位移的概念还有助于我们更好地理解位错的许多特点和性质。例如，由于位错线可以看成是局部滑移或局部位移区的边界，位错线就必然是连续的，它不可能起、止于晶体（或晶粒）内部，只能起、止于晶体表面或晶界。

4.6　位错的普遍定义与柏格斯矢量

本节首先讨论柏格斯回路,由此引出位错的普遍定义,并得到一个表征位错性质的重要矢量——柏格斯矢量。在此基础上,我们着重讨论柏氏矢量的物理意义和它的守恒性,以及如何用它来表征位错。

4.6.1　柏格斯回路

柏格斯回路(Burgers circuit)是在有缺陷的晶体中围绕缺陷区将原子逐个连接而成的封闭回路,简称柏氏回路(见图 4-14(a))。为了判断柏氏回路中包含的缺陷是点缺陷还是位错,只需在无缺陷的完整晶体中按同样的顺序将原子逐个连接。如果能得到一个封闭的回路,那么原来的柏氏回路中包含的缺陷是点缺陷。如果在完整晶体中的对应回路不封闭(即起点与终点不重合),则原柏氏回路中包含的缺陷是位错。这时为了使回路封闭还须增加一个向量 b,如图 4-14(b)所示。b 便称为位错的柏格斯矢量,或简称**柏氏矢量**。

图 4-14 画的是柏氏回路包含刃型位错的情形。对于柏氏回路包含螺型位错的情形也可以进行同样的分析,得到同样的结果(请读者自行分析)。

应该强调的是,柏氏回路是不能经过位错中心区(或过渡区)的,但可以经过位错中心区以外的弹性变形区。

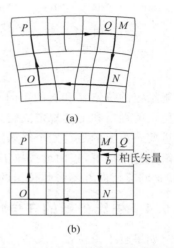

图 4-14　柏格斯回路和柏格斯矢量
(a) 包含位错的柏氏回路;(b) 完整晶体中的柏氏回路,不封闭段为 MQ,柏氏矢量为 $b=\overrightarrow{QM}$

4.6.2　柏氏矢量的物理意义

如上所述,柏氏矢量是完整晶体中对应回路的不封闭段。这是由于有缺陷的晶体发生了局部滑移或局部位移(对刃型或混合位错)的结果。由此即可推知柏氏矢量 b 的物理意义如下:

(1) b 是位错的滑移矢量(对可滑位错)或位移矢量(对刃型位错)。从图 4-14(a)不难看出,b 既是局部滑移矢量(b 平行于滑移方向,它的模就是滑移的大小),也是插入半原子面形成刃型位错时滑移面两边晶体的相对位移矢量。因此,面心立方晶体的 $b=\dfrac{a}{2}\langle 110\rangle$,体心立方晶体的 $b=\dfrac{a}{2}\langle 111\rangle$,密排六方金属的 $b=\dfrac{a}{3}\langle 11\bar{2}0\rangle$ 等。

(2) b 是在有缺陷的晶体中沿着柏氏回路晶体的弹性变形(弹性位移)的叠加。

(3) b 越大,由于位错引起的晶体弹性能越高。例如,当局部滑移量是沿滑移方向的两个原子间距,而不是通常的一个原子间距时,边界区的原子错配就越严重,因而弹性能更高。4.12 节将证明,位错的弹性能正比于 b^2。

4.6.3　柏氏矢量和位错的表征

如上所述,对可滑移的位错,b 总是平行于滑移方向。因此,当 b 垂直于位错线时,位错是刃型的；当 **b** 平行于位错线时，位错是螺型的；当 **b** 与位错线成任意角度时，位错是混合型的。

为了进一步表示刃型位错的正、负，或螺型位错是左旋还是右旋，需将位错线 *l* 看成是矢量 **l**，并作以下规定：

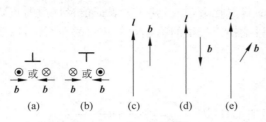

图 4-15　位错的表示

(a) 正刃型；(b) 负刃型；(c) 右旋；

(d) 左旋；(e) 混合型

（1）**l**×**b** 指向附加的半原子面，一般规定附加的半原子面在上方者为正刃型，在下方者为负刃型。

（2）**l**//**b** 表示右旋螺位错，**l**//(−**b**) 则表示左旋螺位错，如图 4-15 所示。

这里需要强调指出的是，位错线和柏氏矢量的正向并无特殊的意义，因而可以任意选定。但是为了表示位错的性质（正、负刃型或左、右螺型），就要符合以上两条规定，因而对于给定的位错，**l** 和 **b** 的正向不能同时任意选择。我们只能任意选择其中的一个，然后根据位错的性质和上述规定决定另一个矢量的正向。有些书或文献的规定与本书相反，这并不重要。重要的是自始至终认定一种规定。顺便一提，位错线的正向可用箭头表示。在未标箭头的情形下，正向就按拉丁字母的顺序（例如 $\overrightarrow{AB}$ 位错的正向就是从 *A* 到 *B*）。显然，将 **l** 和 **b** 同时反向并不影响位错的性质。

4.6.4　柏氏矢量的守恒性

如果若干条位错线交于一点（此点称为节点），那么"流入"节点的位错线的柏氏矢量之和必等于"流出"节点的位错线的柏氏矢量之和，即

$$\sum \boldsymbol{b}_{\lambda,i} = \sum \boldsymbol{b}_{\text{出},j} \tag{4-41}$$

上述性质就称为柏氏矢量的守恒性。所谓"流入"和"流出"节点的位错线分别是指正向指向节点和背离节点的位错线。

为了论证守恒性，让我们分析图 4-16 所示的相交于节点 *O* 的三条位错线 $\overrightarrow{AO}$（流入位错）、$\overrightarrow{OB}$ 和 $\overrightarrow{OC}$（流出位错），其柏氏矢量分别为 $\boldsymbol{b}_1$、$\boldsymbol{b}_2$ 和 $\boldsymbol{b}_3$。这三条位错线将整个滑移面分成 Ⅰ、Ⅱ 和 Ⅲ 三个区域。由于位错线可以看成是局部位移区的边界，因而 $\boldsymbol{b}_1$ 就是 Ⅰ 区相对于 Ⅲ 区的位移，$\boldsymbol{b}_2$ 是 Ⅰ 区相对于 Ⅱ 区的位移，$\boldsymbol{b}_3$ 是 Ⅱ 区相对于 Ⅲ 区的位移。根据位移的合成（或叠加）原理，显然有：$\boldsymbol{b}_1 = \boldsymbol{b}_2 + \boldsymbol{b}_3$。

也可以用作柏氏回路的办法来证明柏氏矢量的守恒性。仍以图 4-16 为例，如果分别围绕 $\overrightarrow{AO}$、$\overrightarrow{OB}$ 和 $\overrightarrow{OC}$ 三条位错线作柏氏回路，那么三个回路的不封闭段就分别是 $\boldsymbol{b}_1$，$\boldsymbol{b}_2$ 和 $\boldsymbol{b}_3$。现在，我们将围绕 $\overrightarrow{AO}$ 的柏氏回路扩大，并移至包含位错 $\overrightarrow{OB}$ 和 $\overrightarrow{OC}$ 的位置。那么，一方面，由于回路的不封闭段（大小和方向）应与回路的大小及位置无关，故扩大并平移后的柏氏回路的不封闭段仍是 $\boldsymbol{b}_1$；另一方面，由于此回路包含了两条位错线 $\overrightarrow{OB}$ 和 $\overrightarrow{OC}$，其不

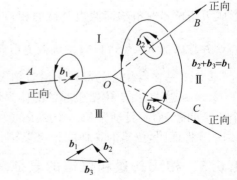

图 4-16　交于节点 *O* 的三条位错线

封闭段应为 $b_2 + b_3$。由此可见，$b_1 = b_2 + b_3$。

柏氏矢量守恒性的另一种表达是：

如果所有位错线都"流入"同一结点，或从同一结点"流出"，则这些位错线的柏氏矢量之和必为 0，$\sum b_{\text{入},i} = 0$，或 $\sum b_{\text{出},i} = 0$。

这种表达方式很容易从前一种表达方式导出，请读者自行推导（提示：将某些位错线反向，使所有位错都是"流入"或"流出"结点的）。

推论：一条位错线只能有一个柏氏矢量。为了证明这点，只需在图 4-16 中去掉任意一条位错线，例如 $\overrightarrow{OC}$，那么 $b_3 = 0$，故由守恒性立即得到 $b_1 = b_2$。

其实，从位错线是局部滑移或局部位移的边界出发，可以直接得到一条位错线只有一个柏氏矢量的结论。因为，如果在一条位错线的不同部位有不同的柏氏矢量，那么这些部位之间就存在相对位移，因而就应出现其他边界（其他位错），这违背了一条位错线的假设。

4.7　位错的运动

本节讨论单个位错的运动，包括运动方式、运动面（指位错运动所在的平面）、运动方向以及位错运动与晶体宏观变形及受力的关系等。我们按刃型、螺型和混合型三种位错情形进行讨论。

4.7.1　刃型位错的运动

刃型位错有两种运动方式：滑移和攀移。

（1）滑移

位错的**滑移**就是它在滑移面上的运动，也就是局部滑移区的扩大或缩小。位错的运动面就是滑移面 $l \times b$。位错线的运动方向 v 就是滑移方向，因而 v 与位错线垂直（$v /\!/ b, v \perp l$）。

位错的运动并不代表原子的运动，它只代表缺陷区或已滑移区—未滑移区边界（在刃型位错的情形下就是附加半原子面的边缘）的移动。这种情况有点类似于机械波的运动——机械波的运动也不代表振动质点的运动。事实上位错的运动距离远大于相应的原子位移。这一点可以从图 4-17 看出，图中实心圆点是位错滑移前原子的位置，空心圆圈是滑移后的位置。从图 4-17 看出，位错（半原子面）移动一个原子间距时，原子的实际位移远小于一个原子间距。

位错的滑移与原子的运动（或晶体的滑移）之间定量的关系是，当位错扫过整个滑移面时（也就是当位错从晶体的一端运动到另一端时）滑移面两边的原子（或两半晶体）相对位移一个柏氏矢量 $|b|$ 的距离。这一点从位错是局部滑移区的边界和 b 是滑移矢量出发是很容易理解的。图 4-18 清楚地表示了这种关系。因此，位错扫过单位面积的滑移面时，原子（或晶体）的相对位移为 (b/A_s)，这里 A_s 是整个滑移面面积，$b = |b|$。

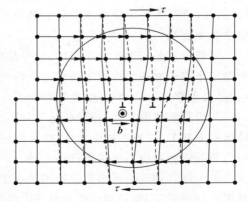

图 4-17　位错运动与原子位移的关系

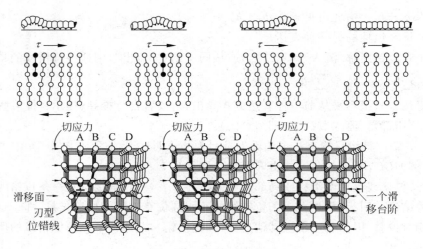

图 4-18　位错运动过程

　　由于位错的运动、晶体的相对位移和外加应力三者是一一对应的,不难理解,这三者之间必然有一定的关系。外加剪应力与晶体相对位移的关系是显而易见的。刃型位错滑移与晶体相对位移的关系也是直观的——包含半原子面的那部分晶体总是和半原子面(或位错线)一道运动。

　　(2) 攀移

　　高温下位错不仅可以滑移,而且还可以**攀移**。所谓攀移就是位错线上的原子扩散到晶体中其他缺陷区(如空位、晶界等),从而导致半原子面缩小,位错线沿滑移面法线方向上升;或者反过来,晶体点阵上的原子扩散到位错线下方,从而导致半原子面扩大,位错线沿滑移面法线方向下降。我们将这种位错线沿滑移面法线方向的运动称为攀移。伴随着半原子面缩小的攀移称为正攀移;半原子面扩大的攀移称为负攀移。由于攀移伴随着半原子面的缩小或扩大,即半原子面上原子数不守恒,故攀移也称为非守恒(或非保守)运动,而滑移则称为守恒(或保守)运动。

　　攀移时,位错的运动面就是半原子面,位错的运动方向仍然与位错线垂直。当位错扫过包含半原子面在内的整个晶面时(也就是当半原子面从整原子面缩小为 0 或从 0 扩大为整原子面时),半原子面两边的晶体沿半原子面的法线方向被拉开一段距离 b 或合拢一段距离 b。因此,位错攀移单位面积引起的晶体平均相对位移是 (b/A_c),式中 A_c 是半原子面所在的整个晶面面积。

　　攀移虽然是高温扩散引起的,但外加应力也有影响。显然,作用在半原子面上的拉应力有助于半原子面的扩大而阻碍半原子面的缩小,压应力则相反。于是可以简单地说,拉应力引起"负攀移",压应力引起"正攀移"。

　　与滑移的情形类似,位错的运动(此处是攀移)方向 v、运动面(此处是攀移面)两边的晶体运动方向 V,以及外加应力(此处是作用在半原子面上的正应力)之间也存在一定的关系。应力与晶体相对位移的关系已如上述。v 与 V 的关系可以由半原子面的扩大或缩小判断。

　　能不能找到一个对刃型位错的滑移和攀移都适用的统一规则来描述 v 和 V 之间的关系呢? 只要将正、负刃型位错滑移和攀移情形下的 v 和 V 的关系一一考察就会发现:

当柏氏矢量为 **b** 的位错线 **l** 沿 **v** 方向运动时，以位错运动面为分界面，**l**×**v** 所指向的那部分晶体必沿着 **b** 的方向运动。

这个规则称为 **l**×**v** 规则，它对刃型位错、螺型位错以及混合位错的任意运动都适用。

4.7.2　螺型位错的运动

螺型位错只能滑移，不能攀移，因为它没有附加的半原子面，不存在半原子面扩大或缩小的问题。当然这并不是说螺型位错上的原子不向晶体中其他缺陷区扩散，也不是说晶体中的原子不向螺型位错扩散。问题在于，扩散的结果并不能改变螺型位错的位置。

由于 **b** 是滑移矢量，故任何位错的滑移面都必须包含位错线 **l** 及 **b**，因此滑移面应为 **l**× **b**。但对螺型位错，由于 **l**∥**b**，所以，**l**×**b**=0。这表明，螺型位错的滑移面是不确定的，包含位错线的任何平面都可以作为螺位错的滑移面。这一点，从螺位错附近原子排列（螺旋线排列）的对称性是很容易理解的。当然，这仅仅是从几何方面考虑。对于具体的晶体结构，滑移面还要受晶体学条件的限制。例如 FCC 晶体的滑移面只能是 {111} 等（见第 3 章）。

螺型位错滑移时，位错线运动的方向也是与位错线垂直的，见图 4-11 及图 4-12。与刃型位错一样，螺位错扫过单位滑移面积时，滑移面平均滑移量为 (b/A_s)。

螺型位错的滑移方向 **v** 及滑移面两边晶体的滑移方向 **V** 之间符合前述 **l**×**v** 规则。读者可自行验证。

4.7.3　混合位错的运动

混合位错也有两种运动方式，即守恒运动和非守恒运动。前者就是位错在滑移面 (**l**×**l**) 上滑移。后者是位错线脱离滑移面的运动，但不是纯粹的攀移，而是由它的刃型分量的攀移和螺型分量的滑移合成的运动。

不论混合位错是什么形状，也不论它的运动是守恒的还是非守恒的，位错线运动的方向总是与位错线垂直。位错扫过整个运动面时运动面两边的晶体的相对位移总是 |**b**|。

混合位错的运动方向 **v** 和晶体的位移方向 **V** 之间也符合 **l**×**v** 规则。

例　已知位错环 $\overline{ABCDA}$ 的柏氏矢量为 **b**，外应力为 τ 和 σ，如图 4-19 所示。求：(1) 位错环的各边分别是什么位错？(2) 如何局部滑移才能得到这个位错环？(3) 在足够大的剪应力 τ 作用下，位错环将如何运动？晶体将如何变形？(4) 在足够大的拉应力 σ 的作用下，位错环将如何运动？它将变成什么形状？晶体将如何变形？

解　(1) 根据 4.6 节中的规则，$\overline{AB}$ 是右旋螺位错，$\overline{CD}$ 是左旋螺位错，$\overline{BC}$ 是正刃型位错，$\overline{DA}$ 是负刃型位错。

(2) 设想在完整晶体中有一个贯穿晶体的上、下表面的正四棱柱，它与滑移面 $MNPQ$ 交于 $\overline{ABCDA}$。现让 $\overline{ABCDA}$ 上部的柱体相对于下部的柱体滑移 **b**，柱体外的各部分晶体均不滑移。这样，$\overline{ABCDA}$ 就是在滑移面上已滑移区（环内）和未滑移

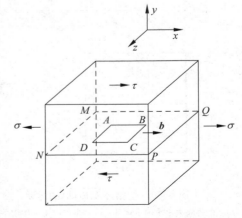

图 4-19　位错环 $\overline{ABCDA}$ 及其柏氏矢量 **b**

区（环外）的边界，因而是一个位错环。

（3）在剪应力 τ 作用下位错环上部的晶体将不断沿 x 轴方向（即 b 的方向）运动，下部晶体则反向（沿 $-x$ 轴或 $-b$ 方向）运动。按照 $l\times v$ 规则，这种运动必然伴随着位错环的各边向环的外侧运动（即 $\overline{AB}$、$\overline{BC}$、$\overline{CD}$ 和 $\overline{DA}$ 四段位错分别沿 $-z$ 轴、$+x$ 轴、$+z$ 轴和 $-x$ 轴方向运动），从而导致位错环扩大，如图 4-20（a）所示。

（4）在拉应力 σ 作用下，在滑移面上方的 $\overline{BC}$ 位错的半原子面和在滑移面下方的 $\overline{DA}$ 位错的半原子面都将扩大，因而 $\overline{BC}$ 位错将沿 $-y$ 轴方向运动，$\overline{DA}$ 位错则沿 y 轴运动。但 $\overline{AB}$ 和 $\overline{CD}$ 两条螺位错是不动的，因为螺型位错只能在剪应力作用下滑移。这样一来，位错环就会变成图 4-20（b）所示的空间位错环 $\overline{ABB'C'CDD'A'A}$。该环的进一步运动情况比较复杂，我们将在 4.18 节中讨论。请读者考虑，此空间位错环的各段位错是什么位错？位错附近的原子排列特点如何？

最后，简单讨论晶体中位错运动的速度问题。

实验发现，位错的滑移速度 v 与外加剪应力 τ 之间有以下经验关系：

$$v = A\tau^m \tag{4-42}$$

式中，A 是材料常数；m 是与材料及温度都有关的常数，而且在不同的应力范围（或速度范围）内 m 值也不同。图 4-21 给出了若干离子晶体、半导体 Si、Ge 以及金属和合金的 v-τ 实验曲线。实验发现，FCC 及 CPH 晶体在 $\tau\approx\tau_c$（宏观临界分切应力）时 $v\approx1\text{m/s}$，且温度越低，v 越大。这是因为在高速下金属中位错运动的阻尼力主要来自声子（晶格振动）的散射，而低温下声子数较少。实验还发现，在低速下刃型位错的滑移速度比螺型位错高得多。

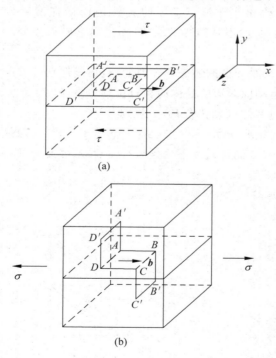

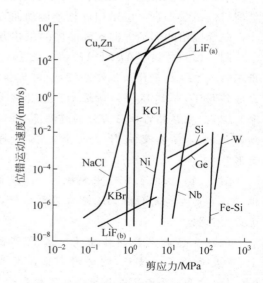

图 4-20 位错环 $\overline{ABCDA}$ 的运动

（a）在剪应力 τ 作用下滑移；（b）在正应力 σ 作用下攀移

图 4-21 位错运动速度 v 与外应力 τ 的关系曲线

除 Ge（450℃）和 Si（850℃）外，实验温度均为 20℃

4.8 位错密度和晶体的变形速率

4.8.1 位错密度的定义及其实验测定

位错密度定义为单位体积的晶体中位错线的总长度。因此,如果在体积为 V 的晶体中位错线的总长度为 L,则位错密度为 $\rho = L/V$。由于位错线的形状和分布都是不规则的,很难从实验中直接测出 L。为了便于实验测量,人们假定晶体中的位错都是彼此平行的直线形状,每条位错线长度都是 l,如图 4-22 所示。如果晶体中共有 N 条位错线,那么位错密度为

$$\rho = \frac{Nl}{V} = \frac{Nl}{hdl} = \frac{N}{hd} = \frac{N}{A_\perp} \tag{4-43}$$

式中,l, d, h 是晶体的尺寸(见图 4-22),$A_\perp = hd$ 是垂直于位错线表面(观察表面)的面积。上式表明,位错密度等于在垂直于位错线的平面上单位面积内的位错露头数(位错露头是指位错线与观察表面的交点)。由于位错露头处的原子处于亚稳状态,只要选择适当的腐蚀剂,此处就会被优先腐蚀而形成蚀坑。因此只要测定单位观察表面内的蚀坑数即得到位错密度。

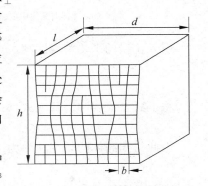

图 4-22 假想的位错形状和分布

位错密度的单位是 (mm^{-2})。在充分退火的金属中 $\rho \approx 10^4 \sim 10^6 \text{mm}^{-2}$,在高度冷加工的金属中 $\rho \approx 10^{12} \sim 10^{13}$ mm^{-2}。通常非金属晶体中的位错密度低于金属晶体(在细心生长的半导体晶体中 ρ 可以低到 0.1mm^{-2})。

当然,实验测得的 ρ 值是非常近似的,因为它是基于位错线彼此平行这样一个非常粗糙的假设,这不符合实际情况。实际上,在充分退火的晶体中位错往往排成网络(不十分规则的多边形网,亦称弗兰克网络)。

4.8.2 位错密度和晶体的变形速率

我们从 4.7 节看到,位错的运动是与晶体的范性形变紧密联系在一起的。因此位错密度直接关系到晶体的变形量和变形速率。

为简单起见,假定在体积为 $l \times d \times h$ 的晶体中含有 N 条彼此平行的刃型位错(见图 4-23)。在外加剪应力 τ 的作用下各刃型位错分别在各自的滑移面上滑移。如果第 i 个位错滑移的距离为 Δx_i,那么它引起的晶体位移(见 4.7 节)将是 $\left[\dfrac{l\Delta x_i}{ld}\right]b = \left(\dfrac{b}{d}\right)\Delta x_i$。因此 N 条位错滑移所引起的晶体总位移就是

$$D = \sum_{i=1}^{N}\left(\frac{b}{d}\right)\Delta x_i = \frac{b}{d}\sum_{i=1}^{N}(\Delta x_i) \tag{4-44}$$

晶体的宏观剪切变形 γ 应为

$$\gamma = \frac{D}{h} = \frac{b}{hd}\sum_{i=1}^{N}(\Delta x_i) \tag{4-45}$$

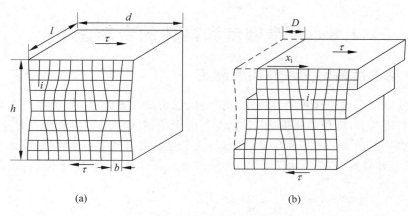

(a)   (b)

图 4-23   刃型位错及滑移运动的结果

（a）滑移前晶体中的位错分布；（b）滑移后位错的分布和晶体的塑性位移 D

引入位错的平均滑移距离 $\overline{\Delta x}$，

$$\overline{\Delta x} = \frac{1}{N}\sum_{i=1}^{N}(\Delta x_i) \qquad (4-46)$$

将上式及式(4-43)代入式(4-45)得到

$$\gamma = b\rho\,\overline{\Delta x} \qquad (4-47)$$

由此得到晶体的切变速率为

$$\dot{\gamma} = \frac{\mathrm{d}\gamma}{\mathrm{d}t} = b\rho\,\bar{v} \qquad (4-48)$$

式中，ρ 是滑移位错的密度；$\bar{v} = \dfrac{\mathrm{d}(\overline{\Delta x})}{\mathrm{d}t}$ 是位错的平均滑移速率。

对于螺型及混合位错滑移的情形也可用同样的分析方法得到同样的结果。对于刃型位错攀移的情形也可进行类似的分析，得到类似的结果，请读者自行分析。

4.8.3   位错密度和晶体的强度

从晶体理论强度的分析（4.4 节）中可以推知，一方面，实际晶体中位错密度越低，晶体的强度越高。另一方面，从冷加工金属的强度比退火金属高得多这一事实又可推知，位错的密度越高，晶体的强度就越高。综合以上两种情形可以得出，位错密度与晶体强度的关系曲线必然是一条 U 形曲线，如图 4-24 所示。该图表明，在位错密度较低时，晶体的强度 τ_c 随着位错密度 ρ 的增加而减小；在位错密度较高时则相反，τ_c 随 ρ 的增加而增大。曲线的极小值对应于退火金属的 τ_c 和 ρ 值。

因此，在工程实际中如欲得到最高的强度，可以采取两条相反的途径：或是尽量减小位错密度，或是尽量增大位错密度。前者的实例是"晶须"，后者的实例是非晶态材料。

所谓**晶须**乃是极细的丝状单晶体，直径只有几个微米，因而基本上不含位错等缺陷，故强度往往比块状材料

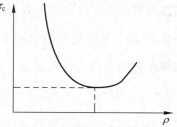

图 4-24   晶体强度 τ_c 与位错密度 ρ 的关系

（通常尺寸的材料）高几个数量级。直径为 $1\mu m$ 的晶须的强度接近晶体的理论强度。晶须目前已用作高强度、高韧性复合材料的增强或增韧骨架。常用的晶须材料有 SiC、TiC 等。

非晶态材料可以看成是位错密度极高的材料（远高于冷加工的金属），因而强度也非常高。

4.9　位错的基本几何性质

前面几节着重讨论了位错的基本几何性质，而没有考虑晶体学因素，也没有考虑原子间的结合键和作用力等因素。现将位错的基本几何性质扼要归纳如下：

（1）位错是晶体中的线缺陷，它实际上是一条细长的管状缺陷区，区内的原子严重地错排或"错配"。

（2）位错可以看成是局部滑移或局部位移区的边界。这样得到的位错不失位错的普遍性。

（3）柏氏矢量 b 是表征位错的最重要参量。根据 b 与位错线 l 的相对位向，可将位错分为三类：刃型位错（b 与 l 垂直），螺型位错（b 与 l 平行）和混合位错（b 与 l 成任意角）。b 的大小决定了位错中心区的原子"错配度"和周围晶体的弹性变形，从而决定了弹性能的大小。

（4）位错线必须是连续的。它或者起止于晶体表面（或晶界），或形成封闭回路（位错环），或者在结点处和其他位错相连。

（5）单独讨论位错线的正向或柏氏矢量的正向是没有意义的。但是，为了表示位错的性质（刃型位错的正、负，螺型位错的左旋、右旋），需要按下述规则人为地规定位错线和柏氏矢量的正向，这规则是：对于刃型位错，$l\times b$ 指向附加的半原子面；对于螺型位错，$l/\!/b$ 为右旋，$l/\!/(-b)$ 为左旋。根据这一规定可知，l 和 b 可以同时反向而不影响位错的性质。但如果仅仅改变一个向量（l 或 b）的正向，则位错的性质便相反：正刃型变负刃型，左旋变右旋（或相反）。

（6）b 的最重要性质是它的守恒性，即流向某一结点的位错线的柏氏矢量之和等于流出该结点的位错线的柏氏矢量之和。由此又可推出，一条位错线只能有一个 b。

（7）关于位错的运动

① 运动方式：刃型位错可以滑移，也可以攀移。螺型位错只能滑移，不能攀移。混合位错可以滑移，也可以一面滑移（螺型分量滑移），一面攀移（刃型分量攀移）。

② 运动面：滑移面是由 l 和 b 决定的面，即 $l\times b$。对刃型位错和混合位错，它是唯一的，对螺型位错则不唯一，包含位错线的任何平面都可以是滑移面。刃型位错攀移时运动面就是垂直于滑移面的半原子面，或者说，垂直于 b 的晶面。

③ 运动方向：不论滑移、攀移或是既滑移又攀移，位错线的运动方向 v 总是垂直于位错线的。

④ 运动量：不论位错作何种运动，当位错扫过单位面积的运动面时，运动面两边的晶体的平均相对位移量为 b/A，这里 A 是整个运动面的面积。

⑤ 位错的运动方向 v、晶体各部分的位移方向 V 与外应力 σ_{ij} 的关系：V 与 σ_{ij} 的关系不言而喻。v 与 V 的关系由 $l\times v$ 规则确定。

⑥ 位错密度是单位体积晶体中位错线的总长度，但为了便于实验测量，将单位面积的

观察表面上位错的露头数(或蚀坑数)近似地当作位错密度。位错密度是决定晶体的塑性和强度的最重要参量之一。

以上就是位错的最基本属性,也是以后学习位错其他性质的基础,读者应牢牢掌握。

4.10　固体弹性理论简介

在本节以后我们将讨论位错的弹性性质,包括位错的应力场、弹性能、线张力、交互作用力等。由于这些内容是建立在固体弹性理论的基础上,故本节将简单介绍一下固体弹性理论的基本知识。

固体弹性理论主要是研究各向同性的连续固体在弹性变形(质点相对位移很小)时应力和应变分布。这里所谓连续固体就是由连续介质组成的固体,而不考虑其内部原子和分子的不连续分布。

4.10.1　应力分析

4.10.1.1　应力及其表示

当固体受外力作用时,外力将传递到固体的各部分,因而固体的一部分对相邻的另一部分就会产生(或传递)作用力,这种力是内力,作用在两部分物体的界面上,且符合牛顿第三定律。作用在单位面积上的力就称为**应力**。如果某部分物体受的作用力是沿物体表面(界面)的外法线方向,则此力为拉力,它力图使该部分物体伸长。它所产生的应力就是**拉应力**。如果作用力和物体表面的外法线方向相反,则此力为压力,它力图使该部分物体缩短,它所产生的应力就是**压应力**。拉应力和压应力都和作用面垂直,统称为**正应力**。如果作用力平行于作用面,则此力称为剪力,单位面积上的剪力就称为**剪应力**。它力图改变物体的形状,而不改变体积。在一般情形下,作用力和作用面既不垂直,也不平行。此时它所引起的应力便可分解为正应力和剪应力两个分量。

在工程实际中人们不但要知道固体中哪个部位(哪一点)应力最大,还要知道在哪个平面上应力最大,因为即使在同一点,不同方位的平面上的应力也是不同的。通过某一点的所有平面上的应力分布就称为该点的应力状态。这样看来,要给出一点的应力状态,似乎需要给出过该点的无穷多平面上的应力分布。下面将会看到,这不仅是不可能的,而且是不必要的,因为只要给定了通过一点的 3 个正交平面上的应力就可求出通过该点的任何斜截面上的应力。因此,为了表示一点的应力状态,只需通过该点作一个无穷小的平行六面体,并标出相邻的 3 个互垂面上的应力即可,如图 4-25 所示。下面我们讨论应力的标注方法及其意义。如图 4-25 所示的平行六面体又称单元体。它的每个表面上的应力代表该面外法线方向所指的材料对单元体的作用。由于单元体是无限小的,它的每一对平行表面实际上是通过所论点的一个(而不是两个)平面,故单元体上表面上的应力代表该面上部的材料对下部材料的作用,下表面上的应力则代表下部材料对上部材料的反作用。同样,单元体左、右面上的应力分别代表左边对右边和右边对左边的作用,前、后面上应力分别代表前边对后边和后边对前边的作用。

应力的标注方法有两种,即材料力学方法和弹性力学方法。

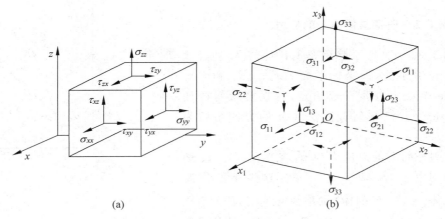

图 4-25　一点的应力状态的表示及标注法
（a）工程标注法；（b）张量标注法

材料力学方法无须借助于坐标系。正应力用 σ 表示，并规定拉应力为正，压应力为负。剪应力用 τ 表示，并规定使单元体有顺时针旋转趋势的 τ 为正，逆时针则为负。由于单元体是处于平衡状态的，故它的相互垂直表面上的剪应力必然大小相等，符号相反，这就是所谓剪应力互等（或成对）定理。

弹性力学方法借助于坐标系。它又分为工程标注法和张量标注法。工程标注法见图 4-25（a）。它仍用 σ 表示正应力，τ 表示剪应力。不同面和方向的应力用下标区别。第一个下标代表应力的作用面，第二个下标代表应力方向。例如 τ_{xy} 代表作用在 x 面上沿 y 轴方向的应力（所谓 x 面就是外法线沿 x 轴方向的平面，余类推），σ_{xx} 代表作用在 x 面上沿 x 轴方向的应力。但 σ_{xx}，σ_{yy} 和 σ_{zz} 三个正应力通常简写为 σ_x，σ_y 和 σ_z。注意，如果改变一个下标的符号，则应力变号；如果同时改变两个下标的符号，应力符号仍不变。例如，$\tau_{xy} = -\tau_{(-x)y} = -\tau_{x(-y)}$，$\tau_{xy} = \tau_{(-x)(-y)}$，等等，由于这个原因，下标就不必用负号。（请读者思考，如将图 4-25（a）中某些应力反向，应如何标注？）

张量标注法见图 4-25（b）。这里，用 x_1，x_2 和 x_3 表示三个坐标轴（它们分别对应于上述 x，y 和 z 轴）。正应力和剪应力都用 σ 表示，但下标不同。第一个下标仍代表应力的作用面，第二个下标仍代表应力方向。当两个下标相同时，该应力是正应力，下标不同时则为剪应力。例如，σ_{12} 是作用在 x_1 面上沿着 x_2 轴方向的剪应力，σ_{22} 是作用在 x_2 面上沿着 x_2 轴方向的正应力，等等。和工程标注法一样，也有 $\sigma_{(-i)j} = \sigma_{i(-j)} = -\sigma_{ij}$，$\sigma_{(-i)(-j)} = \sigma_{ij}$。

顺便指出，由于在弹性介质中符合剪应力互等定理，图 4-25 中各应力的两个下标可以易位。就是说，也可以规定第一个下标代表应力方向，第二个下标代表应力的作用面。

从以上讨论可知，要确定一点的应力状态，需要给出通过该点的 3 个正交平面上的应力，因而需要给出 9 个应力分量，即：σ_x，τ_{xy}，τ_{xz}，τ_{yx}，σ_y，τ_{yz}，τ_{zx}，τ_{zy} 和 σ_z。用张量记号表示时相应的应力是：σ_{11}，σ_{12}，σ_{13}，σ_{21}，σ_{22}，σ_{23}，σ_{31}，σ_{32} 和 σ_{33}。由于剪应力互等，$\sigma_{ij} = \sigma_{ji}(i, j = 1, 2, 3)$，故 9 个分量中只有 6 个是独立的。下面将证明，只要给定了这 6 个独立的应力分量，就可以求出通过该点的任何平面上的应力，因而该点的应力状态便完全确定。在以后的讨论中，我们有时采用张量记号，有时采用工程记号，视方便而定。读者应自行将一种记号换成另一种记号。

4.10.1.2　任意斜截面上的应力

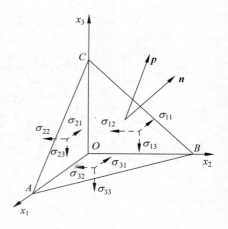

在图 4-26 中坐标原点 O 是所讨论的点，通过该点的三个正交平面（即坐标平面 $-x_1$，$-x_2$ 和 $-x_3$ 面）上的 6 个应力分量已经给定，现在要求斜截面 $\overline{ABC}$ 上的应力。已知斜截面法线 n 的方向余弦为 n_1, n_2, n_3。

假定斜截面上的总应力为 p，它沿 x_1, x_2, x_3 轴的分量分别为 p_1, p_2 和 p_3。为了确定这些分量，需要利用单元体 $\overline{OABC}$（四面体）的平衡条件：沿任何坐标轴方向的合力必须为 0。例如在 x_1 方向，由 $\sum F_1 = 0$ 得到

图 4-26　斜截面上的应力

$$-\sigma_{11}\frac{\mathrm{d}x_2\,\mathrm{d}x_3}{2} - \sigma_{21}\frac{\mathrm{d}x_3\,\mathrm{d}x_1}{2} - \sigma_{31}\frac{\mathrm{d}x_1\,\mathrm{d}x_2}{2} + p_1 A_0 = 0$$

所以

$$p_1 = \sigma_{11}\left(\frac{\mathrm{d}x_2 \cdot \mathrm{d}x_3}{2A_0}\right) + \sigma_{21}\left(\frac{\mathrm{d}x_3 \cdot \mathrm{d}x_1}{2A_0}\right) + \sigma_{31}\left(\frac{\mathrm{d}x_1 \cdot \mathrm{d}x_2}{2A_0}\right)$$

式中，A_0 是 $\triangle ABC$ 的面积。

但

$$\frac{\mathrm{d}x_2\,\mathrm{d}x_3}{2A_0}=n_1, \qquad \frac{\mathrm{d}x_3\,\mathrm{d}x_1}{2A_0}=n_2, \qquad \frac{\mathrm{d}x_1\,\mathrm{d}x_2}{2A_0}=n_3$$

代入上式得到
同理可得

$$\left.\begin{aligned}
p_1 &= \sigma_{11}n_1 + \sigma_{12}n_2 + \sigma_{13}n_3 \\
p_2 &= \sigma_{21}n_1 + \sigma_{22}n_2 + \sigma_{23}n_3 \\
p_3 &= \sigma_{31}n_1 + \sigma_{32}n_2 + \sigma_{33}n_3
\end{aligned}\right\} \tag{4-49}$$

或一般地写成

$$p_i = \sum_{j=1}^{3} \sigma_{ij}n_j$$

如果采用张量记号，式（4-49）中的求和记号 $\sum\limits_{j=1}^{3}$ 可以略去，因为按照张量记号的规定，若在同一项中某个下标出现两次或两次以上，则不言而喻要对该下标求和，下标的取值范围为 1，2，3。这样，式（4-49）便可简写为

$$p_i = \sigma_{ij}n_j \tag{4-50}$$

式（4-50）中的 j 便称为哑标（或哑符号），因为它不代表确定的值，而是要取 1，2，3 各值。下标 i 在方程的每一项中只出现一次，故不对 i 求和，这样的下标就称为自由标（或辨记符号）。自由标在方程的各项中必须相同（取相同的值）。

公式（4-50）还有其他两种表示式，一种是矩阵式：

$$\left.\begin{aligned}
\begin{bmatrix} p_1 \\ p_2 \\ p_3 \end{bmatrix} &= \begin{bmatrix} \sigma_{11} & \sigma_{12} & \sigma_{13} \\ \sigma_{12} & \sigma_{22} & \sigma_{23} \\ \sigma_{13} & \sigma_{23} & \sigma_{33} \end{bmatrix} \begin{bmatrix} n_1 \\ n_2 \\ n_3 \end{bmatrix} \\
(p) &= (\sigma)(n)
\end{aligned}\right\} \tag{4-51}$$

或

另一种表达式是所谓并矢式：

$$p = \sigma \cdot n \tag{4-52}$$

读作："向量 p 等于张量 σ 与向量 n 的并矢"。式(4-49)到式(4-52)都是等价的。

4.10.1.3　应力张量及其变换

回顾已学过的物理量,从数学上讲大体上可分为三类:

第一类是标量,如温度、密度、强度等。这些量只需用一个数描述,且与坐标系的选择无关。

第二类是向量,如速度、加速度、力等,这些量既有大小,又有方向,因而在一组坐标系下要用 3 个数(即向量在 3 个坐标轴上的分量)表示,这 3 个数与坐标系的选择有关。

第三类是张量,如应力、应变以及许多物理性质(单晶体的电导、磁化率、弹性系数等)。从前面的讨论看到,在一组坐标系下描写一点的应力状态要用 9 个应力分量,这 9 个数就构成了一点的应力张量,记为

$$\sigma = \begin{bmatrix} \sigma_{11} & \sigma_{12} & \sigma_{13} \\ \sigma_{21} & \sigma_{22} & \sigma_{23} \\ \sigma_{31} & \sigma_{32} & \sigma_{33} \end{bmatrix} \tag{4-53}$$

可见,张量的表示式在形式上与矩阵一样,它的每个分量 σ_{ij} 相当于矩阵的每个元素。如果一个张量具有 3^n 个分量,我们就说它是 n 阶张量。因此应力和晶体的大多数物理性质都是二阶(对称)张量,但晶体的压电系数是三阶张量,弹性系数是四阶张量(标量和向量也可以分别称为零阶和一阶张量)。

下面给出二阶张量的定义。从式(4-49)可以看出,如果一个向量(公式中的 p,数学上称为感生向量)的三个分量可以用另一个向量(公式中的 n,数学上称为施加向量)的三个分量的线性组合来表示,那么线性组合的 9 个系数(公式中的 σ_{ij})就构成一个二阶张量。在单晶体导电的情形下,施加向量就是电场强度 E,感生向量就是电流密度 i,联系这两个向量的分量间的关系的 9 个系数就是电导张量。由此可见,尽管张量和矩阵形式上类似,但二者确有质的差别:矩阵的元素可能只是一些没有物理意义的数,而张量的元素则有明确的物理意义。此外,前者可进行加、减、乘、求逆等各种运算,后者则不能运算(没有意义)。

和向量一样,张量的分量也与坐标系的选择有关。同一张量在不同坐标系下的分量之间存在一定的关系,此即所谓张量变换。现以应力张量为例,求变换公式。

例　已知:(1) 坐标 x_1,x_2,x_3(老基)和 x_1',x_2',x_3'(新基)之间的关系如右表(表中的 a_{ij} 是 x_i' 轴和 x_j 轴夹角的余弦)。

(2) 在坐标系 x_1,x_2,x_3 下某点的应力张量 $\sigma_{ij}(i,j=1,2,3)$。

求:在坐标系 x_1',x_2',x_3' 下的应力张量 σ_{ij}'

解　根据向量的坐标变换公式有

	x_1	x_2	x_3
x_1'	a_{11}	a_{12}	a_{13}
x_2'	a_{21}	a_{22}	a_{23}
x_3'	a_{31}	a_{32}	a_{33}

$$p_i' = a_{ik}p_k \tag{4-54}$$

根据张量定义有

$$p_k = \sigma_{kl}n_l \tag{4-55}$$

根据向量的逆变换公式有

$$n_l = a_{jl}n_j' \tag{4-56}$$

将式(4-55)、式(4-56)代入式(4-54)得到

$$p'_i = (a_{ik}a_{jl}\sigma_{kl})n'_j \tag{4-57}$$

但在新坐标系 x'_1, x'_2, x'_3 下张量 σ'_{ij} 应满足

$$p'_i = \sigma'_{ij}n'_j \tag{4-58}$$

比较式(4-57)和式(4-58)最后得到

$$\sigma'_{ij} = a_{ik}a_{jl}\sigma_{kl} \tag{4-59}$$

这就是不同坐标系下张量的变换公式。

讨论：

(1) 应力张量变换的物理意义就是用通过同一点但在空间方位不同的单元体上的应力来表示该点的应力状态。因此 σ_{ij} 和 σ'_{ij} 都表示同一点的应力状态。

(2) 公式(4-59)采用了张量记号，故公式右边应对哑标 k 和 l 求和。例如，当 $i=1, j=2$ 时有

$$\begin{aligned}
\sigma'_{12} &= a_{11}a_{21}\sigma_{11} + a_{11}a_{22}\sigma_{12} + a_{11}a_{23}\sigma_{13} + a_{12}a_{21}\sigma_{21} + a_{12}a_{22}\sigma_{22} + a_{12}a_{23}\sigma_{23} \\
&\quad + a_{13}a_{21}\sigma_{31} + a_{13}a_{22}\sigma_{32} + a_{13}a_{23}\sigma_{33} = a_{11}a_{21}\sigma_{11} + (a_{11}a_{22} + a_{12}a_{21})\sigma_{12} \\
&\quad + (a_{11}a_{23} + a_{13}a_{21})\sigma_{13} + a_{12}a_{22}\sigma_{22} + (a_{12}a_{23} + a_{13}a_{22})\sigma_{23} + a_{13}a_{23}\sigma_{33}
\end{aligned}$$

(3) 根据式(4-59)，也可以用作图方法求任意截面上的应力，这就是材料力学中所讲的应力圆(摩尔圆)方法。

4.10.1.4　主应力

如上所述，通过一点的单元体的各表面上的应力分量是与单元体的位向(即在空间的方位)有关，由此不难想象，可能存在着某种位向的单元体，它的各个表面上只有正应力，没有剪应力。此时，该单元体三组正交表面上的应力 $\sigma_1, \sigma_2, \sigma_3$ 便称为**主应力**(通常规定 $\sigma_1 \geqslant \sigma_2 \geqslant \sigma_3$)，这些表面便称为**主平面**。如何求主应力呢？在简单情形下(如平面应力状态下)可用应力圆求解，在一般情形下则宜用解析法。它的依据就是式(4-49)。由于要求斜截面是主平面，故此面上的总应力 $\boldsymbol{p}$ 必沿着该面的法线 $\boldsymbol{n}$ 的方向($\boldsymbol{p} /\!/ \boldsymbol{n}$)，因而可写成 $\boldsymbol{p} = \lambda\boldsymbol{n}$。将此式代入式(4-49)得到

$$\left.\begin{aligned}
p_1 &= \sigma_{11}n_1 + \sigma_{12}n_2 + \sigma_{13}n_3 = \lambda n_1 \\
p_2 &= \sigma_{12}n_1 + \sigma_{22}n_2 + \sigma_{23}n_3 = \lambda n_2 \\
p_3 &= \sigma_{13}n_1 + \sigma_{23}n_2 + \sigma_{33}n_3 = \lambda n_3
\end{aligned}\right\} \tag{4-60}$$

或改写成

$$\left.\begin{aligned}
(\sigma_{11} - \lambda)n_1 + \sigma_{12}n_2 + \sigma_{13}n_3 &= 0 \\
\sigma_{12}n_1 + (\sigma_{22} - \lambda)n_2 + \sigma_{23}n_3 &= 0 \\
\sigma_{13}n_1 + \sigma_{23}n_2 + (\sigma_{33} - \lambda)n_3 &= 0
\end{aligned}\right\} \tag{4-61}$$

式中，σ_{ij} 是已知的，n_1, n_2, n_3 是未知的，也就是我们要求的斜截面的法线的方向余弦。λ 也是未知的，其意义见后述(在线性代数里，$[n_1, n_2, n_3]$ 称为特征向量，λ 为特征值)。齐次方程(4-61)有非零解的条件是未知数 n_1, n_2, n_3 的系数行列式等于 0，即：

$$\begin{vmatrix}
\sigma_{11} - \lambda & \sigma_{12} & \sigma_{13} \\
\sigma_{12} & \sigma_{22} - \lambda & \sigma_{23} \\
\sigma_{13} & \sigma_{23} & \sigma_{33} - \lambda
\end{vmatrix} = 0$$

这个方程称为久期方程，它是 λ 的三次方程，有三个根 λ_1, λ_2 和 λ_3。将每个 λ 值代入式(4-61)

都可求得一组 (n_1, n_2, n_3) 值,从而得到一个主平面。三个特征值就决定了三个主平面。

为了弄清 λ 的意义,我们选取一组新坐标系,它的三个轴 x_1', x_2' 和 x_3' 分别垂直于三个主平面。在此新坐标系下,应力张量的分量中只有 $\sigma_{11}', \sigma_{22}'$ 和 σ_{33}' 不为 0,其余均为 0。因此,任意斜截面上的应力 p_i' 为:$p_1' = \sigma_{11}' n_1', p_2' = \sigma_{22}' n_2', p_3' = \sigma_{33}' n_3'$。如果此斜截面是垂直 x_1' 轴的主平面,则 $n_1' = 1, n_2' = n_3' = 0$,所以 $p = p_1' = \sigma_{11}' n_1'$,但另一方面,由式(4-60)知,$p_1' = \lambda_1 n_1'$,故 $\lambda_1 = \sigma_{11}'$。同理可得,$\lambda_2 = \sigma_{22}', \lambda_3 = \sigma_{33}'$。可见,$\lambda_1, \lambda_2, \lambda_3$ 就是三个主应力。

4.10.1.5　等静应力

根据不同坐标系下的应力张量变换公式可以证明,存在着一组新坐标系 x_1', x_2' 和 x_3',在此坐标系下应力张量中的三个对角元素彼此相等,$\sigma_{11}' = \sigma_{22}' = \sigma_{33}' = p = \frac{1}{3}(\sigma_1 + \sigma_2 + \sigma_3)$,式中 σ_1, σ_2 和 σ_3 是主应力。这个相等应力 p 便称为等静应力,而 $(-p)$ 则称为等静压力。上式的意义是,总可以找到一个位向的单元体,其外表面上的正应力都是 p。在这个坐标系下应力张量可写成

$$(\sigma) = \begin{bmatrix} p & 0 & 0 \\ 0 & p & 0 \\ 0 & 0 & p \end{bmatrix} + \begin{bmatrix} 0 & \sigma_{12}' & \sigma_{13}' \\ \sigma_{12}' & 0 & \sigma_{23}' \\ \sigma_{13}' & \sigma_{23}' & 0 \end{bmatrix} \tag{4-62}$$

第一项称为球形张量,第二项称为偏斜张量。前者引起固体体积变化,后者引起形状变化。

4.10.2　应变分析:位移和应变张量

固体受外力作用时,不仅有可能发生整体位移,而且固体内部的质点间必然发生相对位移,前者与固体的变形无关,后者则决定了固体的应变,因此弹性理论只研究相对位移和应变。我们在材料力学中知道,应变分正应变和剪应变两种。两个相距为单位距离的平行平面沿法线方向的相对位移就是正应变 ε($\varepsilon > 0$ 时伸长,$\varepsilon < 0$ 时缩短),沿切线方向(即平行于平面)的相对位移就是剪应变 γ。正应变引起固体长度变化,剪应力引起角度变化(故 γ 又称为角变形)。

应变是由应力引起的。表示一点的应力状态的单元体在各个应力分量的作用下将发生体积和形状的变化,即单元体的各条边的长度和夹角都要改变,从而产生正应变和剪应变。对应于 9 个应力分量,应该有 9 个应变分量,构成所谓应变张量。

下面讨论如何根据单元体各顶点的相对位移来求出各应变分量。为此将相对位移分解为沿着坐标轴 x_1, x_2, x_3 方向的三个位移分量 u_1, u_2, u_3(这些位移当然是顶点坐标的函数),并将单元体分别投影到三个坐标平面上。图 4-27 是单元体在坐标平面 $x_1 x_2$ 上的投影,图中画出了单元体在变形前的两条边 $\overline{AB} = \mathrm{d}x_1, \overline{AC} = \mathrm{d}x_2$。变形后,$B$ 点和 C 点相对于 A 点发生了位移,这些位移在 $x_1 x_2$ 面上的投影分别为 $\overline{BB'}$ 及 $\overline{CC'}$,$\overline{BB'}$ 沿 x_1 和 x_2 轴的分量分别为 $\overline{BB''}$ 及 $\overline{B''B'}$,$\overline{CC'}$ 的分量则为 $\overline{C''C'}$

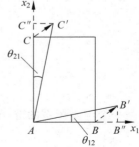

图 4-27　单元体顶点的相对
　　　　位移在 $x_1 x_2$ 面上
　　　　的投影

和 $\overline{CC''}$。因为是小位移,故可展成台劳级数而忽略高阶项。由此得到

$$\overline{BB''} = \left(\frac{\partial u_1}{\partial x_1}\right)\mathrm{d}x_1, \quad \overline{B''B'} = \left(\frac{\partial u_2}{\partial x_1}\right)\mathrm{d}x_1$$

$$\overline{CC''} = \left(\frac{\partial u_2}{\partial x_2}\right)\mathrm{d}x_2, \quad \overline{C''C'} = \left(\frac{\partial u_1}{\partial x_2}\right)\mathrm{d}x_2$$

于是,根据正应变和剪应变的定义便得到

$$\varepsilon_{11} = \frac{\overline{BB''}}{\overline{AB}} = \frac{\partial u_1}{\partial x_2}, \quad \varepsilon_{22} = \frac{\overline{CC''}}{\overline{AC}} = \frac{\partial u_2}{\partial x_2}$$

$$\gamma_{12} = \theta_{12} + \theta_{21} \approx \tan\theta_{12} + \tan\theta_{21} \approx \frac{\overline{B''B'}}{\overline{AB}} + \frac{\overline{C''C'}}{\overline{AB}} = \frac{\partial u_2}{\partial x_1} + \frac{\partial u_1}{\partial x_2}$$

这里 γ_{12} 就是在 x_1x_2 面上的角变形。

类似地,根据单元体在 x_2x_3 面和 x_3x_1 面上的投影,又可得到

$$\varepsilon_{33} = \frac{\partial u_3}{\partial x_3}, \quad \gamma_{23} = \frac{\partial u_3}{\partial x_2} + \frac{\partial u_2}{\partial x_3}, \quad \gamma_{13} = \frac{\partial u_3}{\partial x_1} + \frac{\partial u_1}{\partial x_3}$$

为了得到对称的应变张量,规定:

$$\varepsilon_{ij} = \frac{1}{2}\gamma_{ij} = \frac{1}{2}\left(\frac{\partial u_i}{\partial x_j} + \frac{\partial u_j}{\partial x_i}\right) \tag{4-63}$$

式(4-63)便是应变和位移关系的一般表达式。将它展开即得到

$$\left.\begin{array}{l} \varepsilon_{11} = \dfrac{\partial u_1}{\partial x_1}, \quad \varepsilon_{22} = \dfrac{\partial u_2}{\partial x_2}, \quad \varepsilon_{33} = \dfrac{\partial u_3}{\partial x_3}, \\[2mm] \varepsilon_{12} = \varepsilon_{21} = \dfrac{1}{2}\left(\dfrac{\partial u_2}{\partial x_1} + \dfrac{\partial u_1}{\partial x_2}\right), \quad \varepsilon_{23} = \varepsilon_{32} = \dfrac{1}{2}\left(\dfrac{\partial u_3}{\partial x_2} + \dfrac{\partial u_2}{\partial x_3}\right) \\[2mm] \varepsilon_{13} = \varepsilon_{31} = \dfrac{1}{2}\left(\dfrac{\partial u_3}{\partial x_1} + \dfrac{\partial u_1}{\partial x_3}\right) \end{array}\right\} \tag{4-64}$$

由此便得到一点的应变张量 $[\varepsilon]$:

$$[\varepsilon] = \begin{bmatrix} \varepsilon_{11} & \varepsilon_{12} & \varepsilon_{13} \\ \varepsilon_{12} & \varepsilon_{22} & \varepsilon_{23} \\ \varepsilon_{13} & \varepsilon_{23} & \varepsilon_{33} \end{bmatrix} \tag{4-65}$$

根据正应变,不难求得固体的体积变化率或膨胀率 $\dfrac{\Delta V}{V}$:

$$V + \Delta V = V(1 + \varepsilon_{11})(1 + \varepsilon_{22})(1 + \varepsilon_{33})$$

所以

$$\frac{\Delta V}{V} = \varepsilon_{11} + \varepsilon_{22} + \varepsilon_{33} \tag{4-66}$$

$\dfrac{\Delta V}{V}$ 是一个与坐标系的选择无关的量。

4.10.3 胡克定律

实验发现,应力与应变成线性关系,这就是胡克定律。考虑到一个方向的伸长会伴随着与它正交的方向收缩 ν 倍(ν 称为泊松比),故胡克定律应写作

$$\left.\begin{aligned}
\varepsilon_{11} &= \frac{\sigma_{11}}{E} - \frac{\nu}{E}(\sigma_{22} + \sigma_{33}) \\
\varepsilon_{22} &= \frac{\sigma_{22}}{E} - \frac{\nu}{E}(\sigma_{33} + \sigma_{11}) \\
\varepsilon_{33} &= \frac{\sigma_{33}}{E} - \frac{\nu}{E}(\sigma_{11} + \sigma_{22}) \\
\varepsilon_{12} &= \frac{\sigma_{12}}{2G}, \varepsilon_{23} = \frac{\sigma_{23}}{2G}, \varepsilon_{13} = \frac{\sigma_{13}}{2G}
\end{aligned}\right\} \tag{4-67}$$

式中，E 称为杨氏模量，G 称为剪切模量，E,G,ν 都是材料常数。三者有以下关系：

$$E = 2G(1 + \nu) \tag{4-68}$$

此外，等静应力 p 与体积变化率 $\Delta V/V$ 也呈线性关系：

$$p = K\left(\frac{\Delta V}{V}\right) \tag{4-69}$$

式中，K 称为体(积)弹性模量，也是一个材料常数，它与 E,ν 有以下关系：

$$K = E/3(1 - 2\nu) \tag{4-70}$$

4.10.4　平衡方程

在固体中取出一个边长分别为 $\mathrm{d}x_1,\mathrm{d}x_2$ 和 $\mathrm{d}x_3$ 的单元体，它的 6 个面上的应力如图 4-28 所示(请注意此图坐标系与图 4-25、图 4-26 坐标系的差异)。

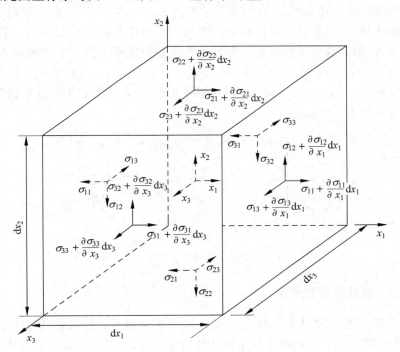

图 4-28　单元体各面上的应力

由于单元体是处于平衡状态，故沿 x_1,x_2 和 x_3 轴方向的合力均应为 0。以 x_1 轴为例，由 $\sum F_1 = 0$ 得到

$$\left(\sigma_{11} + \frac{\partial \sigma_{11}}{\partial x_1}\mathrm{d}x_1\right)\mathrm{d}x_2\,\mathrm{d}x_3 + \left(\sigma_{12} + \frac{\partial \sigma_{12}}{\partial x_2}\mathrm{d}x_2\right)\mathrm{d}x_1\,\mathrm{d}x_3 + \left(\sigma_{13} + \frac{\partial \sigma_{13}}{\partial x_3}\mathrm{d}x_3\right)\mathrm{d}x_1\,\mathrm{d}x_2$$

$$- \sigma_{11}\,\mathrm{d}x_2\,\mathrm{d}x_3 - \sigma_{12}\,\mathrm{d}x_1\,\mathrm{d}x_3 - \sigma_{13}\,\mathrm{d}x_1\,\mathrm{d}x_2 = 0$$

即

$$\frac{\partial \sigma_{11}}{\partial x_1} + \frac{\partial \sigma_{12}}{\partial x_2} + \frac{\partial \sigma_{13}}{\partial x_3} = 0$$

对 x_2 及 x_3 轴,由 $\sum F_2 = 0$ 及 $\sum F_3 = 0$,也可得到类似的公式。这些公式可以用张量记号统一写成

$$\frac{\partial \sigma_{ij}}{\partial x_j} = 0 \tag{4-71}$$

式(4-71)代表三个平衡方程,分别对应于 $i=1,2$ 和 3。j 是哑标。顺便一提,式(4-71)中没有考虑在单元体内均匀分布的体(积)力(如重力、电磁力等)。

4.10.5　柱坐标系下的应力和应变

上面的讨论都是基于笛卡儿坐标系。根据固体外形的对称性,有时采用柱坐标系、球坐标系或其他曲线正交坐标系更为方便。我们这里简单地介绍一下柱坐标系,因为在下节讨论螺型位错应力场时也用到。

4.10.5.1　柱坐标系下的单元体和应力张量

柱坐标系下的单元体如图 4-29 所示。它是由 $\theta, \theta + \mathrm{d}\theta, z, z + \mathrm{d}z$ 四个平面及 $r, r + \mathrm{d}r$ 两个柱面围成的体积元,三个正交坐标轴是 r(径向),θ(切线方向)和 z(轴向)。若用张量记号则为 x_1, x_2 和 x_3 轴。这个单元体的 6 个面上的应力分量便决定了一点的应力状态或应力张量。它们是:$\sigma_r (\sigma_{11})$,$\sigma_{r\theta} (\sigma_{12})$,$\sigma_{rz} (\sigma_{13})$,$\sigma_{\theta r} (\sigma_{21})$,$\sigma_\theta (\sigma_{22})$,$\sigma_{\theta z} (\sigma_{23})$,$\sigma_{zr} (\sigma_{31})$,$\sigma_{z\theta} (\sigma_{32})$ 和 $\sigma_z (\sigma_{33})$。其中 $\tau_{\theta r} = \tau_{r\theta}, \tau_{z\theta} = \tau_{\theta z}, \tau_{zr} = \tau_{rz}$。这里下标的意义和笛卡儿坐标系的情形相同(两个下标相同时可略去一个)。

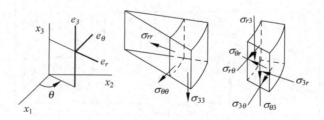

图 4-29　柱坐标系下的单元体和应力的表示

4.10.5.2　位移和应变关系

柱坐标下单元体各顶点的位移也可以分解为 3 个分量:径向位移 $u_r (u_1)$,切向位移 $u_\theta (u_2)$ 和轴向位移 $u_z (u_3)$。和笛卡儿坐标系的情形一样,为了求得应变和位移的关系,需将单元体投影到 z 面(与柱轴垂直的平面)、r 面(与半径垂直的平面)和 θ 面(包含柱轴和半径的径向平面)。

1) 正应变 $\varepsilon_r, \varepsilon_\theta$ 和剪应变 $\gamma_{r\theta}$

为了求 $\varepsilon_r, \varepsilon_\theta$ 和 $\gamma_{r\theta}$ 三个应变分量,需将单元体投影到 z 面上,如图 4-30 所示。为便于

分析,需分两种情形讨论:

(1) 只有径向位移的情形(图 4-30(a))

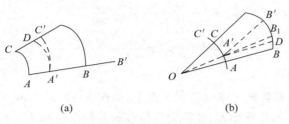

图 4-30 单元体位移在 z 面上的投影

(a) 只有径向位移; (b) 只有切向位移

分析径向线元 $\overline{AB}$ 和切向线元 $\overset{\frown}{AC}$ 的变化。如图 4-30 所示,$\overline{AB}=\mathrm{d}r$,$\overset{\frown}{AC}=r\mathrm{d}\theta$,$\overline{AA'}=u_r$。在小位移的情形下可以写出:$\overline{BB'}=u_r+\dfrac{\partial u_r}{\partial r}\mathrm{d}r$,$\overline{CC'}=u_r+\dfrac{\partial u_r}{\partial\theta}\mathrm{d}\theta$。由此得到

$$\varepsilon_r'=\frac{\overline{A'B'}-\overline{AB}}{\overline{AB}}=\frac{\overline{BB'}-\overline{AA'}}{\overline{AB}}=\frac{\partial u_r}{\partial r}$$

若过 A' 点作 $\overset{\frown}{AC}$ 的同心圆弧,则从图 4-30(a)可以看出

$$\varepsilon_\theta'=\frac{\overset{\frown}{A'C'}-\overset{\frown}{AC}}{\overset{\frown}{AC}}\approx\frac{(r+u_r)\mathrm{d}\theta-r\mathrm{d}\theta}{r\mathrm{d}\theta}=\frac{u_r}{r}$$

$$\gamma_{r\theta}'=\angle BAC-\angle B'A'C'=\angle B'A'D-\angle B'A'C'=\angle C'A'D$$

$$\approx\frac{\overline{DC'}}{\overline{A'D}}\approx\frac{\overline{CC'}-\overline{AA'}}{\overline{AC}}=\frac{\partial u_r}{r\partial\theta}$$

(2) 只有切向位移的情形(图 4-30(b))

仍然分析线元 $\overline{AB}$ 和 $\overset{\frown}{AC}$ 的变化。

$\overline{AB}=\mathrm{d}r$,$\overset{\frown}{AC}=r\mathrm{d}\theta$,$\overline{AA'}=u_\theta$。在小位移的情形下可以写出:$\overline{BB'}=u_\theta+\dfrac{\partial u_\theta}{\partial r}\mathrm{d}r$,$\overline{CC'}=u_\theta+\dfrac{\partial u_\theta}{\partial\theta}\mathrm{d}\theta$。由此得到

$$\varepsilon_r''=0 \quad (\text{因为无径向位移})$$

$$\varepsilon_\theta''=\frac{\overset{\frown}{A'C'}-\overset{\frown}{AC}}{\overset{\frown}{AC}}=\frac{\overline{CC'}-\overline{AA'}}{\overset{\frown}{AC}}=\frac{\partial u_\theta}{r\partial\theta}$$

为求 $\gamma_{r\theta}''$,连接 $\overline{OA'}$(半径),与圆弧 $\overset{\frown}{BB'}$ 交于 B_1,又过 A' 点作 $\overline{A'D}\parallel\overline{AB}$,于是从图 4-30(b)可得到

$$\gamma_{r\theta}''=\angle BAC-\angle B'A'C'=\angle B_1A'C'-\angle B'A'C'=\angle B_1A'B'$$

$$=\angle DA'B'-\angle DA'B_1=\angle DA'B'-\angle AOA'$$

$$\approx\frac{\overline{DB'}}{\overline{AB}}-\frac{\overline{AA'}}{\overline{OA}}=\frac{\overline{BB'}-\overline{AA'}}{\overline{AB}}-\frac{u_\theta}{r}=\frac{\partial u_\theta}{\partial r}-\frac{u_\theta}{r}$$

实际情形的 ε_r,ε_θ 和 $\gamma_{r\theta}$ 应该是以上两种特殊情形的叠加,故最后得到

$$\left. \begin{array}{l} \varepsilon_r = \varepsilon_r' + \varepsilon_r'' = \dfrac{\partial u_r}{\partial r} \\[3mm] \varepsilon_\theta = \varepsilon_\theta' + \varepsilon_\theta'' = \dfrac{u_r}{r} + \dfrac{1}{r}\dfrac{\partial u_\theta}{\partial \theta} \\[3mm] \gamma_{r\theta} = \gamma_{r\theta}' + \gamma_{r\theta}'' = \dfrac{\partial u_r}{r\partial \theta} + \dfrac{\partial u_\theta}{\partial r} - \dfrac{u_\theta}{r} \end{array} \right\} \tag{4-72a}$$

2) 其他应变分量

为了求 ε_z 和 $\gamma_{\theta z}$，需将单元体投影到 r 面上，如图 4-31(a)所示。由于所得到的投影是边长分别为 $r\mathrm{d}\theta$ 及 $\mathrm{d}z$ 的矩形面元，故应变与位移的分析方法和笛卡儿坐标系完全一样。由图可以直接得到

$$\left. \begin{array}{l} \varepsilon_z = \dfrac{\partial u_z}{\partial z} \\[3mm] \gamma_{\theta z} = \dfrac{\partial u_\theta}{\partial z} + \dfrac{\partial u_z}{r\partial \theta} \end{array} \right\} \tag{4-72b}$$

为了求 γ_{rz}，需将单元体投影到 θ 面上，如图 4-31(b)所示。由图直接得到

$$\gamma_{rz} = \frac{\partial u_r}{\partial z} + \frac{\partial u_z}{\partial r} \tag{4-72c}$$

式(4-72)给出了全部应变分量。若换成张量记号，则得到

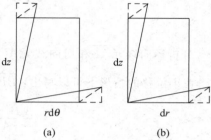

图 4-31　单元体位移的投影
(a) 在 r 面上；(b) 在 θ 面上

$$\left. \begin{array}{l} \varepsilon_{11} = \dfrac{\partial u_1}{\partial x_1},\ \varepsilon_{22} = \dfrac{u_1}{r} + \dfrac{1}{r}\dfrac{\partial u_2}{\partial x_2},\ \varepsilon_{33} = \dfrac{\partial u_3}{\partial x_3} \\[3mm] \varepsilon_{12} = \varepsilon_{21} = \dfrac{1}{2}\left(\dfrac{\partial u_2}{\partial x_1} + \dfrac{1}{r}\dfrac{\partial u_1}{\partial x_2} - \dfrac{u_2}{r}\right) \\[3mm] \varepsilon_{23} = \varepsilon_{32} = \dfrac{1}{2}\left(\dfrac{1}{r}\dfrac{\partial u_3}{\partial x_2} + \dfrac{\partial u_2}{\partial x_3}\right) \\[3mm] \varepsilon_{13} = \varepsilon_{31} = \dfrac{1}{2}\left(\dfrac{\partial u_1}{\partial x_3} + \dfrac{\partial u_3}{\partial x_1}\right) \end{array} \right\} \tag{4-73}$$

4.10.5.3　胡克定律

在柱坐标系下胡克定律的形式和笛卡儿坐标系下的形式(式(4-67))完全一样。

4.10.5.4　平衡方程

按照图 4-32 所示的微分单元体各面上的应力分布和沿径向、切向和轴向力的平衡条件，不难导出以下平衡方程：

$$\left. \begin{array}{l} \dfrac{\partial \sigma_r}{\partial r} + \dfrac{1}{r}\dfrac{\partial \tau_{\theta r}}{\partial \theta} + \dfrac{\partial \tau_{zr}}{\partial z} + \dfrac{\sigma_r - \sigma_\theta}{r} = 0 \\[3mm] \dfrac{\partial \tau_{r\theta}}{\partial r} + \dfrac{1}{r}\dfrac{\partial \sigma_\theta}{\partial \theta} + \dfrac{\partial \tau_{z\theta}}{\partial z} + \dfrac{2\tau_{r\theta}}{r} = 0 \\[3mm] \dfrac{\partial \tau_{rz}}{\partial r} + \dfrac{1}{r}\dfrac{\partial \tau_{\theta z}}{\partial \theta} + \dfrac{\partial \sigma_z}{\partial z} + \dfrac{\tau_{rz}}{r} = 0 \end{array} \right\} \tag{4-74}$$

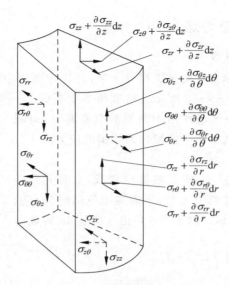

图 4-32 柱坐标下微分单元体上的应力分布

4.10.6 弹性力学的应用简介

弹性力学和材料力学都是研究各向同性的连续弹性固体在小位移条件下的应力或应变（位移）分布。二者的差别是，材料力学只研究一维弹性固体（杆、梁、轴）和比较简单的受力情况，弹性力学则研究任意形状（二维、三维）的固体和比较复杂的加载条件，因而应用范围更普遍。不仅如此，由于弹性力学所作的具体（特定）假设较少，故所得结果往往更精确。

用弹性力学求解应力或应变（位移）的基本依据就是前面讨论过的三组方程：平衡方程、物理方程（即胡克定律）和几何方程（即应变和位移的关系式）。根据不同的初始条件（边界条件），有三种不同的解题方法。

一种是所谓力法，其过程是首先假定一个应力函数，利用平衡方程及应力的边界条件求解应力分量，然后按物理方程求应变，最后按几何方程求位移（用积分）。

第二种方法是位移法，其过程是首先假设一个位移函数，利用以位移为变量的平衡方程及位移的边界条件求解位移分量，然后按几何方程求应变（用微分），最后由物理方程求应力。

第三种方法是以上两种方法的组合。

4.11 位错的应力场

本节着重讨论螺型位错和刃型位错的应力场，也就是求位错线周围的应力分布。由于我们是采用弹性力学方法进行分析的，故所得结果不适用于位错中心区（中心区的材料既不能看成连续介质，也不是小位移）。它只适用于位错中心区以外的区域（直到无穷远处）。

研究位错的应力场对了解位错的力学行为包括位错的分布及其与其他缺陷的交互作用，位错的弹性能及晶体强化等都有重要意义。

4.11.1　螺型位错的应力场

（1）螺型位错的力学模型

将一个很长的厚壁圆筒沿径向平面切开一半，并让切面两边沿轴向相对滑移一段距离 b，然后将切面两边胶合，如图 4-33 所示。这就相当于形成了一个螺型位错，位错线即为圆筒的中心轴线，位错的中心区就相当于圆筒的空心部分，而圆筒的实心部分的应力分布就反映了螺型位错周围的应力分布。

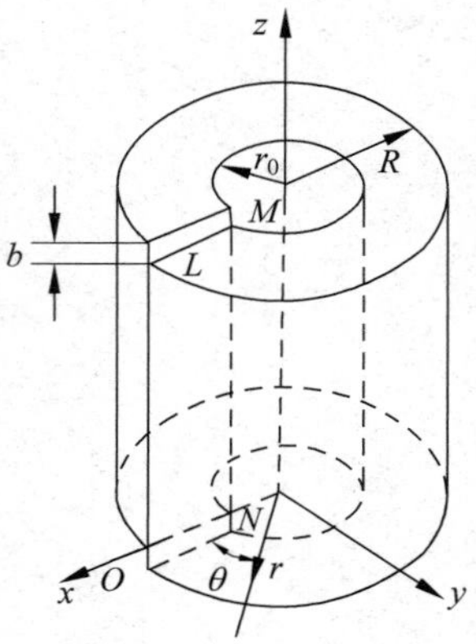

（2）位移、应变和应力

首先建立右手正交坐标系，使 z 轴沿位错线，y 面为滑移面，如图 4-33 所示。由上述模型可知，形成螺型位错时只有轴向位移，没有径向和切向位移。由于当 θ 角由 0 增至 2π 时轴向位移由 0 增至 b，故有：

用圆柱坐标表示时，

$$u_r = u_\theta = 0, \quad u_z = \left(\frac{b}{2\pi}\right)\theta \tag{4-75a}$$

用笛卡儿坐标表示时，

$$u_x = u_y = 0, \quad u_z = \left(\frac{b}{2\pi}\right)\arctan\left(\frac{y}{x}\right) \tag{4-75b}$$

图 4-33　螺型位错的力学模型

将式(4-75b)代入式(4-64)得到

$$\left.\begin{aligned} &\varepsilon_x = \varepsilon_y = \varepsilon_z = 0, \gamma_{xy} = 0 \\ &\gamma_{yz} = \frac{\partial u_z}{\partial y} = \frac{bx}{2\pi(x^2+y^2)} \\ &\gamma_{xz} = \frac{\partial u_z}{\partial x} = -\frac{by}{2\pi(x^2+y^2)} \end{aligned}\right\} \tag{4-76}$$

将式(4-75a)代入式(4-72)得到

$$\left.\begin{aligned} &\varepsilon_r = \varepsilon_\theta = \varepsilon_z = 0, \gamma_{r\theta} = \gamma_{rz} = 0 \\ &\gamma_{\theta z} = \frac{\partial u_z}{r\partial \theta} = \frac{b}{2\pi r} \end{aligned}\right\} \tag{4-77}$$

最后，根据胡克定律得到应力分布公式如下：

$$\left.\begin{aligned} &\sigma_x = \sigma_y = \sigma_z = 0, \tau_{xy} = 0 \\ &\tau_{xz} = -\frac{\tau_0 by}{x^2+y^2}, \tau_{yz} = \frac{\tau_0 bx}{x^2+y^2} \end{aligned}\right\} \tag{4-78}$$

或

$$\left.\begin{aligned} &\sigma_r = \sigma_\theta = \sigma_z = 0, \tau_{r\theta} = \tau_{rz} = 0 \\ &\tau_{\theta z} = \frac{\tau_0 b}{r} \end{aligned}\right\} \tag{4-79}$$

式中，

$$\tau_0 = \frac{G}{2\pi}$$

式(4-79)也可由式(4-78)导出(请读者自行推导)。

（3）讨论

从以上公式可以看出，螺型位错的应力场有以下两个特点：

① 没有正应力分量。

② 剪应力对称分布：在包含位错线的任何径向平面上剪应力都是 $\tau_{\theta z} = \dfrac{Gb}{2\pi r}$，与 θ 角无关。这显然是由螺型位错的对称结构决定的。

4.11.2　刃型位错的应力场

（1）刃型位错的力学模型

将一个很长的厚壁圆筒沿径向平面切开一半，并让切面两边沿径向相对滑移一段距离 b，然后将切面两边胶合，如图 4-34 所示。这就相当于形成了一个刃型位错，位错线即为圆筒的轴线，位错的中心区相当于圆筒的空心部分，而圆筒的实心部分的应力分布就反映了刃位错周围的应力分布。

（2）应力场

形成刃型位错时没有轴向位移，只有径向位移，因而位移是二维的（平面应变）。但刃型位错应力场的推导十分复杂，此处不拟讨论。我们只将最后结果给出如下：

$$
\left.
\begin{aligned}
\sigma_x &= -\frac{\tau_0 b y(3x^2+y^2)}{(x^2+y^2)^2} = -\frac{\tau_0 b}{r}\sin\theta(2+\cos2\theta)\\[4pt]
\sigma_y &= \frac{\tau_0 b y(x^2-y^2)}{(x^2+y^2)^2} = \frac{\tau_0 b}{r}\sin\theta\cos2\theta\\[4pt]
\sigma_z &= \nu(\sigma_x+\sigma_y) = 2\nu\frac{\tau_0 b y}{r^2} = -2\nu\frac{\tau_0 b}{r}\sin\theta\\[4pt]
\tau_{xy} &= \frac{\tau_0 b x(x^2-y^2)}{(x^2+y^2)^2} = \frac{\tau_0 b}{r}\cos\theta\cos2\theta\\[4pt]
\tau_{xz} &= \tau_{yz} = 0
\end{aligned}
\right\} \tag{4-80}
$$

式中，

$$
\tau_0 = \frac{G}{2\pi(1-\nu)}
$$

（3）讨论

根据式（4-80）可将刃型位错的应力场表示在图 4-35 中。从图可以看出：

① σ_x 与 y 的符号相反。在 $y>0$ 处 $\sigma_x<0$，这表明，在附加半原子面的区域，沿 x 方向的

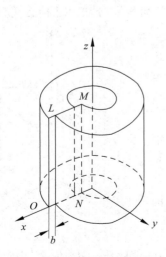

图 4-34　刃型位错的力学模型

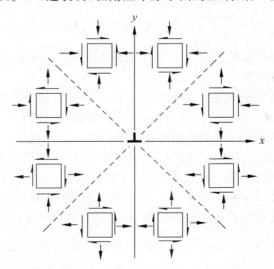

图 4-35　刃型位错的应力场

应力是压应力,而在不含半原子面的区域则为拉应力,这是合理的。

② 在 $y=0$ 处,$\tau_{xy}=\dfrac{\tau_0 b}{x}=\dfrac{\tau_0 b}{r}$。将此式和式(4-79)中的 $\tau_{\theta z}$ 公式比较,可以得到以下结论:

无论是螺型还是刃型位错,作用在滑移面上沿着滑移方向的剪应力 τ_S 都可写成

$$\tau_S = \frac{\tau_0 b}{r} \tag{4-81}$$

式中,r 是所论点距位错线的距离,τ_0 是常数。对螺型位错,$\tau_0=\dfrac{G}{2\pi}$;对刃型位错,$\tau_0=\dfrac{G}{2\pi(1-\nu)}$。

作为一个练习,请读者自行推导直线混合位错在其滑移面上沿着滑移方向产生的剪应力 τ_S。

最后应该指出,上述应力场公式是基于无限大的固体。对于有限固体,表面上的应力是不能按上述公式计算的(见 4.17 节)。

4.12　位错的弹性能和线张力

由于位错附近的原子离开了正常的平衡位置,使点阵发生了畸变,因而晶体的能量增加了。增加的能量就称为畸变能或应变能。晶体的总应变能 E_{tot} 包括两部分,一部分是位错中心区由于原子严重错排所引起的畸变能 E_{core},另一部分是中心区以外的区域由于原子的微小位移引起的弹性能 E_{el},$E_{tot}=E_{core}+E_{el}$。本节只计算 E_{el},这不仅是因为弹性力学只能用来计算 E_{el},不能计算 E_{core},还因为位错在运动或与其他缺陷交互作用时,只有 E_{el} 发生变化,从而影响位错的力学行为。

计算弹性能的方法有两种,即弹性能密度积分法和做功法。

根据材料力学,单位体积固体的弹性能(弹性能密度)为 $\dfrac{1}{2}\sigma_{ij}\varepsilon_{ij}$(张量记号!),因此总弹性能为 $E_{el}=\dfrac{1}{2}\displaystyle\int_V \sigma_{ij}\varepsilon_{ij}\,\mathrm{d}V$,$V$ 是固体的体积。这就叫弹性能密度积分法。这种方法仅对应力场比较简单的螺型位错才比较方便,对其他位错,计算过程十分复杂。

做功法就是计算在按一定模型形成位错的过程中所做的功,此功便作为位错的弹性能而储藏在固体中。下面介绍用做功法计算刃型位错的弹性能。

刃型位错的形成模型仍如图 4-36 所示。假定在位错形成过程中的某一时刻滑移面(切面)两边的相对位移已达到 b',如图 4-36 所示($b>b'>0$)。此时在圆筒中心就形成了一个柏氏矢量为 b' 的刃型位错,此位错在滑移面上 x 处产生的剪应力为 $\tau_{xy}=\dfrac{\tau_0 b'}{x}$。现在让滑移面两边晶体的相对位移由 b' 增至 $b'+\mathrm{d}b'$,那么在位移 $\mathrm{d}b'$ 的过程中外力需反抗 τ_{xy} 做功

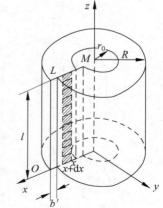

图 4-36　刃型位错的形成过程

dW。使位于 x 到 $x+dx$ 之间的滑移面面元 ldx（图中的阴影区）两边的晶体相对位移 db' 所需做的功为 $\tau_{xy} \cdot ldx \cdot db'$。对整个滑移区积分就得到 $dW = \int_{r_0}^{R}(\tau_{xy}ldb')dx$。式中 r_0 和 R 分别是圆筒的内径和外径。再将 dW 对位移 b' 积分（b' 从 0 增至 b）就得到在形成柏氏矢量为 b 的刃型位错过程中外力做的总功 W：

$$W = \int_{b'=0}^{b'=b} dw = \int_{b'=0}^{b'=b} \int_{x=r_0}^{x=R} \tau_{xy}ldxdb'$$

$$= \int_{b'=0}^{b'=b} \int_{x=r_0}^{x=R} \frac{\tau_0 b'l}{x}dxdb' = \frac{\tau_0 b^2 l}{2}\ln\left(\frac{R}{r_0}\right)$$

此功就是位错的弹性能：

$$E_{el} = W = \frac{\tau_0 b^2 l}{2} \cdot \ln\left(\frac{R}{r_0}\right) = \frac{Gb^2 l}{4\pi(1-\nu)}\ln\left(\frac{R}{r_0}\right) \tag{4-82}$$

采用完全相同的方法可以算出螺型位错的弹性能为

$$E_{el} = \frac{\tau_0 b^2 l}{2}\ln\left(\frac{R}{r_0}\right) = \frac{Gb^2 l}{4\pi}\ln\left(\frac{R}{r_0}\right) \tag{4-83}$$

混合位错的弹性能等于其螺型分量的弹性能与刃型分量的弹性能之和。

由以上公式可见，位错的弹性能正比于它的长度，因此晶体中的位错力图缩短其长度，以达到最低的能量状态。为了描述位错线缩短的趋势，人们引进位错线张力的概念。位错的线张力定义为位错线增加单位长度时引起的弹性能增加，即

$$T = \frac{dE_{el}}{dl} = \frac{\tau_0 b^2}{2}\ln\left(\frac{R}{r_0}\right) \tag{4-84}$$

式中，T 为线张力，$\tau_0 = \dfrac{G}{2\pi}$（对螺型位错）或 $\dfrac{G}{2\pi(1-\nu)}$（对刃型位错）。在实际晶体中，r_0 是位错中心区的半径，$2R$ 是晶体中相邻位错间的平均距离。由于 $\tau_0 r_0$ 和 R 都是常数，故式(4-84)可简写为

$$T = \alpha Gb^2 \tag{4-85}$$

由于线张力的作用，弯曲的位错线力图伸直（缩短长度）。

4.13　作用于位错上的力

晶体中的位错在外加应力或其他缺陷产生的内应力的作用下将会发生运动或有运动的趋势。为了便于描述位错的运动或运动趋势，我们假定在位错上作用了一个力 F，此力驱使位错运动。按照这个假定，F 必然与位错线的运动方向 v 一致，即 $F \parallel v$（因而 F 必垂直于位错线）。

这里需要注意三点：①F 是一个虚构的力，并不是作用在位错中心区各原子上的实际力。②F 来源于晶体中的内、外应力场。若无内外应力场则 $F=0$。③只要存在内、外应力场，即使静止的位错也受到 F 的作用——它使位错有运动的趋势。此时 v 的方向是指如果点阵阻力消失位错将会运动的方向。

如何确定 F 呢？我们的基本依据是，令微观功 dW_{mic} 等于宏观功 dW_{mac}，亦即令

$$dW_{mic} = dW_{mac} \tag{4-86}$$

这里所谓的微观功是指力 F 对位错做的功，$dW_{mic}=F·dS$（dS 是位错线的位移）。所谓宏观功则是晶体发生塑性变形时内、外应力对晶体做的功。若位错运动（因而晶体变形），则两个功都是实功；若位错仅有运动的趋势（因而晶体也仅有变形的趋势），则两个功都是虚功（dS 是虚位移）。为什么要令这两个功相等呢？这是因为位错的运动和晶体的变形有确定的对应关系（即所谓 $l×v$ 规则，见 4.7 节）。

下面分三种情形计算 F。

4.13.1　引起位错滑移的力

（1）刃型位错

图 4-37 给出了正刃型位错 EF，柏氏矢量 b 和外加剪应力 τ_{yx}，求引起位错滑移的力 F_x。

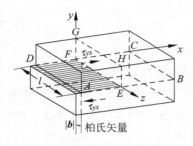

图 4-37　引起刃型位错滑移的力

首先假定 F_x 沿 x 轴方向；在 F_x 作用下位错线沿 x 轴方向滑移一段距离 dx。那么 $dW_{mic}=F_x dx$。另一方面，由于位错运动方向 v 沿 x 轴，按 $l×v$ 规则，滑移面上方的晶体将沿 b 的方向（即 x 轴方向）运动。故 τ_{yx} 做正功。因局部滑移区仅限于 $l×(dx)$ 的面积元（图中的阴影区），故 $dW_{mac}=\tau_{yx}(ldx)b$。由 $dW_{mic}=dW_{mac}$ 得到：$F_x dx=\tau_{yx}bl·dx$，所以 $F_x=\tau_{yx}bl$，单位长度的位错受力 $f_x=\tau_{yx}b$。

如果所给的位错是负刃型位错，则图 4-37 中的 $\overrightarrow{EF}$ 或 b 中有一个需反向，并设 b 反向。假定这个位错受的滑移力 F_x 仍沿 x 轴方向，那么根据 $l×v$ 规则，此时滑移面上方的晶体将沿 $-x$ 方向运动，故 τ_{yx} 做负功，因而 $F_x dx=-\tau_{yx}bl dx$，所以 $F_x=-\tau_{yx}bl$，单位长度位错受力为 $f_x=-\tau_{yx}b$。

（2）螺型位错

分析螺型位错受力的方法与分析刃型位错完全一样。假定 z 轴沿位错线正向，y 面是滑移面，那么很容易得到

$$F_x=\pm\tau_{yz}bl \quad 或 \quad f_x=\pm\tau_{yz}b$$

式中，"＋"号用于右螺型位错，"－"号用于左螺型位错（请读者自行推导上式）。

引起混合位错滑移的力也按同样方法推导。

4.13.2　引起刃型位错攀移的力

下面分析如图 4-38 所示的正刃型位错在拉应力 σ_x 的作用下所受的攀移力 F_y。

首先任意假定一个 F_y 方向，例如假定它沿 y 轴方向，因而 v 也沿 y 轴。其次，按 $l×v$ 规则判知，运动面（即 $l×v$ 面）左边的晶体将沿 x 轴正向（b 的方向）运动，右边晶体则反向运动。在位错扫过的区域，两边晶体将收缩 b，因而 σ_x 做负功。若位错线攀移的距离为 dy，则 $dW_{mic}=F_y dy$，$dW_{mac}=-(\sigma_x·ldy)b$。于是由 $dW_{mic}=dW_{mac}$ 得到：$F_y=-\sigma_x bl$，单位长度位错线受力为 $f_y=-\sigma_x b$。

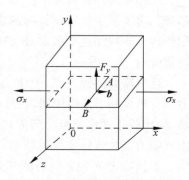

图 4-38　引起刃型位错攀移的力

如果所给位错是负刃型位错,则得到 $F_y = \sigma_x bl$,$f_y = \sigma_x b$。

综合以上的讨论,我们可将位错受力 F 写成

$$F = \pm \sigma_{ij} b \tag{4-87}$$

式中,F 的方向可以预先任意假定(但必须垂直于位错线),σ_{ij} 是当位错在设定的 F 作用下运动而导致晶体变形时对晶体做功的应力。若该应力做正功则取正号,做负功则取负号。由于 σ_{ij} 可能是坐标的函数,因而位错在不同位置时受力也是不同的。

4.13.3　一般情形下位错受的力

所谓一般情形是指任意形状的混合位错,复杂的应力状态(应力分量均为坐标的函数)。在这种情形下,位错线的各段线元受力都可能不同,而且是位置的函数。但每段线元受的总力都与该段线元垂直,且可分解为两个分量,一个使线元滑移,一个使线元攀移。

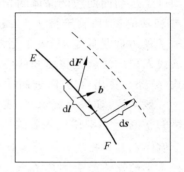

假定位错线 $\overset{\frown}{EF}$ 是任意曲线,其柏氏矢量为 b,如图 4-39 所示。已知各点的应力状态(σ)求位错线的受力 F。

分析问题的依据和步骤仍和前面一样。

由于位错线各段受力不同,我们分析任意一段线元 dl。假定这段位错在总力 dF 作用下位移了 dS 距离(虚位移),那么微观功为

$$dW_{\text{mic}} = dF \cdot dS \tag{a}$$

图 4-39　任意位错 $\overset{\frown}{EF}$ 的受力分析

另一方面,位错扫过的运动面面元 $dl \times dS$ 的两边晶体将发生相对位移 b。如果作用在面元 $dl \times dS$ 上的总应力为 p,那么宏观功为

$$dW_{\text{mac}} = |dl \times dS| \, p \cdot b \tag{b}$$

但由式(4-52),

$$p = \sigma \cdot n \tag{c}$$

令

$$n = \frac{dl \times dS}{|dl \times dS|} \tag{d}$$

将(c)和(d)代入(b)得到

$$dW_{\text{mac}} = [\sigma \cdot (dl \times dS)] \cdot b$$

由于 σ 是对称张量,故

$$[\sigma \cdot (dl \times dS)]b = [\sigma \cdot b] \cdot (dl \times dS)$$

所以
$$dW_{\text{mac}} = \sigma \cdot b \cdot (dl \times dS)$$

由于右边是以 $\sigma \cdot b$、dl 和 dS 为边的平行六面体体积,故上式又可写成

$$dW_{\text{mac}} = [(\sigma \cdot b) \times dl] \cdot dS \tag{e}$$

比较(a)和(e)得到

$$dF = (\sigma \cdot b) \times dl$$

以及

$$f = \frac{\mathrm{d}\boldsymbol{F}}{\mathrm{d}l} = (\sigma \cdot \boldsymbol{b}) \times \boldsymbol{\nu} \tag{4-88}$$

式中，$\boldsymbol{\nu} = \dfrac{\mathrm{d}\boldsymbol{l}}{\mathrm{d}l}$是沿 d$l$ 的单位向量。

式(4-88)就是位错受力的普遍公式，也称 Peach-Koehler 公式。式(4-88)中的 $\boldsymbol{f}$ 是在所论线元处单位长度位错线受的总力，它可以分解为沿坐标轴方向的分量 f_x，f_y，f_z，也可以分解为引起滑移的分量 f_s 和引起位错攀移的分量 f_c。

从上面的讨论可知，虽然确定位错受力的依据都是"等功原理"(微观功＝宏观功)，但具体方法可以有两种：物理论证法和代入公式法。

物理论证法的步骤如下：①根据问题的需要(需要求滑移力、攀移力还是合力？)假定所求力 $\boldsymbol{f}$ 的方向，从而也就决定了位错线的运动方向或运动趋势 $\boldsymbol{v}$ 及运动面 $\boldsymbol{l} \times \boldsymbol{v}$。②按 $\boldsymbol{l} \times \boldsymbol{v}$ 规则确定运动面两边的晶体的相对运动方向(或趋势)$\boldsymbol{V}$ 及 $\boldsymbol{V}'$。③由 $\boldsymbol{V}$ 及 $\boldsymbol{V}'$ 确定做功的应力 σ_{ij} 和功的正、负。于是 $f = \pm\sigma_{ij}b$。上述过程可简写为：$(\boldsymbol{f}) \rightarrow \boldsymbol{v} \rightarrow \boldsymbol{V} \rightarrow f = \pm\sigma_{ij}b$。(括号表示 $\boldsymbol{f}$ 的方向是假定的，大小是待求的。)

代入公式法就是将已知的应力张量(σ)、柏氏矢量 $\boldsymbol{b}$ 和位错线方向$\boldsymbol{\nu}$($\boldsymbol{\nu}$是单位向量)代入式(4-88)，算出合力 $\boldsymbol{f}$，进而计算所要求的滑移力 f_s 或攀移力 f_c。

一般来说，如果只要求 f_s 或刃型位错的 f_c，用物理论证法较方便。如果同时要求混合位错的 f_s 和 f_c，则用代入公式法更方便。

例 已知：长度为1的单位位错$\overline{AB}$与它的柏氏矢量成 α 角，如图 4-40 所示。在图示坐标系下的应力张量亦已给出。求$\overline{AB}$位错受的滑移力、攀移力和总力。

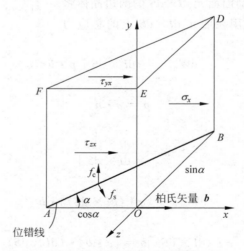

图 4-40 混合位错受力分析

解 用两种方法解此题。

(1) 物理论证法

① 滑移力 f_s

显然 f_s 应在 y 面内并与位错线$\overline{AB}$垂直。兹设其正向如图，此即 $\boldsymbol{v}$ 的方向。按 $\boldsymbol{l} \times \boldsymbol{v}$ 规则，滑移面下面的晶体将沿 $\boldsymbol{b}$ 的方向(即 x 轴方向)滑移，故 τ_{yx} 做负功，因此 $f_s = -\tau_{yx}b$(见

式（4-87））。

②攀移力 f_c

$\overline{AB}$ 位错应在包含 $\overline{AB}$ 和 y 轴的 $ABDF$ 面内攀移，故 f_c 应在此面内并垂直于 $\overline{AB}$，如图 4-40 所示。我们假定它的正向向上（平行于 y 轴）。由于 $ABDF$ 面上的应力没有直接给出，故不便通过物理论证直接代入公式（4-87）。

为了求 f_c，需将位错线 $\overline{AB}$ 分解为长度为 $\cos\alpha$ 的右旋螺型位错 $\overline{AO}$ 和长度为 $\sin\alpha$ 的负刃型位错 $\overline{OB}$，分别求这两条位错线沿 y 轴运动时所受的力，然后将两个力叠加。

螺型位错分量 $\overline{AO}$ 沿 y 轴运动仍为滑移，滑移面为 $\overline{AOEF}$。设作用在 $\overline{AO}$ 上的滑移力为 F'_y，那么按 $\boldsymbol{l} \times \boldsymbol{v}$ 规则，$\overline{AOEF}$ 前面的晶体将沿 $\boldsymbol{b}$ 的方向滑移，故 τ_{zx} 做正功，所以 $F'_y = \tau_{zx}b\cos\alpha$。刃型位错分量沿 y 轴的运动是负攀移，即位于滑移面（XOZ 面）下部的附加半原子面将扩大。设其受的攀移力为 F''_y，则按 $\boldsymbol{l} \times \boldsymbol{v}$ 规则，攀移面 $\overline{OBCE}$ 右边的晶体将沿 $\boldsymbol{b}$ 的方向运动，故 σ_x 做正功，所以 $F''_y = \sigma_x b\sin\alpha$。因此，$\overline{AB}$ 位错受的攀移力为

$$f_y = F'_y + F''_y = b(\tau_{zx}\cos\alpha + \sigma_x\sin\alpha)$$

（2）代入公式法

由图 4-40 知，$\boldsymbol{b} = [b \quad 0 \quad 0]$，$\boldsymbol{v} = [\cos\alpha \quad 0 \quad -\sin\alpha]$，有

$$\sigma \cdot b = \begin{bmatrix} \sigma_x & \tau_{xy} & \tau_{xz} \\ \tau_{yx} & \sigma_y & \tau_{yz} \\ \tau_{zx} & \tau_{zy} & \sigma_z \end{bmatrix} \begin{bmatrix} b \\ 0 \\ 0 \end{bmatrix} = \begin{bmatrix} b\sigma_x \\ b\tau_{yx} \\ b\tau_{zx} \end{bmatrix}$$

代入 Peach-Koehler 公式，得到

$$\boldsymbol{f} = (\sigma \cdot \boldsymbol{b}) \times \boldsymbol{v} = \begin{vmatrix} \boldsymbol{i} & \boldsymbol{j} & \boldsymbol{k} \\ b\sigma_x & b\tau_{yx} & b\tau_{zx} \\ \cos\alpha & 0 & -\sin\alpha \end{vmatrix}$$

所以　　　　　$\boldsymbol{f} = -(\tau_{yx}b\sin\alpha)\boldsymbol{i} + b(\sigma_x\sin\alpha + \tau_{zx}\cos\alpha)\boldsymbol{j} - (\tau_{yx}b\cos\alpha)\boldsymbol{k}$

即　　　　　$f_x = -\tau_{yx}b\sin\alpha$，$f_y = b(\tau_{zx}\cos\alpha + \sigma_x\sin\alpha)$，$f_z = -\tau_{yx}b\cos\alpha$

故滑移力为　　　　　$f'_s = -\sqrt{f_x^2 + f_z^2} = -\tau_{yx}b$

攀移力为　　　　　$f_c = f_y = b(\tau_{zx}\cos\alpha + \sigma_x\sin\alpha)$

这个结果与用物理论证法得到的结果完全相同。

4.14　位错与位错间的交互作用

由于每个位错都产生一个应力场，因而使其他的位错受到作用力（f_s 或 f_c，或二者并存），这种作用力对位错的运动和分布有很大的影响。

计算位错间交互作用力的依据就是位错的应力场公式（4.11 节）和位错受力的公式（4.13 节）。

4.14.1　同号刃型位错间的交互作用

图 4-41(a) 给出了两个位于相距为 d 的平行滑移面上的同号刃型位错 1 和 2，其柏氏矢量分别为 $\boldsymbol{b}_1$ 和 $\boldsymbol{b}_2$，求位错 1 对位错 2 的作用力 f_{12}。

选坐标系如图 4-41 所示。用上节讨论的物理论证法很容易得到位错 2 受到的滑移力 $f_{12,x}$ 和攀移力 $f_{12,y}$：

$$f_{12,x} = \tau_{xy}b_2 = \frac{Gb_1b_2x(x^2-d^2)}{2\pi(1-\nu)(x^2+d^2)^2} \tag{4-89}$$

$$f_{12,y} = -\sigma_x b_2 = \frac{Gb_1b_2d(3x^2+d^2)}{2\pi(1-\nu)(x^2+d^2)^2} \tag{4-90}$$

讨论：

(1) 按照式(4-89)可作出 $f_{12,x}$ 与 x 的关系曲线，如图 4-42 中的实线所示。从图看出，当位错 2 处于 $x=y$ 及 $x=0$ 的位置时 $f_{12,x}=0$，但 $x=y$ 是亚稳平衡位置，因为 2 位错无论是沿 x 轴还是 $-x$ 轴方向偏离平衡位置时，$f_{12,x}$ 的作用都是使它进一步远离平衡位置。$x=0$ 则是稳定平衡位置，因为无论 2 位错沿 x 或 $-x$ 轴方向偏离一点平衡位置时，$f_{12,x}$ 的作用都是使它回到 $x=0$ 的位置。由此可见，在晶体范性形变过程中同号刃型位错总是力图排成一列（$x=0$ 的一列位错），形成所谓位错墙，它实际上就是所谓对称倾侧的小角度晶粒边界（见 4.25 节）。

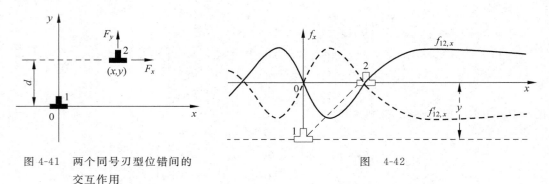

图 4-41　两个同号刃型位错间的　　　　　　　　　　图　4-42
　　　　　交互作用

(2) 按照式(4-90)，$f_{12,y}$ 与 y 同号，这表明同号刃型位错是相斥的，因而排成一列位错墙的各同号位错力图远离。

(3) 用同样的方法计算位错 2 对位错 1 的交互作用力 $f_{21,x}$ 及 $f_{21,y}$ 后将会发现，$f_{21,x} = -f_{12,x}$，$f_{21,y} = -f_{12,y}$。这表明一对位错的交互作用力符合牛顿第三定律。

4.14.2　异号刃型位错间的交互作用

只要将式(4-89)和式(4-90)中的 b_2 反号（用 $-b_2$ 代替公式中的 b_2）就得到一对位于相距为 d 的平行滑移面上的异号刃型位错 1 与 2 之间的交互作用力 $f'_{12,x}$ 和 $f'_{12,y}$。图 4-42 的虚线画出了 $f'_{12,x}$ 与 x 的关系曲线。从公式和曲线可以看出：

(1) 当位错 2 位于 $x=y$ 及 $x=0$ 的位置时 $f'_{12,x}=0$ 但 $x=y$ 是稳定平衡位置，$x=0$ 是亚稳平衡位置。因此，异号位错力图排在和滑移面成 45° 的平面上。

(2) 当位错 2 沿其滑移面向 $-x$ 方向滑移时，将受到位错 1 的排斥力 $f'_{12,x}$。当 d 很小时，$f'_{12,x}$ 的最大值就变得非常大，使位错很难继续滑移，这就是应变硬化的可能原因之一。

(3) 处于稳定平衡位置的位错 2 在较小的剪应力 τ_{yx} 作用下发生的位移近似地正比于应力，而在卸载后位错将回到平衡位置，可见位错 2 的位移所对应的宏观变形也是可逆的。

因此,与无位错的晶体相比,在同样应力下有位错的晶体的可逆变形更大了,因而弹性模量减小了。

（4）处于稳定平衡位置的位错 2 在较小的交变应力作用下将围绕平衡位置往复运动（振动）,使晶体以热和声波的形式耗散能量,就是说,位错的振动会引起内耗。

（5）从 $f'_{12,y}$ 的公式可知,异号位错相互吸引。

（6）异号刃型位错间的作用力也服从牛顿第三定律。

4.14.3　平行螺型位错间的作用力

图 4-43 画出了一对位于 θ 面上、相距为 r 的平行螺型位错。现求位错 1 对 2 的作用力。假定位错 1 是右旋螺型位错,柏氏矢量为 $\boldsymbol{b}_1$,那么它在位错 2 处产生的应力是 $\tau_{z\theta}=\dfrac{Gb_1}{2\pi r}$,因而它对位错 2 的作用力是

$$f_r=\pm\tau_{z\theta}b_2=\pm\frac{Gb_1b_2}{2\pi r}$$

当位错 2 是右旋时取"＋"号,左旋时取"－"号。这表明,一对同号的平行螺型位错相互排斥,异号螺位错则相互吸引。它们之间的作用力也服从牛顿第三定律。

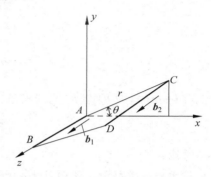

图 4-43　一对平行螺型位错间的交互作用

4.14.4　螺型位错和刃型位错间的交互作用

如果将图 4-41 中的位错 1 改为螺型位错,那么它对刃型位错 2 的作用力必为 0,这是因为 $f_{12,x}=\tau_{yx}b_2$,$f_{12,y}=-\sigma_xb_2$,而螺型位错的应力场中 $\tau_{yx}=\sigma_x=0$。

4.14.5　位于同一滑移面上的一对平行混合位错间的交互作用

图 4-44 给出了同一滑移面上的一对平行混合位错 $\overline{AB}$ 和 $\overline{CD}$,其柏氏矢量 $\boldsymbol{b}_1$ 和 $\boldsymbol{b}_2$ 分别和位错线成 α 及 β 角。求 $\overline{AB}$ 位错对 $\overline{CD}$ 位错的作用力 f_x。

首先,将 $\boldsymbol{b}_1$ 和 $\boldsymbol{b}_2$ 分别分解为平行和垂直于位错线的分量:$b'_1=b_{1(\text{平行})}=b_1\cos\alpha$,$b''_1=b_{1(\text{垂直})}=b_1\sin\alpha$;$b'_{2(\text{平行})}=b_2\cos\beta$,$b''_{2(\text{垂直})}=b_2\sin\beta$。这相当于将两个位错都分解为刃型和螺型分量。

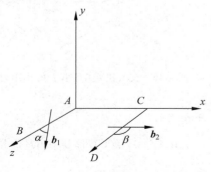

图 4-44　一对共面的平行混合位错的交互作用力 f_x

其次,分别考虑各位错分量之间的交互作用。根据上面的讨论,刃型位错和螺型位错之间的作用力为 0,故只需考虑螺型分量之间和刃型位错之间的作用。

螺型位错 b'_1 对螺型位错 b'_2 的作用力为 $f'_x=\dfrac{Gb'_1b'_2}{2\pi r}$ $=\dfrac{Gb_1b_2\cos\alpha\cdot\cos\beta}{2\pi r}$,刃型位错 b''_1 对刃型位错 b''_2 的作用力为 $f''_x=\dfrac{Gb''_1b''_2}{2\pi(1-\nu)r}=\dfrac{Gb_1b_2\sin\alpha\cdot\sin\beta}{2\pi r(1-\nu)}$。于是 $\overline{AB}$ 位错对 $\overline{CD}$ 位错沿 x 方向的总作用力为

$$f_x = f'_x + f''_x$$

$$= \frac{Gb_1b_2}{2\pi r}\left(\cos\alpha\cos\beta + \frac{\sin\alpha\sin\beta}{1-\nu}\right)$$

由于一般金属材料的泊松比 ν 都比较小，在近似估算 f_x 时可以忽略（即令 $1-\nu \approx 1$），故由上式得到

$$f_x \approx \frac{Gb_1b_2}{2\pi r}(\cos\alpha\cos\beta + \sin\alpha\sin\beta)$$

$$= \frac{Gb_1b_2}{2\pi r}\cos(\beta - \alpha)$$

$$= \frac{Gb_1b_2\cos\theta}{2\pi r}$$

式中，$\theta = \beta - \alpha$，即 $\boldsymbol{b}_1$ 与 $\boldsymbol{b}_2$ 间的夹角。因此最后得到

$$f_x \approx \frac{G\boldsymbol{b}_1 \cdot \boldsymbol{b}_2}{2\pi r} \tag{4-91}$$

讨论：

对于同一滑移面上的两条平行（同向）位错线来说，如果它们的柏氏矢量 $\boldsymbol{b}_1$ 和 $\boldsymbol{b}_2$ 呈锐角，则 $\boldsymbol{b}_1 \cdot \boldsymbol{b}_2 > 0$，因而 $f_x > 0$，两个位错相互排斥；如果 $\boldsymbol{b}_1$ 和 $\boldsymbol{b}_2$ 呈钝角，则 $\boldsymbol{b}_1 \cdot \boldsymbol{b}_2 < 0$，因而 $f_x < 0$，两个位错相互吸引；如果 $\boldsymbol{b}_1 \perp \boldsymbol{b}_2$，则 $f_x = 0$。这个结论对于分析位错反应是很有用的（见 4.22 节）。

4.14.6　交叉位错间的交互作用

下面，通过一道例题讨论两条空间交叉位错间的交互作用。

例　图 4-45 所示的螺型位错 $\overline{AB}$ 和刃型位错 $\overline{CD}$ 是两条相距为 d 的空间交叉位错，其 $\boldsymbol{b}_1$ 和 $\boldsymbol{b}_2$ 如图。求螺型位错对刃型位错的作用力 f_{12}。

我们用 Peach-Koehler 公式解此题。已知：$\boldsymbol{b}_2 = [0 \ \ 0 \ \ b_2]$，$\boldsymbol{\nu}_2 = [-1 \ \ 0 \ \ 0]$，$\sigma_x = \sigma_y = \sigma_z = \tau_{xy} = 0$，$\tau_{yz}$ 和 τ_{xz} 见式(4-78)。

所以

$$\sigma \cdot \boldsymbol{b}_2 = \begin{bmatrix} 0 & 0 & \tau_{xz} \\ 0 & 0 & \tau_{yz} \\ \tau_{xz} & \tau_{yz} & 0 \end{bmatrix}\begin{bmatrix} 0 \\ 0 \\ b_2 \end{bmatrix} = \begin{bmatrix} b_2\tau_{xz} \\ b_2\tau_{yz} \\ 0 \end{bmatrix}$$

$$\boldsymbol{f}_{12} = \begin{vmatrix} \boldsymbol{i} & \boldsymbol{j} & \boldsymbol{k} \\ b_2\tau_{xz} & b_2\tau_{yz} & 0 \\ -1 & 0 & 0 \end{vmatrix} = \tau_{yz}b_2\boldsymbol{k}$$

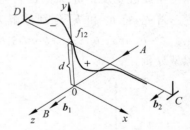

图 4-45　交叉位错 $\overline{AB}$ 对 $\overline{CD}$ 的作用力

将 τ_{yz} 的公式(4-78)代入上式：

$$f_{12} = f_z = b_2\tau_{yz} = \frac{Gb_1b_2x}{2\pi(x^2 + d^2)}$$

据此可以画出 f_z 沿刃型位错 $\overline{CD}$ 的分布（见图）。由于 $\int_{-\infty}^{\infty} f_z\mathrm{d}x = 0$，故 $\overline{CD}$ 位错在 $\overline{AB}$ 位错的作用下不会平移，只是绕 y 轴旋转（或有旋转的趋势），直至 $\overline{CD} /\!/ \overline{AB}$ 为止。

4.15　位错与点缺陷之间的交互作用

当一个点缺陷(空位、自间隙原子、置换式或间隙式的杂质原子等)进入晶体中时会引起点阵畸变,因而晶体中位错的应力场就要做功,使晶体的弹性能升高或降低。这种能量的变化便称为位错和点缺陷的交互作用能 E。E 显然与点缺陷的位置有关。为了达到最低的能量状态,晶体中的点缺陷就可能形成特定的分布,这种特定的分布对晶体的性质会有显著的影响。

4.15.1　刃型位错与点缺陷的交互作用能和作用力

为了计算刃型位错与点缺陷的交互作用能 U_1,我们将点缺陷引入晶体的过程看成是将一个半径为 r_a' 的球放入半径为 r_a 的球形空洞中。这里 r_a' 就是点缺陷的半径,r_a 就是一个原子或一个点阵间隙的半径(前者对应于置换式点缺陷,而后者对应于间隙式点缺陷)。因此引进一个点缺陷后晶体的体积变化是

$$\Delta V = \frac{4}{3}\pi r_a'^3 - \frac{4}{3}\pi r_a^3 \tag{a}$$

引入错配度 δ,定义 $\delta = \dfrac{r_a' - r_a}{r_a}$,则 $r_a' = r_a(1+\delta)$,故,

$$\Delta V = \frac{4}{3}\pi r_a^3 [(1+\delta)^3 - 1] \approx 4\pi\delta r_a^3 \tag{b}$$

另一方面,由于位错的存在,在点缺陷处存在着静水压应力 p,当此处晶体的局部体积发生变化 ΔV 时,静水压力做的功就是弹性能,也就是一个点缺陷和位错之间的交互作用能(势能):

$$E = p \cdot \Delta V \tag{c}$$

由 4.10 节知,静压应力 $p = -\dfrac{1}{3}(\sigma_x + \sigma_y + \sigma_z)$。将刃型位错的应力场公式(4-80)代入上式得到

$$p = \frac{(1+\nu)}{3\pi(1-\nu)}\frac{Gby}{(x^2+y^2)} = \frac{1+\nu}{3\pi(1-\nu)} \cdot \frac{Gb\sin\theta}{r} \tag{d}$$

将(b)及(d)代入(c)得到

$$E = \frac{4}{3}\left(\frac{1+\nu}{1-\nu}\right)Gb\delta r_a^3 \left(\frac{\sin\theta}{r}\right) = A\left(\frac{\sin\theta}{r}\right) \tag{4-92}$$

式中,

$$A = \frac{4}{3}\left(\frac{1+\nu}{1-\nu}\right)Gb\delta r_a^3 = \text{const.}$$

A 是一个与坐标无关的常数。

根据式(4-92)可以作出刃型位错附近等能面的分布,如图 4-46 中实线所示。(等能面是柱面)显然图中 $E_1 > E_2 > E_3 > \cdots$。由物理学知,位错和点缺陷的交互作用力为 $\boldsymbol{F} = -\nabla E$。据此即可作出 $\boldsymbol{F}$ 与点缺陷位置的关系曲线,即力线,如图 4-46 中虚线所示。在垂直于位错线的平面上等势线和力线是正交的。由高等数学知,势函数 $E(x,y)$ 和力函数 $F(x,y)$ 是一对共轭调和函数,它们组成静力场的复势 $W = f(z) = E(x,y) + \mathrm{i}F(x,y)$,只要知道了一个函数(例如 $E(x,y)$),就可根据柯西-黎曼方程求出另一个函数($F(x,y)$)。

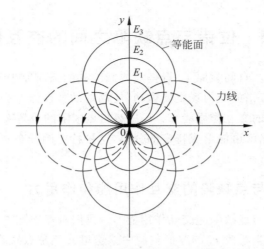

图 4-46　正刃型位错与点缺陷间的交互作用

4.15.2　柯氏气团和明显屈服现象

从式(4-92)可见,当点缺陷位于刃型位错正上方$\left(\theta=\dfrac{\pi}{2}\right)$时,交互作用能取极大值;位于正下方$\left(\theta=\dfrac{3\pi}{2}\right)$时取极小值。因此,点缺陷力图分布在刃型位错的下方(即不含附加半原子面的一方),这一点很容易直观理解,因为位错线下方是张应力最大区,点阵间隙也最大。点缺陷运动的轨迹应为图 4-46 中的虚线(力线)。择优分布在刃型位错的张应力区并紧靠位错线的点缺陷便形成所谓**柯垂尔气团**(Cottrell atmosphere)或简称**柯氏气团**。这种气团牢固地将位错吸引住(或钉扎住),因而对位错的运动和力学行为有重大影响,最典型的例子就是体心立方金属中的明显屈服现象。

所谓明显屈服现象是指体心立方金属在拉伸时存在着一个明显的、确定的屈服极限$\sigma_{y,u}$(上屈服极限),在拉伸应力 σ 小于$\sigma_{y,u}$时完全是弹性变形,σ-ε 呈直线;而在 $\sigma=\sigma_{y,u}$时发生明显的塑性变形,且维持变形所需的拉应力迅速减至$\sigma_{y,1}$(下屈服极限)。整个应力-应变曲线如图 3-36(b)所示。为什么会出现明显屈服现象呢？原因在于在这些金属中由间隙式元素(如碳、氮、氧等)原子形成的柯氏气团将位错牢牢地钉扎住,因而在 $\sigma<\sigma_{y,u}$时位错不能起动,因而不发生塑性变形。只有当 $\sigma=\sigma_{y,u}$时,应力才足以使位错从柯氏气团中"脱钉"(或说"撕脱出")而变成"自由"位错。位错的运动便产生塑性变形。显然脱钉后的"自由"位错在较低的应力下便可运动,故屈服极限下降至$\sigma_{y,1}$。

与明显屈服现象密切相关的另一个实验现象就是应变时效。实验发现,若体心立方金属在拉伸到开始塑性变形后不久($\sigma=\sigma_{y,1}$处)卸载,并停放一段时间 Δt 后又重新拉伸,则第二次拉伸的应力-应变曲线与 Δt 有关:当 $\Delta t\approx0$(相当于卸载后立即进行第二次拉伸)时,应力-应变曲线上没有明显屈服点,屈服强度近似等于$\sigma_{y,1}$,由弹性到塑性变形的转变是连续的(渐变的)。但当 Δt 比较大(即卸载后在室温下停放了较长的时间后再拉伸)时,又重新出现明显屈服点,屈服强度近似等于$\sigma_{y,u}$。这表明,由于室温下停放了一段时间而引起金属强度增加(由$\sigma_{y,1}$增加到$\sigma_{y,u}$)。这种现象就称为**应变时效**。应变时效也可用柯氏气团来解释:

金属在第一次拉伸到塑性变形后,位错已经脱钉。此时若卸载并立即进行第二次拉伸,则由于间隙原子(在室温下)来不及扩散到位错线周围,位错仍处于被脱钉状态,故在较低的应力下就开始滑移,因而屈服强度为 $\sigma_{y,1}$。但是,如果卸载后放置了很长的时间再拉伸,则由于间隙原子已扩散到位错线周围将位错重新钉扎,因而在随后(第二次)拉伸时又出现明显屈服现象,屈服强度又升高到 $\sigma_{y,u}$。不难想到,如果在卸载后不是在室温下停放,而是在比室温稍高的温度下停放,那么即使停放的时间较短,也会出现应变时效现象。

4.15.3 脱钉力的计算

根据前面的分析可以认为,在刃型位错线正下方(最大张应力区)有一列间隙原子,如图 4-47 所示。它们将位错线牢牢钉扎住。要想使位错线离开平衡位置发生位移(滑移),就需加应力 τ_{yx},它使单位长度的位错线受力 f_x,此 f_x 与间隙原子对位错线的引力(钉扎力)相平衡。位错的位移越大,f_x 越大,当 $f_x = f_{x,\max}$ 时位错就能从间隙原子气团中脱钉,成为"自由运动"的位错。$f_{x,\max}$ 便称为位错从柯氏气团中撕脱出的脱钉力。

为了确定 $f_{x,\max}$,首先需要找出 f_x 与位错的位移 x 的关系。假定位错已位移到 x 处(见图 4-47)。我们来求此时间隙原子对位错的作用力 f_x。为此需要求出一个间隙原子在位移后的位错的应力场中的势能(交互作用能)E。选坐标系如图 4-47 所示,则由式(4-92)及图中的几何关系可以得到在 $(-x, r_0, \theta)$ 处的间隙原子 M 的势能为

$$E = A\left(\frac{\sin\theta}{r}\right) = A\left(\frac{r_0}{r^2}\right) = A\left(\frac{r_0}{x^2 + r_0^2}\right) \tag{a}$$

式中,r_0 是原子 M 到位错的滑移面的垂直距离,r 和 θ 是 M 原子的极坐标$\left(r = \sqrt{x^2 + r_0^2},\right.$ $\left.\theta = \frac{3\pi}{2}\right)$。

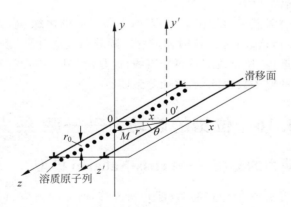

图 4-47 计算脱钉力的模型

由物理学,M 原子受到位错的作用力为 $F'_x = -\dfrac{\partial E}{\partial x}$;位错受到 M 原子的作用力则为

$$F_x = -F'_x = \frac{\partial E}{\partial x} = \frac{2Ar_0x}{(x^2 + r_0^2)^2} \tag{b}$$

为求 $F_{x,\max}$,令 $\dfrac{\partial F_x}{\partial x} = 0$,即可由上式解出:$x = \dfrac{r_0}{\sqrt{3}}$,代入式(b)得到

$$F_{x,\max} = \frac{3\sqrt{3}\,A}{8r_0^2}\qquad\qquad(c)$$

注意，F_x 或 $F_{x,\max}$ 是一个间隙原子对位错的作用力。如果沿位错线方向的一列间隙原子的间距是 b，那么单位长度的位错线对应着 $(1/b)$ 个间隙原子，或者说，受到 $(1/b)$ 个间隙原子的作用力，故单位长度的位错线受到的最大作用力为

$$f_{x,\max} = \frac{3\sqrt{3}\,A}{8br_0^2}\qquad\qquad(d)$$

但 $f_x = \tau_{yz}b$，故最后得到位错的脱钉应力 τ_m 为

$$\tau_m = \frac{f_{x,\max}}{b} = \frac{3\sqrt{3}\,A}{8b^2r_0^2}\qquad\qquad(4\text{-}93)$$

式中，常数 A 的计算公式见式（4-92）。

显然 τ_m 是对应于上屈服极限的。

4.15.4　讨论

虽然柯氏气团是体心立方金属出现明显屈服现象的基本原因，但在其他一些金属和合金（包括面心立方合金）中，由于其他原因也会出现明显屈服现象（尽管面心立方纯金属由于其结构的对称性不出现明显屈服现象）。

由于点缺陷并非严格的球形，故它进入晶体后不仅引起晶体体积变化，也引起形状变化，因而不仅正应力、而且剪应力也要做功。换言之，螺型位错和点缺陷也有一定的交互作用（但比刃型位错小得多）。

为了形成稳定的柯氏气团和由此而引起的明显屈服及应变时效现象，变形温度不宜太低或太高。太低则间隙原子扩散太慢，不能形成柯氏气团。太高则间隙原子易从柯氏气团中扩散掉，不能维持柯氏气团。

在上面计算脱钉力时假定刃型位错线（附加半原子面的边缘）是严格的直线，一列间隙原子也是整齐排列的，但这只有在 0K 时才成立。随着温度的升高，由于位错线和间隙原子列上的部分原子会扩散掉，位错线就不再是直线，而是阶梯形的折线（见 4.16 节），而柯氏气团（一列间隙原子）中的原子数也减少，因而导致脱钉力下降。

4.16　位错的起动力——派-纳力

4.16.1　位错起动力的分析——Peirls-Nabarro 模型

所谓位错的起动力 τ_p 是使位错起动（即开始滑移）所需的剪应力，亦称派-纳力（Peirls-Nabarro stress）。它也是晶体点阵对位错运动的阻力。这种阻力来源于滑移面上、下两层原子间的引力。而这种引力当然是与这两层原子的相对位移或"错配度"有关。因此，为了计算 τ_p，首先要提出一个形成位错时原子的位移模型，然后计算滑移面上部（A）和下部（B）之间的错排能 ε_{AB}（也就是 $A-B$ 层原子间的势能）以及位错线发生位移时 ε_{AB} 的变化。将 ε_{AB} 对位错的位移求导，就得到位错的起动力 τ_p。下面定性地介绍计算过程。

1）位错的形成模型——Peirls-Nabarro 模型

以简单晶体中的刃型位错为例，假定它的形成方式如下：

(1) 将一个理想的简单立方晶体沿其滑移面(例如(010)面)切开,令滑移面上部晶体沿 x 轴方向([100]方向)位移 $\frac{b}{4}$,下部晶体沿 $-x$ 方向位移 $\frac{b}{4}$,则两部分晶体的相对位移为 $\frac{b}{2}$(b 是沿 x 轴方向的原子间距)。位移后各列原子面(图 4-48 中所示为垂直于纸面的 (100)面)如图 4-48 中实线所示。

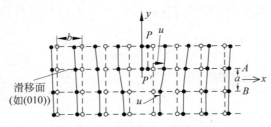

图 4-48　形成刃型位错的位移模型

(2) 任选某列晶面为坐标面($x=0$ 的面),并设此面不动,其他各列原子面位移到图 4-48 中虚线位置。设上部晶体在 x 处的位移为 $u(x)$,则下部晶体在此处的位移为 $-u(x)$,两部分晶体的相对位移为 $2u(x)$。从图 4-48 不难看出,$u(x)$ 满足以下关系:$u(0)=0$;当 $x>0$ 时,$u(x)<0$;当 $x<0$ 时,$u(x)>0$。综合以上两次位移就得到上、下两部分晶体的位移分别为 $\phi_1(x)=\frac{b}{4}+u(x)$,$\phi_2(x)=-\frac{b}{4}-u(x)$。两部分晶体的相对位移为

$$\phi(x)=\phi_1(x)-\phi_2(x)=\frac{b}{2}+2u(x) \tag{a}$$

此 $\phi(x)$ 满足以下条件:$\phi(\infty)=0$,$\phi(-\infty)=b$。由此得到,$u(\infty)=-\frac{b}{4}$,$u(-\infty)=\frac{b}{4}$。(从物理图像看,在 ∞ 远处上下晶面是对齐的,在 $-\infty$ 远处,上下晶面恰好错开了一个原子间距,因而也是对齐的。)为了描述位错的特性,人们引进位错宽度 w 的概念。如果在 x_1 处 $u(x_1)=\frac{b}{8}$,在 x_2 处 $u(x_2)=-\frac{b}{8}$,那么,$w=x_2-x_1$ 就规定为位错的宽度。由于 $|u_{\max}|=\frac{b}{4}$,故 w 就是位移为最大位移 $|u_{\max}|$ 之半的两点间的距离。不难想象,材料刚度越大(或越"强硬"),w 便越小;材料刚度越小(或越"柔软"),w 便越大。图 4-49 定性地画出了 $u(x)$-x 的关系曲线,并指出了 w 的意义。

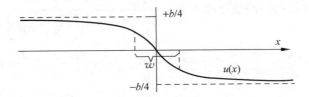

图 4-49　$u(x)$-x 曲线和位错宽度 w

2) 位移 $u(x)$ 的确定

位移 $u(x)$ 是通过计算使滑移面两边的晶体发生位移 $u(x)$ 所需的剪应力 τ_{yx} 来确定的。

一方面，仿照计算理想晶体的理论强度的方法（见 4.4 节）可以算出：

$$\tau_{yx} = \frac{Gb}{2\pi a}\sin\left(\frac{2\pi\phi}{b}\right) = -\frac{Gb}{2\pi a}\sin\left(\frac{2\pi u}{b}\right) \tag{b}$$

式中，a 为滑移面的面间距。

另一方面，将柏氏矢量为 b 的刃型位错看成是无数个分散位错，其中位于 $x' \sim x' + \mathrm{d}x'$ 之间的位错的柏氏矢量为 $b'\mathrm{d}x' = -\left(\dfrac{\mathrm{d}\phi}{\mathrm{d}x'}\right)\mathrm{d}x' = -2\left(\dfrac{\mathrm{d}u}{\mathrm{d}x'}\right)\mathrm{d}x'$（显然 $\displaystyle\int_{-\infty}^{\infty} b'\mathrm{d}x' = b$）。此分散位错在 x 处产生的应力为

$$\tau_{yx} = \int_{-\infty}^{\infty} \frac{Gb'\mathrm{d}x'}{2\pi(1-\nu)} \cdot \frac{1}{(x-x')} = -\frac{2G}{2\pi(1-\nu)}\int_{-\infty}^{\infty} \frac{\left(\dfrac{\mathrm{d}u}{\mathrm{d}x'}\right)\mathrm{d}x'}{x-x'} \tag{c}$$

令 (b) = (c) 即可解出 u：

$$u(x) = \frac{b}{2\pi}\tan^{-1}\left(\frac{x}{\zeta}\right), \quad \zeta = \frac{a}{2(1-\nu)} \tag{d}$$

当 $x = \pm\zeta$ 时，$u = \pm\dfrac{b}{8}$，从而 $w = 2\zeta$ 或 $\zeta = \dfrac{w}{2}$。

3）错排能 ε_{AB} 的计算

首先将位错的总能量 ε_{tot} 分为三部分：上、下两部分晶体的弹性能 ε_A 和 ε_B，以及滑移面上下两层原子间的交互作用能（错排能）ε_{AB}。$\varepsilon_{tot} = \varepsilon_A + \varepsilon_B + \varepsilon_{AB}$。在位错位移过程中 ε_A 和 ε_B 保持不变，只有 ε_{AB} 改变，故只需计算 ε_{AB} 与位错的位移间的关系即可。

从图 4-48 乍看起来，似乎位错移动时 ε_{AB} 应不变，因为 $x < 0$ 区的错配度要减小，使 ε_{AB} 减小，而 $x > 0$ 区的错配度要增加，使 ε_{AB} 增加，总的效果似乎应使得 ε_{AB} 不变。但事实上，由于原子间作用力与距离的关系不是线性的，因而当位错移动（错排区移动）时，ε_{AB} 仍要增加。

定量计算 ε_{AB} 时首先按下式求出在位错位移前在 x 处的错排能 E_{AB}^0：

$$E_{AB}^0 = \frac{1}{2}\int_0^\phi (\tau_{yx}b)\mathrm{d}\phi \tag{e}$$

将式 (a)，(b)，(d) 代入 (e)，就可求得

$$E_{AB}^0 = \frac{Gb^3}{4\pi^2 a}\frac{\zeta^2}{(x^2+\zeta^2)} \quad \left(\zeta = \frac{w}{2}\right)$$

当位错线位移 αb 以后，各列原子的坐标变为：$x = \left(\dfrac{n}{2} - \alpha\right)b$，$n = 0, \pm 1, \pm 2, \cdots$。因而在 x 处（对应某一个 n 值的位置）的错排能为 $E_{AB} = \dfrac{Gb^3}{4\pi^2 a} \cdot \dfrac{\zeta^2}{\zeta^2 + \left[\left(\dfrac{n}{2} - \alpha\right)b\right]^2}$，因此总的错排能为

$$\varepsilon_{AB} = \sum_{n=-\infty}^{\infty} \frac{Gb^3}{4\pi^2 a}\frac{\zeta^2}{\zeta^2 + \left[\left(\dfrac{n}{2} - \alpha\right)b\right]^2} = \frac{Gb^2}{4\pi(1-\nu)} + \frac{E_p}{2}\cos 4\pi\alpha \tag{4-94}$$

式中，

$$E_p = \frac{Gb^2}{\pi(1-\nu)}\mathrm{e}^{-\frac{2\pi w}{b}} \tag{4-95}$$

E_p 称为派尔斯能量，代表了周期性位移的势能。

4）位错起动力的计算

根据式（4-94）即可求出滑移面上下两层原子间的作用力 $f_x = -\dfrac{\partial \varepsilon_{AB}}{\partial (\alpha b)}$ 及其最大值 $f_{x,\max}$，进而求得位错的起动力 τ_p：

$$\tau_p = \frac{f_{x,\max}}{b} = \frac{2G}{1-\nu}\exp\left(-\frac{2\pi w}{b}\right) \tag{4-96}$$

4.16.2　讨论

（1）由于位错的起动力和晶体开始宏观塑性变形是对应的，故 τ_p 本质上就是晶体开始滑移的临界分切应力（或实际强度）τ_c。虽然二者在数值上会有差别。

（2）比较式（4-39）和式（4-96）可知，晶体的理论强度 τ_m 比位错的起动力 τ_p 大约大 $\exp\left(\dfrac{2\pi w}{b}\right)$ 倍。因 $w \approx (1\sim 10)b$，故 $\tau_p \ll \tau_m$。

（3）不同晶体结构的晶体其滑移的临界分切应力（或晶体的实际强度）τ_c 不同。这主要是因为它们的位错宽度 w 不同。例如，一般的体心立方金属的 w 比面心立方金属小得多，故由式（4-96）知，体心立方金属的 τ_c 必比面心立方金属大得多。

（4）沿密排方向的位错线是稳定的，因为相邻密排方向之间的距离 b 大，因而位错的起动力 τ_p 也大。

（5）温度越高，剪切模量 $G(T)$ 越小，τ_p 也就越小。从式（4-96）可以看出，位错宽度 w 越小，则同样的温度变化引起的 τ_p 变化越大，或者说，晶体的强度随温度的变化越急剧，这可能是 BCC 晶体具有确定的塑性-脆性转变温度的原因之一（另一个原因是柯氏气团对位错的钉扎作用随温度变化而急剧变化）。

（6）滑移面上部和下部晶体的弹性能之和（$\varepsilon_A + \varepsilon_B$）近似地等于 4.12 节所讨论的弹性能 E_{el}，$E_{el} \approx \varepsilon_A + \varepsilon_B$，$E_{el} \gg E_{AB}$。$\varepsilon_A$ 和 ε_B 均与位错的位置无关，仅 E_{AB} 是位错位移（αb）的函数。

（7）尽管根据派-纳模型推出的以上各项讨论和结论具有普遍性，但这个模型仍有较大的缺陷。最大的缺陷是由式（4-94）给出的派尔斯势能 ε_{AB} 的极大值出现在 $\alpha = 0$（无位移处），而极小值出现在 $\alpha = \dfrac{1}{4}$（位移为 $\dfrac{1}{4}b$ 处）。这是不符合常识的。为此，人们对派-纳模型进行过各种修正，或采用新的模型，以便得到在 $\alpha = 0$ 处势能最小，$\alpha = \dfrac{1}{2}$ 时势能最大这样一个合理的结果，如图 4-50 所示。

（8）只有在 0K 时位错线才是一条严格的直线，各段都位于最小势能的位置。当温度升高时，由于位错线上的原子的热运动，某些线段可

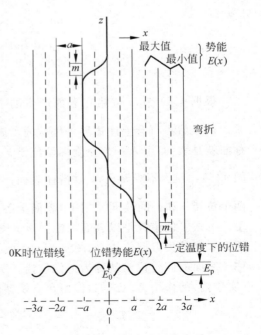

图 4-50　势能 ε_{AB} 与位错线位置的关系

能弯折,如图 4-50 所示。于是,位错线由一个平衡位置(指势能最低的位置)位移到一个相邻的平衡位置的过程就是通过弯折段位错线的侧向运动(沿图 4-50 中的 z 轴方向运动)来实现的。(当两段弯折位错相遇时由于它们是异号位错而相消,从而使位错全线位移到新的平衡位置。)弯折段位错运动所需的应力比式(4-96)中的 τ_p 低得多。由此可见,温度升高引起晶体强度 τ_c 下降的原因不仅是由于剪切模量 G 减小,更是由于位错运动方式的变化。

4.17　镜　像　力

从 4.12 节或 4.16 节的讨论可以看到,从宏观的尺度(而不是从原子的尺度)讲,位错的能量 E_{tot} 与它在晶体中的位置无关。但这个结论仅对晶体内部的位错是成立的。从式(4-82)和式(4-83)可以看到,当位错距表面的距离小于 R(相邻位错间的平均距离之半)时,位错的弹性能将减小(因为弹性变形区域小了)。位错越靠近表面,其弹性能越小。因此,从能量的角度看,距表面距离小于 R 的所有位错("近表面位错")都有趋势向表面移动。为了描述这种位移趋势,我们设想近表面位错受到一个力 f 的作用。这个虚构的力 f 就称为**镜像力**。

如何计算镜像力? 其依据是应力的边界条件,即自由表面上的应力应为零。假定有一个距表面为 r_0 的右旋螺型位错 s,其柏氏矢量为 $\boldsymbol{b}$,如图 4-51(a)所示。现根据上述边界条件来确定作用在 s 位错上的镜像力。

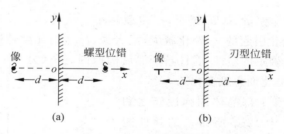

图 4-51　镜像位错和镜像力
(a) 螺型(位错线沿 z 轴); (b) 刃型

根据 4.11 节,s 位错在表面产生的唯一应力分量为 $\tau_{zx}=-\dfrac{Gby}{2\pi(r_0^2+y^2)}\neq0$(除非 $y=0$)。这显然不符合上述边界条件。为了满足边界条件,我们设想在和 s 位错对称的位置(对称面就是表面)引入一个左旋螺型位错 s',其柏氏矢量为 $\boldsymbol{b}'$,$\boldsymbol{b}'=-\boldsymbol{b}$(令两条位错线同向,见图 4-51(a))。不难看出,s' 位错在表面产生的应力为 $\tau'_{zx}=-\dfrac{Gby}{2\pi(r_0^2+y^2)}=-\tau_{zx}$。因此,在两个位错 s 和 s' 的共同作用下,表面上各点的总应力 $\tau_{zx}^{sum}=\tau_{zx}+\tau'_{zx}\equiv0$,故边界条件得到满足。上述 s' 位错就是以表面为镜面时 s 位错的像,故称为镜像位错。如果 s 是正刃型位错,那么 s' 就是负刃型位错,如图 4-51(b)所示。一般来说,和近表面位错同(类)型而异号并对称于表面的假想位错就称为镜像位错。所谓镜像力就等于镜像位错(虚位错)对近表面位错(实位错)的作用力。例如,作用在右螺型位错 s 上的镜像力(见图 4-51(a))f_x 为

$$f_x=\tau'_{yz}b=\frac{Gb'x}{2\pi(x^2+y^2)}=\frac{-Gb^2(-2r_0)}{2\pi(2r_0)^2}=\frac{Gb^2}{4\pi r_0}$$

作用在刃型近表面位错上的镜像力也可用同样的方法求得,尽管在这种情形下表面上的应

力分量并不全为零($\sigma_x^{sum}=0, \tau_{xy}^{sum} \neq 0$)。

由于镜像力的作用,晶体中近表面处的位错都力图移动到表面,致使表面的位错密度较高(高于晶体内部),这对于提高晶体表面的耐磨性是有益处的。

4.18　位错的起源与增殖

我们在讨论点缺陷时曾指出,尽管形成点缺陷需要做功,因而晶体的内能升高,但由于熵增加(混合熵),自由能仍然可能下降,因此晶体中有自发形成点缺陷的趋势,在一定的温度下有一定的(平衡浓度的)点缺陷。然而,形成位错时内能的升高(即位错的弹性能)远大于熵的增加,因而自由能总是升高的。既然如此,晶体中为什么会形成位错? 位错的起源是什么? 还有一个问题,就是晶体在塑性变形过程中位错密度的变化。按照前面各节讨论的位错模型,晶体在塑性变形中位错数目应该越来越少,因为每产生一个原子间距的滑移台阶就要消耗掉一个位错。此外,按照实验测出的滑移带宽度和滑移台阶高度,要求晶体中有大量的现成的位错。可是实验发现,退火状态的金属在变形前的位错密度比较低($\rho \approx 10^6$ cm/cm³),远不足以形成实验观测到的滑移带宽度和台阶高度,而在塑性变形过程中位错密度越来越高——高度冷加工金属中的位错密度达到$\rho \approx 10^{12}$ cm/cm³。为什么在晶体塑性变形过程中位错会增殖? 下面就依次讨论这些问题,着重讨论位错的增殖机制。

4.18.1　位错的起源

实验发现,材料在凝固、固态冷却、外延生长等过程中都可能形成位错。

凝固过程中形成位错的原因是:①"籽晶"或其他外来晶核表面(包括容器壁)上的位错或其他缺陷直接"长入"正在凝固的晶体中。②在不同部位成核和长大的晶体(如树枝晶)由于位向不同在相遇时界面原子必然"错配"而形成(界面)位错。

在固态冷却(特别是快冷)过程中形成位错的原因有:①当固体从接近熔点的温度急冷时得到大量的(过饱和的)空位,这些空位可以通过扩散聚集成大的空位团,空位团又进一步塌陷为空位片——即位错环。这种位错环往往优先在密排面上形成(见 4.21 节及 4.23 节)。②由于温度梯度、杂质等因素引起内应力,导致各部分晶体收缩不均匀而形成位错。任何引起应力集中的因素都会加速这种位错的形成。③由于冷却过程中发生再结晶或固态相变,使晶界或相界面上原子错配而形成界面位错。④在非常高的外加应力作用下无缺陷的均匀晶体(理想晶体)中也可能形成位错,但这种几率一般较小。

尽管在晶体的制备过程中往往会形成位错,但通过严格控制材料的成分和制备工艺,仍然有可能获得无位错或位错很少的晶体,例如晶须和一些半导体材料就是如此。

4.18.2　位错的增殖机制

位错增殖的机制主要有以下三种。

4.18.2.1　L 形位错增殖机制和 Frank-Read 位错源

1) L 形位错增殖机制

图 4-52 画出了一个 L 形位错 EDC,其柏氏矢量为 $\boldsymbol{b}$。这个位错的特点是,它的各段

（ED 段和 DC 段）不在同一个滑移面上。由于种种原因,某一段位错,如 ED 段,不能滑移。这些原因可能是:①ED 的滑移面上没有引起滑移的剪应力;②ED 的滑移面不是晶体学上允许的滑移面;③ED 段位错被某种障碍物(如沉淀相)牢固地钉扎住。在图 4-52 中,由于只有一个剪应力分量 τ 的作用,故 ED 段位错不能滑移,只有 DC 段位错能滑移。但由于 D 点不动,故 DC 段位错在滑移过程中是围绕 D 点(即 $\overline{DE}$ 轴)旋转的。图 4-52 画出了 DC 位错旋转了不同的 α 角后的位置 $\overline{DC_1}$,$\overline{DC_2}$,$\overline{DC_3}$,…。它们都是在晶体滑移过程的各阶段,已滑移区和未滑移区的边界。我们将不滑移的 $\overline{ED}$ 段位错称为极轴位错,滑移的(旋转的)$\overline{DC}$ 段位错称为扫动位错。从图 4-52 可以看出,扫动位错在滑移过程中,它的类型是不断变化的。例如,在初始位置($\alpha=0$,即图(a)中的 $\overline{DC}$ 位置),它是正刃型;在旋转 90° 后($\alpha=90°$,即图(b)中的 $\overline{DC_2}$ 位置),它是右旋螺型位错,等等。应该注意的是,虽然扫动位错围绕极轴位错作旋转运动,但晶体自始至终都是沿着 $\boldsymbol{b}$ 的方向滑移。$\overline{DC}$ 段位错旋转到什么位置,局部滑移区(图 4-52 中的阴影区)便扩大到什么位置。可见滑移面上下两部分晶体的相对滑动是分区依次进行的,而不是同时进行的。当扫动位错旋转了 360° 后,由于它扫过了整个滑移面,上下晶体便相对滑动了 $\boldsymbol{b}$。还应注意的是,由于扫动位错上各点受力都是 $f=\tau b$,故各点的线速度 v 都相同,因而距极轴近(旋转半径 r 小)的点,其角速度 ω 必大 $\left(\omega=\dfrac{v}{r}\right)$。这样一来,扫动位错在旋转过程中便不可能保持直线形状,而会卷成一条平面螺旋线,其曲率半径随着滑移量的增加而不断减小,直到由于位错的线张力而产生的恢复力(使弯曲位错拉直的力,见后述)与 f 达到平衡为止。

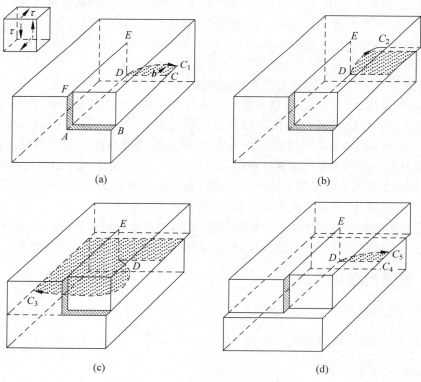

图 4-52　L 形位错增殖机制

（2）Frank-Read 位错源

在 L 形位错增殖机制的基础上，Frank 和 Read 提出了 U 形位错增殖机制，又称为 Frank-Read 源（或简称 F-R 源）。它是由两段极轴位错$\overline{ED}$和$\overline{E'D'}$，以及一条扫动位错$\overline{DD'}$组成的 U 形位错 $EDD'E'$。它的柏氏矢量为 **b**，如图 4-53(a)所示。（图面为滑移面，$\overline{ED}$和$\overline{D'E'}$两段极轴位错均垂直于图面）。

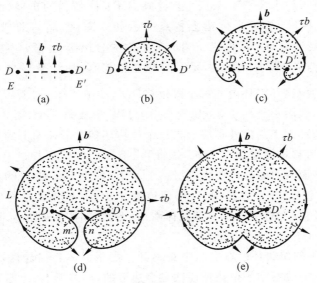

图 4-53　Frank-Read 位错源

现在分析在滑移面上的剪应力 τ 作用下，这个 U 形位错的运动情况。

由于 τ 是作用在滑移面上的剪应力，故$\overline{ED}$和$\overline{D'E'}$两段位错均不能滑移（极轴位错），只有$\overline{DD'}$能在图面上滑移（扫动位错）。由于 D 和 D' 两点固定，故$\overline{DD'}$在驱动力 $f = \tau b$ 作用下将变弯曲。当 τ 较小时，弯曲半径 r 是由 f 和线张力 T 的平衡条件决定的。为此，我们分析图 4-53(b)中$\overparen{DD'}$上的一小段元位错 dl，其受力情况如图 4-54 所示。其中驱动力的大小$\delta F = \tau b \mathrm{d}l$，而 δF 与 dl 垂直。同时，两个线张力 T 沿法线方向的投影为 $\delta F_r = 2T\sin\left(\dfrac{\mathrm{d}\theta}{2}\right) \approx T\mathrm{d}\theta = \dfrac{T\mathrm{d}l}{r}$。此力力图使弯曲的位错线恢复直线形状，故称为**恢复力**。单位长度弯曲位错线的恢复力为

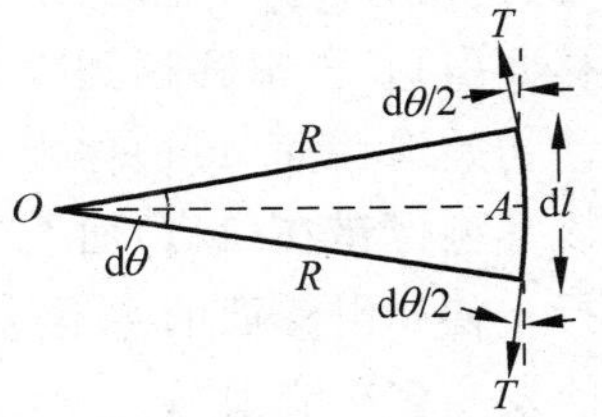

$$f_r = \frac{\delta F_r}{\mathrm{d}l} = \frac{T}{r} \tag{4-97}$$

图 4-54　dl 段弯曲元位错的受力

在平衡时（即位错线形状不再改变时）有 $f = f_r$，即 $\tau b = T/r$。由此得到在剪应力 τ 作用下位错线的平衡半径 $r = \dfrac{T}{\tau b}$，或得到使位错弯曲到半径 r 所需的剪应力为 $\tau = \dfrac{T}{br}$。

从图 4-53(b)不难看出，当位错线弯曲成半圆时 $r = r_{\min} = L$ 等于两个极轴间距离之半。此时 $f_r = f_{r\max} = \dfrac{T}{r_{\min}}$，维持平衡所需的剪应力为

$$\tau = \tau_{max} = \frac{T}{br_{min}} = \frac{T}{bL} \tag{4-98}$$

τ_{max}就是使 F-R 源起动所需的剪应力,因为当 $\tau \leqslant \tau_{max}$ 时,位错线处于稳定状态,而当 $\tau > \tau_{max}$ 时,位错线就不再保持稳定的平衡状态,它会在恒定的剪应力 τ 的作用下不断地扩展,而且根据前面的讨论可知,在靠近极轴处扩展更快。由式(4-98)看出,两条极轴间距离(2L)越大,F-R 源的起动应力越小。图 4-53(c)至(e)画出了 $\overset{\frown}{DD'}$ 位错的扩展(滑移)过程。各图中的阴影区均为已滑移区,箭头为位错上各点的运动方向,但晶体的滑移方向总是 $\boldsymbol{b}$。在图 4-53(d)中相距最近的两小段位错 m 和 n 是一对异号位错(注意,位错在运动过程中正向和 $\boldsymbol{b}$ 都不变,故 m 是左旋螺型位错,n 是右旋螺型位错)。继续滑移时 m 和 n 将相遇并抵消,得到一个封闭的位错环和环内的一小段位错 $\overset{\frown}{DD'}$,如图 4-53(e)所示。接着 $\overset{\frown}{DD'}$ 位错在线张力作用下拉直,然后重复图 4-53(b)至(e)的过程,形成第 2 个,第 3 个,…,第 n 个位错环,而已形成的位错环则不断向外扩展。当每个位错环扫过滑移面上的某一区域时,该区域两边的晶体的相对滑移量便增加一个 b。因此,当第 n 个位错环扫过整个滑移面而跑到晶体表面时,整个滑移面两边的晶体便相对滑移了 nb,同时两个极轴 $\overline{ED}$ 和 $\overline{D'E'}$ 也随着上部晶体位移了 nb。不难想象,按上述机制,U 形位错源(F-R 源)能不断地产生许多位错环,引起大量的滑移,直到极轴 $\overline{ED}$ 和 $\overline{D'E'}$ 随上部晶体滑出(下部)晶体的表面为止(此时 F-R 位错源便消失)。

F-R 源及其产生的位错环已在实验中观察到。由于晶体各向异性,位错环各点扩展速率未必相同,故实验中观察到的位错环往往是多边形的,如方形、六边形等。

4.18.2.2　多次交滑移增殖机制

在 4.7 节曾指出,螺型位错的滑移面不是唯一的,凡是包含该位错线并且是晶体学允许的晶面都可作为它的滑移面。以 FCC 晶体为例,平行于 [110] 方向的螺型位错就既可在 $(\bar{1}11)$ 面上滑移,也可在 $(1\bar{1}1)$ 面上滑移。因此,当一条平行于 [110] 方向的螺型位错线在初始滑移面 $(\bar{1}11)$ 上滑移遇到障碍物时就可能转到 $(1\bar{1}1)$ 面上滑移,这种滑移方式就叫交(叉)滑移。初始滑移面 $(\bar{1}11)$ 称为主滑移面(此面上剪应力 τ 必最大),而 $(1\bar{1}1)$ 面则为交滑移面。但当该螺型位错在 $(1\bar{1}1)$ 面上滑移了一段距离因而障碍物的影响较小时,它又可能转到另一个平行于初始滑移面的主滑移面上滑移。这种两次交滑移现象就称为双交滑移。在实际中还可能发生多次交滑移。

多次交滑移如何能使位错增殖呢? 显然,如果整个位错线都参与交滑移过程,那么在滑移过程中位错密度不可能增加,而且除了最后的一个主滑移面外,在其他主滑移面(包括初始滑移面)上滑移都不可能在晶体表面产生滑移台阶,因为只有在最后一个主滑移面上滑移时位错线才能达到晶体表面。由此可见,要想通过多次(至少两次)交滑移使位错增殖并产生大量的塑性变形,就要求位错线的一部分(而不是整个位错线)发生交滑移。图 4-55 按分图顺序画出了面心立方晶体中通过双交滑移实现位错增殖的机制(或过程):(a)在初始主滑移面 $(\bar{1}11)$ 上 $\boldsymbol{b} = \frac{1}{2}[110]$ 的位错环的螺型线段遇到障碍物;(b)该螺型线段转到 $(1\bar{1}1)$ 面上交滑移,但位错环的其余部分不是螺型位错,故不能交滑移,只能留在 $(\bar{1}11)$ 面上;(c)发生交滑移的螺型位错线段转到另一个平行的 $(\bar{1}11)$ 面上进行第二次交滑移,但留在 $(1\bar{1}1)$ 面上的两段刃型位错$\overline{AC}$和$\overline{BD}$却难以滑移(因为在($1\overline{1}1$)面上剪应力较小);(d)、(e)于是它们就成了极轴位错,因而在初始主滑移面($1\overline{1}1$)和与它平行的第二个主滑移面上各有一个 F-R 位错源;(f)在随后的滑移过程中它们便在各自的滑移面上产生大量的位错环,引起大量的滑移。如果不仅发生两次,而且发生多次交滑移,那么就会在多个相互平行的主滑移面($1\overline{1}1$)上产生大量的位错环,引起大量的滑移,从而形成一定宽度的滑移带。

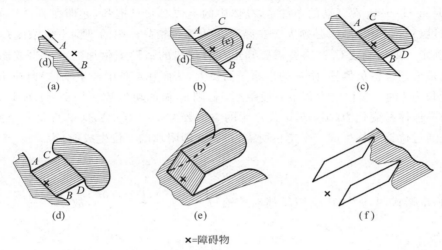

×=障碍物

图 4-55　FCC 晶体中的双交滑移增殖机制

4.18.2.3　基于位错攀移的增殖机制

在晶体中存在过饱和空位的情况下,通过刃型位错(或混合位错的刃型分量)的攀移也可使位错增殖。下面介绍 L 形和 U 形位错攀移增殖机制。

L 形位错$\overline{EDC}$仍如图 4-52 所示,不同的是,现在 $\boldsymbol{b}\,/\!/\,\overrightarrow{ED}$,因而$\overrightarrow{ED}$段位错是右旋螺型位错,$\overrightarrow{DC}$段位错是刃型位错,其附加半原子面垂直于$\overrightarrow{ED}$。如果存在正应力 σ_x(σ_x 作用在附加半原子面上),且温度较高,则$\overrightarrow{ED}$位错成为不动的极轴位错,$\overrightarrow{DC}$位错在攀移面(附加半原子面)上运动(攀移)。由于 D 点固定,$\overrightarrow{DC}$位错的运动仍然是围绕$\overline{ED}$轴的转动,运动过程及位错线形状仍然类似于图 4-52,但意义却大不相同:首先,位错扫过的区域(阴影区)是局部攀移区(而不是局部滑移区),此区的原子已扩散到周围的空位中去了。其次,不论$\overrightarrow{DC}$位错运动到什么位置或变成什么形状,它都是刃型位错。第三,由于与$\overline{DE}$垂直的原子面在 D 点附近是螺距为 b 的螺旋面,故$\overrightarrow{DC}$位错是在螺旋面上攀移,它每旋转一圈(360°)就沿$\overline{ED}$上升一段距离 b,半原子面两边的晶体也沿$\overline{DE}$线的方向合拢(相向位移)一个 b。最后$\overrightarrow{DC}$位错将变成一条连续的空间螺旋线。

U 形位错源也如图 4-53 所示,但 $\boldsymbol{b}\,/\!/\,\overrightarrow{DE}$,因而$\overrightarrow{DE}$和$\overrightarrow{E'D'}$两段位错分别是右旋和左旋螺型位错,$\overrightarrow{D'D}$段位错是刃型位错,其附加半原子面垂直于$\overrightarrow{DE}$和$\overrightarrow{E'D'}$,即图 4-53 的图面(半原子面在$\overrightarrow{D'D}$线的上方)。如上所述,在正应力 σ_x 的作用下,若温度较高,则$\overrightarrow{DE}$和$\overrightarrow{E'D'}$成为不动的极轴位错,$\overrightarrow{D'D}$段位错则在攀移面(图 4-53 的图面)上运动。由于 D 点和 D' 点都固定,$\overrightarrow{D'D}$位错在攀移过程中的位置和形状变化仍然类似于图 4-53,但图中阴影区中的原子

已扩散掉了。$\overrightarrow{D'D}$ 位错在运动过程中始终是刃型位错，所产生的位错环也是刃型位错环（环内是空位片，环外是多余的半原子面），且由于在 B 点和 C 点附近的攀移面（图面）是螺旋面，故每形成一个位错环，$\overrightarrow{D'D}$ 位错就上升一段距离 b，然后又重复如图 4-53 所示的运动过程，产生第二个、第三个位错环。每个位错环扩大到晶体表面时晶体就沿极轴位错的方向收缩 b。

上述通过 U 形位错攀移而增殖的机制就称为 Bardeen-Herring 源。

Bardeen-Herring 源开动的条件是，晶体中的空位必须过饱和，亦即在有位错的晶体中空位的浓度（过饱和浓度）$\overline{C'_v}$ 必须大于在温度 T 下无位错晶体中的平衡空位浓度 $\overline{C}_v$。$\overline{C}_v$ 由式(4-6)确定。如何确定 $\overline{C'_v}$？这就需要知道在有位错的情形下附加的空位生成能 Δu。显然，Δu 就是刃型位错负攀移（附加的半原子面扩大，从而在点阵中产生空位）时应力 σ_x 所做的功。设长为 l 的一段位错攀移了一段距离 $\mathrm{d}y$，则 σ_x 做的功为 $W = F_y \mathrm{d}y = \sigma_x b l \mathrm{d}y$。这一攀移引起的晶体体积变化为 $(l\mathrm{d}y)b$，因而产生的空位数为 $n = lb\mathrm{d}y/\Omega$，这里 Ω 是一个原子的体积。于是通过位错攀移生成一个空位所需做的功（即附加的空位生成能）为

$$\Delta u = \frac{W}{n} = \sigma_x \Omega \tag{a}$$

另一方面，根据式(4-97)，在位错攀移时应有 $f_r = \sigma_x b = \dfrac{T}{r} = \dfrac{\alpha G b^2}{r}$，故 $\sigma_x = \dfrac{\alpha G b}{r}$。代入(a)得到

$$\Delta u = \frac{\alpha G b \Omega}{r} \tag{b}$$

因此，在有位错的晶体中空位的生成能为

$$u' = u + \Delta u = u + \frac{\alpha G b \Omega}{r} \tag{c}$$

相应的空位浓度为（参照式(4-6)）

$$\overline{C'_v} = A\mathrm{e}^{-u'/k_B T} = \overline{C}_v \exp\left(-\frac{\alpha G b \Omega}{r k_B T}\right) \tag{d}$$

（式中，A 是常数，近似等于式(4-6)中的 C_0）也可将式(d)写成

$$\ln\left(\frac{\overline{C'_v}}{\overline{C}_v}\right) = -\frac{\alpha G b \Omega}{r k_B T} \tag{4-99}$$

这就是开动 B-H 源所需的空位过饱和度。

除 B-H 源外，还有其他一些攀移增殖机制。

4.18.3　位错的源地和尾闾

位错的一个源地是晶粒边界，因为晶界内有许多位错网络（见 4.22 节）和点缺陷（包括空位和间隙原子），可以作为 F-R 源或 B-H 源而发射或吸收位错，也就是说，晶界既是位错的源地，又是位错的尾闾（漏洞）。它同样也是点缺陷的源地和尾闾。

位错的另一个源地是沉淀相。当位错在滑移过程中遇到沉淀颗粒或杂质时，有可能出现以下各种后果：

（1）停止运动，造成位错塞积（见下节）。

（2）继续滑移，并穿过沉淀颗粒，使颗粒沿位错的滑移面被切成两半，并发生相对位移 b。这种情形只有当沉淀颗粒的强度较低时才会出现。

（3）继续滑移，但绕过颗粒，因而在颗粒周围留下一个位错环，环内是未滑移区，如图 4-56(a) 所示。

（4）继续滑移，但在颗粒周围发生交滑移，如图 4-56(b)，(c)，(d) 所示。各图的最上部是位错线通过沉淀颗粒前的位置和形状，最下部是通过后的位置和形状，中间两个图是交滑移过程。读者应从位错运动和晶体局部滑移间的关系来理解这些图形（注意位错线和柏氏矢量的正向）。

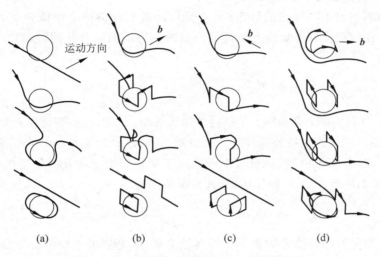

图 4-56 位错在滑移过程中遇到沉淀颗粒的情形

4.19 位错的塞积

当位错在滑移过程中遇到沉淀相、晶粒边界等障碍物时就可能被障碍物阻挡住而停止运动。如果在滑移面上有一个 F-R 源，在外加应力 τ 作用下不断地发射位错环，那么当领先的位错环遇到障碍物时，后面的各个位错环都将受到阻碍而停止滑移，因而在滑移面上将塞积一列位错，如图 4-57 所示（图 (b) 中的 ⊥ 代表位错环的刃型位错段）。这列塞积的位错群体就称为位错的塞积群，最靠近障碍物的位错称为领先位错。

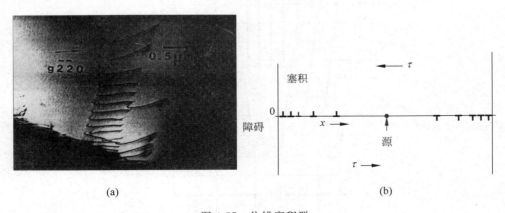

图 4-57 位错塞积群

(a) 在不锈钢薄片晶界处观察到的位错塞积群（透射电镜，×20000）；(b) 位错塞积群模型

　　下面求障碍物对塞积群的作用力。通常可以认为沉淀颗粒和晶界造成的应力场是近程作用的应力场，即应力随距离迅速衰减，因而可以假定，障碍物只对领先位错有作用力 $\tau_0 b$，对其他位错没有作用力。如果位错塞积群是由 n 个柏氏矢量均为 $\boldsymbol{b}$ 的位错组成，那么这个塞积群（作为一个整体）的平衡条件为：$n\tau b = \tau_0 b$，由此得到障碍物对领先位错的反应力为

$$\tau_0 = n\tau \tag{4-100}$$

可见，塞积的位错越多，反应力 τ_0 越大。

　　如果要求塞积群中各位错的分布（或坐标），就需要分析每个位错的受力和平衡条件。由于每个非领先位错受到外加应力及其他位错的应力场的联合作用，故第 i 个非领先位错的平衡条件为

$$\tau b_i + \sum_{\substack{j=1 \\ j \neq i}}^{n} \frac{Gb_j}{2\pi(1-\nu)}\left(\frac{b_i}{x_i - x_j}\right) = 0 \tag{a}$$

式中，b_i 和 b_j 分别为第 i 个和第 j 个位错的柏氏矢量，x_i 和 x_j 分别为第 i 个和第 j 个位错的坐标，坐标原点在领先位错处，如图 4-57 所示。方程（a）代表了 $(n-1)$ 个方程，分别对应于 $i = 2, 3, \cdots$。对于领先位错（$i = 1$），由于它除了受外应力 τ 和其他位错的应力场的作用外，还受到障碍物的反应力 τ_0 的作用，故其平衡条件为

$$\tau b_1 - \tau_0 b_1 - \sum_{j=2}^{n} \frac{Gb_j b_1}{2\pi(1-\nu)x_j} = 0 \tag{b}$$

根据以上方程即可解出各位错的坐标。计算结果表明，塞积群中位错分布是不均匀的：越靠近障碍物，位错分布越密（相邻位错间距离越小）。

　　位错塞积可能造成什么后果呢？可能的后果有以下一些：①由于使 F-R 源开动所需的应力大大增加（按式（4-100）应增加 n 倍），故材料加工硬化。②若塞积位错是刃型的，则当 n 足够大时会出现微裂纹，如图 4-58 所示。③若障碍物是晶界，则可能引发相邻晶粒内（在晶界附近）的 F-R 源开动，发生塑性变形。④若障碍物是沉淀颗粒，位错是螺型的，则可发生交滑移（见 4.18 节）。⑤若障碍物是沉淀颗粒，位错是刃型的，变形温度又较高，则位错可能攀移。交滑移和攀移都使塞积应力下降，导致晶体软化。

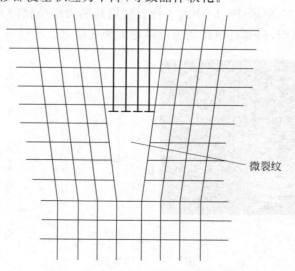

微裂纹

图 4-58　刃型位错塞积造成的微裂纹

4.20　位错的交割

本节讨论当在一个滑移面上运动的位错穿过另一个滑移面上的位错时将会出现什么后果。具体地说，就是讨论位于两个不同滑移面上的位错相互交割后各条位错线变成什么形状，以及它们的运动特点有何变化。分析这个问题的基本依据有两条，一是位错运动与晶体运动的关系，二是运动的相对性原理，即运动的位错 A 切割静止的位错 B 所产生的效果就等价于运动的位错 B 切割静止的位错 A 所产生的效果。下面分三种情形讨论。

4.20.1　刃型位错与刃型位错的交割

在图 4-59(a)中，柏氏矢量为 b_1 的刃型位错 $\overline{AB}$ 在剪应力作用下沿滑移面（Ⅰ）向下滑移，并切割位于滑移面（Ⅱ）上、柏氏矢量为 b_2 的刃型位错 $\overline{CD}$($b_1 /\!/ b_2$)。按照 $l \times v$ 规则，当位错 $\overline{AB}$ 向下运动时，平面（Ⅰ）左边的晶体将沿 b_1 方向运动，右边晶体则反向运动，因而当 $\overline{AB}$ 切割 $\overline{CD}$ 后 $\overline{CD}$ 上将产生一段台阶 $\overline{PP'}$，$PP' = b_1$。由于 $\overline{PP'}$ 的滑移面仍然是原 $\overline{CD}$ 位错的滑移面（平面（Ⅱ）），故在线张力的作用下，台阶 $\overline{PP'}$ 会自动消失，$\overline{CD}$ 位错仍恢复其直线形状。人们将位于同一滑移面上的位错台阶称为**弯折**（kink）。为了判断两个位错交割后 $\overline{AB}$ 位错的形状发生什么变化，我们根据相对运动原理，设想 $\overline{AB}$ 位错不动，$\overline{CD}$ 位错沿其滑移面（Ⅱ）向上运动，按照 $l \times v$ 规则，$\overline{CD}$ 位错切割 $\overline{AB}$ 后，$\overline{AB}$ 上也出现弯折。图 4-59(b)画出了 $\overline{AB}$ 和 $\overline{CD}$ 位错交割后两条位错线上的弯折。这些弯折都会在线张力的作用下自动消失，因而最终两条位错线仍然是直线（而不是折线）。

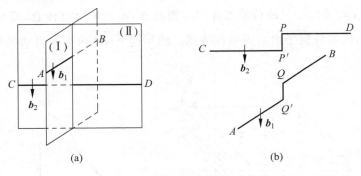

图 4-59　刃型位错的交割（$b_1 /\!/ b_2$）

图 4-60 画出了柏氏矢量相互垂直的两条不共面刃型位错的交割情况。读者不难根据 $l \times v$ 规则及相对运动原理判知，交割后 $\overline{AB}$ 位错的形状不变，$\overline{CD}$ 位错上则产生一段台阶 $\overline{PP'}$（$\overline{PP'} /\!/ b_1$）。与上面的情况不同的是，此处台阶 $\overline{PP'}$ 的滑移面是（Ⅰ）面，而不是交割前 $\overline{CD}$ 位错的滑移面（Ⅱ面），它不会在 $\overline{CD}$ 位错的线张力作用下自动消失。人们将位于不同滑移面上的位错台阶称为**割阶**（jog）。由于通常柏氏矢量的长度只有滑移方向的一个原子间距，故当 $\overline{CD}$ 位错滑移时，割阶 $\overline{PP'}$ 将随 $\overline{CD}$ 一道滑移，也就是说，刃型位错上的割阶一般不影响随后位错的滑移。

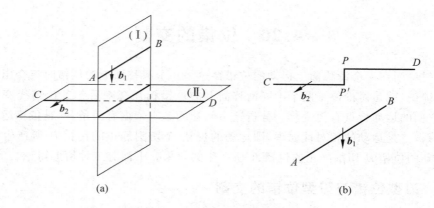

(a)

(b)

图 4-60 刃型位错的交割（$\boldsymbol{b}_1 \perp \boldsymbol{b}_2$）

4.20.2 刃型位错与螺型位错的交割

图 4-61 画出了刃型位错$\overline{AB}$在滑移过程中切割螺型位错$\overline{CD}$的情形。根据$\boldsymbol{l} \times \boldsymbol{v}$规则和相对运动原理可以得出，交割后在$\overline{AB}$和$\overline{CD}$位错上将分别形成刃型的台阶$\overline{PP'}$和$\overline{QQ'}$（$\overline{PP'} = \boldsymbol{b}_2$, $\overline{QQ'} = \boldsymbol{b}_1$）。$\overline{PP'}$是割阶。因为它的滑移面是$\boldsymbol{b}_1 \times \boldsymbol{b}_2$，而不是$\overline{AP}$和$\overline{P'B}$两段位错的滑移面。割阶$\overline{PP'}$的形成可以从图 4-61(a)直观地看出，因为螺型位错$\overline{CD}$周围的原子面是螺旋面而不是平面，因此，当$\overline{AB}$位错通过$\overline{CD}$位错后它的一段（AP段）和另一段（$P'B$段）不在同一层上，而在螺距为b_2的螺旋面上，两段之间的线段$\overline{PP'}$就是割阶。图 4-61(b)中螺型位错$\overline{CD}$上的台阶$\overline{QQ'}$是弯折而不是割阶，因为它的滑移面（$\boldsymbol{b}_1 \times \boldsymbol{b}_2$）也是$\overline{CD}$位错的滑移面，或者说，$\overline{CQ}$、$\overline{QQ'}$和$\overline{Q'D}$三段位错都在同一滑移面（$\boldsymbol{b}_1 \times \boldsymbol{b}_2$）内（注意，螺型位错的滑移面可以是包含位错线的任何平面），因而在线张力的作用下$\overline{QQ'}$可能会自动消失，使CD位错恢复直线形状。

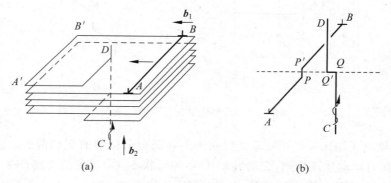

(a)

(b)

图 4-61 刃型位错和螺型位错的交割

虽然$\overline{AB}$位错出现了割阶$\overline{PP'}$，但通常$\overline{PP'}$的长度（b_2）只有一个原子间距，故仍然能和$\overline{AB}$、$\overline{P'B}$两段位错一道滑移，也就是说，刃型位错上的割阶通常都不影响位错的进一步运动。

4.20.3　螺型位错与螺型位错的交割

图 4-62 画出了柏氏矢量为 $\boldsymbol{b}_1$ 的右旋螺型位错 $\overline{AB}$ 在滑移过程中切割另一个柏氏矢量为 $\boldsymbol{b}_2$ 的右旋螺型位错 $\overline{CD}$ 的情形。和前面一样可以判断,在 $\overline{AB}$ 和 $\overline{CD}$ 位错线会分别形成台阶 $\overline{PP'}(\overline{P'P}=\boldsymbol{b}_2)$ 和台阶 $\overline{QQ'}(\overline{Q'Q}=\boldsymbol{b}_1)$。虽然 $\overline{PP'}$ 和 $\overline{QQ'}$ 都是螺型位错上的台阶,但前者是割阶,后者是弯折。这是因为 $\overline{AB}$ 位错的滑移面已定(图 4-62 中的水平面,它是由外应力条件决定的),而 $\overline{CD}$ 位错的滑移面未定,可以是包含 $\overline{CD}$ 线的任何平面。这样一来,$\overline{QQ'}$ 可以在线张力作用下消失,使 CD 位错在交割后恢复直线形状,但 $\overline{PP'}$ 却不会消失。

螺型位错上的(刃型)割阶是不能随原位错一道滑移的。从图 4-63 不难看出,$\overline{PP'}$ 的滑移面是图中的阴影面,它只能沿着位错线 $\overline{AB}$ 线滑移。若要 $\overline{PP'}$ 随 $\overline{AB}$ 一道运动,则它必须攀移,因为它的运动面(图中的 $PP'M'M$ 面)乃是刃型割阶 $\overline{PP'}$ 的附加半原子面,$\overline{PP'}$ 随 $\overline{AB}$ 一道运动将导致附加的半原子面缩小,因而在点阵中留下许多间隙原子。这种攀移只有在较大的正应力和较高的温度下才有可能。如果 $\overline{AB}$ 位错是左旋螺型位错,则 $\overline{PP'}$ 随 $\overline{AB}$ 一道运动将导致附加的半原子面扩大,因而在点阵中留下许多空位。由于金属中间隙原子的生成能大约是空位生成能的 2～4 倍,故即使在较大的正应力和较高的温度下,也是有产生空位的攀移是优先的。在常温下,螺型位错上的刃型割阶会妨碍该位错的继续滑移——不仅需要更大的剪应力,而且滑移方式将发生变化,见后述。

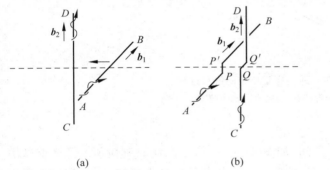

图 4-62　两个右旋螺型位错的交割

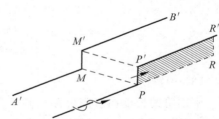

图 4-63　带刃型割阶的螺型位错的运动过程

以上讨论了位错交割的各种情形及其后果。讨论中假定割阶的长度为一个原子间距,这样的割阶称为基本割阶。在有些情形下,也可能形成长度大于一个原子间距的割阶,这样的割阶便称为超割阶(superjogs)。

为什么会形成超割阶?当一个螺型位错在滑移过程中先后切割一系列螺型位错时,该螺型位错上就会形成一系列刃型割阶,如果割阶沿位错线的分布是不均匀(不等距离)的,那么当位错线滑移时,相距最近的割阶将会由于线张力的作用而相互靠近,汇合。其结果或是相互抵消,从而割阶消失(当相邻割阶是异号位错时);或是相互叠加为超割阶。

超割阶又可根据其长度分为短割阶、中割阶和长割阶三类,它们对位错运动的影响是很不相同的。

（1）短割阶

短割阶是长度只有几个原子间距的割阶。螺型位错在滑移时有可能拽着割阶一道运动,而在点阵中留下若干空位(见图 4-64(a))。

（2）长割阶

长割阶是长度大于 60 个原子间距的割阶。除非温度很高、正应力很大,否则这种割阶是不能攀移的。因此当螺型位错滑移时割阶被牢牢地钉扎住,成为极轴位错。螺型位错段则绕着它旋转,成为扫动位错,如图 4-64(b)所示。图中长割阶$\overline{MN}$是极轴位错,两段扫动位错$\overline{XM}$和$\overline{NY}$分别在相距为$\overline{MN}$的两个平行滑移面上独立地滑移。这实际上是两个同极轴的L 形位错源。

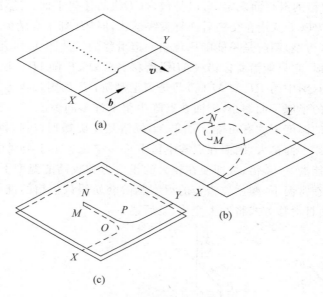

图 4-64　带割阶的螺型位错的滑移过程
(a) 短割阶;(b) 长割阶;(c) 中割阶

（3）中割阶

中割阶的长度在短割阶和长割阶之间,如图 4-64(c)所示。此时割阶$\overline{MN}$仍然难以攀移,因而仍为极轴位错,$\overline{XM}$和$\overline{NY}$仍为扫动位错。但与长割阶的情形不同的是,当这两个扫动位错滑移(旋转)到有两段(图中的$\overline{OM}$和$\overline{NP}$段)相互平行的位置时,由于它们之间的距离$\overline{MN}$较小,二者之间的交互作用力(吸引力)就很强,以致不可能继续滑移,只有其他部分(图中的$\overline{XO}$和$\overline{PY}$段)可以继续滑移。这样就形成了一对相距很近的平行异号位错($\overline{OM}$和$\overline{NP}$),这对位错就称为位错偶极子。随着螺型位错段$\overline{XO}$和$\overline{PY}$继续滑移,偶极位错越来越长,最终会由于螺型位错段发生交滑移而被中断,形成所谓棱柱形位错环(b 和环面垂直的位错环),如图 4-65 所示。在随后的滑移过程中,棱柱形位错环还会由于两条长边间的强烈吸引力而分裂成许多小环(空位环或间隙原子环,视初始割阶的正负而定)。这些留在运动位错后方的小环就称为残屑(debris)。

形成位错偶和棱柱形位错环的方式(或机制)还有不少,例如,空位或间隙原子的聚集和

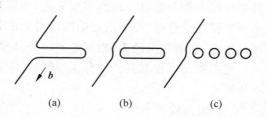

图 4-65　由位错偶形成残屑的过程

塌陷,位错运动过程中遇到沉淀颗粒(见图 4-56),以及相距很近的两条交叉位错的相互吸引和部分地交滑移等。最后一种机制表示于图 4-66 中。图中柏氏矢量为 $\boldsymbol{b}_M$ 的 $\overline{M'M}$ 位错和柏氏矢量为 $\boldsymbol{b}_N$ 的 $\overline{N'N}$ 位错分别位于相距很近的滑移面(M)和(N)内,如图 4-66(a)所示。两条位错间的吸引力使它们变成如图 4-66(b)所示的位向。然后通过螺型位错段 $\overline{M'P'}$ 或 $\overline{R'N}$ 的交滑移形成位错偶,如图 4-66(c)所示。

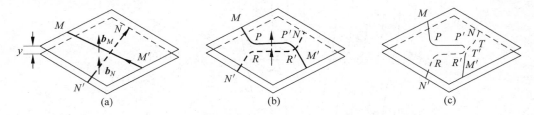

图 4-66　通过交叉位错线的交互作用和交滑移形成位错偶的过程

4.21　面心立方晶体中的位错

迄今为止,我们比较多地讨论了位错的一般性质,较少涉及具体的晶体结构。从本节起将较多地讨论具体晶体中的位错,特别是人们研究得最多、内容也最丰富的面心立方晶体中的位错。

4.21.1　全位错

柏氏矢量为沿着滑移方向的原子间距的整数倍的位错称为全位错。若沿着滑移方向连接相邻原子的矢量为 $\boldsymbol{s}$,则全位错的柏氏矢量为 $\boldsymbol{b}=n\boldsymbol{s}$,$n$ 为正整数,$n=1,2,3,\cdots$。一般 $n=1$,因为这样的全位错能量最低。

据此,FCC 晶体中全位错的柏氏矢量应为 $b=\dfrac{a}{2}\langle110\rangle$,或简写为 $b=\dfrac{1}{2}\langle110\rangle$。根据第 3 章,全位错的滑移面是 $\{111\}$,刃型全位错的攀移面(垂直于滑移面和滑移方向的平面)是 $\{110\}$。图 4-67 画出了一个 $\boldsymbol{b}=\dfrac{1}{2}[110]$ 的刃型全位错,图中的水平面是滑移面($\overline{1}11$),垂直面是(220)。

本节之前讨论的位错的各种属性全部适用于全位错。例如,它可以通过局部滑移形成。而刃型的全位错也可以通过插入半原子面形成。由图 4-67 可以看到,为了形成一个 $\boldsymbol{b}=\dfrac{1}{2}[110]$ 的全位错,需要插入两层(220)面,因为 $b=\dfrac{\sqrt{2}}{2}a=2d_{(220)}$。从堆垛次序考虑也很容易理解为什么要插入两层($220$)面。我们知道,FCC 中($220$)面的堆垛次序是 $ababab\cdots$,由于形成全位错时不能改变 FCC 的晶体结构,故在 a 层和 b 层间必须相继地插入一层 b 和一层 a。当然也可以将这两层看成一个曲折的(110)面。

现在再细致分析一下全位错滑移时原子是如何运动的。图 4-68 画出了 FCC 晶体中滑移面($\overline{1}11$)上的一层(A 层)原子。当全位错滑移时,A 层上面的 B 层原子通过 $\dfrac{1}{2}[110]$ 的滑移而从一个间隙位置滑到相邻的等价间隙位置(从 B 位置滑到相邻的 B 位置)。但从图 4-68 直

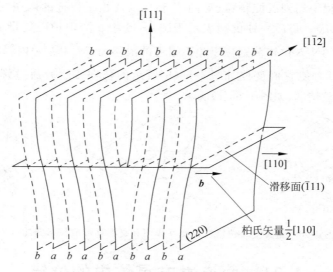

图 4-67   FCC 晶体中的刃型全位错

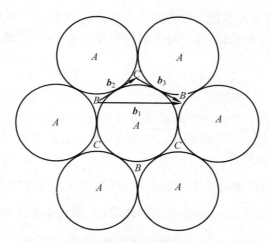

图 4-68   FCC 中全位错滑移时原子的滑动路径

观看到,直接沿[110]方向滑动会与相邻的 A 层原子发生显著的碰撞,使晶体发生较大的局部畸变,能量显著增加。因此,从能量上考虑,B 层原子的有利滑动路径应该是分两步:第一步是通过 $\frac{1}{6}[121]$ 的滑移到达 C 位置(另一种间隙位置),第二步再通过 $\frac{1}{6}[21\bar{1}]$ 的滑移从 C 位置滑移到相邻的 B 位置,如图 4-68 所示。由于在每步滑移过程中 B 原子都是从两个 A 原子之间通过,因而引起 A 原子的位移(或晶体的局部畸变)最小,能量的增加也最小。

4.21.2   Shockley 分位错

从上述两步滑移过程的分析我们自然会想到,B 原子会不会在滑动了第一步后就不再滑移而停留在 C 位置呢?为了回答这个问题仍然需要分析能量关系。如果仅从两层($\bar{1}11$)面看,B 层原子位于 B 位置和 C 位置是完全等价的,即晶体的能量是相同的。但对于由多层($\bar{1}11$)面按 $ABCABC\cdots$ 顺序堆垛而成的 FCC 晶体来说，B 层原子滑到 C 位置就形成了一层层错，因而晶体的能量增加了层错能。若层错能较小，则 B 层原子会停留在亚稳的 C 位置；若层错能较大，则 B 层原子会连续滑移两次而回到 B 位置。实际上在层错能较小的 18Cr-8Ni 不锈钢和铜中常常观察到层错，而在层错能较大的铝中则观察不到层错。

如果 B 层上的原子只有一部分滑动了第一步，即滑动了 $\dfrac{1}{6}[121]$，而另一部分不滑动，结果将会怎样呢？根据 4.5 节，滑动了一次的区域和未滑动区域的边界就是位错，它的柏氏矢量是 $\boldsymbol{b}=\dfrac{1}{6}[121]$。由于 FCC 晶体中 [121] 方向上的原子间距是 $\dfrac{1}{2}[121]\left(=\dfrac{\sqrt{2}}{2}a\right)$，故 b 小于滑移方向的原子间距。

人们将柏氏矢量小于滑移方向上的原子间距的位错称为**分位错**。在 FCC 晶体中位于 {111} 面上柏氏矢量为 $\dfrac{1}{6}\langle 112\rangle$ 的分位错便称为 Shockley 分位错。图 4-69 和图 4-70 分别画出了一个在 ($1\bar{1}1$) 面上、$\boldsymbol{b}=\dfrac{1}{6}[11\bar{2}]$ 的刃型 Shockley 分位错附近的原子在 ($1\bar{1}1$) 和 (110) 面上的投影。

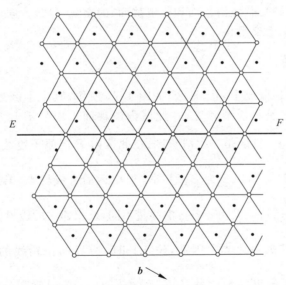

图 4-69　混合型 Shockley 分位错（位错线 $\overline{EF}$ 与 $\boldsymbol{b}$ 呈 30°角）在 ($1\bar{1}1$) 面上的投影

根据上面的讨论，结合图 4-68 至图 4-70 可以看出 Shockley 分位错有以下一些特点：

(1) 位于孪生面上，柏氏矢量沿孪生方向，且其大小小于孪生方向上的原子间距：$b=\dfrac{1}{6}\langle 112\rangle$。

(2) 不仅是已滑移区和未滑移区的边界，而且是有层错区和无层错区的边界。

(3) 可以是刃型、螺型或混合型。

(4) 只能通过局部滑移形成。即使是刃型 Shockley 分位错也不能通过插入半原子面得到，因为插入半原子面不可能导致形成大片层错区。

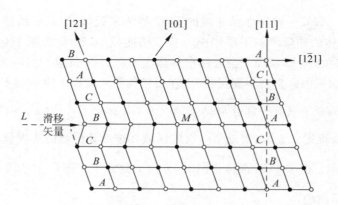

图 4-70 刃型 Shockley 分位错在(110)面上的投影

（5）即使是刃型 Shockley 分位错也只能滑移,不能攀移,因为滑移面上部(或下部)原子的扩散不会导致层错消失,因而有层错区和无层错区之间总是存在着边界线,即 Shockley 分位错线。

（6）即使是螺型 Shockley 分位错,也不能交滑移,因为螺型 Shockley 分位错是沿⟨112⟩方向,而不是沿两个{111}面(主滑移面和交滑移面)的交线⟨110⟩方向,故它不可能从一个滑移面转到另一个滑移面上交滑移。

4.21.3 扩展位错

设想将滑移面($1\bar{1}1$)分成 Ⅰ,Ⅱ,Ⅲ区,如图 4-71 所示,其中 Ⅰ 区是未滑移区,在此区内 B 层原子不滑移。Ⅱ 区是一次滑移区,在此区内滑移面上面的 B 层原子发生了第一步滑移,滑移矢量为 $\frac{1}{6}[121]$。Ⅲ 区是二次滑移区,在此区内 B 层原子连续进行了两步滑移。第一步滑移矢量为 $\frac{1}{6}[121]$,第二步为 $\frac{1}{6}[21\bar{1}]$。根据运动合成规则,第 Ⅲ 区的总滑移矢量为 $\frac{1}{6}[121]+\frac{1}{6}[21\bar{1}]=\frac{1}{2}[110]$。由于各区滑移量不同,故相邻区的边界就是位错线,其柏氏矢量就是相邻两区的滑移矢量之差。因此,位于Ⅰ-Ⅱ区边界的位错线的 $b_1=\frac{1}{6}[121]-0=\frac{1}{6}[121]$;位于Ⅱ-Ⅲ区边界的位错线的 $b_2=\left(\frac{1}{6}[121]+\frac{1}{6}[12\bar{1}]\right)-\frac{1}{6}[121]=\frac{1}{6}[21\bar{1}]$。由此可见,位于Ⅰ-Ⅱ区边界和位于Ⅱ-Ⅲ区边界的位错线都是 Shockley 分位错,两条 Shockley 分位错之间的区域(即Ⅱ区)是层错区。人们将由两条平行的 Shockley 分位错、中间夹着一片层错区所组成的缺陷组态称为**扩展位错**。它的柏氏矢量定义为 $b=b_1+b_2$,式中 b_1 和 b_2 分别是组成扩展位错的两个 Shockley 分位错的柏氏矢量。

扩展位错的性质和特点如下:

（1）位于{111}面上,由两条平行的 Shockley 分位错中间夹着一片层错区组成。

（2）柏氏矢量 $b=b_1+b_2=\frac{1}{2}\langle110\rangle$,$b_1$ 和 b_2 分别是两条 Shockley 分位错的柏氏矢量,它们的夹角为 $60°(\widehat{b_1,b_2}=60°)$。

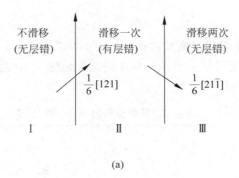

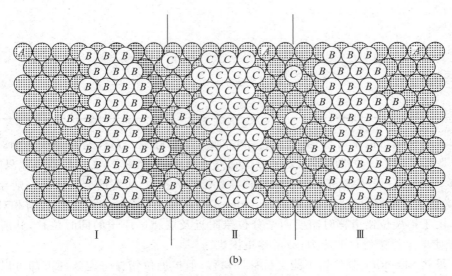

图 4-71 FCC 晶体中扩展位错的结构

(a) 示意图;(b) 相邻两层(111)面上原子的排列

（3）组成扩展位错的两个 Shockley 分位错由于交互作用而必然处于相互平行的位置。它们之间的距离 d 即是层错区的宽度,亦称扩展位错的宽度。可以证明,除非遇到障碍物,扩展位错在滑移过程中其宽度是恒定的,这个恒定的宽度就称为扩展位错的平衡宽度。为什么存在一个平衡的宽度呢？因为 d 值取决于两个相反的因素:一个是层错能,它力图使 d 减小(层错区变窄乃至消失);另一个是两个分位错之间的交互作用力 f,它力图使 d 增大,层错区变宽(注意,根据式(4-91) $f = G\boldsymbol{b}_1 \cdot \boldsymbol{b}_2 / 2\pi d$,今 $\boldsymbol{b}_1$ 和 $\boldsymbol{b}_2$ 成 60°角,故 $f>0$,为斥力)。为了确定平衡宽度 d_0,我们设想单位长度的两个分位错发生单位距离的相对位移,因而层错区增加了单位面积。在此过程中外力做的功为 $f \times 1 = f$,增加的层错能为 γ_1, γ_1 称为比层错能(脚标 I 表示内禀层错,其意义见后述)。令 $f = \gamma_1$,即可求出 d_0:

$$\frac{G\boldsymbol{b}_1 \cdot \boldsymbol{b}_2}{2\pi d_0} = \gamma_1$$

所以

$$d_0 = \frac{G\boldsymbol{b}_1 \cdot \boldsymbol{b}_2}{2\pi \gamma_1} \tag{4-101}$$

对 FCC 晶体, $b_1 = b_2 = \dfrac{\sqrt{6}}{6}a$, $\boldsymbol{b}_1$ 和 $\boldsymbol{b}_2$ 的夹角为 60°,代入式(4-101)得到

$$d_0 = \frac{Ga^2}{24\pi\gamma_1} \qquad (4\text{-}102)$$

比层错能 γ_1 的数值可通过实验测出（见式(4-105)）。表 4-2 列举了某些金属和合金的 γ_1 值。作为比较，表中还列举了孪晶—基体的比界面能 γ_T 和晶粒边界的比界面能 γ_G（单位均为 mJ/m²）。

表 4-2 某些金属的 γ_1, γ_T 和 γ_G 值 mJ/m²

金属	γ_1	γ_T	γ_G
Ag	16	8	790
Al	166	75	325
Au	32	15	364
Cu	45	24	625
Ni	125	43	866
Cd	175		
Mg	125		
Zn	140		340
18-8 不锈钢	15		

（4）扩展位错可以是刃型、螺型或混合型，取决于 b 与 Shockley 分位错线的相对取向。

（5）既然组成扩展位错的 Shockley 分位错只能滑移，不能攀移，扩展位错也就只能滑移，不能攀移。在滑移过程中领先的分位错滑移导致层错区扩大，跟踪的分位错滑移则导致层错区缩小，总效果是使 d_0 保持不变，两个 Shockley 分位错作为一个整体而滑移，没有相对运动。

（6）由于扩展位错滑移时需要两个分位错附近及层错区原子的同时位移，其所需外应力远大于使单个位错滑移的应力，故滑移更困难。

（7）虽然 Shockley 分位错不能交滑移和攀移，但扩展位错在一定条件下却可以交滑移或攀移。该条件就是领先位错遇到障碍物而停止滑移，跟踪位错在外力作用下继续滑移，直到与领先位错重合，合成一个 $b = b_1 + b_2 = \frac{1}{2}\langle 110 \rangle$ 的全位错，这就叫位错的束集。束集而成的全位错如果是刃型，则可攀移；如果是螺型，则可绕过障碍物而转入交滑移面上滑移，并在随后分解为扩展位错。这样，扩展位错就从主滑移面转到了交滑移面。当然使位错束集是需要外力做功的，且扩展位错越宽，功越大，或者说，扩展位错越难束集，因而也就越难攀移或交滑移。因此，在实际应用中为了提高 FCC 金属和合金的强度，特别是高温强度，一条有效的途径就是加入能降低 {111} 面层错能的合金元素，以增加扩展位错的平衡宽度。这些元素都是置换式元素（即与基体金属形成置换式固溶体），并且择优分布在 {111} 面上，形成所谓铃木气团（或称 Suzuki 气团）。例如 18Cr-8Ni 不锈钢中的 Ni 就择优分布在 {111} 面上形成铃木气团，阻碍位错的滑移和攀移。

（8）一个柏氏矢量为 b 的全位错分解为两个柏氏矢量分别为 b_1 和 b_2 的 Shockley 分位错的过程可表示为 $b \to b_1 + b_2$。其物理意义是，全位错线的一边，例如左边（Ⅰ区），不滑移；右边的一部分（Ⅱ区）滑移一次，滑移矢量为 b_1；另一部分（Ⅲ区）滑移两次，第一次滑移矢量为 b_1，第二次为 b_2，因而总滑移矢量为 $b_1 + b_2 = b$。可见，第Ⅰ区和第Ⅲ区都是无层错区，中间的第Ⅱ区是有层错区。各区的边界就是 Shockley 分位错。有些书上将刃型全位错的分解形象地画成是插入了两个(220)半原子面，我们认为，这是不对的。

4.21.4　Frank 分位错

Shockley 分位错是有层错区和无层错区的边界,而层错区是通过局部滑移$\frac{1}{6}\langle 112\rangle$形成的。但是,除了局部滑移外,通过插入或抽走部分$\{111\}$面也能形成局部层错,如图 4-72 所示。从图看出,抽走部分$\{111\}$面后,在有层错区$\{111\}$面的堆垛次序变为 $ABCABABC\cdots$,即形成了一层层错 BA,此种层错就称为内禀层错(intrinsic stacking fault,见图 4-72(a))。插入部分$\{111\}$面后,在有层错区$\{111\}$面的堆垛次序变为 $ABCA\check{C}BCABC\cdots$,即形成了两层层错 AC,CB。此种层错便称为外禀层错(extrinsic stacking fault,见图 4-72(b))。内禀层错区和无层错区的边界称为负 Frank 分位错,其柏氏矢量为 $\boldsymbol{b}=\frac{1}{3}$ $\langle 111\rangle$,因为抽走半个$\{111\}$面后两边的晶体会沿$\langle 111\rangle$方向相对位移(靠拢)一层$\{111\}$面的距离 $d_{(111)}=\frac{a}{\sqrt{3}}=\left|\frac{1}{3}\langle 111\rangle\right|$。类似地,外禀层错和无层错区的边界称为正 Frank 分位错,其柏氏矢量也是 $\boldsymbol{b}=\frac{1}{3}\langle 111\rangle$。注意,FCC 晶体中$\langle 111\rangle$方向上的原子间距为$\sqrt{3}\,a$,故 b 只有$\langle 111\rangle$方向上的原子间距的三分之一。

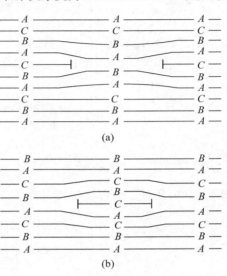

图 4-72　Frank 位错是层错区的世界
(a) 负 Frank 分位错;(b) 正 Frank 分位错

负 Frank 分位错的实际形成原因是晶体中的过饱和空位聚集成空位团,并沿$\langle 111\rangle$方向塌陷,形成$\{111\}$空位片。由于空位是晶体中固有的(或现成的),故所形成的层错称为内禀层错。正 Frank 分位错的实际形成原因是晶体中由于外来高能粒子辐照产生的过剩间隙原子优先分布在$\{111\}$面之间,形成间隙原子片,故称外禀层错。

由上述可见,Frank 分位错具有以下特点:

(1) 位于$\{111\}$面上,可以是任何形状,包括直线、曲线和封闭环(称为 Frank 位错环)。无论是什么形状,它总是刃型的,因为 $\boldsymbol{b}=\frac{1}{3}\langle 111\rangle$,与$\{111\}$面垂直。

(2) 由于 $\boldsymbol{b}$ 不是 FCC 晶体的滑移方向,故 Frank 分位错不能滑移、只能攀移,即图 4-72 中的半原子面($\{111\}$面)通过扩散而扩大或缩小。这种不可能滑移的位错便称为定位错,而 Shockley 分位错则是可滑位错。

4.21.5　压杆位错

FCC 晶体中另一种定位错就是所谓压杆位错,它也是通过 Shockley 分位错合成(或位错反应,见下节)得到的。具体形成过程如下(参看图 4-73)。

首先,在$(\bar{1}11)$和$(1\bar{1}1)$面上各有一个全位错,其柏氏矢量分别为 $\boldsymbol{b}_1=\frac{1}{2}[\bar{1}0\bar{1}]$ 和 $\boldsymbol{b}_2=$

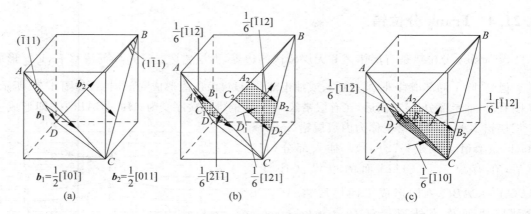

图 4-73　FCC 晶体中压杆位错的形成过程
（a）全位错；（b）形成扩展位错；（c）形成压杆位错

$\frac{1}{2}[011]$，如图 4-73（a）所示。其次，全位错在各自的滑移面上分解，形成扩展位错，如图 4-73（b）所示。分解反应式为

$$\frac{1}{2}[\bar{1}0\bar{1}] \longrightarrow \frac{1}{6}[\bar{1}1\bar{2}] + \frac{1}{6}[\bar{2}\,\bar{1}\,\bar{1}]$$

$$\frac{1}{2}[101] \longrightarrow \frac{1}{6}[112] + \frac{1}{6}[\bar{1}12]$$

图中 4 条 Shockley 分位错的柏氏矢量分别为 $\overrightarrow{A_1B_1}$：$\frac{1}{6}[\bar{1}1\bar{2}]$；$\overrightarrow{C_1D_1}$：$\frac{1}{6}[\bar{2}\,\bar{1}\,\bar{1}]$；$\overrightarrow{A_2B_2}$：$\frac{1}{2}[\bar{1}12]$；$\overrightarrow{C_2D_2}$：$\frac{1}{6}[121]$。然后，在外应力作用下，两个扩展位错都向（$\bar{1}$11）和（1$\bar{1}$1）面的交线处滑移，直至两条领先位错 $\overline{C_1D_1}$ 和 $\overline{C_2D_2}$ 在交线[110]处相遇，并发生下述合成反应：

$$\frac{1}{6}[\bar{2}\,\bar{1}\,\bar{1}] + \frac{1}{6}[121] \longrightarrow \frac{1}{6}[\bar{1}10]$$

就是说，$\overline{C_1D_1}$ 和 $\overline{C_2D_2}$ 合成为一条沿着[110]方向、柏氏矢量为 $\frac{1}{6}[\bar{1}10]$ 的分位错，其滑移面为（001）（[110]×[$\bar{1}$10]=[001]）。由于（001）不是 FCC 的滑移面，$\frac{1}{6}[\bar{1}10]$ 也不是 FCC 的滑移矢量，故合成后的分位错是不能滑移的定位错，称为压杆位错或 Lomer-Cottrell 锁。它使得两个扩展位错停止运动，形成一个由两条 Shockley 分位错线、一条压杆位错线和相交成 70°32′的两个层错带组成的稳定缺陷组态。这个组态作为很强的障碍物将（$\bar{1}$11）和（1$\bar{1}$1）面上的其他位错都牢牢地锁住。压杆位错也称为面角位错，或简称 L-C 位错。

4.22　位错反应

由几个位错合成为一个新位错或由一个位错分解为几个新位错的过程称为位错反应。上节讨论的全位错分解为两个 Shockley 分位错以及位于两个相交滑移面上的 Shockley 分位错合成为压杆位错的过程都是自发位错反应的例子。本节将进一步讨论以下三个问题。

4.22.1 自发位错反应的条件

如果 m 个柏氏矢量分别为 $\boldsymbol{b}_1, \boldsymbol{b}_2, \cdots, \boldsymbol{b}_i, \cdots, \boldsymbol{b}_m$ 的位错相遇并自发变成 n 个柏氏矢量分别为 $\boldsymbol{b}_1', \boldsymbol{b}_2', \cdots, \boldsymbol{b}_j', \cdots, \boldsymbol{b}_n'$ 的新位错,那么新老位错的柏氏矢量必须满足以下条件

（1）几何条件

$$\sum_{j=1}^{n} \boldsymbol{b}_j' = \sum_{i=1}^{m} \boldsymbol{b}_i \tag{4-103}$$

即新位错的柏氏矢量之和应等于老位错的柏氏矢量之和。如果想到 b 是晶体的局部位移矢量,就不难理解,几何条件就是运动迭加原理。

（2）能量条件

$$\sum_{j=1}^{n} b_j'^2 \; = \; \sum_{i=1}^{m} b_i^2 \tag{4-104}$$

即新位错的总能量应该不大于老位错的总能量（记住位错的弹性能 $E_{\mathrm{el}} = \alpha G b^2$）。

以全位错分解为 Shockley 分位错为例（见 4.21 节）：

$$\frac{1}{2}[\bar{1}10] \longrightarrow \frac{1}{6}[\bar{2}11] + \frac{1}{6}[\bar{1}2\bar{1}]$$

$$\sum_{j=1}^{3} \boldsymbol{b}_j' = \frac{1}{6}[\bar{3}30] = \frac{1}{2}[\bar{1}10] = \sum_{i=1}^{1} \boldsymbol{b}_i'$$

$$\sum_{j=1}^{2} b_j'^2 = \left(\frac{\sqrt{6}\,a}{6}\right)^2 + \left(\frac{\sqrt{6}\,a}{6}\right)^2 = \frac{a^2}{3} < \sum_{i=1}^{1} b_i^2 = \left(\frac{\sqrt{2}\,a}{2}\right)^2 = \frac{a^2}{2}$$

再以两个 Shockley 分位错合成 L-C 位错的反应为例（见 4.21 节）：

$$\frac{1}{6}[\bar{2}\,\bar{1}\,\bar{1}] + \frac{1}{6}[121] \longrightarrow \frac{1}{6}[\bar{1}10]$$

$$\sum_{j=1}^{1} \boldsymbol{b}_j' = \frac{1}{6}[\bar{1}10], \quad \sum_{i=1}^{2} \boldsymbol{b}_i = \frac{1}{6}[\bar{2}\,\bar{1}\,\bar{1}] + \frac{1}{6}[121] = \frac{1}{6}[\bar{1}10]$$

$$\sum_{j=1}^{1} b_j'^2 = \left(\frac{\sqrt{2}\,a}{6}\right)^2 = \frac{a^2}{18}, \quad \sum b_i^2 = \left(\frac{\sqrt{6}\,a}{6}\right)^2 + \left(\frac{\sqrt{6}\,a}{6}\right)^2 = \frac{a^2}{3}$$

所以，
$$\sum_{j=1}^{1} \boldsymbol{b}_j' = \sum_{i=1}^{2} \boldsymbol{b}_i, \sum_{j=1}^{1} b_j'^2 < \sum_{i=1}^{1} b_i^2$$

4.22.2 FCC 中位错反应的一般表示：Thompson 四面体

上面我们用柏氏矢量的具体指数来写位错反应式,其缺点是未表示出位错所在的晶面,且指数易写错。为了克服这些缺点,在 FCC 晶体中人们用 Thompson 四面体中各特征向量来表示柏氏矢量。这个四面体的 4 个顶点分别位于晶体中的 $A\left(\frac{1}{2}, 0, \frac{1}{2}\right)$, $B\left(0, \frac{1}{2}, \frac{1}{2}\right)$, $C\left(\frac{1}{2}, \frac{1}{2}, 0\right)$ 和 $D(0,0,0)$ 等 4 点,如图 4-74 所示。假定四面体的 4 个外表面（等边三角形）的中心分别为 α, β, γ 和 δ,其中 α 是对着顶点 A 的外表面（简称 α 面）的中心,依此类推。于是,由 $A, B, C, D, \alpha, \beta, \gamma$ 和 δ 等 8 个点中的每 2 个点连成的向量就表示了 FCC 晶体中所有重要位错的柏氏矢量。现证明如下（参看图 4-74）：

（1）罗-罗向量

由四面体顶点 A,B,C,D（均为罗马字母）连成的向量，其指数很容易从图 4-74(a) 直接看出：

$$\vec{DA}=\frac{1}{2}[101], \quad \vec{DB}=\frac{1}{2}[011], \quad \vec{DC}=\frac{1}{2}[110], \quad \vec{AB}=\vec{AD}+\vec{DB}=\frac{1}{2}[\bar{1}10]$$

$$\vec{AC}=\vec{AD}+\vec{DC}=\frac{1}{2}[01\bar{1}], \quad \vec{BC}=\vec{BD}+\vec{DC}=\frac{1}{2}[10\bar{1}]$$

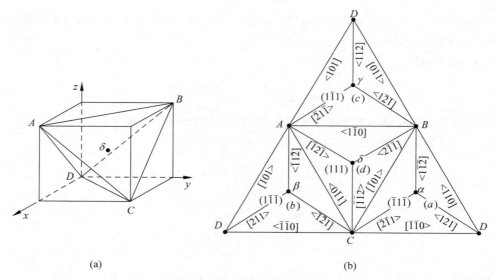

(a)　　　　　　　　　　(b)

图 4-74　FCC 晶体中的 Thompson 四面体

（a）立体图；（b）展开图

（尖括符"<"或">"给出了晶向的正向）

由此可见，罗-罗向量就是 FCC 中全位错的柏氏矢量。

（2）不对应的罗-希向量

由四面体顶点（罗马字母）和通过该顶点的外表面的中心（不对应的希腊字母）连成的向量可由三角形重心的性质求得。例如，$\vec{D\alpha}=\frac{2}{3}\left(\vec{DC}+\frac{1}{2}\vec{CB}\right)=\frac{2}{3}\left(\frac{1}{2}[110]+\frac{1}{4}[\bar{1}01]\right)=\frac{1}{6}[121]$。同理可得出：

$$\vec{D\beta}=\frac{1}{6}[211], \quad \vec{D\gamma}=\frac{1}{6}[112], \quad \vec{A\beta}=\frac{1}{6}[\bar{1}1\bar{2}], \quad \vec{A\gamma}=\frac{1}{6}[\bar{2}1\bar{1}]$$

$$\vec{A\delta}=\frac{1}{6}[\bar{1}2\bar{1}], \quad \vec{B\alpha}=\frac{1}{6}[1\bar{1}\,\bar{2}], \quad \vec{B\gamma}=\frac{1}{6}[1\bar{2}\,\bar{1}], \quad \vec{B\delta}=\frac{1}{6}[2\bar{1}\,\bar{1}]$$

$$\vec{C\alpha}=\frac{1}{6}[\bar{2}\,\bar{1}1], \quad \vec{C\beta}=\frac{1}{6}[\bar{1}\,\bar{2}1], \quad \vec{C\delta}=\frac{1}{6}[\bar{1}\,\bar{1}2]$$

由此可见，不对应的罗-希向量就是 FCC 中 Shockley 分位错的柏氏矢量。

（3）对应的罗-希向量

根据以上结果，利用向量合成规则，很容易求出对应的罗-希向量：

$$\vec{A\alpha} = \vec{AB} + \vec{B\alpha} = \frac{1}{2}[\bar{1}10] + \frac{1}{6}[1\bar{1}\bar{2}] = \frac{1}{3}[\bar{1}1\bar{1}]$$

$$\vec{B\beta} = \vec{BC} + \vec{C\beta} = \frac{1}{2}[10\bar{1}] + \frac{1}{6}[\bar{1}\bar{2}1] = \frac{1}{3}[1\bar{1}\bar{1}]$$

$$\vec{C\gamma} = \vec{CD} + \vec{D\gamma} = \frac{1}{2}[\bar{1}\bar{1}0] + \frac{1}{6}[112] = \frac{1}{3}[\bar{1}\bar{1}1]$$

$$\vec{D\delta} = \vec{DA} + \vec{A\delta} = \frac{1}{2}[101] + \frac{1}{6}[\bar{1}2\bar{1}] = \frac{1}{3}[111]$$

由此可见,对应的罗-希向量就是 FCC 中 Frank 分位错的柏氏矢量。

(4) 希-希向量

所有希-希向量也可根据向量合成规则求得,例如:

$$\vec{\alpha\beta} = \vec{\alpha A} + \vec{A\beta} = \frac{1}{3}[1\bar{1}1] + \frac{1}{6}[\bar{1}1\bar{2}] = \frac{1}{6}[1\bar{1}0] = \frac{1}{3}\vec{BA}$$

同理可得

$$\vec{\alpha\gamma} = \frac{1}{6}[0\bar{1}1] = \frac{1}{3}\vec{CA}$$

$$\vec{\alpha\delta} = \frac{1}{6}[101] = \frac{1}{3}\vec{DA}$$

$$\vec{\beta\gamma} = \frac{1}{6}[\bar{1}01] = \frac{1}{3}\vec{CB}$$

$$\vec{\beta\delta} = \frac{1}{6}[011] = \frac{1}{3}\vec{DB}$$

$$\vec{\gamma\delta} = \frac{1}{6}[110] = \frac{1}{3}\vec{DC}$$

由此可见,希-希向量就是 FCC 中压杆位错的柏氏矢量。

既然 FCC 晶体中所有重要位错的柏氏矢量都可以用 Thompson 四面体中的有关向量表示,位错反应式(柏氏矢量的合成或分解式)也就可以用这些向量来表示。

4.22.3　位错反应举例

4.22.3.1　形成扩展位错的反应

利用 Thompson 四面体中的各向量,可以将上节讨论的位于(111)面上、$b = \frac{1}{6}[\bar{1}10]$ 的全位错分解为扩展位错的反应式表示如下:

$$\vec{AB}(\delta) \longrightarrow \vec{A\delta} + \vec{\delta B}$$

由此不难看出,只要知道全位错所在的面(这里是 δ 面)和柏氏矢量(这里是 $\vec{AB}$),就可以根据向量合成规则直接写出反应式,而不必考虑各位错的柏氏矢量的具体指数。但这里还有一个问题,就是由柏氏矢量为 $\vec{AB}$ 的全位错分解得到的两个 Shockley 分位错中,究竟哪个分位错的柏氏矢量为 $\vec{A\delta}$(罗马-希腊矢量),哪个为 $\vec{\delta B}$(希腊-罗马矢量)? 要回答这个问题,需考虑两个因素。一个因素是 Shockley 分位错的刃型分量所对应的"附加半原子面"在滑移面的哪一边,这决定了位错线正向与柏氏矢量正向间的关系($l \times b$ 应指向附加半原子面);另一个因素是形成 Shockley 分位错时(局部)滑移方向的唯一性——此方向取决于 FCC 晶

体相邻两层{111}面上原子的相对位置,以及观察者站在
Thompson 四面体的哪一边(外部或内部)去观察。例如,
在图 4-75 中,如果站在 Thompsom 外部的观察者看到,
上层原子(白原子)由位置 1 滑移到位置 2,滑移矢量是
AB。那么在形成扩展位错时,他将看到,一次滑移区
(图 4-71 中的 Ⅱ 区)的白原子相对于不滑移区(图 4-71 中
的 Ⅰ 区)的滑移矢量是 $\overrightarrow{A\delta}$(而不可能是 $\overrightarrow{\delta B}$),二次滑移区
(图 4-71 中的 Ⅲ 区)的白原子相对于一次滑移区的滑移矢
量是 $\overrightarrow{\delta B}$(而不可能是 $\overrightarrow{A\delta}$)。由于这两次局部滑移形成的
Shockley 分位错的刃型分量所对应的"附加半原子面"都
在滑移面的下面(Thompson 四面体的内部),故两条

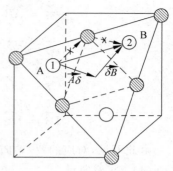

图 4-75 形成 Shockley 分位错的
局部滑移

Shockley 分位错的正向及柏氏矢量应如图 4-76(a)所示,而不是图 4-76(b)~(d)所示。其
中,图(b)虽然和附加半原子面的位置一致,但图示的滑移方向是不允许的。图(c)则相反,
其滑移方向是允许的,但不符合附加半原子面的位置要求;图(d)则二者均不符。

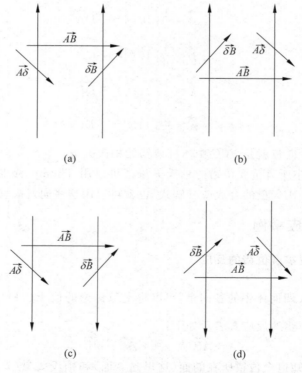

图 4-76 FCC 晶体中全位错分解规则

由上述讨论,我们得到一个关于 FCC 晶体中全位错分解为扩展位错的规则,即:

"站在 Thompson 四面体的外侧,顺着位错线的正向看去,左边 Shockley 分位错的柏氏
矢量应为罗马-希腊(如 $\overrightarrow{A\delta}$),右边则为希腊-罗马(如 $\overrightarrow{\delta B}$)。"

这个扩展位错分解的规则就称为"左罗-希、右希-罗规则",或简称"罗-希规则"。但
是,如果站在 Thompson 四面体的内侧观察,或者如果在图 4-75 中黑原子是上层,白原子是

下层,那么结论将相反,即左边的 Shockley 分位错的柏氏矢量将是希腊-罗马,右边将是罗马-希腊。这样,我们就得到了某些文献或书本上所说的"左希-罗、右罗-希规则"(或简称"希-罗规则")。由上述可见,扩展位错分解时究竟应遵守"罗-希规则"还是"希-罗规则",取决于观察者的立场(站在 Thompson 四面体的哪一侧)和相邻两层密排面上原子的相对位置(或分布)这样两个因素。人们习惯上规定观察者都站在 Thompson 四面体的外侧,这时虽然单个扩展位错的分解规则仍可随意选择(或按罗-希规则,或按希-罗规则),但对于二或多个扩展位错来说,特别是对于在不同的密排面(α,β,γ 或 δ 面)上的扩展位错来说,由于观察者看到任何一组相邻的密排面上原子的相对位置(或分布)都相同,故这些扩展位错的分解规则也必须相同:或者都按罗-希规则,或者都按希-罗规则。综上所述,我们可以将 FCC 晶体中扩展位错分解的规则更准确地表述为:

"站在 Thompson 四面体的同一侧(外侧或内侧),顺着位错线的正向看去,各扩展位错的分解必须按照同一规则:或都按左罗-希、右希-罗规则,或都按左希-罗、右罗-希规则。"

这个规则可以简称为"一致性规则"。它对于分析扩展位错之间的反应是非常有用的。下面,我们就利用一致性规则来分析 FCC 晶体中其他一些重要的位错反应。

4.22.3.2 形成 L-C 定位错的反应

前面讨论的 L-C 位错的形成过程也可以用 Thompson 记号表示。假定在 α 面和 β 面上各有一条平行于 $\overrightarrow{CD}$ 的全位错线,其柏氏矢量分别是 $\overrightarrow{AD}$ 和 $\overrightarrow{DB}$,如图 4-73 所示。于是 L-C 定位错的形成过程(或反应)如下:

首先,两个全位错在各自的滑移面上分解为扩展位错,反应式为

$$\overrightarrow{AD}(\beta) \longrightarrow \overrightarrow{A\beta} + \overrightarrow{\beta D}, \quad \overrightarrow{DB}(\alpha) \longrightarrow \overrightarrow{D\alpha} \longrightarrow \overrightarrow{\alpha B}$$

新的柏氏矢量在各个 Shockley 分位错间的分配可按希腊-罗马规则确定(见图 4-74)。

其次,在 α 和 β 面上的扩展位错都向两个面的交线运动,直至领先的 Shockley 分位错 $\overrightarrow{\beta D}$ 和 $\boldsymbol{D\alpha}$(均指柏氏矢量)在 $\overline{CD}$ 线相遇,此时发生以下合成反应:

$$\overrightarrow{\beta B} + \overrightarrow{D\alpha} \longrightarrow \overrightarrow{\beta\alpha} = \frac{1}{3}\overrightarrow{AB}$$

合成的位错线为 $\overrightarrow{CD}$(沿 $[1\bar{1}0]$ 方向),柏氏矢量为 $\frac{1}{3}\overrightarrow{AB} = \frac{1}{6}[\bar{1}10]$。它就是压杆位错或 L-C 定位错。

4.22.3.3 形成层错四面体的反应

人们用透射电镜曾观察到淬火的金样品中的层错四面体结构,它的 4 个表面都是 {111} 类型的层错面,6 条棱都是压杆位错。这种层错四面体的形成过程如下(参看图 4-77):

首先,过饱和空位凝聚、塌陷,在某一密排面上,例如 δ 面上,形成三角形的 Frank 位错环,即图中的 △ABC 空位片,其 3 条边 $\overrightarrow{AB}$,$\overrightarrow{BC}$,$\overrightarrow{CA}$ 都是 $\boldsymbol{b} = \overrightarrow{\delta D}$ 的 Frank 分位错,而 δ 面就是一个层错面(见图 4-77(a))。

其次,各 Frank 分位错在包含该位错线的密排面(但不是 δ 面)上分解:

$\overrightarrow{AB}$ 位错在 γ 面上分解:$\overrightarrow{\delta D}(\gamma) \longrightarrow \overrightarrow{\delta\gamma} + \overrightarrow{\gamma D}$

$\overrightarrow{BC}$ 位错在 α 面上分解:$\overrightarrow{\delta D}(\alpha) \longrightarrow \overrightarrow{\delta\alpha} + \overrightarrow{\alpha D}$

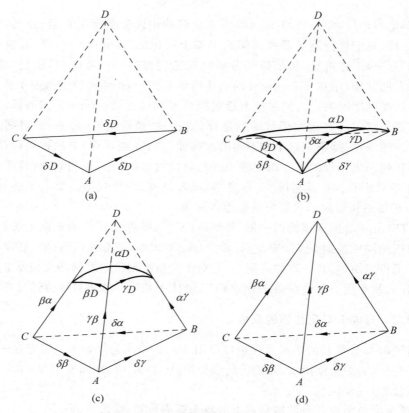

图 4-77　FCC 中层错四面体的形成过程

$\overrightarrow{CA}$位错在 β 面上分解：$\overrightarrow{\delta D}(\beta) \longrightarrow \overrightarrow{\delta\beta} + \overrightarrow{\beta D}$

这样一来，就得到了柏氏矢量分别为$\overrightarrow{\delta\gamma}$,$\overrightarrow{\delta\alpha}$和$\overrightarrow{\delta\beta}$的 3 个压杆位错$\overrightarrow{AB}$,$\overrightarrow{BC}$和$\overrightarrow{CA}$，以及柏氏矢量分别为$\overrightarrow{\gamma D}$,$\overrightarrow{\alpha D}$和$\overrightarrow{\beta D}$的 3 个 Shockley 分位错$\overrightarrow{AB}$,$\overrightarrow{BC}$和$\overrightarrow{CA}$。

第三步，位错线重合的压杆位错和 Shockley 分位错由于其柏氏矢量相交成锐角而相互排斥，致使 Shockley 分位错在其滑移面上弯成弓形（图 4-77(b)和(c)），而它的两端被压杆位错钉扎住。显然，Shockley 分位错扫过的弓形区就是层错区。

第四步，各 Shockley 分位错继续滑移，弓形区不断扩大，直到各滑移面（α、β 和 γ 面）均成为层错面。与此同时，各 Shockley 分位错在它们的滑移面的交线$\overrightarrow{AD}$,$\overrightarrow{BD}$,$\overrightarrow{CD}$上两两相遇，并发生以下位错反应（参看图 4-77(d)）：

在$\overrightarrow{AD}$线上：$\overrightarrow{\gamma D} + \overrightarrow{D\beta} = \overrightarrow{\gamma\beta} = \dfrac{1}{3}\overrightarrow{BC}$

在$\overrightarrow{BD}$线上：$\overrightarrow{\alpha D} + \overrightarrow{D\gamma} = \overrightarrow{\alpha\gamma} = \dfrac{1}{3}\overrightarrow{CA}$

在$\overrightarrow{CD}$线上：$\overrightarrow{BD} + \overrightarrow{D\alpha} = \overrightarrow{\beta\alpha} = \dfrac{1}{3}\overrightarrow{AB}$

由此可见，通过 Shockley 分位错反应形成的$\overrightarrow{AD}$,$\overrightarrow{BD}$和$\overrightarrow{CD}$位错都是压杆位错。这样一来，四面体$ABCD$的 4 个表面都是内禀层错面，6 条棱都是压杆位错。这样的缺陷组态就称为**层错四面体**。

4.22.3.4 形成位错网络的反应

在 FCC 晶体中往往可以观察到由位错线形成的网络,这种位错网络也是位错反应的产物。

(1) 全位错网络

全位错网络的形成过程如下:

首先,假定在 α 面上有一个位错塞积群(系一系列彼此平行的位错线,亦称(森)林位错),其柏氏矢量均为 $\overrightarrow{DC}$。又在 δ 面上有一螺型位错,其柏氏矢量为 $\overrightarrow{CB}$(α 面与 δ 面的交线),如图 4-78(a) 所示。

其次,在螺型位错和林位错交点附近的位错线段由于很强的相互吸引力而合并,并发生以下位错反应:

$$\overrightarrow{CB} + \overrightarrow{DC} = \overrightarrow{DB}$$

反应后形成的新位错线段沿 $\overrightarrow{CB}$ 方向,其柏氏矢量为 $\overrightarrow{DB}$,如图 4-78(b) 所示。从图 4-78 看出,反应后出现了柏氏矢量分别为 $\overrightarrow{CB}$,$\overrightarrow{DC}$ 和 $\overrightarrow{DB}$ 的三条位错线相交于一点(节点)的组态。如果各位错的线张力大小相同,则根据力的平衡条件,这三条位错线必须相交成 120° 的角,这样就得到了位于 α 面上的六角形全位错网络,如图 4-78(c) 所示(为了形成 120° 的角,柏氏矢量为 $\overrightarrow{CB}$ 和 $\overrightarrow{DB}$ 的两段位错需在 α 面上稍稍滑移)。

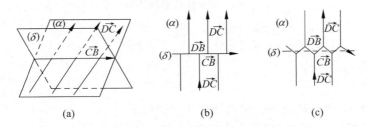

图 4-78 FCC 中六角形全位错网络的形成过程

(2) 扩展位错网络

在层错能低的 FCC 晶体中往往观察到扩展位错网络。其形成过程如下:

① 在 α 面上柏氏矢量为 $\overrightarrow{DC}$ 的林位错分解为扩展位错:$\overrightarrow{DC}(\alpha) \longrightarrow \overrightarrow{D\alpha} + \overrightarrow{\alpha C}$。同时在 δ 面上柏氏矢量为 $\overrightarrow{CB}$ 的螺型位错也分解为扩展位错:$\overrightarrow{CB}(\delta) \longrightarrow \overrightarrow{C\delta} + \overrightarrow{\delta B}$。分解后各个 Shockley 分位错的柏氏矢量如图 4-79(a) 所示(注意希腊-罗马规则)。

② 在 δ 面上的扩展位错的局部区段发生束集:$\overrightarrow{C\delta} + \overrightarrow{\delta B} \longrightarrow \overrightarrow{CB}$。

③ 束集形成的 $\overrightarrow{CB}$ 位错段吸引邻近的 $\overrightarrow{\alpha C}$ 位错段,使两段位错相遇于 α 面和 δ 面的交线 $\overrightarrow{CB}$ 上,其柏氏矢量为 $\overrightarrow{\alpha B}$($\overrightarrow{\alpha C} + \overrightarrow{CB} \longrightarrow \overrightarrow{\alpha B}$),如图 4-79(b) 所示。

④ $\overrightarrow{\alpha B}$ 位错在线张力作用下在 α 面上拉开(滑开),同时相邻的扩展位错段 $\overrightarrow{C\delta} + \overrightarrow{\delta B}$ 继续束集,并与 $\overrightarrow{\alpha C}$ 位错段反应,形成新的一段 $\overrightarrow{\alpha B}$ 位错。这样,最终得到图 4-79(c) 所示的扩展位错网络(整个网络都在 α 面上)。从图看出,三组扩展位错大体成 120° 的角汇合,但汇合的方式有两种。一种是汇合时束集于一点,形成所谓收缩节(点);另一种是汇合时不束集,形成所谓扩展节(点)。在平衡条件下,在扩展节处 Shockley 分位错的曲率半径 R 和位错的线张力 T、恢复力 f 及比层错能 γ 有以下关系:

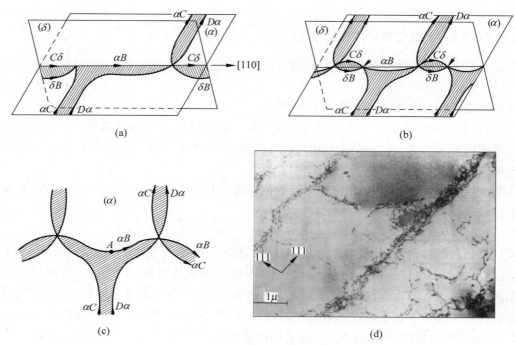

图 4-79   FCC 中扩展位错网络的形成过程

$$f = \frac{T}{R} = \gamma$$

所以
$$\gamma = \frac{\alpha G b^2}{R} \tag{4-105}$$

因此，只要从实验中测定 R 就可算出晶体的比层错能 γ。

除了上述形成扩展位错网络的方式以外，作者认为，它也可以通过六角形全位错网络直接分解得到，亦即六角形的每一边（均为全位错）按希腊-罗马规则分解为扩展位错即可得到如图 4-79(c) 所示的扩展位错网络。图 4-79(d) 表示透射电镜得到的轻微变形 Al 试样中的位错胞结构。胞中位错较少，而一个一个的胞被高位错密度的网络（位错墙）所分割。

4.23   密排六方和体心立方晶体中的位错

前两节讨论的关于全位错、分位错、扩展位错、位错反应等重要概念和特点，对 FCC 以外的其他晶体仍然适用。不过晶体的对称度越低，结构越复杂，则位错的行为也越复杂。

4.23.1   密排六方晶体中的位错

（1）表示柏氏矢量的双锥体

正如 FCC 晶体中的所有位错的柏氏矢量都可以用 Thompson 四面体表示一样，HCP 晶体中的所有位错的柏氏矢量都可以用图 4-80 所示的双锥体表示。我们不讨论全部矢量，只讨论某些与重要位错相关的矢量，这些矢量是

$$\overrightarrow{AB} = \frac{1}{3}[\bar{1}2\bar{1}0], \quad \overrightarrow{BC} = \frac{1}{3}[\bar{1}\,\bar{1}20], \quad \overrightarrow{CA} = \frac{1}{3}[2\bar{1}\,\bar{1}0]$$

$$\vec{A\sigma} = \frac{1}{3}[\bar{1}100], \quad \vec{B\sigma} = \frac{1}{3}[0\bar{1}10], \quad \vec{C\sigma} = \frac{1}{3}[10\bar{1}0]$$

$$\vec{\sigma S} = \frac{1}{2}[0001]$$

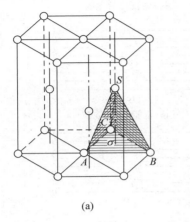 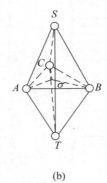 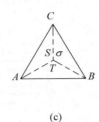

(a)　　　　　　　　(b)　　　　　　　(c)

图 4-80　HCP 中位错的柏氏矢量

（2）全位错

HCP 晶体中全位错的柏氏矢量一般是 $\vec{AB},\vec{BC}$ 或 $\vec{CA}\left(\frac{1}{3}\langle11\bar{2}0\rangle\right)$，其滑移面多为 (0001)（基面），有的晶体还有 $\{1\bar{1}00\}$ 和 $\{1\bar{1}01\}$（见第 3 章）。

（3）Shockley 分位错和扩展位错

对于以 $(0001)\langle11\bar{2}0\rangle$ 为优先滑移系统的金属如 Zn, Cd, Mg, Be 等，基面滑移的临界分切应力很小（$\leqslant1MN/m^2$），全位错往往分解为两个柏氏矢量为 $\frac{1}{3}\langle10\bar{1}0\rangle$ 的 Shockley 分位错，中间夹着一条层错带，即所谓扩展位错。分解反应式为

$$\vec{AB}(\sigma) \longrightarrow \vec{A\sigma} + \vec{\sigma B}$$

例如，$\frac{1}{3}[11\bar{2}0] \longrightarrow \frac{1}{3}[10\bar{1}0] + \frac{1}{3}[01\bar{1}0]$。

扩展位错也有一个平衡宽度，并且也可以按式（4-102）计算。若晶体还有柱面 $\{1\bar{1}00\}$ 或锥面 $\{1\bar{1}01\}$ 滑移面，则基面上的扩展位错有可能通过束集成全位错而在柱面或锥面上交滑移。但对于基面是优先滑移面的晶体，柱面或锥面上的层错能往往很高，因而交滑移很困难。实际上柱面或锥面滑移的临界分切应力往往比基面滑移大 1～2 个数量级。

对于以柱面（或锥面）为优先滑移面（滑移方向仍为 $\langle11\bar{2}0\rangle$）的金属，柱面（或锥面）滑移的临界分切应力仍较高（$\geqslant10MPa$），但基面滑移的临界分切应力还要高得多（$\approx100MPa$），因而基面上的全位错不会分解成扩展位错，或者说，不会形成稳定的基面层错。至于在柱面 $\{1\bar{1}00\}$ 上位错如何滑移，人们曾提出过几种可能的全位错分解为扩展位错的反应式，但都未定论，因为实验中没有观察到柱面层错区，这里就不进一步讨论了。

（4）Frank 分位错

与 FCC 晶体类似，在 HCP 晶体中过饱和空位或间隙原子的择优聚集和塌陷也会形成

Frank 位错环,但情况要比 FCC 更复杂。下面只讨论比较简单的基面 Frank 位错环的情况。

我们先讨论由空位择优凝聚在基面上而形成 Frank 位错环的过程,如图 4-81(a)至(d)所示。

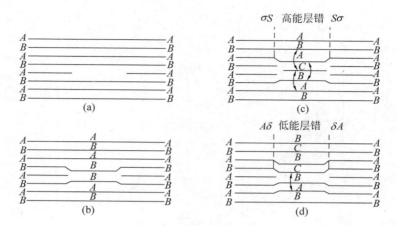

图 4-81   由空位择优凝聚在基面上形成 Frank 位错环

首先,在 A 层上形成空位片(图 4-81(a))。接着,空位片两边的晶面"塌陷"而形成柏氏矢量为 $\frac{1}{2}[0001]$ 的位错环(图 4-81(b))。由于两个相邻的晶面都是 B 层(上层原子恰好在下层原子的正上方,而不是在下层 3 个相邻原子的空隙中),故这种位错环是高能量的不稳定位错环,因而原子力图位移到低能的稳定位置。位移的方式有两种。一种是通过在环上方的 B 层上的一个柏氏矢量为 $\frac{1}{3}[1\bar{1}00]$ 的 Shocktey 分位错扫过环面的局部区域,使环面上方的各层堆垛位置变为 $CBCB\cdots$,同时又通过环上方第二层(原来的 A 层)上的一个柏氏矢量为 $\frac{1}{3}[\bar{1}100]$ 的 Shockley 分位错(反向)扫过环面上方第二层的局部区域,使该层及该层以上各层的堆垛位置又回到原来的 $ABA\cdots$,最后就得到包含外禀层错 E 的 Frank 位错环(见图 4-81(c)),其柏氏矢量仍为 $\frac{1}{2}[0001]$。反应式如下:

$$\vec{\sigma S} + \vec{\sigma A} + \vec{A\sigma} \longrightarrow \vec{\sigma S}$$

例如,$\frac{1}{2}[0001] + \frac{1}{3}[1\bar{1}00] + \frac{1}{3}[\bar{1}100] \longrightarrow \frac{1}{2}[0001]$。

由于包含两层层错,与这种 Frank 位错环相关的层错能是较高的。另一种位移方式是只有上述第一次扫动,没有第二次扫动。即只有 $\boldsymbol{b}=\frac{1}{3}[1\bar{1}00]$ 的 Shockley 分位错的扫动,没有 $\boldsymbol{b}=\frac{1}{3}[\bar{1}100]$ 的 Shockley 分位错的扫动,这样就得到包含内禀层错的 Frank 位错环(见图 4-81(d)),其柏氏矢量为 $\frac{1}{6}[\bar{2}203]$。反应式为

$$\vec{A\sigma} + \vec{\sigma S} = \vec{AS}$$

例如,$\frac{1}{3}[\bar{1}100] + \frac{1}{2}[0001] = \frac{1}{6}[\bar{2}203]$。

由于只包含一层层错，与这种 Frank 位错环相关的层错能是较低的。

现在我们再来讨论由间隙原子择优凝聚在基面上而形成 Frank 位错环的过程，如图 4-82(a) 至 (c) 所示。

首先，从能量考虑，间隙原子片必然在 C 位置（C 层，见图 4-82(a)），由此引起它上面的 A 层和下面的 B 层"拉开" C/2 的距离，形成一个包含高能的外禀层错 E（两层层错）的 Frank 位错环，其柏氏矢量为 $\frac{1}{2}[0001]$。跨过层错区，基面的堆垛次序为 $BABCABA\cdots$，如图 4-82(b) 所示。如果间隙原子片上面的第一层（B 层）上有一个 $\boldsymbol{b}=\frac{1}{3}[\bar{1}100]$ 的 Shockley 分位错扫过环面上方的区域，则得到包含低能的内禀层错（一层层错）的 Frank 位错环，其柏氏矢量为 $\frac{1}{6}[\bar{2}203]$，如图 4-82(c) 所示（见前面的反应式）。跨过层错区，基面的堆垛次序为 $BABCBCB\cdots$。

由于只有在 $c/a>\sqrt{3}$ 的 HCP 晶体中基面才是密排面，故只有在这些晶体中才能从实验中观察到上述各种 Frank 位错环和层错结构。

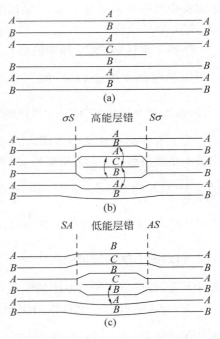

图 4-82　由间隙原子择优凝聚在基面上形成 Frank 位错环

从上面的讨论我们还看到，在 HCP 中有两种基面内禀层错，一种是通过首先抽走或插入一层 (0001) 面原子，形成高能层错，然后层错面上部晶体再发生 $\frac{1}{3}\langle 10\bar{1}0\rangle$ 的滑移，最后形成低能的内禀层错 I_1。另一种是完整晶体通过 $(0001)\cdot\frac{1}{3}\langle 10\bar{1}0\rangle$ 的滑移得到低能的内禀层错 I_2。显然，基面上无层错区与 I_1 区的边界就是 Frank 分位错，与 I_2 区的边界是 Shockley 分位错。

4.23.2　体心立方晶体中的位错

（1）全位错

BCC 晶体中全位错的 $\boldsymbol{b}=\frac{1}{2}\langle 111\rangle$。其滑移面有 {110}，{112} 和 {123} 三类。值得注意的是，3 个 {110}，3 个 {112} 和 6 个 {123} 面交于同一个 $\langle 111\rangle$ 方向。因此若在外应力作用下螺型全位错沿不同的 {110} 面或沿以上晶面组合发生交滑移，就会得到波浪形的滑移线。

（2）Shockley 分位错和扩展位错

在 (112) 面上的柏氏矢量为 $\frac{1}{2}[11\bar{1}]$ 的全位错可能分解为柏氏矢量为 $\frac{1}{3}[11\bar{1}]$ 和 $\frac{1}{6}[11\bar{1}]$ 的两个 Shockley 分位错，中间夹着一条内禀层错带，形成扩展位错，其反应式为

$$\frac{1}{2}[11\bar{1}] \longrightarrow \frac{1}{3}[11\bar{1}] + \frac{1}{6}[11\bar{1}]$$

但实验中至今并未观察到 BCC 晶体中稳定的层错区，这可能是由于层错能太高。

（3）孪晶位错

在第 3 章谈到，BCC 晶体的范性形变方式之一就是孪生。孪生时平行于孪生面 {112}的相邻晶面都发生 $\frac{1}{6}\langle 11\bar{1}\rangle$ 的相对滑移，这就要求在孪晶厚度内几百甚至几千层平行的 {112} 面上都有现成的 $\boldsymbol{b}=\frac{1}{6}\langle 11\bar{1}\rangle$ 的 Shockley 分位错，这显然是不太可能的。

为了解释孪生现象，人们提出了类似于 4.18 节中的 L 形位错源机制。不同的是，极轴位错不是纯刃型，而是混合型的，因而它附近的原子面接近螺旋面。这样，每当扫动位错 $\left(\boldsymbol{b}=\frac{1}{6}\langle 11\bar{1}\rangle\right.$ 的 Shockley 分位错$\Big)$在其滑移面（某一层 {112} 面）上绕极轴位错旋转一圈（360°）后，不仅晶体沿此面滑移 $\frac{1}{6}\langle 11\bar{1}\rangle$，而且扫动位错沿法线方向上升一个螺距，并在新的一层 {112} 面上继续绕极轴位错旋转，引起晶体沿此面滑移 $\frac{1}{6}\langle 11\bar{1}\rangle$。这样的过程不断重复进行下去，就可得到任意厚度的孪晶，直到极轴位错消失（见 4.18 节）。

图 4-83 举出了一个具体的例子，即在 (112) 面上有一个 $\boldsymbol{b}=\frac{1}{2}[111]$ 的全位错 $\overline{CD}$，在一定的应力条件下它的某一段 $\overline{OB}$ 发生下述分解反应：

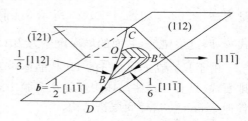

图 4-83   BCC 晶体的孪生机制

$$\frac{1}{2}[111] \longrightarrow \frac{1}{3}[112] + \frac{1}{6}[11\bar{1}]$$

显然，$\boldsymbol{b}_1=\frac{1}{3}[112]$ 的位错是 Frank 定位错，$\boldsymbol{b}_2=\frac{1}{6}[11\bar{1}]$ 的位错是 Shockley 分位错，两个位错起初重合于 $\overline{OB}$ 线。在外加应力作用下，Shockley 分位错开始在 (112) 面上滑移。当它滑移到 (112) 与 $(\bar{1}21)$ 面的交线 $\overline{OB'}$ 位置时就成了螺型位错，因而转到交滑移面 $(\bar{1}21)$ 上滑移。由于 $\boldsymbol{b}_1=\frac{1}{3}[112]$ 的 Frank 定位错是不能滑移的，故 O 点始终固定，因而转到 $(\bar{1}21)$ 面上的 Shockley 分位错在 $(\bar{1}21)$ 面上继续滑移时只能绕 $\overline{OB}$ 轴转动，这样，Frank 定位错就是极轴位错，Shockley 分位错就是在 $(\bar{1}21)$ 面上绕极轴位错旋转的扫动位错，它每旋转一圈就沿 $[\bar{1}21]$ 方向位移一段距离（螺距）：

$$d = \boldsymbol{b}_1 \cdot \frac{[\overline{1}21]}{\sqrt{6}} = \frac{a[112] \cdot [\overline{1}22]}{3\sqrt{6}} = \frac{a}{\sqrt{6}} = d_{(\overline{1}21)}$$

由于螺距 d 恰好等于 $(\bar{1}21)$ 面的晶面距 $d_{(\bar{1}21)}$，故 Shockley 分位错在某一层 $(\bar{1}21)$ 面上旋转一圈后恰好上升到相邻的 $(\bar{1}21)$ 面，这就使晶体能在一系列平行的 $(\bar{1}21)$ 面上相继滑移 $\frac{1}{6}[11\bar{1}]$，得到一定厚度的孪晶。

（4）裂纹位错

在图 4-84(a) 中，在 (101) 面上有一个 $\boldsymbol{b}_1=\frac{1}{2}[\bar{1}11]$ 的全位错 $\overline{AB}$，在 $(\bar{1}01)$ 面上有一个

$b_2 = \frac{1}{2}[1\bar{1}1]$ 的全位错 $\overline{CD}$。在外应力作用下，这两个位错在各自的滑移面上滑移，直至在两个滑移面的交线上相遇，发生以下合成反应：

$$\frac{1}{2}[\bar{1}11] + \frac{1}{2}[1\bar{1}1] \longrightarrow [001]$$

合成的新位错线沿 $[010]$ 方向，其柏氏矢量为 $\boldsymbol{b} = [001]$，故滑移面为 (100)。但 BCC 晶体的滑移面不可能是 (100) 面，因而新位错是一个不能滑移的定位错。它是一个刃型全位错，相当于在晶体中插入了半个 (001) 面。如果连续发生上述位错反应，就会在 (100) 面上形成一列相继的刃型位错，相当于相继插入了若干个 (001) 半原子面，如图 4-84(b) 所示。由于 (001) 恰好是 BCC 晶体的解理面，故这些相继排列的定位错就会萌生裂纹。因此 $\boldsymbol{b} = \langle 001 \rangle$ 的位错就称为裂纹位错。

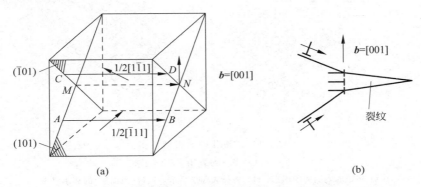

图 4-84 裂纹位错的形成(a) 和裂纹的形成(b)

(5) 位错环

在辐照后的 BCC 晶体中过饱和的间隙原子和空位片会择优聚集在密排的 $\{110\}$ 面上，形成 $\boldsymbol{b} = \frac{1}{2}\langle 110 \rangle$ 的位错环。但由于在这些面上不能形成稳定的层错，故上述位错环会通过下面两个反应中的一个反应，形成 $\boldsymbol{b} = \frac{1}{2}\langle 111 \rangle$ 或 $\langle 100 \rangle$ 的位错环：

$$\frac{1}{2}\langle 110 \rangle + \frac{1}{2}\langle 001 \rangle \longrightarrow \frac{1}{2}\langle 111 \rangle$$

$$\frac{1}{2}\langle 110 \rangle + \frac{1}{2}\langle 1\bar{1}0 \rangle \longrightarrow \langle 100 \rangle$$

在许多金属中都观察到 $\boldsymbol{b} = \frac{1}{2}\langle 111 \rangle$ 的位错环，因为它的能量（即 b^2）比较低，但在 α-Fe 中也观察到很多 $\boldsymbol{b} = \langle 100 \rangle$ 的位错环，其原因尚不清楚。

4.24 其他晶体中的位错

4.24.1 离子晶体中的位错

以具有面心立方点阵的 NaCl 为例，离子晶体中的位错具有以下一些特点：

(1) 滑移面未必是最密排面，但柏氏矢量仍为最短的点阵矢量。例如，NaCl 的主滑移面是{110}，其次是{100}，偶尔也有{111}和{112}等滑移面，但柏氏矢量均为$\frac{1}{2}\langle 110\rangle$。为什么主滑移面是{110}而不是{111}，其原因尚不清楚，有人提出，这是和位错中心区内的静电交互作用的强度有关。

（2）刃型位错的附加半原子面实际上是包括两个互补的附加半原子面，如图 4-85 所示。该图是滑移面为$(1\bar{1}0)$、$\boldsymbol{b}=\frac{1}{2}[110]$的纯刃型位错在(001)表面上的原子组态。其中(a)和(b)图的图面分别是垂直于位错线的两个相邻的(001)面。从图看出，在位错露头处具有有效的电荷((a)图为负电荷,(b)图为正电荷)。

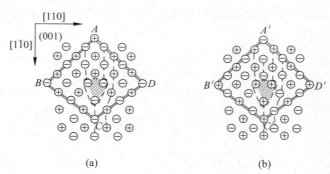

(a)   (b)

图 4-85   NaCl 中的刃型位错
Na$^+$ 和 Cl$^-$ 离子分别用 ⊕ 和 ⊖ 表示
(a) 初始的表面离子组态；(b) 去掉表面层后下一层(次表面层)的离子组态

（3）刃型位错在滑移面$(1\bar{1}0)$上滑移时沿着位错线没有离子和电荷的移动，因而位错露头处的有效电荷不改变符号，且弯折处没有有效电荷。但割阶处是正离子空位，故具有负的有效电荷。

4.24.2 超点阵中的位错

在 2.9 节中曾指出，有序合金的结构也称为超点阵，它是由若干个分点阵叠合(或穿插)而成的，每个分点阵都是一个 Bravais 点阵，只被同种原子占据。在有序合金中异种原子力图成为最近邻，因而含量少的组元原子的近邻必为含量多的组元原子。例如，在 AB_3 型有序合金(如 Cu$_3$Au、Fe$_3$Al 等)中，A 原子的最近邻原子必为 B 原子。图 4-86 是图 2-43 所示的 AB_3 型有序合金的原子在(111)面上的投影。为清晰起见，只画了相邻两层(111)面上的原子。现在假定以这两层之间的一个平行平面为滑移面，上部的晶体不动，下部晶体发生 $\frac{1}{2}[\bar{1}10]$ 的滑移，那么，虽然滑移面两边的晶体仍是有序的结构，但滑移面两边的两层(111)面(图 4-86 中的两层(111)面)上的原子位置不符合有序排列，例如图中 X 处的 B 原子(◎原子)滑到 Y 处，Y 处的 A 原子(◉原子)滑到 Z 处(依此类推)后，这两层原子的相对位置显然就不同于滑移前：下层每个 A 原子(◉原子)的上方不再有 3 个最近邻的 B 原子(○原子)，每个 B 原子(◎原子)上方的 3 个最近邻原子也不再是一个 A 原子(●原子)、2 个 B 原子(○原子)。我们把晶体中每一个符合有序排列的部分称为一个**有序畴**(有序区域)。如果在两个畴的边界(图 4-86 中的滑移面处)，原子的位置破坏了有序排列，那么这两个相邻的有序畴就称为**反相畴**,其边界就称为**反相畴界**(antiphase boundary,或简称 APB)。现在,假定滑移面下部的晶体只有一部分相对于上部晶体发生了 $\frac{1}{2}[\bar{1}10]$ 的滑移,另一部分无相对滑移,那么在滑移面上已滑移区和未滑移区的边界就是位错线。由于它两边的晶体结构不完全相同(一边有反相畴界面,一边无反相畴界面),故它不是一个全位错,而是一个 $\boldsymbol{b}=\frac{1}{2}[\bar{1}10]$ 的分位错(从图 4-86 显然可见,在这种有序合金中,沿 $[\bar{1}10]$ 方向的最短点阵矢量是 $[\bar{1}10]$,而不是 $\frac{1}{2}[\bar{1}10]$)。如果在已产生反相畴边界的部分滑移面下部的晶体再发生 $\frac{1}{2}[\bar{1}10]$ 的滑移,那么反相畴边界就会消失(因为此时图 4-86 中 X 处的 B 原子(◎原子)将滑到 Z 处)。因此,与 FCC 中的扩展位错类似,在 Cu_3Au 有序合金中也会形成由两个 $\boldsymbol{b}=\frac{1}{2}[\bar{1}10]$ 的平行分位错线、中间夹着一片反相畴界面的原子组态。这样的原子组态就称为**超位错**。由上述可知,超位错的柏氏矢量是 $\boldsymbol{b}=[\bar{1}10]$,它的两条分位错的柏氏矢量是 $\boldsymbol{b}'=\frac{1}{2}[\bar{1}10]$。每个分位错又可能进一步分解为柏氏矢量分别为 $\frac{1}{6}[\bar{1}2\bar{1}]$ 和 $\frac{1}{6}[\bar{2}11]$ 的 Shockley 分位错。这样一来,就得到图 4-87 所示的扩展超位错,它由 4 条平行的 Shockley 分位错线 1,2,3,4 所组成,在 2 和 3 之间的区域是反相畴界面,在 1 和 2,3 和 4 之间的区域既是反相畴界面(APB),又是层错区(SF)。各区都有一定的平衡宽度,取决于位错间的作用力、反相畴界面能和层错能等数值(参看 4.21 节关于扩展位错平衡宽度的确定)。扩展超位错在滑移面 (111) 上滑移时,4 条 Shockley 分位错同时、同向滑移,各区宽度保持不变,这正是含有有序沉淀相合金发生强化(有序强化)的原因之一。

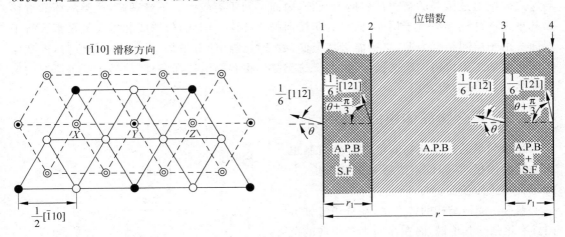

图 4-86　AB_3 超点阵中相邻两层(111)
　　　　面上的原子排列

图 4-87　在 AB_3 有序合金中的 $[\bar{1}10]$ 扩展超位错

4.24.3　共价晶体中的位错

在第 2 章中曾指出共价键的一个基本特点,即它的方向性和局域性,因而使晶体的微观对称性(原子排列的对称性)下降,这对于位错的特性有较大的影响。例如,具有 FCC 点阵的金属,其滑移系统是$\{111\}\langle\bar{1}10\rangle$。这里$\{111\}$的堆垛次序是$ABCABC\cdots$,柏氏矢量为$\frac{1}{2}$
$\langle\bar{1}10\rangle$的全位错可以位于任意一层$\{111\}$上,其性质都相同。然而对于具有 FCC 点阵的金刚
石来说,虽然滑移系统也是$\{111\}\langle\bar{1}10\rangle$,全位错的柏氏矢量也是$\frac{1}{2}\langle\bar{1}10\rangle$,但位错的特性却和
它的滑移面位置有关。为了说明这点,可将原子投影到$(1\bar{1}0)$面上,如图 4-88 所示。从图看
出,此时(111)面的堆垛次序是$AaBbCcAaBbCc\cdots$,其中同名字母的相邻(111)面间的距离
为$\sqrt{3}a/4\approx0.433a$,异名字母的相邻(111)面间的距离为$\sqrt{3}a/3-\sqrt{3}a/4\approx0.144a$。最容易出
现的滑移面应位于异名字母的相邻(111)面之间。人们有时称易滑的位错(l_1)为**滑动型位**
错(glide set dislocation),称难滑的位错为**拖动型位错**(shuffle set dislocation)。

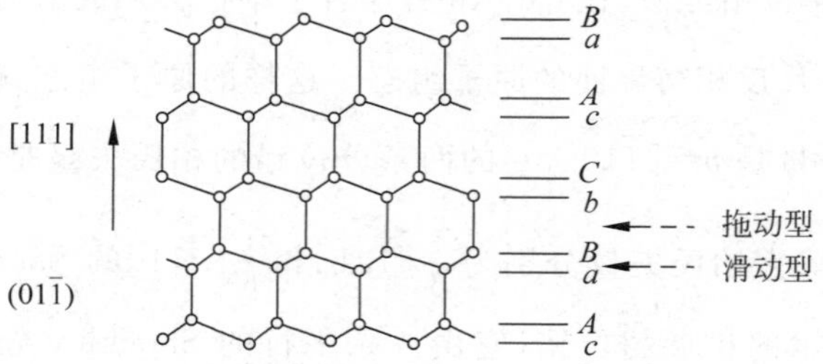

图 4-88   金刚石的原子在$(1\bar{1}0)$面上的投影

4.24.4   层状结构中的位错

不少晶体如石墨、云母、滑石等都具有层状结构。在每层内原子通过共价键结合,而层
与层之间则通过微弱的范德瓦尔斯力结合,因而层间距离较大。不难理解,这类晶体的滑移
面几乎无例外地都平行于层面,而没有非层面的滑移面。因此,位错线和柏氏矢量都平行于
层面。由于层间结合力弱,层错能必然很低,故全位错往往分解为 Shockley 分位错,得到层
错区很宽的扩展位错。顺便提一下,由于这类晶体很容易沿层面解理,故易于制备厚度均匀
的样品,供电镜分析之用。

4.24.5   聚合物晶体中的位错

晶态和半晶态聚合物的范性形变机制也
和一般晶体相同,即位错滑移和形变孪生,有
时还有马氏体相变。

聚合物晶体结构的特点是,在分子链轴方
向具有很强的共价键,而在横向则是很弱的范
氏力,因此重要的位错都沿链轴方向。图 4-89
画出了聚乙烯的正交相结构,其位错便是沿链
轴$[001]$方向的。它可以是螺型,也可以是刃
型。螺型位错的柏氏矢量$b=[001]$(沿$[001]$
方向的最短点阵矢量),滑移面可以是(100)、
(010)和$\{110\}$。刃型位错的柏氏矢量

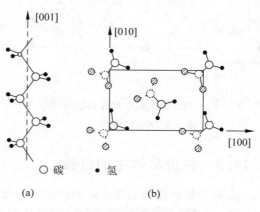

○ 碳   • 氢

(a)   (b)

图 4-89   聚乙烯的交相结构

$b=\langle 110\rangle$，滑移面是 $\{110\}$。这种刃型位错可以分解为两个柏氏矢量为 $\frac{1}{2}\langle 110\rangle$ 的 Shockley 分位错，中间夹着一片 $\{110\}$ 面层错区。

4.25　小角度晶粒边界

由于晶粒边界对材料的力学、腐蚀、冶金性能等都有很大的影响，因此人们对晶界的结构（原子组态）非常感兴趣，进行过许多理论和实验研究。早期人们根据晶界在高温下具有粘滞性流动的特点（见 3.12 节）曾提出，晶界是非晶质，即晶界附近的原子是完全紊乱排列的。但后来的研究发现，晶界是两个不同位向的晶粒之间很薄的过渡层，它具有特定的结构——包含高密度的位错和点缺陷。至于晶界位错的性质及分布则与相邻晶粒的位向差有关。目前研究得比较成熟的是位向差较小（通常小于 5°，最多不超过 10°）的晶界，即所谓小角度晶粒边界。

小角度晶界可以看成是一个晶粒相对于另一个（相邻的）晶粒绕某一轴旋转一定角度而得到的晶界。因为，为了确定晶界的结构（原子组态），需要知道以下 5 个参数（或称 5 个自由度），即：①晶界平面的位置，这由该平面法线方向的单位向量 n 决定，故应有两个自由度（n 的两个方向余弦）；②转轴的位置，这取决于转轴上的单位向量 u 的方向，也有两个自由度（u 的两个方向余弦）；③转角 θ，一个自由度。因此，一般的小角度晶界的结构取决于 5 个自由度（或 5 个参数），即 n、u 和 θ。

下面先讨论简单的小角度晶界（只有一个或两个自由度的晶界），然后讨论一般的小角度晶界。

4.25.1　倾侧晶界

倾侧晶界的特点是转轴在晶界平面内，即 $u\perp n$。它又分为两种。

4.25.1.1　对称倾侧晶界

图 4-90 画出了一个简单立方晶体的对称倾侧晶界。晶界平面的平均位置是 (100) 面，即 $n=[100]$，转轴是 $u=[001]$，故只有一个变数（一个自由度），即转角 θ。从图可以看出，这种对称小角度倾侧晶界是由位于晶界平面内、柏氏矢量均为 $b=[100]$ 的平行同号刃型位错组成的位错墙（位错线均平行于 $[001]$ 方向）。由于晶界平面是两个相邻晶粒的对称平面，故称为对称倾侧晶界。转角 θ 称为倾侧角。

如果位错墙中相邻位错间的距离为 D（见图 4-90），那么由于相距为 D 的两个滑移面间的相对位移为 b，故有

$$\theta\approx\tan\theta=\frac{b}{D} \tag{4-106}$$

现在我们来计算单位晶界面积的界面能 $E(\theta)$。设单位长度刃型位错的能量为 $E_\perp$，单位晶界面积内位错线的总长度为 L，每条位错线的长度为 l，则显然有 $L=\dfrac{l}{Dl}=\dfrac{1}{D}$，

因而
$$E=E_\perp\times L=\frac{E_\perp}{D} \tag{I}$$

为了计算 $E_\perp$，我们将位错周围的区域划分为 3 个区。第 I 区是位错中心区，是以位错线为中心轴、半径为 r_0 的圆柱区。第 II 区是该位错的弹性应力场区域，且相邻位错在此区

的应力场很小,可以忽略。此区也是以位错线为中心的圆柱形区域,其半径 R 正比于 D,设 $R=KD$。第Ⅲ区是位于Ⅰ,Ⅱ区之外,在相邻位错的平均分界线之间的区域,如图 4-91 所示。设 3 个区内的晶格畸变能分别为 E_{I},E_{II} 和 E_{III},则

$$E_{\perp} = E_{\text{I}} + E_{\text{II}} + E_{\text{III}}$$

当 θ 改变 $\mathrm{d}\theta$ 时,$E_{\perp}$ 的变化应为

$$\mathrm{d}E_{\perp} = \mathrm{d}E_{\text{I}} + \mathrm{d}E_{\text{II}} + \mathrm{d}E_{\text{III}}$$

显然 $\mathrm{d}E_{\text{I}}=0$,因为位错中心区的大小(r_0)及能量 E_{I} 均与 θ 无关。此外,我们还有 $\mathrm{d}E_{\text{III}}=0$,理由如下:

将Ⅲ区分成若干小面积元。当 θ(因而 D)改变时,各面积元的面积将正比于 D^2 而增大,但该处的能量密度(单位面积的弹性能)却反比于 D^2 而减小,因而该面积元的弹性能=面积×弹性能密度=const.,即 $\mathrm{d}E_{\text{III}}=0$。

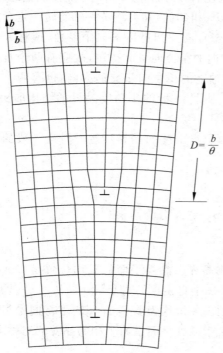

$$D = \frac{b}{\theta}$$

图 4-90   简单立方晶体的对称倾侧晶界

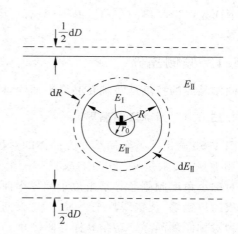

图 4-91   在一个晶界位错周围的三个区域

为什么能量密度反比于 D^2 呢?这是因为,一方面当 b 和 D 按比例增大$\left(\text{即当 }\dfrac{b}{D}\text{ 或 }\theta\text{ 保}\right.$持不变$\Big)$时,各面积元处的应变应不变,因而能量密度应不变;另一方面,能量密度又应正比于 b^2。因此,能量密度应正比于 b^2/D^2。

从以上讨论可知,当 θ 改变 $\mathrm{d}\theta$ 时应有

$$\mathrm{d}E_{\perp} = \mathrm{d}E_{\text{II}} \tag{Ⅱ}$$

由 4.12 节得到 $E_{\text{II}} = \alpha G b^2 \ln\left(\dfrac{R}{r_0}\right)$,其中 $\alpha = \dfrac{1}{4\pi(1-\nu)}$,

所以，
$$\mathrm{d}E_{\mathrm{II}} = \alpha Gb^2 \left(\frac{\mathrm{d}R}{R} \right)$$

但
$$R = KD, \quad D = \frac{b}{\theta}$$

所以
$$\frac{\mathrm{d}R}{R} = \frac{\mathrm{d}D}{D} = -\frac{\mathrm{d}\theta}{\theta}$$

代入式（Ⅱ），有
$$\mathrm{d}E_{\perp} = -\alpha Gb^2 \left(\frac{\mathrm{d}\theta}{\theta} \right) \tag{Ⅲ}$$

积分后得到
$$E_{\perp} = \alpha Gb^2 (A - \ln\theta)$$

将（Ⅲ）代入（Ⅰ）并利用式（4-106）得到
$$E = E_0 \theta (A - \ln\theta) \tag{4-107}$$

式中，$E_0 = \alpha Gb = \dfrac{Gb}{4\pi(1-\nu)}$，$A$ 是一个积分常数。公式（4-107）亦称 Read-Shockley 公式。根据式（4-107）可以作出 E-θ 曲线，如图 4-92 所示。由（4-107）得到，当 $\theta = \theta_{\mathrm{m}} = \mathrm{e}^{A-1}$ 时，E 等于最大值 E_{m}。据此，也可以将式（4-107）改写为

$$\frac{E}{E_{\mathrm{m}}} = \frac{\theta}{\theta_{\mathrm{m}}} \left[1 - \ln\left(\frac{\theta}{\theta_{\mathrm{m}}} \right) \right] \tag{4-108}$$

上述小角度对称倾侧晶界的位错模型已为实验所证实。例如，利用蚀坑法（见 4.27 节）可以观察到沿晶界分布的一列位错露头。此外，晶界能量也是可以由实验测定的。早期采用的一种经典方法就是所谓三晶粒法，即通过控制晶粒生长的办法制备一个具有三个晶粒的片状样品，三晶粒沿样品表面的法线方向都是共同的，例如都是 [100]（或 [110]），但其他方向则不同——相当于绕 [100] 旋转了不同的角度。令 2—3，3—1 和 1—2 晶粒的位相差（相对转角）分别为 θ_1，θ_2 和 θ_3，相应的晶界能分别为 E_1，E_2 和 E_3，晶界夹角分别为 ψ_1，ψ_2 和 ψ_3，如图 4-93 所示。那么在样品长期退火后，汇交于一点的三个表面张力 E_1，E_2 和 E_3 应符合力学平衡条件，因此有

$$\frac{E_1}{\sin\psi_1} = \frac{E_2}{\sin\psi_2} = \frac{E_3}{\sin\psi_3} \tag{Ⅳ}$$

由式（Ⅳ），只要测定晶界夹角，就能求出其相对能量。如果将晶粒 1 和 2 的位向固定，改变晶粒 3 的位向（固定 θ_3，改变 θ_1 和 θ_2），那么 E_3 是固定的，E_1 和 E_2 随 θ_1 及 θ_2 而改变。取 E_3 为能量单位，就可作出 E-θ 曲线来，对 α-Fe、Pb 和 Sn 的实验结果表明，实测的 E-θ 曲线符合理论公式（4-108）。

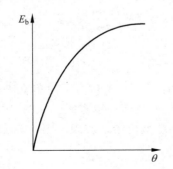

图 4-92　小角度对称倾侧晶界的 E-θ 曲线

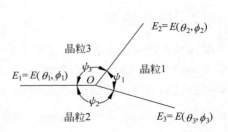

图 4-93　汇交于一点的三晶粒边界

4.25.1.2   不对称倾侧晶界

图 4-94 画出了一个简单立方晶体的不对称倾侧晶界。晶界平面和两个相邻晶粒的平均(010)面相交成任意的 ϕ 角(故 $\boldsymbol{n}=[hk0]$),转轴仍是 $\boldsymbol{u}=[001]$。由于 ϕ 也是可变参数,故共有两个自由度(ϕ 及转角 θ)。

假定此晶界是由两个相邻晶粒分别绕[001]轴反向旋转 $\dfrac{\theta}{2}$ 而成的,那么这种位向差可以通过分别插入一组垂直半原子面((100)面)和一组水平半原子面((010)面)形成,相应的位错分别记作 ⊥ 和 ⊢。下面确定每组位错的数目及相邻位错间的距离。

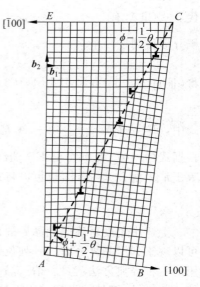

图 4-94   简单立方晶体的不对称
倾侧晶界

设晶界 $\overline{AC}$ 的长度为1,则此晶界内两组位错数分别为

$$n_{\perp} = \frac{\overline{EC} - \overline{AB}}{b}$$

$$= \frac{1}{b}\left[\cos\left(\phi - \frac{\theta}{2}\right) - \cos\left(\phi + \frac{\theta}{2}\right)\right]$$

$$= \frac{2}{b}\sin\frac{\theta}{2}\sin\phi \approx \left(\frac{\theta}{b}\right)\sin\phi$$

$$n_{\vdash} = \frac{\overline{CB} - \overline{AE}}{b} = \frac{1}{b}\left[\sin\left(\phi + \frac{\theta}{2}\right) - \sin\left(\phi - \frac{\theta}{2}\right)\right]$$

$$\approx \frac{\theta}{b}\cos\phi$$

相邻的同组位错间的距离分别为

$$\left.\begin{array}{l} D_{\perp} = \dfrac{1}{n_{\perp}} = \dfrac{b}{\theta\sin\phi} \\[3mm] D_{\vdash} = \dfrac{1}{n_{\vdash}} = \dfrac{b}{\theta\cos\phi} \end{array}\right\} \tag{4-109}$$

可以证明,单位面积的不对称小角度倾侧晶界的界面能 E 为

$$E = \frac{E_{\perp}}{D_{\perp}} + \frac{E_{/\!/}}{D_{/\!/}} = E_0\theta(A - \ln\theta) \tag{4-110}$$

此式与式(4-108)相同,但此处 E_0 和 A 均与 ϕ 有关$\left(E_0 = \dfrac{Gb}{4\pi(1-\nu)}(\cos\phi + \sin\phi)\right)$。

4.25.2   扭转晶界

扭转晶界的特点是转轴垂直于晶界平面,即 $\boldsymbol{u} /\!/ \boldsymbol{n}$。图 4-95 画出了简单立方晶体的扭转晶界,晶界平面是(001)面,转轴 $\boldsymbol{u}=[001]$。图 4-95(a)是转动示意图。从图可看出,这种转动可通过加入两组分别沿[100]及[010]方向的右旋螺型位错来实现。图 4-95(b)是原子在(001)面的投影图。可直接看出,$\theta \approx \dfrac{b}{D}$。

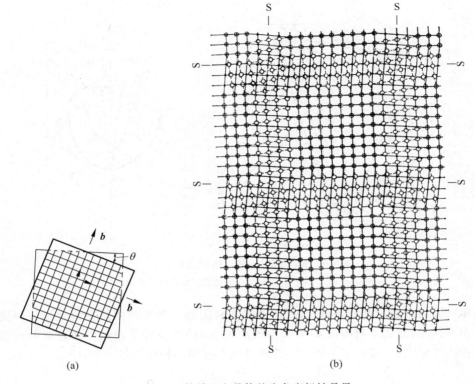

图 4-95　简单立方晶体的小角度扭转晶界

可以证明,这种小角度扭转晶界的界面能 E 也可以表示为

$$E = E_0\theta(A - \ln\theta)$$

式中,$E_0 = \dfrac{Gb}{4\pi}$。

4.25.3　一般小角度晶界

如前所述,一般小角度晶界的界面位置、转轴和转角都是可变的,故需要用五个自由度确定其结构。现在我们就来讨论,如何根据这五个自由度(即界面位置 n、转轴 u 和转角 θ)来确定可能的晶界位错模型,包括位错的性质和分布。我们首先导出一个分析晶界结构的基本公式,即所谓 Frank 公式。然后举例说明其应用。

图 4-96(a)是一般小角度晶界的示意图。图中晶界前方的晶粒相对于后方的晶粒绕某一转轴旋转了 θ 角。图 4-96(b)是旋转的几何关系。图中 P 是晶界平面,$u(=\overline{OB})$ 是转轴(单位向量),它与 P 平面交于 O 点。又 $r(=\overline{OA})$ 是晶界平面内的任意向量。假定形成晶界时晶界平面两边的晶粒分别绕 u 轴反向旋转了 $\dfrac{\theta}{2}$ 角(相对转角为 θ),因而 r 分别旋转到 $r'(=\overline{OA'})$ 和 $r''(=\overline{OA''})$ 的位置(r' 的 r'' 分别位于两个相邻晶粒内)。

现在,我们从 A' 点出发,沿图示箭头方向作一回路。它先经过 r' 所在的晶粒,经过晶界平面上的 O 点后进入 r'' 所在的晶粒,最后达到 A'' 点。我们指出,这个回路(即图中的 $\overline{A'MONA'}$ 回路)就是柏氏回路,因为如果这个回路中不含位错,那么 $\theta=0$(两个晶粒构成一

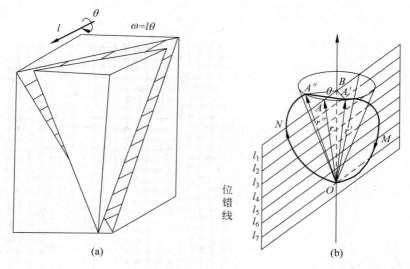

图 4-96　一般小角度晶界

(a) 示意图；(b) 转动几何关系

个单晶体），因而 r' 及 r'' 都与 r 重合，故回路将是封闭的。既然该回路在包含晶界位错的实际晶体中不封闭，那么不封闭段 d（即图中的 $\overline{A'A''}$ 矢量）就应等于回路中所包含的所有晶界位错的柏氏矢量之和，或等于 r 所切割的所有晶界位错的柏氏矢量之和，即：

$$d = \sum N_i \boldsymbol{b}_i \tag{4-111}$$

式中，N_i 是 r 所切割的、柏氏矢量为 $\boldsymbol{b}_i$ 的位错数。

另一方面，从图 4-96(b) 的几何关系可以看出，d 与 r 及 u 都垂直，故有

$$d \parallel r \times u \tag{I}$$

$$|\,d\,| = 2r\sin\alpha \cdot \sin\frac{\theta}{2} = 2\,|\,r \times u\,|\,\sin\frac{\theta}{2} \approx |\,r \times u\,|\,\theta \tag{II}$$

综合（I）和（II），并代入式（4-111）得到

$$d = \sum N_i \boldsymbol{b}_i = (r \times u)\theta \tag{4-112}$$

此即所谓 Frank 公式。根据这个公式，只要知道晶界位错的柏氏矢量，就可确定晶界的性质和位错的分布。作为例子，下面讨论三种情形。

第一种情形：晶界只包含柏氏矢量为 $\boldsymbol{b}$ 的一组位错。

这时由式（4-111）及式（4-112）得到

$$d = N\boldsymbol{b} = (r \times u)\theta \tag{4-113}$$

所以 $\boldsymbol{b} \perp r, \boldsymbol{b} \perp u$。因 r 是晶界内的任选矢量，故必有 $\boldsymbol{b} \parallel n$，因而 $u \perp n$。可见此种晶界必为倾侧型晶界。其次，若取 $r \parallel u$，则由式（4-113）知 $d=0$。这表明，r 不与任何位错相交，所以位错线 $l \parallel r \parallel u \perp \boldsymbol{b}$，因而晶界位错必为平行于转轴的直线刃型位错。为了确定位错的分布，取 $r \perp u$，则由式（4-113）得到

$$N\boldsymbol{b} = (r\theta)n, \quad \text{因此 } Nb = r\theta n = r\theta$$

故相邻位错间的距离为

$$D = \frac{r}{N} = \frac{b}{\theta}$$

例　对于图 4-90 所示的小角度对称倾侧晶界，已知 $u=[001]$，$n=[100]$。故由上述立即得出，位错线 $l /\!/ [001]$，$b=[100]$，$D=b/\theta$。

第二种情形：晶界包含两组位错，其柏氏矢量分别为 b_1 和 $b_2(b_1 \neq b_2)$。

此时 Frank 公式为

$$N_1 b_1 + N_2 b_2 = (r \times u)\theta \tag{4-114}$$

将式(4-114)两边与$(b_1 \times b_2)$作点积，得到

$$\theta(r \times u) \cdot (b_1 \times b_2) = 0$$

因上式左边可视为以 r，u 和$(b_1 \times b_2)$为边的平行六面体的体积，故上式又可写成

$$r \cdot [u \times (b_1 \times b_2)] = 0 \tag{4-115}$$

由于 r 是在晶界内任选的(非零)矢量，故上式只有在以下两种情形下成立：

(1) $u \times (b_1 \times b_2) /\!/ n$。亦即 u 和$(b_1 \times b_2)$都在晶界平面内，因而该晶界是倾侧晶界。选取 $r /\!/ u$，则由式(4-115)得到 $N_1 b_1 + N_2 b_2 = 0$，但 $b_1 \not\!\!\times b_2$，所以 $N_1 = N_2 = 0$，亦即两组位错都平行于转轴 u。为求位错的分布，选取 $r \perp u$，则由式(4-114)有

$$N_1 b_1 + N_2 b_2 = (r\theta)n \tag{4-116}$$

将上式两边叉乘 b_2，得到

$$N_1 (b_1 \times b_2) = r\theta (n \times b_2)$$

再将上式两边与$(b_1 \times b_2)$作点积，得到

$$N_1 \mid b_1 \times b_2 \mid^2 = r\theta (n \times b_2) \cdot (b_1 \times b_2) = r\theta n \cdot [b_2 \times (b_1 \times b_2)]$$

由此得到，柏氏矢量为 b_1 的一组位错的间距为

$$D_1 = \frac{r}{N_1} = \mid b_1 \times b_2 \mid^2 / \{n \cdot [b_2 \times (b_1 \times b_2)]\}\theta \tag{4-117a}$$

同理可得，柏氏矢量为 b_2 的一组位错的间距为

$$D_2 = \frac{r}{N_2} = \mid b_1 \times b_2 \mid^2 / \{n \cdot [b_1 \times (b_1 \times b_2)]\}\theta \tag{4-117b}$$

例　对于图 4-94 所示的小角度不对称倾侧晶界，已知 $b_1 = [100]$，$b_2 = [010]$，$n = [\sin\phi \ -\cos\phi \ 0]$，$u$ 在晶界平面内。由此得到：$D_1 = b/\theta\sin\phi$，$D_2 = b/\theta\cos\phi$。

(2) $u /\!/ (b_1 \times b_2)$。此时由式(4-114)得到

$$N_1 b_1 + N_2 b_2 = \left[r \times \frac{(b_1 \times b_2)}{\mid b_1 \times b_2 \mid} \right]\theta = [(r \cdot b_2)b_1 - (r \cdot b_1)b_2]\theta / \mid b_1 \times b_2 \mid$$

将上式两边叉乘 b_2：

$$N_1 (b_1 \times b_2) = [(r \cdot b_2)(b_1 \times b_2)]\theta / \mid b_1 \times b_2 \mid$$

所以

$$N_1 = \frac{(r \cdot b_2)\theta}{\mid b_1 \times b_2 \mid} \left.\begin{array}{c} \\ \\ \end{array}\right\}$$

同理，

$$N_2 = \frac{(r \cdot b_1)\theta}{\mid b_1 \times b_2 \mid} \tag{4-118}$$

下面根据式(4-118)分析两组位错的特性。

首先，选取 $r \perp b_2$，则 $N_1 = 0$。这表明，垂直于 b_2 的晶界向量 r 与柏氏矢量为 b_1 的位错线 l_1 平行，因而 $l_1 \perp b_2$。又因 $l_1 \perp n$，故 $l_1 /\!/ (b_2 \times n)$。同样选取 $r \perp b_1$，可得到 $l_2 /\!/ (b_1 \times n)$，这里 l_2 是柏氏矢量为 b_2 的位错线。

其次，选取 $r /\!/ l_2$，亦即令 $r = |b_1 \times n| r / |b_1 \times n|$，代入式(4-118)可得

$$N_1 = \frac{[(b_1 \times n) \cdot b_2] r\theta}{|b_1 \times b_2||b_1 \times n|} = \frac{n \cdot (b_1 \times b_2)}{|b_1 \times b_2||b_1 \times n|} r\theta = \frac{(n \cdot u) r\theta}{|b_1 \times n|}$$

由此得到，沿 l_2 方向相邻两条位错线 l_1 之间的距离为

$$D_1 = \frac{r}{N_1} = |b_1 \times n||b_1 \times b_2| / [n \cdot (b_1 \times b_2)]\theta$$

$$= |b_1 \times n| / (n \cdot u)\theta \tag{4-119}$$

同样，选取 $r /\!/ l_1$，可以得到

$$N_2 = \frac{n \cdot (b_1 \times b_2)}{|b_1 \times b_2||b_2 \times n|} r\theta = \frac{(n \cdot u) r\theta}{|b_2 \times n|}$$

沿 l_1 方向相邻两条位错线 l_2 之间的距离为

$$D_2 = |b_2 \times n||b_1 \times b_2| / [n \cdot (b_1 \times b_2)]\theta$$

$$= |b_2 \times n| / (n \cdot u)\theta \tag{4-120}$$

对纯扭转晶界，$n /\!/ u /\!/ (b_1 \times b_2)$，故 b_1 和 b_2 都平行于晶界平面。由上述可知，此时两组位错线的方向分别为 $l_1 /\!/ b_2 \times (b_1 \times b_2)$，$l_2 /\!/ b_1 \times (b_1 \times b_2)$。一组位错线沿着另一组位错线方向的间距分别为 $D_1 = b_1 / \theta$，$D_2 = b_2 / \theta$。在更特殊的情形下，$b_1 \perp b_2$，因而 $l_1 /\!/ \pm b_1$，$l_2 /\!/ \pm b_2$，两组位错均为纯螺型位错。如图 4-95 所示的小角度扭转晶界就是这种情形。

第三种情形：晶界包含三组位错。例如，在 FCC 晶体的晶界上，实验观测到由正六边形组成的位错网络，其柏氏矢量分别为 $\overrightarrow{AB} = \frac{1}{2}[\bar{1}10]$，$\overrightarrow{BC} = \frac{1}{2}[10\bar{1}]$，$\overrightarrow{CA} = \frac{1}{2}[0\bar{1}1]$，如图 4-97 所示。图中每段位错线的柏氏矢量的两个字母，如 AB(或 $\overrightarrow{BC}$、$\overrightarrow{CA}$)，分别标在该段位错线的两旁(请读者根据柏氏矢量的守恒性选定各段位错的正向)。试按 Frank 公式分析晶界及位错的性质。

取 3 个晶界向量 r_1，r_2 和 r_3 它们分别垂直于六边形的相邻的三边。设相邻六边形中心间的距离为 h，那么由 Frank 公式有

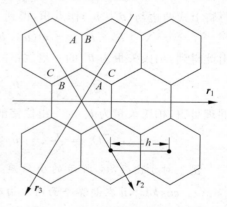

图 4-97 FCC 晶界内的六方网络

$$\left(\frac{r_1}{h}\right)\overrightarrow{AB} = (r_1 \times u)\theta \quad \text{或} \quad \frac{\overrightarrow{AB}}{h} = \left(\frac{r_1}{r_1} \times u\right)\theta$$

$$\left(\frac{r_2}{h}\right)\overrightarrow{BC} = (r_2 \times u)\theta \quad \text{或} \quad \frac{\overrightarrow{BC}}{h} = \left(\frac{r_2}{r_2} \times u\right)\theta$$

$$\left(\frac{r_3}{h}\right)\overrightarrow{CA} = (r_3 \times u)\theta \quad \text{或} \quad \frac{\overrightarrow{CA}}{h} = \left(\frac{r_3}{r_3} \times u\right)\theta$$

因为 $|\overrightarrow{AB}| = |\overrightarrow{BC}| = |\overrightarrow{CA}|$，故 u 必与 r_1，r_2，r_3 呈等角。因 r_1，r_2，r_3 互不平行，故 u 必垂直于 r_1，r_2 和 r_3，因而，垂直于晶界平面。故所论晶界是扭转晶界，$u /\!/ n$。于是从上面各式可得到 $\overrightarrow{AB} /\!/ r_1 \times n$，$\overrightarrow{BC} /\!/ r_2 \times n$，$\overrightarrow{CA} /\!/ r_3 \times n$，故各段位错线均为螺型位错。此外，晶界平面必为 (111) 面，因为小角度晶界模型要求位错不产生长程应力场。如果晶界平面不是 (111) 面，那

么,位错网络就不能保持正六边形,否则就会形成长程应力场。

最后,我们对 Frank 公式进行讨论:

① Frank 公式仅适用于平面(或接近平面)的晶界。② 对于给定的 n 和 u,由 Frank 公式可能得到多个晶界位错模型,最可能的模型应该是能量最低的。③ 必须是小角度晶界,因而位错密度正比于 θ。④ 不论柏氏矢量如何,每组位错线必须是等间距的平行直线。

4.26　位错的实验观测

目前已发展了多种实验方法来确定位错的密度和分布,这些方法大体可分为以下 5 类。

4.26.1　表面法(或蚀坑法)

表面法(或蚀坑法)是用适当的方法侵蚀晶体表面,以显示位错在表面的露头。这是基于位错露头处由于应变大和(或)杂质原子偏聚而比表面上其他区域更不稳定,因而优先被侵蚀,形成蚀坑。最常用的侵蚀方法是化学侵蚀法和电解侵蚀法。其次是热侵蚀法和溅射法,前者是基于位错露头处的原子在高温、真空条件下优先蒸发,后者是基于位错露头处的原子优先被气体离子轰击掉。图 4-98 是钨单晶表面的位错蚀坑(黑点)。图 4-99 是锗的双晶晶界上的位错墙蚀坑。根据锗晶体中位错的柏氏矢量 b 和用 x 光测得的两个晶粒的位向差 θ 可以算出相邻位错间的距离 $D\left(D=\dfrac{b}{\theta}\right)$,此值应等于实测的相邻蚀坑间的距离。

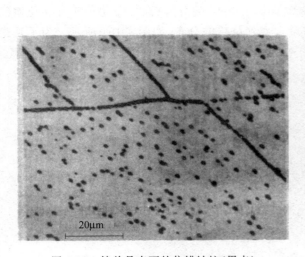

图 4-98　钨单晶表面的位错蚀坑(黑点)

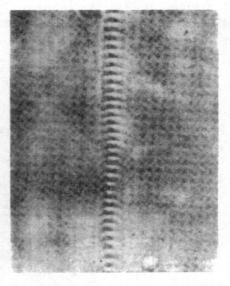

图 4-99　锗的双晶晶界上的位错墙蚀坑

位错蚀坑往往有特定的形貌,包括特定的对称性。这种形貌取决于晶体结构及位向。

蚀坑法不仅能观测位错的静态分布,还可观察位错的运动过程。例如,有人在 LiF 晶体变形过程中多次对晶体表面进行腐蚀,结果发现,新产生的蚀坑是尖底的(这是位错运动后的新位置),老蚀坑(此处已无位错)则是平底的。图 4-100(a)是三次侵蚀后的蚀坑形貌,图 4-100(b)是示意图。从图 4-100 可以看出,在位错初始位置的蚀坑具有很大的正方形平底,在位错中间位置的蚀坑则平底较小,而在位错的最后位置的蚀坑(第三次侵蚀后才出现的新蚀坑)则具有尖锐的底部。

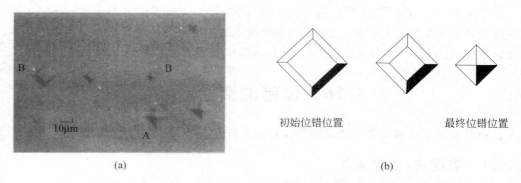

初始位错位置　　　　　　　最终位错位置

(a)　　　　　　　　　　　　　　(b)

图 4-100　LiF 晶体中三次侵蚀后的蚀坑形貌(a)和示意图(b)

表面观测法只适用于位错密度较低($\rho < 10^4\ \mathrm{mm}^{-2}$)的晶体。密度太高则蚀坑重叠,无法分辨。

4.26.2　缀饰法

有许多晶体对可见光和红外线是透明的。对于这些晶体,虽然通常并不能直接看到位错,但可以通过掺入适当的"外来"原子,经过热处理使之择优分布在位错线上,形成一串小珠(因而将位错"缀饰"或"打扮"了)。这种小珠会散射可见光或红外光,因而可用光学显微镜观察到。这种方法称为缀饰法。例如,为了观察 KCl 中的位错,可在生长晶体前,在熔融的 KCl 中掺入 AgCl。晶体生长后再在氢气保护下退火,使分解后的 Ag 原子沉淀在位错线上,这样通过 Ag 原子对可见光的散射就可观察到位错的分布,如图 4-101 所示。为了观察 Si 中的位错,可将金属元素如 Cu,Al 等扩散到 Si 中,将位错"缀饰",然后在红外光下观察。

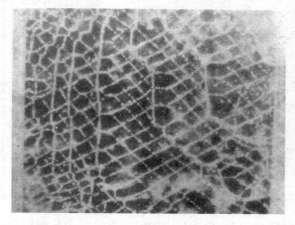

图 4-101　在光学显微镜下观察到的 KCl 薄晶体中的 Ag 原子分布(形成网络)

将缀饰法和蚀坑法结合,可以确定位错和蚀坑的一一对应关系。

由于缀饰法需将晶体进行退火处理,故只适用于研究"回复"或高温变形后的位错结构,而不适用于研究低温形变金属中的位错结构。

4.26.3　透射电镜法

透射电镜法(transmission electron microscopy,TEM)是应用最广的观测位错及其他晶体缺陷(如堆垛层错、晶界、空洞等)的方法。它通常用来研究缺陷的静态形貌和特性(如位错的性质和柏氏矢量等),但有的电镜带有微型拉伸装置,可以在显微镜下对显微试样(长度少于 3mm 的试样)进行拉伸,从而可直接观测位错的运动过程,包括位错的增殖和交互作用。

下面简单地介绍一下用 TEM 观测缺陷的基本原理。图 4-102 表示经过会聚电磁透镜后的一束平行电子束照射到薄膜样品 $\overline{AB}$ 上,其中一部分直接通过样品,成为透射线(或直射线),另一部分受到各晶面的散射,成为散射线。如果某一组 $(h\,k\,l)$ 面散射的电子束满足散射线加强的条件,即满足 Bragg 公式 $2d\sin\theta=n\lambda$,式中 d 为 $(h\,k\,l)$ 面的晶面距,θ 为该面与入射线的夹角,λ 为电子束波长(取决于电镜的电压),那么就会得到 $(h\,k\,l)$ 衍射线。在图 4-102(a)中画出了一组 $(h\,k\,l)$ 衍射线。透射和衍射电子束都在后焦面上聚焦,得到相应的直射斑和衍射斑。不同的 $(h\,k\,l)$ 衍射斑的集合就构成所谓电子衍射谱。同时,通过样品的同一点的直射和(或)衍射电子束还会在像平面上聚焦成该点的像(见图 4-102(b))。在电镜中,在后焦面的位置装有物镜光阑,可以有控制地只让直射线通过或只让某一组 $(h\,k\,l)$ 衍射线通过。

由透射线成的像称为**明场像**,由衍射线成的像称为**暗场像**。在分析缺陷时往往只激发一组 $(h\,k\,l)$ 衍射线,因而只产生一个 $(h\,k\,l)$ 衍射斑,因此入射电子束的强度 I_0、透射电子束的强度 I_t 和 $(h\,k\,l)$ 衍射电子束的强度 I_d 之间应有以下关系:$I_t+I_d=I_0$,这个条件也称双束条件。

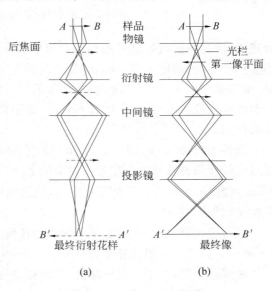

图 4-102　明场像和暗场像

如果样品是无缺陷的均匀晶体,那么样品各处的 I_t,I_d 都相同。既然没有衬度(没有强度差),当然就没有像。但如果样品中有缺陷区,那么由于缺陷区内的原子偏离了正常位置(平衡位置),使 $(h\,k\,l)$ 面发生了弯曲,其衍射强度 I'_d 便不同于无缺陷区的 $(h\,k\,l)$ 衍射强度 I_d,因而 I'_t 也不同于 I_t。于是缺陷区和无缺陷区便有了衬度,因而在 TEM 下可观察到缺陷区的像(明场像或暗场像)。由于它是由衍射线的衬度(强度差)引起的,故称为**衍衬像**。图 4-103(a)是在 TEM 下观察到的薄膜样品中的两组平行位错的衍衬像(明场像),每条暗线都是由一个位错引起的。图 4-103(b)是和(a)图对应的位错在晶体中分布的示意图。

为了定量地研究缺陷的特性,需要定量分析衍射线的强度 I_d。详细的分析过程请参看有关电子衍射(或 X 光衍射)的专著。这里我们只是指出,缺陷像的衬度与因子 $(\boldsymbol{g}\cdot\boldsymbol{u})$ 密切相关。这里 $\boldsymbol{g}$ 是代表衍射面 $(h\,k\,l)$ 的倒易矢量,沿 $(h\,k\,l)$ 面的法线方向,有 $\boldsymbol{g}=h\boldsymbol{a}^*+k\boldsymbol{b}^*+l\boldsymbol{c}^*$($\boldsymbol{a}^*$,$\boldsymbol{b}^*$,$\boldsymbol{c}^*$ 是倒易基矢);$\boldsymbol{u}$ 是缺陷区原子偏离正常位置的位移矢量。这个结果显然是

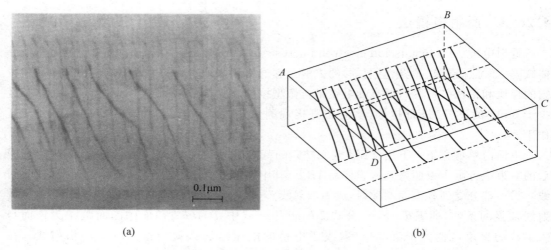

图 4-103   薄膜样品中两组位错的 TEM 照相(a)和空间分布示意图(b)

合理的,因为衍射线强度必然与衍射面指数 h、k、l 以及该面的弯曲程度(取决于 u)都有关。当 $g \cdot u = 0$ 时,衬度为零,缺陷的像也就消失。这就是定量分析缺陷的基础。它的物理意义是,如果某个 $(h\,k\,l)$ 面(或 g 面)在原子发生位移 u 后仍保持平面(没发生弯曲),那么 $(h\,k\,l)$ 衍射线的强度就不改变,因而没有衬度,缺陷像便消失。下面以位错为例,简单说明一下上式的应用。

对螺型位错,因 $u /\!/ b$(见 4.5 节),故像的消失条件 $g \cdot u = 0$ 就等价于 $g \cdot b = 0$。如果能通过旋转样品台找到两个能使像消失的 g_1 和 g_2,那么由于 $g_1 \cdot b = 0$,$g_2 \cdot b = 0$,故可得到:$b /\!/ g_1 \times g_2$(由于在形成螺型位错前后,包含位错线的任何平面始终为平面,故总可以找到多个能使像消失的 g)。

对刃型位错,由于在垂直于位错线的任何方向上都有位移,故不能由 $g \cdot u = 0$ 直接推出 $g \cdot b = 0$。只有当 g 沿位错线方向时,$g \cdot u = 0$ 和 $g \cdot b = 0$ 才同时成立(对所有的 u)。

对混合位错,由于 u 是三维的,故即使位错像消失,相应的 $g \cdot b$ 也不为零。

在以上分析中,g(或 g_1、g_2)矢量是通过标定位错所在区域的电子衍射谱(选区衍射谱)确定的,具体的标定方法以及整个实验及分析过程,读者可参看有关的专著。

4.26.4   其他方法

除以上三种常用的位错观测方法外,还有其他一些方法。

(1) X 射线衍衬像方法

X 射线衍衬像方法与电子束衍衬方法非常类似,差别在于 X 射线的波长更长,且不带电。由于波长更长,故分辨率更低,只适于研究位错密度很低($\leqslant 10^4 \mathrm{mm}^{-2}$)的材料。但由于不带电,故 X 光束的穿透深度较大,可以测定较厚样品内的缺陷分布。图 4-104 是单晶硅的 X 射线衍衬像。

(2) 场离子显微镜观测方法

电子显微镜通常不能分辨单个原子的位置(因而也不能观察到单个的点缺陷)。但场离子显微镜的分辨率可高达 0.2～0.3nm,故可获得原子像,因而可以直接观察到位错或其他缺陷的原子组态。

　　场离子显微镜的原理示意图如图 4-105 所示。待观测的样品须做成细丝，其一端经电解抛光，形成半球形尖顶，然后放在显微镜的样品室中进行"电场蒸发"，即在约 100V/nm 的强电场下，将半球形尖顶表面的原子击出，形成半径为5～100nm 的光滑半球形尖顶。实验时将样品保持在低温，并将样品室抽至高真空，然后充入低压成像气体 He 或 Ne。在样品与荧光屏之间加数千伏的电压（样品的电位为正），以便在样品尖顶表面产生一定的电场 E。如果 E 小于成像气体分子的电离电位阈值 E_s，那么气体分子只是被电场极化而飞向样品，并被样品表面反弹。由于与低温样品表面碰撞而损失了热能的反弹气体分子聚集在距表面很近的薄层内。如果 $E>E_s$ 则这些反弹的气体分子将被电离。电离后电子飞向样品表面，而气体正离子则沿样品的半球形表面的半径方向飞向荧光屏，因而在荧光屏的相应位置出现亮点。这个亮点就可能是样品表面相应位置的原子的像。

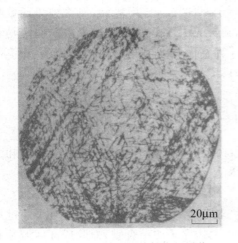

图 4-104　单晶硅的 X 射线衍衬像

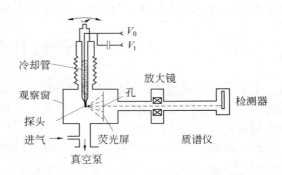

图 4-105　场离子显微镜的原理示意图

　　为什么荧光屏上的亮点可能是样品表面的原子像呢？这里一个关键因素是，使气体分子电离的是样品表面附近的电场，而这个电场的分布取决于样品表面的原子结构。如果某个表面原子只有很少的近邻原子，它就相当于一个原子级的凸台（例如，某些晶面和样品尖顶表面相交而成的台阶上的原子就是如此），因而此处的电场就强，被电离的气体分子就多，电离电流就大，在荧光屏上相应的位置就出现一个亮点。反之，一个位于光滑的密排面上的原子，它附近的电场就弱，气体分子电离的就少，或完全不电离，因而在荧光屏的相应位置就是暗的。实际上场离子像往往呈现许多由亮点组成的同心圆环，每个环都对应着某一特定晶面和样品表面相交形成的台阶。图 4-106 是钨丝尖端上晶界处的场离子像，其中每个亮点代表一个钨原子。

　　为了得到清晰的场离子像，外加电场 E 必须为一个最佳值 E_i，E_i 只比 E_s 略高。如果$E\gg E_i$，则样品表面附近的电场主要取决于外加电场，因而不反映样品表面原子结构的特征。此时，由于

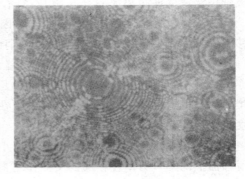

图 4-106　钨丝尖端上晶界处的场离子像

样品表面各处附近的气体原子都同样地被电离,在荧光屏上就得不到样品表面的原子像了。

(3) 计算机模拟

用计算机模拟晶体缺陷包括两方面内容。

第一方面是模拟缺陷的衍衬像。为此需计算各种假设的(尝试的)缺陷在实际实验条件下的衍射强度,得到相应的衍衬像,然后与实验得到的衍衬像进行比较,以判断实际缺陷的类型和特性。

第二方面是模拟位错中心区的原子组态。我们知道,位错芯的原子组态是无法用实验测定的,但它与晶体滑移面的选择、位错的起动力(派-纳力)有密切的关系。因此人们力图用计算机模拟位错芯的原子组态。模拟的方法是,首先用计算机算出完整晶体中原子的坐标,然后引入一定性质的位错,按弹性理论计算原子的位移和坐标,以及作为原子坐标的函数的晶体能量。最后令坐标作微小的变化,使晶体能量达到极小值,这样就得到平衡的位错芯原子组态。在计算晶体能量时当然要用到近邻原子间的交互作用势能,而这种势函数需要根据晶体特点作出假设。因此,计算机模拟的正确与否主要就取决于势函数的假定是否正确(是否符合实际)。这个问题是许多固体理论计算都面临的共同问题,因为至今还不可能从理论上准确算出晶体中近邻原子间的交互作用势。

4.27 位错理论的应用(小结)

本章一开始就指出,位错理论可用来解释固体材料的各种性能和行为,特别是形变和力学行为。本章各节已经用位错理论解释了一些固体的性能和行为,本节只是简单归纳一下位错理论的若干主要应用。

(1) 晶体的实际强度为什么远低于理论强度? 这是因为实际晶体的塑性变形是通过局部滑移进行的,故所加外力仅需破坏局部区域滑移面两边原子的结合键,而此局部区域是有缺陷(即位错)的区域,此处原子本来就处于亚稳状态,只需很低的外应力就能使其离开平衡位置,发生局部滑移。

(2) 晶体为什么会加工硬化? 粗略地说,这是因为晶体在塑性变形过程中位错密度不断增加,使弹性应力场不断增大,位错间的交互作用不断增强,因而位错的运动越来越困难。具体地说,引起晶体加工硬化的机制有:位错的塞积、位错的交割(形成不易或不能滑移的割阶、或形成复杂的位错缠结)、位错的反应(形成不能滑移的定位错)、易开动的位错源(即极轴位错之间的距离大的 F-R 源)不断消耗等。

(3) 金属为什么会退火软化? 这是因为金属在退火过程中位错在内应力作用下通过滑移和攀移而重新排列,以及异号位错相消而使位错密度下降。位错的重排发生在低温退火(回复)过程,此时同号刃位错排成位错墙,形成多边化结构(对单晶体)或亚晶粒(对多晶体,亦称亚结构或嵌镶块结构),其主要效果是消除内应力和使物理性质(如电阻率)恢复到冷加工前的数值。位错密度的显著下降发生在高温退火(再结晶)过程,它导致金属显著软化(强度显著下降)。

(4) 位错如何使晶体的弹性模量减小、内耗增大? 这可以用一对位于相距很近的平行滑移面上的异号刃型位错间的交互作用来解释(见 4.14 节)。当然,在实际金属中引起内耗的原因有许多,视具体情况而定。

(5) BCC 晶体中为何出现明显屈服点和应变时效现象？这主要是因为间隙式元素的原子偏聚在刃型位错的张应力区,形成柯氏气团(见 4.15 节)。

(6) 合金强化机制(Ⅰ):固溶强化。

固溶在点阵间隙或结点上的合金元素原子由于其尺寸不同于基体原子,故产生一定的应力场,阻碍位错的运动,造成固溶强化。由于固溶度有限或由于合金原子与基体原子的半径差较小,均匀分布的合金元素的固溶强化效应是较小的。但如果合金元素偏聚,则可造成显著的固溶强化。18Cr-8Ni 不锈钢的高强度就是来源于合金元素 Ni 原子偏聚于扩展位错的层错区,形成铃木气团,使位错的滑移和攀移都很难进行(见 4.21 节)。

(7) 合金强化机制(Ⅱ):沉淀强化和弥散强化。

合金通过相变过程得到的合金元素与基体元素的化合物(沉淀相)与机械混掺于基体材料中的硬质颗粒都会引起合金强化,前者称为沉淀强化(沉淀相与基体原子间有化学的交互作用),后者称为弥散强化(弥散相与基体原子间没有化学的交互作用)。两种强化的机制都是由于第二相(沉淀相或弥散相)周围形成很强的应力场,阻碍了位错的滑移。

(8) 合金强化机制(Ⅲ):有序强化。

如 4.24 节所述,有序合金中的位错是超位错。要使金属发生塑性变形就需使超位错的两个分位错同时运动(以保持反相畴边界的平衡宽度),因而需要更大的外应力,这就是有序强化。在许多合金中,析出的沉淀相是有序相。此时要使合金塑性变形,合金中的位错在滑移过程中必须能通过沉淀相(切割沉淀相),而这样一来将破坏沉淀相的有序排列(破坏低能的 A—B 键),因而需要更高的外应力。因此,含有有序的沉淀相的合金的强化机制包括一般的沉淀强化和有序强化两种机制,因而强化效果更显著。例如,高强度的镍基超级合金的强化机制就在于存在着有序的沉淀相 $Ni_3(Ti,Al)$。这种沉淀相的结构类似于如图 2-43 所示的 Cu_3Au 型结构。

(9) 形变后样品的表面形貌

由于弯曲形的位错线在滑移时其某一段线可能先到达晶体表面,因而滑移线有可能只出现在表面的中心区,而不延伸到边缘。

由于 Frank-Read 位错源能相继发射一系列位错,每个位错滑过整个滑移面后都贡献 b 的滑移量,故在同一滑移面上可以形成高度达到几百或几千埃的滑移台阶。

由于螺型位错可以发生多次交滑移,故在一个滑移带内可看到许多滑移线。

由于 U 形位错源的柏氏矢量在位错的滑移面(晶体的孪生面)法线方向的分量 $b_\perp$ 等于该面的面间距 d,而在位错滑移方向(晶体的孪生方向)的分量 $b_{//}$ 等于该面的层错矢量(Shockley 分位错矢量),故这种位错源不断发射位错和位错的滑移,将引起孪生,在晶体表面便可看到一定厚度的孪晶。

(10) 小角度晶粒边界的位错模型已由实验很好地证实,详见 4.25 节。

(11) 晶体生长机制

众所周知,在一定的温度下,晶体从气相生长(即气体原子沉积到晶体上)的必要条件是,实际的蒸气压 p 必须大于晶体材料在该温度下的平衡蒸气压 p_0,即 $p>p_0$。定义蒸气的过饱和度为 $S=(p-p_0)/p_0$。下面分析维持晶体不断生长所需的最小过饱和度 S_m。

为简单起见,我们假定晶体是简单立方结构,表面为 $\{100\}$ 面,从蒸气压为 p 的气相中沉积到晶体表面的原子是边长为 a 的立方块,如图 4-107 所示。又假定蒸气是理想气体,根

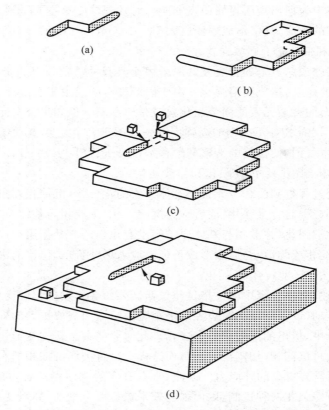

图 4-107   简单立方的完整晶体沿 $\{100\}$ 面生长示意图

据热力学，气相沉积的条件是：化学自由能的下降必须大于或等于界面能的增加。即

$$\Delta g = g_c - g_v \geqslant na^2\gamma \tag{I}$$

式中，g_c 和 g_v 分别是晶体和气相中折合成每个原子的自由焓，γ 是固相与气相界面的比界面能，n 是一个沉积原子所具有的固-气界面数。显然 g_c 应等于在沉积温度下一个平衡蒸气分子的自由焓，故由热力学可得

$$\Delta g = k_B T(\ln p_0 - \ln p) = -k_B T\ln\left(\frac{p}{p_0}\right) \tag{II}$$

将（II）代入（I）得到

$$-k_B T\ln(p/p_0) \geqslant na^2\gamma$$

或

$$p \geqslant p_0\exp(-na^2\gamma/k_B T)$$

因此，在沉积温度 T，维持晶体生长所需的最小过饱和度为

$$S_m = p/p_0 - 1 = \exp(-na^2\gamma/k_B T) - 1 \tag{III}$$

在按上式进行理论估算时，假定晶体是完整的（不含位错的），生长表面是平面，因而一个沉积原子有 5 个固-气相界面，即 $n=5$。将此 n 值及估计的 a，γ 值代入式（III），可求得理论过饱和度

$$S_m^\circ \approx 25\% \sim 40\%$$

然而实验发现，一般晶体生长所需的实际最小过饱和度为 $S_m' = 3\% \sim 4\%$。

为什么 $S'_m \ll S°_m$？读者也许会认为，这是由于在晶体生长过程中,原来的平表面会变成带台阶的表面,因而 $n<5, S'_m<S°_m$。问题是,在晶体生长过程中,带台阶的表面必将被沉积原子填平,一旦形成了新的一层平表面,再生长又要求更大的过饱和度 $S_m = S°_m$。可见,如要始终在很小的过饱和度 S'_m 下生长,表面的台阶必须永远填不平。怎样才能实现这种状态呢?人们想到了螺型位错的结构特点。如果在晶体表面上有一个螺型位错露头,那么由于在螺型位错附近的表面不是平面,而是螺旋面,它不可能被同样大小的原子(可视为同样大小的小立方块)所填平,因而在晶体生长过程中就始终存在着螺旋形的台阶表面。这样一来,晶体生长过程就像 L 形位错源或 U 形位错源的扫动位错绕极轴位错旋转那样,始终长出新的螺旋面。这一点已经为实验所证实。图 4-108 是碳化硅晶体生长的表面螺旋台阶形貌。

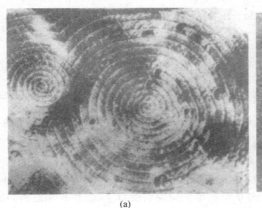
(a)

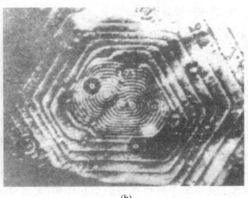
(b)

图 4-108 SiC 晶体生长表面上的各种螺旋生长台阶
(a) 圆形生长螺旋线；(b) 六角形生长螺旋线

应当指出,本章只是定性或半定量地讨论了位错的某些应用。这对于一般的材料工作者或学生是很重要的。至于详细的、定量的分析和讨论,可以参看有关位错理论的专著或专门文献。

习 题

4-1 在晶体中插入附加的柱状半原子面能否形成位错环? 为什么?

4-2 请分析下述局部塑性变形会形成什么样的位错(要求指出位错线的方向和柏氏矢量)。

(1) 简单立方晶体,(010)面绕[001]轴发生纯弯曲。

(2) 简单立方晶体,(110)面绕[001]轴发生纯弯曲。

(3) FCC 晶体,(110)面绕[001]轴发生纯弯曲。

(4) 简单立方晶体绕[001]轴扭转 θ 角。

4-3 怎样的一对位错等价于一片空位(或一片间隙原子)?

4-4 在简单立方晶体的(001)投影面上画出一个与柏氏矢量呈 45° 的混合位错附近的原子组态。

4-5 当刃型位错周围的晶体中含有(a)超平衡的空位、(b)超平衡的间隙原子、(c)低于平衡浓度的空位、(d)低于平衡浓度的间隙原子等四种情形时,该位错将怎样攀移?

4-6 指出图 4-109 中位错环 $\overline{ABCDA}$ 的各段位错线是什么性质的位错? 它们在外应力 σ_y、τ_{xy} 作用下将分别如何运动?

4-7 验证式(4-78)和式(4-79)所表示的螺型位错应力场满足弹性力学平衡方程。

4-8 验证式(4-80)所表示的刃型位错应力场也满足弹性力学平衡方程。

4-9 利用应力张量变换公式 $\sigma'_{ij} = a_{ik}a_{jl}\sigma_{kl}$，由直角坐标系下的应力场公式(4-78)导出柱坐标系下的应力场公式(4-79)。

4-10 证明混合位错在其滑移面上、沿着滑移方向的剪应力为 $\tau_s = Gb(1-\nu\cos^2\alpha)/[2\pi r(1-\nu)]$，式中 α 是位错线 l 与柏氏矢量 b 之间的夹角，ν 是泊松比，r 是所论点到位错线的距离。

4-11 证明作用在某平面 n 上的总应力 p 与应力张量 σ 的关系为 $p = \sigma \cdot n$，或用分量表示成 $p_i = \sum\limits_{j=1}^{3} \sigma_{ij}n_j$。（正交坐标轴为 x_1, x_2, x_3）

4-12 证明，对于任何对称张量 σ，下式恒成立：
$$(\sigma \cdot a) \cdot b = (\sigma \cdot b) \cdot a$$

4-13 推导直线混合位错的弹性能公式。

4-14 在铜单晶的(111)面上有一个 $b = \dfrac{a}{2}[10\bar{1}]$ 的右旋螺位错，式中 $a = 0.36\text{nm}$。今沿[001]方向拉伸，拉应力为 10^6Pa，求作用在螺位错上的力。

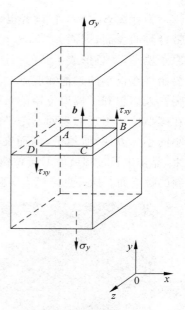

图 4-109   柏氏矢量为 b 的位错环 $\overline{ABCDA}$

4-15 如果外加应力是均匀分布的，求作用于任意位错环上的净力。

4-16 设有两条交叉（正交但不共面）的位错线 $\overrightarrow{AB}$ 和 $\overrightarrow{CD}$，其柏氏矢量分别为 b_1 和 b_2，且 $|b_1| = |b_2| = b$。试求下述情况下两位错间的交互作用（要求算出单位长度位错线的受力 f，总力 F 和总力矩 M）：(1)两个位错都是螺型；(2)两个位错都是刃型；(3)一个是螺型，一个是刃型。

4-17 图 4-110 是一个简单立方晶体，滑移系统是{100}⟨001⟩。今在(011)面上有一空位片 $ABCDA$，又从晶体上部插入半原子片 $EFGH$，它与(010)面平行，请分析：

(1) 各段位错的柏氏矢量和位错的性质；

(2) 哪些是定位错？哪些是可滑位错？滑移面是什么？（写出具体的晶面指数）

(3) 如果沿[011]方向拉伸，各位错将如何运动？

(4) 画出在位错运动过程中各位错线形状的变化，指出割阶、弯折或位错偶的位置。

(5) 画出晶体最后的形状和滑移线的位置。

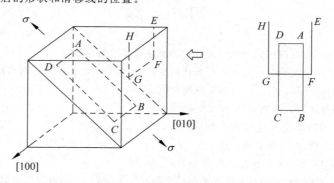

图 4-110   简单立方晶体中的空位片 $ABCDA$ 和半原子片 $EFGH$

4-18 在图 4-111 中位错环 $ABCDA$ 是通过环内晶体发生滑移而环外晶体不滑移形成的。在滑移时滑移面上部的晶体相对于下部晶体沿 oy 轴方向滑动了距离 b_1。此外，在距离 $\overline{AB}$ 位错为 d 处有一根垂直于环面的右旋螺位错 $\overline{EF}$，其柏氏矢量为 b_2。

(1) 指出 $\overline{AB}$，$\overline{BC}$，$\overline{CD}$ 和 $\overline{DA}$ 各段位错的类型。

(2) 求出 $\overline{EF}$ 对上述各段位错的作用力。在此力作用下，位错环 ABCDA 将变成什么形状？

(3) 若 $\overline{EF}$ 位错沿 oy 方向运动而穿过位错环，请画出交割以后各位错的形状（要求指出割阶的位置和长度）。

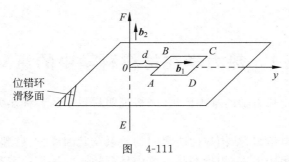

图　4-111

4-19　求单晶锌棒发生纯弯时位于基面内的位错所受的力。说明为什么同号刃性位错会在晶体内偏聚。假定弯曲轴位于基面内，而基面与棒轴呈 45°。

4-20　有一封闭位错环位于断面为正方形的棱柱滑移面上。正方形的两边分别沿 x 和 y 轴，柏氏矢量沿 z 轴。如果位错环只能滑移，试求在以下两种应力分布情形下，位错环的平衡形状和启动的临界应力。(1) $\tau_{xz}=0$，$\tau_{yz}=\tau=$ const.；(2) $\tau_{xz}=\tau_{yz}=\tau=$ const.。（假定线张力近似不变）

4-21　在简单立方晶体的 (100) 面上有一个 $\boldsymbol{b}=a[001]$ 的螺位错。如果它 (a) 被 (001) 面上 $\boldsymbol{b}=a[010]$ 的刃位错交割，(b) 被 (001) 面上 $\boldsymbol{b}=a[100]$ 的螺位错交割，试问在这两种情形下每个位错上会形成割阶还是弯折？

4-22　一个 $\boldsymbol{b}=\dfrac{a}{2}[\bar{1}10]$ 的螺位错在 (111) 面上运动。若在运动过程中遇到障碍物而发生交滑移，请指出交滑移系统。

4-23　在 FCC 晶体的滑移面上画出螺型 Shockley 分位错附近的原子组态。

4-24　判断下列位错反应能否进行？若能进行，试在晶胞图上作出矢量关系图。

(a) $\dfrac{a}{2}[\bar{1}\bar{1}1]+\dfrac{a}{2}[111]\longrightarrow a[001]$；(b) $\dfrac{a}{2}[110]\longrightarrow\dfrac{a}{6}[12\bar{1}]+\dfrac{1}{6}[211]$；(c) $\dfrac{a}{2}[110]\longrightarrow\dfrac{a}{6}[112]+$

$\dfrac{a}{3}[11\bar{1}]$；(d) $\dfrac{a}{2}[10\bar{1}]+\dfrac{a}{2}[011]\longrightarrow\dfrac{a}{2}[110]$；(e) $\dfrac{a}{3}[112]+\dfrac{a}{6}[11\bar{1}]\longrightarrow\dfrac{a}{2}[111]$。

4-25　在 FCC 晶体的滑移面上有一扩展位错 A 和封闭位错环 B，如图 4-112 所示。组成扩展位错的两条 Shockley 分位错的柏氏矢量分别为 $\boldsymbol{b}_2$ 及 $\boldsymbol{b}_3$，位错环的柏氏矢量为 $\boldsymbol{b}_1=\boldsymbol{b}_3$（见图 4-112）。

问：(1) A 和 B 的层错是否相同？

(2) 当 A 和 B 不改变形状和尺寸而向左运动时，在位错扫过的滑移面上下的原子是如何运动的？

4-26　估算 Al、Cu 和不锈钢中扩展位错的平衡宽度。已知三种材料的点阵常数 a 和剪切模量 G 分别为：$a_{Al}=0.404$nm，$a_{Cu}=0.361$nm，$a_{不锈钢}=0.356$nm，$G_{Al}=3\times10^6$ N/cm²，$G_{Cu}=5\times10^6$ N/cm²，$G_{不锈钢}=10\times10^6$ N/cm²。三种材料的层错能 γ_1 见表 4-2。

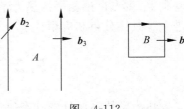

图　4-112

4-27　写出 BCC 和 HCP 晶体中的全位错，Shockley 分位错和扩展位错的柏氏矢量和原子组态。

4-28　总结位错理论在材料科学中的应用。

第5章 材料热力学

5.1 热力学在材料科学中的意义

材料热力学是应用热力学的基本原理,分析说明材料中的各种热力学现象,是材料科学中重要的基础内容。

材料科学研究材料组织、结构与性能之间的关系及其因成分、处理等引起的变化。

材料的**组织**是由**相**所组成,相指的是系统中具有相同的聚集状态和晶体结构、均匀或连续变化的成分、一致的性能,并有界面与其他部分分开的均匀组成部分。材料热力学给出系统中**相平衡**的条件和材料在一定条件下所存在的相的状态,如单组元系在不同温度下所存在的平衡相,多组元(二元、三元)系材料在不同成分、温度条件下存在的相组成及其成分,均可由热力学条件决定。

材料的**相图**是综合表示平衡状态下材料系统中成分、温度和相状态关系的图形,相图在材料工程中有重要的应用价值。应用热力学可分析和校验相图。平衡相图应符合热力学所给出的相平衡条件;根据热力学基本参数可代替试验进而计算和确定相图,这成为相图研究的一个重要方向。

材料的结构中包括界面、位错和空位等晶体缺陷,热力学分析可给出这些晶体缺陷的热力学特性,如空位是热力学平衡缺陷,位错是热力学不平衡缺陷,这些热力学特性决定了这些晶体缺陷的存在和变化。如室温条件下,可以获得零位错(特指位错密度极低)的晶体,但不能得到无空位的晶体,又如空位的消失和复合、位错的分解和合成,均由其热力学条件所决定。

材料中所发生的能引起组织、性能变化的各类转变是材料科学的重要内容,这些转变包括液态至固态的结晶、凝固,固态中的重结晶、热处理,以及形变金属加热的再结晶退火,这些转变的发生都由热力学条件所决定。热力学可以给出转变的方向、驱动力的大小以及转变速度的定性评价。

以上分析,说明热力学在材料科学中的重要意义。本章在简要综述热力学基本关系的基础上,重点讨论相平衡热力学和相图热力学,在其他方面只作一般讨论,在有关各章中将进一步具体分析和应用。

5.2 热力学基本参数和关系

热力学体系所处的**状态**决定体系的热力学性质,体系的状态由一系列**热力学参数**确定,热力学基本定律给出这些参数间的关系。

5.2.1 热力学第一定律

(1)基本关系

热力学第一定律给出体系中内能、功和热量之间的关系。以数学式表示如下:

$$\Delta U = Q - W \tag{5-1}$$

式中，ΔU 为内能的变化，内能为状态函数。Q 为热量，体系吸热为正值，放热为负值；W 为功，外界对体系作功为负值，体系对外作功为正值。热与功的数值都与过程的途径有关，因而不是状态函数。第一定律指出任何过程中体系内能的增加等于它吸收的热量减去体系对外界所作的功，表示了能量守恒和转化的规律。当体系中发生无限小的变化时，可由微分式表示：

$$dU = \delta Q - \delta W \tag{5-2}$$

对只作膨胀功的体系，$dU = \delta Q - pdV$；对等容过程，$dU = \delta Q_v$，积分得出，$\Delta U = Q_v$，因此，等容过程体系内能的变化等于体系吸收或释放的热量。对等压过程，$\Delta U = Q_p - p(V_2 - V_1)$，故体系内能的变化由热量和作膨胀功的变化确定。

（2）焓的引入

由前 $dU = \delta Q - pdV$，可导出

$$\delta Q = dU + pdV = dU + d(pV) - Vdp = d(U + pV) - Vdp$$

引入一个热力学参数（状态函数）**焓** $H = U + pV$，则

$$\delta Q = dH - Vdp \tag{5-3}$$

对等压过程，$\delta Q_p = dH$，积分可得

$$\Delta H = Q_p$$

因此，等压过程中体系焓的变化等于过程中体系吸收或释放的热量。

（3）热容的引入

一定量物质温度升高一度所吸收的热量叫**热容**，或体系吸收、放出的热量与温度改变的比值，$C = \dfrac{Q}{\Delta T}$。当温度改变很小时，$C = \dfrac{\delta Q}{dT}$，等容条件下，定容热容量 $C_V = \dfrac{\delta Q_V}{dT}$；等压条件下，定压热容量 $C_p = \dfrac{\delta Q_p}{dT}$。由前之关系，可得到

等容条件：

$$dU = \delta Q_V = C_V dT \tag{5-4}$$

等压条件：

$$dH = \delta Q_p = C_p dT \tag{5-5}$$

5.2.2　热力学第二定律

热力学第一定律说明封闭体系能量守恒的规律，但不能给出过程变化的方向和限度。热力学第二定律是对第一定律的补充，可以给出一定条件下，不可逆的、自发进行过程的方向和限度。

（1）熵的引入

热力学第二定律涉及的一个重要参数是**熵**(S)，是量度体系发生自发过程不可逆程度的热力学参数。定义：

$$\Delta S = \frac{Q_{可逆}}{T}$$

其微分式为

$$dS = \frac{\delta Q_{可逆}}{T}$$

可以证明,在可逆过程条件下,$\delta Q / T$ 为某一函数的全微分,因此熵是状态函数。

在等压不可逆自发进行的过程中,熵的变化为

$$dS = \frac{\delta Q_p}{T} = \frac{C_p}{T} dT$$

积分得到

$$\Delta S = \int \frac{\delta Q_p}{T} = \int \frac{C_p}{T} dT \tag{5-6}$$

对一发生可逆过程和不可逆过程的循环,体系状态不变,故有 $dU_{可} = dU_{不可}$,由于

$$dU_可 = \delta Q_可 - \delta W_可$$
$$dU_不 = \delta Q_不 - \delta W_不$$

故

$$\delta Q_可 - \delta W_可 = \delta Q_不 - \delta W_不$$

因可逆过程中体系对外界作最大功,

$$\delta W_可 > \delta W_不$$

故

$$\delta Q_可 > \delta Q_不$$

或

$$dS = \frac{\delta Q_可}{T} > \frac{\delta Q_不}{T}$$

故第二定律有关熵的表达式,可写作

$$dS \geqslant \frac{\delta Q}{T} \quad \left(\begin{matrix} >, & \text{不可逆过程} \\ =, & \text{可逆过程} \end{matrix} \right)$$

对孤立体系、绝热过程,$\delta Q = 0$,上式可写作

$$dS \geqslant 0 \quad \left(\begin{matrix} >, & \text{不可逆过程} \\ =, & \text{可逆过程} \end{matrix} \right) \tag{5-7}$$

故孤立体系中任何自发进行的不可逆过程,熵值总是增加的,直至最大,达到平衡态。在可逆过程中,熵值保持不变。

在统计热力学中,熵表示在一定宏观状态下体系可能出现的微观分布状态数目,反映宏观状态原子范围的混乱程度,以波尔兹曼公式表示:

$$S = k_B \ln W \tag{5-8}$$

式中,k_B 为波尔兹曼常数,W 为宏观体系中可能出现的微观分布状态数目(几率)。

因此,不可逆自发过程熵值的增加与体系内粒子混乱度的增大相联系,最后趋向于混乱度最大、微观状态数最多的平衡状态。

(2) 自由能和自由焓

熵只限于孤立体系判断过程进行的方向和限度,对实际大多数包括体系和环境的非孤立体系需采用新的状态函数以判断过程进行的方向和限度。在等温等容条件下的热力学参数是亥姆霍兹(Helmholtz)自由能(或等容位)F;在等温等压条件下则是吉布斯(Gibbs)自由能(或自由焓、等压位)G。吉布斯自由能 G 的引入是在考虑环境影响时,对处于平衡态、发生可逆过程的体系,应有 $dS_总 = dS_{体系} + dS_{环境} = 0$ 的关系,当体系从环境中吸热时,

$$dS_{环境} = -\frac{\delta Q_p}{T} = -\frac{dH}{T}$$

故，
$$dS_{体系} - \frac{dH}{T} = 0$$

$$dS_{体系} = \frac{dH}{T} \tag{5-9}$$

当体系自发地进行不可逆过程时，则有关系
$$dS_{总} = dS_{体系} + dS_{环境} > 0$$

$$dS_{体系} > \frac{dH}{T} \tag{5-10}$$

综合式(5-9)，式(5-10)得到
$$dH - TdS_{体系} \leqslant 0 \quad \begin{pmatrix} <, & 不可逆过程 \\ =, & 可逆过程 \end{pmatrix} \tag{5-11}$$

故在等温等压下取 $G = H - TS$，式(5-11)变为
$$dG = d(H - TS) \leqslant 0 \quad \begin{pmatrix} <, & 不可逆过程 \\ =, & 可逆过程 \end{pmatrix} \tag{5-12}$$

因 $H = U + pV$，在等温等容下，取 $F = U - TS$，则有 $dF = dU - TdS$ 的关系，式(5-12)在等温等容下成为
$$dF \leqslant 0 \quad \begin{pmatrix} <, & 不可逆过程 \\ =, & 可逆过程 \end{pmatrix} \tag{5-13}$$

　　因此，等温等容下 $dF = 0$，等温等压下 $dG = 0$ 表示系统处于平衡状态，发生可逆过程。平衡状态有稳定平衡和介稳平衡两种情况，如图 5-1 所示，吉布斯自由能曲线的最低点 A(稳态)和 B(介稳定)。

　　在材料中所发生的过程一般在恒压下进行，因此主要采用吉布斯自由能 G 来判断过程，当 $\Delta G = G_2 - G_1 < 0$，表示系统发生不可逆的转变过程，自发从状态 1 向状态 2 转变，因而式(5-12)的积分式 $\Delta G < 0$ 就是判据系统中发生各种转变的热力学条件。

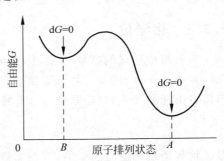

图 5-1　G 随原子排列状态变化示意图

5.2.3　热力学函数的基本关系

　　由热力学状态函数 U, H, S, F, G 之间关系：
$$H = U + pV$$
$$F = U - TS$$
$$G = H - TS$$

可导出以下几个热力学的基本关系式。

　　由第一定律 $dU = \delta Q - \delta W$，$\delta Q = TdS$ 和 $\delta W = pdV$，可得出
$$dU = TdS - pdV \tag{5-14}$$

　　由 $H = U + pV$，可有微分式 $dH = dU + pdV + Vdp$，以式(5-14)代入，可得到
$$dH = TdS + Vdp \tag{5-15}$$

　　由 $F = U - TS$，有微分式 $dF = dU - TdS - SdT$，以式(5-14)代入，得到

$$dF = -SdT - pdV \tag{5-16}$$

由 $G=H-TS$，可得微分式 $dG=dH-TdS-SdT$，以式(5-15)代入，得到

$$dG = -SdT + Vdp \tag{5-17}$$

由于亥姆霍兹自由能 F 和吉布斯自由能 G 都是状态函数，其微分为全微分，即

$$dF = \left(\frac{\partial F}{\partial T}\right)_V dT + \left(\frac{\partial F}{\partial V}\right)_T dV$$

$$dG = \left(\frac{\partial G}{\partial T}\right)_p dT + \left(\frac{\partial G}{\partial p}\right)_T dp$$

与式(5-16)，式(5-17)相对比，得到

$$\left(\frac{\partial F}{\partial T}\right)_V = -S \tag{5-18}$$

$$\left(\frac{\partial F}{\partial V}\right)_T = -p \tag{5-19}$$

$$\left(\frac{\partial G}{\partial T}\right)_p = -S \tag{5-20}$$

$$\left(\frac{\partial G}{\partial p}\right)_T = V \tag{5-21}$$

以上热力学基本关系在后面讨论中均有应用。

5.2.4 化学位

对有组成变化的材料体系，体系的状态除受温度、压力影响处，还要考虑组元摩尔数 $(n_1, n_2, n_3, \cdots, n_i)$ 的变化。当温度、压力不变，其他组元不变，因组元 i 增加一个摩尔引起吉布斯自由能的变化，以**化学位**(μ_i)或偏摩尔吉布斯自由能$(\bar{G}_i)$表示，即

$$\mu_i = \bar{G}_i = \left(\frac{\partial G}{\partial n_i}\right)_{T,p,n_j} \tag{5-22}$$

考虑到其他组元变化的影响，吉布斯自由能微分式可写为

$$dG' = -SdT + Vdp + \sum \mu_i dn_i \tag{5-23}$$

等温等压下，$dG' = \sum \mu_i dn_i$，由式(5-12)可导出 $dG' = \sum \mu_i dn_i \leqslant 0$，对可逆平衡过程 $\sum \mu_i dn_i = 0$，对不可逆自发进行的过程，$\sum \mu_i dn_i < 0$。

化学位与蒸气压有关，蒸气压是液相或固相与其气相平衡时的压强，称为饱和蒸气压。金属的蒸气多为单原子气体，近似理想气体，故有 $pV=nRT$ 的关系。

由式(5-17)：

$$dG = -SdT + Vdp$$

当恒温($dT=0$)并只做膨胀功时，

$$\Delta G = \int_{p_1}^{p_2} V dp = \int_{p_1}^{p_2} \frac{nRT}{p} dp = nRT\ln\frac{p_2}{p_1}$$

可导出理想气体的摩尔吉布斯自由能：

$$G = G^0 + RT\ln p$$

式中，G^0 为积分常数。对纯物质，也就是偏摩尔吉布斯自由能或化学位。

$$\mu = \mu^0 + RT\ln p$$

对含有 i 组分的溶液或固溶体,溶质组元的化学位与其蒸气压关系为

$$\mu_i = \mu_i^0 + RT\ln p_i$$

式中, μ_i^0 为 i 气体分压 $p_i = 1$ 时的化学位。对符合拉乌尔定律的理想溶液或无序固溶体, i 组分的蒸气压 p_i 与其摩尔分数 x_i 成正比,即有 $p_i = Kx_i$ 关系,故其化学位与浓度有关,

$$\mu_i = \mu_i^* + RT\ln x_i \tag{5-24}$$

对不符合拉乌尔定律的实际溶液(规则溶液)或非无序固溶体(有序或偏聚),其化学位与活度有关,

$$\mu_i = \mu_i^* + RT\ln a_i \tag{5-25}$$

式中, a_i 为活度,等于 $\gamma_i x_i$, γ_i 为 i 组分的活度系数。

5.3　纯金属吉布斯自由能和凝固热力学

由纯金属自由焓可给出其凝固时的热力学条件。纯金属是单组元系,没有成分变化,其吉布斯自由能主要随温度变化,根据吉布斯自由能与温度变化的关系可确定平衡状态和转变。

纯金属中参与转变的有液、固两相,液、固两相的吉布斯自由能由下式确定:

液相吉布斯自由能:

$$G_L = H_L - TS_L \tag{5-26}$$

固相吉布斯自由能:

$$G_S = H_S - TS_S \tag{5-27}$$

式中, H_L, H_S 分别为液、固相的焓, S_L, S_S 为液、固相的熵,由 H 和 S 随温度的变化可决定吉布斯自由能 G 随温度的变化。

焓 H 随温度的变化可由式(5-5)得出,对式(5-5)积分,并取 298K(25℃)下稳定状态纯组元的焓为零,可得下式:

$$H = \int_{298}^{T} C_p \, \mathrm{d}T \tag{5-28}$$

图 5-2 给出焓 H 与温度的关系曲线,图示关系指出,随温度升高,焓增大。

熵(S)与温度关系可由式(5-6)并取 0K 下熵为零,给出以下关系:

$$S = \int_{0}^{T} \frac{C_p}{T} \, \mathrm{d}T \tag{5-29}$$

其关系示于图 5-3。由图 5-3 看出,随温度升高,熵增大。

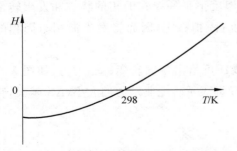

图 5-2　纯金属的焓(H)随绝对温度的变化

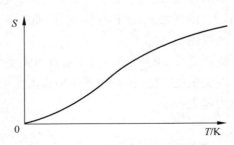

图 5-3　熵(S)随热力学温度的变化

综合焓(H)和熵(S)与温度的关系,可得出吉布斯自由能(G)随温度的变化曲线,如图 5-4 所示,图中也给出焓随温度的变化曲线,一定温度下 H 减去相应的 TS 值即可得出吉布斯自由能值。式(5-8)指出,吉布斯自由能随温度变化曲线的斜率由熵(S)决定。

由图 5-4 看出,随温度升高,吉布斯自由能下降。但下降的程度,或变化的斜率对固、液相不同,固、液相吉布斯自由能与温度关系曲线如图 5-5 所示,图中也对应给出焓随温度的变化曲线。图中曲线的变化趋势可作如下分析,在温度很低时,吉布斯自由能中 TS 项可忽略,在 $H=U+pV$ 中,pV 项也可忽略,故 $G \approx U$,$G_L \approx U_L$,$G_S \approx U_S$。由于液相比固相有更高的内能,故 $U_L > U_S$,$G_L > G_S$。当温度升高,原子排列混乱程度增加使熵增大,TS 项增加,吉布斯自由能则随温度升高而降低,由于液相原子混乱排列,比固相有更高的熵,$S_L > S_S$,相应,$TS_L > TS_S$,故 $G_L = H_L - TS_L$ 的下降比 $G_S = H_S - TS_S$ 的下降更快,因而两条曲线在一定温度下相交。在相交温度 T_m 处,$G_S = G_L$,液、固两相处于平衡状态,T_m 为平衡熔化温度。低于相交温度,$T < T_m$,$G_S < G_L$,固相处于稳定状态;高于相交温度,$T > T_m$,$G_L < G_S$,液相处于稳定状态。从图中焓(H)的变化曲线看出,纯组元从 0K 加热,所供给热量以 C_p 速率沿 ab 线使热焓提高,相应吉布斯自由能沿 ae 下降,在 T_m 温度所供热量不提高温度,而用于提供熔化潜热 L,使固相转变为液相,H 曲线沿 bc 变化,当全部固相转变为液相后,温度继续升高,系统焓沿 cd 增加,相应,吉布斯自由能 G 沿 ef 线下降。

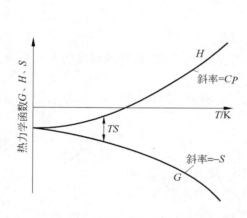

图 5-4　吉布斯自由能随温度的变化

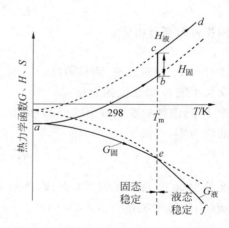

图 5-5　纯金属固、液相 H 和 G 随温度的变化

如上所述,热力学分析可给出纯组元在不同温度下平衡存在的相的状态和发生转变的方向,T_m 温度之上,液相稳定存在,低于 T_m 温度,固相稳定,因而将发生液相至固相的转变——凝固。

除此之外,由液、固相吉布斯自由能变化曲线还可给出凝固转变的驱动力,如图 5-6 所示。一定温度下液、固两相吉布斯自由能的差 ΔG 即表示转变驱动力的大小,ΔG 越大,转变驱动力越大。

由于 $\Delta G = G_S - G_L = \Delta H - T\Delta S$，在 T_m 温度下，$\Delta G = 0$，故有以下关系：

$$\Delta S = \frac{\Delta H}{T_m} = \frac{L}{T_m} \qquad (5\text{-}30)$$

式中，L 为熔化潜热，由于凝固时体系放出热量，故其大小为负值；ΔS 为熔化熵，凝固时其值亦为负。试验得出，对大多数金属，熔化熵是常数，约等于气体常数 $R(8.314\text{J} \cdot \text{mol}^{-1} \cdot \text{K}^{-1})$。在接近 T_m 的温度，也即小的过冷条件下，液、固的定压热容差 $(C_p^s - C_p^L)$ 可以忽略，故 ΔH，ΔS 可认为与温度无关，仍保持式(5-30)的关系。在此过冷条件下，

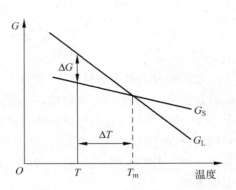

图 5-6　接近 T_m 温度下液、固两相吉布斯自由能差

$$\Delta G = \Delta H - T\Delta S = L - T\frac{L}{T_m}$$

$$= L\left(\frac{T_m - T}{T_m}\right) = \frac{L\Delta T}{T_m} \qquad (5\text{-}31)$$

因而，纯金属液-固转变驱动力 ΔG 取决于过冷度 ΔT，过冷度越大，转变的驱动力也越大。

以上热力学分析从吉布斯自由能随温度变化的关系，提供了单元系纯金属的平衡条件、转变方向和驱动力。

在特定条件下，系统的压力会发生变化，引起吉布斯自由能的变化，从而影响转变的平衡温度。当两相平衡时，$\Delta G = G_2 - G_1 = 0$，经微分，得到 $dG_1 = dG_2$，由于过程是可逆的，将式(5-17)$dG = -SdT + Vdp$ 代入，得到

$$-S_1 dT + V_1 dp = -S_2 dT + V_2 dp$$

$$\frac{dp}{dT} = \frac{S_2 - S_1}{V_2 - V_1} = \frac{\Delta S}{\Delta V} = \frac{\Delta H}{T \cdot \Delta V} \qquad (5\text{-}32)$$

式(5-32)称为 Clausius-Clapeyron 方程。当相变温度变化与 ΔH，ΔV 相比较小时，T 可视作常量，对式(5-32)积分，可得压力对相变温度的变化：

$$\Delta T = \left(\frac{T\Delta V}{\Delta H}\right)\Delta p \qquad (5\text{-}33)$$

以纯金属 Fe 为例，在固态下有同素异构体 $\gamma\text{-Fe}$，$\alpha\text{-Fe}(\delta\text{-Fe})$，912℃ 下，发生 $\alpha\text{-Fe} \rightleftharpoons \gamma\text{-Fe}$ 的转变，由于密排 $\gamma\text{-Fe}$ 比 $\alpha\text{-Fe}$ 有较小的摩尔体积，故有 $\Delta V = V_m^\gamma - V_m^\alpha < 0$，而 $\Delta H = H^\gamma - H^\alpha > 0$，因而压力增加，$\Delta T$ 降低，即 $\alpha\text{-Fe}$ 向 $\gamma\text{-Fe}$ 转变的平衡温度下降。类似分析，$\gamma\text{-Fe} \rightarrow \delta\text{-Fe}$ 和 $\delta\text{-Fe} \rightarrow L$ 的平衡转变温度上升，结果，随压力增加，具有最小摩尔体积的 $\gamma\text{-Fe}$ 相区扩大，如图 5-7 所示。

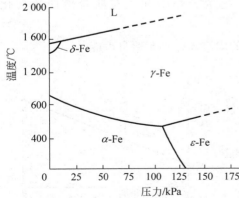

图 5-7　纯铁熔化和相变平衡温度随压力的变化

5.4 合金相热力学

在实际应用的金属材料中,主要是二组元或更多组元组成的合金。在二组元或更多组元的合金系中,基本的合金组成相有固溶体和化合物两大类。由单一的合金相组成单相合金,由两种或更多合金相组成两相或多相合金。合金在平衡状态下相的状态,包括相的数目和相成分,由热力学条件决定,所存在稳定的相的状态是系统吉布斯自由能最低的状态。本节讨论单一固溶体相、化合物(中间相)以及混合相的吉布斯自由能,为相平衡的热力学分析提供依据。

5.4.1 二组元固溶体相的吉布斯自由能

固溶体相的吉布斯自由能,比纯金属更为复杂,不仅随温度变化,而且因成分而不同。取 1mol 均匀固溶体相,该相由晶格类型相同的 A,B 两种元素组成,A 组元在合金中的摩尔分数为 x_A,B 组元为 x_B,显然有 $x_A + x_B = 1$。

二组元在混合形成固溶体前处于机械集合状态(即在不考虑组元间的混合熵和相互作用时),系统的吉布斯自由能为

$$G_0 = H_0 - TS_0$$

混合形成固溶体后的吉布斯自由能为

$$G_S = H_S - TS_S$$

因此,混合前后,吉布斯自由能的变化为

$$\Delta G = G_S - G_0 = \Delta H_m - T\Delta S_m \tag{5-34}$$

式中, $\Delta H_m (= H_S - H_0)$ 为混合焓,$\Delta S_m (= S_S - S_0)$ 为混合熵。由式(5-34)可得出固溶体的吉布斯自由能:

$$G_S = G_0 + \Delta H_m - T\Delta S_m \tag{5-35}$$

即固溶体的吉布斯自由能由三部分所组成:①混合前机械集合状态的吉布斯自由能 G_0;②混合焓引起吉布斯自由能的变化 ΔH_m;③混合熵引起吉布斯自由能的变化,$-T\Delta S_m$。

以下分别讨论这三部分的吉布斯自由能和总的固溶体的吉布斯自由能。

5.4.1.1 机械集合状态的吉布斯自由能 G_0

混合前系统由 x_A 摩尔分数的 A 和 x_B 摩尔分数的 B 组成。已知纯组元 A 和 B 的摩尔吉布斯自由能为 G_A 和 G_B,由于机械集合状态的吉布斯自由能是容量性质,具有加和性,故系统的吉布斯自由能应为

$$G_0 = x_A G_A + x_B G_B \tag{5-36}$$

并有如图 5-8 所示的线性的关系。

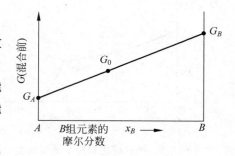

图 5-8 机械集合态吉布斯自由能与成分的关系

5.4.1.2　混合熵引起的吉布斯自由能变化

统计热力学中,熵与混乱度相联系,以式(5-8)波尔兹曼公式 $S=k_B \ln W$ 表示。因此,混合熵应为

$$\Delta S_m = S_S - S_0 = k_B \ln W_S - k_B \ln W_0 \tag{5-37}$$

式中,W_0 指混合前原子排列的可能途径数,由于混合前 A,B 原子分别保持在系统中,原子排列只有一种途径,$W_0=1$,故

$$S_0 = k_B \ln W_0 = 0$$

式(5-37)变为

$$\Delta S_m = S_S = k_B \ln W_S \tag{5-38}$$

当 A 和 B 原子混合,形成置换式固溶体,所有 A 原子和 B 原子各自是等同的,在原子位置上可以区分开的原子排列途径数(W_S)为

$$W_S = \frac{N!}{N_A! N_B!} \tag{5-39}$$

式中,N 为原子总数;N_A 为 A 原子数;N_B 为 B 原子数,$N_A + N_B = N$。

由于所讨论的为 1 mol 固溶体,即 $N=N_a$(阿伏加德罗数),则

$$N_A = x_A N_a$$
$$N_B = x_B N_a$$

代入式(5-38)、式(5-39),得到

$$\Delta S_m = k_B \ln \frac{N_a(x_A + x_B)!}{N_a x_A! N_a x_B!} \tag{5-40}$$

应用斯特林(Stilring)公式:

$$\ln x! = x \ln x - x$$

代入式(5-40),可得到

$$
\begin{aligned}
\Delta S_m &= k_B [N_a(x_A + x_B)\ln N_a - N_a - N_a x_A \ln N_a x_A + N_a x_A - N_a x_B \ln N_a x_B + N_a x_B] \\
&= k_B N_a [(x_A + x_B)\ln N_a - x_A \ln N_a x_A - x_B \ln N_a x_B] \\
&= -k_B N_a [x_A \ln x_A + x_B \ln x_B] \\
&= -R(x_A \ln x_A + x_B \ln x_B)
\end{aligned}
\tag{5-41}
$$

由于 x_A, x_B 均小于 1,故 ΔS_m 为正值,即混合引起熵增大。因而,混合熵引起的吉布斯自由能变化为

$$-T\Delta S_m = RT(x_A \ln x_A + x_B \ln x_B) \tag{5-42}$$

说明混合熵引起的吉布斯自由能变化为负值,随温度和成分而变化,有图 5-9 所示的关系。

5.4.1.3　混合焓引起的吉布斯自由能变化

根据 $H=U+pV$,得 $\Delta H = \Delta U + p\Delta V$,考虑混合时体积变化不大,$\Delta V$ 可忽略,故 $\Delta H \approx \Delta U$,$\Delta H_m \approx \Delta U_m$,即混合时焓的变化主要反映在内能的变化上。内能的变化是由最近邻原子的结合键能的变化所引起。结合键能 u 是每一对原子的键能(ε)和键数(近邻原子数)p 的函数,

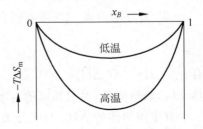

图 5-9　$-T\Delta S_m$ 与 T 和成分关系

对同类原子总键数的计算中,每个原子被重复计算一次,故总键数应为近邻原子总数的一半。

混合前,A,B 组元机械集聚,A,B 原子互相隔开,故系统中只有 A—A 键合和 B—B 键合,如 A—A 键合数为 p_{AA},A—A 键能为 ε_{AA},B—B 键合数为 p_{BB},B—B 键能为 ε_{BB},则混合前的总键能为

$$U_0 = \frac{1}{2}\varepsilon_{AA}p_{AA} + \frac{1}{2}\varepsilon_{BB}p_{BB} \tag{5-43}$$

由于组成固溶体的 A 原子数目为 $N_a x_A$,B 原子数目为 $N_a x_B$,其近邻原子数均由原子配位数 Z 给出,式(5-43)变为

$$U_0 = \frac{1}{2}\varepsilon_{AA}N_a x_A Z + \frac{1}{2}\varepsilon_{BB}N_a x_B Z \tag{5-44}$$

混合后,A,B 原子在晶格中混乱分布,此时,系统中键合类型有 A—A,B—B 和 A—B 键三种,相应,其键能和键数分别为 ε_{AA},ε_{BB},ε_{AB} 和 p_{AA},p_{BB},p_{AB}。同类原子 A—A、B—B 总键数的计算中有重复,异类原子 A—B 键数的计算中没有重复,故混合后的总键能为

$$\begin{aligned} U_S &= \frac{1}{2}\varepsilon_{AA}p_{AA} + \frac{1}{2}\varepsilon_{BB}p_{BB} + \varepsilon_{AB}p_{AB} \\ &= \frac{1}{2}\varepsilon_{AA}N_a x_A Z x_A + \frac{1}{2}\varepsilon_{BB}N_a x_B Z x_B + \varepsilon_{AB}N_a x_A Z x_B \end{aligned} \tag{5-45}$$

由式(5-44),式(5-45)两式可得出混合前后内能的变化,也即混合焓

$$\begin{aligned} \Delta H_m &= \Delta U_m \\ &= \frac{1}{2}\varepsilon_{AA}(N_a Z x_A^2 - N_a Z x_A) + \frac{1}{2}\varepsilon_{BB}(N_a Z x_B^2 - N_a Z x_B) + \varepsilon_{AB}N_a Z x_A x_B \\ &= N_a Z x_A x_B\left(\varepsilon_{AB} - \frac{1}{2}\varepsilon_{AA} - \frac{1}{2}\varepsilon_{BB}\right) \end{aligned} \tag{5-46}$$

令 $\varepsilon = \varepsilon_{AB} - \frac{1}{2}(\varepsilon_{AA} + \varepsilon_{BB})$,$\Omega = N_a Z \varepsilon$,可得到

$$\Delta H_m = \Omega x_A x_B \tag{5-47}$$

因 ε 和 Ω 的不同,决定固溶体中原子分布特征的不同,有以下三种情况:

(1) 无序固溶体　A,B 原子混乱、随机排列,同类原子与异类原子间键能相同:

$$\varepsilon_{AB} = \frac{1}{2}(\varepsilon_{AA} + \varepsilon_{BB})$$

故有 $\varepsilon = 0$,$\Omega = 0$ 和 $\Delta H_m = 0$ 的关系。因此形成无序固溶体,无内能和热焓的变化,不引起相应吉布斯自由能的变化。

(2) 有序固溶体　当异类原子间结合力大于同类原子,异类原子键能低于同类原子,即

$$\varepsilon_{AB} < \frac{1}{2}(\varepsilon_{AA} + \varepsilon_{BB})$$

有 $\varepsilon < 0$,$\Omega < 0$ 和 $\Delta H_m < 0$ 的关系。因此,A,B 原子有序排列,形成有序固溶体,混合中有放热反应,热焓降低,引起相应的吉布斯自由能变化为负值。

有序固溶体的 ΔH_m 与成分关系如图 5-10 所示,在 $x_A = 1$ 和 $x_B = 1$ 两端点处 ΔH_m 为零,在 $x_A = x_B = 0.5$ 处,ΔH_m 数值最大,因 ΔH_m 为负值,故为最低点,整个曲线呈下凹

形状。

（3）不均匀（或偏聚）固溶体　当异类原子间结合力低于同类原子，异类原子键能高于同类原子，即

$$\varepsilon_{AB} > \frac{1}{2}(\varepsilon_{AA} + \varepsilon_{BB})$$

相应的，$\varepsilon > 0$，$\Omega > 0$ 和 $\Delta H_m > 0$。同类原子偏聚，形成不均匀固溶体，混合中有吸热反应，焓增大，因而，引起相应吉布斯自由能的变化为正值。

不均匀（或偏聚）固溶体的摩尔 ΔH_m 与成分关系曲线如图 5-11 所示。曲线呈上凸形状，两端点处 ΔH_m 为零，在 $x_A = x_B = 0.5$ 处，ΔH_m 有最高点。

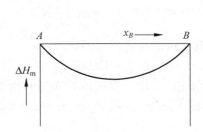

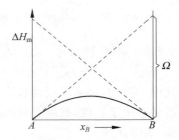

图 5-10　有序固溶体的 ΔH_m 与成分关系　　图 5-11　不均匀固溶体的 ΔH_m 与成分关系

5.4.1.4　固溶体的吉布斯自由能

综合式（5-36）、式（5-42）、式（5-47）三式，可得出固溶体的吉布斯自由能：

$$G_S = x_A G_A + x_B G_B + RT(x_A \ln x_A + x_B \ln x_B) + \Omega x_A x_B \tag{5-48}$$

说明其与温度和成分相关，在一定温度下，可作出吉布斯自由能 G-成分曲线。对上述三种类型固溶体，有不同的吉布斯自由能-成分曲线。

（1）无序固溶体　$\Delta H_m = 0$，故其吉布斯自由能与成分关系为

$$G_S = x_A G_A + x_B G_B + RT(x_A \ln x_A + x_B \ln x_B) \tag{5-49}$$

式中等号右边第三项为负值。当温度升高，G_A，G_B 将降低，吉布斯自由能中第三项将增大。结果，吉布斯自由能与成分关系如图 5-12 所示。图中显示曲线具有下凹形状，随温度升高，曲线下降。

（2）有序固溶体　$\Omega < 0$，$\Delta H_m < 0$，其吉布斯自由能与成分关系为

$$G_S = x_A G_A + x_B G_B + RT(x_A \ln x_A + x_B \ln x_B) + \Omega x_A x_B \tag{5-50}$$

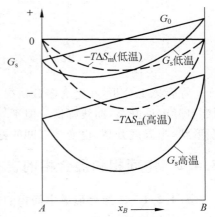

图 5-12　无序固溶体的吉布斯自由能-成分曲线

式中等号右边第三、第四项均为负值，在低温和高温两个温度下的吉布斯自由能-成分曲线如图 5-13 所示。曲线也具有下凹形状，随温度升高，曲线下降，形状不变。

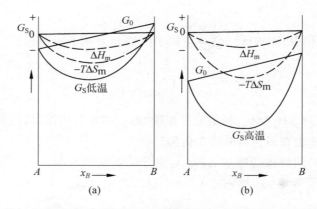

图 5-13　有序固溶体在低温(a)和高温(b)下的吉布斯自由能-成分曲线

(3) 不均匀(偏聚)固溶体　$\Omega > 0, \Delta H_m > 0$,其自由能与式(5-50)相同:

$$G_S = x_A G_A + x_B G_B + RT(x_A \ln x_A + x_B \ln x_B) + \Omega x_A x_B$$

在其关系式中,等号右边第三项为负值,第四项为正值,不均匀固溶体吉布斯自由能与成分关系曲线形状取决于温度,温度变化,曲线由下凹向上凸变化,图 5-14 示出两个温度下的吉布斯自由能-成分曲线。

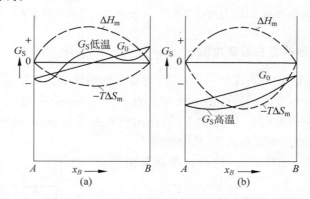

图 5-14　不均匀固溶体的吉布斯自由能-成分曲线

综合以上分析,在绝大多数情况下,固溶体吉布斯自由能-成分曲线具有抛物线下凹形状,且随温度升高,曲线降低。但不均匀偏聚固溶体,在一定温度以下,具有两个最低点的上凸形状,当温度升高,也变为下凹的抛物线形。

5.4.2　中间相和混合相的吉布斯自由能

5.4.2.1　二组元形成中间相的吉布斯自由能

二组元形成的中间相,有金属间化合物(电子化合物、正常价化合物)$A_m B_n$,也有金属与非金属元素的化合物(间隙相、间隙化合物)MX,中间相的晶体结构与组成该中间相的纯金属不同。

中间相的吉布斯自由能取决于其化合特性,具有严格化合比 $A_m B_n$ 的中间相,有很窄的稳定区,只在精确的原子比成分下存在,相应其吉布斯自由能曲线是一很陡的曲线,微小的成分偏差便引起吉布斯自由能的急剧增加,见图 5-15(a);而没有严格化合比的中间相,具有宽的稳定区,可在一定成分范围内存在,形成以化合物为基的固溶体,其吉布斯自由能曲线则为一平缓的抛物线,成分变化引起吉布斯自由能的变化平缓,如图 5-15(b)示。

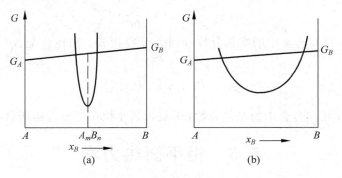

图 5-15 中间相吉布斯自由能曲线

5.4.2.2 混合相的吉布斯自由能

单一固溶体或中间相组成单相合金,两种固溶体或固溶体与中间相组成两相合金。两相混合组成合金的吉布斯自由能可由直线定则确定。直线定则的推导如下。

如合金组成相为 α 和 β 两相,两相的摩尔吉布斯自由能为 G_α,G_β,合金摩尔吉布斯自由能为 G。两相中 B 组元的浓度相应为 x_B^α,x_B^β,合金中 B 组元浓度为 x_B。两相摩尔数为 n_α,n_β,合金摩尔数 $n = n_\alpha + n_\beta$。在图 5-16 吉布斯自由能-成分图中给出以上关系。a、b、c 分别代表 α 相、合金和 β 相的吉布斯自由能位置。吉布斯自由能具有加和性,因此,

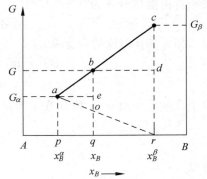

图 5-16 混合相吉布斯自由能的确定

$$nG = (n_\alpha + n_\beta)G = n_\alpha G_\alpha + n_\beta G_\beta$$
$$n_\beta(G_\beta - G) = n_\alpha(G - G_\alpha)$$
$$\frac{n_\alpha}{n_\beta} = \frac{G_\beta - G}{G - G_\alpha} = \frac{cd}{be} \qquad (5\text{-}51)$$

此外,合金中 B 组元浓度等于两相中 B 组元浓度之和:

$$nx_B = (n_\alpha + n_\beta)x_B = n_\alpha x_B^\alpha + n_\beta x_B^\beta$$
$$n_\beta(x_B^\beta - x_B) = n_\alpha(x_B - x_B^\alpha)$$
$$\frac{n_\alpha}{n_\beta} = \frac{x_B^\beta - x_B}{x_B - x_B^\alpha} = \frac{bd}{ae} \qquad (5\text{-}52)$$

联立式(5-51)、式(5-52),

$$\frac{G_\beta - G}{G - G_\alpha} = \frac{x_B^\beta - x_B}{x_B - x_B^\alpha}$$

$$\frac{cd}{be} = \frac{bd}{ae} \quad \text{或} \quad \frac{cd}{bd} = \frac{be}{ae}$$

因而 ab,bc 二线段有相同的斜率,代表合金、α 相和 β 相的 b、a、c 三点在一条直线上,从而证明混合相的吉布斯自由能在二组成相吉布斯自由能所连接的直线上,此即确定混合相吉布斯自由能的**直线定则**。

连接图中 ar,与 bq 交于 o 点,可确定两相对合金吉布斯自由能的贡献:

$$G = bq = bo + oq$$

$$oq = \frac{rq}{pr} \cdot ap = \frac{rq}{pr} \cdot G_\alpha$$

式中, rq/pr 为 α 相在合金中的摩尔分数,因此, oq 段代表 α 相在合金吉布斯自由能中的贡献。相应,

$$ob = \frac{pq}{pr} \cdot cr = \frac{pq}{pr} \cdot G_\beta$$

式中, pq/pr 为 β 相在合金中的摩尔分数, ob 段代表 β 相在合金吉布斯自由能中的贡献。

5.5　相平衡热力学

热力学第二定律给出任何系统平衡条件,也可给出合金系中相平衡条件,从而确定合金系中平衡存在的相的类型及其成分。

5.5.1　相平衡的化学位

对二元或多元合金系,系统的吉布斯自由能不仅与温度、压力有关,而且受组元浓度影响。如式(5-23)所指出, $dG' = -SdT + Vdp + \sum \mu_i dn_i$,对二元系,在等温等压条件下,吉布斯自由能微分式为

$$dG' = \mu_A dn_A + \mu_B dn_B \tag{5-53}$$

对二相 α 和 β 组成的合金系,

$$\begin{aligned}
dG' &= dG'^\alpha + dG'^\beta \\
&= \mu_A^\alpha dn_A^\alpha + \mu_B^\alpha dn_B^\alpha + \mu_A^\beta dn_A^\beta + \mu_B^\beta dn_B^\beta
\end{aligned} \tag{5-54}$$

由于合金系中组分 A 和 B 在 α 与 β 相中的摩尔数和为常数:

$$n_A^\alpha + n_A^\beta = 常数$$

$$n_B^\alpha + n_B^\beta = 常数$$

所以

$$dn_A^\alpha = -dn_A^\beta, \quad dn_B^\alpha = -dn_B^\beta$$

代入式(5-54),得到

$$dG' = (\mu_A^\alpha - \mu_A^\beta)dn_A^\alpha + (\mu_B^\alpha - \mu_B^\beta)dn_B^\alpha \tag{5-55}$$

当合金系中,两相处于平衡状态时,

$$dG' = 0$$

因 dn_A^α, dn_B^α 不等于零,故有

$$\mu_A^\alpha = \mu_A^\beta, \quad \mu_B^\alpha = \mu_B^\beta$$

说明合金系中,两相平衡的热力学条件是每个组元在各相中的化学位相等。

5.5.2　化学位的图解确定

由式(5-53),可导出:

$$dG = \mu_A dx_A + \mu_B dx_B$$

以 α 相为例,

$$dG^{\alpha} = \mu_A^{\alpha} dx_A^{\alpha} + \mu_B^{\alpha} dx_B^{\alpha} \tag{5-56}$$

式中，x_A^{α}，x_B^{α} 分别为组元 A，B 在 α 相中的摩尔分数，$x_A^{\alpha} + x_B^{\alpha} = 1$，微分，得到

$$dx_A^{\alpha} = - dx_B^{\alpha}$$

代入式(5-56)，

$$dG^{\alpha} = (\mu_B^{\alpha} - \mu_A^{\alpha}) dx_B^{\alpha}$$

$$\frac{dG^{\alpha}}{dx_B^{\alpha}} = \mu_B^{\alpha} - \mu_A^{\alpha}$$

或

$$\mu_A^{\alpha} = \mu_B^{\alpha} - \frac{dG^{\alpha}}{dx_B^{\alpha}} \tag{5-57}$$

合金的摩尔吉布斯自由能：

$$\begin{aligned}
G^{\alpha} &= \mu_A^{\alpha} x_A^{\alpha} + \mu_B^{\alpha} x_B^{\alpha} \\
&= x_A^{\alpha} \left(\mu_B^{\alpha} - \frac{dG^{\alpha}}{dx_B^{\alpha}} \right) + \mu_B^{\alpha} x_B^{\alpha} \\
&= (x_A^{\alpha} + x_B^{\alpha}) \mu_B^{\alpha} - x_A^{\alpha} \frac{dG^{\alpha}}{dx_B^{\alpha}} \\
&= \mu_B^{\alpha} - x_A^{\alpha} \frac{dG^{\alpha}}{dx_B^{\alpha}} \tag{5-58}
\end{aligned}$$

变换式(5-58)，得到

$$\mu_B^{\alpha} = G^{\alpha} + x_A^{\alpha} \frac{dG^{\alpha}}{dx_B^{\alpha}} \tag{5-59}$$

代入式(5-57)，得到

$$\mu_A^{\alpha} = G^{\alpha} - x_B^{\alpha} \frac{dG^{\alpha}}{dx_B^{\alpha}} \tag{5-60}$$

作出 α 相的吉布斯自由能-成分曲线(图 5-17)。对成分为 x_B^{α} 的合金，其吉布斯自由能 G^{α} 由曲线上 O 点表示，过 O 点作曲线的切线，与二纵轴相交于 P，Q 两点，可以看出：

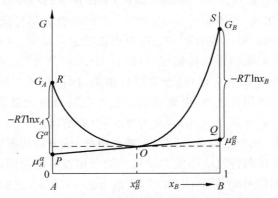

图 5-17　由 α 相吉布斯自由能曲线确定化学位

$$PA = G^{\alpha} - x_B^{\alpha} \frac{dG^{\alpha}}{dx_B^{\alpha}} = \mu_A^{\alpha} \tag{5-61}$$

$$QB = G^{\alpha} + x_A^{\alpha} \frac{dG^{\alpha}}{dx_B^{\alpha}} = \mu_B^{\alpha} \tag{5-62}$$

因而由 α 相吉布斯自由能曲线作切线在二纵轴上的截距即可得出 A、B 组元在 α 相中的化学位。

在符合拉乌尔定律的无序固溶体情况,前面式(5-24)给出:

$$\mu_i = \mu_i^* + RT\ln x_i$$

对本节讨论的固溶体 α 相中 A,B 组元的化学位相应为

$$\mu_A = G_A + RT\ln x_A \tag{5-63}$$

$$\mu_B = G_B + RT\ln x_B \tag{5-64}$$

故在图 5-17 上 PR 和 QS 线段长度相应为:$-RT\ln x_A$ 和 $-RT\ln x_B$。

对不符合拉乌尔定律的有序固溶体,固溶体(α)相中 A,B 组元的化学位为

$$\mu_A = G_A + RT\ln a_A \tag{5-65}$$

$$\mu_B = G_B + RT\ln a_B \tag{5-66}$$

式中, a_A 和 a_B 为固溶体中组元的活度。可以导出,活度与浓度之间有以下关系:

$$\ln\left(\frac{a_A}{x_A}\right) = \ln\gamma_A = \frac{\Omega}{RT}(1 - x_A)^2 \tag{5-67}$$

$$\ln\left(\frac{a_B}{x_B}\right) = \ln\gamma_B = \frac{\Omega}{RT}(1 - x_B)^2 \tag{5-68}$$

在图 5-17 中,PR 和 QS 线段长度相应为 $-RT\ln a_A$ 和 $-RT\ln a_B$

5.5.3　相平衡的公切线定则

前已指出,合金系中两相平衡的热力学条件是每个组元在各相中的化学位相等。对由 α 和 β 相组成的合金是 A,B 组元在二固溶体相的化学位相等,$\mu_A^\alpha = \mu_A^\beta$,$\mu_B^\alpha = \mu_B^\beta$。作 α,β 二相吉布斯自由能曲线的公切线可以满足此热力学条件。如图 5-18 所示。公切线 ab 在代表 A 组元的纵轴上截出 P 点,它表示 A 组元在 α 相和 β 相的化学位,显然,$\mu_A^\alpha = \mu_A^\beta$;公切线在代表 B 组元的纵轴上截出 Q 点,它表示 B 组元在 α 相和 β 相的化学位,$\mu_B^\alpha = \mu_B^\beta$。由公切线的切点可确定平衡相 α 和 β 的成分 x_B^α 和 x_B^β。因此,平衡存在的两相合金由成分为 x_B^α 的 α 相和成分为 x_B^β 的 β 相所组成,所有成分在 x_B^α 和 x_B^β 之间的合金都可组成二相合金,合金成分不同,则两相含量不相同。根据混合相吉布斯自由能的直线定则,二相合金的吉布斯自由能由连接二切点吉布斯自由能的直线所确定,可以看出,二相合金的吉布斯自由能低于相同成分任一单相固溶体合金(α 相或 β 相)的吉布斯自由能,因而形成二相合金是系统吉布斯自由能最低的平衡状态。两相区之外,形成单相合金吉布斯自由能最低,因而成分低于 x_B^α 的合金为单相(α)固溶体,成分超出 x_B^β 的合金为单相(β)固溶体。

对有偏聚的固溶体,在一定温度下的吉布斯自由能-成分曲线有图 5-19 示出的形状,曲线有两个最低点。由吉布斯自由能曲线二最低点的公切线可确定偏聚固溶体的分解。切点 E 和 F 代表分解后二相的平衡成分 x_B^E 和 x_B^F,在成分为 x_B^E 和 x_B^F 之间的合金都分解为两相,分解后合金的吉布斯自由能由连接 EF 的直线所确定。以合金 x_B^0 为例,分解前吉布斯自由能为 G_0,分解后为 G_1,可以看出,分解使吉布斯自由能降低。由公切线可得出 A,B 组元在成分为 x_B^E 和 x_B^F 两相中的化学位相等,$\mu_A^E = \mu_A^F$,$\mu_B^E = \mu_B^F$。

当合金系中有中间相存在,可形成固溶体 α 与中间相 β 的二相平衡,也可形成两个中间相的两相平衡,分别如图 5-20,图 5-21 所示。

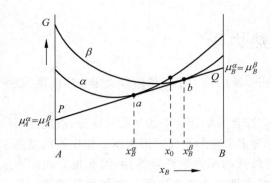

图 5-18 吉布斯自由能-成分曲线公切线
确定二相平衡

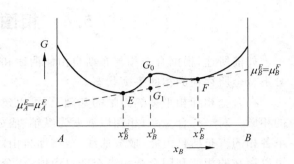

图 5-19 公切线确定偏聚固溶体的分解

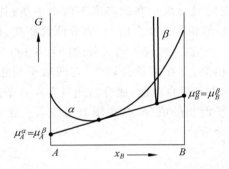

图 5-20 固溶体(α)与中间相(β)的两相平衡

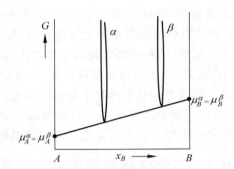

图 5-21 二中间相的两相平衡

当合金系中有三相存在时,如液相(L)、α 固溶体相、β 固溶体相,可以两两平衡,在成分 x_1,x_2 范围内,成分为 x_1 的 α 相与成分为 x_2 的 L 相形成两相平衡,在另一成分范围 x_3,x_4 范围内,成分为 x_3 的 L 相和成分为 x_4 的 β 相形成两相平衡,如图 5-22 所示。

在合金系中一定温度下,三相可处于平衡状态,其热力学条件是三相吉布斯自由能曲线处于一公切线上,此时,公切线的 3 个切点即为 3 个平衡相的成分,如图 5-23 所示。组元 A、B 在 3 相中的化学位相等:

$$\mu_A^\alpha = \mu_A^\beta = \mu_A^\gamma$$

$$\mu_B^\alpha = \mu_B^\beta = \mu_B^\gamma$$

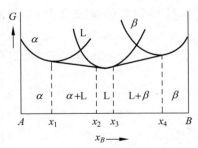

图 5-22 α-L 及 β-L 的两相平衡

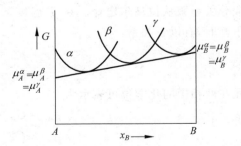

图 5-23 二元合金系中的三相平衡

5.6 相图热力学

如前所述,根据合金相吉布斯自由能曲线和相平衡的热力学条件可以确定一定温度、成分下合金所存在的相的平衡状态。

在合金相和相平衡热力学的基础上,可以建立综合表示合金中相状态与成分、温度关系的相图。对二元合金系,相图以温度为纵轴、成分为水平轴的平面图形表示。作出不同温度下各相的吉布斯自由能-成分曲线,吉布斯自由能最低的相是最稳定的相,因而也是相图中可以存在的相。利用合金相吉布斯自由能-成分曲线推测相图有以下一些规律可遵循。当两相的吉布斯自由能-成分曲线不相交时,表示在某温度下只有稳定单相存在,这个稳定相就是吉布斯自由能最低的那个相,在相图中对应的是单相区;如果两相的吉布斯自由能-成分曲线相交,必然存在一条公切线,两个切点相应的成分表示在此温度下两个平衡相的成分;在该成分范围内相图上对应有两相区存在。若两相吉布斯自由能-成分曲线相交,但只在交点相切,则在相图中与这个切点相对应的是一个相变点,表示同成分的两相平衡;在有3相存在时,如3条吉布斯自由能-成分曲线依次相交,存在两条公切线,有两对平衡相,切点对应的成分分别表示其平衡相的成分,如3相的吉布斯自由能-成分曲线只存在一条公切线,表示3相平衡,3个切点对应的成分表示3个平衡相的成分,在相图上对应有一条3相共存的水平线。以下讨论几类简单相图的热力学分析。

5.6.1 二元连续固溶体相图的建立

当二组元在所有成分范围液、固态都完全溶解时,形成连续或无限固溶体。根据液相和固溶体相在不同温度下的吉布斯自由能-成分曲线可以推测和建立相图,图 5-24 给出 T_0、T_1,T_2,T_3,T_4,T_5 等温度下 L 相和固溶体 α 相的自由焓-成分曲线和相应的相图。T_0 温度下,在所有成分范围,L 相吉布斯自由能曲线低于 α 相,因而相图中该温度下所有成分范围均为液相。在 $T_1 \sim T_4$ 温度下,L 相与 α 相吉布斯自由能曲线相交,作公切线得到两切点表示该温度下两平衡相的成分,相图中连接各温度下的切点成分,得到液相线与固相线及相应的两相区。T_5 温度下,α 相吉布斯自由能曲线低于液相,在所有成分范围均以 α 相存在。

实际建立相图,可通过热力学计算进行,计算得到不同温度下平衡时两相的成分,即可作出相图。对上例形成连续固溶体情况,考虑为无序固溶体,可看成理想溶液,其蒸汽压与组元成分关系服从拉乌尔定律。在 T 温度下,成分为 x_B^S 的固溶体与成分为 x_B^L 的液相平衡。平衡时,有以下关系:

$$\mu_A^L = \mu_A^S \tag{5-69}$$

$$\mu_B^L = \mu_B^S \tag{5-70}$$

A 组元在两相中的化学位可表示为

$$\mu_A^L = G_A^{0L} + RT \ln x_A^L \tag{5-71}$$

$$\mu_A^S = G_A^{0S} + RT \ln x_A^S \tag{5-72}$$

式中,G_A^{0L},G_A^{0S} 分别为纯液体 A 和纯固体 A 的摩尔吉布斯自由能,式(5-71),式(5-72)代入式(5-69),得到

$$G_A^{0L} - G_A^{0S} = \Delta G_{mA}^{(S \to L)} = RT \ln(x_A^S / x_A^L) \tag{5-73}$$

ΔG_{mA} 为 A 组元在 TK 时的熔化吉布斯自由能,可以相应 TK 时的熔化焓 ΔH_{mA} 和熔化熵 ΔS_{mA} 表示:

$$\Delta G_{mA} = \Delta H_{mA} - \Delta S_{mA} \tag{5-74}$$

在 A 组元的熔点 T_A,熔化吉布斯自由能 ΔG_{mA} 为零,由式(5-74)得到

$$\Delta S_{mA} = \frac{\Delta H_{mA}}{T_A}$$

考虑 C_p 随温度变化不大,其对 ΔH_{mA} 及 ΔS_{mA} 的影响可以忽略,则在 TK 时的熔化吉布斯自由能可写为

$$\Delta G_{mA} = \Delta H_{mA}\left(1 - \frac{T}{T_A}\right) \tag{5-75}$$

将式(5-75)代入式(5-73),可得

$$RT\ln(x_A^S/x_A^L) = \Delta H_{mA}\left(1 - \frac{T}{T_A}\right)$$

或

$$\ln(x_A^S/x_A^L) = \frac{\Delta H_{mA}(T_A - T)}{RTT_A} \tag{5-76}$$

同样,由式(5-70)和 B 组元在液、固二相中化学位的表达式:

$$\mu_B^L = G_B^{0L} + RT\ln x_B^L$$
$$\mu_B^S = G_B^{0S} + RT\ln x_B^S$$

可导出

$$\ln(x_B^S/x_B^L) = \frac{\Delta H_{mA}(T_B - T)}{RTT_B} \tag{5-77}$$

由式(5-76),式(5-77)两式联立可解出不同温度下的平衡相浓度 $x_B^S(x_A^S = 1 - x_B^S)$ 和 $x_B^L(x_A^L = 1 - x_B^L)$,相图上连接相应的点,得出图 5-25 类型的匀晶相图。

1953 年 Thurmond 应用计算方法求得 Ge-Si 相图与实验结果非常接近,如图 5-26 所示。

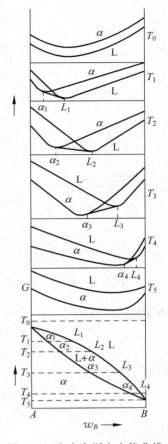

图 5-24　由吉布斯自由能曲线建立匀晶相图

5.6.2　二元系共晶相图的热力学确定

二组元液态互相溶解,固态下互不相溶或有限溶解,形成两种固相,根据不同温度下三相的吉布斯自由能曲线,可得出共晶相图如图 5-27 所示。

T_1 温度液相吉布斯自由能曲线最低,相图中液相稳定存在;T_2 温度 L 相与 α 相吉布斯自由能曲线相交,公切线切点成分内二相共存,相图中出现两相区(L+α);T_3 温度三相吉布斯自由能曲线相交,三相两两平衡,相图中出现二个两相区,T_4 温度三相吉布斯自由能曲线有公切线,出现三相平衡,平衡相成分由三个切点确定,相图中对应有水平线,此时,在恒温下发生 L $\longrightarrow \alpha + \beta$ 的**共晶反应**,相应相图叫做**共晶相图**。

利用热力学分析可计算出共晶相图的液相线、共晶温度和成分,并作出共晶相图。下面以 A,B 二组元固态下互不相溶为例进行讨论。在 A—B 系中,固、液平衡时固相是纯 A 或纯 B,每一组元在液相和固相中的化学位相等:

$$\mu_A^L = \mu_A^S$$

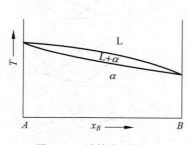

图 5-25　计算匀晶相图

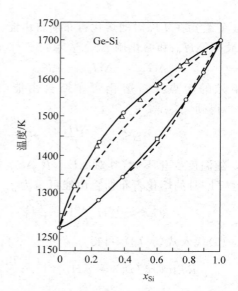

图 5-26　Ge-Si 相图（实线为实验值，虚线为计算值）

由于

$$\mu_A^L = G_A^{0L} + RT\ln x_A^L$$
$$\mu_A^S = G_A^{0S}$$

因而

$$G_A^{0L} + RT\ln x_A^L = G_A^{0S}$$
$$\Delta G_A = G_A^{0L} - G_A^{0S} = -RT\ln x_A^L$$

由式(5-75),

$$-RT\ln x_A^L = \Delta H_{mA}\left(1 - \frac{T}{T_A}\right)$$

整理得

$$T = \frac{\Delta H_{mA}T_A}{\Delta H_{mA} - T_A R\ln x_A^L} \tag{5-78}$$

$$\ln x_A^L = \frac{-\Delta H_{mA}(T_A - T)}{RT_A T} \tag{5-79}$$

根据式(5-78)、式(5-79)可用不同 x_A^L 值计算对应 T 值,也可用不同 T 值计算对应的 x_A^L 值,从而确定两相平衡时的液相线。

此外,利用液相与固相 A,B 的三相平衡可计算共晶温度 (T_e) 和共晶液相成分 (x_e^L),由于在共晶温度 T_e 下,液相与纯 A 和纯 B 平衡,由式(5-79)可得出,

$$\ln x_e = \frac{-\Delta H_{mB}(T_B - T_e)}{RT_B T_e} \tag{5-80}$$

$$\ln(1 - x_e) = \frac{-\Delta H_{mA}(T_A - T_e)}{RT_A T_e} \tag{5-81}$$

二式联立,可解出 x_e 和 T_e:

$$T_e = \frac{\Delta H_{mB}T_B}{\Delta H_{mB} - T_B R\ln x_e} \tag{5-82}$$

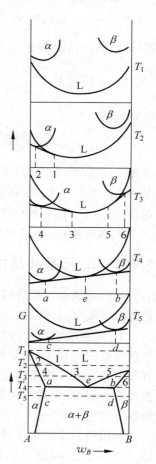

图 5-27　吉布斯自由能曲线
确定共晶相图

由计算所得的数据，可作出二元共晶相图。如图 5-28 所示。

许多研究者对 Bi-Sn 共晶相图计算值与实验值有较好符合，如图 5-29 所示。

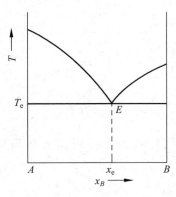

图 5-28　二元系共晶相图

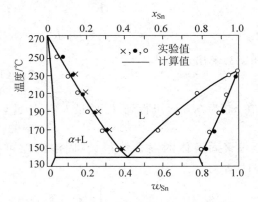

图 5-29　计算所得的 Bi-Sn 相图

5.6.3　具有固溶度间隙相图的建立

二组元 A,B 在液态下是理想溶液，而固态下形成的固溶体呈偏聚态，（$\Omega>0$，$\Delta H_m>0$），由不同温度下两相吉布斯自由能成分可确定相图，如图 5-30 所示。图 5-30(a) 中 A,B 均以固态为标准态，作出各相的混合吉布斯自由能 ΔG-成分曲线，在 800～1300K 时，液、固两相吉布斯自由能-成分曲线相交，如在 1000K 公切线 fg 表示液、固二平衡相的成分，810K 两相吉布斯自由能-成分曲线彼此相切，得到一个交点，在图 5-30(b) 所示的相图中液固线上出现极小点。500K 以下，固溶体吉布斯自由能-成分曲线出现两个最低点，如 300K 时的 a,b 点和 400K 时的 c,d 点。ab、cd 也是曲线公切线的切点，表示固溶体出现偏聚两部分（二相）的平衡成分，在相图中出现固溶体间隙曲线 $achdb$，在此曲线下固溶体分解为 $\alpha_1+\alpha_2$ 两相。在发生分解的临界点 T_c，固溶体吉布斯自由能曲线的两个极小点在成分 $x_B=x_B^c$ 处相合，因此 T_c 温度下，$x_B=x_B^c$ 处 $\dfrac{\partial \Delta G}{\partial x_B}$ 和 $\dfrac{\partial^2 \Delta G}{\partial x_B^2}$ 应等于零，即

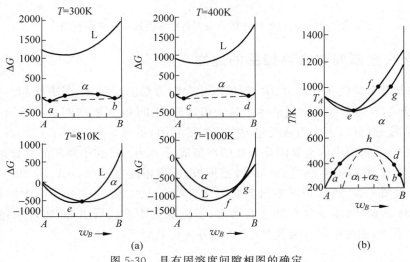

(a)　　　　　　　　　　　　(b)

图 5-30　具有固溶度间隙相图的确定

(a) ΔG-成分曲线；(b) 相图

$$\frac{\partial \Delta G}{\partial x_B} = \frac{\partial}{\partial x_B}(\Omega x_A x_B^c + RT(x_A \ln x_A + x_B \ln x_B^c))$$

$$= \Omega(1 - 2x_B^c) + RT_c \ln(x_B^c/1 - x_B^c) = 0$$

$$\frac{\partial^2 \Delta G}{\partial x_B^2} = -2\Omega + RT_c/x_B^c(1 - x_B^c) = 0 \tag{5-83}$$

由式(5-83)解出:

$$T_c = \frac{2\Omega x_B^c(1 - x_B^c)}{R}$$

显然,在 x_B^c 为 0.5 时可得到 T_c 的最大值,因此,

$$T_c = \Omega/2R \tag{5-84}$$

　　当偏聚固溶体的混合熔很大,固溶间隙可扩展至液相,也可得到二元共晶相图,如图 5-31 所示。

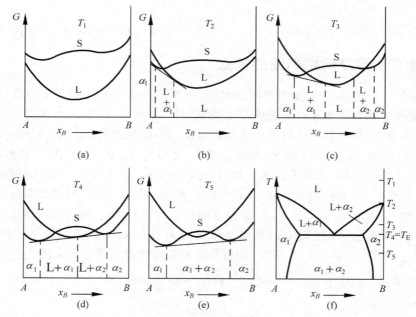

图 5-31　由偏聚固溶体吉布斯自由能曲线推测共晶相图

5.6.4　含有金属间化合物相图的建立

　　合金中含有金属间化合物 A_mB_n,形成以化合物为基的固溶体,即中间相。相图中可形成液相 L,以 A,B 为基的有限固溶体 α 和 γ 相,以及中间相 β,根据四相在不同温度下的吉布斯自由能-成分曲线,可作出两类包含中间相的相图,见图 5-32 和图 5-33。

　　图 5-32 所示相图中的金属间化合物的严格成分 A_mB_n,落在中间相的成分范围内,这种金属间化合物有独立的熔点,可直接从液态形成,并将相图划分为 A-A_mB_n 和 A_mB_n-B 两个共晶相图。而图 5-33 所示相图中的金属间化合物——A_mB_n 的成分不在中间相成分范围内,如图 5-34 所说明,本身没有独立的熔点,不能从液中直接析出,而通过一包晶反应,从 $L+\alpha$ 两相中形成,相图中部分为共晶形式,部分为包晶形式。

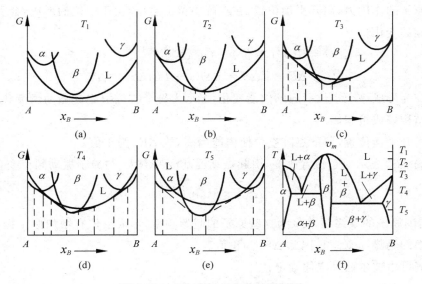

图 5-32　包含中间相的共晶型相图

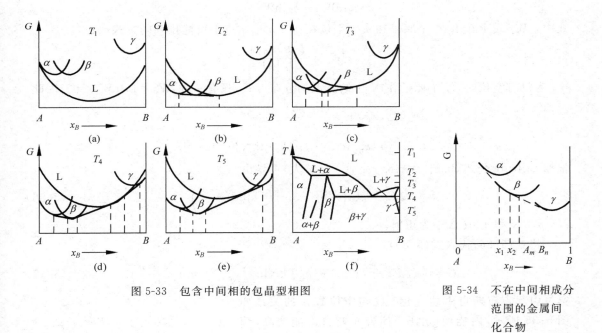

图 5-33　包含中间相的包晶型相图

图 5-34　不在中间相成分
范围的金属间
化合物

5.7　晶体缺陷热力学

实际晶体结构中存在位错、空位、界面等微观缺陷,对材料性能及材料中发生的转变都有重要的影响,应用热力学可判定材料中缺陷的存在及其变化。

5.7.1　空位的热力学分析

晶体中原子处于点阵的平衡位置进行热振动,当某些原子具有较高的热振动能量,可以

克服周围原子的作用力,离开平衡位置,在点阵中留下空位,由于空位的形成,会引起系统吉布斯自由能的变化:

$$\Delta G = G(n \text{ 个空位}) - G(\text{无空位})$$
$$= \Delta E - T\Delta S = n\Delta E_v - T(n\Delta S_v + \Delta S_c) \tag{5-85}$$

式中,ΔE_v 为形成一个空位引起的内能变化,ΔS_v 为每个空位引起的振动熵变化,ΔS_c 为整个晶体的结构熵或组态熵。

原子离开平衡位置,留下点阵空位使内能增高,故 ΔE_v 为正值。

振动熵 ΔS_v 表示原子位置改变,引起振动混乱度的增大,与原子振动频率变化有关:

$$\Delta S_v = 3k_B \ln\left(\frac{\nu}{\nu'}\right)$$

ν' 为空位周围原子的最终频率,ν 为这些原子的起始频率,形成空位有增加原子振动振幅,减少振动频率的趋势,$\nu/\nu' > 1$,因此 ΔS_v 为正值。

结构熵可由波尔兹曼定律确定:

$$\Delta S_c = S(n \text{ 个空位}) - S(0 \text{ 个空位})$$
$$= k_B \ln W_n - k_B \ln W_0$$

式中,W_n 表示在由 N 个原子和 n 个空位在 $N+n$ 个结点上可能排列的方式数目:

$$W_n = \frac{(N+n)!}{N!n!}$$

W_0 为没有空位时,N 个原子在 N 个结点上的分布方式,只有一种,$W_0 = 1$,$\ln W_0 = 0$。因此

$$\Delta S_c = k_B \ln \frac{(N+n)!}{N!n!}$$
$$= k_B[\ln(N+n)! - \ln N! - \ln n!]$$

根据 Stilring 公式,$\ln x! = x\ln x - x$,(x 足够大)可导出

$$\Delta S_c = k_B\left(N\ln\frac{N+n}{N} + n\ln\frac{N+n}{n}\right) \tag{5-86}$$

$N+n > N$ 和 n,故 ΔS_c 为正值。

将式(5-86)代入式(5-85),

$$\Delta G = n(\Delta E_v - T\Delta S_v) - k_B T\left(N\ln\frac{N+n}{N} + n\ln\frac{N+n}{n}\right) \tag{5-87}$$

空位引起吉布斯自由能变化 ΔG 与空位数 n 的关系如图 5-35 所示,内能项($n\Delta E_v$)使吉布斯自由能增高,熵项($-T\Delta S$)使吉布斯自由能降低,故二者相加得到的吉布斯自由能为有极小点的曲线。

由 $\dfrac{\mathrm{d}\Delta G}{\mathrm{d}n} = 0$,可确定相应吉布斯自由能最低点的空位浓度:

$$\frac{\mathrm{d}\Delta G}{\mathrm{d}n} = \Delta E_v - T\Delta S_v - k_B T\frac{\mathrm{d}\Delta S_c}{\mathrm{d}n}$$

$$= \Delta E_v - T\Delta S_v + k_B T\ln\frac{n}{N+n} = 0$$

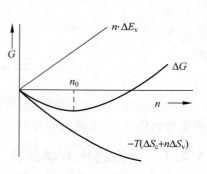

图 5-35 空位吉布斯自由能曲线

$$\ln \frac{n}{N+n} = \frac{-\Delta E_{\mathrm{v}}}{k_{\mathrm{B}}T} + \frac{\Delta S_{\mathrm{v}}}{k_{\mathrm{B}}}$$

$$C_0 = \frac{n}{N+n} = \exp\left(-\frac{\Delta E_{\mathrm{v}}}{k_{\mathrm{B}}T} + \frac{\Delta S_{\mathrm{v}}}{k_{\mathrm{B}}}\right)$$

$$= A \cdot \exp(-\Delta E_{\mathrm{v}}/k_{\mathrm{B}}T)$$

$$= A \cdot \exp(-Q_{\mathrm{f}}/RT) \tag{5-88}$$

式中，$A = \exp \Delta S_{\mathrm{v}}/k_{\mathrm{B}}$，其大小估计为 $1\sim10$。Q_{f} 为 1mol 空位形成激活能，$Q_{\mathrm{f}} = N_{\mathrm{a}}\Delta E_{\mathrm{v}}$ [J/mol]，$R = k_{\mathrm{B}}N_{\mathrm{a}}$，$N_{\mathrm{a}}$ 为阿伏加德罗常数。

　　以上热力学分析说明在一定温度下，空位有平衡浓度，此时系统吉布斯自由能最低，所以空位是热力学稳定缺陷，不可能消除。

　　当系统中存在过饱和（或称非平衡）空位时，系统吉布斯自由能增加，如下式所示：

$$\Delta \mu_{\mathrm{v}} = RT \ln \frac{n_{\mathrm{v}}}{n_{\mathrm{v}}^0}$$

式中，n_{v} 为实际空位数；n_{v}^0 为平衡空位数。由于过饱和空位的存在，会引起空位的运动、聚合和消失。

5.7.2　位错的热力学分析

　　通过结晶和塑性变形，可在晶体中形成位错，引起系统中能量变化，$\Delta G = \Delta H - T\Delta S$。由于形成位错，晶体中体积和熵变化不大，可以忽略。因此，系统吉布斯自由能变化主要取决于位错线应变能引起内能的变化，即

$$\Delta G = \Delta U = E_{\mathrm{d}}$$

对各种类型位错，其应变能（单位长度）为

$$E_{\mathrm{d}} = \frac{Gb^2}{4\pi k_{\mathrm{B}}} \ln \frac{R}{r_0}$$

式中，b 为位错柏氏矢量；G 为切变弹性模量；R 为位错应力场作用范围，相当于位错间距；r_0 为位错中心严重错排区范围。故吉布斯自由能为

$$\Delta G = lE_{\mathrm{d}} = \frac{Gb^2}{4\pi k_{\mathrm{B}}} \ln \frac{R}{r_0} \cdot l$$

随位错线长度 l 和 b^2 增加，系统吉布斯自由能增大。因此，位错是一热力学不稳定缺陷，采用特殊制备方法可以获得无位错晶体——晶须。

　　同时，位错为降低其能量，可以发生分解和合成反应，形成扩展位错、压杆位错（L-C 位错）、位错网络等多种位错组态。

　　如体心立方晶体中，有反应：

$$\frac{a}{2}[111] + \frac{a}{2}[1\,\overline{1}\,\overline{1}] \longrightarrow a[100]$$

反应前，

$$\sum b_i^2 = \frac{a^2}{4}[1^2 + 1^2 + 1^2] + \frac{a^2}{4}[1^2 + 1^2 + 1^2] = \frac{3}{2}a^2$$

反应后，$\sum b_j^2 = a^2$。能量降低，故两个全位错反应形成新的位错。

面心立方晶体中,可举出以下反应:

$$\frac{a}{2}[10\bar{1}] + \frac{a}{6}[\bar{1}21] \longrightarrow \frac{a}{3}[11\bar{1}]$$

反应后,b^2 由 $\frac{2}{3}a^2$ 降至 $\frac{1}{3}a^2$,使能量降低,故可形成 Frank 分位错。

又如,

$$\frac{a}{2}[110] \longrightarrow \frac{a}{6}[21\bar{1}] + \frac{a}{6}[121]$$

反应前能量 $E_1 \propto \frac{a^2}{2}$,反应后能量 $E_2 \propto \frac{a^2}{3}$,反应使能量降低,故全位错会发生分解反应形成二个 Shockley 分位错及其间包含一片层错的扩展位错。

5.7.3 界面的热力学分析

晶体材料中的界面包括固相与气相之间的界面(**表面**)和固相内部晶粒之间的界面(**晶界**)以及异相之间的界面(**相界**)。

表面原子偏离平衡位置,原子排列较内部不规则,使能量增加,故需消耗功以补偿能量的增加,所消耗的功与表面积的增加成正比,并注意外界对体系作功为负值:

$$\delta W = -\gamma dA$$

式中,γ 为比例常数,其物理意义下面给出。

由热力学第一定律,体系内能变化为

$$dU = \delta Q - \delta W$$

对可逆过程:

$$\delta Q = TdS$$

故

$$dU = TdS + \gamma dA \qquad (5\text{-}89)$$

由

$$G = H - TS$$

$$dG = dH - TdS - SdT$$

在恒压、恒温和体积不变时,

$$dH = dU$$

$$dT = 0$$

把式(5-89)代入,得

$$dG = TdS + \gamma dA - TdS = \gamma dA \qquad (5\text{-}90)$$

在 T, P, V 为常数,γ 不是 A 的函数,对式(5-90)积分,可得

$$\int_0^{\text{表}} dG = \gamma \int_0^A dA$$

$$G_{\text{表}} = \gamma A \qquad (5\text{-}91)$$

因此,$\gamma = \dfrac{G_{\text{表}}}{A}$,说明 γ 的物理意义是单位表面积所具有的表面吉布斯自由能,或**比表面吉布斯自由能、比表面能**。

形成表面需外力作功,设作用于表面切线方向的力为 F,使长 l 的表面沿受力方向伸长 dx,表面增加 $dA = ldx$,外力作功:

$$\delta W = Fdx = \frac{F}{l}(ldx) = \frac{F}{l}dA$$

又
$$\delta W = \gamma dA$$

故
$$\gamma = \frac{F}{l}$$

因此，γ 也是沿液体表面作用在单位长度上的力，即**表面张力**。表面张力和比表面吉布斯自由能数值相同，单位不同。

由 $dG = \gamma dA$ 关系可以得知，所有涉及界面的过程变化均在于降低界面吉布斯自由能，其途径一是改变界面张力 γ，二是减小表面积。凝固时的不均匀形核，相变时形成的过渡相，均与界面张力 γ 的变化有关，晶粒长大和第二相粒子的长大以及界面与第二相粒子的相互作用均与界面积的变化、减小有关。具体内容在有关章节中讨论，此处不再深入讨论。

5.8　相变热力学

前已指出，系统中发生转变的热力学条件是 $\Delta G < 0$，同时，ΔG 的数值给出转变驱动力大小，单组元系材料转变驱动力可由参加转变两相的自由能-温度曲线确定，如 5.3 节中所讨论的凝固转变。单组元系材料中的固态相变，如同素异构转变，也可以类似方法确定其相变驱动力。本节主要讨论在二元合金中所发生的固态相变。

5.8.1　固溶体脱溶分解的驱动力

过饱和固溶体的分解是固态中一种典型的相变。如在一定温度下，α 固溶体中析出 β 固溶体或其他中间相，其吉布斯自由能曲线如图 5-36 所示。由吉布斯自由能曲线可确定析出新相转变的驱动力。

图 5-36 所示成分为 x_0 的合金，转变前为 α 固溶体，其吉布斯自由能为 P 点所代表的 G_0，转变后为成分为 x_α 的 α 相和成分为 x_β 的 β 相的混合物，吉布斯自由能为 m 点所代表的 G_m，转变的总驱动力是两相达到平衡成分时的吉布斯自由能差 $\Delta G_0 = G_0 - G_m$。但在转变开始时，α 相的成分并未达到平衡成分，而与其原始成分 x_0 接近，如 x_1。此时的驱动力与总驱动力不同，可推导如下。

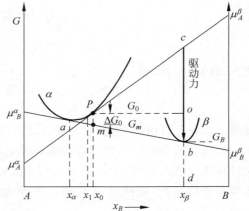

图 5-36　固相析出时的吉布斯自由能变化

开始转变，具有 β 相成分 x_β 的少量物质自 α 相析出，1mol 合金中，B 组元为 x_β，A 组元为 $1 - x_\beta$，系统吉布斯自由能降低：

$$\Delta G_1 = \mu_A^\alpha(1 - x_\beta) + \mu_B^\alpha(x_\beta) \tag{5-92}$$

以线段 cd 表示。形成 β 相，系统吉布斯自由能升高：

$$\Delta G_2 = \mu_A^\beta(1 - x_\beta) + \mu_B^\beta x_\beta \tag{5-93}$$

以线段 db 表示。总的吉布斯自由能变化提供转变驱动力：

$$\Delta G = \Delta G_2 - \Delta G_1 = db - cd = -bc = cb \qquad (5\text{-}94)$$

故线段 cb 代表起始转变驱动力,为正值(注意 ΔG 为负值),转变可自发进行。

另一推导方法可得到一致的结果。当均匀亚稳固溶体中出现较大的浓度起伏,起伏可成为新相的核胚。如在浓度为 x_0 的 α 中出现由 n_1 摩尔组成的浓度为 x_1 的原子集团,其吉布斯自由能值为 G_1,以及由 n_2 摩尔组成的浓度为 x_β 的原子集团,其吉布斯自由能值为 G_β,此时合金系统吉布斯自由能增量为

$$\begin{aligned}\Delta G &= (n_1 G_1 + n_2 G_\beta) - (n_1 + n_2)G_0 \\ &= n_1(G_1 - G_0) + n_2(G_\beta - G_0)\end{aligned} \qquad (5\text{-}95)$$

根据质量平衡规则,有

$$n_1 x_1 + n_2 x_\beta = (n_1 + n_2)x_0$$
$$n_1(x_0 - x_1) = n_2(x_\beta - x_0) \qquad (5\text{-}96)$$

因此,

$$\Delta G = n_2 \left\{ (G_\beta - G_0) + \left[\frac{(G_1 - G_0)(x_\beta - x_0)}{x_0 - x_1} \right] \right\} \qquad (5\text{-}97)$$

因 x_1 很近于 x_0,可近似写为

$$\frac{G_1 - G_0}{x_0 - x_1} = -\left(\frac{\mathrm{d}G}{\mathrm{d}x} \right)_{x_0} \qquad (5\text{-}98)$$

式中,$\left(\dfrac{\mathrm{d}G}{\mathrm{d}x} \right)_{x_0}$ 代表浓度为 x_0 处的吉布斯自由能曲线的斜率,将式(5-98)代入式(5-97),式(5-97)变为

$$\Delta G = n_2 \left[(G_\beta - G_0) - (x_\beta - x_0)\left(\frac{\mathrm{d}G}{\mathrm{d}x} \right)_{x_0} \right] \qquad (5\text{-}99)$$

对照图 5-36 的几何关系,可见,

$$G_\beta = db$$
$$G_0 = do$$
$$(x_\beta - x_0)\left(\frac{\mathrm{d}G}{\mathrm{d}x} \right)_{x_0} = oc$$

代入式(5-99),得到

$$\Delta G = n_2(db - do - oc) = n_2(-bc) = n_2(cb)$$
$$\Delta G / n_2 = -bc = cb$$

即摩尔吉布斯自由能变化,或转变驱动力,以线段 cb 表示。

由以上结果可以归纳图解法确定转变驱动力的方法为:过 α 相吉布斯自由能曲线上相应母相成分之点 P 作切线,与相应析出新相 β 的成分垂线相交于 c 点,与 β 相吉布斯自由能曲线交于切点 b。则线段 cb 代表 $\alpha \rightarrow \beta$ 转变开始的驱动力(ΔG)。

5.8.2　由驱动力看新相形成的规律

前面讨论一定温度下,α 和 β 相为稳定平衡相,在 $\Delta G < 0$ 的驱动力下,发生 α 相向 β 相的转变。

当系统中除稳定平衡相 α,β 外,还有亚稳 γ 相,具有较高的吉布斯自由能曲线,如图 5-37 所示。自 α 相形成 γ 相的驱动力 $\Delta G^{\alpha \rightarrow \gamma}$ 大于形成稳定相 β 的驱动力 $\Delta G^{\alpha \rightarrow \beta}$,则在该温度下形成亚稳 γ 相,与 α 相出现亚稳平衡。

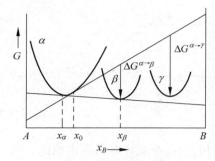

图 5-37　形成亚稳相的驱动力

当合金中先存在成分为 x_0 的亚稳相 γ 时,如图 5-38 所示,将影响稳定相的形成。过 x_0 作切线得出 α、β 两相形成的驱动力,$\Delta G^{\gamma \to \alpha}$ 为下降的,$\Delta G^{\gamma \to \beta}$ 为上升的,因此,γ 中可析出 α 相,而不能形成 β 相。只有当 α 相形成后,α 与 γ 处于平衡态以后,对 β 相才有析出的驱动力,β 相可以形成。故由吉布斯自由能曲线驱动力的分析可判断新相形成的顺序。

由图 5-39 可以得出更为复杂的析出顺序,x_0 成分的 γ 相发生转变,由过 x_0 点作 γ 相吉布斯自由能曲线的切线可以看出,α 相析出的驱动力 $\Delta G^{\gamma \to \alpha}$ 很大,α 可作为稳定相而形成。而 $\Delta G^{\gamma \to \beta}$ 为上升的,故 β 相不能自 γ 相中形成,但 γ 相对 δ 相的形成有一定的驱动力,可形成成分为 x_0 的 δ 相,作 δ 相的吉布斯自由能切线可见形成 β 相的驱动力 $\Delta G^{\delta \to \beta}$ 很大,β 可作为稳定相而形成,最后形成 α 相与 β 相的稳定平衡。

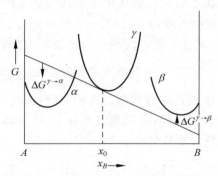

图 5-38　亚稳相 γ 存在,影响稳定相形成

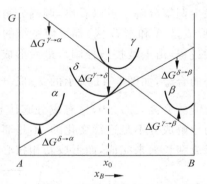

图 5-39　驱动力分析更为复杂的析出顺序

5.8.3　调幅分解

在图 5-40(a)所示具有固溶度间隙的相图中,取成分为 x 的 α 固溶体合金由 T_2 急冷至 T_1 温度,其对应的吉布斯自由能曲线如图 5-40(b)所示。相图中的虚线,对应于吉布斯自由能曲线上 $\dfrac{\mathrm{d}^2 G}{\mathrm{d}x^2} = 0$ 的拐点,虚线以内的成分范围,所对应的吉布斯自由能曲线具有 $\dfrac{\mathrm{d}^2 G}{\mathrm{d}x^2} < 0$ 的特点,虚线与实线之间的成分范围,则有 $\dfrac{\mathrm{d}^2 G}{\mathrm{d}x^2} > 0$ 的特点。

成分为 x 的 α 固溶体处于虚线范围内,其吉布斯自由能为 G_α,此合金热力学不稳定,有分解趋势,形成富 $A(\alpha_1)$ 和富 $B(\alpha_2)$ 相,设偏聚区的成分为:$(x + \Delta x)$ 和 $(x - \Delta x)$,则偏聚分解后的吉布斯自由能变化为:

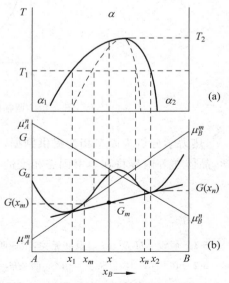

图 5-40　调幅分解的相变驱动力(b)和对应的部分相图(a)

$$\Delta G = G_{a_1+a_2} - G_a = \frac{1}{2}\big[G(x+\Delta x) + G(x-\Delta x)\big] - G(x)$$

对 $G(x+\Delta x)$ 和 $G(x-\Delta x)$ 作泰勒级数展开,得到

$$\Delta G \approx \frac{1}{2}\left[G(x) + \frac{\mathrm{d}G}{\mathrm{d}x}(\Delta x) + \frac{\mathrm{d}^2 G}{\mathrm{d}x^2}\frac{(\Delta x)^2}{2} + G(x) + \frac{\mathrm{d}G}{\mathrm{d}x}(-\Delta x) + \frac{\mathrm{d}^2 G}{\mathrm{d}x^2}\frac{(-\Delta x)^2}{2}\right] - G(x)$$

$$= \frac{1}{2}\frac{\mathrm{d}^2 G}{\mathrm{d}x^2}(\Delta x)^2 \tag{5-100}$$

因虚线内的成分, $\dfrac{\mathrm{d}^2 G}{\mathrm{d}x^2}<0$,故发生偏聚,形成不均匀的两相,引起系统吉布斯自由能的变化:

$$\Delta G < 0$$

故这种过程可自发进行。直至分解为具有切点成分 x_1 , x_2 的两相达吉布斯自由能最低的状态。

这种反应叫调幅分解,相图中的虚线叫调幅界限,在虚线以内的合金 $\left(\dfrac{\mathrm{d}^2 G}{\mathrm{d}x^2}<0, \Delta G<0\right)$ 都可发生调幅分解。可以看出,调幅分解的特点是在不稳定固溶体中出现任何微小的成分起伏(形成富 A 和富 B 区)都可使系统的吉布斯自由能下降,其过程是一不断增幅的上坡扩展长大过程(由上坡扩散控制),最后形成结构相同、成分不同的两相。与之相反,在调幅界限以外的合金,如图 5-41 所示的 x_0 成分的合金, $\left(\dfrac{\mathrm{d}^2 G}{\mathrm{d}x^2}>0\right)$,小的浓度起伏将引起系统吉布斯自由能的升高, $\Delta G>0$,只有成分起伏超过 x_a 才能使体系吉布斯自由能下降,因此,这类合金的分解成分不是连续变化的,不是简单的扩散长大过程,必须通过具有 x_a 成分新相核心的形成和长大来完成,而形成新相核心还须克服热力学势垒。

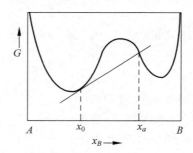

图 5-41 调幅限外合金吉布斯自由能的变化

热力学分析为固态相变提供判据,关于固态相变的各种类型,生核、长大过程,相变动力学,晶体学等内容将在本书固态相变的有关内容中具体讨论。

习 题

5-1 假设 ΔH 及 ΔS 与温度无关,试证明金属在熔点以上不可能发生凝固。

5-2 在 286K 时, $\alpha\text{-Sn} \Longleftrightarrow \beta\text{-Sn}$ 的 $\Delta H = 2095\mathrm{J/mol}$,Sn 的摩尔质量 $M = 118.7\mathrm{g/mol}$, $\alpha\text{-Sn}$ 密度 $\rho_{\alpha\text{-Sn}}$ 为 $5.75\mathrm{g/cm^3}$, $\beta\text{-Sn}$ 密度 $\rho_{\beta\text{-Sn}}$ 为 $7.28\mathrm{g/cm^3}$,试计算在 10MPa 下 $\alpha\text{-Sn} \Longleftrightarrow \beta\text{-Sn}$ 相变温度的改变。

5-3 试由二元系固溶体吉布斯自由能曲线说明固溶体中出现成分不均匀在热力学上是不稳定的。

5-4 一种二元合金由 α 固溶体和 β 中间相所组成,试由固溶体和中间相吉布斯自由能曲线说明组成中间相组元间的亲和力愈大,与中间相相邻的固溶体的溶解度愈小。

5-5 画出图 5-42 相图在指定温度下的吉布斯自由能-成分曲线。

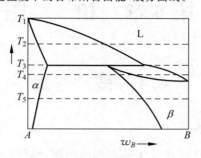

图 5-42 包晶相图

5-6 设金属 A 和金属 B 在液相和固相都能完全互溶,且为理想溶液,并设 T_A,T_B 和 ΔH_A,ΔH_B 分别为 A,B 金属的熔点和熔化热,试导出在相图中表示固相线和液相线的一般方程。

5-7 金属 A 和金属 B 在液态能互溶而在固态完全不能互溶,它们的熔点分别为 800K 和 945K,熔化热分别为 $2.5 \text{kJ} \cdot \text{mol}^{-1}$ 和 $4.0 \text{kJ} \cdot \text{mol}^{-1}$。假设形成理想溶液,试绘出计算所得相图并求共晶点和成分。

第6章 相 图

6.1 概 述

6.1.1 研究相图的意义

金属及其他工程材料的性能决定于其内部的组织、结构,金属和陶瓷等材料的组织又由基本的相所组成。由一个相所组成的组织叫单相组织,两个或两个以上的相组成的叫两相或多相组织。材料中相的状态是研究组织的基础。

金属或其他材料内部相的状态由其成分和所处温度来决定。**相图**就是用来表示材料相的状态和温度及成分关系的综合图形,其所表示的相的状态是平衡状态,因而是在一定温度、成分条件下热力学最稳定、吉布斯自由能最低的状态。

相图是材料科学的基础内容。在材料工程中有重要意义,可举出以下应用的有关方面。

(1) 研制、开发新材料,确定材料成分

根据研制合金工程应用的工况条件和性能要求,利用已有合金系的相图和相图与性能关系的知识,可选定合金系和确定合金成分。对陶瓷材料,例如根据 Al_2O_3-SiO_2 系统相图,可以找出铝硅质耐火材料的合适组成,根据 CaO-Al_2O_3-SiO_2 系统相图设计容易烧成的、性能优良的水泥熟料配方。

(2) 利有相图制定材料生产和处理工艺

一般金属材料主要的生产过程是熔炼、铸造获得铸锭或铸件,铸锭再经锻轧热变形生产出锻坯、锻件或型材,加工后的零、部件须进行热处理以改善性能;陶瓷材料和部分金属材料采用粉末冶金方法生产,压制成形,固态烧结。在材料的生产和处理中,熔炼和浇注温度、热变形温度范围、烧结温度、热处理类型以及工艺参数均可由该合金或陶瓷材料的相图作为依据来制定。

(3) 利用相图分析平衡态的组织和推断不平衡态可能的组织变化

根据相图可确定形成单相组织或两相组织,组织中相的分布和数量;不平衡状态下组织的可能变化趋势和特征。

(4) 利用相图与性能关系预测材料性能

相图与材料的力学性能、物理性能以及工艺性能都有一定关系,因而可根据材料的相图预测其有关性能。

(5) 利用相图进行材料生产过程中的故障分析

如工件在热加工中出现的一些缺陷、废品,可根据某些杂质元素在相图中可能的反应予以分析和控制。

6.1.2 相图的表示方法

表示二组元系统相的平衡状态与温度、成分关系的二元相图是平面图形,以纵轴表示温度,横轴表示合金成分。成分的表示有两种方法:质量分数和摩尔分数。二者之间有换算关系。如 A 组元的质量分数为 a、摩尔分数为 x_A,其相对原子量为 m; B 组元的质量分数为 b、摩尔分数为 x_B,其相对原子量为 n,则

$$x_A = \frac{a/m}{a/m + b/n}$$

$$x_B = \frac{b/n}{a/m + b/n}$$

6.1.3　相图的建立

前已指出,通过热力学的计算和分析建立相图,利用已有的热力学参数,可作出不同温度、成分下各相的吉布斯自由能曲线,确定不同温度、成分下平衡存在的相的状态和成分,绘制出不同合金的相图,或者通过热力学计算,求出有关数据,直接作出相图。计算机的广泛使用为计算相图提供了有利的条件,从长远发展看,相图的计算确定是有很大潜力的。

实际金属材料或陶瓷材料相图的建立主要依靠实验的方法。常用的有两类基本方法——动态垂直截线法和静态水平截线法。

6.1.3.1　动态垂直截线法

此类方法是取不同成分的合金,在相图的成分坐标上引出垂直线,如图 6-1 所示。

为测定 A-B 系相图,在纯组元 A 和 B 之间配制不同成分的合金,成分间隔愈小,合金数目愈多,试验愈准确。本例间隔取 0.2,则试验合金有

　　1A　0.8A　0.6A　0.4A　0.2A　0A
　　0B　0.2B　0.4B　0.6B　0.8B　1B

对每一合金,经熔化、混合均匀后,测定其在缓慢冷却条件下,性能随温度的变化。在有相变发生时,合金系统的状态和结构发生变化,相应的物理化学性质也会有突变,根据性能突变点对应的温度可以作出相图。

（1）热分析法　是应用最多、最普遍的动态法,用以测定在冷却过程中热效应的变化。热分析采用的装置如

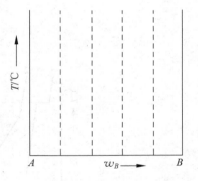

图 6-1　垂直截线法测定相图

图 6-2 所示,热电偶置于熔化液态金属中,通过测温仪表可测出冷却过程中温度随时间的变化,并作出冷却曲线,具有图 6-3 所示形式。

在系统中没有转变发生,只有均匀冷却,得到一条光滑曲线,如曲线 a;在有结晶发生时,放出潜热,引起冷却曲线变化,当潜热释放与散热相抵消,则停止降温,在冷却曲线上出现水平段,如曲线 b 表示纯金属结晶或二元合金中发生某些三相反应转变时的情况;当放出潜热不足以抵消散热,仅使降温减慢,则引起冷却曲线的转折,如曲线 c;在某些合金系统中也可出现曲线转折和水平段的综合情况,如曲线 d,转折点和水平段对应的温度或温度范围就是合金在冷却中发生转变的温度或温度范围。对每个合金都可通过冷却曲线测出其结晶或转变的临界点,将不同成分合金的临界点画在温度-成分图相应合金的成分垂直截线上,连接具有相同转变特性的临界点,即可得到 A-B 合金的相图。如图 6-4、图 6-5 给出最

简单的两种基本相图。

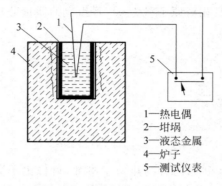

1—热电偶
2—坩埚
3—液态金属
4—炉子
5—测试仪表

图 6-2　热分析装置示意图

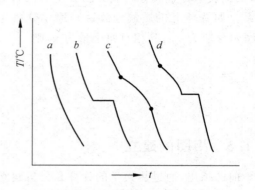

图 6-3　典型冷却曲线

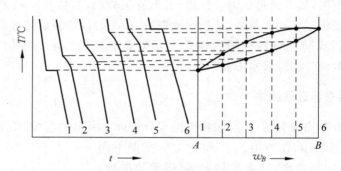

图 6-4　热分析法测冷却曲线及二元匀晶相图

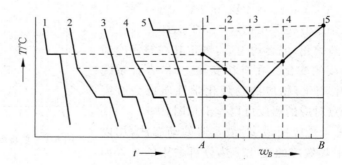

图 6-5　热分析法测二元共晶相图

（2）热膨胀法　材料在发生转变时常伴随有体积或长度的变化,测量试样长度随温度的变化,作出热膨胀曲线,由曲线上的转折点可找到转变的临界点,测出不同成分合金的临界点,标注在相应成分的垂直截线上,可作出对应的相图。此法适用于测定固态下发生的转变,图 6-6 给出由热膨胀曲线测定相图的示意图。

（3）电阻法　物质在不同温度下的电阻率是不同的,在转变前后,物质的电阻率随温度的变化规律也不同。根据此原理,测定不同成分试样的电阻率 ρ 随温度变化的曲线,由曲线上的转折点找出转变的临界点,可作出相图,如图 6-7 所示。

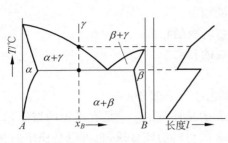

图 6-6　热膨胀法测相图

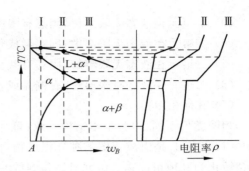

图 6-7　电阻法测相图

6.1.3.2　静态水平截线法

此类方法主要用于测定固态下发生的转变。取一系列不同成分的合金,在不同温度下,长时间加热、保温,建立平衡状态,然后将试样迅速放入冷却液中使其急冷,以保持高温时的平衡状态,在室温下测定不同成分试样在上述一定温度加热后急冷状态的某些参数(如点阵常数)和性能(如硬度、电阻率、热膨胀和磁性等),当有转变发生、相的状态改变,性能发生突变,突变处即为固态转变的临界点,在相图对应不同温度的水平线上标注出这些临界点,连接得出相图中的转变相界线。图 6-8 示出用 X 射线测定点阵常数,以确定相图中的固溶度曲线。

采用以上动态或静态的试验方法测定相图,其精确程度取决于试验条件,影响相图精确程度的因素主要有:

(1) 材料纯度　原材料纯度愈高,试验愈准确。

(2) 仪器灵敏度和研究方法的选择　研究方法选择合理、正确、仪器精度高,试验准确。

(3) 样品平衡条件的控制　垂直截线法中样品冷却速度愈慢,水平截线法中样品退火愈充分,试验接近平衡条件,测定相图愈准确。

(4) 主观因素　人为误差。

因此,同一合金系,不同研究者,不同历史年代,测出的相图会有不同。一般,较新文献所报道的相图比早期报道的相图更为准确,这是由于科技的进步、试验装置的发展、试验条件的改善、试验材料的纯净所致。

由于试验条件或材料等因素引起所测相图的误差,也可由热力学进行分析、校核,凡违反热力学平衡条件的相图是错误的。

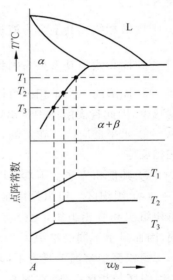

图 6-8　X 射线测点阵常数确定
相图固溶线

6.1.4　相图的类型和结构

对不同材料系统相图形式不同。常见的相图类型有:

(1) 二组元在液态无限溶解,固态下也无限溶解,形成连续固溶体的**匀晶相图**。

(2) 二组元在液态无限溶解,固态有限溶解,有共晶反应,形成机械混合物的**共晶相图**。

（3）二组元在液态无限溶解，固态有限溶解，有包晶反应的**包晶相图**。

（4）二组元在液态无限溶解，固态形成化合物的相图。

（5）二组元在液态无限溶解，固态有共析或包析转变的相图。

（6）二组元在液态有限溶解，有偏晶或合晶反应的相图。

（7）其他相图。

相图类型不同，但其基本结构一致，每一相图都包括以下部分：

（1）组元　是组成相图的独立组成物，作为组元的条件有二：一是有确定的熔点，二是不会转化为其他组成物。组元可以是纯的元素，如金属材料的纯金属，也可以是稳定的化合物，如陶瓷材料的 Al_2O_3，SiO_2 等。

（2）相区　相图中代表不同相的状态的区域叫**相区**，相区可分为单相区和双相区。单相区中液相一般以 L 表示，当有几个固态单相区时，则由左向右依次以 α,β,γ 等符号表示。在两个单相区之间有对应的两相区存在。

（3）相界线　在相图上将各相区分隔开的线叫相界线，由于相界线的特性不同，可区分为：

① 液相线　其上全为液相，线下有固相出现，可以表示为 $\dfrac{L}{L+\alpha}$。

② 固相线　其下全为固相，可表示为 $\dfrac{L+\alpha}{\alpha}$。

③ 固溶线　当单相固溶体处于有限溶解时，其饱和溶解度决定于温度，温度降低，溶解度减少，因此自固溶体中析出第二相，相图中以固溶线反映这种析出转变。

④ 水平反应线　在共晶、包晶等类型相图中有水平线，代表在此恒定温度下发生某种三相反应。

⑤ 其他相界线　不具有以上特性，仅作为相区分界线的相界线。

（4）组织区　组织是指在显微镜下观察，具有独特形态的组成部分。组织由相组成，有单相组织和两相组织，无论单相或两相组织，由于相的形状、分布不同，在显微镜下特征不同，因而显示不同的组织。

组织区指室温下具有不同组织状态的区域，在图 6-4 所示匀晶相图中，组织是单相的 α，组织区与相区一致，在图 6-5 所示的二元共晶相图中，组织区与相区不同，在以下各类相图的分析中具体讨论。

6.2　相律和杠杆定律

相律和杠杆定律是分析相图的两个重要依据。相律用以说明合金或其他材料在平衡结晶过程中温度和相成分的变化；而杠杆定律则定量给出结晶过程中两相的相对量的变化和最后形成组织中两相的相对量以及组织的相对量。

6.2.1　相律

相律是表示材料系统相平衡条件的热力学表达式，具体表示系统的自由度、组元数和相数之间的关系，用公式表示如下：

$$f = c - p + 1 \qquad (6\text{-}1)$$

式中，c 为组元数，p 为相数，f 为自由度数。自由度数指在结晶过程中，保持相数不变的平衡条件下，影响状态的内外部因素中可以独立发生变动的数目，由于所研究系统一般在恒定压力下发生转变，因此影响因素主要是温度和相成分。

相律可由热力学相平衡条件推导，由影响状态的可变因素减去相平衡决定的条件数即可确定自由度数。

影响系统平衡状态的可变因素除温度外，还有各相的成分，在二元系的单相中，只有一个成分可变、三元系的单相则有两个成分可变，假设系统中有 p 个相，c 个组元，则相成分引起的变数有 $p(c-1)$ 个。系统总的变数应为

$$p(c-1) + 1 \qquad (6\text{-}2)$$

平衡条件数由热力学相平衡条件确定，在多相平衡时，组元在各相间化学位相等，有以下关系：

$$\mu_1^1 = \mu_1^2 = \mu_1^3 = \cdots = \mu_1^p$$
$$\mu_2^1 = \mu_2^2 = \mu_2^3 = \cdots = \mu_2^p$$
$$\vdots$$
$$\mu_c^1 = \mu_c^2 = \mu_c^3 = \cdots = \mu_c^p$$

符号的下角标表示组元，上角标表示相，每个组元可写出 $p-1$ 个等式，c 个组元的平衡条件总数应为

$$c(p-1) \qquad (6\text{-}3)$$

由式(6-2)，式(6-3)可求出自由度数：

$$f = 变数 - 条件数$$
$$= p(c-1) + 1 - c(p-1)$$
$$= c - p + 1$$

即式(6-1)所示的关系。

利用相律可分析相图平衡状态下各相区反应中温度和相成分的变化。以二元系为例，对两相区中的两相反应，如 $L \rightarrow \alpha$，组元数为 2，相数为 2，则自由度数：

$$f = c - p + 1 = 2 - 2 + 1 = 1$$

说明在两相反应过程中，有一个可独立变动的参数，另外的参数则随之变化，如温度变化，则相的成分相应变化，或相成分变化，则温度相应变化。当温度固定，二相成分也一定，相应于一定温度下两相吉布斯自由能曲线公切线切点所对应平衡相的成分，温度变化。两相吉布斯自由能曲线变化，相应两相平衡成分也发生变化。一个自由度说明反应在一个温度范围进行。对二元系相图中发生的三相反应，如 $L \rightarrow \alpha + \beta$，相数为 3，则自由度数：

$$f = c - p + 1 = 2 - 3 + 1 = 0$$

说明在保持平衡的三相反应过程中没有任何一个独立的变数，因而温度恒定，参加反应的三相成分不变，故三相反应也叫无变数反应。在相图中三相反应对应一条水平线。对单相区，自由度数为 2，说明温度和相成分变化仍能保持平衡状态，当合金成分确定，相成分限定，则实际只有一个温度变数。

此外，根据相律，也可确定合金系中可能出现的最多相数，由于自由度数最小为零，故

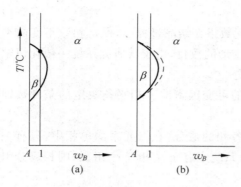

图 6-9　利用相律校核相图

$$f = c - p + 1 = 0$$
$$p = c + 1 \tag{6-4}$$

二元系中,最多相数为 3 个,三元系中,最多出现 4 相,依此类推。

利用相律可检验和校核相图中出现的错误,凡违背相律、在热力学上不符合平衡状态的相图必然是错误的。图 6-9(a)示出部分相图中 α 和 β 相区被一条相界线分开,根据相律分析,对合金 1,当发生 $\alpha \rightarrow \beta$ 二相反应时,$f=1$,反应中温度可变,应有两相区存在,图示一条线显然是错误的,但由于试验条件的限制,不能精确测出窄的两相区范围,则可以虚线表示,如图 6-9(b)所示。

6.2.2　杠杆定律

在分析合金结晶过程时,可以杠杆定律定量确定两相共存状态下两相的相对量。以形成固溶体的匀晶相图为例(见图 6-10),在 T_1 温度下,成分 x 的合金处于 $L+\alpha$ 两相共存状态,设液相量为 Q_L,固相量为 Q_α,合金总量为

$$Q_t = Q_L + Q_\alpha \tag{6-5}$$

又 B 组元在合金中的总量应等于在 L 和 α 两相中的量之和,以式表示

$$Q_t \times Ao = Q_L \times Aa + Q_\alpha \times Ab$$

以式(6-5)代入

$$Q_\alpha \cdot Ao + Q_L \cdot Ao = Q_L \cdot Aa + Q_\alpha \cdot Ab$$
$$Q_\alpha \cdot (Ab - Ao) = Q_L \cdot (Ao - Aa)$$
$$bo \cdot Q_\alpha = ao \cdot Q_L$$

可变换为

$$\frac{Q_\alpha}{Q_L} = \frac{ao}{bo} \tag{6-6}$$

此关系符合力学杠杆原理,因杠杆支点不同,可有三种表达方式,如图 6-11 所示。

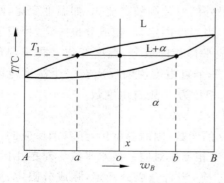

图 6-10　杠杆定律示意图

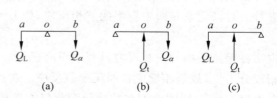

图 6-11　杠杆支点的不同位置

图中(a)以合金成分 o 为支点,二相成分为端点,其杠杆关系为 $Q_\alpha \cdot ob = Q_L \cdot ao$;或 $\frac{Q_\alpha}{Q_L} = \frac{ao}{bo}$。(b)以 L 相成分为支点,杠杆关系为 $Q_t \cdot ao = Q_\alpha \cdot ab$,或 $\frac{Q_\alpha}{Q_t} = \frac{ao}{ab}$。(c)以 α 相成分为支点,其杠杆关系为 $Q_L \cdot ab = Q_t \cdot bo$,或 $\frac{Q_L}{Q_t} = \frac{bo}{ab}$。因此,利用杠杆定律可根据相图上的成分线段确定两相的相对含量。

6.3　二元匀晶相图

二组元在液态无限溶解,在固态也无限溶解,形成固溶体的二元相图叫二元匀晶相图。例如,在金属材料中,Cu-Ni,Fe-Cr,Ag-Au,W-Mo,Nb-Ti,Cr-Mo,Cd-Mg,Pt-Rh 等合金系具有匀晶相图。以下以 Cu-Ni 合金为例进行讨论。

6.3.1　图形分析

Cu-Ni 相图如图 6-12 所示。

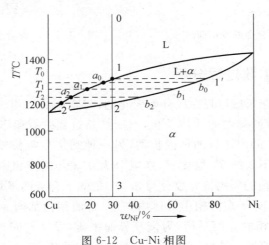

图 6-12　Cu-Ni 相图

组元为 Cu,Ni,在成分线二端。相界线有液相线和固相线,液相线以上全为液相,以下有固相出现,故液相线是 L/L+α 分界线。固相线以下全为固相 α,以上有液相,故是 L+α/α 分界线。相区有 L 和 α 两个单相区和一个 L+α 的双相区。

6.3.2　结晶过程分析

以 Cu-0.3Ni 合金为例,分析合金在平衡状态下的结晶过程。首先画出其冷却曲线,如图 6-13 所示意。

冷却过程中,温度 0—1 范围,合金为液态,1 点仍为液态;温度 1—2 范围,有两相反应 L→α 发生,根据相律,反应过程中,两相共存,自由度为 1,故温度可变,结晶在一个温度范围进行。在反应过程中,两相的成分和量在变化,液相成分沿图 6-12 中液相线 1 2′变化,固相 α 成分沿固相线 1′2 段变化。一定温度下,两相成分固定,如 T_1 温度下,液相成分 a_1,α 相成分 b_1;T_2 温度下,液相成分 a_2,α 相成分 b_2。两相的量也在过程中变化,一定温度下两相的量比可由杠杆定律确定。可以看出，随结晶过程进行，α 相量增加，液相量减少，直至温度 2 时，全部形成 α 相，液相消失。温度 2—3 范围，不发生变化，在温度 3 点或室温下，全部为 α 相。

匀晶合金在室温下的组织为单相固溶体，由单一晶粒所组成，类似纯金属，如图 6-14 所示。

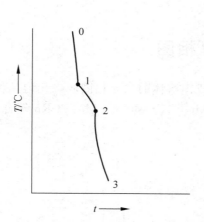

图 6-13　Cu-0.3Ni 合金的冷却曲线

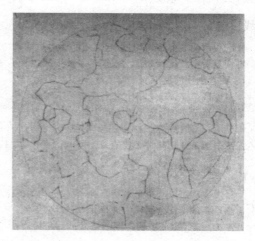

图 6-14　Cu-Ni 合金的平衡组织

6.3.3　结晶中的扩散过程分析

如前所述，固相 α 在形成过程中成分是变化的，与合金的平均成分不一致，而在最后形成成分与合金成分一致的均匀固溶体 α 相，因而结晶过程中有原子的扩散发生，有两类扩散，一种是在单相（L 或 α）内进行的体内扩散，另一种则是在两相界面处发生的相间扩散。在图 6-15 示出在过冷不大的 T_0 温度下，在成分为 0.3Ni 的液相内形成极少量固相晶体，成分为 b_0，相应与之平衡的周围液相成分为 a_0，a_0 稍低于合金的平均成分 1，因而在液相中出现浓度梯度，引起 Ni 原子在液相中的体内扩散，自液相内部向 α/L 界面扩散，使液相界面浓度提高，破坏与 α 相的界面平衡，为恢复界面平衡，发生相间扩散，α 相由液相结晶出来，以降低界面处液相浓度，此时 α 相长大，界面向液相推移，而由于液相界面浓度降低，又引起液相中的体内扩散和界面处的相间扩散，直至液相中没有浓度差，并在 α/L 界面处保持平衡浓度，则温度 T_0 下的结晶过程停止。

当温度降至 T_1，界面处 α 相成分变为 b_1，与之平衡的液相成分变为 a_1，则在液相和 α 相内又出现新的成分不均匀，引起两相的体内扩散，体内扩散破坏界面平衡浓度，通过相间扩散再恢复平衡浓度，二者交替进行，新相 α 得以长大。过程不断进行，直至两相内没有浓度差，界面达到该温度下的平衡浓度为止。

温度降至 T_2，L、α 相中又出现新的不平衡，再进行类似过程，结晶出 α 相，直至达到新的平衡。直至 T_f，全部形成 α 相为止。

显然，为使结晶过程中原子扩散能充分进行，以获得成分均匀的 α 相，极其缓慢的冷却以保持平衡条件是至关重要的。

图 6-16 表示 Cu-0.4Ni 合金在平衡凝固过程中的组织变化。其中镍和铜原子在冷却过程中必须通过扩散以满足相图要求，并形成均匀的平衡组织。

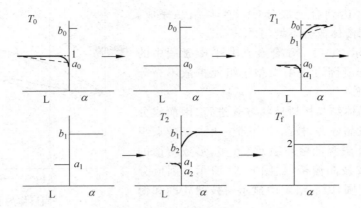

图 6-15　固溶体结晶中的扩散长大

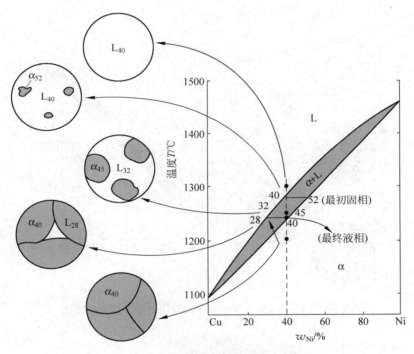

图 6-16　Cu-0.4Ni 合金在平衡凝固过程中的组织变化

6.3.4　非平衡结晶分析

　　缓慢冷却可以获得平衡状态,形成成分均匀的固溶体。但在实际生产中,合金铸造时的冷却总是在砂模或金属模中进行,冷却较快,不能保持平衡状态,非平衡状态下的结晶过程和最后得到的组织与平衡状态有很大差别。前已指出,平衡结晶过程要求充分的扩散,而在非平衡结晶时,由于冷却过快,扩散过程来不及进行,使 α 相成分不均匀。先结晶的部分富 Ni,后结晶的部分富 Cu。因而,在结晶中的每一温度瞬间 α 的平均浓度总是高于 α/L 界面处的平衡浓度,相图中固相 α 的平均成分线与平衡成分线不一致,如图 6-17 中虚线所示。

当 α 相平均浓度达到合金成分（0.3Ni），结晶完成。最后得到的 α 固溶体成分不均匀。

图 6-18 表示 Cu-0.4Ni 合金在非平衡凝固中的组织变化。由于凝固过程中固相中组元扩散不充分而导致偏析组织。

因固溶体晶体结晶按树枝状方式进行，因而成分不均匀地沿树枝晶分布，枝晶的内部主干含高熔点组元 Ni 多，枝晶外围含低熔点组元 Cu 多，形成所谓的"树枝状偏析"或枝晶偏析，如图 6-19 所示。因成分不均匀腐蚀性不同，因而组织中显示树枝状轮廓和偏析的存在。

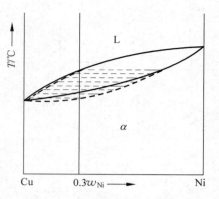

图 6-17 固溶体的非平衡结晶

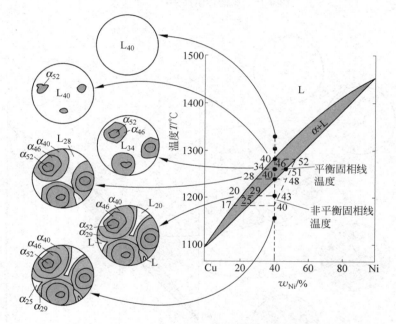

图 6-18 Cu-0.4Ni 合金在非平衡凝固过程中的组织变化

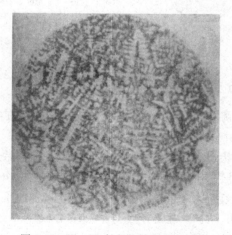

图 6-19 Cu-Ni 合金的枝晶偏析组织

树枝状偏析的程度取决于以下因素:

(1) 冷却速度　冷速愈大,扩散进行愈不充分,偏析程度愈大。

(2) 相图的结晶范围愈大,偏析成分的范围愈大。

枝晶偏析引起性能不均匀,消除的措施是在高温下进行扩散退火,使原子充分扩散,成分均匀化。

6.4　二元共晶相图

二组元在液态无限溶解,固态有限溶解,通过共晶反应形成两相机械混合物的二元相图叫二元共晶相图。金属材料中 Al-Si,Al-Sn,Pb-Bi,Pb-Sn,Ag-Cu 等合金系以及 Fe-C 合金、陶瓷材料 MgO-CaO 系中都具有此类相图。下面以 Pb-Sn 系为例讨论。

6.4.1　图形分析

图 6-20 示出 Pb-Sn 二元相图。

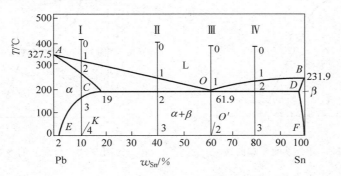

图 6-20　Pb-Sn 二元相图

组元为 Pb 和 Sn,在成分线两端,为相图的独立组成物。

相区有单相区 L,α,β 相,α 为 Sn 在 Pb 中有限溶解的固溶体,β 相为 Pb 在 Sn 中有限溶解的固溶体,两个单相区之间为相应的双相区。双相区中任引一水平线,可确定与之毗邻的单相。

相界线有液相线 AOB,固相线 AC 和 BD,固溶线 CE 和 DF,沿 CE 线自 α 中析出次生 β 相,沿 DF 线自 β 相析出次生 α 相。水平线 COD 为共晶反应线,合金在此线对应的温度发生共晶反应,自液相 L 同时析出 α 和 β 两个固相。用反应式表示:

$$L_O \longrightarrow \alpha_C + \beta_D \tag{6-7}$$

根据相律,三相反应的自由度 $f = 2 - 3 + 1 = 0$,故共晶反应为无变数反应,反应中温度不变,参加反应的三相成分恒定。

相图中 O 点为共晶反应点,共晶反应线与共晶反应点有如下关系。所有共晶反应线成分范围的合金都发生共晶反应,而发生共晶反应时液相成分均为 O 点,O 点成分的液相同时为 α、β 二相所饱和,而同时析出两个固相。

具有 O 点成分的合金叫共晶合金,O 点以左成分的合金为亚共晶合金,O 点以右为过共晶合金。

6.4.2 结晶过程分析

（1）合金 I（0.1Sn）

其对应冷却曲线如图 6-21 所示。

温度 0—1 范围为 L 相；1—2 范围液中析出 α 相，L→α，为二相反应，自由度 $f=1$，在某温度范围进行；2—3 范围为 α 相；3—4 范围自 α 中析出次生 β 相，以 β_{II} 表示，以与液中直接析出的 β 相区别。最后室温下组织为 $\alpha+\beta_{II}$。由杠杆定律可确定：

$$\beta_{II} = \frac{EK}{EF} \times 100\% = \frac{0.1-0.02}{1-0.02} \times 100\% \doteq 8\%$$

（2）合金 II（0.4Sn）

Pb-0.4Sn 合金属亚共晶合金，其冷却曲线如图 6-22 所示。

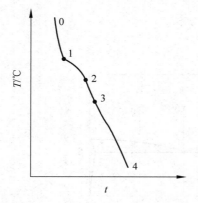

图 6-21　合金 I 的冷却曲线

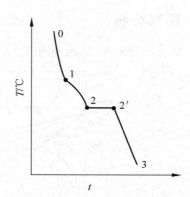

图 6-22　合金 II 的冷却曲线

不同温度范围发生的反应和反应前后的状态如下：

0—1　L 相。

1　　L 相。

1—2　L→α，两相成分和量都发生变化。

2　　$L_0+\alpha_C$，其中

$$\alpha_C = \frac{O2}{CO} \times 100\% = \frac{0.619-0.4}{0.619-0.19} \times 100\% = 51\%;$$

$$L_0 = 49\%。$$

2—2′　共晶反应 $L_0 \longrightarrow \alpha_C+\beta_D$。

2′　　α_C＋共晶（$\alpha_C+\beta_D$）。

共晶反应后，$\alpha\%$ 仍为 51%，共晶量为 49%。

2′—3　α 中析出次生 β，α→β_{II}，自液中析出的初生 α 相和共晶中的 α 相都发生析出，同时其成分变化。

3　　最后得到 $\alpha_E+\beta_{IIF}+(\alpha_E+\beta_F)$ 共晶的组织。

图 6-23 给出 Pb-Sn 平衡相图及典型的平衡冷却结晶反应，从中可以看出 Pb-Sn 合金的凝固结晶过程。

从相的状态看，最后为 $\alpha+\beta$ 二相，但由于结晶中不同反应形成的相分布形态不同，因而

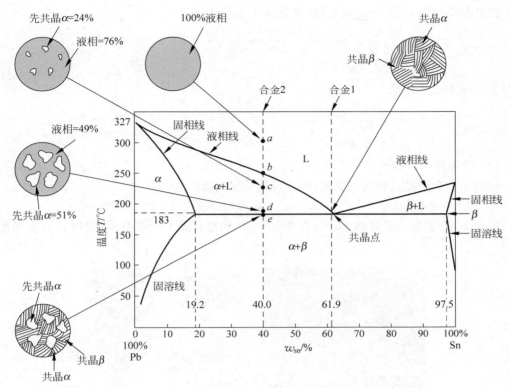

图 6-23　Pb-Sn平衡相图及典型的平衡冷却结晶反应

此相图的特点是,每个端际相(α 和 β)均有有限固溶度。在 61.9% Sn 和 183℃下发生共晶反应是本
系统的最重要特征。在共晶点,α(19.2% Sn)、β(97.5% Sn)和液相(61.9% Sn)可以平衡共存

组织不同。自液中直接形成的 α 相叫**初生相**,具有树枝状形态,为粗大枝晶,共晶反应形成
的两相组织为细密层片状组织,次生的二次 β 显微镜下可见,可作为独立组织。因此最后室
温下组织为 α＋β_II＋共晶(α＋β)3 种。各组织的相对量可由杠杆定律确定。共晶组织为
49%,未发生变化。共晶反应后 2′时的 α 相在冷却中析出次生 β,其相对量发生变化:

$$\beta_{II} = 51\% \times \frac{0.19 - 0.02}{1 - 0.02} \times 100\% = 8.85\%$$

初生 α＝(100−49−8.85)% ＝42.15%

（3）合金 Ⅲ（0.619Sn）

Pb-0.619Sn 合金为共晶合金,其冷却曲线如图 6-24
所示。

温度 0—1 范围为液相;1—1′范围发生共晶反应,
$L_0 \longrightarrow \alpha_C + \beta_D$,自由度 $f = 0$,温度不变,三相成分恒定。共
晶反应后得到共晶组织($\alpha_C + \beta_D$),二相成层片状相间分布;
温度 1′—2 范围,有析出过程 $\alpha \rightarrow \beta_{II}$,$\beta \rightarrow \alpha_{II}$,析出过程都在
共晶组织内进行,不改变共晶组织形态,但共晶中二相成
分和相对量发生变化;最后,室温组织为($\alpha_E + \beta_F$)共晶,室
温下两相相对量与共晶温度时不同。

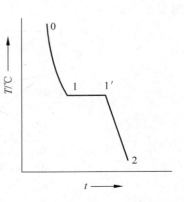

图 6-24　共晶合金冷却曲线

在共晶温度下,共晶中 α 相含量(参照图 6-20 及图 6-23)

$$\alpha_C = \frac{OD}{CD} \times 100\% = \frac{0.975 - 0.619}{0.975 - 0.19} \times 100\% = 45.4\%$$

$$\beta_D = 54.6\%$$

室温下共晶中 α 相含量

$$\alpha_E = \frac{O'F}{EF} \times 100\% = \frac{1 - 0.619}{1 - 0.02} \times 100\% = 38.9\%$$

$$\beta_F = 61.1\%$$

(4) 合金 Ⅳ(0.8Sn)

过共晶合金结晶过程类似亚共晶合金,最后组织得到

$$\beta + \alpha_{\text{II}} + 共晶(\alpha + \beta)$$

图 6-25 分别表示亚共晶 Pb-Sn 合金(图(a))和过共晶 Pb-Sn 合金(图(b))的金相显微组织。

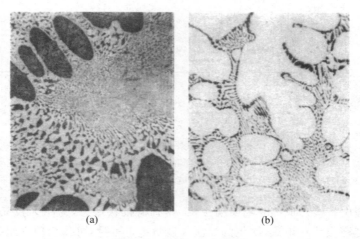

(a)　　　　　　　　(b)

图 6-25　Pb-Sn 合金组织

(a) 亚共晶 Pb-Sn 合金;(b) 过共晶 Pb-Sn 合金

黑色块状为富 Pb 的固相 α,白色块状为富 Sn 的固相 β,而黑白细板条相间的为共晶组织(×400)

由上述分析,不同成分范围合金室温组织不同,可在相图中给出相应的组织区,如图 6-26所示。

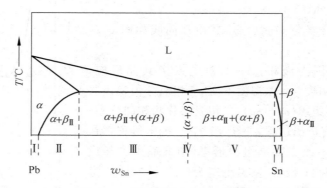

图 6-26　共晶相图中组织区分析

可划分为下述 6 个组织区：

Ⅰ　α 单相组织　　　　　　　　　Ⅱ　$\alpha+\beta_Ⅱ$

Ⅲ　$\alpha+\beta_Ⅱ+(\alpha+\beta)$共晶　　Ⅳ　$(\alpha+\beta)$共晶

Ⅴ　$\beta+\alpha_Ⅱ+(\alpha+\beta)$共晶　　Ⅵ　$\beta+\alpha_Ⅱ$

可以看出，二相区中，由两相可组成不同的组织状态。

6.4.3　共晶结晶机理

共晶组织由两相组成，共晶反应中有两相结晶出来。其中，先结晶出的一相叫领先相，Pb-Sn 系中 α 相领先，由于 α 相中含 Sn 量低于液相中平均含 Sn 量，则 α 相析出后将排出较多的 Sn，使界面前沿 L 相中 Sn 组元浓度升高，这样为在 α 相周围富 Sn 的 β 相的形成创造浓度条件。此外，α 相的界面也可作为 β 相生核的基底，促进 β 相的形成，这样就形成共晶二相晶核，这种生核方式叫互激生核。

共晶的长大采取分枝、搭桥方式。α 相通过分枝在 β 相上长大，β 相又分枝在 α 相上长大，最后形成两相交替排列的层状，如图 6-27 所示。

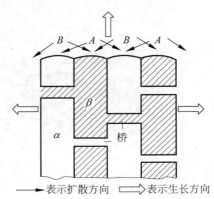

图 6-27　共晶二相晶核的分枝搭桥长大

实际合金中，二相核心形成后，呈辐射状自中心向外生长，长成球团状共晶组织，以保持能量较低的状态。如图 6-28 所示。

共晶长大过程中有液相体内的短程扩散发生，这是由于共晶结晶在一定过冷下进行，实际共晶温度低于平衡共晶温度，如图 6-29 所示。因而二相层片前沿液相的成分不相同，与 α 相相邻的液相成分为 O_2，β 相界面前沿液相成分为 O_1，二相界面前沿液相成分的不均匀引起液相内的短程扩散，Sn 原子自 L 中 α 相前沿扩散向 β 相前沿，Pb 原子则自 β 相前沿扩散向 α 相前沿，如图 6-27 中箭头所示。液相的短程扩散破坏了 α-L 和 β-L 的界面平衡，为恢复平衡，发生 α-L 和 β-L 的相间扩散，使 α 相和 β 相长大，如是，直至液相耗尽，不同地区出现的共晶球团相遇为止。

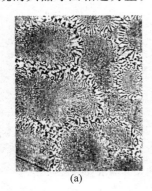

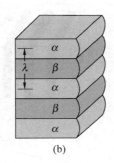

图 6-28　球团状共晶组织

（a）Pb-Sn 共晶合金中的球团状共晶组织

（b）共晶组织中两相隔层相间的微细结构

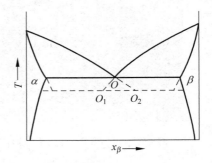

图 6-29　共晶结晶的过冷

6.4.4　初生相和共晶组织分析

6.4.4.1　亚(过)共晶合金中的初生相组织

以金属性强的元素为基的固溶体组成的初生相一般为树枝状形态,Pb-Sn合金中 α 相为黑色树枝晶,β 为白色树枝晶,因在金相截面中截取初生相位置不同,显示初生相形态有差别,如图 6-30 所示。

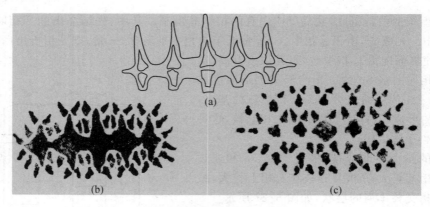

图 6-30　初生相形态示意图

(a) 树枝晶;(b) 截过枝晶的主干;(c) 截过枝晶的分枝

以化合物、中间相组成的初生相具有规则外形,截面为规则多面体。

6.4.4.2　共晶组织

典型共晶组织大多为层片状或棒状。图 6-31 给出由 Pb-Sn 共晶反应形成的典型层片状共晶组织。层片状共晶中二组成相呈片状相间交替排列,见图 6-32(a);棒状共晶中一相连续构成基体,另一相呈棒状嵌于其中,如图 6-32(b)所示意。

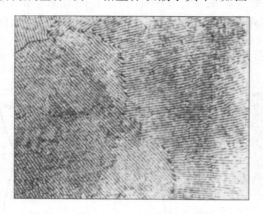

图 6-31　由 Pb-Sn 共晶反应形成的典型
层片状共晶组织(×500)

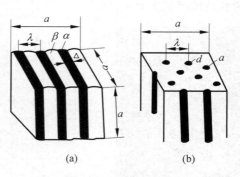

图 6-32　典型共晶示意图

形成层片状或棒状,决定于两方面因素:

(1) 两组成相的体积分数

从热力学分析,共晶中二组成相的形态和分布,应尽量使其界面积最小、界面能最低,当前述两种形态的共晶体积相同,界面积小、界面能低的形态热力学更为稳定,共晶以该种形态存在。而二种形态共晶在相同体积下具有的界面积大小与组成相的体积分数有关。对层片状共晶,α 相的体积分数可由图 6-32(a)求出如下:

$$V_{\alpha} = \frac{a/\lambda \cdot \Delta \cdot a^2}{a^3} = \frac{\Delta}{\lambda} \qquad (6-8)$$

α 相的界面积为

$$A_{\alpha} = 2 \cdot \frac{a}{\lambda} \cdot a^2 = \frac{2a^3}{\lambda} \qquad (6-9)$$

对棒状共晶,由图 6-32(b)可导出 α 相体积分数

$$V'_{\alpha} = \frac{(a/\lambda)^2 \cdot \left(\frac{\pi d^2}{4}\right) \cdot a}{a^3} = \frac{\pi d^2}{4\lambda^2} \qquad (6-10)$$

α 相界面积为

$$A'_{\alpha} = \pi da \left(\frac{a}{\lambda}\right)^2 = \frac{\pi da^3}{\lambda^2} \qquad (6-11)$$

两种形态共晶体积相同,表面积相等的临界条件是

$$A_{\alpha} = A'_{\alpha}$$
$$\frac{2a^3}{\lambda} = \frac{\pi d \cdot a^3}{\lambda^2}$$
$$d = \frac{2\lambda}{\pi} \qquad (6-12)$$

此时,对应棒状共晶中 α 相的体积分量为

$$V'_{\alpha} = \frac{\pi \left(\frac{4\lambda^2}{\pi^2}\right)}{4\lambda^2} = \frac{1}{\pi} = 0.318$$

即在棒状共晶中 α 相体积百分比为 31.8% 时,两种形态共晶有相同的界面积,当 α 相体积小于 31.8%,棒状共晶界面积小于层片状,棒状共晶热力学稳定,共晶以棒状形态存在;相反,当 α 相体积比大于 31.8%,层片状共晶有较低的界面积,热力学稳定,此时共晶以层片状形态存在。

(2) 两组成相界面的比界面能

由于系统总的界面能由总的界面积和单位面积界面能(比界面能)的乘积所决定,因此,共晶形态的确定不仅与不同形态下界面积的变化有关,并因不同形态下比界面能的变化而异。在某些合金中,二种形态下的比界面能不同。一般,层片状界面在两组成相间有一定位向关系,如 $\{111\}_{\alpha} /\!/ \{0001\}_{\beta}$,具有较低的比界面能,此时尽管一组成相的体积比低于 30%,仍形成层片状共晶,而不形成棒状共晶。如 Sn-Zn 系、Pb-Cd 系和 Cd-Zn 系的共晶中,数量较少的一相分别为 8%,15% 和 23%,仍能保持层片状共晶的分布。

6.4.4.3 离异共晶

在亚(过)共晶合金中,初生相周围的共晶不具有典型的共晶形态,往往形成二相分离的离异共晶。这是由于初生相 α 析出后,周围共晶液相结晶时,共晶中 α 相可依附于初生 α 而长大,使周围液体富化溶质,形成 β 相,结果形成 β 相孤立分布于 α 周围的离异共晶组织。

6.4.5 非平衡状态分析

在缓慢冷却平衡状态下,只有共晶成分的合金可获得共晶组织。但在较快冷却的不平衡状态,液相处于过冷状态,此时共晶组织在更低温度、较宽的成分范围获得,如图 6-33 中影线所示液相线延伸的范围。

在过冷条件下,影线成分范围的液相同时处于 α 和 β 二相的过饱和区,因而在该成分范围的合金可全部获得共晶组织。这种非共晶成分所得到的共晶组织叫伪共晶。

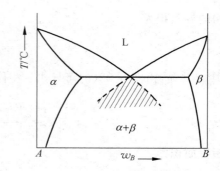

图 6-33 不平衡状态下出现共晶组织范围

由于过冷度增大、结晶速度加快,液相成分来不及均匀化,其平均成分偏离液相线,故伪共晶区范围小于液相线延长所给的范围,如图 6-34 所示。在二组元熔点接近、共晶点居中的合金系具有对称形态,而在二组元熔点相差较大的合金系,共晶点偏向低熔点一侧,伪共晶区偏移一边,图 6-35 示出 Al-Si 系的伪共晶区范围。

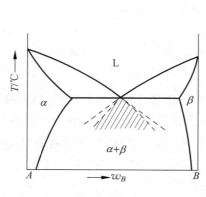

图 6-34 伪共晶区位置

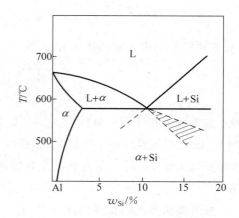

图 6-35 Al-Si 合金的伪共晶区

伪共晶区对称或偏移的原因与二组成相的结晶速度有关。二相结晶速度接近,同时结晶形成伪共晶组织,伪共晶区具有对称形态。若二相结晶速度相差很大,则结晶较快的相成为先共晶的初生相,使伪共晶区偏移。而二相结晶速度取决于二相成分和液相成分的差异。与液相成分接近的一相具有较大的结晶速度,易生成先共晶的初生相,显然,以低熔点组元为基的相有较大结晶速度,伪共晶区偏向高熔点组元一侧,在 Al-Si 合金中伪共晶区偏向 Si

的一侧,使共晶成分过冷液体先析出 α 相,至液相平均成分进入伪共晶区,才发生共晶反应,形成伪共晶,因而共晶成分合金在过冷情况下得到亚共晶合金的组织。

6.5 二元包晶相图

二组元在液态无限溶解,固态下有限溶解、发生包晶反应的相图叫二元包晶相图。可举出 Cu-Sn,Cu-Zn,Ag-Sn,Pt-Ag,Cd-Hg 等合金系,下面以 Pt-Ag 系为例进行分析。

6.5.1 图形分析

Pt-Ag 相图如图 6-36 所示。组元为 Pt 和 Ag,在相图成分线两端。

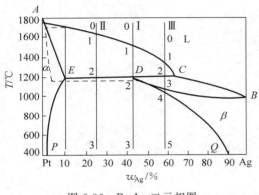

图 6-36 Pt-Ag 二元相图

相区有液相、α 相和 β 相 3 个单相区,α 相为 Ag 在 Pt 中的固溶体,β 相为 Pt 在 Ag 中的固溶体,两单相区之间为相应的两相区。

相界线有液相线 ACB,固相线 $AEDB$,固溶线 EP,DQ 和包晶反应水平线 EDC。与水平线(横坐标)对应成分的合金在冷却中在水平线相应的温度下发生包晶反应:

$$L_C + \alpha_E \longrightarrow \beta_D \qquad (6-13)$$

根据相律,三相反应为无变数反应,温度恒定、三相成分固定不变。

D 点为包晶反应点,在 D 点成分的合金,可全部发生包晶反应,由液、固两相形成 β 相单相。在水平线上其他成分的合金包晶反应不完全,除生成 β 相以外,D 点以右合金有液相过剩,D 点以左合金有 α 相过剩。

6.5.2 结晶过程分析

(1) 合金 I

合金 I 对应于 D 点成分,其冷却曲线如图 6-37 所示。

冷却中发生的反应和反应前后的状态可分析如下:

0—1 1 为 L 相。

1—2 L ⟶ α。

2 $L_C + \alpha_E$, $L_C = \dfrac{ED}{EC} \times 100\%$,

$$\alpha_E = \frac{DC}{EC} \times 100\%。$$

2—2′ 包晶反应 $L_C + \alpha_E \longrightarrow \beta_D$。

包晶反应时,一般是 β 相在 α 相上生核,形成一层 β 相的外壳,把 α 相包起来,与 L 相隔绝,然后通过原子向两边扩散,消耗 α 相和 L 相而长大,在平衡冷却扩散充分的条件下,最后全部得到 β 相。即 2′ 为 β。

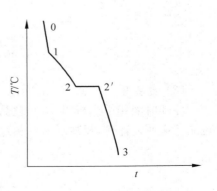

图 6-37 合金 I 的冷却曲线

2′—3　$\beta \rightarrow \alpha_{\mathrm{II}}$，$\beta$ 相成分沿 DQ 线变化，同时 α 中也析出 β_{II}，α 相成分沿 EP 线变化。

3　室温组织为 $\alpha_P + \beta_Q$，$\alpha_P = \dfrac{3Q}{PQ} \times 100\%$。

图 6-38 表示 Pt-Ag 平衡相图及典型的平衡冷却结晶反应，图 6-39 图解包晶反应 $\mathrm{L} + \alpha \longrightarrow \beta$ 的进行过程。

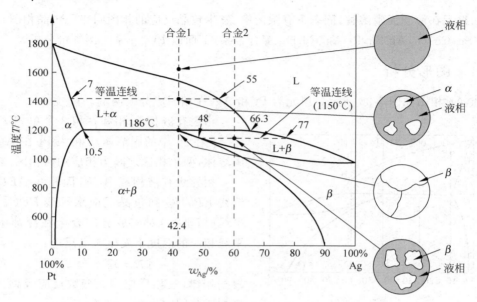

图 6-38　Pt-Ag 平衡相图及典型的平衡冷却结晶反应

这一相图最主要的特点是在 42.4%Ag 和 1186℃下发生包晶反应。在包晶点，液相(66.3%Ag)、α(10.5%Ag)和 β(42.4%Ag)可以平衡共存

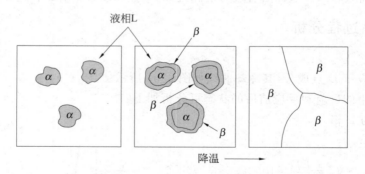

图 6-39　图解包晶反应 $\mathrm{L} + \alpha \longrightarrow \beta$ 的进行过程

（2）合金 II

冷却时液相中先析出 α 相，包晶反应前，为 $\mathrm{L} + \alpha$ 两相状态。包晶反应中因 α 相量超出包晶反应所需比例，反应后有 α 相过剩，获得 β 与 α 两相，其相对量比为

$$\alpha_E = \frac{2D}{ED} \times 100\%$$

$$\beta_D = \frac{2E}{ED} \times 100\%$$

包晶反应后冷却中,α,β 相中都有次生相析出,最后得到组织为 $\alpha+\beta+\alpha_{II}+\beta_{II}$,如次生相与初生相长在一起,则在组织上无法区分。

（3）合金Ⅲ

包晶反应前,自液中析出 α 相,包晶反应中,L 相量超出包晶反应所需比例,包晶反应后有 L 相过剩,获得 $L+\beta$ 两相,继续冷却,液中析出 β 相,之后,β 相再析出 α 相(参照图 6-38)。可写出反应和反应前后状态如下：

0—1　1,L 相。

1—2　$L \rightarrow \alpha$。

2　$L_C+\alpha_E$。

2—2′　$L_C+\alpha_E \longrightarrow \beta_D$。

2′　$L_C+\beta_D$。

2′—3　$L \rightarrow \beta$,包晶形成的 β 相在与 L 相平衡中成分也变化。

3—4　不发生变化,仍为 β 相。

4—5　$\beta \rightarrow \alpha_{II}$。

5　$\beta+\alpha_{II}$。

$$\alpha_{II} = \frac{5Q}{PQ} \times 100\%$$

6.5.3　非平衡状态分析

在慢冷平衡条件下,包晶成分合金在包晶反应温度下,以一定量比的 α 相和 L 相进行反应,由于扩散充分,包晶反应得以完全进行,最后 α 相消失,全部得到均匀成分的 β 相。

但在快冷不平衡条件下,原子扩散受抑制,包晶反应不完全,在 β 相包围中的 α 相在反应后仍有残留,这种组织叫核心(或包芯)组织,如图 6-40 所示。

此外,图 6-36 中成分 E 点的合金在平衡条件下不发生包晶反应,但在快冷不平衡条件下由于扩散受抑制,α 相出现枝晶偏析,平均固相线成分偏移,在包晶反应温度,仍有液相存在,也可发生包晶反应,形成 β 相。

图 6-41 利用假想的二元包晶相图解释在自然冷冻中,核心(或包芯)组织的形成原因。

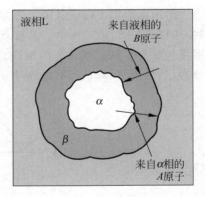

图 6-40　包晶反应不完全而形成核心(或包芯)组织

由于原子从液相向 α 相的扩散速率很慢,包晶反应不完全,在 β 相包围中的 α 相在反应后仍有残留

6.6　其他二元相图

6.6.1　液态无限溶解,固态形成化合物的相图

二组元在一定原子化合比下会形成化合物,也可在一定成分范围形成以化合物为基的固溶体,所形成的化合物或以化合物为基的固溶体是晶体结构不同于组元元素的新相,位于相图的中间部分,故也叫中间相。

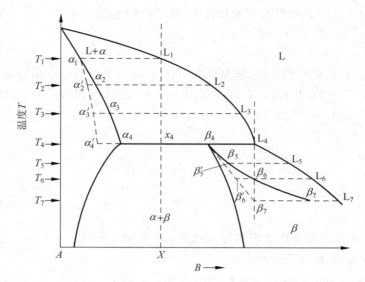

图 6-41   利用假想的二元包晶相图解释在自然冷冻中核心（或包芯）组织的形成原因

快速冷却引起固相线从 α_1 向 α_4' 和 β_4 向 β_7 变化，这便引起了被包芯的 α 相和被包芯的
β 相。包芯现象也发生在包晶型合金的快速凝固中

所形成的化合物或以化合物为基的固溶体，按其结晶特点有两种类型，一种是稳定化合物，其相图如图 6-42 所示。其特点是，图形上有独立的熔点，在熔化前不分解，而且化合物熔点一般高于其组成组元的熔点。这种相图可将化合物 A_mB_n 看作独立组元，而将相图一分为二，分成 $A\text{-}A_mB_n$ 和 $A_mB_n\text{-}B$ 两部分。

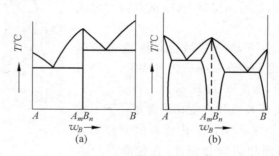

图 6-42   形成稳定化合物的相图

稳定化合物相图可举出 Cu-Ti，Fe-P，Fe-B，Fe-Zr，Mg-Sn，Mn-Si，Mg-Si 等合金系。还有电子陶瓷中的 $Nd_2O_3\text{-}Al_2O_3$ 系形成 $Nd_2O_3 \cdot Al_2O_3$。

相图上稳定化合物成分附近液、固相线的结构形式可显示化合物的稳定性，具有尖角形状液、固相线的化合物有高的稳定性，在熔化前化合物不发生分解，具有弧形液、固相线的化合物稳定性不高，在熔化温度附近，固态化合物发生部分分解。图 6-43 示出化合物成分、溶点附近液、固相线的两类结构形式。

另一类是不稳定化合物，如图 6-44 所示。其特点是化合物加热到一定温度便发生分解，形成一个液相和一个固相，$A_mB_n \longrightarrow L+\beta$。而在冷却结晶时，不稳定化合物可通过包晶反应形成，其反应式为 $L+\beta \longrightarrow A_mB_n$。不稳定化合物在相图上无熔点极大点，相图也不能分开。这类相图有 Au-Sb,Mg-Ni,Na-Bi 等合金系以及 Al$_2$O$_3$-SiO$_2$ 系（形成 3Al$_2$O$_3$ ·
2SiO$_2$ 不稳定化合物）。

图 6-43　稳定化合物液、固相线的结构

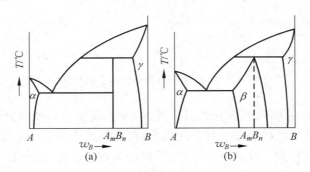

图 6-44　形成不稳定化合物的相图

6.6.2　液态无限溶解,固态有转变的相图

　　许多金属在固态有同素异构转变,即在一定温度范围内以一定晶型存在,温度变化到另
一范围,则以另一种晶型存在。如纯铁从室温到 912℃为体心立方结构,叫 α-Fe,912℃到
1394℃为面心立方晶体结构,叫 γ-Fe,1394℃至熔点(1538℃)又变为体心立方结构,与低温
α-Fe 相区别命名 δ-Fe。

　　由于两组元的同素异构体相互作用不同,相图有以
下不同形式。

　　(1) A 组元有同素异构体 A_α,A_β;B 组元与 A 的两
种同素异构体互不相溶,形成相图如图 6-45 所示,
Fe-Ag,Fe-Pb 系有此类相图。

　　(2) A 组元有同素异构体 A_α,A_β;B 组元与 A 的一
种同素异构体可无限互溶,与另一种有限溶解,其相图
如图 6-46 所示。图中(a)为 B 与 A_α 无限互溶,形成 α
相,与 A_β 有限溶解,形成 β 相。(b)为 B 与 A_α 有限溶解
形成 α 相,与 A_β 无限溶解,形成 β 相。(a)图中有包晶反
应,L+β——→α,(b)图中则为匀晶反应 L→β,并在固态
下发生多晶型反应 β→α。

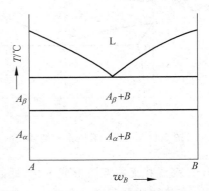

图 6-45　一组元有同素异构
转变的相图(1)

　　(3) 两组元都有同素异构转变,高温相可无限互溶。低温相有限溶解,有共析反应。
　　其相图如图 6-47 所示。

　　两组元高温相 A_β 和 B_β 可无限互溶形成 γ 相,低温相相互有限溶解。α 为 B_α 在 A_α 中
有限溶解的固溶体,β 为 A_α 在 B_α 中有限溶解的固溶体。水平线 COD 为共析反应线,在此
线成分范围的合金发生共析反应,由一固相中同时析出两种固相,γ_0 ——→α_C+β_D,类似共晶

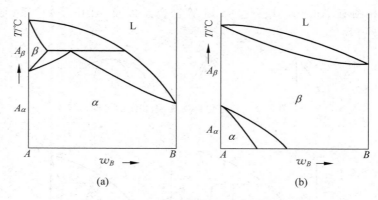

图 6-46　一组元有同素异构转变的相图(2)

反应,三相反应,自由度为零,反应在恒温下进行,参加反应的 3 相成分固定不变,O 点为共析反应点。发生共析反应的 γ 相均具有此成分,在该点成分的合金全部发生共析反应,最后形成两相混合的共析组织。O 点以左合金,共析反应前有 α 相先析出,叫先共析相,最后组织为 $\alpha+(\alpha+\beta)$ 共析;O 点以右合金先共析相为 β,最后组织 $\beta+(\alpha+\beta)$ 共析。在 Fe-C,Fe-Cu,Cu-Al 等合金系中均有共析反应发生。

　　(4) 两组元同素异构体的高温相无限溶解、低温相有限溶解,有包析反应的相图。如图 6-48 所示。

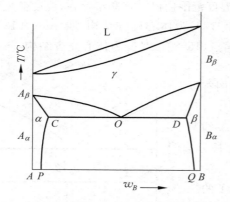

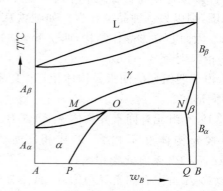

图 6-47　两组元有同素异构转变的共析相图　　　　图 6-48　两组元有同素异构体的包析相图

　　高温相无限互溶形成 γ 相,低温相有限溶解形成 α 和 β 相。水平线 MON 为包析反应线,在该线成分范围的合金发生包析反应:

$$\gamma_M + \beta_N \longrightarrow \alpha_O$$

类似包晶反应,包析反应为无变数反应。在 Fe-S,Cu-Sn 系中有包析反应发生。

6.6.3　二组元在液态有限溶解的相图

　　(1) 二组元在液态有限溶解、有偏晶反应的相图

　　有些合金系,在接近结晶温度时,液相只能有限溶解,并发生偏晶反应,如 Ni-Pb,Cu-Pb,Zn-Pb,Mn-Pb,Mg-Ag,Fe-Cu,Co-Cu,Fe-Pb,Fe-Sn 等合金系,图 6-49 是有偏晶反

应的典型相图。

图中液相线为 CSMND,固相线为 CESFPD。虚线 MON 为液相不熔合线,其上为均匀单一液相,其下为成分不同的两相(L_1,L_2)。MNP 水平线为偏晶反应线,发生反应:

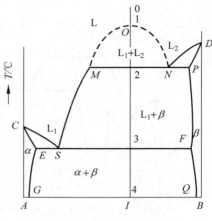

图 6-49 有偏晶反应的相图

$$L_{2N} \longrightarrow L_{1M} + \beta_P \qquad (6-14)$$

该反应类似共晶反应,由一相生成两相。不同的是,反应后得到的不是两个固相,而是一个液相和一个固相。作为三相反应,自由度为零,温度恒定,3 相成分固定不变。下面以合金 I 为例,分析其结晶过程。

0—1 1 为均匀液相 L。

1—2 L 相有限溶解,分解出两种液相:$L_1 \to L_2$,$L_2 \to L_1$。其中,L_1 相沿 1M 线变化,L_2 相沿 1N 线变化。

2 $L_1 + L_2$。

2—2′ 偏晶反应:$L_2 \longrightarrow L_1 + \beta$。

2′ $L_1 + \beta$,其中,

$$\beta = \frac{2M}{MP} \times 100\%, \quad L_1 = \frac{2P}{MP} \times 100\%$$

2′—3 $L_1 + \beta$,L_1 成分沿 MS 变化,β 相沿 PF 变化。

3 $L_1 + \beta$,其中,

$$\beta = \frac{3S}{FS} \times 100\%, \quad L_1 = \frac{3F}{SF} \times 100\%$$

3—3′ 发生共晶反应:$L_1 \longrightarrow (\alpha + \beta)$。

3′ $\beta + (\alpha + \beta)$ 共晶,

$$\beta = \frac{3S}{FS} \times 100\%, \quad (\alpha + \beta) = \frac{3F}{SF} \times 100\%$$

3′—4 共晶组织 α 中有析出反应:$\alpha \to \beta_{II}$,β 中无明显析出,最后组织仍为 $\beta + (\alpha + \beta)$ 共晶。

在有偏晶反应的合金系,当二组元密度接近,由均匀液相分解的两液相可以均匀混合,而不分层,最后得到比较均匀的组织。若二组元密度相差较大,如 Cu(或 Fe)与 Pb,则分解后的两液相将发生分层现象,含 Pb 多的液相 L_2 沉底,含 Cu(或 Fe)多的液相 L_1 上浮。L_2 以后发生共晶反应,形成 Cu,Pb 共晶,最后的组织显著不均匀,上部是以 Cu 为主,下部是以 Pb 为主的 Cu-Pb 共晶。形成严重的区域偏析。为防止或减轻密度偏析的产生,可采用自不熔合线以上温度快速冷却,或在结晶前加强搅拌的方法。

(2)二组元在液态有限溶解,有合晶反应的相图

二组元在液态有限溶液,有不熔合线存在,类似包晶反应,不熔合线以下的两液相可在恒定温度下,通过三相反应形成一个固相,具有合晶反应的相图如图 6-50 所示。

虚线 MPN 为液相不熔合线,MON 水平线为合晶反应线,$L_1 + L_2 \longrightarrow \gamma$。在 K-Zn,Na-Zn 合金系中有此类反应。

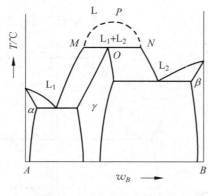

图 6-50 有合晶反应的相图

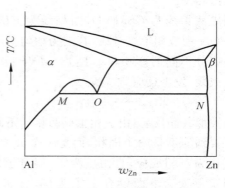

图 6-51 Al-Zn 相图

6.6.4 二组元在液态无限溶解,固态有单析反应的相图

图 6-51 为有单析反应的 Al-Zn 系相图。图中水平线 MON 为单析反应线,发生反应

$$\alpha_O \longrightarrow \alpha_M + \beta_N$$

其中,参加反应的两相是晶体结构相同、成分不同的 α 相。实际反应形成的仅是一个新相,故叫单析反应。

6.6.5 有熔晶(再熔)反应的相图

在某些合金系中,如 Fe-B,Cu-Sn 系,一固相可分解为另一固相和一液相,即发生固相的再熔现象,图 6-52 示出具有这种反应的部分相图。水平线 MON 为熔晶反应线,发生反应

$$\delta_O \longrightarrow \gamma_M + L_N \tag{6-15}$$

三相反应为无变数反应,在恒定温度下发生,3 相成分固定不变。

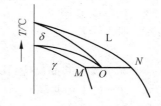

图 6-52 有熔晶反应的部分相图

6.7 相图基本类型小结

6.7.1 相图基本类型的特点

以上所讲二元相图的基本类型就其图形形式和反应特点可归纳于表 6-1。

表 6-1 二元相图的基本类型和图形形式

序 号	名 称	图形特点	反应特点	合金实例
1	匀晶		$L \rightarrow \alpha$	Cu-Ni
2	共晶		$L \longrightarrow \alpha + \beta$	Pb-Sn

续表

序　号	名　称	图形特点	反应特点	合金实例
3	包晶	L　　　α β	$L + \alpha \longrightarrow \beta$	Cu-Zn
4	共析	α　γ　β	$\gamma \longrightarrow \alpha + \beta$	Cu-Al
5	包析	α　　β γ	$\alpha + \beta \longrightarrow \gamma$	Fe-W
6	偏晶	L_2　L_1　α	$L_1 \longrightarrow L_2 + \alpha$	Cu-Pb
7	合晶	$L_1 + L_2$ γ	$L_1 \longrightarrow L_2 \longrightarrow \gamma$	Fe-Sn
8	熔晶	α　γ　L	$\gamma \longrightarrow \alpha + L$	Fe-S
9	单析	γ_2　γ_1　α	$\gamma_1 \longrightarrow \gamma_2 + \alpha$	Al-Zn
10	化合物 （a）稳定 （b）不稳定	L　A_mB_n　α A_mB_n	$L \longrightarrow A_mB_n$ $L + \alpha \longrightarrow A_mB_n$	

注：其中，2，4，6，8，9 为共晶型；3，5，7，10(b)为包晶型。

6.7.2　相图基本单元及其组合规律——相区接触法则

　　组成二元相图的基本单元有单相区、两相区和三相水平线。这些单元以一定规律组合，所遵循规律即相区接触法则。

　　(1) 单相区和单相区只能有一个点接触，而不应有一条边界线，如图 6-53 所示。

　　(2) 相邻相区的相数相差为 1（点接触除外），单相区与两相区相邻，因而邻近的两个单相区被一个两相区隔开，二相区与三相区相邻。

　　(3) 一个三相反应的水平线与 3 个两相区相遇，共有 6 条边界线。

　　(4) 如两个三相反应中有两个共同的相，则此两个共同的相组成两个三相水平线之间的两相区。如 Fe-C 合金系中有三相反应：

$$L \longrightarrow A + Cm, \quad A \longrightarrow F + Cm$$

则二水平线之间的二相区为 A+Cm。

　　(5) 根据热力学，所有两相区的边界线不应延伸到单相区，而应伸向两相区，如图 6-54 所示。

　　图 6-55 给出相图相应的吉布斯自由能曲线，在 T_n 温度下，α 与 β 不能实现平衡，因 α 与 β 相吉布斯自由能曲线公切线 ef 在 α-L 和 β-L 吉布斯自由能曲线公切线的上面，e,f 两点对应的成分在 $\alpha + \beta$ 相区分界线的延长线上，可以看出，只要液相吉布斯自由能曲线在 ef 线的下面，则 a 点在 e 点左测，d 点在 f 点的右侧，因而 $\alpha + \beta$ 区的分界线延长线必然延伸在两相区。

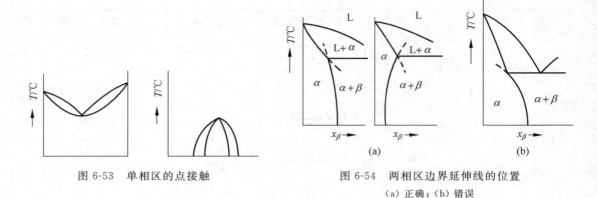

图 6-53　单相区的点接触

图 6-54　两相区边界延伸线的位置
（a）正确；（b）错误

6.7.3　假想相图

根据上述原则,综合基本形式可组合出假想相图,如图 6-56 所示。包括了二元相图的各种基本形式,符合热力学条件,实际并不存在。

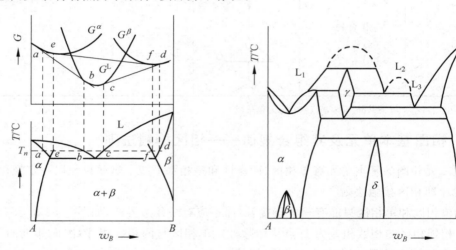

图 6-55　热力学分析两相区相界延伸线走向

图 6-56　假想相图

6.8　相图与性能关系

6.8.1　相图与力学性能关系

相图可反映合金成分与组织关系,组织决定性能,从而建立起相图与力学性能关系。

（1）形成固溶体的匀晶相图

形成固溶体的合金由于溶质原子对位错的钉扎作用,阻碍位错运动,从而引起固溶强化。强度(σ_b)、硬度（HB）随成分按抛物线形变化,如图 6-57 所示。

纯组元 A,B 强度、硬度最低,随固溶组元含量增加,性能提高,在 50% 原子比处,性能有极大值。

（2）固态有限溶解的共晶相图

性能变化如图 6-58 所示。在有限固溶的单相区(α,β)，强度、硬度性能随成分按抛物线形增加，在二相区范围，性能按直线法则变化，直线的两端为二极限固溶体的性能，在共晶成分附近，由于共晶组织致密，其性能往往高于直线相应的值。

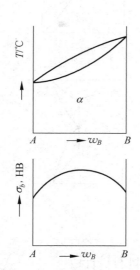

图 6-57 匀晶相图与强度、硬度关系

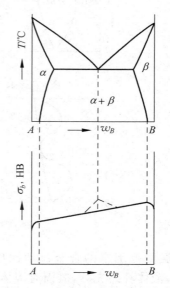

图 6-58 共晶相图与强度、硬度关系

（3）形成稳定化合物的相图

具有硬而脆的特点，与化合物成分对应，有极其高的硬度，但其脆性大，强度不高，塑性极低。

上述几类相图与电阻率的关系与强度、硬度关系类似。

6.8.2 相图与铸造工艺性关系

合金的铸造工艺性包括流动性和缩孔形成情况。流动性指液体金属充满铸型的能力，缩孔形成情况指形成集中缩孔或分散缩孔的倾向。好的流动性和形成集中缩孔是提高铸件质量的保证。铸造工艺性与相图关系如图 6-59 所示。

可以看出，流动性与相图中结晶温度范围有关。窄的结晶温度范围，如纯金属和共晶成分合金，有好的流动性，随结晶温度范围增大，流动性降低。结晶温度范围对流动性影响的原因可以分析如下。

当合金的结晶温度范围很小时，结晶时，液、固相的成分接近或保持一致，固相长大中可从周围液相中获得原子供应而得以均匀长大，沿铸型向内长大的晶体短而粗、分叉少，如图 6-60(a)所示，凝固结束前，液态金属可从中间"通道"顺利通过，保持好的流动性。相反，结晶温度范围宽的合金，结晶时，液、固两相成分相差甚大，固相长大时周围的溶质原子供应不足，固相难以均匀长大，而不断向内部未出现固相的液体中发展，因而沿铸型长出的晶体细而长，分叉多，如图 6-60(b)所示。这种细长晶体使中间通道消失，液体金属流动受阻，流动性降低。

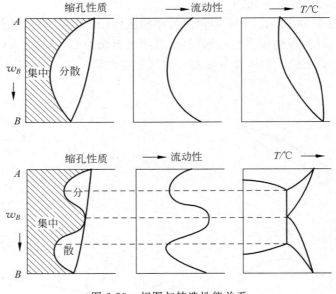

图 6-59　相图与铸造性能关系

结晶温度范围窄的合金流动性良好,最后阶段凝固时,液体补缩充分,凝固时因体积收缩形成的缩孔集中在上部,即形成集中缩孔。铸锭或铸件中的集中缩孔可以切除,使铸件或铸锭内部结构保持致密。相反,结晶温度范围宽的合金流动性变差,最后凝固时液体补给不充分,致使体积收缩形成的缩孔分散在铸件内部,即形成分散缩孔。分散缩孔无法集中去除,使铸件内部结构疏松、不致密。

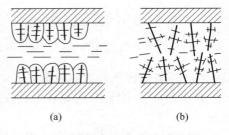

图 6-60　不同结晶温度范围下的固相生长
（a）结晶温度范围窄；（b）结晶温度范围宽

6.9　Fe-C 合金相图

二元合金中最为典型的实例可以举出 Fe-C 合金,工程上广泛应用的碳钢、铸铁都属于铁碳合金,Fe-C 相图是 Fe-C 合金组织分析、工艺制订、性能预测的依据,在工程实际中有重要的实用价值,研究和掌握 Fe-C 合金相图有着重要的意义。

6.9.1　图形分析

铁碳合金是铁与碳组成的合金,碳在合金中除了以间隙元素固溶的方式之外,还以两种形式存在,一种是以化合物 Fe_3C 形式出现,另一种则是以石墨形式存在。相应 Fe-C 合金相图由实线（Fe-Fe_3C）和虚线（Fe-C）两部分所组成,故也称为双重相图。如图 6-61 所示。

首先分析实线部分相图。组元为 Fe 和 Fe_3C（渗碳体 Cm）。纯铁在固态有两种同素异构体,存在于不同的温度范围,在 912℃ 以下和 1394℃ 至 1538℃ 之间为体心立方结构,为加以区别,室温至 912℃ 范围叫 α-Fe。1394℃ 至 1538℃ 范围叫 δ-Fe,在 912℃ 至 1400℃ 温度范围

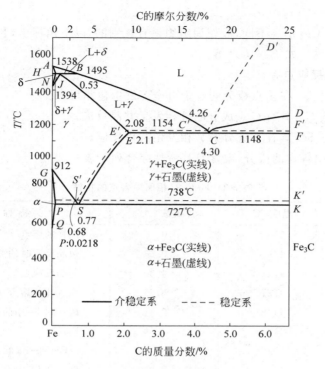

图 6-61　Fe-C 双重相图

Fe 以面心立方结构存在,叫 γ-Fe。Fe$_3$C(渗碳体)为复杂间隙化合物(其结构参照图 2-82),该化合物稳定,在熔化前不分解,故可看作独立组元,将相图分解为 Fe-Fe$_3$C 部分。

　　Fe-Fe$_3$C 相图中的单相区有以下 5 个:

　　(1) 液相区(L)——$ABCD$ 线以上的区为液相区。

　　(2) α 相区——α 相为碳在 Fe$_\alpha$ 中的固溶体,具有体心立方晶格,在 GPQ 区内。

　　(3) γ 相区——γ 相为碳在 Fe$_\gamma$ 中的固溶体,具有面心立方晶格,在 $GSEJN$ 区内。

　　(4) δ 相区——为碳在 Fe$_\delta$ 中的固溶体,也是体心立方晶格,在 AHN 区内。

　　(5) Cm 相区——实际为代表 Fe$_3$C 的纵轴 DKL。

　　两个单相区间所夹的相区为相应的双相区。在室温下不同成分范围的双相区均为 α +Cm。

　　相图中的相界线有以下几种:

　　(1) 液相线——$ABCD$。

　　(2) 固相线——$AHJECF$。

　　(3) 包晶反应线——HJB,发生包晶反应,L$_B$+δ_H $\longrightarrow$ γ_J,形成奥氏体组织(A)。

　　(4) 共晶反应线——ECF,发生共晶反应,L$_C$ $\longrightarrow$ γ_E+Cm,形成莱氏体组织(Ld)。

　　(5) 共析反应线——PSK,发生共析反应,γ_S $\longrightarrow$ α_P+Cm,形成珠光体组织(P)。

　　(6) 析出线　自单相中析出第二相,如:

　　　　CD 线　　L$\rightarrow$Cm$_I$

　　　　ES 线　　$\gamma\rightarrow$Cm$_{II}$

　　　　PQ 线　　$\alpha \rightarrow Cm_{\text{III}}$

因各单相中析出的 Cm 形态不同,故作为组织是有区别的,以下角标 I,II,III 以区分组织。

　　(7) 其他相界线　如 HN,GP 等。

　　相图中重要的反应点有:

　　① 包晶反应点 J　在 J 点成分的合金可全部发生包晶反应。

　　② 共晶反应点 C　具有 C 点成分的液相发生共晶反应。

　　③ 共析反应点 S　具有 S 成分的 γ 相发生共析反应。

Fe-Fe$_3$C 相图中各点的成分、温度及其特性综合列于表 6-2。

表 6-2　Fe-Fe$_3$C 相图中各点的特性

符号	温度/℃	含碳量 $\times 10^2$	特 性 说 明
A	1538	0	纯铁的熔点
B	1495	0.53	包晶反应时的液相浓度
C	1148	4.30	共晶反应点
D	1227	6.69	渗碳体的熔点
E	1148	2.11	碳在 γ-Fe 中的最大溶解度
F	1148	6.69	Fe$_3$C
G	912	0	α-Fe $\rightleftharpoons \gamma$-Fe 的异晶转变点
H	1495	0.09	碳在 δ-Fe 中的最大溶解度
J	1495	0.17	包晶反应点
K	727	6.69	Fe$_3$C
N	1394	0	γ-Fe $\rightleftharpoons \delta$-Fe 的异晶转变点
P	727	0.0218	碳在 α-Fe 中的最大溶解度
S	727	0.77	共析反应点
Q	600	0.008	600℃时碳在 α-Fe 中的溶解度

6.9.2　结晶过程分析

　　取图 6-62 中指定合金进行分析。

　　(1) Fe-0.002C 合金(合金 I)

　　在各温度范围所发生的反应和反应前后的状态可分析如下:

0—1　　1,L。

1—2　　L→δ,L 和 δ 成分相应沿液相线 AB 和固相线 AH 变化,二相相对量也在变化,L 相减少,δ 相增多。

2　　　$L_B + \delta_H$,L $= \dfrac{H2}{HB} \times 100\%$,

$$\delta = \frac{2B}{BH} \times 100\%$$

2—2′　$L_B + \delta_H \longrightarrow \gamma_J$,包晶反应中 L 相量超过完全反应所需的量,故包晶反应后有 L 相过剩。

$$2'\qquad L_B+\gamma_J, \; L_B=\frac{2J}{JB}\times100\%,$$

$$\gamma_J=\frac{2B}{JB}\times100\%$$

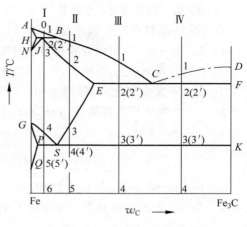

2′—3　$L\to\gamma$，包晶反应形成的 γ 和以后析出的 γ 相成分都沿 JE 线变化，L 相沿 BC 线变化。

3　　得到成分为 $0.002C$ 的单一 γ 相。

3—4　不发生变化，仍为 γ 相。

4—5　$\gamma\to\alpha$，形成铁素体组织（F）。

$$5\qquad \gamma_S+\alpha_P, \; \alpha=\frac{5S}{PS}\times100\%$$

$$\gamma_S=\frac{5P}{PS}\times100\%$$

图 6-62　Fe-Fe$_3$C 相图

5—5′　发生共析反应，$\gamma_S\longrightarrow(\alpha+Cm)$，形成 P 组织。

5′　相的状态的 $\alpha+(\alpha+Cm)$，作为组织可表示为 F+P，相对量与 5 点相同。

5′—6　$\alpha\to Cm_{\text{III}}$，其量甚少，可以忽略不计，因此最后在室温（6 点）下的组织仍为 F+P。以成分数据代入，得到其相对量为

$$F=\frac{(0.77-0.2)\times10^{-2}}{0.77\times10^{-2}}=74\%$$

$$P=26\%$$

图 6-63 表示含碳量 $0.4\%C$ 的中碳钢缓冷时的亚共析转变过程。

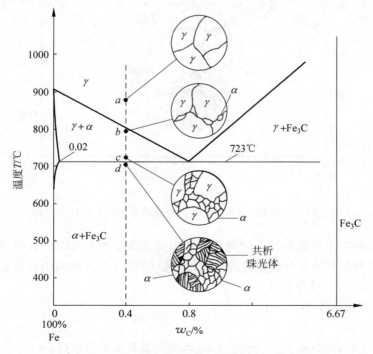

图 6-63　含碳量 $0.4\%C$ 的中碳钢缓冷时的亚共析转变过程

（2）Fe-0.012C 合金（合金Ⅱ）

在高温结晶时不发生包晶反应。

1—2　L→γ。二相成分和相对量都发生变化。L 相沿 BC 线变化，γ 相沿 JE 线变化。L 相减少，γ 相增多，2 点为 γ 相。

2—3　不发生变化，仍保持 γ 相。

3—4　γ 相中析出渗碳体，γ→Cm$_Ⅱ$，随 Cm$_Ⅱ$ 析出，γ 相沿 ES 变化。

4　　　γ$_S$＋Cm$_Ⅱ$

$$Cm_Ⅱ = \frac{4S}{SK} \times 100\%$$

4—4'　γ$_S$→α＋Cm，形成 P 组织。

4'　　 以后不发生变化。在室温下组织为 P＋Cm$_Ⅱ$，

$$Cm_Ⅱ = \frac{(1.2-0.77) \times 10^{-2}}{(6.69-0.77) \times 10^{-2}} \times 100\% = 7.26\%$$

图 6-64 表示含碳量 1.2%C 的高碳钢缓冷时的过共析转变过程。

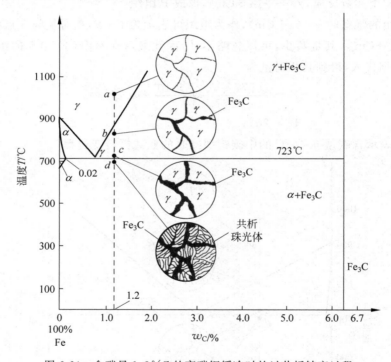

图 6-64　含碳量 1.2%C 的高碳钢缓冷时的过共析转变过程

图 6-65 给出亚共析钢和过共析钢的金相显微组织；图 6-66、图 6-67 表示共析钢（约 0.8%C）缓冷时的组织转变和金相显微组织；图 6-68 表示珠光体的生长及显微组织。

（3）Fe-0.03C 合金（合金Ⅲ）

1—2　液中析出 γ 相，L→γ。

2　　　L$_C$＋γ$_E$。

2—2'　发生共晶反应，γ$_C$ ⟶ γ$_E$＋Cm，形成高温莱氏体组织（Ld）。

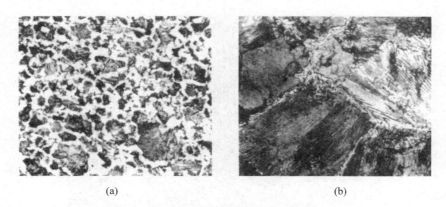

图 6-65 亚共析钢和过共析钢的金相显微组织

（a）亚共析钢组织中的一次铁素体 α（白色）和珠光体（×400）；

（b）过共析钢组织中的一次渗碳体 Fe_3C（网络状）和由其包围的珠光体（×800）

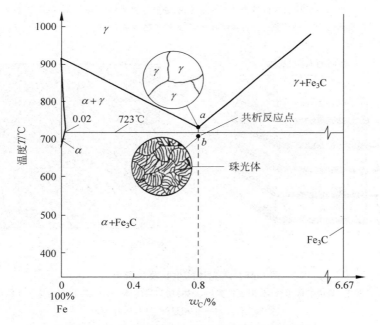

图 6-66 共析钢（约 0.8%C）缓冷时的组织转变

$2'$ $\gamma_E + Ld_C$，其相对量为

$$\gamma_E = \frac{2C}{EC} \times 100\% = \frac{(4.3-3) \times 10^{-2}}{(4.3-2.11) \times 10^{-2}} \times 100\% \approx 59\%$$

$$Ld = \frac{2E}{EC} \times 100\% = 41\%$$

$2'\!-\!3$ $\gamma \rightarrow Cm_{\mathrm{II}}$，$\gamma$ 相沿 ES 线变化。

3 $\gamma_S \longrightarrow Cm_{\mathrm{II}} + Ld(\gamma + Cm)$。

$3\!-\!3'$ 发生共析反应，$\gamma \longrightarrow (\alpha + Cm)P$。

$3', 4$ $P + Cm_{\mathrm{II}} + Ld'$。

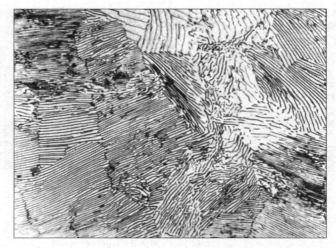

图 6-67　缓冷共析钢的金相显微组织

显微组织由层片状共析珠光体组成。黑色层片为渗碳体(Fe_3C),白色层片为
铁素体(α 相)(蚀刻剂:含苦味酸 3%～5% 的酒精溶液,$\times 650$)

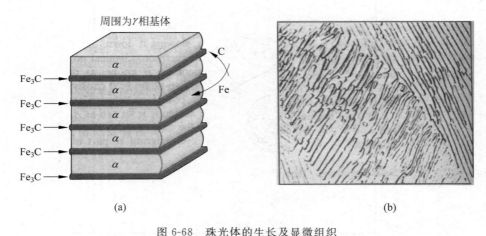

(a)　　　　　　　　　　　　(b)

图 6-68　珠光体的生长及显微组织

(a) C 和 Fe 通过扩散再分配,形成铁素体(α 相)层和渗碳体(Fe_3C)层相间的珠光体组织;

(b) 珠光体层片的金相显微组织($\times 2000$)

高温莱氏体经共析转变后,其组成中 γ 转变为 P,莱氏体组织形态未变,称为**低温莱氏体**,以 Ld' 表示。其含量与高温莱氏体相同,仍为 41%。自奥氏体中析出的 Cm_{II} 以网状分布,其含量为

$$Cm_{II} = \frac{2C}{EC} \times \frac{SE'}{SK} \times 100\%$$

$$= \frac{(4.3-3) \times 10^{-2}}{(4.3-2.11) \times 10^{-2}} \times \frac{(2.11-0.77) \times 10^{-2}}{(6.69-0.77) \times 10^{-2}} \times 100\%$$

$$= 0.59 \times 0.226 \times 100\% = 13.3\%$$

$$P = 45.7\%$$

（4）Fe-0.05C 合金（合金Ⅳ）

1—2　　液中析出 Cm_I。

2　　　$L_C + Cm_I$。

2—2′　$L_C \longrightarrow \gamma_E + Cm$（莱氏体组织）。

2′　　$Ld + Cm_I$。

2′—3　$\gamma \rightarrow Cm$，γ 中析出的 Cm 与 Ld 中的 Cm 长在一起，Ld 形态不变。

3　　　$Ld + Cm_I$。

3—3′　Ld 中的 $\gamma \rightarrow (\alpha + Cm)$ 即 P 组织，Ld 组成改变，形态未变，成为低温莱氏体（Ld'）。

3′　　$Ld' + Cm_I$。

3′—4　不发生变化。

4　　　$Ld' + Cm_I$。

$$Cm_I = \frac{2C}{CF} \times 100\% = \frac{(5 - 4.3) \times 10^{-2}}{(6.69 - 4.3) \times 10^{-2}} \times 100\% = 29.3\%$$

$$Ld' = 70.7\%$$

6.9.3　组织区分析

如前所分析，不同成分 Fe-C 合金的组织状态不同。

小于 0.000218C 合金，为工业纯铁，其组织为 $F + Cm_{III}$。

含碳量超过 0.000218，但小于 0.0077 的合金为亚共析钢，组织为 F+P。

含碳量 0.0077 合金为共析钢，组织为 P。

含碳量大于 0.0077，至 0.0211 为过共析钢，其组织为 $P + Cm_{II}$。

含碳量大于 0.0211，小于 0.043 的合金为亚共晶铸铁，组织为 $P + Cm_{II} + Ld'$。

含碳量 0.043 合金为共晶铸铁，其组织为 Ld'。含碳量大于 0.043 合金为过共晶铸铁，组织为 $Ld' + Cm_I$。

各组织区与成分关系如图 6-69 所示。作为参考，图 6-70 给出标注组织的 $Fe\text{-}Fe_3C$ 相图。

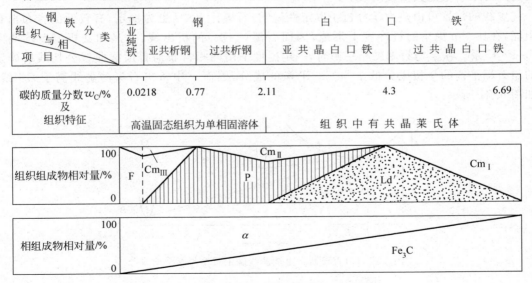

图 6-69　铁碳合金各组织区与成分的关系

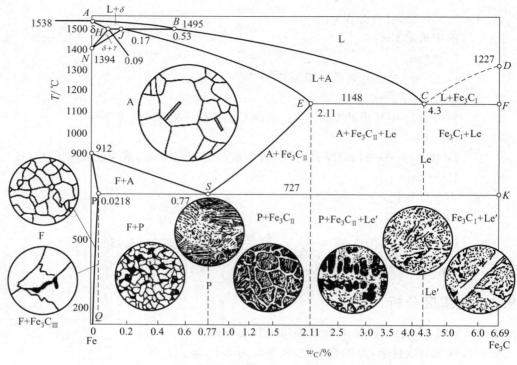

图 6-70 标注组织的 Fe-Fe₃C 相图

6.9.4 虚线部分相图分析

图 6-61 虚线表示的 Fe-C 相图中,超出固溶体溶解度的碳以石墨形式存在,在实线 Fe-Fe₃C 相图中的 Cm 全以石墨代替。*CD* 线以上虚线为液相中析出石墨的液相线,*ES* 以上虚线为 γ 中析出次生石墨的固溶线,*EF* 以上虚线为 L→γ＋石墨的共晶反晶线,*PSK* 以上虚线为γ→α＋石墨的共析反应线。

虚线的位置可由热力学分析予以定性说明,石墨比 Fe₃C 更为稳定,有较低的吉布斯自由能,在比 Cm 更小的过冷度下形成,因而石墨(一次)的析出线、共晶和共析温度均高于 Fe-Fe₃C 系。在 γ 与石墨二相平衡时,一定温度下由两相吉布斯自由能曲线公切线所确定的与石墨平衡的 γ 相成分低于与 Cm 平衡的成分,因而 γ 中析出石墨的虚线高于 *ES* 线。如图 6-71 所示。

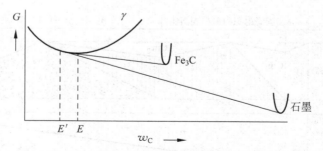

图 6-71 由吉布斯自由能曲线确定石墨与 γ 平衡成分

虚线 Fe-C 相图中有关点的成分和温度发生变化如表 6-3 所示。

表 6-3 Fe-C 相图（虚线）中有关点的温度和成分

符号	含碳量/%	温度/℃	特 性 说 明
E'	2.08	1154	石墨在 γ-Fe 中的最大溶解度
C'	4.26	1154	共晶反应点
S'	0.68	738	共析反应点

虚线 Fe-C 相图中石墨（G）是重要的组成相。石墨形成的过程叫石墨化过程。通过共晶反应自液中形成石墨（$L \longrightarrow \gamma + G$）的过程为第一阶段石墨化。沿 $E'S'$ 冷却自 γ 中析出二次石墨（G_{II}）的过程叫中间阶段石墨化，通过共析反应自 γ 中形成石墨（$\gamma \longrightarrow \alpha + G$）的过程叫第二阶段石墨化。如冷却过程极其缓慢，各阶段石墨化得以充分进行，最后得到的组织为 $F+G$（石墨）。如第一阶段和中间阶段石墨化得以完成，而低温第二阶段石墨化由于冷速较大，平衡条件难以建立，不能完成或完全不进行，最后得到组织 $P+G$ 或 $P+F+G$。含有石墨组织的 Fe-C 合金称为**灰口铸铁**，其基体有 F，F+P 和 P 三种，石墨形状一般为粗大弯曲片状。在一般灰口铸铁的基础上，为改善其组织、性能，可加入变质剂，进行变质处理，得到细小片状石墨的**变质铸铁**。加入球化剂进行球化处理，获得包含球团状石墨的**球墨铸铁**。此外，也可以合适成分的白口铸铁进行可锻化退火，获得具有团絮状石墨的**可锻（或展性）铸铁**。以上各类铸铁的组织均可由虚线部分的 Fe-C 相图进行分析。

作为参考，图 6-72 给出各种改性铸铁的金相显微组织。

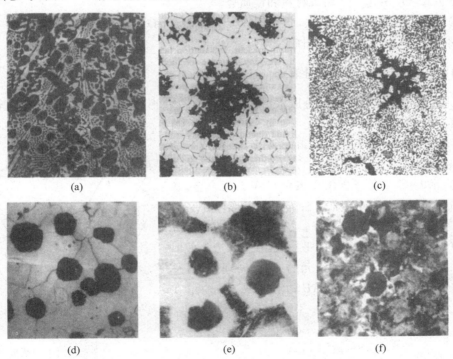

(a)　　　　　　　　　(b)　　　　　　　　　(c)

(d)　　　　　　　　　(e)　　　　　　　　　(f)

图 6-72 各种改性铸铁的金相显微组织

（a）热处理之前的白口铸铁（×100）；（b）在铁素体基体中分布有团絮状石墨（球粒）和细小 MnS 夹杂的铁素体可锻铸铁（×200）；（c）经过加工热处理形成退火马氏体基体的珠光体型可锻铸铁（×500）；（d）具有铁素体基体的退火球墨铸铁（×250）；（e）具有铁素体（白色）和珠光体基体的铸造态球墨铸铁（×250）；（f）具有珠光体基体的正火状态球墨铸铁（×250）

6.10 三 元 相 图

6.10.1 概述

6.10.1.1 研究三元相图的意义

二元相图只适用于二元合金或二组元的陶瓷材料,对于三组元的合金或陶瓷材料需用三元相图分析。

工程实用材料多是三组元或三组元以上的,三组元的合金可举出如下:

合金钢　　　　　Fe-C-M(M——合金元素)

轴承钢　　　　　Fe-C-Cr

不锈钢　　　　　Fe-Cr-Ni

高锰耐磨钢　　　Fe-C-Mn

铸铁　　　　　　Fe-C-Si

铝合金　　　　　Al-Mg-Si,Al-Cu-Mg

陶瓷材料有:

CaO-Al_2O_3-SiO_2　　　硅酸盐产品。

MgO-Al_2O_3-SiO_2　　　耐火材料和镁质瓷。

因此,三元相图有重要实用价值。但由于三元相图测定困难,工作量大,故完整的三元相图资料并不多。多是局部的截面图或投影图。

6.10.1.2 三元合金的成分表示

三元相图中三元合金的成分以水平面上一浓度三角形表示,浓度三角形为一等边三角形,如图 6-73 所示。

浓度三角形中,顶点代表纯组元 A,B,C,其成分为 1,三边表示相应二元合金成分,AB 表示 A-B 二元合金,BC 表示 B-C 二元合金,CA 表示 C-A 二元合金,各组元成分沿顺时针方向增加。在浓度三角形内任一点如点 O,代表任意三元合金成分。三组元成分的确定方法为过 O 点作 A 点对边 BC 的平行线,在 CA 边上截取 $Ca=w_A$,代表三元合金中 A 组元的成分,同理,作 B,C 点对边 CA,AB 的平行线,在 AB 边上截取 $Ab=w_B$ 在 BC 边上截取 $Bc=w_C$,则有

$$w_A + w_B + w_C = Ca + Ab + Bc = AB$$
$$= BC = CA = 1$$

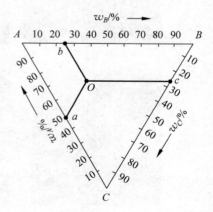

图 6-73　三元相图中的浓度三角形

如是可确定三元合金中三组元的成分。根据此方法,也可由已知三元合金的成分,找出其在三元相图浓度三角形中的相应位置,如已知三元合金的成分,则可在三边上截取相应的成分,确定 a,b,c 点,过其中任意二点作相应平行线,可定出三元合金在浓度三角形中的位置。

浓度三角形具有以下几个基本性质,根据这些特性可确定两组成分特性线。

（1）等含量规则

平行于三角形某一边的直线上的任一点,都含有等量的对面顶点组元,如图 6-74 所示。MN 线平行 AB 边,则在 MN 线上,P,Q,R,S 各点都含有等同的 C 组元,$BN = w_C$。由等含量规则可给出一组成分特性线,即一组元等量的平行一边的成分特性线。

（2）等比例规则

浓度三角形中一顶点与其对边上任一点连线上的所有成分点所代表的一组三元合金中,两个组元含量的比值保持不变,如图 6-75 所示。

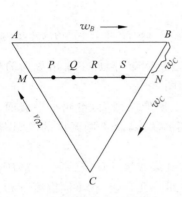

图 6-74　等含量规则

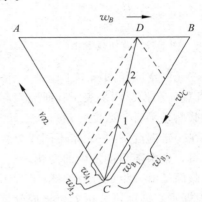

图 6-75　等比例规则

图 6-75 中 CD 连线上的合金 1 和 2 的 A,B 二组元的成分成比例:

$$\frac{w_{A_1}}{w_{A_2}} = \frac{w_{B_1}}{w_{B_2}}$$

或

$$\frac{w_{A_1}}{w_{B_1}} = \frac{w_{A_2}}{w_{B_2}} = \frac{BD}{AD} = 常数 \tag{6-16}$$

由等比例规则可确定三元合金相图中另一组成分特性线。即两组元成分成比例的一组三元合金在过一顶点的成分线上。

（3）背向规则

由等比例规则可引申出背向规则。在图 6-76 所示三元合金 M,如 A,B 组元比例保持不变,C 组元含量不断减少,组成新的三元合金,则一系列新的三元合金成分沿 CM 延长线背离 C 点成分变化,直至无 C 组元,全部为 A-B 二元合金的 D 点。

浓度三角形用以表示全部三元合金的成分,但有时只研究某一成分范围的三元合金,则只取部分浓度三角形,表示其成分,如图 6-77 所示。部分浓度三角形的形状可取梯形或平行四边形等形状。其成分坐标的表示在图中给出。

6.10.1.3　三元相图的表示方法及截面图

三元相图以水平面浓度三角形表示成分,以垂直于浓度三角形的纵轴表示温度,整个三元相图是一个三角棱柱的空间图形。三元相图由一系列相区、相界面以及相界线所组成。由热分析等试验方法测定、建立。

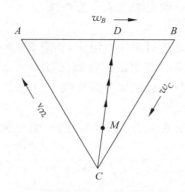

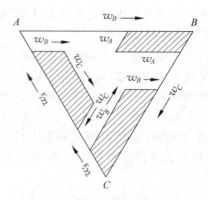

图 6-76　背向规则　　　　　　　　　图 6-77　部分浓度三角形的成分表示法

由于三元的空间相图测定工作量大,形状复杂,分析困难,因此多采用更为简单的等温截面、垂直截面和投影图来表示和研究实际的三元相图。

等温截面是平行于浓度三角形在三元空间图形上所取的截面,也叫水平截面。等温截面可表示在一定温度下,三元系不同成分合金所处相的状态,从不同温度的等温截面,也可分析三元系合金中随温度发生的变化。

垂直截面是沿一组成分特性线(平行于一边的成分线或过一顶点的成分线)所截取的垂直截面,根据垂直截面可分析处于该成分特性线的一组三元合金,在不同温度下相的状态及其变化的情况,也即可分析在结晶过程中发生的反应及反应前后相的状态。

投影图是相图中各类相界面的交线在浓度三角形上的投影,也可给出不同温度下液相面和固相面等温截线的投影。利用投影图可方便地判断三元合金的各类反应并分析其结晶过程。

掌握各类截面图和投影图的分析及其与三元相图空间图形的关系对运用三元相图有着重要的实际意义。

6.10.1.4　三元相图中的直线法则、杠杆定律及重心法则

三元系中有二相平衡时,以**直线定则**确定合金成分和相成分之间关系,以**杠杆定律**确定合金中二相的相对含量;当有三相平衡时,则以**重心法则**确定三相的相对含量及合金与相成分间的关系。

(1) 直线法则与杠杆定律

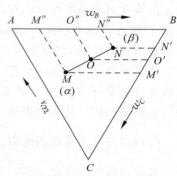

在图 6-78 所示的等温截面图中,O 点成分的三元合金在该温度下由 $\alpha+\beta$ 两相组成,α、β 两相处于平衡状态。α 和 β 相的成分分别为 M 和 N,则代表 α、β 二相成分的 M,N 点,和合金成分点 O 必定在一条直线上,且 O 点位于 M,N 两点的连线上,此为确定成分关系的直线定则。α、β 两相的相对含量(质量比)符合杠杆定律,反比于成分线段:

$$W_\alpha \times MO = W_\beta \times ON$$

$$W_\alpha / W_\beta = ON / MO \qquad (6\text{-}17)$$

图 6-78　直线法则和杠杆
　　　　　定律的说明

两相的质量百分数分别为

$$W_\alpha = \frac{ON}{MN} \times 100\%$$ 　　　　　　(6-18)

$$W_\beta = \frac{OM}{MN} \times 100\%$$ 　　　　　　(6-19)

直线法则和杠杆定律可推导、证明如下：

　　B 组元在 α,β 二相中含量应等于其在合金中含量，同样，C 组元在二相中含量等于其在合金中含量，故有以下关系。

$$W_\alpha \cdot BM' + W_\beta \cdot BN' = (W_\alpha + W_\beta) \cdot BO'$$ 　　　　(6-20)

$$W_\alpha \cdot AM'' + W_\beta \cdot AN'' = (W_\alpha + W_\beta) \cdot AO''$$ 　　　　(6-21)

由式(6-20)得

$$W_\alpha \cdot O'M' = W_\beta \cdot N'O'$$

$$\frac{W_\alpha}{W_\beta} = \frac{N'O'}{O'M'}$$ 　　　　　　(6-22)

由式(6-21)得

$$W_\alpha \cdot M'O'' = W_\beta \cdot N'O''$$

$$\frac{W_\alpha}{W_\beta} = \frac{N'O''}{M''O''}$$ 　　　　　　(6-23)

故有

$$\frac{W_\alpha}{W_\beta} = \frac{N'O'}{M'O'} = \frac{N''O''}{M''O''} = \frac{NO}{MO}$$

因而 M,N,O 在一条直线上，二相的量比与成分线段有反比关系，即式(6-17)关系。

　　（2）重心法则

　　当三元合金在某一温度下处于三相平衡状态，各组成相的相对量由重心法则确定。图 6-79 所示 O 点成分的三元合金，其组成相 α,β,γ 的成分点相应为 D,E,F，重心法则指出，合金成分点 O 必在三相成分点组成的三角形内，此三角形 DEF 称为质量三角形。三相的质量分数分别为

$$W_\alpha = \frac{OD'}{DD'}$$

$$W_\beta = \frac{OE'}{EE'}$$

$$W_\gamma = \frac{OF'}{FF'}$$

此关系可由直线关系引申得到，合金 E' 由成分为 D 的 α 相和成分为 F 的 γ 相组成，必定位于 DF 直线上，而三元合金由成分为 E 的 β 相和成分为 E' 的混合相组成，必在 EE' 直线上，也即在三角形 DEF 内。根据杠杆定律反比关系可以确定三相的相对含量。

6.10.2　三元匀晶相图

　　三组元在液、固态均完全互溶的相图为三元匀晶相图，如图 6-80 所示。

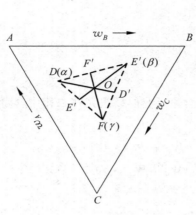

图 6-79　重心法则示意图

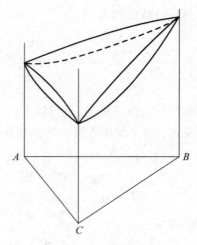

图 6-80　三元匀晶相图

6.10.2.1　相区分析

匀晶相图中有两个单相区——液相区(L)和固相区(α)和一个两相区(L+α)。相区分界面为液相面和固相面,液相面为一上凸的曲面,其上为液相,固相面为一下凹的曲面,其下为固相。二曲面之间为 L+α 双相区。

6.10.2.2　水平截面分析

为分析某一温度下不同成分三元合金所处相的状态,可取平行于浓度三角形的等温水平截面,其典型形状如图 6-81 所示。

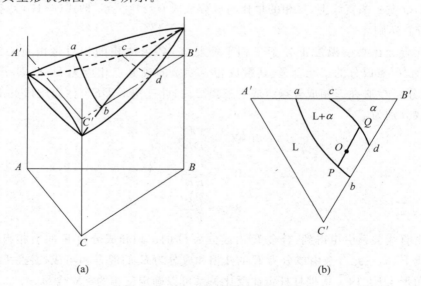

(a)　　　　　　　　　　　　　　(b)

图 6-81　三元匀晶相图的等温截面

在水平截面上截出两条相界线,液相线 ab 和固相线 cd,将截面图划分为 3 个相区。任一三元合金 O 在此温度下处于二相平衡。根据相律,自由度 $f=c-p+1=3-2+1=2$。即在二相平衡时有两个独立变数,除温度外,还有一个相的成分可变,而不影响平衡,因此,在一定温度下必须确定一个相的成分,如已知液相中含 20%A,可确定液相成分 P,由直线定则可定出与之平衡的 α 相成分 Q,PQ 为二相平衡成分的连接线,二相的相对量可由直线定则、杠杆定律确定。在不知二相具体成分的情况下,连接线走向也可由组元熔点的高低大致确定,假定三组元的熔点分别为 T_A,T_B,T_C,且 $T_B>T_A>T_C$,则和二元合金相同,α 相中高熔点组元的成分高于合金中的平均成分,L 相中低熔点组元成分低于合金中的平均值,三组元在两相中成分之比值有以下关系:

$$B_\alpha/A_\alpha > B_O/A_O > B_L/A_L$$
$$A_\alpha/C_\alpha > A_O/C_O > A_L/C_L$$
$$B_\alpha/C_\alpha > B_O/C_O > B_L/C_L$$

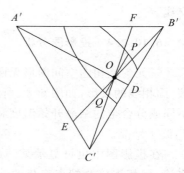

式中, $A_\alpha,B_\alpha,C_\alpha,A_L,B_L,C_L$ 和 A_O,B_O,C_O 分别为三组元在 α 相、液相和合金中的成分。由上式可判断在一定温度下连接线的方向如图 6-82 所示。$B_O/A_O,A_O/C_O,B_O/C_O$ 分别代表 $C'OF,B'OE,A'OD$ 3 条特性线。连接线 POQ 的 P 端在 $B'OF$ 区,Q 端在 $C'OE$ 区,其具体位置须测定一个相的成分才能确定。

图 6-82　连接线方向的确定

6.10.2.3　垂直截面分析

三元匀晶相图的垂直截面可沿两组成分特性线截取。

(1) 沿平行一边的成分特性线作垂直截面,如图 6-83 所示。

截面图所取的一系列三元合金中,C 组元成分相同,A 加 B 组元的成分和为常数,但二组元的相对含量不同,沿成分坐标自左至右,B 组元含量增加。

(2) 沿过一组元顶点的成分特性线截取垂直截面,如图 6-84 所示。成分特性线过 A 点。

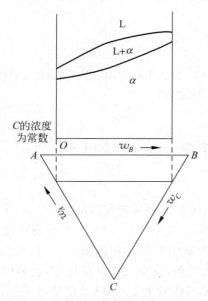

图 6-83　三元匀晶相图的垂直截面之一

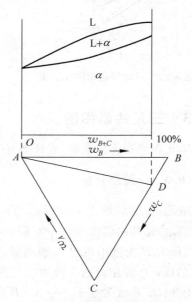

图 6-84　三元匀晶相图的垂直截面之二

成分坐标特点为 B,C 组元成分比为常数,如图中给出 $w_B/w_C=CD/BD=4/1$。成分坐标 A 端 A 组元为 1,$(B+C)$ 组元为 0,D 端 A 组元为 0,$(B+C)$ 组元为 1,坐标由左至右,w_{B+C} 增加。

根据垂直截面可分析相应于成分特性线上任一三元合金的结晶过程,合金中冷却时由液相中析出固溶体 α 相,沿两相区发生结晶过程,但在三元垂直截面中不能应用杠杆定律确定二相的成分和相对量,这是因为两相成分变化线并不是沿垂直截面的液、固相线。而是两条空间弯曲线,垂直截面的液、固相线仅是垂直截面与立体相图的相区分界面的交线。

6.10.2.4 投影图分析

三元匀晶相图空间图形无曲面交线,投影图中也无交线的投影,但可给出不同等温截面液、固相线的投影,如图 6-85 所示,实线为液相线,虚线为固相线。由液、固线投影图可确定不同成分合金的结晶开始温度和终了温度范围,图中 O 点成分的合金在 T_3 温度开始结晶,T_4' 终了结晶。

在投影图中也可显示某一成分的三元合金凝固中液、固相连接线的变化,图 6-86 示出液、固相连接线端点变化的轨迹为一蝴蝶形的双弯线,说明结晶过程中液、固相成分的变化。

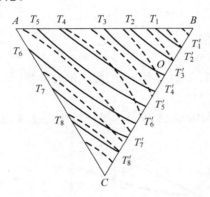

图 6-85　三元匀晶相图投影图

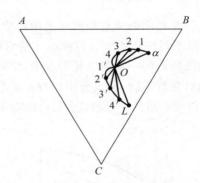

图 6-86　结晶时液、固相连接线端点的变化轨迹

6.10.3　三元共晶相图

三组元在液态无限溶解,在固态互不溶解,有共晶反应的相图如图 6-87 所示。

6.10.3.1 图形分析

三组元 A,B,C 熔点 $T_A>T_B>T_C$,A-B、B-C、C-A 二元系均有二元共晶反应,形成二元共晶相图,二元共晶温度 E_1(A-B 系)$>E_2$(B-C 系)$>E_3$(C-A 系)。三元相图中液相面有三个,$T_A E_1 E_3 E$ 为液中析出 A 相的面,$T_B E_1 E_2 E$ 为液中析出 B 相的面,$T_C E_2 E_3 E$ 为液中析出 C 相的面;二液相面的交线为二元共晶沟线,有三条,发生三相共晶反应,自液中同时析出两个固相,$E_1 E$ 线发生 $L \longrightarrow A+B$ 共晶反应,$E_2 E$ 线发生 $L \longrightarrow B+C$ 共晶反应,$E_3 E$ 线发生 $L \longrightarrow C+A$ 共晶反应;E 点为三元共晶点,自液中同时析出三相,发生四相共晶反应,

L $\longrightarrow$ A+B+C。$A'B'C'$ 为三元共晶面,在该面内的合金在对应该面的温度均有四相共晶反应发生。此外还有六个二元共晶面,$aA'E_1E$、$eA'E_3E$、$dB'E_2E$、$fC'E_3E$、$cC'E_2E$、$bB'E_1E$,为二元共晶线与相应纵轴间由一系列水平直线连接起来的空间弯曲面,如图 6-88 所示。

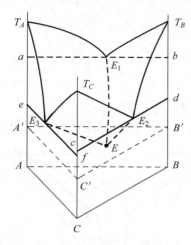

图 6-87 三元共晶相图

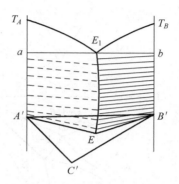

图 6-88 二元共晶面示意图

6.10.3.2 水平截面分析(等温截面)

T_A 和 T_E 之间典型水平截面图如图 6-89 所示。图(a)截面温度高于 T_C,低于 T_A、T_B,与二液相面相截,得出两条液相线,图(b)截面温度低于 T_A、T_B、T_C 和 E_1,但高于 E_2、E_3,除与 3 个液相面相截得出三条液相线外,还与两个二元共晶面相截,截出一个三相共晶的三角形 ABD,图(c)截面温度低于 E_2,仍高于 E_3,截出三条液相线和两个三相共晶三角形,图(d)温度低于 E_3,高于 E,则截出 3 个三相共晶三角形,水平等温截面给出不同成分合金所处相的状态。图中看出单相区与两相区以曲线分界,二相区与三相区以直线分界,单相区和三相区则为点接触。

6.10.3.3 投影图分析

三元共晶相图的投影图如图 6-90 所示。

三元共晶相图空间图形中 3 个液相面的交线投影为 3 条共晶沟槽,共晶沟线箭头表示随温度变化液相成分线变化的走向,投影图中也可给出不同温度水平截面液相线的投影。

利用投影图可分析三元合金的结晶过程。如图中 O 点成分的合金,液相线可给出结晶开始的温度范围,结晶时自液中析出 B 相,直线定则指出析出初生相 B 时,液相成分沿 BO 连接箭头方向变化,当液相成分与三相共晶成分线相交于 D,即液相具有 D 点成分,发生三相共晶反应(L $\longrightarrow$ A+B),此时处于三相平衡,自由度 $f=3-3+1=1$,故温度可继续下降,液相成分沿共晶沟线 $E_1'E'$ 变化,在变温中发生三相共晶反应。当液相成分达到 E' 点,发生四相共晶反应(L $\longrightarrow$ A+B+C),自由度为零,故反应在恒温下进行,参加反应的四相成分固定不变,四相共晶反应后,冷却到室温,因固态下无溶解度的变化,不发生变化,最后室温下的组织由初生相 B、三相共晶反应得到的二相共晶($A+B$)和四相共晶反应得到的三相共晶($A+B+C$)所组成,即 $B+(A+B)+(A+B+C)$。

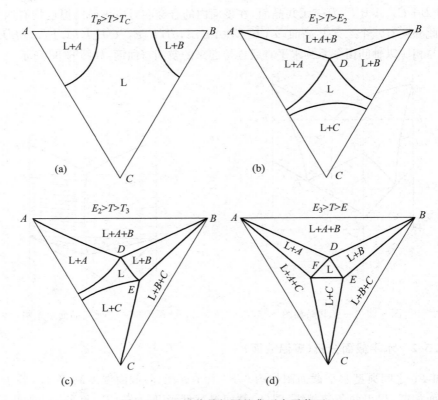

图 6-89   三元共晶相图的典型水平截面

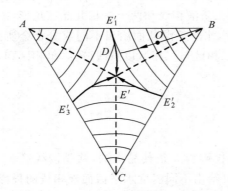

图 6-90   三元共晶相图的投影图

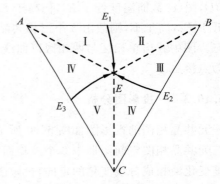

图 6-91   投影图中组织区

由投影图分析可确定相应于图 6-91 各区不同成分三元合金的组织。

Ⅰ区：$A+(A+B)+(A+B+C)$

Ⅱ区：$B+(A+B)+(A+B+C)$

Ⅲ区：$B+(B+C)+(A+B+C)$

Ⅳ区：$C+(B+C)+(A+B+C)$

Ⅴ区：$C+(C+A)+(A+B+C)$

Ⅵ区：$A+(C+A)+(A+B+C)$

AE 线：$A+(A+B+C)$

BE 线：$B+(A+B+C)$

CE 线：$C+(A+B+C)$

E_1E 线：$(A+B)+(A+B+C)$

E_2E 线：$(B+C)+(A+B+C)$

E_3E 线：$(C+A)+(A+B+C)$

6.10.3.4　垂直截面分析

为分析方便，在投影图中沿平行一边 AB 的成分特性线 DE 和过一顶点 A 的成分特性线 AF 截取垂直截面，如图 6-92、图 6-93 所示。

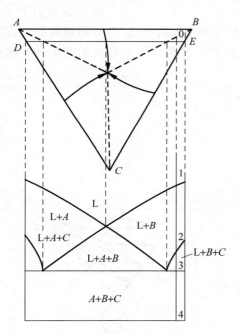

图 6-92　三元共晶相图的垂直截面之一

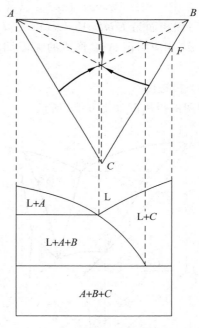

图 6-93　三元共晶相图的垂直截面之二

可以看出，垂直截面与三元共晶面交线为一水平线，在过一顶点所取截面中，与一二元共晶面的交线也为一水平线。

由垂直截面可分析合金的结晶过程，如 O 点成分的合金，自液相冷却，可写出其发生的反应过程和反应前后的状态如下：

1—2　$L \to B$，		2　$L+B$，
2—3　$L \to (B+C)$，		3　$L+B+(B+C)$，
3—3′　$L \to (A+B+C)$，		3′　$B+(B+C)+(A+B+C)$，
4　　$B+(B+C)+(A+B+C)$，		

B 为初生相，$(B+C)$ 为二相共晶，$(A+B+C)$ 为三相共晶。

垂直截面图分析与投影图分析结果一致，但垂直截面所分析的结晶过程更为直观，缺点是不能确定相成分和量的变化，而投影图则可以给出反应中相成分和量的变化，故二者可配合使用。

6.10.4 固态有限溶解,具有一个三相平衡区的三元相图

三组元在固态有限溶解,具有一个三相平衡区的三元相图有两类,第一类是有三相共晶平衡,第二类是有三相包晶平衡。

6.10.4.1 具有三相共晶平衡区的三元相图

相图的空间图形如图 6-94 所示。A-B 系和 B-C 系在固态有限固溶,有共晶反应,A-C 系在固态无限互溶,形成 α 固溶体。

三相共晶平衡从 A-B 二元到 B-C 二元连续过渡。相图中有单相区 3 个——L,α,β 相。两相区 3 个——L+α,L+β,α+β 以及三相区一个——(L+α+β)。液相面为 $A'E_1E_2C'$,$B'E_1E_2$;固相面为 $B'bd$,$A'C'ac$ 和 $acbd$,E_1E_2 为两液相面的交线,也是两相共晶线,aca_0c_0 和 bdb_0d_0 相应为由 A,C 形成的无限固溶体 α 相和以 B 组元为基形成的固溶体 β 相的固溶面。

(1) 投影图

相图的投影图如图 6-95 所示。

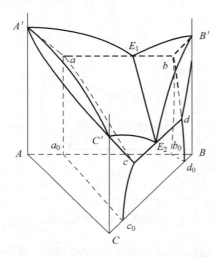

图 6-94 有三相共晶平衡区的三元相图

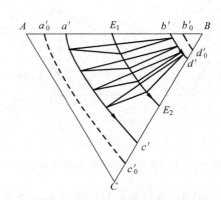

图 6-95 有共晶三相区三元相图的投影图

$E_1'E_2'$ 为二液相曲面的交线,$a'c'$、$b'd'$ 为固相面间交线,因 $acbd$ 也为二相共晶面,故也看作是固相面与二相共晶面的交线,$a'c_0'$、$b'd_0'$ 为固溶度面与浓度三角形的交线。$E_1'E_2'$、$a'c'$ 和 $b'd'$ 三线可分别代表共晶三相平衡反应过程中 L、α、β 相的成分变化线,在每一温度下,平衡三相的成分构成一顶点向下的三角形。由投影图可分析合金结晶过程,以 O 点成分合金为例(见图 6-96)。冷却中,首先自液相中析出 β 相,L 和 β 相成分沿双弯线变化,当 β 相成分由 R 变至 P,L 相成分由 O 变至 Q,达到二相共晶线的成分,此时开始发生三相共晶反应。L $\longrightarrow$ α+β,代表三相成分的组成三角形沿三条成分单变线变化,当合金成分达到三角形底边时,根据重心法则,液相量为零,故三相共晶反应结束,继续冷却,自初生 β 相中析出二次 α 相,最后得到的组织为 β+α_{II}+(α+β)二相共晶。

（2）垂直截面图

过一顶点成分特性线截取的垂直截面图如图 6-97 所示,过平行一边成分特性线截取的垂直截面图如图 6-98 所示。

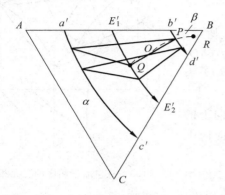

图 6-96　利用投影图分析合金结晶过程

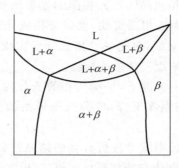

图 6-97　过一顶点成分线截取的垂直截面

垂直截面图上显示出具有三相共晶平衡区的特征是一尖角向上的曲边三角形,3 端点与 3 个单相区相连,由垂直截面图可更为直观的分析合金结晶过程。但注意垂直截面图不能给出反应中各相成分和相对量的变化。

（3）水平截面图

如在 E_1,E_2 之间温度 T 作一水平截面,其截面上相区分布如图 6-99 所示。

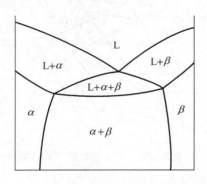

图 6-98　过平行一边成分线截取的垂直截面

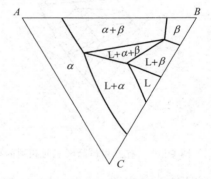

图 6-99　水平截面图($E_1 > T > E_2$)

图 6-99 中给出不同成分合金相的状态,三相共晶平衡区是一直边三角形,三角形顶点分别与 3 个单相区相连接,液相区 L 与三角形下面的顶点相接。不同温度的水平截面所得到的三相共晶平衡三角形端点投影到浓度三角形,即可得到前示投影图中的 3 条成分单变线。水平截面图可给出在一定温度下不同成分三元合金所处相的状态,可利用直线法则和重心法则确定两相区和 3 相区中各相的成分和相对量。

6.10.4.2　具有三相包晶平衡区的三元相图

A-B 二元和 A-C 二元合金在固态有限溶解有包晶反应,B-C 无限溶解的三元相图如图 6-100 所示。

相图中有单相区 L,α,β,二相区 L+α,L+β 和 α+β 以及三相区 L+α+β。液相面有

aMN 和 $bcMN$ 两个，固相面有 aPQ 和 bcO_1O_2，$PQMN$ 为包晶反应开始面，PQO_1O_2MN 为包晶反应终了面。$PQP'Q'$，$O_1O_2O_1'O_2'$ 为固溶面。

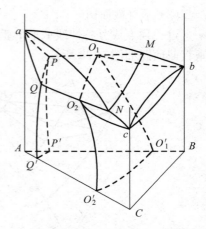

图 6-100   有包晶三相区的三元相图

（1）投影图

有三相包晶区三元相图的投影图如图 6-101 所示。图中 mn 为液相面交线，也是液相成分变化线，pq，O_1O_2 为固相面交线，也是 α，β 相成分变化线。$P'Q'$，$O_1'O_2'$ 为固溶面与浓度三角形的交线。

在每一温度下，平衡三相的成分构成一顶端向上的三角形，随温度下降，成分三角形沿箭头所示方向向下推移。

利用投影图可分析合金的结晶过程，如图 6-102 中合金 O 冷却中自液相析出 α 相，二相成分沿双弯线变化。当 α 相成分由 a_0 变至 a_1，L 相成分由 O 变至 c_1，开始三相包晶反应，$L+\alpha \rightarrow \beta$，三相成分组成三角形，沿三条成分单变线变化，当合金成分位于成分三角形一边上，表示液相量为零，包晶反应结束，继续冷却自固溶体中析出次生相，与初生相互相长在一起，最后组织为 $\alpha+\beta$ 二相组成。

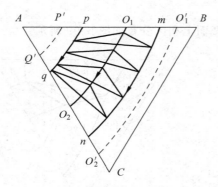

图 6-101   有三相包晶区三元相图的投影图

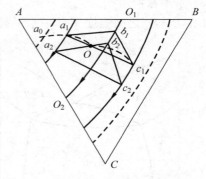

图 6-102   利用投影图分析结晶过程

（2）垂直截面图

过顶点 A 成分特性线所作垂直截面图如图 6-103 所示。

垂直截面图中显示出包晶三相区为一顶点向下的曲边三角形，三角形端点与三个单相区相连。由垂直三角形也可直观的分析合金结晶过程。如图示合金 O 在两相区，从 L 中析出 α 相，进入三相区，发生包晶反应，$L+\alpha \rightarrow \beta$，反应后自 α 和 β 相各自析出次生相，但一般与初生相相互长在一起，最后得到 $\alpha+\beta$ 两相组织。与投影图分析可相互配合。

（3）水平截面图

图 6-104 示出一水平截面图，截面温度低于 b 而高于 O_2。可显示任一温度下不同成分三元合金的相的状态。

6.10.5   固态有限溶解，具有四相平衡区的三元相图

这类相图中有一个均匀的液相（L）区和以 A，B，C 三组元为溶剂、有限溶解其他组元

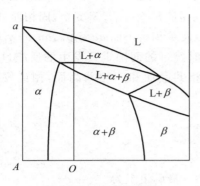

图 6-103　垂直截面图

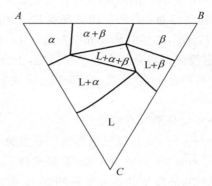

图 6-104　水平截面图($b>T>O_2$)

的 3 个单相区(α,β,γ)。有二相区($L+\alpha,L+\beta,L+\gamma,\alpha+\beta,\beta+\gamma,\alpha+\gamma$)和三相区($L+\alpha+\beta$,$L+\beta+\gamma,L+\alpha+\gamma,\alpha+\beta+\gamma$),三相区中发生三相共晶反应或包晶反应。作为此类相图特征的是有一个四相区($L+\alpha+\beta+\gamma$),四相区发生三类四相平衡反应:

(1) 共晶反应,$L \longrightarrow \alpha+\beta+\gamma$

(2) 包晶反应,$L+\alpha+\beta \longrightarrow \gamma$

(3) 包共晶反应,$L+\alpha \longrightarrow \beta+\gamma$

不同的四相平衡反应,其三元相图不同。

6.10.5.1　三组元固态有限互溶,有四相共晶反应的三元相图

空间图形见图 6-105,投影图见图 6-106。

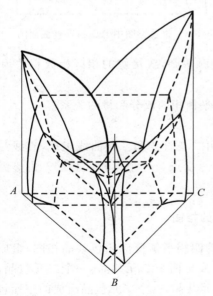

图 6-105　三组元固态有限固溶、有四相共晶
　　　　　　反应的三元相图

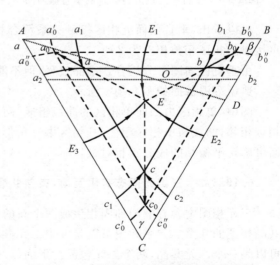

图 6-106　有限固溶三元共晶相图的投影图

　　投影图与空间相图相对应,有液相面 AE_1EE_3,BE_1EE_2,CE_2EE_3,二相共晶线 E_1E,E_2E,E_3E,三相共晶面 abc 和三相共晶点 E,二相共晶面 a_1aE_1E,b_1bE_1E 等 6 个,固相面 Aa_1aa_2,Bb_1bb_2,Cc_1cc_2,二相共析面 aa_0cc_0,aa_0bb_0,bb_0cc_0,以及单相析出面 $aa_0a_1a_1'$,$aa_0a_2a_2''$ 6 个。

　　根据投影图可分析合金结晶过程,由合金冷却时经过的面确定其发生的反应过程和得到的组织,以合金 O 为例,冷却中经过液相面,二相共晶面和三相共晶面,相应发生如下反应:

　　$L \rightarrow \beta$,成分沿双弯线变化。

　　$L \longrightarrow \alpha + \beta$,成分以三角形沿三条成分单变线变化。

　　$L \longrightarrow \alpha + \beta + \gamma$,成分不变,恒温进行。

固相冷却中,还发生共析和单析的变化,析出次生相。最后组织为

$$\beta + (\alpha + \beta + \gamma_{II}) + (\alpha + \beta + \gamma) + \alpha_{II} + (\alpha_{II} + \gamma_{II})$$

　　过 O 点作 AB 平行线取垂直截面,如图 6-107 所示。

　　过顶点 A 和 O 点连线 AD 的成分特性线取垂直截面,如图 6-108 所示。

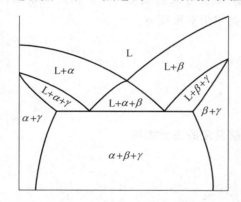
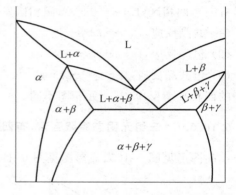

　　图 6-107　平行一边成分特性线的垂直截面图　　　　图 6-108　过投影图中 AD 的垂直截面图

　　可以看出,垂直截面上相区接触关系符合相区接触法则,线接触的相区相数相差为 1,点接触的相区相数相差为 2。

　　由垂直截面图可分析合金结晶过程,但不能确定平衡相的成分和量的关系。

　　典型等温截面如图 6-109 所示。

　　图中,单相区由凸向单相区的曲线组成,两相区由二条直线和二条曲线组成,直线与三相区相邻,曲线与单相区相接,三相区由三角形组成,三端点与三个单相区相接。由等温截面可确定平衡相的成分和相对量。

6.10.5.2　三组元固态有限互溶,有包共晶反应的相图

　　三元相图中含有液相加固相生成两个新的固的四相平衡反应叫包共晶相图,组成包共晶相图的 3 个二元系相图可以是 3 个二元共晶系,或是两个二元共晶、一个二元包晶,也可以是一个二元共晶,两个二元包晶。下面以两个二元共晶,一个二元包晶组成的三元包晶为例进行分析。其空间图形见图 6-110,投影图见图 6-111。A-B 为二元包晶系,B-C 和 C-A 为二元共晶系,四相反应前,有两个三相反应,一为包晶反应 $L + \alpha \longrightarrow \beta$,另一为共晶反应,$L \longrightarrow \alpha + \gamma$,各相成分沿相应成分单变线箭头方向变化;四相反应为 $L + \alpha \longrightarrow \beta + \gamma$,即包

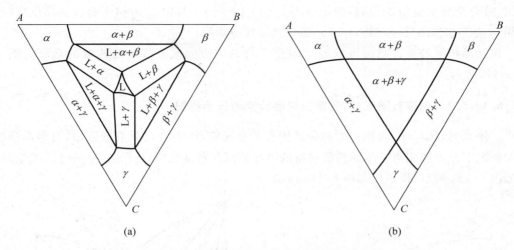

图 6-109 有限互溶三元共晶相图的等温截面

(a) $T_{E_3} > T > T_E$；(b) $T_E > T$

共晶反应，四相成分恒定，构成四边形 $PQRS$；四相反应后，有一个三相共晶反应，L→β+γ。其后冷却中，三固相 α, β, γ 沿各自成分单变线变化，由 $PQS \to P'Q'S'$，图中 O 点成分合金，符合包共晶反应的 L，α 比例，L 和 α 全部耗尽，形成 β+γ，三角形 PQS 内合金，四相反应后有 α 过剩，三角形 RQS 内合金，四相反应后有 L 相过剩。

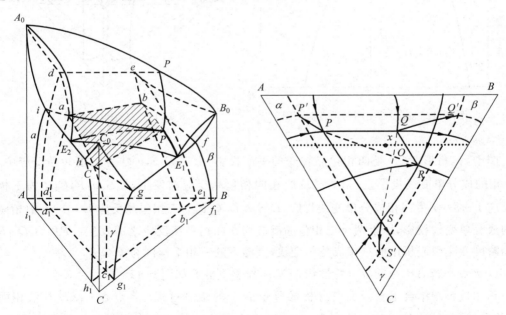

图 6-110 三元包共晶相图　　　　图 6-111 三元包共晶相图投影图

以合金 x 为例，利用投影图分析可能发生的平衡转变，合金 x 位于 $PQRS$ 四边形之内，因此，合金应发生 L+α→β+γ 反应；x 点位于三角形 PQR 内，PQR 是三相包晶反应 L+α→β 的成分三角形，故合金在包共晶反应前应发生上述三相包晶反应，x 点位于对角线 QS 左侧 PQS 三角形内，包共晶反应后有 α 相过剩，又 x 点位于初生相 α 的液相面投影所占范围,故合金有初生相 α。最后组织应为 $\alpha+\beta+(\beta+\gamma)$。其中,$\alpha$ 为初生和包共晶反应的过剩相,β 为三相包晶反应产物,$(\beta+\gamma)$ 为包共晶反应产物。

包共晶相图的垂直截面可以过 x 点作平行 AB 边的成分特性线截取的截面为例,如图 6-112 所示。

6.10.5.3　固态有限互溶,有四相包晶转变的三元相图

三组元 A,B,C 中,A-B 二元有限固溶有共晶反应,B-C,A-C 系有限固溶,有包晶反应,三元情况下发生液相与二个固相形成新的固相的四相包晶反应,$L+\alpha+\beta\longrightarrow\gamma$。其空间图形如图 6-113 所示,投影图如图 6-114 所示。

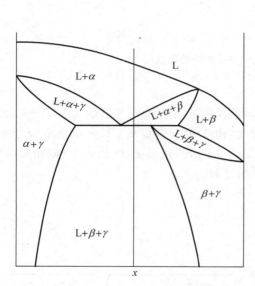

图 6-112　包共晶相图的垂直截面图

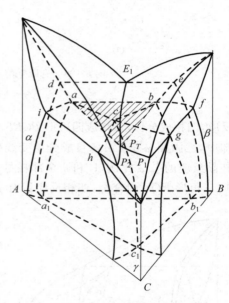

图 6-113　三元包晶相图

图中,三角形 PQS 是四相包晶转变的平面投影,a_1P,E_1S,b_1Q 为三相共晶反应中,α,L,β 相的成分单变线投影,三相共晶反应在四相包晶反应前发生,E_3S,a_2P,C_2R 为三相包晶反应 $L+\alpha\longrightarrow\gamma$ 中三相成分单变线投影,E_2S,b_2Q,C_1R 为三相包晶反应 $L+\beta\longrightarrow\gamma$ 中相应三相的成分单变线投影,以上两个三相包晶反应均在四相平衡反应之后发生。PP',QQ',RR' 为固溶度变化引起析出的三相成分单变线,室温下的三相平衡区为 $P'Q'R'$。

过 x 点平行 AB 边的成分特性线 MN 所作垂直截面如图 6-115 所示。

利用投影图结合垂直截面可分析成分 x 合金的结晶过程。x 点在 E_1SE_2B 液相面范围,首先析出 β 相,在 a_1PSQb_1 区内,有三相共晶反应 $L\longrightarrow\alpha+\beta$,发生在四相包晶反应前,在三角形 PQS 区内,有四相包晶反应,$L+\alpha+\beta\longrightarrow\gamma$,在 $b_2QRc_1SE_2$ 区内有三相包晶反应,$L+\beta\longrightarrow\gamma$,在四相包晶反应后发生,反应后有 β 相过剩,得到 $\beta+\gamma$ 组织,又 x 点在 $P'Q'R'$ 三相区内,冷却中有 α 相自 β 和 γ 相中析出,最后组织为 $\beta+\gamma+\alpha_{\mathrm{II}}$。此过程可从垂直截面图中直接看出。

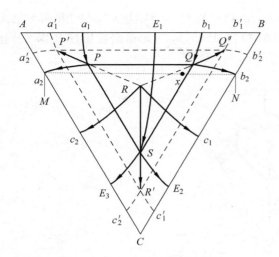

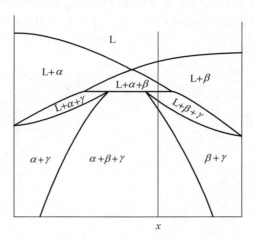

图 6-114 三元包晶相图投影图　　　　图 6-115 三元包晶相图垂直截面

6.10.6 有化合物的三元相图

　　三组元中有一对组元，A，B 形成稳定化合物 A_mB_n，该化合物与 A，B 组元互不相溶有共晶反应，A、B 组元与 C 组元也互不相溶有共晶反应，所形成三元相图的投影图如图 6-116 所示。由两个四相共晶反应组成。

　　A_mB_n 可看作独立组元，将相图分成两部分，其分析过程同前所述。

　　如 A_mB_n 为不稳定化合物，在二元相图中通过包晶反应形成，其三元相图投影图如图 6-117所示，由一四相共晶反应和一四相包共晶反应所组成。

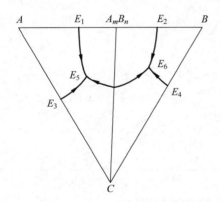

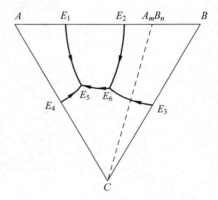

图 6-116 有二元稳定化合物三元相图　　　图 6-117 有二元不稳定化合物的
　　　　　投影图　　　　　　　　　　　　　　　　三元相图投影图

　　当三组元形成三元稳定化合物 $A_mB_nC_l$ 时，该化合物与三组元在固态不溶，有共晶反应，三组元间也不相溶，两两发生共晶反应，则其三元相图投影图如图 6-118 所示。含有三个四相共晶反应。

　　在陶瓷材料中三元相图多包含若干个二元和三元化合物，化合物间发生四相共晶、包晶以及包共晶反应，以耐火材料和镁质瓷所属的 $MgO\text{-}Al_2O_3\text{-}SiO_2$ 三元相图为例，该系统中有 4 个二元化合物（MgO·SiO₂，2MgO·SiO₂，MgO·Al₂O₃，3Al₂O₃·2SiO₂）和两个三元化合物（2MgO·2Al₂O₃·5SiO₂，4MgO·5Al₂O₃·2SiO₂），三元相图投影图如图 6-119 所示。

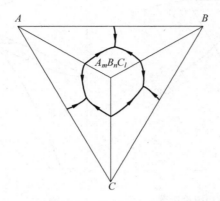

图 6-118　有三元稳定化合物的三元相图投影图

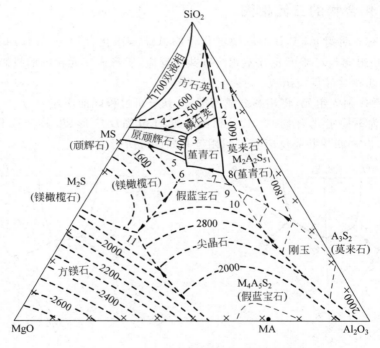

图 6-119　MgO-Al₂O₃-SiO₂ 三元相图投影图

图中发生表 6-4 所列的四相平衡反应。

表 6-4　MgO-Al₂O₃-SiO₂ 系统中的四相平衡反应

图上标记	反　应　式	反应类型
1	L＋方石英→鳞石英＋莫来石	包共晶
2	L＋莫来石→鳞石英＋董青石	

续表

图上标记	反　应　式	反应类型
3	L→原顽辉石＋鳞石英＋堇青石	四相共晶
4	L＋方石英→鳞石英＋原顽辉石	包共晶
5	L→镁橄榄石＋原顽辉石＋堇青石	四相共晶
6	L＋镁铝尖晶石→镁橄榄石＋堇青石	包共晶
7	L＋假蓝宝石→尖晶石＋堇青石	包共晶
8	L＋莫来石→堇青石＋假蓝宝石	包共晶
9	L＋莫来石＋尖晶石→假蓝宝石	四相包晶
10	L＋刚玉→莫来石＋尖晶石	包共晶
11	L→方镁石＋尖晶石＋镁橄榄石	四相共晶

说明：各组成物的化学式如下：

方石英——SiO_2　　　　　　　　　　镁橄榄石——$2MgO \cdot SiO_2$

鳞石英——SiO_2(晶型不同,较低温度生成)　镁铝尖晶石——$MgO \cdot Al_2O_3$

莫来石——$3Al_2O_3 \cdot 2SiO_2$　　　　　　假蓝宝石——$4MgO \cdot 5Al_2O_3 \cdot 2SiO_2$

堇青石——$2MgO \cdot 2Al_2O_3 \cdot 5SiO_2$　　方镁石——MgO

原顽辉石——$MgO \cdot SiO_2$　　　　　刚玉——Al_2O_3

习　　题

6-1　某 Zn-Al 合金含 Al 0.22(质量分数),求合金中 Al 的摩尔分数(相对原子质量 Al：27,Zn：65.4)。

6-2　某 Cu-Sn 合金含 Sn 0.25(摩尔分数),用质量分数表示合金的成分(相对原子质量 Cu：63.5,Sn：118.7)。

6-3　利用相律判别图 6-120 中相图是否正确,并说明原因。

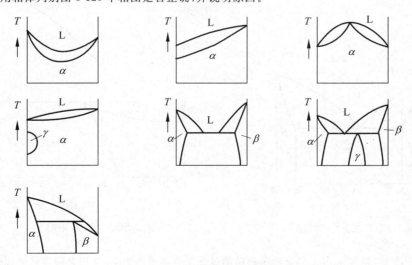

图 6-120　判别相图正误

6-4　图 6-121 示出具有极大点的相图,试画出该合金在 T_1, T_2, T_3 时的吉布斯自由能-成分曲线,并用相律说明极大点合金的结晶为何是恒温过程。

6-5　图 6-122 示匀晶相图中,有一成分 $0.5B$ 的合金,试确定

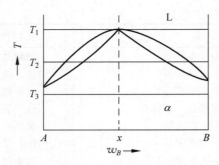

图 6-121   有极大点的匀晶相图

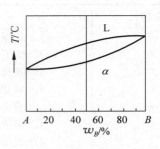

图 6-122   匀晶相图

(1) 平衡凝固到某温度时,液相含有 $0.4B$,固相含有 $0.8B$,此时固、液相各占多少分数。

(2) 不平衡凝固到该温度时,已结晶固相中最早结晶部分成分、L-α 界面处 L,α 二相的成分和固相的平均成分。

注:假设合金在凝固时,固相中无扩散,液体中可充分对流,成分均匀。

6-6   根据图 6-123 所示二元共晶相图

(1) 分析合金 I,II 的结晶过程,并画出冷却曲线。

(2) 说明室温下合金 I,II 的相和组织是什么?用杠杆定律计算出相和组织的量。

(3) 如希望得到共晶组织加上 5% 初生 β 的合金,求合金的成分。

(4) 如合金 I,II 在快冷不平衡状态下结晶,组织有何不同?

6-7   分析图 6-124 示 Ti-W 合金相图中,合金 I$(0.4\,W)$ 和 II$(0.93\,W)$ 在平衡冷却和快冷时组织的变化以及 $1000\,℃$ 时的组织。

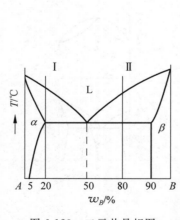

图 6-123   二元共晶相图

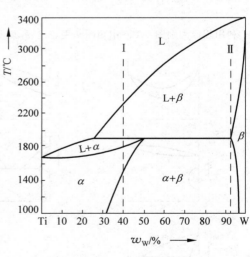

图 6-124   Ti-W 相图

6-8   分析图 6-125 示 Zn-0.05Mg 合金的结晶过程及室温平衡组织,如用金属模铸造,其结晶过程及室温组织将发生什么变化?

6-9   显微镜下观察到 α 相晶界或枝晶间存在 β 相,问 β 相的形成有哪些可能的途径。

6-10   根据下列条件画出一个二元系相图。A 和 B 的熔点分别是 $1000\,℃$ 和 $700\,℃$;含 $w_B=0.25$ 的合金正好在 $500\,℃$ 完全凝固,它的平衡组织由 73.7% 的先共晶 α 和 26.7% 的共晶 $(\alpha+\beta)$ 组成。而 $w_B=0.50$ 的合金在 $500\,℃$ 的组织由 40% 的先共晶 α 和 60% 的共晶 $(\alpha+\beta)$ 组成,并且此合金的 α 总量为 50%。

6-11 求出珠光体中铁素体和渗碳体各占多少？如合金组织中除有珠光体外,还有15%二次渗碳体,求出合金成分。

6-12 根据 Fe-Fe$_3$C 相图

（1）比较 0.4%C 合金在铸态和平衡状态下结晶过程和室温组织有何不同。

（2）比较 1.9×10^{-2}C 合金在慢冷和铸态下结晶过程和室温组织的不同。

（3）说明不同成分区 Fe-C 合金的工艺性（铸造性、冷热变形性）。

6-13 分析 3.5×10^{-2} 铁碳合金平衡冷却至室温的过程,并计算其室温组织中二次渗碳体、共晶渗碳体、共析渗碳体的重量分数。

6-14 用热力学理论说明为什么 Fe-C 系中碳在液相和奥氏体中的溶解度小于 Fe-Fe$_3$C 系中相应的溶解度。

6-15 纯铁分别在 730℃ 和 930℃ 扩散渗碳,使表面增碳至 0.8×10^{-2},试根据 Fe-Fe$_3$C 相图分析慢冷后由表及里碳含量分布及组织分布情况。

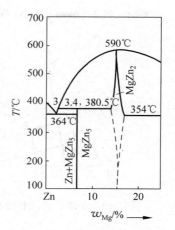

图 6-125 Zn-Mg 相图

6-16 定出图 6-126 示三元合金 x,y 的成分。将成分为 x 的三元合金 300g 与成分为 y 的合金 200g 熔化在一起,形成一个新的合金,试用作图法求出新合金的成分,并用计算法验证。

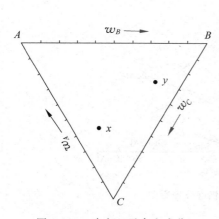

图 6-126 确定三元合金成分

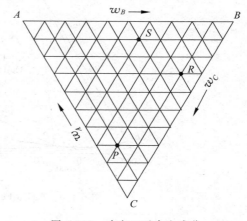

图 6-127 确定三元合金成分

6-17 定出图 6-127 中 P,R,S 三点的成分:

（1）设有 2kg$P$,4kg$R$,7kg$S$,混合后的成分是什么？

（2）若有 4kg$P$ 成分合金,问要配什么样成分的合金才能混合成 10kg$R$ 成分的合金。

（3）定出含 C 为 0.8,而 A 和 B 组元浓度比等于 S 成分的合金的成分。

6-18 某三元合金 K 在温度 t_1 时分解为 B 组元和液相,两个相的相对量 $W_B/W_L = 2$,已知合金 K 中 A 组元和 C 组元的重量比为 3,液相含 B 为 0.4,试求合金 K 的成分。

6-19 求出 A-B-C 三元相图中,$A/B = 1$,$A/C = 1/3$ 两条成分特性线交点的成分。

6-20 图 6-128 是 A-B-C 三元相图富 A 角的投影图。

（1）说明 E 点是什么四相反应？写出它的反应式,并说明判断依据。

（2）什么成分的合金结晶后的组织为:

(a) $\alpha + (\alpha + A_m B_n + A_i C_k)$

(b) $(\alpha + A_m B_n) + (\alpha + A_m B_n + A_i C_k)$

6-21 图 6-129 所示为 Al-Fe-Si 系液相面投影图,指出图中 P_1,P_2,E 各点的四相平衡反应。

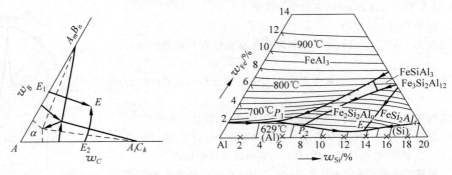

图 6-128 *A-B-C* 三元相图富 *A* 角投影图   图 6-129   Al-Fe-Si 系液相面投影图

6-22   Al-Cu-Fe 三元系富铝部分的液相面和固相面投影图如图 6-130 所示。Cu,Al 和 Fe 三组元在化合物 $FeAl_3$,Cu_2FeAl_7,$CuAl_2$ 中的固溶度均非常小,可忽略不计。

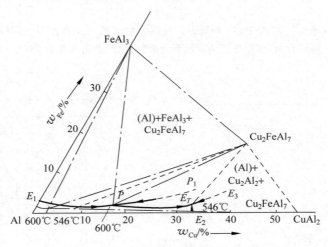

图 6-130   Al-Cu-Fe 系富铝部分投影图

(1) 写出在 P 点和 E_T 点存在的四相平衡反应,判据在 P 点和 E_T 点相交的各单变线是属于共晶线还是包晶线,并说明理由。

(2) 图中 Al-0.25Cu-0.05Fe 合金平衡冷凝后的显微组织是什么?

(3) (Al)+$CuAl_2$+Cu_2FeAl_7 三相共晶中,什么相的质量分数最大? 什么相的质量分数最小?

第7章 界　面

7.1　研究界面的意义

界面是晶体中的面缺陷,对晶体材料的性质和发生的转变过程有重要影响。

界面阻碍位错运动,引起界面强化,提高材料的强度。界面阻碍变形,使变形分布均匀、提高材料的塑性,强度、塑性的提高相应使材料韧性也得到改善。因此,界面的增加,得到细晶组织,可大大改善材料的力学性能。

界面具有高的能量,在化学介质中不稳定,产生晶界腐蚀,故界面影响材料的化学性能,界面也影响材料的物理性能,如材料组织中晶粒增大,界面减少,可提高磁导率,降低矫顽力。在高温下界面强度降低,成为薄弱环节。

界面影响形变过程及形变金属加热时发生的再结晶过程。界面增大变形阻力,增加变形储能,影响到再结晶时的形核,细小晶粒组织可增大再结晶的形核率,再结晶时晶核的长大和再结晶后晶粒的长大都是界面迁移过程。

结晶凝固和固态相变大都是新相生核和核心长大过程,形核依附界面,长大依靠界面迁移。因此,界面的结构和特性影响凝固和相变过程。

由于界面的重要影响,受到广泛的重视,成为材料科学的重要组成内容。

7.2　界面类型和结构

晶体中的界面可按不同方法予以分类。

7.2.1　按界面两边物质状态分类

（1）表面

包括固-气界面和固-液界面、固-气界面即自由表面,其结构和性质与晶体内部不同,表面原子偏离平衡位置,原子间距有所变化。固-液界面为凝固中新相晶体与液相之间的界面,因材料特性不同,有粗糙界面和光滑界面,粗糙界面为几个原子层厚的过渡层,光滑界面则为晶体学小平面。

（2）晶界,亚晶界

晶界、亚晶界是晶体结构和组成成分相同,但取向不同的两部分晶体的界面。晶粒之间界面叫晶界,亚晶之间界面叫亚晶界。为描述晶界的几何特征,采用两个参量,一是两个晶粒之间的位向差 θ,二是晶界相对于某一晶粒的位向 φ。对二维晶体,两个参量 θ 与 φ 即可表征(图 7-1(a)(b)),其几何自由度为 2;对三维晶体,则需要 5 个自由度确定晶界的位置。见图 7-1(c)(d)。

如将图 7-1(c)示晶体没 x-z 平面剖开,并使右半部旋转一个角度,即可使两部分晶体具

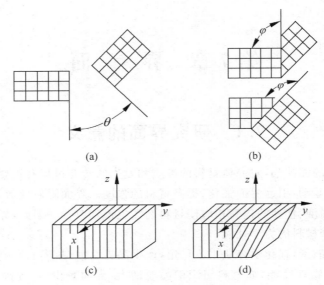

图 7-1 晶体中界面的表示

(a),(b)二维晶体；(c),(d)三维晶体

有不同的位向。由于旋转可绕 3 个轴进行,因此为了使这两部分具有确定的相对位向,必须确定 3 个角度,θ_1,θ_2,θ_3；在相对位向一定的两个晶体之间形成的界面还可以有不同的位置,界面绕 x 轴和 z 轴旋转都可改变界面的位置,故界面相对于一个晶粒的位置以两个参量 φ_1,φ_2 表示,因此,三维晶体中晶界位置可以 5 个自由度表示。对具有对称结构的亚晶界只需 1 个自由度,即 2 个亚晶之间的位向差。对不对称的亚晶界则有 2 个自由度。

（3）相界

相邻二晶体不仅位向不同,晶体结构也不相同,有时成分也不相同,即界面两边为两个不同的相,这种界面叫相界。

7.2.2 按界面两边晶体取向差角度分类

（1）小角界面

界面两边晶体位向差小于 10°时,形成小角界面,亚晶界即属于小角界面。小角界面由一系列位错组成,由刃型位错组成的叫倾侧界面,由螺型位错组成的叫扭转界面,详见 4.25 节。

（2）大角界面

对大角界面结构的认识是在不断发展的,早期提出非晶态模型,认为晶界层中原子排列接近于过冷的液体,另一早期模型是莫特提出的小岛模型,认为晶界中存在原子排列良好的岛屿,散布在原子排列匹配不良的区域中,这些岛屿的直径约数个原子间距。近年来,提出晶界的重合位置点阵模型,对某一晶型的晶体,绕一定晶体轴旋转一定角度,获得不同取向的另一晶体,将二晶体相互延伸,则不同取向晶体中有某些原子相互重合,这些原子叫重合位置原子,具有周期性分布,由这些重合原子可组成一新的点阵,称为重合位置点阵。并以一参量"重合位置密度"表征重合位置点阵的特征。重合位置密度指重合位置点阵的阵点占原有点阵阵点的分数,以符号 $1/\Sigma$ 表示,图 7-2 示出绕垂直纸面的〈110〉轴旋转 50.5°两个体心立方晶体,具有 1/11 的重合位置密度,不同结构晶体中重要的重合位置点阵在表 7-1 中给出。

表 7-1 不同结构晶体中的重合位置点阵

晶 体 结 构	旋 转 轴	转动角度/(°)	重合位置密度 1/Σ
体心立方	⟨100⟩	36.9	1/5
	⟨110⟩	70.5	1/3
	⟨110⟩	38.9	1/9
	⟨110⟩	50.5	1/11
	⟨111⟩	60.0	1/3
	⟨111⟩	38.2	1/7
面心立方	⟨100⟩	36.9	1/5
	⟨110⟩	38.9	1/9
	⟨111⟩	60.0	1/3
	⟨111⟩	38.2	1/7
密排六方	⟨001⟩	21.8	1/7
	⟨210⟩	78.5	1/10
	⟨001⟩	86.6	1/17
	⟨001⟩	27.8	1/13

重合点阵模型认为大角界面是由重合点阵的密排面所组成,界面上有较多的重合位置,二边晶体的原子在该处吻合良好,因而畸变程度小,界面能较低。当界面位置与密排面重合,界面全部由密排面组成,若界面位置不与密排面重合,则大部分分段与密排面重合,中间以小台阶相连,界面与重合点阵密排面相差越大,台阶也越多。图 7-2 中的 *BC* 段即为连接密排小面 *AB*、*CD* 的台阶。如前所述,两个相邻晶粒要形成重合位置点阵,必须具有特定的相对位向,稍为偏离这些特定位向,就会破坏重合点阵,为使出现重合点阵的特定位向有所扩展,有人提出在重合位置点阵密排面上引入一列重合位置点阵的刃型位错,使该密排面既是两个相邻晶粒的晶界,又是重合位置点阵的小角倾侧晶界,如图 7-3 所示。如小角晶界两侧晶粒位向差为 8°,则原来产生重合位置点阵的特定位向可扩展在小于 8°的各种角度。

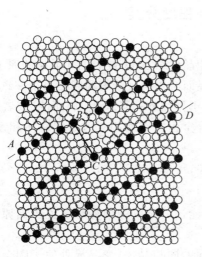

图 7-2 体心立方晶体中的重合位置点阵

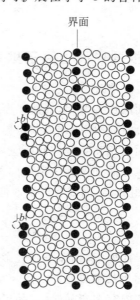

图 7-3 重合位置点阵的小角晶界

通过调整重合点阵位错密度,以改变二晶粒的特定位向,可使大部分任意位向的大角晶界以重合点阵模型描述。

继重合点阵模型之后,有人又提出新的改进模型,叫结构单元或重复部分模型。认为界面上的原子成群存在,这些原子群中包含少量原子,其排列规则,类似于晶体内部原子的排列,界面中的原子群周期性重复排列,故叫做结构单元,或重复部分,不同类型的重复部分对应不同的特定位向,由不同类型重复部分组成的晶界可使特定位向差有所扩展。在重复部分的基础上,引入晶界位错,可使其位向差进一步增大,如图 7-4、图 7-5 所示。

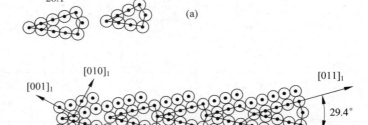

图 7-4　晶界的重复部分模型

（a）不同位向的重复部分；（b）由不同类型重复部分组成的界面

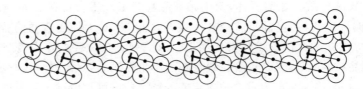

图 7-5　重复部分界面引入晶界位错

7.2.3　根据界面上原子排列情况和吻合程度分类

（1）共格界面

当界面两边为两相,界面上原子同时处于两相晶格结点上,或者两相晶格的原子在界面处相互吻合,这种界面称为**共格界面**。形成共格界面必须满足结构和间距大小一致原则,即两相在界面处相互吻合的晶面应该具有接近的原子排列和原子间距,从而使(或者说要求)两相晶体在界面处保持一定取向关系,如 Cu-Si 合金由富铜面心立方 α 相基体和富硅密排六方 K 相组成,界面处有以下取向关系:

$$(111)_\alpha \; // \; (0001)_K$$

$$[\bar{1}10]_\alpha \; // \; [11\bar{2}0]_K$$

如在共格界面处,两相原子有轻微的不吻合,则需能过一定的弹性变形以使界面原子协调,这种变形称为**共格应变**。

当晶体内存在孪晶时,孪晶界两侧为位向不同的同相晶体,孪晶界处原子吻合良好,属于共格界面。

共格界面示意图如图 7-6 所示。

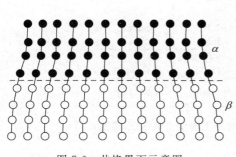

图 7-6　共格界面示意图

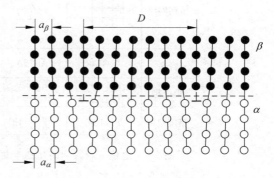

图 7-7　半共格界面示意图

（2）半共格界面

当在界面处吻合的两相晶面原子排列相近,但原子间距差别较大,则两相原子在界面处不能全部吻合形成完全的共格界面,而是部分吻合形成不完全的共格区,不吻合处形成刃型位错,这种界面叫做半共格界面,如图 7-7 所示。半共格界面中位错间距由两相晶面在界面处的失配度 δ 确定,失配度定义为

$$\delta = \frac{a_\alpha - a_\beta}{a_\alpha} \tag{7-1}$$

由简单的几何关系 $D/a_\beta = a_\alpha/(a_\alpha - a_\beta)$,得出位错间距

$$D = \frac{a_\alpha \cdot a_\beta}{a_\alpha - a_\beta} = \frac{a_\beta}{\delta} \tag{7-2}$$

当 δ 很小时,$D = b/\delta$,$b = (a_\alpha + a_\beta)/2$,后者为位错的柏氏矢量。即随失配度增大,位错间距变小,界面位错增多,但如失配度很大,位错间距很小,位错结构失掉物理意义,则完全失去共格性,成为非共格界面。

一般,当 $0.05 \leqslant \delta \leqslant 0.25$ 时,可形成半共格界面;$\delta < 0.05$,形成共格界面,$\delta > 0.25$,则形成非共格界面。

在实际的半共格界面上,两相点阵上的错配多是二维的,这时界面上可含有 $D_1 = b_1/\delta_1$ 和 $D_2 = b_2/\delta_2$ 的两组界面位错,如图 7-8 所示。这两组甚或三组界面位错可构成不同形式的网络,如图 7-9 所示。

（3）复杂半共格界面

有时,界面上两相的点阵匹配并不良好,但可在引入位错之外再加入单原子结构台阶,以增大界面的共格程序,从而形成复杂的半共格界面。

如 Fe-Ni 合金中,面心立方 γ 相与体心立方 α 相两相有取向关系,$(111)_\gamma // (110)_\alpha$,$[\bar{2}11]_\gamma // [\bar{1}10]_\alpha$,但因两相点阵常数相差较大,界面上原子匹配情况很差,如图 7-10(a),纸面代表界面,圆圈是 γ 相原子,黑圈代表 α 相原子,两相原子间的良好匹配只存在于小的平行四

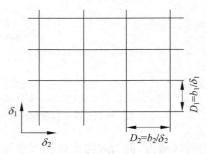

图 7-8　半共格界面上因二维错配
　　　　形成的二维位错网络

位错网络	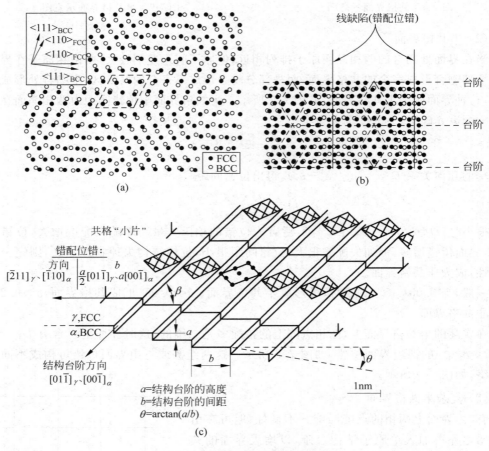			
合金	Al-4Cu	Al-15Ag	Al-2.7Cu-1.36Mg	Ni-20Cr-2.3Ti-1.5Al
组成相	α(面心立方) θ'(体心立方)	α(面心立方) -γ(密排六方)	α(面心立方) -S(正交)	γ(面心立方)- γ'(有序面心立方)
错排位错	$a\langle 100\rangle$	$\frac{a}{6}\langle 112\rangle$	$\frac{a}{2}\langle 101\rangle$	$\frac{a}{2}\langle 110\rangle$

图 7-9　电镜下观察到的几种半共格相界面上的位错网络(示意图)

图 7-10　复杂半共格界面示意图

(a) FCC 与 BCC 有 $(110)_{BCC}$∥$(111)_{FCC}$、$[\bar{1}10]_{BCC}$∥$[\bar{2}11]_{FCC}$位向关系时界面两侧原子的匹配情况;

(b) 引入错配位错和结构台阶的复杂共格界面两侧原子的匹配情况;(c)(b)的立体图

边行区域内,但引入错配位错和单原子高度的台阶,图 7-10(b)、(c),可使匹配良好的区域增多,这是由于面心立方 γ 相(111)面的堆垛顺序为 $ABCABC\cdots$,而在体心立方的 α 相(110)面堆垛顺序为 $abab$,于是,各层台阶上的匹配关系相应为 A_γ-a_α,B_γ-b_α,C_γ-a_α,A_γ-b_α,通过匹配关系的改变,可使匹配良好的区域大为增多。

描述界面上结构台阶的参量有台阶高度 a、台阶间距 b 和界面偏转角 $\theta = \arctan \dfrac{b}{a}$,由于界面的偏转使界面的表观位向偏离原始密排面的位向,成为无理面。

(4) 非共格界面

界面两侧两相晶体结构和原子间距相差很大,界面原子混乱、无序,不相吻合,形成非共格界面,也即大角界面。

7.3　界　面　能　量

界面处原子不同程度偏离平衡位置,引起能量升高,此部分能量叫界面能。如没有界面时系统吉布斯自由能为 G_0,引入面积为 A 的界面后,系统吉布斯自由能 $G_s = G_0 + A\gamma$,式中,γ 为单位面积吉布斯自由能,或比界面能,

$$\gamma = \frac{G_s - G_0}{A} = \frac{\Delta G}{A} \tag{7-3}$$

一般,界面能量即以 γ 表示。界面能大小取决于界面结构,其来源有因表面原子键合变化引起的化学能项和表面原子变形引起的应变能项两类。

7.3.1　表面能

(1) 表面能的来源

单位面积表面能(比表面能)即单位面积表面吉布斯自由能,由表面内能和表面熵两部分组成,

$$\gamma = (\Delta E - T\Delta S)/A \tag{7-4}$$

表面内能是表面原子近邻原子键数变化所引起,近邻原子键数减少、断键数增加,表面内能增加。以面心立方晶体(111)密排面为例,如每个原子的键能为 $\varepsilon/2$,形成表面时一个原子失去的键数为 3,则单位面积表面内能为

$$
\begin{aligned}
\frac{\Delta E}{A} &= \frac{\text{单位(111) 面积内的原子数} \times \dfrac{3}{2}\varepsilon}{\text{单位(111) 面的面积}} \\
&= \frac{\left(3 \times \dfrac{1}{6} + 3 \times \dfrac{1}{2}\right) \times 3 \times \dfrac{\varepsilon}{2}}{\dfrac{\sqrt{3}}{2}a^2} = \frac{2\sqrt{3}}{a^2}\varepsilon
\end{aligned} \tag{7-5}
$$

键能 ε 可由升华热 L_S 确定,1 摩尔面心立方固相气化,形成 $12N_a$ 个断键,有以下关系:

$$L_S = 12N_a \cdot \frac{\varepsilon}{2}$$

可得到

$$\varepsilon = L_S/6N_a \tag{7-6}$$

以式(7-6)代入式(7-5),则

$$\Delta E_A = \Delta E/A = \frac{2\sqrt{3}}{a^2} \cdot \frac{L_S}{6N_a} = \frac{0.577 L_S}{a^2 \cdot N_a} \tag{7-7}$$

当温度较低时,可忽略表面熵,则上式导出的表面内能即为比表面能 γ。在较高温度、考虑表面熵时,因熵值为正,故表面吉布斯自由能低于表面内能,即 $\gamma < \Delta E_A$。

（2）表面能与取向关系

若表面不是密排面,与最密面有一位向差角,可把任意位向的表面分解为平行密排面的许多小台阶以降低能量,图 7-11 为一简单立方晶体的表面,与最密面成 θ 角。

单位面积表面中沿单位长度方向的断键数可由图示几何关系求出,在垂直方向断键数为 $m = \sin\theta/a$,水平方向断键数为 $n = \cos\theta/a$,沿单位宽度方向的断键数为 $1/a$,则单位面积表面的断键数为 $(\sin\theta/a + \cos\theta/a) \times \dfrac{1}{a}$。每个断键提供 $\varepsilon/2$ 键能,故引起表面内能增加

$$\Delta E_A = (\cos\theta + \sin\theta) \cdot \varepsilon/2a^2 \tag{7-8}$$

说明表面内能与位向角 θ 有关,有图 7-12 示出的关系,同样,γ 与 θ 也有类似关系。

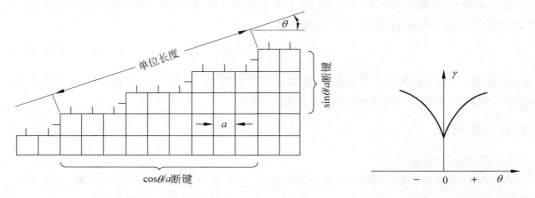

图 7-11　表面能的断键模型　　　　　图 7-12　表面能与位向差角关系

图中看出,当表面与密排面重合时,表面能最低,在图中出现尖点。对三维晶体,可以一立体图形表示 γ 与 θ 关系,晶体放在原点,矢径方向表示晶面的法线方向,大小表示表面能,这种图叫伍尔夫图或 γ 图。图 7-13 为一面心立方晶体伍尔夫图的 $(1\bar{1}0)$ 截面。

可以看出,$\{111\}$ 和 $\{100\}$ 面有最低的表面能,因此,面心立方晶体为由 $\{100\}$ 和 $\{111\}$ 小面组成的十四面体。

7.3.2　小角界面能

由刃型位错组成的倾侧界面,界面能由位错应变能引起,已知位错间距为 D,可计算出单位界面积的位错数为 $\dfrac{1}{D}$,位错引起的熵变可以忽略,则小角晶界界面能为

$$\gamma = \frac{1}{D}\left[\frac{Gb^2}{4\pi(1-\nu)}\ln\frac{R}{r_0} + E_C\right] \tag{7-9}$$

式中,E_C 为位错中心部分因错排引起的核心能。根据 $D = b/\theta$,取 $R = D$,$r_0 = b$,代入式（7-9）,得

$$\gamma = \frac{Gb\theta}{4\pi(1-\nu)}\left[\frac{E_C 4\pi(1-\nu)}{Gb^2} - \ln\theta\right]$$

$$= \gamma_0 \cdot \theta(A - \ln\theta) \tag{7-10}$$

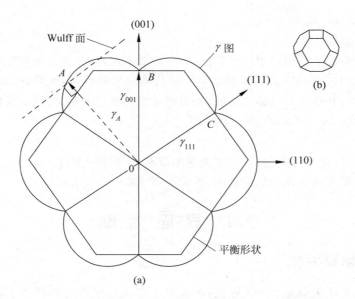

图 7-13　面心立方晶体 γ 图的 $(1\bar{1}0)$ 截面(a)和三维平衡形貌(b)

式中，$\gamma_0 = \dfrac{Gb}{4\pi(1-\nu)}$，$A = \dfrac{E_c \cdot 4\pi(1-\nu)}{Gb^2}$。

因此，小角界面能 γ 是位向差角 θ 的函数，随 θ 增大 γ 增加，以 Cu 为例，有图 7-14 所示关系，但上述关系只能在 10° 以内符合，超出 10°，计算值以虚线示出，与实验值(实线)不再相符合了。

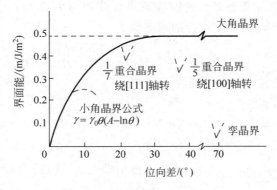

图 7-14　界面能与位向差关系

以上公式对扭转晶界也可适用，但系数 γ_0 和 A 的数值不同。

7.3.3　大角界面能

（1）一般大角界面

一般大角界面，包括非共格相界面，原子排列混乱，界面原子键合受到很大破坏，具有高的化学键能，并且不随位向差改变，大约在 $500 \sim 600\mathrm{mJ/m^2}$ 范围。如图 7-14 中大角界面能为一水平线。对某些特殊位向的大角晶界，由于形成了重合位置点阵，大角界面上有高密度的重合位置原子，因而使界面能有所下降，如图中所示 1/5 和 1/7 重合位置晶界，界面能下

降至 $300 \sim 400 \mathrm{mJ/m^2}$ 范围。

（2）共格和半共格界面

共格界面因界面处二相原子匹配良好，化学键能不高，但界面原子发生弹性变形以维持共格，故有高的共格应变能，共格界面能主要由共格应变能引起，大约在 $50 \sim 200 \mathrm{mJ/m^2}$ 范围。半共格界面由共格区和位错区组成，界面能包括共格应变能、位错应变能和非共格区的化学键能。大约在 $200 \sim 500 \mathrm{mJ/m^2}$ 范围。

（3）孪晶界

对共格孪晶界，化学键能很低，应变能基本没有，界面能大约 $20 \mathrm{mJ/m^2}$。

非共格孪晶界也有较高的化学键能，界面能在 $100 \sim 500 \mathrm{mJ/m^2}$。

7.4 界 面 偏 聚

7.4.1 晶界偏聚方程

由于溶质原子和溶剂原子尺寸不同，溶质原子置换晶格中的溶剂原子，产生畸变能，使体系的内能升高，若溶质原子迁入疏松的晶界区，可以松弛这种畸变能，使体系内能下降。因此，若以 E_l 和 E_g 表示一个原子位于晶格和晶界时的平均内能，则使溶质原子向晶界区偏聚的驱动力为

$$\Delta E_a = E_l - E_g \tag{7-11}$$

过程的进行，有驱动力，也必然会遇到阻力，晶格内的位置数（N）远大于晶界区的位置数（n），从组态熵（或结构熵）考虑，则溶质原子又趋向于混乱分布，停留在晶格，从而成为过程的阻力。设位于晶格内及晶界区的溶质原子数分别为 P 及 Q，则 P 个溶质原子占据 N 个位置和 Q 个溶质原子占据 n 个位置的组态熵为

$$S = k_B \ln W = k_B \ln \frac{N! n!}{P!(N-P)! Q!(n-Q)!} \tag{7-12}$$

这种分布情况下合金的吉布斯自由能为

$$\begin{aligned}
\Delta G &= \Delta E - T\Delta S \\
&= (PE_l + QE_g) - k_B T [N\ln N + n\ln n - P\ln P - (N-P)\ln(N-P) \\
&\quad - Q\ln Q - (n-Q)\ln(n-Q)]
\end{aligned}$$

上式展开时，应用了斯特林近似公式，平衡条件为 $\dfrac{\partial G}{\partial Q} = 0$，并注意到晶界区增加的溶质原子数等于晶格内减少的溶质原子数，即 $\mathrm{d}P = -\mathrm{d}Q$，简化后得到平衡关系式

$$E_g - E_l = k_B T \ln \left[\left(\frac{n-Q}{Q} \right) \cdot \left(\frac{P}{N-p} \right) \right]$$

因此

$$\frac{Q}{n-Q} = \frac{P}{N-P} \exp \left(\frac{E_l - E_g}{k_B T} \right) \tag{7-13}$$

如用 C 及 C_0 分别表示晶界区和晶格内的溶质浓度，则

$$C_0 = \frac{P}{N}, \quad C = \frac{Q}{n} \tag{7-14}$$

令 ΔE 表示 1 摩尔原子溶质位于晶内及晶界的内能差，

$$\Delta E = N_a \Delta E_a = N_a (E_l - E_g)$$

则

$$\frac{E_l - E_g}{k_B T} = \frac{\Delta E}{RT} \qquad (7\text{-}15)$$

以式(7-14),式(7-15)代入式(7-13),得

$$C = \frac{C_0 \exp(\Delta E / RT)}{1 - C_0 + C_0 \exp(\Delta E / RT)} \qquad (7\text{-}16)$$

在稀固溶体中,$C_0 \ll 1$,因此,

$$C = \frac{C_0 \exp(\Delta E / RT)}{1 + C_0 \exp(\Delta E / RT)} \qquad (7\text{-}17)$$

上式还可进一步近似为

$$C = C_0 \exp(\Delta E / RT) \qquad (7\text{-}18)$$

上式即晶界偏聚方程,给出在溶质晶内浓度 C_0 情况下在晶界偏聚的溶质浓度。

7.4.2 影响晶界偏聚的因素

由晶界偏聚方程可以分析影响偏聚的因素。

(1) 晶内溶质浓度(C_0)

由于晶界区与晶内区溶质浓度达到平衡,因而 C_0 对 C 有影响,公式(7-18)指出,C_0 愈大,C 也愈大。

(2) 温度

由于式(7-18)中 ΔE 为正,故升温使 C 下降。这是因为温度愈高,则 TS 项对吉布期自由能的影响愈大,而晶内的点阵位置多,溶质原子在晶内分布,使混乱度增大,即组态熵大,随温度升高,组态熵影响增大,作为过程阻力,使晶界偏聚的趋势下降,从而 C 减少。但也应指出,晶界偏聚时,原子需要从晶内扩散到晶界,若温度过低,虽然平衡时的 C 应该较高,但受扩散限制,达不取这种较高的平衡 C 值。

(3) 畸变能差(ΔE)和最大固溶度(C_m)

由式(7-18)可以看出,溶质原子在晶内和晶界的畸变能差(ΔE)愈大,晶界偏聚的溶质浓度 C 愈高。

畸变能差与溶质原子和溶剂原子尺寸因素的差异直接相关,也与电子因素有关,而原子尺寸因素和电子因素的差异可由一定温度下溶质组元在溶剂金属中的最大固溶度 C_m 综合反映,C_m 可由相应二元相图的固溶度曲线确定。可以预料,C_m 愈小,即溶质处于晶内愈困难,畸变能差愈大,则 C 将会愈大。如硼在铁中的固溶度很少,硼在铁中的晶界偏聚的趋势将会很大。大量的实验结果证实了这种推论,图 7-15 给出有关实验结果。

(4) 溶质元素引起界面能的变化

吉布斯曾指出,凡能降低表面能的元素,将会富集在晶体界面上产生晶界吸附或偏聚。并根据热力学原理导出二元系恒温吸附方程:

$$\Gamma_i = -\frac{1}{RT} \frac{\partial \gamma}{\partial \ln x} = -\frac{x}{RT} \left(\frac{\partial \gamma}{\partial x} \right)_i \qquad (7\text{-}19)$$

式中,Γ_i 是单位表面积吸附 i 组元的量(mol/cm²),或单位表面积上溶质浓度和在晶体内部平均浓度之差;γ 为比表面能;x 为溶质原子在晶体中的平衡体积浓度(mol/cm³);R 为

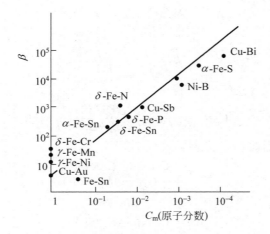

图 7-15　晶界偏聚富集系数($\beta = C/C_0$)与 C_m 关系

气体常数。$\dfrac{\partial \gamma}{\partial x}$表示在一定温度下,比表面能随晶体平衡浓度的变化率。由式(7-19)可以看出,若$\dfrac{\partial \gamma}{\partial x} < 0$,即增加溶质浓度,可降低比表面能,则产生表面正吸附,表面偏聚溶质组元。吉布斯方程不仅适用于表面,也适用于内界面,如晶界、相界等。

7.5　界　面　迁　移

　　界面的迁移运动是各类转变的重要基础,转变中新相的长大实质是界面迁移的过程,界面迁移速度决定新相长大速度,影响界面迁移的因素同样影响新相长大过程。

7.5.1　界面迁移速度

　　界面迁移实际是相邻晶粒原子运动的结果,界面迁移与原子运动方向相反、速度相同,如图 7-16 所示,有 $v_{界} = -v_{原}$ 的关系。

　　界面两侧原子的运动是由于两边原子所处的吉布斯自由能不同,如图 7-17 所示。

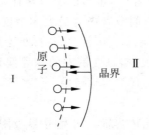

图 7-16　界面迁移与原子运动

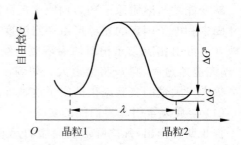

图 7-17　界面两侧原子的吉布斯自由能曲线

　　晶粒 1 原子比晶粒 2 原子吉布斯自由能高出 ΔG,晶粒 1 原子跳出平衡位置的激活能为 ΔG^a,设晶粒 1 侧单位面积原子数为 n_1,原子振动频率为 ν_1,具有能量 ΔG^a 的原子数为 $\mathrm{e}^{-\Delta G^a/RT}$,跳出原子中被晶粒 2 接收的几率为 A_2,则从晶粒 1 到晶粒 2 的原子有效流量 $J_{1-2} =$

$A_2n_1\nu_1\exp(-\Delta G^{\mathrm{a}}/RT)$，同样，从晶粒 2 跳向晶粒 1 的原子有效流量 $J_{2-1}=A_1n_2\nu_2\exp-$ $[(\Delta G^{\mathrm{a}}+\Delta G)/RT]$，式中符号表示意义同前。平衡时，$\Delta G=0$，$A_2n_1\nu_1=A_1n_2\nu_2$，对 $\Delta G>0$ 可假定也符合此关系。则从晶粒 1 至晶粒 2 原子的净流量为

$$J = J_{1-2} - J_{2-1} = A_2n_1\nu_1\exp\left(-\frac{\Delta G^{\mathrm{a}}}{RT}\right)\left\{1 - \exp\left(-\frac{\Delta G}{RT}\right)\right\} \tag{7-20}$$

界面迁移速度为单位时间界面沿长度方向迁移的距离，可转换为单位时间、单位面积界面的体积迁移量，除以原子体积即相应于单位时间、单位面积的原子流量（J），见图 7-18，原子体积可由摩尔体积（V_{m}）和摩尔原子数（N_{a}）求出。

以上关系可表示为

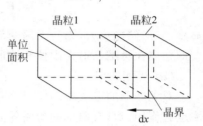

图 7-18　界面迁移速度与原子流量关系

$$\frac{v_{\text{界}}}{V_{\mathrm{m}}/N_{\mathrm{a}}} = J \tag{7-21}$$

以式(7-20)代入，得

$$v_{\text{界}} = \frac{A_2n_1\nu_1 V_{\mathrm{m}}}{N_{\mathrm{a}}}\exp\left(-\frac{\Delta G^{\mathrm{a}}}{RT}\right)\left\{1 - \exp\left(-\frac{\Delta G}{RT}\right)\right\}$$

当 $\Delta G\ll RT$，$\exp\left(-\dfrac{\Delta G}{RT}\right)$ 可近似为 $1-\dfrac{\Delta G}{RT}$，则

$$v_{\text{界}} = \frac{A_2n_1\nu_1\cdot V_{\mathrm{m}}^2}{N_{\mathrm{a}}\cdot RT}\exp\left(-\frac{\Delta G^{\mathrm{a}}}{RT}\right)\left(\frac{\Delta G}{V_{\mathrm{m}}}\right) = M\cdot p$$

式中，

$$M = \frac{A_2n_1\nu_1 V_{\mathrm{m}}^2}{N_{\mathrm{a}}\cdot RT}\exp\left(-\frac{\Delta G^{\mathrm{a}}}{RT}\right)$$

$$= \frac{A_2n_1\nu_1 V_{\mathrm{m}}^2}{N_{\mathrm{a}}\cdot RT}\exp\left(\frac{\Delta S_{\mathrm{a}}}{R}\right)\cdot\exp\left(-\frac{\Delta H_{\mathrm{a}}}{RT}\right) \tag{7-22}$$

M 叫做迁移率，是单位驱动力下的迁移速度。$p=\dfrac{\Delta G}{V_{\mathrm{m}}}$，叫驱动力，为晶粒两侧材料单位体积的吉布斯自由能差。驱动原子由吉布斯自由能高的晶粒迁移向吉布斯自由能低的晶粒，而晶界则迁移向吉布斯自由能高的一侧，驱动力单位为 $\mathrm{N/m^2}$。

驱动力表达式的确定可证明如下。设单位面积晶界在驱动力 p 作用下迁移 Δx 的距离，驱动力做功 $p\Delta x$，界面迁移 Δx，由晶粒 2 进入晶粒 1 的摩尔原子数为 $\Delta x/V_{\mathrm{m}}$，相应降低的能量为 $\Delta G\Delta x/V_{\mathrm{m}}$，降低的能量提供驱动力做功，故

$$p\cdot\Delta x = \Delta G\cdot\Delta x/V_{\mathrm{m}}$$

即

$$p = \Delta G/V_{\mathrm{m}} \tag{7-23}$$

7.5.2　界面迁移的驱动力

界面迁移的驱动力来源于两方面。

（1）变形储能

对冷变形的晶体，各个晶粒和晶粒的各个部分变形是不均匀的，相应位错密度不同，因而各部分吉布斯自由能有差别，如图 7-19 所示 I 区变形不大，接近无畸变的退火态，II 区变

形大,变形储能高,则

$$\Delta G = G_{\mathrm{II}} - G_{\mathrm{I}} = \Delta E - T\Delta S \approx \Delta E = E_{\mathrm{II}} - E_{\mathrm{I}}$$

如Ⅰ区退火态畸变能为零,$E_{\mathrm{I}} = 0$,Ⅱ区单位体积变形储能为 $E_{\mathrm{II\,v}}$,则界面迁移驱动力为

$$p = \frac{\Delta G}{V_{\mathrm{m}}} = E_{\mathrm{II\,v}}$$

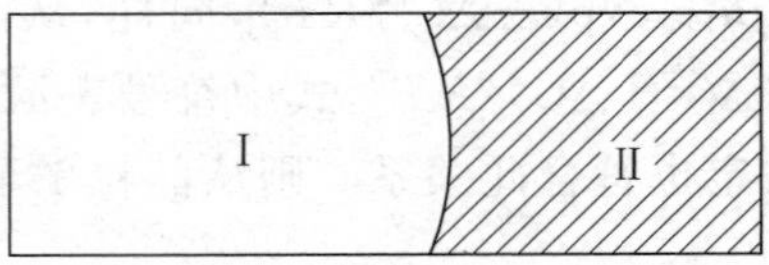

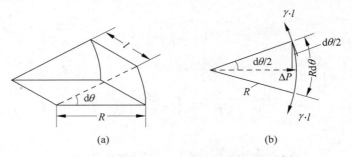

图 7-19　变形储能作为驱动力

显然,变形储能愈大,则与无畸变部分相邻界面迁移的驱动力愈大,其迁移速度也愈大。冷变形金属在再结晶退火中核心的形成和长大即以变形储能为驱动力。

（2）界面曲率

对无变形的退火态晶体,界面曲率成为界面迁移的驱动力,当然,在变形晶体中,界面曲率也起作用。具有曲率的弯曲界面有界面张力作用,产生一向心的法向力,使界面平直化,为维持界面上的力学平衡,保持界面的弯曲,则在界面两侧有一压力差 Δp。如图 7-20 所示曲率半径为 R 的圆柱体界面,沿长度(l)方向作用界面张力 γ,合力为 $\gamma \cdot l$。

图 7-20　圆柱界面上面元和界面张力平衡

界面张力的法向分力与压力差相平衡,

$$2\gamma \cdot l\sin\frac{\mathrm{d}\theta}{2} = \Delta p \cdot R\mathrm{d}\theta \cdot l$$

因 $\mathrm{d}\theta$ 很小,$\sin(\mathrm{d}\theta/2)$ 近似等于 $\mathrm{d}\theta/2$,上式变为

$$2\gamma \cdot l \cdot \frac{\mathrm{d}\theta}{2} = \Delta p \cdot R\mathrm{d}\theta \cdot l$$

可以得出

$$\Delta p = \frac{\gamma}{R} \tag{7-24}$$

对任意曲面,有两个主曲率半径 R_1 和 R_2,界面张力法向分力与压力差有同样平衡关系,可以导出,$\Delta p = \gamma\left(\dfrac{1}{R_1} + \dfrac{1}{R_2}\right)$,对球形曲面,$R_1 = R_2 = R$,则界面两侧压力差

$$\Delta p = \frac{2\gamma}{R} \tag{7-25}$$

根据吉布斯自由能微分式,$\mathrm{d}G = -S\mathrm{d}T + V_{\mathrm{m}}\mathrm{d}p$,在恒温下,$\mathrm{d}G = V_{\mathrm{m}}\mathrm{d}p$,跨越界面积分,得到

$$\Delta G = V_{\mathrm{m}} \cdot \Delta p = \frac{2\gamma \cdot V_{\mathrm{m}}}{R}$$

也即

$$\frac{\Delta G}{V_m} = \frac{2\gamma}{R} = p \quad (\text{驱动力}) \tag{7-26}$$

可见,界面曲率愈大、曲率半径愈小,则驱动力愈大,界面迁移速度愈大。界面迁移减少曲率,降低压力差和自由能差,以趋向于热力学稳定状态,此时界面向曲率中心方向迁移。

7.5.3　影响界面迁移率的因素

（1）溶质原子

许多实验证实,合金中微量杂质或溶质原子会使迁移率下降,如纯度 99.999％ 的铜中加入 0.01％ 碲,可使晶界迁移速度降低 10^6 倍。铅中加入微量锡,由 10^{-6} 增加至 6×10^{-5} 时,晶界迁移率下降 10000 倍。溶质原子降低迁移率的原因与晶界吸附溶质原子有关,界面迁移将拖拽溶质原子一起运动,而溶质原子的运动受在基体中扩散速度的影响,因而阻碍界面迁移,使迁移率下降。溶质原子对任意位向的一般界面影响大,对具有重合位置原子的特殊位向界面,由于界面能低,溶质原子偏聚少,因此,对晶界迁移率影响要小。微量锡对高纯铅一般晶界和特殊晶界迁移速度的影响示于图 7-21。

（2）第二相质点

运动的界面遇到第二相质点,会受到阻碍,使界面迁移速度降低。

当第二相质点的最大截面与界面相符合,体系的总表面能为 $(A-4\pi r^2)\gamma_1 + 4\pi r^2\gamma_2$,式中,$A$ 为界面积,r 为粒子半径,γ_1,γ_2 为界面和第二相质点与基体的比界面能。若界面与质点分开,总表面能为 $A\gamma_1 + 4\pi r^2\gamma_2$。因此,界面若脱离第二相质点,将使能量升高,因而产生阻力 F,阻止界面迁移,引起界面的弯曲。弯曲界面有表面张力作用,表面张力的垂直分力与第二相粒子对界面的阻力 F 大小相等,方向相反。图 7-22 示出其关系。

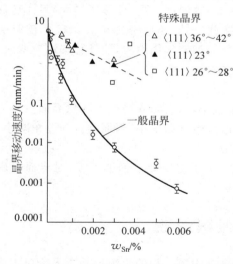

图 7-21　微量 Sn 对高纯 Pb 晶界迁移速度的影响

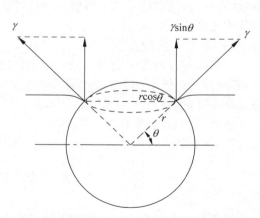

图 7-22　第二相粒子与界面交互作用

沿第二相粒子与界面相交边缘所作用的表面张力垂直分量为 $2\pi r\cos\theta\cdot\gamma\cdot\sin\theta$,与粒子对晶界的阻力 F 相等,故有

$$F = 2\pi r\cos\theta\cdot\gamma\sin\theta = \pi r\cdot\gamma\cdot\sin2\theta$$

令 $\mathrm{d}F/\mathrm{d}\theta=0$,可求得当 $\theta=45°$,粒子对界面作用的阻力最大,此时,

$$F_{max} = \pi r \gamma$$

由于在第二相粒子的体积分量为 f 时,单位面积界面所包含的粒子数目为

$$N = \frac{3f}{2\pi r^2}$$

故单位面积上第二相粒子对界面总的阻力为

$$F_{总阻} = \frac{3f}{2\pi r^2} \cdot \pi r \gamma = \frac{3f}{2r} \cdot \gamma \tag{7-27}$$

式(7-27)表明,第二相质点的体积分量愈大、粒子半径愈小,则其对界面的总阻力愈大。

一个弯曲界面在驱动力作用下发生迁移,运动中遇到第二相质点,则又受到阻力,当驱动力与阻力达到平衡时,界面运动停止。晶粒停止长大而达到一个极限尺寸,根据粒子阻力与驱动力的平衡条件,可以确定晶粒的极限尺寸。设界面为球面,曲率半径为 R,单位面积的驱动力为 $\frac{2\gamma}{R}$,平衡时,

$$\frac{2\gamma}{R^*} = \frac{3f}{2r}\gamma$$

所以晶粒停止长大的极限尺寸为

$$R^* = \frac{4r}{3f} \tag{7-28}$$

因此,第二相粒子体积分量愈大、粒子半径愈小,退火后获得的晶粒愈为细小。

（3）温度

在式(7-22)界面迁移率的关系式中,迁移率与温度的关系为

$$M \propto \frac{1}{T} \cdot e^{-1/T}$$

其中,指数项的影响大于指数项前系数的影响,因此,随温度升高,迁移率增大,界面迁移速度加快,以上关系说明原子扩散受温度的影响。除此以外,还应考虑第二相粒子在温度升高,达到一定高温时,会发生溶解,此时,粒子对界面的抑制作用消失,使迁移率迅速增大,晶粒长大速度急剧变快。

（4）晶粒间位向差

相邻晶粒位向差影响晶界的结构,随着位向差减小,由大角界面变为小角界面直至无界面,相应原子扩散由晶界扩散向晶格扩散过渡,扩散系数逐渐变小,因而随位向差角减小,界面迁移率降低。

此外,某些具有重合位置原子的特殊位向界面,由于溶质原子偏聚不多,对界面阻碍较小,因而界面具有较高的迁移率。

7.6　界面与组织形貌

界面结构和能量决定了单相合金晶粒和复相合金中第二相的组织形貌。无论单相或复相合金,组织的平衡形貌都必须满足界面能最低的热力学条件。

7.6.1　单相组织形貌

（1）界面的平直化与转动

对于两个晶粒以任意曲率接触的大角界面,若比界面能 γ 为常数,则界面能 γA 取决于

界面面积 A，平衡时界面能应达到最小，只有减小界面积 A 才能达到，因此，两个晶粒间的曲界面有平直化以减少面积的趋向。

如界面能与界面的位向有关，则界面还要转到界面能更低的位向去，这种转动实际是靠原子的逐个迁移来完成的。设有如图 7-23 所示长度为 l、单位宽度的平直晶界 OP，（P 为与其他晶界相交的结点）。

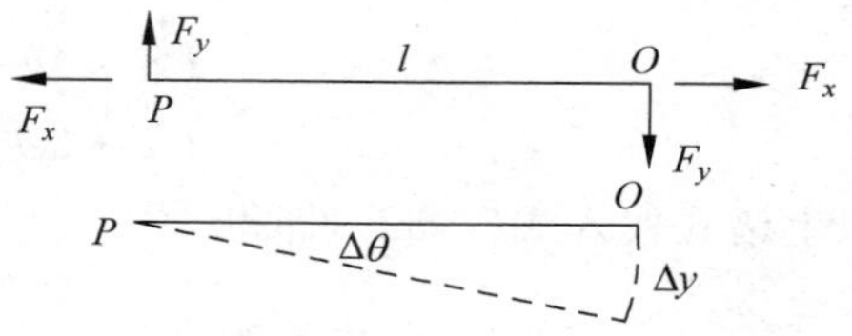

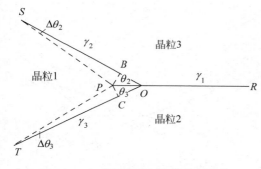

图 7-23　晶界 OP 上力的平衡

在结点 O，P 处有作用力 F_x 和 F_y 以维持平衡。F_x 即界面张力 γ，F_y 可求得如下。如 P 点不动，O 点移动一小距离 Δy，则所作之功为 $F_y \cdot \Delta y$。由于界面转动一个角度 $\Delta\theta$，界面位向发生改变，界面能的变化为 $l \cdot \dfrac{\mathrm{d}\gamma}{\mathrm{d}\theta} \cdot \Delta\theta$，界面能的变化与 F_y 力作功应相等，即

$$F_y \cdot \Delta y = l \cdot \frac{\mathrm{d}\gamma}{\mathrm{d}\theta} \cdot \Delta\theta$$

因为 $\Delta y = l \cdot \Delta\theta$，故

$$F_y = \frac{\mathrm{d}\gamma}{\mathrm{d}\theta} \qquad (7\text{-}29)$$

当界面处于低界面能位向，界面不发生转动；当界面在其他较高界面能位向，F_y 驱使界面转动。包含 $\dfrac{\mathrm{d}\gamma}{\mathrm{d}\theta}$ 的项称为扭矩项

图 7-24　三叉界棱处平衡条件的分析

（2）界面平衡的热力学条件

设图 7-24 所示三个晶粒相交于三叉晶界，图中给出晶界的垂直截面。

三晶粒间界面能相应为 γ_1，γ_2，γ_3。取一自 O 点垂直纸面的单位长度，总界面能 $(\gamma A)_0$ 为

$$(\gamma A)_0 = \gamma_1 \cdot OR + \gamma_2 \cdot OS + \gamma_3 \cdot OT \qquad (7\text{-}30)$$

令三叉界棱 O 点移动一微小距离至 P 点，晶粒 1、3 和 1、2 之间的晶界都将发生转动，使晶界的位同改变，因而界面能的相应变化中应包括扭矩项，晶棱移动到 P 时的界面能 $(\gamma A)_P$ 为

$$(\gamma \cdot A)_P = \gamma_1 \cdot PR + \left[\gamma_2 + \frac{\mathrm{d}\gamma_2}{\mathrm{d}\theta_2} \cdot \Delta\theta_2\right] \cdot PS + \left[\gamma_3 + \frac{\mathrm{d}\gamma_3}{\mathrm{d}\theta_3} \cdot \Delta\theta_3\right] \cdot PT \qquad (7\text{-}31)$$

根据热力学平衡条件，当界面能差为 0 时，过程达到平衡，因此 $(\gamma A)_P - (\gamma A)_0 = 0$，即为三叉界棱处的平衡条件，即

$$(\gamma \cdot A)_P - (\gamma \cdot A)_0 = \gamma_1(PR - OR) + \gamma_2(PS - OS) + PS\frac{\mathrm{d}\gamma_2}{\mathrm{d}\theta_2}\Delta\theta_2$$

$$+ \gamma_3(PT - OT) + PT\frac{\mathrm{d}\gamma_3}{\mathrm{d}\theta_3} \cdot \Delta\theta_3 = 0 \qquad (7\text{-}32)$$

因 OP 为无穷小量，故近似有

$$PS - OS = -OB = -OP\cos\theta_2$$
$$PT - OT = -OC = -OP\cos\theta_3$$
$$PS \cdot \Delta\theta_2 = PB = OP\sin\theta_2$$
$$PT \cdot \Delta\theta_3 = PC = OP\sin\theta_3$$

以上诸式代入式(7-32),即得

$$\gamma_1 - \gamma_2\cos\theta_2 - \gamma_3\cos\theta_3 + \frac{d\gamma_2}{d\theta_2}\sin\theta_2 + \frac{d\gamma_3}{d\theta_3} \cdot \sin\theta_3 = 0 \tag{7-33}$$

上式中,后两项为转矩项,表示界面能随取向的变化,如 γ 各向同性,$\gamma_1 = \gamma_2 = \gamma_3$,不随取向变化,则后两项为零,令 $\theta_3 = \theta_2 = \theta$,平衡条件为

$$\gamma - \gamma\cos\theta - \gamma\cos\theta = 0$$

得到

$$2\cos\theta = 1, \quad \cos\theta = \frac{1}{2}, \quad \theta = 60°$$

故晶粒的平衡形态应是晶粒间互成 $120°$ 角。对二维晶粒,要保持 $120°$ 角平衡形态,六边形晶粒为平直界面,小于六边形晶粒具有外凸界面,大于六边形晶粒具有内凹界面,如图 7-25 所示。

但具有曲率的界面是不稳定的,在界面曲率驱动力作用下界面迁移小于六边形的晶粒缩小,大于六边形的晶粒长大,六边形晶粒的平直界面稳定不动。

当 4 个晶粒相遇时,一般有 6 个界面和 4 条界棱,4 条界棱相交于一点 O,见图 7-26。

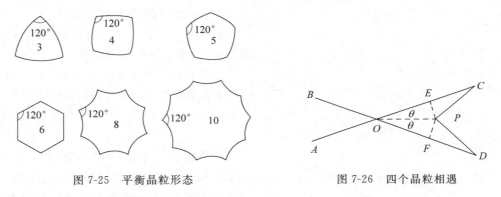

图 7-25　平衡晶粒形态　　　　　　图 7-26　四个晶粒相遇

达到平衡时,4 个界面张力也应当平衡,各界棱之间的夹角应为 $109°28'$。如果棱向右移动一段距离,变为 2 个三叉界棱时,界面能由 $\gamma(OC+OD)$ 变为 $\gamma(OP+PC+PD)$,因 OP 很小,近似 $CE = CP$,$DF = DP$,则界面能差为

$$\Delta E = \gamma \cdot OP(1 - 2\cos\theta)$$

当 $\theta < 60°$,$\Delta E < 0$,则分解为两个三叉界棱可使总的界面能降低,故实际显微组织中观察不到四叉界棱的存在。

7.6.2　复相组织平衡形貌

由基体和第二相组成的复相组织中第二相可能存在于基体相的晶粒内部、界面、晶棱或界角上,第二相的形状取决于界面能和应变能等因素。

7.6.2.1 晶粒内部的第二相

当第二相析出物引起应变能不大时,则主要考虑界面能的影响,析出第二相的平衡形貌应使界面能 $\sum A_i \gamma_i$ 最低。

(1) 完全共格析出

当第二相与母相有相同的晶格类型、接近的晶格常数,两相在所有界面都完全共格,界面能各向同性,则形成球形的第二相析出物,使表面 A_i 最小,总的界面能最低。如 Al-4％Ag 合金经固溶化时效处理后形成的富银 G-P 区可作为此类球的第二相实例。

(2) 非共格析出

如果两相有完全不同的晶体结构,其界面为非共格的高能相界面,界面能与两相相对位向无关,此时第二相平衡形状为球形,以使界面能最低,如 Al-4％Cu 合金中过时效析出的 θ 相,钢中球状珠光体中的渗碳体均为此类第二相实例。

(3) 部分共格析出

如果两相晶体结构虽然不同,但二者之间有一个结构相同,原子间距相近的晶面,则在这个共有的晶面中形成共格或半共格界面,两相间保持一定的取向关系,此时第二相的两个平等界面为共格或半共格界面,其余周边部分则为非共格界面,形成碟形第二相。总界面能由两部分组成

$$\sum A \cdot \gamma = A_c \cdot \gamma_c + A_i \gamma_i$$

式中, A_c, γ_c 分别为共格部分界面积和界面能; A_i, γ_i 分别为非共格部分界面积和界面能。Al-4％Cu 合金中的 θ' 相和 Al-4％Ag 合金的 γ' 相为此类第二相实例。

(4) 规则外形第二相

当第二相界面正好处于界面能的尖点位向处,则可能形成全部由低能界面包围起的几何多面体,如含钛钢中的氮化钛夹杂就是由 {100} 面包围起来的立方体。

以上讨论只考虑界面能,在第二相形成引起大的应变能时,还应考虑应变能的影响。第二相的平衡形貌应使界面能 $\sum A_i \gamma_i$ 和应变能 ΔG_S 的总和最低。

(1) 完全共格的第二相析出物

由于第二相与基体点阵常数不同,产生错配度 $\delta = \dfrac{a_\beta - a_\alpha}{a_\alpha}$,式中, a_α 为基体的点阵常数, a_β 为第二相的点阵常数。第二相析出物的形状由下列因素决定:

① 析出物和基体切变弹性模量 G 相同,而且各向同性,则应变能与 δ 有以下关系

$$\Delta G_S = 4G\delta^2 \cdot V \tag{7-34}$$

式中, V 为基体中析出区未受约束的孔的体积。此时,弹性应变能与析出物形状无关,如果第二相析出物与基体的切变弹性模量不同,则弹性应变能 ΔG_S 与析出物形状有关,当析出物硬时成球形,软时成碟形,以使应变能最低。

② 基体弹性模量各向异性 大多数金属是弹性各向异性的,如除钼以外的大多数立方金属⟨100⟩方向软,⟨111⟩方向硬,在此情况下具有最低应变能的形状是平行 {100} 的碟形,大部分错配度 δ 在垂直于碟的软方向被调整适应。错配度 δ 对析出物形状有重要影响,当 $\delta \geqslant$ 5％,形成碟形, $\delta < 5$％,应变能不大,形成球形,如对于 Al-Cu 合金中"G·P 区"析出物来

说，δ 等于 -10.5%，故形成碟形，在 Al-Ag 合金和 Al-Zn 合金中，$\delta < 5\%$，故形成球形。

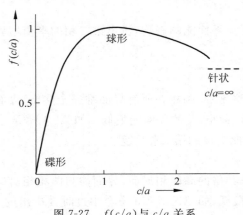

图 7-27　$f(c/a)$ 与 c/a 关系

（2）非共格析出物

由于第二相与基体比容不同，因而析出时也产生体积错配度 $\Delta = \dfrac{\Delta V}{V}$。此时，应变能与体积错配度 Δ 有以下关系：

$$\Delta G_{\mathrm{S}} = \frac{2}{3} G \Delta^2 \cdot V \cdot f(c/a) \qquad (7\text{-}35)$$

式中，$f(c/a)$ 为形状因子，其与析出物的长度 c 和半径 a 之比 c/a 有图 7-27 关系。

球形（$c/a=1$）析出物 $f(c/a)$ 最大，在其他条件相同下，有最大的应变能；薄扁球（碟形）析出物 $c/a \to 0$，$f(c/a)$ 最小，相应，应变能最低；针状析出物 $c/a = \infty$，应变能介于其间。因此，在体积错配度很大时，析出物形成扁球状或碟形，具有最低的应变能。

7.6.2.2　界面、界棱和界角上的第二相

（1）如果 α 与 β 相间只能形成非共格相界面，当 β 存在于 α 相界面上，其形貌取决于二 α 晶料间的夹角（两面角、接触角），在界面张力间存在图 7-28 所示的平衡关系：

$$\gamma_{\alpha\alpha} = 2\gamma_{\alpha\beta} \cos \frac{\theta}{2} \qquad (7\text{-}36)$$

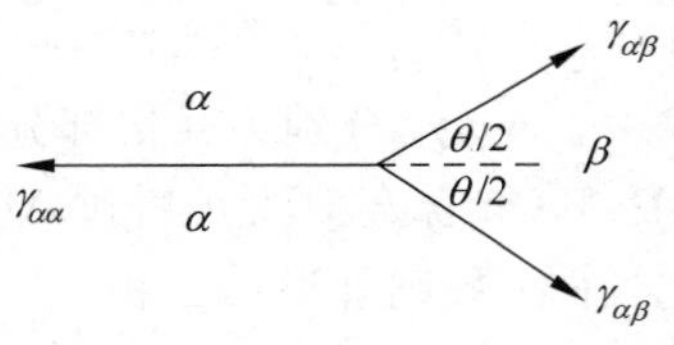

图 7-28　晶界上析出第二相的界面张力平衡关系

式中，$\gamma_{\alpha\alpha}$ 为 α 相的界面张力，$\gamma_{\alpha\beta}$ 为两相间的界面张力，θ 为两面角，决定于界面张力的比值 $\gamma_{\alpha\alpha}/\gamma_{\alpha\beta}$。当 $\gamma_{\alpha\alpha} = \gamma_{\alpha\beta}$，$\theta = 120°$，当 $\gamma_{\alpha\beta} \gg \gamma_{\alpha\alpha}$，$\theta = 180°$，$\beta$ 相接近于球形，当 $\gamma_{\alpha\beta} \approx \frac{1}{2}\gamma_{\alpha\alpha}$，$\theta = 0°$，$\beta$ 相在晶界上铺展开来。二面角与第二相形状关系示于图 7-29 中，存在于界棱上的第二相形状与二面角关系也示于图中。

当第二相存在于界角上时，可以图 7-30 所示几何关系进行分析。

此时呈四面体形的 β 相的 4 个顶角处都是 3 个 α 晶粒与 1 个 β 晶粒的界角，在 4 根界棱上各有 1 个界棱张力，互相平衡，由于 3 个界面张力 $\gamma_{\alpha\alpha\beta}$ 相等，所以 3 个 x 角也相等，角 x、y 和二面角 δ 的关系可由立体几何求得，为

$$\cos \frac{x}{2} = 1 \Big/ \Big(2\sin \frac{\delta}{2} \Big)$$

$$\cos(180° - y) = 1 \Big/ \Big(\sqrt{3} \cdot \tan \frac{\delta}{2} \Big)$$

当 $\delta = 180°$ 时，$x = 120°$，$y = 90°$，β 相成为存在于界角上的球形。当 $\delta = 120°$，$x = \bar{y} = 109°28'$，β 相成为曲面四面体，而 α 相的 4 根界棱从 β 相曲面四面体的 4 个顶点放射出来（图 7-31（a））；当 $\delta = 60°$，$x = 0°$，$\bar{y} = 180°$，这时 β 相沿界棱伸展，形成网络状骨架（图 7-31（b））；当 $\delta = 0°$，β 相为沿 α 相的晶界铺展，其截面图形状与图 7-29（c）形貌相同。

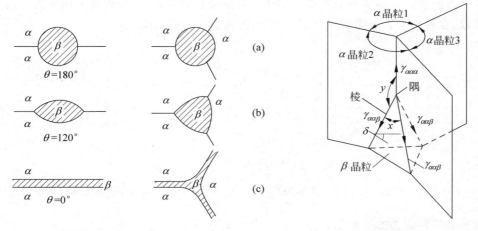

图 7-29　二面角与第二相形状关系　　　　图 7-30　存在于界角上的第二相

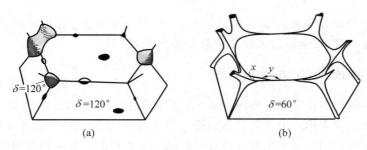

图 7-31　晶棱和晶角上第二相的形貌

（2）如果 α 与 β 间可以形成共格或半共格界面，则因界面两侧的 α 晶粒有不同的位向，所以 β 相如果能与第一个 α 晶粒形成共格或半共格界面，则与第二个晶粒就不能共格。常见的情况是在一个 α 晶粒中形成平直的共格或半共格界面，而在另一个 α 晶粒中形成光滑弯曲的非共格界面。如图 7-32 所示。

图 7-32　具有部分共格和部分非共格界面的第二相

7.7　界面能的测量

7.7.1　界面张力平衡法

大多数界面能的测量可利用界棱处 3 个界面张力的平衡关系进行。界棱处的 3 个两面角可由实验直接测定，根据平衡关系（图 7-33）：

$$\gamma_1 + \gamma_2 \cos\theta_3 + \gamma_3 \cos\theta_2 = 0$$

或

$$\frac{\gamma_1}{\sin\theta_1} = \frac{\gamma_2}{\sin\theta_2} = \frac{\gamma_3}{\sin\theta_3} \tag{7-37}$$

当已知其中一个界面能，另两个便可算出。如已知某种金属的表面能，也可利用表面张力的平衡求得界面能。一光滑表面在惰性气体或真空中长时间加热,为保持界面张力平衡,通过原子扩散,在界面与表面相接部分形成热蚀沟,如图 7-34 所示。

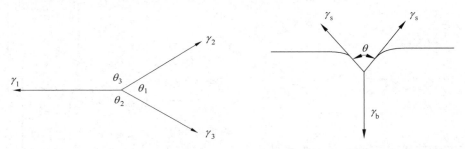

图 7-33 界棱处界面张力平衡关系   图 7-34 表面与界面处张力的平衡

沟槽处界面张力的平衡是

$$\gamma_b = 2\gamma_s \cos \frac{\theta}{2} \tag{7-38}$$

测出沟槽张角 θ,可求出界面能 γ_b。如已知 γ_b,可求得表面能 γ_s。α 角的测量可以金相法在垂直表面的截面上进行,也可用干涉显微镜直接在表面上进行。

7.7.2 测量界面能的动力学方法

金属中发生的许多过程都与界面能有关。界面能在这些过程中起着促进或阻碍作用。在这些过程的动力学表达式中包含着界面能。因此,如果表达式中的其他参数可测,便可求得界面能。例如可利用第二相颗粒聚集长大的动力学方程测定基体相与第二相之间的相界能。方程具有以下形式

$$r^3 - r_0^3 = \frac{8}{9} \frac{\gamma \cdot D \cdot C \cdot V^2}{k_B T} \cdot t$$

式中,γ 为相界能,r_0 为开始长大前第二相颗粒的平均半径,r 为温度 T 时间 t 时颗粒的平均半径,D 为溶质在基体相中的扩散系数,C 为温度 T 时溶质在基体相中的平衡溶解度,V 为第二相的原子体积,k_B 为波尔兹曼常数。由于表达式在推导时作了一些假设,因此测量的数据与其他方法测得者有较大偏差。

习 题

7-1 计算并比较面心立方晶体中(111),(100),(110)面的比表面能。设每对原子键能为 ε,点阵常数为 a。

7-2 一根直径很细的铜丝中,有一个大角晶界贯穿其截面并与丝轴成 25°,问经加热退火后将发生什么变化?若上述界面两侧晶粒的[111]都垂直于界面,两晶粒位向是以[111]轴相对转动了 60°,则退火后有何变化?

7-3 一个体积为 $10^{-12}\,\mathrm{m}^3$ 的第二相颗粒 B 存在于金属 A 中,如果 $\gamma_{A\text{-}A} = \gamma_{A\text{-}B} = 2\mathrm{J/m}^2$,计算 B 颗粒位于晶界上和位于晶粒内部时的能量差,并说明它将择优位于晶界上还是位于晶粒内部。

7-4 已知小角晶界单位面积的晶界能可表达为 $\gamma = \gamma_0 \theta(A - \ln\theta)$,

(1)说明如何用作图法求得 γ_0 和 A;

（2）证明 $\dfrac{\gamma}{\gamma_{\max}}=\dfrac{\theta}{\theta_{\max}}\left(1-\ln\dfrac{\theta}{\theta_{\max}}\right)$。

7-5　假定晶界转矩为零,证明一个四叉晶界会分解为两个三叉晶界,并指明何时会出现图 7-35 中 Ⅰ 的情况,何时会出现 Ⅱ 的情况。

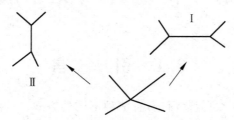

图 7-35　四叉晶界分解为两个三叉晶界

7-6　试证明两个位向差为 θ 的小角晶界合并为位向差为 2θ 的小角界面,能量可以下降。

7-7　设有两个 α 相晶粒与一个 β 相晶粒相交于一公共晶棱,形成一三叉晶界,β 相所张的二面角为 $90°$,且界面能 $\gamma_{\alpha\alpha}$ 为 $0.3\mathrm{J/m^2}$,求 α 相与 β 相相界的界面能 $\gamma_{\alpha\beta}$。

7-8　二维晶体内含有第二相粒子,粒子的平衡形貌是边长 l_1 和 l_2 的矩形,矩形两边的界面能分别为 γ_1 和 γ_2,若矩形的面积不变,证明矩形粒子的平衡形状为

$$\gamma_1 \cdot l_1 = \gamma_2 \cdot l_2$$

第8章 固体中的扩散

8.1 引 言

就固体中原子(或离子)的运动而论,有两种不同的方式。一种为大量原子集体的协同运动,或称机械运动,如第3章讨论的滑移、孪生,第12章将要讨论的马氏体相变;另一种为无规则的热运动,其中包括热振动和跳跃迁移:就单个原子讲,其运动是无规的;就大量的原子讲,每个原子的运动是随机的。所谓扩散是由于大量原子的热运动引起的物质的宏观迁移。这里应特别注意扩散中原子运动的自发性、随机性、经常性,以及原子随机运动与物质宏观迁移的关系。

可以从不同的角度对扩散进行分类。

(1) 按浓度均匀程度分:有浓度差的空间扩散叫互扩散;没有浓度差的扩散叫自扩散,一般多用示踪原子来研究自扩散过程。

(2) 按扩散方向分:由高浓度区向低浓度区的扩散叫顺扩散,又称下坡扩散;由低浓度区向高浓度区的扩散叫逆扩散,又称上坡扩散。

(3) 按原子的扩散路径分:在晶粒内部进行的扩散称为体扩散;在表面进行的扩散称为表面扩散;沿晶界进行的扩散称为晶界扩散。表面扩散和晶界扩散的扩散速度比体扩散要快得多,一般称前两种情况为短路扩散。此外还有沿位错线的扩散,沿层错面的扩散等。

在气体和液体中,除扩散之外,物质的传递还可以通过对流等方式进行;而在固体中,扩散往往是物质传递的唯一方式。研究扩散无论在理论上还是在实际中都有重要意义,从理论上讲,可以了解和分析固体的结构、原子的结合状态以及固态相变的机构;从实际上讲,固体中发生的许多变化过程都与扩散密切相关。例如,金属的真空熔炼,材料的提纯、除气,铸件的成分均匀化,变形金属的回复再结晶,各种涉及相间成分变化的相变,化学热处理,粉末金属的烧结,高温下金属的蠕变以及金属的腐蚀、氧化等过程,都是通过原子的扩散进行的,并受到扩散过程的控制。通过扩散的研究可以对上述过程进行定量或半定量的计算以及理论分析。

本章主要讨论固态扩散的宏观规律,分析扩散的微观机构,给出固态扩散的实验规律和实际应用,研究扩散热力学和反应扩散等。

8.2 菲 克 定 律

8.2.1 菲克第一定律

1858年,菲克(Fick)参照了傅里叶(Fourier)于1822年建立的导热方程,获得了描述物质从高浓度区向低浓度区迁移的定量公式。

假设有一单相固溶体,横截面积为 A,浓度 C 不均匀,如图 8-1 所示,在 Δt 时间内,沿 x 方向通过 x 处截面所迁移的物质的量 Δm 与 x 处的浓度梯度成正比:

$$\Delta m \propto \frac{\Delta C}{\Delta x} A \Delta t$$

即

$$\frac{\mathrm{d}m}{A\,\mathrm{d}t} = -D\left(\frac{\partial C}{\partial x}\right)$$

由扩散通量的定义,有

$$J = -D\frac{\partial C}{\partial x} \tag{8-1}$$

上式即菲克第一定律。式中 J 称为扩散能量,它是单位时间内通过垂直于 x 轴的单位平面的原子数量,常用单位是 $\mathrm{g/(cm^2 \cdot s)}$ 或 $\mathrm{mol/(cm^2 \cdot s)}$;$\frac{\partial C}{\partial x}$ 是同一时刻沿 x 轴的浓度梯度;D 是比例系数,称为扩散系数,它表示单位梯度下的通量,单位为 $\mathrm{cm^2/s}$ 或 $\mathrm{m^2/s}$;负号是为保证扩散方向与浓度降低方向相一致,见图 8-2。

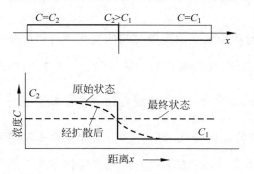

图 8-1 扩散过程中溶质原子的分布

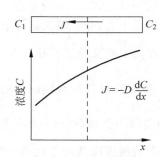

图 8-2 溶质原子流动的方向与浓度降低的方向相一致

对于菲克第一定律,有以下三点值得注意:

(1) 式(8-1)是唯象的关系式,其中并不涉及扩散系统内部原子运动的微观过程。

(2) 扩散系数 D 反映了扩散系统的特性,并不仅取决于某一种组元的特性。

(3) 式(8-1)不仅适用于扩散系统的任何位置,而且适用于扩散过程的任一时刻。其中,$J,D,\frac{\partial C}{\partial x}$ 可以是常量,也可以是变量,即式(8-1)既可适用于稳态扩散,也可适用于非稳态扩散。在特殊的情况下,当 $\frac{\partial C}{\partial x} = 0$ 时,$J = 0$,这表明在均匀体系中,尽管原子迁移的微观过程仍在进行,但通过指定截面的正、反向通量相等,所以没有原子的净通量。

8.2.2 菲克第二定律

当扩散处于非稳态,即各点的浓度随时间而改变时,利用式(8-1)不容易求出 $C(x,t)$。但通常的扩散过程大都是非稳态扩散,为便于求出 $C(x,t)$,还要从物质的平衡关系着手,建立第二个微分方程式。

(1) 一维扩散

如图 8-3 所示,在扩散方向上取体积元 $A\Delta x$,J_x 和 $J_{x+\Delta x}$ 分别表示流入体积元及从体积

元流出的扩散通量,则在 Δt 时间内,体积元中扩散物质的积累量为

$$\Delta m = (J_x A - J_{x+\Delta x} A)\Delta t$$

则有

$$\frac{\Delta m}{\Delta x A \Delta t} = \frac{J_x - J_{x+\Delta x}}{\Delta x}$$

当 $\Delta x, \Delta t \to 0$ 时,有

$$\frac{\partial C}{\partial t} = -\frac{\partial J}{\partial x}$$

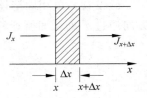

图 8-3　扩散流通过微小
体积的情况

将式(8-1)代入上式得

$$\frac{\partial C}{\partial t} = \frac{\partial}{\partial x}\left(D\frac{\partial C}{\partial x}\right) \tag{8-2}$$

如果扩散系数 D 与浓度无关,则式(8-2)可写成

$$\frac{\partial C}{\partial t} = D\frac{\partial^2 C}{\partial x^2} \tag{8-3}$$

一般称式(8-2),式(8-3)为菲克第二定律。

从形式上看,菲克第二定律表示,在扩散过程中某点浓度随时间的变化率与浓度分布曲线在该点的二阶导数成正比。如图 8-4 所示,若曲线在该点的二阶导数 $\frac{\partial^2 C}{\partial x^2}$ 大于 0,即曲线为凹形,则该点的浓度会随时间的增加而增加,即 $\frac{\partial C}{\partial t}>0$;若曲线在该点的二阶导数 $\frac{\partial^2 C}{\partial x^2}$ 小于 0,即曲线为凸形,则该点的浓度会随时间的增加而降低,即 $\frac{\partial C}{\partial t}<0$。而菲克第一定律表示扩散方向与浓度降低的方向相一致。从上述意义讲,菲克第一定律、第二定律本质上是一个定律,均表明扩散的过程总是使不均匀体系均匀化,由非平衡逐渐达到平衡。

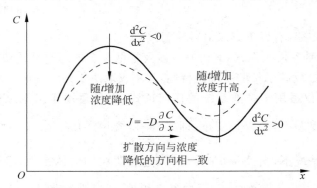

图 8-4　菲克第一定律、第二定律的关系

需要指出的是,国内不少教科书认为菲克第一定律仅适用于稳态扩散,而菲克第二定律才适用于非稳态扩散,并武断地称前者为"稳态扩散定律",称后者为"非稳态扩散定律"。这不仅是对菲克定律的误解,而且是概念性的错误。更有甚者,这样的问题多次出现在研究生入学试题中,令考生不知所措。

菲克第一定律、第二定律是微分定律,二者既适用于稳态,又适用于非稳态扩散,理由见前一页关于菲克第一定律的讨论。只是由于菲克第一定律的微分关系中不显含变量 t,不

能直接求解 $C(x,t)$，故才导出菲克第二定律。

（2）三维扩散

对于三维的空间扩散，针对具体问题可选择方便的坐标系，根据采用的坐标系不同，菲克第二定律有下述几种不同的形式。

① 直角坐标系中

$$\frac{\partial C}{\partial t} = \frac{\partial}{\partial x}\left(D \frac{\partial C}{\partial x}\right) + \frac{\partial}{\partial y}\left(D \frac{\partial C}{\partial y}\right) + \frac{\partial}{\partial z}\left(D \frac{\partial C}{\partial z}\right) \tag{8-4}$$

扩散系数与浓度无关，即与空间位置无关时，

$$\frac{\partial C}{\partial t} = D\left(\frac{\partial^2 C}{\partial x^2} + \frac{\partial^2 C}{\partial y^2} + \frac{\partial^2 C}{\partial z^2}\right) \tag{8-5}$$

或简记为

$$\frac{\partial C}{\partial t} = D\,\nabla^2 C \tag{8-6}$$

② 柱坐标系中

经坐标变换

$$\begin{cases} x = r\cos\theta \\ y = r\sin\theta \end{cases}$$

体积元各边为 $\mathrm{d}r, r\mathrm{d}\theta, \mathrm{d}z$，则有

$$\frac{\partial C}{\partial t} = \frac{1}{r}\left\{ \frac{\partial}{\partial r}\left(rD \frac{\partial C}{\partial r}\right) + \frac{\partial}{\partial \theta}\left(\frac{D}{r} \frac{\partial C}{\partial \theta}\right) + \frac{\partial}{\partial z}\left(rD \frac{\partial C}{\partial z}\right) \right\} \tag{8-7}$$

对柱对称扩散，且 D 与浓度无关时有

$$\frac{\partial C}{\partial t} = \frac{D}{r}\left[\frac{\partial}{\partial r}\left(r \frac{\partial C}{\partial r}\right) \right] \tag{8-8}$$

③ 球坐标系中

经坐标变换

$$\begin{cases} x = r\sin\theta\cos\varphi \\ y = r\sin\theta\sin\varphi \\ z = r\cos\theta \end{cases}$$

体积元各边为 $\mathrm{d}r, r\mathrm{d}\theta, r\sin\theta\mathrm{d}\varphi$，则有

$$\frac{\partial C}{\partial t} = \frac{1}{r^2}\left\{ \frac{\partial}{\partial r}\left(Dr^2 \frac{\partial C}{\partial r}\right) + \frac{1}{\sin\theta} \frac{\partial}{\partial \theta}\left(D\sin\theta \frac{\partial C}{\partial \theta}\right) + \frac{D}{\sin^2\theta} \frac{\partial^2 C}{\partial \varphi^2} \right\} \tag{8-9}$$

对球对称扩散，且 D 与浓度无关时有

$$\frac{\partial C}{\partial t} = \frac{D}{r^2} \frac{\partial}{\partial r}\left(r^2 \frac{\partial C}{\partial r}\right) \tag{8-10}$$

8.3　稳态扩散及其应用

在扩散系统中，若对于任一体积元，在任一时刻流入的物质量与流出的物质量相等，即任一点的浓度不随时间而变化，$\dfrac{\partial C}{\partial t} = 0$，则称这种状态为**稳态扩散**。

对于扩散的实际问题，一般要求出穿过某一曲面（如平面、柱面、球面等）的通量 J，单位

时间通过该面的物质量 $\dfrac{\mathrm{d}m}{\mathrm{d}t}=AJ$，以及浓度分布 $C(x,t)$，为此需要分别求解菲克第一定律及菲克第二定律。

8.3.1　一维稳态扩散

考虑氢通过金属膜的扩散。如图 8-5 所示，金属膜的厚度为 δ，取 x 轴垂直于膜面。金属膜两边供气与抽气同时进行，一面保持高而恒定的压力 p_2，另一面保持低而恒定的压力 p_1。扩散一定时间以后，金属膜中建立起稳定的浓度分布。

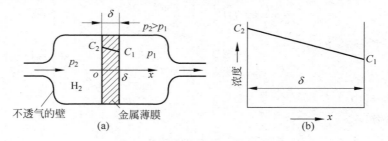

图 8-5　氢对金属膜的一维稳态扩散

氢的扩散包括氢气吸附于金属膜表面，氢分子分解为原子、离子，以及氢离子在金属膜中的扩散等过程。

达到稳态扩散时的边界条件为

$$\begin{cases} C\,|_{x=0} = C_2 \\ C\,|_{x=\delta} = C_1 \end{cases}$$

C_1,C_2 可由热分解反应 $H_2 \rightleftharpoons H+H$ 中的平衡常数 K 决定。根据 K 的定义

$$K = \frac{\text{产物活度积}}{\text{反应物活度积}}$$

设氢原子的浓度为 C，则

$$K = \frac{C \cdot C}{p} = \frac{C^2}{p}$$

即

$$C = \sqrt{Kp} = S\sqrt{p} \tag{8-11}$$

式(8-11)中 S 为西佛特(Sievert)定律常数，其物理意义是，当空间压力 $p=0.1\mathrm{MPa}$ 时金属表面的溶解浓度。式(8-11)表明，金属表面气体的溶解浓度与空间压力的平方根成正比。

因此，边界条件为

$$\begin{cases} C\,|_{x=0} = S\sqrt{p_2} \\ C\,|_{x=\delta} = S\sqrt{p_1} \end{cases} \tag{8-12}$$

根据稳态扩散的条件，有

$$\frac{\partial C}{\partial t} = D\frac{\partial}{\partial x}\left(\frac{\partial C}{\partial x}\right) = 0$$

$$\frac{\partial C}{\partial x} = \text{const.} = a$$

所以
$$C = ax + b \tag{8-13}$$
式(8-13)表明金属膜中氢原子的浓度为直线分布,其中积分常数 a、b 由边界条件式(8-12)确定

$$a = \frac{C_1 - C_2}{\delta} = \frac{S}{\delta}(\sqrt{p_1} - \sqrt{p_2})$$

$$b = C_2 = S\sqrt{p_2}$$

最后求得

$$C(x) = \frac{S}{\delta}(\sqrt{p_1} - \sqrt{p_2})x + S\sqrt{p_2} \tag{8-14}$$

单位时间透过面积为 A 的金属膜的氢气量

$$\frac{dm}{dt} = JA = -DA\frac{dC}{dx} = -DAa = -DA\frac{S}{\delta}(\sqrt{p_1} - \sqrt{p_2}) \tag{8-15}$$

由式(8-15)可知,在本例所示一维扩散的情况下,只要保持 p_1,p_2 恒定,膜中任意点的浓度就会保持不变,而且通过任何截面的流量 $\frac{dm}{dt}$、通量 J 均为相等的常数。

引入金属的透气率 P,表示单位厚度金属在单位压差(以 MPa 为单位)下、单位面积透过的气体流量

$$P = DS \tag{8-16}$$

式中, D 为扩散系数,S 为气体在金属中的溶解度,则有

$$J = \frac{P}{\delta}(\sqrt{p_2} - \sqrt{p_1}) \tag{8-17}$$

在实际中,为了减少氢气的渗漏现象,多采用球形容器、选用氢的扩散系数及溶解度较小的金属以及尽量增加容器壁厚等。

8.3.2　柱对称稳态扩散

史密斯(Smith)利用柱对称稳态扩散测定了碳在 γ 铁中的扩散系数。将长度为 L、半径为 r 的薄壁铁管在 1000℃ 退火,管内及管外分别通以压力保持恒定的渗碳及脱碳气氛,当时间足够长,管壁内各点的碳浓度不再随时间而变,即 $\frac{\partial C}{\partial t} = 0$ 时,单位时间内通过管壁的碳量 m/t 为常数,其中 m 是 t 时间内流入或流出管壁的碳量,按照通量的定义

$$J = \frac{m}{2\pi r L t} \tag{8-18}$$

由菲克第一定律式(8-1),有

$$\frac{m}{2\pi r L t} = -D\frac{dC}{dr}$$

故

$$m = -D(2\pi L t)\frac{dC}{d\ln r} \tag{8-19}$$

式中, m,L,t 以及碳沿管壁的径向分布都可以测量,D 可以由 C 对 $\ln r$ 图的斜率确定(见

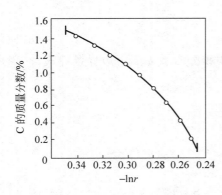

图 8-6　在 1000℃碳通过薄壁铁管的
稳态扩散中，碳的浓度分布

图 8-6）。

从图 8-6 还可以引出一个重要的概念：由于 m/t 是常数，如果 D 不随浓度而变，则 $\dfrac{\mathrm{d}C}{\mathrm{d}\ln r}$ 也应是常数，C 对 $\ln r$ 作图应当是一直线。但实验指出，在浓度高的区域，$\dfrac{\mathrm{d}C}{\mathrm{d}\ln r}$ 小，D 大；而浓度低的区域，$\dfrac{\mathrm{d}C}{\mathrm{d}\ln r}$ 大，D 小。由图 8-6 算出，在 1000℃，碳在 γ 铁中的扩散系数为：当碳的质量分数为 0.15% 时，$D = 2.5 \times 10^{-7}\ \mathrm{cm}^2 \cdot \mathrm{s}^{-1}$；当质量分数为 1.4% 时，$D = 7.7 \times 10^{-7}\ \mathrm{cm}^2 \cdot \mathrm{s}^{-1}$。可见 D 是浓度的函数，只有当浓度很小、或浓度差很小时，D 才近似为常数。

8.3.3　球对称稳态扩散

如图 8-7 所示，有内径为 r_1、外径为 r_2 的球壳，若分别维持内表面、外表面的浓度 C_1、C_2 保持不变，则可实现球对称稳态扩散。

边界条件

$$\begin{cases} C\,|_{r=r_1} = C_1 \\ C\,|_{r=r_2} = C_2 \end{cases}$$

由稳态扩散，并利用式（8-10）

$$\frac{\partial C}{\partial t} = \frac{D}{r^2}\frac{\partial}{\partial r}\left(r^2\frac{\partial C}{\partial r}\right) = 0$$

得

$$r^2\frac{\partial C}{\partial r} = \text{const.} = a$$

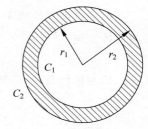

图 8-7　球壳中可实现球
对称稳态扩散

解得

$$C = -\frac{a}{r} + b \tag{8-20}$$

代入边界条件，确定待定常数 a, b：

$$\begin{cases} a = \dfrac{r_1 r_2 (C_2 - C_1)}{r_2 - r_1} \\ b = \dfrac{C_2 r_2 - C_1 r_1}{r_2 - r_1} \end{cases}$$

求得浓度分布

$$C(r) = -\frac{r_1 r_2 (C_2 - C_1)}{r(r_2 - r_1)} + \frac{C_2 r_2 - C_1 r_1}{r_2 - r_1} \tag{8-21}$$

在实际中，往往需要求出单位时间内通过球壳向外的扩散量 $\dfrac{\mathrm{d}m}{\mathrm{d}t}$，并利用 $r^2\dfrac{\partial C}{\partial r} = a$ 的关系：

$$\frac{\mathrm{d}m}{\mathrm{d}t} = JA = -D\frac{\mathrm{d}C}{\mathrm{d}r}\cdot 4\pi r^2 = -4\pi Da$$

$$= -D4\pi r_1 r_2 \frac{C_2 - C_1}{r_2 - r_1} \qquad (8\text{-}22)$$

而不同球面上的扩散通量

$$J = \frac{\mathrm{d}m}{A\,\mathrm{d}t} = \frac{1}{4\pi r^2}\frac{\mathrm{d}m}{\mathrm{d}t} = -D\frac{r_1 r_2}{r^2}\frac{C_2 - C_1}{r_2 - r_1} \qquad (8\text{-}23)$$

可见,对球对称稳态扩散来说,在 r 不同的球面上,$\dfrac{\mathrm{d}m}{\mathrm{d}t}$ 相同,但 J 并不相同。

　　上述球对称稳态扩散的分析方法对处理固态相变过程中球形晶核的生长速率是很重要的。

　　如图 8-8 中的二元相图所示,成分为 C_0 的单相 α 固溶体从高温冷却,进入双相区并在 T_0 保温。此时会在过饱和固溶体 α' 中析出成分为 $C_{\beta\alpha}$ 的 β 相,与之平衡的 α 相成分为 $C_{\alpha\beta}$。在晶核生长初期,设 β 相晶核半径为 r_1,母相在半径为 r_2 的球体中成分由 C_0 逐渐降为 $C_{\alpha\beta}$,随着时间由 t_0,t_1,t_2 变化,浓度分布曲线逐渐变化,相变过程中各相成分分布如图 8-9 所示。

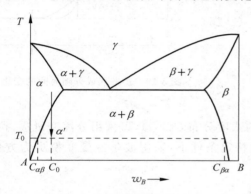

图 8-8　过饱和固溶体的析出

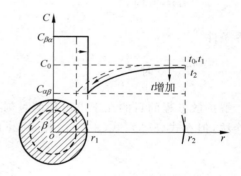

图 8-9　球形晶核的生长过程

　　一般来说,这种相变速度较慢,而且涉及的范围较广,因此可将晶核生长过程当作准稳态扩散处理,即在晶核生长初期任何时刻,浓度分布曲线保持不变。由球对称稳态扩散的分析结果式(8-22),并利用 $r_2 \gg r_1$,即新相晶核很小、扩散范围很大的条件。应特别注意分析的对象是内径为 r_1,外径为 r_2 的球壳,由扩散通过球壳的流量 $\dfrac{\mathrm{d}m}{\mathrm{d}t}$,根据式(8-22),其负值(因为是向球壳内扩散)即为新相晶核的生长速率:

$$-\frac{\mathrm{d}m}{\mathrm{d}t} = D \cdot 4\pi r_1 r_2 \frac{C_2 - C_1}{r_2 - r_1} \approx D \cdot 4\pi r_1^2 \frac{C_2 - C_1}{r_1}$$

$$= D \cdot 4\pi r_1^2 \frac{C_0 - C_{\alpha\beta}}{r_1} \qquad (8\text{-}24)$$

应注意式(8-24)与菲克第一定律的区别,因为式中的 $\dfrac{C_0 - C_{\alpha\beta}}{r_1}$ 并不是浓度梯度。

8.4　非稳态扩散

　　非稳态扩散方程的解,只能根据所讨论过程的初始条件和边界条件而定,过程的条件不同,方程的解也不同,下面分几种情况加以讨论。

8.4.1 一维无穷长物体的扩散

无穷长的意义是相对扩散区长度而言,若一维扩散物体的长度大于 $4\sqrt{Dt}$,则可按一维无穷长处理。由于固体的扩散系数 D 在 $10^{-12}\sim10^{-2}\,\mathrm{cm^2\cdot s^{-1}}$ 很大的范围内变化,因此这里所说的无穷并不等同于表观无穷长。

设 A,B 是两根成分均匀的等截面金属棒,长度符合上述无穷长的要求。A 的成分是 C_2,B 的成分是 C_1。将两根金属棒加压焊上,形成扩散偶。取焊接面为坐标原点,扩散方向沿 x 方向,扩散偶成分随时间的变化如图 8-10 所示。

求解的扩散方程(8-3)为

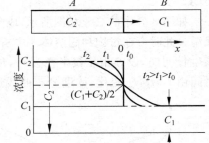

图 8-10 扩散偶成分随时间的变化

$$\frac{\partial C}{\partial t} = D\frac{\partial^2 C}{\partial x^2}$$

初始条件

$$t = 0\ \text{时},\begin{cases}C = C_1, & x > 0\\ C = C_2, & x < 0\end{cases} \qquad (8\text{-}25)$$

边界条件

$$t \geqslant 0\ \text{时},\begin{cases}C = C_1, & x = \infty\\ C = C_2, & x = -\infty\end{cases} \qquad (8\text{-}26)$$

解扩散方程的目的在于求出任何时刻 t 的浓度分布 $C(x,t)$,可采用分离变量法、拉氏变换法,但在式(8-3)、式(8-25)、式(8-26)的特定条件下,采用波尔兹曼变换更为方便,即令

$$\lambda = x/\sqrt{t} \qquad (8\text{-}27)$$

代入式(8-3)

左边

$$\frac{\partial C}{\partial t} = \frac{\partial C}{\partial \lambda}\cdot\frac{\partial \lambda}{\partial t} = -\frac{\partial C}{\partial \lambda}\cdot\frac{x}{2t^{3/2}} = -\frac{\mathrm{d}C}{\mathrm{d}\lambda}\cdot\frac{\lambda}{2t}$$

右边

$$D\frac{\partial^2 C}{\partial x^2} = D\frac{\partial^2 C}{\partial \lambda^2}\cdot\left(\frac{\partial \lambda}{\partial x}\right)^2 = D\frac{\mathrm{d}^2 C}{\mathrm{d}\lambda^2}\cdot\frac{1}{t}$$

故式(8-3)变成了一个常微分方程

$$-\lambda\frac{\mathrm{d}C}{\mathrm{d}\lambda} = 2D\frac{\mathrm{d}^2 C}{\mathrm{d}\lambda^2} \qquad (8\text{-}28)$$

令 $\dfrac{\mathrm{d}C}{\mathrm{d}\lambda}=u$,代入式(8-28)得

$$-\frac{\lambda}{2}u = D\frac{\mathrm{d}u}{\mathrm{d}\lambda} \qquad (8\text{-}29)$$

解得

$$u = a'\exp\left(-\frac{\lambda^2}{4D}\right) \qquad (8\text{-}30)$$

式(8-30)代入到 $\dfrac{\mathrm{d}C}{\mathrm{d}\lambda}=u$ 中,有

$$\frac{\mathrm{d}C}{\mathrm{d}\lambda} = a'\exp\left(-\frac{\lambda^2}{4D}\right)$$

将上式积分，

$$C = a'\int_0^\lambda \exp\left(-\frac{\lambda^2}{4D}\right)\mathrm{d}\lambda + b \tag{8-31}$$

再令 $\beta = \lambda(2/\sqrt{D})$，则式(8-31)可改写为

$$C = a'\cdot 2\sqrt{D}\int_0^\beta \exp(-\beta^2)\mathrm{d}\beta + b = a\int_0^\beta \exp(-\beta^2)\mathrm{d}\beta + b \tag{8-32}$$

注意式(8-32)是用定积分，即图 8-11 中斜线所示的面积来表示的，被积函数为高斯函数 $\exp(-\beta^2)$，积分上限为 β。

根据高斯误差积分

$$\int_0^{\pm\infty} \exp(-\beta^2)\mathrm{d}\beta = \pm\frac{\sqrt{\pi}}{2} \tag{8-33}$$

因为 $\beta = \lambda/(2\sqrt{D}) = x/(2\sqrt{Dt})$，利用初始条件式(8-25)在 $t=0$ 时，对于 $x>0$，$x<0$ 的任意点分别有

$$C = C_1 = a\int_0^{+\infty} \mathrm{e}^{-\beta^2}\mathrm{d}\beta + b$$

$$C = C_2 = a\int_0^{-\infty} \mathrm{e}^{-\beta^2}\mathrm{d}\beta + b$$

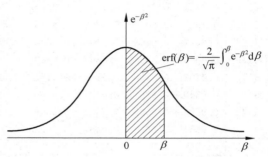

图 8-11　用定积分表示浓度

故

$$C_1 = a\frac{\sqrt{\pi}}{2} + b$$

$$C_2 = -a\frac{\sqrt{\pi}}{2} + b$$

求出积分常数 a,b 分别为

$$\begin{cases} a = -\dfrac{C_2 - C_1}{2}\cdot\dfrac{2}{\sqrt{\pi}} \\ b = \dfrac{C_1 + C_2}{2} \end{cases} \tag{8-34}$$

将式(8-34)代入式(8-32)有

$$C = \frac{C_2 + C_1}{2} - \frac{C_2 - C_1}{2}\cdot\frac{2}{\sqrt{\pi}}\int_0^\beta \exp(-\beta^2)\mathrm{d}\beta \tag{8-35}$$

式(8-35)中的积分函数称为**高斯误差函数**，用 $\mathrm{erf}(\beta)$ 表示(见图 8-11)，定义为

$$\mathrm{erf}(\beta) = \frac{2}{\sqrt{\pi}}\int_0^\beta \exp(-\beta^2)\mathrm{d}\beta \tag{8-36}$$

β 值对应的 $\mathrm{erf}(\beta)$ 值列于表 8-1。

这样式(8-35)可改写成

$$C = \frac{C_2 + C_1}{2} - \frac{C_2 - C_1}{2}\mathrm{erf}(\beta) \tag{8-37}$$

式(8-37)即为扩散偶在扩散过程中，溶质浓度随 β，即随 $x/(2\sqrt{Dt})$ 的变化关系式。

下面针对式(8-37)，就几个问题加以讨论。

表 8-1　误差函数表 erf(β),β 由 0 到 2.7

β	0	1	2	3	4	5	6	7	8	9
0.0	0.0000	0.0113	0.0226	0.0338	0.0451	0.0564	0.0676	0.0789	0.0901	0.1013
0.1	0.1125	0.1236	0.1348	0.1439	0.1569	0.1680	0.1790	0.1900	0.2009	0.2118
0.2	0.2227	0.2335	0.2443	0.2550	0.2657	0.2763	0.2869	0.2974	0.3079	0.3183
0.3	0.3286	0.3389	0.3491	0.3593	0.3684	0.3794	0.3893	0.3992	0.4090	0.4187
0.4	0.4284	0.4380	0.4475	0.4569	0.4662	0.4755	0.4847	0.4937	0.5027	0.5117
0.5	0.5204	0.5292	0.5379	0.5465	0.5549	0.5633	0.5716	0.5798	0.5879	0.5979
0.6	0.6039	0.6117	0.6194	0.6270	0.6346	0.6420	0.6494	0.6566	0.6638	0.6708
0.7	0.6778	0.6847	0.6914	0.6881	0.7047	0.7112	0.7175	0.7238	0.7300	0.7361
0.8	0.7421	0.7480	0.7358	0.7595	0.7651	0.7707	0.7761	0.7864	0.7867	0.7918
0.9	0.7969	0.8019	0.8068	0.8116	0.8163	0.8209	0.8254	0.8249	0.8342	0.8385
1.0	0.8427	0.8468	0.8508	0.8548	0.8586	0.8624	0.8661	0.8698	0.8733	0.8168
1.1	0.8802	0.8835	0.8868	0.8900	0.8931	0.8961	0.8991	0.9020	0.9048	0.9076
1.2	0.9103	0.9130	0.9155	0.9181	0.9205	0.9229	0.9252	0.9275	0.9297	0.9319
1.3	0.9340	0.9361	0.9381	0.9400	0.9419	0.9438	0.9456	0.9473	0.9490	0.9507
1.4	0.9523	0.9539	0.9554	0.9569	0.9583	0.9597	0.9611	0.9624	0.9637	0.9649
1.5	0.9661	0.9673	0.9687	0.9695	0.9706	0.9716	0.9726	0.9736	0.9745	0.9755
β	1.55	1.6	1.65	1.7	1.75	1.8	1.9	2.0	2.2	2.7
erf(β)	0.9716	0.9763	0.9804	0.9838	0.9867	0.9891	0.9928	0.9953	0.9981	0.9999

（1）式(8-37)的用法

① 给定扩散系统，已知扩散时间 t，可求出浓度分布曲线 $C(x,t)$。具体的方法是，查表求出扩散系数 D，由 D、t 以及确定的 x，求出 $\beta = x/(2\sqrt{Dt})$，查表 8-1 求出 erf(β)，代入式(8-37)求出 $C(x,t)$。

② 已知某一时刻的 $C(x,t)$ 曲线，可求出不同浓度下的扩散系数。

具体的方法是，由 $C(x,t)$ 计算出 erf(β)，查表 8-1 求出 β，又 t，x 已知，利用 $\beta = x/(2\sqrt{Dt})$ 可求出扩散系数 D。

（2）任一时刻 $C(x,t)$ 曲线的特点

① 对于 $x=0$ 的平面，即原始接触面，有 $\beta=0$，即 erf(β)$=0$，因此该平面的浓度 $C_0 = \dfrac{C_1+C_2}{2}$ 恒定不变；在 $x=\pm\infty$，即边界处浓度，有 $C_\infty=C_1$，$C_{-\infty}=C_2$，即边界处浓度也恒定不变。

② 曲线斜率

$$\frac{\partial C}{\partial x} = \frac{\mathrm{d}C}{\mathrm{d}\beta} \cdot \frac{\partial \beta}{\partial x} = -\frac{C_2-C_1}{2} e^{-\beta^2} \cdot \frac{1}{2\sqrt{Dt}} \cdot \frac{2}{\sqrt{\pi}} \tag{8-38}$$

由式(8-37)、式(8-38)可以看出，浓度曲线关于中心 $\left(x=0, C=\dfrac{C_1+C_2}{2}\right)$ 是对称的。随着时间增加，曲线斜率变小，当 $t\to\infty$ 时，各点浓度都达到 $\dfrac{C_1+C_2}{2}$，实现了均匀化。

（3）抛物线扩散规律

由图 8-11 及式(8-37)可知，浓度 $C(x,t)$ 与 β 有一一对应的关系，由于 $\beta = x/(2\sqrt{Dt})$，

因此 $C(x,t)$ 与 $x/\sqrt{t}$ 之间也存在一一对应的关系。设 $K(C)$ 是决定于浓度 C 的常数,必有

$$x^2 = K(C)t \tag{8-39}$$

式(8-39)称为抛物线扩散规律,其应用范围为不发生相变的扩散。如图 8-12 所示,若等浓度 C_1 的扩散距离之比为 $1:2:3:4$,则所用的扩散时间之比为 $1:4:9:16$。

(4) 式(8-37)的变形

式(8-37)可以写成

$$C = \frac{C_2 + C_1}{2} - \left(\frac{C_2 + C_1}{2} - C_1\right)\mathrm{erf}(\beta)$$

$$= C_0[1 - \mathrm{erf}(\beta)] + C_1\mathrm{erf}(\beta) \tag{8-40}$$

式中,$C_0 = \dfrac{C_2 + C_1}{2}$。

① 当 $C_1 = 0$ 时(镀层的扩散、异种金属的扩散焊),如图 8-13(a),有

$$C = C_0[1 - \mathrm{erf}(\beta)] \tag{8-41}$$

② 当 $C_0 = 0$ 时(除气初期、真空除气以及板材的表面脱碳等),如图 8-13(b),有

$$C = C_1\mathrm{erf}(\beta) \tag{8-42}$$

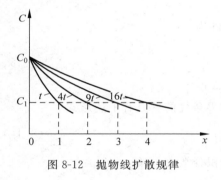

图 8-12　抛物线扩散规律

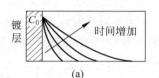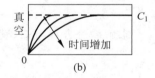

图 8-13　一维无穷长物体扩散的两种特殊情况

(a) 镀层的扩散、异种金属的扩散焊；(b) 真空除气、表面脱碳

(5) 近似估算

由查表 8-1 可知,当 $\beta = 0.5$ 时,$\mathrm{erf}(\beta) = 0.5204 \approx 0.5$,亦即当 $x^2 = Dt$ 时,根据式(8-41),有 $C \approx 0.5C_0$。

由于扩散,如果某处的浓度达到初始浓度的一半,一般称该处发生了显著扩散。关于显著扩散,利用 $x^2 = Dt$,给出 x 可求 t,给出 t 可求 x。

8.4.2　半无穷长物体的扩散

半无穷长物体扩散的特点是,表面浓度保持恒定,而物体的长度大于 $4\sqrt{Dt}$。对于金属表面的渗碳、渗氮处理来说,金属外表面的气体浓度就是该温度下金属对相应气体的饱和溶解度 C_0,它是恒定不变的；而对于真空除气来说,表面浓度为 0,也是恒定不变的。

钢铁渗碳是半无穷长物体扩散的典型实例。例如将工业纯铁在 927℃ 进行渗碳处理,假定在渗碳炉内工件表面很快就达到碳的饱和浓度(1.3% 的碳),而后保持不变,同时碳原子不断地向里扩散。这样,渗碳层的厚度、渗碳层中的碳浓度与渗碳时间的关系,便可由式(8-41)求得。

初始条件,$t=0,x>0,C=0$;

边界条件,$t \geqslant 0$,$\begin{cases} x=\infty, & C=0; \\ x=0, & C_0=1.3 \end{cases}$

927℃时碳在铁中的扩散系数 $D=1.5 \times 10^{-7} \mathrm{cm}^2 \cdot \mathrm{s}^{-1}$,所以,

$$C = 1.3 \left[1 - \mathrm{erf} \left(\frac{x}{2\sqrt{1.5 \times 10^{-7} t}} \right) \right] = 1.3 \left[1 - \mathrm{erf} \left(1.29 \times 10^3 \cdot \frac{x}{\sqrt{t}} \right) \right]$$

渗碳 $10\mathrm{h}(3.6 \times 10^4 \mathrm{s})$后,渗碳层中的碳分布

$$C = 1.3 [1 - \mathrm{erf}(6.8x)]$$

在实际生产中,渗碳处理常用于低碳钢,如含碳量为 0.25% 的钢。这时为了计算的方便,可将碳的浓度坐标上移到 0.25 为原点,这样就可以采用与工业纯铁同样的计算方法。

8.4.3　瞬时平面源

在单位面积的纯金属表面敷以扩散元素组成平面源,然后对接成扩散偶进行扩散。若扩散系数为常数,其扩散方程为式(8-3):

$$\frac{\partial C}{\partial t} = D \frac{\partial^2 C}{\partial x^2}$$

注意到敷层的厚度为 0,因此方程(8-3)的初始、边界条件为

当 $t=0$ 时,$\left. \begin{cases} C |_{x=0} = \infty \\ C |_{x \neq 0} = 0 \end{cases} \right\}$ (8-43)

当 $t \geqslant 0$ 时,$\quad C |_{x=\pm\infty} = 0$

求解微分方程可知,满足方程(8-3)及上述初始、边界条件的解具有下述形式

$$C = \frac{a}{t^{1/2}} \exp \left(-\frac{x^2}{4Dt} \right) \tag{8-44}$$

其中 a 是待定常数。可以利用扩散物质的总量 M 来求积分常数 a,有

$$M = \int_{-\infty}^{\infty} C \mathrm{d}x \tag{8-45}$$

如果浓度分布由式(8-44)表示,并令

$$\frac{x^2}{4Dt} = \beta^2 \tag{8-46}$$

则有

$$\mathrm{d}x = 2(Dt)^{1/2} \mathrm{d}\beta$$

代入式(8-45)

$$M = 2aD^{\frac{1}{2}} \int_{-\infty}^{+\infty} \mathrm{e}^{-\beta^2} \mathrm{d}\beta = 2a(\pi D)^{\frac{1}{2}}$$

代入式(8-44)

$$C = \frac{M}{2(\pi Dt)^{\frac{1}{2}}} \exp \left(-\frac{x^2}{4Dt} \right) \tag{8-47}$$

图 8-14 示出了不同 Dt 值的浓度分布曲线。

8.4.4　有限长物体中的扩散

有限长物体是指其尺度小于扩散区的长度 $4\sqrt{Dt}$,从而扩散的范围遍及整个物体。例

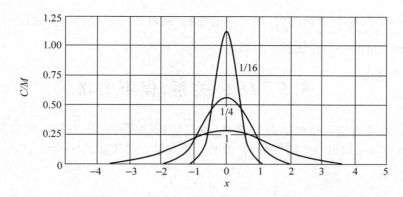

图 8-14　瞬时平面源扩散后的浓度距离曲线，曲线旁的数字表示不同的 Dt 值

如，均匀分布于薄板中的物质向外界的扩散，以及图 8-15 所示，圆周面封闭，物质仅沿轴向向外扩散的情况等。

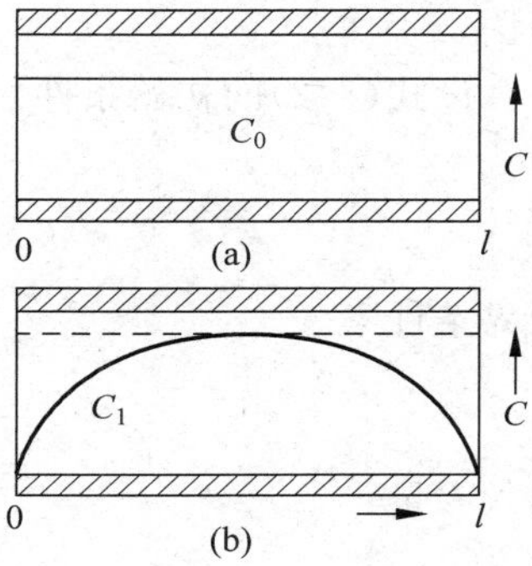

利用分离变量法，可求得式（8-3）的通解为

$$C = \sum_{n=1}^{\infty} (A_n \sin\lambda_n x + B_n \cos\lambda_n x) \exp(-\lambda_n^2 Dt) \quad (8\text{-}48)$$

针对图 8-15 所示的问题，A_n，B_n 和 λ_n 可由初始条件和边界条件确定。注意到扩散遍及整个物体及扩散过程中试样的表面浓度保持为零，则初始条件为

$$\text{当 } t = 0, \quad 0 < x < l, \quad \text{则 } C = C_0 \quad (8\text{-}49)$$

边界条件为

$$\text{当 } t \geqslant 0, \quad x = 0 \text{ 及 } x = l, \quad \text{则 } C = 0 \quad (8\text{-}50)$$

满足式（8-49）、式（8-50）的最终解是

$$C = \frac{4C_0}{\pi} \sum_{n=0}^{\infty} \frac{1}{2n+1} \sin\frac{(2n+1)\pi x}{l} \exp[-(2n+1)^2 \pi^2 Dt/l^2] \quad (8\text{-}51)$$

式（8-51）也适用于板材的表面脱碳、小样品的真空除气等。

注意，用不同的数学方法得到表示同一问题（指扩散初期）的两个浓度分布函数式（8-42）和式（8-51），尽管形式上不同，但它们是一致的。初看起来，似乎多项式计算不如查误差函数表方便，但式（8-51）随时间而以指数关系衰减，很快收敛。粗略估计三角级数第一项和第二项的极大值的比值 R

$$R = 3\exp\frac{8\pi^2 Dt}{l^2} \quad (8\text{-}52)$$

当 $l \leqslant 4\sqrt{Dt}$，即 $t \geqslant \dfrac{l^2}{16D}$ 时，$R \approx 150$，也就是说，若只取第一项作为 $C(x,t)$ 的近似解，各点的计算误差不大于 1%。

对于有限长物体的扩散，可以引入平均浓度 $\overline{C}$ 进行近似估算

$$\overline{C} = \frac{1}{l}\int_0^l C(x,t)\,\mathrm{d}x \quad (8\text{-}53)$$

当 $\overline{C} < 0.8C_1$ 时，有

$$\frac{\overline{C}}{C_0} \approx \frac{8}{\pi^2}\exp\left(-\frac{t}{\tau}\right) \quad (8\text{-}54)$$

图 8-15　有限长物体中的扩散
（a）原始试样；（b）扩散 t 时间后

式(8-54)中 $\tau = \dfrac{l^2}{\pi^2 D}$ 称为弛豫时间,相当于电容充、放电的时间常数。由式(8-54)可以确定物体中的平均浓度 $\overline{C}$ 与扩散时间 t 的关系。

8.5 D-C 关系,侯野方法

上述各种处理方法都是假定 D 为常数,通过解析法求解扩散方程。但实际上,扩散系数 D 是与浓度 C(从而也与空间坐标)相关的。菲克第二定律如式(8-2):

$$\frac{\partial C}{\partial t} = \frac{\partial}{\partial x}\left(D\,\frac{\partial C}{\partial x}\right)$$

中的 D 不能从括号中提出,因此不能用普通的解析法求解。侯野(Matano)找到了从实验的浓度分布曲线 $C(x)$ 出发,计算不同浓度下的扩散系数 $D(C)$ 的方法,一般称这种方法为侯野法。

设式(8-2)的初始条件

$$\text{当 } t = 0 \text{ 时,} \quad \begin{cases} C\,|_{x>0} = C_1 \\ C\,|_{x<0} = C_2 \end{cases} \tag{8-55}$$

边界条件

$$\frac{\mathrm{d}C}{\mathrm{d}x}\bigg|_{x=\pm\infty} = 0 \tag{8-56}$$

引入参量

$$\lambda = x/\sqrt{t} \tag{8-57}$$

使偏微分方程式(8-2)变为常微分方程。

$$\frac{\partial C}{\partial t} = \frac{\mathrm{d}C}{\mathrm{d}\lambda}\frac{\partial \lambda}{\partial t} = -\frac{\lambda}{2t}\left(\frac{\mathrm{d}C}{\mathrm{d}\lambda}\right) \tag{8-58}$$

$$\frac{\partial C}{\partial x} = \frac{\mathrm{d}C}{\mathrm{d}\lambda}\frac{\partial \lambda}{\partial x} = \frac{1}{\sqrt{t}}\frac{\mathrm{d}C}{\mathrm{d}\lambda}$$

$$\frac{\partial}{\partial x}\left(D\,\frac{\partial C}{\partial x}\right) = \frac{\mathrm{d}}{\mathrm{d}\lambda}\left(D\,\frac{1}{\sqrt{t}}\frac{\mathrm{d}C}{\mathrm{d}\lambda}\right)\frac{\partial \lambda}{\partial x} = \frac{\mathrm{d}}{t\,\mathrm{d}\lambda}\left(D\,\frac{\mathrm{d}C}{\mathrm{d}\lambda}\right) \tag{8-59}$$

式(8-58)、式(8-59)代入式(8-2)得

$$-\frac{\lambda}{2t}\left(\frac{\mathrm{d}C}{\mathrm{d}\lambda}\right) = \frac{1}{t}\frac{\mathrm{d}}{\mathrm{d}\lambda}\left(D\,\frac{\mathrm{d}C}{\mathrm{d}\lambda}\right)$$

对 $\mathrm{d}C$ 从 C_1 到 C 积分

$$-\frac{1}{2}\int_{C_1}^{c}\lambda\,\mathrm{d}C = \int_{C_1}^{c}\mathrm{d}\left(D\,\frac{\mathrm{d}C}{\mathrm{d}\lambda}\right) \tag{8-60}$$

注意到浓度分布曲线上的任一点表示同一时刻 C-x 的关系,因此 t 为常数,可把只与 t 相关的因子提到积分号前边,则式(8-60)变为:

$$-\frac{1}{2}\frac{1}{\sqrt{t}}\int_{C_1}^{c}x\,\mathrm{d}C = \sqrt{t}\int_{C_1}^{c}\mathrm{d}\left(D\,\frac{\mathrm{d}C}{\mathrm{d}x}\right)$$

即

$$-\frac{1}{2t}\int_{C_1}^{c}x\,\mathrm{d}C = \left(D\,\frac{\mathrm{d}C}{\mathrm{d}x}\right)_c - \left(D\,\frac{\mathrm{d}C}{\mathrm{d}x}\right)_{C=C_1} = \left(D\,\frac{\mathrm{d}C}{\mathrm{d}x}\right)_c$$

注意边界条件式(8-56)为

$$\frac{\mathrm{d}C}{\mathrm{d}x}\bigg|_{C=C_1} = 0 \tag{8-61}$$

所以

$$D(C) = -\frac{1}{2t}\left(\frac{\mathrm{d}x}{\mathrm{d}C}\right)_C \int_{C_1}^{C} x\mathrm{d}C \tag{8-62}$$

式(8-62)即扩散系数 D 与浓度 C 之间的关系式。式中 $\left(\frac{\mathrm{d}x}{\mathrm{d}C}\right)_C$ 是 $C\text{-}x$ 曲线上浓度为 C 处斜率的倒数；$\int_{C_1}^{C} x\mathrm{d}C$ 为从 C_1 到 C 的积分。

让我们再分析一下式(8-62)。由于扩散系数 D 与浓度 C 有关,在扩散过程中浓度分布曲线往往不会保持式(8-37)、式(8-38)所示的中心对称关系。可以进行坐标变换 $x \rightarrow x'$,使

$$\int_{C_1}^{C_2} x'\mathrm{d}C = 0 \tag{8-63}$$

因为 $\frac{\mathrm{d}C}{\mathrm{d}x}\bigg|_{C=C_2} = 0$,所以由式(8-62)可知式(8-63)所定的条件是必要的。从几何上看,这样变换坐标的目的,是要使 $x'=0$ 的平面把图 8-16 中画有影线的面积划分为面积相等的两部分 A 和 B,$x'=0$ 所决定的平面就是俣野面。很明显,只有当扩散体系的体积不变时,俣野面才与原始焊接面重合。

经式(8-63)坐标变换后,式(8-62)变为

$$D(C) = -\frac{1}{2t}\left(\frac{\mathrm{d}x'}{\mathrm{d}C}\right)_C \int_{C_1}^{C} x'\mathrm{d}C \tag{8-64}$$

俣野法根据式(8-64)求浓度 $C(=C_\mathrm{m})$ 时的扩散系数 $D(C)$ 值的方法如下:

① 试样经 t 时间扩散后,根据实验结果画出浓度分布曲线;

② 用作图法找出俣野面,即使图 8-16 中的面积 $A=B$;

③ 积分 $\int_{0}^{C} x'\mathrm{d}C$ 即为面积 $B-(A-A_1)=A_1$,

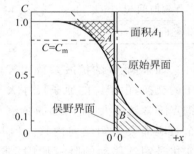

图 8-16 根据浓度分布曲线求不同浓度下的扩散系数

$\left(\frac{\mathrm{d}x'}{\mathrm{d}C}\right)_C$ 为浓度-距离曲线在浓度 C 处的斜率的倒数。时间已知,则式(8-64)右边各项均可求得,即可求出该浓度下的扩散系数 $D(C)$。

经过一次退火,可以获得该温度下对应于不同浓度的一系列扩散系数 $D(C)$。

俣野面的重要物理意义是,物质流经此平面进行扩散,扩散流入的量与扩散流出的量正好相等。

8.6 克根达耳效应

菲克定律中的扩散系数 D 反映了扩散系统的特性,并不仅取决于某一种组元的特性。过去人们认为,在置换式固溶体中,原子扩散的过程是通过溶剂与溶质原子直接换位进行

的,假如是这样,原始扩散界面将不会发生移动,两个组元扩散速度也应该是相等的,但是通过对面心立方和一些体心立方晶格的二元及多元合金进行研究之后,发现在这些合金系中不存在这种换位机制。

8.6.1　克根达耳(Kirkendall)效应

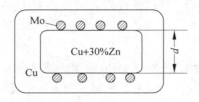

图 8-17　克根达耳实验

斯密吉斯加斯(Smigeiskas)和克根达耳用实验证明了互扩散过程中组元的扩散系数不同及置换式扩散的空位机制。他们在 1947 年进行的实验如图 8-17 所示。在长方形的 α 黄铜(Cu+30%Zn)棒上敷上很细的钼丝作为标记,再在黄铜上镀铜,将钼丝包在黄铜与铜中间。注意这种布置有下述特点:黄铜与铜构成扩散偶;高熔点金属钼丝仅仅作为标志物,在整个过程中并不参与扩散;黄铜的熔点比铜的熔点低;扩散组元为铜和锌,二者构成置换式固溶体。

上述样品在 785℃保温,使锌和铜发生互扩散,相对钼丝来说,显然锌向外,铜向内扩散。实验发现,一天之后这两层钼丝均向内移动了 0.0015cm,56 天之后移动 0.0124cm。这种位移量随时间的变化数据列于表 8-2。这种现象称为克根达耳效应。

表 8-2　保温时间和钼丝的位移

保温时间/d	0	1	3	6	13	28	56
钼丝的位移/cm	0	0.0015	0.0025	0.0036	0.0056	0.0092	0.0124

如果铜、锌的扩散系数相等,相对钼丝进行等原子的交换,由于锌的原子尺寸大于铜,扩散后外围的铜点阵常数增大,而内部的黄铜点阵常数缩小,这两个效应都会使钼丝向内移。但是,如果点阵常数的变化是钼丝移动的唯一原因,那么移动的距离只应该有观察值的十分之一左右。实验结果只能说明,扩散过程中锌的扩散流要比铜的扩散流大得多,这个大小的差别是钼丝内移的主要原因。而且还发现标志面移动的距离与时间的平方根成正比,见图 8-18。

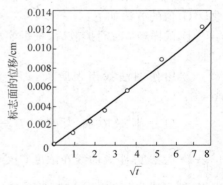

图 8-18　由于克根达耳效应引起的标志面的位移

后来发现,在 Cu-Sn,Cu-Ni,Cu-Au,Ag-Au,Ag-Zn,Ni-Co,Ni-Cu,Ni-Au 等置换式固溶体中都会发生这种现象。而且标志物总是向着含低熔点组元较多的一方移动。相对而言,低熔点组元扩散快,高熔点组元扩散慢。正是这种不等量的原子交换造成了克根达耳效应。

8.6.2　克根达耳效应的理论和实际意义

克根达耳效应揭示了扩散宏观规律与微观机制的内在联系,具有普遍性,在扩散理论的形成过程中以及生产实践中都有十分重要的意义。

首先,克根达耳效应直接否定了置换式固溶体扩散的换位机制,支持了空位机制。在锌铜互扩散中,低熔点组元锌与空位的亲和力大,易换位,这样在扩散过程中从铜中流入到黄铜中的空位就大于从黄铜中流入到铜中的空位数量。换句话说,存在一个从铜到黄铜的净空位流,结果势必造成中心区晶体整体收缩,从而造成钼丝内移。

另外,克根达耳效应说明,在扩散系统中每一种组元都有自己的扩散系数,由于 $J_{Zn} > J_{Cu}$,因此 $D_{Zn} > D_{Cu}$。注意,这里所说的 D_{Zn}, D_{Cu} 均不同于菲克定律中所用的扩散系数 D。

克根达耳效应往往会产生副效应。若晶体收缩完全,原始界面会发生移动;若晶体收缩不完全,在低熔点金属一侧会形成分散的或集中的空位,其总数超过平衡空位浓度,形成孔洞,甚至形成克根达耳孔,而在高熔点金属一侧的空位浓度将减少至低于平衡空位浓度,从而也改变了晶体的密度。试验中还发现试样的横截面同样发生了变化,例如 Ni-Cu 扩散偶经扩散后,在原始分界面附近铜的横截面由于丧失原子而缩小,在表面形成凹陷,而镍的横截面由于得到原子而膨胀,在表面形成凸起,见图 8-19。

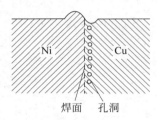

图 8-19　克根达耳效应的副效应

克根达耳效应的这些副效应在实际当中往往产生不利的影响。以电子器件为例,其中包括大量的布线、接点、电极以及各式各样的多层结构,而且要在较高的温度工作相当长的时间。上述副效应会引起断线、击穿、器件性能劣化乃至使器件完全报废。因此应设法加以控制。

8.7　分扩散系数,达肯公式

达肯(Darken)对克根达耳效应进行了详尽的讨论。他引入了两个平行的坐标系:一个是固定坐标系 x, y;一个是坐落在晶面上和晶面一起运动的动坐标系 x', y',见图 8-20。他同时采用了两个扩散系数 D_A 和 D_B,分别表示组元 A 和 B 的本征扩散系数,即分扩散系数。试验中测得的,或者说菲克定律中所采用的是综合扩散系数,常以 D 表示。

在推导 D, D_A, D_B 关系时,假设在扩散过程中,晶格常数不变;晶体中各点的密度不变;横截面的面积不变。本征扩散是相对于动坐标而言的;总的扩散效果为本征扩散和整体收缩效果之和。

相对于动坐标系,A, B 的本征扩散通量分别为 J_{A1}, J_{B1}:

$$J_{A1} = - D_A \frac{\partial C_A}{\partial x} \tag{8-65}$$

$$J_{B1} = - D_B \frac{\partial C_B}{\partial x} \tag{8-66}$$

由于 $J_{B1} > J_{A1}$,高熔点一侧有流体静压力,则各晶面连同动坐标系会沿 x 方向平移,相对于固定坐标系,增加了方向相同的两个附加通量 $C_A v$ 和 $C_B v$。所以对固定坐标系,总通量为

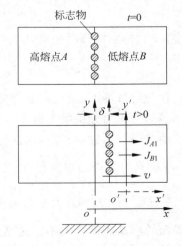

图 8-20　扩散效果为本征扩散和整体收缩效果之和

$$J_A = J_{A1} + C_A v = -D_A \frac{\partial C_A}{\partial x} + C_A v = -D \frac{\partial C_A}{\partial x} \tag{8-67}$$

$$J_B = J_{B1} + C_B v = -D_B \frac{\partial C_B}{\partial x} + C_B v = -D \frac{\partial C_B}{\partial x} \tag{8-68}$$

式中，v 为 x 处晶面的平移速度；C_A，C_B 分别为 x 处 A 组元和 B 组元的浓度。式(8-67)、式(8-68)后面等号成立的依据为菲克第一定律。

根据扩散中晶体各点密度不变的条件,有

$$C_A(x) + C_B(x) = 常数$$

所以

$$\frac{\partial C_A}{\partial x} = -\frac{\partial C_B}{\partial x} \tag{8-69}$$

为了求出 D_A，D_B，D 三者之间的关系,应消去 v。利用式(8-67),式(8-68),式(8-69)得

$$(C_A D_B + C_B D_A) \frac{\partial C_A}{\partial x} = D(C_A + C_B) \frac{\partial C_A}{\partial x}$$

$$\frac{C_A}{C_A + C_B} D_B + \frac{C_B}{C_A + C_B} D_A = D$$

即

$$N_A D_B + N_B D_A = D \tag{8-70}$$

式中，N_A，N_B 分别是 A，B 组元在合金中的摩尔分数。

由式(8-67),式(8-68),利用 $J_A = -J_B$,得晶面(亦即克根达耳标志面)的迁移速度

$$\left. \begin{array}{l} v = (D_B - D_A) \dfrac{\partial N_B}{\partial x} \\[2mm] v = (D_A - D_B) \dfrac{\partial N_A}{\partial x} \end{array} \right\} \tag{8-71}$$

式(8-70),式(8-71)合称为**达肯公式**。式中 D_A 及 D_B 分别是组元 A 及 B 在浓度梯度下的扩散系数,称为分扩散系数(亦称偏扩散系数或本征扩散系数)；D 为综合扩散系数(亦称化学扩散系数或互扩散系数)。由式(8-70)可知,对 D 影响大的是摩尔分数小的组元。

通过实验可以测量标志物的迁移速度。已知位移量与时间的关系为

$$l = b\sqrt{t} \tag{8-72}$$

式中，l 为标志物移动距离,b 为比例常数,则界面的迁移速度为

$$v = \frac{\mathrm{d}l}{\mathrm{d}t} = \frac{\mathrm{d}(b\sqrt{t})}{\mathrm{d}t} = \frac{l}{2t} \tag{8-73}$$

在一定浓度下,通过实验测定综合扩散系数 D,标志物移动速度 v,再根据式(8-70),式(8-71)可求出分扩散系数 D_A，D_B。

由式(8-70)可以看出,综合扩散系数 D 不代表一种原子的扩散系数,一般情况下 $D \neq D_A \neq D_B$ 只有当样品中组元 A（或 B）很少时,才有 $D \approx D_A$（或 $D \approx D_B$）。当 $C_A = C_B = \dfrac{C}{2}$ 时,$D = \dfrac{1}{2}(D_A + D_B)$,即综合扩散系数为两个分扩散系数的算术平均值。如果 $D_A = D_B$,则原始界面的移动速度 v 为零。这说明原始界面的移动正是由于两个组元的分扩散系数不等所引起的。对 Cu-30%Zn 和纯铜的扩散偶,刚开始扩散时,标志面上 Zn 的摩尔分数 $N_{Zn} = 22.5\%$,根据达肯的计算结果,该浓度下 $D_{Cu} = 2.2 \times 10^{-9} \, \mathrm{cm^2/s}$；$D_{Zn} = 5.1 \times 10^{-9} \, \mathrm{cm^2/s}$；

$D_{Zn}/D_{Cu}=2.3$ 倍。而当 $N_{Zn}\to 0$ 时，$D\approx D_{Zn}$，此时 $D_{Zn}=0.3\times 10^{-9}\,cm^2/s$，可见浓度由 0 增至 $22.5\%Zn$，D_{Zn} 增加了 17 倍。

下面再讨论一下菲克定律。在 8.2 节只讨论了一个通量方程，$J=-D\dfrac{\partial C}{\partial x}$，那时隐含着一个假定，认为二元系在扩散时两组元反向扩散，它们的扩散系数是相同的，虽然有两个方程：

$$\left.\begin{array}{l} J_{A1}=-D_A\dfrac{\partial C_A}{\partial x}\\[2mm] J_{B1}=-D_B\dfrac{\partial C_B}{\partial x} \end{array}\right\} \tag{8-74}$$

只要研究其中的一个就够了。现在我们的认识深入了一步，知道 D_A 可以不等于 D_B，式(8-74)是对动坐标而言，是描述纯扩散性流动的。人们原先的设想，对于固定坐标系还是对的，不过应当把菲克定律理解为

$$\left.\begin{array}{l} J_A=-D\dfrac{\partial C_A}{\partial x}\\[2mm] J_B=-D\dfrac{\partial C_B}{\partial x} \end{array}\right\} \tag{8-75}$$

这里的通量为纯扩散性流动和整体迁移的总和，D 为系统的综合扩散系数。式(8-75)正是我们经常采用的菲克定律。

到现在为止，我们已经接触到 3 个平面：

S_0——原始焊接面，对于空间固定的坐标系，在扩散中其位置是不变的；

S_M——侯野面，其物理意义是，在扩散过程中，向两个相反方向流过此面的物质的量相等；

S_I——克根达耳标记面，可以认为是固定在某一晶面上的动坐标系，在不等量原子交换的扩散中，其运动速度为 v。

在扩散宏观规律的讨论结束之前，总结一下在不同条件下 3 个平面相对位置的变化规律，以建立扩散过程中物质流动的明确图像，见图 8-21。

（a）$\dfrac{\partial C}{\partial t}=0$，且 $D_A=D_B$，即浓度不随时间变化，本征扩散系数相同。由式(8-71)，$v=0$，动坐标系不动，所以 $S_0=S_I$；对固定坐标系，由式(8-65)至式(8-68)，$J_{A1}=-J_{B1}=J_A=-J_B$，所以 $S_0=S_M$。

（b）当 $\dfrac{\partial C}{\partial t}=0$，$D_A\neq D_B$ 时，对动坐标系，$J_{A1}\neq -J_{B1}$，所以 $S_I\neq S_0$；对固定坐标系，$J_A=-J_B$，所以 $S_0=S_M$。也就是说，以标记面为准，$J_{A1}\neq -J_{B1}$，必然引起整体流动；以 S_0 面为准，Zn 过来得多，又退回去了一部分，Cu 过去得少，又补充了一部分。经过这样调整以后，通过 S_0

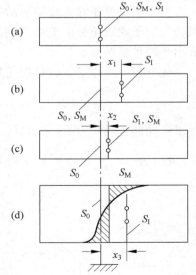

图 8-21　在不同条件下，S_0，S_M 和 S_I 的位置

面的总通量 $J_A = J_B$，所以 S_0 面也即侯野面。图中 x_1 是克根达耳效应引起的。

（c）当 $\frac{\partial C}{\partial t} \neq 0$，且 $D_A = D_B$ 时，由于等量原子交换也会引起标记移动，x_2 是点阵常数变化引起的，在这种情况下 $S_0 \neq S_M, S_1 = S_M$。

（d）当 $\frac{\partial C}{\partial t} \neq 0, D_A \neq D_B$ 时，$S_0 \neq S_M \neq S_I$，在 Cu-Zn 系中，如果扩散退火的时间足够长，实际观察到的就是如此。

8.8　扩散的微观理论和机制

前面讨论了与扩散相关的宏观现象，这些现象是大量原子无数次微观过程的总和。本节将从分析晶体中原子运动的特点——随机行走出发，讨论扩散的原子理论，分析扩散的微观机制，并建立宏观量与微观量、宏观现象与微观理论之间的联系。

8.8.1　扩散与原子的随机行走

式(8-39)所示的抛物线扩散规律揭示了晶体中原子迁移的一个重要特征。如果扩散原子作定向直线运动，则 x 应和 t 成正比，这与实验结果不同。我们知道悬浮在液体中的微小质点的布朗运动，它们向任一方向运动的几率相等，质点走过的是曲折的路径，这种运动方式称为随机行走，位移的均方根值与运动时间的平方根成正比。由此可以想象，晶体中的原子迁移也是一种随机行走现象。

下面分析晶体中原子运动的特点。从统计意义上讲，在某一时刻，大部分原子作振动，个别原子作跳动；对一个原子来讲，大部分时间它作振动，某一时刻它发生跳动。显然，晶体中的扩散过程即是原子在晶体中无规则跳动的结果。换句话说，只有原子发生从阵点位置到其他阵点位置的跳动，才会对扩散过程有直接的贡献。

对于大量原子在无规则跳动次数非常大的情况下，可以用统计的方法求出这种无规则跳动与原子宏观位移的关系，也就是对于一群原子在做了大规模的无规则跳动以后，可以计算出平均扩散距离。

先分析一个原子。设每次无规则跳动的位移矢量为 $\boldsymbol{r}_i$，则跳动 n 次的位移 $\boldsymbol{R}_n$ 可表示为

$$\boldsymbol{R}_n = \boldsymbol{r}_1 + \boldsymbol{r}_1 + \boldsymbol{r}_2 + \cdots + \boldsymbol{r}_i + \cdots + \boldsymbol{r}_n = \sum_{i=1}^{n} \boldsymbol{r}_i \tag{8-76}$$

为求运动路程，将两端自乘（自做点积），则

$$\begin{aligned}
\boldsymbol{R}_n \cdot \boldsymbol{R}_n &= \sum_{i=1}^{n} \boldsymbol{r}_i \cdot \sum_{i=1}^{n} \boldsymbol{r}_i = \boldsymbol{r}_1 \cdot \boldsymbol{r}_1 + \boldsymbol{r}_1 \cdot \boldsymbol{r}_2 + \boldsymbol{r}_1 \cdot \boldsymbol{r}_3 + \cdots + \boldsymbol{r}_1 \cdot \boldsymbol{r}_n \\
&\quad + \boldsymbol{r}_2 \cdot \boldsymbol{r}_1 + \boldsymbol{r}_2 \cdot \boldsymbol{r}_2 + \boldsymbol{r}_2 \cdot \boldsymbol{r}_3 + \cdots + \boldsymbol{r}_2 \cdot \boldsymbol{r}_n + \cdots \\
&\quad + \boldsymbol{r}_n \cdot \boldsymbol{r}_1 + \boldsymbol{r}_n \cdot \boldsymbol{r}_2 + \boldsymbol{r}_n \cdot \boldsymbol{r}_3 + \cdots + \boldsymbol{r}_n \cdot \boldsymbol{r}_n \\
&= \sum_{i=1}^{n} \boldsymbol{r}_i \cdot \boldsymbol{r}_i + 2\sum_{i=1}^{n-1} \boldsymbol{r}_1 \cdot \boldsymbol{r}_{1+i} + 2\sum_{i=1}^{n-2} \boldsymbol{r}_2 \cdot \boldsymbol{r}_{2+i} + \cdots + 2\boldsymbol{r}_{n-1} \cdot \boldsymbol{r}_n
\end{aligned}$$

所以
$$\boldsymbol{R}_n^2 = \sum_{i=1}^{n} \boldsymbol{r}_i^2 + 2\sum_{j=1}^{n-1}\sum_{i=1}^{n-j} \boldsymbol{r}_j \cdot \boldsymbol{r}_{j+i} \tag{8-77}$$

式(8-77)中，$\boldsymbol{r}_j \cdot \boldsymbol{r}_{j+i} = |\boldsymbol{r}_j||\boldsymbol{r}_{j+i}|\cos\theta_{j,j+i}$，$\theta_{j,j+i}$ 为 $\boldsymbol{r}_j$ 与 $\boldsymbol{r}_{j+i}$ 两向量之间的夹角，见图 8-22。

因此式(8-77)也可改写为

$$R_n^2 = \sum_{i=1}^{n} r_i^2 + 2\sum_{j=1}^{n-1}\sum_{i=1}^{n-j} |r_j||r_{j+i}| \cos\theta_{j,j+i} \qquad (8-78)$$

再分析晶体中的原子。由于晶体的对称性很高，且只考虑最近邻原子间的跳动，则

$$|r_i| = r \qquad (8-79)$$

式(8-79)有两种含义

① $|r_1|=|r_2|=|r_3|=\cdots=|r|=$ 最近邻平衡位置之间的距离；

② r 具有空间对称性，有 r_i 就有 $-r_i$。因此，晶体中的一个原子在发生 n 次跳动之后 R_n^2 的数值为

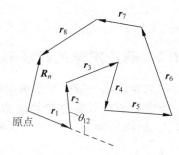

图 8-22　一个原子的随机行走模型

$$R_n^2 = nr^2 + 2r^2\sum_{j=1}^{n-1}\sum_{i=1}^{n-j}\cos\theta_{j,j+i} \qquad (8-80)$$

最后再考虑大量的原子。每个原子都跳动了 n 次，则应将所有原子 R_n^2 相加取平均值。考虑到式(8-80)中的 nr^2 均相等，但各原子作无规则跳动，故每次跳动的方向是无规则的。对于大量原子来说，每次跳动在任意的正、反两个方向的机会是相等的，则平均值

$$\overline{\sum_{j=1}^{n-1}\sum_{i=1}^{n-j}\cos\theta_{j,j+i}} = 0 \qquad (8-81)$$

所以

$$\overline{R_n^2} = nr^2 \qquad (8-82)$$

由此可见，原子扩散的平均距离(用均方根位移 $\sqrt{R_n^2}$ 表示)与原子跳动次数的平方根 $\sqrt{n}$ 成正比，即

$$\sqrt{\overline{R_n^2}} = \sqrt{n}\, r \qquad (8-83)$$

假设原子的跳动频率是 Γ，即每秒跳动 Γ 次，则 t 秒内跳动的次数

$$n = \Gamma t$$

所以

$$\overline{R_n^2} = \Gamma t r^2 \qquad (8-84)$$

式(8-84)的重要性在于，它建立了扩散过程中宏观量均方位移 $\overline{R_n^2}$、微观量跳动频率 Γ、跳动距离 r 之间的联系。

可以证明(见 8.8.2 小节)

$$\overline{R_n^2} = \gamma D t \qquad (8-85)$$

式中，γ 是决定于物质结构的几何参数。

由式(8-84)、式(8-85)，有

$$\gamma D t = \Gamma t r^2$$

则

$$D = \frac{1}{\gamma}\Gamma r^2 = \alpha\Gamma r^2 \qquad (8-86)$$

式(8-86)中 $\alpha = \dfrac{1}{\gamma}$，$\alpha$ 也是决定于物质结构的几何参数。式(8-86)称为**爱因斯坦方程**，它的

重要性在于,建立了扩散系数与微观量跳动频率 Γ、跳动距离之间的联系。

由式(8-85)还可导出

$$\sqrt{\overline{R_n^2}} = \gamma' \sqrt{Dt} \tag{8-87}$$

式中,$\gamma' = \sqrt{\gamma}$。式(8-87)正是式(8-39)所描述的抛物线扩散规律。

8.8.2　菲克定律的微观形式及 D 的微观表示

我们先讨论一维扩散的情况。如图 8-23 所示,设微观跳动也是一维的,扩散沿 x 方向。

假定原子在平衡位置的逗留时间为 τ,即每振动 τ 秒跳动 1 次,则跳动频率

$$\Gamma = \frac{1}{\tau} \tag{8-88}$$

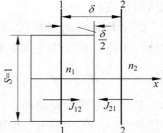

图 8-23　一维扩散的微观模型

式(8-88)中 Γ 也称跳动几率,即在所有振动的原子中发生跳动的原子百分数。

设平面 1 的扩散原子面密度为 n_1,平面 2 的扩散原子面密度为 n_2。若 $n_2 = n_1$,则无净扩散流。设由平面 1 向平面 2 的跳动原子通量为 J_{12},由平面 2 向平面 1 的跳动原子通量为 J_{21}:

$$J_{12} = \frac{1}{2} n_1 \Gamma \tag{8-89}$$

$$J_{21} = \frac{1}{2} n_2 \Gamma \tag{8-90}$$

注意到正、反两个方向,则通过平面 1 沿 x 方向的扩散通量为

$$J_1 = J_{12} - J_{21} = \frac{1}{2} \Gamma(n_1 - n_2) \tag{8-91}$$

而浓度可表示为

$$C = \frac{1 \cdot n}{1 \cdot \delta} = \frac{n}{\delta} \tag{8-92}$$

式(8-92)中的 1 表示取单位面积计算,δ 表示沿扩散方向的跳动距离,则由式(8-91)、式(8-92)得

$$J_1 = \frac{1}{2} \Gamma(C_1 - C_2)\delta = \frac{1}{2} \Gamma \delta^2 \frac{C_1 - C_2}{\delta} = -\frac{1}{2} \Gamma \delta^2 \frac{dC}{dx} \tag{8-93}$$

式(8-93)与菲克第一定律(式(8-1))对比可知

$$D = \frac{1}{2} \Gamma \delta^2 \tag{8-94}$$

对于二维扩散的情况,原子等几率地向 $x, -x, y, -y$ 4 个方向跳动,而对 x 方向扩散有贡献的跳动次数占总跳动次数的 $\frac{1}{4}$,与式(8-94)类比,有

$$D = \frac{1}{4} \Gamma \delta^2 \tag{8-95}$$

再考虑三维扩散的情况。对点阵常数为 a 的简单立方晶体来说

$$D = \frac{1}{6} \Gamma \delta^2 = \frac{1}{6} \Gamma a^2 \qquad (8-96)$$

对于不同的晶体结构,考虑原子可跳动的路径,有一般的关系式

$$D = \alpha' \Gamma \delta^2 = \alpha \Gamma a^2 \qquad (8-97)$$

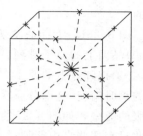

式(8-97)中,α 称为几何因子,是决定于晶体结构的参数;a 为点阵常数;δ 为跳动距离在扩散方向上的投影,即相应两晶面的间距;而 α' 可由下式表示:

$$\alpha' = \frac{\text{对扩散有直接贡献的可跳位置数}}{\text{总的可跳位置数}}$$

以面心立方晶体间隙原子的跳动为例,如图 8-24 所示,设间隙原子在最近邻的八面体间隙间跳动,则 $\alpha' = \frac{4}{12} = \frac{1}{3}$,而 $\delta = \frac{a}{2}$,故

图 8-24　面心立方晶体中间隙原子的可跳位置

$$D = \alpha' \Gamma \delta^2 = \frac{1}{3} \Gamma \left(\frac{a}{2} \right)^2 = \frac{1}{12} \Gamma a^2$$

即对于面心立方晶体间隙原子的扩散来说,几何因子 $\alpha = \frac{1}{12}$。

8.8.3　扩散的微观机制

式(8-84)建立了扩散过程中宏观量方均位移 $\overline{R_n^2}$ 与微观量原子跳动频率 Γ、跳动距离 r 之间的关系;式(8-94)～式(8-97)建立了扩散系数用微观量表示的关系式。这说明扩散的宏观规律和微观机制之间有着密切的关系。为了深入研究扩散规律,人们提出了各种不同的扩散机制。在下面的分析中应特别注意每种扩散机制的适用范围及不同特点。

（1）对直接换位机制的否定

按这种模型,原子的扩散是通过相邻两原子直接对调位置而进行的,如图 8-25 所示。

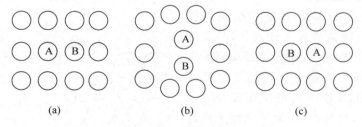

图 8-25　直接换位机制的示意图

由于原子近似刚性球体,所以两原子对换位置时,它们近邻的原子必须后退,以让出适当的空间,见图 8-25(b)。当对调完毕时,这些原子或多或少地恢复到原来的位置,见图 8-25(c)。这样的过程势必使交换原子对附近的晶格发生强烈的畸变,这对直接换位机制来说是不利的,因此,这种扩散机制实际上可能性不大,更确切地说,到目前为止还没有实验结果证明这种机制的存在。

（2）间隙机制

间隙机制适用于间隙式固溶体中间隙原子的扩散。其中，发生间隙扩散的主要（甚至唯一）是间隙原子，阵点上的原子则可以认为是不动的。C，N，H，B，O 等尺寸较小的间隙原子在固溶体中的扩散就是按照从一个间隙位置跳动到其近邻的另一个间隙位置的方式进行的。

图 8-26（a）为面心立方结构中的八面体间隙中心位置；图 8-26（b）为面心立方结构（100）晶面上的原子排列。图中 1 代表间隙原子的原来位置，2 代表跳动后的位置。在跳动时，必须把阵点上的原子 3、4 或这个晶面上下两侧的相邻阵点原子推开，从而使晶格发生局部的瞬时畸变，这部分应变能就构成间隙原子跳动的阻力，这也就是间隙原子跳动时所必须克服的能垒。如图 8-27 所示，间隙原子从位置 1 跳动到位置 2 必须越过的能垒是 $G_2 - G_1$，因此只有那些自由能超过 G_2 的原子才能发生跳动。

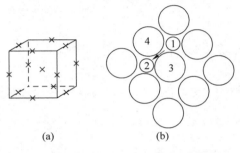

图 8-26　面心立方晶体的八面体间隙及（100）晶面

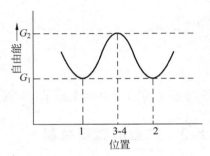

图 8-27　原子的自由能与其位置的关系

（3）空位机制

空位机制适用于置换式固溶体的扩散。在置换式固溶体（或纯金属）中，由于原子尺寸相差不太大（或者相等），因此不能进行间隙扩散。

晶体中结点并非完全被原子所占据，存在一定的空位。而且空位的数量随温度的升高而增加，在一定温度下对应着一定的平衡空位浓度。也就是说，在一定温度下存在一定浓度空位的晶体才是稳定的。

图 8-28 表示 FCC 晶体空位机构的扩散，原子从（100）面的位置 3 迁入（010）面的空位 4，这时画影线的 4 个原子必须偏离平衡位置。如果晶体由直径为 d 的原子密堆而成，（111）面上 1、2 原子间的空隙是 $0.73d$（见图 8-28（b）），显然，直径为 d 的原子通过尺寸为 $0.73d$ 的空隙，需要一定的能量以克服空隙周围原子的阻碍，而扩散原子的通过又会引起空隙周围局部的畸变。但如果以 γ-

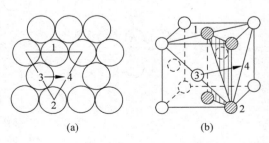

图 8-28　FCC 晶体空位机构的扩散

Fe 为例，铁原子迁入邻近空位所引起的畸变并不很大，其畸变能与碳原子在 FCC 结构中从一个间隙位置迁移到邻近间隙位置时差不多。但实际上，铁比碳的扩散慢得多，这是因为在稀薄的间隙固溶体中，与碳邻近的间隙位置基本上是空的；但对铁来说，由于晶体中空位浓度很低，要在其邻近出现空位，必须消耗空位形成能。

已经公认,空位机制是 FCC 金属中扩散的主要机制;在 BCC 和 HCP 金属、离子化合物和氧化物中,它也起重要作用。

(4) 其他类型的扩散机制

对于置换式固溶体,人们还提出了几种其他类型的原子跃迁机制。

20 世纪 50 年代,甄纳(Zener)指出,3 个以上原子呈环形转动、循环交换位置(见图 8-29),即通过所谓环形扩散机制,其畸变能比两个原子的直接换位机制要低得多。

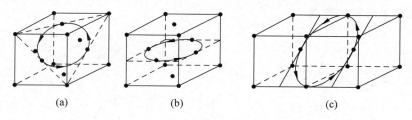

图 8-29　环形扩散机制

(a) 面心 3-原子环;(b) 面心 4-原子环;(c) 体心 4-原子环

如图 8-30 所示,如果较大的原子进入间隙位置,例如辐照后形成的缺陷,它的可能运动方式是 1 占有 2 的格点,将 2 推入间隙位置(见图 8-30(a)),这种方式称为填隙子(interstitialcy)机制,Ag 在 AgBr 中的扩散就是如此;也可能出现两个原子共享同一格点的情况(见图 8-30(b)),称此为挤列子(crowdion)机制;进而会形成所谓挤列子迁移机制(见图 8-30(c))。

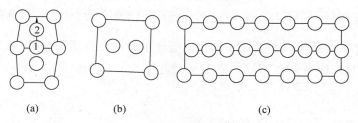

图 8-30　几种不同的扩散机制

(a) 填隙子机制;(b) 挤列子机制;(c) 挤列子迁移机制

应当指出,上述几种机制一般是针对特定的对象,在特定的条件下起作用的,而且往往是作为空位机制、间隙机制的补充。

8.8.4　扩散系数和扩散激活能的计算

下面将通过理论分析,利用已知或可测的微观量及宏观量表示扩散系数 D 和扩散激活能 Q。

在本节中利用简单的微观模型推导出了扩散系数的表达式(8-97):

$$D = \alpha \Gamma a^2$$

其中几何因子 α 与晶体的结构有关,点阵常数 a 可查表或通过 X 射线衍射法测出,总之这两个量是已知的。而跳动频率 Γ 是一个微观参量,无法直接测量,因此应设法把它表示成可知或可测的微观量、宏观量,才能求出扩散系数 D 以及扩散激活能 Q。

（1）原子激活几率和激活能的概念

晶体中的原子必须具备足够高的额外能量，才能跳离它原来的平衡位置，扩散原子获得这一额外能量的过程称为激活，而这一额外能量称为激活能。图8-31表示扩散激活能的概念。以间隙原子为例，如图8-31(a)所示，位于平衡间隙位置1,3上的间隙原子处于势能的最低点 G_1。间隙原子随位置变动的能量变化曲线在图8-31(a)中同时给出。一般情况下，温度为 T 时，间隙原子的平均振动动能（如图中的水平虚线所示）远低于原子跃迁到邻近间隙位置上所需的能量。

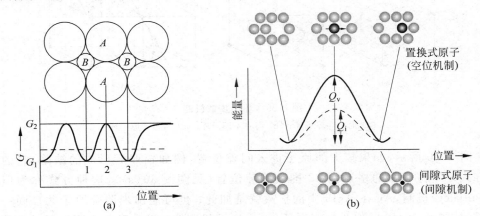

图 8-31 扩散激活能的概念

(a) 间隙原子的位置与自由能的关系；

(b) 在扩散过程中，置换式原子克服周围原子的阻碍所需的激活能比间隙式原子所需要的更高

按照统计力学，温度为 T 时，原子的自由能分布服从麦克斯韦-波尔兹曼分布。设原子总数为 N，摩尔自由能 $G \geqslant G_2$ 的原子数为 n_2，则

$$\frac{n_2(G \geqslant G_2)}{N} = e^{-G_2/RT} \qquad (8\text{-}98)$$

同理，摩尔自由能 $G \geqslant G_1$（$G_1 < G_2$）的原子数 n_1 为

$$\frac{n_1(G \geqslant G_1)}{N} = e^{-G_1/RT} \qquad (8\text{-}99)$$

所以

$$\frac{n_2(G \geqslant G_2)}{n_1(G \geqslant G_1)} = e^{-(G_2-G_1)/RT} = e^{-\Delta G^*/RT} \qquad (8\text{-}100)$$

注意到 G_1 为间隙原子位于平衡位置时的自由能，有

$$n_1(G \geqslant G_1) \approx N$$

则在任何时刻，具有足够能量、可以变换位置发生跳动迁移的原子占总原子的百分数（或者说任一个原子的跳动几率）为

$$p_1 = \frac{n_2(G \geqslant G_2)}{N} = e^{-\Delta G^*/RT} \qquad (8\text{-}101)$$

对于扩散来讲，p_1 也就是原子的激活几率。可以看出，ΔG^* 越大，p_1 越小；而温度 T 越高，p_1 越大。

由以上分析可以进一步明确扩散激活能的概念。在扩散过程中，原子从原始平衡位置跳动迁移到新的平衡位置所必须越过的能垒值(或称所必须增加的最低能量值),称为原子的扩散激活能。显然,式(8-100)、式(8-101)中的 ΔG^* 即为扩散激活能。如图 8-31(b)所示,在扩散过程中,置换式原子克服周围原子的阻碍所需的激活能比间隙式原子所需要的更高。

在物理冶金中,许多重要过程都与温度相关,如晶粒长大速度、蠕变速率、腐蚀速率等。如果在不同温度下测定扩散系数,发现扩散系数 D 与温度间的关系也可以用 Arrhenius 方程表示如下:

$$D = D_0 \mathrm{e}^{-Q/RT} \tag{8-102}$$

式中, D_0 和 Q 取决于物质的成分和结构,但与温度无关。称 D_0 为扩散常数或频率因子;称 Q 为扩散激活能(单位: J/mol)。

根据实验关系式(8-102),利用图解法,采用单对数坐标很容易求出 D_0 和 Q。

(2) 间隙机制中 D,Q 的计算

首先找出原子跳动的频率 Γ。假设间隙原子周围的最近邻间隙位置都是空的,则

$$\Gamma = p_1 p_2 \tag{8-103}$$

式中, p_1 为原子具有改变位置的能量而发生跳动的几率,即前边讨论的激活几率; p_2 为振动频率 ν,注意 ν 是朝各个间隙位置振动的频率。则在单位时间内,在所有振动中,发生跳动的次数,即跳动频率 Γ 可表示为

$$\Gamma = \nu \exp(-\Delta G^* / RT) \tag{8-104}$$

实际上,在推导式(8-104)时做了一个假设,即原子处于势垒顶峰位置时,穿透势垒的频率,在数值上与原子处于平衡位置时的振动频率相等。而且频率的大小 $\nu \approx 10^{13} \mathrm{s}^{-1}$。

根据 $\Delta G^* = \Delta H^* - T\Delta S^*$,则

$$\Gamma = \nu \exp\left(-\frac{\Delta H^*}{RT} + \frac{\Delta S^*}{R}\right)$$

利用式(8-97),得

$$D = \alpha a^2 \nu \exp\left(\frac{\Delta S^*}{R}\right) \exp\left(-\frac{\Delta H^*}{RT}\right) \tag{8-105}$$

式中, $\alpha a^2 \nu \exp\left(\dfrac{\Delta S^*}{R}\right)$ 为频率因子 D_0 (与式(8-102)对比); ΔS^* 为激活熵,是由于激活引起原子的振动频率的变化引起的; ΔH^* 为激活焓,在恒温恒压的固体扩散条件下,有 $\Delta H^* \approx \Delta E$, ΔE 为系统内能的变化。与式(8-102)对比,扩散激活能

$$Q = \Delta H^* \approx \Delta E \tag{8-106}$$

(3) 空位机制中 D,Q 的计算

在一定温度下,晶体中存在与之对应的平衡空位浓度。空位机制实际上是原子与空位进行位置的交换。在晶体中,空位的扩散是容易的,因为空位周围一定要有原子;而原子的扩散是不容易的,因为原子周围不一定有空位。原子完成一次跃迁之后,要进行下次跃迁必须等待新的空位移动到它的邻近位置。

因此,与间隙机制的式(8-103)对照,空位机制中原子的跳动频率可表示为

$$\Gamma = p_1 p_2 p_3 \tag{8-107}$$

式中, p_1,p_2 与式(8-103)中相同; p_3 为空位平衡浓度,也就是扩散原子周围每一个最近邻原子以空位形式存在的几率,与式(8-101)类似,有

$$p_3 = \exp(-\Delta G_v / RT) = \exp(\Delta S_v / R) \exp(-\Delta H_v / RT)$$

因此扩散系数

$$D = \alpha a^2 \nu \exp\left(\frac{\Delta S^* + \Delta S_v}{R}\right) \exp\left(-\frac{\Delta H^* + \Delta H_v}{RT}\right) \tag{8-108}$$

与式(8-102)对照,空位扩散机制中,频率因子

$$D_0 = \alpha a^2 \nu \exp\left(\frac{\Delta S^* + \Delta S_v}{R}\right)$$

扩散激活能

$$Q = \Delta H^* + \Delta H_v \approx \Delta E^* + \Delta E_v$$

因此,空位机制的扩散激活能等于产生 1mol 空位所需的能量与使这些空位与原子交换位置所需的能量之和。

式(8-108)中,ΔS_v,ΔH_v 分别为空位形成熵和空位形成焓。ΔS_v 是由于空位的引入使周围原子振动频率发生变化所引起的。通常有 $\Delta S_v \ll \Delta S^*$,在一定的近似条件下,$D_0 = \alpha a^2 \nu \exp\left(\frac{\Delta S^*}{R}\right)$。

一般说来,空位机制比间隙机制需要更大的扩散激活能。如表 8-3 中所列数据,碳、氮原子在 α-Fe 和 γ-Fe 中的扩散激活能比金属元素在铁中的扩散激活能小得多。

表 8-3　某些扩散系数 D_0 和 Q 的近似值

扩 散 元 素	基 体 金 属	$D_0/(10^{-5} \text{m}^2/\text{s})$	$Q/(10^3 \text{J/mol})$
C	γ-Fe	2.0	140
N	γ-Fe	0.33	144
C	α-Fe	0.20	84
N	α-Fe	0.46	75
Fe	α-Fe	19	239
Fe	γ-Fe	1.8	270
Ni	γ-Fe	4.4	283
Mn	γ-Fe	5.7	277
Cu	Al	0.84	136
Zn	Cu	2.1	171
Ag	Ag(晶内扩散)	7.2	190
Ag	Ag(晶界扩散)	1.4	90

8.9　扩散热力学

由菲克第一定律 $J = -D\partial C/\partial x$ 可以看出,扩散是物质由浓度高的区域流向浓度低的区域的过程。当 $\partial C/\partial x \to 0$,则 $J \to 0$,体系趋于平衡。但是,以 $\partial C/\partial x = 0$ 为平衡条件,只能说明某些现象,如单相固溶体合金的均匀化等。而在某些合金系统中,扩散往往并不导致均匀化,如奥氏体分解、固溶体的脱溶等,扩散的结果是溶质原子从低浓度区向高浓度区的富集过程。为了建立扩散定律的普遍形式,需要用热力学理论来分析扩散过程。从热力学的角度看,扩散是由于化学位的不同而引起的,各组元的原子总是由高化学位区向低化学位区扩散。扩散的真正推动力不是浓度梯度而是化学位梯度;平衡时,各组元的化学位梯度为零。这就是有关扩散过程的热力学理论,它更有普遍性,更能说明扩散过程的实质。

本节将讨论扩散驱动力的本质,研究扩散系数、扩散方向、扩散速度、溶质分布等与热力学量之间的关系,同时讨论各种扩散系数及其相互关系。

8.9.1　菲克定律的普遍形式

从热力学来看,扩散和其他过程一样,应该沿化学位降低的方向进行。在恒温恒压下,固溶体的自由能变化 $\Delta G < 0$ 才是引起扩散的真正原因。

化学位相当于重力场中的势能,势函数对距离的微分便是力函数。若一系统中由于一定的原因(浓度、温度、压力、应力等)出现化学位随距离的变化,此时 i 原子在 x 方向便会受到驱动力 F_i 的作用,

$$F_i = -\frac{\partial \mu_i}{\partial x} \tag{8-109}$$

受力原子的平均速度 v_i 正比于 F_i:

$$v_i = B_i F_i \tag{8-110}$$

比例系数 B_i 为单位力作用下的速度,称为**迁移率**。注意迁移率的大小与运动阻力有关。

扩散通量等于单位体积内的原子数与原子平均速度的乘积

$$J_i = C_i v_i \tag{8-111}$$

将式(8-109)、式(8-110)代入式(8-111)中,得

$$J_i = -C_i B_i \frac{\partial \mu_i}{\partial x} \tag{8-112}$$

合金中 i 组元的化学位

$$\mu_i = \mu_i^0 + RT\ln a_i \tag{8-113}$$

式中, μ_i^0 为 i 组元在标准状态时的化学位,定义纯溶液为标准状态, μ_i^0 为常数; a_i 为**活度**,表示对浓度的校正,有 $a_i = \gamma_i N_i$, N_i 为 i 组元在合金中的摩尔分数; γ_i 为**活度系数**,可视作对偏离拉乌尔定律的浓度的校正系数; $\gamma_i > 1$ 表示对拉乌尔定律呈正偏差,组元之间互斥, $\gamma_i < 1$ 表示对拉乌尔定律呈负偏差,组元之间互吸。

由式(8-113)得

$$d\mu_i = RT d(\ln a_i) \tag{8-114}$$

又

$$a_i = \gamma_i N_i = \gamma_i \frac{C_i}{\sum C_i}, \quad \sum C_i \text{ 为常数}$$

所以

$$d(\ln a_i) = d(\ln \gamma_i) + d\ln C_i \tag{8-115}$$

由式(8-115)、式(8-114)代入式(8-112)得

$$J_i = -B_i RT \frac{\partial \ln \gamma_i}{\partial x} C_i - B_i RT \frac{\partial C_i}{\partial x} = -B_i RT \left[1 + \frac{\partial \ln \gamma_i}{\partial \ln C_i} \right] \frac{\partial C_i}{\partial x} \tag{8-116}$$

上式即菲克定律的普遍形式。与菲克第一定律式(8-1)对比,得

$$D_i = B_i RT \left[1 + \frac{\partial \ln \gamma_i}{\partial \ln C_i} \right]$$

很容易证明

$$D_i = B_i RT \left[1 + \frac{\partial \ln \gamma_i}{\partial \ln N_i} \right] \qquad (8\text{-}117)$$

式中，括号中的部分称为热力学因子。

根据吉布斯-杜亥姆(Gibbs-Duhem)关系

$$N_i \mathrm{d}\mu_i + N_j \mathrm{d}\mu_j = 0 \qquad (8\text{-}118)$$

式中，$N_i \mathrm{d}\mu_i = RT(\mathrm{d}N_i + N_i \mathrm{d}\ln\gamma_i)$，$N_j \mathrm{d}\mu_j = RT(\mathrm{d}N_j + N_j \mathrm{d}\ln\gamma_j)$，而且 $\mathrm{d}N_i = -\mathrm{d}N_j$，可得

$$N_i \mathrm{d}\ln\gamma_i + N_j \mathrm{d}\ln\gamma_j = 0$$

$$\frac{\mathrm{d}\ln\gamma_i}{\mathrm{d}\ln N_i} = \frac{\mathrm{d}\ln\gamma_j}{\mathrm{d}\ln N_j} \qquad (8\text{-}119)$$

由式(8-119)，式(8-117)可知，D_i，D_j 不同的原因是相应的 B_i，B_j 不同，即不同组元在单位力作用下的速度不同。换句话说，由于系统中不同组元原子的尺寸、原子量、所处的状态等不同，在晶体中扩散的阻力也不同，从而引起 B_i，B_j 及至 D_i，D_j 的不同。

8.9.2　扩散系数、溶质分布等与热力学量之间的关系

(1) 理想固溶体、无限稀固溶本的扩散

对于理想固溶体，$\gamma_i = 1$，即组元之间无相互作用；对于无限稀溶液，γ_i 为常数，即组元之间的相互作用与浓度无关，在这两种情况下均有

$$D_i^0 = B_i^0 RT \qquad (8\text{-}120)$$

式中，D_i^0 为理想固溶体、无限稀固溶体的扩散系数，B_i^0 为迁移率。

由此得出结论，在理想固溶体或无限稀固溶体中，γ_i 均为常数，热力学因子为1，扩散为下坡扩散，扩散的驱动力为熵增加。

(2) 均匀固溶体的自扩散

利用图 8-32 所示的示踪原子法布置可以很好地研究均匀固溶体的自扩散。对于扩散偶的两边，两种组元的浓度均为常数，即

Ag+50%(Au+Au*)	Ag+50%Au

图 8-32　利用示踪原子法研究均匀固溶体的自扩散

$$组元 1，\qquad C_1 = C_1^* + C_1' = 常数$$
$$组元 2，\qquad C_2 = 常数$$

而仅仅是示踪原子存在浓度梯度，即 $C_1^* = C_1^*(x)$，则放射性同位素的自扩散系数

$$D_1^* = B_1^* RT \left(1 + \frac{\partial \ln \gamma_1^*}{\partial \ln N_1^*} \right) \qquad (8\text{-}121)$$

由图 8-32 的布置，迁移率和活度系数分别有如下关系

$$B_1^* = B_1' = B_1$$
$$\gamma_1^* = \gamma_1$$

注意到活度系数只与该组元的总摩尔分数 $N_1 (= N_1' + N_1^*)$ 有关，故有 $\partial \ln\gamma_1^* / \partial \ln N_1^* = 0$，因此

$$D_1^* = B_1 RT$$

最后得

$$D_i = D_i^* \left(1 + \frac{\partial \ln \gamma_i}{\partial \ln N_i} \right) \qquad (8\text{-}122)$$

(3) 扩散系数与热力学量的关系

由式(8-117)可知，扩散系数正负的判据是热力学因子 $\left(1 + \dfrac{\partial \ln \gamma_i}{\partial \ln N_i} \right)$ 大于零还是小于零。

当 $\left(1+\dfrac{\partial\ln\gamma_i}{\partial\ln N_i}\right)>0$ 时，$D_i>0$，组元呈下坡扩散；当 $\left(1+\dfrac{\partial\ln\gamma_i}{\partial\ln N_i}\right)<0$ 时，$D_i<0$，组元呈上坡扩散。下坡扩散的结果形成均匀的单相固溶体，上坡扩散的结果往往会使合金分解为两相混合物。设 α,β 两相共存，当 $\mu_i^\alpha=\mu_i^\beta$ 时，扩散停止，达到相平衡。

对于二元系，取式(8-122)中 $i=1,2$，并代入到达肯公式(8-70)中，得

$$D = D_1 N_2 + D_2 N_1 = (D_1^* N_2 + D_2^* N_1)\left(1+\frac{\mathrm{d}\ln\gamma_1}{\mathrm{d}\ln N_1}\right) \tag{8-123}$$

上式概括了二元合金的 5 个扩散系数 D,D_1,D_2,D_1^*,D_2^* 之间的关系。对于理想($\gamma_1=1$)或无限稀固溶体($\gamma_1=$常数)，有

$$D = D_1 N_2 + D_2 N_1 = D_1^* N_2 + D_2^* N_1 \tag{8-124}$$
$$D_1 = D_1^* \tag{8-125}$$
$$D_2 = D_2^* \tag{8-126}$$

8.10　影响扩散的因素

扩散速率的大小主要取决于扩散系数，根据实验关系式(8-102)，凡是能够改变 D_0 和 Q 的因素以及温度都会影响扩散过程。

8.10.1　温度的影响

由扩散系数的表达式(8-102)

$$D = D_0 \mathrm{e}^{-Q/RT}$$

D_0 和 Q 随成分和结构而变，但与温度无关，在很多情况都可以看成常数；而扩散系数与温度呈指数关系，T 对 D 有强烈的影响。温度越高，原子的能量越大，越容易迁移，因此扩散系数越大。例如碳在 γ-Fe 中扩散时，1027℃的 D 就比 927℃的大 3 倍多。

以图解法表示扩散系数与温度的关系，采用半对数坐标十分方便。对式(8-102)两边取对数，可得

$$\ln D = \ln D_0 - \frac{Q}{RT} \tag{8-127}$$

显然，$\ln D$ 与 $1/T$ 呈直线关系，$\ln D_0$ 为截距，$-Q/R$ 为斜率。如果在几个不同温度下测得相应的扩散系数，就可以在半对数坐标系中绘出它们的关系直线。

图 8-33 给出了金在铅中的扩散系数与温度的关系。对测得的数据进行外推，当 $1/T=0$ 时，$\ln D=\ln D_0$；$-\tan\alpha=\dfrac{Q}{R}$，$Q=-R\tan\alpha$，R 为气体常数，其值为 8.314J/(mol·K)。这样就可以通过实验确定 D_0 及 Q 值的大小。

应特别指出的是，许多卤化碱、氧化物等离子化合物的扩散系数与离子电导在某一温变会发生突变，这反映在高于或低于这一温度受两种不同的扩散机制所控制。高温区以热缺陷引起的扩散为主(包括弗仑克尔缺陷和肖特基缺陷)，称为**本征扩散**；低温区一般以杂质产生或控制的缺陷所引起的扩散为主，称为**非本征扩散**。图 8-34 为实验测定的 Na^+ 在 NaCl 中的扩散系数值。

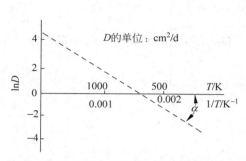

图 8-33 金在铅中的扩散系数与温度的关系

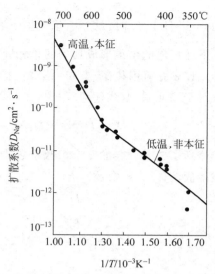

图 8-34 实验测定的 Na$^+$ 和 NaCl 中的扩散系数值

8.10.2 成分的影响

（1）组元特性

原子在点阵中扩散需要克服能垒,即需要部分地破坏邻近原子的结合键才能实现跃迁,因此扩散激活能必然与表征原子间结合力的微观参量及宏观参量有关。

从微观参量讲,固溶体中组元的原子尺寸相差愈大,畸变能就愈大,溶质原子离开畸变位置进行扩散愈容易,则 Q 愈小,而 D 值愈大;组元间的亲和力愈强,即电负性相差愈大,则溶质原子的扩散愈困难。通常溶解度越小的元素扩散越容易进行。在以一价贵金属(例如银)为溶剂的合金中,若溶质元素的原子价大于溶剂,则其激活能小于基体金属的扩散激活能;并且溶质的原子序数愈大,激活能愈小。这种现象与贵金属原子键能的改变有关。

表 8-4 中列出了一些元素在银中的扩散系数。其变化规律是上述几种因素的综合反映。

表 8-4 某些元素在银中的扩散系数

金　　属	Ag	Au	Cd	In	Sn	Sb
$D/10^{-10}$ cm^2 · s^{-1}(1000K 时)	1.1	2.8	4.1	6.6	7.6	8.6
最大溶解度/摩尔比	1.00	1.00	0.42	0.19	0.12	0.05
哥氏半径/nm	0.144	0.144	0.1521	0.1569	0.1582	0.1614

扩散激活能 Q 与反映原子间结合能的宏观参量如熔点(T_m)、熔化潜热(L_m)、升华潜热(L_s)、体积膨胀系数(α)、体积压缩系数(κ)等有关,见表 8-5。

表 8-5 扩散激活能与宏观参量的经验关系式

宏观参量	熔点(T_m)	熔化潜热(L_m)	升华潜热(L_s)	体积膨胀系数(α)	体积压缩系数(κ)
经验关系式	$Q=32T_m$ $Q=40T_m$	$Q=16.5L_m$	$Q=0.7L_s$	$Q=2.4/\alpha$	$Q=V_0/8\kappa$[①]

① V_0 为摩尔体积。

粗略地说，T_m，L_m 及 L_s 愈高，或 α 及 κ 愈小，则 Q 愈大。

见图 8-35，加 A 于 B 时，若使 B 的熔点下降，则 D 增加；若使 B 的熔点升高，则 D 下降。

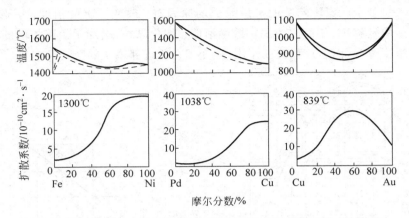

图 8-35　合金的液相线与系统的综合扩散系数的关系

（2）组元浓度

一般说来，扩散系数是浓度的函数。图 8-36 所示为某些元素在铜中的扩散系数与其浓度的关系。Ni，Mn，C 在 γ-Fe 中的扩散也有同样的规律。碳在 γ-Fe 中的扩散系数与其浓度的关系示于图 8-37。铁的自扩散系数也随含碳量的升高而增大。例如，不含碳的 γ-Fe，950℃ 时的自扩散系数为 $0.5\times10^{-12}\,\mathrm{cm^2/s}$；而含碳量 1.1%/时，则增大到 $9\times10^{-12}\,\mathrm{cm^2/s}$。但是也有相反的情况，如在 Au-Ni 合金中，随着镍含量的增加，D，D_{Ni}，D_{Au} 均明显降低，如图 8-38 所示。900℃ 时，镍在稀薄固溶体中的扩散系数可定为 $10^{-9}\,\mathrm{cm^2/s}$；而浓度达到 50% 时，为 $4\times10^{-10}\,\mathrm{cm^2/s}$，比前者降低大于 50%。

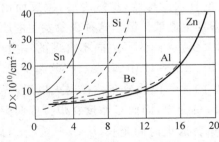

图 8-36　某些元素在铜中的扩散系数与其浓度的关系

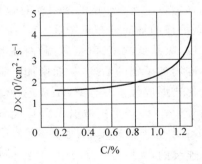

图 8-37　碳在 γ-Fe 中的扩散系数与其浓度的关系

实验证明，溶质浓度对扩散系数的影响是通过 Q 和 D_0 两个参数起作用的。通常是 Q 值增加，D_0 值也增加；而 Q 值减少，D_0 值也减小。例如各种元素在铜中的扩散，若只考虑浓度对扩散激活能的影响，扩散系数要变化几个数量级。但实际上浓度引起的扩散系数的变化不超过 2～6 倍，其原因是 D_0 的变化相应地抵消了一部分 Q 值变化的缘故。

（3）第三组元的影响

合金钢中的合金元素对碳在奥氏体中扩散系数的影响比较复杂，有的促进扩散，有的阻碍扩散。如图 8-39 所示，在钢中加入 4％的钴可使碳在 γ-Fe 中的扩散系数增加一倍；而加入 3％的钼或 1％的钨，则可使碳在 γ-Fe 中的扩散系数减少一半；镍、锰的加入对碳的扩散系数影响不大。合金元素影响碳的扩散系数的原因有：改变了碳的活度；引起点阵畸变、改变了碳原子的迁移率，从而改变了扩散激活能；细化晶粒，增加了短路扩散的通道；合金元素使空位浓度改变，由于短程交互作用，改变了杂质近邻原子的跃迁几率等。

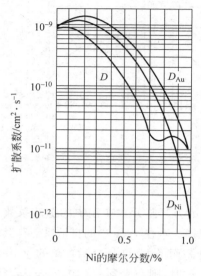

图 8-38　Au-Ni 系中 D, D_{Ni}, D_{Au} 与成分的关系

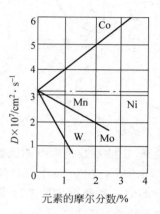

图 8-39　某些元素对碳（摩尔分数为 1％）在 γ-Fe 中扩散系数的影响

　　硅对碳在钢中扩散的影响可形象地说明第三组元的影响。如把 Fe＋0.4％C 的钢和 Fe＋0.4％C＋4％Si 钢的两根棒对焊起来形成扩散偶，在 1050℃ 的温度下经扩散退火 13 天后，碳沿棒的轴向分布见图 8-40。在初始状态，碳没有浓度梯度，扩散之后，碳反而出现浓度梯度，碳从低浓度区（富硅端）向高浓度区流动，即发生上坡扩散。这种现象发生的原因是由于硅增加了碳的活度，从而增加了碳的化学位，使之从含硅的一边向不含硅的一边扩散。非碳化物形成元素 Co，Ni，Al，Cu 等也有类似的作用。图 8-41 中（a）表示扩散偶中 C，Si 的初始分布；（b）表示扩散退火后 C 的分布；（c）是 C 的化学位的分布。在退火以后，界面处的 Si 浓度应当是连续的，如图 8-42（b）中 $t=t_1$ 时 Si 的分布，因而 C 浓度在焊接面两旁也应当是连续的，如图 8-42（a）中 $t=t_1$ 时碳的分布。随着退火时间延长，$t_1<t_2<t_3<t_4$，硅、碳的分布如图 8-42（a）及图 8-42（b）所示。当 $t\to t_\infty$，扩散偶达到真正的平衡，成为均匀的固溶体。

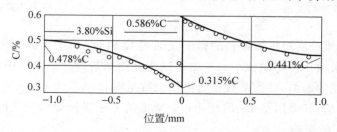

图 8-40　扩散偶在 1050℃ 扩散退火后碳的浓度分布

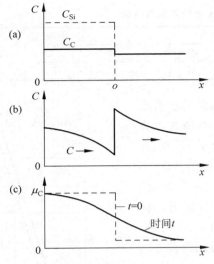

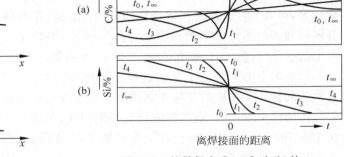

图 8-41　扩散偶中元素浓度分布

（a）当 $t=0$ 时 C 和 Si 的分布；

（b）高温退火后碳的分布；（c）碳的化学位随距离的变化

图 8-42　扩散偶中碳（a）和硅（b）的
分布随时间的变化

图 8-43 是 FeSi-C 相图等温截面的富铁角。在扩散偶焊接面两旁取与焊接面等距离的两点 A,B,随着退火时间的延长,两点的成分沿实线中箭头所指的方向变化,开始沿等硅线变化碳的浓度,后来碳、硅的浓度都发生变化,最终达到两点成分一致,即达到自由能最低的点 C。成分不按虚线调整的原因,显然是因为碳的扩散系数比硅大得多之故。

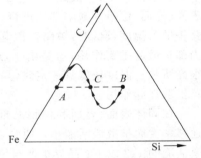

图 8-43　扩散偶焊接面两旁相对两
点浓度变化的示意图,最
后达到均匀化

8.10.3　晶体结构的影响

（1）结构的类型

通常在密堆积结构中的扩散比在非密堆积结构中要慢,这个规律对溶剂、溶质、置换原子或间隙原子都适用。特别是在具有同素异构转变的金属中,不同结构的自扩散系数完全不同。例如在 910℃时,α-Fe 的自扩散系数为 γ-Fe 的 280 倍。并且溶质原子在不同结构的固溶体中,扩散系数也不相同,例如 910℃时,碳在 α-Fe 中的 D 约为在 γ-Fe 中的 10^2 倍,而其他置换型元素例如铬、钨、钼等,在 α-Fe 中的扩散系数也比在 γ-Fe 中大。由此可见,在致密度较小的结构中,无论是自扩散还是合金元素的扩散都易于进行。

（2）固溶体类型

固溶体的类型也会显著地影响 D 值。间隙固溶体中的间隙原子已位于间隙,而置换式固溶体中置换原子通过空位机制扩散时,需要首先形成空位,因此置换式原子的扩散激活能比间隙原子大得多。表 8-6 给出了不同的固溶原子在 γ-Fe 中的扩散激活能。

（3）各向异性

既然扩散是原子在点阵中的迁移,那么对称性较低、原子和间隙位置的排列呈各向异性的晶体中,扩散速率必然也是各向异性的。

表 8-6　不同的固溶原子在 γ-Fe 中的扩散激活能

溶质原子类型	置换型						间隙型		
溶质元素在	Al	Ni	Mn	Cr	Mo	W	N	C	H
γ-Fe 中 Q/(kJ/mol)	184	282.5	276	335	247	261.5	146	134	42

在对称性较高的立方系晶体中,三个〈100〉方向上的扩散系数相等,而且至今未发现扩散系数的有向性。汞、铜在密排六方金属锌和镉中的扩散系数具有明显的方向性,平行于[0001]方向上的扩散系数小于垂直方向上的扩散系数。因为平行于[0001]方向上的扩散原子要通过原子排列最密的(0001)面,但这种各向异性随温度的升高逐渐减小。在点阵对称性很低的菱形结构的铋中,扩散系数的各向异性特别明显,如图 8-44 所示。在 265℃时,沿菱形晶轴 c 方向上自扩散系数(A 线)比垂直方向上的自扩散系数(B 线)低一百万倍。

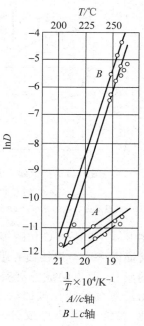

图 8-44　铋的自扩散系数的各向异性

8.10.4　短路扩散

在多晶体中,扩散除在晶粒的点阵内部进行之外,还会沿着表面、界面、位错等缺陷部位进行,见图 8-45,称后三种扩散为短路扩散。温度较低时,短路扩散起主要作用;温度较高时,点阵内部扩散起主要作用,这是由于点阵部分相对于晶界所占比例很高所致。温度较低且一定时,晶粒越细扩散系数越大,这是短路扩散在起作用。

在固体表面、界面和位错芯部位,由于缺陷密度较高,原子迁移率大而扩散激活能小。通常表面扩散激活能约为点阵扩散激活能的 1/2 以下;晶界扩散与位错扩散的激活能约为点阵扩散激活能的 0.6～0.7。对于间隙固溶体,由于溶质原子尺寸较小,扩散相对较易,因而短路扩散激活能与点阵扩散激活能差别不大。

一般说来,表面扩散系数最大,其次是晶界扩散系数,而点阵扩散的体扩散系数最小,见图 8-46。

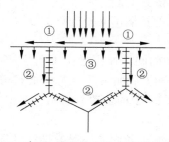

图 8-45　表面、界面及点阵内部扩散示意图
①—表面扩散;②—界面扩散;③—点阵扩散

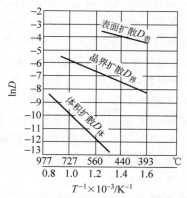

图 8-46　不同方式扩散时扩散系数与温度的关系

（1）表面扩散

表面扩散在催化、腐蚀与氧化、粉末烧结、气相沉积、晶体生长、核燃料中的气泡迁移等方面均起重要的作用。

图 8-47 给出了表面扩散的一个简单例子。杂质原子以带状形式沉积在基体表面，杂质原子二维随机跳动的结果使沉积原子扩展至整个表面并趋向均匀分布。前面式（8-95）已给出原子在二维表面的扩散系数

$$D_S = \frac{1}{4}\Gamma_S\delta^2$$

式中，δ 是原子在表面上沿扩散方向的跳动距离，对于简单立方的 {100} 表面，δ 与点阵常数 a 相等；Γ_S 为表面跳动频率，由下式给出

$$\Gamma_S = \nu_S\exp\left(\frac{\Delta S_S^*}{R}\right)\exp\left(-\frac{\Delta H_S^*}{RT}\right) \tag{8-128}$$

式中，ν_S 是扩散原子在平行于表面的振动频率；ΔS_S^* 和 ΔH_S^* 是原子在表面跳动时的激活熵和激活焓（可认为是激活能）。对于金属表面的自扩散，其表面扩散激活能大约是蒸发热的 2/3。对于金属表面所吸附的气体（例如氢、氧和氮），表面扩散激活能大约是 1mol 吸附原子与表面之间结合能的 1/5。表面扩散需要克服的势垒应该比原子完全从表面上脱离所需的能量要小些，这是完全合理的，因为原子在表面上的跳动是一种正好不足以引起蒸发的原子运动。

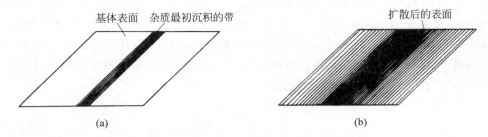

基体表面　杂质最初沉积的带　　　　扩散后的表面

(a)　　　　　　　　　　　　(b)

图 8-47　杂质原子在晶体表面的表面扩散

（2）晶界扩散

通常采用示踪原子法观测晶界扩散现象。在试样表面涂以溶质或溶剂金属的放射性同位素的示踪原子，加热到一定温度并保温一定的时间。示踪原子由试样表面向晶粒与晶界内扩散，由于示踪原子沿晶界的扩散速度快于点阵扩散，因此示踪原子在晶界的浓度会高于在晶粒内，与此同时，沿晶界扩散的示踪原子又由晶界向其两侧的晶粒扩散。结果形成如图 8-48 所示的浓度分布，其中等浓度线在晶界上比晶粒内部的深度大得多。

晶界扩散具有结构敏感特性，在一定温度下，晶粒越小，晶界扩散越显著；晶界扩散与晶粒位相、晶界结构有关；晶界上杂质的偏析或淀析对晶界扩散均有影响。

图 8-49 表示锌在不同晶粒尺寸的黄铜中的扩散系数。随着晶粒尺寸的减小，扩散系数明显增加。特别是，在 700℃ 时，锌在单晶黄铜中的扩散系数 $D = 6\times10^{-4}\,\text{cm}^2/\text{d}$，而在平均粒晶等于 0.13mm 的多晶样品中，$D = 2.3\times10^{-2}\,\text{cm}^2/\text{d}$，大致增加了 40 倍。应该注意到，晶界仅占整个试样横截面积的很小一部分，一般为 10^{-5}。所以只有在晶界扩散系数与体积扩散系数的比值达到 10^5 时，晶界扩散的作用才能显示出来。

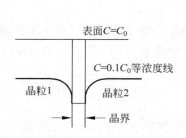

图 8-48　晶内和晶界上示踪原子的浓度分布

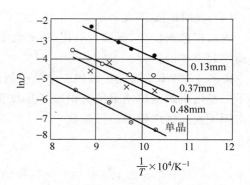

图 8-49　锌在黄铜中的扩散系数
（图中数字为平均晶粒直径）

晶界扩散深度与晶界两侧晶粒间的位相差（用夹角 θ 表示）有关。θ 角在 $10°\sim80°$ 之间，晶界上的扩散深度大于晶粒内部，$\theta=45°$ 时出现深度的最大值，如图 8-50 所示。这种变化是与晶界的结构密切相关的。以立方晶系为例，其 $\langle100\rangle$ 方向是相互垂直的，在 $\theta<10°$ 或 $\theta>80°$ 时，晶界两侧的晶粒位相差很小，晶界上的原子排列比较规则，缺陷较少，因而与晶内扩散差别不大。$\theta=45°$ 时，两侧晶粒的位相差最大，在这种晶界上原子排列的规则性最差，所以扩散进行得最快。

晶界扩散所起的作用因温度的高低差别很大。如图 8-51 所示，在较低的温度范围内，多晶体 $\ln D$ 与 $1/T$ 直线关系的斜率为单晶体的 $1/2$；但是在 $700℃$ 以上，两条直线相遇，而后是单晶体直线的延长。这说明温度低时，晶界扩散激活能比晶内小得多，晶界扩散起重要作用；随着温度升高晶内的空位浓度逐渐增加，扩散速度加快，故占截面比例很小的晶界扩散，随温度的升高逐渐被晶内扩散所掩盖。

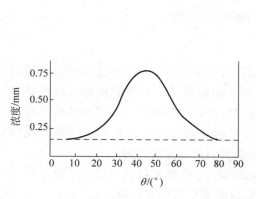

图 8-50　银在铜晶界上的扩散深度与两侧
晶界位相的关系

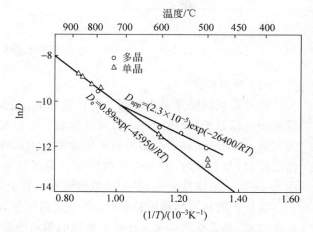

图 8-51　银在单晶和多晶体中的自扩散系数

（3）过饱和空位及位错的影响

高温急冷或经高能粒子辐照会在试样中产生过饱和空位。这些空位在运动中可能消失，也可能结合成"空位-溶质原子对"。空位-溶质原子对的迁移率比单个空位更大，因此对较低温度下的扩散起很大的作用,使扩散速率显著提高。

　　位错对扩散也有明显的影响。刃型位错的攀移要通过多余半原子面上的原子扩散来进行;在刃型位错应力场的作用下,溶质原子常常被吸引扩散到位错线的周围形成科垂尔气团;刃型位错线可看成是一条孔道,故原子的扩散可以通过刃型位错线较快地进行。理论计算沿刃型位错线的扩散激活能还不到完整晶体中扩散的一半,因此这种扩散也是短路扩散的一种。

　　还有许多其他因素会影响扩散,如外界压力、形变量大小及残余应力等。另外,温度梯度、应力梯度、电场梯度等都会影响扩散过程,这里不一一赘述。不过,所有这些因素均可归于化学位。

8.11　反 应 扩 散

　　前面所讨论的都是单相固溶体中的扩散,其特点是,渗入的原子浓度不超过其在基体中的固溶度。但在许多实际的相图中,往往存在中间相。这样,由扩散造成的浓度分布及由合金系决定的不同相所对应的固溶度势必在扩散过程中产生中间相。这种通过扩散而形成新相的现象称为多相扩散,习惯上也称为相变扩散或反应扩散。

8.11.1　反应扩散的过程及特点

　　反应扩散包括两个过程,一个是扩散过程;另一个是界面上达到一定浓度即发生相变的反应过程。

　　如图 8-52 所示,设在确定的温度 T_0 下,试样表面浓度为 C_S,由相图(a)可知,C_S 对应着 γ 相。由于扩散,浓度随 x 增加而降低,当浓度降低到 γ 相分解线对应的浓度 $C_{\gamma\alpha}$,γ 相分解并产生 α 相,后者的浓度为 $C_{\alpha\gamma}$,在相界处浓度发生突变,见图(b)。因此,在扩散区中有多相(对应于相图),但在二元系的扩散区中不存在双相区,每一层都为单相区,见图(c)。

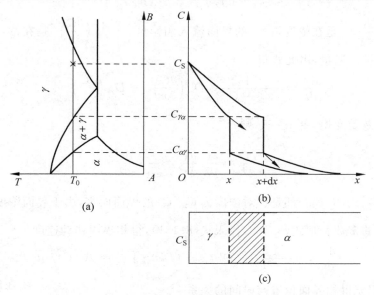

图 8-52　反应扩散时相图(a)与所对应的浓度分布(b)及相分布(c)

二元系中扩散区域不存在双相区可以由相律来解释：
$$f = c - p + 2 \tag{8-129}$$
式中，f 为自由度数；c 为组元数；p 为相数。由于压力及扩散温度是一定的，故应去掉两个自由度的数目，此时 $f = c - p$。在单相时，$p = 1$，$c = 2$，于是 $f = 2 - 1 = 1$，说明该相的浓度是可以改变的，因此，在扩散过程中可以有浓度梯度，即扩散过程可以发生。然而若出现平衡共存的双相区，$f = 2 - 2 = 0$，意味着每一相的浓度均不能改变，说明在此双相区中不存在浓度梯度，扩散在此区域中不能发生。

由菲克定律的普遍形式式(8-112)也可以对此作出解释。由于图 8-52(a)中成分位于 $C_{\gamma a} \sim C_{a\gamma}$ 之间的合金在 T_0 温度时，是由化学位相等、互相平衡的 γ 和 a 组成，所以图(b)、(c)中若出现 $a + \gamma$ 两相区，则此区中$(\mathrm{d}\mu_i / \mathrm{d}x) = 0$，即没有扩散驱动力，于是通过此区的扩散通量 J_i 为零，扩散在此中断。这个结果显然与实际情况不符合，因此不可能出现两相区。退一步讲，即使存在着两相区，但由于此区左、右边界上不断有物质流入、流出，其结果必然会使某一相逐渐消失，最后由两相变为单相。

8.11.2 反应扩散动力学

通过动力学分析，要讨论三个问题：①相界面的移动速度；②扩散过程中相宽度变化规律；③新相出现的顺序。在分析这些问题时有两个基本假设：①反应瞬时完成，即在相界面上始终保持准平衡；②扩散是缓慢的，整个过程的速度由扩散规律所控制。

（1）相界面的移动速度

如图 8-52 所示，设经 $\mathrm{d}t$ 时间，a 相与 γ 相的界面由 x 移至 $x + \mathrm{d}x$，移动量为 $\mathrm{d}x$，又设试样垂直于扩散方向的截面积为 1，则阴影区溶质质量的增加 δ_m 是由沿 x 方向的扩散引起，因此

$$\delta_\mathrm{m} = (C_{\gamma a} - C_{a\gamma}) \cdot 1 \cdot \mathrm{d}x$$

$$= \left[-D_{\gamma a} \left(\frac{\partial C}{\partial x} \right)_{\gamma a} + D_{a\gamma} \left(\frac{\partial C}{\partial x} \right)_{a\gamma} \right] \cdot 1 \cdot \mathrm{d}t \tag{8-130}$$

式中，$-D_{\gamma a} \left(\dfrac{\partial C}{\partial x} \right)_{\gamma a}$ 是在浓度为 $C_{\gamma a}$ 的界面流入阴影区、$-D_{a\gamma} \left(\dfrac{\partial C}{\partial x} \right)_{a\gamma}$ 是在浓度为 $C_{a\gamma}$ 的界面流出阴影区的扩散通量，由此式得

$$\frac{\mathrm{d}x}{\mathrm{d}t} = \frac{1}{(C_{\gamma a} - C_{a\gamma})} \left[D_{a\gamma} \left(\frac{\partial C}{\partial x} \right)_{a\gamma} - D_{\gamma a} \left(\frac{\partial C}{\partial x} \right)_{\gamma a} \right] \tag{8-131}$$

利用波尔兹曼变换，令 $\lambda = \dfrac{x}{\sqrt{t}}$，则

$$\frac{\partial C}{\partial x} = \frac{\partial C}{\partial \lambda} \frac{\partial \lambda}{\partial x} = \frac{1}{\sqrt{t}} \cdot \frac{\mathrm{d}C}{\mathrm{d}\lambda} \tag{8-132}$$

注意式(8-131)、式(8-132)都是针对浓度为 $C_{\gamma a}$、$C_{a\gamma}$ 的界面而言，由于界面浓度一定，所以 $\dfrac{\mathrm{d}C}{\mathrm{d}\lambda}$ 为与浓度相关的常数。把式(8-132)代入式(8-131)，得相界面移动速度

$$\frac{\mathrm{d}x}{\mathrm{d}t} = \frac{1}{C_{\gamma a} - C_{a\gamma}} \left[(Dk)_{a\gamma} - (Dk)_{\gamma a} \right] \frac{1}{\sqrt{t}} = A'(C)/\sqrt{t} \tag{8-133}$$

对式(8-133)积分得相界面位置与时间的关系

$$x = 2A'(C)\sqrt{t} = A(C)\sqrt{t} \tag{8-134}$$

或

$$x^2 = B(C)t \tag{8-135}$$

式(8-133)、式(8-134)、式(8-135)均说明,相界面(等浓度面)随时间按抛物线规律前进,也就是说,新相移动的距离与时间成抛物线关系。开始新相长得快,以后随时间的增加长大速度越来越慢。因此在化学热处理过程中过多的延长时间意义不大。

（2）扩散过程中相宽度变化规律

对于相图中除了有端际固溶体尚有中间相出现的扩散情况,如图 8-53 所示,设 B 组元由试样表面向里扩散,则由里向外依次形成 α, β, γ 相。设 β 相区的宽度为 w_β,则

$$w_\beta = x_{\beta\alpha} - x_{\gamma\beta}$$

即

$$\frac{\mathrm{d}w_\beta}{\mathrm{d}t} = \frac{\mathrm{d}x_{\beta\alpha}}{\mathrm{d}t} - \frac{\mathrm{d}x_{\gamma\beta}}{\mathrm{d}t} = A_\beta / \sqrt{t} \tag{8-136}$$

积分得

$$w_\beta = B_\beta \sqrt{t} \tag{8-137}$$

对于多相系,则有

$$w_j = x_{j,j+1} - x_{j-1,j} \tag{8-138}$$

式中, w_j 为 j 相区的宽度,

$$w_j = B_j \sqrt{t} \tag{8-139}$$

B_j 称为反应扩散的速率常数。如果由实验能确定时间 t 所对应的 j 相区的宽度 w_j,则可求出相应的速率常数 B_j。

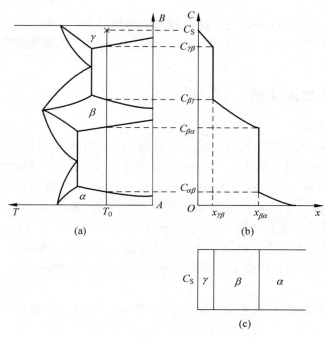

图 8-53　有中间相的反应扩散

(a) 相图；(b) 浓度分布；(c) 相分布

（3）新相出现的规律

实际上，新相能否出现及新相出现的次序影响因素很多，因此新相出现的规律比较复杂。

首先，实际样品中不一定能出现相图中所有的中间相，甚至会出现相图中没有的相。从热力学平衡的角度，相图中各相对应着化学自由能最低的状态，但由于新相在旧相基础上产生，二者比容可能不同，新相的出现要克服界面能、弹性能等因素的影响，新相的出现往往需要一定的时间，即有一定的孕育期，如果孕育期比扩散的时间长，则该相就不会出现。

再有，新相的长大速率也不一定符合抛物线规律，而是符合 $x^n = K(C)t$ 的规律，其中 $n = 1 \sim 4$。其原因是，若符合抛物线规律要有两个前提，一必须是体扩散，而不是短路扩散；二反应是瞬时完成，界面始终处于平衡状态。实际上很难满足这种条件。

新相出现的规律决定于速率常数 B_j，分下面三种情况：

① $B_j > 0$，即 $x_{j,j+1} - x_{j-1,j} > 0$，说明 j 相与 $j+1$ 相的界面移动比 $j-1$ 相与 j 相的界面移动得更快，在这种情况下，j 相可出现并按抛物线规律长大。

② $B_j = 0$，意味着 j 相与相邻两相的界面移动速度相等。此时 $w_j = 0$，说明在这种情况下，不会出现 j 相，更谈不上长大。

③ $B_j < 0$，意味着 j 相的两个界面之间的距离要缩小。因此在这种情况下，扩散过程中也不会出现 j 相。

即使 $B_j > 0$，在有些情况下，该相也并没有出现，这可能是由于扩散时间短或温度低所致，也可能是 j 相尚没有被观察到，如果应用电子显微镜或延长时间或者提高温度，也有可能观察到 j 相的存在。

如果从扩散的角度讲，j 相的宽度越来越大的条件是 D_j 要大；D_{j-1} 及 D_{j+1} 要小；第 j 相的浓度差 ΔC_j，即 $C_{j-1,j} - C_{j,j+1}$ 要大；ΔC_{j-1}，ΔC_{j+1} 要小。由菲克定律很容易理解这些条件。

8.11.3 反应扩散的实例

（1）纯铁表面氮化

纯铁在 520℃氮化，会发生反应扩散。可根据 Fe-N 相图 8-54(a)，利用上述反应扩散理论来分析。氮浓度超过大约 8%，即可在表面形成 ε 相。这是一种含氮量变化范围相当宽的铁氮化合物，一般氮化温度下大致在 (8.25%～11.0%)N 之间变化，氮原子有序地处于铁原子组成的密排六方结构中的间隙位置。越往里面，氮的浓度越低。与 ε 相相邻的是 γ' 相。它是一种可变成分的间隙相化合物，存在于 (5.7%～6.1%)N 的狭窄区域内，氮原子有序地处于铁原子组成的面心立方点阵中的间隙位置。再往里是含氮的 α 固溶体（见图 8-54(b)）。纯铁氮化后其表层氮浓度分布如图 8-54(c)所示。

（2）纯铁渗碳

若纯铁在 880℃渗碳，随着扩散时间的延长，铁棒表层的含碳量将不断增加，随之发生反应扩散。

图 8-55(a)中的 C_1 是 880℃时铁素体的饱和浓度，C_2 和 C_3 是奥氏体的最低浓度和饱和浓度。若在渗碳过程中保持铁棒表面上奥氏体的碳浓度为 C_3，随着扩散过程的进行，碳

原子不断渗入，γ，α 两个单相区的界面将向铁棒右端移动，相界面两边的浓度分别保持 C_2，C_1 不变，见图 8-55(b)。

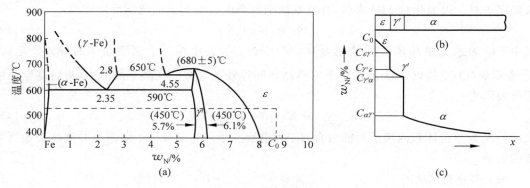

图 8-54　纯铁的表面氮化

(a) Fe-N 相图；(b) 相分布；(c) 氮浓度分布

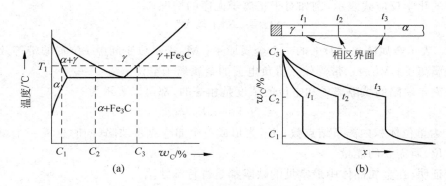

图 8-55　纯铁表面渗碳

(a) Fe-Fe$_3$C 相图的左下角；(b) 相分布及碳浓度分布

此外，钢的渗硼也要发生反应扩散。在渗剂可以充分供应硼原子的情况下，渗硼层中可形成两种硼化物，外层的是 FeB，里边是 Fe$_2$B。内氧化也是一种反应扩散。例如在 Al-Cu 固溶体中扩散进氧，由于氧与铝的化学亲和力很强，又在铝中溶解度很小，因此渗层中局部过饱和区即可有 Al$_2$O$_3$ 析出。

8.12　离子晶体中的扩散

8.12.1　离子晶体中的缺陷

在讨论离子晶体中的扩散之前，先简要介绍离子晶体中的缺陷。符合化学计量比且无掺杂的离子晶体中存在本征热缺陷——弗仑克尔缺陷和肖特基缺陷。而对于非化学计量比和有掺杂的离子晶体来说，缺陷情况更复杂些。随温度变化，这些缺陷在扩散中的作用也会发生变化。

（1）肖特基缺陷

肖特基缺陷由热激活产生，它由一个阳离子空位和一个阴离子空位组成，实际上是一个缺陷离子对。以氧化物 MO 为例，肖特基缺陷的产生可由如下的化学反应式表示：

$$O \rightleftharpoons V''_M + V^{\cdot\cdot}_O \tag{8-140}$$

式中，O 表示完整晶体；V''_M 表示金属 (M) 空位，$('')$ 表示相对于完整晶体的等效负电荷；$V^{\cdot\cdot}_O$ 表示氧 (O) 空位，$(\cdot\cdot)$ 表示相对于完整晶体的等效正电荷。在离子晶体中，肖特基空位浓度可表示为

$$N_S = N\exp(-E_S/k_BT) \tag{8-141}$$

式中，N 为单位体积内离子对的数目，E_S 为离解一个阳离子或一个阴离子并到达表面所需要的能量。

（2）弗仑克尔缺陷

弗仑克尔缺陷也是由热激活产生，它由一个正的填隙原子和一个负的空位或由一个负的填隙原子和一个正的空位组成，后者又称为反弗仑克尔缺陷。弗仑克尔缺陷的产生也可以由下面的化学反应式表示，例如对于正离子无序的情况，

$$M_M \rightleftharpoons M^{\cdot\cdot}_i + V''_M \tag{8-142}$$

式中，M_M 表示金属阵点 (M) 上的一个金属原子；$M^{\cdot\cdot}_i$ 表示位于间隙 i 位置的带等效二价正电荷的金属离子；V''_M 表示带等效二价负电荷的金属离子空位。

弗仑克尔缺陷的填隙离子和空位的浓度是相等的，都可以表示为

$$N_F = N\exp(-E_F/k_BT) \tag{8-143}$$

式中，N 为单位体积内离子结点数；E_F 为形成一个弗仑克尔缺陷（同时生成一个填隙离子和一个空位）所需要的能量。

实验证明，在金属晶体中最常见的缺陷都是肖特基缺陷。

（3）非化学计量化合物中的缺陷

非化学计量化合物包括阳离子缺位 $(M_{1-y}X)$、阴离子缺位 (MX_{1-y})、阳离子间隙 $(M_{1+y}X)$、阴离子间隙 (MX_{1+y}) 四种情况。以阳离子缺位非化学计量化合物 $M_{1-y}X$ 为例，其缺陷反应可表示为

$$\left.\begin{array}{l} 1/2X_2(g) \rightleftharpoons V^\times_M + X^\times_X \\ V^\times_M \rightleftharpoons V'_M + h^\cdot \\ V'_M \rightleftharpoons V''_M + h^\cdot \end{array}\right\} \tag{8-144}$$

如缺陷反应按上列过程充分地进行，则有

$$1/2X_2(g) \rightleftharpoons V''_M + 2h^\cdot + X^\times_X \tag{8-145}$$

式(8-144)、式(8-145)中，$V^\times_M$ 表示金属原子空位；$X^\times_X$ 表示 X^{2-} 在正常格点上；$h^\cdot$ 表示电子空穴。

从式(8-145)可以看出，在阳离子缺位非化学计量化合物中，会产生阳离子空位和电子空穴。如果固体材料内导通电流的载流子主要为 $h^\cdot$，则这类材料为 p 型半导体。同样，阴离子缺位非化学计量化合物中会产生阴离子空位和自由电子。如果固体材料内导通电流的载流子主要为 e'，则这类材料为 n 型半导体。对于阳离子间隙和阴离子间隙的情况依此类推。

8.12.2　离子晶体的扩散机制

离子晶体扩散机制如图 8-56 所示，主要包括：①空位扩散；②间隙扩散；③亚晶格间隙扩散。空位扩散以 MgO 中阳离子空位（记为 V''_{Mg}）作为载流子的扩散运动为代表；间隙扩散则是间隙离子作为载流子的直接扩散运动，即从某一个间隙位置扩散到另一个间隙位置。在离子晶体中，由于间隙离子较大，间隙扩散一般比空位扩散需要更大的扩散激活能，因此较难进行。在这种情况下，往往产生间隙—亚晶格扩散，即某一间隙离子取代附近的晶格离子，被取代的晶格离子进入晶格间隙，从而产生离子移动。此种扩散运动由于晶格变形小，比较容易产生。AgBr 中的 Ag^{1-} 就是这种扩散形式。

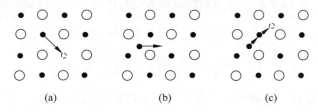

图 8-56　离子扩散机制示意图

（a）空位扩散；（b）间隙扩散；（c）亚晶格间隙扩散

离子晶体中的电导主要为离子电导。晶体的离子电导可以分为两类：第一类源于晶体点阵的基本离子的运动，称为固有离子电导（或本征电导）。这种离子自身随着热振动脱离阵点形成热缺陷。这种热缺陷无论是离子或者空位都是带电的，因此都可作为离子电导载流子。显然固有电导在高温下特别显著；第二类是由固定较弱的离子的运动造成的，主要是杂质离子。因而常称为杂质电导。杂质离子是弱联系离子，所以在较低温度下杂质电导表现得显著。无论是本征电导还是杂质电导，都是晶体中的离子在外加电场作用下迁移扩散所造成的。

8.12.3　离子迁移率

下面讨论间隙离子在晶格间隙的扩散现象。间隙离子处在间隙位置时，受周围离子的作用，处于一定的平衡状态。如果它要从一个间隙位置跃入相邻的间隙位置，需克服一个高度为 U_0 的势垒，如图 8-57(a)所示，因此需要热激活。

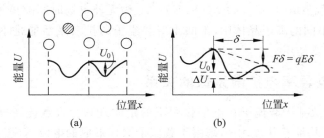

图 8-57　间隙离子的势垒变化

（a）无电场时；（b）施加外电场 E

根据波尔兹曼统计规律,由于热激活,单位时间沿某一方向跃迁的次数为

$$P = \frac{\nu_0}{6}\exp(-U_0/k_BT) \tag{8-146}$$

式中,ν_0 为间隙离子在间隙位置的振动频率。

无外加电场时,间隙离子在晶体中各方向的迁移次数都相同,宏观上无电荷定向运动,故晶体中无电导现象。

加上电场后,由于电场力的作用,晶体中对间隙离子的势垒不再对称,如图 8-57(b)所示。对于正离子,受电场力作用,$F=qE$,F 与 E 同方向,因而正离子顺电场方向迁移容易,逆电场方向迁移困难。设电场 E 在 $\delta/2$ 距离上(δ 为相邻稳定位置间的距离)造成的电位能差 $\Delta U=F \cdot \delta/2=qE \cdot \delta/2$,则顺电场方向和逆电场方向间隙离子单位时间内跃迁的次数分别为

$$P_{顺} = \frac{\nu_0}{6}\exp[-(U_0 + \Delta U)/k_BT] \tag{8-147}$$

$$P_{逆} = \frac{\nu_0}{6}\exp[-(U_0 - \Delta U)/k_BT] \tag{8-148}$$

由此,单位时间内每一间隙离子沿电场方向的净跃迁次数应为

$$\Delta P = P_{顺} - P_{逆}$$

$$= \frac{\nu_0}{6}\{\exp[-(U_0 + \Delta U)/k_BT] - \exp[-(U_0 - \Delta U)/k_BT]\}$$

$$= \frac{\nu_0}{6}\exp(-U_0/k_BT)[\exp(+\Delta U/k_BT) - \exp(-\Delta U/k_BT)] \tag{8-149}$$

每跃迁一次的距离为 δ,所以载流子沿电场方向的迁移速度 v 可表示为

$$v = \Delta P \cdot \delta = \frac{\delta\nu_0}{6}\exp(-U_0/k_BT)[\exp(\Delta U/k_BT) - \exp(-\Delta U/k_BT)] \tag{8-150}$$

当电场强度不太大时,$\Delta U \ll k_BT$,将指数展开并利用 $\Delta U = \frac{1}{2}qE\delta$,则由式(8-150)得

$$v = \frac{\nu_0\delta}{6} \cdot \frac{q\delta}{k_BT}\exp\left(-\frac{U_0}{k_BT}\right) \cdot E \tag{8-151}$$

故载流子沿外加电场方向的迁移率为

$$\mu = \frac{v}{E} = \frac{\delta^2\nu_0 q}{6k_BT}\exp(-U_0/k_BT) \tag{8-152}$$

式中,δ 为相邻稳定间隙位置间距(cm);ν_0 为间隙离子的振动频率(s^{-1});q 为间隙离子的电荷数(C);k_B 的数值为 0.86×10^{-4}(eV/K);U_0 为无外电场时间隙离子的势垒(eV)。

应该指出,在不同的离子晶体中,不同类型载流子的扩散激活能是不同的,其中激活能最小的对电导起主要作用。

8.12.4　离子电导率与扩散系数的关系

物体的导电现象基于载流子在电场作用下的定向迁移。设载流子密度为 n,每一载流子的荷电量为 q,平均漂移速度为 v,则由于载流子漂移形成的电流密度为

$$J = nqv \tag{8-153}$$

根据欧姆定律的微分形式:

$$J = \sigma E \tag{8-154}$$

则有 $\sigma E = nqv$，因此

$$\sigma = nqv/E \qquad (8\text{-}155)$$

定义迁移率为 $\mu = \dfrac{v}{E}$，其物理意义为载流子在单位电场强度下的迁移速度，则有电导率与迁移率之间的关系：

$$\sigma = nq\mu \qquad (8\text{-}156)$$

下面推导离子电导率与扩散系数的关系。在离子晶体中，由于载流子离子浓度梯度所形成的电流密度为

$$J_1 = -Dq\frac{\partial n}{\partial x} \qquad (8\text{-}157)$$

当有电场存在时，其所产生的电流密度可以由欧姆定律的微分形式（式(8-154)）表示：

$$J_2 = \sigma E = \sigma\frac{\partial V}{\partial x} \qquad (8\text{-}158)$$

式中，V 为电位。则总电流密度 J_t 为

$$J_t = -Dq\frac{\partial n}{\partial x} - \sigma\frac{\partial V}{\partial x} \qquad (8\text{-}159)$$

当处于热平衡状态下，可以认为 $J_t = 0$，根据波尔兹曼分布规律，建立下式：

$$n = n_0\exp(-qV/k_BT) \qquad (8\text{-}160)$$

式中，n_0 为常数。因此浓度梯度可表示为

$$\frac{\partial n}{\partial x} = -\frac{qn}{k_BT}\frac{\partial V}{\partial x} \qquad (8\text{-}161)$$

将式(8-161)代入式(8-159)，得到

$$J_t = 0 = \frac{nDq^2}{k_BT}\frac{\partial V}{\partial x} - \sigma\frac{\partial V}{\partial x} \qquad (8\text{-}162)$$

所以有

$$\sigma = D\frac{nq^2}{k_BT} \qquad (8\text{-}163)$$

式(8-163)建立了离子电导率与扩散系数之间的关系，一般称为能斯脱-爱因斯坦方程。由电导率公式 $\sigma = nq\mu$ 和式(8-163)还可以建立扩散系数 D 与离子迁移率 μ 的关系为

$$D = \frac{\mu}{q}k_BT = Bk_BT \qquad (8\text{-}164)$$

式中，B 称为离子绝对迁移率。

扩散系数 D 按指数规律随温度变化

$$D = D_0\exp(-W/k_BT) \qquad (8\text{-}165)$$

式中，W 为离子扩散激活能，它包括缺陷形成能和迁移能两部分。

8.13　扩散的实际应用——固态烧结

8.13.1　固态烧结过程

固态素坯经过烧结而成为具有某些特定性能的多晶材料，在粉末冶金、陶瓷等工业中具

有重要意义。

固态素坯经过烧结后,宏观上出现的变化为收缩、致密化与强度增大;与之相联系的微观变化为微粒的凝聚或晶粒尺寸与形状的变化,以及气孔尺寸与形状的变化。在烧结成完全致密体的最后阶段,气孔将从固体材料中完全消失。

从热力学角度,烧结而导致材料致密化的基本驱动力是表面、界面的减少从而系统表面能、界面能的下降;从动力学角度,要通过各种复杂的扩散传质过程。

固体粉料组成的素坯在开始烧结时,料粒之间的接触面扩展,素坯开始收缩。当素坯的收缩率为 0%~5%时,称为烧结的初期阶段。在这一阶段,固态球形颗粒表面与它的颈部(见图 8-58)区域之间化学位的差值提供了传质的驱动力。如果颗粒表面与其颈部区域之间有较高的蒸气压差,传质可以以蒸发-凝聚(气相传质过程)进行;如果蒸气压较低,则传质易于通过固态进行,例如表面扩散、晶界扩散或晶格扩散,在固态烧结时这类情况较为常见。这些传质路径正如图 8-58 所示,表 8-7 对此进行了进一步的说明。

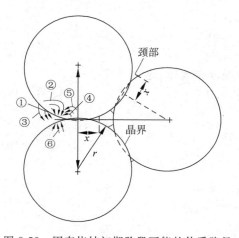

图 8-58　固态烧结初期阶段可能的传质路径

表 8-7　图 8-58 中所示的传质路径

图示号	传质路径	物质来源	物质抵达的部位
①	表面扩散	表面	颈部
②	晶格扩散	表面	颈部
③	蒸发-凝聚	表面	颈部
④	晶界扩散	晶界	颈部
⑤	晶格扩散	晶界	颈部
⑥	晶格扩散	位错	颈部

迄今为止,分析固态烧结初期阶段的模型绝大部分是以相互接触的球形颗粒接近及其颈部生长来处理的,其目的在于揭示料粒尺寸、颈部生长、素坯收缩率等与传质速率、时间等的定性或半定量的关系。

8.13.2　初期烧结阶段的半定量分析

现在让我们来分析图 8-58 中⑤,即从料粒相互接触的晶界通过晶格扩散抵达颈部的传质机理,以求出素坯随时间的收缩规律。

在烧结初期,相互接触料粒的几何特点如图 8-59 所示。由此图可知,$r^2 = x^2 + (r - 2\rho)^2$,由此可得出

$$\rho = \frac{x^2}{4r} \tag{8-166}$$

式中,r 为颗粒的半径;ρ 为颈部的曲率半径;x 为颈部的高度。

由图 8-59 可知,所形成的颈部形状类似凸透镜。因而可分别求得颈部的表面积 A 与体积 V 为

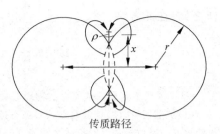

$$A = \frac{\pi^2 x^3}{2r} \qquad (8\text{-}167)$$

$$V = \frac{\pi x^4}{4r} \qquad (8\text{-}168)$$

图 8-59 由晶界到颈部的晶格
扩散传质机制

由于颗粒表面具有正的曲率半径,而两个颗粒相接触的颈部具有负的曲率半径,显然,表面处的化学位高于颈部的化学位;而且,晶界的物质浓度要高于颈部,这些都会驱使物质由晶界通过扩散传质到达颈部。也可以认为是空位经由颈部传递而到达晶界。通过曲率半径、化学位、浓度三者关系的分析(详见 11.5 节的讨论),可以写出

$$\ln \frac{C_1}{C_0} = -\frac{\gamma M}{dRT}\left(\frac{1}{\rho} + \frac{1}{x}\right) \qquad (8\text{-}169)$$

式中,C_1 与 C_0 分别为颈部与颗粒表面处的空位浓度;γ 为表面能;M 为物质的摩尔质量;d 为材料的密度。

由于 $\ln \dfrac{C_1}{C_0} \approx \dfrac{\Delta C}{C_0}$,$x \gg \rho$,所以式(8-169)可改写为

$$\frac{\Delta C}{C_0} = -\frac{\gamma M}{dRT\rho} = -\frac{\gamma a^3}{k_B T \rho} \qquad (8\text{-}170)$$

式中,a^3 为扩散空位的原子体积。

传质时颈部体积增长的速率可以表示为

$$\frac{\mathrm{d}V}{\mathrm{d}t} = -D_v \frac{\Delta C}{\rho} A \qquad (8\text{-}171)$$

式中,D_v 为空位的扩散系数,它与自扩散系数 D^* 的关系为

$$D^* = D_v C_0 \qquad (8\text{-}172)$$

把式(8-166)、式(8-167)、式(8-168)、式(8-170)、式(8-172)均代入式(8-171),整理后经过积分可以得到

$$\frac{x}{r} = \left(\frac{40\pi\gamma a^3 D^*}{k_B T}\right)^{1/5} r^{-3/5} t^{1/5} \qquad (8\text{-}173)$$

随着初期烧结的进行,颗粒中心相互靠近,素坯发生收缩而致密化。材料的体积收缩率及线收缩率如下式所示:

$$\frac{\Delta V}{V_0} = 3\left(\frac{\Delta L}{L_0}\right) = 3\left(\frac{2\rho}{2r}\right)$$

即

$$\frac{\Delta V}{V_0} = 3\left(\frac{5\pi\gamma a^3 D^*}{4k_B T}\right)^{2/5} r^{-6/5} t^{2/5} \qquad (8\text{-}174)$$

对于由晶界到颈部的晶格扩散初期烧结模型,因几何假设与推导方法的不同,其结果有些差异,但不管采用哪一种假设与方法,初期烧结的模型均可以表示为

$$\frac{x}{r} \propto \left(\frac{\gamma a^3 D^* t}{k_B T r^3}\right)^{1/n} \qquad (8\text{-}175)$$

其中 n 的取值范围在 4~6 之间。

至于表面扩散传质机制及晶界扩散传质机制(图 8-58 中的①和④),其分析方法也有类

似之处,在此省略。

习　题

8-1　说明下列名词或概念的物理意义:

(1)扩散通量,(2)扩散系数,(3)稳态扩散和非稳态扩散,(4)克根达耳效应,(5)互扩散系数,(6)间隙式扩散,(7)空位机制,(8)扩散激活能,(9)扩散驱动力,(10)反应扩散,(11)热力学因子,(12)弗仑克尔缺陷和肖特基缺陷,(13)离子迁移率。

8-2　利用误差函数表近似算出,含碳量为 1.3% 的碳钢,927℃下经 10h 脱碳后,碳的浓度分布并用图表示。设表面的碳浓度为零。

8-3　一块铁碳合金放在脱碳气氛中保持一段时间后,其表面碳浓度降到零,试图示此时:

(1) 零件表面到心部的碳浓度分布曲线;

(2) 通量 J 与离表面距离 x 的分布曲线;

(3) $\dfrac{\partial^2 C}{\partial x^2}$ 与离表面距离 x 的分布曲线。

8-4　导出在柱坐标系和球坐标系下的径向扩散方程。

8-5　在一纯铁管内流增碳气氛,管外流脱碳气氛,管子外径为 1.11cm,内径为 0.86cm,长 10cm,100h 后,共有 3.6g 碳流过管子,测得管子不同半径处的含碳量(质量分数)如下表,试计算不同含碳量的扩散系数,并作出 $D\text{-}C$ 曲线。

r/cm	质量分数/%	r/cm	质量分数/%	r/cm	质量分数/%
0.553	0.28	0.516	0.82	0.466	1.32
0.540	0.46	0.491	1.09	0.449	1.42
0.527	0.65	0.479	1.20		

8-6　一块 0.1%C 钢在 930℃ 渗碳,渗到 0.05cm 处的碳浓度达到 0.45%。在 $t>0$ 的全部时间,渗碳气氛保持表面成分为 1%,假设 $D_C^\gamma = 2.0 \times 10^{-5} \exp(-140000/RT) \, [\text{m}^2/\text{s}]$。

(1) 计算渗碳时间;

(2) 若将渗层加深一倍,则需多长时间;

(3) 若规定 0.3%C 作为渗碳层厚度的量度,则在 930℃ 渗碳 10h 的渗层厚度为 870℃ 渗碳 10h 的多少倍?

8-7　含 0.85%C 的普碳钢加热到 900℃ 在空气中保温 1h 后外层碳浓度降到零。假如要求零件外层的碳浓度为 0.8%,表面应车去多少深度?($D_C^\gamma = 1.1 \times 10^{-7} \text{cm}^2/\text{s}$)

8-8　设纯铬和纯铁组成扩散偶,扩散 1h 后,Kirkendall 标志面移动了 1.52×10^{-3} cm,已知摩尔分数 $C_{Cr} = 0.478$ 时,$\dfrac{\partial C}{\partial x} = 126/\text{cm}$,互扩散系数 $\overline{D} = 1.43 \times 10^{-9} \text{cm}^2/\text{s}$,试求 Kirkendall 面的移动速度和铬、铁的本征扩散系数 D_{Cr}、D_{Fe}。(实验测得 Kirkendall 标志面移动距离的平方与扩散时间之比为常数)

8-9　假定上题中每个组元的摩尔体积是 12.6cm³/mol;

(1) 求通过 Kirkendall 平面的每一组元的通量(原子/s・cm²);

(2) 求经过该横截面的纯的空位通量;

(3) 假如在 1h 内通过该截面单位面积的所有空位聚集成一球形空穴,则此空穴的半径有多大?(设每个原子体积为 1.6×10^{-23} cm³)

8-10　假定间隙原子按最短距离扩散,试证明碳原子在 BCC 点阵中的扩散系数 $D_C^{BCC} = \dfrac{\Gamma a^2}{24}$,在 FCC 中,则 $D_C^{BCC} = \dfrac{\Gamma a^2}{12}$,其中 a 的点阵常数,Γ 为间隙原子的跳动频率。

8-11　设 $t=0$ 时,把 N 个杂质原子引入到固体中的一个非常小的区域中,并把该区域作为原点,向外扩散。扩散方程的解为 $C(r,t)=N\dfrac{e^{-r^2/4Dt}}{(4\pi Dt)^{3/2}}$,定义 $\dfrac{C(r,t)}{N}$ 为原子的几率分布函数,由此证明均方位移为 $\overline{r^2}=6Dt$。

8-12　已知空位形成能 $Q_v=8.4\times10^4$ J/mol,空位移动能 $Q_m=1.2\times10^5$ J/mol,原子振动频率 $\gamma=10^{13}$/s,试求在 25℃ 和 1073℃ 时在 FCC 中原子与空位交换位置的速率。

8-13　碳在 γ-Fe 中扩散,$D_0=2.0\times10^{-1}$ cm^2/s,$Q=140\times10^3$ J/mol,求碳在 γ-Fe 中 927℃ 时的扩散系数。并计算为了得到与 927℃ 渗碳 10h 相同的结果,在 870℃ 渗碳需要多长时间?

8-14　碳在 α-Ti 中的几个扩散数据如下:

温度/℃	736	782	835
D/(m^2/s)	2×10^{-13}	4.75×10^{-13}	1.3×10^{-12}

试求:

(1) 扩散激活能 Q 和频率因子 D_0;

(2) 在 500℃ 时碳在 α-Ti 中的扩散系数。

8-15　纯铁渗硼,900℃ 4h 生成的 Fe$_2$B 层厚度为 0.068mm,960℃ 4h 为 0.141mm,假定 Fe$_2$B 的生长受扩散速度的控制,求出硼原子在 Fe$_2$B 中的扩散激活能 Q。

8-16　硫在 α-Fe 中的扩散系数为 $D=20\times10^{-6}\exp\left(-\dfrac{84\times10^5}{RT}\right)$,计算 $\Delta S/k_B$。已知振动频率为 10^{13}/s。

8-17　将纯铁板放在石墨介质中加热渗碳,加热至 740℃,保温 10h 后,金相检验发现,原铁板截面上出现了两个相,其分布如图 8-60 所示。求:

(1) 画出渗层的碳量分布曲线,标出相区,并由相图确定表面及两相界面上的含碳量与铁碳相图的对应关系。

(2) 去掉石墨,重新加热,加热温度分别为 740℃ 和 800℃,保温若干周,表面不脱碳,试画出在两种温度下达到平衡时渗层碳量分布曲线,相界移动方向,简要分析其原因。

8-18　设离子晶体点阵常数为 5×10^{-8} cm,振动频率为 10^{12} Hz,位能 $U_0=0.5$ eV,求在常温下离子迁移率的数量级。

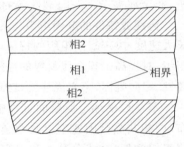

图 8-60　纯铁板渗碳后的相分布

第 9 章　凝固与结晶

9.1　概　　述

9.1.1　研究凝固与结晶的意义

工程金属材料生产、制备的一个重要途径是熔炼和凝固,除去粉末冶金法制成的特殊金属制品外,几乎所有的金属制品都必须经过金属的熔炼和凝固过程。通过熔炼得到要求成分的液态金属,浇注在铸型中,凝固后获得铸锭或成型的铸件,铸锭再经过冷热变形以制成各种型材、棒材、板材和线材。

无论是成型铸件或铸锭经变形后得到的各种型材,其性能都受到铸件或铸锭凝固组织的决定性影响,铸锭的凝固组织也影响到其热变形性能,不合理的铸锭组织会引起热变形中的开裂、破坏,降低成材率。热加工可改善铸锭组织和性能,但铸造中的宏观缺陷(如宏观偏析、非金属夹杂、缩孔、裂纹等)仍将残留于制品中,给制品性能带来很大影响。

铸锭或铸件的凝固组织与其结晶、凝固过程有着密切的关系,凝固过程的参数(如形核率、长大速度)决定凝固组织的特征,因此,控制凝固过程,保证铸锭或铸件质量,形成合理的凝固组织,对提高工程金属材料的性能,发挥材料潜力有重要的实际意义,目前,工程上采用的连续铸锭、定向凝固、离心浇注就是控制凝固过程、有效改善铸锭或铸件质量、性能的重要实例。

本章讨论纯金属凝固过程中的生核和核心长大,单相固溶体合金凝固中溶质的重新分布,两相共晶凝固速率以及合金铸锭组织的形成,以掌握结晶过程规律,控制铸锭或铸件凝固组织的形成、成分分布和组织的变化,为获得高质量铸件或铸锭提供理论依据。

9.1.2　液态金属的结构

结晶是液态金属转变为金属晶体的过程,液态金属的结构对结晶过程有重要的影响,因此,在讨论结晶、凝固过程前,对液态金属的结构应有基本的了解。

液态金属的结构可通过对比液、固、气三态的特性间接分析、推测,也可由 X 衍射方法直接研究。

根据三种状态下形状和体积的性质可以看出,液体有一定的体积,无固定的形状,而固体形状、体积都固定,气体二者全不固定,说明液体更接近于固体,原子间有较强的结合力,原子排列较为致密,与气体截然不同。

比较金属在不同状态的热学性质(见表 9-1),可以看出熔化热仅为蒸发热(或气化热)的 2.5%～6.5%。说明熔化时原子间键合的变化远小于气化时原子间键合的变化,液态下原子间键没有完全被破坏,仍保持一定的结合,熔化时体积变化不大(仅 3%～5%),也是原子间保持一定键合的佐证。直接的 X 射线衍射分析指出,液体金属最近邻原子的排列情况接近于固态金属,但近邻原子数要少些,如配位数为 12 的面心立方或密排六方金属在液态时,每一个原子的最近邻约有 11 个原子,配位数为 8 的体心立方金属在液态时,最近邻原子约有 7 个,说明在微小区域内液态与固态金属有类似的结构。

表 9-1 某些金属在不同状态下的热学性质

金属	熔点/K	液体-固体的体积差/%	熔化热 L_m/(kJ/mol)	气化热 L_b/(kJ/mol)	L_m/L_b/%	熔化熵 S_m/(J/(mol·K))
Al	933	6	10.48	291.2	3.6	11.51
Au	1336	5.1	12.80	342.3	3.7	9.25
Cu	1356	4.15	13.01	304.6	4.3	9.62
Zn	693	4.2	7.20	115.1	6.2	10.67
Mg	923	4.1	8.70	133.9	6.5	9.17
Ca	594	4.0	6.40	99.6	6.4	10.29
δ-Fe	1808	3.0	15.19	340.2	4.5	8.37
Sn	505	2.3	6.97	295.0	2.4	13.78
Ga	320.9	−3.2	5.57	256.0	2.2	18.4
Bi	544.5	−3.35	10.84	179.5	6.0	19.95
Sb	903	−0.95	19.55	227.0	8.6	21.65

依据以上特性提出液态金属结构的概念,认为液态金属的原子不是完全无序、混乱的分布,而是在微小区域内存在着有序、规则的排列,因此,液态金属是由近程有序排列的原子集团所组成。这些原子集团是不稳定的,瞬时形成,瞬时消失,时聚时散,与系统的能量起伏相对应。这些原子集团的尺寸也是不同的,形成结构上的起伏。

由液体金属的结构说明结晶过程实质上是由不稳定的具有近程有序排列原子集团的液体结构转变为稳定的长程(远程)有序的晶体结构。

9.1.3 结晶的一般过程

前已指出,凝固转变遵循热力学条件,即 $\Delta G = G_S - G_L < 0$,转变驱动力由式(5-31)单位体积吉布斯自由能差 $\Delta G_v = \dfrac{L_v \cdot \Delta T}{T_m}$ 确定,过冷度越大,转变驱动力越大,凝固过程越易进行。过冷度为理论结晶温度(熔点)与实际结晶温度的差别,理论结晶温度为 $\Delta G = 0$ 时的平衡温度,实际结晶温度是在一定冷速下得到的结晶温度,可由热分析方法作出冷却曲线来确定,表 9-2 给出几种常见金属的熔点、熔化热、表面能和最大过冷度的数值。

表 9-2 几种常见金属的熔点、熔化热、表面能和最大过冷度的数值

金属	熔点 /℃	熔点 /K	熔化热 /(J/cm³)	表面能 /(J/cm²)	观测到的最大过冷度 ΔT/℃
Pb	327	600	280	33.3×10⁻⁷	80
Al	660	933	1066	93×10⁻⁷	130
Ag	962	1235	1097	126×10⁻⁷	227
Cu	1083	1356	1826	177×10⁻⁷	236
Ni	1453	1726	2660	255×10⁻⁷	319
Fe	1535	1808	2098	204×10⁻⁷	295
Pt	1772	2045	2160	240×10⁻⁷	332

资料来源: B. Chalmers,"Solidification of Metals,"Wiley,1964

在一定过冷度下的结晶凝固过程包括晶体核心的形成和晶核的长大两个基本过程,见图 9-1。这两个基本过程不是截然分开,而是同时进行,即在已经形成晶核长大的同时,又形成新的晶核,直至结晶完了,由晶核长成的晶体相互接触为止。

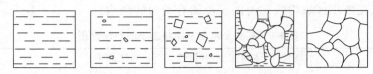

图 9-1　结晶过程示意图

9.2　金属凝固时的形核过程

金属凝固时的形核有两种方式,一是在金属液体中依靠自身的结构均匀自发地形成核心,二是依靠外来夹杂所提供的异相界面非自发不均匀地形核,前者叫做均匀形核,后者叫做不均匀形核。

9.2.1　均匀形核

均匀形核是液体结构中不稳定的近程排列的原子集团(晶坯)在一定条件下转变为稳定的固相晶核的过程。形核开始往往需要局部的成分涨落、温度涨落和能量涨落等。

9.2.1.1　均匀形核的能量条件

一给定体积的液相在 T_m 以下一定过冷度下具有吉布斯自由能 G_1,如其中有某些液体的近程排列原子集团转变为稳定的晶核,体积为 V_S,形成界面 A_{SL},剩余液相的体积为 V_L,此时系统吉布斯自由能为 G_2,则

$$G_1 = (V_S + V_L) \cdot G_v^L \tag{9-1}$$

$$G_2 = V_S \cdot G_v^s + V_L \cdot G_v^L + A_{SL} \cdot \gamma_{SL} \tag{9-2}$$

式中, G_v^s、G_v^L 为单位体积固、液相的吉布斯自由能,γ_{SL} 为液-固相的界面能。

由式(9-1)、式(9-2)可以得到凝固形核时,系统吉布斯自由能的变化

$$\Delta G = G_2 - G_1 = V_S \Delta G_v + A_{SL} \cdot \gamma_{SL} \tag{9-3}$$

式中, ΔG_v 为单位体积吉布斯自由能差,根据式(5-31),有 $\Delta G_v = G_v^L - G_v^s = \dfrac{L_v \cdot \Delta T}{T_m}$,其中

L_v 为单位体积的熔化潜热,由于凝固时放出热量,故其大小为负值。

假设核心为球形,半径为 r,则

$$\Delta G = \frac{4}{3}\pi r^3 \cdot \Delta G_v + 4\pi r^2 \cdot \gamma_{SL}$$

当液体中有 n 个核心,吉布斯自由能变化为

$$\Delta G = \frac{4}{3}\pi r^3 \cdot \Delta G_v \cdot n + 4\pi r^2 \cdot n \cdot \gamma_{SL} \tag{9-4}$$

由式(9-4)看出,当 r 很小时,第二项起支配作用,ΔG 随 r 增大,r 增大至一定数值后,第一项起支配作用,ΔG 随 r 增大而降低,故 ΔG 随 r 变化的曲线为一有极大点的曲线,如图 9-2 所示。在 $r = r^*$ 处,ΔG 有极大值。$r < r^*$ 时,当 r 增大,ΔG 增大,系统吉布斯自由能增加,相反,r 减小,系统吉布斯自由能降低。故半径小于 r^* 的原子集团在液相中不能稳定存在,它被溶解而消失的几率大于它继续长大而超越 r^* 的几率。半径小于 r^* 的原子集团可称为**晶**

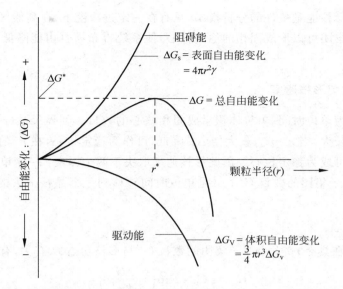

图 9-2　纯金属凝固过程中晶胚或晶核的自由能变化 ΔG 与其半径的关系。

如果颗粒半径大于 r^*，则稳定晶核将连续生长

胚。当 $r > r^*$，r 增大，ΔG 减少，系统吉布斯自由能下降，故大于 r^* 的原子集团可以稳定存在（继续长大的几率大于被溶解而消失的几率），作为晶核而长大，$r = r^*$，叫 **临界晶核**，或 **晶核临界尺寸**。此时，$\dfrac{\mathrm{d}\Delta G}{\mathrm{d}r} = 0$，故对式（10-4）微分，得到

$$4\pi r^{*2} \cdot n \cdot \Delta G_\mathrm{v} + 8\pi r^* \cdot n \cdot \gamma_\mathrm{SL} = 0$$

$$r^* = -\frac{2\gamma_\mathrm{SL}}{\Delta G_\mathrm{v}} \tag{9-5}$$

以式（5-31）代入式（9-5），得到临界晶核半径

$$r^* = -\frac{2\gamma_\mathrm{SL} \cdot T_\mathrm{m}}{L_\mathrm{v} \cdot \Delta T} \tag{9-6}$$

以式（9-5）代入式（9-4），得到相应于 r^* 时的临界形核功

$$\Delta G^* = \frac{4}{3}\pi \left(-\frac{2\gamma_\mathrm{SL}}{\Delta G_\mathrm{v}}\right)^3 \cdot n \cdot \Delta G_\mathrm{v} + 4\pi \left(\frac{2\gamma_\mathrm{SL}}{\Delta G_\mathrm{v}}\right)^2 \cdot n \cdot \gamma_\mathrm{SL}$$

$$= -\frac{32}{3}\pi \cdot n \cdot \frac{\gamma_\mathrm{SL}^3}{\Delta G_\mathrm{v}^2} + 16\pi n \cdot \frac{\gamma_\mathrm{SL}^3}{\Delta G_\mathrm{v}^2} = \frac{16}{3}\pi n \frac{\gamma_\mathrm{SL}^3}{\Delta G_\mathrm{v}^2}$$

即临界形核功是表面能项的三分之一，说明形成临界晶核时所降低的体积吉布斯自由能只能补偿三分之二的表面吉布斯自由能，形核功作为生核时所需克服的能垒还要依靠系统的能量起伏（涨落）来提供。

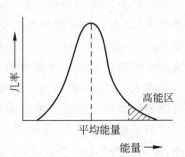

　　系统（液相）的能量分布有起伏，呈正态分布形式，如图 9-3 所示。能量起伏包括两个含义：一是在瞬时，各微观体积的能量不同，二是对某一微观体积，在不同瞬时，能量分布不同。在具有高能量的微观地区生核，可以全部补偿表面能，使 ΔG 越过如图 9-2 所示的能垒 ΔG_T^*。

图 9-3　液相的能量起伏

由上述均匀形核能量条件的分析指出,只有在一定过冷度下、在高能区、具有大于 r^* 的近程排列的原子集团可以形成固相的稳定核心,使系统吉布斯自由能降低,最终满足 $\Delta G <$ 0 的热力学条件。

9.2.1.2　均匀形核速率

形核率定义为单位时间、单位体积生成固相核心的数目。临界尺寸(r^*)的晶核处于介稳平衡,可溶解、长大,当 $r > r^*$,长大使 ΔG 降低,可作为稳定核心,在 r^* 的原子集团上附加一个以上原子即可成为稳定核心。因此形核速率取决于两个因素:一是单位体积液相中存在具有 r^* 大小原子集团的数目 C^*;二是单位时间转移到一个晶核上去的原子数 f_0,则形核率

$$\dot{N} = f_0 \cdot C^* \tag{9-7}$$

单位体积 L 中存在具有 r^* 大小原子集团的数目 C^* 与形核功 ΔG^* 有关,有以下关系:

$$C^* = C_0 \cdot \exp\left(-\frac{\Delta G^*}{k_B T}\right) \tag{9-8}$$

式中,C_0 为单位体积液相中包含的原子数目。液相原子转移到临界晶核的速率 f_0 与液固界面上紧邻固体晶核的液体原子数 s、一个液体原子的振动频率 ν、液体原子跳出平衡位置的激活能 ΔG_A,以及被固相接受的几率 p 等参数有关,

$$f_0 = \nu \cdot s \cdot p \cdot \exp(-\Delta G_A / k_B T)$$

形核率

$$\dot{N} = f_0 \cdot C^* = \nu \cdot s \cdot p \cdot C_0 \cdot \exp\left[-\left(\frac{\Delta G_A + \Delta G^*}{k_B T}\right)\right]$$

$$= K \cdot \exp\left(-\frac{\Delta G_A + \Delta G^*}{k_B T}\right) \tag{9-9}$$

考虑到 ΔG_A 与过冷度的关系不大,而 ΔG^* 则与过冷度有如下关系:

$$\Delta G^* = \frac{16}{3} \frac{\pi n \gamma_{SL}^3}{\Delta G_v^2} = \frac{16}{3} \frac{\pi n \gamma_{SL}^3 T_m^2}{L_v^2 \cdot \Delta T^2}$$

故

$$\dot{N} \propto e^{-1/(\Delta T)^2} \tag{9-10}$$

即随过冷度增大,形核率 $\dot{N}$ 急剧增加,如图 9-4 所示,在很窄的温度范围,形核率由零升至某一很高数值。由图看出,有一临界的过冷度 ΔT^*,在 ΔT^* 以前实际不形核,达到 ΔT^*,$\dot{N}$ 急剧增大,此临界过冷度出现的原因可解释如下:由式(9-6)得出临界晶核半径 r^* 与 ΔT 有关,随 ΔT 增大,r^* 减小。而均匀形核的临界晶核来自液相中近程有序排列的原子集团,在液相中可能出现的尺寸最大的原子集团 r_{max} 也取决于温度,温度高、过冷度小时,由于原子可动性大,只能形成小尺寸的有序原子集团,当温度降低,过冷度增大,原子可动性降低,可以形成较大尺寸的近程有序排列原子集团,r^* 及 r_{max} 与过冷度关系可综合如图 9-5 所示。

两条曲线在 ΔT^* 处相交。显然,在 $\Delta T < \Delta T^*$ 时,液相中不存在具有 r^* 大小的原子集团,因而不能形核;而在 $\Delta T > \Delta T^*$ 时,液相中存在的 r_{max} 可以满足 r^* 尺寸要求,而发生均匀形核。ΔT^* 即临界过冷度,也叫有效过冷度。实验指出,有效过冷度 ΔT^* 约等于 $0.2T_m(K)$。

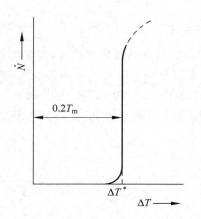

图 9-4　均匀形核速率与过冷度关系

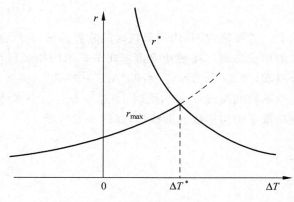

图 9-5　r^* 和 r_{max} 与 ΔT 关系

9.2.2　非均匀形核

　　生产实际中,很难实现均匀形核,这是因为存在模壁和不溶于液体中的夹杂物(如氧化物、氮化物等)可以作为形核的基底,固相晶核即依附于这些夹杂物的界面上形成。其模型如图 9-6 所示。

　　固相形成球冠形,附着在夹杂基底平面上,固相与基底的接触角(或浸润角)为 θ,界面张力间有以下平衡关系(可理解为三个共点力的平衡):

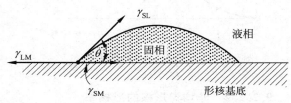

图 9-6　非均匀形核模型

$$\gamma_{SM} + \gamma_{SL}\cos\theta = \gamma_{LM} \qquad (9\text{-}11)$$

9.2.2.1　非均匀形核的能量条件

　　非均匀形核时,系统吉布斯自由能变化为

$$\Delta G_{非} = V_S \cdot \Delta G_v + A_{SL} \cdot \gamma_{SL} + A_{SM}(\gamma_{SM} - \gamma_{LM}) \qquad (9\text{-}12)$$

式中,V_S 为固相晶核体积;A_{SL} 为晶核与液相间的表面积;A_{SM} 为固相与基底间的界面积;γ_{SL}、γ_{SM}、γ_{LM} 相应为固-液、固-杂、液-杂的比界面能。根据以下关系和式(9-11)的关系:

$$V_S = \frac{\pi r^3}{3}(2 - 3\cos\theta + \cos^3\theta)$$

$$A_{SL} = 2\pi r^2(1 - \cos\theta) \qquad (9\text{-}13)$$

$$A_{SM} = \pi r^2\sin^2\theta \qquad (9\text{-}14)$$

(式中,r 为球冠形晶核的半径。)

可以得出

$$\Delta G_{非} = \left(\frac{4}{3}\pi r^3 \Delta G_v + 4\pi r^2 \cdot \gamma_{SL}\right)\left(\frac{2 - 3\cos\theta + \cos^3\theta}{4}\right) = \Delta G \cdot f(\theta) \qquad (9\text{-}15)$$

对式(9-15)微分,令 $\dfrac{\mathrm{d}\Delta G_{非}}{\mathrm{d}r} = 0$,可以求出

$$r_{非}^* = -\frac{2\gamma_{SL}}{\Delta G_v} \qquad (9\text{-}16)$$

$$\Delta G_{\text{非}}^* = \frac{16\pi n\gamma_{\text{SL}}^3}{3\Delta G_{\text{v}}^2} \cdot f(\theta) = \Delta G^* \cdot f(\theta) \tag{9-17}$$

由上二式可确定,非均匀形核时的临界晶核尺寸与均匀形核临界晶核尺寸相同,而非均匀形核的形核功则与接触角 θ 密切相关。当固相晶核与基底完全浸润时,$\theta=0$,$\Delta G_{\text{非}}^* = 0$。当部分浸润,如 $\theta=10°$,$\Delta G_{\text{非}}^* = 10^{-4}\Delta G^*$;$\theta=30°$,$\Delta G_{\text{非}}^* = 0.02\Delta G^*$;$\theta=90°$,$\Delta G_{\text{非}}^* = 0.5\Delta G^*$。当完全不浸润时,$\theta=180°$,此时,$\Delta G_{\text{非}}^* = \Delta G^*$。其关系如图 9-7 所示。因此,非均匀形核的形核功低于均匀形核的形核功,如图 9-8 所示。

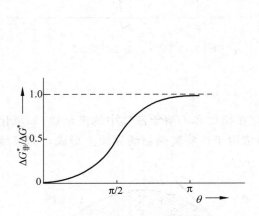

图 9-7　$\Delta G_{\text{非}}^* / \Delta G^*$ 与 θ 角的关系

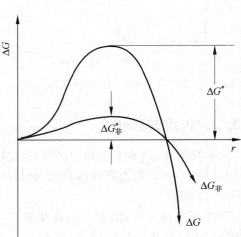

图 9-8　非均匀形核功与均匀形核功对比

9.2.2.2　非均匀形核的形核率

与均匀形核类似,非均匀形核的形核率也有如下的关系:

$$\dot{N}_{\text{非}} = f_1 C_1 \exp\left(-\frac{\Delta G_{\text{非}}^*}{k_{\text{B}} T}\right) = f_1 C_1 \exp\left(-\frac{\Delta G^* \cdot f(\theta)}{k_{\text{B}} T}\right)$$

$$= f_1 \cdot C_1 \exp\left(-\frac{A \cdot f(\theta)}{\Delta T^2}\right) \tag{9-18}$$

式中,f_1 为单位时间自液相中转移到固相晶核的原子数;C_1 为单位体积液体与非均匀生核部位接触的原子数。

由上式可知,非均匀形核的形核率决定于以下因素:

（1）过冷度

过冷度越大,非均匀形核率也越大,有如图 9-9 所示的关系。

与均匀形核对比,在相同形核功下,非均匀形核需要更小的过冷度;在相同过冷度下,非均匀形核需要更低的形核功。

（2）外来夹杂

① 夹杂特性　由式(9-18)看出非均匀形核率与 $f(\theta)$ 有关,$f(\theta)$ 越小,则 $\dot{N}_{\text{非}}$ 越大。而 $f(\theta)$ 决定于 $\cos\theta$,$\cos\theta$ 越大,$f(\theta)$ 越小。由式(9-11),在 γ_{SL},γ_{ML} 变化不大的情况下,夹杂与固相晶核间的界面张力 γ_{SM} 越小,则 $\cos\theta$ 越大。γ_{SM} 与夹杂特性有关,有两类夹杂具有低的界面张力 γ_{SM},可作为非均匀形核的基底,提供大的形核率。一类是同晶或活性夹杂,夹杂

与固相晶体结构相同,界面处原子间距离接近,错排度$\left(\delta=\dfrac{\Delta a}{a}\right)$很小,此类夹杂具有低的界面张力。第二类是非同晶的难熔的活化夹杂。夹杂本身结构与固相相差很大,但表面有凹孔、微裂缝,此处的原固相金属具有低的饱和蒸气压、高的熔点,因而在整体金属熔化后,难熔夹杂的凹孔处包含有未熔的同晶固相,可作为形核的基底。

　　② 夹杂基底表面的形态　　夹杂基底表面形态不同,形成临界晶核的体积不同,如图 9-10 所示。在形成具有相同临界半径和接触角 θ 的晶核时,凹形基底的夹杂形成临界晶核的体积最小,形核容易,形核率大。

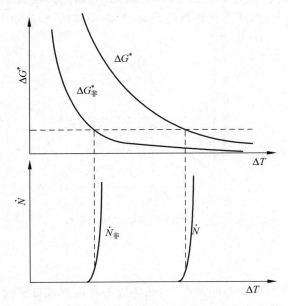

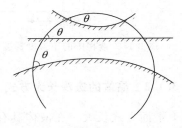

图 9-9　非均匀形核率与过冷度关系　　　图 9-10　夹杂基底表面形态对形核的影响

　　③ 夹杂数量　　显然,符合形核条件的夹杂数量越多,非均匀形核率越大。

（3）液体金属的过热

非均匀形核以难熔的外来夹杂作为形核基底,当液体温度过热,可使难熔夹杂熔化或是使其表面的活性去除,失去活化夹杂的特性,由于减少活性夹杂数量,因而非均匀形核率大大降低。

9.3　纯金属晶体的长大

　　形成稳定的固相晶核后,其长大过程即晶体的长大,首先讨论没有溶质成分变化的纯金属晶体的长大。晶体的长大可从宏观和微观两方面分析,宏观长大指晶体长大中液-固界面所具有的形态,微观长大则指原子进入固相晶核表面(液-固界面)的方式。

9.3.1　宏观长大方式

　　晶体长大中液-固界面的形态取决于界面前沿液体中的温度分布。

9.3.1.1 液体中的温度分布

一般有两种情况：

（1）正温度梯度 液相的结晶从冷却最快、温度最低的部位（如模壁）开始。液体中心较高的温度，液相的热量和结晶潜热沿已结晶的固相和模壁散失，因而界面前沿液体的过冷度随离开界面距离减小而降低，液体内部是过热的。有 $dT/dx>0$ 的关系，如图 9-11 所示。

（2）负温度梯度 在极缓慢的冷却条件下，液体内部温度分布比较均匀，冷到一定过冷度下，液中某些能量有利区域形成晶核并长大，长大中放出潜热，使液-固界面处温度高于液体内部；而出现负温度梯度（$dT/dx<0$），此时，随离开界面的距离增加，液体的过冷度增大，液体处于过冷状态。如图 9-12 所示。

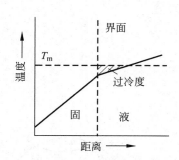

图 9-11 液相中的正温度梯度分布

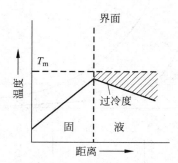

图 9-12 液体中的负温度梯度分布

9.3.1.2 晶体的宏观长大方式

（1）平面方式长大 在液体具有正温度梯度分布的情况下，晶体以平界面方式推移长大。如图 9-13 所示。界面上任何偶然的、小的凸起，伸入液体，使其过冷度减小，长大速率降低或停止长大，而被周围部分赶上，因而能保持平界面的推移。长大中晶体沿平行温度梯度的方向生长，或散热的反方向生长，而其他方向的生长则受到抑制。

（2）树枝状方式长大 在液体具有负温度梯度的条件下，界面上偶然的凸起将伸入过冷的液体，液体有更大的过冷度，有利于晶体长大和凝固潜热的散失，从而形成枝晶的一级轴，一个枝晶的形成，其潜热使邻近液体温度升高，过冷度降低，因此，类似的枝晶只在相邻一定间距的界面上形成，相互平行分布。在一次枝晶处的

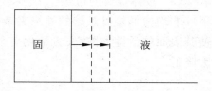

图 9-13 晶体的平界面方式长大

温度比枝晶间温度要高，参照图 9-14（a），这种负温度梯度使一级轴上又长出二级轴分枝，以及多级的分枝，见图 9-14（b）。枝晶生长的最后阶段，由于凝固潜热放出，使枝晶周围的液体温度升高至熔点以上，液中出现正温度梯度，此时晶体长大依靠平界面方式推进，直至枝晶间隙全部被填满为止。

9.3.2 微观长大方式

晶体的长大微观上是液体原子转移到固相界面上的过程，这种原子转移的微观长大方

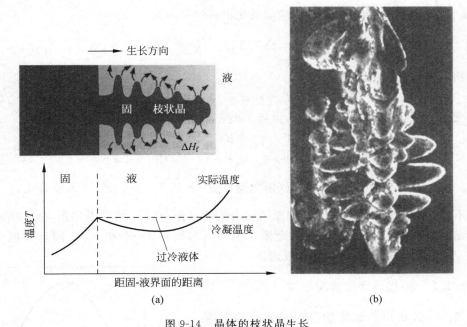

图 9-14　晶体的枝状晶生长

（a）如果液相过冷，固-液界面上偶然的凸起得以快速生长为枝状晶。通过升高液相的温度，
返回甚至超过冷凝温度，熔化潜热被排出；（b）钢中枝状晶的扫描电镜照片（×15）

式取决于液-固界面的结构，而液-固界面结构又由界面势力学所决定，稳定的界面结构应该是表面吉布斯自由能最低、热力学最稳定的结构。

9.3.2.1　液-固界面吉布斯自由能

液-固界面处原子排列不是完全有序的，而出现空位，假设界面上有 N 个原子位置，为 n 个固相原子所占据，其占据分数为 $x = \dfrac{n}{N}$，界面上空位分数为 $1-x$，空位数为 $N(1-x)$。形成空位引起内能和结构熵的变化，相应引起表面吉布斯自由能的变化：

$$\Delta G_S = \Delta H - T\Delta S = (\Delta U + p\Delta V) - T\Delta S$$
$$= \Delta U - T\Delta S \tag{9-19}$$

形成 $N(1-x)$ 个空位所增加的内能由其所断开的固态键数 $\dfrac{1}{2}N(1-x) \cdot Z' \cdot x$ 和一对原子的键能 $2L_m/N_a \cdot Z$ 的乘积所决定。Z 为晶体的配位数，Z' 为晶体表面配位数，L_m 为摩尔熔化潜热，也即熔化时断开 1mol 原子的固态键所需要的能量，并设 N 等于 N_a，则内能的变化

$$\Delta U = \frac{1}{2}N(1-x) \cdot Z' \cdot x \cdot \frac{2L_m}{N_a \cdot Z}$$
$$= L_m \cdot x(1-x) \cdot \frac{Z'}{Z}$$
$$= \left(\frac{L_m}{RT_m} \cdot \frac{Z'}{Z}\right) \cdot x(1-x) \cdot R \cdot T_m$$
$$= R \cdot T_m \cdot \alpha \cdot x(1-x) \tag{9-20}$$

式中，$\alpha = \dfrac{L_m}{RT_m} \cdot \dfrac{Z'}{Z}$。空位引起结构熵的变化由式(5-86)给出：

$$\Delta S_c = k_B \left(N\ln \frac{N+n}{N} + n\ln \frac{N+n}{n} \right) = -R[x\ln x + (1-x)\ln(1-x)]$$

所引起相应吉布斯自由能的变化为

$$T\Delta S = -RT_m \{x\ln x + (1-x)\ln(1-x)\} \tag{9-21}$$

将式(9-20)、式(9-21)代入式(9-19)，得到表面吉布斯自由能的变化为

$$\Delta G_S = R \cdot T_m \cdot \alpha \cdot x(1-x) + RT_m[x\ln x + (1-x)\ln(1-x)]$$

$$\Delta G_S / RT_m = \alpha \cdot x(1-x) + x\ln x + (1-x)\ln(1-x) \tag{9-22}$$

式中，$\alpha = \dfrac{L_m}{RT_m} \cdot \dfrac{Z'}{Z}$，因 $L_m/T_m = \Delta S_m$(溶化熵)，故 $\alpha = \dfrac{\Delta S_m}{R} \cdot \dfrac{Z'}{Z}$。$Z'/Z$ 大致为 0.5。

在不同 α 值下，$\Delta G_S/RT_m$ 与固相原子在表面的占据分数 x 的关系如图 9-15 所示。可以看出，$\alpha \leqslant 2$，曲线在 $x = 0.5$ 处有一个极小值，$\alpha > 5$，则在 $x \to 0$ 和 $x \to 1$ 附近有两个最小点，α 在 2~5 之间，最低点离两端点较远。

9.3.2.2　液-固界面的微观结构

由热力学分析得知稳定的界面微观结构有两种类型。

(1) 粗糙界面　当 $\alpha \leqslant 2$，$x = 0.5$，相应于界面上有一半位置为原子占据，一半为空位。界面在微观范围是粗糙的，高低不平，界面由几个原子厚的过渡层组成，这种微观上粗糙的界面在宏观上是平直的。形成粗糙界面的材料，$\alpha < 2$，即 $\Delta S_m < 4R$，实际小于 $2R$(16.6J/(mol·K))，一般金属 ΔS_m 在 10J/(mol·K)左右，因而具有粗糙界面，因此粗糙界面也叫金属型界面。粗糙界面形状如图 9-16 所示。

(2) 光滑界面(或平整型界面)　当 $\alpha > 5$，在 $x \to 0$ 和 $x \to 1$ 处出现稳定界面，$x \to 0$ 相应于固相原

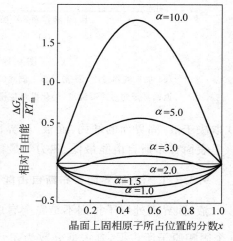

图 9-15　不同 α 值下，$\Delta G_S/RT_m$ 与 x 的关系

子在表面极少，$x \to 1$ 相应于表面空位极少，因而界面保持晶体学光滑表面的特性，界面为一个原子厚的过渡层，与液相截然分开，界面上各处晶体学表面取向不同，因此，从宏观上看界面是曲折、锯齿形小平面，如图 9-17 所示。一般有机物形成光滑界面。

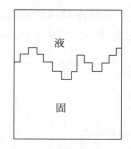

图 9-16　金属型粗糙界面

图 9-17　平整型光滑界面

对类金属(Bi,Sb,Te,Ge,Ga,Si)熔化熵在 $20\sim30\mathrm{J/(mol\cdot K)}$,即 $\alpha>2$,因而形成小台阶式的混合界面。

9.3.2.3 晶体微观长大方式和长大速率

晶体的微观长大方式与界面结构有关。

具有粗糙界面的物质,因界面上约有 50% 的原子空位,在这些位置都可接受原子,故液体的原子可以单个进入空位,与晶体相连接,界面沿其法线方向垂直推移。晶体连续向液相中生长,这种长大方式叫连续长大,其长大速率与过冷度成正比,有以下关系:

$$G_1 = K_1 \cdot \Delta T \tag{9-23}$$

式中,K_1 为比例常数,单位是 $\mathrm{cm/(s\cdot K)}$。大多数金属采用这种生长方式,具有最快的生长速度。

光滑界面晶体的长大,不是单个原子的附着,而是以均匀形核的方式,在晶体学小平面界面上形成一个原子层厚的二维晶核,如图 9-18 示意,若二维晶核边长为 a 的正方形,厚为 b,则形成二维晶核时系统吉布斯自由能的变化为

$$\Delta G = a^2 b \cdot \Delta G_v + 4ab\gamma \tag{9-24}$$

令 $\mathrm{d}\Delta G/\mathrm{d}a = 0$,可求得临界二维晶核的尺寸

$$a^* = -\frac{2\gamma}{\Delta G_v} = -\frac{2\gamma \cdot T_m}{L_v \cdot \Delta T} \tag{9-25}$$

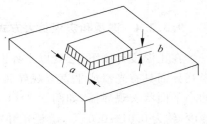

图 9-18 光滑界面的二维晶核长大

临界二维晶核的形核功

$$\Delta G^* = a^{*2} \cdot b\Delta G_v + 4a^* \cdot b\gamma = \frac{4\gamma^2 b}{\Delta G_v} - \frac{8\gamma^2 \cdot b}{\Delta G_v}$$

$$= -\frac{4\gamma^2 \cdot b}{\Delta G_v} = -\frac{4\gamma^2 b T_m}{L_v \cdot \Delta T} \tag{9-26}$$

可以看出,二维晶核形核功为表面能项的二分之一。故需在有能量起伏的界面微观区域处形成,界面上形成二维晶核,与原界面间出现台阶,个别原子可在台阶上填充,使二维晶核侧向生长,当该层填满后,则再在新的界面上形成新的二维晶核,继续填满,如此反复进行。这种生长是不连续的,其长大速率取决于二维晶核的形核率,故有以下关系:

$$G_2 = K_2 e^{-B/\Delta T} \tag{9-27}$$

随过冷度增大,长大速率增加,当过冷度很大,二维晶核密度很高时,其长大速率接近粗糙界面的连续长大速率。

若晶体的光滑界面存在有螺位错的露头,则该界面成为螺旋面,并形成永不消失的台阶,原子附着到台阶上使晶体长大。这种方式如图 9-19 所示。

螺旋长大方式的速率与过冷度有以下关系:

$$G_3 = K_3 \Delta T^2 \tag{9-28}$$

其长大速率低于连续长大,过冷度增大,界面上螺位错增多,生长速度加快,到较大过冷度后,界面上螺位错大量增加,与连续长大速度相等,三种长大方式与过冷度关系如图 9-20 所示。当晶体中有孪晶存在,界面处出现不同位向的小平面,并形成台阶源,有利于二维晶核的形成。

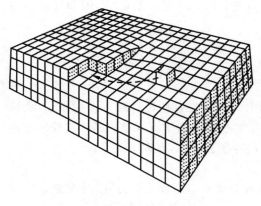

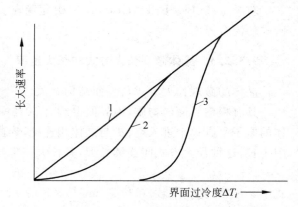

图 9-19　光滑界面的螺型位错长大

图 9-20　三种生长方式长大速率与过冷度关系的比较
1—连续长大；2—螺旋长大；3—二维晶核长大

9.3.2.4　微观和宏观长大方式的综合

在正温度梯度下,宏观以平界面方式推进,界面的宏观形态有两种类型,对金属型粗糙微观界面具有光滑或平直宏观界面,如图 9-21(a)所示,对平整型光滑微观界面则具有曲折的小平面状宏观界面,如图 9-21(b)所示。微观粗糙界面以连续生长方式长大,需要小的过冷度,约为 $0.01\sim0.05℃$,微观光滑界面按二维晶核方式长大,需要过冷度较大,约 $1\sim2℃$。

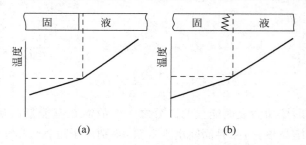

图 9-21　在正温度梯度下的宏观界面形貌
（a）光滑或平直界面；（b）小平面状界面

在负温度梯度下,微观粗糙界面以树枝状方式生长,微观光滑界面也有树枝状长大的倾向,但往往不甚明显,不同物质也有所不同,如类金属锑出现带有小平面的树枝结晶,铋是长针状树枝结晶,而一些 α 值较大的物质则枝晶不明显,仍以小平面状形貌结晶。

9.4　单相固溶体晶体的长大

前述纯金属的凝固中,没有成分变化,晶体长大只与液体的温度梯度有关。而在单相固溶体晶体的凝固中,则有成分的变化,凝固过程中,液、固两相的成分与原来母相液体的成分不同,液相成分沿相图中液相线变化,固相成分沿固相线变化,因而凝固过程中发生溶质的重新分布,由于冷却条件的不同,液、固相中重新分布特点不同,引起界面前沿液体过冷度和晶体生长形态的变化。

9.4.1 平衡凝固

对一二元匀晶合金,在无限慢冷速凝固时,固相内的溶质原子可以充分扩散,液相也可充分混合,因而在凝固中可按平衡相图分析。以如图 9-22 所示成分 C_0 的合金为例,假定液、固相线简化为直线,在任一温度下,处于平衡的液、固二相中溶质含量比为常数,即

$$C_S/C_L = K_0 \tag{9-29}$$

K_0 为平衡分配系数,C_S,C_L 为固相与液相的平衡成分。

合金在一细长的石墨熔舟,放在具有温度梯度的炉中,热流沿水平方向,凝固自左向右进行。如图 9-23(a) 所示。

T_1 温度下,凝固开始,形成少量固相,成分 K_0C_0,液相成分接近母相 C_0。T_2 温度下,由于固相中的充分扩散和液相中的对流,液、固相具有均匀的成分,界面成分与各相内部成分一致,二相的相对量由杠杆定律确定:

$$Q_\alpha = \frac{BC}{AC} \times 100\%$$

$$Q_L = \frac{AB}{AC} \times 100\%$$

凝固过程中,溶质质量平衡,故如图 9-23(b) 所示的两块阴影面积相等。在 T_3 温度,凝固过程接近完成,固相成分达 C_0,最后一滴液相成分为 C_0/K_0。

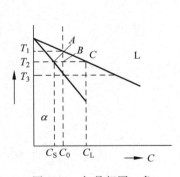

图 9-22 匀晶相图一角

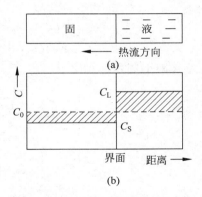

图 9-23 平衡凝固下两相溶质分布

9.4.2 固相无扩散,液相完全混合的凝固

在冷却速度较快的非平衡凝固下,凝固过程中溶质原子在固相内来不及扩散,液相由于有足够的搅拌和对流,可以得到完全混合,保持均匀成分,这种非平衡凝固也叫正常凝固。在如前述试样沿水平方向定向凝固时,在 T_1 温度下,形成 K_0C_0 成分的少量固相,因 $K_0 < 1$,初形成固相比液相纯,溶质原子由固相排出至液相,使液相成分大于 C_0,此时,界面处液、固二相保持局部平衡,二相中保持溶质原子的质量平衡,液相中成分均匀,保持该温度下的平衡浓度。冷却至 T_2,保持同样关系,但固相中无扩散,成分不均匀,如图 9-24 所示。

凝固过程中液、固两相溶质成分和相对量的变化可作如下推导,设有如图 9-25 所示的微体积 $A \cdot dZ$ 凝固,A 为面积,根据质量平衡,固相中排出的溶质进入液相,凝固前溶质量为

$$dM_1 = C_L \cdot A \cdot dZ,$$

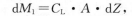

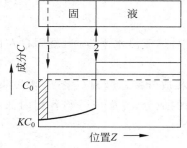

图 9-24   正常凝固条件下的溶质分布   图 9-25   微体积凝固前(a)、后(b)的溶质分布

凝固后,溶质在液、固二相中重新分布,

$$dM_2 = C_S \cdot A dZ + dC_L \cdot A(L - Z - dZ),$$

凝固前后溶质质量平衡,

$$dM_1 = dM_2$$
$$(C_L - C_S) \cdot A \cdot dZ = dC_L \cdot A(L - Z - dZ)$$
$$(1 - K_0)C_L \cdot dZ = (L - Z)dC_L - dZ \cdot dC_L$$

忽略无限小量 $dC_L \cdot dZ$,

$$\left(\frac{1 - K_0}{L - Z}\right)dZ = \frac{dC_L}{C_L}$$

解出

$$C_L = C_0\left(1 - \frac{Z}{L}\right)^{K_0 - 1}$$

$$C_S = K_0 C_0\left(1 - \frac{Z}{L}\right)^{K_0 - 1}$$

以 $f_S = \dfrac{Z \cdot A}{L \cdot A}$(凝固体积分量)代入,得到

$$C_L = C_0(1 - f_S)^{K_0 - 1} = C_0 f_L^{K_0 - 1} \tag{9-30}$$

$$C_S = K_0 C_0(1 - f_S)^{K_0 - 1} \tag{9-31}$$

f_S, f_L 为给定温度下液、固相的相对量,故上式也叫做**非平衡杠杆定律**,或 Scheil 公式。在 $K_0 < 1$ 的情况下,凝固后固体试样的成分沿长度方向变化,左端纯化,右端富集溶质组元,K_0 越小,这个效应越显著。利用正常凝固的溶质重新分布,发展了区域熔炼技术,可对金属进行提纯。区域熔炼是以感应加热方法将金属逐步熔化,如图 9-26 所示。金属棒从一端到另一端进行局部熔化,凝固过程也随之逐步进行。熔化区从始端到终端,杂质元素就富集于终端,重复移动多次,金属棒纯度大大提高。

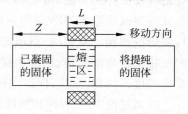

图 9-26   区域熔炼示意图

9.4.3　固相无扩散，液相只有扩散、无对流的凝固

在快冷不平衡条件下，当液相没有搅拌、对流，而只有扩散时，则凝固中从固相中排出的溶质原子不能均匀化分布在液体中，而在固液界面处液相一侧堆积，凝固过程中溶质原子的变化分为三个阶段，如图 9-27 所示。

（1）起始瞬态

凝固开始，液相成分 C_0，固相成分 K_0C_0，冷却中，界面处两相局部平衡，液相成分沿液相线变化，固相成分沿固相线变化。液相成分不均匀，界面处有局部平衡成分 C_L，远离界面保持母相成分 C_0。

（2）稳态生长

当界面前沿液相成分达到 C_0/K_0，固相成分保持 C_0，此时，由固相中排出的溶质量与从界面处液相中扩散开去的溶质量相等，界面处二相成分不变，达到稳定状态，若取界面为坐标原点，距界面 x 处液相成分不变，此时有两个因素在起作用。

① 扩散引起浓度随时间的变化，通过 x 处截面溶质的右移量为 $\dfrac{\partial C_L}{\partial t}$；

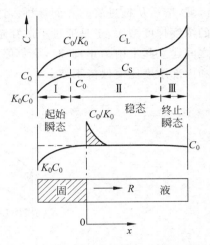

图 9-27　液体中仅有扩散时的溶质分布

② 由于界面以 R 速度运动，通过 x 截面的左移量为 $R\cdot\dfrac{\partial C_L}{\partial x}$。

稳态下二者相等，

$$\frac{\partial C_L}{\partial t} = D\frac{\partial^2 C_L}{\partial x^2} = -R\frac{\partial C_L}{\partial x}$$

$$\frac{\partial^2 C_L}{\partial x^2} = -\frac{R}{D}\cdot\frac{\partial C_L}{\partial x} \tag{9-32}$$

此积分方程的通解为

$$C_L = A\cdot e^{-Rx/D} + K$$

根据边界条件，$x=0$，$C_L=C_0/K_0$；$x=\infty$，$C_L=C_0$，可得：$K=C_0$，$A=\dfrac{1-K_0}{K_0}C_0$，故

$$C_L = C_0\left[1 + \frac{1-K_0}{K_0}e^{-Rx/D}\right] \tag{9-33}$$

当 $x=\dfrac{D}{R}$ 时，有 $C_L-C_0=(C_0/K_0-C_0)/e$，而 D/R 叫特征距离。

（3）终止瞬态

凝固的最后阶段，剩余的液体量很小，溶质原子的扩散使液体中溶质浓度提高，而不保持 C_0，此时液体中浓度梯度降低，扩散减慢，界面浓度增高，与之平衡的固相浓度也增高。

9.4.4　固相无扩散，液相界面附近只有扩散，其余部分有对流的凝固

这种情况，介于前述二、三两种不平衡凝固条件之间，在液体离开界面的部分，有对流发

生,使液体成分均匀化,而在界面附近的液体,受到已凝固周相的阻碍,沿其法向不发生对流,而只能通过扩散排出溶质原子,因此,在靠近界面的液相中有溶质原子富集。固、液相在凝固中溶质浓度的分布如图 9-28 所示。在界面处液、固二相瞬时保持局部平衡,具有 $(C_S)_i = K_0 \cdot (C_L)_i$ 的关系,界面处溶质原子富集使 $(C_L)_i$ 提高,相应与之平衡的固相浓度 $(C_S)_i$ 也增高,因此固体成分的上升比不存在溶质富集时为快。考虑凝固开始时的边界层区域,溶质从推进着的界面被排入边界层区域,造成溶质的聚集,当溶质聚集,其在边界层中的浓度梯度增大,于是通过扩散穿越边界层的传输速度也增大,直到在边界层中输入和输出之间建立起平衡为止,此时,聚集停止上升,于是比值 $(C_L)_i / (C_L)_B$ 成为常数,即液体中界面和内部浓度比值保持不变。

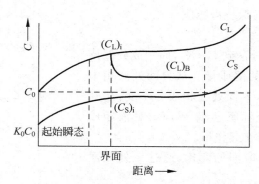

图 9-28   液体有部分混合时的溶质分布

根据

$$(C_S)_i / (C_L)_i = K_0$$

$$(C_L)_i / (C_L)_B = K'$$

可得
$$(C_S)_i / (C_L)_B = K_0 \cdot K' = K_e \qquad (9\text{-}34)$$

式中,K_e 定义为**有效分布系数**。对液体只有扩散,无混合的情况,$(C_S)_i / (C_L)_B = 1$,$K_e = 1$;若液体充分混合,成分均匀的情况,$(C_S)_i / (C_L)_B = (C_S)_i / (C_L)_i$,故 $K_e = K_0$。在液体部分混合的情况下,则 $K_0 < K_e < 1$。在液体完全不混合的极端情况,

$$K_e = (C_S)_i / (C_L)_B = \frac{C_0}{C_0 \left\{ 1 + \dfrac{1 - K_0}{K_0} e^{-Rx/D} \right\}}$$

$$= \frac{K_0}{K_0 + (1 - K_0) e^{-Rx/D}}$$

当 x 为常数,K_e 也为常数。在液体不混合情况下,x 实际为无穷大,故 $K_e = 1$,但在液体中有限混合,溶质聚集层厚度为一定值 δ 时,

$$K_e = \frac{K_0}{K_0 + (1 - K_0) e^{-R\delta/D}}$$

此时,K_e 为常数。

在液体中有限混合,界面前沿有溶质聚集时,在起始瞬态之后的凝固中,保持溶质的质量平衡,故可导出起始瞬态之后两相成分变化:

$$C_L^{(B)} = C_0 f_L^{K_e - 1} \qquad (9\text{-}35)$$

$$C_S^{(i)} = K_e C_0 (1 - f_S)^{K_e - 1} \tag{9-36}$$

以上所讨论四种情况下凝固试样的浓度分布可综合如图 9-29 所示。

图 9-29 中，a 为平衡凝固下的均匀成分，b 为液相中溶质完全混合情况，d 为部分混合情况，c 为液相中溶质仅通过扩散而混合的情况。可以看出，随液相混合程度加大，界面前沿溶质富集层减小，固相成分曲线也降低。

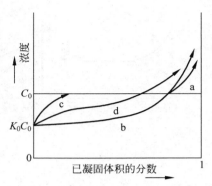

图 9-29　凝固试样中溶质的浓度分布

9.4.5　成分过冷

由于在不平衡凝固时，液相中溶质分布不均匀，在正温度梯度下，也会引起过冷，这种由于成分不均匀引起的过冷叫成分过冷。在液相中只有扩散，不发生对流的情况下，距界面 x 处的液相成分为

$$C_L = C_0 \left(1 + \frac{1 - K_0}{K_0} e^{-Rx/D} \right)$$

由于液相成分不同，其理论结晶温度 T_L 不同，假设液相线为直线，斜率为 m，纯组元熔点为 T_A，则液相的理论结晶温度为

$$T_L = T_A - m \cdot C_L = T_A - mC_0 \left(1 + \frac{1 - K_0}{K_0} e^{-Rx/D} \right) \tag{9-37}$$

在界面处（$x=0$）的温度为 T_i 为

$$T_i = T_A - m \cdot C_0 / K_0$$

液体的实际温度分布由温度梯度 $G \left(\dfrac{\mathrm{d}T}{\mathrm{d}x} \right)$ 决定，与界面距离 x 的关系为

$$T_D = T_i + G \cdot x = T_A - mC_0 / K_0 + Gx \tag{9-38}$$

当液相的实际温度低于理论结晶温度，$T_D < T_L$ 出现成分过冷，

$$T_A - \frac{mC_0}{K_0} + Gx < T_A - mC_0 \left(1 + \frac{1 - K_0}{K_0} e^{-Rx/D} \right)$$

$$Gx < \frac{mC_0}{K_0} \left[(1 - K_0) - (1 - K_0) e^{-Rx/D} \right] < \frac{mC_0 (1 - K_0)}{K_0} (1 - e^{-Rx/D}) \tag{9-39}$$

根据微分近似计算，当 x 很小时，

$$e^x \approx 1 + x$$

代入式（9-39），得到

$$Gx < \frac{m \cdot C_0 (1 - K_0)}{K_0} \cdot \frac{R}{D} x$$

故出现成分过冷的条件为

$$\frac{G}{R} < \frac{mC_0}{D} \cdot \frac{1 - K_0}{K_0} \tag{9-40}$$

因此，温度梯度 G 小、凝固速度 R 大、液相线斜率 m 大、平衡分配系数 K_0 小、合金成分 C_0 大等都容易产生成分过冷。对一定合金系，m，K_0，D 为定值，有利于产生成分过冷的条件是，液相中低的温度梯度，大的凝固速度和高的溶质浓度。

图 9-30 示出液相溶质成分分布、理论结晶温度、实际温度梯度和成分过冷的形成。

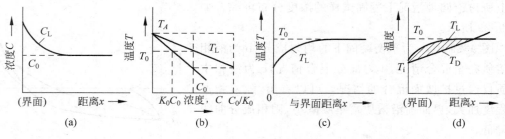

图 9-30　成分过冷的形成

9.4.6　单相固溶体晶体的生长方式

在正温度梯度下,单相固溶体晶体的成长方式取决于成分过冷程度。由于液体温度梯度的不同,成分过冷程度可分为三个区,如图 9-31 所示。在不同成分过冷区,晶体生长方式不同。

在第Ⅰ区,液相温度梯度很大,使 $T_D > T_L$,故不产生成分过冷。离开界面,过冷度减小,液相内部处于过热状态。此时固溶体晶体以平界面方式生长,界面上小的凸起,进入过热区,会使熔化消失,故形成稳定的平界面。

在第Ⅱ区,液相温度梯度减小,产生小的成分过冷区,此时,平界面不稳定,界面上偶然凸起,进入过冷液体,可以长大,但因过冷区窄,凸出距离不大,不产生侧向分枝,发展不成枝晶,而形成胞状界面,最后出现胞状结构,纵截面为长条形,横截面为六角形。

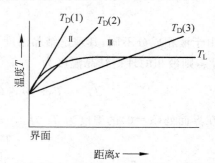

图 9-31　不同成分过冷程度的三个区域

在第Ⅲ区,当液相温度梯度更为平缓,成分过冷程度很大,液相很大范围处于过冷状态,类似负温度梯度条件,晶体以树枝状方式长大,界面上偶然的凸起,进入过冷液体,得到大的生长速度,并不断分枝,形成树枝状骨架。晶体生长中,周围液相富集溶质,使结晶温度降低,过冷度降低,同时,因放出潜热,周围温度升高,进一步减小过冷度,因而分枝生长停止,最后依靠固相散热、平界面方式生长,以填充枝晶间隙,直至结晶完成,形成晶粒。以上三种晶体生长方式如图 9-32 所示。

影响晶体生长方式的主要因素有液相的温度梯度 G、固相凝固速度 R 和合金的溶质浓度 C_0,其与晶体生长的综合关系如图 9-33 所示。从图 9-33 中可以看出,增大合金溶质浓度、降低液体温度梯度、增大固相凝固速度,均可增大成分过冷程度,发展树枝状结晶;相反,则促进平面式生长。

9.4.7　晶体中的偏析

在不平衡凝固过程中,固相中溶质浓度分布不均匀,因而凝固结束,晶体中有**成分偏析**。因晶体生长方式不同,发生偏析的区域不同。晶体中存在三类偏析。

(1) 宏观偏析　在不存在成分过冷、晶体以平面方式生长时,先结晶部分溶质浓度低,

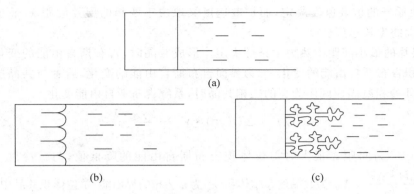

图 9-32　不同成分过冷下的晶体生长方式
（a）平面生长；（b）胞状生长；（c）树枝状生长

后结晶部分溶质浓度高,晶体宏观各区成分不均匀,此类偏析叫作宏观偏析。

（2）胞状偏析　在有小的成分过冷,晶体以胞状方式生长时,先结晶的胞状凸出部分,溶质含量低,被排出的溶质,向周围扩散,在侧向富集,最后结晶,因而胞晶内部溶质浓度低,胞界部位富集溶质,形成胞状偏析。

（3）树枝状偏析　当成分过冷很大,晶体以树枝状方式生长时,先结晶的枝晶主干部分溶质含量低,后结晶的枝晶外围部分富集溶质,形成树枝状偏析。

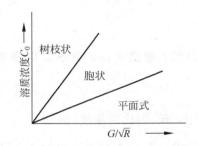

图 9-33　影响晶体生长方式的主要因素

9.5　两相共晶体的长大

9.5.1　典型共晶与非典型共晶的形成

典型形态与非典型形态共晶的形成与共晶组成相的特性有关。金属与金属组成的共晶具有典型形态。金属的熔化熵低,凝固中晶体具有粗糙界面,其长大靠单原子连接方式连续进行,所需过冷度很小,一般为 $0.01\sim0.02℃$,二金属组成相具有接近的过冷度和长大方式,长大中得以齐头并进、相互协调和促进,形成规则的层片状或杆状共晶。金属和非金属（或类金属）组成的共晶具有非典型形态。因为非金属（或类金属）具有光滑界面,长大依靠二维晶核形成,所需过冷度大,一般为 $1\sim2℃$,因而二组成相的生长不同时,金属晶体领先;非金属（或类金属）晶体滞后,二相之间无协调和促进关系。领先相可形成树枝状、鱼骨状、或弯曲状,而滞后生长的非金属相只能填补金属相长大中未占据的间隙,最后成为非典型形态的共晶组织,如 Al-Si 合金中的共晶、Fe-石墨组成的共晶均属此类。

9.5.2　层片状共晶的凝固生长

对二组元在固态下有限溶解,发生共晶反应的二元合金,共晶由富 A 固溶体 α 相和富 B 固溶体 β 相组成。凝固生长时两相界面前沿有 A、B 原子在液中的短程分离扩散,共晶的长

大速度 R 由原子的扩散速度决定,而扩散速度又取决于两相的层片间距 λ,最小的层片间距,可获得大的生长速度。

共晶层片的最小间距由热力学条件决定。形成共晶时,吉布斯自由能的变化包括两部分,一为体积吉布斯自由能的变化,二为界面吉布斯自由能的变化,后者与共晶层片间距有关。当 1mol 液相凝固成间距为 λ 的二相共晶时,系统吉布斯自由能变化

$$\Delta G(\lambda) = \Delta \dot{G}(\infty) \cdot V_{\mathrm{m}} + \frac{2\gamma_{\alpha\beta} \cdot V_{\mathrm{m}}}{\lambda} \tag{9-41}$$

式中,$\Delta \dot{G}(\infty)$ 为间距 λ 很大时单位体积吉布斯自由能的降低值,与过冷度 ΔT_0 有关,$\Delta \dot{G}(\infty) = \dfrac{\Delta H \cdot \Delta T_0}{T_{\mathrm{E}}}$。$V_{\mathrm{m}}$ 为共晶的摩尔体积,$\lambda_{\alpha\beta}$ 为 α-γ 相的界面能,单位体积共晶中有 $2/\lambda\,[\mathrm{m}^2]$ 界面。T_{E} 为共晶温度。

由 $\Delta G(\lambda^*) = 0$,可求得最小层片间距 λ^*,

$$\lambda^* = -\frac{2\gamma_{\alpha\beta} \cdot T_{\mathrm{E}}}{\Delta H \cdot \Delta T_0} \tag{9-42}$$

共晶长大速度 R 由扩散系数 D 和浓度梯度 $\dfrac{\mathrm{d}C}{\mathrm{d}x}$ 确定,近似写作

$$R = K_1 \cdot D \cdot \frac{\Delta C}{\lambda} \tag{9-43}$$

式中,K_1 为比例常数,$\Delta C = C^{\mathrm{L}/\alpha} - C^{\mathrm{L}/\beta}$,取决于层片间距 λ,当 $\lambda = \infty$,$\Delta C = \Delta C_0$,$\lambda = \lambda^*$ 时,$\Delta C = 0$。当 $\lambda^* < \lambda < \infty$,$\Delta C = \Delta C_0\left(1 - \dfrac{\lambda^*}{\lambda}\right)$,如图 9-34 所示。

由图 9-34 看出,$\Delta C_0 \propto \Delta T_0$,故有

$$R = K_2 \cdot D\Delta T_0 \cdot \frac{1}{\lambda}\left(1 - \frac{\lambda^*}{\lambda}\right) \tag{9-44}$$

由 $\dfrac{\mathrm{d}R}{\mathrm{d}\lambda} = 0$,可求出最大长大速率对应的 λ,为 $\lambda = 2\lambda^*$,相应最大长大速率

$$R_0 = K_2 D \frac{\Delta T_0}{4\lambda^*} \tag{9-45}$$

由公式(9-42),可得

$$R_0 = K_3 \cdot D \cdot \Delta T_0^2 \tag{9-46}$$

以上两式说明共晶凝固时长大速度随最小层片间距 λ^* 的减小和 ΔT_0 的增加而增大。

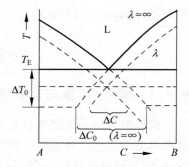

图 9-34　表示 ΔC 和 ΔC_0 关系的二元共晶相图

9.5.3　共晶凝固中的成分过冷

对纯二元共晶,共晶固相的平均成分与液相成分一致,没有溶质聚集,不产生成分过冷,故以平界面方式凝固。

如果二元共晶合金中包含杂质,或有第三合金元素存在,共晶凝固长大中,杂质元素在其晶体界面前沿液中聚集,造成成分过冷,使共晶界面发展成为胞状形态,如图 9-35 所示。

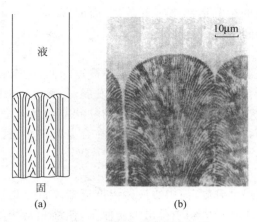

图 9-35　共晶胞状生长示意图

9.6　金属和合金铸锭组织的形成和控制

纯金属及单相合金在铸型中凝固后获得铸锭,典型的铸锭组织如图 9-36 所示。

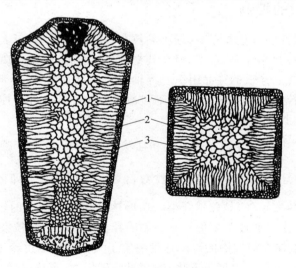

图 9-36　典型铸锭组织
1—表面的细晶区；2—柱状晶区；3—中部的等轴晶区

从图 9-36 中可以看出,典型的铸锭组织由三区组成,第 1 区为紧靠模壁表面的细晶区,第 2 区为垂直模壁表面生长的柱状晶区,第 3 区为铸锭中部的等轴晶区。

9.6.1　铸锭三区的形成

（1）表面细晶区

表面细晶区是与模壁接触的液体薄层在强烈过冷的条件下结晶而形成的。强烈过冷的液体以及模壁及其上的杂质可作为非均匀形核的基底,促使形成大量的核心,同时由于细晶区处于过冷的液体中,晶核可以树枝状向各个不同方向长大,因而形成细小、等轴晶粒。由于细晶区结晶很快,放出的结晶潜热来不及散失,而使液-固界面的温度急剧升高,使细晶区很快便停止了发展,得到一层很薄的细晶区壳层。

(2) 柱晶区

细晶区形成后,模壁温度升高,散热减慢,液体冷速降低,过冷度减小,不再生核,细晶区中生长速度快的晶体可沿垂直模壁的散热反方向发展,其侧向生长因相互干扰而受阻,因而形成一级主轴发达的柱状晶,具有较大生长速度的柱状晶的晶体学方向在面心和体心立方晶体中是⟨100⟩,在密排六方晶体中为晶⟨$10\bar{1}0$⟩。在合金铸锭中,柱晶区存小的成分过冷区出现。

(3) 中心等轴晶区

柱状晶长大中,铸锭温度升高,而中心液体温度逐渐降低至熔点以下,达到一定的过冷度,或者,对合金铸锭,由于结晶固相中排出溶质原子,使液相富集溶质原子,尽管在正温度梯度下也可产生大的成分过冷,在中心过冷液体中,依靠外来夹杂可以非均匀形核,此外,由于浇注时液体金属的流动、冲刷,可将细晶区的小晶体推至铸锭中心,或将柱状晶枝晶的分枝冲断,或树枝晶局部重熔、脱落,漂移到中心液体中,成为晶核,这些晶核在过冷液体中的生长没有方向性,而形成等轴晶体。等轴晶生长到与柱状晶相遇,便停止生长。

9.6.2 铸锭组织的控制

铸锭组织对材料性能有重要影响,细小晶粒有好的强韧性能,粗大晶粒使性能变坏。晶区分布也影响性能,柱状晶纯净、致密,但在其交界处结合差,聚集杂质,形成弱面,热加工时容易开裂,故应防止柱晶穿透的穿晶组织。等轴晶粒间结合紧密,不形成弱面,有好的热加工性。铸锭组织(晶粒大小和晶区分布)可通过凝固时的冷却条件来控制。

(1) 影响晶粒大小的因素

铸锭组织的晶粒大小指等轴晶的大小和柱状晶的粗细,取决于凝固时的形核率 $\dot{N}$ 和核心长大速度 G,可以导出,单位体积中的晶粒数目 $Z = 0.9\left(\dfrac{\dot{N}}{G}\right)^{3/4}$,即形核率越大,长大速度越小,单位体积中晶粒数越多,晶粒越细小。在形核率和长大速度的影响中,前者起主导作用,因此,生产实际中主要通过改变形核率控制晶粒大小。影响晶粒大小的因素有:

① 冷却速度　液体在铸锭中的冷却速度决定了其凝固时的过冷度。冷速增大,结晶过程来不及进行,结晶在更低的温度下发生,因而过冷度增大,形核率增加。因此,随凝固时的冷却速度增加,晶粒变细。

冷却速度取决于实际的浇注条件——锭模材料、锭模预热情况、浇注温度和浇注速度。如金属模比砂模冷却快、厚模比薄模冷却快、不预热的冷模比预热的热模冷却快;同样锭模条件下,低的浇注温度、慢的浇注速度比高的浇温、快的浇速冷却快;相应在较快冷却的浇注条件下可以得到较大的过冷度,形成细小的晶粒。

② 变质处理　实际铸锭凝固,主要依靠非均匀形核,人为加入形核剂可增加非自发晶核的形核数目,这种处理称为变质处理,加入的形核剂称为变质剂。通过变质处理可细化铸锭的晶粒。如以金属模浇注纯铝(纯度99.99%),每立方厘米体积中有2个晶粒,加入0.2%~0.3%Ti,得到170~180个晶粒,加入0.5%Zr,得到186个晶粒,加入0.2%B,得到130个晶粒,显示出细化效果。常用的变质剂有高熔点的金属和化合物,如铝合金中加

入 Ti,Nb 和 TiC,铜合金中加入 Fe,低合金钢中加入 Ti,Al,碳化物等。

③ **加热温度**　金属熔化后高的加热温度叫作**过热**。过热对铸锭晶粒大小有重要影响，一方面过热可使作为非自发形核基底的夹杂熔化，降低形核率；另一方面能促使液态金属过冷，增大过冷度，使形核率增加。因此过热的作用要具体分析。矛盾的主导方面决定于浇注条件，当锭模冷却能力不大时，如砂模、热金属模，过热减小非自发核心的作用是主要的，因而使晶粒变得粗大，而当锭模冷却能力很大，液体量不多时，则过热促进过冷的作用是主要的，可导致晶粒细化，在一般情况下，过热使晶粒粗化的作用是主要的。

④ **液体金属的振动**　采用机械振动、超声波振动和电磁搅拌等措施使液体金属在锭模中运动，可促使依附在模壁上的细晶脱落，使柱晶局部折断，增加晶核的数目而使晶粒细化。

（2）影响晶区分布的因素

晶区分布主要指柱状晶区和等轴晶区的分布。细晶区壳层很薄，对铸锭性能无重要影响，故不予考虑。柱状晶区和等轴晶区的分布取决于散热方向，单向散热使柱晶发达，而各向散热则形成等轴晶区，散热方向决定于铸型中液体的温度梯度，温度梯度大者，单向散热有利而形成柱状晶。以下因素影响晶区分布。

① 冷却强度（或冷却速度）　冷却强度大的模子散热能力强，造成铸型中液体大的温度梯度，引起发达的柱状晶。冷却强度由实际的浇注条件决定，故金属模比砂模柱晶发达，冷模比热模柱晶发达。

② 液体金属的过热　液体金属过热，增大内外温差和温度梯度加强了单向散热，而且过热使液体中部不易形核以形成等轴晶，延长了柱状晶的生长，从而得到发达的柱状晶区。

③ 外来夹杂或变质剂　可促使液体中部形核，形成等轴晶区，使柱状晶区缩短。

综合以上因素对铸锭组织的影响有以下趋势。液体金属过热得到粗而长的柱晶，加大锭模冷速发展细而长的柱晶，锭模预热得到粗大等轴晶，添加变质剂发展细小等轴晶。

9.6.3　特殊凝固方法

控制凝固条件，获得特殊的铸锭组织，可满足特定性能要求。可以举出以下几种特殊凝固方法。

（1）定向凝固

柱状晶组织具有纯净、致密的特点，当其排列方向与受力方向一致时，有高的强度。因而具有定向柱状晶的铸件获得实际应用，例如，定向凝固的汽轮机叶片，具有高的高温强度。定向凝固、制备柱状晶铸件的方法如图 9-37 所示。

定向凝固的方法在于创造单向散热的冷却条件，因而过热液体置于预热至金属熔点以上温度的坩埚中，放在保温炉中，并加保温盖，坩埚下部为水冷底板，形成温度梯度，将坩埚以一定速度向下退出炉腔，使凝固从底盘开始，自下而上定向进行，形成柱状晶。

（2）单晶制备

单晶体是制作集成电路、半导体、固体发光器件、半导体激光器等不可缺少的关键材料，制备单晶体的

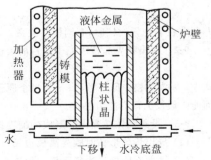

图 9-37　定向凝固方法示意图

原理是使液体结晶时只形成一个核心并长大成单晶体,核心来源可以从液体中自发形成,也可以是外来引入的。同时为防止在液体中形核,要求材料纯净(例如,集成电路用单晶硅的纯度要达到 99.999999999%)。制备单晶的方法很多,一般常用的有以下两种。

① 外加籽晶法　图 9-38 示出这种方法原理图。

材料放入坩埚熔化后,保持在比熔点稍低的温度,籽晶夹持在籽晶杆上,使籽晶杆下降到与液面接触,籽晶杆通水冷却创造单向散热的条件,使液体在籽晶上结晶,结晶时引晶杆以一定速度向上提拉,提拉速度与晶体生长速度相协调,逐渐形成单晶体,过程中坩埚与引晶杆以不同方向旋转,并在真空或惰性气氛保护下进行。

② 尖端形核法　另一种制备单晶的方法见图 9-39。材料在底部为尖端的容器中熔化后,缓慢自炉中退出,结晶自容器底部开始,在尖端底部开始只形成一个核心,逐渐生长成一个单晶体。与第一种方法不同,尖端形核是在液体内部自发生核,容器下移的速度与晶体长大的速度应相适应,以保持连续生长。

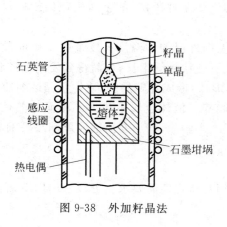

图 9-38　外加籽晶法

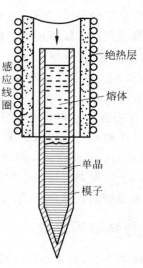

图 9-39　尖端形核法

习　题

9-1　试证明临界晶核的形成功 ΔG^* 与临界晶核体积 V^* 的关系是

$$\Delta G^* = (V^*/2) \cdot \Delta G_v$$

并证明在非均匀形核时,有同样的关系。

9-2　写出临界晶核中原子数目的表达式

$$n = f(\Delta G_B, \gamma, v)$$

式中,n 为晶核中原子数目;v 为每个原子的体积;ΔG_B 为每个原子的体积吉布斯自由能变化;γ 为比界面能。假设为面心立方晶体。

9-3　设想液体在凝固时形成的临界核心是边长为 a 的立方体形状

(1) 导出均匀形核时临界晶核边长 a^* 和临界形核功 ΔG^*;

(2) 证明在同样过冷度下均匀形核时,球形晶核较立方形晶核更易形成。

9-4　假设 $\Delta H, \Delta S$ 与温度无关,试证明金属在熔点以上不可能发生凝固。

9-5　分析图 9-40(a)、(b)两图,哪个正确,图中 $T_3 > T_2 > T_1$,根据结晶理论说明原因。

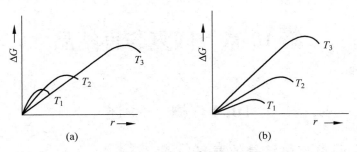

图 9-40　吉布斯自由能变化与晶胚尺寸 r 的关系

9-6　假定镍的最大结晶过冷度为 319℃,求在这个温度均匀形核的临界半径和形核功,已知 $T_m = 1453℃$,$L_m = -18075J/mol$,$\gamma = 2.25 \times 10^{-5} J/cm^2$,摩尔体积为 $6.6cm^3$。

9-7　如图 9-41 所示 40%B 的合金在细长的熔舟中进行定向凝固,固、液相界面保持平直,液相中可充分混合,凝固中始终保持均匀成分,固相中的扩散可忽略不计。试求

(1) 合金的 K_0 值及本实验条件下的 K_e 值;

(2) 凝固后金属棒中共晶体所占比例;

(3) 合金"平衡"凝固后共晶体所占比例;

(4) 若合金含 5%B,解(2)、(3)两小题。

9-8　图 9-41 中含 20%B 的合金在细长的熔舟中进行定向凝固,若凝固速率为 1cm/h,扩散系数 $D = 2 \times 10^{-5} m^2/s$,若要使固液界面保持平直,求液相中的温度梯度。

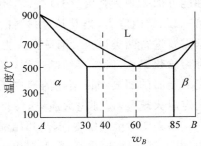

图 9-41　习题 9-7 附图

9-9　用下列三种工艺在厚金属模中铸出铝锭,其宏观组织有何不同?

(1) 700℃熔化,700℃浇注;

(2) 1000℃熔化,1000℃浇注;

(3) 1000℃熔化,冷却到 700℃保持 1.5h 以后再浇注。

9-10　相图中 $K_0 > 1$ 一侧的金属能否应用区域提纯,为什么?

9-11　说明获得具有定向柱状晶铸件的条件和方法。

9-12　说明控制铸件组织晶粒大小的方法和原理。

第 10 章　回复与再结晶

10.1　概　　述

10.1.1　研究回复与再结晶的意义

经受冷变形的金属和合金在加热时发生的回复、再结晶现象及其相应的理论是材料科学中的基本内容,在材料工程中起重要作用。

如前所述,金属和合金经受冷塑性变形后,组织、结构和性能发生明显的变化。在力学性能方面表现为强度、硬度提高,塑性、韧性下降,此即形变硬化现象,此外,变形金属会产生第一、二类内应力,当其超过材料的强度极限时,会造成工件的开裂,因此,一般变形金属根据需要进行两类退火:第一类为去应力退火,发生回复过程,以消除应力,防止开裂;第二类为软化退火,发生再结晶过程,以提高塑性,恢复变形能力,使工件能进一步变形。研究冷变形金属的回复和再结晶的基本规律,可以了解和掌握两类退火过程中发生的变化,控制和确定退火规范,保证退火质量,使材料获得所需要的使用性能。

除去变形金属发生回复、再结晶外,伴随固态相变过程也会发生回复、再结晶。相变过程中,由于新、旧相比容不同,引起相变应力和应变,在一定温度条件下发生回复、再结晶,如多晶型转变和过饱和固溶体分解都有这种相强化(或相应变硬化)的再结晶伴随发生,了解和掌握回复、再结晶基本规律,可以正确分析固态相变和相强化再结晶后相应的组织、结构和性能变化。

利用回复、再结晶基本规律可获得粗大晶粒或单晶体以进行科学研究和应用,可在无相变的金属和合金中获得细小晶粒使材料强韧化,也可在某些磁性合金中利用再结晶后的有向性结构(如织构等)以改善磁性。

对用于能源工程、喷气发动机及导弹工程的耐热金属和合金要求越来越高的工作温度,这些合金采用形变强化或形变热处理综合强化,因而对此类合金,为满足较高温度下的强化,必须提高其再结晶温度以防止软化,研究再结晶过程的机制和加速或阻滞过程的因素也是非常必要和重要的。

电子和半导体技术中越来越多使用薄膜材料,如金属、合金、半导体和绝缘材料的薄膜用于制作导体、记忆装置的磁性元件、电阻、电容器电极、射线探测器、晶体管和各种光学敷层,在宇航工业中,薄膜用作空间飞行器的控温涂层等。薄膜在制备过程中存在的应力也会引起再结晶,从而影响薄膜材料的结构和性能。因而对薄膜材料再结晶的研究也受到重视。

10.1.2　变化条件

冷变形金属加热时发生回复、再结晶的变化,有两方面条件,即热力学条件和动力学条件。

(1) 变化的热力学条件　一切过程的发生遵循热力学条件,回复、再结晶也不例外。经受冷塑性变形的金属,由于位错增殖、空位增加,以及弹性应力的存在,导致变形储能 ΔE 增高,变形金属的熵变 ΔS 不大,$T\Delta S$ 项可以忽略不计,因而变形金属的吉布斯自由能($\Delta G = \Delta H - T\Delta S \approx \Delta E$)升高,金属处于热力学不稳定状态,有发生变化以降低能量的趋势,变形储能即成为发生回复、再结晶的驱动力。

(2) 变化的动力学条件　热力学条件决定冷变形金属在加热时有变化的趋势,但实际能否发生变化以及变化的速度还受动力学条件的制约。变形金属加热时发生的变化通过空位移动和原子扩散进行,而原子扩散的能力以扩散系数 D 表示,决定于温度,有 $D = D_0 e^{-Q/RT}$ 的关系,式中,D_0 为扩散常数,Q 为扩散激活能,由式可以看出,随温度升高,原子扩散能力增强,温度降低,扩散困难。因此,冷变形金属在室温或低温,尽管热力学不稳定,但由于原子不易扩散,变化过程非常缓慢,对一些熔点较高的金属可认为基本不发生变化,只有提高加热温度,增大原子扩散能力,满足动力学条件,变化过程才可能发生。

10.1.3　变化过程

冷变形金属加热时,其组织、性能、应力状态和变形储能发生相应的变化,如图 10-1 所示。

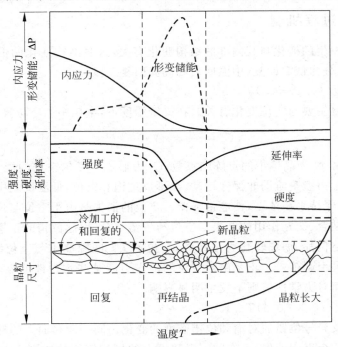

图 10-1　冷变形金属加热时组织结构及力学性能的变化[①]

随温度升高,晶粒形状和大小发生变化,由变形伸长晶粒逐渐变为等轴晶粒,之后晶粒尺寸逐渐增大,力学性能(强度、硬度、塑性)发生明显变化,某些物理性能(如电阻率、密度)也发生显著变化。冷变形金属的变形储能在加热中的释放情况(是以相同速率加热退火试样和变形试样所消耗的功率差 ΔP 来表示的)在图中已给出。

根据加热时组织、性能、应力和储能的变化,变形金属在加热时发生的变化过程可分为三个阶段,即第一阶段——回复、第二阶段——再结晶和第三阶段——晶粒长大。以下分别

---

① 资料来源：Z. D. Jastrzebski,"The Nature and Properties of Engineering Materials,"2nd ed.,Wiley,1976,p. 228

讨论三个阶段过程的特点、机制、动力学及其有关影响因素。

10.2　回　　复

10.2.1　回复过程的特征

冷变形金属在较低温度下加热时发生回复过程,具有以下特点:

① 回复过程中组织不发生变化,仍保持变形状态伸长的晶粒;

② 回复过程使变形引起的宏观一类应力全部消除,微观二类应力大部消除;

③ 回复过程中一般力学性能变化不大,强度、硬度仅稍有降低,塑性稍有提高,某些物理性能有较大变化,电阻率显著降低,密度增大;

④ 变形储能在回复阶段部分释放。回复时释放储能在总储能中所占比例不等,某些研究指出,在高纯金属中仅占 3%,但在某些合金中可至 25%,甚至高达 70%。

10.2.2　回复过程机制

回复过程所发生的变化与其内部的结构变化有关,这些结构变化的形式取决于温度范围,因而回复可区分为低温回复、中温回复和高温回复三段。

（1）低温回复（$(0.1\sim0.3)T_m/K$）

这个阶段回复主要与空位变化有关。在一定温度下,金属中的空位具有平衡浓度,

$$C_e = \frac{n}{N} = A \cdot e^{-Q_f/RT}$$

式中,n 为空位数,N 为晶体中的点阵结点数,Q_f 为形成一摩尔空位的能量。冷变形中,由于螺位错交割产生刃型割阶的非保守运动,会形成过饱和空位,低温回复中冷变形形成的过饱和空位消失,以保持平衡浓度,使能量降低。空位的消失是由于空位与位错、晶界、间隙原子以及空位本身结合、交互作用的结果。空位与位错结合,引起位错的正攀移,使空位消失;空位之间凝聚成空位片、崩塌转化为位错环,空位消失;间隙原子与空位结合使空位消失;在晶界处空位消失引起疏松。正是由于空位的消失引起某些物理性能显著的变化,电阻率降低,密度增大,而对力学性能则不发生明显影响。

（2）中温回复（$(0.3\sim0.5)T_m/K$）

中温回复涉及异号位错的对消和位错密度的变化。同一滑移面上的异号位错在热激活作用下,相互吸引、会聚而消失,不在同一滑移面上的异号刃型位错则通过空位凝聚消除半原子面或空位逃逸制造半原子面而消失。由于位错密度的变化将对力学性能有所影响,对密排六方的单晶体,变形处于第一阶段,主要发生沿底面的单系滑移。其回复机制基本是在同一滑移系上异号位错的互相抵消,通过回复,密排六方单晶体的力学性能可以急剧变化,全部恢复至变形前状态。如单晶 Zn,Cd,拉伸至 100%～200%,室温下保持 24h,其力学性能（强度极限）可全部恢复。对面心或体心立方单晶体,在第一阶段轻微变形,回复时力学性能也可全部恢复。但对多晶体和变形处于第二阶段的单晶体,因有多系滑移发生,形成更为稳定的位错缠结、L-C 位错组态等,使得回复过程难以完全,因而力学性能只有很少的一部分恢复。

（3）高温回复（$>0.5T_m/K$）

高温回复的主要机制是多边形化。因原始变形状态位错组态不同,有两类多边形化。

第一类叫稳定多边形化,第二类为再结晶前多边形化。

稳定多边形化在同号刃型位错沿滑移面上塞积而导致点阵弯曲的晶体中发生,回复过程中发生位错的运动和重排,位错由沿滑移面的水平排列转变为沿垂直滑移面的排列,形成位错壁,组成亚晶界,如图 10-2 所示。亚晶界将弯曲变形晶体分割成具有低界面曲率、小角位向差的小晶块,即形成亚晶。这一现象可由金相腐蚀坑显示位错露头而反映,如图 10-3(a) 示出 Fe-Si 合金形变后沿滑移面排列的腐蚀坑,经 700℃加热 1h 退火,改变为图 10-3(b),经 875℃加热 1h 后腐蚀坑成为垂直于滑移面的小角度晶界,如图 10-3(c)所示,完成多边形化,形成亚晶。

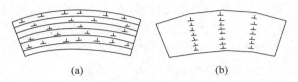

(a)　　　　　　　　(b)

图 10-2　稳定多边形化中刃型位错的排列

(a) 多边化前;(b) 多边化后

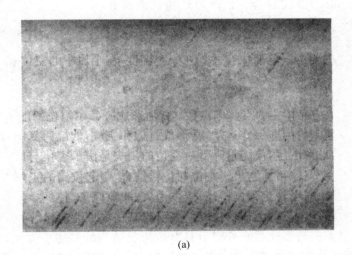

(a)

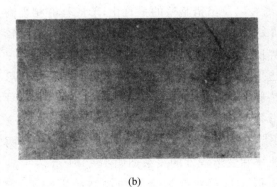

(b)

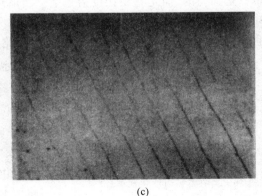

(c)

图 10-3　Fe-Si 合金的腐蚀坑分布显示多边形化

　　回复时产生的多边形化过程也可由 X 射线衍射分析确定。经塑性变形的单晶体因晶面弯曲使其衍射斑点伸长呈星芒状,多边形化后,因晶体中形成稍有位向差的亚晶,使原来的星芒断开为一系列小斑点。

　　变形金属回复中发生稳定多边形化过程的驱动力是来自位错应变能的降低,当同号刃位错沿滑移面水平排列,其应变能是叠加的,多边形化后,同号位错垂直滑移面排列,其应变场可部分抵消,而使应变能降低,变形储能部分释放。

　　稳定多边形化过程由以下几个阶段组成:

　　① 单个位错的攀移和滑移,形成亚晶界　在较高的加热温度,位错发生攀移运动,并在位错间应力作用下,滑移至垂直排列的稳定位置,形成小角的亚晶界,如图 10-4 所示。

　　② 亚晶界合并形成 Y 结点,是多边形化过程的进一步发展　位向差较小的亚晶界合并为位向差更大的亚晶界可使界面能降低,具有位向差角 θ 的两个亚晶界,其界面能为 $2\gamma_0\theta(A-\ln\theta)$,当合并为具有位向差角 2θ 的一个亚晶界时,其界面能为 $2\gamma_0\theta(A-\ln2\theta)$,因而亚晶界合并,界面能可降低 $2\gamma_0\theta\ln2$,亚晶界合并也通过位错的滑移和攀移。此过程逐步进行,首先部分合并而形成 Y 形结点。

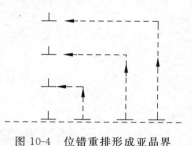

图 10-4　位错重排形成亚晶界

　　③ Y 结点移动,亚晶长大,完成多边形化　通过亚晶界 Y 结点的移动,使分叉的部分逐渐合并,得到无分叉的直亚晶界,亚晶间距增大,亚晶长大。多边形化中 Y 结点的形成和移动如图 10-5 所示。

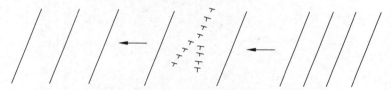

图 10-5　多边形化过程中 Y 结点的形成和移动

　　另一类再结晶前多边形化是在变形后具有位错胞结构的晶体中发生,变形后位错的分布不是均匀的,而是塞积在位错胞壁。当加热发生多边形化过程时,通过螺位错的交叉滑移和刃位错的攀移,引起位错的重新分布和部分消失以及位错胞壁的平直化,形成具有相当高曲率较平直的亚晶界,此时,由空间位错网络所分开的位错胞就转化为由更规则、更薄而较平直的亚晶界所分开的亚晶。

　　两类多边形化的形成取决于变形程度。一般,小变形下不形成位错胞结构,位错成缠结状大致均匀分布,同号刃型位错在滑移面上塞积,故发生稳定多边形化,在大变形下,形成位错胞结构,回复中发生再结晶前多边形化,两类多边形化速率和变形程度的关系如图 10-6 所示。

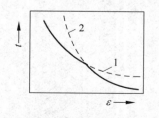

图 10-6　两类多边形化速率(t)与
变形度(ε)的关系
1—稳定多边形化;
2—再结晶前多边形化

　　两类多边形化过程对变形金属的再结晶影响不同。稳定多边形化结构稳定,其亚晶界不易迁移,不能成为再结晶的核心,发生稳定多边形化由于释放储能,降低驱动力会阻碍以后的再结晶过程。而再结晶前多边形化所形成的亚晶,具有高的迁移率,因而可成为再结晶核心而促进再结晶过程。

因此,在大变形材料中,变形后具有胞结构,多边形化形成具有大曲率的亚晶可作为再结晶的核心,多边形化基本是再结晶的起始阶段。而如果变形较小,在加工硬化第一阶段内或在第二阶段开始时变形,变形后不形成胞结构,多边形化的影响取决于加热温度。当在相当低的温度加热时,位错靠攀移和交滑移重新分布,形成亚晶具有低曲率、低迁移率的亚晶界,这种结构对再结晶核心的形成不利,多边形化与再结晶过程相互竞争。而在较高加热温度下,保守滑移起重要作用,位错以不同方式重新分布,在稳定亚晶界形成之前首先形成空间位错网络及其以后的平直化,以这种方式形成的新的亚晶界并不严格地垂直于滑移面,而且具有较大的曲率和较高的迁移率,所形成的某些亚晶也可成为再结晶的核心。

多边形化过程由于依靠原子的扩散和位错的攀移,必须在较高的温度下进行,如变形5%的纯铝(99.99%)的多边形化温度约为 400℃ 左右,但当在一定变形条件下(如变形量>15%),再结晶温度只有 380℃,低于多边形化温度,此时,多边形化过程不再出现,而只发生再结晶过程。多边形化温度受金属纯度影响,杂质原子可钉扎位错,阻碍位错攀移,推迟多边形化过程,如纯度为 99.4% 的铝,多边形化温度由 400℃ 升高至 580℃ 左右。影响多边形化过程的另一因素是层错能。具有低层错能的金属,如铜、银、铅和 γ-Fe 较层错能高的金属(铝、镍等),多边形化过程更不易进行,这是由于低层错能金属,扩展位错宽度大,不易滑移,也难以束集而攀移,因而阻碍多边形化过程,只有在应力作用下使位错束集,才可攀移发生多边形化。

10.2.3 回复动力学

回复动力学给出冷变形金属在回复过程中性能恢复的速率,为生产实践中控制回复过程提供依据。图 10-7 所示为于 -50℃ 进行约 8% 剪切变形的锌单晶,在不同温度等温退火后的性能回复曲线。纵坐标为冷变形性能增量的残留百分数或残留硬化 x,此处,定义残留加工硬化 $x = \dfrac{\sigma - \sigma_0}{\sigma_m - \sigma_0}$。式中, σ_m 为硬化状态屈服点, σ 为回复状态屈服点, σ_0 为原始退火态屈服点。横坐标为时间。

从图中可以看出,在一定温度下,性能回复速率开始最快,随时间延长逐渐降低,直到回复速率为零,过程停止。此外,在每一回复温度下,只能达到一定的回复程度。温度越高,回复程度越大,残留硬化越小,回复速率也越快。

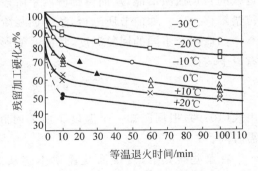

图 10-7 变形锌性能回复曲线

现考察一物理性能 p 在回复过程中随时间 t 的变化,设 p_0 为形变前的物理性能值, Δp 为形变后由结构缺陷引起的物理性能增值,则形变后、回复前的物理性能可写成

$$p = p_0 + \Delta p \tag{10-1}$$

假设 Δp 与由形变造成的某种结构缺陷的体积浓度 C_d 成正比, $\Delta p = K \cdot C_d$,故

$$p - p_0 = K \cdot C_d \tag{10-2}$$

因而,物理性能随时间的变化速率为

$$\frac{d(p-p_0)}{dt} = K\frac{dC_d}{dt} \tag{10-3}$$

式中, dC_d/dt 为结构缺陷衰减速率,是缺陷浓度和缺陷迁移率的函数,可以一级化学反应速度方程来表达,

$$\frac{dC_d}{dt} = -(Ae^{-Q/RT}) \cdot C_d \tag{10-4}$$

式中, Q 为缺陷消失过程的激活能。合并式(10-3)、式(10-4),得到

$$\frac{d(p-p_0)}{p-p_0} = -Ae^{-Q/RT}dt \tag{10-5}$$

或

$$\frac{dx}{x} = -Ae^{-Q/RT}dt \tag{10-6}$$

式中, $x=(p-p_0)/(p_m-p_0)$, p_m 为形变后增量最大的物理性能。 x 即为形变引起性能增量的残留分数。积分上式得到

$$\ln x - （常数） = -Ae^{-Q/RT}t \tag{10-7}$$

上式说明在一定温度下,性能的衰减将按指数关系进行。若在不同温度下的回复曲线上,将 x 规定为常数,即不同温度各经历一定时间,性能恢复至相同的程度,则式(10-7)左端为一常数,通过取对数,可得到

$$\ln t = （常数） + \frac{Q}{RT} \tag{10-8}$$

由式(10-8)取 $\ln t$- $\frac{1}{T}$ 作图,可由直线斜率求得回复过程的激活能 Q 。根据测定的 Q 值可推断回复过程的机制。如铁在短时回复,其 Q 值接近空位移动的激活能,长期回复,其 Q 值接近铁的自扩散激活能,从而可推测两个阶段回复机制不同,前期以空位移动为主,后期则以位错攀移为主。如前节所分析,整个回复阶段有多种回复机制在起作用。

如取两个不同的回复温度,将同一变形金属的性能恢复到相同的值,则所需不同时间具有以下的比值:

$$t_1/t_2 = e^{-Q/RT_2}/e^{-Q/RT_1} = \exp\left[-\frac{Q}{R}\left(\frac{1}{T_2} - \frac{1}{T_1}\right)\right] \tag{10-9}$$

由式(10-9),根据已知一个温度下所需时间,可以确定在其他温度下达到相同回复程度所需时间。

在某些研究中,发现回复速率不遵从式(10-7)所示一级反应动力学关系,而有以下关系:

$$x = b - a\ln t \tag{10-10}$$

式中, a,b 为常数,性能变化速率反比于时间,

$$\frac{dx}{dt} = -\frac{a}{t} \tag{10-11}$$

以上关系说明回复激活能不是常数,而是退火时间或回复特性的函数,

$$Q = Q_0 - bx$$

回复开始阶段,变形增量残留分数 x 大、变形储能高的地区,激活能最低,首先回复,其回复

速率最大；随回复过程的进行,残留分数 x 减小、激活能增大,回复速率降低。

10.2.4　回复的应用

回复退火主要用于去应力退火,去除冷变形工件中的应力,防止变形和开裂。如深冲黄铜弹壳,放置一段时间,在残余应力和外界腐蚀性气氛的联合作用下,会发生应力腐蚀、沿晶间开裂,冷冲后于 260℃ 退火以消除应力,可防止应力腐蚀的发生。从图 10-8 可以看出,经这样退火后,内应力可大部分消除,而强度、硬度基本不变。

此外,用冷拉钢丝卷制弹簧,在卷成之后,要在 250~300℃ 退火,以降低内应力并使其定形。铸件、焊件在生产过程中有应力存在,也利用回复效应进行去应力退火。

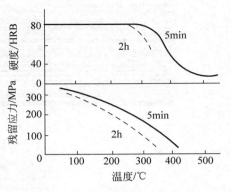

图 10-8　冷加工黄铜经加热后的硬度及内应力变化

10.3　再　结　晶

10.3.1　再结晶过程的特征

冷变形金属加热时,继回复之后发生再结晶,连续加热时,低温下发生回复,超过一定温度,发生再结晶；一定温度下等温加热时,短时发生回复,长时间加热,也发生再结晶。图 10-9、图 10-10 分别表示冷变形铝合金在不同温度、不同加温时间退火后,光学显微组织和透射电子显微组织的变化情况。再结晶过程有以下特点：

① 组织发生变化,由冷变形的伸长晶粒变为新的等轴晶粒；

② 力学性能发生急剧变化,强度、硬度急剧降低,塑性提高,恢复至变形前状态；

③ 变形储能在再结晶过程中全部释放。三类应力(点阵畸变)消除,位错密度降低。

10.3.2　再结晶过程机制

再结晶过程新晶粒的形成是通过生核和核心长大两个基本过程。首先在变形基体中形成无畸变的再结晶核心,然后核心在变形基体中扩张、长大,最后变形基体消失,全部形成新晶粒。

10.3.2.1　再结晶形核

早期认为再结晶生核类似于相变过程,是在畸变严重的高能区通过热激活形成临界尺寸的核心以补偿形核功。根据经典的均匀生核理论,临界尺寸为 $R^* = \dfrac{2\gamma}{Z}$,式中,γ 为界面能,Z 为单位体积畸变能差。畸变严重的高能区包括滑移带、孪晶界和晶界等,这些区域能量高,不稳定,首先通过原子扩散,恢复为无畸变区,在一定尺寸下,成为稳定的再结晶核心。这种机制在热力学上是可能的,但在动力学上有困难,依靠热激活尚不足以形成临界尺寸大小的无畸变区,在试验中也没有得到证实。因此,经典的均匀形核机制不能成功地用于再结

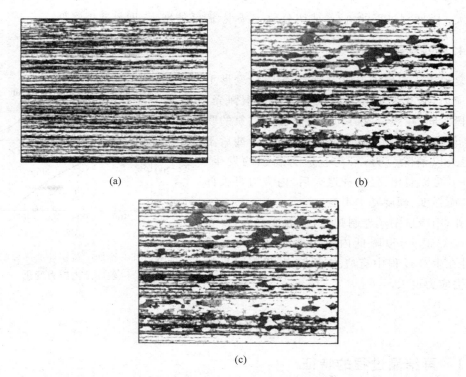

(a)

(b)

(c)

图 10-9   铝合金 5657(0.8%Mg)片冷轧 85%,后经退火产生的组织变化(光学显微镜
照片,×100,偏光视场)

(a) 冷轧 85%。纵向(沿轧向)断面,晶粒被大大地拉长;(b) 冷轧 85%,在 302℃下消除应力退火
1h。开始出现再结晶,从而可改善铝合金片的加工性;(c) 冷轧 85%,在 316℃下退火 1h。可发现
再结晶晶粒以及由未发生再结晶晶粒组成的带

晶过程。

近年来,在实验、特别是透射电子显微镜观察的基础上建立起在低能区形核的近代再结晶形核理论。认为再结晶生核不是在畸变最严重的高能区域,而是在邻接畸变最严重区的无畸变或低畸变区生核,由于形核区域不同,再结晶形核有以下几种方式。

(1) 晶界凸(弓)出形核

当预先变形量较小时,再结晶是在原晶界处生核。多晶体的变形具有不均匀性,不同晶粒的变形不同,变形大的晶粒具有高的位错密度,变形小的晶粒位错密度低。图 10-11(a)示出不同变形度和位错密度的两个晶粒被晶界所分开,在一定能量条件下,局部毗邻低位错密度区的晶界 AB 段,可以扩张至高位错密度的晶粒,如图 10-11(b)示。晶界扫过区域,位错密度减少,能量降低,成为低畸变或无畸变区,经一定时间,晶界扫过形成的低畸变区达到一定尺寸,如图 10-11(c)所示,即为稳定的再结晶核心。

AB 段晶界可以扩展、形成再结晶核心的条件是当其扩展时能量可以降低。局部晶界扩展时,系统能量包括两部分:一是晶粒 Ⅱ 的部分体积 δV 转变为晶粒 Ⅰ 所引起体积畸变能的变化,设单位体积畸变能的变化为 ΔE_s,总的体积畸变能变化为 $\Delta E_s \delta V$;二是扩展后晶界面积增加 δA 引起界面能的变化,单位面积界面能为 γ,总界面能变化为 $\gamma \cdot \delta A$,因此,AB 段晶界凸出、扩展的能量条件应是

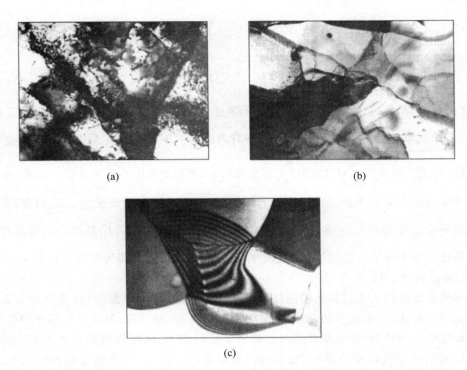

图 10-10 铝合金 5657(0.8%Mg)片冷轧 85%,后经退火产生的微观组织变化。照片中
所示微观组织是利用薄片样品透射电子显微镜得到的(×20 000)

(a) 冷轧 85%。照片显示出冷加工产生大量的位错缠结和带状胞(亚晶粒)结构;(b) 冷轧 85%,在
302℃下消除应力退火 1h。照片显示出位错网络和由多边形化产生的其他小角晶界;(c) 冷轧
85%,在 316℃下退火 1h。照片显示出发生再结晶的结构和某些亚晶粒生长

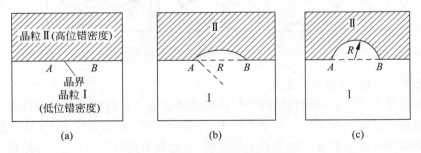

图 10-11 再结晶晶界凸出形核示意图

$$\Delta G = \Delta E_s \delta V + \gamma \cdot \delta A < 0$$

或者

$$\Delta E_s < -\gamma \left(\frac{\delta A}{\delta V} \right)$$

假设部分晶界为球形表面,半径为 R,δV 和 δA 分别为曲率半径 R 变化一微量所扫过的体
积和新增加的面积,

由

$$\frac{\delta A}{\delta V} = \frac{\mathrm{d}}{\mathrm{d}R}(4\pi R^2) \Big/ \frac{\mathrm{d}}{\mathrm{d}R}\left(\frac{4}{3}\pi R^3\right) = \frac{2}{R}$$

得到

$$\Delta E_s < -\frac{2\gamma}{R} \tag{10-12}$$

或

$$R > -\frac{2\gamma}{\Delta E_s} \tag{10-13}$$

分析式(10-12),晶界弓出生核实质是晶界迁移过程,ΔE_s 为变形储能引起的晶界迁移驱动力,$\frac{2\gamma}{R}$ 为界面曲率引起的驱动力,前者使晶界背离曲率中心方向迁移,后者使晶界向曲率中心方向迁移,当 ΔE_s 小于 $-\frac{2\gamma}{R}$ 时,净驱动力使晶界弓出,背离曲率中心方向迁移。由式(10-13)给出可以弓出的晶界曲率半径。在一定变形条件下,变形储能或畸变能差 ΔE_s 恒定,此时,可以弓出晶界段的最小曲率半径 $R^* = AB/2 = -\frac{2\gamma}{\Delta E_s}$ 定义为稳定再结晶核心的临界尺寸,相应再结晶核心为半球形。在晶界弓出至半球形以前的扩张阶段即为形核孕育期。

(2)亚晶转动、聚合形核

当预先形变量较大或材料层错能较高时,再结晶形核采取亚晶转动、聚合的方式,通过再结晶前多边形化,形成较小的亚晶,亚晶界曲率不大,不易迁移,但某些亚晶界中位错可通过攀移和交滑移而迁出,使亚晶界消失。相邻亚晶转动,位向接近而聚合成为更大的亚晶,消失的位错进入邻近的亚晶界中,使与周围亚晶位向差增大,当小角亚晶界转变为大角晶界,并达到形核的临界尺寸时,即为再结晶核心,亚晶转动聚合形核机制如图 10-12 所示。

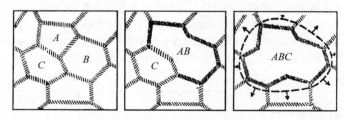

图 10-12　亚晶转动、聚合模型

(3)亚晶界迁移、亚晶长大形核

当形变量很大,或材料层错能较低时,再结晶核心也是在再结晶前多边形化所产生的无应变较大亚晶的基础上形成的。由于变形大,位错密度高,亚晶界曲率大,易于迁移。亚晶界迁移中清除并吸收其扫过区相邻亚晶的位错,使亚晶界获得更多位错,与相邻亚晶取向差增大变为大角晶界,当大角界面达到临界曲率半径,便成为稳定再结晶核心。亚晶界迁移,亚晶长大形核机制如图 10-13 所示。

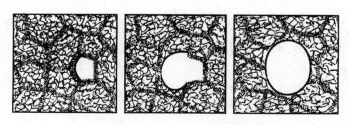

图 10-13　亚晶界迁移、亚晶长大形核模型

再结晶形核率指单位时间、单位体积形成的再结晶核心数目,以 $\dot{N}$ 表示。形核率与以下因素有关。

① 变形程度　预先变形量越大,$\dot{N}$ 越大。这是因为变形程度增大,位错密度增高,变形储能增加,因而单位体积畸变能的变化 ΔE_s 的绝对值也加大,由公式 $R^* = -\dfrac{2\gamma}{\Delta E_s}$ 可知,作为再结晶核心的临界尺寸减小,因而核心数量增多。

② 材料纯度　材料纯度低,杂质原子多,对形核率有两方面影响,一方面由于阻碍变形,使变形储能增大,增加形核率;另一方面因杂质原子在界面处偏聚,阻碍形核时的界面迁移以及杂质原子钉扎位错,阻碍位错攀移和亚晶的长大,使再结晶核心不容易形成,而降低形核率。

③ 晶粒大小　晶粒细小,增大变形阻力,相同变形量下,位错塞积、畸变区增多,变形储能增高;另外,细晶晶界面积大,生核区域多,这两个因素均使形核率增大。

④ 温度　再结晶温度升高,位错攀移容易,亚晶界容易迁移长大,亚晶也容易转动、聚合,发展成为再结晶核心,从而使形核率增大,有以下关系

$$\dot{N} = \dot{N}\exp(-Q_n/RT)$$

式中,Q_n 为形核激活能。

10.3.2.2　再结晶核心的长大

再结晶核心形成后,在变形基体中长大,实质是具有临界曲率半径的大角界面(晶界或亚晶界)向变形基体迁移,消耗变形基体,直至再结晶晶粒相碰,变形基体全部消失为止。

再结晶核心的长大速度以 G 表示,核心长大速度也即界面迁移速度,可以导出

$$G = \frac{D_b}{k_B T} \cdot \frac{E_s}{\lambda} \tag{10-14}$$

式中,D_b 为晶界处自扩散系数;λ 为界面宽度;k_B 为波尔兹曼常数;E_s 为单位摩尔的变形储能。可以看出,变形储能 E_s 增大,长大速度增加。而增大预先变形量、原始细小晶粒均增大变形储能,增加长大速度。扩散系数 D_b 与温度有 $D_b = D_0 e^{-Q_g/RT}$ 的关系,因而式(10-14)可写成

$$G = G_0 \cdot e^{-Q_g/RT}$$

式中,Q_g 为长大激活能。随温度升高,长大速度加快。

此外,微量溶质原子和杂质原子阻碍界面迁移而使长大速度降低。

10.3.3　再结晶动力学

再结晶动力学描述再结晶过程速度,即等温下再结晶体积分数与等温时间的关系。试验得出再结晶体积分数随等温时间变化如图 10-14 所示 S 形关系。

再结晶过程有一孕育期,开始时速度很小,随等温时间增加,速度增大,转变 50%,速度最大,以后又逐渐减小。理论分析指示,这种变化形式决定于再结晶过程中 $\dot{N}$ 和 G 的变化,约翰逊(Johnson)和梅尔(Mehl)作以下假设,以从理论上推导表示再结晶体积分数与时间关系的动力学方程。所作假设为

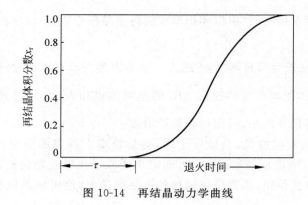

图 10-14　再结晶动力学曲线

① 生核在整个基体体积中随机、均匀发生；

② 形核率$\dot N$为常数，不随时间变化；

③ 核心以球形生长，生长速度 G 是常数；

④ 孕育期 τ 很小，可以忽略。

表达式可具体推导如下：

（1）假想形核和实际形核

设所讨论的基体体积为 V，由于再结晶过程是逐渐发生，而不是同时发生，则在 $\mathrm{d}t$ 时间内形成核心的数目是变化的，开始时可在整个体积 V 内形核，过程中则仅在未转变的体积中形核，因而 $\mathrm{d}t$ 时间内实际的形核数目为

$$\mathrm{d}n_r = \dot N(V - V_t)\cdot\mathrm{d}t \tag{10-15}$$

式中，V_t 为已发生再结晶转变的体积，随时间变化，因而实际形核数目难以确定。为公式推导的方便，引入"假想形核"，即整个再结晶过程中，生核都是在整个体积 V 中发生，$\mathrm{d}t$ 时间内的假想形核数目为

$$\mathrm{d}n_i = \dot N V \mathrm{d}t \tag{10-16}$$

显然，假想形核中已转变体积中所形成的核心是虚拟的、不存在的，因此假想核心数由实际核心和虚拟核心两部分所组成，如图 10-15 所示。

由式（11-15）、式（11-16）可得到

$$\frac{\mathrm{d}n_r}{\mathrm{d}n_i} = \frac{V - V_t}{V} = 1 - x_r \tag{10-17}$$

式中，x_r 为实际转变体积分数。

（2）假想转变体积

再结晶转变体积由形核率$\dot N$和长大速度 G 决定。设核心长大按球形进行，其半径 R 随时间变化，有 $R = G(t - \tau)$ 的关系，如孕育期 τ 忽略不计，则 $R = Gt$，每个晶

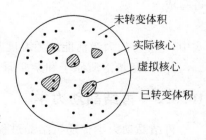

图 10-15　假想形核

核的转变体积应为 $\frac{4}{3}\pi G^3 t^3$，由假想形核所形成的假想转变体积可写作

$$V_i = \int_0^t \frac{4}{3}\pi G^3 t^3 \dot N V \mathrm{d}t \tag{10-18}$$

由上式可导出假想转变体积分数

$$x_i = \frac{V_i}{V} = \frac{1}{3}\pi \dot{N}G^3 t^4 \tag{10-19}$$

（3）实际转变体积

由于每个实际核心和虚拟核心经 t 时间生长，所形成的体积是相同的，故有

$$\frac{\mathrm{d}V_i}{\mathrm{d}n_i} = \frac{\mathrm{d}V_r}{\mathrm{d}n_r}$$

的关系，两边除以 V，得到

$$\frac{\mathrm{d}x_r}{\mathrm{d}x_i} = \frac{\mathrm{d}n_r}{\mathrm{d}n_i} \tag{10-20}$$

将式（10-17）代入式（10-20），得到

$$\frac{\mathrm{d}x_r}{\mathrm{d}x_i} = 1 - x_r,$$

或

$$\frac{\mathrm{d}x_r}{1 - x_r} = \mathrm{d}x_i \tag{10-21}$$

两边积分，得到

$$x_r = 1 - e^{-x_i} \tag{10-22}$$

以式（10-19）代入，得到 J-M 方程

$$x_r = 1 - \exp\left(-\frac{1}{3}\pi \dot{N}G^3 t^4\right) \tag{10-23}$$

对不同的形核率 $\dot{N}$ 和长大速度 G，方程的图像示于图 10-16，具有 S 形的形状。

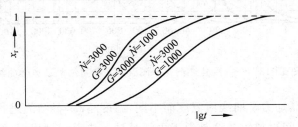

图 10-16 　不同 $\dot{N}$ 和 G 值时 J-M 方程的图像

以上 J-M 方程推导中考虑 $\dot{N}$ 不随时间变化，实际情况下，形核率一般不是常数，阿弗拉密（Avrami）认为形核率与时间呈指数关系变化，对 J-M 方程加以修正，得到

$$x_r = 1 - e^{-Kt^n} \tag{10-24}$$

式中，K，n 为常数，$n = 3 \sim 4$，由上式可导出

$$\ln(1 - x_r) = -Kt^n$$

两边取对数，

$$\lg\ln\frac{1}{1 - x_r} = \lg K + n\lg t \tag{10-25}$$

表明 $\lg\ln\dfrac{1}{1 - x_r}$ 与 $\lg t$ 之间具有线性关系，图 10-17 示出经 98％冷轧的纯铜在不同温度等温

再结晶时的 $\lg\ln\dfrac{1}{1-x_r}$-$\lg t$ 图,图中大多数的关系曲线具有线性特征,说明用 Avrami 方程描述等温时的再结晶体积分数基本是符合实际情况的。

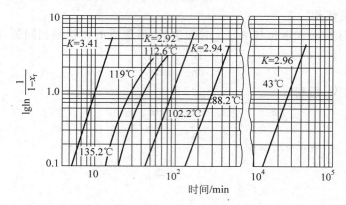

图 10-17   98%冷轧纯铜在不同温度下等温再结晶的 $\lg\ln\dfrac{1}{1-x_r}$-$\lg t$ 图

相应于图 10-17 的 98%冷轧纯铜在不同温度下的再结晶曲线示于图 10-18。

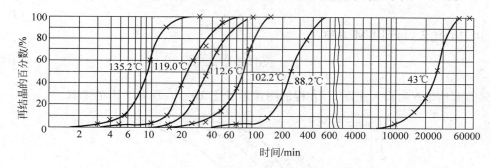

图 10-18   98%冷轧纯铜在不同温度下的再结晶动力学曲线

可以看出,再结晶动力学曲线因温度而不同,温度越高,再结晶进行得越快,产生一定体积分数再结晶所需时间也越短。这是由于再结晶是一热激活过程,再结晶速率 V_r 与温度 T 的关系可按阿累尼乌斯公式 $V_r = A\mathrm{e}^{-Q_r/RT}$ 来确定,式中 Q_r 为再结晶激活能。考虑到再结晶速率与产生一定量再结晶体积分数所需时间 t 成反比,则

$$\frac{1}{t} = A'\mathrm{e}^{-Q_r/RT} \tag{10-26}$$

两边取常用对数,整理后可得

$$\frac{1}{T} = K + \frac{2.3R}{Q_r}\lg t \tag{10-27}$$

式(10-27)为一直线方程,$\dfrac{1}{T}$ 与 $\lg t$ 之间存在线性关系。取一定再结晶体积分数、不同温度下的时间,可作出 $\dfrac{1}{T}$ 与 $\lg t$ 关系直线,由直线斜率可求出再结晶激活能 Q_r,如已知材料的再结晶激活能 Q_r,根据不同温度下完成相同再结晶体积分数所需时间的比值

$$t_1/t_2 = \exp\left[-Q/R\left(\frac{1}{T_2}-\frac{1}{T_1}\right)\right] \tag{10-28}$$

可由一个温度下所需时间导出另一温度下所需的时间。

10.3.4　再结晶温度

再结晶温度包括开始再结晶温度和完成再结晶温度两个概念。开始再结晶温度指变形晶粒中出现第一个新晶粒或观察到因凸出形核、晶界出现锯齿状边缘的温度。完成再结晶温度指冷变形金属接近全部（～95%）发生再结晶、形成等轴新晶粒尚未长大的温度。

再结晶开始温度可利用包奇瓦尔经验公式加以估算，

$$T_r = (0.35 \sim 0.40)T_m/K \tag{10-29}$$

此公式应用的条件是工业纯金属、大变形度（约70%）、退火时间0.5～1h。实验测出一些金属的再结晶温度如表10-1所示（注意是绝对温度），与公式估算大致符合。

表 10-1　金属的再结晶温度

金属	T_m/K	T_r/K	T_r/T_m
Al	933	423～500	0.45～0.50
Au	1336	475～525	0.35～0.4
Ag	1234	475	0.38
Be	1553	950	0.6
Co	1765	800～855	0.4～0.46
Cu	1357	475～505	0.35～0.37
Cr	2148	1065	0.50
Fe	1808	678～725	0.38～0.40
Ni	1729	775～935	0.45～0.54
Mo	2898	1075～1175	0.37～0.41
Mg	924	375	0.4
Nb	2688	1326～1375	0.49～0.51
V	1973	1050	0.53
W	3653	1325～1375	0.36～0.38
Ti	1933	775	≈0.4
Pb	600	260	0.42
Pt	2042	725	0.25
Sn	505	275～300	0.35～0.40
Zn	692	300～320	0.43～0.46
Zr	2133	725	0.34
U	1403	625～705	0.44～0.50

再结晶完成温度高于开始温度，可由试验具体确定。金属再结晶温度不是一个严格确定的值，不仅因材料特性而异，而且取决于预先变形和退火时间等外部条件。影响再结晶温度的因素讨论如下。

（1）预先变形程度

金属的变形程度增大，冷变形储能增加，使形核率 N 和长大速度 G 都增大，再结晶容易发生，故再结晶温度降低。变形量增大到一定程度，再结晶温度基本稳定，变化不大。图10-19示出纯铁和纯铝的开始再结晶温度与预先冷变形程度的关系。

另外一些资料给出 Fe(0.064%Si,0.46%Mn)退火 1h 下再结晶开始温度和完成温度与变形程度的关系。列于表 10-2。可以看出,小变形下,T_r^s 和 T_r^f 相差大,随变形程度增大,二者相差较小。T_r^s 和 T_r^f 都随变形程度增大而降低。

表 10-2　不同变形度下 Fe 的 T_r^s 和 T_r^f

变形度/%	T_r^s/℃	T_r^f/℃
10	700	850
25	600	660
40	580	630
55	560	580
70	540	570
80	520	560

(2) 杂质和微量元素

微量溶质原子,可提高再结晶温度,材料愈纯,再结晶温度愈低。图 10-20 示出铝的纯度与再结晶温度的关系(冷轧 70%,退火 30min)。

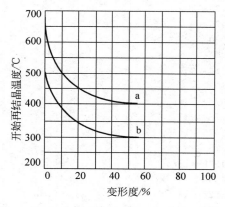

图 10-19　铁和铝的开始再结晶温度与
预先冷变形程度的关系
(a) 电解铁;(b) 铝(99%)

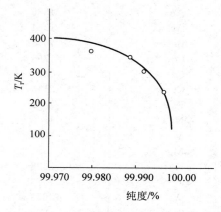

图 10-20　铝的纯度与再结晶温度关系

对工业纯金属,如前所述,再结晶温度为 $T_r = (0.35 \sim 0.4)T_m/K$,而对高纯金属,则有 $T_r = (0.25 \sim 0.35)T_m$ 的关系。以不同方法熔炼金属,其纯度不同,因而再结晶温度也有很大差别,表 10-3 给出不同方法熔炼的几种金属的 T_r^s 和 T_r/T_m 值。显然,真空熔炼获得高纯度金属,再结晶温度降低,大气感应炉熔炼,杂质增多,再结晶温度提高。

表 10-3　不同方法熔炼的某些金属的 T_r^s 和 T_r/T_m 值

熔　炼　方　法	Ni		Fe		Cr[1]	
	T_r^s/℃	T_r/T_m[2]	T_r^s/℃	T_r/T_m[2]	T_r^s/℃	T_r/T_m[2]
真空熔炼	300	0.32	375	0.36	750[1]	0.45
大气感应炉熔炼	550	0.45	500	0.45	790	0.50

[1]Cr 用无坩埚的方法重熔;[2]温度之比是绝对温度之比。

微量溶质元素对光谱纯铜(99.999%)50%再结晶温度的影响列于表 10-4,可以看出,纯铜再结晶温度最低,加入 0.01%不同的溶质元素均使再结晶温度不同程度的提高。

表 10-4　微量溶质元素对纯铜 50%再结晶温度的影响

材　料	$T_r^{50\%}$ /℃	材　料	$T_r^{50\%}$ /℃
光谱纯铜(Cu)	140	Cu+0.01%Sn	315
Cu+0.01%Ag	205	Cu+0.01%Sb	320
Cu+0.01%Cd	305	Cu+0.01%Te	370

杂质和微量溶质元素对再结晶温度的影响是由于微量溶质原子与晶界和位错交互作用,钉扎晶界与位错,阻碍晶界迁移和位错的滑移与攀移,使再结晶生核、长大困难,再结晶不易发生,因而使再结晶温度提高。不同溶质原子对再结晶的不同程度的影响,是由于它们与位错及晶界间有不同的交互作用能,以及其在金属中不同的扩散系数所致。

(3)原始晶粒大小

原始晶粒大小影响金属的再结晶温度。原始晶粒细小,晶界增多,提供更多的有利生核区域,此外,细晶粒金属有更大的形变抗力,相同变形度下,变形储能高,再结晶驱动力大,因此,细晶粒容易发生再结晶,使再结晶温度降低。图 10-21 示出不同晶粒度的纯铜,经相同变形(10%)后退火时变形储能释放及再结晶温度的差别。可以看出,在相同变形条件下,细晶粒金属的再结晶温度低,储能释放多。

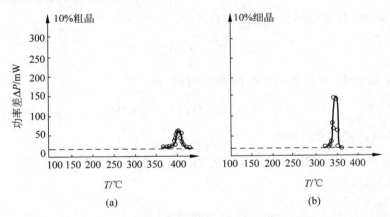

图 10-21　99.98%纯铜经 10%变形后退火时,粗晶(a)与细晶(b)的再结晶温度和储能释放大小

(4)退火时间

根据再结晶动力学特性,发生一定体积分量的再结晶所需时间与温度有 $\dfrac{1}{T}=A+B\ln t$ 的关系,可以推知,再结晶开始温度或完成温度均与保持时间有关,随退火时间增加,再结晶温度下降。表 10-5 给出 99.9986%铝的再结晶开始温度与时间的对应关系。

表 10-5　纯铝的 T_r^s 与 t 的对应关系

T_r^s/℃	0	25	40	60	100	150
t	48d	336h	40h	6h	1min	5s

（5）第二相粒子

金属中第二相粒子的存在既可促进基体金属的再结晶而降低再结晶温度,也可能阻碍再结晶而提高再结晶温度。第二相粒子的促进或阻碍作用,是由于在变形过程中,第二相粒子阻碍位错运动,引起位错塞积,增加位错密度和变形储能,使再结晶驱动力增大,但在加热再结晶退火时,第二相粒子的存在又会阻碍位错重排构成亚晶界并发展成大角晶界的再结晶生核过程,和阻碍大角晶界迁移的再结晶核心长大过程。当第二相粒子直径和间距都较大时($\lambda \geqslant 1\mu m$, $d \geqslant 0.3\mu m$),后一影响次要,促进再结晶而降低再结晶温度,当第二相粒子直径和间距都很小时,($\lambda \leqslant 1\mu m$, $d \leqslant 0.3\mu m$),后一影响起主导作用,因而阻碍再结晶、提高再结晶温度。如纯铝的 T_r^s 是 150℃,加入 5% Al_2O_3 的烧结铝的 T_r^s 是 600℃,工业纯镍的 T_r^s 是 600℃,加入 2% ThO_2($d \approx 0.1\mu m$)的 TD 镍,再结晶温度提高至 1200℃ 以上。

10.3.5　再结晶后晶粒大小

再结晶完成,形变的伸长晶粒消失,全部转变为等轴的新晶粒。再结晶后的晶粒大小取决于形核率 $\dot{N}$ 和核心长大速度 G。设取一单位体积的转变体积,其中晶粒的大小决定于单位体积中的晶粒数目 n,而 n 由再结晶过程中的生核数目决定,

$$n = \int_0^t (1 - x_r) \cdot \dot{N} \cdot dt \qquad (10\text{-}30)$$

式中, x_r 为再结晶实际转变体积分数。转变开始, $x_r = 0$,转变终了, $x_r = 1$。故 $(1 - x_r)$ 可取其平均值 $\frac{1}{2}$。因此,故单位体积中的晶粒数目为

$$n = \frac{1}{2}\dot{N}t \qquad (10\text{-}31)$$

再结晶完成所需时间 t 相应于 $x_r = 0.95$ 所需时间,即

$$x_r = 0.95 = 1 - \exp\left(1 - \frac{1}{3}\pi \dot{N}G^3 t^4\right)$$

由式可解出再结晶完成所需时间

$$t = (2.86/\dot{N}G^3)^{\frac{1}{4}} \qquad (10\text{-}32)$$

代入式(10-31),得到

$$n = \frac{1}{2}(2.86)^{1/4} \cdot \left(\frac{\dot{N}}{G}\right)^{3/4} \qquad (10\text{-}33)$$

设以相邻晶粒的平均中心间距 d 代表晶粒直径,以 f 代表晶粒体积的形状系数,则

$$nfd^3 = 1 \qquad (10\text{-}34)$$

以(10~33)代入,可求出

$$d = C\left(\frac{G}{\dot{N}}\right)^{\frac{1}{4}} \qquad (10\text{-}35)$$

式中, C 为系数,可以导出,当晶粒为球形, $C = 1.3$;晶粒为立方形, $C = 1.15$。

由上式可定性看出,当形核率 $\dot{N}$ 大、长大速度 G 小时,再结晶后获得细小晶粒,相反,获得粗大晶粒。另外,也可根据 $\dot{N}/G$ 值决定晶粒大小, $\dot{N}/G$ 值增大,晶粒细小。影响再结晶后晶粒大小的因素可以列举如下。

（1）预先变形度

预先变形度与再结晶后晶粒大小有图 10-22 的关系。

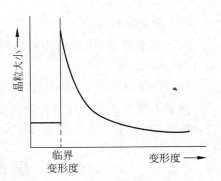

图 10-22 预先变形度与再结晶后
晶粒大小的关系

当变形量很小，不发生再结晶，保持原始晶粒大小。因变形量小，冷变形储能很低，不能满足生核能量条件。根据 $R^* = -\dfrac{2\gamma}{\Delta E_s}$，当 ΔE_s 绝对值很小，生核要求大的临界尺寸，难以满足。在一定变形量下，冷变形储能可以在局部地区满足生核能量条件，而形成少量的核心并长大，最后形成新的粗大的再结晶晶粒。这种刚刚开始得以发生再结晶并形成粗大晶粒的变形度叫**临界变形度**。在生产实践中要控制避开临界变形度以防止获得粗大晶粒。有时研究需要获得粗晶粒，则要利用临界变形度。一般金属的临界变形度在 2%～10% 范围，Al，Mg 在 2%～3%，Fe，Ni 在 8%～10%。临界变形度数值还决定于退火温度，退火温度升高，临界变形度将减小。如图 10-23 示出铝在不同退火温度下的临界变形度。

图中显示出低于临界变形区域（曲线左侧部分）晶粒有变化，这是由于变形不均匀，存在体积弹性畸变能的差别，引起某些原始晶粒晶界迁移、晶粒长大的结果，而不是再结晶生核所引起。

在临界变形度以上区域（曲线右侧），则有再结晶核心的形成和长大。随变形量增加，变形储能增大，引起形核率 $\dot{N}$ 和长大速度 G 的增大，且 $\dot{N}/G$ 值也随变形量而增加，如图 10-24 所示，故最后结果是变形量增加，晶粒变细小。

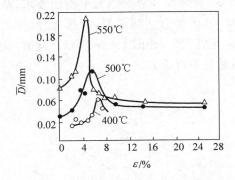

图 10-23 铝在不同退火温度下的临界变形度

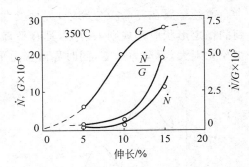

图 10-24 铝在 350℃再结晶时，$\dot{N}$、G 和 $\dot{N}/G$ 与变形度的关系

（2）退火温度

再结晶后晶粒大小由 $\dot{N}/G$ 决定，而 $\dot{N}$ 和 G 都适合阿累尼乌斯方程，有以下关系：

$$\dot{N} = N_0 e^{-Q_n/RT}, \quad G = G_0 e^{-Q_g/RT}$$

Q_n 和 Q_g 接近相同，因而预计 $\dot{N}/G$ 在不同温度下将接近常数，故退火温度对晶粒大小只有较弱的影响。

（3）原始晶粒大小

一定变形量下,细晶粒比粗晶粒有较大的变形储能,使 $\dot{N}$、G 和 $\dot{N}/G$ 值部增大,故再结晶后,得到较为细小的晶粒。

（4）微量溶质原子(杂质元素)

微量溶质原子的存在会提高变形抗力、使变形储能增大,使 $\dot{N}$ 和 $\dot{N}/G$ 增大,并阻碍界面迁移使 G 降低,其综合结果是导致 $\dot{N}/G$ 增大,因而再结晶后得到较细晶粒。

10.4　晶粒长大及其他结构变化

再结晶完成后,形成新的、细小的、无畸变的等轴晶粒。继续加热或等温下保持会发生晶粒长大,引起一些性能变化,如强度、塑性、韧性均会下降。此外,伴随晶粒长大,还发生其他结构上的变化,如再结晶织构。

晶粒长大有两种方式——正常晶粒长大和反常晶粒长大,下面将分别予以讨论。晶粒长大与变形度和退火温度的综合关系可以由再结晶全图表示。

10.4.1　正常晶粒长大

正常晶粒长大是在再结晶完成后继续加热或保温过程中,在界面曲率驱动力的作用下,晶粒发生均匀长大的过程。金属基体体积中,晶粒尺寸分布均匀,连续增大,以给定尺寸的晶粒数目 n_i 或所占面积 S_i 与晶粒尺寸 D_i 关系作图如图 10-25 所示。

一定温度下,晶粒尺寸大体是均匀的,波动范围不大,随温度升高,晶粒的平均尺寸增大。

晶粒长大是界面迁移过程,以界面曲率为驱动力,弯曲界面向其曲率中心的方向移动,以减少曲率,降低能量;在三个晶粒相邻接的情况下,必须保证界面张力平衡的要求,单相合金或纯金属在三晶粒会聚处,界面交角成 120° 时,界面张力达到平衡,因此,晶粒长大达到的稳定形状应是规则六边形,具有平直界面,交角互成 120°,如图 10-26 所示。此时,曲率半径无限大,驱动力为零,同时界面张力平衡,因而晶粒不再长大。

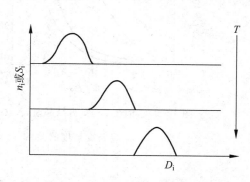

图 10-25　正常晶粒长大时的晶粒尺寸分布

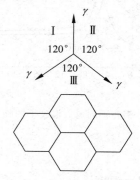

图 10-26　界面张力平衡时的晶粒

如晶粒未达到六边形形状,为保持界面张力平衡,维持 120° 交角,则边数小于 6 的晶粒形成外凸的界面,边数大于 6 的晶粒则具有内凹的界面,如图 10-27 所示。在界面曲率驱动力作用下,界面向曲率中心迁移,结果,大于六边形的晶粒将长大,而小于六边形的晶粒则缩小并消失。

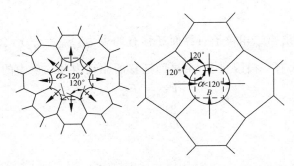

图 10-27　大于六边的晶粒 A 和小于六边的晶粒 B 的形状和界面迁移方向

由于晶粒各部分的曲率不相同,而且各部分界面与相邻晶粒的交角和界面张力平衡情况不同,因此,同一晶粒各部分界面移动的速度和方向是有差别的,偏离 120° 的大的、曲率半径小的部分界面迁移更快,接近 120° 的平直界面稳定,不发生迁移。

晶粒长大是界面迁移的过程,影响界面迁移率的因素都会影响晶粒长大速度,并决定晶粒长大的最后尺寸。

（1）温度

温度影响界面迁移速度,温度愈高,界面迁移速度愈大,因而晶粒长大速度也越快。如晶粒长大速度以晶粒平均直径 $\overline{D}$ 增大的速度（$\mathrm{d}\overline{D}/\mathrm{d}t$）表示,界面曲率近似以 $\overline{D}$ 代表,则晶粒长大速度与温度有以下关系:

$$\frac{\mathrm{d}\overline{D}}{\mathrm{d}t} = M\frac{2\gamma}{D} = K_1\frac{1}{D}\mathrm{e}^{-Q_\mathrm{m}/RT} \tag{10-36}$$

式中, K_1 为常数,将上式积分可得

$$\overline{D}_t^2 - \overline{D}_0^2 = K_2\mathrm{e}^{-Q_\mathrm{m}/RT}t \tag{10-37}$$

或

$$\lg\left(\frac{\overline{D}_t^2 - \overline{D}_0^2}{t}\right) = \lg K_2 - \frac{Q_\mathrm{m}}{2.3RT} \tag{10-38}$$

显示出温度与晶粒长大的关系。

（2）时间

在一定温度下晶粒长大速度可写成

$$\frac{\mathrm{d}\overline{D}}{\mathrm{d}t} = M\frac{2\gamma}{D} = K\frac{1}{D} \tag{10-39}$$

上式积分,可得

$$\overline{D}_t^2 - \overline{D}_0^2 = K't \tag{10-40}$$

$\overline{D}_0$ 为恒定温度下起始平均晶粒直径, $\overline{D}_t$ 为经时间 t 后的平均晶粒直径, K' 为常数,如 $\overline{D}_t$ 远大于 $\overline{D}_0$,上式中 $\overline{D}_0$ 可忽略不计,则由式（10-40）可导出

$$D_t = Ct^{1/2} \tag{10-41}$$

即正常晶粒长大时,一定温度下,平均晶粒直径随保温时间的平方根而增大,当有阻碍界面移动的其他因素存在时,有下式表示的关系:

$$D_t = Kt^n \tag{10-42}$$

其中, $n < \dfrac{1}{2}$。

（3）第二相粒子

界面一章中已导出第二相粒子对界面迁移有约束力，$F_{阻}=\dfrac{3f}{2r}\gamma$，会阻碍界面迁移、晶粒长大。此时，晶粒长大有一极限尺寸，由界面迁移的驱动力和约束力的平衡所确定：

$$P_{驱}=F_{阻}$$

$$\frac{2\gamma}{\overline{D}_L}=\frac{3f}{2r}\gamma$$

导出

$$\overline{D}_L=\frac{4r}{3f} \tag{10-43}$$

说明晶粒长大的极限平均直径决定于第二相粒子的尺寸及其体积分数。粒子尺寸愈小，粒子的体积分量愈大，极限的平均晶粒尺寸也愈小。

（4）表面热蚀沟

金属在高温下长时间加热时，晶界与表面相交处为达到表面张力间的相互平衡，以趋向于热力学稳定状态，将会通过表面原子的扩散过程形成如图 10-28 所示的热蚀沟。

当界面张力保持平衡，有以下关系：

$$\gamma_b=2\gamma_S\sin\phi$$

近似有

$$\sin\phi\approx\tan\phi=\frac{\gamma_b}{2\gamma_S} \tag{10-44}$$

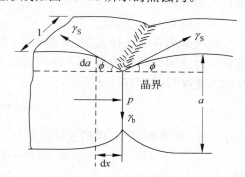

图 10-28　表面热蚀沟

对于薄板材料，当热蚀沟形成，如果晶界自蚀沟处移开，就会增大晶界面积而增加晶界能。这就产生一约束晶界移动的阻力，设单位晶界面积作用的阻力为 p，则在厚度 a，单位宽度晶界上的阻力为 pa，如晶界移动 dx，晶界面积增加 $2da$，克服阻力所作的功与增加的晶界能相等，即

$$pa\,dx=\gamma_b\cdot 2da \tag{10-45}$$

导出

$$p=\frac{2\gamma_b\cdot da/dx}{a} \tag{10-46}$$

因 $da/dx=\tan\phi=\gamma_b/2\gamma_S$，代入式（10-46），得到

$$p=\frac{2\gamma_b\cdot\tan\phi}{a}=\frac{\gamma_b^2}{a\cdot\gamma_S} \tag{10-47}$$

由驱动力与阻力相等，可以确定晶粒长大的极限尺寸，

$$\frac{2\gamma_b}{\overline{D}_L}=\frac{\gamma_b^2}{a\gamma_S}$$

因此

$$\overline{D}_L=a\,\frac{2\gamma_S}{\gamma_b} \tag{10-48}$$

说明薄板材料中晶粒的极限尺寸与薄板的厚度成正比，愈薄的材料其极限尺寸也愈小。

10.4.2　反常晶粒长大

反常晶粒长大是在一定条件下,继晶粒正常、均匀长大后发生的晶粒不均匀长大的过程。长大过程中,晶粒尺寸相差悬殊,少数几个晶粒择优生长,逐渐吞并周围小晶粒,直至这些择优长大的晶粒互相接触,周围细小晶粒消失,全部形成粗大晶粒,过程结束,如图 10-29 所示。

不均匀长大中晶粒尺寸分布曲线如图 10-30 所示。

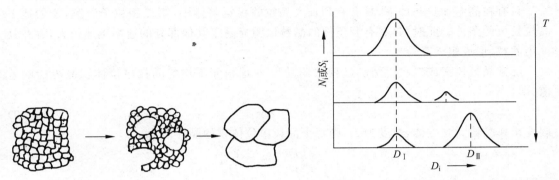

图 10-29　晶粒不均匀长大示意图　　　　　图 10-30　不均匀长大中晶粒尺寸分布曲线

可以看出,晶粒尺寸分布曲线的特征是有两个相距很宽的极大点,代表两组尺寸明显不同的晶粒。长大过程中,长大晶粒的尺寸及其所占面积连续增加,而其他晶粒的尺寸保持不变,其数目或面积减少。两组晶粒尺寸的差别逐渐增大,最后全部形成大晶粒。在不均匀长大中,少数大晶粒相当于核心,吞并其他晶粒而长大,故此过程也叫二次再结晶。

发生反常晶粒长大或二次再结晶有以下三个基本条件,即稳定基体、有利晶粒和高温加热。

（1）稳定基体

一次再结晶完成后发生晶粒长大,长大过程中由于某些因素的阻碍,大部分晶粒长大缓慢,以致在晶粒长大结束时,整体上形成稳定的细晶粒基体。阻碍长大的因素有:

① 弥散第二相粒子阻碍界面迁移和晶粒长大;

② 形变织构引起再结晶时的再结晶织构,晶粒间位向接近,位向差很小,因而界面迁移率低,阻碍晶粒长大;

③ 薄板材料有表面热蚀沟存在,阻碍界面迁移、晶粒长大。

（2）有利晶粒

在正常长大后稳定细晶粒的再结晶基体中,存在少数有利长大的晶粒,可作为二次再结晶的核心,这些有利长大的晶粒有以下几种情况。

① 具有有利尺寸　由于第二相粒子的不均匀分布和不均匀溶解,基体中具有较少微粒的晶粒容易长成较大晶粒,因而在细晶粒基体中出现少数尺寸较大的晶粒,细晶粒包围的这些较大晶粒是大于六面的多面体,具有外凹的界面,获得继续长大的能力,这些较大的晶粒就是具有有利尺寸的核心晶粒。

② 具有有利位向　基体存在再结晶织构,在织构基体中含有一定数目不同位向晶粒的"夹杂",其中,具有特殊位向差的晶粒有高的界面迁移率,容易长大,可成为具有有利位向的核心晶粒。在大变形情况下这种有利晶粒起作用。

③ 具有有利表面　对薄板或线材,表面能低的晶粒较为稳定,有利于长大,可成为核心晶粒。

④ 具有有利能量　一次再结晶结束时,由于许多原因,晶粒可有不同的缺陷浓度和体积能。如亚晶聚合作为核心形成的再结晶晶粒比亚晶界迁移形成的晶粒缺陷多,包含第二相微粒多的晶粒可能有较高的位错密度,某些晶粒比其他晶粒有较低的体积弹性畸变能也可作为二次再结晶的核心。

(3) 高温加热

只有在高温加热条件下,具有有利长大晶粒的稳定基体中,第二相粒子溶解,才创造了晶粒长大的条件。此时,具有有利条件的晶粒以明显高于其他部分的速率迅速长大,吞并其他小晶粒,形成粗大晶粒。

反常晶粒长大或二次再结晶过程的驱动力 p 是相邻不均匀晶粒单位体积晶界能的差值,即

$$p = \Delta \gamma_v \tag{10-49}$$

假设相邻晶粒为立方体,长度为 D,则每个晶粒单位体积的晶界能为

$$\gamma_v = \frac{6D^2}{2D^3} \cdot \gamma = \frac{3\gamma}{D},$$

二次再结晶的驱动力为

$$p = \Delta \gamma_v = 3\gamma \left(\frac{1}{D_1} - \frac{1}{D_2} \right) = 3\gamma \frac{\Delta D}{D_1 D_2} \tag{10-50}$$

对等轴晶粒,可写作

$$p = \alpha \gamma \left(\frac{1}{\overline{D}} - \frac{1}{D} \right) \tag{10-51}$$

式中,D 为可以长大的有利晶粒的直径。$\overline{D}$ 为基体小晶粒的平均直径。显然,$D > \overline{D}$,$p > 0$,可以长大,发生二次再结晶。

10.4.3　再结晶图

前述晶粒长大与预先冷变形程度和退火温度密切相关。综合表示再结晶退火后晶粒大小与冷变形程度及退火温度间关系的空间图形叫再结晶图,利用再结晶图可确定冷变形后退火所产生的晶粒大小,控制再结晶退火工艺。

在再结晶图中,水平面上两个相互垂直的坐标轴分别表示预先形变量和退火温度,垂直于水平面的坐标轴表示晶粒大小,退火时间均取一小时。图 10-31 给出纯铁和工业纯铝的再结晶图。

铝的再结晶图中可以看出晶粒度的两个极大值,一个对应临界变形度,另一个对应大变形、高温退火时的二次再结晶。铁的再结晶图中只有临界变形度下的一个极大值,铁在912℃发生相变,引起晶粒度变化,改变了再结晶后晶粒长大的趋势,图中未予显示,在相变临界温度以下,没有发生二次再结晶,故不出现第二个极大值。

10.4.4　退火孪晶

退火加热中,伴随晶粒长大,发生一些结构上的变化,退火孪晶的形成即是一个现象。面心立方金属和合金,如铜、α 黄铜、不锈钢、钢中的奥氏体组织等,在退火加热时(包括再结

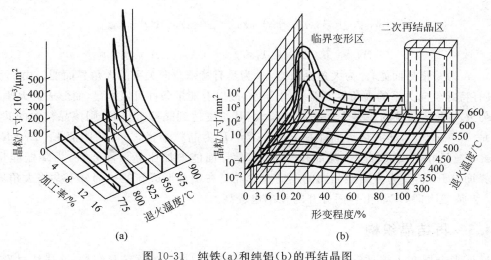

图 10-31　纯铁(a)和纯铝(b)的再结晶图

(a) Fe 的再结晶图(熔点 1538℃,临界点 910℃)；(b) Al 的再结晶图(熔点 660℃)

晶退火、相变退火),晶粒中显示出孪晶,因在退火中形成,故叫退火孪晶以与形变中形成的机械孪晶相区别。退火孪晶的典型形态如图 10-32 所示,第一种形态是贯穿晶粒的完整退

火孪晶,第二种是未贯穿晶粒的不完整退火孪晶,第三种是在晶界交角处的退火孪晶,在图中以①、②、③分别给出。孪晶部分与基体位向不同,因腐蚀方法不同,或显示不同颜色,或以孪晶界与基体分开,二条平行的孪晶界为共格界面,其余部分为大角非共格界面。

　　对于面心立方金属来说,孪晶形成原因是退火中晶界迁移时,在长大着的晶粒内,原子在{111}面沿⟨112⟩方向偶然错排,出现层错和共格孪晶界面,在一定能量条件

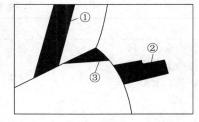

图 10-32　退火孪晶形态示意图

下,在晶界处形成退火孪晶。随着大角晶界的移动,孪晶长大,在长大过程中,如果原子在{111}面上再次发生错排而恢复原来的堆垛次序,则又形成第二个共格孪晶界。退火孪晶分布在两条平行孪晶界间,在晶粒继续长大中,贯穿晶粒的孪晶可以自晶界断开,形成中断在晶内的孪晶以降低能量。退火孪晶形成过程如图 10-33 所示,其中 A、B、C 是相交于一点的三个原始晶粒,T 是起始于三晶粒交点且在晶粒 C 中形成的退火孪晶。

　　形成退火孪晶的能量条件是形成孪晶后的界面能量低于形成前的大角界面能,以图 10-33(a)分析,要求满足以下关系：

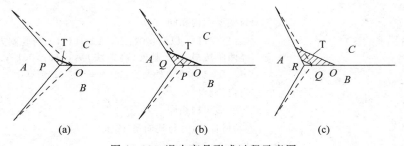

图 10-33　退火孪晶形成过程示意图

$$A_{TC}\gamma_C + A_{TA}\gamma_{TA} + A_{TB}\gamma_{TB} < A_{TA}\gamma_{AC} + A_{TB}\gamma_{BC}$$

或

$$A_{TC}\gamma_C + (A_{TA} + A_{TB})\gamma_P < (A_{TA} + A_{TB})\gamma_i \qquad (10\text{-}52)$$

式中，γ_C 为共格界面能，γ_i 为大角界面能，γ_P 为具有特殊位向关系的大角界面能。由于 γ_C 很小，具有特殊位向关系的大角界面能 γ_P 小于 γ_i，故以上能量条件可以满足，而形成退火孪晶。

另外当贯穿晶粒的完整孪晶随晶粒长大，其长度达到晶粒直径时，则该晶粒中的共格界面能是 $E_C = \pi R^2 \gamma_C$，非共格界面能是 $E_i = 2\pi R \gamma_i$，R 为晶粒半径，二者的比值 $E_C/E_i = R(\gamma_C/\gamma_i)$，随晶粒尺寸而增大，此时，随晶粒长大，孪晶界面能增加比晶界能要快，为降低能量，孪晶由界面分开，转变为中断在晶内的不完整孪晶。在端部形成新的一部分不共格大角界面，当 γ_C/γ_i 值较大时，孪晶由界面分开的几率也较高。

10.4.5　再结晶织构

冷变形金属在再结晶（一次、二次）过程中形成的织构称为再结晶织构，冷拔线材形成丝织构，冷轧板材形成板织构。再结晶织构是在形变织构的基础上形成的，但形变织构在再结晶后出现两种情况，一是保持原有的形变织构，再结晶织构与原形变织构相同；二是原有形变织构消失，而代之以新的再结晶织构。表 10-6 列出一些金属及合金的再结晶织构。

表 10-6　一些金属及合金的再结晶织构

冷拔线材的再结晶织构	
面心立方金属	$\langle 111 \rangle + \langle \bar{1}00 \rangle$；以及 $\langle 112 \rangle$
体心立方金属	$\langle 110 \rangle$
密排六方金属	
Be	$\langle 10\bar{1}0 \rangle$
Ti，Zr	$\langle 11\bar{2}0 \rangle$
冷轧板材的再结晶织构	
面心立方金属	
Al，Au，Cu，Cu-Ni，Ni，Fe-Cu-Ni	$\{100\}\langle 001 \rangle$
Ni-Fe，Th	
Ag，Ag-30%Au，Ag-1%Zn	
Cu-(5%～39%)Zn	
Cu-(1%～5%)Sn，Cu-0.5%Be	$\{113\}\langle 21\bar{1} \rangle$
Cu-0.5%Cd	
Cu-0.05%P，Cu-10%Fe	
体心立方金属	
Mo	与变形织构相同
Fe，Fe-Si，V	$\{111\}\langle \bar{2}11 \rangle$；以及 $\{001\}+\{112\}$ 且 $\langle 1\bar{1}0 \rangle$ 与轧制方向呈 15°角
Fe-Si	经两阶段轧制及退火（高斯法）后 $\{110\}\langle 001 \rangle$；以及经高温（>1100℃）退火后 $\{110\}\langle 001 \rangle$，$\{100\}\langle 001 \rangle$
Ta	$\{111\}\langle \bar{2}11 \rangle$
W，<1800℃	与变形织构相同
W，>1800℃	$\{001\}$ 且 $\langle 1\bar{1}0 \rangle$ 与轧向呈 12°角
密排六方金属	与变形织构相同

再结晶织构的形成,与再结晶过程中核心的择优取向和选择生长有关,目前提出以下几种理论。

（1）定向形核理论

认为再结晶时的核心具有与形变基体相同的位向,这些定向晶核靠消耗变形基体的生长所形成再结晶晶粒必然具有与形变基体相同的织构。再结晶核心与形变基体有相同位向是由于再结晶生核靠晶界弓出、亚晶界迁移长大的机制中所形成的核心都与形变基体有相同的位向,因此,在有形变织构存在时,必然产生定向晶核。定向形核理论可以说明与变形织构相同的再结晶织构的形成,但不能解释再结晶中形成新的织构。

（2）定向长大理论

定向长大理论是依据在恒定驱动力作用下,晶界迁移速度与晶界两侧晶粒间的位向差有关而提出的。认为再结晶形成的核心具有多种位向,但核心的长大速度取决于变形基体与晶核的位向差,具有某些特殊位向差的晶核可通过消耗变形基体而迅速长大,并抑制其他位向晶核的长大,从而形成与形变织构不同的再结晶织构。试验发现,在面心立方金属中,优先长大的晶粒与变形基体间的位向差都符合沿共同的〈111〉轴旋转约 40° 的关系,显然,具有这种位向差的晶界是有 1/7 重合位置密度的界面,溶质原子偏聚少,因而有大的迁移速率。定向生长的结果使再结晶织构与形变织构也有沿共同〈111〉轴旋转约 40° 的位向差关系,定向长大理论可以解释再结晶过程中不同于形变织构的再结晶织构的形成,但不能说明形变织构的形成。

（3）定向形核和长大的联合理论

前两种理论各有其局限性,结合两种理论提出定向形核和长大的联合理论。联合理论认为在出现再结晶核心的局部体积中,再结晶核心的位向总是重复变形基体的位向,在具有织构的基体中,出现定向生核。由于变形织构多由几种织构成分所组成,因而核心与变形基体有不同的位向差,各个晶核的长大速度可能不同,因而有可能形成与形变织构相同的再结晶织构,也可能形成与之不同的新的再结晶织构。

各个晶核的长大速率是驱动力和阻力竞争作用的结果,是许多因素相互作用所确定的。在退火过程的不同阶段以及在特殊条件下,这些因素中的某一个可能是决定性的,因而可出现各种不同类型的织构。

再结晶中定向形核起主要作用,再结晶后保留变形织构有以下几种情况。

① 经强烈变形的材料,在快速加热（如感应加热）条件下的短时退火,加热温度超过普通加热速度所获得的 $T_{\text{再}}^s$。这时,形成再结晶核心的位向与变形基体的位向一致,出现定向形核,但因高温作用时间短,无论是晶粒长大,还是二次再结晶都不可能充分进行,这样,就有可能完全保留变形织构,或至少保留变形织构的主要部分,并有少部分其他位向。

② 以普通速度加热到相当低的温度,通过大量核心的形成,有足够的时间完成一次再结晶,但晶粒长大实际上完全不能进行,此时通过定向形核而保留变形织构。如 Fe+3％Si 合金在 650℃ 和 925℃ 进行退火,前一种情况,再结晶织构与变形织构相同,后一种情况形成不同的织构。

③ 通过原始晶粒的大角界面局部迁移而进行的再结晶弓出形核,容易实现定向形核,保留变形织构。如果形变后有几种不同的织构组分存在,当不同织构组分的晶粒应变硬化一致时,再结晶织构可重现变形织构。如各织构组分应变硬化不同,则应变硬化程度大、位

错密度高的织构组分晶粒被消耗,而应变硬化程度小、位错密度低的织构组分晶粒发展,再结晶后织构主要与形变织构的这种组分相符合。

④ 对某些时效硬化合金,在过饱和固溶体状态进行冷变形,加热时和再结晶过程平行出现固溶体的分解,弥散第二相的析出会阻碍某些位向核心的定向生长,从而在定向生核的前提下形成与形变织构相同的再结晶织构。这种机制可通过含铌的低碳钢板(0.015%C,0.126%Nb)所得到的结果加以说明,变形40%~90%的冷轧薄板在800℃退火10h,再结晶织构与轧制织构相同,二者的主要织构组分都是{111}⟨112⟩,尺寸约为15nm的含铌析出物阻碍了{110}⟨001⟩组分的发展,而在铌和碳含量低的钢中(0.039%Nb,0.003%C)观察不到这种作用。

采取长期退火、高温加热,在晶粒长大和二次再结晶中主要是定向生长起作用,形成新的再结晶织构。再结晶过程中有多种形变织构条件下,其中具有有利生长位向的织构组分可选择生长,形成新的再结晶织构,第二相粒子的存在和控制对发展定向生长也有重要影响。

形成再结晶织构,使材料具有各向异性,对材料性能和应用有重要影响,一方面具有有利作用,如软磁材料磁性具有各向异性,体心立方金属⟨100⟩方向为易磁化方向,在小的外磁场下即可获得高的磁感应强度。以硅钢片为例,控制冷轧变形量和再结晶退火温度可使冷轧硅钢片获得具有易磁化方向的两种再结晶织构,即高斯织构{110}⟨001⟩和立方织构{100}⟨001⟩,可以保证优良的磁性能。另一方面形成再结晶织构具有有害作用,形成再结晶织构引起力学性能的各向异性,对材料的加工性和使用性不利,如深冲铜板,经90%冷轧变形,800℃退火,形成立方织构{100}⟨001⟩,具有方向性,不同方向的塑性不同,顺轧向和垂直轧向(⟨001⟩方向),$\delta=40\%$,而与轧向呈45°的方向(⟨110⟩方向),$\delta=75\%$。因此,在冲制筒形和杯形零件时,各向变形不均匀,造成薄厚不均、边缘不齐,形成所谓"制耳"现象而使制品报废。

为防止"制耳",避免再结晶织构的形成,可采取以下措施。

① 减小预先冷变形的变形量。生产板材时,退火前的冷轧压缩量不超过50%,以避免形成强的形变织构和再结晶织构。

② 铜中加入少量杂质,如0.05%P,0.5%Be,0.5%Cd,1%Sn等,使杂质原子富集于大角晶界而阻碍界面迁移,使立方织构不易形成。

③ 如已形成再结晶织构,可通过较小冷轧变形(20%)、低温短时退火,重新再结晶以破坏织构。

④ 对某些材料,如工业纯铝,可通过控制杂质含量和生产过程,调整新生的立方织构和残留的形变织构的比例,以消除和减弱生产中的制耳现象。

10.5　金属的热变形

热变形(如热锻、热轧)是在金属再结晶温度以上进行的加工、变形,低于再结晶温度的加工是冷变形或温变形,因此,冷、热变形不能以温度高、低来区分,在高温加工的不一定全是热变形,在室温或低温加工的也不一定全是冷变形,而需看变形温度与金属再结晶温度的关系。低熔点金属(如Pb,Sn等)再结晶温度低于室温,室温下加工实际为热加工;高熔点金属,如钨,再结晶温度在 1200℃,因此,在 1000℃加工也不是热变形,而是温变形。

热变形实质上是在变形中形变硬化与动态软化同时进行的过程,形变硬化为动态软化所抵消,因而不显示加工硬化作用。在热变形过程中动态软化包括动态回复与动态再结晶两种方式,热变形停止后,高温下还会发生亚动态再结晶以及静态回复和再结晶过程。

10.5.1　动态回复和动态再结晶

在热变形过程中,与形变硬化同时发生的回复、再结晶过程叫作动态回复和动态再结晶。热变形停止,继续进行的动态再结晶过程叫亚动态再结晶。

（1）动态回复

对层错能高的金属,如铝、α-铁、铁素体钢以及一些密排六方金属（Zn,Mg,Sn）等,交滑移容易进行,在热变形中动态回复是其软化的主要方式。这些合金在热变形中的应力-应变曲线有如图 10-34 所示的形状,其中图（a）为不同应变速率（$\dot{\varepsilon}$）下的真应力-真应变曲线,图（b）为低应力下的局部放大。

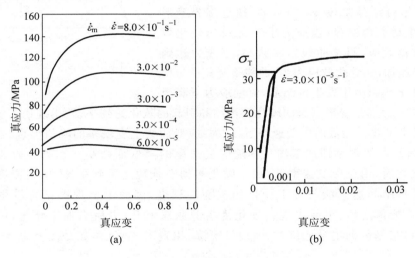

图 10-34　动态回复的应力-应变曲线

曲线有三个阶段,第一阶段为微应变阶段,应变量一般在 0.1%～0.2%,曲线急剧上升;第二阶段是最小流变应力 σ_{T} 之后的流变阶段,有加工硬化,加工硬化率逐渐降低;第三阶段为稳态流变阶段,应力-应变曲线近似为水平线,此时,加工硬化实际速率为零,加工硬化和动态软化达到平衡,位错增殖和消失平衡,位错密度基本恒定,因而变形中不显示硬化,应力不随应变增大,保持恒定应力下变形。

动态回复引起的软化过程是通过刃位错的攀移、螺位错的交滑移,使异号位错对消,位错密度降低的结果。动态回复中也发生多边形化,形成亚晶,但亚晶界是不稳定的,因位错的对消而连续被破坏并重新形成,从而使亚晶在稳定流变阶段得以保持等轴状态和恒定的尺寸和位向。亚晶尺寸大小取决于变形温度和变形速率,有以下关系:

$$d^{-1} = a + b\lg Z \tag{10-53}$$

式中,$Z = \dot{\varepsilon}\,\mathrm{e}^{Q/RT}$,为与应变速率 $\dot{\varepsilon}$ 和温度有关的函数,由式（10-53）可以看出,随应变速率减小、变形温度升高,亚晶尺寸增大。

动态回复过程中,变形晶粒不发生再结晶,故仍保持沿变形方向伸长,呈纤维状,热变形后迅速冷却,可保留伸长晶粒和等轴亚晶的组织、结构,在高温较长时间停留,则可发生静态再结晶而改变组织、结构。

动态回复的组织具有比再结晶组织更高的强度,因此可作为强化材料的一种途径,如对建筑用铝镁合金采用热挤压法保留动态回复组织以提高其使用强度。

(2) 动态再结晶

对具有低层错能的材料,如铜及其合金、镍和镍合金,金和钯及其合金,γ-铁,奥氏体钢及奥氏体合金,以及高纯度的 α-铁等,不易发生交滑移和动态回复,此时,动态再结晶成为动态软化的主要方式。热变形中发生动态再结晶的应力-应变曲线如图 10-35 所示。

热变形中发生动态再结晶的应力-应变曲线形状取决于应变速率。在高的应变速率下,应力-应变曲线上有一个峰值,可分三个阶段,Ⅰ 为加工硬化阶段,$0<\varepsilon<\varepsilon_C$,此时变形低于临界变形度 ε_C,不发生再结晶;Ⅱ 为开始再结晶阶段,$\varepsilon_C<\varepsilon<\varepsilon_S$,超过临界变形度,开始发生动态再结晶,当应力小于 σ_{max} 时,硬化效应仍大于软化效应,只是曲线斜率减小,当应力达到 σ_{max} 后,再结晶加快,软化效应为主,曲线下降;Ⅲ 为稳态流变阶段,$\varepsilon>\varepsilon_S$,由于发生再结晶,流变应力下降至

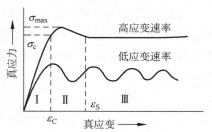

图 10-35 发生动态再结晶的应力-应变曲线

屈服应力与 σ_{max} 之间,变形引起的硬化和再结晶引起的软化达到平衡,出现稳态流变,应力-应变曲线呈水平线。在低的应变速率下,应力-应变曲线上有较多的峰值出现,在第一阶段加工硬化阶段,曲线斜率即加工硬化率随应变速率的降低而减小。在第二阶段出现动态再结晶软化之后,由于应变速率低,加工硬化与动态软化达不到平衡,位错密度来不及增长到足以使再结晶达到能与加工硬化相抗衡的程度,因而不出现第三阶段稳态流变阶段,在第一个峰值之后,重新出现以硬化为主的曲线上升,之后当加工硬化,位错密度积累,使动态再结晶占据主导地位时,曲线又下降,出现另一峰值,如是反复进行,出现周期式变化。

动态再结晶与冷变形后重新加热发生的再结晶过程一样,也是生核和核心长大过程。二者生核机制基本相同,是大角界面的迁移过程。当应变速率低、变形量小时,以晶界弓出方式生核,出现锯齿形晶界;当应变速率高、变形量大时,形成亚晶,不稳定的亚晶界可能消失,使亚晶聚合长大而形核,或者,亚晶界迁移亚晶长大而形核。但动态再结晶具有反复形核、有限长大的特点。已形成的再结晶核心在长大中,继续受到变形作用,使再结晶部分位错增殖,变形储能增高,其与邻近变形基体的能量差 ΔE_S 减小,使长大驱动力降低而停止长大,因而长大是有限的,再结晶部分的储能增高到一定程度,又会重新形成再结晶核心,反复进行。当应变速率小或变形温度高时,位错密度增加速率小,动态再结晶与加工硬化、位错增殖交替进行,而在相反情况,应变速率高或变形温度低,因位错密度增加,再结晶速率也增大,在某些微观区域位错增殖、变形硬化,另一些微观区域则发生再结晶,动态软化,宏观体积达到平衡,出现稳态流变。

动态再结晶后得到等轴晶粒组织,因反复再结晶,晶粒较为细小,晶粒大小决定于应变速率和变形温度,有式(10-53)类似关系,提高变形温度,降低应变速率,可得到较大的等轴

晶粒。晶粒内部由于继续承受变形,有较高的位错密度和位错缠结存在。这种组织比静态再结晶组织有较高的强度和硬度。

（3）亚动态再结晶

在动态再结晶进行过程中,中断热变形,材料仍在高温下,此时,动态再结晶过程仍可继续。一是已形成但未生长的再结晶核心的长大,二是长大未结束的再结晶晶核继续其过程,此二过程均不需孕育期。这种在热变形中断后发生的动态再结晶过程叫亚动态再结晶。亚动态再结晶进行的程度取决于热变形程度,其与静态回复、再结晶和变形度的关系示于图 10-36。热变形中断后,在高温保持下发生的软化因静态回复、静态再结晶和亚动态再结晶所引起,变形小时,只有静态回复起软化作用,变形量增加,静态回复和静态再结晶都起作用,在较大变形下,则是静态回复、亚动态再结晶和静态再结晶起作用,在非常大的变形下,仅静态回复和亚动态再结晶起作用。这些过程都是经受不同热变形量的金属发生一部分动态再结晶后继续停顿在高温下所产生的变化。

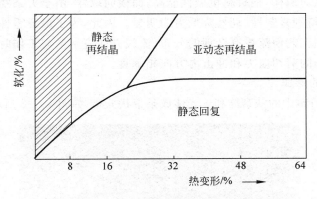

图 10-36　亚动态再结晶对软化的贡献

10.5.2　热变形引起组织、性能的变化

金属材料经过热变形后,将引起组织、性能的变化。

（1）改善铸造状态的组织缺陷

铸造材料的某些缺陷（如气孔、疏松）在热变形时大部分可被焊合,使组织致密性增加,铸态粗大的柱状晶通过变形和再结晶被破坏,形成细小的等轴晶;铸态组织中的偏析通过热变形中的高温加热和变形使原子扩散加速而减少或消除。其结果使材料的致密性和机械性能有所提高,因此材料经热变形后较铸态有较佳的机械性能。

（2）热变形形成流线,出现各向异性

铸态组织中夹杂物一般沿晶界分布,热加工时晶粒变形,晶界夹杂物也承受变形,塑性夹杂被拉长,脆性夹杂被打碎成链状,都沿变形方向分布,晶粒发生再结晶,形成不同于铸态的新的等轴晶粒,而夹杂仍沿变形方向呈现纤维状分布,这种夹杂的分布叫做**流线**,如图 10-37 所示。宏观侵蚀的低倍试样上可看到这种纤维状分布,微观分析可见夹杂物分布。

流线形成使金属机械性能出现各向异性,沿变形方向（纵向）和垂直变形方向（横向）性能不同。轧制 45# 钢性能与其纤维方向的关系如表 10-7 所示。

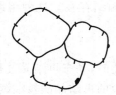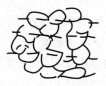

图 10-37　流线形成示意图

表 10-7　45$^{\#}$钢不同纤维方向性能

方向	σ_b/MPa	$\sigma_{0.2}$/MPa	δ	φ	a_k/(J/cm^2)
纵向	715	470	17.5%	62.8%	62
横向	672	440	10%	31%	30

可以看出,沿纵向取样,钢材料机械性能高,而横向取样,由于夹杂物分布破坏了断面连续性,使性能降低,特别是塑性、韧性降低更为明显。因此,为了保证零件具有较高的机械性能,热加工时应控制工艺使流线有合理的分布,流线方向应尽量与工作时所受最大拉应力的方向一致,而与外加的剪切应力和冲击力方向相垂直。

（3）带状组织的形成

热变形后亚共析钢中的铁素体和珠光体成条带状分布,如图 10-38 所示,称为带状组织。

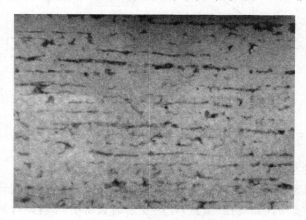

图 10-38　亚共析钢中的带状组织

亚共析钢中条带状组织形成的原因有两种,一种情况是在两相区温度范围变形,铁素体沿奥氏体晶界析出后变形伸长,再结晶后奥氏体与铁素体变成等轴晶粒,但其分布成条带状;另一种情况是铸锭中存在着偏析元素和夹杂,变形后夹杂物形成流线,可作为冷却时铁素体析出的核心,使铁素体与珠光体成条带状分布,微观分析可看到铁素体中夹杂的存在。此外,偏析元素,如磷、硅,常富集于枝晶的外围,变形后沿变形方向伸展,也成带状分布,这些偏析元素可提高 $\gamma \rightarrow \alpha$ 相变临界点(A_3),因而冷却时铁素体首先沿这些地区析出,而成条带状分布。带状组织也使材料的机械性能产生方向性,当带状组织伴随夹杂的流线分布,横向的塑性和韧性显著降低。此外带状组织也使材料的切削性能变差。

为防止和消除带状组织,一是不在两相区温度下变形,二是减少夹杂元素含量,三是采用高温扩散退火,消除元素偏析;对已出现带状组织的材料,可在单相区加热,进行正火处理,予以消除或改善。

(4) 热变形冷却后的晶粒变化

热变形材料的机械性能,在相当程度上决定于其晶粒大小,细小晶粒的材料具有高的强韧性,因此要求热变形后获得细小的晶粒,在热变形中应控制其终止温度、最终变形量和热变形后的冷却速度。采用低的变形终止温度、大的最终变形量和快的冷却速度,可得到细小晶粒,加入微量合金元素,阻碍热变形后发生的静态再结晶和晶粒长大,也是得到细小晶粒的有效措施。

10.5.3　超塑性

在一定条件下进行热变形,材料可得到特别大的均匀塑性变形,而不发生缩颈,延伸率可达 500%~2000%,材料的这种特性称为**超塑性**。图 10-39 给出 Pb-Sn 共晶合金超塑性变形前后组织形貌变化。发生超塑性有以下三个条件。

$2\mu m$

(a)　　　　　　　　　　　　　(b)

图 10-39　Pb-Sn 共晶合金超塑性变形前后组织形貌变化
(a) 超塑性变形前;(b) 超塑性变形后

(1) 材料本身应是具有细小、等轴、稳定的复相组织。晶粒直径小于 $10\mu m$,一般在 $0.5\sim5.0\mu m$,由两相组成,第二相可阻碍晶粒长大,保证在加工过程中晶粒稳定,不显著长大。此类材料有共晶合金、共析合金和析出型合金。共晶合金通过热变形(挤压、轧制)使共晶两相发生再结晶而晶粒细化。共析合金通过热变形或快冷,得到细的层片,如 Zn-Al 共析合金热变形或 275℃以上水淬可得到细晶粒。析出型合金在单相状态进行热变形,热变形后发生第二相析出和再结晶过程,二者交互作用,变形促进析出,第二相阻碍再结晶晶粒的长大,得到细小晶粒。

(2) 超塑性加工温度范围在 $(0.5\sim0.65)T_m/K$。在高温下变形,出现两种新的变形机制,即晶界滑动和晶界的扩散性迁移。

试验说明晶界滑动不是简单的晶粒相对滑动,而是在晶界附近很薄的一层区域内发生形变的结果。由于形变在晶界附近产生很大的畸变,高温下首先回复而发生软化,使形变得以不断在这些区域进行而引起所谓的晶界滑动。由于回复是一个决定于温度和时间的过程,因此晶界滑动只能在一定温度和较低的应变速率下发生。

晶界滑动同时发生晶界扩散,以使晶粒保持联系而不致断开。晶界扩散与空位运动有关,在应力作用下,空位由垂直于应力的受拉晶界流向平行于应力的受压晶界,原子则反向迁移,从而造成拉伸方向的应变。在晶界滑动和扩散迁移的作用下发生超塑变形的过程如图 10-40 所示。

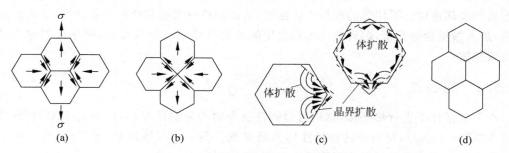

图 10-40   超塑性变形机制示意图

四个六边形等轴晶粒(图 10-40(a))在应力作用下,发生晶粒滑动,同时依靠晶界扩散,保持联结(图 10-40(b),(c)),最后四个晶粒发生弛豫,形成新的组态(图 10-40(d)),仍保持等轴晶粒。因此,超塑变形时,试样形状的宏观变化不是因每个晶粒的相应变形所造成,而是通过晶界的滑动与扩散,造成晶粒的换位所实现的,这个过程只能在一定的高温范围内发生。

(3) 超塑变形要求低的应变速率,在 $10^{-2} \sim 10^{-4}$ mm/(mm·s)范围,以保证晶界扩散过程得以进行,此外,要求应变速率敏感系数 m 要大,在 0.3~0.9 范围。根据 $\sigma_T(\varepsilon_T, T) = C \cdot \dot{\varepsilon}_T^{m}$ 关系,可确定应变速率敏感系数

$$m = \left(\frac{\partial \lg \sigma_T}{\partial \lg \dot{\varepsilon}_T}\right)_{\varepsilon_T, T} \tag{10-54}$$

m 表征材料在应变量 ε_T 和温度 T 一定时,流变应力随应变速率变化的程度。一般金属材料,室温下的 m 值在 0.01 至 0.04 之间,当温度升高时,m 可增大至 0.1~0.2 或更大。由于 $\sigma_T = P/A$,式中,P 为载荷,A 为截面积,故

$$\frac{P}{A} = C \cdot \dot{\varepsilon}_T^{m}$$

导出

$$\dot{\varepsilon}_T = \left(\frac{P}{C \cdot A}\right)^{\frac{1}{m}} = \frac{\mathrm{d}\varepsilon_T}{\mathrm{d}t}$$

由 $\mathrm{d}\varepsilon_T = \mathrm{d}L/L = -\mathrm{d}A/A$,得到

$$\frac{\mathrm{d}\varepsilon_T}{\mathrm{d}t} = -\frac{1}{A}\left(\frac{\mathrm{d}A}{\mathrm{d}t}\right) = \left(\frac{P}{C \cdot A}\right)^{\frac{1}{m}}$$

结果

$$\frac{\mathrm{d}A}{\mathrm{d}t} = -\left(\frac{P}{C}\right)^{\frac{1}{m}}\left[1/A^{(\frac{1}{m})/m}\right] \tag{10-55}$$

式(10-55)示出,面积的变化速率 $\mathrm{d}A/\mathrm{d}t$ 即表示产生缩颈的难易,$\mathrm{d}A/\mathrm{d}t$ 大者容易产生缩颈而断裂,$\mathrm{d}A/\mathrm{d}t$ 小者不易产生缩颈,易得到超塑性。而 $\mathrm{d}A/\mathrm{d}t$ 与 $\dfrac{1}{A^{(1-m)/m}}$ 相关,即取决于 m

值,其关系在图 10-41 中示出。当 m 小时,$\mathrm{d}A/\mathrm{d}t$ 对 A 的变化非常敏感,在拉伸过程中,若产生局部收缩而截面 A 开始变小的地方,因 $\mathrm{d}A/\mathrm{d}t$ 急剧增大,该处会急速地产生缩颈,而引起断裂。若 m 值比较大时,$\mathrm{d}A/\mathrm{d}t$ 对 A 的变化不敏感,拉伸时不易出现缩颈,可继续变形得到大的延伸率,而出现超塑性。

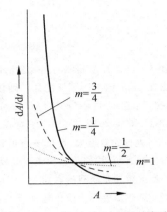

图 10-41　$\mathrm{d}A/\mathrm{d}t$ 与 A 和 m 关系

大量试验结果说明,超塑变形时的组织、结构变化有以下特征:

① 超塑变形时尽管变形量很大,但晶粒没有伸长,仍保持等轴形状。

② 超塑变形没有晶内滑移,变形后没有位错密度的增高,抛光表面也不显示滑移线。

③ 变形过程晶粒有所长大,形变量愈大,应变速率愈小,晶粒长大愈明显。

④ 超塑变形过程中晶粒换位,因此原来成带状分布的两相合金经超塑变形后变为均匀分布,带状消失。具有再结晶织构的合金在超塑变形后织构消失,各晶粒位向趋于混乱。

目前已在多种合金中实现了超塑性,表 10-8 给出一些实例。

表 10-8　一些超塑合金材料

材　　料		超塑变形温度/℃	延伸率 δ/%	m
锌基	Zn-22Al	250	1500～2000	0.7
锡基	Sn-38Pb	20	700	0.6
铝基	Al-33Cu-7Mg	420～480	>600	0.72
	Al-25.2Cu-5.2Si	500	1310	0.43
	Al-11.7Si	450～550	480	0.28
	Al-6Cu-0.5Zn	420～450	～2000	0.5
	Al-6Mg-0.4Zr	400～520	890	0.6
铜基	Cu-9.8Al	700	700	0.7
	Cu-19.5Al-4Fe	800	800	0.5
	Cu-9Al-4Fe	800		0.49
钛基	Ti-6Al-4V	800～1000	1000	0.85
	Ti-5Al-2.5Sn	900～1100	450	0.72
镍基	Ni-39Cr-10Fe-2Ti	810～980	1000	0.5
镁基	Mg-6Zn-0.5Zr	270～310	1000	0.6
铁基	Fe-0.91C	716	133	0.42
	Fe-1.2C-1.6Cr	700	445	0.35
	Fe-0.18C-1.54Mn-0.11V	900	320	0.55
	Fe-0.16C-1.54Mn-1.98P-0.13V	900	367	0.55
	Fe-4Ni	900	820	0.58
	Fe-4Ni-3Mo-1.6Ti	960	615	0.67

超塑合金具有与高温聚合物和高温玻璃流动相似的特征,故可以采用塑料工业和玻璃工业的成形方法加工,如像吹玻璃那样吹制金属制品,像塑料那样压制精密件,使金属成形的应用范围大为扩展。

习　题

10-1　已知锌单晶体的回复激活能为 83736J/mol,在 −50℃ 温度去除 25％ 的加工硬化需要 13d(天),若要求在 5min 内去除同样的加工硬化,需将温度提高多少?

（提示：公式中 $R=8.3736$J/(mol·K),温度 T 的单位为 K）

10-2　有一块 Fe-3％Si 单晶如图 10-42 所示,为 BCC 晶体,长度为 3cm,其点阵常数 $a_0=0.3$nm,经弯曲变形后进行回复退火,发生多边形化过程,形成五块亚晶,由金相蚀坑法测得此时的刃位错总数 $n_T=1.128\times10^6$,设其均匀分布构成亚晶界。

（1）求相邻亚晶间的取向差。

（2）设在多边形化前位错间无交互作用,问形成亚晶后畸变能与形成亚晶前相差多少?

（3）由上述推测回复对再结晶有何影响。

提示：回复前后,位错线总长度不变,但单位长度位错线应变能有变化。由此可求出形成亚晶前后畸变能的变化。

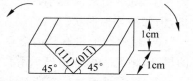

图 10-42　题 10-2 附图

10-3　银的冷加工形变量为 26％,畸变能约为 16.7J/mol,银的界面能为 0.4J/m²,观察到晶界移动的再结晶核心,弓出的晶界长度(指弓弦长度)约为 1μm,问是否符合晶界弓出生核能量条件。

（已知银的密度 10.5g/cm³,摩尔质量 107.8g/mol）

10-4　纯锆在 553℃ 和 627℃ 等温退火至完成再结晶分别需要 40h 和 1h,试求此材料的再结晶激活能。

10-5　设冷变形后位错密度 ρ 为 10^{12}/cm² 的金属中存在着加热时不发生聚集长大的第二相微粒,其体积分数 $f=1\%$,半径为 1μm,问这种第二相微粒的存在能否完全阻止此金属加热时的再结晶,设 $G=10^5$MPa,$b=3\times10^{-8}$cm,比界面能 $\gamma=0.5$J/m²。

（提示：再结晶驱动力为 $p=Gb^2\rho$）

10-6　一块锡片在室温下弯曲,放置长时间后,其纵截面上组织如何变化,画图加以说明。已知锡的熔点为 232℃。锡片弯曲前后形状见图 10-43。

10-7　将经过大量塑性变形(如 70％ 以上)的纯金属长棒的一端浸入冰水中,另一端加热至接近熔点的高温(例如 $0.9T_m$),过程持续进行一小时,然后试样完全冷却,试作沿棒长度的硬度分布曲线示意图,并作简要说明。

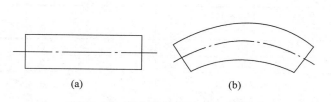

图 10-43　锡片弯曲前(a)后(b)形状

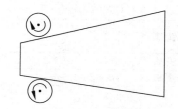

图 10-44　题 10-8 附图

10-8　将一楔形铜片置于间距恒定的两轧辊间轧制,如图 10-44 所示。

（1）画出此铜片经完全再结晶后晶粒大小沿片长方向变化的示意图。

（2）如果在较低温度退火,何处先发生再结晶? 为什么?

10-9　室温下枪弹击穿一铜板和铅板,试分析长期保持后二板弹孔周围组织的变化和原因。

10-10　金属屈服强度 σ 与晶粒直径 d 之间服从霍尔-佩奇方程 $\sigma=\sigma_0+Kd^{-\frac{1}{2}}$。设晶粒为球形,并紧密排列,试导出屈服强度与 $\dot{N}$,G 的关系式。

第11章　固态相变（Ⅰ）——扩散型相变

11.1　固态相变通论

11.1.1　固态相变的一般特点

当温度、压力以及系统中各组元的形态、数值或比值发生变化时，固体将随之发生相变。发生固态相变时，固体从一个固相转变到另一个固相，其中至少伴随着下述三种变化之一：

① 晶体结构的变化，如纯金属的同素异构转变、固溶体的多形性转变、马氏体相变；

② 化学成分的变化，如单相固溶体的调幅分解，其特点是只有成分转变而无相结构的变化；

③ 有序程度的变化，如合金的有序化转变，即点阵中原子的配位发生变化，以及与电子结构变化相关的转变（磁性转变、超导转变等）。

固体材料性能发生变化的根源，是由于在某种环境的作用下，发生了固态转变而导致组织结构的变化；固体材料中可能发生的固态相变的类型，决定于在确定的外界条件下，由化学成分和组织结构所确定的相的相对稳定性；固体材料中实际发生的相变，多数是在0.1MPa下，由给定的温度条件，即加热温度或冷却时达到的过冷温度所决定的；这个温度的高低，一方面要受到热力学条件的制约，另一方面它又转过来对相变动力学发生影响；通常，热处理最后一道工序的温度要高于材料的使用温度，因此，材料可长时间（有时是无限期的）保存自己的组织和由该组织所赋予的性能。

固态相变与液体凝固过程一样，也符合最小自由能原理。相变的驱动力也是新相与母相间的体积自由能差，大多数固态相变也包括形核和生长（成长、长大）两个基本阶段，而且驱动力也是靠过冷度来获得，过冷温度对形核、生长的机制和速率都会发生重要影响。但是，与液—固相变、气—液相变、气—固相变相比，固态相变时的母相是晶体，其原子呈一定规则排列，而且原子的键合比液态时牢固，同时母相中还存在着空位、位错和晶界等一系列晶体缺陷，新相—母相之间存在界面。因此，在这样的母相中，产生新的固相，必然会出现许多特点，其中起决定性作用的有以下三点。

（1）固态相变阻力大

固态相变时形核的阻力，来自新相晶核与基体间形成界面所增加的界面能 E_γ，以及体积应变能（弹性能）E_e。其中，界面能 E_γ 可分为两部分，一部分是在母相中形成新相界面时，由同类键、异类键的强度和数量变化引起的化学能，称为界面能中的化学项；另一部分是由界面原子不匹配（失配），原子间距发生应变引起的界面应变能，称为界面能中的几何项。应变能 E_e 产生的原因是，在母相中产生新相时，由于二者的比容不同，会引起体积应变，这种体积应变通常是通过新相母相的弹性应变来调节，结果产生体积应变能。

从总体上说，随着新相晶核尺寸的增加及新相的生长，E_γ 与 E_e 的总和会增加。当然，

E_γ、E_e 会通过新相的析出位置、颗粒形状、界面状态等，相互调整，以使 $E_\gamma + E_e$ 为最小。

母相为气态、液态时，不存在体积应变能问题；而且固相的界面能比气—液、液—固的界面能要大得多。相比之下，固态相变的阻力大。

（2）原子迁移率低

固态金属中的原子键合远比液态中牢固，所以原子扩散速度远比液态的低，即使在熔点附近，原子的扩散系数也大约仅为液态扩散系数的十万分之一，如液态金属中扩散系数可达 $10^{-7} \text{cm}^2/\text{s}$，而在固态仅为 $10^{-11} \sim 10^{-12} \text{cm}^2/\text{s}$。固体原子的扩散系数小，说明其原子的迁移率低。同时在固态更易于过冷，亦即当冷却速度增加时，可获得更大的实际过冷度，相变也就在很大的过冷度下发生。随着过冷度增大，相变驱动力增大，同时由于转变温度降低，引起扩散系数降低。当驱动力增大的效果超过了扩散系数降低对相变的影响时，将导致相变速度增加。同时，由于过冷度增大，形核率高，相变后得到的组织变细。

在过冷度大到一定程度之后，扩散系数降低的影响将会超过相变驱动力增大的效果。所以进一步增大过冷度，便会造成由扩散控制的相变（扩散型相变）速度减小。从热力学角度讲，初始相转变为最终相是合理的，但从动力学角度讲，由于原子迁移率低，因此相变过程相当长。

（3）非均匀形核

如同在液相中一样，固相中的形核几乎总是非均匀的。诸如非平衡空位、位错、晶粒边界、堆垛层错、夹杂物和自由表面等非平衡缺陷都提高了材料的自由能，它们都是合适的形核位置。如果晶核的产生结果是使缺陷消失，就会释放出一定的自由能，因此减少了（甚至消除了）激活能势垒。母相的晶粒愈细，缺陷的密度愈高，则形核愈多，相变速度愈大。

基于上述三个基本特点，在固态相变中往往还要派生出下述的其他特点。

（4）低温相变时会出现亚稳相

在某一温度下，如图 11-1 所示，如果起始相 α（母相、基体相）的吉布斯自由能 G_α 比生成相 β（新相、析出相）的 G_β 大，即 $G_\alpha > G_\beta$，从热力学上讲，就具有了从状态 I（α 相）向状态 II（β 相）转变的驱动力：$\Delta G = G_\beta - G_\alpha < 0$。此时，若状态 I 和状态 II 之间存在能垒 ΔG^*，那么 α 相相对于 β 相是亚稳定的，而 β 相是稳定的。只要能够越过能垒（克服阻力），α 相便可以自发地转变为 β 相。相变过程的速率取决于动力学因素：克服能垒的能力，原子运动方式，原子自身的活动能力或原子可动性大小。显然，基于上述（1）、（2）两个特征，特别是在低温下（相变阻力大，意味着能垒 ΔG^* 大），原子迁移率小，意味着克服能垒的能力低，因此，$\alpha \rightarrow \beta$ 的相变难于发生，α 相被"永久"保存下来，系统处于亚稳状态。

（5）新相往往都有特定的形状

液—固相变一般为球形成核，其原因在于界面能是晶核形状的主要（甚至是唯一）控制因素。固态相变中体积应变能和界面能的共同作用，决定了析出物的形状。在新相 β 与母相 α 保持弹性联系的情况下，取相同体积的晶核来比较，新相呈碟形（片状）时应变能最小，呈针状时次之，

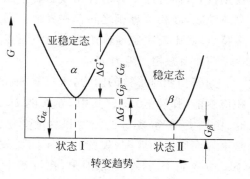

图 11-1　亚稳相 α 与其可能生成的稳定相 β 之间的能量关系

呈球形时应变能最大,而界面积却按上述次序递减。当应变能为主要控制因素时,析出物多为碟形或针状。当然,呈碟形时也会受到界面能的限制,不可能成为无限薄的薄片。顺便指出,在固态相变中凡是与母相呈一定位相关系的片状析出物都叫作魏氏组织。

（6）按新相—母相界面原子的排列情况不同,存在共格、半共格、非共格等多种结构形式的界面,如图 11-2 所示。

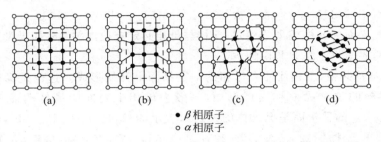

● β相原子
○ α相原子

图 11-2　新相 β 晶核与母相 α 间的不同界面结构
(a) 完全共格；(b) 伸缩型部分共格(靠拉应力维持)；(c) 切变型共格(靠切应力维持)；(d) 完全非共格

① 完全共格界面　如果新相与母相的晶体结构和取向都相同,点阵常数也非常接近,则界面上的原子可以同时位于两个相的晶格结点上,形成如图 11-2(a)所示的完全共格界面。这种情况下,界面能中的几何项极低、化学项也不高,所以界面能 E_γ 很小。又因为晶体结构相同,晶胞尺寸相近,其体积差几近于零,体积应变能 E_e 也趋于零。如果具有完全共格晶界的两相点阵常数不同,即界面原子有一定的失配度($\delta = \Delta a/a$),则为了保持格点的一一匹配,晶界原子在间距上要发生位移,引起几何项变大,使界面能 E_e 有所增加。并且,两个相都会因界面处的硬匹配受到均匀的弹性应力,这必将导致体积应变能 E_e 的增加。

② 伸缩型部分共格界面　当失配度继续增大(或因新相质点的体积增大),使体积应变能 E_e 过大时,完全共格界面便逐渐破坏,以使体积应变能缓解。与此同时,在界面上出现失配位错,也可以说,为了共格引入位错,如图 11-2(b)所示。这样,虽然界面能中的几何项有所减小,但往往抵不过化学项的增加,因而使界面能 E_γ 增大。不过,由于界面引入失配位错,形成了某种界面结构,致使体积应变能下降颇多,所以系统总能量降低。一般认为,这种部分共格界面是靠拉压应力维持的,所以称为伸缩型部分共格界面。

③ 切变型部分共格界面　即使新相与母相晶体结构不同,点阵常数不同,但如果结构中的某些晶面的点阵相似时,也可以由这些晶面构成共格界面。例如碳钢的无扩散相变 $\gamma \rightarrow \alpha_M$,新相 α_M 是通过母相 γ 的切变(类似于机械孪生)来形成的,由于它们构成的共格界面靠弹性切变维持,一般称这种界面为切变型共格界面(图 11-2(c)),以区别于拉压应力维持的部分共格界面(图 11-2(b))。

④ 非共格界面(图 11-2(d))　是平衡相的特征,其性质与大角度晶界相似:界面能 E_γ 中的化学项高而几何项很低,但界面总能量最高。亦即非共格形核的形核功最大,每个核心中的原子数目也最多。不过,由于界面处硬匹配程度降低,相应的由界面结构引起的体积应变能 E_e 则往往是比较低的。

失配度 δ 反映了新相与母相界面的适应性。适应性好,即 δ 小,则界面能低,由界面能引起的相变阻力不高而形核功小。所以新相晶核与母相构成共格界面和半共格界面时,其相变阻力主要不是来自界面能。反之,适应性差的非共格界面,界面能在相变阻力中占了相当大的分量。

（7）新相与母相之间存在一定的位向关系

其根本原因在于降低新相与母相间的界面能。通常是以低指数的、原子密度大的匹配较好的晶面彼此平行，构成确定位向关系的界面。例如，碳钢中的 $\gamma \rightarrow \alpha_M$ 转变，就是在面心立方的 γ 转变为体心立方的 α_M 时，母相的密排面 $\{111\}$ 与新相的 $\{110\}$ 面平行，母相的密排方向 $\langle 110 \rangle$ 与新相的 $\langle 111 \rangle$ 平行，表示为 $\{111\}_\gamma /\!/ \{110\}_{\alpha_M}$，$\langle 110 \rangle_\gamma /\!/ \langle 111 \rangle_{\alpha_M}$。

通常，当相界面为共格或半共格时，新相与母相必定有位向关系；如果没有确定的位向关系，则两相的界面肯定是非共格的。

（8）为了维持共格，新相往往在母相的一定晶面上开始形成。这也是降低界面能的又一结果。母相中的这个晶面称为惯析面，一般为母相中表面能最低的晶面。例如大约 0.4%C 的碳钢，α_M 的惯析面是奥氏体的 $\{111\}$，表示为 $\{111\}_\gamma$；（0.5%～1.4%）C 的碳钢，α_M 的惯析面是奥氏体的 $\{225\}$，表示为 $\{225\}_\gamma$；（1.5%～1.8%）C 的碳钢，α_M 的惯析面是奥氏体的 $\{259\}_\gamma$，表示为 $\{259\}_\gamma$。

应特别指出，温度越低时，固态相变的上述特点越显著。

11.1.2　固态相变的分类

各类不同相变可以按热力学分类，归属一级相变和高级（二级，三级，…）相变，各有其热力学参数改变的特征；也可以按不同相变方式分属经典的形核-长大型相变和连续型相变；按相变过程可以分为近平衡相交和远平衡相变；按动力学或原子迁动方式又可分为扩散型相变和无扩散型相变。下面先讨论热力学的分类方法，再讨论按动力学分类的扩散型相变和无扩散型相变。

11.1.2.1　按热力学分类

分类依据是相变过程中热力学函数的变化特征。由 1 相转变为 2 相时，$G_1 = G_2$，$\mu_1 = \mu_2$，但自由能的一阶偏导数不相等的称为**一级相变**。即一级相变时，在相变温度 T_C 有

$$\left.\begin{array}{c} \left(\dfrac{\partial G_1}{\partial T}\right)_p \neq \left(\dfrac{\partial G_2}{\partial T}\right)_p \\[3mm] \left(\dfrac{\partial G_1}{\partial p}\right)_T \neq \left(\dfrac{\partial G_2}{\partial p}\right)_T \end{array}\right\} \tag{11-1}$$

但

$$\left(\frac{\partial G}{\partial T}\right)_p = -S$$

$$\left(\frac{\partial G}{\partial p}\right)_T = V$$

因此一级相变时，具有体积和熵（及焓）的突变：

$$\left.\begin{array}{c} \Delta V \neq 0 \\[2mm] \Delta S \neq 0 \end{array}\right\} \tag{11-2}$$

焓的突变表示相变潜热的吸收或释放。

当相变时，$G_1 = G_2$，$\mu_1 = \mu_2$，而且自由能的一阶偏导数也相等，只是自由能的二阶偏导

数不相等的，称为**二级相变**。即二级相变时，

$$\mu_1 = -\mu_2$$

$$\left(\frac{\partial G_1}{\partial T}\right)_p = \left(\frac{\partial G_2}{\partial T}\right)_p$$

$$\left(\frac{\partial G_1}{\partial p}\right)_T = \left(\frac{\partial G_2}{\partial p}\right)_T$$

$$\left.\begin{array}{l} \left(\dfrac{\partial^2 G_1}{\partial T^2}\right)_p \neq \left(\dfrac{\partial^2 G_2}{\partial T^2}\right)_p \\[2ex] \left(\dfrac{\partial^2 G_1}{\partial p^2}\right)_T \neq \left(\dfrac{\partial^2 G_2}{\partial p^2}\right)_T \\[2ex] \left(\dfrac{\partial^2 G_1}{\partial T\partial p}\right) \neq \left(\dfrac{\partial^2 G_2}{\partial T\partial p}\right) \end{array}\right\} \tag{11-3}$$

但

$$\left.\begin{array}{l} \left(\dfrac{\partial^2 G}{\partial T^2}\right)_p = \left(-\dfrac{\partial S}{\partial T}\right)_p = -\dfrac{C_p}{T} \\[2ex] \left(\dfrac{\partial^2 G}{\partial p^2}\right)_T = \dfrac{V}{V}\left(\dfrac{\partial V}{\partial p}\right)_T = -V\kappa \\[2ex] \left(\dfrac{\partial^2 G}{\partial T\partial p}\right) = \left(\dfrac{\partial V}{\partial T}\right)_p = \dfrac{V}{V}\left(\dfrac{\partial V}{\partial T}\right)_p = V\alpha \end{array}\right\} \tag{11-4}$$

其中 $\kappa = -\dfrac{1}{V}\left(\dfrac{\partial V}{\partial p}\right)_T$ 称为材料的等温压缩系数；$\alpha = \dfrac{1}{V}\left(\dfrac{\partial V}{\partial T}\right)_p$ 称为材料的等压膨胀系数。由式(11-4)可见，二级相变时，

$$\left.\begin{array}{l} \Delta C_p \neq 0 \\ \Delta\kappa \neq 0 \\ \Delta\alpha \neq 0 \end{array}\right\} \tag{11-5}$$

即在二级相变时，在相变温度，$\partial G/\partial T$ 无明显变化，体积及熵均无突变，而 C_p、κ 及 α 具有突变。

　　一级相变和二级相变时，两相的自由能、焓、熵、体积、比热容及有序度的变化分别如图 11-3 和图 11-4 所示。

　　当相变时两相的自由能相等，其一阶、二阶偏导数连续，但三阶偏导数不连续时称为**三级相变**。依此类推，自由能的 $(n-1)$ 阶偏导数连续，n 阶偏导数不连续时称为 **n 级相变**。$n \geqslant 2$ 的相变均属高级相变。

　　晶体的凝固、沉积、升华和熔化，金属及合金中的多数固态相变都属一级相变。超导态相变、磁性转变及合金中部分的无序—有序转变都为二级相变。量子统计爱因斯坦玻色凝结现象为三级相变。二级以上的高级相变并不常见。

11.1.2.2　按动力学分类

　　若按动力学，或按相变过程中原子迁动特征进行分类，固态相变可分为扩散型相变和无扩散型相变两大类型。后者是通过切变方式使相界面迅速推进的，从相变开始到完成，单个原子的移动小于一个原子间距，第 12 章将讨论这类相变；前者是通过原子热激活扩散进行的，本章将重点讨论这类相变。

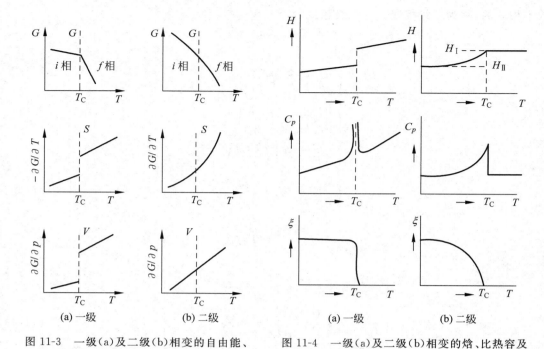

图 11-3 一级(a)及二级(b)相变的自由能、熵及体积变化的对比

图 11-4 一级(a)及二级(b)相变的焓、比热容及有序度变化的对比

扩散型相变可分为如图 11-5 所示的 5 种。

（1）脱溶沉淀 脱溶转变可以由如下的反应式表达：

$$\alpha' \longrightarrow \alpha + \beta \tag{11-6}$$

式中的 α' 是亚稳定的过饱和固溶体，β 是稳定的或亚稳定的脱溶物，α 是一个更稳定的固溶体，其晶体结构与 α' 一样，但是其成分更靠近平衡状态，见图 11-5(a)的(i)。

（ii）及（iii）的情况类似，分别为

$$\beta' \longrightarrow \beta + \alpha \tag{11-7}$$

$$\alpha' \longrightarrow \alpha + \beta \tag{11-8}$$

它们与(i)的区别在于：析出第二相后，母相的溶质含量增高，这与合金的凝固相似。合金凝固时，也是液态母相析出固相后，残余液相的溶质含量增高，即把(iii)中 α 视为液相 L，而 β 则为固相 S。

（2）共析转变 共析转变是指一个亚稳相（γ）由其他两个更稳定相的混合物（$\alpha+\beta$）所代替，如图 11-5(b)所示，其反应可以表示为

$$\gamma \longrightarrow \alpha + \beta \tag{11-9}$$

这与 9.5 节所讨论的共晶凝固相似，在那里，γ 便是液相 L。

上述两种相变产物的成分与母相有较大的差异，需要原子的长程扩散；下面三种类型的反应则可以在没有任何成分改变或长程扩散的情况下进行。

（3）有序化 图 11-5(c)为有序化反应出现的相图，其有序化反应可简写为

$$\alpha(\text{无序}) \longrightarrow \alpha'(\text{有序}) \tag{11-10}$$

（4）块型转变 母相转变为一种或多种成分相同而晶体结构不同的新相，图 11-5(d)示出转变为一种新相的简单情况：

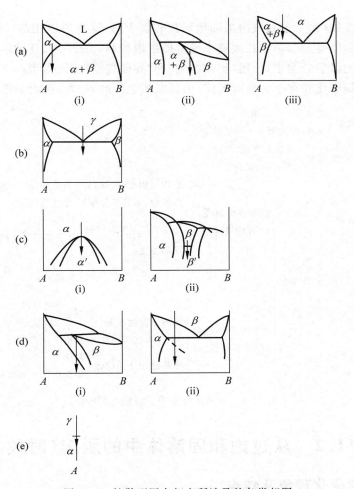

图 11-5　扩散型固态相变所涉及的各类相图
(a) 脱溶；(b) 共析；(c) 有序化；(d) 块型转变；(e) 同素异构转变

$$\beta \longrightarrow \alpha \tag{11-11}$$

在(i)情况下,新相 α 是稳定相；而(ii)情况下,新相 α 是亚稳定相。

(5) 同素异构转变　如图 11-5(e)所示,又叫多形性转变,是指单元系的相变。其原因在于不同的晶体结构在不同的温度范围内是稳定的。例如,纯铁在 910℃发生体心立方(α)和面心立方(γ)晶体结构的转变：

$$\alpha \Longrightarrow \gamma \tag{11-12}$$

11.1.2.3　金属及合金中的相变

多数金属及合金中的相变属一级相变。根据目前人们对新相形成的不同方式、相变过程中原子迁动的不同特征、及形核的位置(局部或均匀形核)、长大界面的结构和迁动性质的认识,可将金属及合金中一级相变的分类列于图 11-6。对此需要说明的是：①图 11-6 中非均匀相变一词,一般又称非连续相变,如非连续沉淀；而均匀相变一般又称连续相变,如连续沉淀。这两类都属形核-长大型相变。新相几乎同时比较均匀地在母相基体上形成的沉积称为连续沉淀,而非连续沉淀时一般稳定相在晶界形成,而后以一定领域(球状、针状或层状)逐步向晶内发展(在一定领域内局部地形核和长大)。这里所应用的"连续"一词并非指连续型相变,需加注意。②新相长大速率受溶质扩散控制,也受界面迁动率控制。有的相变以前者为主,有的以后者为主,分属"扩散控制"和"界面控制"不同类型。③贝氏体相变和相间沉淀(如合金钢碳化物在 γ/α 界面沉淀)中新旧相之间的界面性质尚未肯定。

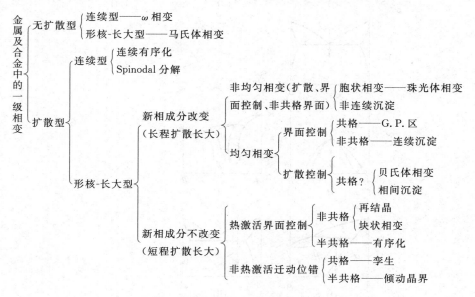

图 11-6   金属及合金中一级相变的分类

11.2   从过饱和固溶体中的脱溶(时效)

11.2.1   时效硬化现象及特点

脱溶(又称沉淀)反应是从过饱和固溶体分离出一个新相的过程,通常这个过程是由温度变化引起的。能够发生脱溶反应的合金最基本的条件是在其相图上有溶解度的变化,如图 11-7 所示。合金应首先进行固溶处理,即加热到单相区得到均匀的固溶体,若缓慢冷却固溶体就会发生脱溶反应,析出平衡的沉淀相。但如急冷淬火,则单相固溶体来不及分解,在室温得到亚稳的过饱和固溶体,此过饱和固溶体若在室温或较高温度保持,便会发生分解反应,这一现象叫做过饱和固溶体分解,也叫**时效**。时效可以显著提高合金的强度、硬度,是强化材料的一种重要途径,如铝合金、耐热合金、部分超高强度钢(沉淀硬化不锈钢、马氏体时效钢)等,都是经过时效处理进行强化的。

Al-Cu 合金是研究最早的时效硬化合金,它的应用较多,因此研究也较为充分。Al-Cu 合金的部分相图如图 11-8 所示,其中 α 为 Cu 在 Al 中的固溶体,θ 为金属化合物($CuAl_2$)。将 Al-4%Cu 合金加热(大约550℃)到单相区,淬火急冷,得到过饱和固溶体,然后在不同温度下保温进行时效处理。通过硬度测量得到合金硬度随时效时间变化的关系,如图 11-9 所示。发现下面的实验现象:

① 急冷之后,硬度很低,单相固溶体中未发现析出;

② 随着时效时间加长,强度指标上升,硬化曲线出现两个峰值(见图 11-9(a)),在硬

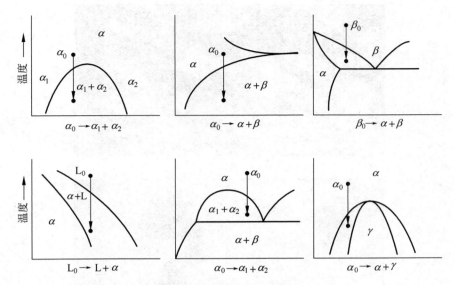

图 11-7 能够发生脱溶反应的相图

峰值附近,用光学显微镜观察不到析出;

③ 用 X 光,电子显微镜能观察到脱溶产物,脱溶产物具有特定的结构和形貌,见图 11-10;

④ 时效温度不同,硬化曲线有些差异,但均有明显的峰值存在,分别见图 11-9(a)、(b)。

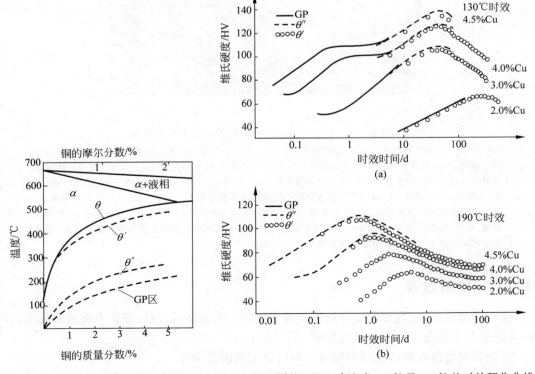

图 11-8 Al-Cu 合金相图一部分   图 11-9 不同的 Al-Cu 合金在 130℃及 190℃的时效硬化曲线

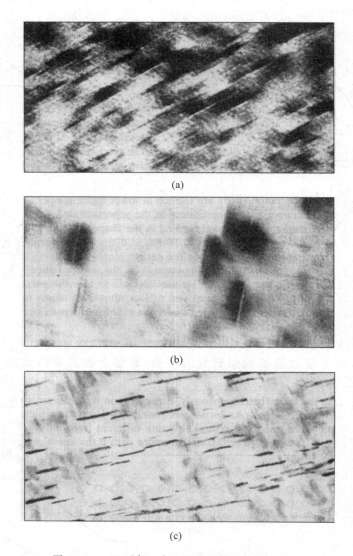

图 11-10　Al-4％Cu 合金经时效的微细组织变化

(a) Al-4％Cu,加热到 540℃,水淬,而后在 130℃时效 16h。可以看出已形成圆盘状 GP 区,圆盘平行于 FCC 基体的{100}晶面,在此阶段圆盘厚度只有几个原子层,直径大约为 10nm。只有沿同一晶体学取向排布的盘状析出物才清晰可见(电子显微镜照片,×1 000 000);(b) Al-4％Cu,在 540℃固溶处理,水淬,而后在 130℃时效 1d。此薄片样品透射电子显微镜照片显示出由于共格 GP2 区所产生的应变场。该区周围的黑色区域是由应力场引起的(电子显微镜照片,×800 000);(c) Al-4％Cu 合金在 540℃固溶处理,水淬,而后在 200℃时效 3d。此薄片样品透射电子显微镜照片显示出非共格和亚稳的 θ' 相,它是由非均匀形核和生长而形成的(电子显微镜照片,×25 000)

11.2.2　脱溶过程

在许多合金中,过饱和固溶体的分解都要经历一个复杂的过程,即在平衡脱溶相出现以前,先形成一个或几个亚稳过渡沉淀相。

过饱和固溶体在时效过程中通常要经过以下的脱溶顺序:

$$\alpha_0 \longrightarrow \alpha_1 + GP \text{ 区} \longrightarrow \alpha_2 + \theta'' \longrightarrow \alpha_3 + \theta' \longrightarrow \alpha_{平衡} + \theta$$

这里的 α_0 是原始的过饱和固溶体，α_1 是与 GP 区共存的基体成分，α_2 是与 θ'' 共存的成分。亚稳的过渡相 GP 区、θ'' 和 θ' 要先于平衡的 θ 相析出。

图 11-11 为 Al-Cu 合金沉淀过程的自由能变化曲线，可以看出，不管是脱溶开始或完成，析出各相都使 ΔG_v 为负，并且 $|\Delta G_v|$ 按着下列顺序而增加：

$$|\Delta G_v(\alpha_0 \to \alpha_1 + GP)| < |\Delta G_v(\alpha_0 \to \alpha_2 + \theta'')| < |\Delta G_v(\alpha_0 \to \alpha_3 + \theta')|$$

$$< |\Delta G_v(\alpha_0 \to \alpha_{平衡} + \theta)|$$

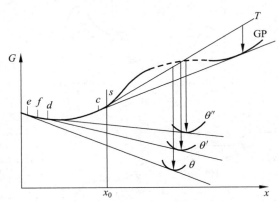

图 11-11　Al-Cu 合金沉淀过程的自由能变化

若只考虑化学自由能变化（ΔG_v），则从过饱和固溶体（α_0）直接析出 θ 相驱动力最大，应该首先析出。但过渡沉淀物在晶体学上往往与基体更接近，二者之间可以形成低能量的共格界面，因此所需的形核功较小，更易于形核和析出，或者说，与直接形成平衡相相比，通过过渡相合金自由能降低得更快，见图 11-12。

时效温度对于沉淀相析出动力学的影响，示意地表示在图 11-13（a）中。

① 当 $T < T_3$：主要是 GP 区，有少量 θ''；随着时间延长，GP 溶解，析出 θ'' 及 θ'。

② 当 $T_3 < T < T_2$：GP 区完全溶解，主要析出 θ''，也有少量 θ'；随着时间延长，θ'' 溶解，θ' 析出。

③ 当 $T_2 < T < T_1$：GP 区及 θ'' 完全溶解，主要析出 θ'，有少量 θ；随着时间延长，θ' 转变为 θ。

④ 当 $T_1 < T < T_0$：只能析出 θ。

亚稳相（例如 θ''）的溶解而促使较稳定相（例如 θ'）的长大机理如图 11-13（b）所示：与 θ'' 平衡时的基体浓度（α_2）高于与 θ' 平衡时的基体浓度（α_3），从而铜从 θ'' 流向 θ'，使 θ'' 继续溶解而 θ' 继续长大。

顺便指出，一般把低温形成的预沉淀相在较高的温度下可以重新溶解的现象称为**回归**。产生回归现象的原因是由于不同结构的脱溶产物稳定存在的温度区间不同，而低温析出的亚稳相溶解度较高所致。在实际的热处理中可以利用这种回归现象，对于一些高强度合金进行双时效处理。时效分两步进行：首先是在 GP 区固溶线以下较低的温度；然后在较高的温度下时效。用这种方法在第一阶段所得到的高弥散分布的 GP 区，在较高温度下能够成为脱溶的非均匀形核位置，与较高温度下的一次时效处理相比，这种处理方式能够得到更弥散的脱溶物分布。在研究工作中，可以利用回归现象将沉淀的各个阶段分开进行考察。

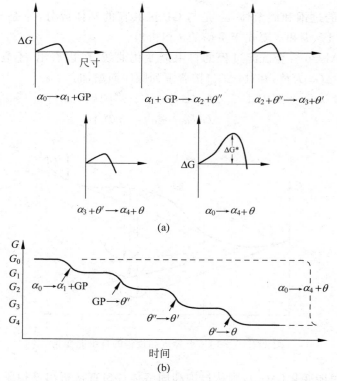

图 11-12　脱溶过程所需激活能及自由能变化
（a）形成每种过渡相激活能势垒与平衡相直接析出所要求的激活能势垒相比；
（b）合金总的自由能随时间变化的示意图

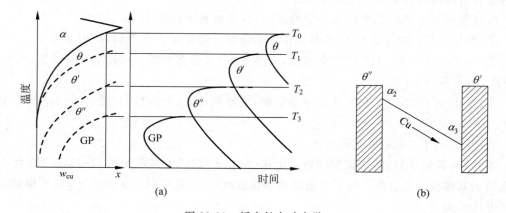

图 11-13　析出长大动力学
（a）Al-Cu 合金的固溶度曲线（左）及各相开始析出的动力学曲线（右）；（b）较稳定相长大的机理

前面图 11-9 的实验结果，验证了上述的时效温度和时效时间对于沉淀相的影响，并指出了铜含量的作用以及这些沉淀相对于合金硬度的影响。

① 130℃时效：GP 区的形成使合金的硬度增加；长时间时效，GP 区溶解，θ'' 的形成仍使硬度继续增加；当 θ'' 溶解而全部转变为 θ'，则硬度开始下降。

② 190℃时效：没有 GP 区；4.0% 及 4.5%Cu 的合金由于 θ'' 而硬化，当 θ'' 溶解而全部

转变为 θ'，则硬度开始下降；2.0%及 3.0%Cu 的合金则由于细小的 θ' 而使硬度上升，达到极值后，由于 θ' 粗化而使硬度下降。

11.2.3　过渡相的结构

按照上述的脱溶顺序 GP 区(或称 GPⅠ)→θ''(或称 GPⅡ)→θ'→θ→θ 长大，分别介绍过渡相的结构。表 11-1 按照这一顺序分别列出了脱溶产物的形成、成分、结构、形貌、界面特征，以及对宏观性能的影响等。图 11-14 给出了 θ''、θ' 和 θ 相的晶体结构，作为对比，图中同时给出 FCC 基体的晶体结构。

表 11-1　Al-4.5%Cu 合金的脱溶产物及特性

母相及脱溶产物\结构及性能	母相 α_0	GP 区 GPⅠ	过渡相 θ''(GPⅡ)	过渡相 θ'	平衡相 θ	平衡相 θ 长大
形成	加热到 550℃形成 Cu 固溶于 Al 的固溶体	室　　温	130℃ ～165℃ ／ 190℃ ／ 220℃			
成分	Al-4.5%Cu	90%Cu	接近 CuAl₂	Cu₂Al₃.₆	CuAl₂	CuAl₂
结构（参照图 11-14）	无序固溶体 FCC $a=0.404$nm	偏聚区 Cu 原子在(001)面上富集而形成，无明显界面，无新结构，保持共格	有序区亚稳的共格预沉淀正方点阵 $a=b=0.404$nm $c=0.768$nm	有序区亚稳的半共格预沉淀正方点阵 $a=b=0.404$nm $c=0.580$nm	平衡沉淀相复杂体心正方结构非共格 $a=b=0.607$nm $c=0.487$nm	平衡相粗化
析出物形貌	—	圆盘状直径 8nm 厚度 0.3～0.6nm 密度为 10^{18}/cm³	圆盘状直径 30nm (最大 150nm) 厚度 2nm(最大 10nm)	在 {100}ₐ 上形成片状脱溶物，非均匀形核，在位错线上或亚组织边界上析出	光学显微镜下可见稀疏分布的逐渐粗大的脱溶物	脱溶物继续粗化
取向关系惯析面	—	偏聚区沿 {100} 晶面形成	(001)ₐ′′ // (001)ₐ [100]ₐ′′ // [100]ₐ {100}ₐ 共格	宽面共格片的边缘非共格或半共格 {100}ₐ 半共格	无确定的取向关系	无确定的取向关系
对宏观性能的影响	低硬度	硬度第一峰值	硬度第二峰值		硬度逐渐下降	
对宏观性能影响的原因	单相固溶体	由于原子偏聚或形成有序化区域，产生共格变形的晶格畸变。位错线切过析出物，会增加界面能、反相畴界能，再加上位错线与高密度析出物的长程相互作用，使材料强度增加		位错线与析出物的长程相互作用，位错线绕过析出物，从而使材料强化。随着析出物粗化，这种强化作用逐渐减弱		

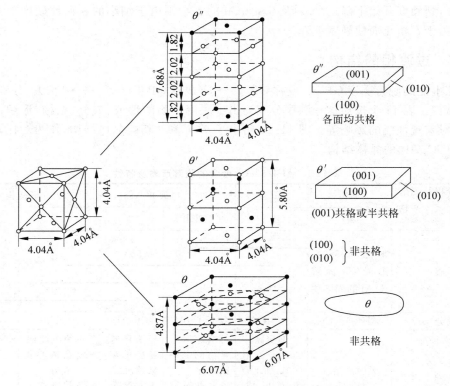

图 11-14   Al-Cu 合金中 θ''、θ' 及 θ 相的晶体结构及形貌
○ Al；● Cu

（1）GP 区   是溶质原子（Cu）偏聚区，又称 GP I 区。偏聚区沿一定的晶面｛100｝形成，即铜原子在铝基体的｛100｝晶面上偏聚。偏聚区的晶体结构仍与基体相同，无明显界面，与基体保持共格联系，但由于 $r_{Cu} < r_{Al}$，因此引起共格变形，使晶格畸变，见图 11-15。

GP 区形如圆盘，直径约 8nm（随时效温度增加而增大），而厚度仅为 0.3～0.6nm。它们均匀分布在 α 基体中，其数密度大约为 10^{18} 个/cm³。偏聚区的平均成分为 90％Cu。这种微小区域是在 1938 年，早先由 Guinier 和 Preston 各自独立地用 X 射线单晶衍射方法发现的，故称 GP 区。

实际上，用普通光学显微镜是不能发现 GP 区的。电子显微镜图像中的衬度是由于垂直该区方向上的共格错配畸变引起的，畸变扭曲了点阵，引起电子衍射强度的局部变化，从而表现为图像上强度的变化。

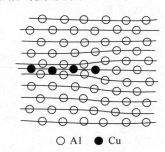

○ Al   ● Cu

图 11-15   GP 区模型（平行于 (200)面并穿过 GP 区的截面）

（2）θ'' 析出相 θ'' 虽然早期称为 GP II，但与上述的 GP 区不同，是一个真正的过渡相。它是重新在 α 中形核并借 GP 区溶解而形成的，也可能是 GP 区转化的结果。它具有正方点阵（与基体 α_0 不同），$a = b = 0.404$nm（与基体的点阵常数一致），$c = 0.78$nm（c 为垂直片状方向），基本上是一个畸变了的 FCC 结构，铜和铝的原子排列在其中的(001)面上。注意(001)面上的原子构成是与基体中的情况一致的，(010)面和

(100)面非常相似，只是在[100]方向上稍有变化，见图 11-14 和图 11-16。θ''相是以$\{100\}_\alpha$为惯析面的全共格盘状脱溶物，与基体的取向关系如下：

$$\left. \begin{array}{c} (001)_{\theta''} \text{ // } (001)_\alpha \\ [100]_{\theta''} \text{ // } [100]_\alpha \end{array} \right\} \tag{11-13}$$

θ''盘状脱溶物的外貌与 GP 区相似，其厚度约为 2nm（最大为 10nm），直径 30nm（最大150nm），比 GP 区要大。其成分接近 $CuAl_2$。为了保持脱溶产物与基体共格，界面区域内产生高的点阵畸变，导致垂直扁片方向的基体内产生弹性应变，见图 11-16。这种共格应变，是导致合金强化的重要原因。

（3）θ'相　θ'也是正方结构，成分近似于 $CuAl_2$，也具有和$\{001\}_\alpha$一样的(001)面，然而(100)面和(010)面的晶体结构与基体的不同，在[100]方向上的错配比较大，因此 θ'在$\{100\}_\alpha$上形成了片状，其取向关系与 θ''一样。片的宽面起初是完全共格的，随着片的长大而失掉共格；片的边缘是非共格的，或者具有复杂的半共格结构。应注意到，由于片的边缘是非共格的而没有长程共格应变场存在。θ'相的形核是非均匀的，往往在位错线上或亚组织边界上析出。

（4）θ相　平衡相 θ 的成分接近于 $CuAl_2$，它具有复杂体心正方结构，见图 11-14，没有一个平面可以与基体很好地匹配，只能形成非共格或者最多是复杂的半共格界面。在光学显微镜下可以看到稀疏分布的粗大脱溶物。随着平衡 θ 相的析出及长大，合金显著软化。

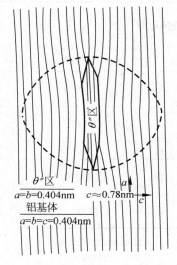

$a=b=0.404nm$　$c \approx 0.78nm$
铝基体
$a=b=c=0.404nm$

图 11-16　θ''过渡相附近基体中的应变场

11.2.4　工业用脱溶硬化合金举例

表 11-2、表 11-3 分别列出了一些合金脱溶硬化的贯序以及一些工业用脱溶硬化合金的力学性能。发现在低温时效过程中，特别是对于铝基合金来说，GP 区往往是首先形成的脱溶物。但对于有些合金体系，GP 区和过渡相并不一定都会出现。为什么析出过程如此复杂，将在下一节脱溶的形核长大理论中加以讨论。

表 11-2　一些合金脱溶硬化的贯序

基体金属	合　　　金	脱　溶　贯　序
铝	Al-Ag	GP 区（球状）→γ'（片状）→$\gamma(Ag_2Al)$
	Al-Cu	GP 区（盘状）→θ''（盘状）→θ'（片状）→$\theta(CuAl_2)$
	Al-Cu-Mg	GP 区（棒状）→S'（条状）→$S(CuMgAl_2)$（条状）
	Al-Zn-Mg	GP 区（球状）→η'（片状）→$\eta(MgZn_2)$（片或条状）
	Al-Mg-Si	GP 区（棒状）→β'（棒状）→$\beta(Mg_2Si)$（片状）
铜	Cu-Be	GP 区（盘状）→γ'→$\gamma(CuBe)$
	Cu-Co	GP 区（球状）→$\beta(Co)$（片状）

基体金属	合　金	脱溶贯序
铁	Fe-C Fe-N	ε-碳化物（盘状）→Fe$_3$C（片状） α''（盘状）→Fe$_4$N
镍	Ni-Cr-Ti-Al	γ'（立方或球状）

表 11-3　一些工业用脱溶硬化合金的力学性能

基体金属	合金	成分,质量分数/%	脱溶物	α_s/MPa[①]	σ_b/MPa[①]	δ/%[①]
铝	2024	Cu(4.5)Mg(1.5)Mn(0.6)	S'(Al$_2$CuMg)	390	500	13
	6061	Mg(1.0)Si(0.6)Cu(0.25)Cr(0.2)	β(Mg$_2$Si)	280	315	12
	7075	Zn(5.6)Mg(2.5)Cu(1.6)Mn(0.2)Cr(0.3)	η(MgZn$_2$)	500	570	11
铜	Cu-Be	Be(1.9)Co(0.5)		770	1160	5
镍	尼莫尼克 105	Co(20)Cr(15)Mo(5)Al(4.5)Ti(1.0)C(0.15)	γ'(Ni$_3$TiAl)	750[②]	1100[②]	25[②]
铁	马氏体时效钢	Ni(18)Co(9)Mo(5)Ti(0.7)Al(0.1)	σ(FeMo)+Ni$_3$Ti	1000	1900	4

① 室温时在硬度峰处测得;

② 在 600℃时测得。

11.3　脱溶的形核长大理论

本节讨论的目的在于用热力学和动力学的办法,分析在脱溶过程中新相是如何形核长大的,其驱动力和阻力各是什么? 长大速率如何确定等。就固溶体的脱溶而论,有两种不同的方式,即形核长大和调幅分解,前者依靠热激活使晶胚达到临界尺寸,后者无须形核,只需成分起伏,便可以使均匀固溶体发展成为成分不同的、结构相同且无明确界面的两个相。究竟采取哪种方式,决定于合金的成分和温度,具体说来取决于在特定的温度下自由能曲线的形状。

11.3.1　固态相变的形核

11.3.1.1　临界形核功和临界晶核半径

设从过饱和固溶体 α 的母相中脱溶析出 β 相,若 β 相的体积为 V_β,对应的 α/β 相界面积为 $A_{\alpha\beta}$,则总的自由能变化为

$$\Delta G = G_{新} - G_{母}$$
$$= V_\beta \Delta G_v + A_{\alpha\beta} \gamma_{\alpha\beta} + V_\beta \Delta G_\varepsilon \tag{11-14}$$

式中, ΔG_v 及 ΔG_ε 分别是析出单位体积的 β 相所引起的化学自由能及应变能的变化。显然,式(11-14)右边的第一项为相变的驱动力,第二、三项为相变的阻力。

在等温、等压下，发生固态相变的必要条件是 $\Delta G < 0$，以球形晶核为例：

$$\Delta G = \frac{4}{3}\pi r^3 \Delta G_v + 4\pi r^2 \gamma_{\alpha\beta} + \frac{4}{3}\pi r^3 \Delta G_\varepsilon$$

$$= \frac{4}{3}\pi r^3 (\Delta G_v + \Delta G_\varepsilon) + 4\pi r^2 \gamma_{\alpha\beta} \tag{11-15}$$

从图 11-17(并参照图 9-2)可以看出，当 $\Delta G_v + \Delta G_\varepsilon < 0$ 时，ΔG 曲线有极大值 ΔG^*，称为临界形核功，临界形核功所对应的 r^* 称其为临界晶核半径。当 $r > r^*$ 时，晶核的长大使 ΔG 下降；当 $r < r^*$ 时，晶核的长大反而使 ΔG 增加。从直观上看，只有 $r > r^*$ 的晶核才能继续长大。从统计的角度看，晶核的出现、长大、消失均由热运动的涨落所引起。对于 $r < r^*$ 的小晶核，其继续长大的几率小于消失的几率；但超过 r^* 以后正好相反，其继续长大的趋势大于消失的趋势。因此，必须由热涨落提供足以克服 ΔG^* 的能量，才能稳定成核。

r^*，V_β^*（临界体积），ΔG^* 均可由 $\dfrac{\mathrm{d}(\Delta G)}{\mathrm{d}r} = 0$ 确定。参照式(9-5)的推导过程，由式(11-15)可分别求出：

$$r^* = -\frac{2\gamma_{\alpha\beta}}{\Delta G_v + \Delta G_\varepsilon} \tag{11-16}$$

$$V_\beta^* = \frac{4}{3}\pi r^{*3} = -\frac{32\pi\gamma_{\alpha\beta}^3}{3(\Delta G_v + \Delta G_\varepsilon)^3} \tag{11-17}$$

$$\Delta G^* = \frac{16\pi\gamma_{\alpha\beta}^3}{3(\Delta G_v + \Delta G_\varepsilon)^2} \tag{11-18}$$

11.3.1.2 相变驱动力——化学自由能差 ΔG_v

1) ΔG_v 与过冷度的关系

图 11-18 示意性给出了在相变温度 T_C 附近新相、母相间化学自由能的相对关系。由发生相变的必要条件 $\Delta G_v < 0$，要求 T 低于 T_C，一般称

$$\Delta T = T_C - T \tag{11-19}$$

为过冷度。

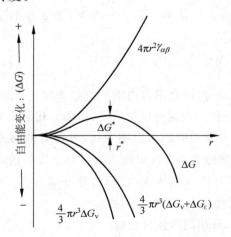

图 11-17　临界形核功和临界晶核半径

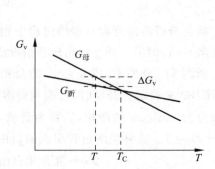

图 11-18　ΔG_v 与过冷度的关系

在温度为 T 时，

$$\Delta G_v = G_{v新} - G_{v母} = (H_{v新} - H_{v母}) - T(S_{v新} - S_{v母})$$

$$= \Delta H - T\Delta S \tag{11-20}$$

利用 $T = T_C$ 时，$\Delta G_v = \Delta H - T_C \Delta S = 0$，即

$$\Delta H = T_C \Delta S \tag{11-21}$$

由式(11-20)可知，温度为 T 时，

$$\Delta G_v = T_C \Delta S - T\Delta S = (\Delta S)(\Delta T) \tag{11-22}$$

利用式(11-16)，考虑到开始析出时 ΔG_ε 很小，可近似认为 ΔS 为常数，有

$$r^* = -\frac{2\gamma_{\alpha\beta}}{\Delta G_v + \Delta G_\varepsilon} \propto \frac{1}{\Delta T} \tag{11-23}$$

可以得出结论，过冷度 ΔT 愈大，r^*，ΔG^* 愈小，愈易形核。工业用脱溶硬化合金一般采用低温时效，这样析出的晶粒细小，可形成弥散分布的第二相，从而使合金强度大大增加。

2）ΔG_v 与析出相成分的关系

实际的时效过程受扩散控制，由于温度低、扩散慢，新相、母相成分会不断变化，最终才达到稳定成分。这里要讨论的问题是，脱溶开始及完成时化学自由能随成分变化的关系。

首先分析脱溶完成时相对于母相的自由能变化。如图 11-19 所示，横坐标为溶剂摩尔分数，纵坐标为摩尔自由能。设从成分为 x_0 的 α 母相中析出成分为 x_2 的 β 新相，母相成分变为 x_1，单相时的自由能为 G_0，分解为 $(\alpha + \beta)$ 后混合相的自由能为 G_D，故自由能变化 $\Delta G = G_D - G_0 = BD$。根据杠杆定律，析出的 β 相为合金总量的 $x_1 x_0 / x_1 x_2$，因此析出 1 mol β 相的自由能变化为

$$\Delta G_m = BD \div \frac{x_1 x_0}{x_1 x_2} = KC \tag{11-24}$$

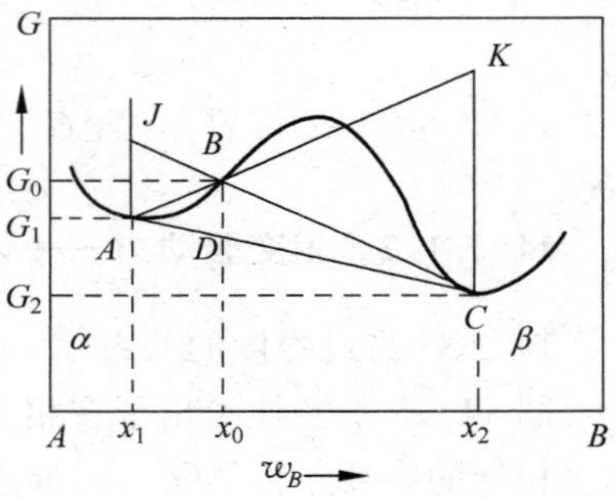

图 11-19　脱溶完成时的自由能变化

从图 11-19 所示的几何关系上讲，每析出 1 mol β 相的驱动力为 KC。显然，若母相的成分不同，KC 的大小是不一样的。令 V_β 为 β 相的摩尔体积，则析出单位体积 β 相自由能变化为

$$\Delta G_v = \frac{\Delta G_m}{V_\beta} \tag{11-25}$$

下面再分析脱溶开始及脱溶过程中相变驱动力，即化学自由能的差是如何变化的。

脱溶开始，即第一颗 β 相晶核开始形成时，β 相的含量可以忽略不计，而 α 相的成分变化甚微。如图 11-20 所示，成分为 x_0 的母相 α 脱溶开始时的自由能变化，可自 B 点做曲线的切线 $BEDQ$ 来确定。开始时，过饱和固溶体的成分为 x_0，自由能为 G_0，由于成分的起伏分解为成分为 x_1 及 x_2 的两相，后者为晶核，前者为贫乏的基体，它们的量分别为 N_1 及 N_2，而 $N_1 + N_2 = 1$。这种脱溶过程引起的自由能变化为

$$\Delta G = 混合相自由能 - 母相固溶体自由能$$

$$= N_1 G_1 + N_2 G_2 - (N_1 + N_2)G_0$$

$$= N_1(G_1 - G_0) + N_2(G_2 - G_0) \tag{11-26}$$

由于溶质的总量不变：

$$x_0 = (N_1 + N_2)x_0 = N_1 x_1 + N_2 x_2$$

即

$$N_1 = \frac{x_2 - x_0}{x_0 - x_1} N_2 \qquad (11\text{-}27)$$

将式(11-27)代入式(11-26)消去 N_1：

$$\Delta G = N_2 \left[(G_2 - G_0) + (G_1 - G_0)\left(\frac{x_2 - x_0}{x_0 - x_1}\right) \right]$$

$$(11\text{-}28)$$

由于晶核只占系统的很小部分，即 $N_2 \ll N_1$，故 $x_1 \approx x_0$，因而成分 x_0 处的自由能曲线斜率为

$$\left(\frac{\mathrm{d}G}{\mathrm{d}x}\right)_{x_0} = -\frac{G_1 - G_0}{x_0 - x_1} \qquad (11\text{-}29)$$

代入式(11-28)，得

$$\Delta G = N_2 \left[(G_2 - G_0) - (x_2 - x_0)\left(\frac{\mathrm{d}G}{\mathrm{d}x}\right)_{x_0} \right]$$

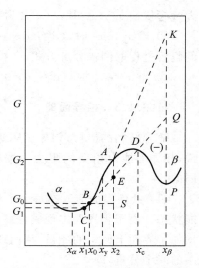

图 11-20　脱溶开始时反脱溶过程中
自由能的变化情况

与式(11-25)同样，令 ΔG_m 表示沉积 1 mol 第二相的自由能变化、ΔG_v 表示沉积单位体积第二相的自由能变化，则

$$\Delta G_v = \frac{\Delta G_m}{V_2} = \frac{\Delta G}{V_2 N_2} = \frac{1}{V_2 N_2}\left[(G_2 - G_0) - (x_2 - x_0)\left(\frac{\mathrm{d}G}{\mathrm{d}x}\right)_{x_0} \right] \qquad (11\text{-}30)$$

从图 11-20 的几何关系可以看出：$G_2 - G_0 = x_2 A - x_2 S = AS$，$(x_2 - x_0)(\mathrm{d}G/\mathrm{d}x)_{x_0} = SE$，则由式(11-30)得到

$$\Delta G_v = \frac{1}{V_2 N_2}[AE] \qquad (11\text{-}31)$$

这便是求 ΔG_v 的图解法或几何法。

　　应该指出的是，过 B 点所做的切线 $BEDQ$ 是为了近似 x_0 所对应的 B 点附近的固溶体的自由能曲线。而连接 x_1，x_2 点所对应的 C，A 两点的直线才表示混合相的自由能。式(11-31)中 AE 正表示了在脱溶过程中驱动力的相对大小。下面分两种情况加以讨论。

　　(1)若过饱和固溶体的成分 x_0 及时效温度一定时，则析出相的成分 x_2 改变时，ΔG_v 发生变化：

$$\begin{cases} \text{当 } x_0 < x_2 < x_c, & \text{则 } \Delta G_v > 0 \\ \text{当 } x_2 = x_c, & \text{则 } \Delta G_v = 0 \\ \text{当 } x_c < x_2 < x_\beta, & \text{则 } \Delta G_v < 0 \end{cases} \qquad (11\text{-}32)$$

式中，x_c 为切线与自由能曲线交点 D 所对应的成分。当 $x_2 = x_\beta$，则 ΔG_v 的负值最大，ΔG^* 最小，形核速率最大。

　　在时效过程中会析出各种成分的中间相，其自由能是逐渐下降的；在时效初期，驱动力最大，随着析出相成分的变化及平衡相的出现，驱动力逐渐变小。

　　(2)若时效温度一定，当 x_0 改变时，$(\mathrm{d}G/\mathrm{d}x)_{x_0}$ 随之改变，曲线的拐点(其成分为 x_y)处的斜率为最大。如沉淀相的成分为 x_β，则如图 11-20 所示，当过饱和固溶体的成分从 x_0 增至 x_y 时，则 $(N_\beta V_\beta)\Delta G_v$ 的数值从 QP 增至 KP。此外：

　　① 当 $x_0 < x_y$ 时，$(\mathrm{d}^2 G/\mathrm{d}x^2) > 0$，成分的少量起伏使 $x_2 < x_c$ 时，ΔG_v 为正。只有成分的

大量起伏使 $x_2 > x_c$ 时，ΔG_v 才为负。与此对应的脱溶过程取形核长大方式。

② 当 $x_0 > x_y$ 时，$(\mathrm{d}^2 G/\mathrm{d}x^2) < 0$，成分的任何起伏引起的沉淀，$\Delta G_v$ 都为负。与此对应的脱溶过程取调幅分解方式。

③ 当 $x_0 = x_y$ 时，$(\mathrm{d}^2 G/\mathrm{d}x^2) = 0$，$(\mathrm{d}G/\mathrm{d}x)$ 为最大，ΔG_v 的负值也是最大。

11.3.1.3 相界面能

随着新相的出现，相界面附近原子的结合状态发生变化，从而产生相界面能。一般来说，相界面能为相变的阻力。按相界面共格、半共格、非共格之分，相界面能的大小是不同的。

（1）共格界面能 在每一个相的内部，每个原子都有最适宜的最近邻排列，从而处于低能状态。由于相界面出现成分变化，使得每一个原子在另一侧部分地和"错误"的近邻键合，增加了界面上原子的能量，从而产生了界面能中的化学分量（$\gamma_{化学}$）。对于共格界面，这是唯一的一个分量，即

$$\gamma_{(共格)} = \gamma_{化学} \tag{11-33}$$

设相变前为单相固溶体，相变后为 α_1，α_2 两相，其成分分别为 x_1，x_2，都为简单立方结构。可按图 11-21 所示的模型对相界面能进行计算。设想两根截面均为 $\frac{1}{2}\,\mathrm{cm}^2$ 成分分别为 x_1，x_2 的棒各自切开，然后错开将不同的两半再结合起来。无论在界面还是在基体中，键能 ε_{AA}，ε_{BB}，ε_{AB} 大小未变，只是键数发生了相对变化。可以求出单位面积上由 ε_{AA} 所贡献的界面能：

$$\left[\frac{1}{2a^2} \cdot x_1 \cdot zx_1 \cdot \varepsilon_{AA} \right] \cdot \frac{1}{2}$$

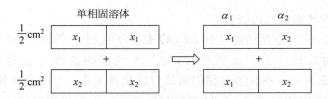

图 11-21 共格界面能计算的模型

可以证明，单位面积上的界面能为

$$\gamma = \frac{\varepsilon_0 (\Delta x)^2}{a^2} \tag{11-34}$$

其中，$\varepsilon_0 = \varepsilon_{AB} - \frac{1}{2}(\varepsilon_{AA} + \varepsilon_{BB})$ 为合金交互作用能。

（2）半共格界面能 可以近似地认为半共格界面的界面能由两部分组成：①如同完全共格界面一样的化学分量 $\gamma_{化学}$；②结构项 $\gamma_{结构}$，它是由错配位错产生的结构歪扭所引起的超额能量，即

$$\gamma_{(半共格)} = \gamma_{化学} + \gamma_{结构} \tag{11-35}$$

若 a_α 及 a_β 分别为无应力时的 α 和 β 的点阵常数，这两个点阵的不匹配（失配、错配）度 δ 定义为

$$\delta = \frac{a_\beta - a_\alpha}{a_\alpha} \tag{11-36}$$

可以看出，一维点阵的错配可以在不产生长程应变场下用一组刃型位错来补偿。这组位错的间距 D 应是

$$D = a_\beta / \delta \tag{11-37}$$

对于小的 δ，可以近似地写成

$$D \approx b / \delta \tag{11-38}$$

式中，b 是位错的柏氏矢量，$b = (a_\alpha + a_\beta)/2$。

由式(11-38)可以看出，错配度 δ 增加时位错间距减小。对于小的 δ 值，界面能中的结构项近似正比于界面上的位错密度，即

$$\gamma_{结构} \propto \delta \tag{11-39}$$

然而，当 δ 变得更大时，$\gamma_{结构}$ 增加较慢，当 $\delta \approx 0.25$ 时，$\gamma_{结构}$ 不再有大的变化。半共格界面能的值通常在 $200 \sim 500 \mathrm{mJ \cdot m^{-2}}$ 范围内。

当 $\delta > 0.25$，即每 4 个面间距就有一个位错，位错核心周围严重失配的区域重叠，界面不能再看做是共格的了，此时它成为非共格界面。

（3）非共格界面　当两个邻接的相在界面上的原子排列结构差异很大时，界面两侧就不可能有很好的匹配。若两相原子排列差异很大或者即使它们的排列相似但原子间距差异超过 25%，都会产生非共格界面。一般来说，两个任意取向的晶体沿任意面接合就获得非共格界面，而若两个晶体结构不同，在有取向关系的两个晶体间也可能存在非共格界面。非共格界面有无规则的原子结构，不具有共格与半共格界面所有的长程周期性。非共格界面的能量一般都很高，大约为 $500 \sim 1000 \mathrm{mJ \cdot m^{-2}}$，界面能对界面取向不敏感。

11.3.1.4　弹性应变能

只要保持弹性联系的新相与母相的比容不同或新相与母相间存在错配，则均会产生弹性应变能。

（1）完全共格的情况　当存在错配时，形成共格界面所引起的弹性应变场使系统自由能增加。若把弹性应变能记为 ΔG_S，则平衡条件为

$$\sum A_i \gamma_i + \Delta G_S = 最小 \tag{11-40}$$

式中，A_i 为能量为 γ_i 的晶面的表面积。

错配脱溶物共格应变的来源可由图 11-22 说明。若把图 11-22(a)所画的圆内的基体挖去并用点阵常数比较小的新相取而代之，则后者必然承受均匀的膨胀应变，见图 11-22(b)。也就是说，为了产生完全共格的脱溶物，基体和塞入物必会由大小相等方向相反的力发生应变，如图 11-22(c)所示。

若没有承受应变的脱溶物和基体的点阵常数分别为 a_β、a_α，不受胁的错配度 δ 定义为

$$\delta = \frac{a_\beta - a_\alpha}{a_\alpha} \tag{11-41}$$

而维持界面共格的应力会使脱溶物点阵畸变。塞入物为球状时，可以认为畸变是静水压形成的，即它在各方向是均匀的，这时获得新的点阵常数 a_β'。现场错配度或受胁错配度定义为

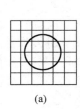 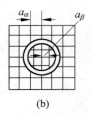 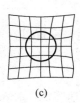

(a)　　　　　　　(b)　　　　　　　(c)

图 11-22　共格应变的来源

（在空间中的阵点数与原来基体中的相同）

$$\varepsilon = \frac{a'_\beta - a_\alpha}{a_\alpha} \qquad (11\text{-}42)$$

若基体和塞入物的弹性模量相等,并且泊松比均为 $1/3$,则 ε 和 δ 的关系为

$$\varepsilon = \frac{2}{3}\delta \qquad (11\text{-}43)$$

实际上,塞入物的弹性模量是不同于基体的,但 ε 仍在 $0.5\delta < \varepsilon < \delta$ 范围内。

当脱溶物是一个薄圆片时,它的现场错配度不再是各方向都相等,在垂直于圆片方向比较大,而在圆片宽面上几乎为零,如图 11-23 所示。

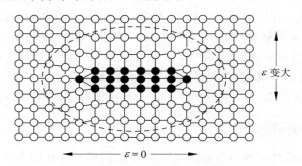

图 11-23　共格圆盘状脱溶物界面的错配情况

（在平行于盘方向错配较小,在垂直于圆盘方向的错配最大）

总的弹性应变能一般取决于基体和塞入物的形状及弹性性质。但是,若基体是弹性各向同性的,并且脱溶物和基体的弹性模量相等,则总的弹性应变能 ΔG_S 与脱溶物的形状无关。设泊松比 $\nu = 1/3$,则 ΔG_S 为

$$\Delta G_S = 4\mu\delta^2 \cdot V \qquad (11\text{-}44)$$

式中, μ 是基体的切变模量; V 是基体中不受胁时空洞的体积。所以,共格应变产生弹性应变能的大小正比于脱溶物体积和点阵错配度平方(δ^2)。

（2）非共格的情况　在非共格的情况下,若包含物尺寸和它所属的空洞的尺寸不同,只要保持弹性联系,仍会引起弹性应变,如图 11-24 所示。这时点阵错配度 δ 失去意义,最好考虑体积错配度 Δ, Δ 的定义如下:

$$\Delta = \Delta V/V \qquad (11\text{-}45)$$

式中, V 是基体中不受胁的空洞的体积,($V - \Delta V$)是不受胁的包含物的体积。

Nabarro 给出在各向同性基体上均匀的不可压缩的包含物的弹性应变能:

$$\Delta G_{\mathrm{S}} = \frac{2}{3}\mu\Delta^2 \cdot V \cdot f(c/a) \tag{11-46}$$

这样，弹性应变能正比于体积错配度的平方 Δ^2。$f(c/a)$ 函数是一个考虑形状影响的因子，如图 11-25 所示。从图 11-25 可以看出，给定体积时，球状（$c/a=1$）的应变能最高，而薄的扁球（$c/a \to 0$）的应变能很低，而针状（$c/a = \infty$）的应变能在二者之间。

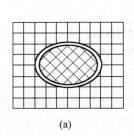
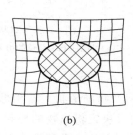

(a)　　　　　　　　　　　(b)

图 11-24　非共格包含物错配应变的来源
（没有点阵的匹配）

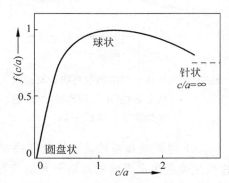

图 11-25　形状因子 $f(c/a)$ 随轴比 c/a 的
变化关系

11.3.1.5　脱溶产物的形状——由界面能和弹性能共同决定

（1）共格的丧失　具有共格界面的脱溶物的界面能比较低，但由于存在错配，必然伴随有共格应变能；从另一方面看，如果同样的脱溶物具有非共格的界面，则它就有较高的界面能而没有共格应变能。现在讨论一个错配度为 δ 半径为 r 的球状脱溶物在什么情况下总能量最低。

含有完全共格的球状脱溶物的晶体的自由能由两部分构成：①由式（11-44）所给出的共格应变能；②由式（11-33）所给出的化学界面能 $\gamma_{化学}$。这两项之和为

$$\Delta G_{(共格)} = 4\mu\delta^2 \cdot \frac{4}{3}\pi r^3 + 4\pi r^2 \cdot \gamma_{化学} \tag{11-47}$$

若同一脱溶物但具有不共格或半共格界面，则位错的引入和共格的丧失可以使错配应变能缓解乃至消失，即式（11-47）中的第一项变为零，但有一个额外的由结构贡献的界面能 $\gamma_{结构}$，此时总能量为

$$\Delta G_{(非共格)} = 0 + 4\pi r^2(\gamma_{化学} + \gamma_{结构}) \tag{11-48}$$

给定 δ 后，$\Delta G_{(共格)}$ 和 $\Delta G_{(非共格)}$ 随 r 的变化关系如图 11-26 所示。当 r 很小时，共格脱溶物的总能量最低，而对于大的脱溶物则是半共格或不共格（视 δ 的大小而定）更为有利。其临界半径（$r_{临界}$）由 $\Delta G_{(共格)} = \Delta G_{(非共格)}$ 求得

$$r_{临界} = 3\gamma_{结构}/4\mu\delta^2 \tag{11-49}$$

若 δ 很小，则会形成半共格界面，它的结构项 $\gamma_{结构} \propto \delta$，此时，

$$r_{临界} \propto 1/\delta$$

若共格脱溶物长大，当其半径超过 $r_{临界}$ 时就会失去共格。丧失共格时需要在脱溶物周围产生位错环，如图 11-27 所示。实际上这可能是很困难的。所以常常可以看到共格脱溶物的尺寸比 $r_{临界}$ 大很多的情况。

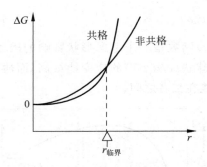

图 11-26 基体＋脱溶物的总能量与球状
的非共格(不共格或半共格)脱
溶物的半径间的关系

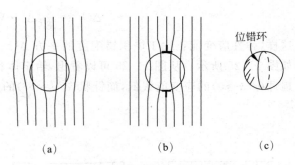

图 11-27 球状脱溶物共格的丧失

(a) 共格；(b) 位错的引入形成半共格界面；(c) 透视图

(2) 界面能和弹性应变能共同决定脱溶产物的形状 新相母相间界面能及弹性应变能的相互关系决定界面的共格非共格状态,而且决定析出物的形状。其根本原因在于新相、母相的浓度差 ΔC、失配度 δ 以及新相、母相所固有的力学特性。

11.3.1.6 非均匀形核

固态相变中的形核几乎都是非均匀的。固相中的超额空位、位错、晶粒边界、堆垛层错、夹杂物和自由表面等非平衡缺陷都提高了材料的自由能,这些都是合适的形核位置。如果晶核的产生结果是使缺陷消失,就会释放出一定的自由能($-\Delta G_d$),因此减少了(甚至消除了)激活能势垒。对于非均匀形核过程,与式(11-14)相当,有

$$\Delta G_{非均匀} = V_\beta(\Delta G_v + \Delta G_\varepsilon) + A_{\alpha\beta}\gamma_{\alpha\beta} + \Delta G_d \tag{11-50}$$

如果将各种形核位置以 $|\Delta G_d|$ 增加的顺序排列,其次序大致为：①均匀形核位置；②空位；③位错；④堆垛层错；⑤晶界或相间边界；⑥自由表面。下面针对几种情况加以讨论。

(1) 在晶粒边界上形核 若完全忽略应变能,最佳的胚胎形状应当是使总的界面能最低,因此一个非共格晶界晶核的最佳形状将是如图 11-28 所示,为两个相接的球冠,其 θ 角为

$$\cos\theta \approx \gamma_{\alpha\alpha}/2\gamma_{\alpha\beta} \tag{11-51}$$

假设 $\gamma_{\alpha\beta}$ 是各向同性的,并且对两个晶粒是相等的。

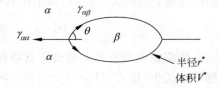

图 11-28 晶界形核时的临界
晶核尺寸(V^*)

形成这种胚胎时自由能的变化,即驱动力为

$$\Delta G = V\Delta G_v + A_{\alpha\beta}\gamma_{\alpha\beta} - A_{\alpha\alpha}\gamma_{\alpha\alpha} \tag{11-52}$$

式中,V 是胚的体积,$A_{\alpha\beta}$ 是新产生的、能量为 $\gamma_{\alpha\beta}$ 的 $\alpha\text{-}\beta$ 界面面积,$A_{\alpha\alpha}$ 是在过程中消失的、能量为 $\gamma_{\alpha\alpha}$ 的 $\alpha\text{-}\alpha$ 晶界面积。式(11-52)中的最后一项即为式(11-50)中的 ΔG_d。

可以看出,晶界处形核和凝固时在基底上形核相似,所得的结果可以通用,球冠的临界半径也是与晶界无关,为

$$r^* = -2\gamma_{\alpha\beta}/\Delta G_v \tag{11-53}$$

而非均匀形核的激活能势垒由下式可得

$$\frac{\Delta G_{非均匀}^*}{\Delta G_{均匀}^*} = \frac{V_{非均匀}^*}{V_{非均匀}^*} = S(\theta) \tag{11-54}$$

式中，$S(\theta)$ 是一个形状因子，为

$$S(\theta) = \frac{1}{2}(2+\cos\theta)(1-\cos\theta)^2 \tag{11-55}$$

晶界减小 $\Delta G_{非均匀}^*$ 的能力，即作为形核位置的潜力取决于 $\cos\theta$，也就是取决于 $\gamma_{\alpha\beta}/\gamma_{\alpha\alpha}$ 的比例。若这一比值超过 2，那么 $\theta=0$，于是不存在形核障碍。

在三晶交界或四晶交界的位置形核（如图 11-29、图 11-30 所示），甚至还可以进一步减小 V^* 和 ΔG^*。图 11-31 给出各种晶界形核位置的 $\Delta G_{非均匀}^*/\Delta G_{均匀}^*$ 与 $\cos\theta$ 的依赖关系。

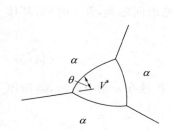

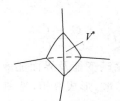

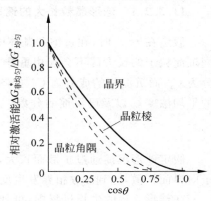

图 11-29　在三晶交界处形核的临界晶核形状　　图 11-30　在四晶交界处形核的临界晶核形状　　图 11-31　相对于均匀形核过程，θ 对晶界生核激活能的影响

由式（11-52）可知，$A_{\alpha\alpha}\gamma_{\alpha\alpha}$ 是产生新相的附加驱动力，因此原来的晶界能 $\gamma_{\alpha\alpha}$ 愈大，临界形核功 ΔG^* 愈小。此外，晶界，特别是大角晶界的结构较为紊乱和疏松，易于松弛应变能，而且扩散激活能也较低，晶界又常常易于富集溶质，使过饱和度增加，从而 $|\Delta G_v|$ 增加。这些因素都使形核功 ΔG^* 下降，从而易于在晶界沉淀，并且在较低温度，也可在晶界析出平衡相。

晶界沉淀相的形核和长大，使邻近区域的溶质贫乏，产生晶界贫乏溶质区，这种现象可用来解释奥氏体不锈钢及铝铜合金的晶间腐蚀。

（2）位错的作用　位错可从如下几个方面促进形核：

① 降低 ΔG_ε 对 ΔG^* 的贡献：比容大或小的晶核可分别在刃型位错产生的拉应力区或压应力区形成，从而降低体系的 ΔG_ε。

② 在新相与母相半共格界面中，界面位错降低界面能，减少形核阻力。

③ 降低 ΔG_v：位错区可富集溶质，从而增加过饱和度及降低 ΔG_v，使 $|\Delta G_v|$ 增加，即增加过程的驱动力。

④ 降低扩散激活能 Q_D：位错的短路扩散，可降低扩散激活能 Q_D，从而增加形核速率。

⑤ 位错分解形成的层错有利于共格的 HCP 相的形核：FCC 晶体中全位错 $\frac{a}{2}\langle110\rangle$ 的

分解：

$$\frac{a}{2}[110] \longrightarrow \frac{a}{6}[121] + \frac{a}{6}[21\bar{1}] \tag{11-56}$$

在 $(1\bar{1}1)$ 面形成层错，这种层错的产生实质上是在 FCC 晶体的局部形成了 HCP 结构的几个

原子层,自然有利于形成 HCP 晶核。例如,Al-Ag 合金中的 γ' 相具有下述的位向关系:

$$
\left.\begin{array}{r}
(0001)_\gamma \ /\!/ \ (1\bar{1}1)_\alpha \\
[11\bar{2}0]_\gamma \ /\!/ \ [110]_\alpha
\end{array}\right\} \tag{11-57}
$$

与之对应的相界能低,有利于形核。

11.3.2 晶核长大动力学

11.3.2.1 球形晶粒长大的速率方程

假定在 $t=0$ 时,在过饱和基体中已存在能长大的球形沉淀相核心,而且在短时间内,不同沉淀粒子的长大区不会互相重叠。设基体 α 相的初始成分为 C_0,与沉淀相平衡的基体成分为 C_α,而沉淀相的成分为 C_β,如图 11-32(a)所示。我们要讨论的问题是,在 t 时刻,基体的平均浓度 $\overline{C}$ 以及已沉淀的分数

$$
z(t) = \frac{C_0 - \overline{C}}{C_0 - C_\alpha} \tag{11-58}
$$

假定球形沉淀通过扩散而长大,忽略畸变能及界面能效应。扩散在 α 相中进行,溶质原子向界面扩散,达到 α/β 相界发生反应扩散,形成 β 相,见图 11-32(b)。

在球形 β 相的生长过程中,可列出下述两个方程:

① 用准稳态扩散近似,利用式(8-24),在 $\mathrm{d}t$ 时间内,母相中溶质质量的变化

$$
\mathrm{d}m = -D \cdot 4\pi r^2 \left(\frac{C_0 - C_\alpha}{r}\right)\mathrm{d}t = \frac{4}{3}\pi R^3 \mathrm{d}\overline{C} \tag{11-59}
$$

② 利用 α,β 相中溶质质量守恒,

$$
\frac{4}{3}\pi r^3 C_\beta = \frac{4}{3}\pi R^3 (C_0 - \overline{C}) \tag{11-60}
$$

利用式(11-59)、式(11-60)消去 r 得

$$
\frac{\mathrm{d}\overline{C}}{\mathrm{d}t} = -\frac{3D(C_0 - C_\alpha)}{R^2}\left(\frac{C_0 - \overline{C}}{C_\beta}\right)^{1/3}
$$

积分并整理得 t 时刻相变的分数

$$
z(t) = \frac{C_0 - \overline{C}}{C_0 - C_\alpha} = \left[\frac{2Dt}{R^2}\left(\frac{C_0 - C_\alpha}{C_\beta}\right)^{1/3}\right]^{3/2} = \left(\frac{2t}{3\tau}\right)^{3/2} \tag{11-61}
$$

式中,$\dfrac{1}{\tau} = \dfrac{3D}{R^2}\left(\dfrac{C_0 - C_\alpha}{C_\beta}\right)^{1/3}$。

由式(11-61)得出结论,$z(t) \propto t^{3/2}$,当 $z(t) < 0.9$ 时此结论与实验结果相符,而当 $z(t) > 0.9$ 时有

$$
z(t) = 1 - 2\exp\left(-\frac{t}{\tau}\right) \tag{11-62}
$$

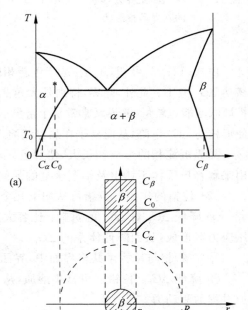

图 11-32 球形晶核长大的过程
(a) 过饱和固溶体析出沉淀相的相图;
(b) 球形晶核长大

11.3.2.2　片状沉淀物的伸长及增厚

沉淀相的长大，涉及相界面的推进。较为粗糙的非共格界面类似于大角晶界，易于迁移而连续长大；而平滑分明的共格及半共格界面的迁移率很低，被迫以台阶机制移动。如若不能连续提供台阶，容易运动的非共格界面就有可能比半共格界面发展得更快，所以有一个面匹配较好的晶核应当长成薄的片或盘状，如图 11-33 所示。这就是所谓的魏氏体形态的来源。

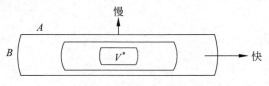

图 11-33　界面类型对一个生长着的
析出物形态的影响
A—低迁移率的半共格界面；
B—高迁移率的非共格界面

（1）以平直非共格界面为前沿的长大

设想如图 11-34 所示的富溶质的析出物厚片，从厚度为零开始长大，瞬时长大速度为 v。v 将取决于界面处的浓度梯度 dC/dx。

与球形晶核长大的分析方法相类似，若单位面积的界面向前推进了 dx 距离，必然有 $1 \cdot dx$ 体积的材料由单位体积内含有 C_α mol 溶质的 α 转化为含有 C_β mol 溶质的 β，也就是必须通过扩散由 α 向 β 提供 $(C_\beta - C_\alpha)dx$ mol 的溶质。在 dt 时间内通过单位面积的溶质的流量由 $D(dC/dx)dt$ 给出，式中的 D 是互扩散系数。将这两个量列等式可得

$$v = \frac{dx}{dt} = \frac{D}{C_\beta - C_\alpha} \cdot \frac{dC}{dx} \tag{11-63}$$

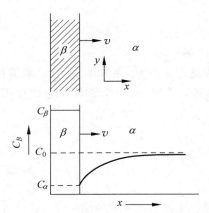

图 11-34　片状析出物的扩散控制增厚过程

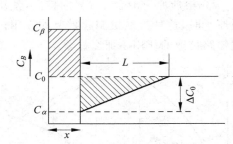

图 11-35　浓度分布的简化形式

随着析出物的长大，靠近析出物的基体的成分越来越接近 C_α，而且涉及的范围逐渐扩大，也就是说式（11-63）中的 dC/dx 随时间而减小。可以把浓度分布简化成如图 11-35 所示，设 L 为扩散区的宽度，则有

$$\frac{dC}{dx} = \frac{C_0 - C_\alpha}{L} \tag{11-64}$$

又根据溶质的质量守恒，图中两块阴影的面积应相等，即

$$(C_\beta - C_0)x = L\Delta C_0 / 2 \tag{11-65}$$

式中的 x 是片层的厚度。因此长大速度变为

$$v = \frac{D(\Delta C_0)^2}{2(C_\beta - C_\alpha)(C_\beta - C_0)x} \tag{11-66}$$

假定摩尔体积是个常数,上述方程中的浓度可以用摩尔分数($X = CV_m$)来代替。为简化,通常假定 $C_\beta - C_0 \approx C_\beta - C_\alpha$。将式(11-66)积分可得

$$x = \frac{\Delta X_0}{(X_\beta - X_\alpha)} \sqrt{Dt} \tag{11-67}$$

及

$$v = \frac{\Delta X_0}{2(X_\beta - X_\alpha)} \sqrt{\frac{D}{t}} \tag{11-68}$$

式中, $\Delta X_0 = X_0 - X_\alpha$ 是析出前的过饱和度,见图 11-36(a)。

根据式(11-67)、式(11-68),得出下述几条结论:

① $x \propto \sqrt{Dt}$,即析出物的厚度增加服从抛物线长大规律;

② $v \propto \Delta X_0$,即对于给定的时间,长大速度正比于过饱和度;

③ $v \propto \sqrt{D/t}$,即随着时间增加,增厚速度越来越慢。

从式(11-68)还可以看到:当过冷度小时,由于过饱和度较低,长大速度比较低;当过冷度很大时,由于扩散缓慢,所以长大速度也低。故在某一个中间过冷度下,可以有最大的长大速度。这种关系如图 11-36(b)所示。

通常晶界沉淀并不沿着晶界形成连续的一层新相,而是保持着孤立的颗粒。这样的沉淀相长大速度远比体扩散允许的速度要大。这是因为,晶界像一个溶质原子的收集板,见图 11-37。这种晶界沉淀相的长大包括三个阶段:

① 溶质原子通过体扩散迁移到晶界;

② 溶质原子沿着晶界扩散而与沉淀的边缘连接在一起;

③ 溶质原子沿着 α/β 界面扩散,使沉淀相加快增厚。显然,如果扩散组元是置换型溶质原子时,这种扩散机制起重要的作用;对于间隙型溶质原子,由于基体扩散速度很高,上述短路扩散的作用不那么显著。

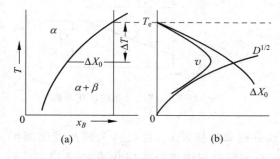

图 11-36 温度和成分对长大速度 v 的影响

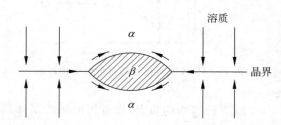

图 11-37 晶界扩散引起沉淀的加快伸长和增厚

(2) 片状析出物的扩散控制伸长

现有厚度为一定的 β 沉淀相,其端部是半径为 r 的非共格圆柱面,如图 11-38(a)所示。沿着图中的 AA' 线横跨弯曲界面的浓度分布如图 11-38(b)所示。由于沉淀相的曲率半径的作用(吉布斯-汤姆逊效应),沉淀相边缘附近基体中的平衡浓度升高到 C_r,这样产生扩散的浓度梯度也减小为 $\Delta C/L$,其中 $\Delta C = C_0 - C_r$,L 称为**特征扩散距离**。这种径向扩散问题

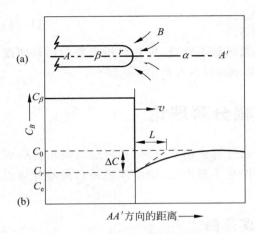

图 11-38　析出物前沿的浓度分布

（a）片状析出物的边缘；（b）沿 AA' 线的浓度分布

比较复杂。通过相应方程的解可以得到 $L=Kr$，其中 K 是约等于 1 的常数。类似于式（11-63），就可以得到伸长速度为

$$v = \frac{D}{C_\beta - C_r} \cdot \frac{\Delta C}{Kr} \qquad (11\text{-}69)$$

式中 C_r 随 r 而变化，因此，产生扩散的浓度梯度决定于沉淀片（或针）顶端的半径。在一定的简化假设条件下，可以证明：

$$\Delta X = \Delta X_0 \left(1 - \frac{r^*}{r}\right) \qquad (11\text{-}70)$$

式中，$\Delta X = X_0 - X_r$，$\Delta X_0 = X_0 - X_\alpha$，$r^*$ 是临界晶核半径，即当 $r = r^*$ 时，$\Delta X = 0$ 如果摩尔体积为常数，则将上面的式（11-69）、式（11-70）合并即可得到

$$v = \frac{D\Delta X_0}{K(X_\beta - X_r)} \cdot \frac{1}{r}\left(1 - \frac{r^*}{r}\right) \qquad (11\text{-}71)$$

只要其他析出物不使远离界面处的过饱和度降低，式（11-71）总是适用的。式（11-71）与式（11-68）的区别在于，在片层的厚度一定的条件下，其伸长的速度为一常数，即 $x \propto t$（线性长大）。

（3）片状析出物的增厚

前面（1）中对平直非共格界面的分析，只适用于具有较高适应因子的界面；一般来讲，片状析出物宽面不是这种情况，这个面是半共格的，其增厚来源于台阶的侧向运动而引起的迁移。

为简化起见，设想一个片状析出物是以间距为 λ、高度为 h 的线性台阶的侧向运动来增厚，如图 11-39 所示。显然，片状物的半厚度应当以速度 v 增加，

$$v = \frac{uh}{\lambda} \qquad (11\text{-}72)$$

式中，u 是侧向移动速度。

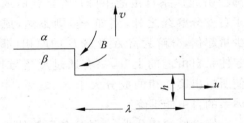

图 11-39　片状析出物以突台机制增厚

突台迁移的问题与片状析出物的伸长十分类似。沉淀相增厚所需要的成分改变也必须通过长程扩散来完成，在扩散过程中溶质原子向突台侧面扩散，如图 11-39 所示。如果台阶的边缘是非共格的，与台阶接触的基体成分将是 X_e，长大是由扩散控制的。类似于前面（2）中的处理方法，可得出侧向移动速度为

$$u = \frac{D\Delta X_0}{k(X_\beta - X_e)h} \qquad (11\text{-}73)$$

式（11-73）与片状析出物的伸长速度表达式（11-71）基本上一样，只要令 $h \approx r$，$X_r = X_e$，就可以得到同样的表达式。合并式（11-72）、式（11-73），就可以得到增厚速度 v 与 h 无关的表达式：

$$v = \frac{D\Delta X_0}{K(X_\beta - X_e)\lambda} \tag{11-74}$$

从式(11-74)可以看出,只要各个析出物的扩散区域不重叠,则片状析出物的增厚速度 v 与突台间距 λ 成反比。而螺旋生长可以连续不断地提供具有恒定 λ 的突台。

11.4 脱溶的调幅分解理论

调幅分解(spinodal decomposition)又称为增幅分解或拐点分解,其特点是新相的形成不经形核长大,而是通过自发的成分涨落,浓度的振幅不断增加,固溶体最终自发地分解成结构相同而成分不同的非均匀固溶体的过程。

11.4.1 调幅分解的条件——成分与温度范围

图 11-40(b)给出了可发生调幅分解的合金的自由能—成分曲线。发生调幅分解的条件是,合金的成分必须位于自由能-成分曲线的两个拐点之间。由于自由能曲线是随温度而变化的,所以合金的成分、温度要匹配,使合金成分处于曲线拐点之内。

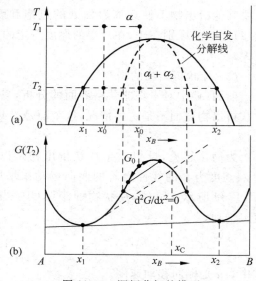

在图 11-40(a)所示的相图中,实线为固溶度曲线,虚线为拐点轨迹线。只有虚线所围的范围才能发生调幅分解。因此此虚线又称为自发分解线。设有成分为 x_0 的合金,在 T_1 温度固溶处理后,急冷到自发分解线内的温度区间,例如 T_2,从图 11-40(b)可以看出,任何微量的成分起伏,分解为富 A 及富 B 的两相,都会引起体系自由能下降;若合金的成分位于自发分解线之外,例如 x_0',则不然,成分的少量起伏,分解为富 A 及富 B 的两相,都会引起体系自由能的上升,只有通过形核与长大,使所析出第二相的成分大于 x_C 之后,才会使体系的自由能下降。

图 11-40 调幅分解的模型

(a) 二元合金相图;(b) T_2 时自由能-成分曲线

假设原始成分为 x_0 的均匀固溶体出现了无限小量的浓度起伏 $\delta x = x - x_0$,而 $x \to x_0$,那么 1 mol 原子的自由能变化可表示为

$$\Delta G_v = G(x) - G(x_0) - \delta x \cdot G'(x_0) \tag{11-75}$$

将 $G(x)$ 对 x_0 按台劳级数展开,并将其代回式(11-75)中,得

$$\Delta G_v = \frac{1}{2}(\delta x)^2 \cdot G''(x_0) + \cdots \tag{11-76}$$

显然,只有在 ΔG_v 为负值时,才可作为调幅分解的驱动力。这样就很容易理解:只有当 x_0 处在调幅分解线以内时,才有 $G''(x) = \mathrm{d}^2 G / \mathrm{d}x^2 < 0$。在这种情况下,任何一种微小的浓度起伏,都使体系的自由能下降,即 $\Delta G_v < 0$。

调幅分解,不经历形核阶段,不出现另一种晶体结构,也不存在明显的相界面。如果单

从化学自由能考虑，即忽略界面能和畸变能的话，则调幅分解不存在形核功，不需要克服热力学能垒，其生长是通过扩散，并使浓度起伏不断增加，直至分解为成分为 x_1 的 α_1 和成分为 x_2 的 α_2 两个平衡相为止。

由于成分不同的交替相间的微区尺寸很小，约 $5\sim10$nm，只要扩散条件充分，调幅分解的速度是很快的。只有当扩散系数大约小于 10^{-14} cm^2 · s^{-1} 时，才有可能利用快速淬冷的方法来遏制调幅分解的发生。调幅分解的产物是一种由溶质原子组成的共格的贫、富区域，故可以提高金属材料的强度和矫顽力。正由于这种调幅组织很难在光学显微镜下分辨，所以这种新相的形成机制，曾经是长期辩论的问题。从 1897 年提出调幅分解概念起，经过了 71 年，直到 1968 年侃（Cahn）等人对 Al-Zn 系和 Al-Ag 系的工作，才在理论上并在实验上得到证实。

11.4.2　调幅分解的定量分析

11.4.2.1　调幅分解的上坡扩散

图 11-41 是调幅分解过程中浓度随时间的变化情况，浓度的变化受扩散控制。我们首先证明，调幅分解中的扩散为上坡扩散。为此讨论扩散系数 D 与 $\mathrm{d}^2G/\mathrm{d}z^2$ 的关系。z 为所涉及的扩散方向。

根据第 8 章的式（8-112），有

$$J = -BC\frac{\partial \mu}{\partial z} = -BC\frac{\partial \mu}{\partial C} \cdot \frac{\partial C}{\partial z} \quad (11\text{-}77)$$

利用菲克第一定律式（8-1）：

$$J = -D\frac{\partial C}{\partial z}$$

比较式（11-77）与式（8-1）有 $D = BC\dfrac{\partial \mu}{\partial C}$，下面需要证明的是

$$D = BC\frac{\partial \mu}{\partial C}$$

$$= BC(1-C)\frac{\mathrm{d}^2G}{\mathrm{d}C^2} \quad (11\text{-}78)$$

考虑到摩尔体积浓度 C_i 等于摩尔密度 ρ 乘以摩尔分数 x_i，即 $C_i = \rho x_i$，并注意到两个组元的摩尔分数之和等于 1，即 $x_1 + x_2 = 1$，又根据 Gibbs-Dahem 关系式：

$$(1-x)\partial \mu_1 + x\partial \mu_2 = 0 \quad (11\text{-}79)$$

对于所考虑的二元合金系统，在扩散过程中自由能的变化：

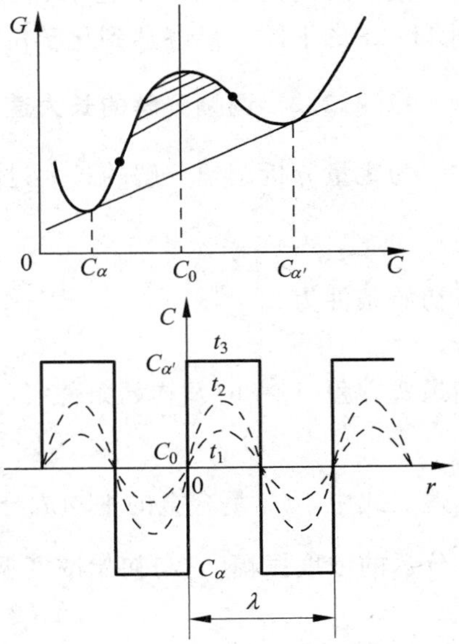

图 11-41　调幅分解过程中浓度随时间的变化

$$\mathrm{d}G = \mu_1\mathrm{d}x_1 + \mu_2\mathrm{d}x_2 \quad (11\text{-}80)$$

$$\frac{\mathrm{d}G}{\mathrm{d}x_1} = \mu_1 + \mu_2\frac{\mathrm{d}x_2}{\mathrm{d}x_1} = \mu_1 - \mu_2$$

$$\frac{\mathrm{d}^2G}{\mathrm{d}x_1^2} = \frac{\mathrm{d}\mu_1}{\mathrm{d}x_1} - \frac{\mathrm{d}\mu_2}{\mathrm{d}x_2}\frac{\mathrm{d}x_2}{\mathrm{d}x_1} = \frac{\mathrm{d}\mu_1}{\mathrm{d}x_1} + \frac{\mathrm{d}\mu_2}{\mathrm{d}x_2} \quad (11\text{-}81)$$

又对于稀溶液,满足拉乌尔定律:

$$\mu_i = \mu_i^0 + RT\ln x_1 \tag{11-82}$$

将式(11-82)代入到式(11-81)中,得

$$\frac{\mathrm{d}^2 G}{\mathrm{d}x_1^2} = \frac{RT}{x_1} + \frac{RT}{x_2} = \frac{RT}{x_1 x_2} \tag{11-83}$$

由式(11-82)及式(11-83),得

$$\frac{\mathrm{d}\mu}{\mathrm{d}x_1} = \frac{RT}{x_1} = x_2 \frac{\mathrm{d}^2 G}{\mathrm{d}x_1^2} \tag{11-84}$$

将式(11-84)代入式(11-78),即 $D = BC\dfrac{\partial \mu}{\partial C}$,注意式中的 C 即式(11-84)中的 x_1,得

$$D = BC(1-C)\frac{\mathrm{d}^2 G}{\mathrm{d}C^2} \tag{11-85}$$

由式(11-85),因为 $BC(1-C)$ 不可能为负值,对于确定的合金系统,其综合扩散系数 D 与自由能—成分曲线的二阶导数 $\dfrac{\mathrm{d}^2 G}{\mathrm{d}C^2}$ 同号。若成分在曲线拐点之外,有 $\dfrac{\mathrm{d}^2 G}{\mathrm{d}C^2} > 0$,则 $D > 0$,即为顺扩散或下坡扩散;若成分在曲线拐点之内,有 $\dfrac{\mathrm{d}^2 G}{\mathrm{d}C^2} < 0$,则 $D < 0$,即为逆扩散或上坡扩散。调幅分解正是属于后一种情况,即合金中的溶质原子是从低浓度向高浓度的逆扩散,其结果是浓度高的部位浓度越来越高,浓度低的部位浓度越来越低,逐渐形成调幅结构(见图 11-41 的下图),最终达到化学位相等。

11.4.2.2　调幅分解的长大速率

为定量分析调幅分解的长大过程,需要求解非稳态的扩散方程:

$$\frac{\partial C}{\partial t} = D\frac{\partial^2 C}{\partial z^2} \tag{11-86}$$

其初始条件为

$$C(x,0) = C_0 + A_0 \exp(-\mathrm{i}\beta z) \tag{11-87}$$

满足式方程(11-86)及初始条件式(11-87)的解为

$$C(x,t) = C_0 + A_t \exp(-\mathrm{i}\beta z) \tag{11-88}$$

上述三式中,C_0 是合金的平均成分,$A_t(\beta,t)$ 为在时间 t、波数为 $\beta\left(\beta = \dfrac{2\pi}{\lambda}, \lambda \text{ 为波长}\right)$ 的傅里叶分量的浓度振幅,它与初始浓度振幅的关系是

$$A_t(\beta,t) = A_0(\beta,0)\exp[R(\beta)t] \tag{11-89}$$

式中,$R(\beta) = -\beta^2 D = -\dfrac{4\pi^2}{\lambda^2}D$。由于调幅分解中的长大速率决定于指数函数 $\exp[R(\beta)t]$,一般称 $\exp[R(\beta)t]$ 为调幅因子,而称 $R(\beta)$ 为速率常数或放大因子。

针对调幅分解中的长大速率,需要说明两个问题:

① 只有 $D < 0$,即 $\dfrac{\mathrm{d}^2 G}{\mathrm{d}z^2} < 0$,合金成分位于拐点之内,对于所有 β 值才均有 $R(\beta) > 0$。根据式(11-89),任何成分起伏都将随时间而增加。

② 由 $R(\beta) = -\beta^2 D = -\dfrac{4\pi^2}{\lambda^2}D$ 可知,$\lambda \to 0$ 时,速率常数 $R(\beta) \to \infty$,似乎是涨落区域越

小,成分涨落越快,实际上并非如此。产生这种矛盾的原因是,在以上的定量分析中未考虑调幅分解的阻力——由于浓度梯度而产生的梯度能(界面能)以及由于成分起伏而引起的应变能。

11.4.2.3 调幅分解的阻力——梯度能和应变能的影响

在调幅结构中存在着溶质原子的富区和贫区,由此产生的浓度梯度会明显改变在原子作用距离内同类和异类原子的数目,由此增加的能量为梯度能。或者说,富区和贫区之间的成分变化相当于存在着一个成分逐渐变化的过渡区或内界面,这种漫散界面具有正的界面能。另外,对于大多数晶态固体来说,其点阵常数总是随成分而改变的,如果这种固溶体发生调幅分解时,点阵保持共格,必须使点阵发生弹性畸变而引起应变能。上述的梯度能和应变能都会减少扩散驱动力。而且,波长愈短,该梯度能和应变能的相对作用更大,致使扩散驱动力减少得愈多。

因此,调幅分解的驱动力应该是化学自由能的变化 ΔG_v、梯度能 ΔG_γ、弹性应变能 ΔG_e 的代数和。

(1)化学自由能变化量 ΔG_v 如果一个成分为 x_0 的均匀合金分解成两部分:一个成分为 $x_0 + \Delta x$,另一个成分为 $x_0 - \Delta x$,可以证明总的化学自由能变化量

$$\Delta G_v = \frac{1}{2} \frac{d^2 G}{dx^2} (\Delta x)^2 \qquad (11\text{-}90)$$

(2)梯度能 ΔG_γ 对于波长为 λ、振幅为 Δx 的正弦成分变化,最大的成分梯度正比于 $\Delta x/\lambda$,参考式(11-34),有

$$\Delta G_\gamma = K \left(\frac{\Delta x}{\lambda} \right)^2 \qquad (11\text{-}91)$$

式中,K 是比例常数,与同类和异类原子对的键合能差异有关。

(3)弹性应变能 ΔG_e 若富 A 与富 B 区域之间的错配是 δ,则 $\Delta G_e \propto E \delta^2$,式中的 E 是杨氏模量。当总的成分差异为 Δx 时,δ 应为 $(da/dx)\Delta x/a$,这里的 a 是点阵常数。弹性应变能的精确处理可得

$$\Delta G_e = \eta^2 (\Delta x^2) E' V_m \qquad (11\text{-}92)$$

式中,$\eta = \frac{1}{a} \frac{da}{dx}$,即 η 为成分每变化一个单位所造成的点阵常数变化的百分数;$E' = E/(1-\nu)$,其中的 ν 是泊松比,V_m 是摩尔体积。注意 ΔG_e 与 λ 无关。

如果假定,伴随着成分起伏,上述所有对自由能有贡献的各项都在变化,则有

$$\Delta G = \left\{ \frac{d^2 G}{dx^2} + \frac{2K}{\lambda^2} + 2\eta^2 E' V_m \right\} \frac{(\Delta x)^2}{2} \qquad (11\text{-}93)$$

由此可见,一个均匀固溶体不稳定,并发生调幅分解的条件不仅仅是 $\frac{d^2 G}{dx^2} < 0$,而应当是

$$-\frac{d^2 G}{dx^2} > \frac{2K}{\lambda^2} + 2\eta^2 E' V_m \qquad (11\text{-}94)$$

所以,由 $\lambda = \infty$ 以及如下条件能够给出发生调幅分解的温度与成分的极限:

$$\frac{d^2 G}{dx^2} = -2\eta^2 E' V_m \qquad (11\text{-}95)$$

在相图中由这一条件所定义的曲线称为共格自发分解线,这条线全部位于化学自发分解线 $\left(\text{由} \dfrac{\mathrm{d}^2 G}{\mathrm{d}x^2} = 0 \text{ 决定}\right)$ 的里面,如图 11-42 所示。由式(11-94)可知,即使成分、温度位于共格自发分解线内部,若能发生调幅分解,其成分变化的波长必须满足下列条件:

$$\lambda^2 > 2K \left/ \left(\frac{\mathrm{d}^2 G}{\mathrm{d}x^2} + 2\eta^2 E' V_\mathrm{m} \right) \right. \tag{11-96}$$

显然,在共格自发分解线之下,随着过冷度的提高,可以发生调幅分解的最小波长会减少。

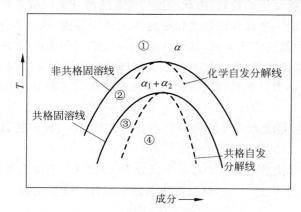

图 11-42　一个偏聚系统的示意性相图

① 区:均匀的 α 相是稳定的;② 区:均匀的 α 相是亚稳定的,只有非共格相才能形核;
③ 区:均匀的 α 相是亚稳定的,共格相能够形核;④ 区:均匀的 α 相是不稳定的,无形核障碍,出现了调幅分解

图 11-42 也给出了共格固溶线,这条曲线确定由调幅分解所产生的共格相的平衡成分(图 11-40 中的 x_1 和 x_2)。通常,在平衡相图上出现的固溶线是非共格的(或平衡的),这相当于非共格相的平衡成分,也就是没有应变场存在时的平衡成分。为了做对比,化学自发分解线也表示在图 11-42 中,但它并没有什么实际的重要意义。

11.4.2.4　调幅分解的临界波长

由以上的分析可知,在实际的调幅分解过程中,在考虑到梯度能和应变能之后,相变的驱动力、扩散系数、放大因子等均有不同的表达式。通常将放大因子为零的条件来定义临界波长 λ_c,这一条件实质上是扩散系数为零或相变的驱动力为零,由式(11-93),即

$$\frac{\mathrm{d}^2 G}{\mathrm{d}x^2} + \frac{2K}{\lambda_\mathrm{c}^2} + 2\eta^2 E' V_\mathrm{m} = 0 \tag{11-97}$$

显然,当 $\lambda > \lambda_\mathrm{c}$ 时,调幅结构长大;反之,当 $\lambda < \lambda_\mathrm{c}$ 时,调幅结构衰减。图 11-43 给出了 $R(\lambda)$-λ 曲线。该曲线在 $\lambda_\mathrm{m} = \sqrt{2}\lambda_\mathrm{c}$ 处有一极大值。该极大值出现的原因在于,从大的 λ 开始,随着 λ 减小,扩散距离缩短,因而 $R(\lambda)$ 增加。在这个区域中,忽略梯度能和应变能也有足够好的近似。但是,当波长继续减小时,由于成分梯度增加,使更多的能量被束缚于界面处,因而驱动力下降,其结果在 λ_m 处出现一个极大值。当 $\lambda < \lambda_\mathrm{m}$ 时,梯度能量效应起主要作用,最终当 $R(\lambda) < 0$,即对应于 $\lambda < \lambda_\mathrm{c}$ 时,将由于衰减而消失。从理论上讲,对于 $\lambda > \lambda_\mathrm{c}$ 的任何 λ 值的成分起伏都能导致调幅分解,但是由于成分起伏的振幅与时间呈指数关系,而 $R(\lambda)$ 又有一个相当尖锐的极大值,以致能够观察到的调幅结构的 λ 主要分布在 λ_m

附近。

在少数金属系（例如 Al-Zn，Al-Ag）及少数玻璃系（SiO_2-Na_2O，B_2O_3-PbO）中，可观察到调幅分解过程。例如，图 11-44 示出 Al-22％Zn（摩尔分数）合金 425℃淬火后 65℃时效的分解过程，λ_m 约为 5nm；而 150℃时效时的 λ_m 约为 10nm。在一般情况下，能量梯度项只在扩散距离为 10～20nm 以下时，作用才显著，而当扩散距离为微米数量级或更大时，其作用可忽略不计。

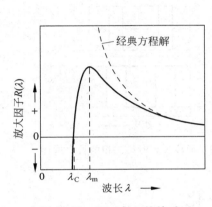

图 11-43　$R(\lambda)$ 与 λ 的关系

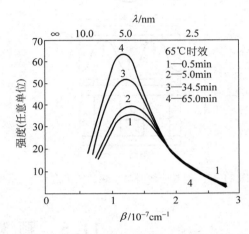

图 11-44　Al-22％Zn（摩尔分数）合金 425℃淬火后 65℃时效不同时间的 X 射线小角散射图谱

依据原子扩散通过 $\lambda_m/2$ 所需要的时间，可以估计自发分解的时间为

$$t \approx \frac{(\lambda_m/2)^2}{6\,|D|} = \frac{\lambda_m^2}{24\,|D|} \tag{11-98}$$

若取 $\lambda_m = 10$nm，则 $t \approx 10^{-14}/|D|$，因此，只有当 $|D|$ 足够小，例如 $10^{-14}\,cm^2/s$，才有可能利用快递冷却来抑制调幅分解，然后研究恒温分解过程。

GP 区也是溶质原子在某些晶面的富集，因此可以认为，GP 区是调幅分解的中间阶段产物。

11.4.3　调幅分解与形核长大两种脱溶方式的对比

作用过饱和固溶体脱溶的总结，表 11-4 对调幅分解和形核长大两种方式进行了对比。图 11-45、图 11-46 分别表示了两种方式中第二相的长大过程。

表 11-4　调幅分解、形核长大两种脱溶方式的对比

脱溶类型	自由能-成分曲线特点	条件	形核特点	新相成分结构特点	界面特点	扩散方式	转变速率	颗粒大小
调幅分解	凸	自发涨落	非形核	仅成分变化，结构不变	宽泛	上坡	高	数量多，颗粒小
形核长大	凹	过冷度、临界形核功	形核	成分、结构均改变	明晰	下坡	低	数量少，颗粒大

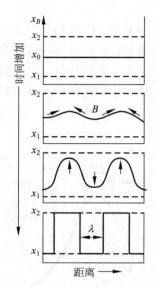

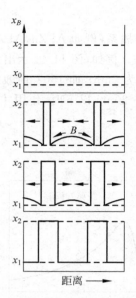

图 11-45　调幅分解时第二相的长大过程　　　图 11-46　形核长大时第二相的长大过程

11.5　颗 粒 粗 化

颗粒粗化(Ostwald ripening)与第二相的数量(甚至成分)不断增加、相变驱动力为化学自由能差的形核长大以及调幅分解均不相同,颗粒粗化的特点是:

① 从析出讲,析出新相的数量已符合平衡相图杠杆定律的要求,新相的总量已不再变化。

② 从驱动力讲,由于新相的总量不再变化,因此化学驱动力已等于零;可近似地认为弹性应变能正比于新相体积,因此,弹性应变能在颗粒粗化过程中也不再改变;所能改变的只有新相与母相间的界面能,它正是颗粒粗化的驱动力,通过缩小总界面,减少界面能来实现颗粒粗化。

③ 从过程讲,是在新相总量始终不变的前提下,大颗粒不断长大,小颗粒不断缩小以致消失。同时,新相长大、缩小及消失的过程都要通过母相来进行。

11.5.1　颗粒粗化的驱动力分析

设在 α 母相中析出半径为 r 的球形 β 粒子,其体积为 V,β/α 的相界面积为 S,则其自由能为

$$G = V(G_v + G_e) + S\gamma \tag{11-99}$$

式中,G_v,G_e 分别是单位体积新相的化学自由能,弹性应变能;γ 是比界面能。则其中某一组元,例如溶质的化学位可表示为

$$\mu = \frac{\partial G}{\frac{\partial V}{\Omega}} \tag{11-100}$$

式中,Ω 为摩尔体积,即每摩尔溶质原子对应的新相的体积。

由式(11-100)、式(11-99)得

$$\mu = \Omega(G_v + G_e) + \Omega\left(\frac{\partial S}{\partial V}\right)\gamma \tag{11-101}$$

注意,式中$\frac{\partial S}{\partial V}$为每增加单位体积引起的表面积的增加,对于球形颗粒,

$$\frac{\partial S}{\partial V} = \frac{d(4\pi r^2)}{d\left(\frac{4}{3}\pi r^3\right)} = \frac{2}{r} \tag{11-102}$$

所以,

$$\mu = \Omega(G_v + G_e) + \frac{2\Omega\gamma}{r} \tag{11-103}$$

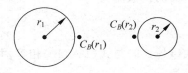

显然,溶质原子在球形颗粒中的化学位,与颗粒半径有关。半径越小,μ越高,这样的颗粒越不稳定。

设在 α 母相中有半径为 r_1 和 r_2 的两个球形 β 相颗粒,彼此相邻,如图 11-47 所示。则二者化学位的差异为

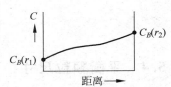

$$\Delta\mu = \mu_2 - \mu_1 = 2\Omega\gamma\left(\frac{1}{r_2} - \frac{1}{r_1}\right) \tag{11-104}$$

这正是溶质原子从小颗粒向大颗粒扩散、进而造成颗粒粗化的驱动力。

图 11-47 两个不同半径的沉淀颗粒之间浓度曲线示意图

11.5.2 浓度分布

下面分布两个不同半径的沉淀颗粒之间的浓度分布。按稀溶液模型,根据拉乌尔定律有

$$\mu_i = \mu_i^\circ + RT\ln C_i \tag{11-105}$$

所以,

$$\Delta\mu = \mu_2 - \mu_1 = RT(\ln C_2 - \ln C_1) = RT\ln\frac{C_2}{C_1}$$

$$= RT\ln\left(1 + \frac{C_2 - C_1}{C_1}\right) \approx RT\frac{C_2 - C_1}{C_1} \tag{11-106}$$

由式(11-104)、式(11-106)相等,得 α 相基体中小颗粒附近与大颗粒附近的浓度差

$$C_2 - C_1 = \frac{2\gamma\Omega C_1}{RT}\left(\frac{1}{r_2} - \frac{1}{r_1}\right) \tag{11-107}$$

α 相中的浓度分布如图 11-47 所示。

设 $r_1 = \infty$,$r_2 = r$ 时,对应的浓度 $C_1 = C_\infty$,$C_2 = C$,则有

$$C = C_\infty\left(1 + \frac{2\gamma\Omega}{RTr}\right) \tag{11-108}$$

式(11-108)即为基体中析出颗粒表面浓度与颗粒半径 r 的关系。颗粒半径越小,其表面的溶质浓度越高。

11.5.3 粗化过程和粗化速率

颗粒粗化过程是溶质原子从小颗粒溶解到基体中,并通过基体向大颗粒扩散,结果使小

颗粒不断缩小、大颗粒不断增大。

通过分析溶质原子在母相中的扩散,可以求出颗粒粗化速率。颗粒长大(粗化)速率可从流进界(球)面的扩散流求得。其中,颗粒长大速率为

$$\frac{\mathrm{d}V_1}{\Omega\mathrm{d}t} = \frac{\mathrm{d}\left(\dfrac{4}{3}\pi r_1^3\right)}{\Omega\mathrm{d}t} = \frac{4\pi r_1^2}{\Omega}\frac{\mathrm{d}r_1}{\mathrm{d}t} \tag{11-109}$$

利用第 8 章准稳态近似扩散方程的解式(8-24),并利用式(11-107),单位时间由母相流进界(球)面的扩散流为

$$D_a 4\pi r_1^2 \frac{C_2 - C_1}{r_1} = 4\pi D_a r_1 \cdot \frac{2\gamma\Omega C_1}{RT}\left(\frac{1}{r_2} - \frac{1}{r_1}\right) \tag{11-110}$$

由式(11-109)与式(11-110)相等,并且 $C_1 = C_\infty$,C_∞ 即为沉淀相的平衡溶解度,得颗粒粗化速率为

$$\frac{\mathrm{d}r_1}{\mathrm{d}t} = \frac{2D_a\gamma\Omega^2 C_\infty}{RTr_1}\left(\frac{1}{r_2} - \frac{1}{r_1}\right) \tag{11-111}$$

11.5.4   平衡颗粒尺寸

根据式(11-111),如果颗粒按尺寸大小有一定分布,在任一时刻观察合金系统,必定是有些颗粒在长大,另一些颗粒在减小,还有些颗粒不变化。

在式(11-111)中,设颗粒 2 代表颗粒分布中的"平均颗粒",即 $r_2 = \bar{r}$,把 r_1 推广为 r 则

$$\frac{\mathrm{d}r}{\mathrm{d}t} = \frac{2D_a\gamma\Omega^2 C_\infty}{RTr^2}\left(\frac{r}{\bar{r}} - 1\right) \tag{11-112}$$

从式(11-112)可以看出:

① 当 $r = \bar{r}$ 时,则 $\partial r/\partial t = 0$。

② 当 $r < \bar{r}$ 时,则 $\partial r/\partial t < 0$,小颗粒溶解。

③ 当 $r > \bar{r}$ 时,则 $\partial r/\partial t > 0$,大颗粒长大。

④ 当 $r = 2\bar{r}$ 时,则 $\partial r/\partial t$ 为最大,长大最快。

⑤ 在长大过程中,由于小颗粒溶解,大颗粒长大,颗粒总数减少,$\bar{r}$ 会增加。当 $r > 2\bar{r}$ 时长大速率会逐渐下降。实际上 $r > 2\bar{r}$ 的颗粒并不多见。

图 11-48 给出了颗粒长大速率与颗粒半径的关系。

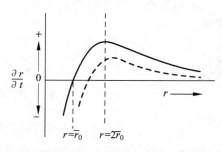

图 11-48   颗粒长大速率与颗粒半径的关系

为了降低 $\partial r/\partial t$,应设法降低扩散系数 D_a、比界面能 γ 及沉淀相的平衡溶解度 C_∞,这是发展耐热钢及高温合金已采用的有效措施。例如,镍基合金中 γ' 相[$Ni_3(Al,Ti)$]与基体之间 γ 很小,钨基与镍基合金中加入 ThO_2,其 C_∞ 很小;铁素体耐热钢中的合金碳化物,其 D 值较小,这些均可使 $\dfrac{\partial r}{\partial t}$ 降低。

由式(11-112),初看起来似乎是升温会使 $\partial r/\partial t$ 下降;但由于 $D = D_0\exp(-Q/RT)$,升温使 D 以指数关系增加;而且 C_∞ 随着温度的升高而增加;总的效果是,升温使 $\partial r/\partial t$ 增加。

为了获得颗粒平均直径与时间的关系,可进行半定量分析。Greenwood 近似地假定 $\mathrm{d}\bar{r}/\mathrm{d}t$ 等于 $\mathrm{d}r/\mathrm{d}t$ 的最大速率,即 $r = 2\bar{r}$ 时的颗粒长大速率,则

$$\frac{\mathrm{d}\bar{r}}{\mathrm{d}t} \approx \left(\frac{\mathrm{d}r}{\mathrm{d}t}\right)_{\max} = \frac{D_a \gamma \Omega^2 C_\infty}{2RT\bar{r}^2} \tag{11-113}$$

积分后得到

$$\bar{r}^3 - \bar{r}_0^3 = \frac{3}{2}\frac{D_a \gamma \Omega^2 C_\infty}{RT}t \tag{11-114}$$

上述的近似处理,与早期的 Wagner 及 Lifshitz-Shyozov 在考虑颗粒尺寸分布基础之上的严密处理结果相似,只是系数有些差异:

$$\bar{r}^3 - \bar{r}_0^3 = \frac{9}{8}\frac{D_a \gamma \Omega^2 C_\infty}{RT}t \tag{11-115}$$

11.6　不连续沉淀

11.6.1　不连续沉淀的特征

在某些合金中,沉淀的形核可以在晶界发生,但是随后的长大却不是沿着晶界长成仿晶界形,也不是沿着一定结晶方向向晶内生长形成针状或片状魏氏组织,而是形成如图 11-49 所示的胞状组织,其反应前沿一般接近于球形,其中析出相一般为片状,并有规律地分布在母相之中,这种沉淀称为胞状沉淀。与珠光体相类似的是,新相的析出过程发生在向过饱和基体推进的反应前沿上,在反应前沿的前方是过饱和基体,而它的后方是由一些平衡相组成的显微结构。但胞状沉淀的反应与珠光体形成反应不同,前者可表示为

$$\alpha' \longrightarrow \alpha + \beta \tag{11-116}$$

其中 α' 为过饱和的基体,α 与 α' 具有相同的晶体结构,但是溶质的浓度较低,β 为平衡相。

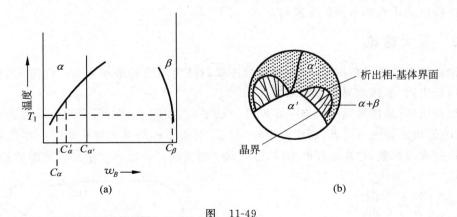

图　11-49

(a) 用体积浓度表示的固溶线;(b) 不连续析出两个脱溶胞

这种两相的胞状析出物,是定向排列的,并由交替的 α 和 β 相构成片层状组织,两相间隔很小。由于胞状沉淀前沿的 α 和 α' 的界面上,有成分突变,所以此类沉淀也叫做**不连续沉淀**。这种不连续沉淀,在许多合金系中(如 Cu-Mg,Cu-Ti,Cu-Be,Cu-Sb,Cu-Sn,Cu-In,Cu-Cd,Cu-Ag,Fe-Mo 和 Fe-Zn)都会发生。

此外,不连续沉淀还有下述特征:

① 在析出物与基体界面上,成分是不连续的;析出物与基体间的界面都为大角度的非

共格界面,说明晶体位向也是不连续的。而且,$\alpha(C_\alpha)/\alpha'(C'_\alpha)$界面和$\beta(C_\beta)/\alpha'(C'_{\alpha'})$界面上,都存在着上述两种不连续性。

② 胞状析出物通常在α'晶界上形核,而且,它们几乎总是只向α'相的相邻晶粒之一中长大,如图 11-49 所示。这显然是因为胞状析出物的晶核,与母相中相邻晶粒之一形成了共格晶界而不能移动,而与另一晶粒构成可移动的非共格晶界,因此胞状析出物只能向一侧生长。这种生长是依靠片层的端向延伸和侧向扩展来实现的。侧向扩展是指增加片层,这是通过原有片层伸出分枝或重复交替形核来完成的。图 11-50 表示了过饱和固溶体α'以胞状转变方式析出$\alpha+\beta$的过程。

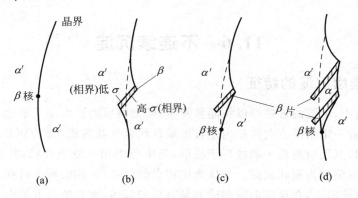

图 11-50　过饱和固溶体α'以胞状转变方式析出$\alpha+\beta$的过程

③ 胞状析出物长大时,溶质原子的分配是通过其在析出相与母相之间的界面扩散来实现的。扩散距离通常小于$1\mu m$,与片间距在同一数量级。溶质原子的扩散距离很短,这是不连续沉淀区别于连续沉淀的主要特征之一。

11.6.2　长大理论

理论的出发点是将析出物-基体界面的迁移归结为溶质的重新分布。而溶质的重新分布是其沿析出物-基体边界扩散的结果。

设想析出物-基体界面是具有一定厚度d的平面,如图 11-51 所示。当长大进行时,成分为$C_{\alpha'}$的母相离开这一边界,而成分为C_α和C_β的析出相则进入这一边界。在边界内,溶质原子通过界面扩散,移离α片的前沿,并进入β相的前沿。这样β相获得的溶质原子通量可以写成

$$J_\beta = \frac{1}{d_\beta \cdot 1}\frac{\mathrm{d}m}{\mathrm{d}t} = v(C_\beta - C_{\alpha'})$$

$$(11\text{-}117)$$

式中,v为界面向母相推进的速度;$d_\beta \cdot 1$为β相与母相界面的表面积;$C_{\alpha'}$为β相前沿母相的平均浓度。

另一方面,由于每一β片在边界上从两个方向接受溶质流,所以向β片扩散的截面积为$2(d_\beta \cdot 1)$。而边界上的扩散是从α片的中心

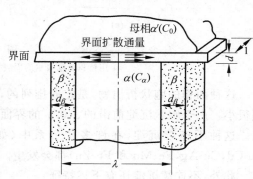

图 11-51　不连续沉淀长大的计算模型

线向 β 片的边缘进行的，由于 β 片的厚度远小于 α 片的厚度，因此扩散距离近似地等于 $\lambda/2$。若 α 片中心线处的边界成分取为 $C_{\alpha'}$，且 β-α 界面上可以达到局部平衡，故在 β-α 界面处的边界成分取为平衡值 C_α。因此，沿边界驱动扩散的浓度梯度就是 $(C_{\alpha'}-C_\alpha)/(\lambda/2)$。则沿边界向 β 片扩散通量为

$$J_{(边)} = \frac{1}{2(d \cdot 1)}\frac{\mathrm{d}m}{\mathrm{d}t} = D_B\frac{C_{\alpha'} - C_\alpha}{\lambda/2} \tag{11-118}$$

式中，D_B 是晶界扩散系数；λ 是相邻 β 片或相邻 α 片的间距。

在准稳态扩散近似的条件下，β 相获得溶质的速度必等于沿界面扩散向 β 片供给溶质的速度。合并式（11-117）和式（11-118），可以得到

$$v = \frac{4dD_B}{\lambda d_\beta}\frac{C_{\alpha'} - C_\alpha}{C_\beta - C_{\alpha'}} \tag{11-119}$$

根据质量守恒原则，则 α 片和 β 片的平均成分必与基体成分相等：

$$C_\beta \cdot \frac{d_\beta}{\lambda} + C_\alpha'\left(1 - \frac{d_\beta}{\lambda}\right) = C_{\alpha'} \tag{11-120}$$

其中，C_α' 为 α 片的成分（见图 11-49(a)），一般高于其平衡成分 C_α，由式（11-120）可得到

$$d_\beta = \frac{C_{\alpha'} - C_\alpha'}{C_\beta - C_\alpha'}\lambda \tag{11-121}$$

将式（11-121）代入式（11-119）中，则有

$$v = \frac{4D_Bd}{Q\lambda^2}\left[\frac{C_\beta - C_\alpha'}{C_\beta - C_{\alpha'}}\right] \tag{11-122}$$

其中，$Q=(C_{\alpha'}-C_\alpha')/(C_{\alpha'}-C_\alpha)$，它表示在原始过饱和度 $(C_{\alpha'}-C_\alpha)$ 中，由母相 α' 实际上转移到 β 相的分数。这一数值是可以测出的。由于通常 $C_\beta \gg C_{\alpha'}$，$C_\beta \gg C_\alpha'$，因此式（11-122）中括号中的一项接近于 1，这样最后可以简化为

$$v = \frac{4D_Bd}{Q\lambda^2} \tag{11-123}$$

值得注意的是，按上述晶界扩散的模型，有 $v \propto D_B/\lambda^2$ 的关系；而溶质按体扩散方式通过基体 α' 向 β 相重新分布时，由类似的分析可得 $v \propto D/\lambda$，其中 D 为体扩散系数。式（11-123）中有一个难于测定的参量 d，一般估计约为 0.5nm。一些研究结果表明，不连续沉淀时的溶质重新分布是通过界面扩散，界面推进速度与 λ^2 成反比，符合式（11-123）。

一般认为，高的晶界形核几率、高的晶界扩散系数、高的析出驱动力是促进不连续沉淀的重要因素。

11.7　沉淀强化机制

对于一般合金来说，第二相强化比固溶强化的效果更为显著。因获得第二相的工艺不同，按习惯，第二相强化有不同的名称：①通过相变热处理获得的，称为析出硬化、沉淀强化或时效硬化；②通过粉末烧结获得的，称为弥散硬化。有时还不加区别地混称为分散强化或颗粒强化。

由于第二相在成分、结构、有序度等方面都不同于基体，因此第二相颗粒的强度、体积分数、间距、颗粒的形状和分布等都对强化效果有影响。按颗粒的大小和形变特性，可将颗粒

分成两类,这两类颗粒的强化机制因其与位错交互作用不同,而有明显的差异。一类是不易形变的颗粒,包括弥散强化的颗粒以及沉淀强化的大尺寸颗粒;另一类是易形变的颗粒,指沉淀强化的小尺寸颗粒。

11.7.1   位错绕过不易变形颗粒

位错绕过颗粒是不易形变颗粒的强化机制,图 11-52(a)给出位销绕过颗粒的显示照片,图(b)为示意图。图中表明,由于不易形变颗粒对位错的斥力足够大,运动位错线在颗粒前受阻、弯曲。随着外加切应力的增加,迫使位错以继续弯曲的方式向前运动,直到在 A、B 处相遇。由于位错线的方向在 A 和 B 是相反的,所以互相抵消,留下一个围绕颗粒的位错环,实现位错增殖。其余的位错线绕过颗粒,恢复原态,继续向前滑移。这种绕过机制,最初是由奥罗万(Orowan)于 1948 年提出的,通常称为奥罗万机制。

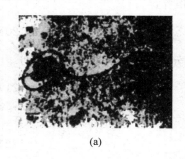
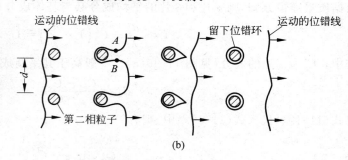

(a)   (b)

图 11-52   位错线绕过第二相颗粒

使位错线继续运动的临界切应力的大小取决于绕过颗粒障碍时的最小曲率半径 $\frac{d}{2}$,因此,使位错线通过颗粒所需的临界切应力为 $\Delta\tau = \dfrac{T}{b\frac{d}{2}}$,$T$ 为位错的线张力。由于 $T \approx \frac{1}{2}Gb^2$,$b$ 为柏氏矢量的模,经简化得 $\Delta\tau \approx \dfrac{Gb}{d}$。较复杂的分析后,可得

$$\Delta\tau \propto \frac{Gbf^{\frac{1}{2}}}{r}\ln\left(\frac{2r}{r_0}\right) \approx \alpha f^{\frac{1}{2}} r^{-1} \tag{11-124}$$

式中,常数 α 对刃型位错是 0.093,对螺型位错是 0.14;f 是颗粒的体积分数。显然,颗粒半径 r 或颗粒间距 d 减小,强化效应增大;反之,强化减弱。而当颗粒尺寸一定时,体积分数 f 越大,强化效果亦越好,并按 $f^{1/2}$ 变化。

还需指出,由于位错每绕过颗粒一次,就留下一个位错环,位错环的存在,使颗粒间距减小,则后续位错绕过颗粒更加困难,致使流变应力迅速提高。这是加工硬化率高的一个原因。

11.7.2   位错切过易形变颗粒

这是易形变颗粒随基体一起形变的强化机制,图 11-53(a)给出位错切过颗粒的显微照片,图 11-53(b)为示意图。切过颗粒引起强化的机制可以分成两类:

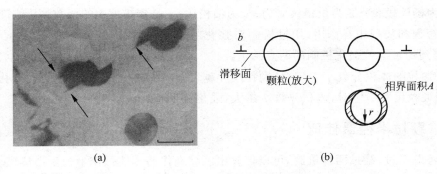

图 11-53　位错切过第二相颗粒

（a）Ni-19％Cr-6％Al 合金中位错切过 Ni₃Al 颗粒的透射电子显微相；（b）示意图

第一类是短程交互作用（位错与颗粒交互作用间距小于 $10b$，b 为柏氏矢量的模），其中主要包括：

① 位错切过质点形成新的表面积 A，增加了界面能。理论计算指出，为克服界面能，应增加的临界切应力为

$$\Delta\tau = \frac{1.1}{\sqrt{\alpha}} \frac{\sigma^{3/2} f^{1/2}}{Gb^2} r^{1/2} \tag{11-125}$$

式中，α 是位错线张力的函数，$\alpha = a\ln\left(\dfrac{d}{r_0}\right)$（其中，$a$ 是一个系数，对刃型位错，$a = 0.16$；对螺型位错，$a = 0.24$）；σ 是界面能；其他符号同前。

② 位错扫过有序结构时会形成错排面或叫做**反相畴**，如图 11-54 所示，从而产生反相畴界能。对共格析出物，一般共格界面能为 $(10\sim30)\times10^{-7}\,\mathrm{J/cm^2}$，而反相畴界面能 σ_A 约为 $(100\sim300)\times10^{-7}\,\mathrm{J/cm^2}$。由于形成反相畴界所增加的临界切应力值为

$$\Delta\tau = 0.28 \frac{\sigma_A^{3/2} f^{1/3}}{\sqrt{Gb^2}} \cdot r^{1/2} \tag{11-126}$$

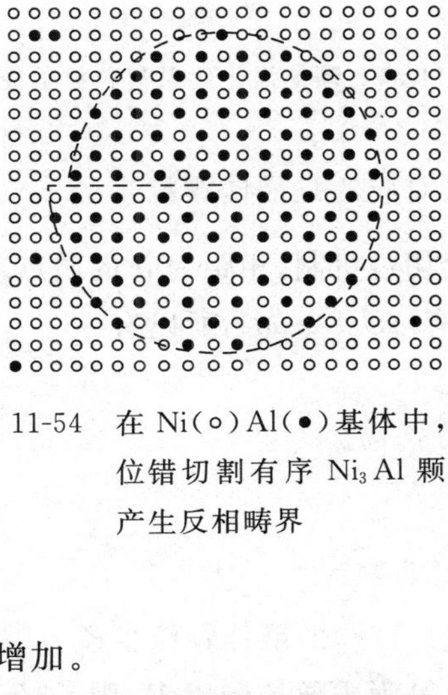

图 11-54　在 Ni(○) Al(●) 基体中，全位错切割有序 Ni₃Al 颗粒产生反相畴界

③ 颗粒与基体的滑移面不重合时，会产生割阶，以及颗粒的派-纳力 $\tau_{\text{P-N}}$ 高于基体等，都会引起临界切应力增加。

总之，短程交互作用对强化的贡献，主要与相界能、畴界能、颗粒体积分数和颗粒半径有关。在合金的相界能、畴界能一定的情况下，综合式（11-125）、式（11-126），强化效果与体积分数及颗粒半径的关系，大约为 $\Delta\tau_{\text{短}} \propto f^{1/3\sim1/2} \cdot r^{1/2}$。也就是说，增大颗粒尺寸或增大体积分数，都有利于提高可形变颗粒的短程强化效果。

第二类是长程交互作用（作用距离大于 $10b$）。由于颗粒与基体的点阵不同（至少是点阵常数不同），导致共格界面失配，从而造成应力场。当位错靠近一个颗粒时，位错应力场与颗粒在基体中造成的应力场之间的相互作用而引起的临界切应力的增量为

$$\Delta\tau_{\text{长}} = \left[\frac{27.4 E^3 \varepsilon^3 b}{\pi T(1+\nu)^3}\right]^{1/2} f^{5/6} r^{1/2} \tag{11-127}$$

式中，E 为杨氏模量；T 为位错线张力；ν 为泊松比；ε 是错排度 δ 的函数；其他符号同前。

综合短程和长程相互作用，切过机制对强化的贡献大致按 $\Delta\tau_{切} \propto f^{1/2 \sim 5/6} \cdot r^{1/2}$ 关系变化，由此得到切过颗粒强化机制的两点结论：

① 当颗粒的体积分数 f 一定时，颗粒尺寸越大，强化效果越显著，并按 $r^{1/2}$ 变化。

② 当颗粒尺寸一定时，体积分数 f 越大，强化效果越高，并按 $f^{1/2 \sim 5/6}$ 变化。

11.7.3　颗粒半径最佳值

综合考虑切过、绕过两种机制，可以估算出沉淀强化的最佳颗粒半径。当位错绕过颗粒形成位错圈时，由式(11-124)，$\Delta\tau_{绕} \approx \alpha f^{1/2} r^{-1}$，$\Delta\tau_{绕}$ 与颗粒半径的关系如图 11-55 中曲线 A 所示。从理论上讲，随质点半径 r 减小，$\Delta\tau_{绕}$ 增加，直到理论临界切应力。

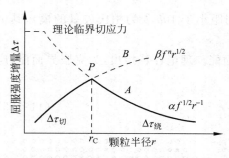

图 11-55　颗粒强化效果与颗粒半径的关系

而当位错线切过颗粒时，屈服应力增量可表示为 $\Delta\tau_{切} = \beta f^n r^{1/2}$，其变化规律如图 11-55 中曲线 B 所示。图中实线，是优先发生的过程，可以看出，当颗粒较小时，位错以切割颗粒的方式（所需临界切应力较低）移动。随着 r 增加，强化效果增大，此时位错线不再切过质点，而采取绕过质点的方式移动，因为绕过质点所需的临界切应力比切过质点所需的低。随着质点的长大，强化效果降低。

图中两条曲线交点 P 处强度增量达到最大值，与之对应的是最佳颗粒半径 r_C。可以粗略地对 r_C 进行估算。对于绕过机制有 $\Delta\tau_{绕} \approx \dfrac{Gb}{d}$；对于切过机制，相距为 d 的质点对位错的阻力 $F = \tau bd$，若仅考虑质点被切过时表面能的增加，有 $\Delta U = 2rb\sigma_S$，所以有

$$\Delta\tau_{切} = \frac{2r_C\sigma_S}{bd} = \frac{Gb}{d}$$

则

$$r_C = \frac{Gb^2}{2\sigma_S} \tag{11-128}$$

式(11-128)的最佳颗粒半径 r_C 是按化学强化估计的，σ_S 为表面能。如果是层错强化、有序强化等为主要控制因素，则 σ_S 分别为层错能差或有序畴的界面能，这样求得的最佳颗粒半径 $r_C = 0.01 \sim 0.1 \mu m$，尺寸大于 $0.1 \mu m$ 的第二相，一般是难以切过的，这与实验结果相符。

一般可通过控制颗粒的体积分数 f 和颗粒半径 r，即控制位错与颗粒交互作用的机制，来获得最佳强度。

11.7.4　获得高强度材料的途径

合金要获得最高的强度，质点尺寸需要控制在图 11-55 中所示的 P 点附近，但是第二相尺寸的控制，并不是简单地通过控制时效温度和时间就能获得，重要的是如何控制单位体积内的生核率。据计算当第二相体积分数为 0.05，要求控制第二相尺寸在上述的最佳尺寸

范围时,每立方厘米内的成核密度为 10^{16} 个质点。如何产生这样高的成核密度以期达到最佳的强化效果,目前使用的主要手段是相变强化或形变强化,利用相变或形变产生高的位错密度,使第二相沉淀在位错或位错胞的周围。例如马氏体时效钢(0.03% C,18% Ni,8% Co,5% Mo 等)淬火态的屈服强度只有 $700MPa$,而时效处理后的屈服强度可达 $1400\sim2100MPa$,第二相主要为 Ni_3Mo,Ni_3Ti 等,质点间距在 $20\sim50nm$,变形时有高的起始加工硬化速率。按照奥罗万机制,$d=20\sim50nm$ 时,屈服强度在 $G/250\sim G/200$,亦即在 $1400\sim1750MPa$。同样将奥氏体在中温区域变形,可产生极高的位错密度($10^{12}\sim10^{13}/cm^2$),由于碳化物的析出伴随着动态应变时效,这样,位错的不断增殖使得中温变形热处理获得极高的强度。

在弥散硬化合金中,人们利用细小的第二相质点阻碍回复和再结晶,并获得稳定的亚结构,使材料具有良好的高温强度。例如 TD 镍合金(thoria dispersed nickel alloy),含有 2% 体积的 ThO_2,质点的平均半径约为 $30nm$,经过反复的加工变形与退火,每次轧制厚度减薄 10%,继之以 $1100℃$ 退火。10% 的变形在 ThO_2 颗粒周围产生了大量位错,与此同时,基体变形逐渐形成胞状结构,ThO_2 颗粒钉扎住由位错构成的胞壁,使之在 $1100℃$ 退火时不能发生再结晶只产生回复,形成低角度界面,在界面上分布着质点,之后经过多次加工变形与退火处理循环,构成了稳定的亚结构。这种合金在高温下不仅具有较高的屈服强度,而且有高的疲劳与抗拉强度的比值,也不易发生疲劳软化。

11.8　过冷奥氏体的等温转变及连续转变曲线

奥氏体冷却至临界温度以下,处于热力学不稳定状态,随时间变化要发生分解转变。这种在临界点以下存在且不稳定的、将要发生转变的奥氏体,称为过冷奥氏体。

在热处理工艺中,钢在奥氏体化后通常有两种冷却方式:一种是连续冷却方式,如图 11-56 曲线 1 所示,钢从高温奥氏体状态一直连续冷却到室温;一种是等温冷却方式,如图 11-56 曲线 2 所示,将奥氏体状态的钢迅速冷却到临界点以下某一温度保温,让其发生等温转变,然后再冷却下来。

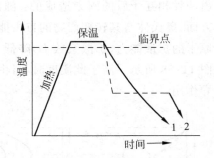

图 11-56　奥氏体不同冷却方式示意图
1—连续冷却;2—等温冷却

11.8.1　过冷奥氏体的等温转变曲线

11.8.1.1　曲线特点

过冷奥氏体等温转变曲线或等温转变图为过冷奥氏体等温转变的综合动力学曲线,它表明转变所得的组织和转变量与转变温度和时间的关系(因此又称为 **TTT 曲线**),是钢在不同温度下的等温转变动力学曲线(图 11-57(a))的基础上测定的。即将各温度下的转变开始时间和终了时间标注在温度—时间(对数)坐标系中,并分别把开始点和终了点连成两条曲线,得到转变开始线和转变终了线,如图 11-57(b)所示。根据曲线的形状,一般也简称为**C 曲线**。

在 C 曲线的下面还有两条水平线:M_s 线和 M_f 线,它们为过冷奥氏体发生低温转变的开始温度和终了温度。

C 曲线表明,在 A_1 以上,奥氏体是稳定的,不发生转变,能长期存在;在 A_1 以下,过冷奥氏体不稳,要发生转变。从纵坐标至转变开始线之间的线段长度表示不同过冷度下奥氏体稳定存在的时间,即过冷奥氏体等温转变开始所经历的时间,也就是转变的孕育期。孕育期的长短表示过冷奥氏体稳定性的高低,反映过冷奥氏体的转变速度。从图 11-57 可以看出,在曲线的"鼻尖"处(约 550℃)孕育期最短,过冷奥氏体的稳定性最小。"鼻尖"将曲线分成两部分。在上面随温度下降(过冷度增大)孕育期变短,转变速度加快;在下面,随着温度下降孕育期增长,转变速度变慢。在靠近 A_{C1} 点和 M_s 点温度附近,过冷奥氏体比较稳定,孕育期较长,转变速度很慢。过冷奥氏体转变速度随温度变化的这种规律,是由两种相互矛盾的因素造成的:随温度降低,一

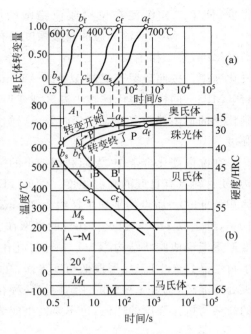

图 11-57   共析钢等温转变曲线
(a) 不同温度下的等温转变动力学曲线;
(b) 等温转变曲线(C 曲线)

方面,奥氏体与其转变产物的自由能差 ΔG,即转变的驱动力增大;另一方面,转变所必要的原子的扩散能力(扩散系数 D)降低。结果在某个温度("鼻尖"温度)出现最佳转变条件,如图 11-58 所示。高于此温度时,自由能差 ΔG 起主导作用;低于此温度时,扩散系数 D 起主导作用。

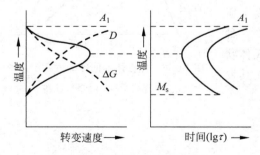

图 11-58   共析钢等温转变温度和
转变速度的关系

研究表明,根据转变温度和转变产物不同,共析钢 C 曲线由上至下可分为三个区:$A_{C1} \sim$ 550℃之间为珠光体转变区;550℃ $\sim M_s$ 之间为贝氏体转变区;$M_s \sim M_f$ 之间为马氏体转变区。由此可见,珠光体转变是在不大过冷度的高温阶段发生的,属于扩散型相变;马氏体转变是在很大过冷度的低温阶段发生的,属于非扩散型相变;贝氏体转变是中温区间的转变,属于半扩散型相变。

图 11-59 表示共析钢的等温转变曲线(TTT 图,又称 C 曲线)及不同温度的转变产物;图 11-60 给出三种不同组织的电子显微镜照片。

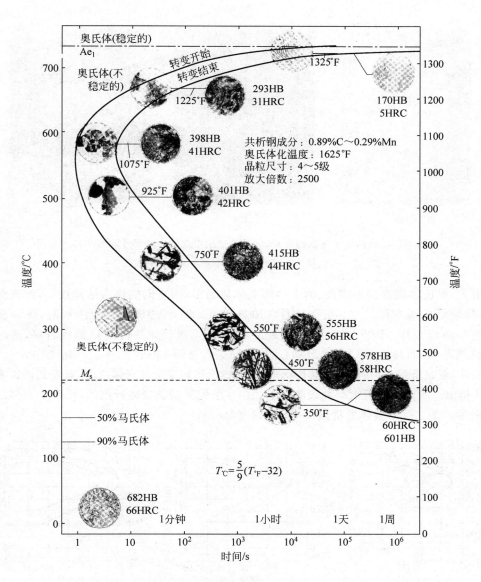

图 11-59　共析钢的等温转变曲线(TTT 图,又称 C 曲线)
及不同温度的转变产物

11.8.1.2　影响 C 曲线的因素

　　C 曲线的位置和形状与奥氏体的稳定性及分解转变的特性有关,而后二者又决定于化学成分,对于钢来说特别是决定于碳含量和合金元素,还有奥氏体的原始状态、内应力和塑性变形量以及内部缺陷等。

　　(1) 碳含量

　　一般来说,随着含碳量的增加,奥氏体的稳定性增大,C 曲线的位置向右移。这里指的碳含量是奥氏体的而不是钢的碳含量。对过共析钢,加热到 A_{C1} 以上一定温度时,随钢中碳

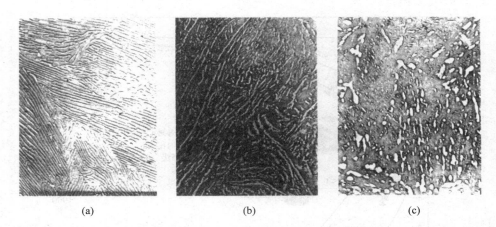

图 11-60   三种不同组织的电子显微镜照片,表示微组织中渗碳体的尺寸和形状各不相同(×7 500)
(a) 球光体;(b) 贝氏体;(c) 回火马氏体

含量增大,奥氏体碳含量不增高,而未溶渗碳体量增多,因它们能作为结晶核心,促进奥氏体分解,却使 C 曲线左移。过共析钢只有在加热到 A_{cm} 以上,渗碳体完全溶解时,碳含量的增加才使 C 曲线右移。因此,在一般热处理加热条件下,碳使亚共析钢 C 曲线右移,使过共析钢 C 曲线左移,而共析钢 C 曲线最靠右边(最稳定),见图 11-61。

另外,亚共析钢、过共析钢与共析钢不同,在奥氏体转变为珠光体之前,有先共析铁素体或渗碳体析出。所以亚共析钢 C 曲线的左上部多一条先共析铁素体析出线(见图 11-59(a)),过共析钢多一条二次渗碳体的析出线(见图 11-61(c))。

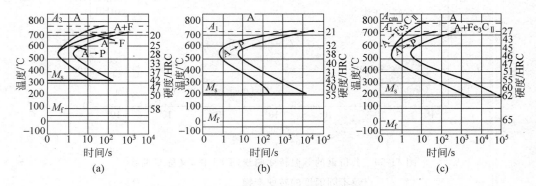

图 11-61   碳含量对碳钢 C 曲线的影响
(a) 亚共析钢;(b) 共析钢;(c) 过共析钢

(2) 合金元素

除 Co 和 Al(w_{Al}>2.5%)以外,所有合金元素的溶入均增大过冷奥氏体的稳定性,使 C 曲线右移。其中 Mo 的影响最为剧烈,W 次之,Mn 和 Ni 的影响也很明显,Si、Al 影响较小。钢中加入微量的 B 可以显著提高过冷奥氏体的稳定性,但随着含碳量的增加,B 的作用逐渐减小。

Ni,Si,Cu 等非碳化物形成元素以及弱碳化物形成元素 Mn,只使 C 曲线的位置右移,不改变 C 曲线的形状,与碳钢的 C 曲线相似,见图 11-62(a)。Cr,Mo,W,V,Ti 等碳化物形成元素不但使 C 曲线右移,而且改变 C 曲线形状,如图 11-62(b)、(c)所示,C 曲线分离成上下两个部分,形成了两个"鼻子",中间出现了一个过冷奥氏体亚稳区域。C 曲线上面部分相当于珠光体转变区,下面部分相当于贝氏体转变区。造成这种现象的原因是合金元素对 C 曲线鼻部位置有着不同的影响。Si,Ti,V,Mo,W 等合金元素使珠光体鼻温上升,而 Ni,Mn,Cu 等元素则使其下降。

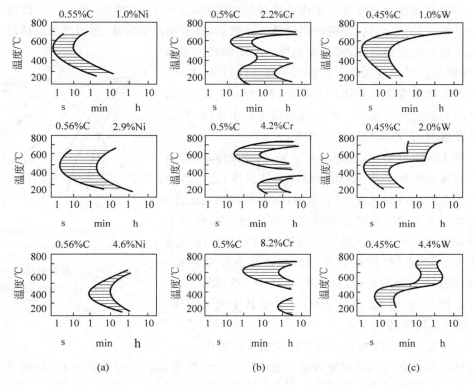

图 11-62　合金元素对钢 C 曲线的影响

(a) Ni 的影响；(b) Cr 的影响；(c) W 的影响

应当指出,对于碳化物形成元素,尤其是 V,Ti,Nb,Zr 等强碳化物形成元素,当其含量较多时,能在钢中形成稳定的碳化物,在一般加热温度下不能溶入奥氏体中而以碳化物形式存在,则反而降低过冷奥氏体的稳定性,使 C 曲线左移。

（3）奥氏体状态的影响

钢的原始组织越细小,成分越不均匀,加热温度越低,加热速度越快,保温时间越短,未溶第二相越多,则过冷奥氏体分解的孕育期越短,等温转变速度越快,使 C 曲线左移。

（4）应力和塑性变形的影响

过冷奥氏体发生转变时伴随比容的增大,因此加拉应力会促进奥氏体转变。而在等向压应力下,原子迁移阻力增大,使 C,Fe 原子扩散和晶格改组变得困难,从而减慢奥氏体的转变,使 C 曲线右移。

对奥氏体进行塑性变形使点阵畸变加剧并使位错密度增高,有利于 C 和 Fe 原子的扩散和晶格改组。同时形变还有利于碳化物弥散质点的析出,使奥氏体中碳和合金元素贫化,因而促进奥氏体的转变,使 C 曲线左移。

11.8.2 过冷奥氏体的连续冷却转变曲线

（1）曲线特点

钢的连续冷却转变是指在一定冷却速度下过冷奥氏体在一个温度范围内所发生的转变。对应的曲线即为过冷奥氏体连续冷却转变曲线,又叫 CCT 曲线,图 11-63 给出了示意图。为了得到 CCT 曲线,将钢加热到奥氏体状态,以不同速度冷却,测出其奥氏体转变开始点和终了点的温度和时间,并标在温度—时间(对数)坐标系中,分别连接开始点和终了点即可。图 11-63 中,P_s 线为过冷奥氏体转变为珠光体的开始线,P_f 为转变终了线,两线之间为转变的过渡区。KK' 线为转变的中止线,当冷却到达此线时,过冷奥氏体终止转变。

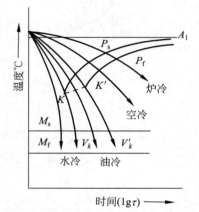

图 11-63　共析钢的连续冷却
转变曲线(示意图)

由图 11-63 可知,共析钢以大于 V_k 的速度冷却时,由于遇不到珠光体转变线,得到的组织为马氏体,这个冷却速度称为上临界冷却速度。V_k 愈小,钢越易得到马氏体。冷却速度小于 V'_k 时,钢将全部转变为珠光体。V'_k 称为下临界冷却速度。V'_k 愈小,退火所需的时间愈长。冷却速度处于 V_k—V'_k 之间(例如油冷)时,在到达 KK' 线之前,奥氏体部分转变为珠光体,从 KK' 线到 M_s 点,剩余的奥氏体停止转变,直到 M_s 点以下时,才开始转变成马氏体,过 M_f 点后马氏体转变完成。

（2）连续冷却转变曲线和等温转变曲线的对比

连续冷却转变过程可以看成是无数个温差很小的等温转变过程的总和,故转变产物是不同温度下等温转变组织的混合。但由于冷却速度的不同以及系列产物孕育期的差别,使某一温度范围内的转变得不到充分的发展。因此,连续冷却又有下述区别于等温转变的特点。

① 在共析钢和过共析钢中,连续冷却时不出现贝氏体转变。这是由于奥氏体碳浓度高,使贝氏体孕育期大大延长,在连续冷却时贝氏体转变来不及进行便冷却至较低的温度。同样,在某些合金钢中,连续冷却时不出现珠光体转变也是这个原因。

② 如图 11-64 所示,连续冷却转变曲线(虚线)位于等温转变曲线(实线)的右下方,在合金钢中也是如此,这说明连续冷却转变的孕育期较长,要求的转变温度更低。

③ 与等温转变 C 曲线珠光体开始转变线相切的冷却速度 V''_k 并不等于前面提到的上临界冷却速度 V_k,见图 11-64。但由于连续冷却转变曲线比较复杂而且难以测试,也可以用 V''_k 定性比较钢淬火时得到马氏体的难易程度,定量估计 V''_k 为 V_k 的 1.5 倍。

（3）连续冷却转变曲线的应用

根据连续冷却转变曲线,可以获得真实的钢的临界淬火速度 V_k。而 V_k 表示钢接受淬火的能力,亦表示钢淬火获得马氏体的难易程度,它是研究钢的淬透性、合理选择钢材和制定正确热处理工艺的重要依据之一。例如钢淬火时的冷却速度必须大于图 11-63 中的 V_k,

而铸、锻、焊后的冷却希望得到珠光体型组织,则冷却速度必须小于图中的 V'_k。

连续冷却转变曲线是制定钢正确的冷却规范的依据。根据此曲线还可以估计淬火以后钢件的组织和性能,如图 11-64 所示。

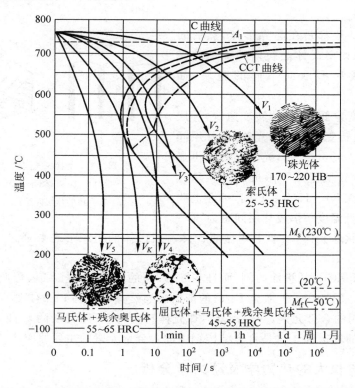

图 11-64　共析钢的连续冷却转变曲线和等温转变曲线的比较及转变组织

11.9　共 析 转 变

11.9.1　概述

共析转变类似于共晶反应,其中两个固体相以相互协作的方式从母相中形成长大,其反应可以用下式表示:

$$\gamma \longrightarrow \alpha + \beta \tag{11-129}$$

其中 α 和 β 相在共析组织中呈片状交替分布,并且在 α 和 β 晶体之间的公共界面上往往存在着某种择优的位向关系。

对共析转变的研究最多的是 Fe-C 合金。当含有大约 0.77%C 的奥氏体冷却到 A_1 温度以下时,奥氏体对于铁素体(α)和渗碳体(Fe_3C)同时呈过饱和状态,其反应是

$$\underset{\text{（面心立方）}}{\gamma_{(0.77\%C)}} \longrightarrow \underset{\text{（体心立方）}}{\alpha_{(\text{约}0.02\%C)}} + \underset{\text{（复杂单斜）}}{Fe_3C_{(6.67\%C)}} \tag{11-130}$$

钢中的这种共析组织由片层的 α 相和 Fe_3C 相组成,由于其侵蚀后在显微镜下的形态而得名**珠光体**,并且沿用到其他所有共析转变产物上,这种转变因而叫作**珠光体转变**。

从式(11-130)可以看出,珠光体的形成包含着两个同时进行的过程:一个是通过碳的扩散生成高碳的渗碳体和低碳的铁素体;另一个是晶体点阵的重构,由面心立方的奥氏体转变为体心立方点阵的铁素体和复杂单斜点阵的渗碳体。同时,钢的共析转变还有下述的特征和表象规律。

① 珠光体一般都是在晶界形核,然后向晶内推进;在原始奥氏体晶粒内的一个珠光体块,常常分成许多取向不同的胞块,如图11-65所示。

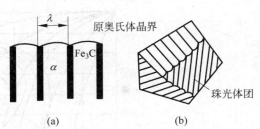

图 11-65 片状珠光体的片层间距和
珠光体团示意图
(a) 珠光体的片层间距;(b) 珠光体团

② 转变温度愈低,珠光体转变愈快,片层间距愈小。高温转变形成的珠光体,其片层间距大约在 150~450nm 之间,光学显微镜可显示其片层结构;较低温度下形成细片状珠光体,其片层间距在 80~150nm 之间,工业上叫做**索氏体**;在更低温度下形成片层间距为 30~80nm 的极细片状珠光体,工业上叫做**屈氏体**。屈氏体的组织形态要通过电子显微镜才能显示出来。

③ 不仅是 Fe_3C 板的板面两侧,而且在 Fe_3C 板的前沿,都是 α-Fe,因此 Fe_3C 的继续生长,是碳从 γ-Fe 通过 α Fe 扩散至 Fe_3C 的前沿。当然其中也有 Fe 的扩散。

④ 钢中常用的合金元素,一般都推迟珠光体转变,使恒温转变的 C 曲线的鼻尖向右移动,从而增加钢的淬透性。这是合金结构钢中加入合金元素的主要原因之一。

11.9.2 形核长大的热力学及动力学分析

11.9.2.1 形核过程

珠光体形核过程的驱动力是化学自由能的降低(ΔG_v),因此,必须冷却到 A_1 点以下才能发生珠光体转变。若 T 是转变温度,则 $A_1 - T = \Delta T$,ΔT 叫作过冷度。ΔT 愈大,则愈易形核。形核过程有下述的热力学关系:

$$\Delta G_v = \frac{(\Delta T)(\Delta H_v)}{T_0} \tag{11-131}$$

式中,ΔG_v 及 ΔH_v 分别是单位体积的体系转变的自由能变化及相变潜热;T_0 是平衡温度。形核过程的阻力是新相出现后引起的界面能和应变能的增加。此外,新相 Fe_3C 及 α 相中碳含量与母相 γ 不同,在形核乃至长大过程中,必然有碳的扩散,因此,形核速率及长大速率均受激活扩散控制。实验结果指出,在共析钢中,几乎都是在晶界形核,很可能是首先析出 Fe_3C,然后按图11-66所示的过程向晶内推进。这一方面是由于晶界是不均匀形核的位置,可以降低界面能项,从而降低形核功;另一方面奥氏体晶界可以富集碳,因而 Fe_3C 易于形成。Fe_3C 在晶界形成后,Fe_3C/γ 界面处的碳贫乏,因而形成 α 相;这样形成的 $Fe_3C +$

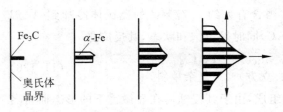

图 11-66 珠光体形核长大过程示意图

α，便构成了珠光体的晶核。

珠光体晶核随后的长大是沿着两个方向进行的：一个是侧向长大，通过片层数目的增加向两侧长大；另一个是纵向长大，即沿片层的方向纵向延伸。通过这两种方式，使珠光体的体积增加。因为在 $0.77\%C$ 钢的珠光体是片状长大的，因此可以认为片状的形成和长大可以使界面能和应变能导致的形核功较低。

由于界面能的因素，新相与母相之间存在着一定的晶体学关系。一些实验结果指出：

$$\left.\begin{array}{l} (111)_\gamma \parallel (110)_\alpha \ 大致\ \parallel (001)_{Fe_3C} \\ [110]_\gamma \parallel [111]_\alpha \parallel [010]_{Fe_3C} \end{array}\right\} \qquad (11\text{-}132)$$

也是由于界面能的存在，珠光体形成后，如在 A_1 以下长期加热，片状 Fe_3C 有球化趋势。这种球化，减少了界面能，从而降低总的界面能。

11.9.2.2　珠光体长大的速率方程

在珠光体中，Fe_3C 片的中心到邻近 Fe_3C 片的中心，或者铁素体片的中心到邻近铁素体片的中心的距离，叫作片层间距（λ），因此在 λ 范围内，包括一片 Fe_3C 和邻近的一片铁素体。

如图 11-67(a)所示，当珠光体的界面由位置Ⅰ推进到位置Ⅱ时，母相 γ 的成分由于扩散转变为成分不同的 α 相和 Fe_3C 相，珠光体界面前碳的传输过程如图(b)所示。珠光体界面附近碳的浓度分布如图 11-67(c)所示。与此同时增加了 α/Fe_3C 间的界面，其界面能为相变的阻力。

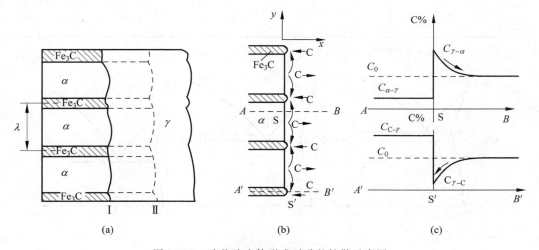

图 11-67　片状珠光体形成时碳的扩散示意图

(a) 珠光体界面的推进；(b) 珠光体界面前碳的传输过程；(c) 珠光体界面附近碳的浓度分布

为了导出珠光体长大的速率方程，我们从分析实际相图与理论相图的差别入手。$\lambda = \infty$ 的平衡相图就是由化学自由能曲线求得的理论相图，也就是通常所见的相图，其中，排除了界面能的影响；$\lambda = \lambda^*$（某一确定值）的平衡相图是按考虑了界面能后的总自由能曲线求得的相图。两种相图的差别如图 11-68 所示。

在温度为 T^* 时，α，γ，Fe_3C 的自由能曲线如图 11-69 所示。由图可见，α 相及 Fe_3C 的

自由能随 λ 值增加而减小,这是因为界面能减小所致。由图中公切线的切点可以定出各相界面的浓度,并由表 11-5 给出。不同片层间距情况下的相图由图 11-70 给出。

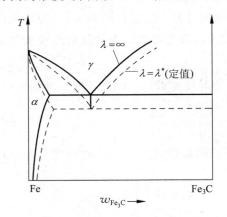

图 11-68　实际相图与理论相图的差别

实线:$\lambda=\infty$ 的相图;虚线:$\lambda=\lambda^*$ 的相图

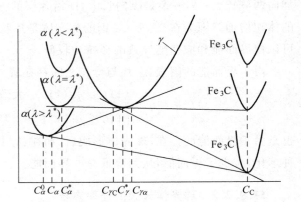

图 11-69　随片层间距增加,α 相及 Fe_3C 的

自由能降低(温度为 T^* 时)

表 11-5　片层间距 λ 不同时,各相界面的浓度[①]

片层间距	α/γ 界面		γ/Fe_3C 界面		α/Fe_3C 界面	
λ	α 相	γ 相	γ 相	Fe_3C	α 相	Fe_3C
$\lambda>\lambda^*$	C_α	$C_{\gamma\alpha}$	$C_{\gamma C}$	C_C	C_α^0	C_C
$\lambda=\lambda^*$	C_α^*	C_γ^*	C_γ^*	C_C	C_α^*	C_C
$\lambda<\lambda^*$	—	C_γ^*	C_γ^*	—	—	—

① 在 $\lambda<\lambda^*$ 的情况下只能存在 γ 相,浓度为 $C_\gamma^*\approx0.77\%C$。

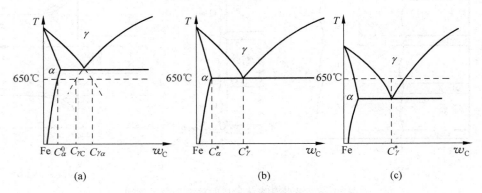

图 11-70　不同的片层间距时,珠光体相界面浓度

(a) $\lambda>\lambda^*$ 的情况; (b) $\lambda=\lambda^*$ 的情况; (c) $\lambda<\lambda^*$ 的情况

下面导出珠光体长大的速率方程。设碳原子在界面附近的 γ 相内横向扩散,如图 11-67 所示,碳原子沿 y 方向由 α/γ 界面扩散到 Fe_3C/γ 界面。

设珠光体界面沿 x 方向长大速度为 v,则对于 $\lambda>\lambda^*$ 的情况,有下述的近似关系:

$$(C_{\gamma\alpha}-C_\gamma^*)v \approx D_\gamma\frac{(C_{\gamma\alpha}-C_{\gamma C})}{\lambda/2} \tag{11-133}$$

即

$$v \approx 2D_\gamma(C_{\gamma\alpha} - C_{\gamma C})/\lambda(C_{\gamma\alpha} - C_\gamma^*) \tag{11-134}$$

更精确的解应为

$$v = 2D_\gamma(C_{\gamma\alpha}^\infty - C_{\gamma C}^\infty)\left(1 - \frac{\lambda^*}{\lambda}\right)/\lambda(C_{\gamma\alpha} - C_\gamma^*) \tag{11-135}$$

式中，$C_{\gamma\alpha}^\infty$、$C_{\gamma C}^\infty$ 为理论平衡相图($\lambda = \infty$时)的界面浓度。

由式(11-135)可知，$\lambda = \lambda^*$ 时，珠光体的长大速率为零；而 $\lambda = 2\lambda^*$ 时，珠光体纵向长大速率最大，如图 11-71 所示。实验观察表明，实际的片间距与过冷度成反比，通常在高温下约为 $1\mu m$，而在低温时约为 $0.1\mu m$。但实际所观察到的片间距大于 $2\lambda^*$，这就是说，片间距并不完全由最大长大速率的判据所确定。

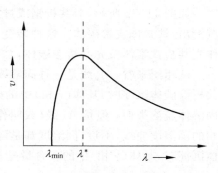

图 11-71　珠光体长大速率 v 与
珠光体片间距的关系

11.9.2.3　珠光体转变量与转变温度和时间的关系

为讨论方便，设相变产物的每一个核都呈球形长大，并设各个方向长大速度 G 都相同，还忽略临界晶核的体积，若 τ 及 t 分别是孕育期和转变时间，则恒温长大时，每一个核在时刻为 t 时的体积 V' 为

$$V' = \frac{4}{3}\pi G^3(t - \tau)^3 \tag{11-136}$$

令 $\dot{N}$ 为单位体积中，单位时间内形核的数目，也就是形核的速率；$V_母$ 为母相的原始体积；f 是相变产物的体积分数。则残余的母相体积为 $(1-f)V_母$；故在 dt 内，形核的总数为

$$N = \dot{N}(1 - f)V_母\,dt \tag{11-137}$$

合并式(11-136)和式(11-137)，得到 dt 内相变产物的体积 dV_N 为

$$dV_N = \left[\dot{N}(1 - f)V_母\,dt\right] \cdot \left[\frac{4}{3}\pi G^3(t - \tau)^3\right] \tag{11-138}$$

若 V_N 用 f 表示，即 $f = V_N/V_母$，则 $dV_N = V_母\,df$，代入式(11-138)并化简，得到

$$df = \frac{4}{3}\pi G^3\dot{N}(1 - f)(t - \tau)^3\,dt$$

即

$$\frac{df}{1 - f} = \frac{4}{3}\pi G^3\dot{N}(t - \tau)^3\,dt \tag{11-139}$$

假定 G 及 $\dot{N}$ 不随时间而变，并注意到时间为 $(t-\tau)$时，$f = 0$，则对式(11-139)积分得到

$$f = 1 - \exp\left[-\frac{\pi\dot{N}G^3(t - \tau)^4}{3}\right] \tag{11-140}$$

若 $\tau \ll t$，或者 t 从 τ 开始算起，则

$$f = 1 - \exp\left[-\frac{\pi\dot{N}G^3 t^4}{3}\right] \tag{11-141}$$

在推导上面的公式时,虽然做了一些假设,但此结果可以推广为一般的表达式。只是在转变后期,由于各处晶粒向外长大,邻近的相变产物相碰,发生冲突,使长大受到限制,因此式(11-134)难于适用于转变后期的情况。

11.9.3 先共析转变

如图 11-72 所示,亚共析钢或过共析钢从单相奥氏体冷却进入复相区时,必须析出(或沉淀出)铁素体或渗碳体。这种转变,叫作**先共析转变**;所析出的铁素体及渗碳体,分别叫作先共析铁素体及先共析渗碳体,总称为先共析转变产物。

从相图来看,A_{cm} 线是一种固溶线,Fe_3C 在 γ-Fe 中的固溶度随着温度的升高而增加,先共析渗碳体沉淀时,基体(γ 相)中的碳含量是贫化的,这种沉淀与 11.2 节中讲到的过饱和固溶体脱溶类似;但是 A_3 线(或叫作 γ 线)则不然,它也是一种"固溶线",表明 α 相在 γ 相的固溶度曲线,不过,固溶度却是随着温度的升高而降低的,与液相线相似。先共析铁素体沉淀时,基体(γ 相)中的碳含量是富集的,下面主要讨论这种先共析转变。

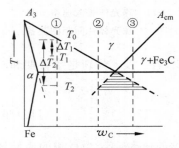

图 11-72　先共析转变的过冷度示意图

转变温度高时(图 11-72 中 T_1),ΔT 较小,推动力 ΔG_v 较小,而扩散则较快,因而晶界区初生的铁素体通过碳向奥氏体扩散而各向同性地长大,并向晶内推进,形成如图 11-73(a)所示的近似等轴的铁素体晶粒。碳不停地向晶内奥氏体富集,终于达到共析成分,转变为珠光体。

转变温度低时(图 11-72 中 T_2),ΔT 较大,推动力 ΔG_v 也较大,但扩散却较慢。在这种推动力较大而扩散又慢的情况下,转变往往选择界面能较小、应变能也较小的途径进行,即 α 与 γ 晶体以一定关系的半共格界面快速地向晶内推进,形成如图 11-73(b)所示的魏氏体组织。这种铁素体的惯析面是 $\{111\}_\gamma$,约有 $4°\sim20°$ 的偏差。这种铁素体组织与奥氏体组织大约有如下的晶体学关系:

$$\{110\}_\alpha \,/\!/\, \{111\}_\gamma, \langle 111\rangle_\alpha \,/\!/\, \langle 110\rangle_\gamma \tag{11-142}$$

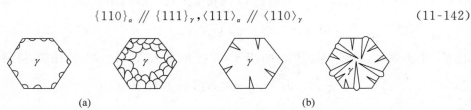

(a)　　　　　　　　　　　　　　(b)

图 11-73　先共析铁素体形核长大示意图
(a) 晶界铁素体;(b) 魏氏组织铁素体

一般来说,在大晶粒中,魏氏体片较难发生冲突,因而容易观察到。魏氏体片形成过程中以及形成后,α 相中的碳扩散至 α/γ 相界面,在此发生浓度突变。碳不断扩散至奥氏体中,逐渐富集,当达到共析成分时,便在魏氏组织间形成珠光体。

图 11-74 示出了在 α 相的加厚过程中,α/γ 相界面的浓度分布。γ 相转变为 α 相时碳的减少量等于界面附近 γ 相中碳的富集量。这种情况与图 11-35 所示的情况在扩散的边界条件方面,是完全一致的。二者的差别在于,图 11-35 中沉淀相的溶质浓度高于基体;而图 11-74 的

沉淀相 α 中,碳含量低于基体 γ。遵循同样的步骤,得到相同的解:

$$x = \alpha_1 \sqrt{Dt} \qquad (11\text{-}143)$$

$$\alpha_1 = \frac{C_\gamma^{\alpha/\gamma} - C_\gamma}{(C_\gamma - C_\alpha)^{1/2} (C_\gamma^{\alpha/\gamma} - C_\alpha)^{1/2}} \qquad (11\text{-}144)$$

从式(11-143)和式(11-144)及实验结果(x 及 t)计算出的扩散系数,与碳在奥氏体中的扩散系数(D_C^γ)基本上相同,因此晶界铁素体的加厚过程,是由碳从 α/γ 界面朝 γ 方向扩散的过程控制的。因此,先共析

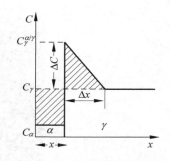

图 11-74　α 推进时界面的浓度分布

转变是一种优先在晶界形核、扩散控制长大的固态转变;只是由于过冷度不同,先共析铁素体具有不同的形貌而已。

11.9.4　珠光体的组织特点及力学性能

根据渗碳体的形状,珠光体分为两种:一种是片状珠光体,它是由一片铁素体和一片渗碳体相间排列而成的,如图 11-75 所示;另一种是粒状珠光体,其中渗碳体呈颗粒状均匀分布在铁素体的基体上,如图 11-76 所示。

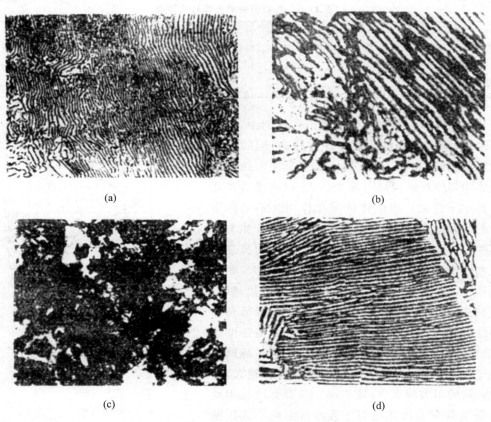

(a)　　　　　　　　　　　　(b)

(c)　　　　　　　　　　　　(d)

图 11-75　片状珠光体组织
(a) 珠光体;(b) 索氏体;(c),(d)屈氏体

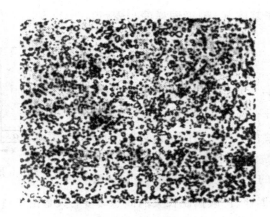

图 11-76   粒状珠光体组织

根据片层间距(见图 11-65)的大小,珠光体又可分为珠光体、索氏体(细珠光体)、屈氏体(极细珠光体)三种。表 11-6 列出共析钢的珠光体转变产物的形成温度、片层间距和硬度值。从中可以看出,转变温度越低,即过冷度越大,则形成的珠光体组织越细、片间距越小、硬度越高。

表 11-6   共析钢的珠光体转变产物

组织类型	形成温度/℃	片层间距 $\lambda/\mu m$	硬度/HRC
珠光体	$A_1 \sim 680$	> 0.4	$5 \sim 27$
索氏体	$680 \sim 600$	$0.4 \sim 0.2$	$27 \sim 38$
屈氏体	$600 \sim 500$	< 0.2	$38 \sim 43$

片状珠光体的性能主要取决于片层间距,片层间距越小,则珠光体的强度和硬度越高,同时塑性和韧性也变好,如图 11-77 所示。这是由于珠光体的基体相是铁素体,很软,易变形,主要靠渗碳体片分散其中来强化。渗碳体的强化作用并不是依靠本身的高硬度,而是依靠相界面强化。渗碳体与铁素体的相界面增加了位错运动的阻力,因而提高了强度和硬度。渗碳体片越厚,则片间距越大,相界面积越小,强化作用也越小。同时,渗碳体片越厚,越不易变形,而易脆裂,形成大量微裂纹,降低塑性和韧性。所以,珠光体的片层间距越大,则强度越低,塑性越差。反之,渗碳体片越薄,越容易随同铁素体一起变形而不脆裂。而且,相界面积越大,对位错运动的阻力越大,强度越高。这就是冷拔钢丝要求必须具有索氏体组织才容易变形而不致拔断的原因。而且,冷塑性变形可使索氏体的亚晶粒细化,形成由许多位错网络组成的位错壁。这种位错

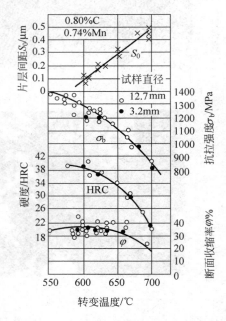

图 11-77   共析钢珠光体的力学性能与片间距和转变温度的关系

壁彼此之间的距离，将随着变形量的增大而减小，与此同时强化程度增大。

此外，渗碳体的形状对于珠光体的性能也有重要影响。在相同硬度下，粒状珠光体比片状珠光体的综合力学性能优越得多，见第 12 章的图 12-48 及有关介绍。

11.10　贝氏体转变

钢在珠光体转变温度的低温一侧或其以下，马氏体转变温度以上的温度范围内，过冷奥氏体将发生**贝氏体转变**，又称**中温转变**。在贝氏体转变的温度范围内，在温度上端的转变产物，叫上贝氏体；在温度下端的转变产物，叫下贝氏体。

11.10.1　贝氏体转变的特点

（1）贝氏体转变是一个形核与长大过程

贝氏体是 α 相（α-Fe）+ Fe_3C 的复相组织，转变的化学反应式与珠光体转变一样，都是因成分变化进而结构和相发生了变化的转变：

$$\gamma \longrightarrow \alpha + Fe_3C \tag{11-145}$$

但是，贝氏体转变的温度低于珠光体转变，因而过冷度 ΔT 大，从式（11-131）可以近似地看出，贝氏体转变的驱动力 ΔG_v 较大，而下贝氏体的相变驱动力更大。既然贝氏体转变是成分发生了变化的转变，它就需要原子扩散来完成这种转变。但是，贝氏体的转变温度较低，也只有间隙原子能完成短程的扩散。

贝氏体转变也是一个形核和长大的过程。转变通常需要一定的孕育期，在孕育期内，由于碳在奥氏体中重新分布，造成浓度起伏，随着过冷度增大，奥氏体成分越来越不均匀，进而形成富碳区和贫碳区，在含碳较低的部位首先形成铁素体晶核。上贝氏体中铁素体晶核一般优先在奥氏体晶界贫碳区上形成，下贝氏体由于过冷度大，铁素体晶核可在奥氏体晶粒内形成。铁素体形核后，当浓度起伏合适且晶核尺寸超过临界尺寸时便开始长大，在其长大的同时，过饱和的碳从铁素体向奥氏体中扩散，并于铁素体板条之间或在铁素体内部沉淀析出碳化物。通常，上贝氏体的长大速度取决于碳在奥氏体中的扩散，而下贝氏体的转变速度取决于碳在铁素体中的扩散。因此，贝氏体转变速度远比马氏体低。

（2）贝氏体转变是通过切变方式进行的

以下几个实验事实支持贝氏体转变是通过切变方式进行的。

① 最有力的证据是表面浮凸效应。

② 贝氏体中铁素体与奥氏体保持共格联系并在特定晶面上析出。例如，在中、高碳钢里，上贝氏体中铁素体的惯习面近于 $\{111\}_\gamma$，而下贝氏体的惯习面近于 $\{225\}_\gamma$，分别与低碳马氏体和高碳马氏体的惯习面相同。

③ 贝氏体中铁素体与母相奥氏体保持严格的晶体取向关系。例如，共析钢在 350～450℃之间形成的上贝氏体中，铁素体与奥氏体间存在西山关系：$(111)_\gamma /\!/ (110)_\alpha$，$[211]_\gamma /\!/$ $[110]_\alpha$；而共析钢在 250℃ 形成的下贝氏体中，铁素体与奥氏体中的位向关系符合 K-S 关系：$(111)_\gamma /\!/ (110)_\alpha$，$[110]_\gamma /\!/ [111]_\alpha$。此外，上、下贝氏体中渗碳体与母相奥氏体、渗碳体与铁素体之间也都遵循一定的晶体学取向关系。

④ 为了减少阻力、快速推进，铁素体一般为板状，这样可以减少应变能。这种形貌与切

变进行的马氏体相似。

为什么在 M_s 点以上贝氏体温度范围内，贝氏体中的铁素体可以通过马氏体机制形成呢？图 11-78 可示意地说明这个问题。图中在 Fe-Fe₃C 相图上画出马氏体相变平衡温度 T_0 及 M_s。

设共析钢由奥氏体状态 T 温度过冷至 T' 温度，此时过冷奥氏体处于该成分钢的 M_s 点以上，因此不会发生马氏体型切变。同时由于铁原子不能扩散，故不会发生珠光体转变。但此时碳原子仍可扩散。因为过冷奥氏体是处于 A_{cm} 线 ES 的延长线 SR 之下侧，所以有析出碳化物（或渗碳体）的趋势，引起碳原子在奥氏体中的扩散和重新分布，形成富碳区和贫碳区。这个过程可看作是贝氏体转变的孕育期，可表示为 $\gamma \longrightarrow \gamma$（贫碳）$+\gamma$（富碳）。当贫碳区的奥氏体碳浓度（见图 11-78 中的 Z 点）达到该成分奥氏体的 M_s 点温度时，便发生马氏体型的切变。可见，奥氏体中局部含碳量降低为贝氏体转变创造了热力学条件，从而使 α 相切变共格型转变能在 M_s 点以上温度进行。

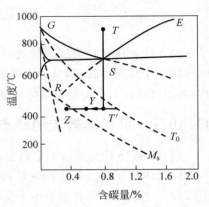

图 11-78　贝氏体中的铁素体可以
通过马氏体机制形成

(3) 贝氏体中碳化物的分布与形成温度有关

奥氏体在中温区不同温度保温，由于贝氏体中碳化物分布不同，可以形成不同类型的贝氏体。

① 无碳化物贝氏体

在亚共析钢中，当贝氏体的转变温度较高时，首先在奥氏体晶界上形成铁素体晶核。随着碳的充分扩散，铁素体长大，形成条状。伴随着这一相变过程，铁素体中的 C 原子将逐渐脱溶，并扩散穿过共格界面进入奥氏体中，从而得到由板条铁素体组成的无碳化物贝氏体，见图 11-79(a)。由于形成温度高，过冷度小，新相和母相自由能差小，故铁素体板条数量少，板条较宽，板条间距离较大。未转变的富碳奥氏体在继续保温过程中转变为珠光体或冷却至室温时转变为马氏体，也可能以残余奥氏体形式保留下来。

② 上贝氏体

首先在过冷奥氏体晶界处或晶界附近的贫碳区生成铁素体晶核，并且成排地向晶粒内长大。与此同时，条状铁素体长大前沿的 C 原子不断向两侧扩散，而且，铁素体中多余的碳也将通过扩散向两侧的相界面移动。由于碳在铁素体中的扩散速度大于在奥氏体中的扩散速度，因而在温度较低扩散不充分的情况下，碳将在晶界处发生富集。当富集的碳浓度相当高时，将在条状铁素体之间形成渗碳体，从而转变为典型的上贝氏体，见图 11-79(b)。

如果上贝氏体的形成温度较低或钢的碳含量较高，上贝氏体形成时与铁素体条间沉淀碳化物的同时，在铁素体条内也会沉淀出少量的弥散分布的渗碳体细小颗粒。

③ 下贝氏体

在中、高碳钢中，如果贝氏体转变温度更低时，在铁素体以切变共格方式长大成透镜状的同时，碳在奥氏体中的扩散更加困难，而在铁素体中仍可进行。因而碳原子只能在铁素体的亚晶界或某些特定晶面上偏聚，进而析出 ε-碳化物，形成典型的下贝氏体，见图 11-79(c)。

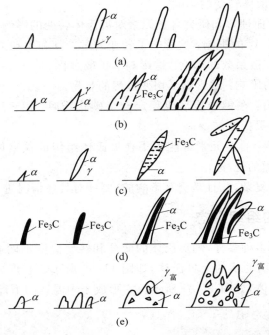

图 11-79　贝氏体转变示意图

(a) 无碳化物贝氏体；(b) 上贝氏体；(c) 下贝氏体；(d) 反常贝氏体；(e) 粒状贝氏体

如果钢的碳含量相当高，而且下贝氏体的形成温度又不过低时，形成的下贝氏体不仅在片状铁素体中析出碳化物，而且在铁素体边界上有碳化物形成。

④ 反常贝氏体

上述几种贝氏体形成时，都是以铁素体作为领先相。如果钢的碳含量很高（一般均为过共析钢），而贝氏体转变的温度较低时，将首先从奥氏体中析出渗碳体。针状渗碳体纵向长大时也侧向长大，这样针状渗碳体周围的奥氏体碳含量降低，从而形成铁素体。铁素体长大时，C 从铁素体脱溶并扩散到侧面的奥氏体中，因此又促进针状渗碳体的形成，结果得到如图 11-79(d) 所示的成排分布的反常贝氏体。当然，如果转变温度过低，碳扩散困难，也可能形成单独的反常贝氏体组织。

⑤ 粒状贝氏体

粒状贝氏体的形成温度最高，碳的扩散系数较大，碳在奥氏体中能长距离的扩散。在很低的贫碳区形成 α 相。随着 α 相的长大，碳几乎都富集到一些孤立的奥氏体"小岛"中去。α 相长大成大块状，含碳极低。这些高碳的奥氏体"小岛"形状很不规则，在随后的冷却过程中，可能发生不同的变化。在室温下，通常以存在马氏体—奥氏体组成物的情况居多，如图 11-79(e) 所示。

因此，贝氏体转变是一种在中温以切变方式进行的、受扩散控制的、恒温形核恒温长大的转变。这种转变机理的关键是转变温度—中温，转变温度的高低决定了过冷度和驱动力、扩散的快慢和方式、形变的方式以及产物的形貌等。因此，贝氏体转变也叫作奥氏体的中温转变。正因为是中温转变，所以组织比较复杂，特别是加入合金元素以后，更是如此。

（4）合金元素对贝氏体转变的影响

可以从如下几个方面理解和研究合金元素对贝氏体转变的影响。

① 对相界线 A_3 和 A_1 的影响：这影响了转变的过冷度和驱动力。

② 对碳的活度和扩散系数的影响：这影响了扩散过程。

③ 对奥氏体强度的影响：这影响了切变过程的难易。

④ 对碳化物的影响：在钢中能形成稳定合金碳化物时，由于合金碳化物的溶解度极低，较易析出，故将影响贝氏体转变。

⑤ 对相界面的影响：合金元素可能富集在贝氏体组织的铁素体和尚未转变的奥氏体的界面，从而影响了界面的迁移性。

上述这些影响较为复杂，并且是交互影响的，要针对具体情况进行分析。

11.10.2　贝氏体的组织形态

贝氏体的组织形态多种多样，随奥氏体的成分和转变温度不同而异。钢中贝氏体具有两种典型形态：一种是羽毛状的上贝氏体，如图 11-80 所示。它形成于中温区的上部。另一种是针片状的下贝氏体，如图 11-81 所示。它形成于中温区的下部。

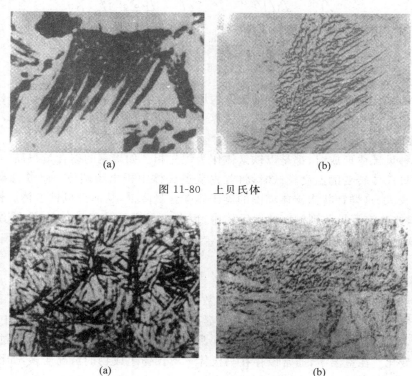

(a)　　　　　　　　　　　　　(b)

图 11-80　上贝氏体

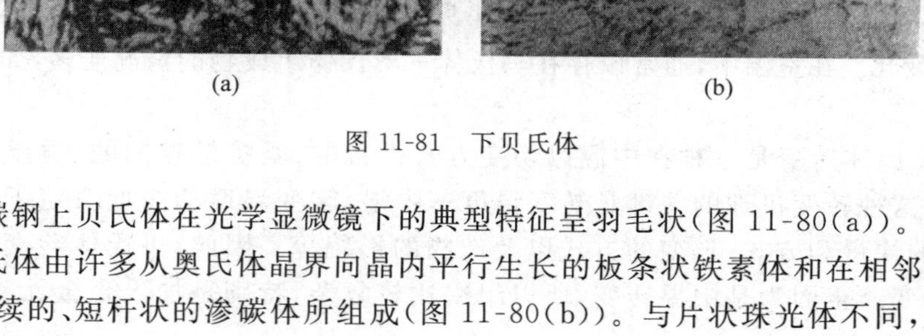

(a)　　　　　　　　　　　　　(b)

图 11-81　下贝氏体

中、高碳钢上贝氏体在光学显微镜下的典型特征呈羽毛状（图 11-80(a)）。在电子显微镜下，上贝氏体由许多从奥氏体晶界向晶内平行生长的板条状铁素体和在相邻铁素体条间存在的不连续的、短杆状的渗碳体所组成（图 11-80(b)）。与片状珠光体不同，上贝氏体中铁素体含过饱和的碳,其中有位错缠结存在。上贝氏体中铁素体条较宽,其宽度随形成温度下降而变细。上贝氏体中断续的渗碳体条分布在铁素体之间,其主轴方向与铁素体板条长轴平行。上贝氏体中铁素体的形态与亚结构和板条马氏体相似,但其位错密度比马氏体要低 2~3 个数量级,约为 $10^8 \sim 10^9 \mathrm{cm}^{-2}$。

下贝氏体组织也是由铁素体和碳化物组成。在光学显微镜下观察,下贝氏体呈黑色针状,各个针状物之间都有一定的交角(图 11-81(a))。它可以在奥氏体晶界上形成。但大量的是在奥氏体晶粒内沿某些晶面单独地或成堆地长成针叶状。下贝氏体铁素体的立体形态,与高碳马氏体一样,也呈双凸透镜状。在电镜下,在下贝氏体针状铁素体内分布着微细的具有六方点阵的 $\varepsilon\text{-}Fe_xC$ 片状物。这些片状物平行排列并与铁素体长轴呈 $55° \sim 65°$ 取向(图 11-81(b))。下贝氏体中的铁素体亚结构与片状马氏体不同,它具有高密度位错,没有孪晶亚结构存在,其位错密度比上贝氏体中铁素体的高。

11.10.3　贝氏体的性能

贝氏体的力学性能主要取决于其组织形态。贝氏体混合组织中铁素体、渗碳体及其他相的相对含量、形态、大小和分布等都会影响贝氏体的性能。

(1) 铁素体的影响

贝氏体中,α 相呈条状或针状比呈块状的具有较高的硬度和强度,硬度可高出 100~150HB。随转变温度下降,贝氏体中的 α 相由块状向条状、针状或片状转化。贝氏体中 α 相晶粒(或亚晶粒)越小,强度越高,韧性不仅不降低,甚至还有所提高。

(2) 渗碳体的影响

在渗碳体尺寸大小相同的情况下,贝氏体中渗碳体数量越多,硬度和强度越高,韧性、塑性越低。渗碳体的数量主要决定于钢中的碳含量。当钢的成分一定时,随着转变温度的降低,渗碳体的尺寸减少,数量增多,硬度和强度增高,但韧性和塑性降低较少。

对于贝氏体来说,一般渗碳体是粒状的韧性较高,细小片状的强度较高,断续杆状或层状的脆性较大,而当渗碳体等向均匀弥散分布时,强度、韧性都较高。

(3) 其他相的影响

与贝氏体相比,残余奥氏体是软相。如果贝氏体中含有少量奥氏体且其均匀分布时,强度降低较少,而且可以提高韧性和塑性。而当奥氏体含量较多时,虽然会提高钢的塑性和韧性,但会降低钢的强度,特别是会降低钢的屈服强度和疲劳强度。

当贝氏体处理后有板条马氏体存在时,会使钢的硬度、强度增高,韧性稍有降低或不降低。当马氏体为片状时,回火析出的碳化物沿孪晶界或马氏体晶界分布,则会降低钢的冲击韧性。

由于贝氏体处理的冷却速度较小,在贝氏体形成之前,有可能发生珠光体转变,转变的产物通常是铁素体或铁素体加珠光体。与下贝氏体相比,会明显降低钢的硬度和强度;如果是索氏体或屈氏体,则对钢的硬度、强度降低较少。

综上所述,上贝氏体形成温度较高,铁素体晶粒和碳化物颗粒较粗大,碳化物呈短杆状平行分布在铁素体板条之间,铁素体和碳化物分布有明显的方向性。这种组织状态使铁素体条间易产生脆断,铁素体本身也可能成为裂纹扩展的路径。如图 11-82 所示,在 400~

500℃温区形成的上贝氏体不但硬度低,而且冲击韧性也显著降低。所以工程材料中一般应避免上贝氏体组织的形成。

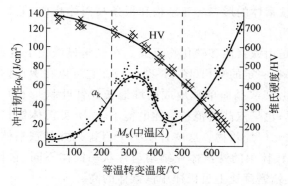

图 11-82　等温转变温度对共析钢力学性能的影响

下贝氏体中铁素体针细小而均匀分布,而且在铁素体内又沉淀析出细小、多量且弥散分布的 ε 碳化物,故位错密度很高。因此下贝氏体不但强度高,而且韧性也很好,即具有优良的综合力学性能。生产上广泛采用等温淬火工艺就是为了得到这种强、韧结合的下贝氏体组织。

11.11　有序—无序转变

11.11.1　概念和定义

固溶体中一种原子的最近邻为异类原子的结构,叫做有序结构;趋于有序结构的过程叫做有序化,所形成的有序结构的固溶体叫做有序固溶体。

有序化的驱动力是固溶体中原子混合能参量 E_m,即要求

$$E_m = E_{AB} - \frac{1}{2}(E_{AA} + E_{BB}) < 0 \tag{11-146}$$

式中, E_{AB},E_{AA},E_{BB} 分别表示 AB,AA,BB 原子间交互作用能。

要达到稳定的有序化,必须是异类原子间的吸引力大于同类原子间的吸引力,以便降低能量。

有序化的阻力是组态熵,升温使其对自由能的贡献($-T\Delta S$)增加,达到某个临界温度以后,则紊乱无序的固溶体更为稳定,有序固溶体消失。

具有短程有序的固溶体,当其成分接近于一定的原子比且从高温缓冷至某一临界温度以下时,两种原子就可能在大范围内呈规则排列,亦即转变为长程有序结构。这便是有序固溶体。有序固溶体在 X 射线衍射图上会出现附加的线条,称为超结构线,见图 11-83。所以有序固溶体又称为超结构或超点阵。

有序化时,在固溶体内部先形成一些原子呈有序排列的微小区域,称为有序畴或反相畴。各反相畴原子排

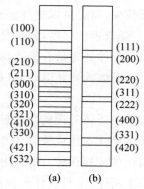

图 11-83　Cu₃Au 的德拜相示意图
（a）有序；（b）无序

列的位置恰好相反（A、B 原子排列次序变化），因此存在反相畴界，图 11-84 即表示两个反相畴中原子排列情况。随着温度的降低，畴界移动，有序畴长大，直至相互接触，再通过有序畴的集聚长大，从而形成有序固溶体。而当温度逐渐升高时，原子热振动激烈，有序排列的原子发生错乱，当温度达到临界温度 T_C 时，长程有序完全消失。

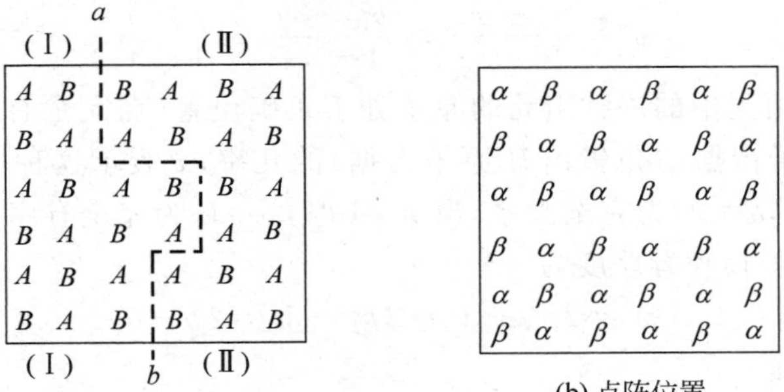

(a) 原子排列　　(b) 点阵位置

图 11-84　反相畴

为了描述短程有序和长程有序的程度，引入短程有序度 σ 和长程有序度 ω。

定义 A-B 二元合金的短程有序度 σ 为

$$\sigma \equiv \frac{q - q_r}{q_m - q_r} \tag{11-147}$$

式中，q_m，q_r 及 q 分别为完全有序、完全无序及实际存在的 AB 键数占总键数的分数。因此，

若 $q = q_m$，则 $\sigma = 1$，为完全有序固溶体；

若 $q = q_r$，则 $\sigma = 0$，为完全无序固溶体。

由于 $q_m \geqslant q \geqslant q_r$，故 $1 \geqslant \sigma \geqslant 0$。

对于 $A_m B_n$ 合金，若 $m < n$，总原子数为 N，则

$$q_r = \frac{N x_A Z (1 - x_A)}{\frac{1}{2} N Z} = 2 x_A (1 - x_A) \tag{11-148}$$

$$q_m = \frac{N x_A Z}{\frac{1}{2} N Z} = 2 x_A \tag{11-149}$$

式中，Z 为配位数；x_A 为 A 原子的原子百分数。

对于 AB 型合金，$q_r = \frac{1}{2}$，$q_m = 1$，则

$$\sigma = \frac{q - \frac{1}{2}}{1 - \frac{1}{2}} = 2q - 1 \tag{11-150}$$

对于 AB_3 型合金，$q_r = \frac{3}{8}$，$q_m = \frac{1}{2}$，则

$$\sigma = \frac{q - \dfrac{3}{8}}{\dfrac{1}{2} - \dfrac{3}{8}} = 8q - 3 \tag{11-151}$$

定义 $A\text{-}B$ 二元合金的长程有序度 ω 为

$$\omega \equiv \frac{p_A^\alpha - x_A}{1 - x_A} \equiv \frac{p_B^\beta - x_B}{1 - x_B} = \frac{p - x}{1 - x} \tag{11-152}$$

式中，p 表示 A、B 组元中的一种组元的原子处于正确位置(在完全有序时，图 11-84(b)所示的 α 位置由 A 原子占据，β 位置由 B 原子占据)的几率，x 表示这种原子在合金中的原子百分数。当 $p = x$ 时，$\omega = 0$，为完全无序，当 $p = 1$ 时，$\omega = 1$，为完全有序。

对于 AB 型合金，长程有序度为

$$\omega = 2p_A^\alpha - 1 = 2p_B^\beta - 1 = 2p - 1 \tag{11-153}$$

对于 AB_3 型合金

$$\omega = \frac{p_A^\alpha - \dfrac{1}{4}}{1 - \dfrac{1}{4}} = \frac{1}{3}(4p_A^\alpha - 1) = \frac{p_B^\beta - \dfrac{3}{4}}{1 - \dfrac{3}{4}} = 4p_B^\beta - 3 \tag{11-154}$$

ω 与 σ 有什么关系？多长的距离才算长程？完全无序时，ω 和 σ 均为零；完全有序时，ω 和 σ 均为最大值。但在图 11-84(a)所示的情况下，畴 Ⅰ、畴 Ⅱ 内都是 AB 键，故畴内的 ω 及 σ 均为 1。考虑两个畴时，虽然沿虚线 ab 有 9 个同类原子对(AA 或 BB)，但余下的 51 个键仍是异类原子对(AB)，所以 σ 仍相当高。但对照图 11-84(a)、(b)考虑 ω 时，则 18 个 A 原子位于 α 及 β 位置的数目均为 9，故 ω 为零。因此称图(a)中的小区域 Ⅰ 及 Ⅱ 为反相畴，或有序畴，畴间虚线 ab 为畴壁。

也可从过程的进行来理解 ω 与 σ 之间的关系。如图 11-84(a)所示，由于跨过畴壁仍有 AA 及 BB 键，系统的内能不是最低，故在低温时，畴壁不稳定，相邻的反相畴有互相合并从而单畴长大的趋势，以减少畴壁使长程有序度 ω 增加。在高温时则不然，畴壁的存在增加了熵，使自由能下降，在足够高的温度，$T\Delta S$ 项可以抵消 ΔU 项，于是长程有序转变为短程有序。

关于有序固溶体，有下述几个问题需要注意：

① "长程"与"短程"是相对的概念，一般将畴的尺寸约达到 10^4 个原子，并可在 X 射线衍射图谱上获得超结构线条时的有序状态叫做长程有序态。

② 虽然任何 $E_{AB} < \dfrac{1}{2}(E_{AA} + E_{BB})$ 的固溶体都可能有短程有序，但要获得完全长程有序的结构，则只限于特定的化学成分比，例如 AB_3 及 AB 等。在三种典型金属晶体结构中，都发现这两类有序固溶体。

③ 有序固溶体在成分上类似金属化合物，但它是一种固溶体，在临界温度以上，转变为完全无序的、结构类型相同的固溶体，而金属化合物在高温失稳，或熔化或转变为其他固相。

11.11.2 有序合金类型

11.11.2.1 以面心立方为基的超结构

这类超结构主要存在于 Cu-Au，Cu-Pt 以及 Fe-Ni，Al-Ni 等合金系中，主要有 Cu_3Au

型、CuAu$_I$ 型、CuAu$_{II}$ 型以及 CuPt 型。

(1) Cu$_3$Au 型

成分相当于 Cu$_3$Au 的合金在高温为无序固溶体,Cu,Au 原子统计均匀分布在面心立方点阵上(见图 11-85(a))。当缓冷至 390℃ 以下时,Cu,Au 原子呈有序排列。Cu 原子占据立方体的 6 个面心,Au 原子占据 8 个顶角,见图 11-85(b)。具有 Cu$_3$Au 型超结构的有序合金还有 Cu$_3$Pt,Cu$_3$Pd,Ag$_3$Pt,Au$_3$Mn,Ni$_3$Al,Ni$_3$Si,Ni$_3$Mn,Ni$_3$Pd,Ni$_3$Pt,Co$_3$Al,Pd$_3$Fe 等。

(2) CuAu$_I$ 型

成分相当于 CuAu 的合金,在 385℃ 以下具有 CuAu$_I$ 型超结构,它具有正方点阵,Au 原子占据晶胞的顶角和上、下底面中心位置,Cu 原子占据 4 个柱面的中心位置,即 Au 和 Cu 原子沿 c 轴方向相间逐层排列,如图 11-86 所示。由于 Cu 原子较小,这种层状结构使 c/a 从无序的 1.00 降至有序的 0.93,并可松弛无序时的弹性应变能,使结构更稳定。具有这类超结构的合金尚有 FePt,NiPt,AlTi 等。

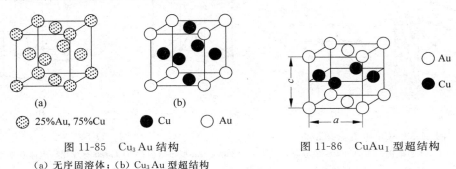

(a)　　　　　　　　(b)

⦿ 25%Au, 75%Cu　　● Cu　　○ Au

图 11-85　Cu$_3$Au 结构

(a) 无序固溶体;(b) Cu$_3$Au 型超结构

○ Au
● Cu

图 11-86　CuAu$_I$ 型超结构

(3) CuAu$_{II}$ 型

在 385~410℃ 之间,Cu,Au 原子呈特殊的有序排列,形成图 11-87 所示的一维长周期的超结构。这种 CuAu$_{II}$ 型超结构的基本单元为 10 个小晶胞沿 b 轴排列而成,每隔 5 个小晶胞 Cu,Au 原子排列彼此交换,相当于沿[001]及[100]方向平移 $\frac{c}{2}$ 及 $\frac{a}{2}$。亦可看作 5 个小晶胞组成一个反相畴,在畴界处原子排列顺序地改变,相当于沿(010)面位移 $\frac{1}{2}(a+c)$,得到图 11-87 所示的正交晶胞,其 $c/a=1,b=10.02a$。

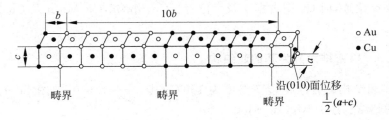

○ Au
● Cu

畴界　　　　畴界　　　　畴界　　　沿(010)面位移 $\frac{1}{2}(a+c)$

图 11-87　CuAu$_{II}$ 型超结构

(4) CuPt 型

Cu 原子和 Pt 原子在(111)面上逐层相间排列,如图 11-88(a)所示。由于 Cu 和 Pt 原子大小不同,致使原来的面心立方点阵歪扭成为菱形点阵,但 $\alpha=90°$。当 Pt 原子超过 50%

时,多余的 Pt 原子将取代 Cu 原子所组成的(111)面上的部分 Cu 原子的位置。当成分相当于 Cu_3Pt_5 时,所有的原来由 Cu 原子组成的(111)面上原子排列均如图 11-88(b)所示,构成一种新的超结构类型。

11.11.2.2　以体心立方为基的超结构

(1) CuZn 型

β 黄铜 CuZn 在 470℃以下为有序固溶体。有序化以后 Zn 原子位于立方晶胞的顶角位置,Cu 原子位于立方晶胞的体心位置。或者两种原子呈完全相反的位置分布。这种结构也称为 CsCl 型结构。它的晶体点阵由无序时的体心立方变为两个穿插的简单立方点阵,如图 11-89 所示。属于这种类型的合金有 FeAl,FeSi,FeTi,CuFe,CuBe,AgZn,AgCd,AuCd,CoAl 等。

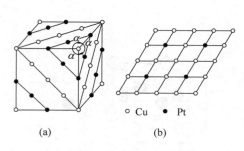

图 11-88　Cu-Pt 合金超结构

(a) CuPt 超结构;(b) Cu_3Pt_5 成分时,
富 Cu 的(111)面上原子分布

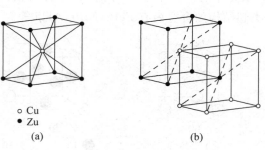

图　11-89

(a) CuZn 型超结构;(b) CuZn 有序化后由体心立方点阵
变为两个穿插的简单立方点阵

(2) Fe_3Al 型

如图 11-90 所示,Fe_3Al 型有序固溶体是由 8 个体心立方晶胞堆成的大立方体,共含有 16 个原子,其中 12 个为 Fe 原子,4 个为 Al 原子。Fe 原子占据 a、c、d 三种位置:a 位置为大立方体的面心以及八角,共 4 个原子;c 位置为大立方体的体心及棱线中心,共 4 个原子;d 位置为不相邻的 4 个小立方体的体心,共 4 个原子。Al 原子则占据其他 4 个不相邻小立方体的体心(b 位置),共 4 个原子。属于这种类型的合金还有 Fe_3Si、Cu_3Al 等。

顺便指出,三元的磁性合金 Cu_2MnAl(Heusler 合金)也具备这种结构,其中 Al 及 Mn 分别占据 b 及 d 位置,而 Cu 则占据 a 及 c 位置。Cu_2MnGa,Cu_2MnIn 及 Cu_2MnSn 也具备类似的结构。

11.11.2.3　以密排六方为基的超结构

Mg_3Cd 型超结构的有序化转变温度为 150℃,其 $c/a=1.610$,如图 11-91 所示。以密排六方为基的超结构还有 $MgCd_3$,$MoCo_3$ 等。

11.11.3　有序—无序转变的热力学分析

11.11.3.1　有序度和温度的关系及居里点的确定

利用式(11-152)对长程有序度 ω 的定义及斯特林近似式,组态熵为

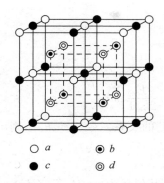

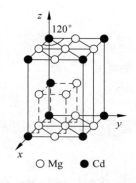

图 11-90　Fe_3Al 型有序固溶体　　　　图 11-91　Mg_3Cd 型超结构

$$S = k_B \ln \frac{N!}{R!W!} = k_B(N\ln N - R\ln R - W\ln W) \tag{11-155}$$

将 α 中 A 与 β 中 B 对换一次，则增加了两个排"错"了的原子，即 $\Delta W = +2$，减少了两个排"对"了的原子，即 $\Delta R = -2$；原子总数不变，即 $\Delta N = 0$。代入式(11-155)得

$$\Delta S = -k_B(\Delta R + \Delta R\ln R + \Delta W + \Delta W\ln W) = 2k_B\ln \frac{R}{W} \tag{11-156}$$

分四步计算上述原子对换过程的内部变化：

从 α 中取出一个 A，内能变化为 $U_{\alpha A}$；

从 β 中取出一个 B，内能变化为 $U_{\beta B}$；

将取出的 B 放入空出的 α，内能变化为 $U_{\alpha B}$；

将取出的 A 放入空出的 β，内能变化为 $U_{\beta A}$。

每个原子的最近邻为异类及同类原子的几率分别为 R/N 及 W/N，令配位数为 Z，则

$$\begin{aligned}
\Delta U &= U_{\alpha B} + U_{\beta A} - U_{\alpha A} - U_{\beta B} \\
&= Z\left(\frac{R}{N}E_{BB} + \frac{W}{N}E_{AB}\right) + Z\left(\frac{R}{N}E_{AA} + \frac{W}{N}E_{AB}\right) \\
&\quad - Z\left(\frac{R}{N}E_{AB} + \frac{W}{N}E_{AA}\right) - Z\left(\frac{R}{N}E_{AB} + \frac{W}{N}E_{BB}\right) \\
&= -\frac{Z}{N}(R - W)(2E_{AB} - E_{AA} - E_{BB}) \\
&= -2ZE_m\omega
\end{aligned} \tag{11-157}$$

在简化式(11-157)过程中，利用了 ω 的定义式(11-152)及合金交互作用能 E_m 的定义。

应用恒温恒容的平衡条件，即 $\Delta F = \Delta U - T\Delta S = 0$，并代入式(11-156)、式(11-157)，得到

$$\frac{ZE_m}{k_BT} = -\frac{1}{\omega}\ln \frac{R}{W} = -\frac{1}{\omega}\ln \frac{1+\omega}{1-\omega} \tag{11-158}$$

为简化书写，令

$$\theta = -\frac{ZE_m}{k_BT} \tag{11-159}$$

代入式(11-158)得到

$$\frac{1+\omega}{1-\omega} = e^{\omega\theta} \tag{11-160}$$

变换为下式

$$\omega = \frac{e^{\omega\theta} - 1}{e^{\omega\theta} + 1} \tag{11-161}$$

分子及分母各乘以 $e^{-\omega\theta/2}$,得

$$\omega = \tanh\left(\frac{\omega\theta}{2}\right) = \tanh\left(-\frac{ZE_m}{2k_BT}\omega\right) \tag{11-162}$$

式(11-162)便是所求的解。应用图解法可求出 ω 与 T 的关系。令 $x = \omega\theta/2$,则

$$\omega = \frac{2x}{\theta} = \left(-\frac{2k_BT}{ZE_m}\right)x \tag{11-163}$$

在 ω-x 坐标系中,式(11-163)为一直线(见图 11-92),其斜率为 $(-2k_BT/ZE_m)$。由于 $E_m<0$,故温度愈高,直线愈陡。将 x 值代入式(11-162):

$$\omega = \tanh x = \tanh\left(-\frac{ZE_m}{2k_BT}\omega\right) \tag{11-164}$$

式(11-164)为双曲正切函数,即图 11-92 中的曲线。这条曲线与式(11-163)不同温度的直线的交点便是不同温度的 ω(图 11-93)。这便是有序度与温度的关系。

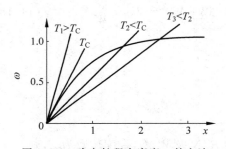

图 11-92　确定长程有序度 ω 的方法

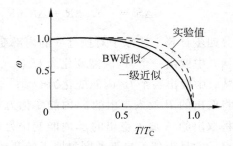

图 11-93　长程有序度(ω)与温度(T)的关系

下面讨论临界温度,即居里温度 T_C 的确定方法。由图 11-92 可以看出,当 $x=0$,则 $\omega=0$,这时双曲正切函数曲线的斜率 $\mathrm{d}\tanh x/\mathrm{d}x=1$。要 ω 有大于零的解,则图 11-92 中直线的斜率应小于 1,即温度超过某一临界温度(T_C),则 ω 都是零。从式(11-163)的直线斜率为 1 的条件得到临界温度 T_C 的表达式:

$$T_C = -\frac{ZE_m}{2k_B} \tag{11-165}$$

由于 $E_m<0$,故 T_C 为正值;E_m 的绝对值愈大,则有序固溶体愈稳定,需要较高的温度使它完全无序化,故 T_C 愈高。

11.11.3.2　有序—无序转变中的一级相变和二级相变

图 11-94 示意地表示了 CuZn 型及 Cu_3Au 型的长程有序度 ω 及短程有序度 σ 随温度变化的关系。升温时,CuZn 型的 ω 及 σ 是在一个范围内逐渐下降的,在临界温度 T_C,并没有一个突然的下降,从而无序化($\beta' \rightarrow \beta$)时 U 及 H 通过 T_C 是逐渐变化的,这便是二级相变;Cu_3Au 型则不然,由于有较多的同类原子对,无序态(β)具有较高的 U 及 H,因此无序化时,在 T_C,U 及 H 有不连续的变化,这属于一级相变。

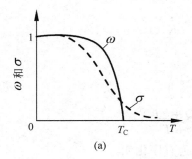 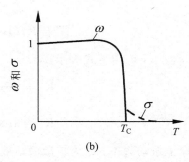

图 11-94　有序度随温度的变化

(a) CuZn；(b) Cu₃Au

11.11.4　有序—无序转变的动力学分析

有序化过程需要原子的迁移，即扩散。与沉淀和分解过程不同，有序化不引起大的成分变动，不涉及长程的物质迁移，而主要是邻近亚点阵上原子的换位。有序化过程分为下述几个阶段：

① 形核　克服形核功而形成有序畴的核心。

② 生长　有序畴向无序区扩展，一直长到与其他正在生长中的有序畴相遇，见图 11-95。

③ 粗化　亚稳畴结构粗化，一直进行到没有反相畴界的有序晶体，即 Ostwald"成熟"。

④ 有序度调整随着上述三个过程的进行，每一个畴内的有序度均随时间而变化。

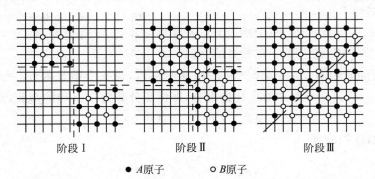

阶段Ⅰ　　　　阶段Ⅱ　　　　阶段Ⅲ

● A原子　　　　○ B原子

图 11-95　A 及 B 原子占据不同亚点阵形成的有序区长大相遇时，构成反相畴界（点画线）

(1) 均匀有序化过程

对于 AB 型合金，根据式(11-152)或式(11-153)占对了阵点的原子占总原子的百分数

$$p_A^\alpha = \frac{1}{2}(1 + \omega) = p_B^\beta \tag{11-166}$$

占错了阵点的原子点总原子的百分数

$$p_A^\beta = \frac{1}{2}(1 - \omega) = p_B^\alpha \tag{11-167}$$

反应速度为

$$\frac{\mathrm{d}p_A^\alpha}{\mathrm{d}t} = K_1 p_A^\beta p_B^\alpha - K_2 p_A^\alpha p_B^\beta \tag{11-168}$$

或

$$2\frac{\mathrm{d}\omega}{\mathrm{d}t} = K_1(1-\omega)^2 - K_2(1+\omega)^2 \tag{11-169}$$

速度常数 K_1 及 K_2 可用下式表示：

$$K_1 = \nu\exp\left(-\frac{Q}{RT}\right) \tag{11-170}$$

$$K_2 = \nu\exp\left(-\frac{Q+\Delta U}{RT}\right) \tag{11-171}$$

式中，ν 为原子振动频率；Q 为扩散激活能；ΔU 为有序化能。

图 11-96 示意地表示了有序化过程中原子在点阵中的跳跃过程。有序化能 ΔU 为正值，将有关数值代入，得到恒温下的 $\omega(t)$ 曲线具有 S 形，这正是形核长大理论所预期的，如图 11-97 所示。从图中可以看出不同温度下 $\mathrm{d}\omega/\mathrm{d}t$ 随 ω 的变化。ω 低时，$\mathrm{d}\omega/\mathrm{d}t$ 为零；当 ω 为 0.5 左右时，$\mathrm{d}\omega/\mathrm{d}t$ 取最大值，特别是当温度刚好低于 $T_C=205\mathrm{K}$ 时，最为明显。

$\mathrm{d}\omega/\mathrm{d}t$ 随合金而异，对于 CuZn，由于 $\mathrm{d}\omega/\mathrm{d}t$ 大，实际上不可能通过淬火而保留无序态；而 A_3B 型合金的 $\mathrm{d}\omega/\mathrm{d}t$ 都远低于 AB 型合金。如图 11-97 所示，当温度低于 T_C 时，速度 $(\mathrm{d}\omega/\mathrm{d}t)_{t=0}<0$。因此，需要有较大的起伏导致一定的有序度后，有序化才能进一步进行。因此，Cu_3Au 可以相当容易地通过淬火而保留无序态。

(2) 有序畴的生长

设单位体积内开始时有 N 个畴核，N 随温度而异，而其尺寸则以恒定速度 G 在所有的方向上长大，直到与邻近的畴相遇。在 t 至 $t+\mathrm{d}t$ 的时间间隔内，每一个畴长大 $\mathrm{d}V=4\pi G^3 t^2\mathrm{d}t$，有序的体积分数为 f，长入那个尚未有序化的部分，即体积分数为 $(1-f)$ 的部分，其长入量为

$$\mathrm{d}f = 4\pi G^3 Nt^2\mathrm{d}t(1-f) \tag{11-172}$$

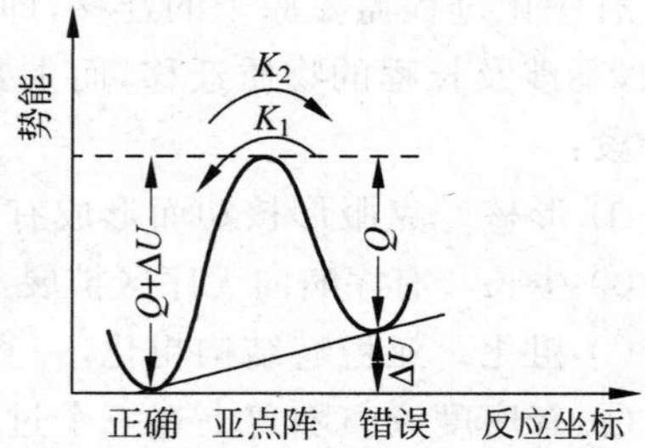

图 11-96　原子在超点阵中的势能以及原子跳跃，跳跃速率为 K_1 及 K_2

得 t 时刻有序的体积分数

$$f = 1 - \exp\left[-\frac{4}{3}\pi G^3 N(t)t^3\right] \tag{11-173}$$

线增长速度 G 等于迁移率乘以驱动力：

$$G = \frac{D(T)}{RT}\cdot\left(\frac{\Delta U\cdot\omega}{a}\right) \tag{11-174}$$

式中，$D(T)$ 为扩散系数；a 为原子间距。

定性地理论预测，有序度随时间的变化规律为

$$\omega_{\mathrm{eff}} = \int\omega f(\omega)\mathrm{d}V/V \tag{11-175}$$

(3) 有序畴的粗化

当 $f=1$，即所有的无序体积均已耗尽，材料完全由有序畴构成，但并不对应于稳定平衡的状态，因为反相畴界仍含有附加的能量。下一个动力学过程是有序畴的粗化，从而使反相畴界的总面积减小。其过程类似于再结晶。

CuZn 型有序点阵中，只有两种亚点阵，其中一种原子，例如 Cu 原子，可以位于 BCC 结

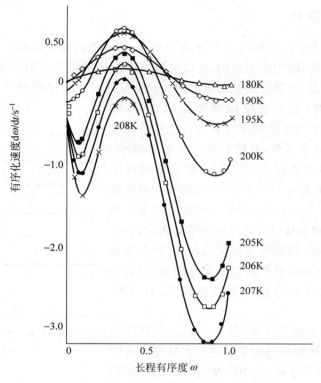

图 11-97　对 A_3B 型合金计算的有序化速度

构的体心或八个顶角(图 11-89)。这种反相畴界易于移动,形成不了亚稳的结构,易于粗化。Cu_3Au 型的有序点阵则不然,可以有四种不同的反相畴:一种是反相畴界的矢量 u 位于某一界面,后者的矢量为 n,即 $(u \cdot n)=0$;另外三种是 $(u \cdot n) \neq 0$。它们分别叫第一类及第二类反相畴界,第一类反相畴界能低。但总的说来,这种有序畴可以形成亚稳的组织,粗化较难。图 11-98 示出 Cu_3Au 中四类畴 A,B,C,D 的统计排列,以及反相畴界能不平衡时所导致的畴的粗化。粗化的驱动力是降低反相畴界能(U_{APB}),则式(11-174)中的 ΔU 为

$$\Delta U \approx \frac{U_{APB}L^2}{L^3}a^3 \qquad (11\text{-}176)$$

式中,L 为畴的平均直径;a^3 为原子体积。代入式(11-174)得到

$$G = \frac{\mathrm{d}L}{\mathrm{d}t} = \frac{D}{k_BT}\frac{U_{APB}a^3}{L} = \frac{K}{L} \qquad (11\text{-}177)$$

对式(11-177)积分得

$$L^2 - L_0^2 = 2Kt \qquad (11\text{-}178)$$

在 Cu_3Au 合金中,当 L 在 $100\sim800$nm 范围,若考虑到真正的初始畴尺寸 L_0 的分布,则式(11-178)得到证实。

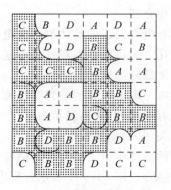

图 11-98　Cu_3Au 型有序畴(A,B,C,D)
的统计分布及 B 畴的长大

11.11.5　有序强化

镍基合金中有 Ni_3Ti 类型的 γ' 相，γ' 相具有 Cu_3Au 型的有序结构。位错如果在一完全有序的超点阵中运动，阻力是很小的，这时位错通常以位错对形式向前运动，领先位错在基体中产生的无序状态，为随后的位错所消除。但是位错对在有序程度并不理想的基体中运动遇到反相畴界时，会造成反相畴界面的增加，如图 11-99 所示。随着变形的增加特别是次滑移系统动作后，反相畴界面越来越多，有序畴的尺寸越来越小。由于反相畴界的界面能较高（例如，一般共格的有序相，其与基体的界面能为 $10\sim30\mathrm{mJ/m^2}$，而反相畴界能约高一个数量级，为 $100\sim300\mathrm{mJ/m^2}$），因此会增加反相畴界能。以上是针对基体反相畴界面的增加来讨论的，假如沉淀相为有序相，位错切过沉淀相时，同样会造成反相畴界面的增加，从而必须附加一部分能量，而造成有序强化。有序强化的定量关系如前面式（11-126）所示。

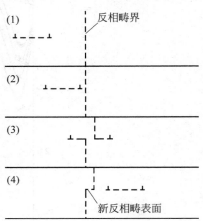

图 11-99　位错对滑移造成
反相畴界面增加

现已发现了很多种有序相，但并不是任何有序相都能使材料强化。比较理想的是那些反相畴界能适中且为 Cu_3Au 结构的有序相，其中镍基合金中的析出相 Ni_3Al 的效果就十分显著。由于位错对的间距约为 10nm，而析出相 Ni_3Ti 的尺寸恰巧相当于这一数值或稍小一些，这时位错切过 Ni_3Al 时并不存在位错对，位错扫过 Ni_3Al 产生的反相畴界面，需要较大的力，因而具有较大的强化效果。沉淀强化的镍基合金已用来制造燃汽轮机的叶片。

11.11.6　其他有序—无序转变简介

广义上讲，任何相变都会涉及有序程度的变化。如表 11-7 所示，作为有序化参数也各式各样。实现有序度的变化可以采取扩散迁移的方式，也可采取位移或畸变的方式，如图 11-100 所示。下面针对固态有序—无序转变中的铁电相变、铁磁相变、超导相变分别加以简单介绍。

具有电滞回线的晶体称为**铁电体**。铁电体是在一定温度范围内含有能自发极化，并且自发极化方向可随外电场发生可逆转动的晶体。非铁电体中不出现自发极化，其中顺电体的介电常数随温度的升高而减小。

铁电—顺电相变的临界温度称为居里温度 T_C。在低温时由电偶极矩的相互作用使偶极矩呈有序排列，从而显示铁电性，在 T_C 以上这种有序排列被破坏，自发极化随温度的升高而消失，从而呈非铁电性。

在铁磁体中电子的自旋和磁矩作有规则的排列，即使外加磁场为零，铁磁体也具有磁矩（自发磁矩）。图 11-101 表示自旋电子的有序排列，其中除反铁磁体外均有自发磁矩，称为**饱和磁矩**。铁磁—顺磁相变，即由有序的铁磁相转变为无序的顺磁相，相变温度为居里温度 T_C，当 $T>T_C$，自发磁化消失。

表 11-7　各种系统中相变的有序化参数

系　统	相　变	有序化参数
液体—气体	凝聚/蒸发	密度差
二元液体混合物	分离	
向列液体	取向有序	
量子流体	正常液体⇌超流体	
液体—固体	熔化/结晶	
磁体固体	铁磁相变(T_C)	自发磁化强度 M
	反铁磁相变(T_N)	亚点阵磁化强度 M_S
固态二元混合物	分离	成分差 $\Delta C = C^{(2)} - C^{(1)}$
AB 型合金	亚晶格有序	
介电固体	铁电相变(T_C)	极化强度 P
	反铁电相变(T_N)	亚点阵极化强度
分子晶体	取向有序	

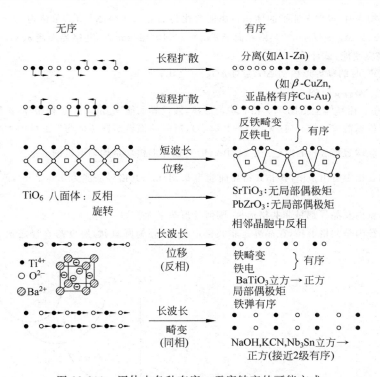

图 11-100　固体中各种有序—无序转变的可能方式

图 11-101　铁磁体、反铁磁体及亚铁磁体的自旋电子排列

对于超导相变来说,正常态时处于热激发的电子在超导态时部分或全部成为有序,从而表现出超导特性。

习 题

11-1 说明下列名词或概念的物理意义:

(1)一级相变和二级相变,(2)共格和非共格界面,(3)失配度,(4)过冷度,(5)临界形核功,(6)脱溶,(7)形核长大,(8)调幅分解,(9)亚稳相和平衡相,(10)等温转变曲线,(11)连续冷却转变曲线,(12)共析转变,(13)先共析转变,(14)珠光体转变,(15)贝氏体转变,(16)胞状转变,(17)颗粒粗化,(18)惯析面,(19)魏氏组织,(20)长程有序,(21)短程有序,(22)反相畴界。

11-2 已知 $\Delta G = bn(\Delta G_v + \Delta G_\varepsilon) + an^{2/3}\sigma$ 表示含 n 个原子的晶胚形成时所引起系统自由能的变化,式中,ΔG_v 为形成单位体积晶胚时的自由能变化;σ 为界面能;ΔG_ε 为应变能;a,b 为系数,其数值由晶胚的形状决定。试求晶胚为球状时的 a 和 b 值。假定 ΔG_v、ΔG_ε、σ 均为常数,试导出球状晶核的形核功 ΔG^*。

11-3 固态相变时,设单个原子的体积自由能变化为 $\Delta G_v = -200\Delta T/T_C$,单位为 J/cm^3,临界转变温度 $T_C = 1000K$,应变能 $\Delta G_\varepsilon = 4 J/cm^3$,共格界面能 $\sigma_{共格} = 4 \times 10^{-6} J/cm^2$,非共格界面能 $\sigma_{非共格} = 4 \times 10^{-5} J/cm^2$,非共格时可忽略应变能,试计算:

(1) $\Delta T = 50℃$ 时的临界形核功 $\Delta G^*_{共格}$ 与 $\Delta G^*_{非共格}$ 之比;

(2) $\Delta G^*_{共格} = \Delta G^*_{非共格}$ 时的 ΔT。

11-4 β 相在 α 相基体上借助于 γ 相非均匀形核,假设界面能 $\sigma_{\alpha\beta}$、$\sigma_{\alpha\gamma}$、$\sigma_{\beta\gamma}$ 互相相等,试证明:

(1) 当形成单球冠形 β 核心时(见图 11-102(a)),所需的临界形核功是均匀形核的一半;

(2) 当形成双球冠形 β 核心时(见图 11-102(b)),临界形核功是均匀形核的 $\frac{5}{16}$。

11-5 已知 α 相中析出 β 相,其非共格界面能为 $0.5 J/m^2$,共格界面能为 $0.05 J/m^2$,两相接触角为 $60°$,忽略应变能,问:

(1) 若在晶粒内及晶界都是非共格形核,则何处形核率大?

(2) 若在晶粒内是共格形核,在晶界是非共格形核,核胚为圆盘状,厚度与直径之比 $t/D = 0.08$,则何处形核率最大?

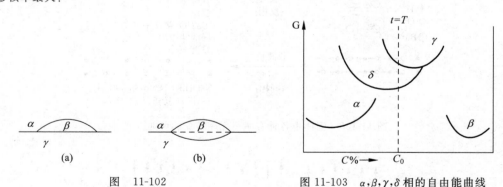

图 11-102

(a)单球冠形 β 核心;(b)双球冠形 β 核心

图 11-103 $\alpha,\beta,\gamma,\delta$ 相的自由能曲线

11-6 已知 $\alpha,\beta,\gamma,\delta$ 相的自由能曲线如图 11-103 所示,从热力学角度判断浓度为 C_0 的 γ 相及 δ 相中应析出的相,并说明理由,同时指出在所示的温度下平衡相(稳定相)及其浓度。

11-7 设成分为 x_0 的合金在 T 温度时效时,发生脱溶分解,$\alpha'_{(x_0)} \longrightarrow A\beta_{(x_2)} + B\alpha_{(x_1)}$,式中 A、B 表示摩

尔分数,如图 11-104 所示,试求:

(1) 形成新相核胚时的形核驱动力;

(2) 脱溶分解过程的相变驱动力(设为理想溶液)。

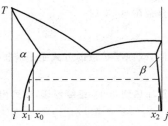

图 11-104　脱溶合金的相图

11-8　在规则溶液模型中 α 相析出 β 相的总驱动力 ΔG 可近似表达为

$$\Delta G = RT\left[x_0 \ln \frac{x_0}{x_e} + (1-x_0)\ln\frac{(1-x_0)}{(1-x_e)}\right] - 2\Omega(x_0 - x_e)^2$$

式中,x_0 为 α 相中的溶质摩尔分数;x_e 为析出后 α 相中溶质的摩尔分数。

(1) 设 $T=600\mathrm{K}$, $x_0=0.1$, $x_e=0.02$, $\Omega=0$,使用上述表达式估计 $\alpha \longrightarrow \alpha' + \beta$ 时的总驱动力;

(2) 假如合金经过热处理后具有间距为 50nm 的弥散相析出,计算每立方米的 α/β 总界面积(设析出物为立方体);

(3) 假如 $\sigma_{\alpha\beta}=200\times10^{-3}\mathrm{J/m^2}$,则每立方米合金总界面能为多少? 每摩尔合金总界面能为多少? ($V_m = 10^{-5}\mathrm{m^3/mol}$)。

(4) 若界面能同上,则合金还剩多少相变驱动力?

11-9　(1) 对稀溶液和理想溶液,证明新相形核驱动力近似为(假设 $x_B^\beta=1$)$\Delta G_n = RT\ln\dfrac{x_0}{x_e}$,式中 x_0 和 x_e 的意义同习题 11-8;

(2) 利用习题 11-8 的数据,计算 ΔG_n;

(3) 假定为均匀形核,计算临界形核半径。

11-10　A 组元和 B 组元形成规则溶液,具有正的混合溶化热,其自由能表达式为

$$G = x_A G_A + x_B G_B + \Omega x_A x_B + RT(x_A \ln x_A + x_B \ln x_B)$$

假定 $G_A = G_B = 0$,试推导发生调幅分解的临界温度 T_c。

11-11　Al-2%Cu(摩尔分数)合金进行时效硬化,先从 520℃淬至 27℃,3h 后,在此温度形成平均间距为 $1.5\times10^{-6}\mathrm{cm}$ 的 GP 区。已知 27℃时,铜在铝中的扩散系数 $D=2.3\times10^{-25}\mathrm{cm^2/s}$,假定过程为扩散控制,试估计该合金的空位形成能及淬火空位浓度(假设淬火过程中无空位衰减)。

11-12　一显微组织中的碳化物形状如图 11-105 所示,试推断经一定时间的高温扩散后,碳化物将取什么形状。

11-13　假设在固态相变过程中,新相形核率 $\dot{N}$ 和长大率 G 为常数,则经 t 时间后所形成新相的体积分数 χ 可用 Johnson-Mehl 方程得到,即

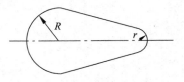

图 11-105　碳化物起始形状

$$\chi = 1 - \exp\left(-\frac{\pi}{3}\dot{N}G^3 t^4\right)$$

已知形核率 $\dot{N}=1000/(\mathrm{cm^3 \cdot s})$, $G=3\times10^{-5}\mathrm{cm/s}$,试计算:

(1) 相变速度最快时的时间;

(2) 过程中的最大相变速度;

(3) 获得 50% 转变量所需的时间。

11-14　假设将 0.4%C 的 Fe-C 合金从高温的单相 γ 状态淬冷的 750℃时,从过冷 γ 中析出了一个很小的 α 晶核。

(1) 在 Fe-C 相图下方,作出 α、γ 与 Fe_3C 在 750℃时的自由能-成分曲线;

(2) 用作图法求出最先析出晶核的成分,并加以说明。

11-15　假定在 Al(FCC,原子最大间距为 0.3nm)基固溶体中,空位的平衡浓度 (n/N) 在 550℃时为

2×10^{-4},而在 130℃时可以忽略不计。问:

(1) 如果所有空位都构成 GP 区的核心,求单位体积中的核心数目;

(2) 计算这些核心的平衡距离。

11-16 已知 Fe-0.4％C 合金奥氏体(γ)在 500℃时$\dfrac{\partial^2 G}{\partial C^2}>0$,判断此合金在 500℃时:

(1) 发生下列反应的可能性:$\gamma\longrightarrow\gamma'$(富碳)$+\gamma''$(贫碳);

(2) 发生先共析铁素体析出反应 $\gamma\longrightarrow\alpha+\gamma'$($\gamma'$碳浓度比$\gamma$更高)时,碳原子扩散的方式是上坡扩散还是正常扩散,说明理由,并作示意图表示。

11-17 纯铁在 950℃渗碳,表面碳浓度达到 0.9％,缓慢冷却后,重新加热到 800℃继续渗碳,试列出:

(1) 刚达到 800℃时工件表面到心部的组织分布区域;

(2) 在 800℃长时间渗碳后(碳气氛为 1.5％C)的组织分布区域,并解释组织形成的原因;

(3) 在 800℃长时间渗碳后缓慢冷却至室温的组织分布区域。

11-18 若金属 B 溶入 FCC 金属 A 中,试问合金有序化的成分更可能是 A_3B 还是 A_2B? 为什么? 试用 20 个 A 原子和 B 原子作出原子在 FCC 金属(111)面上的排列图形。

11-19 (1) 试求含 48％Zn(摩尔分数)黄铜的长程有序参数 S(假定所有的锌原子处在体心,铜原子处在角位置)。

(2) 一个含 55％Cu(摩尔分数)的黄铜试样,85％的铜原子占据晶胞八个顶角(完全无序时为 BCC 结构),问多少分数的锌原子占据体心位置?

11-20 在含 75％Cu(摩尔分数)的 Cu_3Au 试样中,长程有序参数是 0.90,计算铜原子位于面心位置和金原子位于晶胞位置的分数。

第 12 章 固态相变(Ⅱ)——马氏体相变

如第 11 章图 11-61 所示,奥氏体从高温冷却时,若冷却速度足够快,能避免在冷却过程发生高温转变及中温转变,则保存下来的奥氏体将在 M_s 到 M_f 的温度范围内转变为马氏体。

马氏体是马氏体相变的产物。与马氏体相变相关的过程可表示为

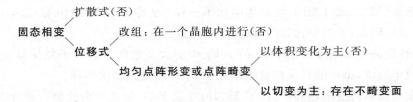

因此,马氏体相变是无扩散相变,相变过程中只有晶格的改变而没有成分的变化;新相总是沿一定的晶体学面(惯析面)形成;新相与母相之间有严格的取向关系,靠切变维持共格联系。

马氏体相变不限于钢,只要冷却速度快到能避免扩散型相变,因此也不限于一般意义上的快冷,原则上,所有的金属及合金的高温不稳定相都可以发生马氏体转变。而且,不少的非金属晶体也有这种转变。例如,钢中的奥氏体转变为马氏体,Cu-Al 合金的 β-β' 转变,Cu-Sn,Cu-Zn 合金中的 β-β' 转变,In-Ti 合金中的 FCC $\longrightarrow$ FCT 转变,Au-Cd 合金中 BCC(β_1) $\longrightarrow$ 斜方(β')转变,金属 Zr 的 BCC $\longrightarrow$ HCP 转变,Li 中 FCC $\longrightarrow$ HCP 转变,Co 中的 FCC $\longrightarrow$ HCP 转变,ZrO_2 由四方相向单斜相的转变,以及 U 中复杂正方点阵相转变为斜方点阵相等等,均属于马氏体相变。

12.1 马氏体相变的基本特性

12.1.1 无扩散性

马氏体相变中没有原子的混合和再混合,新相保留了与母相完全相同的成分,有以下的实验事实为依据:
① 在新相的显微组织上未发现第二相;
② 以碳钢为例,实测的马氏体含碳量与母相相同;
③ 有些马氏体的有序结构与母相相同。可见,在马氏体相变中没有发生原子的扩散混合。在马氏体转变中原子间距离并不发生显著变化。换句话说,原子的相对运动极小,并小于原子间距(与扩散控制的相变大不相同!)。最近邻仍是最近邻,在基体中的短程有序在马氏体中仍然保持。

实际上,Fe-C 及 Fe-Ni 合金中马氏体的形成速度很高,在 -20℃ 到 -195℃ 范围内,每

一片马氏体形成的时间为 $0.05\sim0.5\mu s$。在这样低的转变温度,原子扩散的速度很慢,要达到这样快的转变速度,是不可能通过单个原子跳跃的扩散方式的。因此,无扩散性是马氏体转变的基本特性。

与扩散控制的相变具有更多的"散漫"特性(包含大量的单独原子的运动)不同,马氏体转变具有"严谨"特性,即转变是大量原子协同运动的结果。通常这两种转变的动力学是不同的。

12.1.2　马氏体相变是点阵畸变式转变,有其特定结构,是低温亚稳相

以碳钢为例,马氏体转变的始态是奥氏体(γ),终态是马氏体(M),转变的反应式是

$$\gamma \longrightarrow M \tag{12-1}$$

母相(γ)与新相(M)的成分相同,但晶体结构不一样。γ 是面心立方(FCC)晶体,而 M 是体心正方晶体(BCT),后者的轴比(c/a)取决于含碳量。

马氏体转变的冷却速度要使 FCC 的 γ-Fe 中的大多数固溶碳原子能保留在 α-Fe 相固溶体内,或简单地说,钢中的马氏体就是碳在 α-Fe 中的过饱和固溶体。

那么,在马氏体转变的过程中,FCC 是如何变成 BCT 的呢?为此要分析作为间隙原子的碳原子的举动。

在 FCC(或 HCP)点阵结构中,按刚球模型,有两种间隙位置,如图 12-1 所示。其间隙大小为

$$\left.\begin{array}{l}\text{四面体间隙:} d_4 = 0.225D\\[4pt]\text{八面体间隙:} d_6 = 0.414D\end{array}\right\} \tag{12-2}$$

式中,D 是母体原子的直径;d_4 和 d_6 是两类位置中的最大间隙直径。在 γ-Fe 中,室温时 $D=0.252$nm,因此 $d_4=0.056$nm,$d_6=0.1044$nm,也就是说,只有直径小于或等于 0.056nm 和 0.1044nm 的间隙原子才能够分别放置在四面体和八面体的间隙处而不扭曲点阵。而碳原子的直径大约为 0.154nm,这意味着固溶体中含有的碳原子必定会引起奥氏体出现相当大的畸变,而八面体间隙应当是最合适的位置。

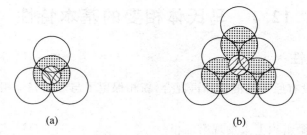

图 12-1　在 FCC 或 HCP 点阵结构中间隙原子的可能位置

(a) 四面体间隙位置;(b) 八面体间隙位置

在 BCC 点阵中也有两种间隙位置:

$$\left.\begin{array}{l}\text{四面体间隙:} d_4 = 0.291D\\[4pt]\text{八面体间隙:} d_6 = 0.155D\end{array}\right\} \tag{12-3}$$

BCC 点阵尽管比 FCC 有更多的自由空间,但由于可能的间隙位置数量较多,因此每个间隙原子可以使用的空间要比 FCC 的小(比较式(12-2)、式(12-3)并参照表 1-3)。对于 BCC 点阵来说,虽然 $d_6 < d_4$,然而铁基固溶体中碳和氮的测量证明,这些间隙原子实际上是更多地占据 BCC 点阵中的八面体间隙位置,见图 12-2(a);这就引起了 BCC 点阵相当大的畸变,见图 12-2(b)。据推测,BCC 点阵在 ⟨100⟩ 方向上较弱,因此间隙原子多集中在此方向上;同时,在钢中只有相当少量的 $\langle \frac{1}{2}, 0, 0 \rangle$ 位置被碳或氮占据。尽管如此,马氏体点阵还是发生畸变变成了 BCT 结构,如图 12-2(c)所示。在 −100℃ 没有碳扩散的条件下,由 X 射线衍射所做的测量证明,BCT 点阵的 c/a 比值由下式给出:

$$c/a = 1.005 + 0.045C \tag{12-4}$$

由这些结果可见,点阵在一个方向(z)上的畸变引起了在垂直于 z 的两个方向(x, y)上的收缩,这实际上说明了在马氏体相变中,碳间隙原子发生了短程迁移,并形成了一定的长程有序分布。

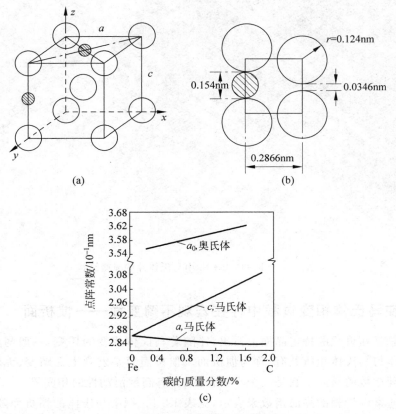

图 12-2　碳原子在马氏体相变中的作用

(a) BCC 点阵中间隙原子的可能位置;(b) 为接纳一个碳原子(直径 0.154nm,比可利用的空间 0.0346nm 尺寸大得多)所造成大的畸变;(c) a 轴和 c 轴随碳含量的变化

12.1.3　伴随马氏体相变的宏观变形——浮凸效应

在马氏体相变中,除体积变化之外,点阵变形在转变区域中产生形状改变,这在抛光的

表面上产生浮凸或倾动,并使周围基体发生畸变,如图 12-3、图 12-4 所示。若预先在抛光的表面上划有直线刻痕,发生马氏体转变之后,由于倾动使直线刻痕产生位移,并在相界面处转折,变成连续的折线。图 12-4 为 Fe-33.2%Ni 中马氏体片的显微结构。

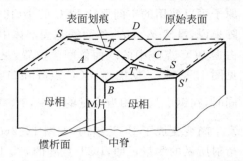

图 12-3　马氏体(M)片形成而引起的表面浮凸
(表面上的划痕直线 SS 在马氏体转变中被切移成曲线 STT′S′,表明由于切变产生了表面浮凸)

以上的实验事实说明,马氏体片是以两相交界面为中心发生倾斜,倾斜方向与晶体位向有严格关系,在此过程中交界面并未发生旋转;在表面上,划痕方向发生简单的改变说明相变导致均匀变形或切变;划痕不断开、在表面上的连续性表明交界面未发生畸变,界面在变形中继续保持平面。

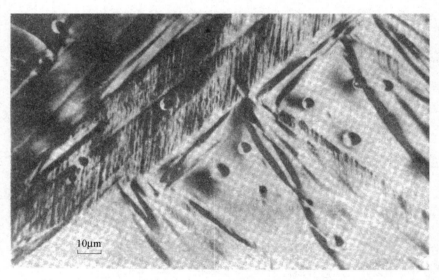

图 12-4　Fe-33.2%Ni 中马氏体片的显微结构

12.1.4　在马氏体相变过程中存在宏观不畸变面——惯析面

马氏体总是在母相的特定晶面上析出,伴随着马氏体相变的切变,一般与此晶面平行,此晶面为基体与马氏体相所共有,称为惯析面。惯析面只是宏观上无畸变、无转动,并且一般不属于有理指数的晶面。它是一个半共格的、具有高度活动性的相间界。

惯析面通常以母相的晶面指数来表示,见表 12-1。钢中马氏体的惯析面随着含碳量及形成温度不同而异。含碳低于 0.4% 时为 $\{111\}_\gamma$;在 0.5%~1.4% 之间时为 $\{225\}_\gamma$;高于 1.4% 时为 $\{259\}_\gamma$。随着马氏体形成温度的下降,惯析面向高指数方向变化。

惯析面实际的晶面指数可以由 X 射线衍射等方法测出。测量结果表明,马氏体惯析面的位向不是完全一致的,不同马氏体片的惯析面有一定的分散度。即使对同一成分的钢来说,也会因马氏体片析出的先后不同、马氏体片的形貌不同,其惯析面有所差异。

表 12-1 马氏体相变中晶体学关系

合　　金	转变类型	取 向 关 系	惯 析 面	马氏体亚结构
Fe-(0～0.4)%C	FCC ⟶ BCT	$(111)_\gamma /\!/ (011)_{\alpha'}$ $[10\bar{1}]_\gamma /\!/ [\bar{1}1\bar{1}]_{\alpha'}$	$\{111\}_\gamma$	位错
Fe-(0.5～1.4)%C	FCC ⟶ BCT	$(111)_\gamma /\!/ (011)_{\alpha'}$ $[00\bar{1}]_\gamma /\!/ [\bar{1}1\bar{1}]_{\alpha'}$	$\{225\}_\gamma$	位错 孪晶
Fe-(1.5～1.8)%C	FCC ⟶ BCT	$(111)_\gamma /\!/ (011)_{\alpha'}$ $[112]_\gamma /\!/ \langle011\rangle_{\alpha'}$	$\{259\}_\gamma$	孪晶
Fe-(27～34)%Ni	FCC ⟶ BCC	$(111)_\gamma /\!/ (101)_{\alpha'}$ $[1\bar{2}1]_\gamma /\!/ [10\bar{1}]_{\alpha'}$	～$\{259\}_\gamma$	孪晶
Fe-(11～19)%Ni-(0.4～1.2)%C	FCC ⟶ BCT	$(111)_\gamma /\!/ (011)_{\alpha'}$ $[10\bar{1}]_\gamma /\!/ [111]_{\alpha'}$	$\{259\}$	孪晶
Fe-(7～10)%Al-2%C	FCC ⟶ BCT	$(111)_\gamma /\!/ (011)_{\alpha'}$ $[10\bar{1}]_\gamma /\!/ [111]_{\alpha'}$	$\{3\,10\,15\}_\gamma$	孪晶
Fe-(2.8～8)%Cr-(1.1～1.5)%C	FCC ⟶ BCT	—	$\{225\}_\gamma$	位错 孪晶
Fe-(0.7～3)%N	FCC ⟶ BCT		—	—
Fe-(13～25)%Mn	FCC ⟶ HCP	$\{111\}_\gamma /\!/ \{0001\}_{HCP}$ $[11\bar{2}]_\gamma /\!/ [1\bar{1}00]_{HCP}$	$\{111\}_\gamma$	
Fe-(17～18)%Cr-(8～9)%Ni	FCC ⟶ BCC	$\{111\}_\gamma /\!/ \{011\}_{\alpha'}$ $[00\bar{1}]_\gamma /\!/ [\bar{1}1\bar{1}]_{\alpha'}$	$\{225\}_\gamma$	位错
	FCC ⟶ HCP	$\{111\}_\gamma /\!/ \{0001\}_\varepsilon$ $[1\bar{1}0]_\gamma /\!/ [11\bar{2}0]_\varepsilon$	$\{111\}_\gamma$	层错
Co	FCC ⟶ HCP	—	$\{111\}_\gamma$	层错
Ti	BCC ⟶ HCP	—	—	—
Ti-(2～5.4)%Ni	BCC ⟶ HCP	—	—	—
Zr	BCC ⟶ HCP	$(110)_\gamma /\!/ (0001)_\alpha$	$\{569\}_\gamma$ $\{145\}_\gamma$	—
Li	BCC ⟶ HCP	$(110)_\gamma /\!/ (0001)_{\alpha'}$	$\{441\}$	—

12.1.5 在基体点阵和马氏体点阵之间一般存在着确定的位向关系

由于马氏体转变时新相与母相始终保持切变共格性,因此马氏体转变后新相与母相之间存在确定的位向关系。一般说来,基体中的密排面平行于马氏体中相似的面,密排方向也是如此,见表 12-1。由于基体中通常存在若干组这样的元素,所以从单个基体晶体可以产生一族取向各不相同的马氏体晶体。

例如,对于铁合金的 X 射线研究,揭示了 $\left\{ \begin{array}{c} \gamma \to \alpha' \\ A \to M \end{array} \right\}$ 马氏体转变遵守如下的取向关系:

Fe-1.4%C:$(111)_\gamma /\!/ (110)_{\alpha'}$;$[1\bar{1}0]_\gamma /\!/ [1\bar{1}1]_{\alpha'}$

(根据 Kurdjumov 和 Sachs,即 K-S 关系)

Fe-30%Ni:$(111)_\gamma /\!/ (110)_{\alpha'}$;$[\bar{2}11]_\gamma /\!/ [1\bar{1}0]_{\alpha'}$

(根据 Nishiyama 和 Wassermann,即西山关系)

上述关系与实际相比,一般可有几度角的偏离。

马氏体与母相之间的位向关系以及具有一定的惯析面对于研究马氏体转变机制、推测马氏体转变时原子的位移规律提供了重要依据。

12.1.6 一个板条状或透镜状的马氏体通常具有内部结构

马氏体的内部结构包括许多的缺陷,例如位错、层错、孪晶等,这是滑移或孪生的结果。一个晶体区域的马氏体转变可以看成两种切变过程,如图12-5所示:①均匀切变或称均匀点阵变形,造成结构变化,即由图(a)到图(b);②滑移或孪生,分别见图(c),(d),这两种"点阵不变"的切变是整个马氏体转变不可分割的一部分,这种补充变形在相当大程度上补充了与点阵变形相联系的基体畸变,消除应力及部分应变能且不改变已形成的结构,并达到宏观不畸变的要求。在实际的马氏体中,也可以看到这种交替的切变结构(图12-5(e))。一般把能够消除部分应变能的滑移和孪生都称为点阵不变形变。由此形成的马氏体,内部含有大量的缺陷。

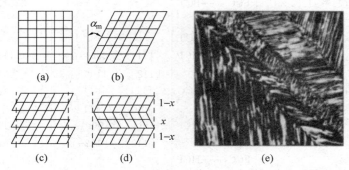

图 12-5 一个晶体区域的马氏体转变(a)至(d);它的外形可以通过滑移(c)或
孪生(d)而近似地恢复;(e)在实际马氏体中发现的交替切变结构

如果点阵不变形变是滑移,就得到板条马氏体;而如果是孪生,就得到透镜马氏体。在低碳钢及低镍的Fe-Ni合金里,产生板条马氏体;而在高碳钢及高于30%Ni的Fe-Ni合金里,产生透镜马氏体。图12-6(a)表示低碳钢中的板条马氏体,(b)表示高碳钢中的透镜马氏体;图12-7给出马氏体的亚结构,马氏体的亚结构亦请参照表12-1。

图 12-6 马氏体组织
(a) 低碳钢中的板条马氏体(×80);(b) 高碳钢中的透镜马氏体(×400)

(a)　　　　　　　　　　　　　　(b)

图 12-7　马氏体的亚结构

(a) Fe-0.2%C 合金中的板条马氏体(注意板条呈平行排列)；(b) 透镜马氏体中的微细孪晶

板条马氏体显微组织示意如图 12-8 所示。一个原始奥氏体晶粒可以形成几个位向不同的晶区，一个晶区有时又可被几个马氏体板条束所分割，每个马氏体板条束由排列成束状的细长的板条所组成。晶区可以由两种板条束组成(见图 12-8 中 B)，也可由一种板条束组成(见图中 C)，后者实际上是晶区的大小等于马氏体板条束的大小。一个晶区内的两种板条束之间由大角度晶界分开，而一个板条束内包括很多近于平行排列的细长的马氏体板条晶之间，以小角度晶界分开。每一板条晶为一单晶体，宽度在 $0.025\sim2.2\mu m$ 之间，密集的板条之间通常由残余奥氏体薄膜($\approx$200nm)分

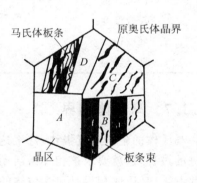

图 12-8　板条马氏体显微组织示意图

隔开。板条马氏体内有大量的位错，其密度高达$(0.3\sim0.9)\times10^{12}\,cm^{-2}$。这些位错分布不均匀，形成胞状亚结构，称为**位错胞**。因此，板条马氏体又称位错马氏体。

透镜马氏体在光学显微镜下呈针状或竹叶状，其显微组织特征是马氏体片相互不平行，在一个奥氏体晶粒内，第一片形成的马氏体往往贯穿整个奥氏体晶粒并将奥氏体晶粒分割成两半，使以后形成的马氏体长度受到限制，所以片状马氏体大小不一，越是后形成的马氏体片尺寸越小，如图 12-9(a)所示。马氏体周围往往存在残余奥氏体。透镜马氏体的精细亚结构主要为孪晶，孪晶厚度一般为 5nm 左右，因此，透镜马氏体又称孪晶马氏体。图 12-9(b)表示高碳型透镜马氏体在电镜下的精细结构示意图。在平行于透镜长轴的马氏体体中部，有一根或两根平行的直纹，称之为"中脊"。从空间来看，中脊是一个面。中脊的地区，在淬火后的回火或淬火过程中的"自回火"，容易发生沉淀，而且此部位容易腐蚀，可能是缺陷(如微细孪晶)富集的地区。孪晶通常不扩展到马氏体的边缘区，在边缘区存在着高

密度的位错。表 12-2 中比较了两种马氏体的特征。总之,马氏体的亚结构是相当复杂的。

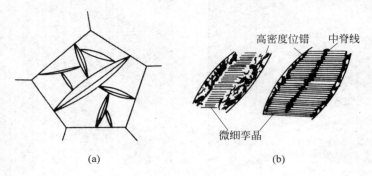

图 12-9 透镜马氏体的特征

(a)组织示意图;(b)亚结构示意图

表 12-2 两种马氏体特征的比较

类　　别	透镜片状马氏体	条板状马氏体
形　　状	透镜片状	板条状
组织方向	多方向,交叉	单方向,平行
溶质含量	高(高 C 或 Ni>30%)	低(低 C 或 Ni<25%)
转变温度	低(一般低于 200℃)	高(一般高于 200℃)
转变速度	高(一般为 10^6 mm/s)	低(一般为 10^2 mm/s)
亚 结 构	孪晶	位错胞块

12.1.7 马氏体相界

　　马氏体的生长速度极快,甚至达到声速。马氏体的生长过程也就是马氏体相界向母相推进的过程,这就要求该相界易活动、具有高迁移率。而滑移的进行,又伴随着位错的运动,由此看来,马氏体相界是包含位错的半共格界面。

　　Frank 针对碳钢提出了螺旋位错产生 $\{225\}_\gamma$ 相界面的模型。他主要是考虑了 FCC 奥氏体点阵与 BCC 马氏体点阵之间界面的方式,以求把点阵错配减到最小,借助于界面上的一组螺旋位错可以达到这一目的。在这一模型中,设想 FCC 和 BCC 结构中的密排面近似地沿着马氏体惯析面相遇,如图 12-10(a)所示。因为 $(111)_\gamma$ 和 $(101)_\alpha$ 面在界面处以棱边相遇,密排方向就相互平行并处于界面上。如图中所示,旋转 ψ 角度的原因是使 $(111)_\gamma$ 和 $(101)_\alpha$ 面的原子间距在界面处相等。尽管如此,沿 $[01\bar{1}]_\gamma$ 和 $[11\bar{1}]_\alpha$ 方向上仍然有稍许的错配,在这个方向上马氏体点阵参数要比奥氏体大约小 2%。因此 Frank 提出,只要在界面处插入间距为 6 个原子面的一组螺旋位错,就可达到完全的匹配,因为这些位错有效地使两种点阵相匹配,因此消除了这一方向上的错配。随着界面的推移,这也满足了 $(012)_\alpha$ 平面上的点阵不变切变的要求。所形成的界面如图 12-10(b)所示。

　　如果点阵不变切变是由于孪生过程,则匹配也与此相似,如图 12-11 所示,不过这种边界的位错结构尚属未知。透射电子显微镜分析表明,孪晶片往往是极薄的(1~10nm)。

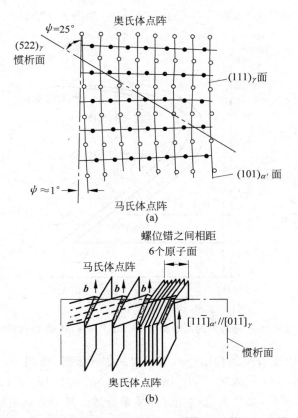

(a)

(b)

图 12-10　惯析面为{225}时钢中奥氏体-马氏体界面的模型

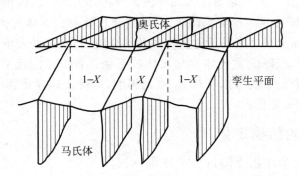

图 12-11　奥氏体与经过孪生的马氏体之间的惯析面
(孪生切变方向在界面内),图中 X 为孪晶体体积分数

12.1.8　马氏体有一定的起始相变温度 M_s 和一定的终了相变温度 M_f

与扩散型转变不同,马氏体转变的起始温度 M_s、终了温度 M_f 是一定的,当冷却速度较低时,其与冷速无关,见图 12-12,即马氏体相变具有不可压抑性。影响 M_s 点的内因是母相的成分和组织结构,外因是冷却过程、压力、应力、磁场等。

对于中碳合金结构钢,20 世纪 40 年代曾得出如下的 M_s 的经验公式:

$$M_s = 550 - 350C - 40Mn - 35V - 20Cr - 17Ni - 10Cu$$
$$- 10Mo - 5W + 15Co + 30Al \tag{12-5}$$

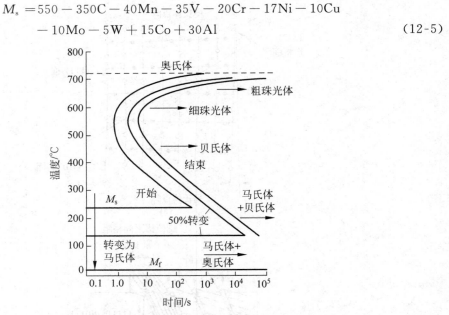

图 12-12 马氏体转变的起始温度 M_s、终了温度 M_f 与冷却速度无关

60 年代中期,有人对中碳合金结构钢进行了类似的统计处理,得到

$$M_s = 539 - 423C - 30.4Mn - 17.7Ni - 12.1Cr - 7.5Mo \tag{12-6}$$

这些经验公式的化学符号,都代表这些元素的质量分数。其中含碳量的影响最为强烈,奥氏体中的含碳量越大,则 M_s 和 M_f 点越低;除 Co,Al 以外,所有合金元素都降低 M_s 和 M_f 点,但效果不如碳显著。M_s 点是奥氏体和马氏体两相自由能差达到相变所需要的最小驱动力值时的温度,C 和 N 在钢中形成间隙固溶体,对奥氏体和铁素体有强化作用,对铁素体的强化作用更明显,从而显著增大马氏体转变时的切变阻力,故需增大相变的驱动力。C 和 N 又是稳定奥氏体元素,能降低奥氏体和马氏体的平衡温度 T_0,因此 C 和 N 强烈降低钢的 M_s 点。其他置换元素的影响可以从对 A_3 点的影响、对奥氏体强化作用的大小以及与碳原子的亲合作用的大小来分析。

12.1.9　奥氏体的热稳定化

淬火时因缓慢冷却或在冷却过程中停留,引起奥氏体稳定性提高,而使马氏体转变迟滞的现象称为奥氏体的热稳定化。

常见的情况如图 12-13 所示,在 M_s 点以下的 T_A 温度停留 τ 时间后再继续冷却,马氏体转变并不立即恢复,而要冷至 M_s' 温度才重新形成马氏体。即要滞后 $\theta(\theta = T_A - M_s')$ 度,转变才能继续进行。与正常情况下的连续冷却转变相比,同样温度(T_R)下的转变量少了 $\delta(\delta = M_1 - M_2)$。$\delta$ 量的大小与测定温度有关。

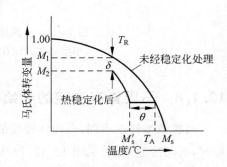

图 12-13　奥氏体热稳定化现象(在 M_s 点以下等温停留)示意图

奥氏体稳定化程度通常是用滞后温度间隔 θ 度量,也可用少形成的马氏体量 δ 度量。

研究表明,热稳定化现象有一个温度上限 M_C,在 M_C 以上,等温停留并不产生热稳定化,只有在 M_C 点以下等温停留或缓慢冷却才会引起热稳定化。对于不同钢种,M_C 可以低于 M_s,也可以高于 M_s。

已转变的马氏体量越多,等温停留时所产生的热稳定化程度越大,这说明马氏体形成时对周围奥氏体的机械作用促进了热稳定化程度的发展;而在一定的等温温度下,停留的时间越长,则达到的奥氏体稳定化程度越高;化学成分,特别是 C,N 对热稳定化的影响极为显著,在 Fe-Ni 合金中,只有当 C 和 N 的总量超过 0.01% 以上时,才发生热稳定化现象。无碳 Fe-Ni 合金没有热稳定化现象。钢中常见碳化物形成元素如 Cr,Mo,V 等,有促进热稳定化的作用,非碳化物形成元素 Ni,Si 对热稳定化影响不大。

根据马氏体的位错成核理论,在等温停留时,C,N 原子向点阵缺陷(如层错、位错)处偏聚,包围马氏体晶胚,直至足以钉扎它,阻止其长大。这些间隙原子强化了奥氏体,增大了马氏体相变的阻力。为了使马氏体晶胚长大,要求提供附加的化学驱动力以克服溶质原子的钉扎力,为获得这个附加的化学驱动力所需的过冷度,即为图 12-13 中所示的 θ 值。这种理论上预见的热稳定化动力学与实验结果基本符合。在 Fe-Ni 合金中测得,奥氏体稳定化时,屈服强度升高 13%,因而使马氏体相变切变阻力增大,引起 M_s 点下降,而需相变驱动力相应地提高 18%。

12.1.10 塑性变形对马氏体相变的影响

在 M_s 点以上对奥氏体进行塑性变形也能引起通常的马氏体转变,变形量越大,马氏体转变量越多,这种现象叫做形变诱发马氏体相变。当温度升高到某一温度时,塑性变形不能使奥氏体转变为马氏体,这一温度称为 M_d 点,叫做形变马氏体点。同样,塑性变形也可使 A_s 点下降到 A_d 点,A_d 称为形变奥氏体点。

如图 12-14 所示,γ-α' 转变在 M_s-M_f 温度区间进行,α'-γ 转变在 A_s-A_f 温度区间进行,如图中影线区所示。在 Fe-Ni 合金中 A_s 约比 M_s 高 420℃。试验证明,M_s 与 A_s 之间的温度差,可因引入塑性变形而减少,变为 M_d 与 A_d 之间的温度差,如图 12-15 所示。

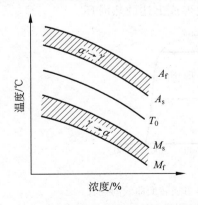

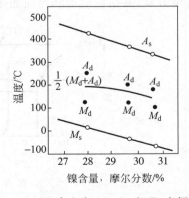

图 12-14 马氏体转变及逆转变的范围　　图 12-15 Fe-Ni 合金中 M_d、A_d 和 T_0 之间的关系

按照马氏体相变热力学条件,M_d 的上限温度为 T_0,而 A_d 的下限温度亦为 T_0。试验证明,Co-Ni 合金中 M_d 和 A_d 可以重合,即 $M_d=A_d=T_0$。如果某合金系中,M_d 和 A_d 不重合

时,则可取 $T_0=\frac{1}{2}(M_d+A_d)$。对 Fe-Ni 合金,可近似认为 $T_0=\frac{1}{2}(M_s+A_s)$。

少量的塑性变形之所以对马氏体转变及逆转变有促进作用,主要是由于内应力集中所造成的,内应力集中有助于马氏体晶胚的形成,或者促进已存在的晶胚长大。以 Ni-Cr 不锈钢为例,由于密排六方的 ε 相是 FCC 奥氏体向 BCC 马氏体转变的中间相,可以设想少量塑性变形使层错有所增加,而层错正好是两层密排六方的 ε 相,自然促进了马氏体转变。从自由能角度讲,马氏体的自由能低于奥氏体的自由能,但马氏体的形状应变所储存的应变能会阻碍马氏体的形核,对奥氏体加工的应力会降低一些由于形状应变引起的形核势垒,从而可使马氏体在较小的驱动力下形成。

应该指出的是,大量的塑性变形会对马氏体转变产生相反的影响。在 M_d 点以上的温度对奥氏体进行塑性变形,会使随后的马氏体转变发生困难,M_s 点降低,引起奥氏体稳定化,这种现象称为机械稳定化。

造成奥氏体机械稳定化的原因可解释为,既然马氏体转变是由于原子的相互有联系的运动来完成的,在畸变了的点阵中,由塑性变形引入的晶体缺陷会破坏母相与新相(或其晶胚)之间的共格关系,并造成奥氏体的加工硬化,使马氏体转变时的原子运动发生困难。这就增大了奥氏体的稳定性。

12.1.11　马氏体逆转变

马氏体转变往往具有可逆性,即把马氏体以足够快的速度加热时,马氏体可以不分解而直接转变成高温相。已发现具有可逆马氏体转变的合金有:Fe-Ni,Fe-Mn,Cu-Al,Cu-Au,In-Tl,Au-Cd,Ni-Ti 等。由于碳在 α-Fe 中扩散速度较快,碳钢中的马氏体加热时极易分解,所以到目前为止尚未直接观察到它的逆转变。

图 12-16 给出了两种典型合金 Fe-30%Ni 和 Au-Cd 的马氏体可逆转变曲线。这两种合金转变的共同特点是,冷却到 M_s 开始转变,但加热时不是达到 M_s,而是达到 A_s 温度才开始逆转变。在转变过程中出现热滞现象,转变曲线形成热滞环。这意味着,在冷却过程中相变驱动力的一部分是用来克服共格应变能和界面能,并贮存于相变产物中;而在逆转变中,随着温度升高,共格应变能和界面能逐渐释放,因此形成上述的热滞环。

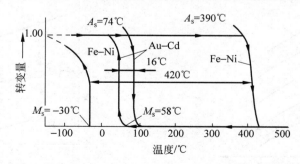

图 12-16　Fe-30%Ni 和 Au-Cd 合金马氏体可逆转变曲线的比较

图 12-16 中示出的两类马氏体可逆转变的合金,其相变的热滞后现象有明显的差异。Fe-Ni 合金的 A_s 较 M_s 高 420℃,而 Au-Cd 合金的 A_s 比 M_s 仅高 16℃。在 M_s 点以下用显微镜观察其成长方式,二者也有显著的差别。

对于 Fe-Ni 合金来说,连续冷却时新的马氏体片不断形成,每片马氏体都是突然出现,并迅速长大到极限尺寸。因为 Fe-Ni 合金马氏体相变驱动力很大,马氏体片长大速度极快,而马氏体在成核长大过程中界面必须保持共格,所以,当成长着的马氏体片周围的奥氏体产生塑性变形并导致共格破坏时,片的长大便会停止。这时,若继续降低温度,虽然相变驱动力增大,但上述马氏体因共格关系已破坏,故不能再长大,只有在母相其他位置上出现新的符合相变热力学条件的马氏体晶胚,长成新的马氏体片。在加热时的逆转变中,其热滞很大,马氏体片不是由于突然收缩而消失,而常常是转变成更小的片状碎块。显然,这是一个需要通过成核、长大的过程。试验已证实,一个马氏体晶粒中会形成几种位向的母相。

对于 Au-Cd 合金来说,虽然马氏体晶胚也是突然形成并迅速长大到一定大小,但这并不是片的最后尺寸。新相与母相间始终保持共格联系,但由于新相与母相比容不同以及马氏体片的形状改变,新相与母相间产生了弹性变形。这种弹性变形是随着马氏体片的长大而增大的。由于形变未超过弹性极限,若温度继续下降,则因相变驱动力增加,马氏体片又继续长大。当温度升高相变驱动力减小时,马氏体片又会连续收缩而缩小。这种类型马氏体可逆相变的特点是,其形状变化由弹性变形来协调,其平衡是弹性应变能、界面能与化学自由能的平衡。

12.1.12　热弹性马氏体及伪弹性

以上述 Au-Cd 合金为代表,当马氏体相变的形状变化是通过弹性变形来协调时,称这种马氏体为热弹性马氏体。

在热弹性马氏体相变中,由相变所产生的形状变化靠新相与母相界面附近的弹性变形协调,随马氏体长大,界面上弹性应变能增加,并在一定的温度下,会达到相变的化学驱动力与弹性阻力平衡——热弹性平衡。在这种情况下,当温度下降时,相变的化学驱动力增大,马氏体片长大,界面弹性能提高。反之,当温度上升时,相变的化学驱动力减小,界面弹性能释放将马氏体界面反向推回,造成片收缩。因为共格界面始终未破坏,所以马氏体片随温度升降而呈现消长。

马氏体相变为热弹性的重要条件是:在相变的全过程中,新相与母相必须始终维持共格,同时相变应是完全可逆的。为了满足前一个条件,相变时体积变化应小,而为了满足后一个条件,则要求晶体为有序点阵结构。

具有热弹性马氏体相变的合金已发现的有 Cu-Al-Ni,Au-Cd,Cu-Al-Mn,Cu-Zn,Cu-Zn-Al,Cu-Zn-Au,Ni-Ti,Ni-Ti-Cu,Fe-Ni-Ti-Co 等。

具有热弹性马氏体相变的合金,在 M_s 点以上,M_d 点以下加应力,会诱发马氏体相变,并产生宏观应变,而得到的马氏体为亚稳定相,当应力减少或撤除时,立即发生逆转变,同时宏观应变恢复,见图 12-17。这种现象称伪弹性或相变伪弹性。伪弹性又称超弹性、铁弹性或橡皮状行为。由图 12-17 中可见,这是一种非线性弹性。伪弹性与热弹性的不同,只是用应力的变化代替了温度的变化。

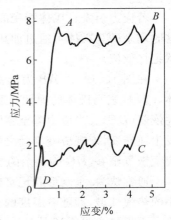

图 12-17　Ag-Cd 合金的伪弹性
应力-应变曲线

图 12-17 为典型的伪弹性应力-应变曲线。图中 A 点为应力诱发马氏体的开始点,至 B 点应力诱发马氏体转变结束并开始卸载。BC 表示马氏体的弹性恢复,C 点为应力诱发马氏体的逆转变开始点,至 0 点,逆转变结束,塑性应变全部恢复。

具有伪弹性的合金在应力作用下的可回复应变达到普通金属的几十倍至上百倍,从而提供了储存大量机械能的条件。

12.1.13 形状记忆效应

形状记忆效应就其本质而言是发生马氏体相变的合金形变后,被加热到逆相变终了温度以上,使低温的马氏体逆变为高温母相而回复到形变前固有形状,或在随后的冷却过程中,通过内部弹性能的释放又返回到马氏体形状的现象。

图 12-18 中表示了母相为单晶时,马氏体相变之后形变如何引起并怎样得到回复。图(a)表示母相状态下材料的宏观形状。图(b)为冷却到 M_f 点以下,生成了一组晶体结构相同而取向不同的马氏体变形。根据畸变能最小的原则,各变体间的自协调效应,使微观的形状变化相抵消,而宏观形状大体不变(这里只表示两种取向的马氏体)。若对这种马氏体态材料施加应力,能量有利的一个变体将通过晶界移动吞食其他变体而长大,发生宏观变形(图(c)和图(d))。经过这样形变后的合金被加热到 A_f 点以上将发生逆相变,并返回到原来母相的形状(图(e))。

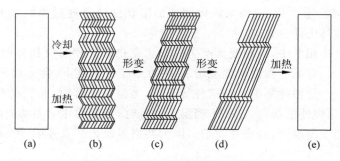

图 12-18   马氏体的形变与加热后的形状记忆

若应力诱发马氏体相变的逆转变滞后,以至当外加应力降低至零时,不能完全逆转变,这时剩余的马氏体可通过加热使其发生逆转变,同时宏观应变继续恢复,这样也可以实现形状记忆效应。

在图 12-19 中,AB 为母相的弹性应变,BC 代表母相在应力作用下产生应力诱发马氏体,CD 代表马氏体的弹性变形。在 D 点去应力后,首先马氏体作弹性恢复,随后呈现伪弹性恢复(DE)。当应力降至零时,宏观应变并未完全恢复。剩余马氏体在加热至 A_s 温度时发生逆转变,宏观应变亦随之继续恢复,出现形状记忆效应(FG)。至 A_f 温度逆转变完成,应变恢复至 G,HG 为剩余的永久塑性变形,不可能在逆转变中恢复。

通常认为,呈现形状记忆效应的合金应具备三个条件:①马氏体相变只限于驱动力极小的热弹性型,即随着温度的变化,母相与马氏体间界面的移动是可逆的;②合金中的异类原子不论处于母态还是马氏体态都必须为有序结构;③"母相⟷马氏体"相变,在晶体学上是可逆的。

图 12-20 为单程记忆效应和双程记忆效应的示意图。

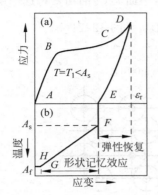

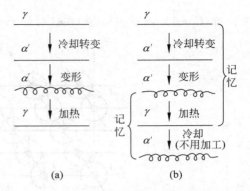

图 12-19 伪弹性恢复及形状记忆效应示意图   图 12-20 单程和双程形状记忆效应

(a)单程;(b)双程

12.2 马氏体相变机制和表象理论简介

根据马氏体转变的充分必要特征,人们力图用滑移、孪生等塑性变形的基本过程,在微观上用位错的基本概念对马氏体转变进行解释。

如果仅从结构上分析,马氏体转变有许多可能的方式,何种方式为真,应以下述四条基本要求为判据

① 在结构上,$\gamma \to M$,理论应与实际相一致;

② 位向关系,理论应与实际相一致;

③ 马氏体惯析面,理论应与实测结果相统一;

④ 表面浮凸效应,理论应与实际相符合。

然而,到目前为止还没有哪一种机制完全满足上述要求。

12.2.1 钴的马氏体相变

从晶体学讲,属于马氏体相变的钴的 $\beta \rightleftharpoons \alpha$ 同素异构转变很简单。当冷却到 400℃ 以下时,具有面心立方点阵的高温相 β-Co 转变为具有密排六方点阵的 α-Co。二者点阵的差别仅在于密排面 $\{111\}$ 的堆垛次序不同,前者为 $ABCABCA\cdots$,后者为 $ABABA\cdots$。

在钴的马氏体转变中,有下述的实验结果:

位相关系:

$$(0001)_\alpha \;/\!/\; \{111\}_\beta, \langle 11\bar{2}0 \rangle_\alpha \;/\!/\; \langle 110 \rangle_\beta$$

惯析面:$\{111\}_\beta$

表面浮凸 $/\!/ \{111\}_\beta$

显然,所提出的马氏体转变的机制应符合上述实验结果。

低温相晶界的生长是从母相立方晶体的 $\{111\}$ 类型的某个平面开始的,在新相生长过程中,作为相间界,这一平面是不变的。由此可以实现位相关系及惯析面的要求。

点阵由三层堆垛方式转为二层的这一重新组合过程,可描述为相对于每第二个密排面

顺序在⟨211⟩方向上切变$\frac{1}{6}$⟨211⟩。由图12-21(a)可见,平面3(C)的切变将这一层原子带到 A位置($C{\rightarrow}A$),而下一层(A)在这时处于B位置($A{\rightarrow}B$),见图12-21(b)。

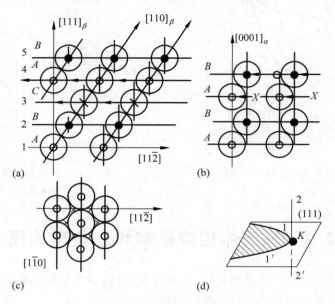

图 12-21 β-Co 向 α-Co 的转变

(a) FCC β-Co 的密排面堆垛情况:○,●,X—$ABCA\cdots$序列同一类型平面的节点;

(b) HCP α-Co 的密排面堆垛情况:○,●—$ABA\cdots$序列同一类型平面的节点;

(c) (111)面上原子投影;(d) 全位错分解为两个分位错

上述的点阵重新组合机制,可通过(111)面上全位错$\frac{1}{2}[\bar{1}10]$分解为两个分位错$\frac{1}{6}[\bar{1}2\bar{1}]$ 和$\frac{1}{6}[\bar{2}11]$,以及两个分位错(图12-21(d)中的1和1′)的运动来实现。在这种分解时所形成 的堆垛层错已经是六方堆垛层。分位错发散的距离,一般地说决定于堆垛层错能。在α和β 相两相平衡温度下,这一能量等于零。如果在晶体中垂直于同一序列的许多平面有一螺位错 的话,分位错的运动可转到其他平面。设图12-21(d)中的K点为位错节点,如果从上往下 看节点的位错2的柏氏矢量为$\frac{1}{2}[211]$的话,则对于K可将位错反应写成:$\frac{1}{2}[211]=$ $\frac{2}{3}[111]+\frac{2}{6}[2\bar{1}\,\bar{1}]$。与此相反,对于位错2′,由下往上向看$K$点,反应为:$\frac{1}{2}[121]=$ $\frac{2}{3}[111]+\frac{1}{6}[\bar{1}2\bar{1}]$。

因此,在K点可分出上述具有柏氏矢量为两倍晶面间距$d_{111}=\frac{2}{\sqrt{3}}$的位错的螺型分量, 这就保证了分位错(例如,$\frac{1}{6}[121]$)向每一个(111)密排面序列的第二个平面的过渡。显然, 随着转变的发展,分位错$\frac{1}{6}$⟨211⟩相互间将离开一个高度:它们之间剩下一个$2a[111]$螺位错。图 12-21 所示为一个有位错参加的可能的转变机制,从本质上讲,这一机制与从液相或气相通过联结原子到由螺位错所决定的台阶上的晶体长大机制相类似。

12.2.2 铁基合金中的马氏体转变

12.2.2.1 FCC→BCT 转变的贝茵机制

1924 年贝茵(Bain)说明了怎样以最小的原子移动和最小的母体点阵应变将 FCC 点阵变成 BCT 点阵。为说明这一问题,我们将按惯例分别以 $X_\gamma Y_\gamma Z_\gamma$ 和 $X_\alpha Y_\alpha Z_\alpha$ 表示原始的 FCC 和终了时的 BCC 的单胞轴,如图 12-22 所示。由图可见,一个拉长了的 BCC 结构的单胞可以在两个 FCC 单胞中画出,见图 12-22(a)、(b)。转变成 BCC 单胞,即由图(b)变为图(c),可由如下的伸缩来实现:在 Z_α 方向上压缩单胞 20%,沿 X_α 和 Y_α 轴单胞拉长 12%。在钢中碳原子填入 BCC 单胞的 Z_α 轴,处于 $\frac{1}{2}\langle 100\rangle$ 位置,引起了点阵在这一方向上的伸长。例如含 1%原子百分数碳的钢中,每 50 个铁单胞中有一个沿 Z_α 轴的位置被碳所占据。在 BCT 结构中由碳原子占据的位置,并不正好与母相 FCC 结构中的等效八面体位置相对应,看来 C 原子在转变中必须做短程迁移。

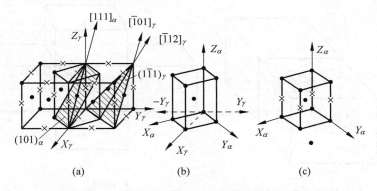

图 12-22 面心立方→体心正方点阵转变的贝茵机制

(a) 在面心立方点阵中两倍的普通单胞;(b) 描述原始相点阵面心立方结构(奥氏体)所分离出来的体心正方晶胞,$c/a=1.43$;(c) 由于原始相点阵应变的结果(沿 Z_α 轴压缩、沿 X_α 和 Y_α 轴伸长)所产生的体心晶胞(无碳时为立方)。×——八面体间隙位置,碳原子可能存在的位置

令人感兴趣的是,贝茵形变使 FCC 点阵变成 BCC 点阵所需的原子移动量最小,相变引起的畸变能也最小。由图 12-22 可知,由于贝茵变形而造成晶面和晶向间应该有如下的对应关系:

$$\left.\begin{array}{l} (111)_\gamma \longrightarrow (011)_{\alpha'} \\[4pt] [\bar{1}01]_\gamma \longrightarrow [\bar{1}\,\bar{1}1]_{\alpha'} \\[4pt] [1\bar{1}0]_\gamma \longrightarrow [100]_{\alpha'} \\[4pt] [11\bar{2}]_\gamma \longrightarrow [01\bar{1}]_{\alpha'} \end{array}\right\} \tag{12-7}$$

借助于点阵畸变,贝茵机制对于解释马氏体转变中的结构变化相当成功。但由于伸缩,并不能精确地符合式(12-7)所示的取向关系。贝茵机制中难以找到不变平面,也不能解释浮凸效应,因此它不能说明马氏体相变的基本特征。但在后面的表象理论中可以看到,贝茵

机制作为整个马氏体相变中的一步起着重要作用。

12.2.2.2 K-S(Курдюмов-Sachs)和西山(Nishiyama)机制

Курдюмов-Sachs 在 1930 年针对 1.4%碳钢,西山在 1934 年针对 Fe-30%Ni 合金提出了马氏体相变机制。已知的实验结果是,对于 1.4%碳钢,马氏体为畸变的 BCC,位向关系是 $\{111\}_\gamma /\!/ \{110\}_{\alpha'}$,$\langle110\rangle_\gamma /\!/ \langle111\rangle_{\alpha'}$,惯析面为 $\{225\}_\gamma$;对于 Fe-30%Ni,马氏体为理想的 BCC,位向关系是 $\{111\}_\gamma /\!/ \{110\}_{\alpha'}$,$\langle112\rangle_\gamma /\!/ \langle110\rangle_{\alpha'}$,惯析面为 $\{259\}_\gamma$。两种机制共同遵从的原则如下。

(1) 在母相及马氏体两种不同结构中找出结构相近的晶胞。如图 12-23 所示,图(a)为 FCC 中画出的晶胞,图(b)为与之对应的,BCC 中画出的晶胞。母相晶胞与新相晶胞的差别有下述三点:

① $\angle\beta$ 应从 70°32′变为 90°;

② $\angle\alpha$ 应从 60°变为 70°32′;

③ 由母相中 $\overline{14}=2.56$ 变为新相中 $\overline{1'4'}=2.48$。实际上,依照马氏体中含碳量及合金元素的不同,要求 $\angle\alpha$、$\angle\beta$ 及 $\overline{1'4'}$ 等在一定范围内变化。

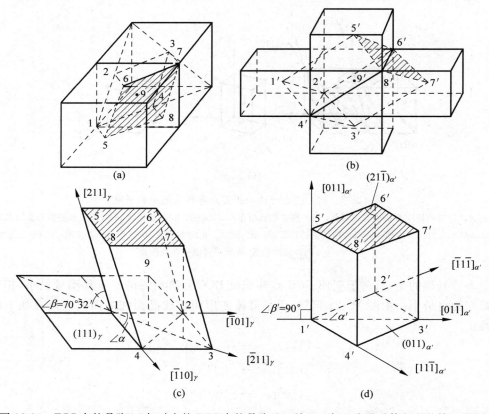

图 12-23 FCC 中的晶胞(a)与对应的 BCC 中的晶胞(b),从(c)到(d)为马氏体相变的第一次切变

(2) 切变,以满足一定的晶面、晶向关系。第一次切变对于 K-S 机制和西山机制是统一的,平行于 $(111)_\gamma$ 面,沿 $[\overline{2}11]$ 方向,使 $\angle\beta$ 由 70°32′变为 90°,以体心原子 9 为例,其切变

量为

$$\gamma = \frac{1}{2}[\bar{2}11] \times \left(\frac{1}{2} - \frac{1}{3}\right) = \frac{1}{12}[\bar{2}11] \tag{12-8}$$

第二次切变保留第一次切变的成果，对于 K-S 机制，沿$(21\bar{1})_\alpha[1\bar{1}\bar{1}]_\alpha$方向发生切变，使$\angle\alpha$由 60° 变为 70°32′，见图 12-24(a)，以达到位向关系$[\bar{1}01]_\gamma /\!/ [\bar{1}\bar{1}1]_\alpha$的要求；对于西山机制，以底面对角线$[\bar{2}11]_\gamma$为基准，两边$\overline{12}$、$\overline{14}$向外扩张，使$\angle\alpha$由 60° 变为 70°32′，见图 12-24(b)，以达到位向关系$[\bar{2}11]_\gamma /\!/ [01\bar{1}]_\alpha$的要求。

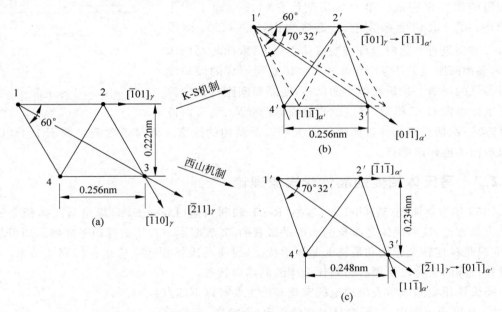

图 12-24　马氏体相变的第二次切变

(a) 切变前底层(111)的原子排列；(b) K-S 机制；(c) 西山机制

(3) 线度调整，以满足实验结果中马氏体晶胞的线度要求。

应该指出的是，上述的切变与晶体的孪生系统是完全一致的，这一点令人信服。但由这两种机制得到的惯析面与实测得到的$\{259\}_\gamma$、$\{225\}_\gamma$并不相同，与浮凸效应也不吻合。由此看来，完全用微观机制来解释马氏体相变很难达到满意的结果。

12.2.2.3　G-T 机制

格伦宁格（Greninger）和特赖恩诺（Troiano）分别于 1941 年和 1947 年提出不同的切变过程以说明在某些钢中不同的取向关系。他们在 Fe-0.8C-22Ni 合金中精确测定了奥氏体单晶中马氏体惯析面和取向，结果如下：

惯析面：	$(259)_\gamma$	
取向：	$(111)_\gamma /\!/ (011)_{\alpha'}$	1° 之内
	$[11\bar{1}]_\gamma$ 距 $[1\bar{1}\bar{1}]_{\alpha'}$	2.5°
	$[\bar{1}10]_\gamma$ 距 $[\bar{1}\bar{1}\bar{1}]_{\alpha'}$	6.5°

他们从测量奥氏体的表面变形（平均切变角 $10°45'$）得出结论：晶体的表面倾动系是在 $(259)_\gamma$ 惯析面上通过简单的切变产生的。为了既符合于所观察到的相变区域的形状改变，又符合于马氏体相变的结构变化，他们提出马氏体相变包括两个切变过程的所谓**双切理论**。

首先在接近于 $\{259\}_\gamma$ 晶面上发生均匀切变，产生全部的宏观变形，使磨光样品表面出现倾动（浮凸），如图 12-25 所示，并定下马氏体的惯析面。这阶段的转变产物是复杂的三菱结构而不是马氏体，相变必须由第二阶段通过产生宏观上不均匀的切变来完成。第一次切变使在 $(110)_\gamma$ 面上产生 $(112)_{\alpha'}$，第二次切变限定在三菱结构内，在 $(112)_{\alpha'}$ 面沿 $[11\bar1]_{\alpha'}$ 方向进行。这时点阵转变成体心立方，取向与马氏体一样，晶面间距也差不多，但对第一次切变所形成的倾动没有看得见的影响。最后作微小的调整，使晶面间距符合实验的要求。根据 G-T 机制，可以说明表面浮凸效应、惯析面位

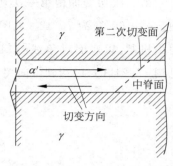

图 12-25　G-T 机制

向（即第一次切变面）、马氏体的位向关系以及结构的改变。但对于含碳量低于 1.4%C 钢的惯析面不能作出解释。

12.2.3　马氏体相变的晶体学表象理论

1953 年韦奇斯勒（Wechsler）、瑞德（Read）和利伯孟（Lieberman）提出马氏体相变的晶体学表象理论，这些理论是唯象的而不是微观的，其着眼点不在于解释原子如何运动引起转变，而只是描述转变起始和最终的晶体学状态，说明马氏体相变中应该保持那些关系，应该经过什么样的变化以及最后达到什么样的晶体学状态。

马氏体相变晶体学表象理论的实验基础主要有以下四点：

① 在宏观范围内，惯析面是不变的平面（不畸变、不转动）；

② 在宏观范围内，马氏体中形状变形是一不变的平面应变；

③ 惯析面位向有一定的分散度；

④ 在微观范围内，产物相变形是不均匀的。其中应特别强调的是惯析面，惯析面是不变的平面的意思是：面上线段的长度不变；面上任意二线段之间的夹角不变；面的空间方位不变。

表象理论是把马氏体相变看成三种变形的组合：

① 基于贝茵机制的晶格变形，由此得到马氏体结构；

② 晶格不变的切变（通过微区的滑移和孪生来实现），不改变已形成的结构，以获得不畸变平面；

③ 整体的刚体旋转，使其中不畸变的平面恢复到原始的位置，这就得到了既不畸变，又不旋转的惯析面。

上述三种运动的组合可以满足马氏体形成时所观察到的几个主要实验事实。

上述三种运动的组合既可以用矩阵代数来描述，又可以用极射投影来分析。

12.2.3.1　矩阵代数分析方法

（1）表征贝茵变形的 **B** 矩阵

对于 Fe-C 马氏体的情况,贝茵曾为 γ-α' 转变具体写出下述畸变矩阵:

$$\boldsymbol{B} = \begin{bmatrix} \eta_1 & 0 & 0 \\ 0 & \eta_2 & 0 \\ 0 & 0 & \eta_3 \end{bmatrix} \tag{12-9}$$

它使一个点阵变换为另一点阵,使原子位移为最小。首先将 FCC 点阵描述为一个体心正方点阵,其 $c_\gamma/a_\gamma = \sqrt{2}$,见图 12-22(a)。然后在 γ 立方体 Z_γ 方向加以压缩,约至 $\eta_3 = 0.83$,并在与此垂直的方向进行伸张,约至 $\eta_1 = \eta_2 = 1.12$,见图 12-22(c),得到贝茵晶胞。两种晶胞体积相差仅为 $\eta_1^2 \cdot \eta_3 = 1.03 \sim 1.05$,而轴比 $c_{\alpha'}/a_{\alpha'}$ 随含碳量线性变化,由 1.00 变至 1.08(当碳的质量分数为 1.8%)。在贝茵转变中,考虑到了碳原子的短程迁移及对马氏体点阵的影响。如果它们原位于 γ 相的八面体间隙位置,则它们会自动处于 α' 体心正方相的 c 轴上。实际上碳原子的有序分布导致了 BCC 向 BCT 的畸变。利用贝茵矩阵可以满意地描述上述畸变过程。

如果在奥氏体基体中在三轴的原点上取一单位球,见图 12-26(a),当发生贝茵转变后,由于 Z 轴收缩,X 轴、Y 轴伸长,球转变为椭球,椭球上不变的矢量在圆锥 $OA'B'$ 上(转变前的位置是在 OAB 圆锥上)。因此,在贝茵畸变的情况下,不变的矢量是在一圆锥面上,而不在平面上。要想得到转变中具有不变的平面的必要和充分条件是沿三个轴方向的畸变有一定的要求,例如图 12-26(b)所示,沿 X 轴不畸变,沿 Y 轴畸变大于 1,沿 Z 轴畸变小于 1,此时零畸变平面为 OAB'。

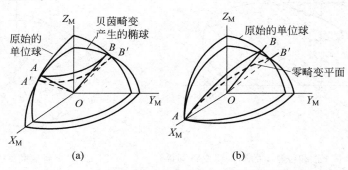

图 12-26　奥氏体基体中贝茵畸变对单位球的效果

显然,仅仅通过贝茵矩阵很难实现马氏体转变中不变平面的要求,也难于解释马氏体相变的位向关系、表面浮凸效应等。

(2) 表征晶格不变切变的 $\boldsymbol{P}$ 矩阵

通过晶格不变的切变——滑移和孪生,目的在于找出宏观不畸变面。

贝茵畸变之后,为得到不畸变的惯析面,还需要再进行一次简单的切变,这种切变的切变面、切变方向和切变量大小不是任意的,即切变的结果必须使贝茵畸变后形成的椭球正好与原来的单位球在某一直径的端点相切,使在这个轴上的畸变为 1,以得到不畸变的平面。这种晶格不变切变可以通过微区滑移和孪生实现。

从晶体学讲,孪生使切变的晶体与原晶体形成镜面对称关系,切变量大小固定,因此不畸变面 K_1,K_2 是固定的;而滑移的切变量大小不固定,虽然存在不畸变面 K_1,K_2,但并不固定。

考虑孪生平面上的一个半球由于孪生切变 $\boldsymbol{P}$ 而发生的形状变化,见图 12-27。孪生平

面 K_1 自然保持为无畸变,平面 K_2 也是如此,在孪生中它变换为 K_2,由于切变角 α_t 是固定的,并且一般与马氏体切变角 α_M 不同,孪晶体积分数 x 应是一个可调节的量,以保证两个变形(**B** 和 **P**)宏观上在某一面上相抵消,以求得不畸变面。而微区滑移时,通过一定的滑移面、滑移方向和滑移量大小而得到不变的惯析面。

实际上,**B**,**P** 两种操作都会引起伸长和缩短,联合操作的结果总可以找到马氏体相变的宏观不畸变面——惯析面,惯析面上线段的长度保持不变,即

$$\boldsymbol{r} = \boldsymbol{PBr} \tag{12-10}$$

并由此确定 **P** 矩阵。

(3) 使不畸变面恢复到原始位置的旋转矩阵 **R**

如图 12-28 所示,当一个球畸变为椭球时,某些矢量(例如 $\overline{AC}$)保持它们的原始长度,但却发生了转动(如转至 $\overline{A'C'}$)。由于要求一个不变的惯析面,所以除了 **B**,**P** 变换之外还应有一个整体的纯转动。这种转动只保证惯析面恢复原位,而不保证其他。转动矩阵为

$$\boldsymbol{R} = \begin{bmatrix} 1 & 0 & 0 \\ 0 & \cos\varphi & \sin\varphi \\ 0 & -\sin\varphi & \cos\varphi \end{bmatrix} \tag{12-11}$$

求解 **R** 矩阵的关键在于求出转轴及转角 φ。

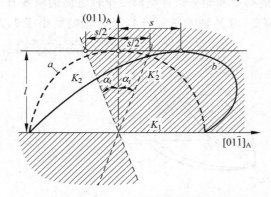

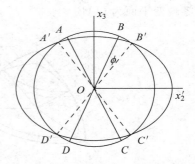

图 12-27　一个角移 $2\alpha_t$ 和位移 s 的孪生切变将圆周 a 变换为曲线 b;所有在平面 K_1 和 K_2 上的矢量保持不变,在阴影区域以内的矢量伸长,以外的矢量缩短

图 12-28　当球畸变为一个椭球时,方向 AC,BD 发生转动但保持为无畸变

整个马氏体相变的形状变化可表示为矩阵乘积 **RPB**,此时,在体积分数为 x 的体积中发生点阵不变切变 $\boldsymbol{P}_1$ 和旋转 $\boldsymbol{R}_1$,而一般情况下,在分数为 $(1-x)$ 的体积中发生另一切变 $\boldsymbol{P}_2$ 和旋转 $\boldsymbol{R}_2$。这样,晶体中的一个位置矢量 $\boldsymbol{r}$ 就变换为 $\boldsymbol{r}'$:

$$\boldsymbol{r}' = [x\boldsymbol{R}_1\boldsymbol{P}_1\boldsymbol{B} + (1-x)\boldsymbol{R}_2\boldsymbol{P}_2\boldsymbol{B}]\boldsymbol{r} = \boldsymbol{Er} \tag{12-12}$$

惯析面由本征值方程 $\boldsymbol{Er}=\boldsymbol{r}'$ 确定。上述几个操作实现的次序在物理上并没有什么重要意义。主要的目的是将关于一个不变平面的要求与假设为已知的操作 **B** 和 **P** 结合起来。

12.2.3.2　极射投影图解分析法

已知 Fe-20%Ni-0.8%C 合金的惯析面为{3 10 15}。设想从面心立方奥氏体晶格转变

到体心正方马氏体晶格是通过贝茵畸变、晶格不变切变及刚体旋转三步来实现的,转变以后保持惯析面不畸变、不转动。采用极射投影图解法可以更为形象直观地说明上述转变过程。

(1) 贝茵变形的极射投影描述

设奥氏体中的坐标系是 xyz,马氏体的坐标系是 $x'y'z'$。贝茵变形前,奥氏体中单位球球面方程为

$$x_1^2 + x_2^2 + x_3^2 = 1 \qquad (12\text{-}13)$$

贝茵变形后,$x_1' = \eta_1 x_1$,$x_2' = \eta_2 x_2$,$x_3' = \eta_3 x_3$,则单位球面转变为旋转椭球面,其方程为

$$\frac{x_1'^2}{\eta_1^2} + \frac{x_2'^2}{\eta_2^2} + \frac{x_3'^2}{\eta_3^2} = 1 \qquad (12\text{-}14)$$

这个椭球面与单位球面的交线是两个圆,如图 12-29 所示。图中矢量 OA' 和 OB' 的原始位置(变形前)为 OA 及 OB,它们的长短并不因晶格变形而改变。由于两个曲面的交线是两个圆,所以 $OA'B'$ 及 OAB 分别是两个圆锥。贝茵变形并未改变圆锥 OAB 面上各矢量的长短,但是锥面以内的矢量将缩短,以外的将伸长。

为求出贝茵转变后矢量既不伸长又不缩短的圆锥半顶角 φ_e,由式(12-13)~式(12-14)得

$$\left(1 - \frac{1}{\eta_1^2}\right)x_1^2 + \left(1 - \frac{1}{\eta_2^2}\right)x_2^2 + \left(1 - \frac{1}{\eta_3^2}\right)x_3^2 = 0 \qquad (12\text{-}15)$$

令 $x_1 = 0$,则在平面上可求出 φ_e 应满足的关系:

$$\tan\varphi_e = \frac{x_2}{x_3} = \frac{\left(\dfrac{1}{\eta_3^2} - 1\right)^{1/2}}{\left(1 - \dfrac{1}{\eta_2^2}\right)^{1/2}} \qquad (12\text{-}16)$$

φ_e 所对应的圆锥 B_e(图 12-29 中的截线 $A'B'$)以及确定它在贝茵转变以前的另一个圆锥 B_a(图 12-29 中的截线 AB)均用极射投影法表示在图 12-29(b)中。

(2) 晶格不变切变的极射投影表示

图 12-29(a)表示一个立方晶体在 K_1 上的一种点阵不变切变 $2\alpha_t$,参考图 12-27,K_1 及 K_2 为两个不变形平面。在极射投影图中,阴影区的面积中所有矢量均伸长,其他的矢量均缩短。经切变后,K_2 转移到 K_2',而切变角 $2\alpha_t$ 是可调整的参量。

为了使贝茵转变和晶格不变切变的综合效果产生一个不畸变面,必须将图 12-29(a)、12-29(b)两个图叠加起来,如图 12-29(c)。这样,上述的圆锥与平面 K_1、K_2' 截交的 4 个矢量就保持不发生畸变。如考虑先发生切变,则切变后 A,B,C,D 四点的径向长度不变,其切变前的原始位置为 a,b,c,d;然后再作贝茵转变,A,B,C,D 的位置各自转移到 A',B',C',D',且各位置的径向长度也不变,通过用作图法适当调整切变角 $2\alpha_t$ 的大小,使 a,d(或 b,c)两向量所夹的角度与 A',D'(或 B',C')两向量所夹的角度相等,则此两向量所夹任意位向将因切变而伸长,因贝茵转变而缩短,两者恰好抵消。因此由这两个向量所确定的平面即是不变的平面。

(3) 整体转动

最后,为了得到一个宏观上不发生畸变和旋转的惯析面,A' 必须转至 a,D' 转至 d。这个转动的大小最终决定点阵(γ,α')之间的取向关系。

用这种极射投影图解法,马氏体转变中的所有参数都可以计算出来,与 Greninger 和

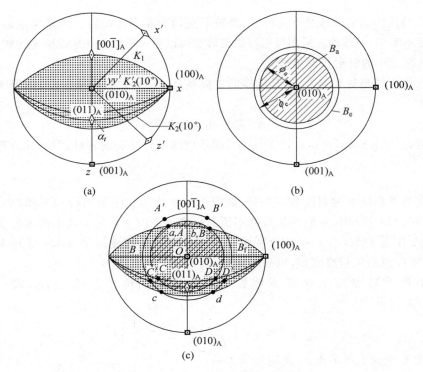

图 12-29 一个立方点阵的极射投影

(a) 在一个 $2\alpha_t = 20°$ 的均匀切变中,平面 K_1、K_2 保持不变(图 12-27)。小点标志区域以内的矢量伸长,以外的矢量缩短。奥氏体中的坐标系是 xyz,马氏体是 $x'y'z'$,见图 12-22。在(c)中,d 变换为 D,c 变换为 C。(b) Bain 畸变将圆锥 B_a 变换为 B_e,锥面上所有的矢量都不改变长度。阴影面积之内的矢最缩短,以外的矢量伸长。在(c)中,D 变换为 D',C 变换为 C'。(c) 切变(a)与 Bain 畸变(b)的叠加导致阴影/小点标志的面积中长度相反的变化,结果,有 4 个矢量 a,b,c,d 长度保持不变

Troiano 的测量结果符合甚好,如表 12-3 所示。在这种方法中只对贝茵畸变以及点阵不变切变的滑移或孪生系统作了假设。

表 12-3 马氏体晶体学实验和理论数据之比较

实　验	理　论	相　差
Fe-22%Ni-0.8%C FCC→(孪生)BCT$(c/a>1)$ 惯析面 法线 $\begin{bmatrix}10\\3\\15\end{bmatrix} = \begin{bmatrix}0.5472\\0.1642\\0.8208\end{bmatrix}$	$\begin{bmatrix}0.5691\\0.1783\\0.8027\end{bmatrix}$	$<2°$
取向关系$(111)_\gamma\,/\!/\,(101)_{\alpha'}$ 准确至 $1°$ 以内; $[1\bar{1}0]_\gamma$ 与 $[111]_{\alpha'}$ 相差 $2.5°$	$(111)_\gamma$ 与 $(101)_{\alpha'_1,\alpha'_2}$ 相差 $15'$; $[1\bar{1}0]_\gamma$ 与 $[111]_{\alpha'_1,\alpha'_2}$ 相差 $3°$	$\sim0°$ $\sim0.5°$
切变 方向 $\begin{bmatrix}-0.7315\\-0.3828\\0.5642\end{bmatrix}$ 切变角 $10.66°$	$\begin{bmatrix}-0.7660\\-0.2400\\0.5964\end{bmatrix}$ $10.71°$	$\sim8°$ $\sim0°$

12.3　马氏体相变热力学

12.3.1　马氏体相变热力学的一般特点

马氏体相变虽属无扩散相变,与扩散式相变有许多截然不同的特点,但是也同样受热力学规律所支配。例如奥氏体向马氏体的转变也是一个趋向能量降低的过程,奥氏体(γ)和马氏体(M)α'相的自由能与温度的关系如图 12-30 所示。在某一温度 T_E,γ 与 M 两相热力学平衡。低于 T_E,即在一定过冷度(ΔT)下,两相的自由能差 $\Delta G_{\gamma \to M} = G_\gamma - G_M$,为相变驱动力。但马氏体形成时,除界面能外,还有切变共格及体积变化引起的很大的弹性应变能,因而需要增大过冷度,增加相变驱动力,以克服界面能和弹性能所引起的相变阻力。引起马氏体转变所需驱动力可以根据以下公式计算:

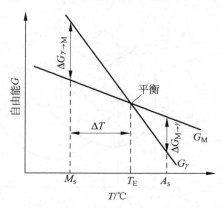

图 12-30　γ 和 M 相自由能与温度的关系

$$\Delta G_{\gamma \to \alpha'}(\text{开始}) = \Delta S_f(T_E - M_s) \quad (12\text{-}17)$$

式中,ΔS_f 为 $\gamma \to \alpha'$ 的熵变,M_s 为马氏体开始转变温度。有些资料给出,铁基合金在 M_s 温度下相变驱动力 $\Delta G_{\gamma \to M}$ 的值大约为 1050J/mol。

此外,由热力学可解释马氏体相变的无扩散性,如图 12-31 所示。图(a)为相图一部分,T_E 代表无扩散 $\gamma \to \alpha'$(M)的热力学平衡温度。图(b)、图(c)为 γ 过冷到 T_1 和 T_2 温度时两相的自由能—成分曲线,由于是无扩散相变,相变中成分不变,都是 C_0,在 T_1 下无扩散 $\gamma \to \alpha'$ 的相变自由能差 $\Delta G_{\gamma \to \alpha'(\text{M})}$ 为正,在 T_2 下 $\Delta G_{\gamma \to \alpha'(\text{M})}$ 为负。因而在 T_1 时不可能进行无扩散 $\gamma \to \alpha'$(M)相变;而在 T_2,由于有相变驱动力,故可以发生无扩散相变。因此,发生马氏体转变的温度(M_s)点都在 T_E 以下。

12.3.2　均匀形核理论及其局限性

利用均匀生核的经典理论,估算等温转变时马氏体的形核功。设马氏体晶核为图 12-32 所示的扁球(或透镜)状,中心厚度为 $2c$,片的直径为 $2r$,则生核时引起系统的自由能变化为

$$\Delta G = \frac{4}{3}\pi r^2 c \Delta G_v + 2\pi r^2 \gamma + \frac{4}{3}\pi r c^2 A \quad (12\text{-}18)$$

式中,第一项为化学自由能,是马氏体相变的动力,其中 ΔG_v 为单位体积的化学自由能变化,$\frac{4}{3}\pi r^2 c$ 为扁球的体积;第二项为界面能;第三项为以 r 为半径的球体内的应变能,A 是应变能因子,$A \cdot c/r$ 为单位体积 $\gamma \to M$ 反应的应变能,故扁球的应变能为 $\frac{4}{3}\pi r^2 c A c/r = \frac{4}{3}\pi r c^2 A$。显然,式(12-18)中第二项、第三项为相变的阻力。

核心达到临界值的条件为

$$\left(\frac{\partial \Delta G}{\partial r}\right)_c = 0, \quad \left(\frac{\partial \Delta G}{\partial c}\right)_r = 0 \quad (12\text{-}19)$$

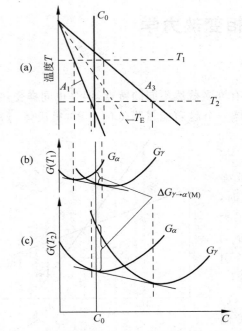

图 12-31 无扩散相变的相变驱动力 $\Delta G(T_1, T_2$ 两个温度下的自由能—成分曲线)

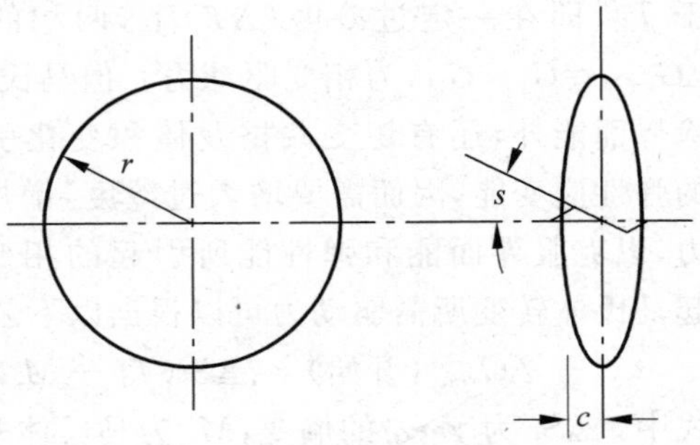

图 12-32 马氏体晶核的模型

由此可计算出临界晶核的厚度 c^*、半径 r^* 以及形成临界核心时的形成功 ΔG^*：

$$c^* = -\frac{2\gamma}{\Delta G_v} \tag{12-20}$$

$$r^* = \frac{4A\gamma}{(\Delta G_v)^2} \tag{12-21}$$

$$\Delta G^* = \frac{32\pi A^2 \gamma^3}{3(\Delta G_v)^4} \tag{12-22}$$

也可计算临界晶核的体积

$$V^* = \frac{4}{3}\pi r^{*2} c^* = -\frac{128}{3}\pi \frac{A^2 \gamma^3}{(\Delta G_v)^5} \tag{12-23}$$

将有关数据

$$A \approx 2.1 \times 10^9 \, \text{J/m}^3$$

$$\gamma \approx 0.02 \, \text{J/m}^2$$

$$-\Delta G_v \approx 290 \, \text{cal/mol} = \frac{290 \times 4.185 \times 10^6}{7.4} \approx 1.64 \times 10^8 \, \text{J/m}^3 \tag{12-24}$$

代入式(12-22)得形成临界核心时,每个马氏体片的形成功

$$\Delta G^* = 1.64 \times 10^{-18} \, \text{J} \tag{12-25}$$

代入式(12-23)得马氏体晶胚的临界体积

$$V^* = 4 \times 10^{-26} \, \text{m}^3 \tag{12-26}$$

按照经典生核理论,形核功是由热涨落所提供的。在均匀生核的情况下,生核速率 I 应为

$$I = n\nu\exp(-\Delta G^*/k_B T) \tag{12-27}$$

式中，n 为单位体积中母相的原子数；ν 为原子振动频率，可认为是每个原子在 1s 内企图形成核心的次数，在这些次数中，只有一部分 $\nu\exp(-\Delta G^*/k_B T)$ 是处于大于形核功的高能状态，因此是可以成核的。

由式(12-25)可知，一个马氏体片的临界形核功大约为 $10\sim20\text{eV}$，这一能量数值单独靠热涨落去克服是太高了(在 700K 时，$k_B T = 0.06\text{eV}$)。大量的实验现象也确实证明了马氏体的形核实际上是非均匀过程。

12.3.3　非均匀形核——层错及位错在马氏体形核中的作用

马氏体转变非均匀形核的最令人信服的证据是由小颗粒实验得到的。

在这些实验中，将尺寸范围小于 $1\mu m$ 到 $100\mu m$ 的 Fe-Ni 小单晶体球冷却到 M_s 以下的各个不同温度，然后进行金相研究，结果表明：

① 即使冷却到 4K，也就是在大块材料的 M_s 以下约 300℃，也不是所有颗粒都发生了转变，这完全排除了一般情况下的均匀形核，因为均匀形核总是应当在一定的过冷度下出现的。

② 晶核的平均数量(按照马氏体片的数目计算)是在 $10^4/\text{mm}^3$ 数量级，这要比所预期的纯均匀形核少。

③ 晶核数量随转变前过冷度的提高而增加很快；另一方面，晶核的平均数量与晶粒尺寸无关，甚至颗粒(一给定尺寸的)是单晶体或多晶体都无关紧要。

④ 表面并不表现为形核的有利位置。依据上述③、④可以想到，既然表面和晶界对形核过程没有多大作用，那么转变就是在晶体内部的其他缺陷上开始的。能够产生这样晶核密度的最可能缺陷是单个位错，因为一个退火晶体的位错密度一般为 $10^5/\text{mm}^2$ 或更高些。

Zener 阐述了孪晶过程中分位错$\langle 112 \rangle_\gamma$ 的运动会在 FCC 点阵区域中产生一个薄的 BCC 区域，如图 12-33 所示。图中 FCC 结构的各层密排面以不同的符号标记，由底向上分别为 1，2，3。FCC 晶体的孪生要素为 $\{111\}\langle 11\bar{2}\rangle$，其孪晶矢量 $\frac{1}{6}\langle 11\bar{2}\rangle$ 可由一个全位错 $\frac{a}{2}\langle 110 \rangle$ 分解成两个分位错而得到，例如：

$$\frac{a}{2}[\bar{1}10] = \frac{a}{6}[\bar{2}11] + \frac{a}{6}[\bar{1}2\bar{1}] \tag{12-28}$$

为了产生 BCC 结构，要求所有的"三角形"(标记 3)的原子向前滑动 $\frac{1}{2}\boldsymbol{b}_1 = \frac{a}{12}[\bar{2}11]$。实际上这一切变之后所产生的点阵并不完全是 BCC 点阵，还要求有另外的膨胀，以得到正确的点阵间距。这一反应所产生的 BCC 点阵只有二个原子层厚度，但在位错的塞积处能够以这种机理形成较厚的晶核，在塞积群中分位错被迫靠近，因而减小了滑移矢量，结果心部的结构相当于 BCC 堆垛，相邻平面上的塞积群能够相互作用而加厚这种伪 BCC 区域。

对于低层错能合金，例如不锈钢，人们也提出了位错促进马氏体形核的设想。例如，Venables 认为，α' 的形成要经过一个中间(HCP)相，他称之为 ε' 马氏体，即

$$\gamma \longrightarrow \varepsilon' \rightarrow \alpha' \tag{12-29}$$

仍使用图 12-33 中的原子符号标记，将 Venables 的转变机理表示在图 12-34 中，ε' 马氏体的结构是靠每隔一个 $\{111\}_\gamma$ 面上的非均匀半孪晶切变来加厚。

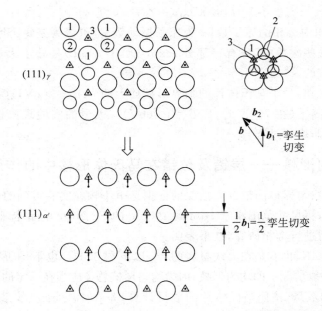

图 12-33 以半孪生切变方式产生二个原子层厚度马氏体的
Zener 模型（还需要一些其他次要的调整）

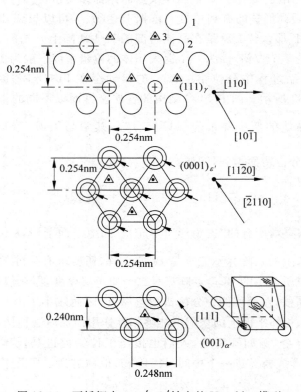

图 12-34 不锈钢中 $\gamma \rightarrow \varepsilon' \rightarrow \alpha'$ 转变的 Venables 模型

　　位错的应变场在一定的情况下能够与马氏体晶核的应变场产生有利的交互作用,从而降低形核势垒。如图 12-35 所示,贝茵应变的一个分量被中和,减小了总的形核能量。由图可见,与位错的多余半原子面相关的膨胀对贝茵应变作了贡献。另外,位错的切变分量也能利用。

　　由于上述的交互作用,马氏体相变中的总能量变化变为

$$\Delta G = A\gamma + V\Delta G_s + V\Delta G_v - \Delta G_d$$

$$(12\text{-}30)$$

式中,ΔG_s 为单位体积应变能;ΔG_d 表示位错交互作用能,它减小了形核能量势垒。可以证明,这一交互作用能量可由下式给出:

$$\Delta G_d = 2\mu s \pi rcb \qquad (12\text{-}31)$$

图 12-35　说明贝茵变形的应变分量之一是怎样由位错应变场抵消的,此时的位错应变场是迫使原子面靠近

式中,b 表示位错柏氏矢量的大小,s 表示晶核的切应变,μ 是基体(奥氏体)的剪切模量,其他参数的意义同式(12-18)。

12.3.4　马氏体形貌

　　晶核的形貌对于马氏体的形貌起着重要的、甚至决定性的作用。现从能量关系来讨论马氏体形貌。

　　图 12-32 所示的半径为 r、厚度为 $2c$ 的椭球状马氏体片,其非化学自由能变化为

$$\Delta g_N = 2\pi r^2\gamma + \left(\frac{4}{3}\pi r^2 c\right)\left(\frac{c}{r}A\right) = 2\pi r^2\gamma + \frac{4}{3}\pi rc^2 A \qquad (12\text{-}32)$$

式中,A 为畸变能参数。$(c/r)A$ 为单位体积马氏体引起的畸变能,该值随形状参数(c/r)而变化,c/r 愈小,即椭球愈偏平,则$(c/r)A$ 愈小。

　　对于单位体积的马氏体,由式(12-32)得到非化学自由能变化 ΔG_N 为

$$\Delta G_N = \frac{\Delta g_N}{\frac{4}{3}\pi r^2 c} = \frac{3\gamma}{2c} + \frac{Ac}{r} \qquad (12\text{-}33)$$

　　为了求出马氏体晶核形状参量(r 及 c)与能量参量(γ 及 A)之间的关系,可利用下述两个约束条件

　　① ΔG_N 为最小;

　　② 马氏体的体积$\left(V = \dfrac{4}{3}\pi r^2 c\right)$不变。

　　应用条件②,$dV = 0$,则

$$V = \frac{4}{3}\pi r^2 c$$

$$dV = \left(\frac{\partial V}{\partial r}\right)_c dr + \left(\frac{\partial V}{\partial c}\right)_r dc = \frac{4}{3}\pi(2rc\,dr + r^2\,dc) = 0$$

故有

$$dr = -\frac{r}{2c}dc \qquad (12\text{-}34)$$

　　应用条件①,$d\Delta G_N = 0$,则由式(12-33)

$$d\Delta G_N = \left(\frac{\partial \Delta G_N}{\partial r}\right)_c dr + \left(\frac{\partial \Delta G_N}{\partial c}\right)_r dc = -\frac{Ac}{r^2}dr + \left(-\frac{3\gamma}{2c^2} + \frac{A}{r}\right)dc = 0$$

将式(12-34)代入上式:

$$\left(-\frac{Ac}{r^2}\right)\left(-\frac{r}{2c}\right)dc + \left(-\frac{3\gamma}{2c^2} + \frac{A}{r}\right)dc = 0$$

整理得

$$\frac{c^2}{r} = \frac{\gamma}{A} \tag{12-35}$$

将式(12-35)代入式(12-33),可得 ΔG_N 的最小值:

$$(\Delta G_N)_{min} = \frac{3\gamma r + 2Ac^2}{2cr} = \frac{3\gamma r + 2\gamma r}{2cr} = \frac{5}{2}\left(\frac{\gamma}{c}\right) = \frac{5}{2}\left(\frac{Ac}{r}\right) \tag{12-36}$$

从式(12-35)可以看出:共格界面能 γ 愈小或畸变能参数 A 愈大,则 c^2/r 愈小,意味着愈易形成扁的椭球(即透镜片状)。从式(12-36)也可以看出:在 A 值固定的条件下,c/r 值愈小,则 $(\Delta G_N)_{min}$ 愈小,因此,透镜片状愈易形成。但是 c/r 值不能小到使 $c=0$,因为将式(12-35)代入式(12-36)得到

$$(\Delta G_N)_{min} = \frac{5}{2}\left(\frac{\gamma}{c}\right) \tag{12-37}$$

c 值太小,也使 $(\Delta G_N)_{min}$ 增加。

综合考虑 γ 及 A 的影响,对于给定的 $(\Delta G_N)_{min}$ 必然有一个最合适的 c/r 值。ΔG_N 是由化学自由能变化 ΔG_c 来平衡的,故 $|\Delta G_c|$ 愈大,在 A 值固定条件下,由式(12-36),c/r 也将愈大。以 Fe-Ni 系为例,$|\Delta G_c|$ 是随 Ni 量的增加而增加的,因此,高镍的 Fe-Ni 合金易形成 c/r 较大的透镜片状马氏体,而低镍的 Fe-Ni 合金则易形成 c/r 较小的板条状马氏体。对于碳含量在 $0.4\%\sim1.2\%$ 的碳钢来说,由于 $|\Delta G_c|$ 较高,故易形成透镜片状马氏体。

以上从 $|\Delta G_c|$ 的差异,解释了马氏体分为透镜片状和板条状两种形貌的原因。图 12-36 综合示意地表示了其他有关能量因素的影响。因为马氏体转变是通过切变方式进行的,而切变可以通过滑移和孪生两种方式进行,产生这两种切变所需的应力与温度的关系示于图中,孪生应力与温度的关系不太敏感,故曲线较平坦。从图 12-36 及相变与形变的关系,可以解释如下的一些因素对马氏体形貌的影响。

(1)成分 增加钢中 C 量及 Ni 量,使 M_s 温度下降,而 C 的效应尤为显著。这一方面是由于上述的 $|\Delta G_c|$ 的影响,使透镜片状马氏体易于形成;另一方面,低温时,孪生较滑移易于进行,因而在透镜片状马氏体内有孪晶出现。此外,增加钢中 C 量和 Ni 量,都使奥氏体的强度增加,也使间隙原子的作用更为显著,这就提高了应变能参量 A,却使透镜片马氏体的形成较困难,这种效应使中、低碳马氏体较易形成板条状马氏体。

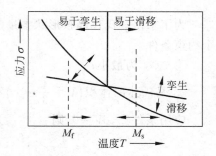

图 12-36 孪生和滑移应力与温度的
关系对马氏体形貌的影响

其他元素的影响,也可以从它们对 M_s 及奥氏体的强化效应的影响去分析。钴是使 M_s 升高的唯一合金元素,而对奥氏体的强化效应也不大,故易促进板条状马氏体的形成。

(2)外界条件 外因是通过内因而起作用的。例如,冷却速度较慢,则在冷却过程中由

于析出碳化物，从而使 M_s 升高，这就促使板条马氏体易于形成。又例如，在奥氏体区加工，也可以促使碳化物在奥氏体析出，由于同样的原因，也能促使板条状马氏体的形成。含碳马氏体的比容大于奥氏体，因而马氏体形成时，有体积膨胀效应，外加压力，使这种有膨胀效应的相变进行困难，因而可降低 M_s，有促使透镜片状马氏体易于形成的趋势。

虽然影响马氏体形貌分类的因素很多，从已有的实验结果看来，主要的影响因素还是 $|\Delta G_c|$。当 $|\Delta G_c|$ 约大于 1256J/mol，易于形成透镜片状马氏体。但是，其他的非主要的因素，在特定条件下也会转化为主要的因素。

12.4　马氏体相变动力学

本节将以动力学角度从温度及时间两方面讨论马氏体转变的速度和进度。在 M_s 点以下，马氏体转变有图 12-37 所示的三种情况。如果从形核、长大的过程看，可分下面四类：

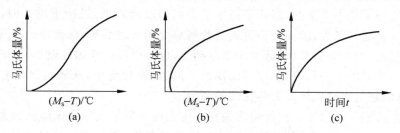

图 12-37　马氏体转变曲线

(a) 变温转变；(b) 爆发转变；(c) 恒温转变

（1）变温生核、恒温瞬时长大

如图 12-37(a) 所示，马氏体转变量只取决于转变温度，而与时间无关，与扩散相变的热激活方式相比具有截然不同的特性。一般的碳钢及合金钢的马氏体转变属于这种类型。

在 M_s 点以下，一定温度下只形成一定量的马氏体，随着温度的继续降低，马氏体形成量才不断增加，如图 12-38(a) 所示。马氏体的形成，实质上只取决于生核，一定温度下，马氏体的核心数目是一定的，温度降低，马氏体生核数目才增加，而马氏体核心一旦形成，在一定温度下瞬时即可长大到最后尺寸。继续保温，既不能生核，又不能长大，因此不产生更多的马氏体，如图 12-38(b) 所示。马氏体的这种长大速度主要是由非热学性的界面运动速度所决定的，界面运动速度在合金中大约是音速的 1/3，与形成温度无关。温度范围为 $-20℃$

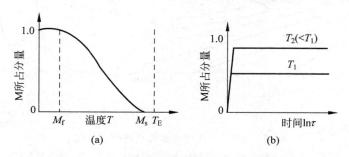

图 12-38　马氏体变温生核、瞬时长大动力学曲线

至 −195℃ 时，测出 Fe-Ni 合金中马氏体片的侧向长大速度大约为 2×10^5 cm/s，形成一片马氏体的时间为 $(0.5 \sim 5.0) \times 10^{-7}$ s。因此，马氏体的长大激活能实际为零。

有些研究工作者提出了冻结生核理论，用以解释一般钢中变温生核的特性。该理论认为，作为马氏体核心的胚芽不是在 M_s 点以下靠热激活过程形成的，而是在 T_E 温度以上、在母相中某些特定的位置上优先形成的。合金中有利于成核的位置是那些结构上的不均匀区域，即位错、层错等某些结构缺陷。此外，晶体生长或塑性变形所造成的形变区以及由于浓度起伏而贫碳的奥氏体体积内也是马氏体形核的部位。

（2）变温生核、变温长大

前面谈到的 Au-Cd、Cu-Al 合金中的热弹性马氏体转变属于此类动力学。在一定温度下，形成马氏体核心，瞬时长大到一定尺寸，但并不是最后尺寸，温度降低时，除继续生核外，已形成的马氏体还继续伸长、加厚，即马氏体可变温长大。这是因为这种马氏体在一定温度下长大时，未达到塑性变形破坏共格的程度，但是共格应变能、界面能和作为相变驱动力的化学自由能达到了热力学平衡，因而停止生长。但当温度降低，过冷度增大时，作为相变驱动力的化学自由能又增大，因而允许更大的共格应变能与之平衡，也就是允许马氏体片继续共格长大。相反，如果升高温度，减少相变驱动力，也会引起马氏体片缩小，以减少共格应变能而保持热力学平衡。换句话说，在马氏体的正向、反向转变中，从始至终均有共格应变能与之协调，这就是这类马氏体具有热弹性的原因。

与这种方式相反，（1）中所述的情况为在一定温度下所形成的马氏体已长大到产生塑性变形破坏共格的程度，马氏体与基体之间失去了弹性联系，因此不再引起变温长大。

（3）马氏体的等温转变

马氏体的等温转变最早是在 Mn-Cu 钢（0.7%C，6.5%Mn，2%Cu）中发现的。后来发现少数 M_s 点低于 0℃ 的 Fe-Ni-Mn、Fe-Ni-Cr 合金以及高碳高锰钢、高速钢、β-U 中也存在完全的等温转变。其特点如图 12-37（c）所示，转变时转变量取决于转变时间；在 TTT 图中，具有 C 曲线特征。图 12-39（a）为 Fe-Ni-Mn 合金中马氏体转变的 C 曲线（图中 M 表示转变的马氏体量），图（b）为动力学曲线的另一种形式。

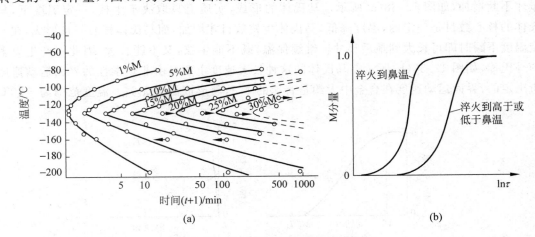

图 12-39　马氏体等温转变动力学曲线

（a）Fe-23.2%Ni-3.62%Mn 合金的等温马氏体转变的 C 曲线；（b）转变量与时间的关系

马氏体的等温转变大多数情况是在恒温时靠马氏体生核,即新马氏体片的产生,而不是靠已生成的马氏体片的长大。而等温生核效应是一种自催化作用引起的。

试验证明,在达到等温转变温度前采用预冷的方法诱发少量马氏体,可以使等温转变一开始就具有最大转变,因此不需要孕育期即可形成。这表明预先存在的马氏体使等温马氏体受到催化。

一片马氏体的形成,便产生引起更多马氏体片生核的条件,在周围奥氏体基体中产生更多的马氏体核心,因此等温转变开始时马氏体生核速率是增加的。但随着马氏体形成,将奥氏体分隔成愈来愈小的区,在这些区中生核的机会减少,生核速率又降低。

马氏体的等温转变一般都不能进行到底,完成一定的转变量后即停止转变。总的来说,等温马氏体形成时,核心数目是温度和时间的函数,具有热激活性质。

在 U-0.85%Cr 合金马氏体的长大过程中,发现随着等温时间的增加,磨光样品的表面浮凸区也变大,但长大速率很大,约 0.5mm/h。

(4) 马氏体的爆发式形成

如图 12-37(b)所示,一些 M_s 低于 0℃的合金,冷到一定温度 $M_B(\leqslant M_s)$ 时的瞬间(千分之一秒内),剧烈地形成大量马氏体,随后变温长大。在 Fe-Ni-C、铬钢、锰钢、镍钢等中,均发现有这种类型的转变。爆发式转变时,伴有声音,并释放大量相变热;有时可使试样升温达 30℃。在一次爆发中形成一定数量的马氏体,条件合适时,爆发转变量可超过 70%。图 12-40 给出了 Fe-Ni-C 合金爆发式马氏体转变曲线。

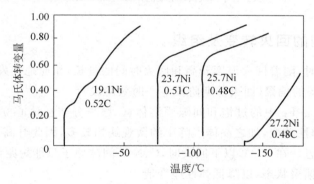

图 12-40　Fe-Ni-C 合金马氏体转变曲线

爆发式马氏体转变受自催化生核所控制。例如,Fe-Ni-C 合金马氏体在 0℃ 以上形成时,惯析面为{225}$_\gamma$。而当大量爆发出现时,惯析面接近{259}$_\gamma$,并且马氏体片呈现出明显的中脊面。马氏体片呈"Z"形,表示了这种现象的"协同"特性。可以想象,这种马氏体形成时,一片马氏体尖端的应力促使另一片惯析面为{259}$_\gamma$ 的马氏体成核和长大,因而呈连锁反应,即爆发式状态。

12.5　马氏体的回火

所谓回火就是将淬火钢加热到低于临界点 A_1 的某一温度,保温以后以适当方式冷却到室温的一种热处理工艺。

　　淬火钢的组织主要是马氏体或马氏体加残余奥氏体。马氏体和残余奥氏体在室温下都处于亚稳定状态,马氏体处于含碳过饱和状态,残余奥氏体处于过冷状态,它们都趋于向铁素体加渗碳体(碳化物)的稳定状态转化。但这种转化需要一定的温度和时间条件,因此淬火钢件必须立即回火,以消除或减少内应力,防止变形或开裂,并获得稳定的组织和所需要的性能。

　　淬火高碳钢连续加热回火过程中的组织转变概况及典型回火马氏体组织示于图 12-41 中,下面将分阶段对此进行说明。

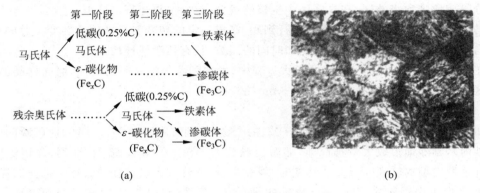

图 12-41　回火马氏体组织转变
(a) 回火过程中的组织转变概况;(b) 典型回火马氏体组织

12.5.1　淬火钢的回火转变及组织

　　淬火碳钢回火时,随着回火温度升高和回火时间的延长,相应地要发生如下几种转变。

　　(1) 马氏体中碳的偏聚(回火前期阶段——时效阶段)

　　马氏体是 C 在 α-Fe 中的过饱和间隙固溶体,C 原子分布在体心立方的扁八面体间隙中,造成了很大的弹性畸变,加之晶体点阵中的微观缺陷较多,因此升高了马氏体的能量,使之处于不稳定的状态。在 100℃ 以下回火时,C、N 等间隙原子只能短距离扩散迁移,在晶体内部重新分布形成偏聚状态,以降低弹性应变能。

　　例如,含碳量 $w_C < 0.25\%$ 的低碳马氏体,间隙原子进入马氏体晶格中刃型位错线附近的张应力区形成柯氏气团,使马氏体晶格不呈现正方度(c/a),而成为立方马氏体。只有当马氏体中含碳量 $w_C > 0.25\%$,晶格缺陷中容纳的碳原子达到饱和时,多余碳原子才形成碳原子偏聚区(类似于第 11 章讨论的 GP 区),从而才显示出一定的正方度(c/a)。

　　亚结构主要是孪晶的透镜状马氏体,由于低能量的位错位置很少,除少量碳原子向位错线偏聚外,大量碳原子将向垂直于马氏体 c 轴的(001)$_M$ 面或孪晶面{112}$_M$ 上富集,形成薄片状偏聚区,其厚度只有零点几纳米,直径约为 1.0nm。由于这些偏聚区的含碳量高于马氏体的平均含碳量,为碳化物的析出创造了条件。

　　(2) 马氏体分解(回火第一阶段转变)

　　当回火温度超过 80℃ 时,马氏体将发生分解,从过饱和固溶体 α' 中析出弥散的 ε-碳化物。随着马氏体中碳浓度的降低,晶格常数 c 减小,a 增大,正方度 c/a 减小。图 12-42 表示 $w_C = 0.96\%$ 的钢在不同温度回火时,马氏体中含碳量与晶格常数的变化。由图可以看出,随着回火温度的升高,马氏体中含碳量不断降低,正方度不断减少。回火温度越高,回火初期碳浓度下降越多,最终马氏体碳浓度越低。例如在 260℃ 短时间回火后,正方度趋近于 1。可见,回火温度对马氏体的分解起决定作用。

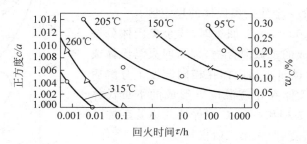

图 12-42　$w_C = 0.96\%$ 的钢回火时马氏体中含碳量、正方度(c/a)与
回火温度及回火时间的关系

析出的 ε-碳化物属于 Fe_3C 型,具有 HCP 结构,一般用 ε-Fe_xC 表示,其中 $x = 2 \sim 3$。ε-碳化物不是一个平衡相,而是向着 Fe_3C 转变前的一个过渡相。由于转变温度较低,马氏体中的碳并未全部析出,其中仍含有过饱和的碳,所以回火第一阶段转变后钢的组织由过饱和固溶体 α' 和与母相保持共格联系的 ε 碳化物组成,这种组织称为回火马氏体。与淬火马氏体相比较,回火马氏体易受腐蚀而呈黑色。

在回火马氏体中,ε-Fe_xC 析出的惯析面常为 $\{100\}_{\alpha'}$,与母相的位向关系为

$$(0001)_\varepsilon \,/\!/\, (011)_{\alpha'}$$

$$[10\bar{1}0]_\varepsilon \,/\!/\, [2\bar{1}1]_{\alpha'}$$

马氏体分解过程与回火温度有关。高碳钢在 80~150℃ 回火时,由于碳原子活动能力低,马氏体分解只能依靠 ε 碳化物在马氏体晶体内不断生核、析出,而不能依靠 ε 碳化物的长大进行。在紧靠 ε 碳化物周围,马氏体的碳浓度急剧降低,形成贫碳区,而距 ε 碳化物较远的马氏体仍保持淬火后较高的原始碳浓度。于是在低温加热后,钢中除弥散 ε 碳化物外,还存有碳浓度高、低不同的两种 α 相(马氏体)。这种类型的马氏体分解称为两相式分解。

当回火温度在 150~350℃ 之间时,碳原子活动能力增加,能进行较长距离扩散。因此,随着回火保温时间延长,ε 碳化物可从较远处获得碳原子而长大,故低碳 α 相增多,高碳 α 相逐渐减少。最终不存在两种不同碳浓度的 α 相,马氏体的碳浓度连续不断地下降。这就是所谓连续式分解。直到 350℃ 左右,α 相碳浓度达到平衡浓度,正方度趋近于 1。至此,马氏体分解基本结束。

含碳量低于 0.2% 的板条马氏体在淬火冷却时已发生自回火,绝大部分碳原子都偏聚到位错线附近,因此在 100~200℃ 之间回火没有 ε 碳化物析出。

(3) 残余奥氏体的转变(回火第二阶段转变)

淬火的中、高碳钢含有部分残留奥氏体,在 200~300℃ 范围内回火时,将发生残留奥氏体分解。

残余奥氏体与过冷奥氏体并无本质区别,它们的 C 曲线很相似,只是两者的物理状态不同而使转变速率有所差异而已。图 12-43 是高碳铬钢残余奥氏体和过冷奥氏体的 C 曲线。由图可见,残余奥氏体向贝氏体转变速度加快,而向珠光体转变速度则减慢。残余奥氏

体在珠光体形成温度范围内回火时,先析出先共析碳化物,随后分解为珠光体;在贝氏体形成温度范围内回火时,残余奥氏体则转变为贝氏体。在珠光体和贝氏体转变温度区之间也存在一个残余奥氏体的稳定区。

淬火高碳钢在 $200\sim300℃$ 回火时,残余奥氏体分解为 α 相和 $\varepsilon\text{-}Fe_xC$ 组成的机械混合物,称为回火马氏体或下贝氏体。α 相中含碳量与马氏体在相同温度下分解后的含碳量或过冷奥氏体在相应温度下形成的下贝氏体中含碳量相近,并且 α 相和 $\varepsilon\text{-}Fe_xC$ 亦保持共格关系。

(4) 碳化物的转变(回火第三阶段转变)

回火温度升高到 $250\sim400℃$,碳钢马氏体中过饱和的 C 几乎已全部脱溶。并形成比 $\varepsilon\text{-}Fe_xC$ 更为稳定的碳化物,这属于回火第三阶段转变。得到的典型回火马氏体组织见图 12-44(a)。

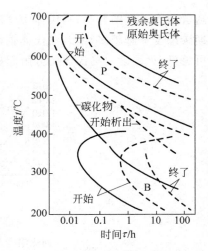

图 12-43　铬钢两种奥氏体的 C 曲线
($w_C=1.0\%$, $w_{Cr}=4\%$)

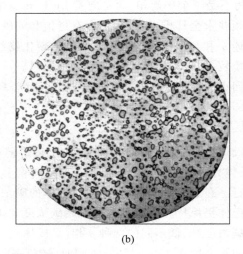

(a)　　　　　　　　　　　　　(b)

图 12-44　回火马氏体组织实例
(a) Fe-0.39%C 马氏体在 300℃回火 1h 产生的渗碳体(Fe₃C)析出(电子显微镜照片);
(b) 含 1.1%C 过共析钢回火马氏体的球化析出(×1 000)

在碳钢中比 $\varepsilon\text{-}Fe_xC$ 更为稳定的碳化物常见的有两种:一种是 χ 碳化物(Hägg 碳化物,Fe_5C_2,单斜晶系),另一种是 θ 碳化物(渗碳体,Fe_3C,正交晶系)。碳钢回火过程中碳化物的转变序列可能为

$$\alpha' \longrightarrow \alpha\ 相 + \varepsilon\text{-}Fe_xC$$
$$\longrightarrow \alpha\ 相 + \chi\text{-}Fe_5C_2 + \varepsilon\text{-}Fe_xC$$
$$\longrightarrow \alpha\ 相 + \theta\text{-}Fe_3C + \chi\text{-}Fe_5C_2 + \varepsilon\text{-}Fe_xC$$
$$\longrightarrow \alpha\ 相 + \theta\text{-}Fe_3C + \chi\text{-}Fe_5C_2$$
$$\longrightarrow \alpha\ 相 + \theta\text{-}Fe_3C$$

回火时碳化物的转变主要决定于温度,但也与时间有关,随着回火时间的增长,发生碳

化物转变的温度降低,如图 12-45 所示。

钢中含碳量高有利于 χ 碳化物的形成,高碳钢中 χ 碳化物甚至可以一直保持到 450℃ (见图 12-45)。低碳钢的 χ 碳化物极不稳定,存在范围很小,一般不易出现。

χ 碳化物呈小片状平行地分布在马氏体中,尺寸约 5nm,它和母相马氏体有共格界面并保持一定的位向关系。

由于 χ 碳化物与 ε 碳化物的惯析面和位向关系不同,所以 χ 碳化物不是由 ε 碳化物直接转变来的,而是通过 ε 碳化物溶解并在其他地方重新形核、长大的方式形成的。一般称这种方式为"离位析出"。

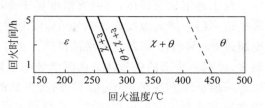

图 12-45　淬火高碳钢($w_C = 1.34\%$)回火时碳化物转变温度与时间的关系

χ 碳化物和 θ 碳化物的惯析面和位向关系若相同,则当回火温度升高时,χ 碳化物向 θ 碳化物的转变可以在特定的孪晶面(即惯析面 $\{112\}_M$ 上形成,即所谓"原位析出";当 χ 碳化物和 θ 碳化物的惯析面和位向关系不同时,则 χ 碳化物可能首先溶解,然后以"离位析出"的方式形成 θ 碳化物。

刚形成的 θ 碳化物与母相保持共格关系,当长到一定大小时,共格关系难以维持,在 300～400℃时共格关系陆续破坏,渗碳体脱离 α 相而析出。

当回火温度升高到 400℃,淬火马氏体完全分解,但 α 相仍保持针状外形,先前形成的 ε 碳化物和 χ 碳化物此时已经消失,全部转变为细粒状 θ 碳化物,即渗碳体。一般把经 350～450℃范围内回火得到的,针状 α 相和无共格联系的弥散分布的细粒状渗碳体的机械混合物称为回火屈氏体。

(5) 碳化物的聚集长大及 α 相的回复和再结晶

回火温度再升高,直到 A_1 点之下,在碳钢中不再发生碳化物转变,随着内应力的消除及原子扩散作用的增强,θ 碳化物会聚集长大,α 相发生回复和再结晶。此时,形态变化的驱动力已不是化学自由能的差,而是存在于马氏体中的弹性能及界面能等。

当回火温度升高至 400℃以上时,已脱离共格关系的渗碳体开始明显地聚集长大。片状渗碳体长度和宽度之比逐渐缩小,最终形成粒状渗碳体。高于 600℃回火,细粒状渗碳体迅速聚集并粗化。无论是片状渗碳体球化或粒状渗碳体长大,都是按 11.5 节所述颗粒粗化的方式进行。

在碳化物聚集长大的同时,α 相的状态也不断发生变化。当回火温度为 400～600℃时,由于马氏体分解、碳化物转变及其聚集球化(图 12-44(b)),使 α 相的晶格畸变大大减少,残余在淬火钢中的内应力基本消除。此外,由于淬火马氏体晶粒是通过切变方式形成的,为非等轴晶粒,晶内位错密度很高,因此与冷变形金属相似,在回火过程中,也会发生回复和再结晶。

对于板条马氏体,在回复过程中 α 相中的位错胞和胞内的位错线逐渐消失,晶体中的位错密度降低,剩余的位错将重新排列成二维位错网络,形成由其分割而成的亚晶粒。回火温度高于 400℃后,α 相已开始明显回复。回复后的 α 相形态仍呈板条状。随着回火温度升高,亚晶粒逐渐长大,亚晶粒移动的结果可以形成大角度晶界。回火温度高于600℃,回复了的α相开始发生再结晶。这时,由位错密度很低的等轴α相新晶粒逐步代替板条状α晶粒。

对于透镜状马氏体,当回火温度高于250℃时,马氏体片中的孪晶亚结构开始消失,出现位错网络。回火温度升高到400℃以上时,孪晶全部消失,α相发生回复过程。当回火温度超过600℃时,α相发生再结晶过程。由于再结晶结果,使α相晶粒长大,马氏体针状形态消失,形成多边形的铁素体。此时渗碳体也聚集成较大的颗粒。

一般把淬火钢在500～650℃回火得到的具有多边形组织的铁素体和较粗粒状渗碳体的机械混合物叫作回火索氏体。如果回火温度再高,就会得到在铁素体基体中均匀分布着粗粒状碳化物的回火珠光体。

12.5.2 淬火钢在回火时性能的变化

硬度变化总的趋势是,随回火温度升高而不断降低,如图12-46所示。含碳量 $w_C >$ 0.8%的高碳钢在100℃左右回火时,硬度反而略有升高,这是由于马氏体中碳原子的偏聚以及大量弥散的 ε 碳化物析出造成的。回火温度在200～300℃之间,高碳钢硬度下降趋势比较平缓,这是由于残余奥氏体分解为回火马氏体使钢的硬度升高以及马氏体大量分解使钢的硬度下降综合作用的结果。回火温度在300℃以上时,由于 ε 碳化物转变为渗碳体,共格关系破坏以及渗碳体的聚集长大而使钠的硬度呈直线下降。

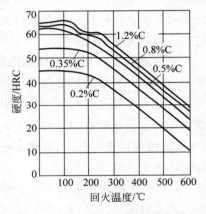

图 12-46   回火温度对各种淬火钢
硬度的影响

随着回火温度的升高,碳钢的强度 σ_b,σ_s 不断下降,而塑性 δ 和 ψ 不断升高,如图12-47所示。但在200～300℃较低温度回火时,由于内应力的消除,钢的强度和硬度都得到提高。对于一些工具材料,可采用低温回火以保证较高的强度和耐磨性(图12-47(c))。但高碳钢低温回火塑性较差,而低碳马氏体低温回火具有良好综合力学性能(图12-47(a))。在300～400℃回火时,钢的弹性极限 σ_e 最高,因此一些弹簧钢件均采用中等温度回火。当回火温度进一步提高,钢的强度迅速下降,但钢的塑性和韧性却随回火温度升高而增长。在500～600℃回火时,塑性达到较高的数值,并保留相当高的强度。因此中碳钢采用淬火加高温回火可以获得良好的综合力学性能(图12-47(b))。

应该指出的是,尽管同一钢件经淬火加回火处理可以得到回火屈氏体和回火索氏体组织,由过冷奥氏体直接分解也能得到屈氏体和索氏体组织,但这两类转变产物的组织和性能却有明显的差别。后者的碳化物呈片状,因此其受力时会使基体产生很大的应力集中,易使碳化物片产生脆断或形成微裂纹;前者的碳化物呈颗粒状,造成的应力集中小,微裂纹不易产生,故钢的塑性、韧性好。图12-48为 $w_C = 0.84\%$ 钢的淬火组织与奥氏体直接分解组织力学性能的比较,两类组织的抗拉强度相近,但回火索氏体组织的 σ_s,δ,ψ 等性能要高得多。

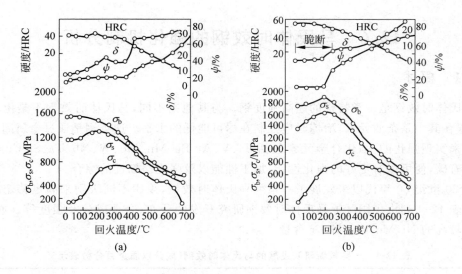

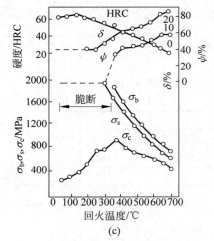

图 12-47　淬火钢拉伸性能与回火温度的关系

(a) $w_C = 0.2\%$；(b) $w_C = 0.41\%$；(c) $w_C = 0.82\%$

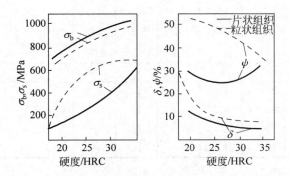

图 12-48　$w_C = 0.84\%$ 钢的淬火组织与奥氏体直接分解组织力学性能的比较

12.6 马氏体时效钢的强化机制分析

12.6.1 概述

马氏体时效钢是一类特殊的超高强度钢。与其他钢不同,马氏体时效钢不是由碳来强化的,碳在其中是杂质元素,冶炼时应控制在尽可能低的水平。这类钢是通过金属间化合物的析出来实现强化的,强化合金元素包括 Ti、V、Al、Be、Mn、Mo、W、Nb、Ta、Si、Cu 等。合金里没有碳,便可以有更好的强化性能、加工性能以及强度与韧性的综合。

自 20 世纪 60 年代以来发展了一系列马氏体时效钢,采用不同级别来满足特定的强度要求。表 12-4 列出了国际上马氏体时效钢研究开发的分布、合金成分及强度等。通常,这类钢有较高的 Ni,Mo,Co,Ti,Cr 含量。

表 12-4 一些较新研制发展的马氏体时效钢(成分以质量百分数表示)

合金	Ni	Co	Mo	Ti	Cr	Al	其他元素	$\sigma_{ys}/(MPa/(klbf/in^2))$
不含 Co 系								
韩国 W250	18	—	—	1.4	—	0.1	4.5W	1780/258
N16F6M6	18	—	6	—	—	—	5 V	1880/270
Vascomax T-250	18.5	—	3	1.4	—	0.1		1700/250
Vascomax T-300	18.5	—	4	1.85	—	0.1	—	2040/300
Ni-Cr 系								
X11N10M2T	10	—	2	1.1	11	0.2		1600/230
X12N9D2	9	—	0.7	0.8	12	—		1500/220
中国	9	—	—	0.9	12	—	2Cu,0.4Nb,0.1Be	1750/255
Ni-Co-Mo 系								
LokomoC1650	18	11	5	0.3				1650/240
Thyssen2799	12	8	8	0.5		0.05		1800/260
VascomaxC-250	18.36	8.18	4.75	0.46		0.12		1700/250
VascomaxC-300	18.5	9	4.8	0.6		0.1		2040/300
日本	10	18	14					3500/500
日本	10	18	12	1				3900/560
日本	8	20	14					3500-4200-/500-600
N8K14M18TT	8	14	18	0.8		0.1		(67RC)
Ni-Co-Mo-Cr 系								
DEW Ultrafort	8	9	4.5	0.4	11	0.2	—	1670/240
苏联	9	3	2.2	0.8	12	0.3	—	2500/362
印度	8	12	5	0.1	11	—	—	1700/250
CartechX-23	7	10	5		10	—	—	1634/237

注:1lbf/in² = 6894.757Pa。

对于马氏体时效钢来说,从奥氏体固溶态冷却时,发生的唯一相变是形成马氏体的马氏体相变。即使是大块材料的慢冷也仅产生马氏体,这是这类合金的一大优势。钢的进一步强化来源于 480～510℃几个小时的时效热处理。马氏体时效钢的名称即来源于此。在时效热处理过程中,亚稳的马氏体分解。幸运的是,金属间相的析出反应比产生奥氏体和铁素体的回复反应进行得快得多,在回复反应发生之前可产生大幅度的析出强化。

12.6.2　马氏体时效钢的相组成

由表 12-4 已经看到,在马氏体时效钢中使用了多种合金元素。马氏体时效钢的高强度来源于时效强化,通过 480～510℃温度范围时效,在马氏体基体内产生了大量的金属间化合物析出物。下面针对不同的合金系统并结合相图分析考察可能的析出物及相组成。

(1) Ni-Ti 系

由图 12-49 所示的 Ni-Ti 相图可知,Ni-Ti 系中含有三种化合物,分别为 $NiTi_2$,$NiTi$,Ni_3Ti。有关这些化合物的成分与晶体结构情况列于表 12-5。

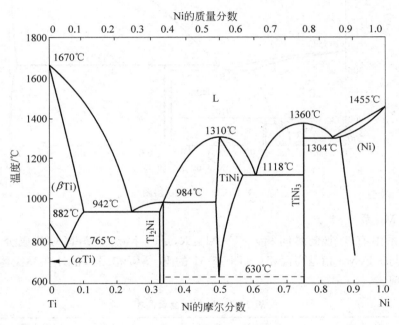

图 12-49　Ni-Ti 相图

表 12-5　Ni-Ti 金属间相

相	成分(x_{Ni})/%	晶体结构	晶格常数/nm
$NiTi_2$	33.3	FCC(96 个原子/晶胞)	$a=1.13193\pm0.00002$
$NiTi$	49.5～57	CsCl 型	$a=0.3015\pm0.0001$
Ni_3Ti	75	六方	$a=0.51010,c=0.83067$

(2) Ni-Mo 系

Ni-Mo 系含有三个中间相,见表 12-6。图 12-50 为 Ni-Mo 平衡相图。富 Ni 固溶体的分解起始于有序化,其中有可能涉及四个亚稳相。它们的成分分别为 Ni_2Mo,Ni_3Mo,Ni_4Mo 和 Ni_7Mo_6,但结构可能与稳定相都不同。

表 12-6   Ni-Mo 金属间相

相	成分(x_{Mo})/%	晶体结构	晶格常数/nm
β-Ni$_4$Mo	19.4~19.0	四方	$a=0.5683, c=0.3592$
γ-Ni$_3$Mo	23.9~24.4	正交	$a=0.5064, b=0.4223, c=0.4449$
δ-NiMo	52~54	四方	$a=0.9107, b=0.8852$

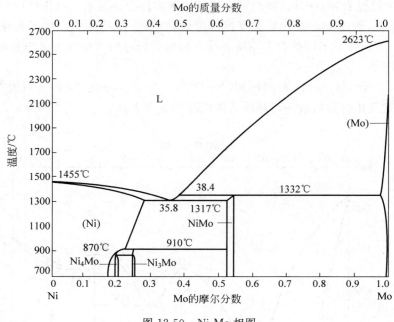

图 12-50   Ni-Mo 相图

（3）Fe-Mo 系

Fe-Mo 系中有 4 个金属间相：λ-Fe$_2$Mo，R，μ-Fe$_7$Mo$_6$，σ-FeMo，其成分与结构列于表 12-7。R 与 σ-FeMo 相是高温相（见图 12-51 的 Fe-Mo 相图），估计在马氏体时效温度这些相不会出现。

表 12-7   Fe-Mo 金属间相

相	成分(x_{Mo})/%	晶体结构	晶格常数/nm
λ-Fe$_2$Mo	33.3	六方 MgZn$_2$ 型	$a=0.4745, c=0.734, c/a=1.63$
R	33.9~38.5	六方	$a=1.0910, c=1.9345, c/a=1.774$
μ-Fe$_7$Mo$_6$	39.0~44.0	六方	$a=0.47546, c=2.5716, c/a=5.4095$
σ-FeMo	42.9~56.7	四方	$a=0.9188, c=0.4812, c/a=0.5237$

（4）Fe-Ti 系

Fe-Ti 系中的平衡金属间固相化合物有 FeTi 与 Fe$_2$Ti（见表 12-8）。图 12-52 为 Fe-Ti 平衡相图。

表 12-8   Fe-Ti 金属间相

相	成分(x_{Fe})/%	晶体结构	晶格常数/nm
FeTi	48~50.2	CsCl 型	$a=0.2976$
Fe$_2$Ti	64.5~72.4	六方，LavesMgZn$_2$ 型	$a=0.47857, c=0.7749$

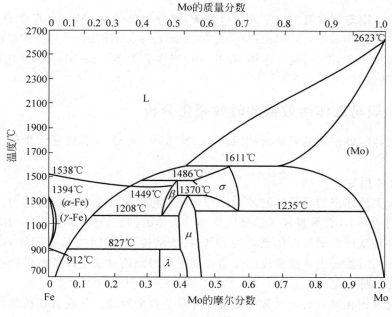

图 12-51　Fe-Mo 相图

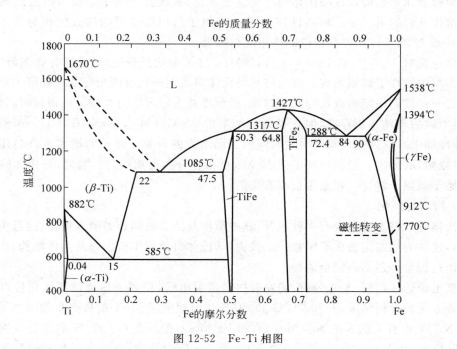

图 12-52　Fe-Ti 相图

（5）Ni-Mo-Ti 系

除去上面所及的二元相以外，Ni-Mo-Ti 系中还有两个三元化合物，φ 和 Σ。φ 的成分为 $Ni_{50}Mo_{27.5}Ti_{22.5}$，$\Sigma$ 的成分为 Ni_6MoTi。

（6）Fe-Ni-Mo 系

该三元系在固态下含有一个三元化合物 P，成分为 $Fe_{11}Ni_{36}Mo_{53}$。在此成分下，P 相正交结构的晶格常数为 $a=0.9091nm$，$b=1.7002nm$，$c=0.4795nm$。另外，Ni 在 Fe_7Mo_6 相中的固溶度很大。在 Mo 调制有序相 Ni_3Fe 中，当成分为 $Ni_{24}Fe_7Mo$ 时，有序度（特别是短程有序度）达到最高。

12.6.3　常规马氏体时效钢的时效硬化分析

常规马氏体时效钢指的是通常使用的 Fe-Ni-Mo-Ti(-Co)（有时还含少量 Al）马氏体时效钢。

（1）马氏体相变

处于退火奥氏体态的马氏体时效钢冷却到室温可产生完全的马氏体结构。这是因为马氏体时效钢内的高 Ni 含量保证了从奥氏体到马氏体的彻底转变，即使在低的冷却速度下也是如此。这种转变产生的马氏体通常为 BCC 板条结构，这种结构具有较好的韧性，并易于金属间化合物的时效析出。高密度的位错及其他晶格缺陷加快了原子的扩散速度。

（2）时效初期反应

马氏体时效钢在时效析出过程中通常不显示孕育期阶段。但在真正析出物产生之前也会发生有序化或偏聚，或两者同时发生，而且析出物易于在位错或马氏体板条晶界上形成。

置换合金元素也可以在马氏体内产生应变强化，置换元素集中于位错附近是马氏体时效钢固溶体分解的第一步。粗略计算表明，Mo 原子与刃型位错的结合能约为 $0.47eV$，这与间隙 C 或 N 原子钉扎刃型位错的作用能相接近。

透射电镜对 3.5GPa 级 Fe-8％Ni-14％Mo-20％Co（质量分数）马氏体时效钢研究表明，在时效组织中发现了调幅结构。这也许是马氏体时效钢所特有的短时效后强度大幅度增长的原因之一。该调幅结构波长为几个纳米，经预冷加工后可以更大些。经很长时间（最长为 300h）过时效后该结构仍存在，但直径为几纳米的 $M_2Mo(M=Fe,Ni,Co)$ Laves 相在其中析出，预冷加工可以抑制波长随时效时间增加而增大的现象。波长的增大也许会伴随着成分波动（振幅）的增大。经预冷加工后 M_2Mo 析出物分布更加均匀。总之，马氏体时效钢时效反应始于调幅分解这一观点是很有意义的。

（3）析出与强化

马氏体时效钢本身就含有多种成分，其中所涉及的金属间相类型也极多，而且析出物很小、很密，这些为相鉴定造成了困难。应该说，马氏体时效钢中析出物的晶体结构、化学组成以及析出过程至今还不是完全清楚。

根据电镜选区衍射、X 光分析、场发射扫描透射电镜、场离子显微镜原子探针以及穆斯堡尔谱等方法的分析结果，T-300 与 C-300 马氏体时效钢经 510℃时效产生的细小第二相析出物是 Ni_3Ti，也有人认为是 $Ni_3(Mo,Ti)$ 和 Fe_7Mo_6；在不含 Co、高 Ti 的 T-250 钢中为细小 Ni_3Ti 析出，在含 Co、低 Ti 的 C-250 钢中，除 Ni_3Ti 以外，时效后期还有 Fe_2Mo 形成；一般认为 Ni_3Mo 较 Fe_2Mo 更易形成；析出物与基体间界面保持共格或半共格联系；Co 在马氏体时效钢的作用是降低 Mo 在马氏体基体内的固溶度，以增加含 Mo 析出物的密度，这就是 Co-Mo 结合使用可大大增加马氏体时效钢强度的原因。当然上述这些因素都会增加马氏体时效钢的强化效果。

12.6.4 一些新型马氏体时效钢

采用 W,V,Mn 代替马氏体时效钢中的 Mo,Ti,在某些情况下更经济实用。在马氏体时效钢中加 Cr,可使马氏体时效钢变成不锈钢。有时添加一些"杂质"元素如 Si 或 B,也可起到意想不到的作用。表 12-9 列出了一些新型马氏体时效钢的类型及强化机制。

表 12-9 一些新型马氏体时效钢

合　　金	涉及新添加合金元素或方法的强化机制
含 W 合金	时效初期析出 $(Ni,Fe,Co)_3W$,后期析出 Fe_2W
含 V 合金	时效反应始于 Ni,V 偏聚,然后产生 Ni_3V
含 Mn 合金	Mn 代替 Ni 作基体强化,并可能有 $\theta\text{-NiMo}$ 析出
含 Cr 合金	Cr 降低 Ti 在基体中固溶度,并参与形成 R 相;提高韧性、抗腐蚀性
含 Si 合金	形成 $Ti_6Si_7Ni_{16}$ 相,或 $(Ni,Fe)_{22}Si_7$ 相
含 B 合金	B 与 N 形成 BN 相,B 还可抑制奥氏体再结晶,以细化马氏体晶粒
利用粉末冶金方法制作马氏体时效钢	细化晶粒,提高韧性,对于复杂形状工件易于成型

习　　题

12-1 试比较贝氏体转变与珠光体转变、马氏体转变的异同。

12-2 简述钢中板条马氏体和片状马氏体的形貌和亚结构,并说明它们在性能上的差异。

12-3 比较珠光体、索氏体、屈氏体和回火珠光体、回火索氏体、回火屈氏体的组织和性能。

12-4 如何把含碳量为 0.8% 的碳钢球化组织转变为:①细片状珠光体;②粗片状珠光体;③比原来组织更细的球化组织?

12-5 应用矩阵证明 Bain 机制的晶面关系 $\begin{bmatrix} h' \\ k' \\ l' \end{bmatrix}_b = \frac{1}{2}\begin{bmatrix} h-k \\ h+k \\ 2l \end{bmatrix}_f$ 和晶向关系 $\begin{bmatrix} u' \\ v' \\ w' \end{bmatrix}_b = \begin{bmatrix} u-v \\ u+v \\ w \end{bmatrix}_f$,式中 $(h' k' l')_b$、$[u' v' w']_b$ 和 $(h k l)_f$、$[u v w]_f$ 分别为新相和母相的晶面指数和晶向指数。

12-6 根据 Bain 机制,奥氏体转变成马氏体时,面心立方晶胞转变为体心正方晶胞。并沿 $(x_3)_\gamma$ 方向收缩 18%,而沿 $(x_1)_\gamma$ 和 $(x_2)_\gamma$ 方向膨胀 12%。已知奥氏体的点阵常数 $a=0.3548\text{nm}$。

(1) 求钢中奥氏体转变成马氏体的相对体积变化;

(2) 由于体积变化而引起在长度方向上的变化又为多少?

(3) 设钢的弹性模量 $E=30\times10^7\text{N/cm}^2$,则需要多大拉应力才能使钢产生(2)所得的长度变化?

12-7 画出 T8 钢的奥氏体等温转变曲线。为了获得以下组织,应采用什么冷却方法,并在等温转变曲线上描画出冷却曲线示意图:

(1) 索氏体与珠光体混合组织;

(2) 屈氏体+马氏体+少量残余奥氏体;

(3) 全部下贝氏体;

(4) 屈氏体+下贝氏体+马氏体+残余奥氏体;

(5) 马氏体+少量残余奥氏体;

(6) 回火马氏体+下贝氏体+马氏体+残余奥氏体。

12-8 称马氏体转变的惯析面为不变平面的含义是什么?如何证明马氏体转变的惯析面为不变平面?

12-9　设马氏体与奥氏体之间保持 K-S 关系,马氏体惯析面为{111}$_γ$,试问具有同一惯析面的马氏体板条可能有几种不同的空间取向?计算出这几种不同取向之间的相互关系。

12-10　{225}马氏体片之间的夹角及{259}马氏体片之间的夹角各应是多少?

12-11　如马氏体与奥氏体保持 K-S 关系,马氏体惯析面为{111}$_γ$,试问在界面上马氏体与奥氏体两相原子配置情况如何?

12-12　何谓马氏体时效钢?马氏体时效钢的强化机制与碳钢马氏体有何不同?

12-13　指出提高钢材强度的几种措施,并加以解释,如何提高钢材的强韧性?

12-14　退火铜的金相组织中常可发现孪晶,如图 12-53 所示。现测得样品表面(孪晶所在晶粒)的法线为[011],孪晶面为($\bar{1}$11)。

(1) 求显微观察见到的孪晶边界条纹(迹线)的晶向;

(2) 在 FCC(001)标准投影图中标出孪晶面($\bar{1}$11)及孪晶中的(010)、(001)、(100)的极点位置;

(3) 由显微组织中可以看出,孪晶界与大角度晶界保持近乎垂直的关系,试解释原因。

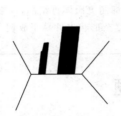

图 12-53　退火铜金相组织中显示出的孪晶

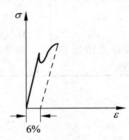

图 12-54　原始拉伸曲线

12-15　有原始组织为细晶粒的低碳钢(含碳约 0.1%),将其拉伸至应变 $ε=6\%$ 时卸载,拉伸曲线如图 12-54 所示,请绘出下列情况下的曲线并扼要加以说明:

(1) 卸载后立即重新加载,继续拉伸,使之产生塑性变形;

(2) 卸载后经室温时效(如 1h),继续拉伸,使之产生塑性变形;

(3) 卸载后经高于 720℃退火 1h 后继续拉伸,使之产生塑性变形;

(4) 卸载后经 880℃退火 15min 后继续拉伸,使之产生塑性变形。

12-16　图 12-55 示出一退火铜(点阵常数为 a,每对原子的键能为 U_b)的双晶体薄板,板厚为 t,板宽为 l,经 X 射线测定晶粒Ⅰ、Ⅱ的板面法线分别为[100]和[111],问此晶体在再结晶退火温度继续加热时,晶界是否会移动?若能移动,试给出晶界移动的驱动力的表达式。

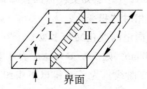

界面

图 12-55　退火铜样品

参 考 文 献

[1] Van Vlack L H. Elements of Materials Science and Engineering. 6th ed. Addison-Wesley Publisthing Co,1989

[2] Shackelford J F. Introduction to Materials Science for Engineers. 5th ed. New York：Mcmillan Pub. Co,2000

[3] Cahn R W,Kramer E J. Materials Science and Technology：a Comprehensive Treatment. New York： VCH. 1991

[4] 罗尔斯 K M,考特尼 T H,伍尔夫 J. 材料科学与材料工程导论. 北京：科学出版社,1982

[5] 徐祖耀. 金属学原理. 上海：科学技术出版社,1980

[6] 胡赓祥,钱苗根. 金属学. 上海：科学技术出版社,1980

[7] 包永千. 金属学基础. 北京：冶金工业出版社,1986

[8] 刘国勋. 金属学原理. 北京：冶金工业出版社,1980

[9] 卢光熙,侯增寿. 金属学教程. 上海：科学技术出版社,1985

[10] 谢希文,路若英. 金属学原理. 北京：航空工业出版社,1989

[11] 朱张校,姚可夫. 工程材料. 第 4 版. 北京：清华大学出版社,2009

[12] 崔忠圻. 金属学与热处理. 北京：机械工业出版社,1989

[13] 田长生. 金属材料及热处理. 西安：西北工业大学出版社,1985

[14] 巴瑞特 C S. 金属的结构. 陶琨等译. 北京：机械工业出版社,1987

[15] Cahn R W, Haasen P. Physical Metallurgy, 4th ed. Amsterdam：North-Holland Physics Publishing,1996

[16] Verhoven J D. 物理冶金学基础. 卢光熙,赵子伟译. 上海：科学技术出版社,1980

[17] Haasen P. Physical Metallurgy. Combridge：Combridge University Press,1986

[18] Smallman R E. Modern Physical Metallurgy. 4th ed. London：Butterworths,1985

[19] Гуляев А П. Металловедение. Москва：Издателъство Металлургия,1978

[20] Cottrell A H. Theoretical Structural Metallurgy. London：Edward Arnold(Publishers)LTD,1956

[21] 汪复兴. 金属物理. 北京：机械工业出版社,1980

[22] 余宗森,田中卓. 金属物理. 北京：冶金工业出版社,1982

[23] 冯端,王业宁,邱第荣. 金属物理. 北京：科学出版社,1975

[24] Hammond C. Introduction to Crystallography. Oxford：Oxford University Press,1990

[25] 张孝文. 固体材料结构基础. 北京：中国建筑工业出版社,1980

[26] Hume-Rothery W. Alomic Theory for Student of Metallurgy. London：Institute of Metals,1952

[27] Hume-Rothery W, Raynor G V. The Structure of Metals and Alloys. London：Institute of Metals,1962

[28] ASM. Theory of Alloy Phases. Ohio：ASM,1956

[29] Stocks G M,Gonis A. Alloy Phase Stability. Dordrecht：Klauwer Academic Publishers,1989

[30] 施密特 E,波司 W. 晶体范性学. 钱临照译. 北京：科学出版社,1958

[31] 塞格 A. 晶体的范性及其理论. 张宏图译. 北京：科学出版社,1963

[32] Reid C N. Deformation Geometry for Materials Scientists. Oxford：Pergamon Press,1973

[33] Caddell R M. Deformation and Fracture of Solids. England Cliffs,Prentice-Hall,1980

[34] Фридман Я Б. Механические Свойства Метамов,1974

[35] Read Jr W T. Dislocation in Crystals. McGraw-Hill Book Company Inc,1953

[36] 科垂尔 A H. 晶体中的位错和范性流变. 北京：科学出版社,1960

[37] 1960 年固体物理理论学习报告汇编. 晶体缺陷和金属强度. 北京：科学出版社,1962

[38] Hall D,Bacon D J. Introduction to Dislocations. 3rd ed. Oxford：Rergamon Press,1984

[39] Leibfried G. Point Defects in Metals. (Ⅰ,Ⅱ)Berlin：Springer Verlag,1978,1980

[40] Zeit W. Diffusion in Metallen. Berlin：Springer Verlag,1955

[41] Герцрикен С Д. Диффузня В Металлах и сплавах В Твердой фазе. Москва：Гос. изд. ,1960

[42] Shewmion P G. Diffusion in Solids. New Yourk：McGraw-Hill,1963

[43] 徐祖耀. 金属材料热力学. 北京：科学出版社,1981

[44] 石霖. 合金热力学. 北京：机械工业出版社,1992

[45] 肖纪美. 合金能量学. 上海：科学技术出版社,1985

[46] 黄勇,崔国文. 相图与相变. 北京：清华大学出版社,1987

[47] 侯增寿,陶岚琴. 实用三元合金相图. 上海：科学技术出版社,1983

[48] Shewmon P G. Transformation in Metals. McGraw-Hill Book Company,1969

[49] Cristian J W. The Theory of Phase Transformation in Metals and Alloys, 2nd ed. Pergamon Press,1975

[50] Porter D A. Phase Transformation in Metals and Alloys. New York：Van Nostrand Reinhold Co,1981

[51] 徐祖耀. 相变原理. 北京：科学出版社,1988

[52] 大野笃美. 金属凝固学. 朱宪华译. 南宁：广西人民出版社,1982

[53] Gorelik S S. 金属和合金的再结晶. 仝健民等译. 北京：机械工业出版社,1985

[54] 崔国文. 缺陷、扩散与烧结. 北京：清华大学出版社,1990

[55] 范群成,田民波. 材料科学基础学习辅导. 北京：机械工业出版社,2005

[56] 石德珂. 材料科学基础. 第 2 版. 北京：机械工业出版社,2003

[57] 胡赓祥,蔡珣,戎咏华. 材料科学基础. 第 2 版. 上海：上海交通大学出版社,2006

[58] 范群成,田民波. 材料科学基础考研试题汇编 2002—2006. 北京：机械工业出版社,2007

[59] 范群成,田民波. 材料科学基础考研试题汇编 2007—2009. 北京：机械工业出版社,2009

[60] Askeland D R,Phulé P P. The Science and Engineering of Materials. 4th ed. Brooks/Cole,Thomson Learning Inco,2003

[61] William D,Callister J R. Materials Science and Engineering：A introduction. 6th ed. USA,John Wiley & Sons Inco,2003

[62] Smith W F. Foundations of Materials Science and Engineering,3rd ed. New York,McGraw-Hill, Inco,Higher Education,2004

[63] Mangonon Pat L. The Principles of Materials Selection for Engineering Design. Prentice Hall Inco,1999

[64] Baker H,ASM Handbook,Vol. 3：alloy phase diagrams. Materials Park(OH)：ASM,1992

[65] Kasap S O. Priciples of Electronic Materials and Devices,3rd ed. 清华大学出版社(影印版),2007

[66] Smith W F, Hashemi J. Foundations of Materials Science and Engineering. 5th ed. New York： McGraw-Hill Inco Higher Education,2008

材料科学与工程教材简介

材料科学与工程概论 定价：32 元

作者：顾家琳 等

普通高等教育"十一五"国家级规划教材

ISBN：978-7-302-10348-6

附：材料科学与工程概论教学辅导手册（非卖品）

固体物理（第 **2** 版） 定价：33 元

作者：韦丹

普通高等教育"十一五"国家级规划教材

ISBN：978-7-302-15996-4

附：固体物理学习辅导与习题解答（第 2 版） 定价：15 元

附：固体物理教学课件 定价：300 元

生物材料学（第 **2** 版） 定价：35 元

作者：崔福斋 等

ISBN：978-7-302-08830-1

生物材料概论 定价：45 元

作者：冯庆玲

普通高等教育"十一五"国家级规划教材

ISBN：978-7-302-20759-7

无机材料物理性能（第 **2** 版）（即将出版）

作者：关振铎 等

普通高等教育"十一五"国家级规划教材

材料工程基础（第 **2** 版） 定价：39 元

作者：王昆林

北京高等教育精品教材

ISBN：978-7-302-20958-4

附：材料工程基础辅导与实验（非卖品）

附：材料工程基础教学课件（非卖品）

电子显微分析 定价：36 元

作者：章晓中

普通高等教育"十一五"国家级规划教材

ISBN：978-7-302-14160-0

材料腐蚀与控制　定价：45 元
作者：白新德
ISBN：978-7-302-09317-6

先进材料测试仪器基础教程　定价：18 元
作者：高阳
ISBN：978-7-302-17938-2

粉体工程　定价：79 元
作者：盖国胜，陶珍东 等
普通高等教育"十一五"国家级规划教材
ISBN：978-7-302-21007-8

本书结合作者在粉体工程教学与科研方面积累的丰富经验以及国内外粉体工程与理论的发展现状，以粉体加工为主线，从粉体的基本概念、特性入手，系统介绍了典型粉体单元操作的原理、理论基础、应用工艺与设备；内容上强化了粉体加工助剂、耐磨部件、研磨介质、自动控制、粉尘爆炸、安全防护、标准化等内容；针对粉体技术在新材料和生物医药等高新技术中的应用，增加了颗粒复合、整形、生物粉体技术等方面的基础知识。本书既适合大专院校的师生、科研院所的科研人员学习，也适合政府部门的领导、粉体加工与应用企业的技术人员以及对粉体工程学感兴趣的读者参考。

纳米材料和器件导论（第 2 版）　定价：30 元
作者：郭子政，时东陆
ISBN：978-7-302-24239-0

纳米材料具有许多传统材料无法媲美的奇异特性和特殊功能，具有广阔的应用前景，纳米科学与技术的概念和研究方法已经融入很多学科和领域。本书全面系统地介绍了各种纳米材料的特性、制备方法和应用，特别是对过去十几年中备受瞩目、有着巨大发展潜力的一些纳米材料给予了重点论述，对发展中的新型纳米器件也给予了特别关注。本书内容分为 12 章，包括纳米材料及其基本特性、纳米材料的检测与分析、碳纳米管、半导体量子点、纳米磁性材料、纳米氧化钛光催化材料、纳米绿色光源材料、自旋电子学、纳米生物材料、纳米能源材料、纳米复合材料、DNA 纳米技术。每章分别附有参考文献，便于读者进一步阅读和研究。本书可作为大专院校材料及相关专业高年级学生和研究生的教学用书，也可作为高校和科研院所相关专业的师生和科技人员的参考用书。

纳米艺术概论　定价：50 元
作者：沈海军，时东陆
ISBN：978-7-302-24022-8

纳米艺术是近年来随着纳米科技的发展而派生的一门新艺术，目前尚没有公认的定义。本书中将其定义为"使用纳米科技手段、方法创作的纳米尺度的或纳米题材的艺术"。本教材内容包括纳米艺术的内涵、发展历史、创作路线、纳米艺术创作实验技术、艺术品展现技术、计算机辅助纳米艺术等；书中最后还对网上相关的纳米艺术资源以及几个纳米艺术小专题进行了介绍。本书注重将最新的纳米科技成果与艺术紧密结合，图文并茂，与时俱进，目的在于普及和传播纳米艺术知识，进而推动纳米艺术的发展。本书既是各理工类专业的教材，也可作为纳米科研人员、艺术类人士和工程技术人员了解纳米艺术这门崭新学科的参考书。